水下岩塞爆破

新技术与实践

中水东北勘测设计研究有限责任公司
水利部寒区工程技术研究中心　组编

金正浩　苏加林　王福运　高垠　主编

中国水利水电出版社
www.waterpub.com.cn
·北京·

内 容 提 要

本书全面系统地介绍了水下岩塞爆破技术与实践，翔实地阐述了水下岩塞爆破应用前景、工程勘察、爆破设计与计算、爆破器材、振动影响、结构设计、金属结构防护、爆破观测、施工、专项试验、水工模型试验、数值仿真、成果分析、工程实例等方面内容，与实际工程相结合，总结归纳了当前水下岩塞爆破新技术、新工艺、新材料、新方法及科研成果，提出了水下岩塞爆破设计与实施的新理念、新方法、新措施。

本书可为水下岩塞爆破设计、科研、施工、监测、建设管理、教学等技术人员提供借鉴和参考。

图书在版编目（CIP）数据

水下岩塞爆破新技术与实践 / 金正浩等主编 ； 中水东北勘测设计研究有限责任公司，水利部寒区工程技术研究中心组编. -- 北京 ： 中国水利水电出版社，2022.12
ISBN 978-7-5226-1222-5

Ⅰ．①水… Ⅱ．①金… ②中… ③水… Ⅲ．①岩塞爆破—爆破技术—水下施工 Ⅳ．①TB41

中国国家版本馆CIP数据核字(2023)第003286号

书　　名	**水下岩塞爆破新技术与实践** SHUIXIA YANSAI BAOPO XIN JISHU YU SHIJIAN
作　　者	中水东北勘测设计研究有限责任公司 水利部寒区工程技术研究中心　组编 金正浩　苏加林　王福运　高垠　主编
出版发行	中国水利水电出版社 （北京市海淀区玉渊潭南路1号D座　100038） 网址：www.waterpub.com.cn E-mail：sales@mwr.gov.cn 电话：(010) 68545888（营销中心）
经　　售	北京科水图书销售有限公司 电话：(010) 68545874、63202643 全国各地新华书店和相关出版物销售网点
排　　版	中国水利水电出版社微机排版中心
印　　刷	清淞永业（天津）印刷有限公司
规　　格	184mm×260mm　16开本　57.25印张　1393千字
版　　次	2022年12月第1版　2022年12月第1次印刷
定　　价	**238.00元**

水下岩塞爆破新技术与实践

主编：金正浩 苏加林 王福运 高 垠

章节	名称	字数/字	编写人	统稿人
第一章	**概述**			
	第一节 水下岩塞爆破技术及国内外应用	13702	王福运、高垠、王鹤、姜殿成、佘小光	金正浩、苏加林
	第二节 水下岩塞爆破分类和基本要求	5780		
	第三节 水下岩塞爆破技术应用前景	2448		
	第四节 复杂条件下大型岩塞爆破研究与应用	19040		
第二章	**工程勘察**			
	第一节 水下岩塞爆破工程对勘察工作的基本要求	7140	佘小光	张晓明、庄景春、谢福志、田作印、宋永军
	第二节 工程测量	14790	阮宝民、张清民、王俊杰	
	第三节 工程钻探	13838	佘小光、田伟、才运涛	
	第四节 工程物探	33524	刘恒祥、佘小光	
	第五节 工程地质分析与评价	30464	王俊杰、佘小光、王旭、许蕴宝	
	第六节 水下岩塞爆破工程地质总体评价	5780	王俊杰	
第三章	**岩塞布置及爆破设计**			
	第一节 岩塞口位置的确定	1360	王福运、张雨豪	金正浩、苏加林、王福运、高垠、王鹤
	第二节 岩塞结构	8568	张雨豪、姜殿成	
	第三节 岩塞爆破设计方案的选择	22610	张雨豪、王鹤	
	第四节 水和淤泥对爆破参数的影响	1428	王福运、王鹤、张雨豪	
	第五节 爆破参数的选择与计算	17340	张雨豪、王鹤	
	第六节 爆破封堵设计	3672	张雨豪、刘畅	
	第七节 爆破网络设计	42840	姜殿成	
	第八节 岩塞爆破的三维辅助设计	11010	黄远泽	
	第九节 岩塞爆破岩渣处理	9792	黄远泽、潘永庆	
第四章	**爆破器材**			
	第一节 爆破器材的选择	12240	蔡云波	金正浩、高垠、王福运、朱奎卫
	第二节 爆破器材的性能测试	27370	蔡云波	
	第三节 爆破器材的防水措施	2448	蔡云波、姜殿成	

章节	名称	字数/字	编写人	统稿人
第五章	爆破振动对水工建筑物的影响			
	第一节　岩塞爆破的振动特点	1972	朱奎卫	苏加林、高垠
	第二节　爆破振动控制标准	4488	朱奎卫、王福运	
	第三节　爆破振动对混凝土上顶拱的影响	6936	朱奎卫、薛立梅	
	第四节　爆破对进口边坡影响和高边墙稳定措施	2448	朱奎卫、李广一	
	第五节　刘家峡岩塞爆破对结构抗震影响	3468	朱奎卫、李广一	
第六章	岩塞口进口段水工建筑物设计			
	第一节　进口段水工建筑物布置	12342	贾志刚	金正浩、苏加林、王福运
	第二节　进水口边坡稳定分析	11628		
	第三节　进水口边坡加固设计	16184		
	第四节　隧洞混凝土衬砌设计	15340		
	第五节　岩塞段灌浆设计	2212	贾志刚、高垠	
	第六节　深水下岩塞体防渗灌浆方法研究	2448		
	第七节　集渣坑结构设计	2720	贾志刚、张雨豪	
第七章	金属结构防护设计			
	第一节　拦污设备的布置	4624	高垠、王福运、何国伟、李广一	金正浩、苏加林
	第二节　埋件设计	3774		
	第三节　门型选择	2180		
	第四节　爆破时闸门的防护	6120		
	第五节　爆破时闸门的操作	1190		
	第六节　刘家峡岩塞爆破对闸门的影响	4760		
第八章	岩塞爆破观测			
	第一节　观测目的和内容	1428	朱奎卫、何国伟、薛立梅	金正浩、高垠、王福运
	第二节　岩塞爆破的地震效应	7548		
	第三节　水中冲击波	7344		
	第四节　爆破作用下岩体和混凝土的应力波与应变	6290		
	第五节　空气冲击波	3663		
	第六节　岩塞口水面鼓包运动	4477		
	第七节　静态观测	4166		
	第八节　宏观调查	4890		

章节	名称	字数/字	编写人	统稿人
第九章	岩塞爆破施工			
	第一节　岩塞爆破工程总体施工组织设计	8547	张雨豪、张心国、李保国	付廷勤、王福运、齐志坚
	第二节　淤泥扰动爆破孔及排水孔施工	5400	王俊杰、田伟、才运涛	张晓明、王俊杰、庄景春
	第三节　岩塞钻孔质量检测三维测量	6510		
第十章	岩塞爆破现场试验			
	第一节　概述	4320		金正浩、高垠、王福运、朱奎卫
	第二节　原位岩塞爆破模型试验	65934	蔡云波	
	第三节　全断面岩塞段爆破模拟试验	18352		
	第四节　现场专项研究试验	30320	何国伟	
第十一章	水工模型试验			
	第一节　概述	1462		苏加林、高垠、王福运
	第二节　模型设计与制作	10602	李广一	
	第三节　模型试验的操作和测量	5445		
	第四节　水工模型试验实例	17845		
第十二章	深水厚覆盖下岩塞可爆性数值模拟			
	第一节　爆破数值模拟理论	14508	刘天鹏、李广一	金正浩、苏加林、王福运、高垠
	第二节　深水厚淤积覆盖下岩塞爆破效果有限元分析	80586	刘天鹏、薛立梅、姜殿成	
第十三章	爆破影响数值模拟			
	第一节　岩塞口高陡边坡稳定性	46080	刘天鹏、薛立梅、贾志刚	金正浩、苏加林、王福运、高垠
	第二节　进口段整体稳定有限元分析	34411	刘天鹏、何国伟	
	第三节　混凝土重力坝爆破影响分析	26825	刘天鹏、薛立梅、黄远泽	

章节	名称	字数/字	编写人	统稿人
第十四章	长隧洞岩塞爆破厚覆盖下泄流态数值分析			
	第一节　概述	210	刘天鹏、薛立梅、何国伟	苏加林、王福运、高垠
	第二节　计算内容	1188		
	第三节　计算模型原理	4488		
	第四节　计算模型建立	4578		
	第五节　计算成果分析	25047		
	第六节　数值分析结果	1386		
第十五章	刘家峡岩塞爆破测试分析			
	第一节　大地振动影响场测试成果	6944	朱奎卫、何国伟、蔡云波、黄远泽	金正浩、高垠、王福运、朱奎卫
	第二节　已有建筑物振动影响测试	5277		
	第三节　水中冲击波压力测试	5580		
	第四节　排沙洞顶拱及集碴坑边墙振动速度测试	2184		
	第五节　进口边坡振动影响测试	2046		
	第六节　影像观测资料分析	4480		
	第七节　爆破漏斗调查	2244		
	第八节　宏观调查	7623		
第十六章	科研成果			
	第一节　获得的科研成果	5642	王福运、高垠	金正浩、苏加林
	第二节　经历与业绩	1356		
	第三节　成果技术推广	1122		

章节	名称	字数/字	编写人	统稿人
第十七章	工程实例			
	第一节　镜泊湖水电站进水口水下岩塞爆破	9600	张雨豪、黄远泽	齐志坚、王福运、张雨豪、王鹤、姜殿成
	第二节　汾河水库泄洪洞进口水下岩塞爆破工程	7350		
	第三节　响洪甸水库水下岩塞爆破工程	5760		
	第四节　密云水库水下岩塞爆破的设计	6080		
	第五节　洛米引水洞岩塞爆破	1914		
	第六节　"211"工程水下岩塞爆破	10560		
	第七节　玉山"七一"水库引水隧洞进水口水下岩塞爆破	4736		
	第八节　香山水库工程水下岩塞爆破	10602		
	第九节　丰满水电站泄水洞水下岩塞爆破	14911		
	第十节　梅铺水库泄空隧洞进口岩塞爆破	4341		
	第十一节　休德巴斯水电工程水下岩塞爆破	8432		
	第十二节　阿斯卡拉水电工程湖底岩塞爆破	6696	于淼、刘畅、孙立平、潘永庆、杨振平、李广一	
	第十三节　阿尔托湖水下岩塞爆破	5920		
	第十四节　芬尼奇湖开发	3441		
	第十五节　纳湖和哈格达尔斯湖的双岩塞爆破	1054		
	第十六节　弗利埃尔湾的海底取水工程	998		
	第十七节　玛尔克湖水下岩塞爆破	1159		
	第十八节　斯科尔格湖水下岩塞爆破	2040		
	第十九节　雪湖引水隧洞工程	2304		

前　言

我国自 1971 年辽宁清河热电厂供水隧洞进水口第一个采用水下岩塞爆破技术以来，已有 30 余个工程用这项技术成功地修建了水下进水口。近年来，采用水下岩塞爆破技术修建水下进水口的需求有较大增长。据不完全统计：至 20 世纪末，研究发展了 30 年的我国水下岩塞爆破工程尚不足 20 例，而新世纪仅 20 年，我国水下岩塞爆破工程累计已经接近 20 例。特别是近三年，每年都有 1～2 例水下岩塞爆破工程实施。

至此，我国在引水、发电、泄洪等环节进行的"清水"水下岩塞爆破技术中，对于爆通成型、爆破方式、钻孔和药室布置、药量计算、岩渣处理、爆破有害效应影响等有了比较全面的实践经验和理论基础，并基本形成了"药室""排孔""药室＋排孔"三种较成熟的水下岩塞爆破技术。

随着我国国民经济的飞速发展，工农业对水日益增长的需求，以及人们对美好生活环境的追求，在已建水库、天然河湖进行引调水或"蓄清排浑"等工程的建设任务不断增加，水下岩塞爆破技术的应用和发展也提到日程上来。

就"蓄清排浑"而言，我国虽然水库众多，但泥沙淤积特别严重。据 2016 年国家统计局数据显示，我国已建水库数量共有 98461 座，水库容量 8993 亿 m^3，且大部分水库存在不同程度的泥沙淤积问题。据有关部门的统计，黄河流域的水库平均淤积量占库容近 20％，有的甚至超过 50％。水库的淤积不仅影响水库的功能和安全，而且淤积会向上游发展，造成上游入库的"拦门坎儿"和地区的浸没以致盐碱化，带来一系列生态环境问题。在我国目前常用的三类水库淤积防治方法中，水库底部开凿排沙洞进行排沙冲沙出库，是永久解决水库"蓄清排浑"的有效方法。这类水库的排沙洞进水口处在厚淤沙以下，在采用爆破方式修建水下取水口时，又出现了新的技术问题需要解决。此外，随着工程设计手段、勘测技术、施工机具、爆破材料和数值模拟计算技术的进步，水下岩塞爆破技术也在不断发展。

采用水下岩塞爆破技术修建水下取水口，以造价低、进度快、对生态环境无影响的优势，越来越受到工程界的青睐。该技术应用的领域也越来越广，由早期的热电厂引用冷却水、水库放空泄洪、电站引水发电，到今天的水库及江河湖泊调水、河湖连通、生态取水、鱼道修建等，凡是在水下修建取（进）水口的工程，几乎都可以采用水下岩塞爆破技术，甚至布置在海岸边的潜艇机库也都可以采用水下岩塞爆破技术。然而，对于这项实用技术，国内工程界技术人员掌握的还不够全面，为使这项技术得到有效的推广和应用，中水东北勘测设计研究有限责任公司组织相关技术人员编写了此书。

本书以实际工程为例，较系统地介绍了水下岩塞爆破技术的勘测、设计、试验、施工及观测等内容，特别是对深水厚淤积覆盖下的水下岩塞爆破所带来的新的技术问题做了重点介绍。全书共分十七章。第一章概括了水下岩塞爆破国内外发展状况。第二章介绍了水下岩塞爆破工程勘察及地质评价。第三章介绍了水下岩塞爆破进水口的布置和爆破方案的选择与爆破设计。第四章介绍了爆破器材的选择、性能检测和防水措施。第五章介绍了水下岩塞爆破产生的振动对水工建筑物的影响。第六章介绍岩塞口边坡、岩塞口段、集渣坑等结构设计。第七章介绍受水下岩塞爆破影响的金属结构防护设计。第八章介绍水下岩塞爆破有害效应观测。第九章介绍水下岩塞爆破施工技术。第十章介绍水下岩塞爆破相关现场试验。第十一章介绍水下岩塞爆破室内水工模型试验。第十二章介绍深水厚覆盖下岩塞爆破的可爆性数值模拟过程。第十三章介绍水下岩塞爆破对邻近建筑物的稳定影响数值分析过程。第十四章介绍深水、高密度、厚淤积覆盖条件下，水下岩塞爆破后，含有高含量的覆盖物、爆渣、爆破气体的水体等在长隧洞中的流动形态。第十五章介绍刘家峡水下岩塞爆破有害效应测试结果分析。第十六章介绍中水东北勘测设计研究有限责任公司在应用岩塞爆破技术上所取得的成果。第十七章介绍水下岩塞爆破工程实例。

本书参考引用了发表在公开出版物上的工程界同仁的技术成果。无疑，本书也凝结了他们研究探索的理论结晶和实践经验。尽管编写队伍尽了很大的努力，但由于参编人员的学识和技术水平有限，书中难免有疏漏和错误之处，敬请专家和读者批评指正。

黄河刘家峡洮河口排沙洞及扩机工程水下岩塞爆破的圆满实施，丰富了本书的相关技术内容。在此，对参建该工程的国网甘肃省电力公司刘家峡水电厂、中国电建西北勘测设计研究院有限公司、中国水利水电第六工程局有限公司、中铁十六局集团有限公司等单位致以鸣谢！

编者

2021 年 10 月

目　录

第一章 概　　述

第一节　水下岩塞爆破技术及国内外应用

一、水下岩塞爆破技术

水下岩塞爆破（underwater rockplug blasting）是开挖水下进水口的一种特殊控制爆破技术。当采用水下岩塞爆破技术修建水下进水口时，在靠近库底或湖（海）底处的临水侧，预留一定厚度的岩体（即为岩塞），起到施工期临时挡水围堰的作用，用来保证进水口后的隧洞能够采用干地、常规的方法进行施工，待进水口后的隧洞全部修建完成［或具备永久闸门（临时封堵堵头）挡水，不影响后面隧洞施工时］，最后采用爆破的方法，一次性炸除预留的岩塞，形成进水口，则整个引水工程或泄洪工程能够开始正常发挥作用。

进行已建电站、水库、天然湖泊中的引水或泄水隧洞进水口施工时，一般采用修建施工临时围堰挡水，进行干地施工，或采用预留岩塞临时挡水，最终采用岩塞爆破施工。

由于这些隧洞的进水口，常位于水面以下数十米深处，放空或降低水库水位将带来巨大的经济损失，对社会、环境和生态造成极大的影响。按照常规的做法，需要修建施工期深水围堰进行挡水，为进水口施工基坑提供干地施工条件。在深水区域修建深水围堰，围堰一般较高、工程量大、围堰的防渗处理要求较高，同时还要考虑基坑的清淤、开挖、排水以及交通运输等问题，施工比较复杂困难，工期较长。进水口建成后，围堰的拆除也比较困难，工程造价高。为了降低施工围堰，需要人为控制水库的水位，造成大量弃水，影响了经济效益。

采用水下岩塞爆破的施工方法，有其独特的优越性。第一，不需要修建深水高围堰，又不需要复杂的机械设备，节省了围堰工程量，减少了深水高围堰的施工难度；第二，在岩塞体临时挡水的保护下，地下洞室可进行干地施工，施工期间不受库水位涨落的影响和季节性条件变化的限制；第三，岩塞爆破施工工效高、工期短、投资少、施工快捷。

采用深水高围堰修建水下进水口，具有施工难度大、工程投资较大、工期较长等缺点。采用水下岩塞爆破的方式无疑是较优的施工手段，以进水口岩塞代替围堰成为一种趋势。随着设计理念、爆破器材的性能提高，岩塞爆破技术日益成熟，成为解决已建水库和天然湖泊修建泄水通道进水口施工的切实可行的优选方案，为国内外工程所普遍采用。近五年，已经采用岩塞爆破施工进水口的项目有长甸电站改造取水口、刘家峡洮河口排沙洞进口、辽西北供水取水口、兰州水源地取水口等。目前，在建的吉林中部引水工程进水口、三亚市西水中调工程取水口等也将采用岩塞爆破的方式修建。

我国水下岩塞爆破技术经过几十年的发展，已经积累了丰富的岩塞爆破技术和经验，也取得了大量的科学技术研究成果，这为水下岩塞爆破技术的推广和实施打下了坚实的基础。

（一）水下岩塞爆破工程特点及主要技术风险

1. 工程特点

（1）水下岩塞体作为水下进水口施工期预留的临时挡水建筑物，是一种特殊围堰型式。爆破实施后，岩塞口往往成为永久（进水口）水工建筑物。岩塞具有一面临水、一面临空的特点，岩塞应该满足工程施工期间的挡水、安全稳定要求，在其挡水保护下，进行后续地下洞室的开挖、衬砌等正常施工。

（2）不同于常规的进水口勘测要求，水下岩塞爆破工程进口段的地质勘测精度要求较高，尤其是岩塞口及其周边岩面线的精度一般要求不小于 1∶200。往往需要进行水（冰）上或地面钻孔勘测，外业勘测工作量大、作业难度大。

（3）水下岩塞爆破进口段一般布置有：进口边坡、岩塞口、连接段、集渣坑或缓冲段等，后接引（泄）水隧洞、进口闸门井等主洞水工建筑物。

（4）岩塞进水口位置选择时，应注意岩塞的地形、地质构造，特别是断层情况；宜优先选择布置在地形平整、起伏差较小，同时进口岩塞段岩石较完整、覆盖层较薄、边坡稳定的岸坡。同时岩塞口位置既要满足岩塞体稳定以利于施工，又要有符合运行要求的过水断面，并有较好的水力条件。

（5）岩塞口的尺寸应根据引（泄）水的设计流量、主洞的结构尺寸、岩塞口周边岩石地质条件、进口边坡条件等综合选取，岩塞口最小断面面积不应小于主洞的过流面积。

（6）岩塞爆破实施方案设计时，应综合考虑周边环境、紧邻的水工建筑物、周边现有建（构）筑物和设施等因素，选择合理的岩塞爆破实施方案，必须通过控制爆破最大单响、爆破振动标准和冲击波等的影响，确保周边建筑物安全。

（7）根据岩塞体渣料处理方式的不同，确定设置集渣坑还是缓冲段，并根据岩塞口体积和运行要求，通过计算和水工整体模型试验，确定集渣坑或缓冲段的断面和结构型式。

（8）对于水下岩塞爆破的渣体处理，不论采用集渣、泄渣及其他处理方式，岩塞爆破均具有爆破与岩塞体渣料处理同时完成的特点。

（9）鉴于水下岩塞爆破的自身特点，对于爆破器材的选择应重视其抗压、防水问题。宜优先选择防水抗压性能较好的爆破器材，并考虑炸药浸水后会降低其爆炸威力问题，需要对爆破器材严格进行防水处理。

（10）岩塞爆破时应进行必要的动态、静态监测，既可以验证爆破控制、爆破效果，保证爆破实施安全，又可以不断积累经验数据，推动水下岩塞爆破技术的发展。

2. 施工特点

（1）水下岩塞的施工条件比较特殊，一面临水，进口围岩较差。因此，需要在整个施工期特别注意地下渗漏、涌水的堵塞和引排处理，以及不良地质段的支护和加固措施。

（2）岩塞药室或钻孔的施工精度要求高，具有施工条件较差、施工工序相对复杂、施工难度大等特点。

受岩塞设置的特点和岩塞体倾角、连接段和集渣坑等结构布置的制约，岩塞药室或钻孔施工环境差、施工难度远大于一般地下工程开挖，需要在洞内搭建施工平台，来满足开挖、支护、装药、封堵和联网等作业要求，作业平台搭建本身难度大、稳定和安全要求高，并在爆破实施前应拆除，其拆除施工困难。

对于岩塞口上部覆盖较厚的项目，往往需要搭建水上作业平台，进行水上钻孔、装药、封堵和联网等作业施工，施工难度相对较大。

（3）水下岩塞爆破一旦实施，进水口直接与水库（湖泊）相通，不再具备干地施工条件，因此应结合具体的岩塞爆破方案，合理安排后续洞室的施工，尤其是应统筹考虑整体工程的施工工序和施工通道的规划布置。

采用敞开或泄渣的水下岩塞爆破时，爆破实施前续洞室应该全部完成，至少确保进口闸门前的工程施工必须全部完成，岩塞爆通后，通常采用进水口闸门下闸挡水。

采用堵塞的水下岩塞爆破时，爆破实施前要求封堵部位之间的工程全部完成，封堵通常采用在进水口闸门后设置临时封堵堵头，爆通后再关闭进口闸门。

3. 岩塞爆破主要技术特点

水下岩塞爆破的工程特点和施工特点，确定了其特有的主要技术特点。

（1）必须确保一次爆通、成型、安全、稳定。一旦一次未爆破成功，其需要补救的处理措施相当复杂、难度极大，势必会造成工程工期、工程投资等方面的重大损失，对整体工程建设、运行和效益都会带来重大影响。确保一次爆通是水下岩塞爆破的最根本要求。

（2）爆破设计要正确选用各种爆破参数、合理的药量及装药结构布置型式，尤其是如何合理选择复杂条件下的水下岩石单耗药量。应综合考虑爆破振动影响，要保证取水口围岩岩壁完整稳定。岩塞爆破施工要简单、安全、稳妥，封堵施工要密实。爆破网路必须进行严格检查，最终实现一次爆通。

（3）一般岩塞爆破周围建（构）筑物较多，如何控制最大单段药量、确定合理的爆破振动标准和冲击波标准，不对周围已有或新建的建（构）筑物造成破坏，同时确保岩塞一次爆通是水下岩塞爆破设计的关键点。

（4）水下岩塞爆破形成的进水口处于深水运行情况，爆破后进水口洞壁没有条件再进行混凝土衬砌和其他加固支护措施，岩塞口周围岩石裸露在水中，这就要求岩塞口周边岩体既满足成型良好的要求，又要满足运行期间的稳定要求。通常需要对岩塞口周边岩体、进口边坡等进行预先加固处理，并采用安全可靠的爆破实施方案，避免对岩塞口周边岩体造成破坏。

（5）爆通后的岩塞口断面尺寸必须满足功能、安全和质量的要求，实际开口尺寸既要成型良好、周边岩体稳定，又要满足设计和实际运行的功能要求，并具有良好的水流条件和长期运行的稳定性。

（二）适用条件及应用范围

随着经济的迅速发展，工农业对水的需求日益增长，水利水电、农田水利、城市供水、电力等各行业，为达到扩大取水、灌溉、发电泄洪、水库排淤减淤和城市供水等目的，在已建水库库岸、天然湖泊和岸边海域修建引水隧洞或水下洞室的进口时，由于进口位于水下，当采用修建深水围堰进行挡水时，施工困难大，后期尚要将围堰拆除干净，拆除施工困难，投资大。此外，受当地水生生态环境保护要求、社会影响和综合经济效益的制约，无法将水库水位降低或放空。因此，基于水下岩塞爆破取代围堰修建进水口的优势，以进水口岩塞代替深水围堰，可极大地加快工程进度，节省工程投资。可见采用水下岩塞爆破，完成进水口施工是一种切实可行的方法。

随着各业对水日益增长的需求，以及多泥沙水库的泄洪排沙需要，越来越多的受条件限制的工程，需实施水下岩塞爆破。岩塞爆破可应用于水资源开发利用、水利水电工程、病险库加固、城市及乡镇供水、防洪抗旱减灾、生态环保等多个领域。随着我国水下岩塞爆破技术的不断发展，该项技术在引水、发电（已有电站扩机）、燃机电厂用水、灌溉、调水、调沙、放空水库、防洪泄洪、工农业供水、城市供水、应急抢险、湖泊连通、海底取水、航运及鱼道进口等技术领域均有较好的应用，同时也为防洪抢险及水库排淤排沙提供了一套行之有效的方案，具有很强的适用性，应用前景广阔。

我国已成功实施了 30 余项水下岩塞爆破项目（含现场模型试验），尤其是成功实施了深水厚覆盖下刘家峡泄洪排沙洞进水口岩塞爆破，使得岩塞爆破技术有了长足发展，已经到达了国际领先水平。近年来，采用水下岩塞爆破的项目越来越普及，如黄河刘家峡洮河口排沙洞及扩机工程进水口（2015 年 9 月实施）、辽宁长甸电站扩机改造工程进水口（2014 年 6 月实施）、新路岙水库进水口（2015 年 12 月实施）、辽西北供水工程进水口（2018 年 9 月实施）、甘肃兰州市水源地刘家峡水库进水口（2019 年 1 月实施）、吉林中部引水进水口试验洞（2020 年 6 月实施）等工程；目前，在建或计划实施的岩塞爆破工程有吉林中部城市引松供水工程丰满水库进水口、三亚西水中调工程大龙水库进水口、引黄济宁引水工程龙羊峡水库进水口、甘肃临夏州供水保障生态保护水源置换工程进水口等。

二、国内外水下岩塞爆破技术应用

（一）国外水下岩塞爆破技术应用情况

早在 1877 年前，智利采用岩塞爆破修建取水口取得成功。此后，在北欧国家如挪威、瑞士、法国采用水下岩塞爆破较多。挪威是研究岩塞爆破较早、应用最多的国家，在 20 世纪近百年间已有 600 多例岩塞爆破工程，有丰富的经验和较系统的设计理论。

国外已实施的水下最深岩塞爆破为挪威 Jukla West 工程岩塞爆破，水深达到了 105m，其断面为 $10m^2$，于 1973 年爆破成功，是目前文献记载的水下最深岩塞爆破工程。

挪威阿斯卡拉地下式水电站进水口岩塞爆破水深达 85m，于 1970 年爆通，是目前应用于水电站进水口水下最深的岩塞。该工程岩塞过流断面面积仅为 5～$6m^2$，为了确保爆破成功，对岩塞口部位进行了详细的勘测工作，并进行了室内水工模型试验。考虑安全可靠、一次爆通，设计采用了高低两个岩塞，低岩塞断面面积为 $6m^2$，高岩塞断面面积为 $5m^2$，两个岩塞水平距离约 40m，高差 10m，同时起爆。高、低两个岩塞装药量（硝化甘油炸药）分别为 180kg、250kg。

迄今为止，规模最大的岩塞爆破工程是加拿大休德巴斯水电站的进水口岩塞爆破。休德巴斯水电站装机 746MW，大坝早在 1943 年建成，为了对下游进行调节，要在水库中修建深水下的进水口十分困难，最终采用水下岩塞爆破方案。岩塞直径达 18m，厚度 21m，位于水下 15m，采用药室爆破，用炸药 27t，爆破石方 $10000m^3$，于 1960 年成功爆破。该工程特别值得关注的特点是岩塞口距离已建成的大坝仅 200m，大坝为混凝土重力坝，最大坝高 48m、长 360m。爆破前进行了现场爆破试验，确定了水下岩塞爆破对坝体的振动影响。爆破时对大坝进行了动力观测，测得坝顶的振动加速度为 $1.2g$、振动速度为 $10\sim15\text{cm/s}$、振幅为 0.2cm。爆破后检查大坝坝体仅出现少量裂缝，廊道内的石灰质附着物有剥落。爆破前通过钻孔取芯查明混凝土与岩石结合良好，爆破后钻孔取芯对比表明，结合面没有破坏。

挪威还将水下岩塞爆破技术应用于湖泊沟通和修筑海底取水工程。如：1932 年采用水下岩塞爆破沟通了纳湖和哈格达尔斯湖，连接隧洞长 500m，断面面积 10m^2，两端洞口各设一个岩塞，装药 150kg，同时起爆、成功爆通，爆破效果良好，两端洞口尺寸符合设计要求。1935 年采用水下岩塞爆破修建了弗利埃尔海湾的海底取水工程。

美国雪湖工程采用水下岩塞爆破方法，建成了位于水下 50m 处的新建鱼道进口。

根据国外水下岩塞爆破的经验，都较重视水下岩塞爆破的勘测工作，重视岩塞爆破方案选择的合理性，总体上取得了比较满意的爆破效果、高成功率。但也出现过因地质条件未查明，岩塞爆破方案选择不当而影响施工或进行多次爆破补救的实例。

（1）挪威玛尔克湖的福尔丹尼尔引水发电工程，进水口采用水下岩塞爆破施工，在施工中遇到了强漏水问题。引水洞长 1000m，隧洞断面为 4m^2。闸门井布置在距湖岸 110m 处，在闸门井向湖底掘进 84m 后遇到一个强透水裂隙，涌水量很大，不能继续向前施工。采用水泥灌浆等措施，均未有效止水，通过向裂隙吹送压缩空气，通过气泡出逸点确定了裂隙的位置，该裂隙与隧洞成 45°角，向东南方向逐渐尖灭（如图 1.1－1 所示）。将隧洞轴线第一次调整 5m 后，开挖中又遭遇该裂隙，第二次掘进 22m 后，使掌子面开挖到接近湖底 4m 处，开挖集渣坑后，在岩塞内布置了 35 炮孔，装药 90kg，最终于 1938 年 4 月成功爆通过流。

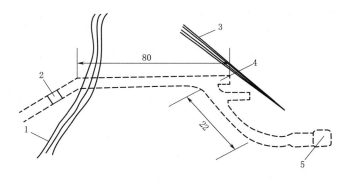

图 1.1－1 玛尔克湖引水隧洞位置调整示意图（单位：m）
1—湖岸线；2—闸门井；3—透水裂隙；4—原隧洞位置；5—最终岩塞口位置

（2）挪威斯科尔格湖水下岩塞爆破是一项因地质条件未查明、爆破方案选择不当而被迫进行多次爆破和大量潜水作业的典型案例。

该工程是为满足工厂的生产供水需要，从斯科尔格湖引用流量为 $0.6\text{m}^3/\text{s}$，引水隧洞长 270m，断面尺寸为 $1.5\text{m}\times1.7\text{m}$，岩塞位于水下 30m，如图 1.1－2 所示。爆破前在冬季封冻后湖面上完成了少量的勘探钻孔，根据勘探钻孔资料认为岩塞处覆盖层厚仅 0.5m，当隧洞开挖至

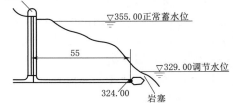

图 1.1－2 斯科尔格湖引水工程（单位：m）

原定岩面 6m 处时，通过探孔发现掌子面前面 3.7m 处有一强透水裂隙，无法继续向前开挖。考虑引用水量不大，决定将洞口与该裂隙连通。开挖集渣坑后，进行了一次装药量为 93kg 的岩塞爆破。由于岩塞厚度较大，湖底有超过 1m 的大块堆积物，起爆后未能将进口爆开，进口处留下大小岩块组成的厚 2m 的顶盖，流入水量仅 15L/s。为了补救，先后进行了七次爆破和大量潜水作业，历时 2 个月，方打开了进口，使得引水洞投入正常运行。

国外部分水下岩塞爆破工程实例统计见表 1.1−1。

（二）我国水下岩塞爆破技术应用情况

我国自 20 世纪 60 年代开始研究应用岩塞爆破技术，在严重缺乏国际信息交流的条件下自主进行了大量探索性的研究和实践，取得了一定的技术成果和工程经验。迄今为止国内已成功实施了 30 余个水下岩塞爆破项目，岩塞直径在 2～11m 之间，这些工程为水下岩塞爆破技术积累了丰富的研究、设计和施工经验，使岩塞爆破技术成为一项成熟的技术。

我国第一个水下岩塞爆破工程是辽宁清河热电厂供水隧洞进水口岩塞爆破工程（简称"211"工程），岩塞下口直径为 6m，于 1971 年 7 月 18 日爆破成功。

国内直径规模最大的岩塞进水口为 1979 年爆破的丰满泄洪洞进口，岩塞下口直径为 11m，厚度 15m，采用药室爆破，使用炸药 4075kg，于 1979 年 5 月爆破成功。

国内最大的采用全排孔爆破的水下岩塞爆破工程为长甸电站改造工程的发电进水口岩塞爆破，岩塞下口直径为 10m，于 2014 年 6 月 16 日成功实施。

国内第一个具有淤积覆盖的水下岩塞爆破为汾河水库，岩塞口上覆盖有近 10m 的淤泥，岩塞下口直径为 8m，采用集中药室加排孔爆破方案，于 1995 年 4 月 25 日爆破成功。

国内实地环境最复杂、爆破难度最大、淤积覆盖最深的大直径岩塞进水口为黄河刘家峡水库洮河口排沙洞进水口，爆破水深 75m，淤泥平均厚度近 40m，岩塞下口直径为 10m，采用分布药室爆破，总装药量为 8600.92kg，于 2015 年 9 月 6 日成功爆通。

国内水下岩塞爆破工程实例统计见表 1.1−2。

近年来，我国水下岩塞爆破技术有了长足的进步，尤其是具备岩塞直径大、承受水头高、上有深水高密度厚淤积覆盖等工程条件极其复杂特点，并兼有泄洪、排沙和发电等综合利用功能要求的刘家峡排沙洞进口水下岩塞爆破工程，其技术难度之大，为国内外首例，具有较大的挑战性和风险性。为此，工程技术人员历时近 20 年开展了大量的计算和理论分析工作、专题科研和试验等工作，最终爆破成功实施。通过开展深水厚覆盖大型水下岩塞爆破关键技术研究与应用，填补了大直径、高水头、高密度厚覆盖等复杂条件下水下岩塞爆破技术的空白，创建了岩塞爆破与冲水排沙相结合的新理论，解决了受泥沙淤积困扰的水库、江河、湖泊的生态环境修复和防洪、发电、供水等综合功能恢复的关键技术难题，获得了岩塞爆破工程勘察、设计、施工一系列关键技术和 10 多项自主知识产权。使得我国水下岩塞爆破技术达到国际领先水平，对水下岩塞爆破技术的发展具有里程碑意义，对水下岩塞爆破技术的应和推广起到巨大的促进作用，为我国今后的类似工程提供技术支撑和借鉴。

国内外部分水下岩塞爆破工程详细爆破方案参见第十七章中工程实例的介绍。

表 1.1－1　国外部分水下岩塞爆破工程实例统计

国别/地点	工程名称	用途	爆破时间	爆破水深/m	地形地质条件	直径(宽×高)/m	塞厚/m	厚度/跨度/m	爆破方法	爆破施行方式	总装药量/kg	单位耗药量/(kg/m³)	爆破方量/m³	爆渣处理措施	起爆方式	爆破效果及其他
挪威 Skjeggedal	蒂西 Tysse		1905年													
挪威 Tverrelvvatn	西马维克 Simavik		1913年													
挪威 Storglomvatn	格洛姆弗焦尔德 Glomfjord		1920年			面积16m²										
挪威 Krokvatn	斯卡斯弗焦尔德 Skarsfjord		1922年			面积4m²										
挪威 Tafjord	塔弗焦尔德 Tafjord I		1923年													
挪威	纳湖与哈格达尔斯湖	引水(双岩塞)	1932年	17		4.0	5.0	1.25	排孔		150.0			集渣		双进水口爆破成功
挪威						3.5	2.5	0.71			150.0					
挪威	佛里埃尔湾	引海水	1935年	22		1.8×1.5	5.6	2.69	排孔					集渣		爆破成功
挪威	玛尔克丹尼引福尔斯湖的水发电工程	发电	1938年4月	28		2.0×2.2	4.0	1.77	排孔		90.0			集渣		爆破成功
挪威	斯科尔格德尔引水工程		1938年	30		1.2×1.7	6.0	1.85	裸露药包		297.0			集渣		未炸开,8次爆破才完成
挪威	阿斯卡拉湖	电站进水口(双岩塞)	1970年	85	优质砂岩	2.24与2.45	5.0	2.96与2.82	洞室	堵塞	180高岩塞、250低岩塞			集渣(长方形集渣坑)	双岩塞同时起爆	爆破成功,岩塞水平距离约40m,高差约10m

续表

国别/地点	工程名称	用途	爆破时间	爆破水深/m	地形地质条件	岩塞尺寸 直径(宽×高)/m	岩塞尺寸 塞厚/m	岩塞尺寸 厚度/跨度/m	爆破方法	爆破施行方式	爆破参数 总装药量/kg	爆破参数 单位耗药量/(kg/m³)	爆破参数 爆破方量/m³	爆渣处理措施	起爆方式	爆破效果及其他
挪威 Storbotnvatn	斯维尔金Ⅳ Svelgen Ⅳ		1971年	70		面积8m²										
挪威 Jukla East	福尔杰丰 Folgefonn		1973年	80		面积13m²										
挪威 Jukla West	福尔杰丰 Folgefonn		1973年	105		面积10m²										
挪威 Jukladalsvatn	福尔杰丰 Folgefonn		1977年	93		面积60m²										
挪威 Selbusjøen	布拉斯本 Bratsberg		1977年	10		面积65m²										
挪威 Nidelven	雷金 Rygene		1977年	9		面积95m²										
挪威 Lomivvatn	洛米 Lomi		1978年	70	石英云母片岩	4.65	4.5	0.97	排孔	敞开	403.7	5.10	80.0	集渣	毫秒雷管并列网路，分13段	爆破成功
挪威 Ringedalsvatn	奥克斯拉 Oksla		1980年	86		40m²										爆破成功
挪威 Tyee Lake	蒂依 Tyee Hydro		1983年	50	花岗闪长岩	3.18	2.5~3.0	0.78~0.94	排孔		143.6	6.38	22.5	集渣	毫秒雷管并列网路，分15段	爆破成功

续表

国别/地点	工程名称	用途	爆破时间	爆破水深/m	地形地质条件	岩塞尺寸 直径(宽×高)/m	岩塞尺寸 塞厚/m	岩塞尺寸 厚度/跨度/m	爆破方法	爆破施行方式	爆破参数 总装药量/kg	爆破参数 单位耗药量/(kg/m³)	爆破参数 爆破方量/m³	爆渣处理措施	起爆方式	爆破效果及其他
意大利	列儒罗罗湖		1928年	27			3		洞室与排孔		566.0			集渣		爆破成功
美国	雪湖引水工程	鱼道	1939年10月	50	花岗岩	1.36×1.36	2.1	1.36	排孔	堵塞	100.0			分散集渣(共五个集渣坑)		爆破成功
苏格兰	芬尼奇湖	电站引水口	1950年9月	24	含云母花岗岩	4.6	4.6	1.00	排孔	堵塞	958.0	11.75	82.0	集渣(容积是岩塞体积的两倍)		爆破成功在两闸门间设有3.8m混凝土塞
法国	依萨尔赖斯湖	引水口	1953年	37	副片麻岩及花岗片麻岩	2.1	2.7	1.29	排孔	堵塞	102.5	9		集渣		爆破成功
加拿大	休德巴斯电站	电站进水口	1960年	15	严重破碎的侵入岩体	18×18	21	1.17	药室(单层)	堵塞	27200.0	2.72	10000.0	集渣(坑深35m,体积为岩塞的1.7倍)	电力起爆	爆破岩石块重有100t
秘鲁	阿尔托湖	电站进水口	1966年	35		2×2	4.1	2.05	排孔	堵塞	96.0	7.4	12.0~14.0	集渣	主洞部分充水,用水和空气作缓冲垫	
丹麦	Sisimiut	电站引水口	2007年	15		4.3	4		排孔	堵塞	346.8	6.4	54.0	集渣	毫秒微差	良好
美国	LakeDorothy	电站引水口	2008年	36		4.3	4		排孔	堵塞	216.0			集渣	毫秒微差	良好

国内水下岩塞爆破工程实例统计

表 1.1-2

工程名称	用途	爆破时间	爆破水深/m	地形地质条件	离大坝最近距离/m	直径(宽×高)/m	塞体厚/m	倾角/(°)	厚度跨度/m	爆破方法	爆破施行方式	爆破作用指数	总装药量/kg	单位耗药量/(kg/m³)	爆破方量/m³	爆渣处理措施	起爆方式	爆破效果及其他
吉林中部引水进水口试验洞	现场1:1模型试验	2020年6月23日	25	花岗岩	1400	7.0	9.0	65	1.3	排孔	堵塞		1599.0		570	集渣	双数码雷管网路	良好
兰州水源地进水口	引、供水	2019年1月22日	25			5.5	8.0	45	1.6	排孔	堵塞		935.0	2.6	360	集渣	双数码雷管网路	良好
辽西北供水工程	引、供水	2018年9月30日	38			7.55				排孔			2149.0		1150	集渣	数码雷管导爆管复式网路	良好
新路岙水库（浙江）	泄洪	2015年12月	14		150	2.6	2.2		0.85		敞开							良好
刘家峡泄洪排沙洞（甘肃）	发电、泄洪、排沙	2015年9月	75m，淤泥盖厚近40m	前震旦系主要为弱质变质岩石，见有少量微风化岩石；第四系松散沉积物	1500	10.0	12.3	45	1.23	陀螺式分布药室	敞开	1.35、1.98、1.55	8600.92	1.7	2606	集渣	毫秒微差数码雷管和导爆索混合网路起爆法，分11段	成型优良、完全满足设计要求
长甸改造进水口（辽宁）	引水发电	2014年6月	36	黑云斜长片麻岩，片麻状构造		10.0	12.5	43	1.25	排孔	堵塞		2835.0	1.92	1478	集渣	毫秒微差数码雷管分4段	良好
塘寨电厂（贵州）	取水口	2011年5月	15	灰岩	距电厂3000	3.5	4.095	60	1.17	排孔	敞开		320.0		81	集渣	电子雷管各分4段起爆	顺利贯通
						3.5	4.14	60	1.18				310.0		82			
湖漫水库泄洪洞进口（浙江）	泄洪	2008年9月	15	灰色流纹凝灰岩		2.2	3.98	60		排孔	敞开		136.3			集渣与泄渣相结合	毫秒微差电爆网路，分3段	
刘家峡1:2模型试验洞	现场1:2模型试验	2008年4月	60m，淤泥盖厚30m	前震旦岩，第四系松散沉积物	1380	7.0	9.8	29.3		分层药室		1.2~2	1587.26	1.8	896	集渣	毫秒微差复式电爆网路，分4段	良好

续表

工程名称	用途	爆破时间	爆破水深/m	地形地质条件	离大坝最近距离/m	岩塞尺寸				爆破方法	爆破施行方式	爆破作用指数	爆破参数			爆渣处理措施	起爆方式	爆破效果及其他
						直径(宽×高)/m	塞厚/m	倾角/(°)	厚度/跨度/m				总装药量/kg	单位耗药量/(kg/m³)	爆破方量/m³			
周公宅水库(浙江)	(较口)引水下层取水口	2008年	31.08	侏罗系高坞组熔结凝灰岩、流纹质含角砾的玻屑凝灰岩及黑褐色流纹斑岩	1000	2.8	4.2	60		排孔	敞开		90.12	2.0	26	集渣	毫秒微差4段，串-并联双电爆网路	良好
温江发电厂2/3期	引水	2000年	13	凝灰岩		5.2	4.7			排孔			421.0			集渣		
		2004年	13			平均5.2	4.2			排孔	敞开	1.4	313.73	3.69		集渣	毫秒微差爆破	与设计吻合
花溪水库(贵州)	泄水	2022年5月	9	三叠系下统大冶组薄层灰岩		2.5	3.0		1.2	排孔	敞开		74.8	3.5		泄渣	毫秒微差4段爆破	成功
温州龙湾燃机电厂	取水	2000年	9.5	晶屑熔结凝灰岩		3.5	4.0	55	1.14	排孔	敞开			2.0	40	集渣(主副二集渣坑)	毫秒微差5段爆破	良好
响洪甸抽水蓄能水电站(安徽)	输水洞进口	1999年8月	26	岩性脆弱，岩裂隙发育，透水性强～中等，以火山角砾岩为主	210	9.0	9~最大13	42	1~1.44	药室结合排孔	堵塞		1958.42	1.45	1350	集渣(主副气垫式爆破设计、充水)	复式网路	成型良好
印江岩口应急抢险工程(贵州)	泄水洞进口	1997年	30	下三迭系夜郎组第二段玉龙山灰岩，呈中厚层状	—	6.0	6.2	60	1.1.03	排孔	敞开		1208	1.68	721	泄渣	毫秒微差5段爆破	成型良好
黄椒温联合供水工程长潭水库取水隧洞进水口(浙江)	取水隧洞	1995年6月	18	流纹角砾凝灰岩，岩石完整		3.0	3.3	60	1.1	排孔	敞开			2.5	30	集渣	毫秒微差4段爆破	良好
汾河河库(山西)	泄洪洞进水口	1995年5月	24.5	太古界介昌梁群变质岩系，以斜长角闪岩、云母斜长片麻岩为主，次为花岗岩片麻岩与云母石英片岩，层状结构	125	8.0	9.0	60	1.13	药室结合排孔	敞开		2908.64	1.67	1743.5	泄渣	毫秒-微差并-串-并复式电爆网路	厚淤积层，水下岩塞爆破，爆破效果良好

续表

工程名称	用途	爆破时间	爆破水深/m	地形地质条件	离大坝最近距离/m	岩塞尺寸 直径(宽×高)/m	塞厚/m	倾角/(°)	厚度/跨度/m	爆破方法	爆破施行方式	爆破作用指数	爆破参数 总装药量/kg	单位耗药量/(kg/m³)	爆破方量/m³	爆渣处理措施	起爆方式	爆破效果及其他
密云水库(河北)	九松山供水隧洞进水口	1994年10月	30	花岗片麻岩		3.5	4.75	26.7	1.36	排孔,预裂孔	敞开		245.3	1.47	167.0	洞内集渣,控制出流,设缓冲坑	并-串-并爆破网路,4段毫秒差爆破	基本与设计相符
水槽子水库(云南)	冲砂放空洞进水口	1988年2月	24.1m,淤积19m	上二叠系峨眉山玄武岩,湿抗压强度58.8MPa		4.5	4.6(实际3.4)			排孔,淤泥爆破孔	敞开		855.3	2.34	石方229(实际191),坡堆积石渣735	泄渣缓设泥冲坑	双回串-并联网路差爆破	符合设计要求
横锦水库(浙江)		1984年9月	20.6	侏罗纪上统流纹岩		6.0	9.0		1.5	药室结合排孔	敞开		627.6	1.14	551.6	泄渣		效果良好
密云水库(河北)	泄空洞进水口	1980年7月	34.2	混合岩化角闪斜长花岗片麻岩,节理裂隙较发育	138	5.5	5.0	30	0.91	排孔	敞开	1.4 1.2 1.0	738.2	1.65	546	泄渣(设置直径5m,深1.8m的浅式缓冲坑)	并-串-并爆破网路	效果良好
梅铺水库(湖北)	泄空洞进水口	1980年7月	10.3	石灰岩,岩性较好,有两条交错育的裂隙	120	2.6	3.6	60	1.38	排孔	敞开	3	318.7	1.16	275	半泄渣,半集渣		
丰满水电站	放空、泄洪、发电	1979年5月	19.8	二叠系变质砾岩,微风化岩石的湿抗压强度2300kg/cm²	280	11.0	15.0		1.36	药室(三层)	敞开		4075.6	1.60	3794	集渣	毫秒差爆破	一次爆通成形,与设计尺寸基本一致
小子溪	引水洞进水口	1978年12月	8.7	半风化熔凝灰岩	120	2.2×2.2	3.35	90	1.675	药室	敞开	2.0	537.6	陆地1.95 水下2.36	600	泄渣	瞬发电雷管同时起爆	
香山水库	泄洪洞进水口	1979年1月	24.13	微风化粗粒花岗岩,岩石抗压强度1280kg/cm²	100	3.5	4.52	45	1.29	排孔	敞开		230.3	中心孔1.62 扩大孔2.16~3.46	247	泄渣(设置φ5m,长19.6m,衬砌厚0.4m的缓冲坑)		效果较好

续表

工程名称	用途	爆破时间	爆破水深/m	地形地质条件	离大坝最近距离/m	岩塞尺寸				爆破方法	爆破施行方式	爆破参数				爆渣处理措施	起爆方式	爆破效果及其他
						直径（宽×高）/m	塞厚/m	倾角/(°)	厚度/跨度/m			爆破作用指数	总装药量/kg	单位耗药量/(kg/m³)	爆破方量/m³			
镜泊湖电站310引水工程（黑龙江）	地下厂房引水隧洞	1975年11月	23	闪长岩，并有花岗岩、花岗斑岩、岩脉穿插，强度为1000kg/cm²		8×9 城门洞型	8.0	45	1	药室（单层）+预裂孔	堵塞	1.0~1.5	1230.0	1.11	1112	集渣（矩形集渣坑深15~18m，长28m，宽6m，容积2500m³），渣坑利用系数0.665	电爆复式网路，3段毫秒差起爆，每响间隔25ms	爆通成型，与设计基本相符
三九股水电站250试验洞（江西）	施工导流泄洪洞	1974年	2	中三迭系大理岩，层厚完整，抗压强度900kg/cm²		2.7×2.7	2.0		0.8	排孔裸露	敞开		37.0	3.23	12	泄渣	3段秒差起爆	一次未爆通，处理后达到设计要求
丰满电站250试验工程（吉林）	泄水洞	1973年7月	8	二迭系变质页岩，抗压强度1.5~2.6t/cm²	400	6.0	8.5	72	1.42	药室（三层）+预裂孔	堵塞	1.75~1.5	828.0	1.54	727	集渣（集渣坑容积1078m³），松方946m³，集渣坑堆方660m³，利用系数0.613		达到设计效果
玉山七一水库（江西）	供发电、灌溉及放空用	1972年11月	18	半风化泥质页岩，节理裂隙发育		3.5	4.2		1.2	药室、表面深孔和裸露药包相结合	敞开		938.0	2.0~2.5	700	泄渣	复式并-串并联网爆破	效果较好
清河电厂211取水工程（辽宁）	火电厂引水	1971年7日	24	长石英片岩、绿泥石片岩		6.0	7.5		1.2	药室结合排孔	堵塞	2.3	1190.4	1.45~2.0	800（松方）	集渣（集渣坑+平洞），渣坑利用系数0.55~0.60	复式并-串，秒差复式并联网	国内首次爆破成功，爆破成型与设计相符

第二节　水下岩塞爆破分类和基本要求

一、水下岩塞爆破分类

根据水下岩塞爆破的特点，一般按照岩塞爆破装药方式、岩塞爆破岩渣处理方式和爆破时隧洞运行方式等进行分类。

（一）按照岩塞爆破装药方式分类

按照岩塞爆破装药方式主要分为药室岩塞爆破、排孔岩塞爆破及药室与排孔联合岩塞爆破三种。

1. 药室岩塞爆破

药室岩塞爆破是在岩塞轮廓面采用预裂爆破，在岩塞体中开挖药室，放置集中药包或延长药包进行的岩塞爆破，如国外的休德巴斯及我国的丰满水电站泄洪放空洞进水口、清河电厂引水工程进水口、镜泊湖水电站引水工程进水口、刘家峡洮河口排沙洞进水口等工程均采用了这种方式。

2. 排孔岩塞爆破

排孔岩塞爆破是在岩塞体内全部采用钻孔法进行的岩塞爆破。即在岩塞体掌子面布置较为密集的钻孔，中心布置掏槽孔、空孔，周围布置崩落孔，岩塞周边布置光面爆破孔或预裂孔，在炮孔中装药进行爆破，早期一般用于断面较小的岩塞，如国外的阿斯卡拉、雪湖以及我国的香山、密云等工程均采用这种爆破方式。但随着国内水下岩塞爆破技术的发展，近年来逐渐应用于大直径的水下岩塞爆破，如我国的长甸水电站改造工程进水口岩塞爆破工程。

3. 药室与排孔联合岩塞爆破

药室与排孔联合岩塞爆破是轮廓面光面爆破或预裂爆破，岩塞体采用药室和排孔联合进行的岩塞爆破。综合了药室爆破、排孔爆破的特点，一般在靠近水面部位岩塞体开挖一个药室放置集中药包，在掌子面药室后部的岩塞体内布置各类钻孔，进行装药爆破，即岩塞前半部分采用药室爆破，后半部分采用钻孔装药进行爆破有的岩塞爆破方案，会很明确地以药室爆破为主、钻孔爆破仅作为辅助措施。如国外的意大利列地和我国的汾河水库取水口、响洪甸抽水蓄能电站进水口等。

（二）按照爆破岩渣的处理方式分类

岩塞爆破按照爆破岩渣的处理方式，一般可分为集渣、泄渣和集渣泄渣相结合等三种类型。

1. 集渣

集渣是在岩塞后部预先挖好集渣坑，使得爆落的岩塞渣料聚集在其中，并保证在隧洞正常运行时这些渣料不会被水流带走。国外水下岩塞爆破工程大多采用集渣爆破，国内采用集渣方式的工程主要有丰满水库泄洪放空洞工程、镜泊湖电站引水工程、清河电厂取水、响洪甸抽水蓄能电站、长甸水电站扩机改造工程、刘家峡洮河口排沙洞工程等。

2. 泄渣

泄渣相对于集渣方式而言，不设置集渣坑，利用爆破后水流的力量将岩塞爆落的渣料通过隧洞冲至出口的下游河道中，国内采用泄渣爆破的工程主要有玉山七一水库、香山水库、横锦水库、密云水库、汾河水库、印江岩口应抢险工程等。采用泄渣方案一般在岩塞后部可以设缓冲坑，基于泄水冲渣的特点，采用该方式时应注意水流及岩渣流速应大于不淤流速。

3. 集渣泄渣相结合

集渣泄渣相结合方式就是综合集渣爆破、泄渣爆破的各自特点，既设置有集渣坑或缓冲集渣坑，又考虑利用爆破后水流的冲渣作用，保证爆落的岩塞体渣料部分集聚于集渣坑中，小颗粒岩渣又可以顺利地冲至隧洞出口外，不影响隧洞闸门正常启闭和隧洞正常运行。具体实施时一般会明确集渣，或者泄渣中一种方式为主，另一种方式作为辅助。国内采用该方式的工程主要有梅铺水库、湖漫水库等。

（三）按照岩塞爆破时隧洞运行方式分类

按照岩塞爆破时隧洞运行方式一般分为堵塞式爆破和敞开式爆破两类。

1. 堵塞式爆破

堵塞式爆破通常要在进水口闸门井渐变段之后的隧洞中设置临时封堵段（或封堵堵头），防止爆破后的水流及岩渣冲入隧洞，待岩塞爆破后再关闭进水口闸门，在闸门挡水保护下，清除临时堵塞段及后续未完建项目的施工。国外多数工程均采用堵塞爆破，国内采用堵塞爆破的工程有清河电厂取水工程、镜泊湖电站引水工程、响洪甸抽水蓄能电站、长甸水电站扩机改造工程、兰州水源地进水口等。

采用堵塞爆破时，会在堵塞段前闸门井中产生强烈的井喷，高速气水石混合流从闸门井冲出，对闸门井结构、闸门埋件及井上结构有破坏作用，在结构设计时应高度重视，并采取可靠的专项防护措施进行预先保护，避免因爆破对结构和闸门埋件等造成的破坏。

2. 敞开式爆破

敞开式爆破是相对堵塞爆破而言的，不需要在隧洞内设置堵塞段，爆破时隧洞中闸门开启，让爆破后的水石流经隧洞直接冲出洞外。其主要优点是节省了临时堵塞段的工作量和后期清除施工，且在爆破时不会产生大的井喷，对进水口闸门井结构、闸门埋件等产生的影响较小；缺点是因为高速的水石流会对隧洞衬砌结构造成一定磨损，对隧洞衬砌混凝土抗冲耐磨设计要求高。采用敞开爆破还要求隧洞闸门能够在岩塞爆破后及时投入使用，以保证对水流的控制。

采用泄渣爆破或集渣泄渣相结合爆破时，均为敞开式爆破，比如玉山水库、香山水库、密云水库、梅铺水库、湖漫水库、印江岩口应抢险工程等工程均采用泄渣（或集渣泄渣相结合爆破）、敞开式爆破。而当采用集渣方式时，一般为堵塞式爆破，也可以采用敞开爆破，如丰满水库泄洪放空洞工程、长潭水库、周公宅（皎口）水库、刘家峡洮河口排沙洞工程等。

二、水下岩塞爆破的基本技术要求和重点关注事项

（一）水下岩塞的基本技术要求

采用水下岩塞爆破方式修建的隧洞进水口，位于水下数十米；工程运行期间，其所在隧洞进口闸门井前不具备降低库水位（或放空）干地检修条件。鉴于水下岩塞爆破所特有的施工和运行条件，也确定了其特定的技术要求。

第一，要求做到岩塞爆破一次爆通。如果出现拒爆或不完全爆破，或者未达到设计要求的爆破效果，出现未爆通或未完全爆破等情况，将会给工程的工期、投资等带来极大的影响，其后处理施工复杂、难度大，需要潜水作业工作量大。比如前面介绍的挪威斯科尔格湖水下岩塞爆破，由于未能一次爆通而被迫进行了7次补救爆破和大量的潜水作业。国内外水下岩塞爆破工程实践表明，只要查明岩塞部位的地形、地质条件，查明岩面线、岩石构造、节理裂隙及岩石渗漏情况，选择合理的岩塞爆破参数，确定正确的爆破方案，完全可以一次爆通。

第二，要求爆破后的岩塞口成型优良。既要满足进水口具有良好的水力条件又要保证满足设计断面尺寸的要求，从而满足隧洞设计过流等综合利用功能要求。同时尚应保证岩塞口长期运行的安全性、稳定性，以及岩塞口围岩、进口边坡及附近的岸坡岩体不存在坍塌或滑坡风险和隐患。

第三，爆破时确保周边已有建筑物的安全和稳定。在岩塞口附近常有大坝、发电厂房、引水隧洞、闸门、边坡及供水管线等水工建筑物，同时有房屋、道路、桥梁及码头等民用或公用建筑。爆破会对周边现有建筑物产生振动、冲击波等一定的影响。需要在设计岩塞爆破方案时，对建筑物的影响程度进行专题论证和实验研究，通过采取合理的爆破实施方案，以及必要的技术和安全防护措施，以确保所有建筑物在爆破时的安全。可见如何控制最大单段药量、合理的爆破振动标准和冲击波等对周围已有建筑不造成破坏，同时确保岩塞一次爆通，是水下岩塞爆破设计的关键点。

第四，要保证岩塞爆破的岩渣集渣、泄渣基本可控。根据选择的爆破岩渣处理方案，采用集渣方案时要确保集渣效果；采用泄渣方案时，要确保爆破岩渣顺利冲至隧洞出口以外；对于采用集渣与泄渣相结合的方案，应保证爆后岩渣达到设计预计的集渣、泄渣效果。总之，应避免爆后岩渣对闸门带来无法正常启闭影响，避免隧洞造成整体堵塞或局部堵塞而影响工程正常运行。

以上要求归纳起来就是：一次爆通、成型优良、爆破安全、岩渣可控、长期稳定，简化为十字要求：爆通、成型、安全、可控、稳定。

（二）水下岩塞的勘测、设计及施工过程中重点关注事项

为满足水下岩塞爆破的基本技术要求，结合国内外水下岩塞爆破的实践经验，在岩塞勘测、设计及施工过程中，应着重解决以下几个方面的问题。

1. 重视岩塞勘测，查明岩塞部位的地形和地质条件

不同于常规水工进水口的地质勘察，水下岩塞爆破工程的地质勘察要求相对较高，因为岩塞爆破口及其附近的地形、地质条件，以及岩面地形、岩石构造等，直接影响着岩塞口位置的选择、岩塞爆破的设计与施工。

地形条件，尤其是岩面线地形条件直接关系到岩塞厚度、倾角及各种爆破参数的选择，因此，对于水下岩塞爆破地形、岩面地形测量有较高的精度要求，其地形、岩面地形测量工作可在水上或冰上进行。

岩塞口的地质条件对岩塞口位置选择至关重要，与岩塞稳定、岩塞口成型与长期运行稳定、岩塞口边坡及附近岸坡岩体稳定，以及集渣坑边墙稳定、进口段隧洞结构稳定等问题密切相关。必须要查清楚岩塞口覆盖层（淤积）分布、岩性、断层、节理与裂隙等地质

构造，查明岩石与覆盖层的渗漏情况。地质勘察通常在大比例测图（一般为 1：100～1：200）的基础上，采用水上钻孔、地质探洞进行勘察，并结合洞内辐射勘探钻孔、施工超前勘探孔及勘探洞等进行补充修正。实际勘察过程中应采用钻探、物探等多种手段，多方面查明岩塞部位的地质情况，为岩塞爆破设计提供可靠的基础资料。

2. 选择技术可行、安全可靠的岩塞爆破方案

岩塞爆破方案选择的正确与否是直接影响岩塞爆破成败的关键。岩塞爆破方案的选择，应综合考虑地形地质条件、隧洞布置及其运行功能等各种因素，通过多方案比较，必要时通过现场模型试验洞进行验证，选择技术可行、安全可靠的岩塞爆破方案。

进行岩塞爆破方案设计时，首先要确定岩塞爆破的装药方式，然后再结合隧洞施工和运行条件，确定爆破岩渣的处理方式，同时明确爆破时隧洞的运行方式。

装药方式的选择主要考虑岩塞口断面尺寸、地形地质条件、施工条件及周围建筑物之间的关系等因素。根据国内已成功的水下岩塞爆破经验，一般岩塞尺寸较大的工程多采用药室爆破，尤其是具有水头高、覆盖厚等复杂条件下的大型岩塞爆破工程采用药室爆破成功案例较多。随着水下岩塞爆破技术的不断发展，目前采用排孔爆破的工程越来越多，且不再局限于岩塞尺寸较小的工程，也越来越多地应用于大直径岩塞爆破工程中。

岩渣处理方式及爆破时隧洞运行方式，主要取决于所建隧洞的用途和下游河道的情况。如引水发电隧洞、长供水洞等需要采用集渣、堵塞式爆破方式，泄洪隧洞则可采用泄渣（或集渣泄渣相结合）、敞开式爆破方式。当爆破岩渣宣泄到下游河道时，可能造成下游尾水壅高，影响发电或其他水利设施运用时，一般不宜选用泄渣爆破方式。

为确定选择的岩渣处理方式及爆破时隧洞运行方式，需要研究岩渣、水等多相流在隧洞中的运动规律，一般通过三维数值模拟计算进行理论分析，并依靠室内整体下泄水工模型试验进行验证。

3. 重视附近建筑物的安全，研究爆破对周边现有建筑物的影响

岩塞爆破时产生的巨大能量一部分用于破碎岩塞口中的岩石外，还会通过周围介质，以水中冲击波、空气冲击波、岩石（覆盖层）中的应力波及地震波、井喷等形式向外传播，作用到附近的建筑物上，具有一定破坏作用。为确保岩塞口附近的水工建筑物（大坝、厂房、供水管线、隧洞及闸门等）、房屋建筑（民房、工业厂房等）、交通建筑物（桥梁、码头等）、电力设施（输电线路、变压器等）等各种现有或新建的建（构）筑物在岩塞爆破时的安全，应根据工程具体情况，专题研究由爆破引起的各种冲击波、振动波的量值及衰变规律，以及这些爆破有害效应对各个建（构）筑物安全影响的程度。

根据既往工程经验，为准确把握上述影响，往往通过数值模拟计算、理论分析，并结合现场专题科研试验的方法进行验证确定。如刘家峡排沙洞进口岩塞爆破工程，为确定爆破对大坝、隧洞闸门井、房屋建筑等现有设施的影响，进行了专题室内科研试验和现场爆破振动试验研究，主要依托现场 1：2 模型试验洞岩塞爆破试验，通过开展系统的爆破动态、静态监测，测得了各个建（构）筑物的爆破振动参数和规律，以及爆破水击波、空气冲击波等试验实测数据，从而明确了原型水下岩塞爆破的振动标准和影响参数，确定了岩塞爆破各类振动、冲击波等有害效应对闸门等建（构）筑物的影响。在专题试验、各爆破试验的同时，对周边已有的建（构）筑物进行了爆前、爆后的系统检查和观测，对于爆破产生的影响程度及振动控制标准的选择，提供真实的监测数据成果。并就水、气体、淤泥、石渣四相流泄流对闸门、隧洞等的影响，进行了专项数值模拟计算和整体水工模型下泄试验研究工作，掌握了爆破后水、气、淤泥、石渣等多相混合流运行基本规律，解决长隧洞多相混合流的淤堵难题，为闸门槽、隧洞抗冲防护设计提供了理论支持和试验验证。

丰满水库泄洪放空洞岩塞爆破工程，根据现场药室爆破试验明确了大坝振动各种参数，并应用振动理论，对大坝在爆破应力下的及稳定情况进行了专题计算分析。同时为确定爆破冲击波对进水口闸门等建筑物的影响，还开展了室内激波管试验，研究了空气冲击波在洞内传播规律，并通过理论计算分析，明确了冲击波对闸门等建（构）筑物的影响。

4. 做好施工策划和组织，重点做好应急堵漏、灌浆防渗加固等措施

水下岩塞爆破施工场地较狭窄、施工条件通常较差、工程施工工序要求较严格，具有施工工序多、交叉干扰多等特点。为保证水下岩塞爆破工程施工安全、施工质量和施工快捷，要对其相关的集渣坑、药室开挖、钻孔施工、爆破器材防水处理、装药、爆破网路敷设和联网检测、封堵（钻孔、药室、导洞等）等各工序做出合理的安排和细致的策划，选择安全、合理的施工方案，配置好施工资源。

由于岩塞口单侧邻水，受岩石节理裂隙的影响，在集渣坑等施工开挖过程中，往往会出现渗漏或突然涌水的情况，因此岩塞爆破工程施工时，应采用超前勘探钻孔，发现渗漏及时进行灌浆处理，同时应重点研究渗漏封堵、排水、灌浆防渗等处理措施和应急预案，避免因处理不当或不及时，造成水淹隧洞，导致发生安全事故，并对后面的洞内施工项目造成影响，从而带来对工程工期和投资的影响。

爆破后岩塞口常年处于水下，不具备检修条件，因此要求其周边岩壁、进口边坡等具有长期运行的稳定要求，不能够发生局部坍塌、边坡失稳，影响工程的正常运行，因此需要根据岩塞口地质情况，结合岩塞口防渗灌浆，应将岩塞口周边一定范围内的岩体进行加固灌浆处理，必要时采用长锚杆、锚筋桩或预应力锚索等进行加固措施；对于进口边坡应采用系统喷锚支护、预应力锚索等加固措施，确保爆破时及运行期的边坡稳定。为了满足爆破岩塞进口长期运行稳定要求，应重视对岩塞进口及进水口边坡等加固处理。

5. 重视对闸门及门槽的防护，选择合理的下闸时间

考虑岩塞爆破各种冲击波对进水口闸门的影响，设计应重视闸门承受爆破冲击波的影响，对闸门、门槽进行结构复核验算。对闸门提出合理的加固设计措施，并结合进水口闸门井结构，采取安全可靠的锁定装置，对闸门进行固定，避免因爆破造成闸门变形或脱落，不能正常使用。对于门槽采取预埋枕木、防护门框等。防止爆破的岩渣淤堵门槽，从而导致闸门关闭不严。

除了上述应重视的问题外，对于采用敞开式爆破的水下岩塞爆破，还应该重点研究闸门关闭时间的选择，尤其是对于大流量、高流速或有泄洪排沙需要的岩塞爆破工程更为重要。在实践中，有的几分钟就成功地进行动水关闭闸门，也有出现失利而损失大量库水的情况。对于泄洪排沙的或重要的岩塞爆破工程，其关门时间的选择，可通过理论计算分析，并结合整体水工模型试验进行验证，经综合分析确定合理的下闸时间。

6. 重视爆破动态、静态等监测工作

为评定爆破效果和监视爆破时附近各个建筑物的安全状况，水下岩塞爆破工程需要进

行必要的观测和监测工作。水下岩塞爆破监测一般可分为动态监测和静态监测，主要包括振动影响、水中冲击波压力、结构动应力应变、水面鼓包运动现象、岩塞口形状调查、周边宏观调查等一系列观测观察项目。静态监测是在爆破前后进行，动态监测则是在爆破时进行。

岩塞爆破监测是用以评价岩塞爆破对混凝土结构、大坝等重点建筑物及边坡稳定性的影响，检验爆破设计和爆破效果的重要手段。各个监测项目可独立工作，项目之间也可以相互印证。各项目的观测重点应是结构的关键部位或典型地段，并结合静态安全监测的测点布置情况统筹安排。通过监测为岩塞爆破提供监测数据支持，为岩塞爆破效果评价提供数据支撑，同时有利于对水下岩塞爆破技术进行总结和归纳，为该技术不断发展提供可靠的监测数据。

第三节　水下岩塞爆破技术应用前景

一、水下岩塞爆破技术在各行业的应用

水下岩塞爆破技术作为一种特别的水下爆破，是在已建水库、天然湖泊和海域中修建人工隧洞进口的水下施工关键技术问题。该技术的应用是由水下地形测量、地质勘察（水下地质勘察）、岩塞爆破方案设计、爆破振动对周边建筑物的影响、爆破动态和静态监测、水工模型试验研究、现场模型试验、施工开挖涌水堵漏、灌浆加固、钻孔精度控制、爆破效果水下检测等一系列成套技术组成，涵盖了水下岩塞爆破工程的勘察设计、专题科研和计算、试验、咨询、施工、监测（检测）、后评价等全过程。

根据国内外水下岩塞爆破技术应用实践，其主要应用于以下方面：

1. 水利水电行业

按照隧洞的功能划分，应用于电站扩机发电引水、引（调）水、灌溉、多泥沙水库泄水排（调）沙、抽水蓄能电站进/出水口、防洪泄洪、水库放空（人防或应急抢险）、除险加固、工农业供水、农村和城市供水等，以及兼顾上述多功能综合利用的水利水电工程的水下进水口工程施工。同时也可用于调水工程的湖泊连通进/出水口的施工。

2. 能源行业

主要应用于热电（燃机）电厂取水及其扩建工程、核电用水的水下或海底取水口的施工，以满足其循环冷却用水要求。如浙江龙湾燃机电厂引水隧洞取水口水下岩塞爆破建成。

3. 环保行业

主要应用于水资源二次开发利用、过鱼设施的鱼道进口水下施工。如美国雪湖工程采用水下岩塞爆破方法，建成了位于水下 50m 处的鱼道进口。在水资源利用的二次开发应用是通过水下岩塞爆破技术在水利水电工程的应用来实现的，二者相辅相成。

4. 其他行业

水下岩塞爆破技术不局限于上述行业，还可应用于交通、航运等其他行业中有在水下修建进口需求的工程。

由此可见，水下岩塞爆破技术应用的范围、领域是广泛的，只是其施工的前提条件具有

一定的独特性和局限性。采用水下岩塞爆破避免了在深水中修建围堰，预留岩塞挡水，保证后续主体工程具备干地施工条件和施工安全，也避免了水下围堰拆除施工难题，减少了大量的后期拆除、清理工作，是一种水下进水口施工的简单经济、科学、行之有效的好方法。

二、水下岩塞爆破技术的应用前景

21世纪水资源的矛盾，主要集中在城市供水方面。随着工业化、城市化和现代化的发展要求，各业对水的需求日益增长。城镇生活用水量将持续增加，今后城市的供水水源主要依靠水库，水库作为水源有着水量稳定、水质好和保证率高的优点，利用现有水库资源作为城市供水的水源地项目越来越普及，如已建的兰州市水源地供水工程，在刘家峡水库取水保证兰州市供水，既提高了供水保证率，又提高城市居民生活用水质量。

同时，受自然条件的制约，各地行政区内的水资源极其不平衡，为了更好地对水资源的进行综合开发和利用，各地区跨流域的引（供）水工程也日益增多，如在建的吉林省中部城市引松供水工程，依托丰满水库，向吉林省中部进行长距离调水，保证中部城市、城镇和工农业的用水需求；已实施的辽宁省辽西北供水工程也是依托已有水库进行调水。上述项目为了不影响依托水库的正常运行和水生态安全，都需要采用水下岩塞爆破技术修建水下进水口。

我国水库数量居世界首位，病险水库近40%，这些病险水库往往存在水库防洪安全问题，处于限制运行状态，制约其正常效益的发挥。我国河流中大部分为多泥沙河流，尤其是黄河中下游多泥沙水库的淤积问题特别突出，有的已严重影响到大坝等枢纽建筑物的防洪安全，水库几乎接近废弃的边缘。上述这些情况无疑对下游地区人民生命财产带来安全隐患，消除这些危害，必须进行除险加固和合理的泄洪排沙。这都需要在此类水库增加泄洪隧洞或者泄洪排沙洞，其进水口的施工往往采用水下岩塞爆破技术完成。可以提高解决防洪安全问题。通过合理的泄水冲沙，使得水库恢复其正常功能和任务，获得新生，并实现了水资源的二次开发利用。刘家峡泄洪排沙洞扩机工程，结合泄洪排沙，同时又扩建了300MW的装机容量，既有效地缓解了刘家峡水库历年来的泥沙淤积问题，保证了大坝和电站的正常运行，解决了多年来存在的库容损失以及发电量损失的难题，同时确保了后续的300MW扩机工程的顺利建设和按时发电，带来的直接和间接效益巨大。为国内多泥沙水库的淤积问题提供了有效解决方法和成功的典范。

由此可见，岩塞爆破技术可广泛地应用于水资源开发利用、水利水电工程、病险库加固、城市及乡镇供水、防洪抗旱减灾、航运、生态环保等多个领域。随着我国水下岩塞爆破技术的不断发展，岩塞爆破技术在引水、发电（已有电站扩机）、燃机电厂或核电取水、灌溉、调水、调沙、放空水库、防洪泄洪、工农业供水、城市供水、应急抢险、湖泊连通、海底取水、航运及鱼道进口等技术领域，同时也为防洪抢险及水库排淤排沙提供一套行之有效的方案，具有很强的适用性，应用前景广阔。

随着我国经济的不断发展和各行各业对水需求的不断增加，我国岩塞技术得到了长足的进步和发展，尤其是随着高水头、厚淤泥质、高密度覆盖、大直径和复杂条件下的刘家峡岩塞工程成功实施，标志着我国水下岩塞爆破技术达到国际领先水平，对水下岩塞爆破技术的应和推广起到巨大的促进作用，为我国今后的类似工程提供技术支撑和借鉴。

第四节　复杂条件下大型岩塞爆破研究与应用

一、项目背景概况

项目研究依托于黄河刘家峡水电站洮河口排沙洞及扩机工程。刘家峡水电站位于甘肃省永靖县，距兰州市约80km。电站总库容57.4亿m³，装机容量1390MW，年发电量57.6亿kW·h。自1969年4月第一台机组发电以来，发挥了巨大的发电、防洪、灌溉、防凌、航运等综合效益，是西北电网中大型骨干电站。

刘家峡水库自1968年10月蓄水运用至2000年汛后，32年来全库泥沙淤积量为15.33亿m³，剩余库容41.67亿m³，库容损失26.9%。水库运行至2002年汛后，洮河库区实测剩余库容0.37亿m³，库容损失72%，平均年损失2.1%。

洮河系黄河一级支流，在距大坝上游1.5km的右岸汇入黄河干流（图1.4-1），其特

图1.4-1　洮河口

点是水少沙多（图1.4-2），据统计，多年平均年入库水量为51.7亿m³，仅占总入库水量的8%；多年平均年入库沙量为2860万t，占总入库沙量的31%。洮河库段死库容于1987年淤满，此后来沙淤积占据电站有效库容，且大量推移到坝前，使洮河口附近黄河干流形成沙坎，且淤积面逐年抬高，1987年实测淤积面高程1695.00m左右，2002年汛后，三角洲顶点推进到洮2号断面，距洮河口1.1km，距坝2.6km，顶点河床高程1720.00m，比水库死水位1694.00m高出26m，而在汛限1726.00m以下库容只有800万m³，在汛限水位以下运行，已基本上成为河道性输沙。由于

图1.4-2　洮河口泥沙现状

形成的沙坎造成河道阻水、坝前泥沙使机组严重磨损，而现有排沙设施已不能解决洮河泥沙淤积并向坝前推移的问题，给电站的安全运行和度汛造成了严重危害。

二、项目研究的必要性和意义

(一) 刘家峡水电站洮河口增设排沙洞的必要性和迫切性

1. 刘家峡水库泥沙淤积的基本情况

刘家峡水电站位于洮河入黄河口下游 1.5km 处，水库正常蓄水位 1735.00m，原始库容 57.01 亿 m³，其中干流库容 53.39 亿 m³，洮河库容 1.14 亿 m³，大夏河库容 2.28 亿 m³。水库坝址多年平均年输沙量 8940 万 t，其中洮河泥沙含量高，多年平均含沙量 5.5kg/m³，多年平均年输沙量 2860 万 t，最大年输沙量达 6590 万 t。输沙量基本集中在汛期，汛期输沙量主要集中在各月的短时段内。

干流库容大，干流来沙量集中淤积在库区中上段的三角洲淤积体内，干流泥沙很少来到坝前。洮河库容小，来沙量大，形成洮河口沙坎，几乎都淤积在洮河口沙坎以上的永靖川地库段，洲面不断升高，淤积末端也有上延，并有一部分泥沙以异重流形式输移到坝前，使坝前段和沙坎河段不断淤积抬高，对水电站安全、正常运行产生影响，并构成一定威胁。

近 10 年，由于来水小，水库运行水位低，洮河来沙已经没有调节余地，粗泥沙直接到达坝前，使过机组粗泥沙增多，加剧了水轮机的磨损，使机组检修周期缩短，检修时间加长，检修工作量增大，机组正常投运台数减少，严重影响了安全发电，降低了发电效益。

2. 泄洪建筑物进口淤堵，影响闸门正常使用

洮河泥沙对刘家峡水电站运行造成严重影响，并对泄水道等孔口造成淤堵威胁，影响泄洪排沙的安全运行。为了使洮河泥沙的影响减小，积极研究了排水措施，主要是利用洮河异重流排沙和进行低水位排沙两种措施。1974—2000 年，异重流排沙共计 2.849 亿 t，1981 年、1984 年、1985 年、1988 年 4 次低水位排沙共计 0.33 亿 t，两项措施合计排沙 3.179 亿 t，其中异重流排沙占洮河来沙量的 43.4%，4 次低水位排沙，缓解了坝前泥沙淤积对泄水道等孔口的危害，沙坎高程有所降低，为电站的安全运行发挥了一定的作用。但是，由于洮河库区泥沙进一步向坝前推移，床面淤高，其高程超过建筑物进口底坎高程，严重影响了泄水建筑物闸门的正常启动。右岸排沙洞曾 4 次发生淤堵，提门后不过水，最长一次时间达 64 天。左岸泄水道也曾于 1988 年开门后因门前淤沙坍塌堵塞进水口约半小时未出水。由于泥沙磨蚀破坏，泄水道 2 号孔于 1998 年 4 月停运，进行彻底检修，历时两年八个月完成，耗资 1100 多万元，此外，还因施工控制水位减少发电造成了经济损失。同时，泄水建筑物进口淤堵，闸门难以正常使用，严重影响了大坝安全泄洪度汛。

3. 泥沙大量过机，影响机组安全、经济运行

电站机组在 1972 年以前基本上没有过沙，1973 年机组开始过沙。1978 年洮河死库容已经淤满，洮河口沙坎抬高，1980 年沙坎高程达到 1694.00m（水库死水位），目前沙坎高程已达到 1705.00m，运行水位低于 1707.00m 时，会发生严重的阻水现象。过机沙量增加、泥沙粒径变粗，使机组过流部件磨损严重，不仅影响水轮机的效率，而且由于泥沙淤积和过机泥沙造成的磨蚀问题已对大坝的安全度汛、机组的安全稳定经济运行带来了严重威胁。比如机组转轮叶片运行 5 年出现深达 80～120mm 蜂窝状凹坑，叶片边缘磨成锯

齿状薄片，出现了 200mm 长、80mm 宽的缺口，水轮机补焊面积逐年扩大，导叶密封条普遍冲刷破坏严重、漏水量增大、检修时间增长。从 2 号机组改造前后的磨蚀及效率变化情况来看，1998 年水轮机的效率要比 1994 年平均降低约 1.12%，2001 年的效率比 1998 年平均降低 3.01%，比 1994 年平均降低 4.27%；如果不解决过机沙量问题，只进行机组改造和大修，新机组运行几年后，水轮机导叶的漏水量会逐年加大，机组效率也会逐步下降。导叶漏水，直接威胁电站的正常、安全运行，给电站调峰增加了很大困难。

4. 过机沙量增加导致水质恶化

每年 5—8 月的异重流排沙时段，过机水流含沙量一般在 $30 \sim 50 kg/m^3$ 之间，最大过机水流含沙量曾达到 $641 kg/m^3$，致使机组冷却水管堵塞，使机组、变压器温度骤升和集水井淤积，随时可能被迫停机，影响系统稳定和电站安全运行。

5. 排沙洞作用

（1）汛期排洮河异重流。龙羊峡水库蓄水运用后，刘家峡电站采取调度措施加强了异重流排沙，取得了较好的排沙效果，但由于水库弃水量减少、水库运用水位抬高，沙坎仍在不断抬高和增长（向上游延伸），过机沙量并没有明显减少，机组磨蚀等问题仍很严重。在洮河口对岸的黄河干流左岸设置排沙洞的设想是直接截排洮河泥沙，减少进入坝前段的泥沙量，进而减少机组过沙。上述设想成立与否的关键是洮河异重流能否穿越黄河进入排沙洞并取得较好的排沙效果。

中国水利水电科学研究院泥沙研究所经过三个阶段的泥沙模型试验，反复证明了洮河异重流能在库底穿越黄河干流，持续稳定地进入对岸排沙洞，与上层发电引用的清水无明显掺混现象，可以截排洮河入库异重流的 60%~70%，减少过机沙量和坝前淤积。

（2）汛前排洮河库区及干流坝前段淤积泥沙。在水库供水期，当库水位消落至洮河库区前期淤积床面以下时，大量洮河库区淤积泥沙被冲沙搬家，输移到洮河口后除部分向上游干流库区倒灌外，大部分随水流输移至洮河口以下的坝前段，由于一般情况下供水期不能进行弃水排沙，出库沙量全部经机组下泄，且泥沙粒径较大，致使水轮机磨损加重；同时坝前段床面淤积抬高，增加了沙坎阻水的危险。

增建洮河口排沙洞后，在汛前低水位排沙期间开启使用，可以较多地排出洮河库区前期淤积泥沙，既降低了沙坎河段床面高程，又减少了过机沙量。

同时由于排沙洞进口高程较低，泄量较大，孔口前有一可贯通黄河干流的冲刷漏斗，可以有效地拦截洮河来沙特别是粗沙，减少坝前段泥沙淤积。减少过机沙量可以把洮河口沙坎从中间冲成深槽，降低沙坎高程，控制沙坎的抬升和向上游发展并能排出部分洮河库段的泥沙，扩大洮河库容，约束洮河三角洲进一步向河口推进，同时可以减轻泄水道的排沙压力，延长现有排沙设施的使用年限。增建洮河口排沙洞，应是解决洮河泥沙问题的最有效措施。

6. 增设洮河口排沙洞工程不仅是必要的，而且十分迫切

洮河泥沙淤积已发展到了十分严重的程度，并且洮河淤积体还将继续发展抬高，在汛限水位 1726m 运行下，洮河泥沙也要加速运行到坝前，无论汛期低水位运行和高水位运行下，洮河泥沙都直接造成对电站安全运行的严重影响。在此情况下，仅靠现有的泄水道和排沙洞排沙，过机泥沙会增加，加剧泥沙对水轮机的磨损，同时使坝前淤积造成泄水道

等孔口淤堵的危险性增加。因此，必须迅速采取缓解洮河泥沙对电站正常安全运行威胁的措施。1988年以来的研究，认为增建洮河口排沙洞实为最有效措施。经过泥沙实测资料的分析，数学模型的计算和物理模型的试验结果，证明增设洮河口排沙洞可以部分截排异重流泥沙，减少50%洮河泥沙来到坝前，在洮河口黄河干流左岸增建排沙洞可以直接截排洮河泥沙，将泥沙直接排向下游，显著减少过机泥沙，尤其是减少有害粒径泥沙过机，同时可缓解坝前淤积，减少泄水道等孔口发生淤堵的威胁，为保障电站今后的正常安全运行创造条件。因此，修建洮河口排沙洞是电站安全运行的需要。

综上所述，从洮河库区淤积现状和趋势看，无论是为了保持和部分恢复刘家峡水库调节库容需要，还是从大坝安全度汛，机组安全、经济运行等角度分析，增建洮河口排沙洞工程都是必要的。鉴于今后洮河来沙，可能比近10年枯水段还要增加，洮河淤积抬高和向前推进还将加速进行，缓解洮河泥沙对电站的威胁已经迫在眉睫，所以抓紧增建洮河口排沙洞十分紧迫。

7. 利用洮河口排沙洞扩机，有利于保证排沙洞正常安全运行

从甘肃电网的调峰容量平衡分析可以看出，2020年考虑酒泉地区风电5160MW在甘肃电网消纳时，考虑已建火电调峰率30%、新建火电调峰率35%时，缺调峰容量1078MW。刘家峡水电站扩机300MW，可以作为调峰电源弥补调峰容量缺口。扩机后有利于满足综合利用的要求、提高检修备用率，使机组保持良好的运行状态，有利于提高电站调频、调峰及备用能力，带来直接和间接的经济效益。

尤其重要的是利用扩机，有利于保证排沙洞正常安全运行。洮河泥沙主要集中随汛期7—9月的几场洪水进入刘家峡库区。增建排沙洞后，在汛前低水位排沙期间开启使用，可以有效地排出洮河库区的淤沙，降低沙坎床面高程，减少大厂过机沙量扩机电站除了每年集中排沙时间（约10～15d）不能发电外，其他时间均可以发电，实现"一洞二用、排浑发清"。既能保证排沙洞正常运行，又能增发水电，增加电站可调容量。扩机不但可为电网提供一定的必需容量，还可以起到排沙洞门前清、提高刘家峡水电站的整体调峰能力、利用丰水年弃水和排沙洞门前清弃水增发电量等作用。最主要的是，扩机可以使排沙洞处于经常的运行状态，非排沙即发电的运行方式，可以解决排沙洞进口闸门井前的淤堵问题，保证排沙洞正常安全运行。

刘家峡水库库容淤积的主要原因是黄河支流洮河的含沙量过大。因此，增建洮河口排沙洞是解决刘家峡电站坝前泥沙问题、保障电站安全运行和度汛非常迫切的任务。

（二）深水厚覆盖大型水下岩塞爆破关键技术研究的必要性和意义

刘家峡岩塞爆破工程是目前国内外第一次在高水头、厚淤泥质、高密度覆盖、大直径等复杂条件下成功实施的水下岩塞爆破工程，尚无成功的先例和可以借鉴的经验，工程存在着诸多的技术难点，具有巨大的挑战性和风险性。其成功实施可以填补国内外同时具有高水头、厚淤泥质、高密度覆盖、大直径等复杂条件下的水下岩塞爆破技术的空白。

依托黄河刘家峡水电站洮河口排沙洞进口岩塞爆破工程，采用国际先进爆破设计理念和爆破设计理论，通过对工程总体设计、考虑深水和厚淤泥覆盖对爆破参数的影响下爆破关键技术研究、新型爆破器材的应用、大型岩塞的地质勘察和施工工艺等全过程、全方位地深入研究，在确保依托工程成功实施的基础上，克服技术难点，并不断创新，使我国的

岩塞爆破技术达到国际领先水平，对于深水厚覆盖大型水下岩塞爆破技术发展具有里程碑的意义。因此基于刘家峡岩塞爆破工程开展系统的科研试验、科研专题、专项关键技术研究成果、水下岩塞爆破设计论证、发明专利技术等专题研究论证工作是十分必要的。鉴于以往的水下岩塞爆破不能解决现有工程的问题，需要提出一种适合大口径、深水、高密度、厚淤积覆盖，地质条件复杂的综合减震、防护措施的水下岩塞爆破理论和爆破实施方案，确保刘家峡排沙洞进口岩塞爆破达到一次爆通、进口成型满足过流（泄洪排沙和发电）、长期安全稳定运行、岩渣可控等四项基本技术要求。

综上所述，依托刘家峡岩塞爆破工程，开展深水厚覆盖大型水下岩塞爆破关键技术研究与应用，可以填补大直径、高水头、厚淤质、大密度覆盖等复杂条件下水下岩塞爆破技术的空白，使得我国水下岩塞爆破技术达到国际领先水平，对水下岩塞爆破技术的发展具有里程碑意义，对水下岩塞爆破技术的应用和推广起到巨大的促进作用。

三、依托项目黄河刘家峡洮河口排沙洞进口岩塞简介

排沙洞的进水口采用水下岩塞爆破方案。设计排沙泄流量 $600\mathrm{m}^3/\mathrm{s}$，发电引用流量 $350\mathrm{m}^3/\mathrm{s}$。

通过试验论证，进水口位置选在库区左岸，即对着洮河出口，排沙效果明显。进水口采用水下岩塞爆破技术，设计岩塞呈倒置截锥圆台体，其轴线与水平面夹角为45°，母线与轴线呈15°夹角放射。岩塞外口近似椭圆形，尺寸 $21.60\mathrm{m}\times20.90\mathrm{m}$，内口为圆形，直径10m。岩塞厚度12.30m。见图1.4－3、图1.4－4。

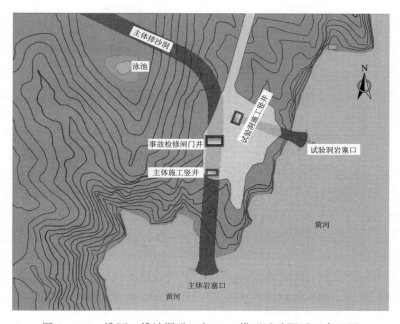

图1.4－3 洮河口排沙洞进口与1：2模型试验洞平面布置图

岩塞口底板高程为 1660.00～1664.00m，岩塞处于正常蓄水位（1735.00m）以下75m，淤泥表面高程为 1701.00～1702.00m，有近40m的厚淤泥沙层覆盖。根据试验成

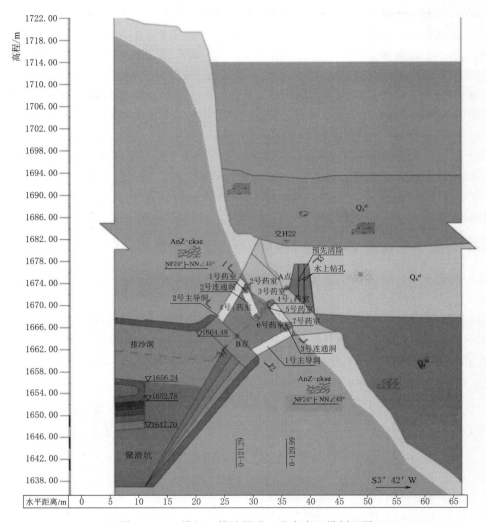

图 1.4 - 4　洮河口排沙洞进口岩塞中心纵剖面图

果，覆盖层主要以壤土为主，自上而下分三层：第一层，淤泥质粉土，饱和，流塑—软塑状态；第二层，粉土，软塑状态；第三层，粉质黏土，流塑-软塑状态。覆盖层密度变化较大，范围值 1.81～2.15g/cm³，平均密度 2.0g/cm³。此外，在岩塞口爆破区范围内，有水下开挖堆渣 522m³，渣块为坚硬的石英云母片岩、云母石英片岩，密度大、强度高，粒径一般在 50～120cm。可见，处在 75m 水下，且上覆有近 40m 厚密度较大的覆盖层的水下岩塞，爆破具有相当的技术难度和风险，国内外尚未有成功的先例可供借鉴。

黄河刘家峡洮河口排沙洞及扩机工程被列为甘肃省重大建设项目，也是国家电网公司和国网甘肃省电力公司重点建设项目。该项目于 2012 年 6 月取得国家发展和改革委员会正式核准，并列为甘肃省"十二五"规划重点工程。

该工程具有岩塞直径大、承受水头高、上有大密度厚淤泥覆盖，工程条件极其复杂等特点，为国内外首例，完成此项工程具有极大的挑战性和风险性，该排沙洞同时具有泄洪、排沙和发电等功能要求。

依托刘家峡岩塞爆破工程，采用国际先进爆破设计理念和爆破设计理论，通过对工程总体设计、考虑深水和厚淤泥覆盖对爆破参数的影响下爆破关键技术研究、新型爆破器材的应用、现场1∶2模型试验、大型岩塞的地质勘察和施工工艺等全过程、全方位地深入研究，在确保依托工程成功实施的基础上，克服技术难点，并不断创新，通过开展深水厚覆盖大型水下岩塞爆破关键技术研究与应用，可以填补大直径、高水头、厚淤质、大密度覆盖等复杂条件下水下岩塞爆破技术的空白，使得我国水下岩塞爆破技术达到国际领先水平，对水下岩塞爆破技术的发展具有里程碑意义，对水下岩塞爆破技术的应用和推广起到巨大的促进作用，为今后类似工程提供技术支撑和借鉴。

为此，工程技术人员历时近20年的时间开展了大量的计算分析工作，爆破器材等专题科研和科研试验工作，相关水工模型试验工作，并于2008年4月进行了现场实地1∶2模型水下岩塞爆破试验工作，同时开展了各阶段的岩塞爆破设计论证工作。经过坚持不懈的刻苦钻研、不断地创新和突破，工程设计人员克服了工程诸多技术难题，获得了多项专利技术和独创技术；创造性提出了"先淤泥爆破扰动形成爆腔、再加强周边预裂爆破减震卸载、后陀螺型分布式药室分段解除塞体爆破、最后淤泥爆破增压排泄，同时结合预置软式排水管加强贯通排泄"的爆破理念，有效地解决了处在深水、高密度、厚淤积覆盖的大口径岩塞能否爆通的难题；同时采用先进的爆破技术和施工方法，于2015年9月6日成功实施了一次爆通，经检测排沙洞达到了设计泄量要求，满足了工程泄洪排沙功能的要求，有效地缓解了刘家峡水库历年来的泥沙淤积问题，保证了大坝和电站的运行安全，同时确保了后续的300MW扩机工程的顺利建设和按时发电，带来的直接和间接效益巨大。

四、深水厚覆盖大型水下岩塞爆破关键技术研究的内容和目标

（一）研究的主要内容

刘家峡排沙洞进口岩塞口底板高程为1660.00～1664.00m，岩塞处于正常蓄水位（1735.00m）以下75m，淤泥表面高程为1701.00～1702.00m，有近40m的厚淤泥沙层覆盖。根据试验成果，覆盖层主要以壤土为主，自上而下分三层：第一层，淤泥质粉土，饱和，流塑～软塑状态；第二层，粉土，软塑状态；第三层，粉质黏土，流塑-软塑状态。覆盖层密度变化较大，范围值1.81～2.15g/cm³，平均密度2.0g/cm³。此外，在岩塞口爆破区范围内，有水下开挖堆渣522m³，渣块为坚硬的石英云母片岩、云母石英片岩，密度大、强度高，粒径一般在50～120cm。对于水深75m、上覆有厚40m高密度淤积覆盖等复杂条件下的水下岩塞爆破，其爆破实施具有相当大的技术难度和风险，国内外尚未有成功的先例可供借鉴。

基于本项目水下岩塞爆破工程的上述独有特点，课题的主要研究内容包括水下岩塞进水口总体设计、岩塞爆破方案、岩塞爆破理论和专项分析计算技术、现场1∶2模型试验研究、水工模型试验及专项科研试验研究、新型爆破器材选择和应用研究、岩塞爆破施工工艺和岩塞爆破实施效果验证等各方面的工作。具体的研究内容包括：

（1）综合国内外先进的水下岩塞爆破技术和实践经验，开展刘家峡洮河口排沙洞进口水下岩塞设计方案研究，根据精确的水下岩塞口的岩体、淤积层等地质勘察工作，查明岩

塞口的实际岩面线情况、地质构造、厚淤积覆盖地质构造等复杂地质条件；通过论证和计算分析，提出安全可靠、技术可行、经济合理的适合工程独有特点的水下岩塞进水口布置、边坡加固等设计方案。

（2）根据本项目水下岩塞处在 75m 水下，且上覆有近 40m 厚高密度覆盖层的特点，针对在水、淤积覆盖共同作用下，对爆破参数的影响及装药量的计算方案开展专项科研研究，研发出"深水厚淤积高密度覆盖的水下岩塞药室药量计算方法"，为克服水和淤泥覆盖的影响、确保岩塞爆通奠定了理论基础。同时可以填补在高水头、厚淤积层、高密度覆盖条件下的大口径水下岩塞爆破药室药量计算的技术空白，解决了此方面既没有成熟的经验可借鉴，又没有适宜的公式可采用的难题。

（3）为有效解决在深水厚淤积高密度覆盖条件下的岩塞安全爆通问题，而且对消除夹制作用、保证成型质量、降低爆破效应影响、有利于岩碴和泥沙下泄等难题，通过数值模拟计算和现场实地 1∶2 试验验证，研究爆破方案的选择，针对药室爆破方案重点研究适合于深水厚淤积高密度覆盖等复杂条件下水下岩塞爆破方法，提出新型"水下岩塞爆破陀螺分布式药室法"，明确岩塞爆破各药室作用效果，确保水下岩塞爆破一次安全爆通、进水口稳定成型优良、集渣效果可控、爆破震动影响可控，以及满足排沙洞设计要求。

（4）通过对深水、厚淤积覆盖等复杂条件下的水下岩塞爆破程序研究，提出采用"先爆破扰动淤泥，岩塞顶面成腔，后岩塞周圈超深预裂孔爆破成型、孔底加强装药揭顶爆破成腔，再"陀螺型分布式药室，分段爆开岩塞，最后再次爆破扰动淤泥冲水下泄"的爆破程序和爆破理念，确保岩塞爆除，淤积物顺畅下泄，满足刘家峡洮河口排沙洞排沙、泄洪、发电等的综合利用功能。

（5）针对本项目岩塞口上覆的近 40m 淤积覆盖的地质条件，通过现场实地 1∶2 试验和专项淤泥扰动试验等进行厚层淤泥扰动技术研究，提出安全可靠、易于实施的淤泥扰动方案，确保水下岩塞爆破安全爆通、淤积物顺利下泄。

（6）为减少水下岩塞药室爆破对周边岩体的震动影响，专项开展超深预裂孔装药研究，提出新的预裂孔装药设计思路，确保预裂效果，并为岩塞体爆破提供有利条件。

（7）开展现场实地 1∶2 模型试验研究、科研专项研究，为原型岩塞爆破提供技术支持和试验验证，优化原型岩塞爆破方案，确保原型岩塞爆破一次爆破、成型优良。

（8）结合国内外爆破器材的发展水平和产品性能，以及本项目的具体特点，开展爆破器材的选择、检测技术和防水抗压技术研究，提出火工器材在高压水中试验研究方法、岩塞爆破网路可靠性检测方法、控制爆破中毫秒延期时间的检验方法，完善和提升爆破器材的检测技术。

（9）为确保岩塞爆通后，厚淤积覆盖能够顺利下泄，开展淤泥整体下泄水工模型试验和数值模拟计算分析等研究工作，为淤泥扰动爆破设计提供技术支持，研究水、泥沙和石碴等多相流在长隧道中的运动规律，提出多相流数值计算方法。

（10）针对本项目岩塞体的复杂地质条件和施工条件，考虑爆破震动的影响因素，开展施工技术研究。提出岩塞体灌浆加固方法，确保岩塞进水口在施工期和永久运行期的安全、稳定；提出岩塞预裂孔偏差高精度测量方法，填补药室内钻孔对预裂孔三维测量，得到每孔的空间迹线和各孔之间的空间关系，控制钻孔精度，依据钻孔空间关系，调整设计药量，确保预裂孔的爆破效果。

（11）根据现场试验研究，及已开展的监测技术研究，系统地规范岩塞爆破监测、观测的项目和内容，提出全面的爆破动态、静态监测系统，为岩塞监测项目制定标准提供技术支撑。

（12）根据爆破后监测数据进行爆破实际效果的评价、分析和验证，对爆破关键技术进行总结和推广。

（二）目标

（1）提出复杂条件下的岩塞爆破工程地质勘察标准、精度要求，完填补善国内对岩塞爆破工程勘察的标准、精度要求的空缺。

（2）形成一整套包括：爆破参数的选择，考虑水、淤泥影响作用下的岩石单耗药量计算方法研究，厚层淤泥爆破扰动技术研究，爆破方案的选择，深水高密厚覆盖下药室计算方法研究，岩塞体预裂孔装药量、装药结构和预裂效果研究，数码雷管爆破网络技术，药室布置分序起爆方法研究，封堵技术研究，间隔起爆相邻药室防震防爆方法研究，深水厚淤积覆盖下水下岩塞爆破单元起爆顺序与间隔时间研究，岩塞爆破三维设计研究等关键技术、专利技术和创新技术。形成完整的岩塞爆破设计体系，指导岩塞爆破工程的设计和研究，填补国内外关于"大直径、高水头、厚淤质、高密度覆盖和复杂条件下的水下岩塞爆破工程"的空白，为今后类似的水下岩塞爆破工程提供实践参考，推动我国水下岩塞爆破技术的应用和发展。

（3）提出高水压力下爆破器材检验方法、爆破器材网络可靠性和分段爆破间隔精度检验标准和方法、爆破器材防水抗压技术、爆破器材的专项试验研究内容，促进爆破器材性能检测方法的完善与发展。

（4）形成岩塞爆破工程进口段结构设计体系和设计思路，完善岩塞进水口加固设计和结构防振标准和措施。

（5）提出全面、系统的岩塞爆破动态、静态监测项目、内容和方法。

（6）系统提出岩塞爆破水工模型试验内容和要求。

总之，通过依托项目刘家峡岩塞爆破工程的成功实施，系统地总结复杂条件下的岩塞爆破工程关键技术研究和应用成果，既为今后类似的水下岩塞爆破工程提供实践经验和借鉴，又能够对水下岩塞爆破技术在国内外的应用和推广起到积极、坚实的推广和促进作用。同时为水下岩塞爆破设计、水下岩塞爆破施工制定相应标准提供坚实的技术数据支撑，积累成功的实践经验，通过水下岩塞爆破相应标准的制定，规范水下岩塞爆破设计、施工，为该技术的推广起到更积极的作用。

五、研究的方法和技术路线

中水东北勘测设计研究有限责任公司承担该项目的勘察设计工作，以及所涉及的科研课题、试验研究、专项科研和专项计算分析等研究工作，全部科研过程历时近 20 年时间。项目研究采用调研、咨询、地质复勘、现场 1∶2 岩塞爆破模型试验、水工模型试验、现场试验、爆破器材选择等专项科研、专项理论和数值模拟计算分析、岩塞爆破方案研究、进水口勘测设计等多种综合方法。

项目研究的技术路线具体如下：

（1）调研。对国内、国外岩塞爆破技术和工程实例开展全面调研，通过各种途径包括互联网广泛搜集国内外有关文献专著、工程资料；通过专项开展的火工产品调研，了解国内外爆破器材性能和技术水平；在充分了解国内外最新岩塞爆破技术水平的基础上，有针对性地对依托项目开展高起点的研究工作。

（2）咨询。结合依托项目的可行性研究设计阶段、技术设计阶段和实施方案设计阶段的设计和科研成果，有针对性地开展一系列专项咨询、评审和审查等活动，为项目研究提供一定的意见和建议。

（3）地质复勘。水下岩塞爆破工程对于地质勘察的精度要求、勘察重点，不同于常规的水工建筑物进水口，不能依照现有的国家、行业的规程规范进行，需开展针对性的地质勘察、水下地形图测量，需查明岩塞体及周边的岩性和地质构造情况，尤其是采用水上钻孔、洞内辐射孔等勘察手段进行岩塞口岩面线的测量工作，为岩塞爆破方案设计提供精确的地质勘察成果。

（4）现场1∶2岩塞爆破模型试验。①按照选择的爆破设计方案开展实地爆破试验研究，包括爆破参数、岩塞口体型、爆破实施方案等选择和研究；②开展火工器材的抗水、抗压性试验，毫秒雷管间隔时间的测定，岩石单位耗药量试验（标准漏斗试验），爆破网络试验，预裂孔爆破参数试验，爆破器材的基本性能检验等单项试验研究；③开展爆破地震效应观测、水中冲击波压力观测、混凝土结构应变与振动、水面运动现象研究、爆破漏斗调查、岩塞爆通观测、人工巡视和宏观调查等观测工作。通过现场1∶2岩塞爆破模型试验，为原型岩塞爆破方案优化设计提供实地试验验证和坚实的基础数据支撑，确保原型一次爆通、成型、稳定。

（5）水下岩塞爆破数值模拟计算分析。通过数值模拟计算分析对于排孔岩塞爆破方案、排孔＋药室岩塞爆破方案、药室爆破方案的爆破机理，开展数值模拟计算分析，确保岩塞爆破效果满足设计要求，并为岩塞爆破方案及钻孔、药室的选择提供理论计算依据，有利于方案选择和优化。

（6）岩塞爆破方案研究。结合现场1∶2岩塞爆破模型试验成果、爆破数值模拟理论计算分析、水工模型试验成果、现场淤泥扰动试验和现场专项试验等成果，开展岩塞爆破方案研究论证工作。尤其是对推荐的药室爆破方案开展药室布置方法研究，确保岩塞爆破安全可靠、爆破效果好。

（7）厚层淤泥爆破扰动技术研究。根据依托项目的厚层淤泥物理特性，通过现场1∶2岩塞爆破模型试验，以及现场专项淤泥扰动范围和效果试验研究，提出淤泥扰动爆破方案，并为深水厚淤积覆盖等复杂条件下的岩塞爆破程序研究提供试验验证和参考。

（8）超深预裂孔装药研究。通过对预裂孔单项试验、现场1∶2岩塞爆破模型试验研究，提出超深预裂孔底部加强装药的爆破方案，既满足预裂减震的要求，又能保证孔底揭顶爆破，在淤泥与岩石界面间形成环状爆破空腔，与中心"爆破成腔"联合作用，人为创造出中心成腔，四周补充成腔的较大自由面，为岩塞体爆破创造有利条件。

（9）深水厚淤积覆盖等复杂条件下的岩塞爆破程序研究。结合各项科研、模型试验研究成果，以及数值模拟计算分析成果，提出全新的适合于依托项目复杂条件下的"先爆破扰动淤泥，岩塞顶面成腔，后岩塞周圈超深预裂孔爆破成型、孔底加强装药揭顶爆破成腔，再'陀螺型分布式药室'分段爆开岩塞，最后再次爆破扰动淤泥冲水下泄"的爆破程序和爆破理念。确保岩塞爆除，淤积物顺畅下泄，满足刘家峡洮河口排沙洞排沙、泄洪、发电的综合功能。

（10）爆破器材的选择及其检测、防水抗压技术研究。通过试验对比选择出适用于依托项目高水头防水抗压要求、高精度要求的爆破器材；结合试验创新提出"火工器材高压舱内抗水抗压性能试验方法""爆破网路可靠性检验示踪的方法""控制爆破中毫秒延期时间的检验方法"等试验和检验方法，为岩塞爆破设计提供检验数据，并提出具体的、简便易行的爆破器材防水抗压技术和措施。

（11）岩塞爆破监测系统研究。根据现场 1：2 岩塞爆破模型试验研究、爆破器材检测技术和措施研究、周边环境等，研究水下岩塞爆破监测系统，包括监测项目、设备仪器、监测技术等系统工程。为岩塞爆破提供监测数据支持，为岩塞爆破效果评价提供数据支撑。

（12）淤泥整体下泄水工模型试验及数值模拟研究。鉴于依托项目岩塞口上覆盖近40m 淤泥，且淤泥内裹有人工开挖石渣，根据岩塞爆通后，水、淤泥裹着石渣在近 1.5km 长隧洞中下泄运行的特点，为防止在进口闸门井后的隧洞中发生堵塞，专项开展淤泥整体下泄水工模型试验研究，以及水、淤泥和石渣等多相流数值模拟计算分析工作。

（13）岩塞爆破施工技术研究。主要是对岩塞体加固防渗灌浆、空间钻孔精度测量方法等岩塞爆破工程特有的施工技术开展专题研究，提出保证施工精度、施工安全的技术措施。

（14）岩塞爆破后监测效果及分析：建立岩塞爆破监测系统，爆前安装调试现场监测、监视设备，全方位跟踪监测起爆前后的爆破震动、爆破压力和水流运动参数，爆破完成后通过各种监测数据、视频资料、水下检查成果等检验爆破效果，并进行总结。

六、主要技术成果及应用

研究采用调研、咨询、地质复勘、现场 1：2 岩塞爆破模型试验、水工模型试验、现场试验、爆破器材选择等专项科研、专项理论和数值模拟计算分析、岩塞爆破方案研究、进水口勘测设计等多种综合手段和方法，开展了全面、系统、深入的研究工作，针对诸多技术难题，提出了解决方案，成功地解决了 75m 水头、40m 厚淤积高密度覆盖、岩面线起伏差大、岩塞直径大等复杂条件下的 10m 大直径水下岩塞爆破技术难题，有效地缓解了刘家峡水库多年来的泥沙淤积问题，保证了大坝和电站的正常运行，解决了多年来存在的库容损失以及发电量损失的难题。该成果已成功应用于甘肃省重大建设项目黄河刘家峡洮河口排沙洞及扩机工程现场 1：2 岩塞爆破模型试验和原型岩塞爆破。

刘家峡原型岩塞爆破工程于 2015 年 9 月 6 日成功实施了一次爆通，经检测排沙洞达到了设计泄量要求，满足了工程泄洪排沙的功能要求，有效地解决了刘家峡水库多年来的泥沙淤积问题，保证了大坝和电站的运行安全，同时确保了后续的 300MW 扩机工程的顺利建设和按时发电，带来的直接和间接效益巨大。该岩塞爆破工程是目前国内外第一次在高水头、厚淤泥质、高密度覆盖、大直径和复杂条件下成功实施的水下岩塞爆破工程，同时填补了高水头、厚淤泥质、高密度覆盖、大直径和复杂条件下的水下岩塞爆破的空白。

（一）研究成果主要创新点

1. 创新点一

创建了岩塞爆破与冲水排沙相结合的新理论，解决了受泥沙淤积困扰的水库、江河、湖泊的生态环境修复和防洪、发电、供水等综合功能恢复的关键技术难题。发明了深水厚覆盖下的大型岩塞爆破陀螺分布式药室布置、爆破计算理论和方法，首创了为岩塞爆破创造自由面的爆破空腔理论及爆破空腔测试技术，填补了国际空白。

（1）首先爆破扰动淤泥形成岩塞顶面空腔，后经岩塞周圈超深预裂孔爆破成型，再通过"陀螺型分布式药室"爆除岩塞，最后爆破扰动岩塞外围淤泥孔冲水下泄。最终实现了岩塞爆通、成型优良、集渣稳定、爆破振动可控、淤积物下泄顺畅的高标准要求。采用水下岩塞爆破与冲水排沙相结合，可妥善解决因放空水库或降低水位带来对生态和环境的影响问题，巨大的经济效益损失和社会影响问题，以及施工难度大等一系列难题。为解决我国多泥沙河流水库严重淤积问题提供了成熟技术方案。

（2）提出了"深水厚淤积高密度覆盖的水下岩塞药室药量计算"新方法，填补了在高水头、厚覆盖条件下的大型水下岩塞爆破药室药量计算的技术空白（发明专利：基于修正爆破作用指数的深水厚淤积覆盖下岩塞爆破方法：201710310670.7），为克服水和淤泥覆盖的影响、确保岩塞爆通奠定了理论基础。

（3）发明了"水下岩塞爆破陀螺分布式药室法"新的岩塞爆破方法。填补了在深水和淤积覆盖复杂条件下的药室布置理论的空白（发明专利：水下岩塞爆破陀螺分布式药室法：201710310866.6）。解决了深水高密度厚淤积覆盖下岩塞药量计算难题。

（4）提出了加强爆破应力波反射和抛掷作用的淤泥爆破空腔理论，发明了"水下淤泥爆破空腔半径电极阵列测试法"，解决了厚淤积覆盖条件下的岩塞可爆性问题。

2. 创新点二

揭示了爆渣、沙、水和气等四相流在岩塞爆破冲击瞬间下泄状态和长隧洞（管道）运动机理和规律，解决了多渣、多泥沙、少水等复杂多相混合流在长隧洞（管道）中易淤堵的技术难题。首创的深水高密度厚覆盖层中冲水系统，将多相混合流的含水率提高了55.45%增强流动性，实现了由爆渣（最大粒径600mm）、沙、泥和水等组成的混合流最小流速不小于5.42m/s，在断面多变、正逆坡交替变化的1486m长隧洞中得以顺畅下泄。

3. 创新点三

创建了岩塞爆破检测、水下岩塞体壳体灌浆、高精度三维钻孔迹线定位法等成套技术，解决了岩塞爆破高精度准爆、岩塞体渗漏逸气、岩塞精准成型、长期运行安全等技术难题。发明了多项专利技术，填补了相关技术空白，将爆破网路起爆的检验精度提高到0.1m/s，爆破网络可靠性检验技术提到了一个新的高度；改善了岩塞体质量，有效封闭裂隙，渗漏量小于1Lu；将超深预裂孔三维空间定位及孔内装药精度提高至厘米级；确保了复杂地质条件下大直径岩塞体爆破准成型质量和长期运行安全。

（1）发明了"爆破网路可靠性检验示踪的方法"（发明专利：爆破网路可靠性检验示踪的方法/200910066716.0）、"控制爆破中毫秒延期时间的检验方法"（发明专利：控制爆破中毫秒延期时间的检测方法/200910066715.6）。提高了爆破网络起爆的检验精度，将爆破网络可靠性检验技术提到了一个新的高度,保证了岩塞爆破网络的可靠实施。

(2)发明了"深水下岩塞截锥壳体防渗闭气灌浆法",发明专利为深水下岩塞截锥壳体防渗闭气灌浆法:201110097307.4、孔内放水式水压灌浆塞:201020622592.8、高压孔内排水卸压水压式灌浆栓塞:201721667934.6、岩塞爆破洞内上仰勘察孔施工孔口封闭器:20621001964.9。极大地改善了岩体质量,使药室与外部裂隙通道得以有效封闭,渗漏量小于1Lu。

(3)提出了"弯曲钻孔孔内多点三维坐标精确测量定位法"(发明专利已受理),采用此方法研发的"岩塞爆破洞内高精度辐射钻孔测斜仪201320393081.7"和"岩塞爆破洞内高精度辐射钻孔封堵器201320393079.X",解决了岩塞预裂孔三维空间精确测量难题,确保了排沙洞进水口的爆破成型质量和长期运行安全。

(二)成果应用情况及经济社会效益

1.应用情况

自2015年9月,该项目成果成功应用于黄河刘家峡洮河口排沙洞及扩机工程。成功实施一次爆通以来,满足了工程泄洪排沙、发电的功能要求,有效地缓解了刘家峡水库历年来的泥沙淤积问题,保证了大坝和电站的运行安全。恢复了水库的各项综合功能,实现了"一洞二用、排浑发清",体现了"绿水青山就是金山银山"的绿色环保理念。见图1.4-5～图1.4-10。

图1.4-5 水下岩塞爆破起爆照片

图1.4-6 水下岩塞爆破进口水面鼓包运动照片

图1.4-7 水下岩塞爆通后排沙洞
出口泄洪(一)

图1.4-8 水下岩塞爆通后排沙洞
出口泄洪(二)

2018年7月15日,受持续降雨影响,刘家峡水库已达到汛限水位,按照黄河防总调度要求,刘家峡水库排沙洞和溢洪道交替进行排沙泄洪作业,排出机组进水口前的泥沙淤

图 1.4-9　水下岩塞爆通后排沙洞
出口泄洪（三）

积，确保下游河道安全度汛，为黄河平稳度汛提供有力保障。

2. 社会效益与经济效益

2015 年 9 月黄河刘家峡排沙洞进口岩塞爆破成功实施，填补了大直径、高水头、厚淤质、大密度覆盖等复杂条件下水下岩塞爆破技术的空白。有效地缓解了刘家峡水库多年来的泥沙淤积问题，保证了大坝和电站的正常运行，解决了多年来存在的库容损失以及发电量损失的难题。为解决我国多泥沙河流水库严重淤积问题提供了成熟的技术方案。恢复了水库的各项综合功能，实现了"一洞二用、排浑发清"，体现了"绿水青山就是金山银山"的绿色环保理念，其带来的社会效益是巨大的。

图 1.4-10　2018 年 7 月 1 日排沙洞出口泄洪照片

刘家峡排沙洞泄洪排沙运行后，可以直接截排洮河入库泥沙的 60%～70%，有效降低了坝前沙坎高度，减少机组发电的过沙量 38%，提高水轮机组的效率，同时提高了水库运行水位近 2m，增加了发电用水量，按照刘家峡水电站排沙洞扩机前装机容量为 1390MW，经综合评估黄河刘家峡排沙洞岩塞爆破成功实施，排沙洞运行后，发电量可增加近 2%、新增产值约 2955 万元。2018 年扩机运行后每年新增发电量 3.81 亿 kW·h、可新增产值 1.39 亿元，每年新增总产值 1.69 亿元。

刘家峡水电站在西北电网中主要承担着发电、调峰、调频和调压任务，兼顾防洪防凌、灌溉、供水、旅游等综合功能，是西北电网的骨干电站。该课题研究成果在刘家峡水电站洮河口排沙洞进口岩塞爆破工程的成功实施，有效地缓解了刘家峡水库历年来的泥沙淤积问题，恢复了其兴利库容，解决了多年来存在的库容损失以及发电量损失的难题，保证了刘家峡水库大坝和电站的发电、防洪防凌、灌溉、供水、旅游等各项功能的正常发挥。

排沙洞一次爆破成功后，不仅实现了以"穿黄排沙"的方式截排洮河泥沙，减少了洮河泥沙对刘家峡水电站大坝和机组安全稳定运行的影响，同时也保证了 300MW 扩机的按时发电，实现了"一洞两用、排浑发清"，既满足排沙洞泄水排沙要求，又达到泄水发电的目的，最大限度提高了水库的水能利用率。

扩机工程投运后，可以作为调峰电源弥补调峰缺口，有利于提高机组检修备用率，使机组维持良好的运行状态，可在电力系统调频、调峰、提高电网安全、经济运行等方面发挥积极作用。按照每千瓦时发电消耗 350g 标准煤计算，每年可节约燃煤 13.3 万 t，减少 CO_2 排放 34.8 万 t、SO_2 排放 1.13 万 t，节能效果明显，体现了"绿水青山就是金山银山"的绿色清洁能源环保理念。

随着洮河泥沙对黄河上游淤积影响的减少，保证了上游兰州市水源地建设工程的顺利实施，有益于兰州市提高生活供水质量。

（三）评价

70m 高水头、40m 厚覆盖（密度 $2.0t/m^3$），黏粒含量 63％以上等复杂条件下的 10m 大直径水下岩塞爆破工程，为国内外首例。课题研究贯穿岩塞爆破科研、设计、施工全过程，在勘测技术、设计理论、分析计算、试验研究和施工技术等方面均取得了诸多突破。研究成果成功地解决了深水、厚覆盖、等复杂条件下的大型水下岩塞爆破关键技术世界级难题，取得了系统的创新成果，标志着我国岩塞爆破技术达到了国际领先水平。

2017 年 3 月 30 日，水利部科技推广中心主持召开了该成果的技术评价会，经以林皋、郑守仁两位院士为组长，梅锦煜、霍永基、郑沛溟、吴新霞、宋宝玉等行业专家组成的专家组鉴定，从技术创新程度，技术经济指标的先进程度，技术难度和复杂程度，技术重现性和成熟度，技术创新对推动科技进步和提高市场竞争能力的作用，经济、生态和社会效益等 6 方面进行评价，综合得分为 93.1 分（满分 100 分），该项研究成果达到国际领先水平。

1. **成果创新内容**

（1）提出了冲水排沙与岩塞爆破相结合的新理论。首先爆破扰动淤泥形成岩塞顶面空腔，后经岩塞周圈超深预裂孔爆破成型，再通过"陀螺型分布式药室"爆除岩塞，最后爆破扰动岩塞外围淤泥孔冲水下泄。最终实现岩塞爆通、成型优良、集渣稳定、爆破振动可控、淤积物下泄顺畅的目标。

（2）提出了"深水厚淤积高密度覆盖的水下岩塞药室药量计算"及"水下岩塞爆破陀螺分布式药室布置"新方法。填补了在深水和淤积覆盖复杂条件下的药室药量计算技术方面的空白。

（3）发明了"爆破网路可靠性检验示踪的方法""控制爆破中毫秒延期时间的检验方法"。采用高速摄像技术，提高了爆破网路起爆的检验精度，将爆破网路可靠性检验技术提到了一个新的高度，保证了岩塞爆破网路的可靠实施。

（4）研究了深水高密度厚覆盖层中大孔径冲水系统，利用水库高水头，加大覆盖层渗透坡降和含水量，降低淤泥物理力学性能，增强冲泄能力，解决了 1486m 长排沙洞淤堵问题。

（5）提出了"预裂孔偏差高精度测量迹线法"，解决了岩塞预裂孔三维空间精确测量难题。发明了"深水下岩塞截锥壳体防渗灌浆法"确保了排沙洞进水口的爆破成型质量和长期运行安全。

2. **促进行业科技进步**

（1）工程和技术各项指标世界领先：①世界首例 75m 高水头、40m 厚覆盖、10m 直径大型岩塞爆破工程；②综合难度 HD 值（等效水头×直径）居同类首位，综合难度 HD 值为1150，是第二位挪威福尔杰丰的1.4倍；③世界首例 $2.0t/m^3$ 高密度厚覆盖、黏粒含量大？63％的复杂条件下的岩塞爆破工程。

（2）课题研究成果解决了75m水头、40m厚覆盖等复杂条件下的10m大直径水下岩塞爆破技术难题。填补了深水、厚覆盖、大直径等复杂条件下水下岩塞爆破技术的空白。使得我国水下岩塞爆破技术达到国际领先水平，对水下岩塞爆破技术的发展具有里程碑意义。

（3）提出了深水、有覆盖条件下的岩塞爆破计算理论和方法，解决了该领域技术难题。

（4）制定了《水下岩塞爆破设计导则》（T/CWHIDA 0008—2020），为岩塞爆破勘测设计、科研试验、施工、检测、教学等提供了标准和参考，促进了相关领域的科技进步。

此项成果打造了我国水下岩塞爆破技术品牌，为今后类似工程提供了借鉴和指导作用，随着"一带一路"的推进，推动岩塞爆破技术在国内外的应用和推广。

第二章 工 程 勘 察

第一节 水下岩塞爆破工程对勘察工作的基本要求

一、勘察重要性

为了取水、灌溉、发电、泄洪以及放空水库等目的，有时需要在天然湖泊或已建成的水库中修建引水洞或泄洪洞，而这些隧洞的进水口常位于水面以下数十米。采用深水围堰或放空水库开挖洞口，耗时、耗资且对环境影响很大。采用水下岩塞爆破开挖洞口，是这类工程最为经济和科学的施工方法。若要进行水下岩塞爆破，必须要查清岩塞口及周边的地形；覆盖层厚度、层次及组成物质；基岩岩性、岩石风化状态、岩石的完整性、透水性、岩石的物理力学性质；岩体结构面发育程度及组合关系。只有准确地掌握了这些地质情况，才能够开展水下岩塞爆破的设计，指导施工。如果地质情况掌握不准确，岩塞爆破施工过程中就有可能出现意外情况，轻则工程爆破失败，重则造成安全事故。因此，勘察是水下岩塞爆破工程最重要、最基础、最关键的工作之一。

二、勘察目的

水下岩塞爆破工程地质勘察的目的是正确了解所要爆破的对象，以便于有针对性地采取适当的爆破技术，高效、一次性爆通、安全地完成爆破任务。它除了与一般常规的水利水电工程地质勘察内容相同外，还要依据水下岩塞爆破的类型特殊性，重点做好以下几方面工作：

（1）通过勘测（钻探、井探、坑探、槽探、测绘、物探、试验等），从地形地貌、地质条件论证水下岩塞爆破方案的可行性和可靠性。

（2）查明爆破区（包括爆破影响范围）的地质条件，论证爆破后因地质条件变化而引起的建筑物基础的破坏，并提出相应的对策。

（3）查明岩性、断层、结构面发育规律及特征，提供岩石的物理力学参数，为选择合理的爆破参数提供依据。

（4）为正确估计爆破效果和取得良好的技术经济指标提供地质依据。

（5）了解水下岩塞爆破的要求，查明洞脸边坡、岩塞和集渣坑等部位工程地质问题，分析研究爆破前后的地质情况变化，提供有关爆破问题的处理意见。

三、勘察技术要求

由于预裂爆破和毫秒迟发爆破等技术的采用，能够使一次爆破形成的进水口具有预期形状，但这也对工程地质勘察提出了更高要求。详细查明爆破区及爆破影响区工程地质条件成了工程必要。而水下岩塞爆破工程是在靠近库底或湖底处，预留一定厚度的岩体（岩塞），在库或湖水深几十米的洞室内进行施工的，爆破后岩塞口（进水口）常年处于水下，也很难进行检修及加固处理，这些特殊的施工及运行条件，确定了水下岩塞爆破技术的一些特殊要求。

（1）要求做到一次爆通，如果出现拒爆或者不完全爆破，将会带来很大麻烦。如挪威斯科尔哥湖水下岩塞爆破由于没有一次爆通而被迫进行了多次爆破和大量的潜水作业。因此要详细查明岩塞部位的地形地质条件，并采用正确的技术措施。

（2）要求岩塞口成型良好，以保证进水口具有良好的水力条件和长期运行的围岩的稳定性，且岩塞口附近山坡岩体不应遗留坍塌或滑坡隐患。

（3）要求爆破时保证岩塞口附近水工建筑物的安全，要研究岩塞爆破对它们的影响程度，必要时采用一定的技术措施，确保这些建筑物在爆破时的安全。

（4）水下岩塞在施工中处于几十米水深压力下，因此，要保证岩塞具有足够的稳定性，确保施工期间作业人员安全。

四、水下岩塞爆破工程地质问题

水下岩塞爆破是在水深几十米，在特定的地质条件下进行的工程爆破作业。从爆破理论上讲，爆破的对象可视为均匀介质的，而作为大自然造物的岩体实际却是十分复杂的。因此，岩塞爆破能否爆通成型既与爆破技术有关，又受地质条件控制。岩塞口的地质条件与岩塞稳定、岩塞口成型与长期运行稳定、岩塞口附近山坡岩体稳定以及聚渣坑边墙稳定等问题密切相关，因此，只有在爆破之前，对工程地质问题有足够的重视及研究，进行充分的勘察，选择适宜的进水口岩塞位置，并详细查明岩塞口的覆盖层分布、岩性、断层与节理等地质构造以及岩石与覆盖层的渗漏情况等地质条件，分析、研究影响岩塞和药室稳定、进水口成型和洞脸、边坡稳定等地质因素，并阐明地质条件对爆破效果可能起到的作用，提出爆破设计和施工中应注意的问题，以便采取必要的技术处理措施，避开其不利的地质条件，充分利用其有利方面，以保证岩塞爆破的设计和施工建立在安全可靠和经济合理的基础上。

通过对刘家峡高水头、厚淤泥、大直径岩塞的成功爆破，结合国内外水下岩塞爆破的案例，事实证明凡是重视地质工作，在岩塞爆破之前，对进水口岩塞爆破地段进行了周密的调查研究，掌握了岩塞地段的地质条件的规律性，则所进行的岩塞爆破工程都达到了预期的效果。例如，国内已进行的甘肃刘家峡、辽宁清河、黑龙江镜泊湖、吉林丰满等几个较大的水下岩塞爆破工程，尽管这几个工程的进水口岩塞地段的地质条件都比较复杂，对其进水口边坡和洞脸稳定、岩塞口稳定、聚渣坑高边墙稳定等都有许多不利因素。如甘肃刘家峡岩塞爆破工程，具有水头高、淤泥厚、岩塞口地形起伏差大、洞脸边坡有顺坡向断层等复杂的不利因素，但经过深入细致的工程地质工作，详细查明了这些不利地质因素的边界条件，并采取了相应的工程措施。这些工程的水下岩塞爆破都先后爆破成功。反之，凡是忽视地质工作，对岩塞爆破工程将会带来不同程度的恶果。轻则延误工期，修改设计，造成不必要的经济损失；重则使爆破工程失事，不能正常运行。如前面提到的挪威斯科尔格湖进水口水下岩塞爆破。

综上所述，水下岩塞爆破的工程地质勘察是设计和施工的基础。只有详细掌握了进水口爆破地段的地质情况，才能保证设计、爆破及施工顺利进行，保证爆破后岩塞口正常运行。

水下岩塞爆破工程地质主要涉及以下三个方面的问题：

（1）工程地质对爆破的影响。与爆破关系密切的地质条件有：地形、岩性、地质构造、水文地质条件、特殊地质条件等。

（2）爆破作用对工程地质和水文地质的影响。主要研究在爆破作用下有关自然地质产生的各种不安全因素及有效的安全措施。

（3）爆破后岩体（围岩）的变化可能给后续工程建设带来一系列工程地质问题。

五、水下岩塞爆破工程勘察的基本要求

通过对高水头、厚淤泥、大直径的刘家峡排沙洞进水口岩塞成功爆破，兰州市水源地岩塞爆破工程施工详图设计阶段的勘察工作，并总结辽宁清河、黑龙江镜泊湖、吉林丰满等几个较大的水下岩塞爆破工程以及国外水下岩塞爆破工程的案例。均采用了地质测绘、钻探、物探及三维建模等勘察手段，提出了详细、准确的岩塞段工程地质勘察成果，便于设计及科研等部门正确分析及科学确定岩塞爆破方案。

（一）岩塞口位置的选择

实践证明，要保证水下岩塞爆破安全、爆通成型、爆破后运行稳定，必须结合岩塞爆破技术的特点，选择地形地貌、地质条件有利的位置及合理的岩塞轴线方向。在选择岩塞位置和轴线方向时，应考虑到岩塞口处地形有陡边坡和缓边坡等不同的地貌条件，具体要求如下：

（1）边坡地形力求规整，无洼沟、洼坑、洞穴等复杂的地形。

（2）尽量避开覆盖层较厚地段。无法避开较厚覆盖层地段时，要查明覆盖层下覆基岩岩面线及地质条件。

（3）基岩力求岩性单一，无较大的断层破碎带，岩石完整性好，风化较轻（特别注意无风化囊存在）、岩石透水性小的地段。

（4）力求避开岩塞开挖底部（或尾部）临空后，易出现周边剪切破坏的软弱结构面和破碎带等容易产生渗流失稳的地段。

（5）进水口周边围岩无软弱结构面不利组合，爆破成型好，爆后进水口周边可长期保持稳定。

（6）进水口洞脸和边坡稳定性较好，无反坡地形。应避开软弱结构面不利组合形成不稳定地段。

（7）爆破瞬间洞口"滞后下榻"方量较小的地段，需要特别注意的是，针对陡边坡类型的岩塞，问题较为突出的是所谓"滞后下榻，洞口堆积"问题。即当进水口在陡边坡情况下，爆破开裂上线附近存在着软弱结构面时，其结构面与设计轮廓线之间的岩体，在爆破瞬间受强烈震动失稳下榻，而下榻的岩体又受底部滑动面或两侧切割面阻滑力的作用，减缓了岩体下滑的速度，使下榻岩块落至洞口的时间滞后于洞口产生高速水流的瞬间。此

滞后于高速水流下榻的岩块，未经爆破破碎作用，块径大，不易被水流搬运至聚渣坑而在洞口堆积，影响洞口的过水断面面积或堵塞洞口。这种现象对缓边坡类型的岩塞一般不存在。

（8）在确定岩塞轴线方向时，为了有利于进水口洞脸岩体的稳定性，以便于爆破和控制成型，岩塞轴线方向应尽量垂直于岸坡，力求岩体厚度均一。

（二）勘察范围选定

岩塞爆破工程勘察范围的确定是一项很重要的工作，确定了岩塞位置后，勘察范围应与地形图范围同步确定。经多个岩塞爆破实例证明，勘察范围一般前期阶段要求为岩塞外开口洞径的5～10倍，必要时可适当扩大范围，比例尺应在1:100～1:200范围内选择，这样便于初期阶段设计对岩塞位置进行调整。随着勘察阶段的加深及岩塞爆破方案进一步的细化，勘察范围的重点可缩小至岩塞外开口洞径的3～5倍。附属建筑物聚渣坑、叉管段及反坡段等可依据设计结构要求，勘察精度不低于同类水利水电工程建筑物的要求。

（三）水下地形测量

爆破区及爆破影响区的地形条件直接影响爆破的设计与施工。水下岩塞爆破地形的测量是一项很重要的工作，测量的精度直接影响装药量及爆破效果，更主要的是影响施工安全。若测量误差过大，有可能影响岩塞厚度及药量的计算，导致岩塞体预裂孔及药室无法施工。

1. 水下地形测量

根据刘家峡排沙洞进水口岩塞爆破、兰州市水源地岩塞爆破工程施工详图设计阶段的勘察以及国内外水下岩塞爆破的经验案例，水下地形图可分为水下淤泥层面地形图及基岩岩面地形图，地形图的精度是关系到岩塞爆破成败的主要因素之一，高精度地形图可以为设计确定岩塞体的厚度、倾角、预裂孔深度、药室位置、药量、岩塞体抛出的方向及各种爆破参数的选择提供可靠的依据，岩塞表部地形的起伏与基岩面的平整情况，如表部有洞穴、洼坑、洼沟或呈阶梯状起伏不平等对岩塞影响很大。特别是对于深水区及厚淤泥层地段应利用湖（库）结冰期或水上平台等，采用钻孔等有效的测量手段，保证地形图的测量精度。

2. 岩塞及药室开挖测量

设计依据地质勘察成果资料，通过三维建模、室内计算及模拟试验等手段，从而确定出岩塞体及药室位置的设计特征值，在岩塞爆破施工阶段，设计的特征值通过斜洞、竖井或空间转弯隧洞准确的放样也是岩塞爆破成败的重要的一个环节。实践证明，科学的测量放样及开挖施工，能够保证岩塞体的厚度、药室位置及尺寸的精度，对岩塞施工期的安全、岩塞体一次爆通及岩塞口长期运行并保持围岩稳定性有重要作用。

（四）岩体物理力学性质

岩石的强度是决定爆破炸药单耗量的主要指标，岩石对爆破作用反应基本上包括三方面：一是岩石的可爆性；二是岩石接收和传递振波的能力；三是岩塞爆破后进水口的抗冲刷能力。在爆破设计中主要是根据岩石的可爆性（包括岩性、结构、构造及风化破碎程度）确定单位耗药量（K）。

岩石物理性质除了对单位耗药量（K）的选择和爆破岩块大小有直接影响外，还对爆破压塑圈半径，药包间距系数等参数及有关计算有影响。此外，在实际勘察工作中，如果岩塞爆破地遇有两种以上软硬不同的非均质岩石时，对爆破效果将带来不利影响。主要是爆破的能量密度易集中于软弱岩体上，从而扩大了爆破开裂线周边围岩的设计破坏范围，容易造成非均质岩层爆破后的边坡不稳定，给爆破后进水口运行带来许多不利因素。

（五）地质构造

　　工程实例证明，在爆破破坏作用范围内的断层、破碎带、软弱夹层、层理、褶曲、片理、节理、裂隙等分割岩体的地质结构面对爆破效果影响很大，主要影响爆破成型、爆破的块度、爆破方向及岩塞口的爆破后运行稳定等。其中以断层较为突出，常常起主导作用。其次是软弱夹层，再其次是层理片理等。其影响程度主要取决于结构面的性质及其产状与药包所在位置关系。值得注意的是，它们对预裂孔与爆破方量影响较大，主要表现在爆破漏斗破裂范围与性状的变化上。一般爆破开裂线往往沿着药包附近的断层、大裂隙、岩层层面等软弱结构面延伸，直接影响爆破成型、预裂效果与爆破方量，尤其是岩塞的上开裂线较为突出。一般来说，不论爆破规模大小，爆破漏斗的上开裂线，一般均沿着上开裂线附近的结构面爆裂，从而控制了爆破开裂成型与方量。下开裂线在预裂爆破时，当预裂孔保护的岩石完整，无不利的软弱结构面存在，爆破时通过岩塞下部周边预裂孔的预裂作用，一般均可按设计开裂线爆裂。当预裂孔预裂保护的岩石存在软弱结构面时，软弱结构面与预裂孔之间的岩石在爆破强烈的震动下出现不稳定时，预裂孔一般就不起到控制作用，而有软弱结构面控制开裂线。

　　下面就断层、层理、节理等地质软弱结构面对爆破的影响程度进行分析讨论。

　　（1）断层主要是影响爆破作用方向及爆破开裂线的形状，从而减少或增加爆破方量。例如，在岩塞爆破区内断层破碎带的规模较大，带内物质胶结较差，且距药室很近，或药包处于断层破碎带中，则药包爆破所产生的高温高压气体可能在一定程度上向着断层破碎带集中，甚至有部分炸药的能量从断层破碎带中冲出，从而影响了爆破定向的准确性，缩小了爆破开裂线的范围。但爆破规模不大，断层较小，或距离药室有一定距离时，对爆破定向将无影响。如果断层落在上开裂线或下开裂线时，则可以起到预裂保护开裂线以外围岩的效果，有利于进水口周边围岩的稳定。如果断层处于上述情况以外的位置，对爆破的影响程度取决于断层与最小抵抗线的夹角的大小，夹角大的则影响程度小，夹角小的则其影响程度大。如断层与最小抵抗线相交或截切爆破开裂线时，其影响程度比上述情况要好些，但还取决于断层的产状与最小抵抗线的关系。若断层离药包较远，则影响程度小，反之则大；断层与最小抵抗线的交角大，则影响程度小，反之则大。

　　（2）岩层层理对爆破作用的影响，主要取决于层理面的产状与药包最小抵抗线方向的关系。其影响程度与层理的状态有关，张开或夹泥的层理影响较大，而闭合层理则影响不很明显。层理面与最小抵抗线斜交，爆破时抛掷方向将会受到影响，爆破方量多数是减少，有时也可能增加。如果最小抵抗线与层理面垂直，爆破时虽不改变抛掷方向，但将增大爆破方量。同时，开裂线附近，层理面将不同程度扩张。

　　岩层层理对爆破边坡稳定性的影响，主要取决于层理面的产状与边坡坡面的关系。如当岩层的走向与边坡面大致平行，倾向和倾角接近一致时，或倾角大于边坡坡度时，对爆破边坡稳定是有利的。

（3）节理、裂隙、片理等影响，主要取决于节理、裂隙、片理等的张开程度，发育程度以及它们的产状和相互切割关系，如果岩石中节理、裂隙比较发育，但起主导作用的仅仅是一两组特别发育的节理、裂隙，其影响情况与层理基本相同。

（六）物理地质现象和水文地质条件

对水下岩塞爆破影响最大的是自然地质现象有岩溶、滑坡和不稳定岩体。首先，勘察中应对岩塞区域的溶洞和洞穴的位置、大小及其分布规律要调查清楚，否则，由于溶洞或洞穴的存在，爆破时会改变爆炸的抛掷方向，影响岩塞的贯通及成型。其次，在爆破影响区若有滑坡或不稳定岩体存在，爆破的震动可能引起滑坡的复活，或不稳定岩体的塌落。因此，勘察中应给出详细的滑坡分布状况，并对其稳定性做出评价。此外详细查明岩体的卸荷情况也是十分必要，岩塞体卸荷情况直接影响岩塞体成型、预裂效果、岩塞口稳定，从而控制爆破方向，根据卸荷发育情况，应布置相应灌浆孔，对岩塞体进行灌浆加固处理。兰州水源地岩塞爆破工程中岩塞体边坡坡度较陡，局部可达 65°，岩塞体部位呈弱卸荷状态，卸荷厚度一般为 14～16m，卸荷区两组陡倾角节理发育，张开宽度多为 5～10mm，局部甚至可达 30mm，针对这种情况提出了超前固结灌浆，为工程的顺利施工提供了保障。

基岩地区往往沿断层破碎带或裂隙带有脉状地下水分布，岩塞区域含水层的结构、地下水位或承压水位、药室（药包）中心至含水层顶板的最小距离、含水层渗透性、涌水量及水质等，常常会影响炸药的性能、药室的开挖施工及药室装药，或爆破后可能改变脉状地下水的流向流量，造成环境的破坏。故查明脉状地下水的埋藏条件和补给来源，评价和预测爆破破坏含水层而产生涌水及含水层疏干事故等十分重要。

查明岩塞体透水性也是岩塞爆破成功的关键因素之一，透水率过大直接影响集渣坑、水平洞段等部位的施工，特别是对爆破效果影响较大，因此针对透水情况应对岩塞体加强灌浆处理，通过固结灌浆降低岩体透水性以满足设计要求。在兰州水源地岩塞体爆破工程中，勘察时发现岩体透水性较大，压水过程中一度出现全泵量不起压情况，多次尝试更换塞位、塞型，确认该部位透水率大于 100Lu，属强透水状态，对于工程中的强透水深度、位置给予确定，要求该区域进行超前固结灌浆，为工程的顺利施工提供了保障。

第二节　工　程　测　量

水下岩塞爆破测量是一项很重要的工作。测量误差直接影响药量大小和爆破效果，更重要的是影响施工安全，若测量误差过大，有可能导致药室无法施工。一般岩塞爆破工程采取导洞开挖、洞室装药方式，导洞距岩面线距离较近，药室距岩面线更近，岩塞口在约几十米的水头作用下，给导洞和药室开挖施工带来巨大的危险性。因此，对岩塞口的地形测量工作提出较高的精度要求，测图比例尺在 1∶100～1∶200 范围内选择。

水下岩塞爆破测量主要包括控制测量、现状地形图测绘、钻孔放样及测量、岩面图测绘、岩塞与药室开挖测量等。

一、控制测量

控制测量是现状地形图测量、岩面地形测量、放样测量等工作的依据。具有控制全局，限制测量误差累积的作用。

控制测量布设应根据药室至洞口或竖井口的距离合理选择控制等级，遵循"从整体到局部，分级布设"的原则，以确保洞内、洞外系统的一致性，保证在各个部位存在统一的起算数据。

（一）基本平面控制测量

（1）若已有可研阶段测图的平面控制点或施工控制网点，可以直接利用其作为基本平面控制，但需对使用的平面控制点进行检测。一般情况下，药室至洞口或竖井口的距离小于 5km，按四等平面控制网精度检测即可（基本平面控制测量以四等平面控制网为例），检测指标为：边长相对中误差不应大于 1∶50000。如不满足精度要求，可选择靠近测区中心的控制点作为起算点，以另一控制点作为已知方向，重新布设平面控制网，这样既保证了与已有资料的一致性，又保证了地形图对平面控制网的精度要求。

（2）基本平面控制测量的方式很多，如三角形网测量（包括三角测量、三边测量、边角测量）、导线测量、GNSS 测量等。洞外基本平面控制通常采用 GNSS 测量方式建立，洞内平面控制测量宜采用长边直伸导线或多环导线。下面简要介绍一下洞外四等 GNSS 测量要求：

1）用于作业的 GNSS 必须经过省级以上计量检定部门检定合格并在检定有效期内。

2）最弱边长相对中误差应达到 1∶50000，最弱点位中误差不得大于 0.025m。

3）外业观测采用 2 台以上标称精度优于 10mm+2ppm 的双频的 GNSS 接收机。

4）外业观测采用静态模式进行观测，观测时段长度在 60 分钟以上。

5）四等 GNSS 测量应采用边连接方式构成 GNSS 网，由独立观测边构成的闭合环边数应不多于 6 条。

6）GNSS 网基线中误差估算公式：

$$\sigma = \pm\sqrt{a^2 + (bD)^2} \qquad (2.2-1)$$

式中：σ 为基线中误差，mm；a 为固定误差，mm；b 为比例误差系数，mm/km；D 为基线长度，km。

7）GNSS 网同步环各坐标分量闭合差及全长闭合差应满足：

$$W_x = W_y = W_z = \pm\frac{\sqrt{n}}{5}\sigma \qquad (2.2-2)$$

$$W = \pm\frac{\sqrt{3n}}{5}\sigma \qquad (2.2-3)$$

式中：n 为同步环中基线边的个数；W 为同步环环线全长闭合差，mm。

8）GNSS 网异步环各坐标分量闭合差及全长闭合差应满足：

$$W_x = W_y = W_z = \pm 2\sqrt{n}\sigma \qquad (2.2-4)$$

$$W = \pm 2\sqrt{3n}\sigma \qquad (2.2-5)$$

式中：n 为异步环中基线边的个数；W 为异步环环线全长闭合差，mm。

9）重复基线的长度较差应满足：

$$\mathrm{d}s = 2\sqrt{2}\sigma \qquad (2.2-6)$$

10）以所有独立基线组成 GNSS 空间向量网在 WGS-84 坐标系统中进行三维无约束平差，基线向量的改正数（$V_{\Delta x}$，$V_{\Delta u}$，$V_{\Delta z}$）绝对值均不应大于 $\pm 3\sigma 11$）。

11）二维约束平差基线向量改正数与无约束结果的同名基线相应改正数较差（$d_{v_{\Delta x}}$，$d_{v_{\Delta v}}$，$d_{v_{\Delta z}}$）绝对值均不应超过 $\pm 2\sigma$。

（二）基本高程控制测量

若测区已有可研阶段测图的高程控制点或施工控制网点，可以直接利用其作为基本高程控制，但需对使用的高程控制点或施工控制网点按四等水准精度要求进行校测，如不满足规范要求，则需寻找三等以上（含三等）的高程控制点重新布设四等水准路线，具体要求如下：

（1）岩面图测量基本高程控制点及药室高程控制起算点应布设在同一水准路线中。

（2）四等水准测量精度要求及测站的技术要求见表 2.2-1 及表 2.2-2。

表 2.2-1　　　　　　　　**四 等 水 准 测 量 精 度**

偶然中误差 M_Δ	全中误差 M_w	测段往返测高差不符值和路线闭合差/mm	
/mm	/mm	平丘地	山地
± 5	± 10	$\pm 20\sqrt{L}$	$\pm 6\sqrt{n}$

注　L 为测段或路线长度，单位为 km；n 为测段或路线测站数，每千米多于 16 站按山地计算。

表 2.2-2　　　　　　　**四等水准测量测站的技术要求**

仪器型号	视线长度 /m	前后视距差 /mm	前后视距累积差 /mm	视线高度 /mm	基辅分划读数差 /mm	基辅分划所测高差之差/mm
DS1	150	3	10	三丝能读数	3	5
DS3	100					

注　1. 对于数字水准仪，同一标尺两次读数差执行基辅分划读数差限差，两次观测所测高差之差执行基辅分划所测高差之差的限差。

　　　2. 相位法数字水准仪重复测量次数为 1 次，否则重复测量次数为 2。

（3）四等水准测量计算时应进行三项改正，分别为水准标尺长度误差的改正、正常水准面不平行的改正、路（环）线闭合差的改正。

（4）四等水准点可直接采用平面控制点作为标志。

（5）四等水准作业前，应按国家三、四等水准测量规范要求对水准仪和标尺进行检校。

（6）对使用的高等级水准点也应按四等水准进行检测。

（7）用于作业的水准仪必须经过省级以上计量检定部门检定合格并在检定有效期内。

二、现状地形图测绘

岩塞段现状地形图主要为了查清岩塞口及其周边的淤泥厚度，尤其是要查清淤泥上是否有掉落的碎石,在冲刷漏斗范围内是否存在弃渣等。

岩塞段现状地形图测绘范围一般为岩塞轴线方向测至坡顶或闸门井,垂直轴线方向不应小于 10 倍洞径。必要时,可根据地质条件及设计要求适当扩大测绘范围。

岩塞段现状地形图测绘比例尺精度在 1:100~1:200 范围内选择,等高距不低于 0.5m。

(一) 图根控制测量

基本平面和高程控制网点能满足测图的需要时可不布设图根控制,否则图根控制按以下条款执行。

(1) 图根平面控制点相对于邻近基本平面控制点的点位中误差不得大于图上 0.1mm。

(2) 图根控制采用图根导线方式。图根控制点可采用固定地物,如岩石、树桩等,图根点统一编号,不能重复。

(3) 图根导线的边长需进行气象、仪器加、乘常数修正及倾斜改正。

(4) 图根高程控制点相对于邻近基本高程控制点的高程中误差不得大于 0.03m。

(5) 图根高程控制可采用图根水准或图根电磁波测距三角高程测定。

(二) 陆地部分

地形图测量陆地部分比较容易,一般采用全站仪或 GNSS-RTK 测量,具体要求如下:

(1) 测站上要及时连接地形线,标注标记符号。对于每天所测的部分当天要完成编辑工作,特别是地形较复杂的时候更应如此,以免增加后续工作量。

(2) 陆上部分地形测图应遵循"看不清不绘"的原则,对地貌、地物形状详细实测,地形点间距应不大于 6m,采用全站仪测距时,测量地形点的长度不能超过 400m。

(3) 各种地物符号使用正确、位置绘制准确。

(三) 水下地形测绘

水下地形测量内容包括水位观测、测深点定位和水深测量三部分。

水位观测:一般按测区范围和水位变化确定水位观测,当测区范围不大且水位日变化小于 0.1m 时,可不设置水尺,但应于每日作业前后在同一位置各观测一次水面高程,取其平均值作为水位高程;当测区范围大且水位落差大或水位日变化大于 0.1m 时,可设置临时水尺,作业期间应定期对水尺零点高程进行测量。

测深点定位:根据水面宽窄确定定位方法,前方交会法适用于交会边长小于 1km,交会角在 20°~150°之间,交会方向不少于 3 个;极坐标法适用于水面较宽、精度要求较高的水域;GNSS-RTK 定位和 CORS 系统适用于范围广阔的水域。

水深测量:根据水深、流速选择不同的测深工具,测深杆:宜用于水深小于 5m、流速小于 1m/s 的水域;测深锤:宜用于水深小于 15m、流速小于 2m/s 的水域;铅鱼式测深锤:宜用于水深小于 20m、流速小于 3m/s 的水域,锤重宜为 15~20kg;测深仪:宜用于水深大于 1m 的水域。

随着测绘仪器设备不断更新,测绘技术不断进步,水下地形测绘方法发生了巨大变化。尤其是小区域水下地形测绘采用较多的是 GNSS-RTK 三维水下地形测量(见图 2.2-1),省略水位观测,此方法水下地形点位置和高程同步采集,保证了测深与定位一

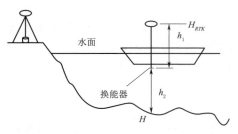

图 2.2-1 GNSS-RTK 三维水下
地形测量示意图

致性。GNSS-RTK 三维水下地形测量根据搭载测深设备不同，又分单波速测深系统和多波速测深系统。

水下地形点高程为

$$H = H_{RTK} - h_1 - h_2$$

式中：H 为水地形点高程；H_{RTK} 为船上流动站天线位置处高程；h_1 为流动站天线至换能器的高；h_2 为换能器至水下地形点的高。

1. 单波速测深系统

单波速测深系统主要采用的方式是由 GNSS 接收机、数字化测深仪、便携式计算机和数据通信链及相关软件等组成的水下地形测量系统。重要的辅助工具就是水上运输工具（船只等）。这种方式通过 GNSS-RTK 的三维定位和数字测深仪的测深利用数据链的连接处理直接获取水下地形点的坐标和高程，具有方便、快捷、高效、全天候、精度较高等特点。

测量过程如下：

（1）测前准备工作。

1）计算转换参数。转换参数可直接应用测区 GNSS 网约束平差计算结果，也可利用测区内 4 个以上重合控制点求定转换参数。平面坐标转换允许残差不得大于 2cm，高程转换残差不得大于 1cm，当超过时，应重新选择合适的控制点进行点校正。

2）测量任务的建立。利用水深测量系统软件，建立测量任务：选择坐标系统、投影变换，输入求得的转换参数。

3）计划测量路径。水下地形测量一般采用断面法测量，使用单波束测深断面宜垂直等深线，断面间距不应大于图上 10mm，水下地形点间距也不应大于图上 10mm，根据这一原则预设测线并输入计算机中，届时可按测线进行测量，避免出现漏测区域。

4）制作固定探头装置。在船只上预先加工一些装置用于固定测量水深的探头，以保证探头即铅直又不松动。

（2）野外数据采集。

1）实施水深测量所用的设备都应在国标规定的鉴定周期内，同时在使用之前须进行现场的稳定性试验和校验工作。

a. 测深仪稳定性试验。新购或经过大修后的测深仪应进行稳定性试验，稳定性试验应选择在水深大于 5m 的水底平坦处或码头附近，水底不平坦时，应在规定深度处悬挂检查板，开启测深仪进行连续试验，试验时间至少应大于作业时仪器最长连续的工作时间，每间隔 15min 比对一次水深，测定一次电压，转速和记录放大旋钮位置，并做记录。

试验时的水深比对限差为 2 倍测深精度，工作电压与额定电压之差不应大于 10%。测深仪转速的稳定性应根据稳定性试验资料检查，实时转速与额定转速之差不应大于 1%。

b. GNSS-RTK 定位延时求取。进行导航延时求取时，选定一处陡坡区域，垂直陡坡布设测线，以相同的船速进行反向同线（测量时偏航控制在 1m 以内）测量，使用厂家提供的软件进行延时求取,原始数据保存归档。当系统硬件更改或软件设置变化时需重新测定延时。

c. 测深仪换能器动吃水改正数测定。在风浪较小时段,将流动站天线安装在换能器正上方并固定在测船上,测船自由漂浮状态下记录 RTK 定位数据 1 分钟,定位采样间隔 1 秒;测船加速至正常测量时速度,再记录 RTK 定位数据 1 分钟。用测船自由漂浮时 RTK 高程平均值减去正常测量时 RTK 高程平均值即为动吃水改正数,改正数小于 0.05m 时可不改正。

d. 声速剖面仪校验。选择适当区域同时做试验板改正试验及声速剖面,提取声速文件,水中声速引起的水深改正公式为

$$\Delta H_c = (C/C_0 - 1)H \qquad (2.2-7)$$

式中:ΔH_c 为深度改正值,m;C 为水中声速,m/s;C_0 为水中标准声速,m/s,取 1500m/s;H 为水深读数,m。

声速剖面仪和试验板求得的两组改正数差值为声器差,在用声速剖面进行测深改正时需加入声器差。

2)测线布设。

a. 主测线布设。为反映水深变化趋势,单波束测量时主测线垂直于河道走向布设,库区垂直于岸线布设,主测线间距按图上 1.0cm 设计。

对于部分困难河段,因地形、水深等客观条件限制,测线间距依照实际情况放宽至图上 1.5cm。

b. 检查线布设。在每天工作结束后,对所完成的主测线部分布设检测线进行比对检测。检查线方向垂直主测线方向布设,长度不少于主测线长度的 5%。

3)深度改正。利用检查板比对的方法求取测深仪的总改正数,对于水深深度过深或水流流速过大,检查板无法使用的区域使用声速剖面仪测量声速的方法求取深度改正数,然后在内业数据处理时对测深数据进行相应的修正。测前校核一次即可。

测深仪安装完成后,保持测船处于静止状态,在换能器正下方放置检查板。根据检查板的带刻度拉绳,将检查板放到水面以下 5m、10m、15m、20m 或整米处。测深仪测得检查板的深度后,通过对比该值与检查板实际下放的深度,确定测深仪在不同深度处的深度改正值。

声速剖面仪测量声速时,取出声速剖面仪入水稳定 1 分钟后匀速下水和提升,速度不超过 0.5m/s。测量结束后导出声速文件,检查数据完整性。

检查板比对在每次测量前后各进行一次,无法进行检查板比对的区域声速测量每次测量前进行一次。

4)水深测量。水深测量采用 GNSS-RTK 与测深仪配合进行 RTK 三维水深测量的方式进行,一般水深的河道、库区采用测艇作业。不能使用测深仪的极浅水域,使用 GNSS-RTK 配合测深杆由人工直接测量河底高程。

在水下环境不明的区域作业时,需及时了解测区的礁石、沉船、水流和险滩等水下情况。对浅滩范围内加密测深点,以反映出浅滩基本情况。在浅区范围适当加大测量比例

尺，使得测图能够反映浅区范围。水深外业数据采集过程中对定位设备固定解丢失，测区浅滩等特殊情况做好外业观测记录。

测深定位点点位中误差限值为图上±1.0mm，深度误差限值为±0.2m（$H \leqslant 20\text{m}$）、±0.01H（$H > 20\text{m}$）。

5）定位。采用 GNSS-RTK 进行三维水深测量的定位，在测量过程中，能够实时获取 GNSS 天线相位中心的准确平面位置和高程。经量取水面至天线相位中心距离（天线高），即可实现与平面定位同步实时获取水面高程，同时获得厘米级的平面、高程定位精度。

在河道沿岸架设 GNSS-RTK 差分基准站，测量船舶 GNSS 流动站通过无线电天线接收来自基准站的差分数据，实现厘米级定位精度。

以基本控制网控制点进行空间转换七参数的计算，将获得的坐标转换参数输入 GNSS-RTK 移动站接收机，使得 GNSS-RTK 移动站工作在基本平面控制坐标系下。

6）测深。采用测深仪厂家给定的测量软件进行水深测量的导航与测深数据采集（见图2.2-2）。软件的导航界面应可实时显示正在施测的测线、船舶偏离测线的距离，供测艇驾驶员随时修正航向，保证测艇沿测线航行。信息显示窗口能随时显示各种导航参数（X、Y 坐标、船速度、船艏向、记录状态、文件名、时间、测线方向、纬度、经度、偏移距、水深等）。测深过程中，技术人员时刻注意测深仪工作是否正常、测深仪数据采状况是否良好、测深纸上的回波信号是否清晰、吃水线是否漂移等情况，保证测深仪在稳定状态下工作。

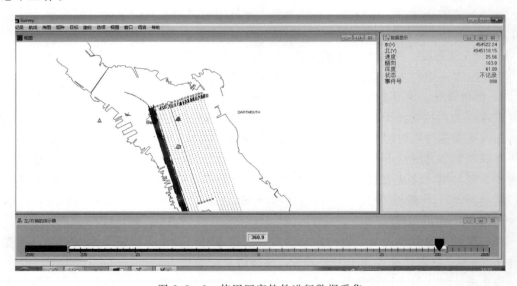

图 2.2-2　使用厂家软件进行数据采集

7）外业数据检查与处理。在数据编辑处理过程中，首先对所采集的定位数据、测深数据，结合外业观测记录详细检查，主要检查声速、坐标系统参数、吃水等是否设置正确，外业记录是否清晰有效，航迹线是否偏离主测线，是否存在漏测或重测区域。其次对数据进行筛选、声速改正，筛选数据必须合理、有依据。根据测深信号模拟记录纸，对模拟信号模糊不清、多重信号等测深数据进行核实，判定数字信号值是否与模拟水深一致，对问题数据及时进行修正。

当测深数据受风浪影响回波信号呈波浪状时，及时查看对应时间段内 GNSS 测高数据的变化，如 GNSS 测高数据同样出现周期性变化，测深数据处理时按"1/3 波高消减"原则进行适当修正，以消减波浪对测深数据造成的影响。

外业数据检查合格后进行数据处理工作，包括假点剔除、潮位改正、声速改正、数据过滤。

8）数据抽稀处理与数字化成图。

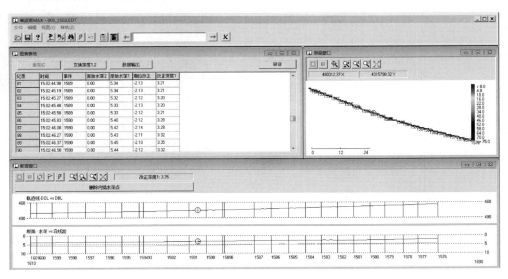

图 2.2 - 3　使用厂家软件进行数据处理

a. 数据检查。检查线水深测量数据与主测线数据进行符合性检查，图上 1mm 范围内水深点的水深比对互差满足表 2.2 - 3。

b. 数据抽稀。为保证水下地形图的美观性、合理性与科学性需对检查通过后的水深测量数据进行抽稀，数据抽稀采用厂家提供的软件，抽稀后两水深点间隔为图上 10mm。

表 2.2 - 3　重合点互差一览表

水深 H/m	深度比对互差/m
$H \leqslant 20$	$\leqslant 0.4$
$H > 20$	$\leqslant 0.02H$

数据抽稀后，检查数据抽稀结果，查看是否有异常数据出现，若出现应核实情况，做出相应修正。

2. 多波速测深系统

多波束测深系统的工作原理是利用发射换能器阵列向水下发射宽扇区覆盖的声波，利用接收换能器阵列对声波进行窄波束接收，通过发射、接收扇区指向的正交性形成对水下地形的照射脚印（见图 2.2 - 4），对这些脚印进行恰当的处理，一次探测就能给出与航向垂直的垂面内上百个甚至更多的水下被测点的水深值，比较可靠地描绘出水下地形的三维特征。与现场采集的导航定位及姿态数据相结合，绘制出高精度、高分辨率的数字成果图，能更好地探测淤泥上是否有掉落的碎石，在冲刷漏斗范围内是否存在弃渣等。

（1）设备安装。

1）多波束换能器应安装在噪声低且不容易产生气泡的位置。多波束换能器的横向、纵向及艏向安装角度应满足系统安装的技术要求，具体设备安装测试根据系统随机技术手册进行。图 2.2-5 是根据测量船特性，采用简易 T 形支架结构＋钢丝绳固定的形式，采用多波束悬挂安装测量方式。

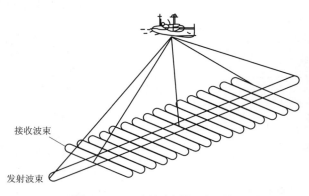

接收波束

发射波束

图 2.2-4 多波束测深原理图

图 2.2-5 多波束安装

2）姿态传感器应安装在能准确反映多波束换能器姿态或测船姿态的位置，其方向线应平行于船的舯艇线。

3）罗经安装时应使罗经的读数零点指向船舶并与船的艏艉线方向一致，同时要避免船上的电磁场干扰。

4）定位设备的接收天线应安装在测量船顶部避雷针以下的开阔地方，应避免船上其他信号的干扰。

5）系统各配套设备的传感器位置与测量船坐标系原点的偏移量应精确测量，读数至 1cm，往返各测一次，水平方向往返测量互差应小于 5cm，竖直方向往返测量互差应小于 2cm，在限差范围内取其均值作为测量结果。

（2）设备校准。

1）系统安装以后，应测定多波束换能器的静吃水和动吃水。

2）系统各配套设备的传感器的位置变动或更换设备后，应重新测定和重新校准。测量期间如系统受到外力影响，应重新校准。

3）系统的误差测定与校准应包括定位时延、横摇偏差、纵摇偏差、艏向偏差、综合测深误差、与单波束测深仪的测深精度比对、定位中误差等项目。校准一般按定位时延、横摇偏差、纵摇偏差、艏向偏差等顺序进行。

4）定位时延的测定与校准宜选择在水深浅于 10m、水下地形坡度 10°以上的水域或在水下有礁石、沉船等明显特征物的水域，在同一条测线上沿同一航向以不同船速测量两次，其中一次的速度应大于等于另一次速度的两倍，两次测量作为一组，取三组或以上的数据计算校准值，中误差应小于 0.05s。

5）横摇偏差的测定与校准宜选择在水深大于或等于测区内的最大水深、水下地形平坦的水域进行，对于单个换能器在同一测线上相反方向相同速度测量两次为一组，对于双换能器应使用三根平行测线（间距为有效测深宽度一半）交互方向相同速度各测量一次为一组，取三组或以上的数据计算校准值，中误差应小于 0.05°。

6）纵摇偏差的测定与校准宜选择在水深大于或等于测区内的最大水深、水下坡度 10° 以上的水域或在水下有礁石、沉船等明显特征物的水域进行，在同一条测线上相反方向相同速度测量两次作为一组，取三组或以上的数据计算校准值，中误差应小于 0.3°。

7）舷向偏差的测定与校准宜选择在水深大于或等于测区内的最大水深、水下坡度 10° 以上的水域或在水下有礁石、沉船等明显特征物的水域进行，使用两条平行测线（测线间距应保证边缘波束重叠不少于 10%）以相同速度相同方向各测量一次作为一组，取三组或以上的数据计算校准值，中误差应小于 0.1°。

8）经过定位时延、横摇偏差、纵摇偏差和舷向偏差测定与校准后，应对其综合测深误差进行测定。综合测深误差的测定应选择在水深大于或等于测区内的最大水深、水下地形平坦的水域按正交方向分别布设测深线进行测量，并比对重叠部分的水深，水深比对不符值超限的点数不应超过参加总比对点数的 15%，不符值的限差按下式计算。

$$\Delta = \pm \sqrt{a^2 + (b \times d)^2} \qquad (2.2-8)$$

式中：Δ 为测深极限误差，m；a 为系统误差，m，取 $a = 0.25$m；b 为测深比例误差系数，取 $b = 0.0075$；d 为深，m。

9）系统经过校准，其综合测深误差满足限差要求后，还应在水深大于或等于测区内的最大水深、水下地形平坦的水域采用单波束测深仪（测深精度已校准且优于规定精度）对系统进行水深精度比对，水深比对不符值的点数不应超过参加总比对点数的 15%，比对不符值的限差按下式计算。

$$\varepsilon = \pm \sqrt{2} \times \Delta \qquad (2.2-9)$$

式中：ε 为水深测量比对极限误差，m；Δ 为测深极限误差，m。

（3）测深线布设。

1）主测深线布设。多波束测深仪主测深线布设方向应平行于等深线走向，主测深线间距应不大于有效测深宽度的 50%。有效测深宽度根据仪器性能、回波信号质量、测区水深、测量性质、定位精度、水深测量精度以及水深点的密度而定。

2）检查测深线布设。在每天工作结束后，对所完成的主测线部分布设检查测深线，检查测深线应垂直于主测深线均匀布设，并至少通过每一条主测深线一次；检查测深线总长应不少于主测深线总长的 5%；检查测深线采用单波束或其他多波束测深系统进行测量，当使用多波束测深系统做检查测深线测量时，应使用其中心区域的波束。

（4）多波束数据采集。

1）使用的 GNSS 接收机定位数据更新率不应小于 1Hz。

2）姿态传感器测出的横摇或纵摇超过 8° 时，必须停止作业。

3）多波束测深应利用声速仪进行声速改正。每次作业应在测区内有代表性水域采用声速仪测定声速剖面。声速剖面仪测量时间间隔应小于 6h 或声速变化大于 2m/s。

4）每天作业前、后，应分别量取系统多波束换能器的静态吃水值，如发生变化应在系统参数中及时调整。

5）每天作业前、后，应对系统的中心波束进行测深比对，比对限差应小于式（2.2-9）中测深极限误差的 50%。

6）在测量过程中，对测量船的航行速度应进行实时监控，测量时的最大船速按下式计算：

$$v = 2(H-D)N\tan(\alpha/2) \qquad (2.2-10)$$

式中：v 为最大船速，m/s；α 为纵向波束角，（°）；H 为测区内最浅水深，m；D 为换能器吃水，m；N 为多波束的实际数据更新率，Hz。

3. 实例

吉林省中部城市引松供水工程丰满水库进水口岩塞爆破水下现状地形图采用多波束测深系统获取。

（1）现场采用显控软件和导航采集软件进行显控声呐控制和数据采集，如图 2.2-6 为现场数据采集和导航。

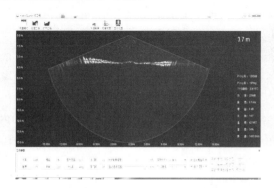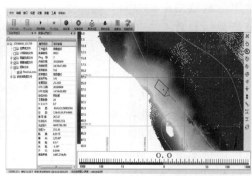

图 2.2-6　现场数据采集和导航

（2）多波束后处理主要流程包括数据转换、数据加载、条带编辑、子区编辑，成果输出等。

1）利用软件对条带数据进行噪点删除作业，见图 2.2-7。

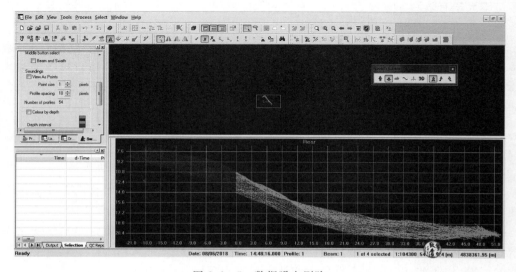

图 2.2-7　数据噪点删除

2）使用软件对数据进行改正数据应用之后，通过子区断面噪点删除方法对噪点数据进行删除，见图 2.2 - 8。

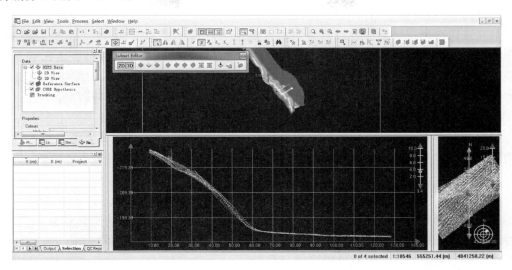

图 2.2 - 8　数据噪点软件删除

3）经过以上数据处理工作，就可以输出测区的水深数据，同时可以为后续的工作提供数据依据。

（3）多波束测深系统获得的成果。

1）为了更好地实现水下现状地形特征，我们直接浏览和查看水下地形三维点云数据，图 2.2 - 9 为几处区域点云展示效果。

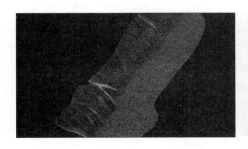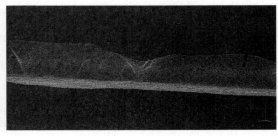

图 2.2 - 9　地形三维点云数据

2）水下地形图共检查 130 点，统计到的等高线中误差 0.39m，满足 0.50m 等高距的要求。

三、勘探点放样与测量

（1）勘探点的放样与测量按地质勘探人员的要求进行。

（2）勘探点平面放样限差为 0.05m；测量中误差：相对于邻近基本控制点点位中误差和高程中误差均应不大于 0.05m。

（3）采用全站仪坐标法进行放样时，应按设计坐标先计算边长和水平角，并考虑是否对边长进行投影面改正；采用 GPS - RTK 定位法进行放样时，应事先进行室内校正求解转换参数，并每次放样前到已知基本控制点上进行校核，校核结果平面和高程均小于 5cm 时方可进行。

（4）采用全站仪坐标法进行测量时，测距最大长度不应大于 400m，水平角施测左、右角各半个测回（圆周角闭合差小于 40″），左右角平均后采用极坐标法计算坐标成果，天顶距进行正、倒镜观测并采用不同高度施测（不同高差小于 5cm），最后取平均值加上球气差改正作为高程测量成果；采用 GPS - RTK 定位法进行测量时，RTK 作业半径应不大于 2km，并保证测量杆水平气泡居中。

（5）所有勘探点测量之后，利用钻探给出的各勘探点淤泥面高程及岩面高程，绘制岩面图并计算淤泥量及覆盖层厚度。

四、岩面地形测量

岩面地形测量的原理和水下地形测量的原理相似，水面以上控制平面位置，"测深"由地勘的钻探工作来完成，即钻头钻至岩面后，量取套管管口至岩面的长度，最终获取水下岩面点的坐标和高程，由软件编辑成岩面图。

岩面地形测量包含钻孔放样和钻孔测量两个过程。

（1）钻孔放样：即根据 1∶200 岩面地形图的成图精度，先在图上设计出钻孔（对应岩面点）位置，然后在水面上通过放样手段标出钻孔的实际位置，由于水面放样无法标定且岩塞爆破区域较小，具体操作可在爆破区域搭制一个小的平台，首先按设计坐标确定平台位置，然后在平台上标定钻孔位置，同时测定水下地表面高程，钻探人员根据标定点位下套管后，测量人员校核管中心坐标，偏移量小于 5cm 时由地质人员测斜，测斜符合要求后开始钻探，同时测定水位。在钻探人员钻探过程中，测量人员对平台进行时时监测，确保钻探平台的稳定，从而使得在钻探的过程中钻孔不会发生偏移。

（2）钻孔测量：终孔后由测量人员重新校核管中心坐标，偏移量小于 20cm 视为合格，对管中心重新测定，作为该钻孔的终孔坐标，同时测定水位，将放样、测量数据提供给地质人员，再由地质人员测斜纠正，最后根据最终的钻杆长度得到每一岩面点的坐标、高程。

对于岩面地形图的检测工作一般不再重复上述的过程，而是在药室内掌子面向水下岩面方向钻几个辐射孔，通过钻取的岩心的长度和掌子面进孔点与水下岩面出孔点间的距离相比较来核实，这项工作同样需要测量工作和钻探工作的相互配合来完成。

五、岩塞与药室测量

（一）隧洞内现状测量

隧洞内现状测量，以前多数采用全站仪断面法测绘，随着三维激光扫描技术的不断发展，隧洞内现状精细化测绘变得越来越容易，下面简要介绍一下利用地面三维激光扫描测绘隧洞内现状图的方法。

1. 外业扫描

根据成图范围选择合适已知点架站，在手簿中设置好测站和后视点坐标后以及仪器高后，即可开始扫描。如果在外业架站点和后视点坐标未知，也可假定架站点和后视点坐标，在内业处理时输入架站点和后视点坐标完成定向和数据拼接。为了少留测量死角，在外业扫描时应采取每站各进行一次远距离扫描和近距离扫描的方式。

2．内业处理

（1）数据拼接。从手簿导出的原始扫描数据先导入随机软件中进行数据拼接处理，所有测站转换成统一坐标系后，导出.txt 文件到 Cyclone 软件中进行下一步处理。

（2）去除噪点。在扫描过程中，由于地物的遮挡，数据测量的真实性受到影响，为了更真实的反应现状，删除临时搭建的脚手架等物体点云。

3．三维点云数据

三维点云数据见图 2.2－10。

图 2.2－10　三维点云数据

（二）岩塞与药室开挖测量

为把洞外控制点通过斜洞、竖井或空间转弯隧洞传入到洞内，要进行斜洞、竖井及空间转弯隧洞的开挖测量。现只介绍空间转弯隧洞的测量。弯道曲线见图 2.2－11。

设计结定：弯道曲线切点 A、B 及圆心 O 的坐标和高程；弯道曲线转弯半径 R 及圆心角 β；弯道曲线所在平面水平倾角 α。为了曲线放样，将曲线分成 n 等分，每一等分所对圆心角为 $\dfrac{1}{n}\beta$ 并按计算出 $\overline{O_1E}$、角 ε 及 $\overline{PE}$。

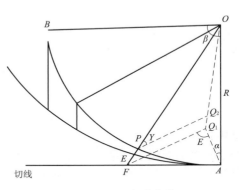

图 2.2－11　弯道曲线

$$\sin\gamma = \sin\alpha\cos\frac{1}{n}\beta i \,(i=1,2,\cdots,n) \tag{2.2－11}$$

$$\overline{PE} = R(\sin\alpha - \sin\gamma) \tag{2.2－12}$$

$$\tan\varepsilon = \frac{\tan\dfrac{1}{n}\beta i}{\cos\alpha} \tag{2.2－13}$$

$$\overline{O_1E} = R\cos\gamma \tag{2.2－14}$$

然后根据点坐标及 A 点高程，就可计算出曲线上任意 P 点坐标和高程。再根据现场施工情况，采用相应的方法，放出弯道曲线中、腰线。

　　为确定岩塞厚度，须进行岩塞掌子面横、竖剖面测量。现只介绍岩塞掌子面与 45°斜面交钱 CD（即垂直岩塞的横剖面）的放样和测设（图 2.2 - 12）。

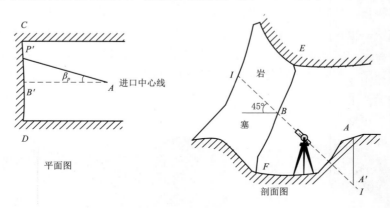

平面图

剖面图

图 2.2 - 12　剖面测量

　　首先测定岩塞掌子面进口中心线竖剖面 EF 并确定倾角为 45°斜线 $I—I$ 与 EF 剖面交点 B 并在实地标出。

　　经纬仪安置在进口中心线上并将望远镜设置 45°倾角，按逐次趋近法使望远镜指向 B 点，即望远镜指向 45°斜面。然后将真倾角换算成假倾角，在现场放样出交线 CD。为了测设方便和减少仪器误差，经纬仪可安置在进口中心线上任一点且离岩塞掌子面尽可能远一些。

　　为了确定岩塞厚度，应将施测的水平长度和水平角度，接下式换算为 45°斜面上的长度和角度。

$$A'P = AP'/\cos\delta P' \tag{2.2 - 15}$$

$$\tan\delta P' = \tan\delta\cos\beta P = \cos\beta P \tag{2.2 - 16}$$

$$\tan\beta P' = \tan\beta P\cos45° = 0.7071\tan\beta P \tag{2.2 - 17}$$

式中：$A'P$ 为测站 A 至测点 P 的斜面长度；AP' 为测站 A 至测点 P 的水平距离；$\delta P'$ 为 A 至 CD 剖面线上任一点 P 的假倾角；δ 为 A' 至 B 点的真倾角（为 45°）；$\beta P'$ 为 45°斜面上 $\angle BA'P$；βP 为 $\angle B'AP'$。

　　水下岩塞爆破的施工问题，关键在于岩塞的药室开挖。为了施工安全，除在施工中采用了限制装药量外，还应每排炮眼由测量控制位置。测量控制点应布置在进口中心线岩塞上、下导洞洞口顶上。上、下导洞及药室开挖坡度线，用全站仪测定。

第三节　工　程　钻　探

一、钻探工艺和方法的选择

　　钻探是工程勘察中应用最广泛的可靠的勘探方法，可在各种环境下进行，基本不受地形、地质条件的限制，能直接观察岩心和取样，勘探精度高，也是进行原位测试和监测工作的最基本保障。因此，不同类型、结构和规模的建筑物，不同的勘察阶段，不同环境和工程地质条件下，钻探均必不可少。

（一）钻探准备和钻进方法的选择

钻探项目进场前，应熟悉掌握地质勘察工作大纲及钻探任务书的各项要求，并进行现场实地踏勘，了解钻探区域的地质、地形地貌、交通、场地、水源等自然条件，编制钻探作业计划。对深孔、水平孔、斜孔、水上钻孔以及其他有特殊要求的钻孔应单独编制专项作业方案。钻探作业计划内容一般包括：任务来源和工程概况、钻探目的与任务、执行的相关法律法规和技术标准、项目资源配置、钻探方法与工艺、进度计划及保证措施、钻探质量保证措施、环境与职业健康安全管理等。

钻进方法的选择应根据岩石可钻性、研磨性及完整程度，结合钻孔口径、钻孔深度以及技术经济合理性等因素进行选择，常用钻进方法的选择可按表2.3-1选择。中深孔、深孔钻探时，为减少提钻次数，可优先采用金刚石绳索取心钻进方法。

表 2.3-1　　　　　　　　　钻 进 方 法 的 选 择

序号	钻 进 方 法		岩石可钻性	适用地层
1	回转钻进	合金回转钻进	1～7 级	所有地层
2		金刚石回转钻进	6～12 级	所有地层
3		复合片回转钻进	4～7 级	所有地层
4	冲击钻进	冲击管钻进	—	松散地层
5		冲抓钻进	—	
6	冲击回转钻进	液动冲击回转钻进	5～12 级	打滑、破碎及易斜岩层
7		气动冲击回转钻进	—	卵砾石地层

（二）钻探设备和机具的选择原则

钻探设备和机具应根据钻孔任务书、钻探作业环境、地层条件、钻孔结构和钻进方法进行选择与配置。

（1）钻机应从充分满足钻探工艺和施工能力的需要、适应钻进方法和动力配置的要求、技术性能先进、使用整体经济效益好等方面选择。

（2）水泵的类型及型号应根据冲洗液类型、钻孔结构、钻进方法和钻孔试验要求等方面进行选择。

（3）钻架的类型应根据钻孔深度、钻机型式、钻孔角度等方面进行选择。一般浅孔推荐使用三角钻架、A字钻架、桅杆式钻架等；深孔宜使用四角钻塔；斜孔应选用A字钻架或直斜两用钻塔。

（4）附属设备应根据确定的钻机和钻具种类、钻探工艺需求、现场工作条件和机械维修需要等方面考虑并选择合适的性能与型号。

（5）钻具组合应根据地质结构特点、分段口径、钻进方法、技术要求、取心质量指标等方面选择。

（三）水上钻探准备与钻场类型选择

水下岩塞爆破是在水深几十米，在特定的地质条件下进行的工程爆破工作。岩塞爆破能否爆通成型与爆破技术有关，又受地质条件控制。详细查明岩塞口的覆盖层分布、岩性、断层与节理等地质构造以及岩石与覆盖层的渗漏情况等地质条件，水上钻探手段必不可少。水上钻探准备与钻场类型选择应符合下列要求：

（1）开工前，应搜集和分析作业水域上下游的水文、气象、航运或水库运行资料。

（2）应组织现场查勘，了解工作区地形、水文和现有水上设备能力，制定作业计划，确定报警水位和撤退航线等。

（3）水上钻场应结构牢靠、布置紧凑、合理分区，并遵守相关安全规定。

（4）水上钻探应配置交通船，非自航式钻场应选择满足拖航要求的拖船，应有符合条件的码头，应有专业船工负责操作。

（5）水上导向套管的安装是保证水上钻探顺利进行的关键环节。在水下有覆盖层，可采用齿状管靴；无覆盖层时，可采用带钉管靴。套管在水中的部分，应根据水深与流速等实际作业环境，设置固定套管钢丝绳和保险绳。水位变幅较大时，设置伸缩套管，作为升降补偿措施。

水上钻场类型选择应根据实际情况和具体条件确定，并符合表 2.3-2 的规定。

表 2.3-2　　　　　　　　　水上钻场类型选择

钻场类型		钻探期间水文情况			安全系数	安全距离/m	
		适用水深/m	流速/(m/s)	浪高/m			
漂浮钻场	专用铁驳船	≥2.0	<4.0	<0.4	5.0～10.0	全载时吃水线与甲板面距离	>0.5
	专用漂浮平台	≥1.0	<2.0	<0.4	>4.0		0.2～0.5
	浮箱（筒）	≥0.8	<1.0	<0.2	>4.0		0.2～0.3
架空钻场	桁架	≤3.0	<4.0	<1.0	>5.0	钻场平面与水面距离	>1.0
	自升式平台	≤30.0	<3.0	<1.0	>5.0		>1.5

（四）钻探工艺参数的选择和钻探质量因素

钻探工艺参数主要有钻压、转速、泵压和泵量等，工艺参数的选择应根据钻进方法、地层岩土体力学性质、孔深孔径等进行合理选择，并随时调整在不同条件下各参数之间的有机配合，以取得最优的技术经济指标。

钻探过程中还应对冲洗液选择、护壁堵漏方法、钻孔取心取样方法、孔内事故预防和处理、定向钻探与定向取心方法、钻孔弯曲度控制等进行细致分析、合理确定，保证钻探工作顺利进行。

钻探质量应对包括岩心采取率和样品采取、岩心品质、水文地质观测、孔内试验与测试、原始记录、钻孔弯曲度、孔深、封孔、长期观测装置的安装、岩心标识和保护等质量因素进行评价。

下面以刘家峡排沙洞进水口岩塞爆破工程为例，对勘探设备的选择、施工方法及特殊部位施工等做简要介绍。

二、勘探设备

（一）勘探船

在 F_7 断层投入 1 艘由 2 艘货船并联组成的钻船，钻船上面布置 1 台套动力头钻机和 1 台套地质岩芯钻机，完成了 BZK01 - BZK06 共 6 个钻孔基岩勘探施工，累计进尺 181.53m。

（二）水上勘探平台

针对岩塞口处钻探施工区域最大水深达 43m，库内水流速度约为 2m/s，钻孔布置间距为 1.5m×1.5m 密集（间距为 1.5m×1.5m）这一工程特点，在岩塞口投入 2 台套专门研制的算式平台，并在其上分别布置 2 台套和 3 台套地质钻探设备进行本区域Ⅰ～Ⅲ区钻孔水上勘探施工。

1. 环保算式平台结构及主要性能参数

算式平台主体由 8 个片体通过法兰对接拼装而成，长 11.8m 宽 8.5m，其平台结构见图 2.3-1，重 15t 左右。

其主要性能参数为：总长 11.80m；型宽 8.50m；排水吨位 45t；净重 15t；型深 1.0m。

2. 环保算式平台进行该区域钻探施工的优点

（1）算式平台按岩塞口岩面线测点的布置情况进行设计，平台上设有 5 个长×宽为 10.8m×0.5m、间距为 1.5m 的算槽。定位一次，在孔距为 1.5m×1.5m 的网格施工区域，可施工 35 个（5×7）钻孔，在孔距为

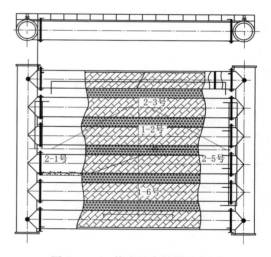

图 2.3-1 算式平台结构示意图

3m×3m 的网格施工区域可施工 12 个（3×4）钻孔。实现了集中施工，有效地减少了平台在水上频繁地搬家及测量定位等烦锁工作，极大地提高了施工效率。

（2）水上钻探所用的定位保护管可在算式平台的算槽内水平滑移，节省了常规钻孔开孔和终孔过程中所需的大量起下定位保护管的辅助时间，提高了施工效率。

（3）由于算式平台算槽位置按岩塞口岩面线测点布置情况进行设计，可保证平台上两点精确定位后，其上的各孔便精确定位，减小了测量施工强度和人为因素导致的定位误差，使全部钻孔定位精度得到了有效的保障。

（4）主要作业区靠两个平台施工，就能满足施工进度要求，解决了由大量常规钻船集聚在有限的施工区域，因起抛锚产生的一系列相互干扰的施工难题，提高了施工效率。

（5）算式平台与钻船相比，波浪可在算槽间自由上下涌动，起到很强的消浪化能作用，风浪对算式平台的平稳性影响很小，有利于钻孔孔斜精度控制及勘察质量的提高。

（6）平台钻机底部设接油盘和泥浆槽，可保证柴、机油及钻进泥浆等任何废物不会流

入水库中，实现环保施工。

（三）钻探设备

1. 钻机

钻机选用立轴式岩芯钻机，型号为 XY-2B，钻机主要技术参数见表2.3-3。

2. 水泵

三缸往复活塞泥浆泵型号：BW-160，水泵主要技术参数见表2.3-4。

表2.3-3　　钻机主要技术参数

钻孔深度/m	φ73钻杆	100
	φ60钻杆	320
	φ50钻杆	380
	φ42钻杆	530
立轴转速/(r/min)	正转	57；99；157；217；270；470；742；1024
	反转	45；212
立轴最大扭矩/Nm		3330
钻孔倾角/(°)		0～90
立轴最大起拔力/kN		60
立轴行程/mm		560
卷扬单绳最大提升/kN		30
立轴通孔直径/mm		φ96
油泵		CBK1020/8双联齿轮油泵 CBK1020/8twin-gearpump
动力机	电动机	Y180L-4，22kW
	柴油机	395K2，19.85kW
外形尺寸（长×宽×高）/mm		2220×900×1880
钻机重量/kg		1200

表2.3-4　　　主 要 技 术 参 数

型式	卧式三缸单作用往复活塞泵	
缸径/mm	65	
行程/mm	70	
档次	I	II
冲次/(次/min)	245	190
流量/(L/min)	160	120
压力/MPa	1.5	2
功率/kW	5.88	
吸水管直径/mm	φ51	
排水管直径/mm	φ25	
三角皮带节/mm	（B型×3槽）310	
输入速度/(r/min)	754	
动力机		
类型	柴油机	电动机
型号	常柴R185A（水冷式）	Y132S-4-B3
额定功率/kW	5.88	5.5
转速/(r/min)	2200	1440
质量（包括动力）/kg	约200	
外形尺寸/(长×宽×高)/mm	1200×550×580	

三、勘探施工方法

（一）总体施工方案

在岩塞口处投入2艘作业面积为11.80m×8.50m的环保型算式平台，在每艘平台上布置3台套立轴式岩芯钻机进行该区域521个钻孔的勘探施工。在洞内岩塞口部位自集渣坑底向上搭建脚手架，在脚手架上面布置1台套立轴式岩芯钻机进行岩塞口岩石钻孔（洞内辐射孔）勘探施工。在F_7断层投入1艘由2艘货船并联组成的钻船，钻船上面布置1台套立轴式岩芯钻机，进行该处6个钻孔（总进尺180.0m）的勘探施工。为便于施工人员的上下平台及交接班，在岸与平台之间搭建浮桥。施工现场使用的电力自岸边的变压器下的电源开关柜中引出，经铺设在浮桥上的防水电缆输送到平台及钻船上。

（二）施工工艺

1. 岩塞口岩面线测点施工

（1）环保型筏式平台的安装与定位。筏式平台在地面安装完成后，用吊车在坝前放入水中，拖船将其拖到施工水域，在平台四个角、距平台约 200m 处各抛 1 个锚进行锚定，利用 RTK 测量仪器进行钻孔定位，通过平台上的微移装置，使平台移动到相应孔位并绞紧锚绳进行固定，定位误差控制到 5cm 以内，并随时进行复测。

为保证平台在钻探施工过程中的稳定性，防止产生漂移，将 4 个船锚的锚尖改造成面积为 1.0m² 扇形铲，提高船锚在库底淤积层中的锚固力。

（2）定位保护管安装。为保证水下孔位与平台上孔位在竖直方向上投影重合，在钻进及下入套管前，先下入具有足够刚度的 $\phi146\times7.50$mm 套管作定位保护管，在钻进施工过程中约束钻杆、防止钻杆弯曲，同时作为自水面至库底的孔壁，是泥浆或钻进冲洗液的通道。其安装方法如下：

用钻机卷扬悬吊定位保护管，让其管脚离开库底淤积层 0.2～0.5m，调整定位保护管使其呈垂直状态后，迅速下放定位保护管，使其插入库底淤积层中，当定位保护管在淤积层下降缓慢时，利用钻机卷扬反复上下起放定位保护管，靠冲击力使其下入淤积层相对较稳定处，利用高精度测斜仪在管中部及底部测量定位保护管的偏斜和弯曲情况，垂直度满足技术要求后，方可固定定位保护管，进行下一道施工工序。不满足技术要求则起出重新下入。管口处安装管夹子，套管间采用丝扣连接，连接处采用焊接钢筋条的方法防止丝扣脱扣，并用钢丝绳（$\phi13\sim15$ 的钢丝绳）将套管串连在一起，以防套管脱落，造成钻探事故。

查明水下进口岩塞岩面高程、覆盖层厚度和岩塞顶部淤泥层厚度，绘制精度 1∶200 的岩塞口岩面地形图是本工程重点，这要求钻孔偏斜精度小于 1‰。在水深约 40m，覆盖层厚约 30m，且有较大水流影响的作业条件下，下直定位保护管有非常大的难度。下直定位保护管（要求定位保护管顶角偏斜角度不大于 0.2°，特殊情况下不大于 0.5°）是保证钻孔偏斜精度达到技术要求的最基本前提条件，为此综合采取了"配重体法""偏吊套管法""定位调节绳法""导向架法"及"移动钻机或平台法"等一系列技术措施结合高精度陀螺测斜仪测斜来保证定位保护管的垂直度。

1）加配重体法。在工程施工初期，施工区域水流流速较小，在定位保护管下部加设重 500kg 左右的三圆钢配重体，在重力水平分力的作用下，对套管起到了很好的保直效果，使定位保护管的偏斜角度达到了不大于 0.2° 的垂直精度。

2）偏吊套管法。在水流的冲力作用下，定位保护管顺水倾斜，不易下直。采用在平台以上接长套管至 4～5m 高，对上游侧的管夹子端部进行提吊，由于套管的重心需回复到提吊拉力的作用线上，这样使定位保护管产生一个合适的偏斜角，以抵消水流冲力对定位保护管造成的倾斜，达到定位保护管垂直的目的，图 2.3-2 为偏吊套管法示意图。

3）导向架法。在工程施工中、后期，由于刘家峡电站满负荷放水发电，使库内水流速度大幅度加大；同时工作场面逐渐向主河道靠近，使局部施工区域水流流速达到 2～3m/s，对下直定位保护管，保证钻孔偏斜精度带来极大的施工困难。

导向架法自行设计了角度可调的定位管下放导向架，先将长 3m 的导向滑道的导向架固定在孔口，按水流流速大小和方向，反向调节导向架滑道至合适角度，将定位保护管放入导向架滑道中顺角度下放，这样定位保护管在导向架的限制下形成一定的偏斜角，同时导向架给定位管提供一个反力矩来以抵消高速水流冲力对定位保护管造成的倾斜，达到套管垂直的目的。

4）定位调节绳法。在定位保护管中下部的上游侧呈一定夹角安装 2 根调节绳，实现对定位保护管的偏斜和弯曲调整，定位保护管系绳点焊在三圆钢配重体上，三圆钢配重体的固定位置由计算确定（水深 40m 时，固定点位于 20～25m 处），调节绳通过在平台端部法兰安装的水下（或侧伸式）桁架端部滑轮以及平台滑轮，由绞盘等紧绳装置来控制调节幅度，以抵消高速水流冲力对定位保护管的造斜作用，图 3.2－3 为定位调节绳法示意图。

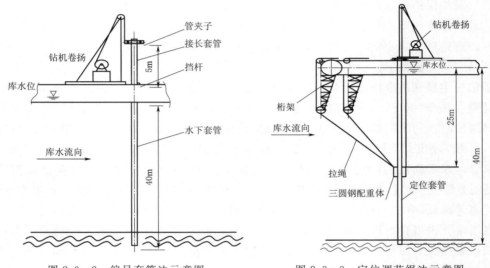

图 2.3－2　偏吊套管法示意图　　　　图 2.3－3　定位调节绳法示意图

5）移动钻机或平台法。根据由高精度测斜仪测出的定位保护管偏斜情况，预先将钻机或平台反方向移动相应偏移量，下放套管至淤泥层一定深度后，再回移钻机或平台以实现定位保护管垂直的目的。

（3）套管安装。在保护管内下 $\phi108$ 套管，此管底部接管靴，在取样后，采用锤击法跟管钻进，其下入深度，满足如下要求：

1）能够密闭管脚，不致造成底部向外泄漏泥浆。

2）有足够的摩擦阻力，不致受钻进等外界各种因素的影响而继续下沉。

（4）淤积层取芯取样钻进。平台定位后，首先对淤积层需要取芯取样的控制性钻孔进行施工。

为保证芯样采取率达到技术要求，采用 $\phi91$ 双动双管合金钻进工艺进行钻进，该钻具主要特点是取芯管比钻头超前几厘米，在钻进过程中芯样不会受到钻进冲洗液的冲刷，全部保留在芯管内，利用水压退芯。钻进到达预定取样位置后，采用薄壁取土器取原状样，取样前对孔底进行清孔。当有缩径、坍孔现象时，则跟套管至预定取样深处。取样采用钻机给进油缸连续、均匀、快速压入，然后在孔底慢转 2～3 圈后再将取土器提离孔底，起出进行密封保存处理。

对于库底表层流塑状淤泥质土样，采用自行研制的活门式流塑样取土器进行取样。其工作原理是取土器下放过程中，不同深度的流塑状淤泥质土可连续通过进口活门进入取泥桶内，再通过出口活门排出，当达到取样深度后，上提取土器，进、出口活门关死，取泥桶内保留了该取样深度的土样。

（5）堆渣层施工。在施工过程中遇到堆渣层时，采用 $\phi110$ 金刚石钻进工艺进行钻进，当穿过堆渣层，进行多次扫孔，保证钻具在堆渣层中起下通畅后，立即下入 $\phi108$ 套管对堆渣层进行隔离。下 $\phi108$ 套管受阻时，在套管内下入 $\phi91$ 金刚石钻具进行扫孔处理或起出套管重下 $\phi110$ 金刚石钻具进行扫孔处理。

（6）淤积层不取芯取样钻进。对于仅为探测岩面高程的钻孔，采用归心钻进或常规钻进工艺进行钻进。归心钻钻进工艺的基本原理为：归心钻钻具为偏心设计，在高速回转的情况下，产生一个离心力，当钻孔偏斜时，钻具会紧靠偏斜面，在偏心钻具产生的离心力作用下，带动钻头侧齿不断地刻取偏斜面，从而实现钻孔垂直的目的。

采取的主要钻进参数如下：

转速：$300\sim500r/min$；泵量：$\geqslant100L/min$；泵压：$0.3\sim0.5MPa$；钻压：$1\sim2kN$（考虑钻杆重量，孔深时减压钻进）。

（7）基岩钻进。对于砂土层中不取芯的钻孔，为了能够准确对基岩面进行判断，按技术要求必须在岩面以上 $1.0m$ 左右处开始取芯，高于岩面 $1.0m$ 以上地层，采用归心钻或常规钻进工艺进行钻进，其下采用 $\phi91$ 单动双管（半合管）金刚石取芯钻进工艺进行钻进至设计基岩深度。

也可全孔采用自行研制的 $\phi91$ 连续卸土式双动双管取芯钻具钻进至设计基岩深度。其基本工作原理为：在钻进过程中，芯管内的芯样在下部挤压力的作用下不断上移，多余芯样经过钻具吐渣口，被排到孔壁环状间隙的冲洗液中，带出孔外，钻头芯管处经隔水处理，可防止芯样被冲洗液冲刷，当钻到基岩一定深度时，芯管内保留了包括覆盖层与基岩接触面的一段芯样。使用底喷式连续排芯双动双管钻进工艺在本工程实现了整孔连续钻进，终孔一次取芯的目的，极大地提高了钻进效率。

由于岩塞口处基岩与覆盖层接触面很陡，坡度为 $60°\sim75°$，为防止"顺层跑"情况发生，当钻进到基岩面时，必须采用长钻具、低轴压、慢转速、小泵量等钻进工艺，同时控制进尺速度，钻进 $20cm$ 左右后，方可正常钻进。

金刚石基岩钻进主要参数如下：

转速：$180\sim800r/min$；泵量：$80\sim100L/min$；泵压：$0.3\sim0.5MPa$；钻压：$2\sim3kN$（考虑钻杆重量，孔深时，应进行减压钻进）。

（8）施工测斜。为保证钻孔精度，精确确定各钻孔岩面处的坐标、高程，采用高精度的测斜仪器，是必不可缺的重要前提条件。

采用武汉基深勘察仪器研究所生产的 CX－6B 型高精度陀螺测斜仪进行定位保护管和孔底顶角和方位角的测斜。该测斜仪是采用高精度电子陀螺测量方位角、石英挠性伺服加速度计测量顶角的新型测斜仪器，可用于磁性矿区钻孔及铁套管内顶角和方位角的高精度测量。其主要技术指标如下：

1）顶角测量范围：$0°\sim\pm60°$。

2）顶角测量精度：±0.1°。

3）方位角测量范围：0°～360°。

4）方位角测量精度：±2°。

施工过程中对定位管及钻孔进行多点测斜，测量工作由经过测量培训的地质值班员按操作规程来完成，并做好测斜记录，确保定位管及钻孔偏斜资料的准确性。

（9）终孔。钻到设计孔深，验收合格后方可终孔。对于入岩深度大于0.5m的钻孔，按技术要求，终孔后必须下入射浆管，采用泵送水灰比为0.5：1的水泥浆进行封孔。

2. 精确确定岩面高程、坐标

（1）为减少孔深累计误差，采用经检定过的钢卷尺对所有施工用钻杆进行精确测量并打上长度标记（标记精度为1mm），每回次钻进开始与结束时，同样采用经检定过的钢卷尺精确测量立轴上余的长度，误差控制在±2mm。

（2）钻孔终孔后，累加立轴、钻杆和钻具的总长度，测量机高和立轴上余，相减得到平台面至孔底的精确长度。取出岩芯，确定入岩深度，再相减便得到平台面至基岩面的精确长度。

（3）钻杆从孔内提出后，利用CX-6B型高精度陀螺测斜仪进行测斜，得到钻孔偏斜顶角和方位角。利用陀螺测斜仪的计算程序，计算出基岩面处钻孔中心在南北方向上的偏距 ΔY 和东西方向上的偏距 ΔX。

（4）钻孔终孔后，测量工程师利用华测X90系列RTK测量仪器对平台面高程和孔口坐标进行复测，测得平台面高程和孔口坐标，计算便可得到岩面孔中心的高程和坐标。

3. F_7 断层性状的勘探钻孔施工

（1）完成钻探工作情况。在 F_7 断层的上盘近库岸的水面上结合库底岩面实际地形布置 BZK01-BZK06 共 6 个钻孔，孔深 20～40m，完成总进尺 181.53m。每孔按要求进行取芯，并取 15 组岩样进行物理力学性能试验，同时按要求进行孔内电视，孔内电视工作量为 120m。

（2）施工程序。F_7 断层性状钻探施工程序见图 2.3-4。

（3）施工方法。

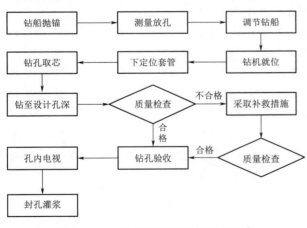

图 2.3-4 F_7 断层性状钻探施工程序

1）钻船的组装与定位。钻船由两艘大小一样的货船通过 4 根 6m 长轻轨经插接而并联组成（长 20m，宽 8.5m，两船间距 30cm）；钻机通过螺栓锚固到钻船上，安装完成后，拖船将其拖到施工水域，在四个角前后两侧交叉各抛 1 个锚进行固定，测量工程师利用华测 X90 系列 RTK 测量仪器进行孔位放孔，通过钻船上的微移装置，使钻船上的钻机移动到相应孔位，拉紧锚绳固定钻船，定位误差控制到 5cm 以内，并随时进行复测。

为保证钻船在钻探施工过程中的稳定性，防止产生漂移，将 4 个船锚的锚尖改造成面

积为 $1.0m^2$ 扇形铲，提高船锚在库底淤积层中的锚固力。

2）定位保护管安装。下入 $\phi127\times7.25mm$ 套管兼做定位保护管，为保证定位保护管能在岩面上相对固定，起到定位作用，在管脚处接 $\phi130$ 合金钻头，利用钻机卷扬反复上下起放定位保护管，利用套管的自重使合金钻头上的合金齿对岩面进行冲切，每个回次套管转动约 $30°$，在岩面上冲切出一定深度的环槽后，再对定位保护管进行校直固定。

3）基岩钻进。为了保证地质人员能对 F_7 断层走向、倾向及倾角进行准确判断，查清岩石风化深度；同时保证试验人员能准确作出 F_7 断层层面力学参数（f，c，f'，c'）和各风化层岩石的具体物理力学指标，我们在定位保护管内采用了 $\phi91$ 或 $\phi75$ 的金刚石单动双管（半合管）钻进工艺钻进至终孔。

在全风化、强风化岩以及断层破碎带、软弱夹层处采用单动双管（半合管）钻进工艺进行取芯，能够极好地保持岩芯原始构造状态，保证岩芯采取率满足技术要求，杜绝产生岩芯对磨和漏层现象，为准确鉴定断层性状提供可靠技术保障，见图 2.3-5。

图 2.3-5　单动双管（半合管）取芯

4）终孔。到设计孔深后，由物探工程师进行孔内电视成像，由测量技术人员进行孔位复测，经项目技术负责人、地质值班员及施工机组的机长共同按钻孔任务书的内容及要求进行验收，验收合格后方可终孔，并填写钻孔验收单。终孔后下入射浆管，射浆管距孔底 0.5m，采用泵送水灰比为 0.5∶1 水泥浆进行封孔。

4. 岩塞口（洞内辐射孔）岩石钻孔施工

（1）为精确确定复核岩塞口段岩面高程、查明岩性、岩石透水性、完整性等，在排沙洞开挖至岩塞口预留段 4～6m 时进行勘探钻孔（洞内辐射孔）的施工。

（2）在集渣坑内搭建脚手架至钻孔孔位处，脚手架搭建钻场尺寸约为 5.00m×5.00m。

（3）在岩塞开挖面的设计孔位处埋设孔口导向管（定位误差不大于 5cm）。按比设计要求口径大 2～3 个直径系列钻孔，按设计方向钻进 0.8～1.0m，并按比设计口径大一个直径系列埋设孔口导向管。导向管埋设技术要点如下：

1）采用水泥砂浆将设有预留口的导向管牢固固结在钻孔内，预留口方向向下距岩面 2～5cm。

2）在固结材料（水泥砂浆）初凝前调整导向管轴线严格与钻孔设计轴线一致，固定导向管待凝。

（4）导向管的预留口端设有接口，以便连接导正器或密封器。

（5）钻机移至设计孔位，精确调整钻具的倾角及方位角，使钻具轴线与设计钻孔轴线重合（或平行）后，将钻机固定。

（6）采用小轴压力开孔，待进尺 20～30cm 时，重新校核并调整钻具，使其轴线与设计钻孔轴线重合（或平行）。

（7）当钻孔深度超过钻具半波长后，要在钻具半波长处设置特制导正环以降低钻孔偏斜度。钻具半波长可在施工现场实际测定。

（8）随着钻孔深度增加要适时测定钻孔偏斜度，并及时纠偏以确保钻孔精度。测斜装置主要由光源器、测杆、测板、照准台组成。接通光源器电源，利用测杆将光源器送至孔底测点位置，激光束便从孔内轴心点射出孔外。如钻孔内无渗水或渗水较少，可在导向管口处利用测板并根据激光束所击中点位直接量测（测板为一与导向管直径一致的透光圆板，测板上刻有十字相位线和以其交叉点为圆心的若干等间距同心圆）。当钻孔内渗流量较大无法利用测板直接量测时，可利用照准台使激光束穿过其 A、B 两点，利用测量仪器测定 AB 段光束空间参数，据此判定钻孔偏斜度。

（9）辐射孔完成后采用水泥浆对钻孔全孔进行封堵，钻孔封堵器具主要由导浆塞、跟踪杆、密封头组成。当辐射孔穿过岩塞体时会有泥沙伴随库水大量涌出，此时将钻孔封堵器具导浆塞、跟踪杆、密封头等妥善安装，利用高压泵通过预留口向导向管注入封孔浆液（水泥浆），浆液推动导浆塞并携同跟踪杆向孔底移动，据跟踪杆长度确定导浆塞到达孔底岩面时即关闭预留口（此时可旋出跟踪杆），待浆液凝固卸掉密封头即完成封孔。由于导浆塞完全阻隔孔内泥沙和水流喷涌并在封孔浆液压力作用下将泥沙和水流全部推回库内，使封孔浆液完全充满钻孔，封堵材料与钻孔孔壁胶结牢固，且固结体强度及渗透性等指标与岩塞岩体一致，避免由于辐射孔封堵质量问题导致岩塞爆破工程失误。

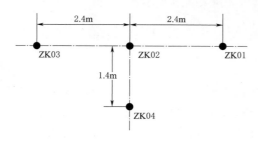

图 2.3-6　钻孔布置示意图

（10）勘探布置及完成主要工作量。钻孔布置示意图见图 2.3-6。在掌子面上共布置 4 个钻孔，其中 1 号、2 号、3 号孔沿通过岩塞轴线的水平线上布置，钻孔间距 2.4m，钻孔仰角均为 45°。2 号孔轴线与岩塞体设计轴线重合，1 号、3 号孔分别向外辐射 15°。

4 号孔布置在 2 号孔正下方 1.4m 处，钻孔轴线方位与 2 号孔轴线方位一致，钻孔仰角为 38°。

外业钻探于 2011 年 6 月 11 日开工，至 2011 年 7 月 6 日结束，累计进尺 70.48m，压水 8 次。主要工作量统计见表 2.3-5。

5. 施工质量保证技术措施

（1）地质值班员实行跟班作业，每班有两名专职地质值班员对整个现场施工过程进行技术指导和质量监督，发现问题及时解决；项目总工和技术负责人采用巡视的形式对工程施工进行技术指导和质量监督。

表 2.3 - 5　　　　　　　　　　　　　主 要 工 作 量 统 计

孔号	孔深/m		累计孔深/m	压　水
	基岩	覆盖层		
01	15.79	0.10	15.89	2 段
02	15.80		15.80	2 段
03	21.17	0.2	21.37	3 段
04	17.03		17.03	1 段
合计	69.79	0.30	70.09	8 段

（2）测量工程师利用 GPS - RTK 进行水上平台及钻船定位，钻孔综合定位误差控制到 3cm 以内，施工过程中利用 RTK 对钻孔位置随时进行复测，发现偏移，立即纠正。

（3）定位保护管安装必须保证其垂直度，定位保护管固定前必须用高精度测斜仪测斜，管中部孔斜率不大于 0.5°，管脚处的孔斜率不大于 0.2°，水流速过大处管脚孔斜率按不大于 0.5°进行控制，满足要求后方可进行下一道工序。

（4）F_7 断层性状钻探施工过程尽量采用长钻具保直，利用高精度测斜仪进行测斜，利用立轴和短钻具法进行纠斜，以保钻孔符合设计要求。

（5）采用 $\phi 91$ 或 $\phi 75$ 的金刚石单动双管（半合管）钻进工艺进行基岩钻进，以保证在全、强风化岩及断层破碎带、软弱夹层钻进中的岩芯采取率满足地质要求，必要时采取 SM 植物胶进行护壁钻进。

（6）钻进过程中遇断层破碎带、软弱夹层等层位时，回次进尺控制在 0.50m 以内，同时将实际情况如实详细地记入班报内。

（7）钻进过程中观察记录好孔内回水突然增大（或消失）、回水颜色变化情况及卡钻、掉钻、进尺加快等异常现象，并立即准确做好（深度、现象、原因）记录，以保证其真实性。

（8）采用经检定后的钢卷尺统一对所有施工用钻杆进行测量并打上长度标记的钻杆进行钻孔施工，避免每次测量钻杆带来的累计误差，每回次钻进开始与结束时采用经检定后的钢卷尺精确地测量立轴上余的长度，误差控制在 ±2mm。

（9）钻孔终孔后，精确测量平台面高程、机高和立轴上余，同时采用高精度测斜仪进行测斜，以保证能够精确算出岩面的高程。对孔斜大于 1% 的不合格孔，必须重新开孔施工。

（10）为保证钻孔孔斜率能满足技术要求，砂土层必须严控进尺速度，禁止强力冲击或加压钻进，尽可能采用长钻具。对于不取芯钻孔尽可能采用归心钻进工艺，视具体情况采用边回转边小幅度提放钻具，进行扫孔修直钻进。

（11）堆渣层中钻进，必须控制进尺速度，不得盲目加压钻进。

（12）遇基岩面应采用低轴压、低转速小泵量钻进工艺，同时控制进尺速度，待钻进一定深度后，方可正常钻进，尽量避免"顺层跑"的现象发生。

（13）岩芯隔板数字准确、清晰，岩芯编号要及时，字迹要求工整，岩芯不得倒置摆放，加强施工期岩芯保护。

（14）地质值班员认真作好编录，遇特殊岩性、岩层由项目技术负责人与地质值班员共同研究确定。

（15）钻孔达到设计孔深（或设计目的）后，经项目技术负责人、地质值班员及施工机组的机长共同按钻孔任务书的内容及要求进行验收，验收合格后方可终孔，并填写钻孔验收单。

（16）由项目技术负责人与地质值班员共同对编录的岩芯进行鉴定、照像。

（17）钻孔终孔验收后按技术要求采用水灰比 0.5：1 水泥浆进行封孔，并将岩芯安全运送到岩芯库。

第四节　工　程　物　探

工程物探是以地下岩体的物理性质差异为基础，通过探测地表或地下地球物理场、分析其变化规律，来确定被探测地质体在地下赋存的空间范围（大小、形状、埋深等）和物理性质，达到解决水文、工程问题为目的的一类探测方法。

工程物探方法较多，根据工作空间的不同，主要分为地面物探及井中物探（测井）。在水利水电工程勘察中常用的地面物探方法有电法勘探，地震勘探，地质雷达等，井中物探方法有声波测井、钻孔全孔壁数字成像、层析成像等。在覆盖地区，它可以弥补其他工程勘察方法的不足。选用适当的工程物探方法，可有效提高勘察效率和精度，为地质、设计及施工提供全面准确的勘察资料。

水下岩塞爆破的工程物探，是地质勘察设计和施工的基础。只有详细掌握了进水口爆破地段的空间地质情况，才能保证设计、爆破及施工顺利进行，保证爆破后岩塞口正常运行。岩塞爆破工程勘察对勘察精度有很高的要求，因此，测井是岩塞爆破工程勘察的必要手段。测井一方面提高了钻孔综合利用程度，丰富了地下地质信息，解决了钻探难以获取地下原位地质信息及钻孔之间地质信息的不足。岩塞爆破工程勘察的常用工程物探方法单孔有地震测井、声波测井、钻孔数字成像以及孔内变模等，跨孔有地震波 CT、声波 CT、电磁波 CT。物探成果精度直接影响爆破效果，更重要的是影响施工安全。一般岩塞爆破工程采取导洞开挖、洞室装药方式，导洞距岩面线只有 4～5m 距离，药室距岩面线更近，岩塞口在约几十米的水头作用下，给导洞和药室开挖施工带来巨大的危险性。因此，对岩塞口的地质体中结构面、软弱夹层、解理裂隙密集带，以及断层破碎带的探查显得尤为重要。

水下岩塞爆破工程勘察，物探方法首选声波测井、跨孔电磁波 CT、钻孔数字成像及水下电视。而常规的地面物探，水上物探方法目前受精度限制，难以满足勘探要求，不适用于岩塞爆破工程勘察。

一、声波测井

声速测井是测定声波在地层中的传播速度。不同的岩石由于其物质成分、结构的不同因此对声波的传播速度也不同，一般来说，波速的大小主要与岩石的密度、表面破碎程度、裂隙或节理发育程度以及岩石的孔隙度、胶结程度、风化程度等因素有关。

目前在声速测井中主要是利用纵波,所以下面所讨论的一般是指岩石的纵波传播速度。

(一) 声速测井原理

声速测井的测量原理如图 2.4-1 所示,在声速测井仪中装有声波发生器(T),在距离发生器为工处装有声波接收器(R)。当声波由发生器发出后,经过井液射向井壁,一部分透过井壁进入岩层(透射波),一部分反射回来(反射波),其中以临界角 i 入射这一部分则在井壁上产生滑行波,另外还有一部分直接沿泥浆传播称为直达波。为了反映岩石的传播特性,在声速测井中需要记录的是滑行波。

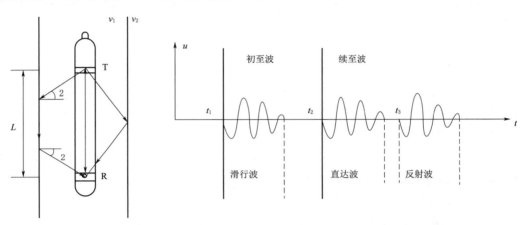

图 2.4-1 声速测井原理

由于井液的声速 v_1,总是低于岩层的声速 v_2,因此,到达接收器的各种波先后具有一定的规律:当发射器和接收器的距离 L(称为源距)比较小时,接收器位于折射波的盲区,所以只能记录到直达波和反射波,显然这种情况不能采用。当源距增大时,由于岩层的声速大于泥浆的声速,首先到达接收器的初至波是滑行波,其次是直达波,而反射波到达接收器的路径总是大于直达波,所以反射波总是最后到达接收器。必须适当选择源距,使几种波到达接收器的时间先后不同,并且让仪器只记录与地层性质有关的初至波(即最先到达的滑行波)。

目前国内声速测井仪主要采用具有一发双收的装置,见图 2.4-2。两个接收器 R1、R2 的距离为 l(称为仪器的间距)。仪器记录滑行波到达两个接收器的时间差 Δt。

设在 t_0 时刻由发射器 T 发出一个声脉冲,以临界角射向井壁,声波经 TabR1 路径到达接收器 R1 其所需的时间为 t_1:

$$t_1 = \frac{L_{T_a} + L_{bR1}}{v_1} + \frac{L_{ab}}{v_2} \qquad (2.4-1)$$

式中:v_1 为井液的声波速度;v_2 为岩层的声波速度。

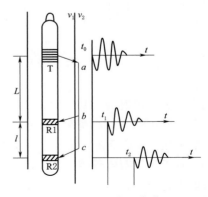

图 2.4-2 一发双收装置

声波经 TabcR2 到达第二接收器所需时间为 t_2：

$$t_2 = \frac{L_{Ta} + L_{cR2}}{v_1} + \frac{L_{ab} + L_{bc}}{v_2} \qquad (2.4-2)$$

当井径不变时，$Ta = bR_1 = cR_2$，所以由式（4.1.1-2）减去式（4.1.1-1）即得

$$\Delta t = t_2 - t_1 = \frac{L_{Ta} + L_{cR2}}{v_1} + \frac{L_{ab} + L_{bc}}{v_2} - \frac{L_{Ta} + L_{bR1}}{v_1} - \frac{L_{ab}}{v_2} = \frac{L_{bc}}{v_2}$$

式中：L_{Ta}、L_{cR2}、L_{ab}、L_{bc}、L_{bR1} 分别为声波路径长度。

因为滑行波的首波射线总是互相平行的，所以当井下仪器与井壁平行时，$bc = l$，于是上式改写成：

$$\Delta t = \frac{l}{v_2} \qquad (2.4-3)$$

由此可见，在声速测井仪中所记录的时差 Δt 为声波通过厚度等于仪器间距 l 的一段地层所需要的时间，因此声速测井曲线也称为时差曲线。由时差 Δt 也可求出声波在岩石中的传播速度 v：

$$v = \frac{l}{\Delta t} \qquad (2.4-4)$$

在声波测井仪中两个接收器之间的中点为声速测井的记录点。

（二）影响声速测井曲线的因素

声波时差曲线基本上反映了岩层的波速变化，对应于高速岩层 Δt 显示为低值，对应于低速岩层 Δt 显示高值，这就是利用声速曲线研究钻井剖面的物理依据。实际上除了岩性因素以外，还有源距 L，间距 l，井径等因素对其也有所影响。

1. 源距、间距的影响

选择源距应该满足测量的基本要求，即保证滑行波最先到达接收器，为此应该选择足够大的源距，但源距过大将会使工作造成困难，同时波的衰减增加，讯号变小，造成记录困难，因此必须选择一个最佳源距。为此，需要求出直达波与滑行波同时到达接收器的源距长度 $L_{\min}$（称为最小源距），所选择的最佳源距比 $L_{\min}$ 稍大一点即可满足滑行波最先到达接收器的基本要求。

根据波的传播理论，最小源距由下式求得

$$L_{\min} = 2S \sqrt{\frac{1 + \dfrac{v_1}{v_2}}{1 - \dfrac{v_1}{v_2}}} \qquad (2.4-5)$$

式中：S 为发射器到井壁的距离；v_1 为泥浆的波速；v_2 为岩层的波速。

由此可见，最小源距与岩层、井液的性质有关。国产的综合测井仪系列的声速测井仪一般采用 1m 的源距，普通声速测井探头一般采用 0.3m 的源距。

对于一发双收仪器来说，间距越小则仪器分辨地层的能力越强；反之，间距越大则分辨能力越差。目前国产的综合测井仪系列的声速测井仪一般采用 0.5m 的间距，普通声速测井探头一般采用 0.2m 的间距。

2. 井径的影响

对于双接收器测量来说，井径无变化时 Δt 值不受井径的影响。当井径发生变化时（常遇到的情况），声速曲线在井径变化部位上将出现异常。对于目前所用的仪器，发射器在上，接收器在下的情况下（曲线 a），于井径扩大部分的上部边界时差增大，下部边界时差减少。这是由于：①当井下仪器由下而上测量时，当 R1 进入井径扩大部位时，R2 仍在下部，由于声波经过井径扩大处的泥浆到达 R1 路程增加使 t_1 增大，而 t_2 仍不变，因此 Δt (t_2-t_1) 在井径扩大部位的下端显著降低，低于岩层的真 Δt 值。②当 R1，R2 都在井径扩大部位时，Δt 没有变化。③当 R1 进入井径未扩大部位，R2 仍在井径扩大部位时，t_1 不变，t_2 增大故 Δt 也增大，因此在井径扩大部位的上端时差增大。

相反，若将接收器放在上部，发射器放在下部则由于井径变化对 Δt 的影响出现与以上相反情况，即在井径扩大部位的上边界时差曲线减少，下边界时差增大。

（三）声波法测试的应用范围

（1）单孔声波可用于测试岩体或混凝土纵波、横波速度和相关力学参数，探测不良地质结构、岩体风化带和卸荷带，测试洞室围岩松弛圈厚度，检测建基岩体质量及灌浆效果等。

（2）穿透声波可用于测试具有成对钻孔或其他二度体空间的岩土体或混凝土波速，探测不良地质体、岩体风化和卸荷带，测试洞室围岩松弛圈厚度，评价混凝土强度，检测建基岩体质量及灌浆效果等。

（3）全波列声波测井可获得纵波速度（v_p）、横波速度（v_s）、声波衰减系数（α）、声波频率特性、泊松比及动弹性模量等参数及其他系列资料，根据取得资料划分岩体结构。

（四）声波测试的条件及工作要求

（1）单孔声波应在无金属套管、宜有井液耦合的钻孔中测试。

（2）穿透声波在孔间观测时宜有井液耦合，孔距大小应确保接收信号清晰。

（3）声波测试工作前应对声波仪器设备进行检查，内容包括触发灵敏度、探头性能、电缆标记等。

（4）孔中测试时：①应先用直径和重量略大于测试探头的重物对测试孔进行探孔，斜度较大的钻孔和上斜孔宜使用探棍，以检查所测试钻孔的畅通性；②电缆深度标识应准确明显；③钻孔有套管时，宜将套管以外的空隙用水、砂土等填实。

（5）单孔声波测试要求：①宜使用一发双收声波探头；②干孔中进行声波测试时应使用干孔声波探头，并保持探头与孔壁接触良好、接收信号清晰；③宜从孔底向孔口测试，点距 0.2m，每测试 10 个点应校正一次深度；④孔壁较破碎或钻孔较深时，宜采用大功率发射探头或采用具有前置放大功能的接收探头。

（6）声波法读数时应选择合适的衰减或增益挡，使振幅适当，初至点或反射波清晰易读。测振幅时应保持测试条件不变，读取同一相位振幅值，并注明所读相位。

（7）对波形曲线剧变或测点跳变的测段，应采用叠加方式或加大发射能量进行重复测试，以 3 次重复测试的平均值为测试结果。

（五）声波测试仪器要求

（1）最小采样间隔：$0.1\mu s$。

（2）采样长度：≥512样点/道，可选。

（3）触发方式：宜有内、外、信号、稳态等方式。

（4）频带宽：10Hz～500kHz。

（5）声时测量精度：±0.1μs。

（6）发射电压：100～1000V。

（7）发射脉宽：1～500μs可选。

（六）资料处理和解释要求

（1）声波测试的成果分析与整理，要求在野外测试资料准确可靠的基础上进行。解释人员应通过综合测试资料，反复对比分析，充分考虑地质情况和测试结果的内在联系与可能的干扰因素。

（2）测试成果分析与解释前，应作零点校正、孔斜校正、高差校正、偏移校正等。

（3）单孔或跨孔测试成果图应将各测点时间值绘制纵（横）波时距曲线或纵（横）波速度随孔深变化曲线，跨孔原位测试成果图，主要绘制纵、横波速，弹性模量，剪切模量随孔深变化曲线。

（4）应按任务要求，以获取的弹性参数为依据，进行岩体分类，分段和评价。利用速度计算岩体完整性系数时，一个测区内，对于同类岩性应使用新鲜完整岩块的同一波速，岩体完整性系数按相关公式计算，并按岩体完整性系数分类表的要求进行评价。

（5）在取得纵波、横波速度和密度值的情况下，可计算动弹模量；可通过动静对比建立相关关系。

（七）成果报告和图件要求

（1）进行岩体质量评价和划分的波速曲线应绘制成方波曲线，同时应统计波速的分布范围并绘制波速频态分布图。

（2）绘制声波曲线图、对声波速度按工程部位、检测目的及地质条件综合分析；当多个孔在同一剖面或断面时，波速曲线宜绘制在同一剖面或断面上。

（3）进行工程质量检测的单孔声波、穿透声波或全波列测井均应绘制波速曲线，同时绘制统计分析曲线。

二、电磁波 CT

电磁波 CT 是将电磁波传播理论应用于地质勘察的一种探测方法，是利用电磁波在有耗介质中传播时，能量被介质吸收、走时发生变化，重建电磁波吸收系数或速度而达到探测地质异常体的目的。由于发射面与接收面之间的距离远大于一个波长，故与感应场不同，该方法研究的是辐射场，是在有损耗介质内传播的波。

电磁波在传播过程中遇到物理性质不同的地质体，会发生透射、反射、折射以及边缘的绕射等现象，以该理论为基础衍生的电磁波 CT 方法称为电磁波走时 CT；同时还伴随着因介质的吸收而发生的能量衰减，这些物理过程使电磁场的分布发生了改变，以此衍生的电磁波 CT 方法称为电磁波吸收 CT。实际工作中，可根据走时以及场的变化达到了解异常体分布的目的。

（一）电磁波 CT 的优点及局限性

（1）优点。电磁波吸收 CT 对剖面内电性差异明显的部位分辨率较高，走时 CT 对速度差异明显的部位分辨率较高。无需井液耦合。

（2）局限性。

1）电磁波吸收系数、速度与岩体力学指标相关性不明显。

2）必须借助孔、洞或凌空面进行。

3）当收、发距较近时，会发生绕射现象。

4）受金属管件影响明显。

（二）基本原理

电磁波走时 CT 的基本原理，电磁场与介质的关系遵循麦克斯韦方程，该方程全面描述了电磁场在介质中传播的基本规律。从麦克斯韦方程组可推导出电偶极子场，当电偶极子衍射效应可以忽略，测点与发射点距离足够远时，可以将电偶极子场作为辐射场。

1. 均匀无限介质中的电磁方程

在均匀无限无源介质中，描述电磁场的麦克斯韦方程组为

$$\left. \begin{aligned} \nabla \cdot \vec{H} &= \vec{J} + \frac{\partial \vec{D}}{\partial t} \\ \nabla \cdot \vec{E} &= -\frac{\partial \vec{B}}{\partial t} \\ \partial \cdot \vec{B} &= 0 \\ \partial \cdot \vec{D} &= 0 \end{aligned} \right\} \qquad (2.4-6)$$

式中：E、H 为分别表示电场强度和磁场强度；B 为磁感应强度；B、H 为由电介质特性决定，$B = \mu H$（μ 为介质磁导率）；D 为电感应强度，$BD = \varepsilon E$（ε 为介质的介电常数）；J 为电流密度。

麦克斯韦方程描述了电荷、电流、电场和磁场随时间和空间变化的规律，它概括了电磁现象的本质。其中，第一式为磁感应定律，它把磁场与传导电流和位移电流联系起来，即传导电流和位移电流产生磁场；第二式为电磁感应定律，说明变化的磁场激发出随时间变化的涡旋电场；第三、第四式为高斯定律，在无源空间中，磁力线和电力线为闭合的。根据麦克斯韦方程描述的电磁场的传播规律，在谐波情况下，可求出 E，H 满足的波动方程为

$$\left. \begin{aligned} \nabla^2 E + \omega^2 \mu\varepsilon \left(1 - i\,\frac{\sigma}{\omega\varepsilon}\right) E &= 0 \\ \nabla^2 H + \omega^2 \mu\varepsilon \left(1 - i\,\frac{\sigma}{\omega\varepsilon}\right) H &= 0 \end{aligned} \right\} \qquad (2.4-7)$$

或简写成

$$\left. \begin{aligned} \nabla^2 E + k^2 E &= 0 \\ \nabla^2 H + k^2 H &= 0 \end{aligned} \right\} \qquad (2.4-8)$$

式中：k 为波动系数，简称波数。

2. 均匀无限介质中电偶极子的辐射场

（1）电偶极子的场。

电偶极子又称为元天线，设元天线长度 l，所考虑的场区任意一点 P 与元天线的距离 $r \gg l$，当天线中通以交变电流时，其中的电荷将作加速运动，形成一元电流，这样在天线周围空间便形成了变化的电磁场。

稳定的电偶极子产生的场分布在偶极子周围，其场强以 $\dfrac{1}{r^2}$ 的关系随距离 r 衰减。这种场好像偶极子自己所携带的场，当偶极子位置变化时，场的分布也随之改变，如果偶极子消失，场也随之消失。因此，把这种场被称为偶极子的自有场。

对于偶极子附近的场区，交变偶极子的场像稳定偶极子的场一样，场的分布受控于偶极子。其不同特点是：场随时间变化，由于交互感应，电场和磁场同时存在且和波源交换能量。所以偶极子附近的场仍可称为自有场或感应场。

交变偶极子除了感应场部分外，尚有一部分场远离偶极子向外辐射出去，脱离场源并以波的形式向外传播，这部分场称为自由场或辐射场。一经辐射出去的辐射场，将按自己的规律传播，而与场源以后的状态无关，即便偶极子消失，辐射电磁波仍继续存在并向外传播。随着距离的增加，辐射场强度也随之衰减，但辐射场强度的衰减比自有场慢，以 $\dfrac{1}{r}$ 的关系随距离而衰减。

（2）偶极子电磁场的数学表达式。根据波动方程和给定的边界条件，可以导出在球坐标系中远区电磁场分量的数学表达式。

垂直电偶极子时 E_r、E_θ、H_φ 三个量的关系见图 2.4-3。

$$
\left.
\begin{aligned}
E_r &= \frac{k^3 I l \mathrm{e}^{i\omega t}}{2\pi\omega\varepsilon}\left[\frac{1}{(kr)^2}+\frac{i}{(kr)^2}\right]\mathrm{e}^{ikr}\cos\theta \\[2mm]
E_\theta &= \frac{k^3 I l \mathrm{e}^{-i\omega t}}{4\pi\omega\varepsilon}\left[\frac{-i}{kr}+\frac{1}{(kr)^2}+\frac{i}{(kr)^3}\right]\mathrm{e}^{ikr}\sin\theta \\[2mm]
H_\varphi &= \frac{k^2 I l \mathrm{e}^{-i\omega t}}{2\pi}\left[\frac{-i}{kr}+\frac{1}{(kr)^2}\right]\mathrm{e}^{ikr}\sin\theta
\end{aligned}
\right\}
\tag{2.4-9}
$$

从式（2.4-9）可以看出三个分量与距离的关系不尽相同，当 kr 很大时，各分量中 kr 的低次方项较重要，故在电磁场的辐射区内可保留 kr 的一次方量而略去其他项，于是辐射区电磁场强的近似表达式为

$$
\left.
\begin{aligned}
E_\theta &= \frac{I l \omega\mu}{4\pi r}\sin\theta\cos(\omega t - kr) \\[2mm]
H_\varphi &= \frac{I l \omega\sqrt{\varepsilon\mu}}{4\pi r}\sin\theta\cos(\omega t - kr) \\[2mm]
E_r &= 0
\end{aligned}
\right\}
\tag{2.4-10}
$$

变成指数形式为

$$E_\theta = \frac{Il\omega\mu}{4\pi r}\mathrm{e}^{-\beta r}\sin\theta = E_0\frac{\mathrm{e}^{-\beta r}}{r}\sin\theta$$

$$H_\varphi = \frac{Il\omega\sqrt{\varepsilon\mu}}{4\pi r}\mathrm{e}^{-\beta r}\sin\theta = H_0\frac{\mathrm{e}-\beta r}{r}\sin\theta \qquad (2.4-11)$$

$$E_r = 0$$

式中：$E_0 = \dfrac{Il\omega\mu}{4\pi r}$ 为初始电场强度；$H_0 = \dfrac{Il\omega\sqrt{\varepsilon\mu}}{4\pi r}$ 为初始磁场强度；θ 为方位角；β 为吸收系数；Il 为偶极子电距。

（3）半波偶极天线的场。在实际工作中，电磁波 CT 通常使用的都是半波天线。这种天线在空间某点的场强可视为天线上许多电流元产生的场的叠加，因此，可以从电偶极子辐射场推导出半波天线的辐射场。

如图 2.4-3 所示，假设在一井中放置发射天线，在另一钻孔中放置接收天线，则接收天线处的场强为

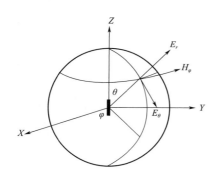

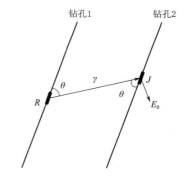

图 2.4-3　球坐标系中 E_r、E_θ、H_φ 的关系　　　图 2.4-4　井中接收天线的电场

$$E' = E_0\frac{\mathrm{e}^{-\beta r}}{r}f(\theta) \qquad (2.4-12)$$

式中：E_0 为偶极天线的初始辐射常数，表示为

$$E_0 = \frac{\omega\mu I_0}{4\pi\alpha} \qquad (2.4-13)$$

$f(\theta)$ 为偶极天线的方向性因子：

$$f(\theta) = \frac{\cos\left(\dfrac{al}{2}\cos\theta - \cos\dfrac{al}{2}\right)}{\sin\theta} \qquad (2.4-14)$$

对于常用的半波天线

$$f(\theta) = \frac{\cos\left(\dfrac{\pi}{2}\cos\theta\right)}{\sin\theta} \qquad (2.4-15)$$

如果在接收点 J 放置一相同的天线，当两钻孔平行时，场强观测值应为

$$E = E'l_e'\sin\theta = E_0\frac{\mathrm{e}^{-\beta r}}{r}f(\theta)l_e'\sin\theta \qquad (2.4-16)$$

式中：l'_e 是接收天线的等效高度，因为接收天线上的每一点的场强不同，故读出的观测值 E 实际上是某种平均值；l'_e：是与场强沿接收天线的分布、接收天线的几何性质以及接收点周围的介质情况有关的量。这就是场强观测值得公式，它反映了场在空间的分布。

吸收系数 β 由式（2.4−17）进一步导出：

$$\beta = \frac{1}{r}\ln\frac{E_0 f(\theta)l'_e\sin\theta}{rE} \qquad (2.4-17)$$

实际上，由于测量数据不可避免地受到电磁波在介质中的散射、多次反射及可能存在的衍射的影响，因此，用观测数据进行反演所得到的只是介质电磁波剖面内的吸收系数的视平均效果，简称视吸收系数。

（4）相对衰减电磁 CT 和绝对衰减电磁波 CT。电磁场包括正常场、背景场、屏蔽系数。正常场是指在无限均匀介质中，在远场区的辐射场；背景场主要是针对局部异常而言，除了局部异常外，曲线的剩余部分都可称为背景场，背景场本身是有变化的，它不要求衰减系数为常数；屏蔽系数是交会法下的一个概念，即是背景场与实测场的比值，在对数方式下为背景场 B 与实测场 A 之差，即

$$C_s = B - A \qquad (2.4-18)$$

相对衰减为探测区域内任一点绝对衰减 β_r 与背景衰减（围岩的衰减）β_b 之差，也称为剩余衰减，表示为

$$\Delta\beta = \beta_r - \beta_b \qquad (2.4-19)$$

建立相对衰减方程组

$$[D][\Delta\beta] = [C_s] \qquad (2.4-20)$$

解式（2.4−20）得地下介质相对衰减二维分布的电磁波吸收系数，这种重建算法称为"相对衰减 CT"或"相对衰减图像重建"。

$$[D][\beta_r] = [A] \qquad (2.4-21)$$

则被称为绝对衰减方程，解式（2.4−21）得地下介质绝对衰减二维分布的电磁波吸收系数，这种重建算法称为"绝对衰减 CT"或"绝对衰减图像重建"。

通过式（2.4−21）求取钻孔间电磁波吸收系数空间分布。

3. 非规则网电磁波 CT 技术

（1）非规则网的数学模型。由平行钻孔或坑道所组成的长方形重建区域，被离散成许多小长方形网格，发射点或接收点均位于离散网格的边界上，这是规则网的主要特征之一。规则网的边界函数表示相当简单，在高级语言中用一定步长值作为循环变量，其循环的上界和下界可以用起始 $h(0)$ 和终止深度 $h(i)$ 来表达，而其方向性因子 $f(\theta)$ 也可以用两孔或平洞间平距 d 及收发间相对高差 $\Delta h(i)$（或收发距 R）表示：

$$f(\theta) = f[d, \Delta h(i), R] \qquad (2.4-22)$$

所以，规则网在进行图像重建过程中有如下优点：

1）边界函数为简单的等步长直线，占内存少，便于编程和运算。

2）方向性只改变相对性，不改变绝对性，即发射、接收天线一直保持平行。

3）发射点和接收点与离散的小矩形的边界重合，反演过程中边界误差和边界效应几乎不加考虑。

4）有些非规则网根据其特殊的几何形态及特殊的观测系统，只要将其近似的非规则网作一点点变化就可以在规则网中进行图像重建。常见的有三角形区域，少量的四边形或梯形区域。

（2）非规则网的数值模拟。

1）坐标系的建立。在非规则网中建立坐标系：坐标系的建立有三个根据，大地坐标系、工区定义坐标系、以一边较平直的最长边为一个轴建立起的自定义坐标系。以大地坐标系为坐标的优点是边界控制点的大地坐标一般是已知的，便于直接利用，建立坐标系也比较方便；工区定义坐标系的优点是在图像生成以后图的方位和放置习惯符合工区的统一规划，便于工程人员阅读；以其较长且平直的一边为坐标轴的坐标系便于边界函数的构成和计算。

2）重建区域网格离散。将重建区域置于最小的相对坐标系中，即满足：

$$X_{\min} + \sum_{i=1}^{N-1}(X_i - X_{\min}) \to 0.0 \qquad (2.4-23)$$

$$Y_{\min} + \sum_{i=1}^{N-1}(Y_i - Y_{\min}) \to 0.0 \qquad (2.4-24)$$

将坐标系的原点移至$(X_{\min}, Y_{\min})$上，建立一个相对坐标系，相对坐标系的原点$(0,0)$与$(X_{\min}, Y_{\min})$对应。重建区域就位于$(0,0)$和$(X_{\min}, Y_{\min})$区域内，将$(0,0)-(X_{\min}, Y_{\min})$区域按$L_x$（x轴间的网格步长）和$L_y$（y轴间的网格步长）的网间距离散成$Ldx \cdot Ldy$的网，其中，$Ldx = INT(X_{\max})+1$；$Ldy = INT(y_{\max})+1$。

3）重建区边界函数求取。由于重建区是非规则的，其边界是离散的非规则函数$S_i(X_i, Y_i)$。$S_i(X_i, Y_i)$的求取有两种方法。

由于重建区边界上的每个拐角点（多边形的顶点）都有控制点C_j，在两个直边C_j-C_{j+1}上以观测点距L_s内插，求出每个测点处的(X_i, Y_i)值。

4）在"AutoCAD"中进行边界追踪。将个控制点C_j的坐标输入"AutoCAD"中，绘出一个多边形，在其动态状态下选择坐标系"$x-y$"，选择一起始点，以等间距步长L_s依次定出(X_i, Y_i)各点在边界的位置，读取每个点的(X_i, Y_i)值，同时，还可以读取每点天线的方向角θ和γ以便进行方向处理。

原象值B_r（每条射线的绝对衰减量）

在计算原象值$B_r\left(\int_R \beta dr\right)$方面，规则网与非规则网有着很大的区别，在非规则网中，发射接收的方向是依边界的方向任意变化的，理论公式写为

$$\int_R \beta dr = E_0 + E - 20\log(r) + 20\log[f(\theta)\cos(\gamma)] \qquad (2.4-25)$$

式中：$f(\theta) = \dfrac{\cos\left(\dfrac{\pi}{2}\cos\theta\right)}{\sin\theta}$；$\theta$ 为发射天线与 R 的夹角；γ 为接收天线（边界线）与 R 的夹角。

从式（2.4-25）看出，θ、γ 在非规则网中各测点都是变化的，确定每点的 θ、γ 是非规则网所独有的，忽略它们的重要性会导致非规则网重建图像的严重失真。

非规则网在反演过程中必须注意两个问题：离散模型和成像区的真实边界耦合问题；"凹边"射线的处理问题。

（3）图像重建方法与数字滤波。由于非规则网一般具有较大的观测方位，从理论上讲，在做好原始数据预处理的情况下，无论用哪一种方法去重建图像，都具有在相同条件下高于（在两侧边观测）规则网的图像质量，其反演方法同规则网的反演方法一样。有一个问题必须引起重视：在重建时，设定象函数的初始值时必须要考虑一个远远低于背景值的数值，以便下一步进行滤波。图像重建完成后，将重建的图像从 $L\,dx \cdot L\,dy$ 网中滤出。

图像重建过程中的压缩恢复处理技术

受观测条件的限制，孔间 CT 存在数据不完全的问题，对于不完全投影数据的重建图像，通常使用的技术为内插法插出所缺方位角的数据，这种方法既繁杂且精度低，压缩恢复技术对解决这种缺陷具有一定效果。

压缩恢复基本思想如下：

1）确定一种图像重建方法，用实际测量数据进行重建计算至中度收敛。

2）临时暂停重建计算，用同样的重建方法在不完全数据方向上进行正演，正演出该方向上的投影测量数据。

3）用实测投影测量数据和正演投影数据一起组成新的投影数据，恢复重建计算。

4）重复上述步骤 2）和 3），直到图像精度达到要求。

压缩恢复中几项主要技术是：重建算法、正演射线扫描方式和正演射线寻迹方法。压缩恢复适用于各种图像算法，而效果以迭代类改善最多；正演射线扫描方式多采用平行射线束，至于斜同步或扇形束，从几何投影学方面来分析证明没有价值；正演射线寻迹方法有两种：一是直射线，二是弯曲射线，考虑到正演是一种虚拟计算，从技术时间因素考虑选用直射线为宜。

（三）电磁波 CT 的应用条件与范围

1. 应用条件

（1）电磁波 CT 要求被探测目的体与周边介质存在电性差异，电磁波 CT 要求被探测目的体与周边介质存在电磁波速度差异。

（2）成像区域周边至少两侧应具备钻孔、探洞及临空面等探测条件。

（3）被探测目的体相对位于扫描断面的中部，其规模大小与扫描范围具有可比性。

（4）异常体轮廓可由成像单元组合构成。

（5）外界电磁波噪声干扰较小，不足以影响观测质量。

2. 应用范围

电磁波 CT 适用于岩土体电磁波吸收系数或速度成像，圈定构造破碎带、风化带、喀斯特等具有一定电性或电磁波速度差异的目的体。

电磁波 CT 的探测距离取决于使用的电磁波频率和所穿透介质对电磁波的吸收能力，一般而言，频率越高或介质的电磁波吸收系数越高，穿透距离越短，反之，穿透距离越长。对于碳酸盐岩、火成岩以及混凝土等高阻介质，最大探测距离可达 $60\sim80m$，但此种情况下使用的电磁波频率较低，会影响到对较小地质异常体的分辨能力；而对于覆盖层、大量含泥质或饱水的溶蚀破碎带等低阻介质，其探测距离仅为几米。

3. 仪器设备

电磁波吸收 CT 设备主要包括数据采集、井下接收与发射系统以及辅助设备。设备系统技术指标满足：

（1）工作频率：具有一定可选范围，频率稳定。

（2）接收机输入端噪声电平：$\leqslant 0.2\mu V$。

（3）接收机测量范围 $20\sim140dB$、动态范围为 $100dB$、测量误差不超过 $\pm3dB$。

（4）发射机瞬间输出功率：$\geqslant 10W73\Omega$ 负载。

（5）发射天线：半波偶极天线。

（6）接收天线：半波偶极天线或鞭状天线。

（7）工作方式：单频工作、频段内循环调频、多次覆盖扫描、扫描精度一致等。

（8）增益控制具有指数增益功能。

（9）模数转换大于 16bit 信号。

（10）具有 8 次以上的信号叠加功能。

（11）井下探管密封性：能够保证工作水深压力下不渗水。

4. 数据采集系统

电磁波吸收 CT 数据采集系统的主要功能是将接收机传来的直流模拟信号进行采样并转换成数字信号，然后进行校准、存储、显示、传送，一般包括显示器、键盘、采集输入端口、打印输出端口或其他通信端口等。

5. 井下发射系统

电磁波吸收 CT 发射系统的功能是向周围介质辐射电磁波，主要包括发射机和发射天线，以及频率选择开关和各种插孔、插座、开关等。电磁波吸收 CT 的井下发射系统主要是一个发射电磁波的天线。

6. 井下接收系统

电磁波吸收 CT 接收系统的功能是接收介质中传播过来的电磁波，主要包括接收机和接收天线、滤波器，以及频率选择开关和各种插孔、插座、开关等。电磁波吸收 CT 的井下接收系统主要是一个接收电磁波的天线。

7. 辅助设备

辅助设备包括井深记录器（也可使用人工深度标记）、电缆绞车、电缆、功率指示器以及各种连线等。

（四）现场工作

现场工作包括生产前的准备工作和试验工作、工作布置、观测系统的选择、观测、重复观测和检查观测等。

1. 准备工作

（1）收集工区地质、地形、地球物理资料以及以往进行过的成果资料，钻孔或平洞的地质资料，布置图、孔口（洞口）坐标、高程，并作全面的分析和了解，便于指导和参考。

（2）对仪器设备进行全面的检查、检修，各项技术指标应达到出厂规定。

（3）仪器校零、时钟同步，辅助设备检查，包括绞车、电缆、集流环等环节的绝缘和接触的检查，电缆深度标记的检查，如是否因移位而不准确，是否有脱落或不明显等，以避免点测条件下造成观测结果的深度误差。

（4）了解钻孔情况，包括孔径变化、套管深度、孔斜、孔内是否发生过掉块或丢钻具等事故、有无大洞穴漏水等，以便对预计发生的问题制定预防措施。

（5）使用重锤或探管对全孔段进行扫孔，避免安全事故的发生，同时指导资料成果的解释。

2. 工作布置

（1）为了避免射线在断面外绕射而导致降低对高吸收系数异常的分辨率，剖面宜垂直于地层或地质构造的走向。

（2）为了保证解释结果不失真实，扫描断面的钻孔、探洞等应相对规则且共面。

（3）孔、洞间距应根据任务要求、物性条件、仪器设备性能和方法特点合理布置，一般不宜大于60m，成像的孔、洞段深度宜大于其孔、洞间距。地质条件较为复杂、探测精度要求较高的部位，孔距或洞距应相应减小。

（4）为了获得高质量的图像，最好进行完整观测，即发射点距和接收点距相同，见图2.4-5。但有时为了节省工作量，缩短现场观测时间，作定点测量时，在不影响图像质量前提下，也可适当加大发射点距进行优化测量，通常发射点距为接收点距的5～10倍。观测完毕后互换发射与接收孔，重复观测一次。

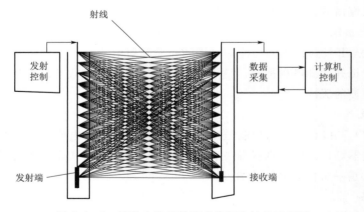

图 2.4-5 钻孔全孔壁数字成像探头结构示意图

（5）接收点距通常选用0.5m、1m、2m。过密的采样密度只会增加观测量，对图像质量的提高和异常的划分作用并不明显。因此在需探测的异常规模较大时，可适当加大收发点距。但点距过大也会导致漏查较小的异常体。

3. 试验工作

生产前进行试验工作，使用不同频率分别对观测孔进行全孔段同步观测，目的如下：

（1）选择仪器的最佳工作频率。工作频率主要和目标异常体的形状、大小以及和围岩吸收系数的差异及其随频率变化的规律有关，选择适当的频率可以获取有效信号并突出异常体。频率、岩体吸收系数和孔距之间的关系直接影响到对异常体的分辨能力。

1）随着工作频率的增高和介质的吸收系数变大，电磁波的穿透距离随之变小，因此，在钻孔距离大或围岩吸收系数高时，使用的工作频率较低。

2）当选用较低频率工作时，岩石中波长较长，会产生绕射现象，使划分地质体轮廓的分辨率降低，容易漏掉小异常体。因此，在保证有效穿透距离的前提下，使用频率一般比较高。

3）不同结构的地质体对频率变化有不同的反应，尽量选择多频工作。

4）在吸收系数小的岩石中，如灰岩地区电磁波能量衰减小，二次波的强度较大，容易观察到直达波与二次波的干涉现象。频率高时其波程差变化快，出现较多的干涉条纹，使解释复杂化。在这种条件下，不能单一考虑分辨率而采用过高的频率，一般要通过试验选取合适的频率。鉴于工作频率的合理选择与岩体吸收系数、孔距关系密切，必须通过试验进行确定。一般选择多个频段进行试验，同时保证这几个频段的同步观测值在仪器测量范围内，选择观测读数居中的频率为最佳工作频率。

5）为了保证数据的可靠性和处理图像的质量，选择频率时，最大的观测的场强值不要过低，当外界干扰信号过强时，观测场强值过低会降低信噪比。

（2）确定初始场强或背景吸收值。取地质条件相对简单的孔段的值为背景值，用于成果解释中对异常的划分。

（3）初步了解电磁波衰减情况。

（4）评价电磁波 CT 的可行性和解决程度。若各种频率段均无法获取合适的观测读数，则表明电磁波信号太弱，确认不具备完成地质任务的基本条件，可申述理由，请求改变方法或撤销任务。当同一剖面上进行多组孔（洞）间观测时，对孔距基本一致、岩性相同的剖面段可使用相同的工作频率、相同的背景值，反之，当孔距或岩性发生变化时，则应重新通过试验选择合适的频率、确定相对应的背景值。

试验资料可参与成果数据处理与解释。

4. 观测系统

（1）孔（洞）间 CT 可采用两边观测系统，当孔间的地面或洞间边坡条件适宜时，一般采用三边观测系统；在梁柱或多面临空体的情况下，可采用多边观测系统。

（2）观测方式可分为两类，即同步观测方式和定点扇形扫描方式，同步又分为水平同步和斜同步，定点也分为定发和定收。同步方式一般用于试验工作，对探洞、钻孔及自然临空面所构成的区域进行 CT 时，则采用定点扇形扫描方式，射线分布均匀，交叉角度不宜过小，扇形扫描的最大角度以不产生明显断面外绕射为原则。

（3）一般情况下选择定发方式，当移动接收机出现很强的干扰时，也可采用定收方式。

（4）在同一剖面上进行多组孔间或洞间 CT 观测时，观测系统一般保持一致。

5. 现场观测

（1）分别使用水平、上斜、下斜三种方式进行全范围扫描观测，初步判断和了解孔间电磁波吸收异常区的中心位置和范围。

（2）选择合适的观测系统进行观测。

（3）现场工作中应注意如下事项：

1）对使用电池的发射和接收探头，要确保电池的电压符合要求。

2）探头及与其连接的绞车封口管盖较多，容易丢失，打开后应留意存放，否则仪器接口容易损坏、仪器内部容易受潮。

3）在进行发射、接收探头的天线连接、封管连接、输出连接时，必须在接头处抹擦防水硅胶并扭紧，以防渗水进入探头内部，损坏仪器电子线路和电子元件。

4）连接好的探头要轻拿轻放，避免剧烈碰撞。

5）井口滑轮须正确安放，防止下井电缆摩擦到孔口或井口套管导致破损。

6）尽可能平缓移动探头，避免剧烈抖动，确保仪器正常工作、避免井下事故发生。

7）严格校对探头在井下的深度位置，防止深度记录出现错误：绞车操作人员应依据电缆深度标志向记录员逐点报出探头所在的孔深位置，以便记录员随时校对。

8）如需互换发射与接收孔位，必须再次进行零校工作，以确保仪器在正常状态下工作。

9）不可迅猛摇绞车提取井下探头，取出探头后，须擦掉外部的水分及附着渣质，关闭探头电源取出探头内的电池，用封管盖盖好各接口，装箱以备运输。

10）当观测值发生畸变时，应在畸变点内及与周边相邻点之间进行加密观测，以进一步确定观测值的准确性和异常范围。

（4）重复观测与检查观测。

1）对班报中所记录的仪器观测过程中的异常点、可疑点、突变点进行重复观测。

2）收发互换的观测点和重复观测点可作为检查观测点，除异常点、可疑点、突变点之外，其他部位也应该有相当数量的检查点，且尽量均匀分布。

3）每对钻孔的检查工作量不少于该对孔总工作量的5％，该数量是在异常较少的情况下，如果异常越多，检查量也应越多。

6. 资料检查和质量评价

（1）资料检查。资料检查应符合下列要求：

1）现场操作员应对全部原始记录进行自检。

2）专业技术负责人应组织人员对原始记录进行检查和评价，抽查率应大于30％。

3）原始记录应符合下列要求：

a. 原始记录应包括：仪器检查、检修记录，生产前的试验记录，生产记录和班报等。

b. 记录数据的载体应标识清楚，并与班报一致。

（2）重复观测与检查观测。

1）重复观测相对误差小于3.5％方满足要求。

2）检查观测均方相对误差小于5％方满足要求。

（3）质量评价。

原始资料评定为合格和不合格两类，存在下列情况之一者为不合格：

1）观测系统、测点间距等参数设计不合理，不能满足任务要求。

2）工作频率选择不合理，导致观测数据超出正常范围。

3）使用的仪器不符合要求或未按仪器要求进行操作。

4）未按规定进行重复观测和检查观测或重复、检查观测误差不满足要求。

5）对于原始资料不合格的现象，必须对不合格的部分全部返工。直至合格后，方能使用合格的资料进行下一步处理及解释。

（4）资料处理。电磁波吸收 CT 资料处理主要包括求取背景值、观测结果的预处理、反演计算、剖面连接、绘制成果图与成果地质解释图等。

（5）求取背景值。求取初始场强 E_0 或背景吸收值 β_b：如要确定异常形态的成像而不考虑物性分布，可选择"相对 E_0 求取方法"求 E_0，也可选择"绝对 E_0 求取方法"求 E_0 并同时求出 β_b，为下一步的反演做准备；如既要分辨异常又要获取物性成像的分布，只用"绝对 E_0 求取方法"求 E_0 即可。

由于电磁波绝对物性参数与岩体力学指标相关性不明显，故一般工作中常常使用"相对衰减 CT"方式工作。

（6）资料预处理。

1）滤波。

2）对原始数据进行平滑滤波，一般使用线性平滑而不是二次曲线平滑滤波，其作用有二：

a. 滤去曲线中部分频率较高的振荡式干涉分量，或将那些高频振荡式分量转换成缓变分量以便进行下一步校正。

b. 保持异常值相对不变。

3）成像区背景值 β_b 及每个定发点 E_0 值的求取。

4）校正。可根据工程实际需要，选择使用以下校正：

a. 侧面干扰波校正。

a）公式法校正。平滑滤波处理后的侧面波表现为一随深度而逐渐衰减的缓变分量。由于地表和基岩介质之间的介质变化是相当复杂的，地表面也呈非规则性，实际上和侧面波有关的振荡式衰减规律相当不明显，理论上的校正公式在实际工作中应用较少。

b）曲线拟合法进行校正。经过平滑滤波、求出 E_0 和 β_b 后，按远场区公式求出每条曲线的平均吸收系数 $\overline{\beta}$，在近地表处，$\overline{\beta}$ 曲线的形态可以通过理论和实验得到，以此为标准校正实测平均吸收系数曲线。

b. 地层各向异性和远场区变异校正。在均匀地段，各向异性影响的主要标志是：发、收天线相距最近时不能测到最大的场值，而引起曲线形态变异。远场区变异在较短的孔段中一般不表现出来，当测试空段较长（如 200m）时就会出现。远场区变异的主要特点是：以发射点为中心，平均吸收系数曲线 $\overline{\beta}$ 向两端变小。同校正地表侧面波、反射波一样，先求出平均吸收系数 $\overline{\beta}$，以过发射点并平行于岩层层面的直线将曲线分成两段，每段依各自的拟合曲线进行校正，

c. 剔出坏值。进行电磁波 CT 的数据非常多，对参加反演的原始数据的精度要求也相

当高，但大量的数据中偶尔出现的误采、误传数据，将对成像过程和成果造成严重影响。因此，必须使用合理的方式对这该部分数据进行剔除。

7. 反演计算

电磁波 CT 资料的反演计算依赖于计算机处理，软件出处较多，一般参照以下流程和要求进行：

（1）判别成像区域是规则网或不规则网。当成像的钻孔（平洞）平行时，可使用规则网，否则使用不规则网。

（2）选择相对或绝对成像方式。工作中使用相对成像方式较多。多频观测的电磁波吸收系数 CT 一般选择相对衰减成像，选择的频率频散明显、数据没有盲区。

（3）根据测量、测斜资料及成像数学模型计算每条射线的激发和接收点坐标。

（4）计算每条射线的平均吸收系数，并分别显示出各个同步和定点的平均吸收系数曲线，以确定参加反演参数的变幅范围。

（5）根据地质地球物理条件、观测系统、成像精度、分辨率和任务要求选择和建立数学物理模型。网格单元尺寸不应小于测点间距，单元总数不宜大于射线条数；模型的约束极值可由已知地质条件、经验值、现场试验计算等方法得出。

（6）选择使用图像重建方法进行反演计算：可选择采用联合迭代（SIRT）、代数重建（ART）、共轭梯度（CG）、最小二乘矩阵分解（LSQR）等方法及其改进而成的其他方法。目前一般使用的以联合迭代（SIRT）类改进的其他方法为多。反演迭代次数应根据射线路径和图像形态的稳定程度确定，也可根据相邻两次迭代的图像数据方差确定。对于二边观测的 CT 数据，可选择具有压缩恢复处理功能的反演软件，以减小图像在垂直观测方向上的伪差。

（7）对于相互连接的 CT 剖面，应采用相同的反演方法、模型和参数。

（8）弯线反演的最终射线分布图可作为成果之一，根据射线疏密情况确定高吸收区或低吸收区的位置和规模，并按 CT 图像参数的变化梯度确定异常范围、延伸方向。

（9）根据 CT 图像中吸收系数的分布规律，结合被探测区域的地层岩性、结构构造、风化卸荷及岩体质量等进行地质推断解释。

（五）资料的地质解释与成果图件

1. 地质解释要点

（1）根据背景值确定剖面内没有异常条件下岩体的吸收系数（视吸收系数）或电磁波速度值。

（2）不同的地质条件和不同的地质现象所引起的电磁波衰减或电磁波速度特征不同，因此，根据不同的异常特征可以进行相应的地质解释。

1）结合钻孔（平洞）揭露的各类异常，归纳这些异常对应的衰减或速度特征，作为该剖面内异常解释依据。

2）结合钻孔（平洞）位置及附近的地质资料以及电磁波衰减或速度异常形态、规模和位置进行合理的地质解释。

2. 成果图件

电磁波吸收 CT 成果图件包括射线分布、CT 吸收系数图像、CT 成果地质解释图。电磁波速度 CT 成果图件包括射线分布、CT 波速图像、CT 成果地质解释图。

CT 吸收系数或波速图像可采用等值线、灰度、色谱等图示方法，图像可等差分级，为了突出异常，也可变差分级。

成果地质解释图除 CT 探测解释的地质异常体之外，应注明比例尺、高程、钻孔号、剖面交点、地层代号及岩性等。比例尺应符合勘探精度的要求。

同一条剖面的多组 CT 断面可拼接成一幅剖面成果图，成图前可将所有断面的三维成图数据合并为一个数据文件，以消除各断面独立成图后造成拼接部位的图像错位。

三、钻孔全孔壁数字成像

（一）工作原理

钻孔全孔壁数字成像是近年在钻孔电视基础上发展起来的一项新技术，其结构见图 2.4-6。其工作原理是在探头前端安装一个高清晰度、高分辨率的光学摄像头，摄录通过锥形镜或曲面镜反射回来的钻孔孔壁图像，随着探头在钻孔中的不断移动，形成连续的孔壁扫描图像及影像。

由于在锥形镜或曲面镜顶部的反射面积较小，形成的图像分辨率较差，一般在工作中将该部分图像裁剪，主要取外侧圆环部分作为有效图像范围。通过对实时摄录的圆环图像按照一定的方位顺序进行展开，并根据记录的深度进行连续拼接，形成展开式钻孔孔壁图像，见图 2.4-7。

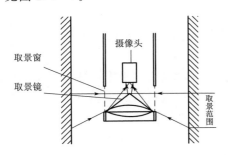

图 2.4-6　钻孔全孔壁数字成像探头结构

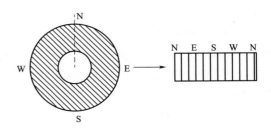

图 2.4-7　探头结构及图像展开

（二）工作方法

钻孔全孔壁数字成像是一种光学观测方法，所以主要适用于在清水孔或无水孔中进行。在进行观测之前，要求进行如下准备工作：

（1）对探头与电缆接头部位进行防水处理，一般用硅脂等材料。

（2）对深度计数器进行零点校正，一般将取景窗中心位于地面水平线的位置定为深度零点。

（3）确定孔口孔径及钻孔变径情况，以便确定观测窗口及深度增量等参数。

（4）将孔口定位器固定好，使探头在孔中居中，并调节摄像头焦距、光圈，使得能够得到井壁的清晰反射图像。

在观测过程中，要注意观测速度，并且对采集过程进行监视，避免图像的重复采集或漏采。

（三）资料处理及解释

钻孔全孔壁数字成像资料的处理主要分为图像展开、图像拼接及图像处理三部分。为了进行实时监控，其中绝大部分设备都将图像采集与展开同步进行。

1. 图像展开

实时采集获取的是井壁经过锥形镜或曲面镜反射的圆环形图像，为了后续的图像拼接工作，需要将圆环形图像转换为按照一定方位顺序的矩形图像。要根据数字罗盘或普通罗盘确定图像的方位，将圆环图像沿着指北的方向切开，因圆环内圈图像的实际深度位置大于外圈，故在展开时按照由内到外，方向按照 N—E—S—W 的顺序。由于内外圈成像的像素不同，内圈的图像以一定的比例进行的插值，使展开图像为一个规则的矩形，如图 2.4-8 所示。

在观测过程中，如果出现探头不居中的情况，采集的图像会发生变形，在图像展开过程中要对其进行校正。

2. 图像拼接

每一个展开图像均为一段孔深范围的井壁图像，为了形成完整的全井剖面，要按照孔深依次进行拼接。

3. 图像处理

由于采集中光照不均匀、探头偏心等原因，拼接完成后的图像经常会出现百叶窗现象，要对图像进行亮度均衡等处理。

4. 资料解释主要包括两个方面：

（1）对观测到的地质现象进行描述，包括岩性变化、地下水位、渗漏、裂隙发育情况、岩溶洞穴发育情况、混凝土浇筑质量等。

（2）对深度、产状进行计算。拼接结果中包含了深度刻度，根据刻度与地质现象的相对垂直位置可以确定其深度；对于裂隙、岩脉等产状，可以根据其顶底方位、高差结合孔径进行计算。

图 2.4-8 为一个裂隙产状计算模型，设钻孔直径为 d，裂隙顶点与低点在图像中距离 N 的垂直距离分别为 x_1、x_2，两者之间的垂直高差为 Δh，裂隙宽度为 x。则裂隙倾向 α 为

$$\alpha = \frac{x_2}{2\pi d} \times 360° \tag{2.4-26}$$

倾角 θ 为

$$\theta = \tan^{-1}\frac{\Delta h}{x_2 - x_1} = \tan^{-1}\frac{\Delta h}{d} \tag{2.4-27}$$

图 2.4-9 为某工程大坝岩体中实际观测图像。在孔深 8.19～8.34m 存在一个方解石脉体，宽度为 4cm，产状为 55.4°∠53.5°；在孔深 8.42～8.80m 存在一个微裂隙，张开状，无填充，宽度约为 0.7cm，产状为 202°∠76.5°。

（四）仪器设备

为了取得较好的观测效果，对钻孔全孔壁数字成像设备及处理软件作如下要求：

（1）附带良好的照明光源。

（2）有较好的防水抗压性能。

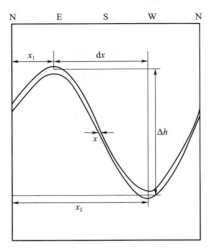

图 2.4-8　产状计算示意图

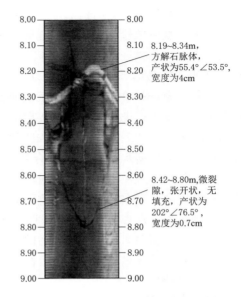

图 2.4-9　某大坝岩体中实际观测

（3）有精度较高的方位确定方法及深度计数方法。

（4）能够准确地分析获取倾向、倾角、距离等参数。

四、水下电视

（一）工作原理

工程物探中的水下电视有可见光水下电视、激光水下电视和超声波水下电视。本书中单指可见光水下电视，使用较普遍。水下电视由水下摄像机、传输电缆、控制器和监视器等组成。水下摄像机通过传输线缆沉入水下需要观察部位，并通过传输电缆架设在水上运载平台上的控制器和监视器相连，进行遥控摄像并监视所摄图像。可见光水下电视根据使用需要，还配有其他附属设备，如录像机、水下照明灯具等。由于水对对可见光吸收和散射作用很强，可见光水下电视可视距离有限。正在发展中的激光水下电视，其可视距离比一般可见光大 4 倍左右。超声波水下电视有三维成像声呐、多波束声呐等多种叫法，具有更远的可视距离、应用较广泛，但是其分辨率不如可见光水下电视，多用于水下大型物体的探视。

光线在水中传播时，由于传播介质的原因，其折射、透射、反射、散射和吸收等方面均与空气中传播有较大的区别，水下能见度的好坏直接影响水下摄像质量和操作的便利性。影响能见度主要有两个方面的因素，一是水的浑浊程度；二是拍摄时照明光线的强弱，为了使能见度达到要求，可以在这两方面考虑解决办法。岩塞爆破工程勘察多采用强光源照射，近距离观察的方式，为了获取多方面的信息，还可在视频头前加装金属触探件。

（二）工作方法

1. 水下电视工作布置原则

（1）水下电视摄像宜在水下工程重点区域开展，这些重点区域宜包括普查发现的异常区域、涉及安全的重点工程结构部位、可能发生破损的怀疑区域等。

（2）水下电视摄像检测面型区域宜按照直线型测线S形来回进行全覆盖检查，检测管道类区域宜按环状测线进行全覆盖检查。

2.水下电视现场工作

（1）作业前准备和检查应包括：应根据工作需要和现场实际情况选择合适的下水位置并搭建下水辅助设施；设备下水前应按设备检验规程开展密封性、通电性能、操作功能等检查工作。

（2）检查时应根据水下环境情况合理设置照明灯光亮度，能见度差时应增加辅助灯光，辅助灯光位置不宜使摄像发生反向散射现象。

（3）构筑物表面存在淤积、附着物等影响摄像检查效果时应先开展清理工作。

（4）检查过程中发现重要地质信息时应停住进行重点观察并进行定位，记录探查时间、空间位置等并保存图像。无淤积物的条件下，可用触探件触探。

（5）当天收工后应对检查视频进行回放，发现遗漏或可疑处应进行重新检查。

（三）资料处理与解译

（1）水下电视摄像资料应按照工程部位按时间顺序播放分析，对有杂物或缺陷部位进行视频截取。

（2）水下电视摄像图像的解释应根据影像的几何形状、色泽差异、影纹粗细等特征确定缺陷的性质、位置和规模。

（3）水下电视摄像成果宜包括水下摄像编辑资料、缺陷位置分布图等。

（四）仪器设备

1.水下电视仪器组成

（1）水下电视摄像机。

（2）水下照明装置。

（3）电控卷扬系统。

（4）可视编辑系统。

2.水下电视仪器参数

（1）水下电视摄像机应具备大光圈、高分辨率及广角特性，分辨率应大于200万像素。

（2）水下照明装置宜使用高亮度且亮度可调的石英卤钨或LED光源。

（3）耐压水深不应低于300m。

（4）具有图像实时传输功能。

五、应用实例

工程物探在刘家峡洮河口排沙洞工程、兰州市水源地岩塞爆破工程及吉林中部引水岩塞爆破工程得到应用，以下为应用实例。

（一）概况

1.刘家峡洮河口排沙洞工程

刘家峡洮河口排沙洞工程是解决刘家峡电站坝前泥沙问题、保障电站安全运行和度汛的重要工程。排沙洞进口布置于洮河口对岸，水下淤泥层厚度为 8～35m，基岩面高程为 1662.00～1682.00m，岩塞段水下基岩与淤泥接触面陡峻，坡度为 70°～75°。该段水上岸坡为一凸出的山脊，坡度为 50°～60°，向下游黄河呈缓状弯曲，上游为一凹岸。坡顶被第四系黄土类覆盖，厚度约 3～20m，高程为 1765.00～1770.00m，系残留黄河 IV 级阶地。坡面冲沟发育，但切割不深，工作区出露地层主要有：前震旦系深变质岩、第四系松散堆积物和局部存在的岩浆岩侵入体。该区位于祁连山地槽与秦岭地槽之间地背斜，刘家峡次一级隆起部位，岩层中褶皱、断裂均较发育。物探工作任务是：一是用钻孔数字成像查明 F_7 断层接触带位置及性状、断层上盘岩体的完整性及节理裂隙的发育情况；二是用水下电视探察部分孔位岩面线情况。

2. 兰州市水源地建设工程

兰州市水源地建设工程新建净水厂输水隧洞进口段位于刘家峡水电站库区祁家渡大桥右岸下游约 410m，距刘家峡水电站大坝约 4.0km，岩塞口中心高程为 1710.00m。岩塞进口轴线与水平面夹角 45°，岩塞进口底板高程为 1706.00m。输水隧洞进口段位于黄河右岸祁家渡大桥下游，总体地貌为黄土梁和黄土峁。下部岸坡基岩裸露，山体陡峻。基底层为前震旦系深变质的角闪石英片岩、石英片岩，局部夹杂石英脉。物探工作任务是：一是用声波测试及数字成像工作，查明进口段岩体的波速、完整性及结构面特征；二是用无线电磁波 CT 查明岩塞部位地质构造发育规律。

3. 吉林省中部城市引松供水工程

吉林省中部城市引松供水工程位于吉林省中部，设计从丰满水库内取水，由输水总干线、输水干线和输水支线等组成。输水总干线取水口位于丰满坝上库区左岸，距大坝约 1.2km，地面高程一般为 230.00～297.00m，地形坡度一般为 6°～31°。进口洞脸坡缓，岩塞部位表层为 1.4～2.2m 厚碎块石含黏性土，稍密，地表散落碎块石。基岩为二叠系砂砾岩，层面倾向与坡向一致，稍缓于岸坡。由于剧烈的构造运动和岩浆多期侵入和喷发，使褶皱带断续出现了残缺不全的背斜和向斜，并形成大片花岗岩体和构造断裂，因此，区内断裂构造较发育。物探工作任务是利用声波测试及数字成像，查明进口段岩体的波速、完整性、地质构造发育规律特性。

（二）声波测试成果实例

图 2.4-10 为 2016 年兰州市水源地岩塞爆破工程中 ZK05 钻孔岩塞体孔段的声波测试数据表及波速曲线图，图 2.4-11 为分段波速与完整性图。声波测试曲线反映不同深度岩石波速的变化规律，声波速度计算风化系数及完整性系数。

图 2.4-12 为兰州市水源地岩塞爆破工程中 ZK05 全孔声波测试成果，包含不同孔段的平均波速，完整性以及全孔各完整性岩石的含量。利用声波测试成果，可获取岩塞体岩体强度及完整性等关键数据。

鉴于声波测试成果资料的重要性及有效性，在兰州市水源地岩塞爆破工程与吉林中部引水岩塞爆破工程勘察中，所有的勘察钻孔均进行了声波测试，达到了获取岩石完整性资料的目的。

（三）钻孔数字成像成果实例

相对于声波测试成果，钻孔数字成像以直观的方式展示钻孔中的地质情况。图 2.4-

13 为 2010 年刘家峡洮河口排沙洞工程 BZK01 号钻孔 1714.60m 高程处数字图像，图中清晰可见断层角砾岩，构造面有擦痕，利用随机软件可量处断层倾向面 NW259.75°，倾角 62.64°。图 2.4−14 为 BZK03 号钻孔 1719.50m 高程处数字图像，图中清晰可见构造面有铁锈，上盘破碎，有断层角砾岩，利用随机软件可量处断层倾向面 NW267.78°，倾角 65.00°。

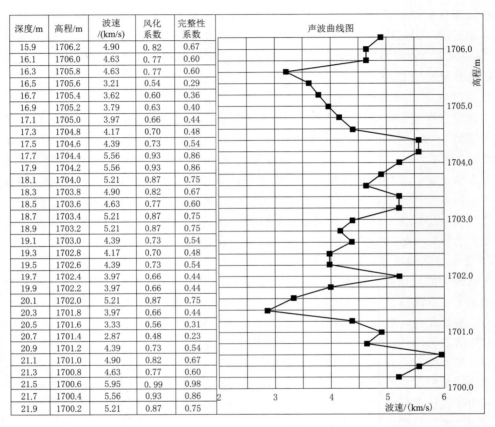

深度/m	高程/m	波速/(km/s)	风化系数	完整性系数
15.9	1706.2	4.90	0.82	0.67
16.1	1706.0	4.63	0.77	0.60
16.3	1705.8	4.63	0.77	0.60
16.5	1705.6	3.21	0.54	0.29
16.7	1705.4	3.62	0.60	0.36
16.9	1705.2	3.79	0.63	0.40
17.1	1705.0	3.97	0.66	0.44
17.3	1704.8	4.17	0.70	0.48
17.5	1704.6	4.39	0.73	0.54
17.7	1704.4	5.56	0.93	0.86
17.9	1704.2	5.56	0.93	0.86
18.1	1704.0	5.21	0.87	0.75
18.3	1703.8	4.90	0.82	0.67
18.5	1703.6	4.63	0.77	0.60
18.7	1703.4	5.21	0.87	0.75
18.9	1703.2	5.21	0.87	0.75
19.1	1703.0	4.39	0.73	0.54
19.3	1702.8	4.17	0.70	0.48
19.5	1702.6	4.39	0.73	0.54
19.7	1702.4	3.97	0.66	0.44
19.9	1702.2	3.97	0.66	0.44
20.1	1702.0	5.21	0.87	0.75
20.3	1701.8	3.97	0.66	0.44
20.5	1701.6	3.33	0.56	0.31
20.7	1701.4	2.87	0.48	0.23
20.9	1701.2	4.39	0.73	0.54
21.1	1701.0	4.90	0.82	0.67
21.3	1700.8	4.63	0.77	0.60
21.5	1700.6	5.95	0.99	0.98
21.7	1700.4	5.56	0.93	0.86
21.9	1700.2	5.21	0.87	0.75

图 2.4−10　ZK05 声波测试数据表及 $V-h$ 曲线

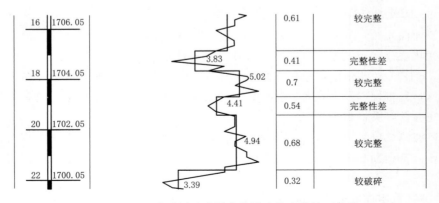

图 2.4−11　ZK05 声波测试成果分段波速及完整性（单位：m）

深度/m	高程/m	波速/(km/s)	完整性系数	完整性评价	备注
1.45~3.76	1720.6~1718.29	5.25	0.77	完整	
3.76~6.49	1718.29~1715.56	4.83	0.65	较完整	
6.49~7.33	1715.56~1714.72	4.39	0.53	完整性差	
7.33~8.54	1714.72~1713.51	4.91	0.67	较完整	
8.54~9.72	1713.51~1712.33	3.91	0.43	完整性差	
9.72~10.3	1712.33~1711.75	5.41	0.81	完整	
10.3~11.25	1711.75~1710.8	4.91	0.67	较完整	
11.25~12.46	1710.8~1709.99	4.25	0.5	完整性差	
12.46~13.06	1708.59~1709.99	3.26	0.29	较破碎	
13.06~13.59	1708.99~1708.46	4.73	0.62	较完整	
13.59~14.2	1708.46~1707.85	5.36	0.8	完整	
14.2~16.88	1707.85~1705.17	4.7	0.61	较完整	
16.88~17.69	1705.17~1704.36	3.83	0.41	完整性差	
17.69~18.72	1704.36~1703.33	5.02	0.7	较完整	
18.72~19.46	1703.33~1702.59	4.41	0.54	完整性差	
19.46~21.64	1702.59~1700.41	4.94	0.68	较完整	
21.64~22.56	1700.41~1699.49	3.39	0.32	较破碎	
22.56~23.95	1699.49~1698.1	5.57	0.86	完整	
23.95~25.06	1698.1~1696.99	4.59	0.59	较完整	
25.06~30.69	1696.99~1691.36	5.46	0.83	完整	
30.69~38.89	1691.36~1683.16	4.88	0.66	较完整	
38.89~40.08	1683.16~1681.97	4.41	0.54	完整性差	
40.08~43.74	1681.97~1678.31	5.02	0.7	较完整	
43.74~45.11	1678.31~1676.94	5.36	0.8	完整	

岩性:石英片岩　　$V_{Dr}=6km/s$

完　　整: 27.3%

较 完 整: 55.6%

完整性差: 13.7%

较 破 碎: 3.5%

破　　碎: 0

图 2.4 - 12　ZK05 声波测试成果

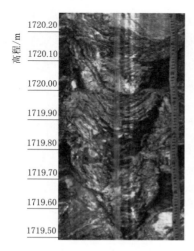

图 2.4 - 13　BZK01 钻孔
F_7 断层 360°展开图

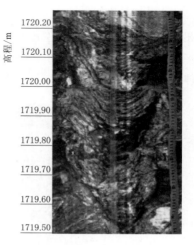

图 2.4 - 14　BZK03 钻孔
F_7 断层 360°展开图

在刘家峡洮河口排沙洞工程中，物探共进行了 6 个钻孔的孔内数字成像，直观揭露了原始的地质情况，特别是 F_7 断层的位置、规模、产状及填充情况，弥补了钻探取芯的不足。通过对各钻孔的数字成像结果观察、编录，获取了丰富的地质信息。钻孔数字成像表 2.4－1 为 BZK03 钻孔数字成像部分编录成果，表 2.4－2 为各钻孔 F_7 断层部位钻孔数字成像成果。

表 2.4－1　　　　　　　　BZK03 钻孔数字成像部分编录成果表（部分孔段）

序号	深度起点	深度终点	终点高程/m	岩芯段属性描述
0	0	1.18	1720.01	套管
1	2.03	2.1	1719.09	$L=0.955$cm 倾向 NW277.97°，倾角 26.02°
2	3.04	3.12	1718.07	倾向 NW332.66°，倾角 36.11°
3	3.51	3.6	1717.59	$L=0.641$cm 倾向 NW306.46°，倾角 36.55°
4	3.66	3.86	1717.33	倾向 NW301.90°，倾角 60.78°
5	4.23	4.47	1716.72	倾向 NW323.54°，倾角 63.36°
6	5.53	5.66	1715.53	倾向 NW331.52°，倾角 51.01°
7	6.59	6.83	1714.36	$L=0.972$cm 倾向 NW259.75°，倾角 62.64°
8	9.43	9.63	1711.56	倾向 NW208.48°，倾角 58.06°
9	9.46	9.57	1711.62	倾向 NE30.76°，倾角 42.54°
10	10.87	10.92	1710.27	$L=1.387$cm 倾向 NW238.10°，倾角 25.14°
11	12.67	12.74	1708.45	倾向 NW293.92°，倾角 31.19°
12	13.01	13.07	1708.12	倾向 NW187.97°，倾角 34.83°

表 2.4－2　　　　　　　　F_7 断层部位钻孔数字成像成果

孔号	断层孔内高程/m	断层面倾向	断层面倾角	断层破碎带物探描述
BZK01	1714.60～1717.30	NW259.75°	62.64°	构造面有擦痕，可见断层角砾岩
BZK02	1700.80～1699.90	NW196.62°	54.24°	构造面清晰，上盘可见石英岩脉
BZK03	1720.40～1719.50	NW267.78°	65.00°	构造面有铁锈，上盘破碎，有断层角砾岩
BZK04	1709.10～1707.50	NW294.38°	65.13°	破碎带
BZK05	1709.80～1708.80	NW182.66°	49.68°	构造面有铁锈，可见断层角砾岩
BZK06	1701.80～1701.50	NW180.89°	67.57°	构造面有铁锈，可见断层角砾岩

在兰州市水源地岩塞爆破工程及吉林中部引水岩塞爆破工程中，对全部勘察孔均进行了钻孔数字成像。图 2.4－15、图 2.4－16 为钻孔数字成像图为在兰州市水源地岩塞爆破工程岩塞体部位钻孔数字成像 360°展开图效果编录，图 2.4－17 为模拟岩芯效果编录。

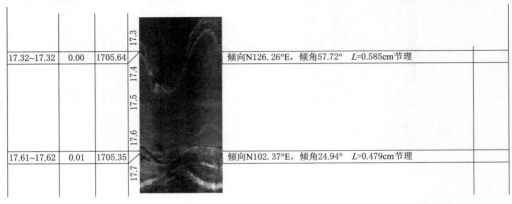

图 2.4－15　钻孔数字成像 360°展开图效果编录（部分孔段）

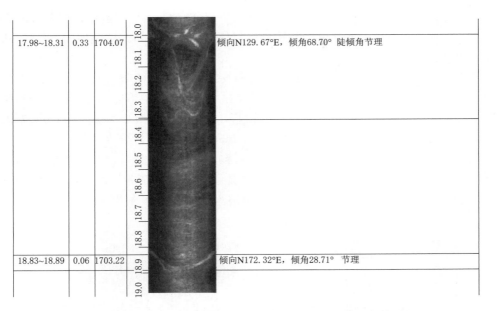

				倾向N129.67°E，倾角68.70° 陡倾角节理
17.98~18.31	0.33	1704.07		
18.83~18.89	0.06	1703.22		倾向N172.32°E，倾角28.71° 节理

图 2.4-16 钻孔数字成像 360°展开图效果编录（部分孔段）

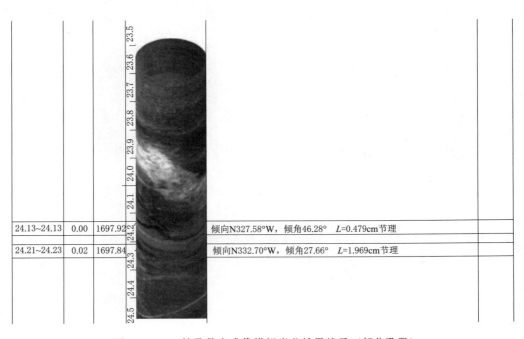

				倾向N327.58°W，倾角46.28° L=0.479cm节理
24.13~24.13	0.00	1697.92		
24.21~24.23	0.02	1697.84		倾向N332.70°W，倾角27.66° L=1.969cm节理

图 2.4-17 钻孔数字成像模拟岩芯效果编录（部分孔段）

（四）电磁波 CT 实例

声波测井与钻孔数字成像获取了岩塞体钻孔内部丰富的地质信息，但无法获得钻孔之间的地质信息，因此，地质布置了钻孔电磁波 CT 工作。电磁波 CT 获取了两个钻孔之间岩体的电性差异（相对吸收系数）。在相同岩性条件下，完整程度较好的岩体对电磁波的吸收较弱，反之完整程度差的岩体，对电磁波的吸收较强。利用两孔间电磁波吸收系数的等值线图（灰度图）可推测钻孔之间完整或破碎岩体的位置及规模。结合声波及钻孔数字图像资料，可获取更完善的信息。

图 2.4-18、图 2.4-19 为兰州市水源地岩塞爆破工程钻孔电磁波 CT 成果的灰度图及色阶图。图中 $\beta s \leqslant 0.2$ nep/m 的区域为正常区，在 CT 灰度图中为连片分布的蓝色区域。钻孔数字图像表明在此区域，岩体完整性总体较好，仅发育少量节理裂隙，钻孔声波测试资料显示此区域岩体多为完整～较完整。$\beta s > 0.2$ nep/m 的区域划分为异常区，在 CT 灰度图中绿色及红色区域，异常形态多呈条带状，推测为岩体完整程度较差。钻孔数字图像及声波测试资料表明，异常带包括多种薄弱地质体，如风化卸荷带、断层、节理密集带等。表 2.4-3 为电磁波 CT 与钻孔数字成像、声波测试综合解译的成果表。

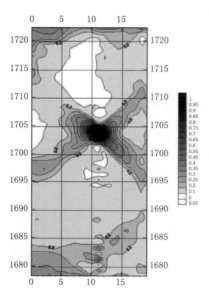

图 2.4-18　电磁波 CT 成果剖面
灰度图

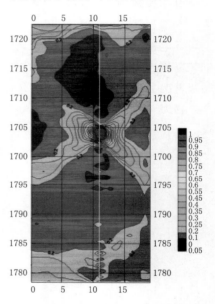

图 2.4-19　电磁波 CT 成果
剖面色阶图

表 2.4-3　　　　　　　电磁波 CT、钻孔数字成像、声波测试综合解译成果表

异常编号	异常形态	异常产状	孔内数字成像结果/m	钻孔声波测试结果/m	解释结果
CY5、CY6	条带状	S	ZK05（1704.80～1705.40）破碎带；	ZK05（1705.17～1704.36、1703.33～1702.59）完整性差；ZK06（1700.50～1700.02）完整性差	推测为顺层破碎或层理张开，影响宽度约 1.5m，倾向 S
CY7、CY8	条带状	N	ZK04（1698.00～1700.00）为破碎带；ZK05（1704.80～1705.40）破碎带；ZK06（1715.60～1716.20）破碎带，其上方节理密集，下方有层理挤压	ZK04（1700.26～1698.01）较破碎；ZK05（1705.17～1704.36、1703.33～1702.59）完整性差；ZK06（1715.93～1715.53）较破碎	推测为小构造发育的破碎带，影响宽度约 1.5m，倾向 N

异常编号	异常形态	异常产状	孔内数字成像结果/m	钻孔声波测试结果/m	解释结果
CY9、CY10	条带状	—	ZK04（1682.00～1683.00）层理间挤压受力；ZK05（1685.40～1686.00）破碎带；ZK05（1682.50～1684.00）张开节理3条，宽度较大；ZK06（1684.20～1684.60）破碎带	ZK04（1683.23～1682.60）完整性差；ZK05（1683.16～1681.97）完整性差；ZK06（1684.56～1684.14）完整性差	推测为水平构造引起的局部破碎

（五）水下电视实例

在洮河口排沙洞岩塞爆破工程中，根据现场地质要求，在爆破口Ⅱ区和Ⅲ区，用水下电视直接观察部分钻孔位置的水下地形地质情况（水库库底表面堆积地质状况）。下图为部分孔位水下电视截图。Ⅱ8-1孔位可见基岩，地形为陡坡，约有2cm厚沉淀物。通过水深测量知基岩岩面高程1719.09m。Ⅲ6-1孔位可见基岩，地形为陡壁，没有淤积物。在水下复杂情况下，利用水下电视观察，可获取丰富的水下地形地质图像信息，同时节约大量的人力物力。随着高清数字图像处理技术的发展，目前水下电视可在一定程度上代替潜水调查。

图2.4-20　Ⅱ8-1孔位水下电视截图　　　　图2.4-21　Ⅲ6-1孔位水下电视截图

第五节　工程地质分析与评价

一、岩塞口边坡工程地质条件分析与评价

（一）岩塞口边坡类型

水下岩塞爆破绝大多数在斜坡地段进行，岩塞边坡按地形坡度可分为缓边坡和陡边坡两种类型。缓边坡受爆破震动影响较小，整体稳定性较好；陡边坡受爆破震动影响较大，爆破恶化了边坡的稳定条件，加剧了边坡变形的发生和发展。

（二）岩塞口边坡工程地质勘察

岩塞边坡安全稳定对于水下岩塞爆破设计、施工及运行至关重要。水下岩塞爆破是在特定的地质条件下进行的工程爆破，只有对岩塞边坡工程地质问题有足够的重视，进行必要充分的勘察，查明进水口岩塞边坡、洞脸的地质条件，分析、研究影响其稳定的地质因素，指出爆破设计和施工中应注意的问题，以便采取必要技术措施，使岩塞边坡长期安全稳定，才能最终保障水下岩塞爆破成功，爆破后安全运行。

1. 勘察工作特点及要求

岩塞边坡勘察特点及要求是勘察范围宜大一些，查明的工程地质问题比一般工程要详细，地质图精度比一般工程要高。勘察工作多在水下进行，条件差、难度大、手段有限。

2. 勘察工作阶段、工作内容及方法

岩塞边坡勘察一般可分为爆前勘察、施工图设计阶段勘察和爆后勘察三个阶段。

爆前勘察应查明边坡地形地貌特点，查明边坡松散层厚度及其结构，查明边坡基岩岩性、产状及风化情况，软弱面分布及性状。

施工图设计阶段应详细查明边坡岩体软弱结构面切割组合剪切破坏的边界条件，并确定抗剪强度指标。

爆后勘察主要围绕岩塞边坡洞脸能否长期稳定进行潜水调查，查明边坡岩体受爆破作用的破坏情况。

在进行岩塞边坡勘察之前，应收集前期勘察成果资料。分析、研究影响边坡稳定的地质因素，重点分析边坡内有无影响其稳定的顺坡向软弱结构面及其构成的不利组合，找出地质勘察的重点和方向。在基础上，策划充足工作量，进行合理、适宜勘察布置，有针对性地开展工程地质勘察工作。勘察范围应适当放宽一些，亦要做好施工的调查分析工作。

勘察手段以地质测绘、钻探、洞探及物探为主，取样进行室内分析，成果资料整理采用极限平衡法及数值分析法等方法进行边坡稳定分析评价。

地质测绘范围应包含整个岩塞边坡，并适当扩大，测绘比例尺一般为 1：200～1：500，特殊地质现象应放大测绘比例尺。

钻孔应布置于勘探线上，钻孔应打穿软弱结构面以下一定深度，必要时孔深应加深至岩塞进口底板高程，对于断层等结构面应有不少于 3 个钻孔控制，以确定其产状。

洞探以斜洞（井）为主，斜洞（井）长度应揭穿断层等结构面并适当加长，揭露边坡岩体卸荷厚度，进行详细地质编录。

物探以声波测试和电视摄像为主，在钻孔进行声波测试和电视摄像，斜洞（井）亦应进行。

取样在钻孔岩芯及斜洞（井）中进行，同一层位、同一风化状态取样数量不应少 6 组，勘探揭露的断层（泥）应取样。试验项目除进行常规的物理力学试验外，断层（泥）还需进行三轴抗剪试验。

以黄河刘家峡洮河口排沙洞岩塞爆破为例。岩塞边坡发育有 F_7 断层，该断层走向与岩塞口的轴线近垂直，倾向库内（坡外），位于岩塞口的正上方。为评价爆后岩塞边坡稳定性，对 F_7 断层进行专门地质勘察工作。

F_7 断层专门勘察手段以地质测绘、钻探及物探为主。完成的勘察工作量见表 2.5-1：

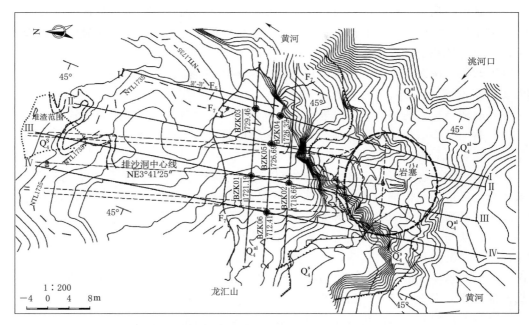

图 2.5-1 黄河刘家峡洮河口排沙洞岩塞边坡勘察布置图

表 2.5-1 F₇断层专门勘察工作量一览表

工 作 项 目	单位	工作量	工 作 项 目	单位	工作量
1∶200 工程地质测绘	km²	0.03	地质点联测	个	20
钻探	m	181.53/6	岩样	组	16
钻孔电视	m	160			

　　勘察范围包涵整个山坡（水上、水下），地质测绘采用 1∶200 大比例尺填图，F_7 断层下盘布置 6 个钻孔，孔深均打穿 F_7 断层至下盘一定深度的完整岩体中，孔内进行了电视摄像。F_7 断层上、下盘岩体及断层破碎带取样进行室内分析。

（三）岩塞口边坡稳定分析

1. 岩塞边坡稳定分析需注意的问题

　　构成岩塞边坡的岩体强度和结构特征是影响岩塞边坡及洞脸稳定的主要地质因素，对边坡稳定起控制作用。而爆破破坏作用和水流淘刷作用可使岩体强度和结构特征发生改变，促使边坡和洞脸变形的发生和发展。

　　进行岩塞边坡和洞脸稳定分析评价时，应在研究各种因素的基础上，找出它们之间的内在联系，特别要注意研究边坡岩体各种软弱结构面的性质、充填情况、胶结程度、产状与连续性和组合型式，及其与爆破漏斗的相对关系，才能对岩塞边坡稳定作出比较正确的评价。

　　实践证明，岩塞边坡和洞脸的变形、破坏多是沿着边坡岩体内剪应力最小软弱结构面发生、发展的。虽然岩体中的软弱结构面的存在水下岩塞边坡和洞脸稳定的主导因素，但也不能认为有软弱结构面的存在就一定会影响边坡和洞脸的稳定。因为除了有软弱结构面的必要条件外，还必须具备下列条件：

（1）软弱结构面与药室的相对位置如何？即软弱结构面是否处在爆破漏斗有效作用半径之内或附近。如软弱结构面在爆破漏斗有效作用半径之内或附近，则爆破时上破裂线更为突出，对边坡稳定影响较大。

（2）软弱结构面组合后，是否形成边坡、洞脸变形体的切割边界条件，构成主滑面、侧向切割面。

（3）软弱结构面的空间分布与进水口边坡岩体的最大剪应力方向是否一致。

（4）软弱结构面的抗剪强度是否小于边坡、洞脸岩体滑动的剪应力。

（5）是否具有滑动临空面。

如边坡、洞脸有两组或多组软弱结构面交叉切割组形成不稳定岩体并有可能滑动时，一般可分为沿滑动面倾向（真倾角）方向下滑和视倾向（视倾角）下滑两种基本滑动类型。在分析其边界条件和确定抗剪参数时，应当特别注意分析其底部结构面（滑移面）的性质及其产状与边坡、洞脸的相互关系；同时应当注意侧向切割面的连续性、平整度及受力条件、产状与滑动方向的关系，考虑侧向切割面的阻滑作用。在侧向切割面受正应力的情况下，侧向不易变位时，如果结构面起伏差较大或充填胶结较好，稳定分析时应考虑侧向切割面的抗剪强度；反之，如果结构面受拉应力时，一般不宜考虑侧向阻滑作用。

水下岩塞爆破时，水流作用和爆破作用对岩塞边坡、洞脸岩体稳定性影响比较复杂。爆破时由于爆破破坏作用，周边岩体形成一定范围的松动圈，形成新裂隙和延展原有裂隙，在临空卸荷和水流淘刷作用下，使边坡稳定条件进一步恶化。

陡边坡类型岩塞爆破震动引起的"滞后下塌"，对边坡稳定亦影响较大，在边坡稳定分析评时应结合具体地质条件进行分析和预测，并提出处理措施的建议。

2. 岩塞边坡稳定分析方法

岩塞边坡稳定分析方法主要采用极限平衡分析法、数值分析法及可靠度评价法等。以黄河刘家峡洮河口排沙洞岩塞爆破为例，对断层 F_7 上盘岩体进行稳定分析评价。该岩塞边坡库岸凸出整体走向近 SN 向，坡角为 $70°\sim80°$，岩性为前震旦系石英云母片岩，灰白—灰黑色，呈弱—微风化，云母定向排列，片理发育，产状为 N26°E，倾向 NW，倾角 35°。F_7 断层出露于凸岸坡顶 1733.00m 高程，综合地质测绘及水上钻孔岩芯揭露三点法计算，断层整体产状为：走向 N81°～60°W，倾向 SW，倾角 60°～68°。根据 F_7 断层部位的钻孔岩芯及钻孔数字成像资料，F_7 断层一般宽 2～4cm，局部宽 20～40cm，由碎裂岩、角砾岩组成，破碎带内无泥，部分岩块见擦痕。该 F_7 断层至坡脚处未切穿岸坡，但坡脚处岩体较薄，厚仅 2～4m。F_7 断层与岩塞相对位置见图 2.5-2。

根据切割三角体的滑动类型及三角体的滑动类型及三角体的剖面形态，稳定性分析计算采用平面型滑面滑动分析和传递系数法，选择以下三种工况：

工况一：自然状态；

工况二：地震基本烈度工况（地震基本烈度为Ⅶ）；

工况三：最大人工地震工况（人工地震最大地震烈度为Ⅷ）。

平面型滑面滑动分析公式：

$$F_s = \frac{(W\cos\beta - P_b\sin\beta)\tan\varphi + cL}{W\sin\beta + P_b\cos\beta} \qquad (2.5-1)$$

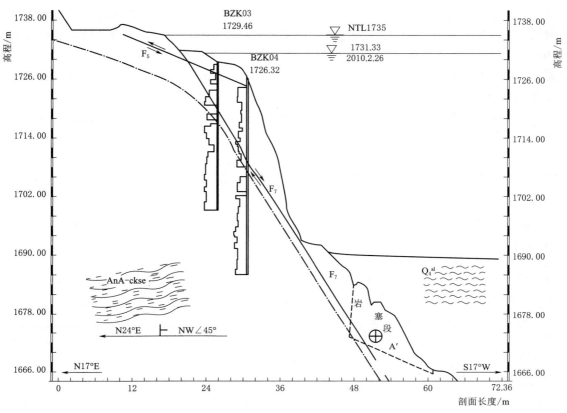

图 2.5 - 2　F_7 断层与岩塞相对位置图（沿 I — I 勘探剖面）

$$P_b = K_H W$$

式中：W 为滑体的重力，kN；c 为滑面黏聚力，kPa；φ 为滑面内摩擦角；L 为滑面长度，m；α 为坡角；β 为结构面倾角；γ 为滑体密度，kN/m³；K_H 为地震系数，根据表 2.5 - 2 确定。

表 2.5 - 2　　　　　　　　　　　水 平 向 地 震 系 数

设计烈度	7	8	9
K_H	0.1	0.2	0.4

传递系数法公式：

$$F_s = \frac{\sum_{i=1}^{n-1}\left(R_i \prod_{j=i}^{n-1} \Psi_j\right) + R_n}{\sum_{i=1}^{n-1}\left(T_i \prod_{j=i}^{n-1} \Psi_j\right) + T_n} \tag{2.5 - 2}$$

$$\Psi_j = \left[\cos\left(\theta_i - \theta_{i+1}\right) - \sin\left(\theta_i - \theta_{i+1}\right)\tan\varphi_{i+1}\right]/F_s \tag{2.5 - 3}$$

$$\prod_{j=1}^{n-1}\varphi_j = \varphi_i \varphi_{i+1} \varphi_{i+2} \cdots \varphi_{n-1} \tag{2.5 - 4}$$

$$R_i = N_i \tan\varphi_i + c_i L_i$$

$$R_n = N_n \tan\varphi_n + c_n L_n \tag{2.5 - 5}$$

式中：W_i 为第 i 块滑体的重力，kN；R_i 为第 i 块滑动面上的抗滑力，kN；R_n 为最末块滑动面上的抗滑力，kN；N_i 为第 i 块滑动面上的法向分力，kN；T_i 为第 i 块滑动面上的切向分力，kN；φ_i 为第 i 块滑动面的内摩擦角；c_i 为第 i 块滑动面的黏聚力，kPa；L_i 为第 i 块滑动面的长度，m；Ψ_j 为第 i 块剩余下滑力传递至 $i+1$ 块时的传递系数（$j=i$）；θ_i 为第 i 块滑动面与水平面的夹角。

参照试验资料，结合 F_7 断层的断层面及充填物特征和工程现状及规范经验值确定计算地质参数值，见表 2.5 - 3。

表 2.5 - 3　　　　　　　　　　　地 质 参 数 建 议 值 表

计算工况	F_7 断层上盘岩石容重/(kN/m³)	F_7 断层内聚力/MPa	F_7 断层抗剪断 f'
自然状态	27.3	0.09	0.50
地震基本烈度	27.3	0.09	0.50
最大人工地震	27.3	0.09	0.50

将表 2.5 - 3 中不同工况条件下的基本参数代入公式，计算出不同工况条件下的 F_7 断层上盘稳定系数，见表 2.5 - 4。

表 2.5 - 4　　　计 算 结 果 一 览 表

计算工况	稳 定 系 数	
	平面型滑面滑动	传递系数法（切穿）
自然状态	1.13	0.31
地震基本烈度	1.00	0.21
最大人工地震	0.88	0.19

由上述分析计算可知，F_7 断层上盘在自然状态是稳定的。当 F_7 断层上盘坡凌空时（爆破后），在自然状态下，也是稳定的；在地震基本烈度工况（基本烈度Ⅶ度）下，稳定系数仅为 1.00，最大人工地震工况下，稳定系数为 0.88，不稳定。

（四）岩塞口边坡监测

水下岩塞爆破前后，均应对岩塞口边坡稳定进行监测。岩塞口边坡监测可按相关现行标准的规定执行，对水上、水下边坡均进行监测。在边坡监测资料分析基础上，对岩塞爆破前后的边坡稳定进行预测、预报。

随着无人机及三维激光扫描等现代化手段在工程边坡监测中应用越来越广范。无人机航拍具有快速、直观等特点；三维激光扫描具有监测范围广，数据丰富，可视化效果好等特点，可获得岩塞口边坡三维拟合表面数据。岩塞爆破前后的边坡监测中传统的监测手段可与无人机航拍及三维激光扫描相结合，获得更丰富的监测数据。

二、岩塞口工程地质条件分析与评价

岩塞口为岩塞爆破形成的进水口，由于岩塞口常年在水下运行，需要良好的运行条件，故岩塞口的位置选择，岩塞厚度、开口尺寸、形状、倾角等至关重要。岩塞口位置的选择不仅需要良好的水力学条件，更要具有良好的爆破条件，故对该部位的工程地质条件要求较一般洞口要高，比如岩塞口位置要求选择在岩性单一、整体性好、构造简单、裂隙不发育的部位，且岩石平顺，岸坡坡度在 30°～60° 为宜；此外岩塞厚度亦与岩层结构的稳定性、完整性息息相关，岩层结构越稳定、越完整，在满足岩塞体在水压力作用下的稳定前提下，岩塞厚度就可以适当减少，在上述良好的工程地质条件下，岩塞爆破后其四周围岩便可仍保持一定的完整性和稳定性,不会遗留可能发生滑坡、坍塌等工程隐患。

(一) 岩塞口勘察工作任务要求及勘探工作布置原则

1. 任务要求

岩塞口勘察任务要求相对较高,岩面线地形、地质条件直接关系到岩塞厚度、岩塞稳定及各种爆破参数的选择,查明岩塞口覆盖层(淤积)分布、岩性、物理力学指标、断层、节理与裂隙等地质构造至关重要,地质勘察通常在大比例测图(一般为1:200)上进行。

2. 勘探工作布置

勘探工作布置应具有针对性,勘察范围一般为选定岩塞外开口洞径的5~10倍,勘探点间距一般为3~6m。

3. 刘家峡岩塞爆破勘探布置实例

(1) 岩塞外口在爆破中心24m×30m水平面范围内,勘探点间距为1.5m×1.5m。

(2) 排沙洞中心线两侧15~21m范围内勘探点间距为3m×3m;21~36m范围内测点间距为5m×5m。

(3) 沿排沙洞中心线方向向水库内12~21m范围内勘探点间距为3m×3m;21~61m范围内勘探点间距为10m×10m。

(4) 沿排沙洞中心线方向向岸坡12~21m范围内勘探点间距一般为3m×3m。

现场勘察过程中,为了提高工程质量,局部进行了比原方案更高精度的调整。

(二) 进口段 (岩塞段) 工程地质条件分析与评价

1. 微地形地貌工程地质条件分析与评价

由于进口段 (岩塞段) 范围内不同地形边界的岩塞爆破作用原理和效果不同,所以不同地形边界的药量计算公式和爆破方法也各不相同。分析其有利和不利条件,为爆破设计提供合理的地形边界依据。

确定微地形边界类型。必须对实际的岩塞爆破工程场地岩体的地形边界类型做出明确的判别;对地形上的微小凹槽或冲沟进行编号和描述,内容包括凹槽或冲沟的位置、产状、长、宽、深、物质成分、风化程度、成因和破碎程度等。

2. 岩体岩性、结构、构造工程地质评价

根据爆破工程地质勘察获得的现场岩体地层岩性、地质结构,特别是结构面的发育程度、规模、产状、岩体破碎或完整程度等资料,进行综合分析、类别划分、评价和预测,提出相应的技术要求和建议。

3. 水文地质条件评价

岩塞爆破工程应注重水文地质条件对爆破的影响。在进行爆破区域水文地质现场勘察和资料收集整理的基础上,结合该地区地下水类型、含水层厚度、含水层结构、含水层的渗透性和涌水最、水质等内容,评价地下水对爆破工程的具体影响。

4. 刘家峡岩塞爆破工程进口段工程地质条件分析与评价实例

(1) 微地形地貌工程地质评价。刘家峡微地形地貌 (图2.5-3) 特征:排沙洞进口处,黄河以SE160°流向与洮河汇合后,向下游转向NE40°流入坝区。施工期水库水位1726.00~1735.00m高程之间,高出进口顶板51~60m,水面宽约200m。

该段库岸为一凸出山脊,坡顶高程为1742.00~1770.00m,系残留的黄河Ⅳ级阶地。

图 2.5-3　刘家峡微地形地貌

地面冲沟发育，但切割不深，一般为 1～3m。

水库岸坡为悬坡，水上坡度一般为 70°～80°，局部地段为 50°～60°；水下坡度一般为 65°～85°，部分地段有连续的岩埂，岩埂高度为 5～15m，宽度一般为 2～7m。顺河向冲沟、山梁变化频繁，岩面处凹凸不平，岩面起伏较大，地形复杂。

水下现代冲积淤积层顶面高程为 1702.00～1692.00m，厚度为 11～58m，呈缓坡状，大部分地段由岸边向主河槽逐渐降低，再向洮河口方向缓坡状逐渐抬高趋势。

（2）岩体岩性、结构、构造工程地质评价。刘家峡岩塞爆破工程进口岩塞段出露地层岩性主要为前震旦系的深变质岩、第四系松散淤积物。

1）前震旦系的深变质岩（AnZ）。主要岩性有：石英云母片岩、云母石英片岩。

a. 云母石英片岩（AnZ-cKSe）：呈灰白色，中细粒鳞片粒状变晶结构，片状构造，以石英为主，云母次之，黑云母与石英相间排列，片理发育，局部石英富集处呈眼球状或团块状，云母相对集中处片理发育，易风化。分布于进口岩塞段。

b. 石英云母片岩（AnZ-KcSe）：呈灰白色至灰黑色，中细粒鳞片粒状变晶结构，片状构造，以云母为主，石英次之。云母定向排列，片理发育，岩性较软弱，易风化，分布于进口岩塞段。

两种岩性由于相变差异，前者较坚硬，后者相对较软弱。

由于工程区位于祁连山地槽与秦岭地槽的刘家峡次一级隆起部位。在构造体系上位于西域系、陇西系、河西系三个构造体系的复合部位，地质构造环境复杂。岩层中褶皱、断层均较发育。

2）褶皱。在刘家峡峡谷区发育两个背斜：即红柳沟背斜和马柳沟背斜，岩塞口位于为红柳沟背斜的西南翼。

红柳沟背斜轴向为 N25°～35°W，向北西倾斜，倾角 15°～25°，轴面倾向北东，倾角 65°～70°，两翼岩层均为前震旦系深变质岩和第三系红砂岩等。

岩塞口岩层为单斜岩层，岩层产状较稳定，走向 N16°～20°W，倾向 SW，倾角 35°～45°。

3）断层。进口水面以上共揭露七条断层，详见表 2.5-5。

4）裂隙。岩塞口水面以上经地表测绘有四组裂隙：

a. 走向 N15°～20°W，倾向 SW，倾角 35°～40°。张开 1～5mm，充填岩屑、岩片，平行间距 10～30cm，个别 40～50cm，延伸长度大于 20m，为层面裂隙。

b. 走向 N60°～75°E，倾向 SE，倾角 60°～70°。张开 1～5mm，充填岩屑、岩片，平行间距 10～30cm，延伸长度大于 10m。

c. 走向 N16°～30°W，倾向 SW 或 NE，倾角 60°～80°。张开 1～3mm，充填岩屑、岩片，平行间距 30～50cm，延伸长度大于 10m。为进口主要裂隙。c、b 组裂隙互相切割，岩石呈 10～50cm 块状。

表 2.5 – 5 断 层 说 明 表

编号	性质	产 状			破碎带宽度/cm	可见长度/m	组成物及其特性
		走向	倾向	倾角			
F_1	性质不明断层	N20°W	SW	40°	2～5	大于10m	片状岩，岩屑及少量断层泥，胶结较好，沿片理发育
F_2	正断层	N16°W	SW	77°	10～20	大于20m	碎裂岩，片状岩，岩屑，胶结较好
F_3	逆断层	N15°～30°W	SW	65°	3～8	大于10m	碎裂岩，片状岩，岩屑，胶结较好
F_4	正断层	N60°E	NW	75°	10～20	大于20m	碎裂岩，片状岩，岩屑，胶结较好。上盘见擦痕
F_5	正断层	N80°E	NW	70°	2～5	大于10m	主要由岩屑及少量断层泥组成
F_7	正断层	N60°～81°W	SW	60°～68°	2～4（局部20～40）	大于15m	由碎裂岩组成，断带内无泥。局部见垂直向擦痕
F_6	逆断层	N60°～81°W	SW	30°～40°	30～40	大于10m	由碎裂岩和糜棱岩组成，带内强风化。未胶结，断面平直

d. 走向 N70°～85°W，与边坡斜交，倾向 NE（山里），倾角 75°～80°。张开 1～2mm，充填岩屑，平行间距 10～20cm，延伸长度大于 10m。为进口下游侧主要裂隙。

e. 卸荷裂隙位于排沙洞下游 13m、20m 处，见 2 条，分布在陡壁起坡线 4m 和 6.5m 处。走向 N50°W，倾向 SW（坡内），倾角 75°。张开 40～50cm，向深部闭合，延伸长度 10m。

综合分析 a 组层面裂隙与 c 裂隙走向基本相同，倾角不等，两组节理互切；与其他节理组合后，岩塞口上部岩体较破碎，对岩塞口稳定不利。

（3）水文地质条件评价。刘家峡岩塞爆破工程区属干旱的大陆性气候，年蒸发量大于降雨量，地下水主要受大气降水和农田灌溉的补给。进口附近由于水库蓄水改变了周边其一定范围内地下水的运动规律，当库水位抬高时地下水受库水的补给，当库水位下降时，地下水向水库排泄。区内地下水主要包括松散层的孔隙潜水和基岩裂隙水两种。

根据刘家峡水电站的水质分析报告，该区多为硫酸盐、氯化物水，矿化度一般为 2～5g/L，pH 值为 7.0～8.0，大于规范标准 6.5，对混凝土无一般酸性型腐蚀，但具有硫酸盐侵蚀。

（三）基岩面形态描述、埋深影响及其评价

地质剖面图可较为直观的反应基岩面的形态和埋深，通过分析基岩面的形态和埋深为选定爆破方案提供依据，一般情况需绘制沿最小抵抗线方向的剖面；垂直最小抵抗线方向的剖面；沿山坡倾向的剖面；沿岩体中主要软弱带及断层面剖面；沿山坡走向剖面和地形单薄处的剖面等。

下面为刘家峡岩塞爆破工程通过地质剖面图分析基岩面的形态和埋深的具体论述。

沿进水口洞轴线方向，以 A 点为中心，短轴及长轴方向分别为 20m×27m 近似椭圆范围内，以进口段 H—H 剖面为中心。共布置 20 条剖面，见进口段岩塞岩面图（图 2.5－4）。

利用 15 条平行洞轴线剖面以及 6 条垂直洞轴线剖面进行说明，以 H—H 剖面为例，见图 2.5－5。

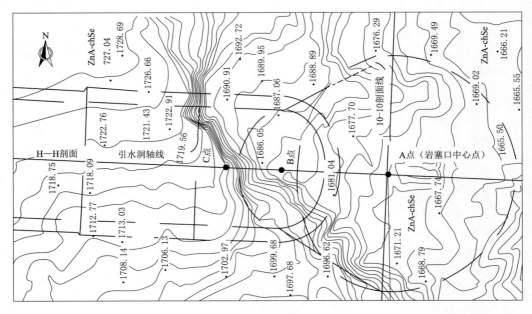

图 2.5－4　进口段岩塞岩面图

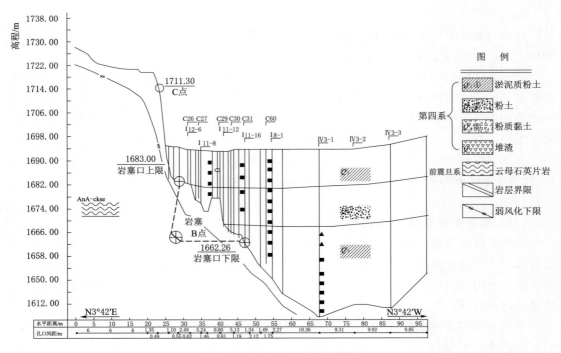

图 2.5－5　H—H 剖面示意图

1720.00m 高程以上，岩面坡度 10°～35°左右，为斜坡～陡坡地形，其中 1695.00m 高程以下被现代淤积层覆盖；1720.00～1685.00m 高程段，坡度 82°，为悬坡地形；

1685.00～1646.00m 高程段，坡度 55°～60°，为竣坡地形；其中 1683.00m 和 1666.00m 高程处分别见有宽 4.00～4.30m 的缓坡平台；高程 1672.00～1666.00m 段，岩面突起，形成岩埂，顶宽 2.80m，埂顶高程为 1678.00m。高程 1646.00～1638.00m 段为岩面的低高程段，起伏不平，坡度 20°～35°。利用 15 条平行进水口洞轴线剖面岩面分布高程及岩面边坡分类见表 2.5－6。

表 2.5－6   平行进水口洞轴线岩面分布高程及岩面边坡分类一览表

剖面编号	分布高程/m	岩面边坡分类	备注
A—A	1697.00 以上	斜坡	
	1697.00～1693.00	竣坡	
	1693.00～1676.00	悬坡	
	1676.00～1656.00	竣坡	
B—B	1692.00 以上	斜坡	
	1692.00～1666.00	悬坡	
	1666.00～1656.00	竣坡	
C—C	1690.00 以上	斜坡	
	1690.00～1656.00	竣坡～悬坡	
D—D	1698.00 以上	竣坡	
	1698.00～1694.00	斜坡	1666.00m 高程岩埂，埂顶高程 1666.00m
	1694.00～1654.00	悬坡	
E—E	1696.00 以上	陡坡～缓坡	
	1696.00～1654.00	悬坡	
	1654.00～1647.00	陡坡	
F—F	1714.00 以上	竣坡	
	1714.00～1712.00	缓坡	
	1712.00～1652.00	悬坡	
	1652.00～1642.00	斜坡	
G—G	1718.00 以上	缓坡	
	1718.00～1671.00	悬坡	
	1671.00～1662.00	竣坡	
	1662.00～1652.00	悬坡	
	1652.00～1644.00	竣坡	
H—H	1720.00 以上	斜坡～陡坡	其中 1683.00m 和 1666.00m 高程见两个宽缓平台，平台宽均为 4m；1672.00～1666.00m 为一岩埂，顶宽 2～8m，埂顶高程 1678.00m
	1720.00～1685.00	悬坡	
	1685.00～1646.00	悬坡	
I—I	1687.00 以上	悬坡	
	1687.00～1666.00	陡坡	
	1693.00～1676.00	悬坡	

续表

剖面编号	分布高程/m	岩面边坡分类	备　注
J—J	1726.00 以上	斜坡	高程 1634.00m 以下岩面坡度平缓
	1726.00~1694.00	悬坡	
	1694.00~1634.00	竣坡	
K—K	1692.00 以上	悬坡	其中高程 1692.00m、1678.00m、1667.00m 处为宽度 3~4m 的缓坡平台
	1692.00~1658.00	竣坡	
L—L	1730.00 以上	斜坡	其中高程 1666.00~1662.00m 及 1652.00m 处，岩面坡度平缓
	1730.00~1666.00	竣坡~悬坡	
	1666.00~1642.00	陡坡	
M—M	1682.00 以上	悬坡	库底岩面起伏不平，岩面高差大于 6m
	1682.00~1662.00	竣坡~悬坡	
N—N	1712.00~1652.00	悬坡	库底岩面起伏较大，可见高差 8m
O—O	1704.00~1654.00	悬坡	岩面起伏差为 4m
	1654.00~1652.00	缓坡	
	1652.00~1643.00	悬坡	

利用 6 条垂直洞轴线剖面，说明岩面高程起伏变化，见表 2.5-7。

表 2.5-7　　　　　　　　　垂直洞轴线岩面高程起伏变化情况

剖面编号	分布高程/m	起伏差/m	备　注
7—7	1698.00~1675.00	23.00	岩塞口范围内岩面线高程变化 1694.00~1681.00m，起伏差 13.00m
8—8	1695.00~1672.00	22.00	岩塞口范围内岩面线高程变化 1692.00~1675.00m，起伏差 17.00m
9—9	1692.00~1669.00	23.00	岩塞口范围内岩面线高程变化 1684.00~1671.00m，起伏差 13.00m
10—10	1677.00~1650.00	27.00	岩塞口范围内岩面线高程变化 1677.00~1668.00m，起伏差 9.00m
11—11	1679.00~1650.00	29.00	岩塞口范围内岩面线高程变化 1670.00~1664.00m，起伏差 6.00m
12—12	1666.00~1652.00	14.00	岩塞口范围内岩面线高程变化 1666.00~1661.00m，起伏差 5.00m

平行洞轴线方向（垂直岸坡）岩面坡度陡峭，多呈竣坡~悬坡地形，高程 1646.00m 以下，岩面起伏差较大，为 4~10m。垂直洞轴线方向（平行边坡），岩面高差为 13~29m，变化很大；岩塞口部位，岩面高差为 5~16m，变化较大。由于基岩面陡峭起伏、参差不齐，地形支离破碎、复杂多变。顺坡向坡度一般 65°~85°，属悬坡地形，部分地段出现连续的岩埂，岩埂高度 5~15m，宽度 1~6m。顺河向冲沟、山梁变化频繁，岩面处凹凸不平，岩面起伏较大，基岩地形复杂。岩塞口爆破的难度较大。

三、刘家峡淤泥深覆盖工程地质条件分析与评价实例

刘家峡岩塞爆破工程爆破水深 75m，淤泥厚度近 40m，岩塞下口直径为 10m，具备岩塞直径大、承受水头高、上有大密度厚淤泥覆盖等工程条件极其复杂的特点，下面介绍刘家峡岩塞爆破工程淤泥深覆盖工程地质条件分析与评价。

（一）主要任务

针对刘家峡岩塞爆破工程淤积现状、淤积厚度进行复测，复测精度为1：200。查清岩塞口及其周边的淤泥厚度，不同深度的淤泥组成、特性及物理力学指标，尤其是要查清淤泥上是否有掉落的碎石，在冲刷漏斗范围内是否存在弃渣，淤泥的实际试验取样数量、部位要求具有代表性。准确掌握现今淤泥的变化情况。

（二）完成的主要工作量

刘家峡岩塞爆破工程完成的工作量见表2.5-8。

表2.5-8　　　　　　　　　　　　完成外业工作量统计表

项　目	位　置	单　位	数　量	备　注
水上钻孔	岩塞段	m/孔	11922/660	
淤积层进尺	岩塞段	m	11530	
堆渣进尺	岩塞段	m	128	
地形图测量	洞轴线 200m×150m	km²	0.03	比例尺1：200
土物理力学性质试验	淤积层钻孔	组	63	19组钻孔

（三）水下淤泥深覆盖层的成因及现状分析

刘家峡水库自1968年10月蓄水运用至今，全库泥沙淤积量约为14.7亿 m³，淤泥深覆盖层组成物主要为第四系松散堆积物，分为黄土类粉土，水下现代冲积淤积层和人工堆渣，水下现代冲积淤积层顶面高程1702.00～1692.00m，厚度11～58m，呈缓坡状，大部分地段由岸边向主河槽逐渐降低，再向洮河口方向缓坡状逐渐抬高趋势。

（1）黄土类粉土（Q_4^{eol}）。大面积分布于坡顶1745.00～1760.00m高程以上，Ⅳ级阶地上，厚度1～20m，覆盖于前震旦系的深变质岩之上。

（2）水下现代冲积淤积土层（Q_4^{al}）。主要来源于洮河，分布于岩塞口上、下游，层面高程一般为1702.00～1692.00m，厚度一般为5～58m，自上而下可分为3层。

1）淤泥质粉土，厚度一般为5～13m。

2）粉土，厚度3～15m。

3）粉质黏土，厚度一般为3～30m。

（3）人工堆渣（Q_4^s）。分为水上、水下两部分堆渣，为修路、竖井和排沙洞弃渣。

1）水上部分沿进口上游陡坡段上部堆放，分布高程1734.00～1742.00m，无分选性。

2）水下部分分为西侧，北侧两块，西侧又分为①、②两区，均位于排沙洞爆破区范围内，分布在高程1702.00～1685.00m的淤积层中间，西侧平均厚度2.1m左右，北侧平均厚度0.7m左右。

（四）水下现代冲积淤积层分布、性状及其影响

1. 水下现代冲积淤积层分布

刘家峡岩塞爆破工程水下现代冲积淤积土层（Q_4^{al}）：分布于岩塞口上下游的水下，顶面高程1702.00～1692.00m，呈缓坡状，大部分地段由岸边向主河槽逐渐降低，再向洮河口方向缓坡状逐渐抬高趋势。

勘察区内厚度为5～58m，岩塞口范围内，厚度一般为5.4～44.0m，自上而下可分为

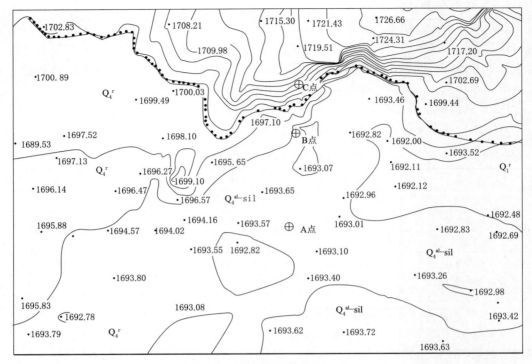

图 2.5 - 6　水下现代冲积淤积现状平面图

3 层。

（1）淤泥质粉土：土黄色，颗粒成分主要为粉粒级土，饱和，流塑～软塑状态。厚度一般为 5～13m。

（2）粉土：土黄色，软塑状态。厚度 3～15m。

（3）粉质黏土：灰黄色，饱和，软塑～可塑。厚度一般为 3～30m。

水下现代冲积淤积土层分布高程及厚度变化情况见表 2.5 - 9。

表 2.5 - 9　　　水下现代冲积淤积土分布高程及厚度变化情况一览表

剖面编号	顶高程/m	底高程/m	厚度/m	顶　面　特　征
A—A	1702.00	1697.00	0～5	由岸边向库里倾斜，坡度为 10°左右
	1697.00	1693.00	4～5	
	1693.00	1656.00	5～31	
B—B	1702.00	1692.00	0～4	由岸边微向库内倾斜
	1692.00	1666.00	4～29	
	1666.00	1656.00	29～38	
C—C	1702.00	1690.00	0～4	微向库内倾斜，坡面为 10°
	1690.00	1656.00	4～39	
D—D	1698.00	1694.00	0～2	中间低、两侧高，顶较平缓
	1694.00	1654.00	2～45	

续表

剖面编号	顶高程/m	底高程/m	厚度/m	顶 面 特 征
E—E	1696.00	1690.00	0~5	
	1690.00	1654.00	5~40	坡面平缓，微向库内倾斜
	1654.00	1647.00	40~46	
F—F	1696.00	1652.00	0~41	坡面平缓
	1652.00	1642.00	41~52	
G—G	1696.00	1662.00	31	
	1662.00	1652.00	42	坡面平缓
	1652.00	1644.00	50	
H—H	1695.00	1685.00	0~10	层面波状起伏，坡面较平缓，微向岸坡倾斜
	1685.00	1646.00	10~49	
I—I	1694.00	1676.00	0~49	坡面平缓
J—J	1694.00	1634.00	0~58	坡面平缓，微向岸坡倾斜
K—K	1692.00	1658.00	0~37	坡面平缓
L—L	1692.00	1666.00	0~28	向岸边倾斜
	1666.00	1642.00	28~52	
M—M	1692.00	1682.00	0~10	坡面平缓
	1682.00	1662.00	10~31	
N—N	1692.00	1652.00	0~41	坡面平缓，微向岸边倾斜
O—O	1692.00	1643.00	0~51	坡面平缓，向岸坡倾斜

2. 水下现代冲积淤积土的性状及物理力学性质

刘家峡岩塞爆破工程现场勘察工作中，对各土层进行了取样试验，试验结果如下：

（1）水下现代冲积淤积土的物力性质见土工物理性质试验成果表：表2.5-10、表2.5-12、表2.5-14。

（2）水下现代冲积淤积土的力学性质见土工物理力学性质试验成果表：表2.5-11、表2.5-13、表2.5-15。

3. 水下现代冲积淤积土体地质参数建议值

根据取样试验结果，结合现场勘察土层状态和相关工程经验，提出刘家峡岩塞爆破工程水下现代冲积淤积土体的主要地质参数建议值见表2.5-16。

由于样品均为建库后新近冲积沉积而成，表部细颗粒呈悬浮状态，底部也未完全固结，样品处于饱和状态，取样、试验过程中有的样品有不同程度的排水，试验结果可能含水率偏低、压缩模量、抗剪强度偏大，渗透性偏小等。与现场描述的淤泥质粉土、粉土呈流塑～软塑状态，粉质黏土呈软塑～可塑状态不一致。设计工作中对试验资料宜分析使用。

4. 水下现代冲积淤积土体对岩塞爆破影响的评价

刘家峡岩塞爆破工程水下现代冲积淤积土层厚度变化较大，厚度5~58m。主要为淤

表 2.5-10　水下现代冲积淤积土土工物理性质试验成果

试样编号	取样深度/m	含水率 w/%	天然湿密度 ρ_0/(g/cm³)	天然干密度 ρ_d/(g/cm³)	孔隙比 e	饱和度 S_r	比重 G_s	液限 W_l/% 圆锥下沉深度17mm	液限 W_l/% 10mm	塑限 W_p/% 2mm	塑性指数 I_p (17)	塑性指数 I_p (10)	液性指数 I_L (17)	液性指数 I_L (10)	颗粒含量/% 粗粒组粒径>2mm	2~0.5mm	0.5~0.25mm	0.25~0.075mm	细粒组 0.075~0.005mm	<0.005mm	分类名称《土工试验方法标准》(GB/T 50123—2019)	分类名称《岩土工程勘察规范》(GB 50021—2001) 2009年版
I4-9-1	1.92~2.42	32.6	1.78	1.34	1.049	85	2.75	30.1	27.3	19.6	10.5	7.7	1.24	1.69				3	79	18	低液限黏土	淤泥质粉土
I18-15-3	12.01~12.51	32.8	1.77	1.33	1.041	86	2.72	30.0	26.1	17.3	12.7	8.8	1.22	1.76				2	81	17	低液限黏土	淤泥质粉土
I11-9-3	11.15~11.65	34.0	1.71	1.28	1.139	81	2.73	31.8	29.0	20.5	11.3	8.5	1.19	1.59					83	17	低液限黏土	淤泥质粉土
I18-6-1	0.00~3.24	36.2	1.75	1.28	1.125	88	2.73	31.8	28.0	19.4	12.4	8.6	1.35	1.95				1	81	18	低液限黏土	淤泥质粉土
I18-6-2	6.24~6.74	35.1	1.67	1.24	1.209	79	2.73	30.9	27.5	19.4	11.5	8.1	1.37	1.94				2	80	18	低液限黏土	淤泥质粉土
G07-2	5.94~6.44	30.9	1.71	1.31	1.090	77	2.73	29.0	24.3	19.1	9.9	5.2	1.19	2.27				1	82	17	低液限粉土	淤泥质粉土
G09-1	1.00~1.50	30.1	1.72	1.32	1.065	77	2.73	30.0	26.7	19.0	11.0	7.7	1.01	1.44				2	84	14	低液限黏土	淤泥质粉土
G09-3	3.60~4.10	30.9	1.77	1.35	1.004	83	2.71	30.2	26.5	17.7	12.5	8.8	1.06	1.50			1	19	64	16	含砂低液限黏土	淤泥质粉土
G20-2	12.66~13.16	42.2	1.78	1.25	1.165	98	2.71	29.8	26.3	18.0	11.8	8.3	2.05	2.92				32	55	13	含砂低液限黏土	淤泥质粉土
G60-3	8.00~8.50	34.0	1.62	1.21	1.250	74	2.72	28.3	25.0	17.4	10.9	7.6	1.52	2.18		4	1	21	59	15	含砂低液限黏土	淤泥质粉土
试样组数		10	10	10	10	10	10	10	10	10	10	10	10	10		1	2	9	10	10		
最大值		42.2	1.78	1.35	1.250	98	2.75	31.8	29.0	20.5	12.7	8.8	2.05	2.92				32	84	18		
最小值		30.1	1.62	1.21	1.004	74	2.71	28.3	24.3	17.3	9.9	5.2	1.01	1.44				1	55	13		
平均值		33.9	1.73	1.29	1.114	83.0	2.72	30.2	26.7	18.7	11.5	7.9	1.32	1.92				9.2	74.8	16.3		

表 2.5-11　水下现代冲积淤积土土工物理力学性质试验成果

试样编号	取样深度/m	压缩（快压）压缩系数 $a_{0.1\sim0.2}$/MPa⁻¹	压缩模量 E_s/MPa	抗剪强度（直剪）凝聚力 C/kPa	内摩擦角 φ/(°)	渗透系数 K_{20}/(cm/s) 垂直	渗透系数 K_{20}/(cm/s) 水平
I4-9-1	1.92~2.42	0.28	7.306	8.3	26.5	1.40×10^{-5}	1.87×10^{-5}
I18-15-3	12.01~12.51	0.44	4.584	10.3	23.9	1.17×10^{-5}	1.32×10^{-5}
I11-9-3	11.15~11.65	0.53	4.064	8.6	26.7	1.67×10^{-4}	9.38×10^{-5}
I18-6-1	0.00~3.24	0.42	4.980	7.6	26	6.52×10^{-4}	6.89×10^{-4}
I18-6-2	6.24~6.74	0.61	3.591	6.4	17.8	3.45×10^{-4}	3.68×10^{-4}
G07-2	5.94~6.44	0.54	3.850	9.6	24.3	2.32×10^{-5}	2.95×10^{-5}
G09-1	1.00~1.50	0.54	3.834	8.4	17.9	1.12×10^{-5}	1.58×10^{-5}

续表

试样编号	取样深度/m	压缩（快压） 压缩系数 $a_{0.1-0.2}$/MPa^{-1}	压缩（快压） 压缩模量 E_s/MPa	抗剪强度（直剪） 凝聚力 C/kPa	抗剪强度（直剪） 内摩擦角 φ/(°)	渗透系数 K_{20}/(cm/s) 垂直	渗透系数 K_{20}/(cm/s) 水平
G09-3	3.60~4.10	0.40	5.085	9.6	17.5	3.94×10^{-4}	4.91×10^{-4}
G20-2	12.66~13.16	0.45	4.981	8.4	28.7	5.64×10^{-4}	7.47×10^{-4}
G60-3	8.00~8.50	0.66	3.431	7.1	23.5	5.69×10^{-4}	6.40×10^{-4}
试样组数		10	10	10	10	10	10
最大值		0.66	7.306	10.3	28.7	6.52×10^{-4}	7.47×10^{-4}
最小值		0.28	3.431	6.4	17.5	1.12×10^{-5}	1.32×10^{-5}
平均值		0.49	4.571	8.4	23.3	2.75×10^{-4}	3.11×10^{-4}

表 2.5-12　水下现代冲积淤积土土工物理性质试验成果

试样编号	取样深度/m	含水率 w/%	天然湿密度 ρ_0/(g/cm³)	天然干密度 ρ_d/(g/cm³)	孔隙比 e	饱和度 S_r	比重 G_s	液限 W_L/% (圆锥17)	液限 W_L/% (圆锥10)	塑限 W_p/% (圆锥2)	塑性指数 I_p	液性指数 I_L	>2	2~0.5	0.5~0.25	0.25~0.075	0.075~0.005	<0.005	按《土工试验方法标准》(GB/T 50123—2019)分类名称	按《岩土勘察规范》(GB 50021—2001)分类名称
I6-9-1	11.19~11.69	29.2	1.77	1.37	0.993	80	2.73	26.0	22.8	15.9	6.9	1.93			3	34	45	18	含砂低液限黏土	粉土
I18-15-4	19.82~20.32	23.9	1.89	1.53	0.777	83	2.71	23.5	20.7	14.6	6.1	1.52		1	2	13	68	16	低液限粉土	
I18-9-2	15.80~16.40	29.5	1.76	1.36	0.994	80	2.71	31.5	29.0	22.5	6.5	1.08				3	87	10	低液限粉土	
I11-15-3	14.26~14.76	32.0	1.96	1.48	0.839	104	2.73	26.6	23.5	16.3	7.2	2.18			2	19	62	17	低液限黏土	
I11-15-4	19.83~20.83	29.1	1.86	1.44	0.895	89	2.73	25.9	23.5	18.0	5.5	2.02			2	28	56	14	含砂低液限粉土	
G20-3	19.12~19.62	28.8	1.81	1.41	0.936	84	2.72	29.5	26.4	18.7	7.7	1.31				6	78	16	低液限粉土	
G05-3	12.92~13.42	26.2	1.84	1.46	0.859	83	2.71	27.5	24.6	19.5	5.1	1.31			1	10	76	13	低液限黏土	
G05-4	16.03~16.53	26.4	1.87	1.48	0.839	86	2.72	31.8	28.5	20.1	8.4	0.75			1	13	65	21	低液限黏土	
G60-6	18.20~18.70	25.2	1.84	1.47	0.837	81	2.70	29.5	26.6	19.6	7.0	0.80		4	3	11	65	17	低液限黏土	
G60-7	22.00~22.50	25.7	1.83	1.46	0.861	81	2.72	27.6	23.0	13.5	14.1	1.28		2	2	4	76	16	低液限黏土	
G60-8	25.50~26.00	30.7	1.78	1.36	0.997	84	2.71	26.6	22.2	13.6	9.2	1.92			1	21	61	16	低液限黏土	
G60-9	29.00~29.50	28.9	1.86	1.44	0.878	89	2.71	31.8	22.0	16.0	6.0	2.15		2	3	15	69	11	低液限黏土	
G60-10	33.00~33.50	25.5	1.89	1.51	0.793	87	2.70	22.5	20.2	14.6	5.6	1.95			5	24	53	13	低液限粉土	

注：液限、塑限列下为圆锥下沉深度/mm（17、10、2）；颗粒含量/%（粗粒组粒径/mm：>2、2~0.5、0.5~0.25；细粒组粒径/mm：0.25~0.075、0.075~0.005、<0.005）。

续表

试样编号	取样深度/m	含水率 w/%	天然湿密度 ρ_0 /(g/cm³)	天然干密度 ρ_d /(g/cm³)	孔隙比 e	饱和度 S_r	比重 G_s	液限 W_1/% (圆锥下沉深度17)	液限 W_1/% (10)	液限 W_1/% (2)	塑限 W_p/%	塑性指数 I_p (17)	塑性指数 I_p (10)	液性指数 I_L (17)	液性指数 I_L (10)	颗粒含量/% 粗粒组粒径/mm >2	2~0.5	0.5~0.25	0.25~0.075	细粒组粒径/mm 0.075~0.005	<0.005	按《土工试验方法标准》(GB/T 50123—2019) 分类名称	按《岩土勘察规范》(GB 50021—2001) 分类名称
取样组数		13	13	13	13	13	13	17	13	13	13	17	13	17	10	6	11	13	13	13	13		
最大值		32.0	1.96	1.53	0.997	104	2.73	31.8	29.0	22.5	15.8	9.5		1.52	2.18	5	5	34	87	45	21		
最小值		23.9	1.76	1.36	0.777	80	2.70	22.5	20.2	13.0	7.9	5.1		0.54	0.75	1	1	3	45	10		
平均值		27.8	1.84	1.44	0.884	85.5	2.72	27.7	24.1	17.1	10.6	7.0		1.02	1.55	2.5	2.3	15.5	66.2	15.2		

表 2.5-13　水下现代冲积淤积土土工物理力学性质试验成果

试样编号	取样深度/m	压缩(快压) 压缩系数 $a_{0.1\sim0.2}$/MPa⁻¹	压缩模量 E_s/MPa	抗剪强度(直剪) 凝聚力 C/kPa	内摩擦角 φ/(°)	渗透系数 K_{20}/(cm/s) 垂直	水平
I6-9-1	11.19~11.69	0.21	9.125	7.6	24.7	1.37×10^{-4}	1.45×10^{-4}
I18-15-4	19.82~20.32	0.20	8.733	11.1	27.2	7.06×10^{-5}	8.57×10^{-5}
I18-9-2	15.80~16.40	0.21	9.150	7.6	27.3	7.19×10^{-5}	3.04×10^{-4}
I11-15-3	14.26~14.76	0.22	8.624	8.7	29.9	2.67×10^{-4}	3.94×10^{-4}
I11-15-4	19.83~20.83	0.36	5.280	6.6	22.4	3.28×10^{-4}	7.63×10^{-4}
G20-3	19.12~19.62	0.22	8.936	10.6	24.6	8.23×10^{-6}	9.21×10^{-6}
G05-3	12.92~13.42	0.23	7.942	11.4	30.5	9.52×10^{-5}	1.30×10^{-4}
G05-4	16.03~16.53	0.21	8.599	13.3	27.5	1.96×10^{-5}	3.42×10^{-5}
G60-6	18.20~18.70	0.39	4.753	11.2	24.3	1.14×10^{-5}	1.02×10^{-5}
G60-7	22.00~22.50	0.48	3.954	12.6	24.7	7.94×10^{-6}	1.32×10^{-5}
G60-8	25.50~26.00	0.37	5.345	13.1	22.7	4.85×10^{-6}	6.75×10^{-6}
G60-9	29.00~29.50	0.52	3.915	11.1	19.3	1.01×10^{-4}	1.31×10^{-5}
G60-10	33.00~33.50	0.29	6.25	13.0	29.1	3.89×10^{-5}	4.66×10^{-5}
取样组数		13		13		13	
最大值		0.52	9.150	13.3	30.5	3.28×10^{-4}	7.63×10^{-4}
最小值		0.20	3.915	6.6	13.0	4.85×10^{-6}	6.75×10^{-6}
平均值		1.31	7.300	11.2	25.1	8.94×10^{-5}	1.50×10^{-4}

表 2.5-14　水下现代冲积淤积土土工物理性质试验成果

试样编号	取样深度/m	含水率 w/%	天然湿密度 ρ_0/(g/cm³)	天然干密度 ρ_d/(g/cm³)	孔隙比 e	饱和度 S_r/%	比重 G_s	液限 W_1/% 17	液限 10	塑限 W_P/% 2	塑性指数 I_P 17	I_P 10	液性指数 I_L 17	I_L 10	粗粒组粒径 >2	2~0.5	0.5~0.25	0.25~0.075	细粒组粒径 0.075~0.005	<0.005	按《土工试验方法标准》(GB/T 50123-2019)分类名称	按《岩土勘察规范》(GB 50021-2001)分类名称
IV3-1-3	45.90~46.40	32.1	1.79	1.36	1.015	86	2.73	39.0	35.0	24.8	14.2	10.2	0.51	0.72					75	24	低液限黏土	
IV3-1-4	49.00~49.50	27.6	1.84	1.44	0.893	84	2.73	34.3	29.7	18.7	15.6	11.0	0.57	0.81					81	19	低液限黏土	
IV3-1-7	29.50~31.00	37.0					2.73	38.1	33.0	22.3	15.8	10.7	0.93	1.37					79	18	低液限黏土	
IV3-1-8	33.00~35.00	23.9					2.74	35.0	30.0	17.7	17.3	12.3	0.36	0.50					76	20	低液限黏土	粉质黏土
IV3-1-9	54.86~55.37	38.0	1.78	1.29	1.124	93	2.74	43.0	38.4	25.9	17.1	12.5	0.71	0.97					61	38	低液限黏土	
G52-3	3.60~4.10	31.4	1.69	1.29	1.123	76	2.73	32.1	27.7	17.5	14.6	10.2	0.95	1.36					78	16	低液限黏土	
取样组数		6	4	4	4	4	6	6	6	6	6	6	6	6					6	6		
最大值		38.0	1.84	1.44	1.124	93	2.74	43.0	38.4	25.9	17.3	12.5	0.95	1.37					81	38		
最小值		23.9	1.69	1.29	0.893	76	2.73	32.1	27.7	17.5	14.2	10.2	0.36	0.50					61	16		
平均值		31.7	1.78	1.34	1.039	84.9	2.73	36.9	32.3	21.2	15.8	11.2	0.67	0.96					75	22.5		

表 2.5-15　水下现代冲积淤积土土工物理力学性质试验成果

试样编号	取样深度/m	压缩(快压) 压缩系数 $a_{0.1\sim0.2}$/MPa⁻¹	压缩模量 E_s/MPa	抗剪强度(直剪) 凝聚力 C/kPa	内摩擦角 φ/(°)	渗透系数 K_{20}/(cm/s) 垂直	水平
IV3-1-3	45.90~46.40	0.73	2.795	6.8	5.8	1.41×10^{-7}	1.38×10^{-7}
IV3-1-4	49.00~49.50	0.53	3.577	9.3	14.5	2.49×10^{-7}	5.08×10^{-7}
IV3-1-9	54.86~55.37	0.78	2.73	5.7	3.7	1.60×10^{-7}	1.88×10^{-7}
G52-3	3.60~4.10	0.52	4.106	8.3	15.9	9.84×10^{-5}	6.41×10^{-5}
取样组数		4	4	4	4	4	4
最大值		0.78	4.106	9.3	15.9	9.84×10^{-5}	6.41×10^{-5}
最小值		0.52	2.73	5.7	3.7	1.41×10^{-7}	1.38×10^{-7}
平均值		0.64	3.302	7.5	10	2.47×10^{-5}	1.62×10^{-5}

表 2.5 - 16　　　　　　　　　　　水下现代冲积淤积土体地质参数建议值

土名	比重 G_s	天然密度 $\rho/(g/cm^3)$	孔隙比 e	压缩模量 E_s /MPa	渗透系数 K /(cm/s)	抗剪强度	
						内摩擦角/(°)	凝聚力/kPa
淤泥质粉土	2.72	1.68	1.18	3.2	2.75×10^{-4}	10	8.4
粉土	2.72	1.79	0.96	4.9	8.9×10^{-5}	15	11.2
粉质黏土	2.73	1.78	1.04	3.3	2.4×10^{-5}	10	7.5

泥质粉土、粉土及粉质黏土，中间夹具有腥臭味的薄层淤泥，及薄层细砂和碎石。淤泥质粉土、粉土呈流塑～软塑状态，粉质黏土呈软塑～可塑状态。属高压缩性软土，但又有一定的抗剪强度和渗透性。因此在岩塞爆破设计时充分考虑其产生的不利影响。

5. 人工堆渣分布范围及影响

刘家峡岩塞爆破工程分为水上、水下两部分堆渣，为修路、竖井和排沙洞弃渣。

（1）水上部分沿进口上游陡坡段上部堆放，分布高程为 1734.00～1742.00m，厚度 1～10m，前缘部分堆积于基岩之上，出露面积约 92m²，堆渣块径一般为 5～10cm，最大块径为 100cm，呈随意堆放，无分选性。

（2）水下部分分为西侧，北侧两块，西侧又分为①、②两区，均位于排沙洞岩塞口爆破区范围内，分布在高程 1702.00～1685.00m 的淤积层中间，西侧平均厚度 2.0m 左右，北侧平均厚度为 0.7m 左右，其中最大厚度为 5.6m，最小厚度为 0.2m。计算堆渣体积 522m³，堆渣块径一般为 5～10cm，最大块径为 100cm，无规律。详见表 2.5 - 17。

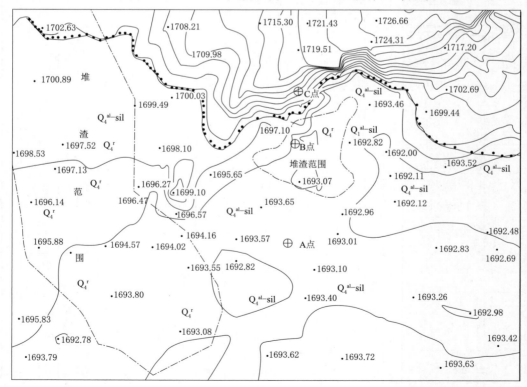

图 2.5 - 7　人工堆渣分布范围

表 2.5－17　　　　　　　　　　　　堆 渣 体 情 况

部位 (孔数/个)		参加统计钻孔孔号	分布高程 /m	面积 /m²	平均厚度 /m	体积 /m³
西侧 (58)	①（11）	Ⅱ1－2、Ⅱ1－6、Ⅱ2－1、Ⅱ2－7、Ⅰ1－1、Ⅰ1－8、 Ⅰ2－7、Ⅰ2－8、Ⅰ3－8、Ⅰ3－9、Ⅰ4－8	1670.00～ 1702.00	151	1.15	174
	② (16)	Ⅱ1－7、Ⅱ2－8、Ⅰ1－9、Ⅰ1－13、Ⅰ2－9、Ⅰ2－13、 Ⅰ3－10、Ⅰ3－13、Ⅰ4－9、Ⅰ4－14、Ⅰ5－9、Ⅰ5－14、 Ⅰ6－10、Ⅰ6－12、Ⅰ7－12、Ⅰ7－13	1685.00～ 1694.00	107	2.99	320
北侧 (19)	① (11)	Ⅰ9－4、Ⅰ10－3、Ⅰ10－5、Ⅰ11－2、Ⅰ11－5、Ⅰ12－ 2、Ⅰ12－5、Ⅰ13－2、Ⅰ13－6、Ⅰ14－1、Ⅰ14－5	1685.00～ 1695.00	40	0.71	28
总　计						522

6. 堆渣体对岩塞爆破影响的评价

刘家峡岩塞爆破工程水下堆渣量 522m³，分布于排沙洞岩塞口爆破区范围内，渣块为坚硬的石英云母片岩、云母石英片岩，密度大、强度高。可能对岩塞口爆破带来不利影响；同时，排沙洞运行过程中这些岩块进入洞内，也会影响排沙洞的正常运行，成为工程的隐患。

水上堆渣沿进口上游陡坡上部堆放，分布高程 1734.00～1742.00m，前缘部分堆积于基岩之上，其稳定性较差，若滑落到库内，进入排沙洞，将会影响排沙洞的正常运行。

四、三维数字地质模型在岩塞爆破工程中的应用

（一）三维数字地质模型的意义

随着我国经济的持续发展和西部大开发战略的实施，水利水电事业呈现出蓬勃发展的时态，有一大批在建或待建的大中小型水利水电工程。但这些工程基本上都在高山峡谷地势险峻的地带，所以就必然地会遇到各种复杂不良的地质现象：地质构造复杂多变，地质信息众多等，而水下岩塞爆破工程更需要详细直观的了解岩塞爆破口及附近的地形、地质条件，这就给工程勘测，设计与施工带来了极大的困难。现单独采用传统的二维静态的地质处理与分析方式已不能满足地质工程师、设计人员的实际需求，这就使得工作人员对于更加能够真实地反映实际情况更精确的分析和处理地质信息的方式方法的需求更加急切。

三维建模代表了最新的设计理念和先进的设计水平，是工程设计行业发展的趋势。三维模型比平面图更直观，更能带给观赏者以身临其境的视觉刺激，尤其适用于地下/水下，能让观者提前领略到它的视觉结果。三维模型能够带给我们新鲜的感官体验。三维地质建模作为一个基于数据/信息分析合成的方式，建立的地质模型汇总了各种信息和解释结果，能够显著反应水下岩塞的具体情况。目前二维三维混合使用，通过互补更好地完成工程设计。

（二）三维数字建模方法

建模工作应选择正确的软件工具，把握适当的模型精度和细节，赋予正确的模型属性信息等，得到满足设计要求的三维信息模型，为以后的模型组装、切图、工程量统计奠定基础。三维地质建模的途径，一是利用已完成核定的二维剖面数据建模，通常用于前期完

成了大量勘探工作，并且具有丰富准确的二维资料的工程；二是利用工程勘察原始采集的数据建立三维地质模型，通常用于基础工作刚刚开始，又需要在勘察过程中进行大量数据分析和整理，通过不断积累获得三维模型中间成果和最终成果的工程。这两种途径在建立三维地质模型上的根本区别在于，前者是通过导入二维剖面成空间剖面，后者是依据采集的数据经过人工解释直接完成空间剖面的编辑。

（三）三维数字建模软件

随着计算机技术的发展，工程行业至今已开发和引进了上千个信息系统软件，如大量的 GIS 管理软件，大量的 CAD 辅助制图软件，大量的数据库软件等。

这些软件一部分属于通用的和专业无关的工具软件，如 AutoCAD、ARCGIS、SQLServer 等，更多的是围绕某个具体工程的实际需求在以上工具软件的基础上进行二次开发形成的软件，多属于功能应用型软件。这一方面体现了计算机技术在工程地质行业的广泛普及，另一方面也带来了数据结构的混乱和大量类似的重复开发等问题，造成了大量的资源浪费和一系列的信息孤岛。

地质建模软件种类较多，比较著名的有国外的 GoCAD、Datamine、MicroNine、Sur-pac 等。国内软件目前大体基于三个平台研发：A 平台为 AutoCAD 平台，B 平台为 Bentley 及 C 平台为 CATIA，我们主要采用的是 B 平台（Bentley）基础上二次开发的软件，采用的地质三维建模软件为华创三维地质系统 AglosGeo。

AglosGeo 软件优点如下：

（1）AglosGeo 三维地质软件地形面生成、覆盖层创建、层状地层面创建、风化层面创建、产状面创建等算法是华创多年自主研发并根据客户需求不断优化，快速准确使用勘察数据建立地层分界面模型，并保证地层分界面光顺过度。

（2）数据处理工具优势，AglosGeo 在客户应用及反馈后增加数据处理工具，解决杂乱数据处理问题。

（3）行业专业化优势大体量数据模型，华创三维地质系统 AglosGeo 不仅具有地大场地地质功能，还具有大土木行业性功能，例如铁路、公路行业线型功能，在 AglosGeo 中导入桩号里程数据形成线路图形及桩号里程图形，根据里程编辑纵横断面等功能。其他行业、单位标准模板平、纵、横工程地质图、钻孔柱状图等。

（4）利用数据快速建立三维地质模型，可利用钻孔、地质点、剖面图地质分层线、平面图中地质线、地层边界、岩层、断层迹线等各种综合勘察数据建立真实复杂三维地质模型。

（5）地质结构面模型快速修改，华创三维地质系统 AglosGeo 可以在工程建模过程中快速添加地层数据来快速修改地层模型，地层数据可以从三维添加或从三维进入二维剖面进行添加，地层分界面综合最终数据更新模型。

（6）大体量三维地质模型承载能力，华创三维地质系统 AglosGeo 能支持百万级以上数据三维地质模型。

（7）大体量工程三维建模，能支持长线型工程百万级以上数据量三维地质模型，如高黎贡山隧道三维地质模型长 40km，宽 5km。

（8）工程构筑物三维地质模型结合，在同一平台三维地质模型与下游专业结构模型完

美结合，准确反映线型工程构筑物各类地质条件，为下游专业分析提供准确三维地质模型

（四）模型精度

模型精度包含两方面含义，一是模型几何精度，二是模型精细程度。软件提供的几何精度远超过工程设计要求的精度，一般按照工程设计要求的精度控制即可；模型精细程度应按照设计阶段要求把握，模型过于精细将影响建模效率和计算机响应速度，满足本阶段设计要求为宜。例如地质构造中类似于直立的 10m 高的陡壁，如果成图网格为 1m 时，则模型中陡壁可能是 10∶1 的坡，如果成图时的网格为 10m 时，可能是 1∶1 的山坡，甚至有时候这个地质构造根本反应不出来。但也并不是说网格越小越好，网格小需要电脑的配置高，运行时间长、速度很慢，甚至无法建立模型。

初步建模后对模型进行校核，主要针对地质体之间关系、地质体与经典传统地质理论验证、与建筑物之间关系等，根据经验调整模型。

（五）模型属性

三维模型应包含一般属性、几何属性等属性信息，这些属性是模型应用必备的信息，所有模型均应赋予完整、正确的属性信息。

包括图层、线形、线宽、颜色、文字字体等 CAD 制图所具备的基本属性，对模型的显示、出图效果产生影响。

（六）建模流程

项目的实施流程包括勘测数据获取、勘测数据入库管理、三维地质建模、基于模型的分析应用。

1. 勘测数据获取

对水利水电工程地质勘察而言，基本数据获取的代价是十分昂贵的，这些数据包括通过钻探获取的钻孔数据，通过大量山地工程获取的平硐、槽坑探数据和大量野外和室内试验获取的试验数据等。这些数据基本通过人工操作来获取和记录，数据获取工作在整个工程勘察工作的时间和投入代价上都占有最大的比例，而且地质勘察数据获取一直是水利水电工程勘察信息化的瓶颈之一，是工程勘察分析的依据和基础。数据内容涵盖了工程基本资料、工程测绘资料、工程钻探资料、工程坑探资料、勘探取样资料、工程地质试验资料、水文地质调查资料、物探资料、系统地质规范资料及各子系统的成果资料等，涉及内容较全面，为后续工程管理提供了良好的接口。

2. 勘测数据录入管理

数据录入基本涵盖了水电勘察中所用的各种勘探对象，包含工程项目、勘探布置、编录描述、地质点、实测剖面、钻孔、平硐、探井、探坑、探槽、施工边坡、施工洞室、物探与测试、取样与试验、地面测试、长期观测、地质巡视、资料登记、工程成果等十多个大类，其中每一种勘探对象的数据管理都有各自的特点和方法，同时包含物探、试验等各个专业，保证了专业覆盖的全面性。

通过数据管理工程地质勘察数据，实现了数据的独立性、共享性、安全性与完整性，减少了数据的冗余，保证了数据的可恢复性，达到了项目的预期目标。当然工程项目可以分区处理。

地勘数据填报入库由地质专业技术人员完成，数据入库后再由资深地质专家校核、审

查，在系统内部完成校审流程的封闭，确保数据的准确性与完整性。

3. 三维地质建模

三维地质系统 AglosGeo 利用地形测量的海量数据、三维等高线数据生成趋于真实的三维地面模型（DTM），根据生成的 DTM、工程地质图、地质资料进行勘探布置设计和具体勘探工作，勘探布置设计包括勘探线布置、钻孔布置、平硐布置设计等。在勘探工作过程中，可将钻孔、平硐等数据录入数据库储存并管理实际勘探数据，在图形端利用勘探的钻孔、平硐、出露地质点、历史勘探剖面数据、工程师推测的地层分界面点、地层分界面迹线和产状等数据建立地质年代层、岩性层、风化层等地层分界面，可创建河水面、河谷面、蓄水面、卸荷界面，可创建断层、岩脉、夹层、透镜体等不规则地质体，在模型创建过程中，地质工程师可在模型任意位置编辑出一个二维剖面，在二维剖面中可修改地层界面分界线走向位置，并将剖面中修改的地层界面分界线数据录入数据库，在图形端生成地质界面模型时便可以利用修改的地层界面分界线数据。最终形成完整三维地质体模型，建立的三维地质体模型包括所有三维地质内容，三维地质体内容包括地质年代层、岩性层、风化层等分层，地质构造等所有地质内容。图形端可根据勘探数据和形成的三维地质体出工程地质剖面图、钻孔柱状图、平切图。主要的地质界面如下。

（1）地形面。三维地形是三维地质建模和三维枢纽布置设计的基础，在每个工程勘察设计阶段工作启动后，由测量专业提供符合当前阶段精度要求的地形数据。三维地形是三维地质建模和三维枢纽布置设计的基础，与建模相关的地形数据包括计曲线、首曲线、水系、公路等，地形线条数据经过必要的处理后导入三维地质系统。

水下岩塞爆破的地形条件直接影响着爆破的设计与施工。首先范围一般要求为岩塞外开口洞径的 5～10 倍，必要时可适当扩大范围；其次需要高精度地形测量，比例尺应在 1：100～1：200 范围内选择。三维模型在此基础上进行精确地形建模。地形高程数据一般以 cad 的 dwg 数据格式提供，但往往地形数据在生成过程中往往存在一些问题，而三维建模过程中能够剔除一些二维中不易发觉的不合理数据，为水下岩塞爆破工程避免地形误差。

（2）基覆界面。基覆界面是地表覆盖层与基岩的分界面，由于山谷中基岩部分在地表中出露，因此基覆界面具有不规则任意形状的边界线，且边界圈闭形状非常复杂，在沟谷位置常有狭长的边界。基覆界面的边界复杂、地下深度浅和已知的探测数据少都成为地质建模的难点。基覆界面建模的基本思路是，首先绘制基覆界面的三维边界，然后利用勘探剖面上的孔洞资料对数据加密，最后带边界直接或者拟合生成。基覆界面的三维边界有两种方法得到，一是通过导入 CAD 中已经绘制的覆盖层边界线，通过对地形面投影得到；二是直接对照地质测绘实际材料图，利用专门的覆盖层三维边界绘制工具来完成，绘制时以地形等高线和三维地形面作为底图。基覆界面是建立基岩面的基础，覆盖层边界需闭合。

（3）基岩面。基岩面是进行岩层、构造建模前必须要得到的三维曲面，它是基覆界面和基岩在地表出露部分的组合。一般利用参照面校正方法将地形面上高于基覆界面的点全部降到与基覆界面相同的高度，得到的新曲面即是基岩面。基岩面与基覆界面叠加时，二者在相同位置完全重合。

相对准确的基岩面对于水下岩塞位置的选择，岩塞口的开口线，岩塞口稳定性，预裂孔的施工等工程的施工都具有重要意义。三维模型提供了工程的直观性和可视性，工程师可以直观地在三维模型上布置勘探点，并与现场施工进行互动。结合地形面与基岩面情况，为岩塞口位置的选择提供有力保障。

（4）岩层界面。岩层界面是指两个地层单元之间的分隔面，一般具有较稳定的地层产状，建模时如何利用地层的整体产状趋势是重要的考虑因素，这将有利于简化数据插值过程、又好又快地生成岩层界面曲面（图2.5-8）。

岩层界面是通过地质测绘和孔洞勘探采集数据的，包括岩层界面的位置信息、产状信息以及特征信息。但是岩层界面产状相对不太稳定的工程场地也比较常见，比如褶皱地层、倾倒地层、岩脉地层等，这些都属于比较特殊的岩层界面建模，需要根据灵活方式去处理，比如在利用数据库内的少量揭露信息直接生成岩层界面前，通过勘探剖面插值工具对岩层界面进行整体趋势控制，形成岩层界面的空间框架。

图2.5-8 沉积岩地层

（5）构造面。构造面与岩层界面同属地质结构面，在空间上延伸都具有较稳定的产状，且都不穿越基岩面而连续伸入覆盖层，因此，二者建模方法基本一致。地质构造在系统内分为断层F、断层f、挤压带J、（长大）裂隙L、层间错动带CJ、层内错动带CN，都是在地质点、钻孔、平洞、探井等构造揭露位置采集数据。构造面在工程区分布的数量多时，确定构造面的空间连接和交切关系将非常复杂，需要借助特征分析、剖面分析或者建模分析来判断。特征分析是通过用户界面提取构造的所有揭露信息进行特征对比。

（6）地质界面。地质曲面泛指风化、卸荷、地下水、相对隔水层顶板等在空间上起伏较大的面，该类曲面建模仅依靠很少的揭露数据，需要在大范围内分析推测补充建模数据。曲面插值可以通过勘探剖面、辅助剖面等工具进行，然后用三角填充面拟合生成方法创建曲面。

当然除此之外还有透镜体、褶皱、溶洞、岩脉、不均匀风化体、倾倒体、块体等结构面，在此不一一赘述。

4. 典型地质界面实例

图2.5-9～图2.5-14展示了地质界面建模实例。

（七）三维地质模型分析

（1）特征分析。特征分析是通过用户界面提取构造的所有揭露信息进行特征对比，该过程将剔除明显不合理的揭露点（改为其他构造编号）。

（2）截面分析。通过设定截面的空间方向和位置，对三维地质模型进行裁切，得到模型的剖切线、剖切面或剖切体进行地质分析。单截面分析可以自由设定截面的空间方位，操作灵活，对不同方位情况进行全盘掌握。包括单截面分析及多截面分析。但多截面分析有别于单截面分析，只能以剖切面和剖切线形式展示分析结果，每个截面的方位都是固定垂直X、Y、Z轴。

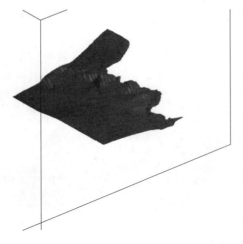

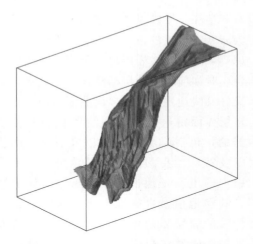

图 2.5 - 9　刘家峡岩塞口地形界面　　图 2.5 - 10　刘家峡岩塞口基岩面

图 2.5 - 11　兰州市水源地岩塞口基岩面及弱卸荷面

（3）剖面分析。剖面分析是利用系统的勘探剖面工具将构造的揭露点位置和产状信息通过剖面图方式来表达，以便查看地质构造在剖面上的合理连接、延伸和交切情况。剖面分析包括竖直剖面分析和水平剖面分析，其中竖直剖面分析是沿着多段线的路径垂直方向切割模型，水平剖面分析是由用户设定平切高程切割模型，分析的结果可以是三维剖切体、剖切面、剖切线和二维分析剖面图。当竖直剖面分析的多段线位置是由已勘探的孔洞位置确定时，这种分析方式称为孔洞连线剖面分析；当以某条线为基线，平行等间距一次性切制众多地质分析剖面图的分析方式在系统中称为多剖面分析。

（4）等值线分析。等值线分析包括等高线分析、等深线分析和等厚线分析，在工程地质中经常用于覆盖层厚等值线分析、地下水埋深等值线分析、弱风化面高程等值线分析等。

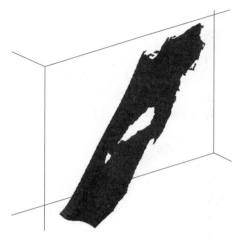

图 2.5-12　刘家峡 F_7 断层

图 2.5-13　兰州市水源地岩塞口小断层

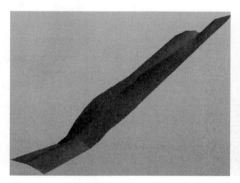

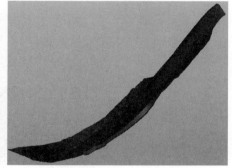

图 2.5-14　兰州市水源地岩塞口弱风化面及强透水面

（5）虚拟孔洞分析。虚拟孔洞分析是指在地形的某个部位开口，沿着用户设定的方向、深度和口径虚拟开挖三维地质模型，将虚拟开挖的孔洞模型以三维视图的方式呈现，并计算地质界面在虚拟开挖中心线上的交点桩号，然后形成文字报表。虚拟开挖分析考虑了最常用的虚拟钻孔分析和虚拟平洞分析。

（6）虚拟开挖分析。虚拟开挖分析是针对工程岩体的施工状态提出来的地质分析功能，通过可视化效果表现岩土体开挖后的状态，利用开挖模型计算开挖部分的总体积以及分岩层体积，可为项目汇报材料提供素材等。虚拟开挖分析根据开挖方式不同分为洞室开挖分析（地下）和基础开挖分析（地表），两种分析在计算机中的处理方式有所不同。

（7）建模分析。建模分析是三维系统所独有的形式，是将初步确定的构造揭露点尝试连接生成空间曲面，在三维状态中去分析构造面的连接合理性，以及如何延伸和交切处理。建模分析还可以对没有确定构造连接关系的孤立的构造揭露点进行分析，通过生成单个揭露点的小构造面，然后与其他已确定连接关系的大构造面进行比较，分析小构造面与大构造面归并的可能性。

　　构造面利用各自的揭露数据单个生成得到空间曲面，需要再根据地质情况将构造面进行延伸、修边、剪切等处理，尤其是控制性结构面与被处理构造面之间的关系需要交代清楚。

　　此外还可进行栅格剖面分析、试验曲线分析、块体分析等其他模型分析。

（八）三维模型分析实例

　　图 2.5-15～图 2.5-19 罗列了几种三维模型分析实例。

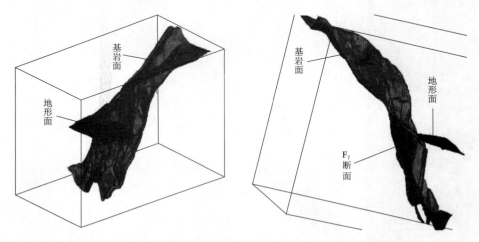

图 2.5-15　刘家峡岩塞口地形面、基岩面与断层 F_7 结合

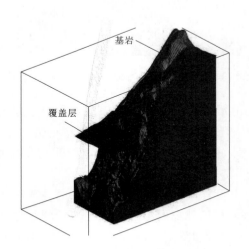

图 2.5-16　刘家峡岩塞口三维体

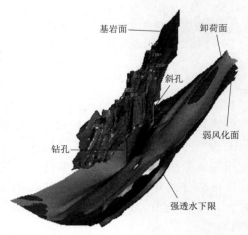

图 2.5-17　兰州市水源地岩塞口层面展示

　　三维模型将大量地质资料和地质人员分析判断结果抽象为可视化地质模型，是复杂的空间关系可视化，通过不同角度、方位分析模型，形象直观，给现实带来了以前二维无法给予的便捷，在岩塞爆破等众多工程中都得到了较大应用，发挥了重要作用，是计算机技术在地质应用中的重点和发展方向。

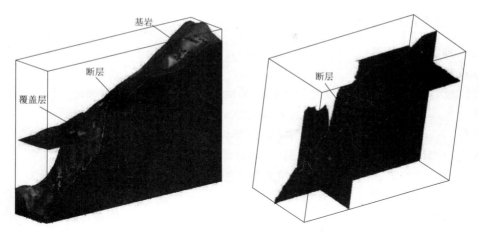

图 2.5-18　刘家峡岩塞口单截面与多截面成果分析

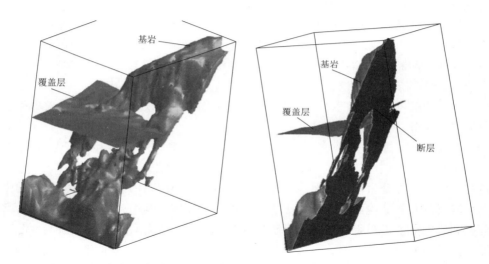

图 2.5-19　刘家峡岩塞口 45 度截面分析

第六节　水下岩塞爆破工程地质总体评价

水下岩塞爆破工程地质工作，虽然随着工程的重要性不同、岩塞类型、规模大小不同以及设计阶段不同等，所要论证的问题也有所不同。但从水下岩塞爆破工程地质工作的全过程来说，无论任何设计阶段、任何类型和规模的岩塞，所应研究和阐明的工程地质问题基本是相同的，即岩塞稳定问题，进水口成型和边坡、洞脸稳定问题，聚渣坑高边墙稳定问题，进水口周边围岩在长期运行中的稳定问题等。因此，在实际工作中，必须针对不同类型岩塞和不同设计阶段，依照具体情况决定所应侧重研究分析有关岩塞爆破的主要工程地质问题。

下面就上述几个主要工程地质问题的分析、评价方法加以说明。

一、岩塞稳定分析

设计预留岩塞厚度是根据组成岩塞体的岩性、坚硬完整程度、岩塞跨度及承载情况，以能维持其在库水压力作用下自身稳定为条件考虑的。为此，设计常将塞体预留一定的岩体厚度（覆盖层厚度不计），以便使塞体与其周边岩石有足够的抗剪强度来抵抗库水压力和塞体自重而产生的下滑力。因此，岩塞的稳定性主要视岩塞周边的抗剪强度而定。如果组成塞体岩石软弱或塞体周边为软弱结构面切割时，因抗剪强度小，对岩塞稳定不利，反之，如组成塞体岩石坚硬完整，且周边又无软弱结构面存在，其抗剪强度大，岩塞稳定条件好。所以岩塞稳定分析，主要是研究影响岩塞稳定的因素及其边界条件分析。

影响岩塞稳定的因素一般有：

（1）岩体的密度和强度。岩石的密度影响岩石破坏过程和爆炸冲击波在岩体内的传播速度和应力分布；岩石的强度包括抗压、抗拉和抗剪强度，强度越大，爆破越困难，所需要的炸药量越多。因此，岩石的密度和强度是计算爆破炸药量的重要指标。

（2）切割塞体及其周边围岩的断层破碎带、软弱夹层等软弱结构面的规模、产状及其物理力学性质等。

（3）岩体中的断层破碎带、软弱夹层、大裂隙等不利地质条件的组合以及其他有关条件的影响（如地形条件、开挖临空）等。

（4）地下水的不良作用，如不均匀集中渗流对塞体中的软弱岩层与断层破碎带的软化及机械潜蚀作用等。

（5）其他作用，如岩塞药室及其他有关工程开挖中的爆破震动和开挖中的卸荷作用等。

这些因素归纳可分为两个方面：一方面为塞体本身的内在因素，即塞体岩石的强度和切割塞体岩石的软弱结构面的规模、产状、物理力学性质及其组合特征，它们是岩塞周边抗剪强度和岩塞体中不利组合体的边界条件的控制因素，所以，是对岩塞稳定性起决定作用的因素；另一方面为外在因素，如地下水、爆破震动等，其中以地下水作用为最不利。当在施工开挖中，地下水沿塞体或其周边的断层破碎带、软弱夹层等出现不均匀集中渗流时，往往因为渗经短、水力坡降大，容易发生机械潜蚀作用，引起其两侧岩石渗流失稳而威胁岩塞稳定。但是地下水的作用只有通过前者，即软弱岩层或软弱结构面的存在方能发挥作用，所以它们是影响岩塞稳定的促进性因素。因此，在岩塞爆破工程地质工作中，必须注意查明组成岩塞岩石的物理力学特征，各种结构面的发育情况，具体位置、组合特征等，其中对岩塞稳定性有重要意义的软弱结构面还必须注意其抗剪强度指标的分析。

岩塞稳定分析，在研究通过岩塞部位（包括岩塞体及其周边围岩）的软弱结构面特征及其组合关系的基础上，结合塞体在外水压力和自重作用下的受力状态，确定岩塞中不利组合体的边界条件（滑动面、切割面、临空面）及其抗剪强度指标。在进行其边界条件分析时，尚应特别注意的是，切割塞体及其周边围岩的软弱结构面的连续性、软弱结构面的张开宽度及其沿走向和倾向的变化情况，充填物的胶结情况。如果其不利软弱结构面的张开宽度较大与围岩已经松脱，或岩塞周边有厚度较大的软弱岩层等低弹模带时，由于其围岩不能连续传递力和变形，容易引起岩塞或不稳定岩块沿侧向变位，故岩塞周边或失稳岩块周边抗滑力小，甚至消失，对岩塞稳定不利。反之，虽然塞体及其周边存在软弱结构面，但充填胶结较好，结构面起伏差较大，与围岩咬合较好，即围岩仍能连续传递力和变形，在这种边界条件下塞体或失稳岩块剪切滑移时，不易引起侧向变位，同时塞体或失稳岩块滑动时必须剪断滑动面突起部分岩石和克服摩擦力，故其抗剪强度一般较高。

二、药室稳定分析

药室稳定分析主要是指上药室洞室围岩的稳定性分析，其次是其他药室洞室及其导洞的稳定性分析。岩塞药室洞径虽然较小，一般（长、宽、高）为 1.0～1.5m，但由于药室布置在岩塞体中，药室洞顶特别是上药室洞顶离库岸很近，上覆岩体较薄，药室洞顶与库（湖）水间渗经短，当有断层破碎带等软弱结构面存在时，容易出现沿断层破碎带或软弱结构面不均匀集中渗流，引起机械管涌破坏，威胁药室围岩稳定。因此，做好药室洞的地质调查和稳定分析工作，对岩塞爆破的安全施工和爆通成型具有特别的重要意义。

药室围岩的变形和破坏的发生和发展一般是比较复杂的，影响的因素也是多方面的，有自然的因素，也有人为的因素，就自然因素而言，经常出现的起控制作用的是围岩的物理力学指标，地质构造和地下水的作用等。药室稳定分析时，应注意抓住这三个主要因素。如坚硬和半坚硬的岩石，一般对药室洞围岩的稳定条件的影响较小，而软弱岩石，则由于强度低，抗水性差，受力后容易变形和破坏，对药室洞围岩的稳定性影响较大。地质构造是影响药室洞围岩稳定的主要因素，但又取决于切割药室洞围岩的断层的规模、充填物胶结情况、产状与洞轴的关系和节理裂隙切割间距及其走向与洞轴交角的大小等。如节理裂隙走向与药室洞轴斜交（交角大于 20°）时，药室洞围岩稳定条件较为有利。因两侧边墙对下滑岩块可起到支撑作用，阻抗顶拱岩块下滑。如节理裂隙走向虽与洞轴方向一致，但节理裂隙切割间距大于药室洞跨度时，药室洞围岩稳定条件亦较为有利。如节理裂隙间距小于药室洞跨度时，其围岩的稳定性主要视岩块两侧或周边抗剪强度而定。如岩块两侧或周边抗剪强度较低，阻滑力难以平衡下滑力时，岩块则失去稳定，反之则岩块稳定。

至于地下水的作用，如前所述，主要是因为药室洞顶离库底较近，药室洞与库（湖）水渗经短，水头梯度大，当地下水沿断层破碎带、大裂隙涌出，发生不均匀集中渗流时，容易产生机械管涌而威胁断层破碎带两侧围岩稳定。因此，地下水对药室洞稳定的不利影响应予充分注意。

由于洞室围岩稳定，不仅受地质条件控制，还取决于施工方法和施工质量。地质条件比较差的地段，如岩石软弱破碎带或有断层及不利的岩体结构时，施工中采用不当的深孔和多眼爆破，装药量又不加控制，也可能造成药室洞围岩坍塌，影响药室稳定。

三、进水口的成型和边坡、洞脸稳定分析

影响进水口的成型和边坡、洞脸稳定的因素比较多，也比较复杂，尤其在爆破破坏作用下更是如此。但概括起来，主要有两个方面，一是组成进水口地段的岩体的强度及岩体的结构特征等；二是爆破破坏作用和水流淘刷作用（主要指爆破瞬间高速水流和爆破后运行中水流对边坡松动岩石的长期淘刷作用）。前者是内在因素，它们的影响是比较固定的，

缓慢的。但它们对进水口的成型和边坡、洞脸的稳定性却起着控制作用。因此，是影响进水口成型和边坡、洞脸稳定的主导性因素。后者是外在因素，但它们的变化是比较快的，并通过内在因素对进水口成型和边坡、洞脸的稳定起破坏作用，或促使边坡与洞脸变形的发生和发展。

在分析进水口的成型和边坡、洞脸的稳定问题时，应在研究各种因素的基础上，找出它们之间的内在关系，特别要注意研究切割进水口周边围岩的各种软弱结构面的性质、充填情况、胶结程度、产状与连续性和组合型式，及其与爆破漏斗的关系，才能对进水口的成型和边坡、洞脸的稳定性作出比较正确的评价。

实践证明，进水口的成型和边坡、洞脸围岩的变形、破坏，多是沿着岩体内剪应力最小的软弱结构面发生和发展的。虽然岩体中软弱结构面的存在是控制水下岩塞爆破进水口成型和边坡、洞脸稳定的主导性因素，但是也不能认为有软弱结构面存在就一定会控制爆破时进水口的成型，或影响边坡和洞脸的稳定。因为除具备软弱结构面的必要条件外，尚应考虑下列因素。

（1）软弱结构面与药室所处的相对位置如何，即软弱结构面是否处在爆破漏斗有效作用半径之内或其附近。如在设计爆破漏斗线附近存在软弱结构面时，且软弱结构面的走向与爆破漏斗线的走向一致，则爆破时，其软弱结构面将直接影响爆破成型、预裂效果与爆破方量，尤其上破裂线更为突出。

（2）软弱结构面组合后，是否形成了边坡、洞脸变形体的切割边界条件（主滑面、侧向切割面）。

（3）软弱结构面的空间分布与进水口边坡、洞脸岩体的最大剪应力方向是否近似一致。

（4）软弱结构面的抗剪强度是否小于边坡、洞脸滑动岩体的剪应力。

（5）是否具有滑动的临空面。

如边坡、洞脸由两组或多组软弱结构面交割组合成不稳定岩体并可能发生滑动时，一般可分为沿滑动面方向（真倾向）下滑和视倾向方向（视倾角）下滑的两种基本滑移类型。在分析其边界条件和确定抗滑参数时，应当特别注意分析其底部结构面（滑移面）的性质及其产状与洞脸、边坡的相互关系；同时应当注意依据侧向分割面的连续性、平整程度及其受力条件、产状与滑动方向的关系考虑侧向分割面的阻滑作用。在侧向分割面受有正应力的情况下，侧向不易变位时，如果结构面起伏差较大或充填胶结较好，分析时应考虑侧向分割面的抗剪强度；反之，如果结构面受拉时，则一般不宜考虑侧向阻滑作用。

水下岩塞爆破中，水的作用和爆破作用对进水口边坡、洞脸岩体的稳定性的影响比较复杂。爆破时由于爆破破坏作用，进水口周边围岩形成了一定范围的松动圈，松动圈内的岩石因爆破作用产生许多径向与环向的新裂隙和延展原有裂隙，在长期的临空卸荷与水流淘刷作用下，该范围内的岩石容易失稳崩塌、掉块、塌滑等，使进水口周边围岩的稳定条件进一步恶化。

对陡边坡类型的进水口岩塞来说，尚需特别指出的是，因爆破震动作用引起的"滞后下滑、洞口堆积"问题，因此，在爆破之前，陡边坡岩塞对这个问题应结合具体条件进行分析和预测，并提出采取处理措施的建议。

四、聚渣坑高边墙稳定分析

地下洞室围岩失稳的条件，实际上是岩体受力后可能产生压缩变形、切割滑移和张性破裂的内在条件。边墙稳定分析就是在研究边墙围岩的岩体结构特征的基础上，分析和评价边墙围岩变形、破坏的可能性及其内在条件。

较大型的岩塞爆破，其聚渣坑尺寸一般较大，边墙较高，边墙的稳定问题是一个十分重要的问题。

影响边墙围岩变形和破坏的因素主要有：岩体的强度，岩体的应力状态、方向和数值大小（主要指深埋洞室），走向与边墙平行或交角较小的节理裂隙、断层破碎带等软弱结构面的物理力学特征及其组合情况，作用于边墙岩体的外水压力；其次是施工开挖临空卸荷产生的向洞内变位，往往由于部位较大引起岩体受力状态明显变化而导致边墙失稳；另外是爆破震动和爆破松动作用的影响等。

实践证明，当岩体受力后，不论是压缩变形、剪切滑移或张性破裂，一般都是沿着岩体中已有的结构面，特别是软弱结构面发生和发展的。其变形和破坏的程度及规模则与结构面的产生，充填物的胶结情况、厚度及其组合形式有关。因此，聚渣坑高边墙岩体的稳定条件主要取决于切割边墙岩体的软弱结构面的物理力学特性及其组合形式与边墙的交割关系。

聚渣坑高边墙稳定分析和一般地下厂房边墙稳定分析方法相同。即根据边墙所在部位与临空面的分布情况，具体分析切割边墙岩体中软弱结构面的产状、物理力学特性、组合情况，确定边墙岩体中是否存在可能滑移的块体或组合块体，并根据边墙岩体的受力状态和结构面的力学性能论证其不稳定块体或组合块体的滑移边界、几何形态与稳定状态。边墙不稳定岩块的滑移型式一般也和岩质边坡一样，可归纳为滑动面倾向方向（真倾角）下滑和视倾向方向（视倾角）下滑两种基本滑动类型。在分析边墙失稳岩块之滑动面与侧向分割面的边界条件和确定其抗剪强度指标时，需注意的情况同边坡稳定分析一致，此处不再赘述。

五、进水口周边围岩在长期运行中的稳定分析

实践证明，经大药量爆破破坏作用后，进水口周边围岩受到了一定程度的破坏，即形成了一定范围的松动圈。国内水下岩塞爆破工程案例证明，进水口岩塞爆破后潜水调查，进水口下部岩壁虽未见有大的裂隙，但"细纹"的节理很多，原有的裂隙多有不同程度的加宽和延长等现象，同时沿洞口周边围岩又产生了许多新的径向与环向裂隙，并与原有裂隙相互切割边坡围岩，使爆破后边坡岩石较为破碎，个别工程案例的进水口受断层、裂隙影响，在设计漏斗线形成大小不等的三角形的洼槽及沟槽。另外有的进水口在爆破时形成的洞脸边坡较陡，下部呈反坡，由于爆破破坏作用，加之在长期风化卸荷作用下，洞脸上部岩体经常失稳掉块，洞脸也在不断地坍塌和掉块，反坡已逐渐变成正坡。

综上所述，进水口周边围岩，经爆破作用后，形成了一定范围的松动圈，使该圈内岩石原有裂隙扩张，而且产生许多新的以药包为中心的径向和环向裂隙，并沿着平行其临空

面方向发展。经观察证明，在缓边坡情况下进行岩塞爆破时，一般因系多层药包爆破，中部药室较为集中，距周边围岩又较近，又受上药室临空面条件比较复杂和爆破反射波的重复作用影响，其松动圈岩石的破坏程度较为强烈，使进水口周边围岩，特别是其上部岩体进一步变坏。在长期风化卸荷、水流淘刷作用下，位于该范围内的岩石侧向抗剪强度将不断降低。因此，在运行中边坡岩石容易产生失稳、掉块，预计这种现象将持续到该范围内的岩石达到稳定状态时为止。

第三章 岩塞布置及爆破设计

第一节 岩塞口位置的确定

水下岩塞爆破后的岩塞口作为水工建筑物的进水口，岩塞口位置在工程总体布置方案确定后，其大致范围便可以基本确定。在此基础上，结合进口段洞线的选择，考虑下列因素综合分析，并确定其具体位置。

（1）岩塞口位置应根据工程功能及永久运行要求，通过水力学计算分析，并结合后接水工隧洞的布置确定，宜优先选在水流条件好的位置。满足工程运行要求是岩塞口位置选择的最根本的条件。对于进口段水流条件复杂的工程，宜通过水工模型试验进行验证。一般在选择岩塞进水口时，对于进口结构断面较复杂、多变，对水流条件要求较高的工程，而且通过常规数值模拟计算难于准确判时，往往要开展水工模型试验进行相关验证。

（2）水下岩塞口位置需考虑洞线布置、地形地质条件、周边环境、施工条件和工程的具体要求等多方面因素，上述因素是岩塞口位置选择的必要条件，也是保证岩塞爆破成功和长期稳定运行的重要因素。水下岩塞进口段洞线、进水口位置的选择需服从于主体工程洞线的选择，同时考虑地形地质条件、周边环境、施工条件、工期要求等因素，并通过综合技术经济比选确定。

1）岩塞口的地质条件对岩塞口位置选择至关重要。岩塞口位置和岩塞稳定、岩塞口成型与长期运行稳定、岩塞口边坡及附近岸坡岩体稳定，以及集渣坑边墙稳定、进口段隧洞结构稳定等问题密切相关。有条件时，在地质地形条件方面，优先选在地形简单、平整的岸坡，岸坡水平夹角一般为 $15°\sim75°$。进水口往往位于岩性单一、构造简单、无较大规模断层，且进口闸门井前洞线布置较短的位置。避免选在走向与洞轴线斜交且倾角较高的顺坡或反坡断层和节理密集地带，以免影响岩塞爆破后的洞脸稳定。尽量避免将岩塞口放在凹沟、容易坍塌、岸坡有大量堆渣或坡积物等不良地段。实际工程受总体工程布置限制，确实无法避免不良地形时，应做好岸坡及周边岩体的预先加固处理措施，避免因岩塞爆破导致岩塞口堵塞。

2）在周边环境因素方面，岩塞口位置选择不能够因爆破危及周边建（构）筑物的安全。进口段优先选择周边无对爆破施工严重制约的建（构）筑物、文物等特殊保护对象的位置。

3）在施工条件方面，考虑施工难易程度，优先选择进口段具备一定场地条件，修建施工竖井或施工支洞等临时设施规模较小的位置。

4）通过比较工程投资的多少，工程量的大小，施工工期的长短等方面的要求，力求岩塞进口段洞段短、结构简单、易于施工，做到技术可行、经济合理。

（3）岩塞口应与隧洞其他建筑物布置相协调，并与后接隧洞平顺过渡。岩塞轴线与水平夹角宜为 30°～75°。岩塞口各部位形状复杂，多为不规则渐变体型。复杂的结构形式，形成岩塞口相对较差的水流条件，特别是有泄洪排沙要求的岩塞口，对岩塞口与其他建筑物的协调布置和平顺过渡要求更高。岩塞轴线的水平夹角不可过小，也不可过大。夹角过小时，不利于爆渣下落，集渣效果不好；夹角过大时，钻孔、装药等施工作业比较困难。为保证岩塞厚度的均匀性，通常岩塞轴线与岩坡近似垂直。

（4）水下岩塞是一种特殊围堰，作为临时的挡水建筑物，其建筑物级别按照《水利水电工程等级划分及洪水标准》（SL 252—2017）和《水利水电工程施工组织设计规范》（SL 303—2017）中的相关规定确定。特别注意的是，岩塞的防洪标准应按照岩塞挡水期间的最大水头确定。在按照 SL 252—2017 中表 4.8.1 临时性水工建筑物级别确定岩塞建筑级别时，岩塞的使用年限要采用表中上限值，导流建筑物规模中的围堰高度要采用岩塞承受的最大水头，库容要采用岩塞底部高程以上对应的库容。

第二节 岩 塞 结 构

一、岩塞断面尺寸及体型

岩塞断面尺寸、体型的设计和选择主要包括以下内容：

（1）岩塞口的最小过流断面尺寸。

（2）岩塞体体型。

（3）岩塞的厚度与直径的比值（厚径比）。

（一）岩塞口的最小断面尺寸必须满足最小过流断面的要求

为了使岩塞口满足过流流量和长期稳定运行的要求，必须保证爆破后的岩塞口有足够的过流断面面积。岩塞口一般呈"喇叭形"，这里的断面指最小过水断面。岩塞爆破后，岩塞口岩壁较粗糙，进口段水头损失较大，故岩塞口的最小过水断面面积一般不小于主洞的过流面面积，并考虑一定的裕度。岩塞口最小过水断面可按式（3.2-1）计算确定：

$$F = K \frac{Q}{[v]} \tag{3.2-1}$$

式中：F 为过流断面，m^2；Q 为设计最大过流量，m^3/s；K 为裕度系数（1.2～1.5）；$[v]$ 为爆破岩塞口围岩的抗冲刷流速，m/s。

围岩的抗冲刷流速的确定，最好通过试验选取或用工程类比法选取。在可能的情况下应尽量加大底流速，缩小爆破口的洞口尺寸。这是因为随着洞口尺寸的缩小，工程的难度会大大降低，岩塞爆破的难度也大大降低，也会给后续的岩塞尺寸和稳定带来诸多有利的因素。目前还缺少围岩抗冲刷流速的试验数据，大多还是根据经验选取：一是从围岩的完整性，爆破成型好坏，节理或断层组成是否稳定，提出抗冲流速；二是从进水口流态来看是否平顺，特别是大流量、高流速水流的进水口。水流流态必须平顺，避免涡流和负压，否则也会引起洞口的破坏。

对于水平推移质最大抗冲流速，可采用表 3.2-1 作参考。

表 3.2-1　　　　　　　　　　　　　基岩的抗冲刷流速

序号	基 岩 岩 性	抗冲刷流速/(m/s)
1	砾岩、泥灰岩、页岩	2.0～3.5
2	石灰岩、致密的砾岩、砂岩、白云白灰岩	3.0～4.5
3	白云砂岩、致密的石灰岩、硅质石灰岩、大理岩	4.0～6.0
4	花岗岩、辉绿岩、玄武岩、安山岩、石英岩、斑岩	15.0～22.0

鉴于岩塞进口段结构复杂、多变,理论计算难于真实反映其真实流态,在实际工程设计时,通常采用水工模型试验来验证和确定岩塞口断面面积。

发电引水要求控制通过水轮机组的岩块粒径不超过 d,即控制粒径,可由式(3.2-2)确定。

$$d \leqslant \frac{D}{30} \tag{3.2-2}$$

式中: d 为水轮机(或其他用水设备)的岩块控制粒径,mm; D 为水轮机转轮直径,mm。

对于确定的 d 值,基岩抗冲刷流速 $[v]$ 可按式(3.2-3)估算。

$$[v] = 4.6 d^{\frac{1}{3}} t^{\frac{1}{6}} \tag{3.2-3}$$

式中: d 为水轮机(或其他用水设备)的岩块控制粒径,mm; t 为水深,m。

对于泄洪隧洞,可以通过较大直径的石块,不受上述条件的限制,只受围岩的抗冲流速的限制。当流速超过围岩的抗冲流速时,洞口就被冲刷逐步扩大,直到洞口稳定为止。

(二)岩塞体的体型设计

岩塞体的体型,一般有圆台体型、城门洞体型和马蹄体型,不同的体型有各自不同的优缺点。

城门洞体型和马蹄体型类似,这两种体型的岩塞,能够跟其后的集渣坑或者城门洞型的引水隧洞有很好的衔接。对于采用集渣形式的岩塞爆破,爆破后的岩渣大多集在集渣坑的中下部,为了尽量扩大集渣坑的有效容渣体积,集渣坑均为城门洞型。采用城门洞体型或马蹄体型的岩塞,除了在体型上能够与集渣坑很好的衔接,也为渐变段(岩塞内面至集渣坑间的部分)和集渣坑的结构设计带来方便,因为同为城门洞型,衬砌支护结构都相对简单,不用设置复杂的变化体型。

城门洞体型和马蹄体型岩塞的缺点,是岩塞爆破后岩塞口围岩应力条件没有圆台体型的好,边墙与底边连接处应力集中,容易造成岩塞口围岩的不稳定。

国内外成功实施的岩塞爆破工程中,采用城门洞体型和马蹄体型岩塞的相对较少。例如镜泊湖发电取水口岩塞爆破,岩塞为 8m×9m 的城门洞体型;加拿大的休德巴斯岩塞爆破,岩塞为直径 18m、厚 21m 的马蹄体型。

圆台体型的岩塞,岩塞爆破后岩塞口围岩应力条件好,围岩的稳定性好;同时,爆破后的岩塞口呈"喇叭口",进水条件好,故国内外岩塞爆破工程中,大多采用这种体型。例如近些年国内成功实施的几个岩塞爆破,如刘家峡洮河口排沙洞水下岩塞爆破、厂甸水下岩塞爆破、兰州引水进水口岩塞爆破等,岩塞均采用圆台体型。

采用圆台体型的岩塞，爆破后的岩塞口与其后的渐变段和集渣坑衔接复杂一些，需要复杂渐变段体型和衬砌结构，会给设计和施工带来一定的难度。

无论采用哪种岩塞体型，岩塞由内向外一般设置一定的外扩角。岩塞的外扩角指岩塞轮廓由其内口向外开口的外扩角。岩塞设置外扩角的原因是施工所需。众所周知，岩塞掌子面施工条件非常不好，空间狭窄，光线昏暗。各种施工作业往往需要向斜上方进行，施工非常困难，炮孔的施工更是如此。岩塞的周边轮廓，均需采用预裂爆破或光面爆破。炮孔钻设时，钻机需要一定的工作空间，因为钻机不可能贴着边壁进行。设置外扩角，可以使钻机具有一定的工作空间，钻孔的方向也容易控制，也提高了钻孔的精度。

外扩角的主要影响因素是施工设备和施工条件。近似圆台体的岩塞，一般均需设置外扩角，但是个别采用其他体型的岩塞，如城门洞型，如果施工空间允许，则可不设外扩角。外扩角一般在 5°～15° 内选取，过大的外扩角，会造成炮孔底部行间距增大较多，抵抗线增大，影响爆破效果。

当岩塞的轴线方向确定以后，岩塞掌子面的方向布置也往往会对岩塞的体型产生较大的影响，进而对后续的结构、灌浆及爆破方案设计带来影响，下面举一个例子说明。

例如 2019 年 1 月成功实施的兰州引水工程取水口岩塞爆破，岩塞体为近似倒圆台体，内面为圆形，外扩角 10°，岩塞轴线水平夹角 45°，水下岩面倾角约 66°。根据岩塞口地形地质条件，设计了 2 个岩塞布置型式，并对这两个岩塞体型进行分析比较。

1. 岩塞体型方案一

岩塞轴线水平夹角 45°，进口底高程为 1706.00m，边线与轴线夹角 10°。岩塞体为近似倒圆台体，内侧开口面为圆形，与岩塞轴线垂直，直径 5.5m，见图 3.2-1。

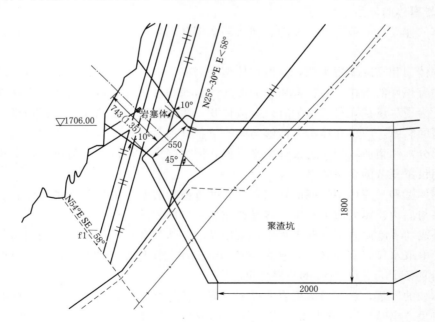

图 3.2-1　岩塞体型方案一布置（尺寸单位：cm，高程：m）

2. 岩塞体型方案二

岩塞轴线水平夹角45°，进口底高程为1706.00m，边线与轴线夹角10°。岩塞体为近似斜切圆台体，总体上塞体近似等厚，内侧开口面为不规则形，与岩塞轴线夹角66°，见图3.2-2。

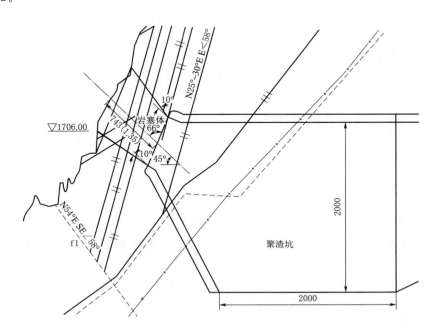

图3.2-2 岩塞体型方案二布置（尺寸单位：cm，高程：m）

3. 方案的优缺点比较

岩塞体型方案一、方案二的优缺点比较见表3.2-2。

表3.2-2　　　　　　　　　　　岩塞体型优缺点分析比较

方案	优　点	缺　点
方案一	1. 岩塞渣体下落集渣效果稍好； 2. 集渣坑高度相对较小，开挖量稍小； 3. 炮孔钻孔定位容易，开孔容易； 4. 封口结构相对简单	1. 岩塞厚度不均匀度比较大； 2. 岩塞底部岩体较薄，由于岩塞岩体节理发育，透水性强，岩体较薄部位更易发生严重透水，发生危险
方案二	岩塞厚度较均匀，无局部薄弱部位	1. 岩塞渣体下落集渣效果稍差； 2. 集渣坑高度相对较大，开挖量稍大； 3. 炮孔钻孔定位困难，开孔较难； 4. 岩塞封口结构复杂

根据表3.2-2的分析比较，设计最终选择方案一为推荐的岩塞体型。

岩塞体型推荐方案底部岩体较薄，由于岩塞岩体节理发育，透水性强，岩体较薄部位更易严重透水，发生危险。针对这一缺点，在开挖至岩塞底部时，可预留保护层，根据地质的具体情况再确定是否继续开挖至设计尺寸。

通过上述实例可知，当水下岩面较陡或较缓时，岩塞掌子面与轴线的夹角不同，岩塞的体型也会有很大的不同，进而会对岩塞的整体和局部稳定带来影响；会影响集渣坑的布置和结构，影响集渣效果；会对钻孔施工的难易程度带来影响；也会对封口结构的复杂程度带来影响。所以，岩塞掌子面与轴线的夹角，是岩塞体型设计的重要组成部分，需要综合考虑地形、地质条件，集渣坑的结构和集渣效果、钻孔施工的难易程度等各种影响因素，通过分析比较，最终选择合适的岩塞体型。

（三）岩塞厚度的确定

岩塞的厚度是指其轴线处的厚度。岩塞厚度的确定是岩塞爆破设计中的关键问题之一。岩塞的厚度直接影响到施工的安全和岩塞爆破的难易程度、岩塞口以及爆破洞脸的稳定。岩塞的厚度主要取决于地质条件和岩塞爆破方法，其次与岩塞、倾角的大小、外水压力的大小以及渗漏情况等因素有关。在可能的情况下，应该尽量减薄岩塞体的厚度。因为岩塞薄，岩渣方量少，炸药用量也就少。这不但减小了爆破的振动影响，减少集渣坑的开挖方量，而且减少了不衬砌洞口的长度，有利于洞口和洞脸的稳定。

影响岩塞厚度的因素有很多：塞体岩性，强度，地质构造——节理、裂隙、断层，地下水，岩塞上部水压力和覆盖层厚度，塞体下部开挖直径等。由于影响因素较多，边界条件复杂，为了了解岩塞受力情况以及破坏的规律，为合理地选择岩塞体厚度提出可靠的依据，我国的工程技术人员在清河水库进行了地下岩塞体厚度试验。

试验岩塞位于地表以下 $16\sim20\text{m}$ 深的前震旦纪变质岩地层。岩石以绿泥石片岩为主，灰绿色，致密中等，坚硬，半风化，呈片麻状和不甚明显的片麻结构。岩石节理、裂隙相互切割比较厉害，裂隙而多为闭合和泥质及碳酸盐充填，层理较发育，大小断层较多。其中一条较大的 F_{17} 断层，最大宽度达 1.5m，断层泥厚度达 $3\sim5\text{cm}$。它斜切岩塞的一角，贯穿整个岩塞，岩塞的透水性很小。普氏系数 $f=4$。岩塞的横断面尺寸是 $6\text{m}\times6\text{m}$，岩塞顶部开挖成拱形的压力水池。岩塞下部开挖成高 2m，横断面尺寸是 $6\text{m}\times6\text{m}$ 的观测洞。试验时，采用水泵向压力池加水压。在岩塞底部安设仪表进行各项观测工作。整个试验进行了 4d，试验布置见图 3.2-3。

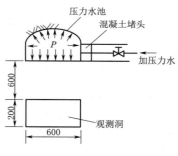

图 3.2-3　清河水库岩塞厚度
试验布置（尺寸单位：cm）

岩塞厚度试验分 6m 和 4.5m 两个阶段进行。试验水压力分五级：0.21MPa、0.32MPa、0.44MPa、0.58MPa、0.60MPa。加减荷载 20 多次，每次加荷时间最长达 $4\sim10\text{h}$。岩塞减薄为 4.5m 厚时，在封闭的压力水池中放入 2.5kg 35% 的胶质炸药，做破坏性试验。结果发现，压力水池的混凝土堵塞体发生明显的位移，并且有裂纹。而岩塞体本身是稳定的，仅在岩塞底部有局部剥落石块，约 1m^3，岩塞体没有遭到破坏。

在各项观测中，所取得的岩塞底部变形资料比较好，但是不够完整。渗流速度采用加盐化学分析的方法，从岩塞顶部渗到底部大约需要 $1\sim2\text{h}$。

从分析岩塞底部变形资料中看出：

（1）岩塞底部中心点变形随压力变化产生急剧变化，约 $50\%\sim60\%$ 是属于瞬间弹性变形，约在 $1\sim2\min$ 内即可完成。首次加荷载后有加大的塑性变形。当连续反复增减荷载时，弹性变形图形则几乎相似，见图 3.2-4。

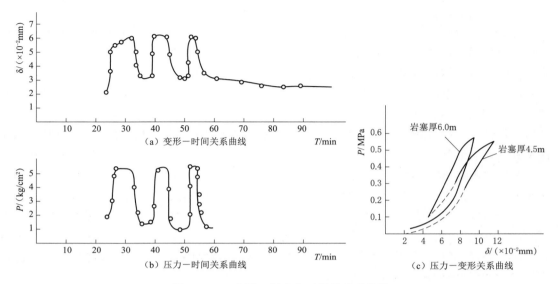

（a）变形—时间关系曲线

（b）压力—时间关系曲线

（c）压力—变形关系曲线

图 3.2-4 变形、压力与时间的关系曲线

注 图中变形点为岩塞底部中心，虚线为推测线。

（2）岩塞厚度由 6m 减薄到 4.5m 时，全变形量增加近 20%，但还是属于弹塑性变形，见图 3.2-4。

（3）岩塞底部沿对称轴有较小的挠度变形，随压力增减呈规律性变化。岩塞厚度为 6.0m 和 4.5m 时，其最大挠度分别为 1/86000 和 1/54500。一般选取地质条件较好的情况下，岩塞厚度与直径比值一般均在 1.0 以上，并且又呈圆柱形，因此挠度变形不是主要问题。

（4）岩塞底部产生很多小的变形，但未遭到破坏，说明由于水压力引起的岩塞弯曲变形和弯曲应力是很小的。在均匀荷载水压力的作用下，对于厚度较大的岩塞体内部与周围岩壁之间应力的分布，是一个比较复杂的课题。

（5）岩塞厚度减薄到 4.5m，厚度与直径之比为 1.0∶1.3，并且用 25kg 胶质炸药，在密封压力室内充满水起爆，进行破坏性试验，岩塞并没有被炸塌。说明在地质结构比较稳定的情况下，岩塞的承载能力是很大的。

（6）本实验岩塞同采用的岩塞体是有区别的。本次试验岩塞的厚度与宽度（或岩塞的直径）之比为 0.75，并且进行了破坏性试验，岩塞还是稳定的，但是不能得出所采用的岩塞厚度与直径之比大于 1.0，岩塞的稳定就不存在问题的结论。岩塞的稳定条件主要取决于地质条件，其次是地形、施工方法及施工工期的长短、外水压力的大小、渗漏情况等多方面因素。从几何尺寸看，尽量缩小岩塞口的尺寸，是有利于洞口及岩塞的稳定的。

对于岩塞厚度的确定，目前有三种途径，即参考类似工程实践经验、岩塞厚度现场试验及理论计算。

参照类似工程经验，对选取岩塞厚度具有一定参考价值，但应指出，岩塞厚度选取与地质条件、岩塞尺寸、上覆水深等因素关系很大。国内外岩塞厚度与直径的比值一般在 0.8～1.5 之间，初步确定岩塞厚度时，可在此范围内选取。

二、岩塞稳定分析

在初步确定岩塞厚度之后，需根据岩塞跨度、地形地质条件、所受荷载进行复核计算，以便使岩塞体与其周边围岩有足够的抗剪强度来抵抗荷载产生的效应。因此，岩塞的稳定性主要视岩塞周边的抗剪强度而定，如组成岩塞体岩石软弱或其围岩被软弱结构面切割时，抗剪强度小，对岩塞体稳定不利；反之，如岩塞体岩石坚硬完整，且其围岩无软弱结构面存在，其抗剪强度大，岩塞稳定分析应考虑以下因素：①岩体的强度；②切割岩塞体及其围岩的断层破碎带、软弱夹层等软弱结构面的规模、产状及其物理力学性质等；③岩塞体中不利结构面的组合以及其他有关条件的影响（如地形条件、开挖临空面）等；④地下水的不良作用，如不均匀集中渗流对岩塞体中的软弱岩层与断层破碎带的软化及机械潜蚀作用等；⑤其他作用，如岩塞药室、炮孔及其他有关工程开挖中的爆破震动和开挖中的卸荷作用等。

这些因素实质上可分为两个方面，一方面为岩塞体本身的内在因素，即岩塞体和围岩的强度、不利结构面的规模、产状、物理力学性质及其组合特征。内在因素是岩塞体抗剪强度和岩塞体中不利组合体的边界条件的控制因素，是对岩塞稳定性起决定作用的因素。另一方面为外在因素，如地下水、爆破震动等，其中以地下水作用最为不利。当在开挖施工过程中，地下水沿岩塞体或其周边的断层破碎带、软弱夹层等出现不均匀集中渗流时，往往因为渗径短、水力坡降大，容易发生机械潜蚀作用，引起其周边岩石渗流失稳而威胁岩塞体稳定。但地下水作用只能伴随不利结构面而发挥作用，所以该因素是影响岩塞稳定的促进性因素。因此岩塞稳定分析需要详尽的地质参数做支撑，除了需要查明组成岩塞体及其围岩的物理力学特性、各种结构面的发育情况、具体位置、组合特征外，还需对软弱结构面的抗剪强度指标做深入分析。

岩塞稳定分析，在研究通过岩塞体和围岩的软弱结构面特征、组合关系的基础上，必须结合岩塞体的边界条件（滑动面、切割面、临空面）及其抗剪强度指标。在进行其边界条件分析时，尚应特别注意的是，切割岩塞体及其围岩的软弱结构面的连续性、软弱结构面的张开宽度、沿走向和倾向的变化情况、充填物的胶结情况。若软弱结构面的张开宽度较大或有厚度较大的软弱岩层等低弹性模量岩体时，由于其围岩不能连续传递力和变形，容易引起岩塞体或不稳定岩块沿侧向变位，导致岩塞体周边或失稳岩块周边抗滑力小，甚至消失，对岩塞稳定不利。若即使岩塞体及其周边存在软弱结构面，但充填胶结较好，结构面起伏差较大，与围岩咬合较好，即围岩仍能连续传递力和变形，在这种边界条件下岩塞体或其失稳岩块剪切滑移时，不易引起侧向变位。同时岩塞体或失稳岩块滑动时必须克服摩擦力甚至剪断滑动面突起部分岩石才会失稳，故其抗剪强度一般较高。

岩塞稳定分析，在研究通过岩塞部位（包括塞体及其周边围岩）的软弱结构面特征及其组合关系的基础上，结合岩塞体在荷载作用下的受力状态，确定岩塞中不利组合体的边界条件（滑动面、切割面、临空面）及其抗剪强度指标。采用承载能力极限状态设计法，在岩石强度和荷载取值条件下，以安全系数的表达方式进行计算。

岩塞体所受荷载主要考虑自重、外水压力及土压力，山岩的初始应力一般可不计。

在岩塞的稳定计算中，研究对象的受力情况与水工隧洞封堵体类似，可参照 SL 279—2016 相关内容进行分析计算，公式如下：

$$KS \leqslant R \tag{3.2-4}$$

$$S = \sum P \tag{3.2-5}$$

$$R = f' \sum W + \sum C_i' A_i \tag{3.2-6}$$

式中：K 为稳定安全系数；S 为荷载效应设计值；R 为岩塞体的承载力设计值；$\sum W$ 为岩塞体承受的全部荷载效应对潜在滑动面的法向分值，kN；f' 为潜在滑动面上围岩与围岩的抗剪断摩擦系数；$\sum P$ 为岩塞体承受的全部荷载效应对潜在滑动面的最大切向分值，kN；C_i' 为潜在滑动面上围岩与围岩抗剪断凝聚力，kPa；A_i 为潜在滑动面面积，m^2。

岩塞的潜在滑动面面积 A_i 宜考虑周边钻孔的影响，且需考虑岩塞研究对象与 SL 279—2016 第 9.8 节所述封堵体的区别，岩塞研究对象与周围围岩可按全接触考虑。

由于岩塞地质情况不可能十分清楚，这种计算比较粗略。另外岩塞还要经受施工开挖爆破或钻孔、长期渗漏等影响，容易引起岩塞的稳定问题。且岩塞的稳定性事关重大，因此在考虑岩塞承受最高水头、周边预裂孔及药室已施工完成等最不利工况时，安全系数要求不小于 3。

另外对于承受高水头（一般是指水头大于 30m）的岩塞，宜进行数值模拟分析，并复核其安全状态。

第三节　岩塞爆破设计方案的选择

一、岩塞爆破方案分类及适用范围

为了将岩塞一次爆通成型，将炸药、雷管及导爆索等爆破器材，通过一定的布置方式组合，考虑其在时间、空间上的相互影响，所形成的一个完整的爆破系统称岩塞爆破方案。确定岩塞爆破方案，是岩塞爆破最为关键的工作，因为这直接决定了整个岩塞爆破的成败。

岩塞爆破方案一般有排孔岩塞爆破、药室岩塞爆破、排孔与药室结合岩塞爆破三种。《水下岩塞爆破设计导则》（T/CWHIDA0008—2020）中对三种爆破方案作出了解释：

（1）排孔岩塞爆破：全部采用钻孔法进行的岩塞爆破。

（2）药室岩塞爆破：轮廓面预裂爆破，岩塞体采用药室法进行的岩塞爆破。

（3）排孔与药室结合岩塞爆破：轮廓面光面爆破或预裂爆破，岩塞体采用药室和排孔联合进行的岩塞爆破。

（一）排孔岩塞爆破

排孔岩塞爆破是在岩塞掌子面布置较为密集的炮孔，中心布置掏槽孔，周围布置崩落孔，岩塞周边布置光面爆破孔或预裂孔，钻孔中装药进行爆破。从某种意义上说，排孔岩塞爆破就是钻孔爆破中的一种。钻孔爆破是钻孔后孔内装药爆破的统称，台阶爆破属于钻孔爆破，隧道掘进爆破、井巷掘进爆破、掏槽爆破、光面爆破、预裂爆破等，均属于钻孔爆破。

排孔岩塞爆破早期一般用于断面较小的岩塞，如国外的阿斯卡拉、雪湖以及我国的香山、密云等工程均采用这种爆破方式。但随着国内水下岩塞爆破技术的发展，近年来逐渐应用于大直径的水下岩塞爆破，如我国的长甸水电站改造工程进水口岩塞爆破工程、辽西北供水进水口岩塞爆破工程。

排孔岩塞爆破的特点是全部采用钻孔装药的方法爆破。在岩塞内部一般布置有掏槽孔、空孔、崩落孔和周边孔。空孔为掏槽孔提供爆破空间，使得掏槽能够取得预想的效果。掏槽孔爆破后，形成一定的空间，为后续起爆崩落孔提供爆破空间。从上面的描述可知，不同的炮孔，根据需要和计算，有着不同的装药结构和爆破时间。所以岩塞排孔爆破方案，炮孔的装药结构复杂，基本上每个孔均不相同。同时，排孔岩塞爆破，为了取得理想的爆破效果，控制最大单段药量，整个岩塞的炮孔需分成 20～30 段进行爆破，所以，排孔爆破方案的爆破网络是比较复杂的，岩塞爆破时网络连接和检查的时间较长，通常需要几个小时。

排孔岩塞爆破的炮孔数量比较多。例如兰州水源地建设工程取水口岩塞爆破，岩塞直径 5.5m，岩塞内共布置了 98 个炮孔和 6 个空孔。如果岩塞直径增大，炮孔数量将继续增多。同样的炮孔数量，在一般的台阶爆破中并非难事，这是因为在露天的条件下，炮孔的钻设可采用大型的钻孔机械，如液压履带钻机等，钻孔效率非常高，施工相对容易。即使在常见的地下隧洞开挖中，这些炮孔的钻设也并不复杂，因为在普通的隧洞爆破中，一次钻进的进尺比较小，通常为 3m 左右，虽然隧洞的施工条件比较狭小，炮孔的钻设可以采用手风钻等轻便的钻孔设备进行施工，再加上对钻孔精度要求不是非常高，炮孔的钻设也是相对容易的。

对于排孔岩塞爆破的钻孔来说，这些炮孔的钻设则要困难得多。岩塞的炮孔大多具有上仰角，有时上仰角接近 90°。为了保证钻孔精度，控制偏孔，炮孔钻设一般采用 100B 型潜孔钻，该钻机是轻型的潜孔钻机，重量也有 200～300kg。岩塞掌子面工作条件非常差，工作面狭小，漏水。在以上的情况下，岩塞炮孔的钻设需要搭设施工平台，并固定好钻机，向斜上方钻设炮孔，同时还要控制偏孔情况，钻孔过程中还需不停地纠偏。当一个炮孔钻设完毕，还需要人工挪动钻机，这也是一个困难的工作。

另外钻孔的放样和钻机的定位也是非常困难的，因为钻孔的布置都是三维空间的形式，为了追求炮孔的均匀性，不同圈的炮孔往往不会汇交到空间同一点，这给炮孔的放样和定位带来了更大的困难。

炮孔的钻设过程中，还会面临另外一个比较大的风险和困难，就是钻孔打穿的问题。水下地形和岩面线测量是存在误差的，有时这种误差还很大，可以达到 1～2m，甚至更大。由于岩面线误差导致的钻孔打穿直通水库或河湖的情况非常常见，基本上每个岩塞爆破工程都有可能遇到。当炮孔打穿孔时，就会面临堵孔的问题。堵孔是非常困难的，几十米水头的压力水从炮孔直射出来，再加上冰冷的湖水（即使是夏季，湖底的水也是非常凉的），施工人员往往靠近不得。打穿的炮孔是可以封堵良好的，但这需要付出很大的努力。

以上是排孔岩塞爆破在设计和施工等方面的一些特点，总的来说其具有如下的优缺点。

（1）优点：

1）岩塞内部炸药分布均匀，岩塞爆渣相对较小；

2）岩塞周边孔采用光面爆破，成型较好；

3）岩塞爆破单段药量可控，爆破振动影响较小。

（2）缺点：

1）炮孔数量较多，精度要求高，炮孔钻设困难，打穿孔封堵困难；

2）炮孔装药结构复杂；

3）爆破网络复杂；

4）不适用于有较深淤泥覆盖层的岩塞爆破。

总的来说，排孔岩塞爆破方案一般在小型的岩塞爆破中比较适用。这是因为岩塞小的情况下，岩塞厚度较小，炮孔数量少，孔深也小，上面所述的缺点也就更容易克服。同时由于其在单段药量控制和控制振动影响方面的优点，《爆破安全规程》（GB 6722—2014）规定，岩塞厚度小于 10m 时，不应采用硐室爆破法。这里需要说明的是，在岩塞上部有比较厚的覆盖时，对于这种特殊的情况，需要进行专门的研究。

（二）药室岩塞爆破

药室岩塞爆破是在岩塞中开挖药室，放置集中药包或延长药包进行爆破，如国外的休德巴斯及我国的丰满、清河、镜泊湖、刘家峡等工程均采用了这种方式。

药室岩塞爆破中，岩塞的周边轮廓一般采用预裂爆破。预裂爆破属于钻孔爆破，但是岩塞爆通是依靠药室的炸药威力，故这种爆破方案还是称为药室岩塞爆破。

国内外岩塞药室爆破，大多采用多个集中药室布置，基本没有采用单个药室的。这是因为采用药室爆破方案的岩塞的规模一般都比较大（如国外的修斯巴德和国内的丰满岩塞爆破），单个集中药室药量太大，其所产生的爆破振动、冲击波等有害效应也大，爆破效果也不一定好。而采用多个集中药室就可以有效地降低上述有害效应，并取得较好的爆破效果。

多个集中药包，可分为单层布置和多层布置。镜泊湖水下岩塞爆破，采用单层布置，近似"王"字形，共布置了 7 个集中药包，见图 3.3－1。丰满水库岩塞爆破，药包分三层布置，共 8 个，上层为 1 号药室，下层为 2 号药室；中层为 3～8 号 6 个药室，见图 3.3－2。

刘家峡洮河口排沙洞水下岩塞爆破中，采用了与丰满水库岩塞爆破类似的药室爆破方案，但其药包布置有别于传统的"王"字形布置方式，为了适应深水、厚淤积覆盖等复杂条件，创新采用了空间陀螺状布置方式，保证了爆破成功实施，此药室布置方法称为"陀螺分布式药室法"，药室布置见图 3.3－3。

药室岩塞爆破方案中，要解决的主要问题可以概括为三个方面：第一是炸药布置的位置；第二是炸药量计算；第三是起爆时间确定。其他的岩塞爆破方案主要解决也是这三个方面的问题，而在药室岩塞爆破中尤为突出。

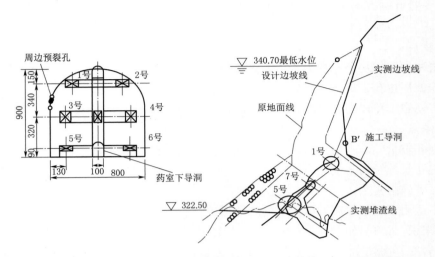

图 3.3-1　镜泊湖岩塞爆破"王"字形药室布置（尺寸单位：cm；高程单位：m）

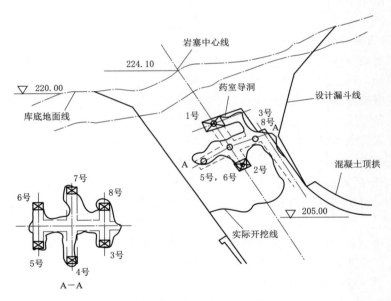

图 3.3-2　丰满岩塞分三层药室布置（单位：m）

　　集中药室的布置，主要考虑药室的阻抗平衡、药室与药室的作用和距离、药室与预裂面的距离等因素。阻抗平衡是指以药室上下两个最小抵抗线及爆破参数分别计算炸药量，并使之平衡，计算两个抵抗线的比值并以此近似地确定药室的位置，见图 3.3-4。

　　药室与药室之间需要间隔一定的安全距离，以避免先起爆的药室对后续起爆药室及其中的数码雷管产生破坏，或者先起爆药室引起后续起爆药室殉爆。药室与预裂面间也应有足够的安全距离，以避免药室的强大爆炸作用对岩塞轮廓产生破坏，具体计算方法详见本章第五节相关内容。

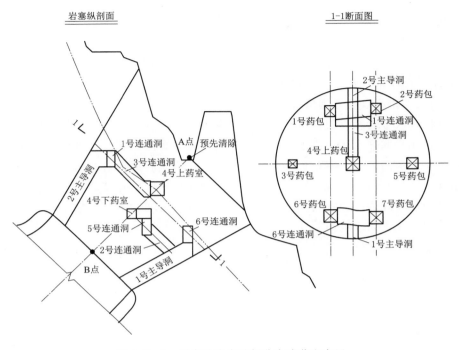

图 3.3 - 3 刘家峡岩塞陀螺分布式药室布置

药室岩塞爆破中，岩塞轮廓一般采用预裂爆破，这是因为药室的药量一般都比较大，产生的爆破振动影响较大，采用预裂爆破，可以有效地降低爆破振动效应。

药室岩塞爆破需要在岩塞中开挖导洞和连通洞。导洞和连通洞是施工通道，主要用于药室的开挖和装药施工，导洞和连通洞断面尺寸宜尽量小，满足施工要求就可以。导洞是主施工通道，常用的断面尺寸为 1.8m×0.5m；连通洞小一点的施工通道，常用的断面尺寸为 1.2m×0.5m。刘家峡洮河口排沙洞水下岩塞爆破导洞和连通洞的布置见图 3.3 - 3。

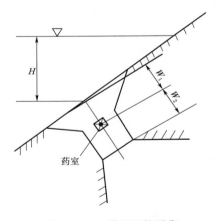

图 3.3 - 4 药室阻抗平衡

药室岩塞爆破，因其采用集中药室的布置，可以利用大药量的强大爆破力量，对岩塞上部的深厚覆盖层作用，使覆盖层扰动，从而达到理想的效果。

以上是药室岩塞爆破的一些特点，总的来说其具有以下的优缺点。

（1）优点：

1）岩塞内药室数量较少，药室及施工通道的开挖相对容易；

2）药室装药结构简单；

3）爆破网路非常简单；

4）对于有较深淤泥覆盖层的岩塞有较好的适用性。

（2）缺点：

1）岩塞内部炸药分布不均匀，岩塞爆渣大块较多；

2）岩塞周边轮廓及洞脸易受破坏，开口尺寸不宜控制；

3）岩塞爆破单段药量较大，爆破振动影响较大。

（三）药室与排孔联合岩塞爆破

药室与排孔联合岩塞爆破将药室与排孔方案进行了融合，一般情况是利用集中药室的强大爆破力量在岩塞临水侧形成进水口，再利用排孔方案形成比较规则的轮廓面。本爆破方案一般在靠近水面部位岩塞布置一个集中药包，在药室后部的岩塞内布置各类钻孔，进行装药爆破，即岩塞前半部分采用药室爆破，后半部分采用钻孔装药进行爆破。有的岩塞爆破方案，会很明确的以药室爆破为主、钻孔爆破仅作为辅助措施，如国外的意大利列地和我国的汾河、响洪甸水电站等。

药室与排孔结合爆破的布置特点决定了该爆破方式研究的重点是集中药包的布置，以及集中药包与排孔的空间布置关系，见图 3.3-5。

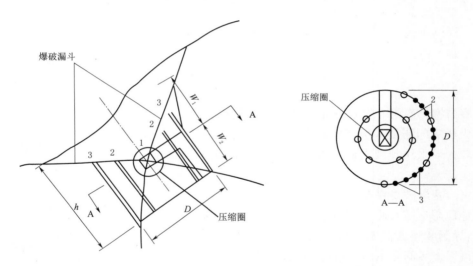

图 3.3-5 药室与排孔结合爆破方案布置典型示意

1—药室；2—崩落孔；3—周边孔；h—岩塞厚度；D—岩塞直径

根据具体布孔位置，排孔布置均要避开药室的爆破漏斗范围，以及压缩半径影响的范围，避免药包的起爆对后序排孔爆破产生不利影响。

本爆破方案，利用了排孔与药室爆破方案的优点，如利用集中药室解决覆盖层问题，利用排孔方案形成较好的岩塞轮廓等，但是同时也不可避免的兼有了两个方案的缺点。

（1）优点：对于有较深淤泥覆盖层的岩塞有较好的适用性。

（2）缺点：

1）岩塞前半部分炸药分布不均匀，岩塞爆渣大块较多。

2）岩塞洞脸易受破坏，开口尺寸不宜控制。

3）岩塞爆破单段药量较大，爆破振动影响较大。

4）炮孔数量较多，精度要求高，炮孔钻设困难。

5）炮孔装药结构复杂。

6）爆破网络相对复杂。

（四）岩塞爆破方案选择的总体要求

岩塞爆破方案一般优先选择排孔爆破或药室爆破方案。对于岩塞口上部有较厚覆盖层或淤积等复杂条件下的岩塞进口，可以选用药室爆破或药室与排孔结合爆破方案。

采用药室爆破时，考虑药室爆破方案需要开挖药室、导洞等，基于施工期岩塞的稳定安全和施工作业安全问题，要求岩塞厚度一般不小于 10m。对于排孔爆破、药室与排孔联合爆破未作规定，但国内已实施的排孔爆破的岩塞内径均未超过 10m。

鉴于水下岩塞爆破的特点和技术发展情况，水下岩塞爆破方案需通过水工模型验证、现场试验和模型试验、数值模拟计算分析等综合方法和手段，也可以采用工程类比法，开展专题比选论证研究，通过多方案比较，必要时通过现场模型试验洞进行验证，最终提出技术可行、安全可靠、经济合理的岩塞爆破设计方案。

同时，为了保证岩塞爆破安全，岩塞爆破方案需要与安全防护要求相协调。主要体现在以下几方面：

（1）确保一次爆通、成型、安全，一旦未一次爆破成功，其需要的补救处理措施是相当复杂、难度极大的，势必造成工程工期、工程投资等方面的重大损失，给整体工程建设、运行和效益都会带来重大影响。

（2）爆破设计要正确选用各种爆破参数、合理的药量及装药结构布置型式，尤其是如何合理选择复杂条件下的水下岩石单耗药量。综合考虑爆破振动影响，要保证取水口周围岩壁完整稳定。岩塞爆破施工要简单、安全、稳妥，封堵施工要密实，爆破网路有必要进行严格检查，最终实现一次爆通。

（3）重视附近建筑物的安全，研究爆破对周边现有建筑物的影响。一般岩塞爆破周围建筑物较多，如何控制最大单段药量、合理的爆破振动标准和冲击波等爆破有害效应不对周围已有建筑造成破坏，同时确保岩塞一次爆通是水下岩塞爆破设计的关键点。

（4）水下岩塞爆破形成的进水口处于深水运行情况，爆破后进水口周壁没有条件再进行混凝土衬砌和其他加固措施，岩塞口周围岩石裸露在水中，这就要求岩塞口周边岩体既满足成型良好的要求，又要满足运行期间的稳定要求。通常需要对岩塞口周边岩体、进口边坡等进行预先加固处理，并采用安全可靠的爆破实施方案，避免对岩塞口周边岩体造成破坏。

（5）爆通后的岩塞口断面尺寸必须满足功能、安全和质量的要求，实际开口尺寸既要成型良好、周边岩体稳定，又要满足设计和实际运行的功能要求，并具有良好的水流条件和长期运行的稳定性。

二、岩塞爆破方案设计

（一）岩塞爆破方案设计的具体要求和原则

（1）爆破设计中的主要技术措施和关键问题必须通过模拟试验进行验证，从而使设计工作做到技术措施落实、方法可行。

（2）岩塞必须保证一次爆破成型。当岩塞上部有覆盖层时，覆盖层应作为特殊问题采取可靠的处理措施，使其在岩塞爆破的同时，能立即形成过水通道，不致阻碍水流通过进水口或造成爆渣在进口处出现堵塞。

（3）进水口常年在深水下运行，爆后洞脸和岩塞进口段不可能进行衬砌和其他加固处理，所以岩塞选位、岩塞体型、爆破布置及参数选取等要充分考虑保证进口和洞脸的整体稳定性。

（4）岩塞的开口尺寸及体形应能满足泄流或排沙等要求，应保证爆后形成的进水口具有较好的水力条件。

（5）岩塞厚度的选择应满足稳定要求，并保证施工期的安全。

（6）在保证爆通成型的条件下应尽量降低炸药用量，在药包布置上要有利于爆岩的充分破碎。

（7）覆盖层采用爆破方法处理时，要考虑水下爆破水击波作用和影响，对大坝及周围建筑物在岩塞及淤积层爆破处理共同作用下的安全进行论证。

（二）排孔岩塞爆破设计

排孔岩塞爆破设计的主要内容包括：掏槽孔设计、崩落孔设计、周边孔设计、炮孔封堵设计、炮孔装药结构设计、爆破网络及炮孔孔底距岩面的距离等方面的内容，其中炮孔封堵设计、炮孔装药结构设计、爆破网络爆破网络设计在后续章节中讨论。

1. 掏槽孔设计

掏槽孔设计或者叫掏槽设计，是排孔岩塞爆破设计的核心内容。不仅如此，在其他涉及掏槽孔的爆破中，掏槽孔设计也都是核心内容。这是因为如果掏槽孔设计不成功，掏槽失败，则必然导致整个岩塞爆破失败。所以，应该给予掏槽孔设计以足够的重视。

掏槽成功需要遵循以下原则：①需要适当的炸药量将掏槽孔与空孔间的岩石破碎，炸药量不能过大，过大将引起两个炮孔间的岩石产生塑性变形，岩石出现烧蚀，不利于抛掷，进而影响掏槽效果。②需要有足够的空间用于掏槽孔与空孔间岩石的膨胀、破碎以及爆破后的抛掷。减少掏槽孔与空孔间的距离和采用大孔径空孔是解决这一问题的有效途径。③不同炸药作用于不同的岩石，爆破效果有很大的差异，掏槽布置和掏槽孔的装药结构参数需通过掏槽试验验证最终确定。

掏槽孔孔径还跟孔间、排距有关，间、排距较小，则每孔分担的岩石体积就较小，炮孔的装药量也较小，需要的孔径也较小；相反，则需要较大的孔径来装下设计的药量。

不同的炸药，其作用于不同的岩石以及产生的爆破效果是不同的，有时会有很大的差异。甚至同一种炸药，不同的生产厂家，爆破的效果也可能不同。所以，在掏槽孔设计完成后，要及时地进行掏槽试验，通过试验的效果，不断的修正或修改掏槽方式，调整爆破参数，确定最终的掏槽孔设计。

掏槽方式按掏槽孔的布置可为斜孔掏槽、直孔掏槽和混合掏槽，混合掏槽是斜孔掏槽与直孔掏槽的混合。

（1）斜孔掏槽。

斜孔掏槽钻孔与工作面呈一定的角度，可分为单向掏槽、锥形掏槽和楔形掏槽。

1）单向掏槽。掏槽孔1～3排，朝一个方向倾斜。这是利用岩石层理和弱面的一种掏槽方式，常见有以下四种：顶部掏槽、底部掏槽、侧向掏槽和扇形掏槽，掏槽孔与工作面的倾斜角度一般为 $50°\sim70°$。四种掏槽孔布置见图 3.3－6。

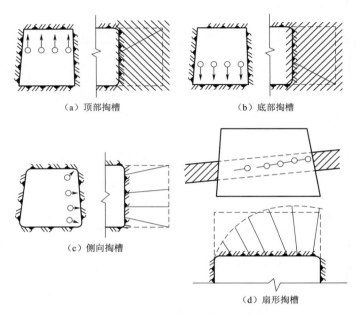

（a）顶部掏槽　　　　　　　　　　　（b）底部掏槽

（c）侧向掏槽

（d）扇形掏槽

图 3.3－6　单向掏槽示意图

2）锥形掏槽。锥形掏槽常见的有三角锥、正角锥和圆形锥三种，孔数 3～6 个，布置形式见图 3.3－7。平巷掘进多用正角锥掏槽，竖井掘进多用圆形锥掏槽。

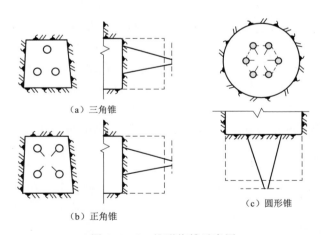

（a）三角锥

（b）正角锥

（c）圆形锥

图 3.3－7　锥形掏槽示意图

3）楔形掏槽。楔形掏槽又称 V 形掏槽，一般用水平楔形掏槽，也有用垂直楔形掏槽，炮孔布置形式见图 3.3－8。

斜孔掏槽优缺点和适用范围见表 3.3－1。

斜孔掏槽，炮孔与掌子面呈一定的角度，具有掏槽孔数量少，掏槽面积大，易将爆渣抛出的优点；但是循环进尺受掌子面限制，也就是说炮孔深度受限，当炮孔比较深的时候（5m以上），往往无法布置斜孔。所以，斜孔掏槽多用于3m左右进尺的爆破中，对与水下岩塞爆破的适用性较差。

表3.3-1　　　　　　　　　　　　　斜孔掏槽优缺点分析

序号	掏槽形式	适用范围及条件	优　点	缺　点
1	单向掏槽	工作面存在软弱夹层或弱面	掏槽孔数量少，掏槽面积大，易将爆渣抛出	1. 使用条件受限； 2. 循环进尺受掌子面限制； 3. 爆堆分散
2	锥形掏槽	适用范围广	掏槽孔数量少，掏槽面积大，易将爆渣抛出	爆堆分散
3	楔形掏槽	工作面大于 $4m^2$ 的中硬岩石	掏槽面积大，易将爆渣抛出	1. 受掌子面限制； 2. 爆堆分散

（2）直孔掏槽。

直孔掏槽炮孔垂直工作面，要求彼此严格平行，可分为龟裂掏槽、桶形掏槽及螺旋掏槽。

1）龟裂掏槽。掏槽孔布置在一条直线上，一般3～7个炮孔，装药孔与空孔间隔布置，孔距8～15cm，爆后形成一条槽缝。

2）桶形掏槽。桶形掏槽又称角柱形掏槽，在中硬岩石中普遍使用。按空孔直径的大小，又分为小孔桶形掏槽和大孔桶形掏槽。小孔桶形掏槽空孔直径与装药孔相同，装药孔顺序起爆。常见的小孔桶形掏槽布孔型式见图3.3-9。大孔桶形掏槽空孔直径大于装药孔直径。空孔直径75～100mm，装药孔顺序起爆。常见的大孔桶形掏槽布孔型式见图3.3-10。

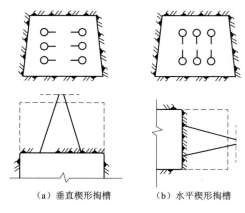

（a）垂直楔形掏槽　　　（b）水平楔形掏槽

图3.3-8　楔形掏槽示意图

图3.3-9　小孔桶形掏槽示意图

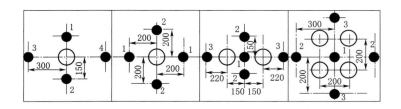

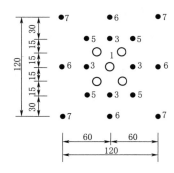

图 3.3-10 大孔桶形掏槽示意（单位：cm）

3) **螺旋掏槽**。在空孔周围沿螺旋线布置掏槽孔，各装药孔依次起爆。按空孔直径大小可分为小孔螺旋掏槽和大孔螺旋掏槽。螺旋掏槽布孔型式见图 3.3-11。

4) **影响直孔掏槽的主要因素**。影响直孔掏槽的主要有以下因素：

a. 岩性。

b. 空孔与装药孔之间的距离。

c. 炮孔装药爆破的管道效应，应选用合理的不耦合系数或配用消除炮孔管道效应的装药结构。

d. 掏槽炮孔装药量。

e. 炮孔起爆顺序，应遵循距空孔最近的炮孔最先起爆原则。

f. 钻孔偏差。

直孔掏槽优缺点和适用范围见表3.3-2。

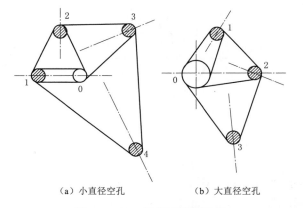

（a）小直径空孔　　　　（b）大直径空孔

图 3.3-11 螺旋形掏槽示意

表 3.3-2　　　　　　　　　　**直孔掏槽优缺点分析**

序号	掏槽形式	适用范围及条件	优　点	缺　点	对岩塞的适用性
1	龟裂掏槽	无限制	简单	掏槽体积小，现很少用	不适用
2	桶形掏槽	适用范围广	1. 炮孔深度不受限； 2. 掏槽面积大； 3. 爆堆集中	1. 掏槽孔多； 2. 要求钻孔精度高	适用

续表

序号	掏槽形式	适用范围及条件	优　点	缺　点	对岩塞的适用性
3	螺旋掏槽	无限制	能充分利用自由面，扩大掏槽效果	1. 炮孔布置稍复杂； 2. 易出现挤死现象； 3. 爆渣不易抛出	适用性差

直孔掏槽炮孔垂直于工作面，炮孔深度不受断面限制，便于进行中、深孔爆破。岩塞爆破中，由于工作面的限制，国内外采用排孔爆破的岩塞中，基本都采用直孔掏槽。

（3）岩塞爆破掏槽孔布置实例。

1）密云水库水下岩塞爆破。密云水库工程岩塞底部直径 5.5m，顶部开口直径为 13.5m，岩塞体实际厚度为 4.54m，岩塞中心线与水平线夹角为 30°。

掏槽孔布置：岩塞中心布置一个中心空孔，直径 100mm。掏槽孔布置在岩塞中部直径 0.6m 的圆周上，平行岩塞中心线，共布置 4 个直孔掏槽，孔距为 47cm。炮孔布置见图 3.3－12。

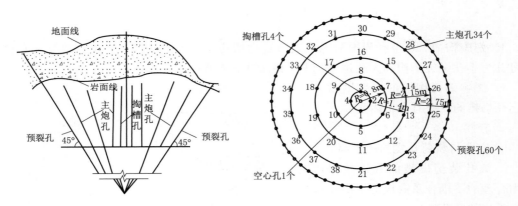

图 3.3－12　密云水库岩塞爆破炮孔布置图

2）印江岩口特大型山体滑坡应急整治工程水下岩塞爆破。"印江岩口特大型山体滑坡应急整治工程水下岩塞爆破"预留岩塞中心厚度 6.5m，上部基岩开口直径 12.05m，底部开口直径为 6m。此工程采用排孔爆破方案，掏槽孔为直孔掏槽孔（桶形掏槽）的形式，在岩塞中心设一个直径 102mm 的空孔，距中心 0.3m 布置一圈 4 个直径为 102mm 的掏槽孔，设 40 个直径 102mm 的主炮孔（外扩孔）分三圈布置。

3）梅铺水库泄空洞进口岩塞爆破。梅铺水库泄空洞进口岩塞平均厚度 3.6m，岩塞的直径为 2.6m，厚度与直径比为 1.38。中心炮孔在岩塞轴线中心，掏槽孔 12 个对称布置在半径 25cm 和 50cm 的圆周上，炮孔直径 80mm，用于爆通岩塞中心部位。为提高爆破效果，掏槽孔及中心孔采用空底装药，中心孔空底 30cm，掏槽孔空底 15cm，空底充填干草把。

4）香山水库工程水下岩塞爆破。原设计岩塞厚度 5m，上、下口直径分别为 7m 和 3.5m。由于超挖的施工原因，按照开挖实际情况对岩塞体形进行了修改，修改后岩塞为倒截头正圆锥体，岩塞厚度变为 4.52m，上、下口直径分别为 7m 和 3.5m。

炮孔布置：

a. 中心炮孔：平行岩塞轴线半径 0.5m 范围内，布置 13 个直径 100mm 炮孔，用以爆通岩塞中部。

b. 扩大炮孔：在岩塞底面半径 1m 圆周上，在中心炮孔和周边炮孔之间布置 12 个直径 100mm 炮孔，用以炸除中心炮孔爆破漏斗范围以外的岩塞石方，并将上口扩至设计口径。

c. 周边孔：在半径 1.7m 圆周上布置 36 个直径 40mm 辐射形炮孔，孔口间距 0.3m，孔底间距 0.5m。

5）响洪甸电站进水口水下岩塞爆破掏槽实验研究。该实验拟定岩塞体厚度 8m，下口直径 9m，上口直径 12m，掏槽孔的设计见图 3.3-13。中心装药孔 1 个，位于圆心，孔深 3.4m；掏槽空孔 8 个，位于半径为 0.30m 的圆周上，孔深 3.6m；掏槽装药孔 8 个，位于半径为 0.56m 的圆周上，孔深 3.4m。所有钻孔相互平行，且垂直于水平倾角为 40° 的掌子面。孔径＝90mm，空孔直径 d 与周边掏槽孔到空孔间距离 D 之比值 $d/D=0.53$。国内外大量研究表明，当 $d/D<0.5$ 时，槽口不会出现完全破碎，因克服岩石的夹制所需的装药量已大到使两孔间岩石产生塑性变形的程度。

试验结果：爆破后槽内岩石全部被抛出槽口，形成一个直径为 1.25m，深为 3.5m 的圆柱形空间，成形良好。

6）洛米引水洞岩塞爆破。洛米水力发电厂位于挪威北部，引水洞进口与洛米湖相接，利用岩塞爆破方法打通。岩塞上净水头 75m，岩塞横断面积 18m²，厚度约 4.5m。

洛米引水洞岩塞爆破采用排孔法，布置了 3 组分开的平行直线掏槽。在每一组直线掏槽中有 4 个直径 127mm 的不装药的大孔，其余都是 45mm 直径的炮孔，总共有 80 个直径 45mm 的装药孔和 12 个 127mm 的非装药孔，见图 3.3-14。孔底距湖水边线尚留 0.5m。

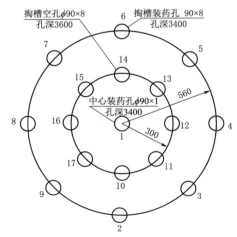

图 3.3-13　响洪甸岩塞掏槽孔布置
（单位：mm）

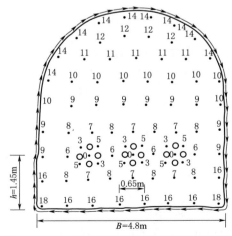

图 3.3-14　洛米引水洞岩塞三组分开的平行
直线掏槽布置

2. 崩落孔设计

崩落孔在不同的爆破中有不同的名称，在井巷掘进爆破中称为辅助孔，在隧洞爆破中称为崩落孔，这里沿用崩落孔的名字。崩落孔的作用是在掏槽爆破成功后，利用掏槽形成的临空面，将岩塞的大部分岩体爆破。由于有了临空面的存在，崩落孔爆破相对较容易，药量也比较小，在某种程度上类似台阶爆破。

在隧道爆破设计中，崩落孔一般均匀布置即可，可采用线性布置形式，也可以采用环形布置形式。一般情况下，抵抗线应小于同排（同一环形）炮孔间距，常为炮孔间距的80%～100%。目前国内也有采用大孔距小抵抗线的线性布置形式，炮孔间距为抵抗线的1.5～2倍。

岩塞爆破的崩落孔布置可参考隧道爆破设计中崩落孔的布置原则和形式，但其也有自身的特点，需清楚这些不同之处。首先，隧洞开挖爆破中，追求的是爆破效果和经济性的平衡，在一定的爆破效果下，越经济越好；而在岩塞爆破中，一次爆通成型是首先要保证的，然后再考虑经济性。其次，在任何的钻孔爆破中，一定的岩石体积，钻孔数量越多，炸药量越大，岩石的破碎效果越好，这是必然的。基于上述两点的考虑，岩塞爆破中崩落孔可适当的密集一些，炮孔密集度系数（炮孔间距/抵抗线）也可以小一些，如洛米引水洞岩塞爆破崩落孔的密集度系数为1.0。国内外一些排孔岩塞爆破崩落孔布置参数见表3.3-3。

表3.3-3　　　　　　　　　　国内外部分排孔岩塞爆破崩落孔参数

工　程	部位	一般孔距/cm	底部孔距/cm	排距/cm	炮孔密集系数
密云水库水下岩塞	内圈	84	84	50	1.68
	中圈	100	50	60	1.67
	外圈	75	56	75	1.00
印江岩口应急抢险岩塞	内圈	63	31.5	50	1.26
	中圈	84	84	80	1.05
	外圈	102	68	100	1.02
梅铺泄空洞岩塞	内圈	41	41	35	1.17
香山水库水下岩塞爆破	内圈	52	52	50	1.04
洛米引水洞岩塞爆破	内圈	0.65	0.65	0.65	1.00
长甸岩塞爆破	第6圈	100	100	65	1.54
	第7圈	106	106	100	1.06
	第8圈	112	112	90	1.24

3. 周边孔设计

周边孔是指岩塞的周边轮廓孔。在一般的钻孔爆破中，周边孔可采用预裂爆破和光面爆破。预裂孔一般最先起爆，形成预裂缝，该缝可以大大减小后续爆破的振动效应，同时也可以留下较完整的轮廓面。光面爆破一般在最后进行，形成完整的轮廓面。

在排孔岩塞爆破中，炮孔一般比较深，围岩夹制作用明显，周边孔采用预裂爆破，经常出现最后一圈崩落孔与预裂孔之间的岩石不能爆破破碎，保留了下来，出现"挂壁"，这种情况在以往的岩塞爆破试验中经常出现。周边孔采用光面爆破，则不会出现"挂壁"现象，这是因为光面爆破孔最后起爆，在形成平整轮廓面的同时，也将最后一圈崩落孔与光爆孔间的岩石破碎并抛掷。

而采用排孔岩塞爆破方案，爆破的单段药量是可以通过爆破网路调控的，可以使单段药量比较小，这样就无须采用预裂爆破减振。

所以，在排孔岩塞爆破中，周边孔宜采用光面爆破。

影响光面爆破效果的主要因素：

（1）不耦合系数。随着不耦合系数的加大，炮眼壁上产生的冲击压力迅速减小。所以在光面爆破施工中，一定要注意合理地选择药卷直径，要与炮眼直径相配合，使其既能克服较大的岩石抵抗，炮眼内壁周围岩石少受或不受破坏，同时还能保证稳定的爆轰。

实践证明，不耦合系数的大小因炸药和岩石的性质不同，一般选为 1.5～2.0 较为适宜。

（2）周边眼的抵抗线和眼距。周边眼的抵抗线（W）和眼距（E）是光面爆破的两个重要参数，具有一个合适的比例关系，并依围岩的岩性而有所变动，同时还应考虑眼深和装药结构的影响。

目前，已有一些经验的和半经验的公式来确定这些参数，但主要还得通过试验来确定周边眼眼距大小一般随岩石性质变动于 400～500mm 之间，眼距与抵抗线之比值（E/W），一般在软岩中 $E/W \leqslant 0.8$，在硬岩中 $E/W = 0.9～1.0$ 为宜。

（3）合理的装药量和装药结构。合理的装药量是保证光面爆破质量的关键，合理的装药量应依岩性和岩层嵌在赋存条件通过试验来确定，一般在 $f = 4～6$ 的软岩中每米炮眼装药量在 70～120g/m，$f = 6～8$ 的中硬岩中为 100～150g/m，$f = 8～10$ 的硬岩中为 120～170g/m。

光面爆破周边眼一般采用以下几种装药结构：①空气间隔分节反向装药。其特点是分节反向装药，眼内的炸药用导爆索连接，施工操作比较麻烦。②单段空气柱连续反向装药。其特点是施工操作简单，炸药爆炸后靠空气柱的缓冲作用，延长了眼内爆生气体做功时间而且使被爆岩体均匀受载，可有效地防止爆破时出现较多残眼现象。

4. 炮孔孔底距岩面的距离

炮孔孔底距岩面的距离对排孔岩塞爆破来说是一个需要重视的问题。此距离越大，则覆盖于炮孔底部的岩层厚度越大，而此部分岩体内部是没有炸药的。毫无疑问，这个距离越小，炮孔底部的炸药越容易爆开其上部的这层岩石，从而使得岩塞顺利爆通。但是这个距离越小，岩体的渗漏问题就越严重，这是因为越是靠近岩面，岩体的风化程度越大，节理裂隙越发育。但无论如何，炮孔底部炸药必须能爆裂和抛掷这部分岩石。一般情况下，炮孔底部炸药的作用能力显然与钻孔直径及其相应的药卷直径有关，当然也不能忽视地质方面的因素。表 3.3-4 的经验数据，对排孔岩塞爆破有一定的参考价值。

由表 3.3-6 可见，对于小型的排孔岩塞爆破，留下 0.3～0.5m 是合适的；如钻孔直径为 100mm，取 0.50～1.00m 是可以的。具体来说还应考虑岩石强度，节理裂隙发育情况以及使用炸药的性能等因素。

表 3.3-4　　　　　　　　　　　若干岩塞爆破工程钻孔底距岩面距离

工程名称	岩塞直径/m	岩塞厚度/m	钻孔直径/mm	孔底至岩面距离/m
香山水库	3.50	5.0	100	0.58~1.03
密云水库	5.50	5.0	100	0.50~0.80
雪湖	1.36×1.36	2.1	50	0.50~0.80
列德罗湖	3.00	2.7	40	0.20~0.30
伊萨尔莱斯湖	2.10×2.10	2.7	37	0.30
罗姆维互特斯湖	4.12×4.12	4.5		0.50
蒂依湖	3.19	2.5~3.0	35	0.30

从现在的施工技术来看，孔底距岩面 0.3~1.0m 的距离是可以实现的。当孔底岩体较风化，节理裂隙发育的情况下，可以通过灌浆来解决渗漏透水的问题。例如兰州引水工程进水口岩塞爆破，整个岩塞处于强透水岩层，这也是国内第一个强透水岩塞。通过灌浆，很好地解决了岩塞的渗漏透水问题，炮孔孔底距岩面 1.0m，仅有 3 个炮孔渗水较多，但都不影响装药施工。

（三）药室岩塞爆破设计

药室岩塞爆破设计中的药室也可以称为硐室。药室岩塞爆破设计的主要内容包括：药室的布置与设计、周边孔设计、导洞和连通洞设计、爆破网络设计和封堵设计等。其中爆破网络和封堵设计在其他章节讨论。

1. 药室的布置与设计

国内外药室岩塞爆破，大多采用多个集中药室布置。多个药室视工程条件不同又可分单层和多层布置两种。

单层药室布置方案，指所有药室均处于一个平面内，该平面一般垂直于岩塞轴线，其位置一般处于岩塞中部并稍向上游靠近，即其各药室的下部最小抵抗线要稍大于上部最小抵抗线。这是因为上部除了岩石，还有水压的作用，有时还会有覆盖层的作用，为了使药室的爆破作用向上下游两个方向相对均匀，需要通过调整抵抗线的大小，使得药室上下游阻抗平衡。如镜泊湖水下岩塞爆破，该工程岩塞跨度为 8m，高度为 9m，断面是城门洞型，岩塞厚度为 8m，爆破方量为 1112m³，总炸药量为 1205.4kg。设计采用单层集中药室爆破方案。将药室布置在岩塞厚度的中部偏前一点，药室布置成为近似的"王"字形。考虑药室的相互作用，确定药室的层距和间距，为了控制岩塞后半部的成型，在岩塞的周边打预裂孔，以控制设计轮廓，配合毫秒爆破以减少对围岩及建筑物的振动影响，其药包布置如图 3.3-1。

岩塞药室阻抗平衡可按式（3.3-1）计算，$W_下/W_上$ 可在 1.05~1.35 范围内选取。

$$\frac{W_下}{W_上} = \sqrt[3]{\frac{k_上\ f(n_上)}{k_下\ f(n_下)}} \tag{3.3-1}$$

式中：$W_上$、$W_下$ 为药室上、下岩石最小抵抗线，m；$n_上$、$n_下$ 为药室上、下的爆破作用指数；$f(n_上)$、$f(n_上)$ 为药室上、下的爆破作用指数函数；$k_上$、$k_下$ 为药室上、下的标准岩石单位耗药量，kg/m³。

上式中相关参数的选取及计算详见本章第五节。

多层药室的布置方案，指大部分药室位于同一个平面中，该平面一般垂直与岩塞轴线，布置在岩塞的中部；其他药室布置在该平面的上部和下部，主要作用是分别爆开岩塞的上部和下部，一般情况下，上部和下部各布置一个药室，下面举例说明。

丰满水库岩塞爆破岩塞直径 11m，厚度为 15m，覆盖层厚度为 3.5m，爆破方量为 3794m³，总炸药用量为 4106kg。由于岩塞的规模比较大，为了确保爆破效果，药室分三层布置：上层为 1 号药室；下层为 2 号药室；中层为 3～8 号 6 个药室，导洞布置呈"壬"形。1～2 号药室的作用是把岩塞爆通，并达到设计的上下开口尺寸，中层药室的作用是把 1～2 号药室爆破后，剩余的岩体扩大使之达到设计断面，为了有效地控制岩塞体的周边轮廓，并起到减震作用，沿岩塞的周边布置了一圈预裂孔。

刘家峡洮河口排沙洞岩塞爆破是采用"陀螺型药室布置法"多药室布置方案。该岩塞内径 10m，厚 12.3m，位于水下 75m，且岩塞上部有近 40m 厚的多年沉积的淤泥层覆盖。岩塞共布置 1 号、2 号、3 号、4 号上、4 号下、5 号、6 号和 7 号共 8 个药室，1 号、2 号、3 号、5 号、6 号、7 号药室近似位于同一平面上，4 号上位于该平面上部，4 号下为位于该平面的下部。4 号上和 4 号下药室的作用是将岩塞爆通，初步达到一定的开口尺寸，然后借助同一平面上的 1 号、2 号、3 号、5 号、6 号、7 号药室使开口进一步扩大，达到设计断面。为了有效地控制岩塞体的周边轮廓，并起到减震作用，沿岩塞的周边布置了一圈预裂孔。

药室的布置除了要考虑爆破的阻抗平衡，还要考虑药室与药室之间，药室与周边轮廓之间的相互作用，其基本的设计原则是药室爆破时，不能破坏相邻药室。这包括不能对相邻药室的岩石造成巨大变形破碎，也包括所产生的冲击波不能破坏相邻药室中的雷管，更不应引起相邻药室的殉爆。

药室与岩塞预裂面间也应留有足够的保护层厚度，以免药室对岩塞轮廓面产生破坏。药室与岩塞预裂面间应留有保护层，最小厚度可按式（3.3-2）、式（3.3-3）计算。

$$D = R_1 + 0.7B \qquad (3.3-2)$$

$$R_1 = 0.62 \sqrt[3]{\frac{Q}{\rho}\mu} \qquad (3.3-3)$$

式中：D 为药室边界与岩塞预裂面间最小保护层厚，m；R_1 为药室压缩圈半径，m；B 为药室宽度，m；Q 为药室药量，kg；ρ 为炸药密度，kg/m³；μ 为压缩系数。

压缩系数 μ 的确定，一般通过试验选取；缺少试验数据时，可采用表 3.3-5 中数据。

表 3.3-5　　　　　　　压缩系数 μ

岩石等级	土岩性质	μ	岩石等级	土岩性质	μ
Ⅲ	黏土	250	Ⅵ～Ⅷ	中等坚硬岩石	20
Ⅳ	坚硬土	150	Ⅸ及以上	坚硬岩石	10
Ⅴ～Ⅵ	松软岩石	50			

2. 周边孔设计

对于药室岩塞爆破来说，周边孔一般采用预裂爆破。这是因为预裂爆破最先起爆，在岩塞周边轮廓形成预裂缝。预裂缝有非常好的减振作用。据有关资料表明，较好预裂爆破所产生的预裂缝可减少高达 80% 的爆破振动效果。

周边预裂孔孔径宜在 60~90mm 范围内选取，爆破参数应通过试验确定。无试验数据时，可参考相关工程经验选取。孔距一般采用孔径的 8~12 倍，硬岩孔距大，软岩孔距小，不耦合系数 2~3 为宜。

对于装药结构，在预裂孔的顶部，有自由面存在，由于爆破波的反射拉伸作用，破坏最强烈，而且容易形成爆破漏斗。因此，在离地表的一定距离内，应设置一个不装药段，并用惰性材料堵塞，不让爆渣气体过早逸出。不装药段的长度，与该处的地层状况、预裂孔的孔径以及装药量等有关，松软破碎的岩石，容易产生破坏，甚至出现漏斗，故不装药段宜长些。坚硬岩石不宜破坏，不装药段可短些。堵塞段长度，一般取 0.6~2m。此外，孔内线装药密度的大小对孔口的破坏也有明显的影响，为了减轻这种影响，可将顶部的药量适当削减。

炮孔底受到的夹制作用大，必须加大装药量，才能达到预期的效果。炮孔越深，夹制作用越明显。在实际工程中，这些底部装药的增量多以该孔线装药密度的倍数来计算：孔深小于 5m 时，增加 1~2 倍；孔深为 5~10m 时，增加 2~3 倍；孔深超过 10m 时，增加 3~5 倍。坚硬的岩石取大值，松软的岩石取小值。底部增加装药的长度约为 0.5~1.5m。实践表明，预裂爆破的装药量与岩石的抗压强度成正比。

3. 导洞和连通洞设计

药室岩塞爆破需要设导洞和连通洞。导洞和连通洞是施工的通道，主要用来开挖药室、装药等施工。主施工通道称为导洞，连通药室之间的施工通道称为连通洞。施工通道的布置应遵循以下原则：

（1）在满足施工需要的情况下，施工通道数量应尽量少，通道断面也应尽量小；

（2）施工通道的布置应避开药室最小抵抗线方向；

（3）所有施工通道均应封堵密实。

为了尽量保持岩塞岩体的完整性，保证岩塞的整体稳定，避免出现爆破泄能，施工通道应尽量少的布置，以可满足施工需要为准。岩塞药室的开挖及装药联网施工的条件非常差，但不应该为了施工的便利多设置施工通道。

施工通道的断面尺寸应尽量小，一般为 0.8m×1.5m（宽×高）。刘家峡洮河口排沙洞岩塞爆破施工通道的布置见图 3.3-15。

施工通道的布置应该避开药室最小抵抗线位置。如果施工通道布置在药室最小抵抗线的位置，将会改变药室的最小抵抗线及方向，会造成爆破效果的不可控，甚至造成爆破失败。施工通道应封堵密实，这是为了保证爆破效果，防止泄能。

（四）排孔与药室联合岩塞爆破设计

排孔与药室联合岩塞爆破设计，结合了排孔与药室的爆破设计。主要设计内容包括：药室设计、排孔设计、爆破网络设计及封堵设计等，其中封堵设计和爆破网络设计见 3.6 和 3.7 节。大部分的设计内容可参照排孔岩塞爆破方案和药室岩塞爆破方案进行。但排孔与药室联合岩塞爆破设计，又具有自身独特的特点。

排孔与药室联合岩塞爆破设计中，药室一般仅有一个，布置在岩塞轴线上，靠近临水

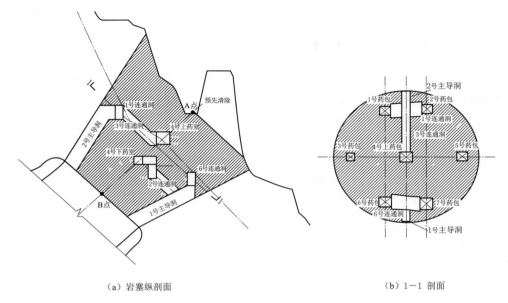

| （a）岩塞纵剖面 | （b）1—1 剖面 |

图 3.3-15 刘家峡洮河口排沙洞岩塞爆破施工通道的布置

侧。药室的作用是爆开岩塞的上部岩体，形成需要的开口尺寸。炮孔布置在岩塞的下部岩体中，作用是在药室爆开岩塞上部，形成开口后，爆除岩塞的其他岩体，形成良好轮廓面。药室与排孔联合爆破方案典型布置见图 3.3-5。

本爆破方案药室的设计内容与药室岩塞爆破方案的设计内容基本一致，再加上仅有一个药室，药室的设计相对简单，这里不再赘述。

本爆破方案中的排孔设计时，应考虑如下因素：

（1）药室位置。

（2）药室爆破压缩圈范围。

（3）药室爆破漏斗范围。

（4）岩塞尺寸。

排孔布置必须遵循避开药室爆破压缩圈的范围和爆破漏斗的范围的基本原则，避免因药室起爆后造成排孔的早爆或殉爆从而影响爆破效果。

首先应进行岩塞药室的布置和设计。根据设计好的药室及其相关参数，如药室爆破压缩圈半径、爆破漏斗范围等，确定各炮孔的布置。炮孔孔底应与药室的爆破压缩圈和爆破漏斗边线保持一定的距离，以避免药室爆破强大的破坏力对炮孔产生破坏或引起炮孔殉爆。但这个距离也不宜过大，否则炮孔无法爆开孔底与爆破漏斗边线间的岩体。该距离跟炮孔的布置和装药量有关，一般可按炮孔孔底最小抵抗线控制。

第四节 水和淤泥对爆破参数的影响

水下岩塞爆破工程一般处于较深的水下，并且伴有一定厚度的淤泥。为顺利实现爆通成型，必须要考虑水及淤泥荷载影响。下面介绍了三种考虑水、覆盖层等影响的爆破药量计算方法。

一、对单位炸药消耗量进行修正计算的方法

在传统的岩塞药室药量计算方法中，考虑水和淤泥的影响都是从增加单耗药量着手。主要参考以下国内外计算的经验公式。

1. 我国水利系统常用的经验公式

$$q_水 = q_陆 + 0.0014H_水 + 0.002H_{介度} + 0.003H_{梯段} \qquad (3.4-1)$$

式中：$q_水$ 为水下爆破的炸药单耗药量，kg/m^3；$q_陆$ 为相同介质的陆地爆破炸药单耗药量，kg/m^3；$H_水$ 为水深，m；$H_{介度}$ 为炸药在介质中的埋深，m；$H_{梯段}$ 为钻孔爆破的梯段高度，m。

该经验公式仅考虑了在水的作用和影响下的水下钻孔爆破单耗药量计算，未考虑带有覆盖层或淤泥等介质影响。

2. 瑞典的设计方法

与我国水利系统的经验计算公式相近似，但考虑了覆盖层的影响。瑞典资料认为水下钻孔爆破的单位耗药量由以下几个部分组成：

$$q = q_0 + q_1 + q_2 + q_3 \qquad (3.4-2)$$
$$q_1 = 0.01H_水$$
$$q_2 = 0.02H_{覆盖}$$
$$q_3 = 0.03H_{梯段}$$

式中：q 为水下爆破单位耗药量，kg/m^3；q_0 为基本炸药单耗，kg/m^3，为一般陆地台阶爆破单耗的 2 倍，对于水下垂直钻孔，再增加 10%；q_1 为水压单耗增加量，kg/m^3；$H_水$ 为水深，m；q_2 为覆盖层增加量，kg/m^3；$H_{覆盖}$ 为覆盖层（淤泥、砂或土）厚度，m；q_3 为岩石膨胀单耗增量，kg/m^3，$H_{梯段}$ 为台阶高度，m。

假定 $q_0 = 1.2\ kg/m^3$，水深 30m，覆盖层厚 20m，台阶高为 1.0m 时：水下爆破单耗药量 $q = 1.2 + 0.01 \times 30 + 0.02 \times 20 + 0.03 \times 1.0 = 1.2 + 0.3 + 0.4 + 0.03 = 1.93\ (kg/m^3)$。

3. 日本炸药协会采用的经验公式

（1）补偿水压影响

$$q_1 = H_1 C_1 \qquad (3.4-3)$$

式中：q_1 为考虑水的影响增加的装药量，kg；H_1 为水深，m；C_1 为修正系数，取值范围为 $0.005 \sim 0.015$。

（2）当基岩被覆盖层覆盖时，以式（3.4-4）进行修正：

$$q_2 = H_2 C_2 \qquad (3.4-4)$$

式中：q_2 为考虑覆盖层的影响增加的装药量，kg；H_2 为覆盖层厚度，m；C_2 为修正系数，取值范围在 $0.0 \sim 0.03$ 之间。

例如，水深 30m，覆盖层 20m，则考虑水，覆盖层的影响增加药量 $q_1 + q_2 = 0.01 \times 30 + 0.02 \times 20 = 0.7kg$。当该地基本炸药单耗药量为 $1.2kg/m^3$，则在水下爆破单位耗药量 $q = q_0 + q_1 + q_2 = 1.2 + 0.7 = 1.9kg/m^3$。

式（3.4-1）～式（3.4-4）中的药量计算都是与水深、覆盖层厚度呈线性关系。但

有关文献研究表明，当水深大于 30m 时，水下爆破药量增加甚微，一般水下爆破可较陆地增加药量 20%～30%，可见药量的增加并不是与水深呈线性关系，显然这些公式对于较大水深和淤积覆盖的药量计算是不尽合理的。此外，式（3.4-1）～式（3.4-4）中仅适用于水下钻孔爆破。

二、将水折成抵抗线进行药量计算的方法

《爆破手册》（汪旭光主编）"7.3 水下硐室爆破"中式（7-3-1）、式（7-3-2），将水深当成抵抗线或折算成岩石的最小抵抗线，直接参与计算。

$$Q=[K_g(W+H_g)^3+(K-K_g)W^3]f(n)$$
$$Q=K_1(W+\mu H_g)^2 f(n) \tag{3.4-5}$$

式中：Q 为炸药量，kg；K_g 为水的单位炸药消耗量，kg/m³，一般取 $K_g=0.2$kg/m³；W 为最小抵抗线，m；H_g 为最小抵抗线处的顶部水深，m；K_1 为岩石单耗药量，kg/m³；$f(n)$ 为爆破作用指数函数，$f(n)=0.4+0.6n^3$；μ 为水深换算系数，当 $W/H_g=1.0～1.5$ 时，$\mu=0.21～0.17$。

采用式（3.4-5）计算药量时，岩石单耗药量与陆上爆破相同，爆破作用指数 n 的选择应略大一些。实践表明，当 $1<n<2$ 时，有水情况的爆破的抛掷百分数减少了 12%～65%。由于受水深影响，抛掷作用半径较陆地爆破小，计算公式采用 $R=\sqrt{1+\beta n^2}W$，其中为 β，影响系数，可取为 0.8。

式（3.4-1）～式（3.4-5）未解决带有淤积覆盖层的影响问题，也没有解决深水、厚覆盖下的药量计算问题。

在计算水下岩塞爆破装药量时，不论采用单位耗药量修正，还是折算成抵抗线计算的经验公式，均存在一定的局限性，一般均在水深 20m 以下使用，在不同的工程中均取得了较好的爆破效果，但是在水深 20m 以上，且有厚淤泥覆盖的水下岩塞爆破，上述计算方法无应用经验。因此，中水东北勘测设计研究有限责任公司科研设计人员依托刘家峡深水厚覆盖等复杂条件下的大型岩塞爆破关键技术研究与应用，对深水、带有淤积覆盖条件下的爆破药量进行计算，提出采用爆破作用指数 n 修正计算经验公式。

三、爆破作用指数修正

为克服水及淤泥荷载影响，达到顺利爆通、成型、安全的目的，科研设计人员通过一系列的科研试验研究，并总结了国内外水下工程爆破药量计算理论和经验，考虑处在深水厚淤积覆盖下的岩塞爆破条件，从修正爆破作用指数入手，对爆破药量计算进行修正和完善。分析了深水厚覆盖下影响岩塞爆破开口大小的关键因素，提出了水深和厚覆盖对爆破作用指数的影响，给出了受这两个因素影响的爆破作用指数修正公式，基于修正爆破作用指数的深水厚淤积覆盖下岩塞爆破方法解决了水和淤积覆盖等复杂条件下的药量计算问题，提出了复杂条件下的水下岩塞爆破药量计算公式。

所提出的公式核心以鲍列斯可夫药量计算公式为基础，考虑受深水厚淤积覆盖的影响，从修正爆破作用指数入手，对岩塞爆破药量进行修正。计算公式为

$$Q=KW^3 f(n_水) \tag{3.4-6}$$

$$n_水 = \mu n_陆$$

$$\mu = 1.028\left(\frac{H_水}{10} + \frac{2H_淤}{10}\right)^{0.108} \quad (3.4-7)$$

式中：Q 为考虑水和淤积覆盖共同影响修正后的爆破药量，kg/m^3；W 为最小抵抗线，m；K 为陆地岩石标准抛掷爆破单位炸药消耗量，kg/m^3；$n_水$ 为受水和覆盖层影响的修正爆破作用指数；$f(n_水)$ 为爆破作用指数函数；$f(n_水) = 0.4 + 0.6n_水^3$；$n_陆$ 为陆地上爆破作用指数；$H_水$ 为覆盖层上水深，m；$H_淤$ 为淤泥覆盖层厚度，m；μ 为爆破作用指数修正系数。

μ 是 $(H_水 + 2H_淤)$ 的幂函数，可以简化为 $\mu = 0.8017 \times H^{0.108}$，在无水无覆盖层的条件下，即 $H = 0$ 时，$\mu = 0$，而实际 μ 应为 1，式 (3.4-7) 此时是不适用的；当 $\mu = 1$ 时，$H = 7.74$，所以式 (3.4-7) 适用于具有一定水深条件，经检验规定式 (3.4-7) 适用于水深大于 20m 的水下爆破装药量的计算。

第五节　爆破参数的选择与计算

一、爆破参数的选择

爆破参数的选择直接影响爆破效果，应根据岩塞爆破的特点、要求、地形地质条件等合理选择。

（一）岩石单位耗药量

装药量是工程爆破中最重要的一个参量，合理选择单位耗药量直接关系到爆破效果和经济效益。影响岩石单位耗药量的因素主要有地质条件、岩石强度及容重、岩性和爆破性质等，常用的经验方法有以下几种：

（1）根据岩石级别确定。

$$K = 0.8 + 0.085N \quad (3.5-1)$$

式中：N 为岩石级别（按 16 级分级）；K 为单位耗药量，kg/m^3。

（2）根据岩石容重按经验公式计算：

$$K = 0.4 + \left(\frac{\gamma}{2450}\right)^2 \quad (3.5-2)$$

式中：γ 为岩石容重，kg/m^3。

（3）根据标准抛掷漏斗试验确定。

在相同地质条件下，可在平坦地面进行爆破漏斗试验确定岩石单位耗药量。

（4）根据岩石抗压强度确定。

一般由岩石抗压强度 R 得到岩石坚固系数 f，由岩石分类表确定岩石等级，查表 3.5-1 可知岩石单位耗药量。

$$f = R/10 \quad (3.5-3)$$

式中：R 为岩石的单轴极限抗压强度，MPa。

表 3.5－1　　　　　　　　　　　　单 位 耗 药 量 数 值　　　　　　　　　　单位: kg/m³

岩 石 名 称	岩石级别	松 动 药 包	抛 掷 药 包
砂	I	—	1.8～2
密实的或潮湿的砂	—	—	1.4～1.5
重砂黏土	III	0.4～0.45	1.2～1.35
坚实黏土	IV	0.4～0.5	1.2～1.5
黄土	IV～V	0.3～0.35	1.1～1.5
白垩土	V	0.3～0.35	0.9～1.1
石膏、泥灰岩、蛋白石	V～VI	0.4～0.5	1.2～1.5
裂纹的喷出岩、重质浮石	VI	0.5～0.6	1.5～1.8
贝壳石灰岩	VI～VII	0.6～0.7	1.8～2.1
砾岩和钙质砾岩	VI～VII	0.45～0.55	1.35～1.65
砂质砂岩、层状砂岩、泥灰岩	VII～VIII	0.45～0.55	1.35～1.65
钙质砂岩、白云岩、镁质岩	VIII～X	0.5～0.65	1.5～1.95
石灰岩、砂岩	VIII～VII	0.5～0.8	1.5～2.4
花岗岩	IX～XV	0.6～0.85	1.8～2.55
玄武岩	XII～XVI	0.7～0.9	2.1～2.7
石英岩	XIV	0.6～0.7	1.8～2.1
斑岩	XIV～XV	0.8～0.85	2.4～2.55

（5）根据工程类比法选用。几个成功实施的水下岩塞爆破工程的设计单位耗药量、炸药量、爆破方量及折合每方岩石耗药量经济指标情况见表 3.5－2。

表 3.5－2　　　　　　　　　　岩塞爆破工程用药量情况

工程名称	设计单耗/（kg/m³）	药量/kg	爆破方量/m³	折合每方岩石经济耗药指标/（kg/m³）
清河水库岩塞爆破	1.5	1190.4	800	1.5
丰满水库岩塞爆破	1.6	4075.6	4419	0.92
丰满岩塞爆破试验	2.0	828	727	1.07
镜泊湖岩塞爆破	1.8	1230	1112	1.10
香山水库岩塞爆破	1.8	256	247	1.04
密云水库岩塞爆破	1.65	738.2	546	1.35
休德-巴斯岩塞爆破	2.7	27760	10000	2.77

（二）爆破作用指数

在爆破工程中，将爆破漏斗半径 r 和最小抵抗线 W 的比值定义为爆破作用指数。爆破作用指数 n 的选择可根据药室的位置与作用而定。近水边中部药室 n 值根据地表坡度和进口地表开口尺寸要求而定；下部药室主要根据药包作用性质，除满足克服水的阻力，还要克服岩石的夹制作用，可选择 $n=0.8\sim1.5$。

二、药室岩塞爆破的爆破参数选择与计算

国内外岩塞药室爆破，大多采用多个集中药包布置。多个集中药包，可分为单层布置和多层布置。药室导洞是施工通道，主要是用于药室的开挖、装药、连网及封堵等。为了不影响药包的爆炸作用，导洞的布置有必要避开药包的最小抵抗线方向。一般情况下导洞从岩塞周边孔附近进入塞体，再与连通洞相接。

（一）药室阻抗平衡计算

岩塞药室阻抗平衡可按式（3.5-4）计算，$W_下/W_上$ 可在 1.05～1.35 范围内选取。药室以上、下两个最小抵抗线、爆破参数分别计算药量，并使之达到平衡为原则，通过上、下抵抗线的比值来近似地确定药室的位置。

$$\frac{W_下}{W_上}=\sqrt[3]{\frac{k_上\ f(n_上)}{k_下\ f(n_下)}} \tag{3.5-4}$$

式中：$W_上$、$W_下$ 为药室上、下岩石最小抵抗线，m；$n_上$、$n_下$ 为药室上下的爆破作用指数；$f(n_上)$、$f(n_下)$ 为药室上下的爆破作用指数函数；$k_上$、$k_下$ 为药室上下的标准岩石单位耗药量，kg/m^3。

（二）集中药包压缩圈半径

$$R_c=0.062\sqrt[3]{\mu\frac{Q}{\Delta}} \tag{3.5-5}$$

式中：R_c 为压缩圈半径，m；Δ 为炸药密度，g/m^3；μ 为压缩系数，μ 一般通过试验选取，缺少试验数据时，可采用表 3.5-3 中数据。

表 3.5-3　　　　　　　　　　压　缩　系　数　μ

岩石等级	土岩性质	μ	岩石等级	土岩性质	μ
Ⅲ	黏土	250	Ⅵ～Ⅷ	中等坚硬岩石	20
Ⅳ	坚硬土	150	Ⅸ及以上	坚硬岩石	10
Ⅴ～Ⅵ	松软岩石	50			

（三）集中药包爆破漏斗半径

下破裂半径 R 为

$$R=W\sqrt{1+n^2} \tag{3.5-6}$$

上破裂半径 R' 为

$$R'=W\sqrt{1+\beta n^2} \tag{3.5-7}$$

式中：R、R' 为上、下破裂半径，m；W 为最小抵抗线，m；β 为与地面坡度有关修正系数。

（四）集中药包间距

$$a=W_{cp}\sqrt[3]{f(n_{cp})} \tag{3.5-8}$$

式中：a 为药包间距，m；W_{cp} 为两药包平均最小抵抗线，m；$f(n_{cp})$ 为两药包平均爆破指数函数。

（五）周边预留保护层厚度

为了减少药包对岩塞周边的影响，药室与岩塞预裂面间应留有保护层，最小厚度可按式（3.5-9）、式（3.5-10）计算。

表 3.5-4	修 正 系 数 β	
地面坡度	土质、软石、次坚石	坚硬岩石及整石带
20°～30°	2.3～3.0	1.5～2.0
30°～50°	4.0～6.0	2.0～3.0
50°～60°	6.0～7.0	3.0～4.0

$$D = R_1 + 0.7B \qquad (3.5-9)$$

$$R_1 = 0.62 \sqrt[3]{\frac{Q}{\rho}\mu} \qquad (3.5-10)$$

式中：D 为药室边界与岩塞预裂面间最小保护层厚，m；R_1 为药室压缩圈半径，m；B 为药室宽度，m；Q 为药室药量，kg；ρ 为炸药密度，kg/m^3；μ 为压缩系数。

（六）药量计算

我国爆破工程界常用根据苏联学者鲍列斯阔夫提出的经验公式得到的集中药包抛掷爆破装药量的计算通式（3.5-11），根据选择的药包布置形式，逐个计算药包的用药量。

$$Q = KW^3 f(n) \qquad (3.5-11)$$

$$f(n) = 0.4 + 0.6n^3 \qquad (3.5-12)$$

式中：Q 为炸药用量，kg；K 为单位耗药量，kg/m^3；W 为最小抵抗线，m；$f(n)$ 为爆破作用指数函数；n 为爆破作用指数。

对于复杂条件下的水下岩塞爆破，考虑受深水厚淤积覆盖的影响，科研人员从修正爆破作用指数入手，对岩塞爆破药量进行修正，得到深水厚淤积覆盖条件下药量计算公式如下：

当水深 $H_{水} \leqslant 20m$ 时，可按式（3.5-13）～式（3.5-15）计算。

$$Q_{水} = K_{水} W^3 f(n_{陆}) \qquad (3.5-13)$$

$$f(n_{陆}) = 0.4 + 0.6n_{陆}^3 \qquad (3.5-14)$$

$$K_{水} = K + 0.01H_{水} + 0.02H_{淤} + 0.03H_{梯} \qquad (3.5-15)$$

当水深 $H_{水} > 20m$ 时，可按式（3.5-16）～式（3.5-18）计算。

$$Q_{水} = KW^3 f(n_{水}) \qquad (3.5-16)$$

$$f(n_{水}) = 0.4 + 0.6n_{水}^3 \qquad (3.5-17)$$

$$n_{水} = 1.028 \left(\frac{H_{水}}{10} + \frac{2H_{淤}}{10} \right)^{0.108} n_{陆} \qquad (3.5-18)$$

以上式中：$Q_{水}$ 为药室药量，kg；K 为陆地岩石单耗药量，kg/m^3；$K_{水}$ 为水下岩石单耗药量，kg/m^3；W 为最小抵抗线，m；$H_{水}$ 为岩塞以上水深，m；$H_{淤}$ 为岩塞以上覆盖的淤泥深，m；$H_{梯}$ 为钻孔梯段高度，m；$n_{水}$ 为水下爆破作用指数；$n_{陆}$ 为陆地爆破作用指数。

（七）刘家峡洮河口排砂洞岩塞爆破药量及参数

通过以上方法进行参数选取与计算，刘家峡洮河口排砂洞岩塞爆破药量及参数见表3.5-5、表3.5-6。

表 3.5－5 　　　　　　　　　　刘家峡洮河口排砂洞岩塞爆破药量

部位	药量/kg	压缩圈半径/m	药室宽度/m	下破裂半径/m	上破裂半径/m
	Q	R_1	B	$R_下$	$R_上$
1号药室	554.38	1.07	0.96	13.86	13.86
2号药室	648.0	1.15	1.03	14.88	14.88
3号药室	432.0	0.99	0.89	12.84	12.84
4号$_上$药室	1368.0	1.48	1.33	19.32	19.32
4号$_下$药室	312.0	0.90	0.81	11.53	11.53
5号药室	936.0	1.31	1.17	16.91	16.91
6号药室	744.0	1.20	1.08	15.61	15.61
7号药室	912.0	1.29	1.16	16.76	16.76
合计	5906.38				
淤泥扰动药量/kg	1227.00				

表 3.5－6 　　　　　　　　　　刘家峡洮河口排砂洞岩塞爆破参数

预裂孔	孔径/mm	平均孔深/m	平均孔距/m	孔数/个	平均堵塞长度/m	平均线装药密度/(g/m)	平均单孔药量/kg	总药量/kg
	75	13.67	0.409	124	1	896	11.83	1467.54
总药量/kg	8600.92							

三、排孔岩塞爆破的爆破参数选择与计算

岩塞爆破中的排孔爆破与通常的洞挖爆破同样包括掏槽孔、崩落孔、周边孔、空孔 4 种。要获得良好的爆破效果，需要确定炮孔直径、炮孔间距、线装药密度等爆破参数。

（一）掏槽孔

1. 炮孔布置

在地下工程的开挖爆破中，掏槽孔为其他炮孔的爆破增加一个自由面并提供岩石膨胀补偿的空间，减小其他孔岩石爆破的夹制作用，掏槽孔对整个断面的爆破效果起着至关重要的作用。

掏槽方式按掏槽孔的布置可为斜孔掏槽、直孔掏槽和混合掏槽。直孔掏槽炮孔垂直于工作面，炮孔深度不受断面限制，便于进行中、深孔爆破。岩塞爆破中，由于工作面的限制，国内外采用排孔爆破的岩塞中，基本都采用直孔掏槽，掏槽孔宜平行于岩塞轴线。掏槽孔孔径应满足装药的要求，宜在 60～100mm 范围内选取。

空孔是掏槽爆破中为装药孔预先设置的自由面，给装药孔爆破后岩石破碎和膨胀岩体提供空间。成功掏槽需要有足够的空间用于掏槽孔与空孔间岩石的膨胀、破碎以及爆破后的抛掷，减少掏槽孔与空孔间的距离和采用大孔径空孔是解决这一问题的有效途径，一般

空孔孔径不宜小于 90mm。

参考洞挖爆破的经验，国内外常见的掏槽孔布置型式见图 3.5-1。

2. 药量计算

掏槽成功需要适当的炸药量将掏槽孔与空孔间的岩石破碎，炸药量不能过大，过大将引起两个炮孔间的岩石产生塑性变形，岩石出现烧蚀，不利于抛掷，进而影响掏槽效果；炸药量过小同样会影响揭顶掏槽效果，不能达到掏槽目的。不同炸药作用于不同的岩石，爆破效果有很大的差异，掏槽布置和掏槽孔的装药结构参数需通过掏槽试验验证最终确定。

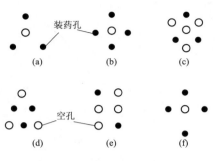

图 3.5-1　常用掏槽孔布置型式

掏槽孔药量可按式（3.5-11）～式（3.5-12）计算，上下破裂半径可按式（3.5-6）～式（3.5-7）计算。为克服孔底夹制作用，孔底可采取加强装药措施，耦合装药或选用高威力波炸药。

（二）崩落孔

1. 炮孔布置

崩落孔布置在掏槽孔与周边孔之间，根据国内外岩塞爆破工程经验及相关试验经验，崩落孔的间、排距一般均较小，取得的效果也较好。在一定的岩体内，炮孔数适当的多一些，爆破效果较好是必然的。孔距选取偏小，可以增加爆破石块的破碎率，但是若间距过小，药量过大，则爆破振动过大。在一般的隧洞开挖施工中，崩落孔的间、排距会稍大一些，这是由于施工的经济性决定的。崩落孔一般排距宜在 50～100cm 范围内选取，孔径宜在 60～100mm 范围内选取。崩落孔炮孔密集系数宜在 1.0～1.3 范围内选取。

2. 药量计算

崩落孔每孔药量可按式（3.5-19）计算：

$$Q = KaWH \tag{3.5-19}$$

式中：Q 为每孔装药量，kg；K 为考虑水、淤积覆盖和装药结构等综合影响的单位耗药量，通过试验综合分析确定，kg/m^3；W 为最小抵抗线，m；a 为钻孔间距，m；H 为岩塞厚度，m。

每米装药量和药包直径关系为

$$q = \frac{\pi}{4} d^2 \Delta \tag{3.5-20}$$

式中：q 为每米装药量，kg/m；d 为药包直径，m；Δ 为装药密度，kg/m^3。

四、药室与排孔联合岩塞爆破的爆破参数选择与计算

药室与排孔联合爆破的布置特点决定了该爆破方式研究的重点是集中药包的布置，以及集中药包与排孔的空间布置关系，见图 3.5-2。

根据具体布孔位置，排孔布置均要避开药室的爆破漏斗范围，以及压缩半径影响的范围，避免药包的起爆对后序排孔爆破产生不利影响。药室宜布置在岩塞轴线上。排孔布设

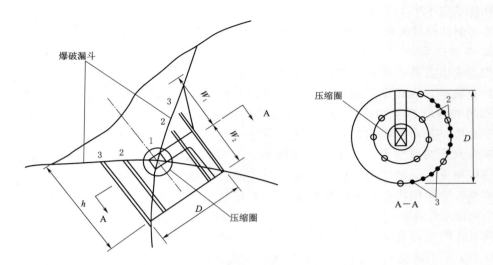

图 3.5-2　药室与排孔联合爆破方案布置典型示意图
1—药室；2—崩落孔；3—周边孔；h—岩塞厚度；D—岩塞直径

主要依据岩塞的尺寸，在岩塞内一般布置有崩落孔（内、外），在岩塞周边布置有预裂孔或渠底（侧）孔。崩落孔布置除避开集中药包爆破压缩圈的范围和爆破漏斗的范围外，崩落孔的布置原则基本同排孔爆破中的崩落孔布设原则一致。周边预裂孔或渠底（侧）孔的布置主要根据岩塞口开挖的断面形式，一般城门洞形或马蹄形岩塞断面往往需要布置渠底（侧）孔，对于圆形断面的岩塞仅布置有周边预裂孔。

药室与排孔联合岩塞爆破的爆破参数选择与计算见药室岩塞爆破和排孔岩塞爆破。

五、周边孔的爆破参数选择与计算

药室爆破方案的周边孔多采用预裂爆破，排孔爆破方案的周边孔宜采用光面爆破。

（一）预裂孔

影响预裂爆破效果的因素很多，如岩石强度、地质构造、钻孔精度、施工条件等。在给定的岩石条件下，当钻孔直径确定后，主要爆破参数就是炮孔间距和装药量。

1. 炮孔直径与不耦合系数

在我国，预裂爆破中常用的炮孔直径为：隧道工程 40～50mm，地下厂房 70～90mm，明挖 80～110mm。在岩塞爆破工程中，周边预裂孔孔径宜在 60～90mm 范围内选取。根据我国的经验，不耦合系数在 2～4 之间均能取得良好效果，其中小孔径取小值，大孔径取大值。

2. 炮孔间距

预裂孔孔距关系到裂缝的张开度以及预裂面的平整度，同时也是影响钻孔数量的因素。在同一岩石中进行预裂爆破，当固定装药量，钻孔间距由大变小时，会出现以下情况：地表由不产生裂缝到出现细小裂缝，挖出的壁面质量较差；继续减小炮孔间距，地表裂缝宽度增加，能开挖出平整的壁面时，得到最佳间距；炮孔间距再继续减小，裂缝加宽但壁面质量变坏。

炮孔间距的理论计算方法为

$$a = 1.6 \left[(\sigma_压/\sigma_拉) \mu/(1-\mu) \right]^{2/3} d \qquad (3.5-21)$$

式中：a 为炮孔间距，cm；$\sigma_压$ 为岩石的极限抗压强度，kPa；$\sigma_拉$ 为岩石的极限抗拉强度，kPa；μ 为岩石的泊松比；d 为炮孔直径，cm。

关于炮孔直径与炮孔间距的关系，兰格费尔斯提出如下关系式：

当 $d > 60\mathrm{mm}$ 时 $\qquad\qquad a = (8-12)d \qquad\qquad (3.5-22)$

当 $d \leqslant 60\mathrm{mm}$ 时 $\qquad\qquad a = (9-14)d \qquad\qquad (3.5-23)$

水利水电行业预裂爆破中，炮孔间距和炮孔直径的比值通常为 8～10。

3. 药量计算

关于预裂爆破的理论计算方法有霍尔姆斯法、A. A. 费先柯法等，但由于理论方法中有一些参数难以确定，很难运用到工程实际中。

我国张正宇等人根据工程实践资料，提出了预裂爆破装药量的经验公式：

$$q_线 = 0.42 R_压^{0.5} a^{0.6} \qquad (3.5-24)$$

式中：$q_线$ 为线装药密度，kg/m；$R_压$ 为岩体极限抗压强度，MPa；a 为炮孔间距，m。

长江科学院的经验计算公式为

$$q_线 = 0.034 R_压^{0.63} d^{0.67} \qquad (3.5-25)$$

葛洲坝工程局的经验计算公式为

$$q_线 = 0.367 R_压^{0.5} d^{0.36} \qquad (3.5-26)$$

武汉大学水利水电学院公式为

$$q_线 = 0.127 R_压^{0.5} a^{0.84} (d/2)^{0.24} \qquad (3.5-27)$$

（二）光爆孔

与预裂爆破相比，光面爆破的抵抗线小，装药量少，爆破振动影响较轻，对保留岩体的损伤也较轻微。

1. 炮孔直径与不耦合系数

一般爆破工程中，光爆孔相关参数多用经验公式并参考工程经验确定，根据相关经验公式，孔径与最小抵抗线和不耦合系数有关，抵抗线、不耦合系数较小，则孔径较小，反之则选取较大的孔径。光爆孔的不耦合系数一般取值范围为 2～4。

2. 抵抗线

一般光爆孔抵抗线按下式计算：

$$W_{\min} = (10-20)d \qquad (3.5-28)$$

式中：$W_{\min}$ 为光爆孔最小抵抗线，m。

3. 炮孔间距

$$a = (0.6-0.8)W_{\min} \qquad (3.5-29)$$

式中：a 为炮孔间距，cm。

4. 药量计算

$$q_线 = kaW_{\min} \qquad (3.5-30)$$

式中：$q_线$ 为线装药密度，kg/m；k 为炸药单耗，约为 0.15～0.25kg/m³，软岩取小值，硬岩取大值；a 为炮孔间距，m。

六、淤泥扰动爆破参数的选择与计算

(一) 淤积覆盖层爆破扰动的目的

对于具有一定厚度淤积覆盖的水下岩塞爆破工程采用爆破扰动，主要目的如下：

(1) 岩塞爆破前，在岩塞上口的淤泥与岩石界面放置药包将淤泥爆破成空腔，空腔使"淤泥—岩石"界面转变成"气体—岩石"界面，为爆炸应力波的反射创造了有利条件，也为岩石的鼓胀或抛掷提供了空间，见图 3.5 - 3。就如爆破挤淤，在抛石棱体前方和周边淤泥中埋设药包爆破，将一定范围内的淤泥向四周挤出形成爆破空腔，提头抛石体在重力作用下滑移落入空腔并形成石舌，瞬时实现"泥—石"置换。在岩塞药室爆破中，界面淤泥先行起爆所形成的爆破气体取代了淤泥，创造了自由表面反射岩石鼓胀空间条件。

(2) 在岩塞爆通时，能瞬间形成自上而下的排砂通道，不致阻碍水流通过进水口，造成爆渣在进口处的堵塞。当岩塞爆通后，在水力冲刷的条件下，有利于把淤积泥沙排走，使得淤泥及水能够顺利地下泄。

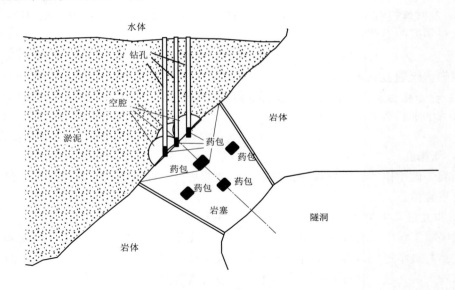

图 3.5 - 3　淤积覆盖爆破空腔示意图

关于覆盖层或淤泥的爆破扰动研究，国内外在海堤、港口基础的爆破挤淤置换技术方面有着丰富的实践经验和比较成熟的理论体系。但对于带有淤泥或厚淤积覆盖层的水下岩塞爆破，国外尚未有类似可借鉴的研究成果和成功实例，国内也仅有水槽子水库、汾河水库、刘家峡等 3 项岩塞爆破工程。在刘家峡岩塞爆破之前，对于如何处理水下岩塞口上覆盖的淤泥或淤积覆盖层，避免其影响岩塞爆破效果或造成岩塞爆破失利，一直以来都是水下岩塞爆破的技术难题。

(二) 淤积覆盖层爆破扰动爆破参数的选择与计算

关于淤积覆盖层爆破扰动爆破方案，对采用集中药包、钻孔装药两种方式进行方案比选，考虑水上作业的难度和施工可实施性，首选采用钻孔装药的爆破扰动方案。

根据国内外对软基、淤泥及土体等爆破的经验公式,进行淤积覆盖层爆破装药量计算。

1. 按照集中药包药量计算公式

(1) 淤泥单位耗药量。基于淤积覆盖层的物理特性,淤泥爆破中单位耗药量确定主要参照重砂黏土爆破单位耗药量 $0.4\sim0.45\text{kg/m}^3$。考虑水深、炸药的性能等影响,采用高能乳化炸药时选用淤泥单位耗药量为 0.5kg/m^3。

(2) 淤泥爆破作用指数 n 值选择。淤泥爆破的目的是扰动淤泥,使其松动形成易于流动的通道,进而逐渐冲开淤泥。根据淤泥性状,其饱和度平均值为 97%,经扰动较易液化,因此只需松动爆破,采用 $n=0.70$。

(3) 淤泥集中药包爆破参数计算。见药室爆破的爆破参数选择与计算。

2. 采用爆破成井的爆破计算公式

爆破成井是在黏土、砂黏土和黄土等土壤中,进行钻孔装药,采用爆破法压缩土体形成一定直径的空腔,达到成井的目的。淤泥爆破扰动采用该方法,实现对岩塞口上部多年沉积的淤积覆盖层进行扰动,可达到形成一定空腔的目的,为岩塞体爆破创造有利条件。

爆破成井的爆破计算公式为

$$Q_t = bD^2 \tag{3.5-31}$$

式中:Q_t 为线装药密度,kg/m;b 为介质压缩系数,一般取 $b=1.3\sim3.7$,可结合现场试验确定;D 为爆破成井的井径,m。

(三) 刘家峡岩塞口淤积覆盖层爆破扰动的实施爆破设计

1. 刘家峡岩塞口淤积覆盖层地质情况

(1) 现代冲积淤积层分布。现代冲积淤积土层(Q_4^{al}):分布于岩塞口上下游的水下,顶面高程 $1702.00\sim1692.00\text{m}$,呈缓坡状,大部分地段由岸边向主河槽逐渐降低,再向洮河口方向缓坡状逐渐抬高趋势。

勘察区内厚度 $5\sim58\text{m}$,岩塞口范围内,厚度一般为 $5.37\sim43.97\text{m}$,自上而下可分为 3 层:

1) 淤泥质粉土:土黄色,颗粒成分主要为粉粒级土,饱和,流塑~软塑状态。厚度一般为 $5\sim13\text{m}$。

2) 粉土:土黄色,软塑状态。厚度 $3\sim15\text{m}$。

3) 粉质黏土:灰黄色,饱和,软塑~可塑状态。厚度一般为 $3\sim30\text{m}$。

(2) 现代冲积淤积土体地质参数建议值。根据取样试验结果,结合现场勘察土层状态和相关工程经验,提出现代冲积淤积土体的主要地质参数建议值见表 3.5-7。

表 3.5-7 现代冲积淤积土体地质参数建议值

土名	比重 G_S	天然密度 ρ	孔隙比 e	压缩模量 E_s	渗透系数 K	抗剪强度 内摩擦角	抗剪强度 凝聚力
	—	g/cm^3	—	MPa	cm/s	$(°)$	kPa
淤泥质粉土	2.72	1.68	1.18	3.2	2.75×10^{-4}	10	8.4
粉土	2.72	1.79	0.96	4.9	8.9×10^{-5}	15	11.2
粉质黏土	2.73	1.78	1.04	3.3	2.4×10^{-5}	10	7.5

（3）现代冲积淤积土体对岩塞爆破影响的评价。现代冲积淤积土层厚度变化较大，厚度 5～58m。主要为淤泥质粉土、粉土及粉质黏土，中间夹具有腥臭味的薄层淤泥，以及薄层细砂和碎石。淤泥质粉土、粉土呈流塑～软塑状态，粉质黏土呈软塑～可塑状态。属高压缩性软土，但又有一定的抗剪强度和渗透性。因此在岩塞爆破设计时应充分考虑其产生的不利影响。

根据刘家峡岩塞爆破工程的厚层淤泥物理特性，设计人员开展一系列数值模拟、专项科研试验和专题研究，并通过现场 1∶2 岩塞爆破模型试验成果，以及现场专项淤泥扰动范围和效果试验研究，最终提出淤泥扰动爆破方案，并为深水厚淤积覆盖等复杂条件下的岩塞爆破程序研究提供试验验证和参考。

2. 淤泥爆破钻孔布置

（1）淤泥爆破钻孔布置范围。为保证岩塞爆破后，瞬时形成泄流通道，即刻显现泄水排沙的效果，考虑采用钻孔爆破方案，淤泥爆破钻孔布置范围为岩塞口上部的椭圆形（8.66m×5.50m）柱状体淤积覆盖层。

（2）淤泥爆破钻孔布置。按照实地淤泥爆破扰动试验中的单孔实际扰动范围和实际效果，并结合岩塞口临水侧的岩坎找平爆破钻孔布置，最终确定刘家峡排沙洞进口岩塞淤泥爆破扰动钻孔布置。为保证爆破淤泥扰动效果，淤泥扰动爆破分序进行，淤泥爆破扰动钻孔主要分为二序布置。

1）Ⅰ序爆破扰动孔以岩塞口中心点为中心，基本布置在岩塞口的纵横中心线上，基本呈菱形，共布置 7 个钻孔。顺水流向钻孔间距为 1.5m，布置 3 个钻孔；沿排沙洞轴线方向钻孔间距为 1.0m，布置 5 个钻孔，其中岩塞口下部结合了 2 孔爆破找平孔。

2）Ⅱ序爆破扰动孔布置在Ⅰ序爆破扰动范围的上部边缘，按照排沙洞轴线对称、呈三角形布置 5 个孔，间距 2.16m，排距 1.25m。

3）钻孔直径的选择主要依据钻孔的施工工艺、装药的药卷规格、保护装药套管的规格及防水装药具体措施等因素确定。设计选择的药卷直径为 ϕ75mm，要求装药保护套管的内径不小于 100mm，一般选择 PVC 或 PE 管材，其管部厚度为 10～20mm。考虑淤泥钻孔采用 OD 施工法（Overburngen Drillingmethed）施工，需要在钢管保护下进行装药保护套管的安装施工，因此要求钢套管的内径为 ϕ158mm。因此最终淤泥扰动钻孔直径为 ϕ170mm。淤泥爆破钻孔平面布置见图 3.5－4。

（3）辅助排水系统布置。为了加强淤泥爆破扰动效果和通水的及时性，考虑增设辅助排水孔，并开展了排沙洞进口淤泥下泄整体水工试验模型试验专题研究。试验针对淤泥的特性和水上淤泥钻孔施工特点，进行了辅助排水孔孔径、孔数及布孔位置等多方案试验验证，最终选择在岩塞口上部爆破扰动范围靠岸坡部位，设置了 4 孔 ϕ200mm 软式排水孔，基本以排沙洞轴线上的Ⅱ序爆破扰动孔为中心，呈菱形布置，间距 1.0～1.5m。

为防止辅助排水孔被淤泥淤堵失效，经论证选择了以防锈弹簧圈支撑管体、内衬无纺布过滤的软式排水管，利用其高抗压、耐拉和整体连续性好的软式结构特点，良好的吸水、透水、排水性能，能够保证辅助排水孔起到辅助充、排水作用，其实际应用的效果良好。

辅助软式排水管平面、剖面布置见图 3.5－4 和图 3.5－5。

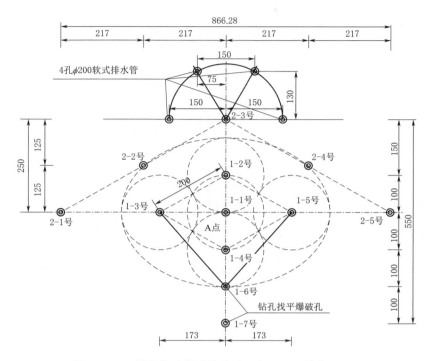

图 3.5－4　淤泥扰动爆破钻孔平面布置图（单位：cm）

3. 淤泥爆破扰动装药量

结合 1∶2 模型试验洞、现场淤泥爆破扰动专项科研试验研究等成果，经综合分析，在配合合理的淤泥爆破扰动钻孔布置方案和爆破顺序安排的前提下，相对采用集中药包爆破公式而言，采用爆破成井计算公式计算淤泥爆破装药量，能够更好地满足刘家峡排沙洞进口岩塞淤积覆盖层爆破扰动的设计要求。

根据对淤积泥沙的勘察成果，结合实地进行的淤泥爆破扰动专项试验研究成果，淤泥爆破扰动计算采用介质压缩系数 $b=1.5\sim1.8$，考虑扰动范围及淤泥爆破钻孔的布置间距，单孔淤泥爆破孔扰动范围为 $1.5\sim1.8$m。

同时考虑钻孔孔径、实际装药结构、施工方案的可实施性等因素，经综合分析最终推荐淤泥爆破扰动线装药密度采用 5kg/m。

为了更好地保证岩塞口上部淤积覆盖层能够及时、顺畅地下泄，避免在排沙洞进口、洞身等部位出现堵塞现象，基于增加淤泥中的含水量和渗水通道，达到加强爆破扰动的效果，在推荐的淤泥扰动爆破设计中，增设辅助大孔径排水孔，并开展了淤泥整体扰动下泄水工模型试验和多相流数值模拟计算分析专题研究。根据专题研究成果和工程实际施工条件，最终确定辅助大孔径排水孔的数量和布置位置。

淤泥扰动爆破的装药量根据钻孔深度、单耗药量和实际施工的孔深确定。淤泥扰动Ⅰ序、Ⅱ序孔装药量见表 3.5－8、表 3.5－9。

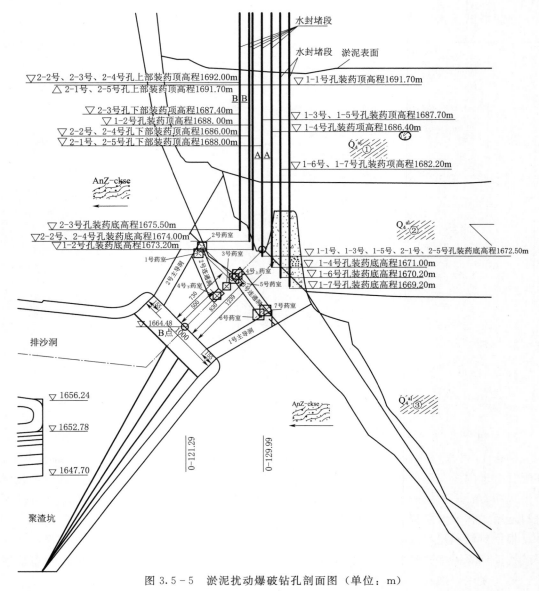

图 3.5 - 5　淤泥扰动爆破钻孔剖面图（单位：m）

表 3.5 - 8　　　　　　　　　　　　　　淤泥扰动 I 序孔装药量统计

孔号	上段药量/kg	间隔段/m	下段药量/kg	封堵长度/m	孔总装药量/kg
1-1 号	86.5	1.0	58.0	2.18	144.50
1-2 号	56.0	1.0	56.0	1.92	112.00
1-3 号	58.0	1.0	56.0	1.96	114.00
1-4 号	52.0	1.0	50.0	2.12	102.00
1-5 号	60.0	1.0	60.0	2.06	120.00
1-6 号	66.0	1.0	64.0	1.98	130.00
1-7 号	66.0	1.0	64.0	2.14	130.00
合　　计					852.50

孔号	孔装药量/kg	封堵长度/m	备　注
2-1号	78.50	1.98	采用连续装药结构，孔内不分段
2-2号	76.50	2.16	
2-3号	73.00	2.12	
2-4号	72.50	2.11	
2-5号	74.00	1.95	
合计	374.50		

表3.5-9　　　　　　　　　　淤泥扰动Ⅱ序孔装药量统计

4. 爆破网路设计及爆破器材选择

（1）淤泥扰动爆破网路。与岩塞爆破分段和爆破网路统一整体考虑，淤泥爆破扰动分为二段进行，分别为整个岩塞爆破的第一响和第十一响（最后一响）。第一响延时为200ms，1-1～1-7号Ⅰ序7个爆破扰动孔、单响药量为852.50kg；第十一响延时为495ms，2-1～2-5号Ⅱ序5个爆破扰动孔、单响药量为374.50kg。

岩塞爆破采用数码电子雷管起爆系统，为提高起爆系统的准爆率和安全性，爆破网路采用数码雷管起爆、导爆索起爆等的混合网路起爆法，其中数码雷管起爆网路共布置了两条相同的支路以增强准爆性，两条支路分别为：数码雷管主网络和数码雷管副网络。

在每个淤泥爆破扰动孔内上、下部分别设置1枚数码雷管作为主副起爆雷管，并通过2条导爆索将药卷进行整体串联，作为辅助网路。

（2）爆破器材。

1）炸药采用澳瑞凯（Orica）的 PowergelTM Magnum^{3}151 炸药。

2）导爆索采用SB-40型震源导爆索。

3）雷管采用抗水、抗电数码雷管，数码雷管延时时间间隔为1ms，延期时间精度在同时段的误差不大于±1%，且名义延时升高时误差变化应很小。数码雷管导线长度为30m、70m。

七、起爆时间间隔的选择

岩塞爆破口一般距离水工建筑物很近，为了减轻爆破震动的影响，一方面要在设计中注意药包的布置，减少炸药用量；另一方面要采用毫秒爆破技术，减少一次起爆药量，削弱地震强度。合理的时间间隔不仅可以起到减震作用，还可以提高炸药的能量利用率，有效地破碎岩石。基于抛掷爆破的原则，时间间隔的确定在理论上要求：

（1）介质处于由先响药包爆破，使附近岩体处于应力状态。

（2）抛掷体的轮廓要形成。

（3）裂缝开至一定程度，符合新自由面形成的条件。

现有的计算公式，并不是非常成熟完善，只能作为选择时间间隔的参考。

（一）理论毫秒时间间隔

按流体力学爆破推导理论，可以形成爆破漏斗，在爆破作用半径方向的时间可按式

（3.5-32）近似计算：

$$t_1 = 0.0037W(1+n^2)^{1/2} \tag{3.5-32}$$

式中：t_1 为形成爆破漏斗的时间，s；W 为最小抵抗线，m；n 为爆破作用指数。

在最小抵抗线方向的时间可按式（3.5-33）近似计算：

$$t = 0.0037W \tag{3.5-33}$$

式中：t 为在抵抗方向岩石开始移动的时间，s。

（二）采用经验公式估算

$$t = kW \tag{3.5-34}$$

式中：k 为时间系数，即每米抵抗线移动所需要的时间，ms/m，取值可参考表3.5-10。

表 3.5-10　　　　　　　　　岩石硬度与时间系数

岩石名称	普氏硬度等级系数 f	时间系数 $k/(\text{ms/m})$
花岗岩、橄榄岩、坚硬的硫化矿	16～20	3
长石砂岩、变质片岩、铁质石英岩	10～15	4
蛇纹岩、石灰岩、大理岩、千枚岩	5～11	5
灰泥、泥质页岩	1～5	6

冶金部门有关研究单位，曾用高速摄影等手段测定起爆后地表岩石开始移动的时间。如在矿山岩石钻孔爆破，闪长岩 $W=6.5～8.0\text{m}$，$k=3.56～4.85\text{ms/m}$；磁铁石英岩，$f=16～18$，$W=8.6～13.5\text{m}$，$k=2.09～3.2\text{ms/m}$。矿山露天硐室爆破，W 分别为 12.5m、17m、25m 时，$k=2.0～2.4\text{ms/m}$。这些资料证明，式（3.5-33）和式（3.5-34），虽然存在误差，但是在岩塞爆破抵抗线较小的条件下，其误差是不大的，具有实用价值。

观测表明，掏槽碎岩运动速度 40～60m/s，形成 4m 的掏槽需要 70～100ms，一般情况下，掏槽孔延迟时间 75～100ms。当预裂孔与主爆区炮孔一起爆破时，预裂孔应在主爆孔爆破前引爆，其时间差应不小于 75～110ms。

根据爆破实践，洞室爆破的起爆间隔时间可按下述经验值确定：

（1）同排药包爆破时，相邻药包微差间隔时间可取 50～150ms。

（2）多排药包爆破时，前后排相邻药包微差间隔时间可取 100～300ms。

（3）多层药包爆破时，上下层相邻药包微差间隔时间可取 200～300ms。

对于以上各种情况下的时间间隔，先响药包最小抵抗线值较大时，取大值；岩石节理发育或软岩取大值；反之，则取小值。

第六节　爆破封堵设计

爆破封堵主要包括炮孔封堵、药室封堵、导洞及连通洞封堵及淤泥扰动爆破孔的封堵。炮孔封堵比较常见，一般爆破工程中均有涉及；药室、导洞及连通洞封堵的封堵主要见于药室岩塞爆破，淤泥扰动爆破孔封堵主要见于淤泥扰动爆破。

对于水下岩塞爆破来说，爆破封堵是施工中的重要环节，封堵效果的好坏直接影响岩塞爆破的效果。这是因为水下岩塞爆破往往是 10m 以上的深孔爆破或者是洞室爆破，如果封堵效果不好，爆炸的能量往往会从薄弱地方开始泄露，造成"泄能"或"冲炮"现象，从而严重影响爆破效果。所以，水下岩塞爆破封堵的目的就是为了避免爆炸能量的泄露，是爆能较好地作用在围岩中，从而取得理想的爆破效果。

一、炮孔封堵

炮孔封堵通常以封堵长度计。

为了达到较好的封堵效果，封堵段应使炮孔上部的药卷产生标准抛掷或者减弱抛掷漏斗。传统上，按药包长径比（药包长度与其直径的比值）的不同可将药包分为集中药包（长径比不超过 4）和延长药包（长径比大于 4）。按照装药药卷直径，可以计算出视为集中药包的药卷长度，进而可以计算出该药包的药量，再用鲍列斯科夫公式 $Q=(0.4+0.6n^3)KW^3$，计算出标准抛掷时的抵抗线 W，则炮孔封堵段长度大于 W 时，即可认为封堵效果良好。

上述计算方法简单可行，但在具体施工过程中，封堵质量受封堵材料、施工质量、封堵材料硬化时间（如需要）等影响，封堵长度一般以现场试验或经验公式确定。

不同的爆破类型，封堵长度也有所不同，但差异不大。在露天台阶爆破中，一般取堵塞长度为 $0.7\sim1.0$ 倍抵抗线；在隧道掘进中，一般取堵塞长度为 1/2 抵抗线，孔口装药线密度是底部的 $0.3\sim0.5$ 倍，生产中常取堵塞长度等于 $0.35\sim0.5$ 的装药长度；水利水电工程中，堵塞长度一般不能小于最小抵抗线 W。

根据深孔爆破高速摄影观测资料，对于 $3\sim4m$ 的抵抗线，1 倍抵抗线的堵塞长度，起爆后 9ms 左右堵塞物开始冲出，亦即炮孔内炸药爆炸后由于堵塞作用，使爆炸气体能维持约 9ms 的时间，可以获得较好的爆破效果。根据经验，堵塞段在 $0.7\sim1.0$ 倍抵抗线长度时，一般情况下，不会产生飞石。

对于水下岩塞爆破来说，炮孔一般均较深，临空面少，围岩夹制作用大，炮孔孔口的排距（抵抗线）一般小于 1m，而封堵长度往往大于 1 倍的抵抗线，根据工程经验及相关试验数据，一般炮孔的封堵长度 $l=1.0\sim1.5m$，此时可以取得良好的爆破效果。当封堵段较短时，容易发生"冲炮"现象，即爆炸气体将堵塞段冲出，爆破效果较差。

炮孔封堵的材料有黄泥、锚固剂等。用黄泥封堵密实炮孔，一般爆破效果良好，是一种比较好的封堵材料。但是黄泥受制于当地建材的分布，往往不容易取得。在近些年的岩塞爆破施工中，经常用锚固剂进行封堵，锚固剂封堵炮孔后，会在一定时间内膨胀硬化，硬化充分后的堵塞效果良好。但是如果封堵剂未及时硬化就起爆炸药，爆破效果就会受到影响，一般情况下，应在封堵后 1h 后再起爆炸药。另外，在兰州市水源地建设工程取水口岩塞爆破试验中，利用钻孔细石渣、水泥和速凝剂拌和成的材料封堵炮孔，在几分钟内即可硬化，硬化后封堵体强度较大，封堵密实，爆破效果良好。

二、药室、导洞及连通洞封堵

在采用集中药室爆破方案的水下岩塞爆破工程中，需要开挖药室及连通通道，药室用来安放炸药，连通通道连接各药室，并与岩塞体外部连通，作为施工及交通通道。

药室一般开挖成正方体或长方体，视装药量的多少，边长一般在 $0.8\sim1.5m$ 变化。

连通通道一般宽 0.8m，高 1.2～1.5m。为了避免炸药能量泄露，炸药安放完成后，要对药室及连通通道进行封堵。

封堵时，一般在靠近药室部位用掺砂黄泥封堵密实，封堵厚度约 30～50cm，黄泥后面再用砂浆砌砖封堵，厚约 30～50cm，最后在整个连通洞内用快硬水泥灌浆，将整个连通洞室封堵密实。刘家峡洮河口排沙洞岩塞药室及连通洞封堵见图 3.6-1。

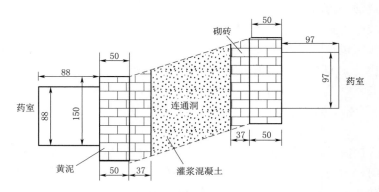

图 3.6-1　药室及连通洞封堵示意图（尺寸：cm）

刘家峡洮河口排沙洞岩塞药室及连通洞封堵措施如下，供参考：

（一）封堵顺序

根据药室布置，上部连通药室和下部药室形成各自独立的体系，同时进行人工装药和封堵施工。对于上部连通药室，首先对 4 号上和 4 号下药室进行装药封堵，之后对 1 号和 2 号药室进行装药封堵，最后对上主导洞进行封堵。下部药室由下导洞进入对 3 号和 5 号药室进行装药封堵，之后进行 6 号和 7 号药室装药封堵。上部连通药室与下部药室可同时进行装药封堵施工，以加快爆破工期，缩短炸药浸水时间。

（二）药室封堵

在靠近各集中药室均用 15cm×15cm×25cm 掺砂黄泥块封堵，黄泥与砂子体积比为 3：1，人工码平，用木槌夯实，封堵厚度 50cm，然后紧临掺砂黄泥封堵处采用砂浆砖砌体（24cm）封口。掺砂黄泥填筑和砂浆砖砌体可平行上升，直至洞顶，砂浆砖砌体外表面采用 2cm 厚速凝砂浆抹面，确保洞室封闭密实。

（三）连通洞及主导洞封堵

连通洞及上下主导洞均采用水泥灌浆封堵，在连通洞和上下主导洞间及上下主导洞出口处设堵塞段，连通洞和上下主导洞间堵塞段采用砂浆砖砌体（48cm）封口，砂浆砖砌体外表面采用 2cm 厚速凝砂浆抹面，确保洞室封闭密实。上主导洞出口砂浆砖砌体（100cm）封口。下主导洞出口采用砂浆砖砌体（48cm）封口，砂浆砖砌体外表面采用 2cm 厚速凝砂浆抹面。

（四）灌浆

在灌浆区设注浆管和排气管，用砂浆泵进行灌注，砂浆泵设置在平洞内。采用柴油机驱动灌浆泵，纯水泥灌注，水灰比为 0.43，导洞前半部用 42.5 号普通水泥加 3％无水硫酸钠，导洞后半部用硫铝酸盐地质勘探水泥，其标号 800kg/cm²，通过试验水泥结面强度分别为 124kg/cm²，325kg/cm²（1d 强度）。

岩塞轴线倾角一般在 45°左右，某些主要的连通洞开口不可避免的呈一定向下的角度，这给灌浆带来了困难。为了解决这种困难，可用角钢和薄钢板制作锁口门，每个连通洞开口设置 2 道锁口门，在这两道锁口门的保护下，进行封堵灌浆。

封堵灌浆可按设置的灌浆区分别进行施灌，每个灌浆区分别设有灌浆管、排气管各一根，采用砂浆泵进行灌注。为了时灌浆浆液快速硬化，一般采用 825 号快硬硫铝酸盐地质勘探水泥或 42.5 号普通水泥加 3‰无水硫酸钠水泥。

岩塞封堵时，电爆网路应予以特别保护，可用塑料管包住，固定在导洞岩壁上。在导洞岩壁上，应预先沿电爆网路布置路线用电锤打孔，孔内钉入预制好的木楔，木楔外露端宜刻有沟痕，以便于用线绳固定电爆网路。对于预留的回填灌浆管路应注意保护，防止发生堵塞、断裂现象，避免影响封堵灌浆施工，造成不必要的损失。

三、淤泥扰动爆破孔的封堵

淤泥扰动爆破孔一般垂直布置在水下淤泥中，对于岩塞爆破来说，其主要作用是扰动淤泥，使淤泥具有一定的可流动性，当岩塞爆通时，淤泥能够顺畅地下泄。

当岩塞上部的淤泥需要爆破扰动时，淤泥的沉积时间一般都比较长，且厚度比较大，再加上岩塞一般位于水下较深的位置，淤泥孔也是位于水下，淤泥中的孔深也比较大。如刘家峡洮河口排沙洞淤泥爆破孔最大孔深（淤泥中孔深）达 40m，其上还有约 35m 的水头。所以为保证淤泥孔的成孔质量，一般采用比较大的孔径，直径一般为 100mm 以上，并用 PVC 套管对钻好的钻孔加以保护，防止塌孔，套管伸出水面，便于装药和封堵施工。

淤泥扰动爆破孔的自身特点，决定了其封堵方式与常规爆破孔的不同。由于淤泥爆破孔普遍较深，若用黄泥和锚固剂封堵，封堵材料会卡堵在炮孔中间，无法顺利通过套管顺利装入预定位置，所以无法利用黄泥或锚固剂进行封堵。

淤泥扰动孔一般采用装砂土的土工布袋和水封堵。淤泥扰动孔装药完成后，装砂土的土工布袋在重力的作用下，顺套管沉入炸药顶部进行封堵，封堵布袋以上用水封堵。

刘家峡洮河口排沙洞岩塞淤泥扰动爆破孔装砂土的土工布袋封堵段长 1.0～2.0m，封堵布袋以上用水封堵，封堵水面高程与库水面相同。

第七节　爆　破　网　路　设　计

一、水下岩塞爆破网路设计

在爆破工程中，为了使工业炸药引爆，必须使用起爆器材，并通过爆破网路来引爆工业炸药。

水下岩塞爆破是一种复杂的水下控制爆破技术。在深水压力下的岩塞爆破施工中，作业安全问题十分突出。同时，岩塞只能一次爆通成型，否则在深水下很难进行补爆和修理。另外，岩塞爆破区周围通常有各种主体建筑物，特别是拦河大坝等重要建筑物，必须保证岩塞爆破时的绝对安全。由于进水口常年在高水位下使用，要求爆破进水口形成良好，围岩稳定，达到水流顺畅，水头损失小，满足长期正常运行要求。近年来，随着社会的发展和经济的增长，一大批大型引水和扩机工程陆续开工建设。由于这些工程等级高、工程投资大、社会影响大，有些水库或天然湖泊的地形地质等边界条件非常复杂，使得进水口水下岩塞爆破设计难度大大增加。因此，为了确保进水口岩塞周边建筑物安全、确保岩塞一次爆通成型在岩塞爆破工程中对控制爆破网路的设计则越来越重要。

水下岩塞爆破按岩塞爆破装药方式不同，主要分为药室爆破、排孔爆破以及硐室＋排孔等爆破方式，考虑岩塞爆破的重要性，起爆网路是爆破成败的关键，因此，在起爆网路的设计和施工中，必须保证岩塞爆破能按设计的起爆顺序、起爆时间安全准爆。网路标准化和规格化，有利于施工中连接与操作。为提高爆破网路起爆系统的准爆率和安全性，爆破网路传统常采用电力起爆、导爆索起爆和导爆管起爆的混合爆破网路进行起爆。但随着国内爆破技术和爆破器材的发展，爆破网路采用电子数码雷管起爆的项目越来越普及。

二、起爆方法

（一）起爆方法的分类

在爆破工程中，常用传统的起爆方法有两种：一种是通过雷管的爆炸引爆工业炸药；另一种是用导爆索爆炸产生的能量去引爆工业炸药，而导爆索本身也需要先用雷管将其引爆。

起爆雷管主要包括火雷管、电雷管、导爆管雷管和无起爆药雷管。工程爆破中常用的工业雷管有火雷管、电雷管和非电雷管等。电雷管又有普通电雷管、磁电雷管、数码电子雷管等。在普通电雷管中又有瞬发电雷管、秒和半秒延期电雷管、毫秒延期电雷管等品种。数码电子雷管和磁电雷管是新近发展起来的新品种，代表着工业雷管的发展方向。

按雷管的点燃方式不同，起爆方法主要分为火雷管起爆法、电雷管起爆法、导爆管雷管起爆法。无线起爆法包括电磁波起爆法和水下声波起爆法，它们利用比较复杂的起爆装置，可以远距离控制引爆电雷管，但仍属于电雷管起爆法。

火雷管起爆法是由导火索传递火焰点燃火雷管，也称导火索起爆法。

导爆管雷管起爆法是利用导爆管传递冲击波点燃雷管，也称导爆管起爆法。

电雷管起爆法采用电引火装置点燃雷管，故也称电力起爆法。

与雷管起爆法相应，用导爆索起爆炸药的称作导爆索起爆法。

与电力起爆法对应，一般将导火索起爆法、导爆管起爆法和导爆索起爆法统称为非电起爆法。

起爆方法的分类如下：

爆破工程中绝大多数都是通过群药包的共同作用实现的。对群药包的起爆是通过单个药包的起爆组合达到的，单个药包的起爆组合即为群药包的爆破网路。根据起爆方法的不

同，爆破网路分电力起爆网路、导火索起爆网路、导爆管起爆网路和导爆索起爆网路，后3种起爆网路也通称非电起爆网路。

（二）常规电雷管电力起爆法及电爆网路设计

电力起爆法是利用电能引爆电雷管进而直接或通过其他起爆方法引爆工业炸药的起爆方法。构成电力起爆法的器材有起爆电源、测量仪表、导线、中间开关、滑线电阻和电雷管等。

电爆网路设计计算主要包括如下内容：电爆网路设计计算的基本资料、电爆网路连接方式的选择、电爆网路的电阻和通过电雷管的电流强度计算。要求计算通过电雷管的电流值大于电雷管准爆电流值。

电力起爆法的最大优点是敷设起爆网路前后可以用仪表检查电雷管和对网路进行测试，检查网路的施工质量，从而保证网路的准确性和可靠性。另外，电力起爆网路（俗称电爆网路）可以远距离起爆并控制起爆时间，调整起爆参数，实现分段延时起爆。电力起爆法的缺点主要是在各种环境的电干扰下，如杂散电、静电、射频电、雷电等，存在着早爆、误爆的危险，在雷雨季节和存在电干扰的危险范围内不能使用电爆网路。其次，在药包数量比较多的爆破工程中，采用电爆网路，对网路的设计和施工有较高的要求，网路连接比较复杂。再有，有些人过分依赖电爆网路可以测试的特点，对网路施工技术和起爆电源注意不够，也容易影响电爆网路的准确性和可靠性。

1. 电雷管的主要性能

电雷管分普通型、钝感型和高钝感型3类。常用的电雷管为普通型，这里介绍的电雷管是指普通型电雷管。电雷管的主要性能如下。

（1）电雷管电阻。电雷管电阻是指桥丝电阻与脚线电阻之和。按照《工业电雷管》（GB 8031—2015）的要求，仅规定电雷管采用镍铬合金细丝做桥丝，实际使用中也少见有康铜合金做桥丝的电雷管。采用镍铬合金细丝做桥丝材料，桥丝电阻上下限差值不大于0.8Ω，由工厂生产工艺保证。国产电雷管脚线由两根不同颜色的导线组成，导线不得有绝缘层破损和芯线锈蚀、长度公差为名义值±5％；一般脚线长度为2.0m±0.1m，铁脚线电雷管全电阻不大于6.3Ω，上下限差值不大于2.0Ω；铜脚线电雷管全电阻不大于4.0Ω，上下限差值不大于1.0Ω。康铜合金桥丝电雷管全电阻值约为镍铬合金桥丝电雷管全电阻值的一半。

电雷管在使用前，应先测定每发电雷管的电阻，同一电爆网路应使用同厂、同批、同型号的电雷管，电雷管的电阻值差不得大于产品说明书的规定，即镍铬桥丝电雷管的电阻值差不得超过0.8Ω。

电爆网路导通和测量电雷管电阻值，只准使用专用导通器和爆破电桥。电阻表误差不大于0.1Ω。

（2）安全电流。安全电流指给单发电雷管通以恒定直流电，通电时间5min，受试电雷管均不会起爆的电流值。电雷管的安全电流应符合表3.7-1规定。当直流电流值超过安全电流时，电雷管就可能爆炸，故安全电流也称最高安全电流。以前电雷管的安全电流规定0.18A，现在已规定电雷管的安全电流必须在0.20A以上。考虑保险系数，规定电爆网络导通和测定电雷管电阻值的专用爆破电桥的工作电流应小于30mA。

（3）串联起爆电流。串联起爆电流指对串联连接的 20 发电雷管通以恒定直流电流、使受试的任何一发电雷管全部起爆的电流值。电雷管串联 20 发的起爆电流应符合表 3.7－1 规定，即串联 20 发电雷管，通以 1.2A 恒定直流电流，应全部爆炸。在工程实际中，规定电爆网路中通过每发电雷管的电流值，对一般爆破，直流电不小于 2A，交流电不小于 2.5A；对药室爆破，直流电不小于 2.5A，交流电不小于 4A。

表 3.7－1　　　　　　　　　电 雷 管 的 主 要 性 能

序号	参数名称	单位	参 数 指 标		
			普通型	钝感型	高钝感型
1	安全电流	A	≥0.20	≥0.30	≥0.80
2	发火电流	A	≤0.45	≤1.00	≤2.50
3	发火冲能	$A^2 \cdot ms$	2.00～8.00	8.00～18.00	80.00～140.00
4	串联起爆电流	A	≤1.20	≤1.50	≤3.50

（4）单发发火电流。对电雷管通以恒定直流电流，其发火电流应符合表 3.7－1 规定。试验中按通电时间为 30ms 时发火概率为 0.9999 的电流值作为单发发火电流值。对普通型电雷管，0.45A 为单发电雷管的最低准爆电流。

（5）发火冲能。发火冲能也叫点燃电流冲能。点燃电流冲能的倒数表示电雷管的敏感度，点燃电流冲能越小，电雷管的敏感度越高。发火冲能的测定如下：先对电雷管通以恒定直流电流，通电时间 100ms，求出发火概率为 0.9999 的电流值，为百毫秒发火电流；再以两倍百毫秒电流的恒定直流电流 I（A）向电雷管通电，求出发火概率为 0.9999 的通电时间 t（ms），则发火冲能 K（$A^2 \cdot ms$）为

$$K = I^2 t \tag{3.7－1}$$

式中：K 为发火冲能，$A^2 \cdot ms$；I 为恒定直流电流，A；t 为通电时间，ms。

电雷管的发火冲能应符合表 3.7－1 规定。即普通型电雷管的发火冲能不大于 $8.0A^2 \cdot ms$。

（6）保证期。在原包装条件下储存在通风良好、干燥的环境中，瞬发电雷管的保证期为两年，延期电雷管为一年半。

2．导线

电爆网路中的导线一般采用绝缘良好的铜线或铝线。根据导线的位置和作用，可以将导线分为端线、连接线、区域线和主线。

端线是用来加长电雷管脚线使之能引出炮孔或药室外的导线。

连接线是用来连接相邻炮孔或药室的导线。

区域线是指在同一电爆网路中包括几个分区时连接连接线与主线之间的导线。

主线是指连接连接线或区域线与起爆电源之间的导线。

导线一般选用市场上容易取得的、电阻较小的电力和照明用塑料绝缘电线。在露天深孔爆破和浅孔爆破中，端线、连接线多采用断面为 0.42～0.45mm² 的单芯铜质塑料皮专用爆破软线，主线选用标称截面较大的多芯铜质塑料绝缘电线。在硐室爆破和拆除爆破中，一般端线、连接线、区域线使用标称截面 0.5～1.0mm² 的两芯铜芯线或铝芯线，主线采用标称截面不小于 1.5mm² 的单芯或两芯铜芯线或铝芯线。

电爆网路导线不应使用裸露导线，不得利用铁轨、钢管、钢丝做爆破线路。

3. 起爆电源

（1）作为电爆网路的起爆电源，应满足如下要求：

1）有一定的电压，能克服网路电阻输出足够的电流。起爆电源必须保证起爆网路中每个电雷管能够获得足够的电流。如前所述，流经每个电雷管的电流要求为：一般爆破，交流电不小于 2.5A，直流电不小于 2A；硐室爆破，交流电不小于 4A，直流电不小于 2.5A。

2）有一定的功率，以保证有足够的电量供给起爆网路，满足各支路电流总和的要求。

3）有足够大的发火冲能。对电容式起爆器等起爆电源，尽管其起爆电压很高，但其作用时间很短，要保证电爆网路安全准爆，还必须有足够的发火冲能。对国产电雷管，保证电雷管准爆的发火冲能应大于或等于 $8.0A^2 \cdot ms$。

（2）电爆网路常用的起爆电源有 3 种：

1）电池。包括干电池和蓄电池。电池属于直流电，电源比较稳定，而且规程规定的最小准爆电流值比交流电小。但干电池电压低、内阻很高、容量有限，只能起爆少量雷管；蓄电池内阻很小，串联后也能达到较高的电压和足够的容量。但由于电爆网路起爆后很易出现个别导线或雷管脚线短路的情况，极易对蓄电池产生损害，所以在实际工程中很少使用电池作为起爆电源。

2）动力交流电源。即工频交流电，有 220V 的照明电和 380V 的动力电。动力交流电源电压虽然不高，但输出容量大，适用于并联、串并联和并串并联等混合电爆网路。使用动力交流电源作为起爆电源，要进行电爆网路的计算和设计。另外，电源与起爆网路连接处要设两道专用开关，并安装在上锁的起爆开关箱内，防止爆破后因线路短接而引起不良后果。在有瓦斯或矿尘爆炸危险的矿井中，不得使用动力或照明交流电源，只准使用防爆型起爆器作为起爆电源。

3）起爆器。属于直流式起爆电源。起爆器有手摇发电机起爆器和电容式起爆器两种。

手摇发电机起爆器由手摇交流发电机、整流器和存储电能的电容器组成，利用活动线圈切割固定磁铁的磁力线产生脉冲电流的发电机原理，由端钮输出直流电起爆电雷管，其优点是不用电源，操作简单，便于携带，其缺点是起爆能力小。

电容式起爆器也叫高能脉冲起爆器，其工作原理是：将干电池或蓄电池输出的低压直流电，经晶体管振荡电路变成高压高频电，通过向电容器充电，把电荷逐渐储存于引爆电容器中。当电容器的电能储存达到额定数值，电压达到规定值时，指示电压的氖灯或电压表即发出指示，这时接通电爆网路，启动起爆器的开关，电容器蓄积的高压脉冲电能在极短时间内向电爆网路放电，使电雷管起爆。

电容式起爆器的脉冲电流持续时间大都在 10ms 以内，峰值电压达几百伏至几千伏，大容量起爆器的起爆电压均在 1500V 以上，起爆雷管数从几十发到几千发。由于电容式起爆器所能提供的输出电能不太大，不足以起爆并联支路比较多的电爆网路，一般只用来起爆串联网路和并联数较少的并串联网路。因此，仅用起爆器的标称电压值与电爆网路的电阻值来判断电爆网路的准爆性是不合适的，应根据起爆器说明书的规定使用。

国产起爆器生产厂家主要在辽宁省和湖南省，产品主要服务冶金和煤炭两大产业部门。部分国产起爆器的性能见表 3.7-2。

表 3.7-2　　　　　　　　　部分国产电容式起爆器的性能

型号	YJ 新 400	YJ 新 600	YJ 新 1000	YJ 新 1500	YJ 新 4000	YJQL-3000
最高脉冲电压/V	2000	3000	1800	2700	3600	2700
允许最大负载电阻（串联）/Ω	1000	1350	900	1350	1800	1350
引爆电容器容量/μF	11.75	7.8	37.5	25	41.25	50
点燃冲量/($A^2 \cdot ms$)	23.5	26	66	67.5		135
准爆能力/发	400	600	1000	1500	4000	3000
铜脚线、铁脚线	200	300	500	759	2000	1500
充电时间/s	10	15	15～20	20～25	15～30	30
供电电源	1 号干电池 5 节，7.5V				1 号高能电池 9 节，13.5V	
体积/(mm×mm×mm)		190×100×225		190×100×210	320×180×280	265×140×260
机器重量/kg	1.75	1.9	2.0	2.5	7.5	4.3
生产厂家	营口市高能爆破仪表研究所					

部分国产电容式起爆器的性能

型号	KG-300	KG-200	KG-150	MFd-100[①]	MFd-200[①]
最高脉冲电压/V	3000	2500	1800	1800	2900
允许最大负载电阻（串联）/Ω	1220	920	620	620	1220
引爆电容器容量/μF				33	47
点燃冲量/($A^2 \cdot ms$)	≥8.7			≥8.7	
准爆能力/发	300	200	150		
铜脚线、铁脚线	200	150	100	100	200
充电时间/s	≤20			≤20	
供电电源	1 号干电池 4 节，6V			1 号干电池 4 节，6V	
体积/(mm×mm×mm)	207×137×48			207×137×48	207×137×48
机器重量/kg	1.6			1.45	1.6
生产厂家	湖南湘西科工贸中心爆破仪器仪表厂			大石桥市防爆器厂	

① 供有沼气（甲烷）及煤尘爆炸危险的矿井使用，相同类型的发爆器有 MFd-50 型、MFd-150 型；非煤矿使用的有 SFK-500、SFK-1000、SFK-2000 型发爆器。

4. 电爆网路的检测

检查、测量电雷管和电爆网路的电阻值必须使用专用的爆破测量仪表（导通器、爆破电桥等）。这些仪表外壳应有良好的绝缘和防潮性能，输出电流必须小于 30mA。严禁使用普通电桥量测电雷管和电爆网路，因为普通电桥绝缘不好，输出电流太大，容易引起误爆事故。

导通器即爆破欧姆表，是一种用于网路导通的小型仪表，测量原理与普通测电阻的仪表相同，只是内部工作电流小于30mA使用时能保证安全。它可以检查电雷管、导线和电爆网路的导通情况和电阻值，但测量精度不高。

爆破电桥的工作原理与普通电桥原理基本相同，利用电桥平衡原理来测量电雷管或电爆网路的电阻值。

爆破电桥等电气仪表，应每月检查一次。主要检查其输出电流是否小于30mA，电池是否有电，仪器外表是否有漏电或裸露等不良现象；检查并校正仪表读数值是否精确。

有一些爆破工程技术人员违规使用一般电工用表如万用表、欧姆表来进行电爆网路的测试。他们的理由是，他们对所使用仪表的某些操作挡进行过输出电流的测试，其输出电流小于30mA，不会发生问题。问题是，爆破是一件十分危险的作业，任何一个失误都可能引起对人员、设备等不可挽回的损失。非专用爆破仪表中总有些操作挡位的输出电流大于电雷管的安全电流30mA，测试中的误操作将可能引起电爆网路的误爆。如老式105型万用电表R×1挡的误工作电流为140mA，500型万用电表最大误工作电流为365mA。因此，在任何爆破工程中必须坚持使用专用爆破仪表，并且这些仪表必须按规定要求定期进行检查、维修和标定。

爆破电桥和爆破欧姆表有按钮式、指针式和数字式等样式，近年来多采用数字式测试仪。国内使用的主要电雷管和电爆网路测量仪表如下。

（1）205-1型线路电桥。按钮式测量仪表。分三个挡位：电雷管二挡：0～3Ω，3～9Ω；导电线一挡：0～3kΩ。使用时将被测电雷管脚线或网路端线除锈后接到电桥接线柱上，压按按钮，同时迅速转动活动刻度盘，根据指针摆动的方向决定刻度盘的转动方向，转至使指针正对分划玻璃指示器上的中线位置，松开按钮，指示器中心线所对的刻度盘相应挡位上的数字即为其电阻值。使用前应先校准读数。

（2）QJ-41型电雷管测试仪。指针式测量仪表。分3个挡位：测电雷管2挡：0～3Ω，3～9Ω，误差±1.5%；测导线1挡：0～3kΩ，误差±2.5%。输出电流：27mA。使用前根据仪器说明书先校准读数。这种测试仪在进行电爆网路导通时，较高挡位不易得出精确的读数，如果测试硐室爆破中两套独立电爆网路之间是否电阻平衡，要求电阻值读数精度不得大于1Ω时，就只能靠使用仪器的爆破员的经验来确定了。

（3）B-1型爆破用表。指针式测量仪表。分3个挡位：0～5Ω，0～100Ω，100～200Ω，误差±2.5%。输出电流小于20mA，可以测量电阻和杂散电流值。

（4）SD-1型数字式爆破电桥、SD-2型电雷管测试仪。数字式测量仪表。最大显示值：1999（即3位半数字）及自动极性指示；显示方式：液晶显示；测量方式：二重积分模数转换系统；测试精度：测电阻时正负0.5%；电源：9VDC，6F22电池一枚。量程：电阻挡位：200Ω，2kΩ；可测量直流电压、交流电压、直流电流和二极管。

（5）2H-1型电雷管测试仪。数字式测量仪表。最大读数：1999或-1999（即3位半数字），极性自动调整；显示方式：高反差大屏幕液晶显示；特点：测试单发电雷管及电气爆破网路时，最大测试电流不超过1.1mA；能测量电雷管电阻，交、直流杂散电流，交直、流杂散电压和电池电流电压。使用电源电压：DC9V，6F22型电池。该仪器有过荷输入显示：当测量挡位不对时，液晶显示1或-1，此时应调整测量挡位。该仪表部分测量范围与精度见表3.7-3。

表 3.7－3　　　　　　　　　　　2H－1 型电雷管测试仪的测量范围与精度

测量项目	档位	精度（23℃±5℃）	分辨率	最大输出电流	开端电压
雷管电阻	200Ω	±（1.0％＋3 个字）	0.1Ω	1.1mA	1.5V
	2kΩ	±（1.0％＋2 个字）	1Ω	0.4mA	
	20kΩ	±（1.0％＋2 个字）	10Ω	75μA	
	200kΩ	±（1.0％＋2 个字）	100Ω	7.5μA	
	2000kΩ	±（1.5％＋2 个字）	1kΩ	0.75μA	
	20MΩ	±（2.0％＋3 个字）	10kΩ	0.075μA	
杂散直流电流	2000mA	±（2.0％＋3 个字）	0.1mA	精度为实测	
	200mA	±（2.0％＋3 个字）			
	20mA	±（2.0％＋3 个字）		精度为实测	
杂散交流电流	2A	±（2.0％＋5 个字）	0.1mA	精度为实测	
	200mA	±（2.0％＋2 个字）	0.1mA	精度为实测	
	20mA	±（0.5％＋2 个字）	0.1mA	精度为实测	

采用数字式测量仪表检测电阻值时，应先将仪器调至相应挡位，将测试笔短路，测出仪器读数的初始值，实测值应为仪表读数与初始值之差。使用时应尽量避免阳光直射液晶显示屏。

5. 电爆网路的连接方式

电爆网路有多种网路连接形式，在爆破工程实践中，电爆网路的连接型式，一般都是根据爆破方法，一次爆破的规模和工程的重要性等因素，同时结合电源设备能力和材料条件等因素，综合分析研究确定爆破网路的连接方式。另外，它与爆破工作人员的实际经验也有很大关系。在爆破工程中常用的电爆网路的连接方式有 4 种。

（1）串联。这是最简单的网路连接形式（图 3.7－1），其特点是操作简单，检查容易，要求电源功率小，特别适合于电容式起爆器。若采用工频交流电（220V 或 380V）起爆，由于必须保证流经每个电雷管的电流不小于 2.5A（硐室爆破为 4A，下同），其一次起爆电雷管数有限。在串联网路中，只要有一发电雷管桥丝断路就会造成整个网路断路。

（2）并串联。一般采用 2 发电雷管并联成一组后再接成串联网路（图 3.7－2）。这种网路在每个起爆点采用 2 发电雷管，增加了每个起爆点的准爆率和起爆能，是爆破工程中以导爆管网路为主、以简单的电爆网路击发起爆导爆管网路所组成的混合起爆网路中最常用的形式。这种网路适合于电容式起爆器或工频交流电；网路中一发电雷管桥丝断路不影响网路其他雷管的起爆。

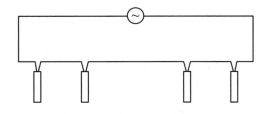

图 3.7－1　串联电爆网路示意图

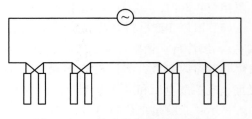

图 3.7－2　并串联电爆网路示意图

（3）串并联。将电雷管分成若干组，每组电雷管串联成一条支路，然后将各条支路并联起来组成网路（图3.7－3）。这种网路适用于电压低、功率大的工频交流电，在地下深孔爆破中常使用。网路设计时要求各条支路的电阻值平衡，并保证每个支路通过的电流大于2.5A。

（4）并串并联。将上两种电爆网路结合在一起，即串并联网路中每一条支路采用并串联连接方式（图3.7－4）。这种网路在每个起爆点采用2发电雷管，增加了每个起爆点的准爆率和起爆能。这种网路适用于电压低、功率大的工频交流电。网路设计时要求各条支路的电阻值平衡，并保证每个支路通过的电流大于2.5A。

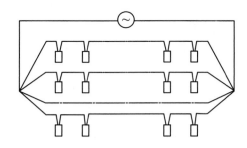

图3.7－3　串并联电爆网路示意图

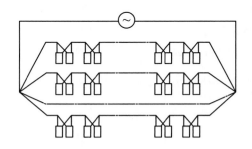

图3.7－4　并串并联电爆网路示意图

6. 电爆网路设计中应注意的事项

设计电爆网路时，必须遵循安全准爆的原则，同时，也应根据工程对象和条件来确定网络的连接型式，设计时要注意以下事项：

（1）设计电爆网路时，在考虑安全准爆的前提下，应尽量做到施工方便、网路简单、材料消耗量少的原则。

（2）水下岩塞爆破工程中，个别药包的拒爆将给整个工程带来严重后果。因此，要求电爆网路具备较高的可靠性，要确保药包全部安全准爆。在这种情况下，电爆网路采用并串并联接型式，甚至采用重复的双套网路型式。

（3）为了使电爆网路中所有电雷管都能准爆，在设计爆破网路时，应使每发电雷管获得相等的电流值。

（4）各支路的电阻要求相等，如果不等时，需要在支路配置附加电阻，进行电阻平衡，确保每发电雷管获得相等的电流值。

（5）在正式爆破前，要进行电爆网路实际起爆试验，验证电爆网路的可靠性和准爆性，最后确定电爆网路的型式。

7. 电爆网路的计算

电爆网路的计算，主要是求算整个网路及其各分支路上的电阻值，从而求出通过整个网路及网路上每发电雷管的电流值。计算出电雷管的电流值，直流电不小于2.5A，交流电不小于4A。

水下岩塞爆破工程的电爆网路，常采用复式并串并联接型式，其电爆网路的计算方法如下：

$$第一支路的电阻：R_1 = \frac{m_1 r}{n} + R_{1-2}$$

$$第二支路的电阻：R_2 = \frac{m_2 r}{n} + R_{2-2}$$

$$第三支路的电阻：R_3 = \frac{m_3 r}{n} + R_{3-2}$$

$$\cdots\cdots\cdots\cdots\cdots\cdots\cdots$$

$$第\ N\ 支路的电阻：R_N = \frac{mNr}{n} + R_{N-2}$$

$$\quad (3.7-2)$$

式中：n 为并联成组电雷管的数目；m 为支线的药室数目；R 为支路的端线、连接线、区域线的电阻，Ω；N 为支路数目；r 为每个电雷管的电阻，Ω。

根据上列公式求得各支路电阻后，便进行各支路的电阻平衡。在平衡过程中，首先选取在支路中最大的支路电阻，并假定为 $\frac{m_a r}{n} + R_{a2}$，作为计算依据，那么其余支路必须加入附加电阻，使各支路电阻平衡，即

$$\left(\frac{m_a r}{n} + R_{a2} \right) - \frac{m_1 r}{n} + R_{1-2}$$

$$\left(\frac{m_a r}{n} + R_{a2} \right) - \frac{m_2 r}{n} + R_{2-2}$$

$$\frac{m_a r}{n} + R_{a2} - \frac{m_3 r}{n} + R_{3-2}$$

$$\cdots\cdots\cdots\cdots\cdots\cdots$$

$$\left(\frac{m_a r}{n} + R_{a2} \right) - \frac{m_N r}{n} + R_{N-2}$$

$$总电阻\ R = R_1 + R' + \frac{1}{2N}\left(\frac{m_a r}{n} + R_{a2} \right)(\Omega)$$

$$\quad (3.7-3)$$

准爆电流：
$$I = 2nNi \qquad (3.7-4)$$

故所需电压为

$$E = 2nNi\left[R_1 + R' + \frac{1}{2N}\left(\frac{m_a r}{n} + R_{a2} \right) \right] \qquad (3.7-5)$$

式中：R 为电爆网路中的总电阻 Ω；I 为电爆网路中所需要的总电流值，A；R_1 为主导线的电阻，Ω；R' 为主导线的电阻，Ω；r 为每个电雷管的电阻，Ω；i 为通过每个电雷管所需的准爆电流，A；E 为电源的电压或所需电源的电压，V；N 为支路数目。

国内某水下岩塞爆破工程电爆网路计算算例：岩塞爆破药室为单层王字形布置，分为三响，第一响为预裂孔；第二响为 1～4 号药室；第三响为 5～7 号药室。为使起爆安全可靠，电爆网路采用复式并串并连接型式（正、副电爆网路）。并在同一响中加设一条闭合的导爆索网路，增加准爆性，充分发挥各药室炸药爆破作用，电爆网路共计设有 4 条支路，各支路计算电阻值，见表 3.7-4 所示。

国内某工程水下岩塞爆破电爆网络电阻计算值　　　　　单位：Ω

支路	电雷管电阻	端线电阻	连接线电阻	计算支路电阻	配附加电阻	配附加电阻后支路电阻
1	$0.85\times7=6.0$	$3.3\times7=23.10$	0.17	29.27	0.00	29.27
2	$0.5\times7=3.5$	$3.65\times7=25.60$	0.17	29.27	0.00	29.27
3	$1.5\times7=10.5$	$2.9\times1.1=3.19$	8.70	22.39	6.88	29.27
4	$1.5\times1=1.5$		0.17	1.67	27.60	29.27

母线电阻1.05（Ω）；

总电阻
$$R+1.05+\frac{29.27}{4}=8.37\ (\Omega)$$

总电流
$$I=\frac{380}{8.73}=45.4\ (A)$$

通过电雷管的电流
$$i=\frac{45.4}{8}=5.68>4\ (A)$$

爆破前实际测得电爆网路电阻值，见表3.7－5所示。

总电阻
$$R=\frac{27}{4}=6.75(\Omega)$$

总电流
$$I=\frac{380}{6.75}=56.2(A)$$

通过每个电雷管的电流
$$i=\frac{56.2}{8}=7.02>4(A)$$

　　　　　国内某工程水下岩塞爆破电爆网路电阻实测值　　　　　单位：Ω

支路	网路连接前电阻	附加电阻	爆破时平衡电阻	支路	网路连接前电阻	附加电阻	爆破时平衡电阻
1	27	0	27	3	24	3	27
2	27	0	27	4	22	5	27

（三）数码电子雷管电力起爆法

1. 数码电子雷管

数码电子雷管的研究始于20世纪80年代初期，首先由瑞典诺贝尔公司于1988年推出，它的出现是爆破器材中最为显著的进展，其本质是用一个集成电路取代普通雷管中化学延时与电点火元件。数码电子雷管的基本原理是将传统瞬发雷管和外挂电子电路结合在一起的延期雷管，起爆延期时间控制由外挂电子电路完成。数码电子雷管的延时方法是利用晶体振荡器和计数器的数字组合方式，而不是利用电容器和电阻的模拟设备方式，这也是数码电子雷管区别于早期电子雷管的地方。这种数字方式组合的构造较复杂，成本高，但延时误差小、质量稳定。典型的数码电子雷管结构见图3.7－5。

为保持与传统电雷管接线方式的一致性，数码电子雷管的控制板芯片中采用供电线和通信线复合使用的方式。为提高起爆的可靠性，避免爆破期间因供电线路出现故障而导致设定的延期时间误操作，数码电子雷管一般利用两个储能电容分别供应控制芯片工作、点

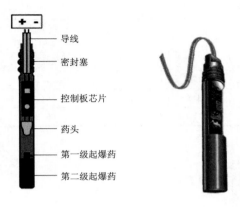

图 3.7-5　数码电子雷管内部结构

火药头所需的能量。为提高数码电子雷管的抗干扰能力，增强其安全性，还采用电子开关来控制起爆能充电，使数码电子雷管只有在起爆准备完成后才能处于待爆状态。以上也说明了数码电子雷管具有极高的安全性，延期时间精度高并任意可调（0～15000ms），只有在厂家的专用的起爆系统设定起爆后才能爆炸。

数码电子雷管电力起爆系统其最大组网爆破规模可达 6400 发数码电子雷管，最大起爆距离可达 5400m。雷管距离起爆器最大距离可达 400m，起爆器距离总控制台最大距离可达 5000m。数码电子雷管具有高可靠性、高精度性、高安全性等优点，可实现精准控制爆破。数码电子雷管起爆系统对大型网路爆破和高精度爆破工程以及深孔爆破、水下爆破、硐室爆破等都具有良好的爆破效果。

国外数码电子雷管发展最为成熟的是澳大利亚 Orica 公司生产的 i-KonTM 数码电子雷管起爆系统，2006 年三峡围堰爆破使用的就是 Orica 公司的数码电子雷管；日本旭化成数码电子雷管、非洲炸药公司 AEL 公司的电子雷管均已在工程爆破作业中广泛使用。国内数码电子雷管的起步也较早，20 世纪 80 年代冶金部安全环保研究院开始研制电子延期超高精度雷管，于 1988 年完成我国第一代电子雷管。云南燃料一厂于 1996 年开展了电子延期电雷管的研制工作，2001 年 12 月通过了技术鉴定和设计定型。数码电子雷管已经在爆破工程中得以很好的推广，全面应用成为必然趋势。根据公安部治安管理局、工业和信息化部安全生产司联合发布的《关于贯彻执行〈工业电子雷管信息管理通则〉有关事项的通知》（公治〔2018〕915 号），计划 2022 年实现全面使用电子雷管的目标。

2. 数码电子雷管爆破网路

构成数码电子雷管起爆系统的器材主要有便携式起爆总控制电脑、通信线路、数码电子雷管专用起爆器、起爆母线、数码电子雷管等部件。

3. 数码电子雷管爆破网路设计注意事项

（1）数码电子雷管网路应使用专用起爆器起爆，专用起爆器使用前应进行全面检查。

（2）装药前应使用专用仪器检测数码电子雷管，并进行注册和编号。

（3）应按说明书要求连接子网路，雷管数量应小于子起爆器规定数量；子网路连接后应使用专用设备进行检测。

（4）应按说明书要求，将全部子网路连接成主网路，并使用专用设备检测主网路。

（四）火雷管起爆法

火雷管起爆法也称导火索起爆法、火花起爆法，它利用导火索传递火焰点燃火雷管进而直接或通过导爆索或导爆管雷管引爆工业炸药。火雷管起爆法属非电起爆法。它所需要的起爆材料有：火雷管、导火索、点火材料。

火雷管起爆法的优点是：操作简单，机动灵活，不需要任何仪器和其他装置。缺点是：劳动条件差，导火索的质量不容易检查，在安全程度上比其他起爆方法低；导火索的燃烧使工作面的有害气体量增大；一次起爆能力小；虽能控制起爆顺序，但难以控制准确的起爆时间，不易获得良好的爆破效果；点火后待爆时间较长；在有水的炮孔或水中爆破时不宜使用，在煤矿井下（包括有瓦斯或煤尘爆炸危险的地下工程）中不准使用。

点火材料指用来点燃导火索的材料。常用的有自制导火索段、点火线（绳）、点火棒、点火筒、拉火管等。

点火方法有：

（1）逐个点火法。按炮孔起爆顺序逐根点燃导火索。这种点火法操作简单，但工作面上炮烟大，容易漏点。

（2）铁皮三通一次点火法。切取一定长度的导火索作为点火导火索，在其上每隔一定距离割一个楔形切口，露出芯药。用铁皮做成三通，把需要点燃的导火索末端插入三通卡紧，然后按起爆顺序对准切口将三通卡紧在点火导火索上，点燃点火导火索，便可依次引燃各炮孔的导火索。

（3）电力点火法。将导火索插入带有脚线、桥丝和引火药的电力点火帽的管壳内卡紧，再通过导线引至安全地点，通电后，电力点火帽的桥丝发热点燃引火药再引燃导火索。

（4）点火筒一次点火法。使用点火筒点火时，接点火顺序将每根导火索剪去不同长度，两两之间相差50mm，剪好后加入一小段导火索作点火线，将端部对齐全部插入点火筒中至药饼表面，用绳索系紧。点火时只需点燃点火线。当炮孔较多时，可以使用多个点火筒，各组间点燃顺序由点火线长度来控制，相邻两组点火线长度之差为20～50mm。

（五）导爆索起爆法

导爆索可以直接引爆工业炸药，用导爆索组成的起爆网路可以起爆群药包，但导爆索网路本身需要雷管先将其引爆。导爆索起爆法属非电起爆法。

导爆索起爆法在装药、填塞和联网等施工程序上都没有雷管，不受雷电、杂电的影响；导爆索的耐折和耐损度远大于导爆管，安全性优于电爆网路和导爆管起爆法。此外导爆索起爆法传爆可靠，操作简单，使用方便，可以使钻孔爆破分层装药结构中的各个药包同时起爆；导爆索有一定的抗水性能和耐高、低温性能，可以用在有水的爆破作业环境中；由于导爆索的传爆速度高，可以提高弱性炸药的爆速和传爆可靠性，改善爆破效果；利用导爆索继爆管能实现导爆索的微差爆破。

导爆索起爆法的主要缺点是成本较高，不能用仪表检查网路质量；裸露在地表的导爆索网路，在爆破时会产生较大的响声和一定强度的空气冲击波。所以在城镇浅孔爆破和拆除爆破中，不应使用孔外导爆索起爆。导爆索起爆法只有借助导爆索继爆管才能实现多段微差起爆，而导爆索继爆管价高，精度低，爆破工程中不是常用器材，一般较多地将导爆索作为辅助起爆网路。

爆破工程中的常用导爆索起爆网路有深孔爆破、光面爆破、预裂爆破、水下爆破以及硐室爆破等。

导爆索起爆网路由导爆索、继爆管和雷管组成。

导爆索起爆网路的形式比较简单，无须计算，只要合理安排起爆顺序即可。

导爆索传递爆轰波的能力有一定方向性。因此在连接网路时必须使每一支线的接头迎

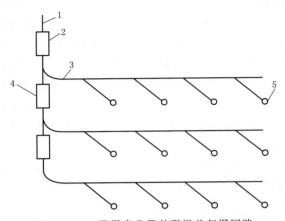

图 3.7－6　导爆索分段并联微差起爆网路

1—主导爆索；2—起爆雷管；3—支导爆索；

4—导爆管继爆管；5—炮孔

着主线的传爆方向，支线与主线传爆方向的夹角应小于 $90°$。

常用的导爆索网路连接方法有：

（1）簇井联。将所有炮孔中引出的导爆索支线末端捆扎成一束或几束，然后再与一根主导爆索相连接。一般用于炮孔数不多而较集中的爆破中。

（2）分段并联。在炮孔或药室外敷设 1 条或 2 条导爆索主线，将各炮孔或药室中引出的导爆索支线分别依次与导爆索主线相连。如果在主导爆索中接入继爆管，就可以实现支导爆索之间的微差爆破，见图 3.7－6。

（六）导爆管雷管起爆法

导爆管雷管起爆法利用导爆管传递冲击波点燃雷管，进而直接或通过导爆索起爆法引爆工业炸药，简称导爆管起爆法。导爆管雷管起爆法属非电起爆法。

导爆管起爆法的特点是可以在有电干扰的环境下进行操作，联网时可以用电灯照明，不会因通信电网、高压电网、静电等杂电的干扰引起早爆、误爆事故，安全性较高。一般情况下导爆管起爆网路起爆的药包数量不受限制，网路也不必要进行复杂的计算。导爆管起爆方法灵活、形式多样，可以实现多段延时起爆；导爆管网路连接操作简单，检查方便；导爆管传爆过程中声响小，没有破坏作用，可以贴着人身传爆。导爆管起爆网路的致命弱点是迄今尚未有检测网路是否正常的有效手段，导爆管本身的缺陷、操作中的失误和周围杂物对其的轻微损伤都有可能引起网路的拒爆。因而在爆破工程中采用导爆管起爆网路，除必须采用合格的导爆管、联结件、雷管等组件和复式起爆网路外，还应注重网路的布置，提高网路的可靠性，以及重视网路的操作和检查。

在有瓦斯或矿尘爆炸危险的作业场所不能使用导爆管起爆法；水下爆破采用导爆管起爆网路时，每个起爆药包内安放的雷管数不宜少于 2 发，并宜联成两套网路或复式网路同时起爆，并应做好端头防水工作。

1. 导爆管起爆法的组成

导爆管起爆法由击发元件、连接元件和起爆元件组成，其中连结元件可分成两类：装置中不带雷管或炸药，导爆管通过插接方式实现网路连接的装置称为连接元件；连接装置中带有雷管或导爆药，通过雷管或炸药的爆炸将网路连接下去的装置称为传爆元件。

（1）击发元件。击发导爆管可以采用各种工业雷管、导爆索、击发笔、电火花枪、火帽等。

（2）起爆元件。导爆管不能直接起爆炸药，必须通过在导爆管中传播的冲击波点燃雷管中的起爆药即导爆管雷管来起爆炸药。

（3）连接元件。连接元件主要有分流式连接元件和反射式连接元件三种：

1）塑料联通管和塑料多通道连接插头（三通式、四通式），也称多路分路器，属于分流式连接元件。它们利用导爆管正向射入分流原理，取消了导爆管网路连接中的雷管或炸药，在网路中实现了无雷管无炸药分流传爆（图3.7-7）。由于利用这种联通管或连接插头要实现复式网路连接比较复杂，现在已经不再使用了。

2）塑料套管接头（三通、四通）。这是一种可以自己加工的反射式连接元件，它用不同直径的聚氯乙烯薄壁套管制作，壁厚0.5mm，只要用塑料焊接机（热合机）将其做成长约20mm，一端开口、一端封闭的接头即可，见图3.7-8（a）。套管内径5mm可制成三通、6mm可制成四通。这种套管接头成本低廉、制作简单、使用方便，由于薄壁套管有一定伸缩性，能将导爆管紧紧地包裹住。

3）塑料四通接头。这是用注塑方式产品化的帽盖状反射式连接元件，封口端为圆弧状，开口端内侧有4个半弧状缺口用作导爆管的插口，外侧有放置缩口金属箍的沿口，见图3.7-8（b）。由于导爆管外径的生产误差，使用时要加缩口金属箍才能使4根导爆管牢固地固定在接头中。

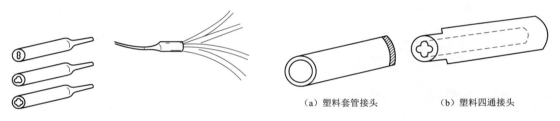

图3.7-7 塑料多通道连接插头

（a）塑料套管接头 （b）塑料四通接头

图3.7-8 塑料大家管接头和塑料四通接头

（4）传爆元件。传爆元件有3种形式：

1）直接用导爆管雷管作为传爆元件，将被传爆导爆管牢固地捆绑在传爆雷管周围。这种连接方法使用比较多，一般称之为捆联连接，或簇联连接。

2）传爆元件为塑料连接块。在连接块中间留有雷管孔，将传爆雷管插入孔内，被传爆的导爆管则插入连接块四周的孔内，通过传爆雷管的爆炸将被传爆导爆管击发起爆。连接块有多种形式，如圆形、长方形等，可接人不同数量的导爆管。

3）导爆管继爆管见图3.7-9。导爆管继爆管一侧通过连接卡口管连接引爆导爆管，另一侧可通过连接卡口管连接3根被传爆导爆管，用导爆管继爆管连接的导爆管网路可以顺序连接下去。继爆管中的延期药有一定延期性能，并根据延期时间进行分段，可以组成微差起爆网路。继爆管使用时有方向性，引爆管只能从一侧连接。

2. 导爆管起爆法的连接形式

（1）导爆管起爆法图示法图例。用图示法表示导爆管起爆网路时的图例见图3.7-10。

（2）导爆管起爆法的连接形式。导爆管起爆法的连接形式很多，基本上可分成3类：

1）簇联法。将炮孔内引出的导爆管分成若干束，每束导爆管捆连在一发（或多发）导爆管传爆雷管上，将这些导爆管传爆雷管再集束捆连在上一级传爆雷管上，直至用一发或一组起爆雷管击发即可以将整个网路起爆。网路连接示意见图3.7-11。这种网路简单、方便，多用于炮孔比较密集和采用孔内微差组成的网路连接中。

2）并串联连接法。从击发点出来的爆轰波通过导爆管、导爆管继爆管、传爆元件或分流式连接元件逐级传递下去并引爆装在药包中的导爆管雷管使网路中的药包起爆，见图3.7-12和图3.7-13。

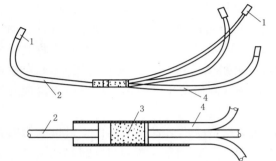

图 3.7-9 导爆管继爆管

1—导爆管连接卡口管；2—引爆导爆管；

3—继爆管延期药；4—被爆导爆管

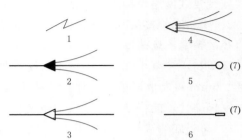

图 3.7-10 导爆管起爆网路图示法图例

1—激发起爆点；2—传爆元件；3—分流式连接元件；

4—反射式连接元件；5—装入炮孔内的导爆管雷

管及段别；6—导爆管传爆雷管及段别

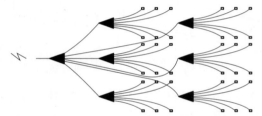

图 3.7-11 导爆管簇联起爆网路连接

（传爆元件）示意

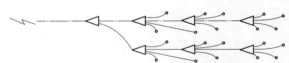

图 3.7-12 导爆管并串联起爆网路

（分流式连接元件）示意图

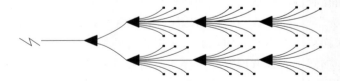

图 3.7-13 导爆管并串联起爆网路（传爆元件）示意图

3）闭合网路连接法。闭合网路与上述导爆管网路不同，它的连接元件是塑料套管接头（或塑料四通接头）和导爆管。利用这种反射式连接元件，通过连接技巧，把导爆管连接成网格状多通道的起爆网路，可以确保网路传爆的可靠性，见图3.7-14。

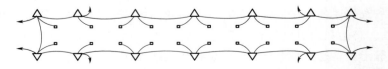

图 3.7-14 闭合起爆网路连接示意图

三、起爆网路施工技术

绝大多数水下岩塞爆破工程都是通过群药包或药柱的共同作用实现的，对群药包（柱）的起爆是通过起爆网路实现的。在各种起爆法中，导火索起爆法主要用于单个（组）药包的起爆，故一般起爆网路指电力起爆网路、导爆索起爆网路和导爆管起爆网路。后两种起爆网路也通称非电起爆网路。

起爆网路的设计就是根据各类爆破的施工特点和环境，选择合理的起爆网路组合，实施群药包的准确、有序爆炸，以达到特定的工程目的。

（一）常规电雷管电爆网路施工技术

1. 电爆网路设计

（1）电爆网路电阻计算。

电爆网路的形式和计算方法是以电工学中的欧姆定律为基础的。现将几种常用的电爆网路电阻计算分述如下。

在以下的计算中，采用下述符号分别代表不同的意义：

R 为电爆网路总电阻，Ω；R_1 为主线电阻，Ω；$R_支$ 为并联网路中各支路的电阻，Ω；R_2 为端线、连接线、区域线的合电阻，Ω；r 为每发电雷管电阻，Ω；m 为串联电雷管个数或组数；n 为并联电雷管个数，爆破工程的电爆网路中，一般 $n=2$；N 为并联支路数。

为保证流经网路中各个电雷管的电流值基本相同，在同一电爆网路中，每个电雷管的桥丝电阻应控制在一定误差范围内，并联网路各支路的电阻应基本平衡。为简化计算，假设备电雷管的电阻值相等，各并联支路的电阻平衡，各种连接网路的电阻计算如下：

1）串联网路（图 3.7-1）：

$$R=R_l+R_2+mr \tag{3.7-6}$$

2）并串联网路（图 3.7-2，图中 $n=2$）：

$$R=R_1+R_2+\frac{mr}{n} \tag{3.7-7}$$

3）串并联网路（图 3.7-3）：

$$R=R_1+\frac{R_支}{N}=R_1+\frac{R_2+mr}{N} \tag{3.7-8}$$

4）并串并联网路（图 3.7-4，图中 $n=2$）：

$$R=R_1+\frac{R_支}{N}=R_1+\frac{1}{N}\left(R_2+\frac{mr}{n}\right) \tag{3.7-9}$$

（2）电爆网路电流计算。

安全规程规定，电力起爆法中流经每个电雷管的电流应满足：一般爆破，交流电不小于 2.5A，直流电不小于 2A；硐室爆破，交流电不小于 4A，直流电不小于 2.5A。

以 I 代表通过电爆网路的总电流（A），计算公式为

$$I=\frac{U}{R} \tag{3.7-10}$$

式中：U 为起爆电源的起爆电压，V；R 为网路总电阻，Ω。

串联网路各点电流相等、并联网路电流按电阻值分流，电爆网路要求并联网路各支路

电阻平衡，故各种电爆网路电雷管中通过的电流值 i 计算如下：

1）串联网路（图 3.7-1）：

$$i = I = \frac{U}{R_1 + R_2 + mr} \tag{3.7-11}$$

2）并串联网路（图 3.7-2，$n=2$）：

$$i = \frac{I}{n} = \frac{U}{nR_1 + nR_2 + mr} \tag{3.7-12}$$

3）串并联网路（图 3.7-3）：

$$i = \frac{I}{N} = \frac{U}{NR_1 + R_2 + mr} \tag{3.7-13}$$

4）并串并联网路（图 3.7-4，$n=2$）：

$$i = \frac{I}{nN} = \frac{U}{nNR_1 + nNR_2 + mr} \tag{3.7-14}$$

（3）发火冲能 K 的计算。

发火冲能是衡量电雷管性能的一个重要指标。在使用电容式起爆器作为起爆电源时，尽管其起爆电压峰值很高，但由于起爆器供电时间很短（通常在 10ms 以下），用通过电雷管的电流值来衡量电爆网路的准爆性能是不合理的，应计算发火冲能是否满足电雷管准爆的要求。一般电容式起爆器的技术特征中应标明其发火冲能（也有称引燃冲量的）和供电时间的范围。

保证普通型电雷管准爆的发火冲能应大于或等于 $8.0A^2 \cdot ms$。

发火冲能的计算公式（3.7-1）：

$$K = I^2 t$$

式中：对电容式起爆器，电流 I 应采用平均电流 $\bar{I}$。

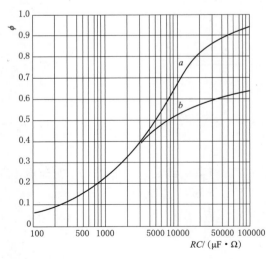

图 3.7-15 电容式起爆器等效平均电流系数曲线
a—供电时间 $t=10ms$；b—供电时间 $t=4ms$

起爆器是瞬间放电的，其瞬间最大电流 I_0 为

$$I_0 = U/R$$

平均电流 $\bar{I}$ 为

$$\bar{I} = \phi I_0 \tag{3.7-15}$$

式中：U 为起爆器放电电压，V；ϕ 为等效平均电流系数。

ϕ 值的大小取决于起爆器的供电时间和起爆器电容器电容 C 与线路电阻 R 之积 RC 值。ϕ 值可从图 3.7-15 的曲线中查出。图 3.7-15 的横坐标为 RC，单位为 $\mu F \cdot \Omega$，纵坐标为 ϕ。a、b 分别表示供电时间 $t=10ms$ 和 $t=4ms$ 时的等效平均电流系数曲线。从图 3.7-15 可知，线路电阻

R 一定时，起爆器电容器电容 C 越大，供电时间越长，其等效平均电流系数 ϕ 也越大，但等效平均系数 ϕ 值总是小于1，即平均电流小于瞬间最大电流。

如果不计算发火冲能，则在使用电容式起爆器作为起爆电源时，一定要仔细阅读起爆器的说明书，根据说明书的要求控制安排电爆网路。

2. 常用电爆网路

在浅孔爆破、露天深孔爆破以及以导爆管起爆网路为主、由电爆网路击发起爆的拆除爆破中，一般采用串联和并串联电爆网路，适用于起爆器起爆，可以根据起爆器说明书的要求布置电爆网路。在大型矿山和地下采场爆破中，当采用由动力电、变压器和专用开关组成起爆电源时，常采用串并联电爆网路。这时应对电爆网路进行设计计算，以保证每个电雷管中通过的电流满足爆破安全规程的要求。

硐室爆破必须采用复式起爆网路。如果采用电爆网路，应采用双套并串并联网路，这两套网路在药室、导硐和区域间是完全相同而独立的，即两套网路的电阻应平衡，但相互之间是绝缘的，最后并联接入主线。这样在装药填塞结束后，至少能保证有一套网路有效。

3. 网路的施工技术

电力起爆网路的所有导线接头，均应按电工接线法连接，并用绝缘胶布缠好。

对线径较粗的单股或多股线，连接时将剥开的线头对向交叉，再互相顺序缠在对方剥开的导线上，要缠得密实、紧凑，保证接头牢固不松动，然后用绝缘胶布缠好。

电雷管脚线与线径较小的单股爆破线连接时，可将剥开的线头顺向并拢在一起，在中间倒折回来转动缠绕并成一股，再将露出的线头尖端折回压紧在接头处，然后用绝缘胶布缠好。

电雷管脚线或线径较小的单股爆破线与线径较粗的导线相连接时，将剥开的线头成十字状，将线径较小的单股爆破线紧紧缠绕在粗线上，保证接头牢固不松动，然后用绝缘胶布缠好。

在进行电爆网路施工前，应进行如下准备工作：

（1）当爆区附近有各类电源及电力设施，有可能产生杂散电流时；或爆区附近有电台、雷达、电视发射台等高频设备时；应对爆区内的杂散电流和射频电的强度进行检测。若电流强度超过安全允许值时，不得采用普通型电雷管起爆，应采用抗杂电雷管。

（2）同一起爆网路，应使用同厂、同批、同型号的电雷管，电雷管的电阻值不得大于产品说明书的规定。

（3）对电雷管逐个进行外观检查和电阻检查，挑出合格的电雷管用于电爆网路中；对延时秒量进行抽样检查；对网路中使用的导线进行外观和电阻检查。

（4）对重要的爆破工程，应安排网路的原型试验，即将准备用于电爆网路中的主线、连接电线、起爆电源，按设计网路的连接方式、连接电阻、连接电雷管数进行电爆网络原形试验。原形试验中一般使用挑出后剩余的电雷管。

电爆网路的连接必须在爆破区域装药堵塞全部完成和无关人员全部撤至安全地点之后，由有经验的爆破工程技术人员和爆破员进行连接。连接中应注意以下事项：

（1）电爆网路的连接要严格按照设计进行，不得任意更改。

（2）电爆网路的端线、连接线、区域线应采用绝缘良好的铜芯线；不得利用铁轨、铜管、钢丝做爆破线路；不应使用裸露导线，在硐室爆破中不宜使用铝芯线作为导线。

（3）连线前应擦净手上的泥污和药粉。

（4）接头要牢靠、平顺，不得虚接；接头处的线头要新鲜，不得有锈蚀，以防接头电阻过大；两线的接点应错开 10cm 以上；接头要绝缘良好，特别要防止尖锐的线端刺透出绝缘层。

（5）导线敷设时应防止损坏绝缘层，应避免导线接头接触金属导体；在潮湿有水地区，应避免导线接头接触地面或浸泡在水中。

（6）敷设时应留有 10%～15% 的富余长度，防止连线时导线拉得过紧，甚至拉断的事故。

（7）连线作业应先从爆破工作面的最远端开始，逐段向起爆点后退进行。

（8）在连线过程中应根据设计计算的电阻值逐段进行网路导通检测，以检查网路各段的连接质量，及时发现问题并排除故障；在爆破主线与起爆电源或起爆器连接之前，必须测量全线路的总电阻值，实测总电阻值与实际计算值的误差不得大于 ±5%，否则禁止连接。

（9）电爆网路的导通和电阻值检查，应使用专用导通器和爆破电桥。

（10）电爆网路应经常处于短路状态。

（11）雷雨天不应采用电爆网路。如在电爆网路连接过程中出现雷雨天气，应立即停止作业，爆区内的一切人员要立即撤离危险区，撤离前要将电爆网路的主线与支线拆开，将各线路分别绝缘并将绝缘接头处架高使之与地面绝缘和防止水浸，不要将电爆网路连接成闭合回路。

（二）数码电子雷管爆破网路施工技术

数码电子雷管起爆网路的敷设与防护是爆破成败的一个重要环节，必须建立严格的联网制度，由经培训（有资质）的爆破人员联网，并有主管技术工程师负责网路的检查。由于所有的雷管脚线都要引到指定区域进行时间设置和网路起爆操作，在雷管脚线的布设和防护过程中，需要注意对雷管起爆网路和雷管脚线的进行保护和固定，避免起爆网路和雷管脚线在防护过程中损坏。其他施工工作都不得危及起爆网路和雷管脚线的安全，施工过程中应由专人看护施工现场，严格控制非施工人员和技术人员出入，施工现场凭出入证进出，严格保护好已敷设完成和检测合格雷管起爆网路和雷管脚线。

网路的连接应在无关人员撤离爆区以后进行。联好后，要禁止非爆破员进入爆破区段，网路连接后要有专人警戒，以防意外。

数码电子雷管起爆网路连接要求如下：

（1）数码电子雷管起爆网路连接人员必须经过培训及技术交底，并严格按设计要求进行连接和网路保护，必须由持公安部发放的相应资质高、中级安全技术证书人员担任。

（2）所有参加爆破的工作人员，经专门培训，持公安部门发放的爆破作业证，方可上岗工作。

（3）爆区内严格闲杂人员进入，严禁在爆区内明火、抽烟。

（4）严禁雷雨、大风、黄昏、夜间进行爆破作业，网路敷设过程中遇有雷雨天气应将人员撤离到安全地方，并设警戒，防止人员、施工设备进入警戒区。

（5）警戒人员必须由责任心强、忠于职守的人员担任，并且规定时间进入警戒岗位，警戒人员头戴安全帽，手持红旗，严防行人和施工设备进入警戒范围，并设置明显警戒标志。

（6）雷管在使用前应由监理方、设计方、施工方、技术提供方共同对雷管进行检测。

（7）由于洞内、水下情况复杂，起爆雷管数量多，雷管装孔前在现场根据设计图纸由监理方、设计方、施工方、技术提供方按照事先设定好的原则，进行一对一的登记造册，以便于装孔、装药，避免出现误操作。

（8）药室装药时，各药室应标注好编号，并与数码电子雷管 ID 号进行一对一的登记造册。

（9）爆破施工前根据洞内现场情况由设计方与技术提供方共同确定起爆网络组数，洞内数码电子脚线应就近连接起爆母线，各起爆母线拉至就近起爆器连接点，淤泥水上连接电子雷管通过雷管脚线拉至岸边，连接好起爆母线，各起爆母线应拉至就近起爆器连接点。

（10）网路连接由施工方（具有资质）人员连接，监理方、设计方、技术提供方进行技术指导。

（11）网路连接结束后监理方、设计方、施工方、技术提供方共同检查整个网路。

（12）起爆前，由监理方、设计方、施工方、技术提供方对整个网路进行联网检测，网路检测合格后，才能进行工程防护和其他施工工作，施工过程中必须严格保护好起爆网路。

（13）若采用充水爆破时，应对水下网路做好防护工作，防止充水过程中损坏起爆网路。

（14）所有施工工作完成后，监理方、设计方、施工方、技术提供方对整个网路进行最后联网检测，网路检测合格后，进入起爆工程准备阶段。

（15）爆破前必须同时发出音响和视觉信号，使危险区内的人员都能清楚地听到和看到。第一次预告信号，第二次起爆信号，第三次解除警戒信号。其他未尽事宜均按《爆破安全规程》办理。

（16）起爆键由具有资质的专业人员起爆。

（三）导火索起爆法施工工艺

1. 导火索起爆法的一般规定

导火索起爆法特别适宜于作业量少而分散的工点、孤石爆破、二次破碎及钻孔爆破。

从安全角度出发，导火索起爆时，宜采用一次点火法点火。一次点火法耗用的导火索较多，操作也比较麻烦，现在导火索起爆法的成本与其他起爆法的已相差无几，建议在爆破工程中应尽可能采用安全程度较高的其他起爆法。

在下列情况不应采用导火索起爆：

（1）硐室爆破、城镇浅孔爆破、拆除爆破、深孔爆破和水下爆破。

（2）两个以上的药壶爆破。

（3）竖井、倾角大于 30°的斜井和天井工作面的爆破。

（4）有瓦斯和粉尘爆炸危险工作面的爆破。

（5）借助于长梯子、绳索和台架才能点火的工作面。

（6）禁烟、禁火区作业面的爆破。

2. 导火索起爆法的施工工艺

导火索起爆法的施工工艺包括起爆雷管的制作，即将导火索与火雷管组成起爆雷管，然后将起爆雷管装入炸药卷组成起爆药包，即可进行装药和起爆。

（1）起爆雷管的制作。在制作起爆雷管前，应严格检查所用火雷管和导火索的质量。

对导火索首先进行外观检查，凡有过粗、过细、破皮和其他缺陷的部分，均应剔除不用。然后作抽样试验：切取一定长度的导火索，点燃后测定导火索的燃速，观察其喷火长度，看其是否符合标准。合格的导火索在点燃后不得出现断火、透火、外皮燃烧和爆声。

火雷管外壳不能有变形、破损、锈蚀现象；加强帽不能有歪斜和活动等缺陷；管壳内不准有杂物。如发现有杂物时，不准用嘴吹或用工具掏，只准用手指轻轻将杂物弹出，弹不出杂物的雷管禁止使用。

起爆雷管应在专门的工房内进行，加工台上应铺有毡子或橡胶软垫。

起爆雷管加工步骤如下：

1）每盘导火索在使用时应将两端先切掉 5cm。用锋利小刀按所需要的长度从导火索卷中截取导火索段，插入火雷管的一端一定要切平，点火的一端可切成斜面、以便增加点火时的接触面积。切割导火索应用木板作垫，附近不许放雷管。导火索段的长度应保证操作人员有充分的时间撤至安全地点，最短不得小于 1.2m。

2）将导火索平整的一端轻轻插入火雷管内，与火雷管的加强帽接触为止。

3）对金属壳火雷管在距离管口 5mm 以内用专门的紧口钳钳紧，紧口时不要用力过猛，以免夹破导火索。夹的长度不得大于 5mm，避免夹到雷管中的起爆炸药。如是纸壳火雷管，则用胶布扎紧或附加金属箍圈后用专门的紧口钳紧口固定导火索。

（2）起爆药包的制作。加工起爆药包应在爆破作业面附近的安全地点进行，加工数量不应超过当班爆破作业需用量。

加工起爆药包时首先将装雷管的一端用手揉松，然后将此端的包纸打开，用竹、木棍或其他有色金属工具制作的专用锥子沿药包中央长轴方向扎一雷管大小的孔，孔深应能将雷管全部插入。起爆雷管插入药卷后，将药包四周的包纸收拢紧贴在导火索上，用胶布或细绳捆扎好。

（3）点火时的施工工艺。点火时应制作信号管或计时导火索来控制点火时间。一般露天爆破采用信号管，井下爆破采用计时导火索。

信号管和计时导火索的长度不得超过该次被点导火索长度的 1/3。

必须用导火索或专用点火器材点火，严禁用火柴、烟头和灯火点火。严禁用脚踏或挤压已点燃的导火索。

点火前应用快刀将导火索切成斜面或切出一个斜的缺口来，以增加点火接触面。严禁边点火边切导火索。

单人点火时，一人连续点火的根数（或分组一次点火的组数），地下爆破不得超过5根（组），露天爆破不得超过10根（组）。导火索长度应保证点完导火索后，人员能撤至安全地点，但最短不得短于1.2m。

多人点火（或连续点燃多根导火索）时，应指定其中一人为组长，负责协调点火工作和安全，掌握信号管或计时导火索的燃烧情况。首先点燃信号管或计时导火索，再开始炮孔点火，信号管响后或计时导火索燃烧完毕，无论导火索点完与否，均应及时发出撤至安全地点的命令，人员必须立即撤离。

在响炮过程中，应仔细听辨响炮个数。从最后炮响算起，应超过5min方准许检查人员进入爆破作业地点。如不能确认有无盲炮，应经15min后才能进入爆区检查。

（四）导爆索起爆网路施工技术

1．导爆索起爆网路的一般规定

（1）深孔爆破中的导爆索起爆网路。在深孔爆破中，可以利用导爆索继爆管组成分段并联起爆网路（见图3.7－6）。人们常利用导爆索爆速高的特性，在深孔内用导爆索起爆爆速较低的铵油炸药或重铵油炸药，以提高炸药的爆速和传爆可靠性，孔外则采用电爆网路或导爆管起爆网路实现微差爆破。

（2）硐室爆破中的导爆索起爆网路。为保证硐室爆破的起爆可靠性，在20世纪60年代和70年代，一般在硐室爆破中采用一套电爆网路和一套导爆索起爆网路。后来硐室爆破普遍采用微差爆破技术，导爆索起爆网路一般作为辅助起爆网路使用。在同一药室的主起爆体和副起爆体之间，或同时起爆的不同药室的起爆体之间用导爆索串联，可以保证药室的准爆性能。另外在实现硐室爆破微差起爆时也可以采取在导硐内由导爆索起爆不同段别的导爆管雷管的起爆网路。

（3）光面爆破与预裂爆破中的导爆索起爆网路。光面爆破与预裂爆破需采用弱性装药，当无专用弱性药卷时，可以采用普通药卷进行间隔装药，导爆索起爆网路可以将这些间隔的药卷连接起来实现同时起爆。

（4）拆除爆破中的导爆索起爆网路。在建筑物拆除爆破中，导爆索起爆网路仅作为辅助起爆网路用于间隔装药；也可用于基础切割爆破。

2．导爆索起爆网路施工技术

（1）导爆索的连接方式。导爆索传递爆轰波的能力有一定方向性，在其传爆方向上最强，与爆轰波传播方向成夹角的导爆索方向上传爆能力会减弱，减弱的程度与此夹角的大小有关。所以导爆索的连接应采用搭接、扭接、水手结和T形结等方法连接，其中搭接应用最多。为保证传爆可靠，连接时两根导爆索搭接长度不应小于15cm，中间不得夹有异物和炸药卷，捆扎应牢固，支线与主线传爆方向的夹角应小于90°，见图3.7－16。在导爆索接头较多时，为了防止弄错传爆方向，可以采用三角形接法，见图3.7－17。

（2）导爆索连接技术。导爆索网路的敷设要严格按设计的方式和要求进行。敷设和连接必须从最远地段开始逐步向起爆点后退。在敷设和连接导爆索起爆网路时，要注意以下问题：

1）导爆索在使用前应进行外观检查，包缠层不得出现松垮、涂料不均以及折断、油污等不良现象。

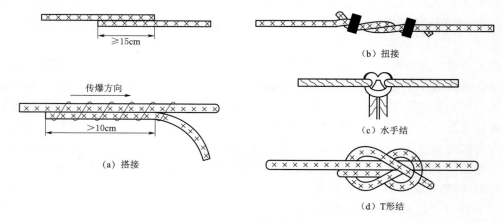

图 3.7-16　导爆索连接方式

2）切割导爆索应使用锋利刀具，但禁止切割已接上雷管或已插入炸药里的导爆索；不应用剪刀剪断导爆索。

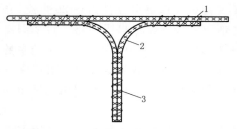

图 3.7-17　导爆索的三角形连接法
1—主导爆索；2—支导爆索；3—捆绳

3）在敷设过程中，应避免脚踩和冲击、碾压导爆索；连接导爆索中间不应出现打结或打圈。

4）交叉敷设时，应在两根交叉导爆索之间设置厚度不小于 10cm 的木质垫块。

5）平行敷设传爆方向相反的两根导爆索彼此间距必须大于 40cm。

6）硐室爆破中，导爆索与铵油炸药接触的部位应采取防渗油措施或采用塑料布包裹，使导爆索与油源隔开。

7）在潮湿和有水的条件下应使用防水导爆索，索头要做防水处理。

8）起爆导爆索的雷管与导爆索捆扎端端头的距离应不小于 15cm，雷管的聚能穴应朝向导爆索的传爆方向。

（五）导爆管起爆网路施工技术

导爆管起爆网路是目前深孔爆破和拆除爆破中使用最多的网路。以下是常用的几种网路及其施工技术。

1. 传爆元件组成的复式捆联网路

这种网路每个药包中用一发导爆管雷管，将各药包中引出的导爆管直接捆绑在 2 发导爆管传爆雷管上组成顺序式复式网路，见图 3.7-18。导爆管传爆雷管可以采用瞬发雷管，也可以采用

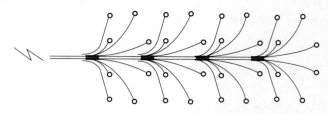

图 3.7-18　传爆元件组成的复式捆联网路

毫秒雷管。采用瞬发导爆管雷管时，各药包将依照药包中导爆管雷管段别的时间起爆；当采用毫秒导爆管雷管作为顺序式网路的传爆管时，就组成了接力式捆联网路。

2．接力式捆联网路

（1）基本连接形式。接力式捆联网路以延时导爆管雷管作为传爆元件，将网路顺序连接下去。每经过一个连接点，其后连接的药包起爆时间就滞后一定时间，整个网路的药包按一定时差一组（个）一组（个）顺序起爆，故称接力式网路。孔外接力式网路可以实现多段位延时起爆，整个爆破过程持续的时间比较长；而单响药量可以按周围环境的要求进行控制，直至进行逐孔起爆。接力式网路的连接方式为捆联，即直接将导爆管用胶布捆接在传爆雷管上。一般接力网路采用双雷管连接。在接力式网路中，通常孔内采用一种段别的导爆管雷管，连接采用 1－2 种段别的导爆管雷管。由于导爆管雷管段别少，为施工带来了许多便利。

接力式网路可采用直条式，也可采用树杈式。网路有一主路，同时在接力点向各方向的岔路再接力传爆，主路和岔路中的传爆雷管可采用同一段别，也可采用不同段别。

目前接力式捆联网路在爆破工程中使用较多，属常用起爆网路。

（2）点燃阵面与毫秒段别的选择。在导爆管爆破网路被引爆后，网路内导爆管雷管存在着 3 种状态：①炮孔内雷管已爆炸并引爆炸药产生爆轰；②地表接力雷管已被引爆，炮孔内雷管已点燃但延期体仍在燃烧而未产生爆炸，炮孔内炸药尚未产生爆轰；③起爆信号尚未传播到，接力雷管和网路中的导爆管雷管尚未被引爆。这 3 种不同状态彼此之间是会相互影响的。由于导爆管的传爆速度（不大于 2000m/s）远小于爆炸应力波的传播速度（3000m/s 以上），炮孔内外雷管段别选择不当，先爆孔引起的爆炸应力波就可能先于导爆管传播到后面炮孔的位置。由于被爆介质的错动而将网路切断或拉断，从而出现后面炮孔的拒爆现象。为避免或减少先爆炮孔对未爆炮孔及孔外网路的破坏，在接力式网路中，一般孔内用段别高、延期时间长的导爆管雷管；孔外用段别低、延期时间短的导爆管雷管作接力管。由于孔内延期时间比孔外接力雷管的延期时间长许多，当前面炮孔内的炸药爆炸后，起爆信号已传入后面相当距离外炮孔内的雷管，使其达到上述第 2 种状态，这样即使这些炮孔发生错动，由于孔内雷管的延期药已被点燃，雷管仍能起爆并引爆炸药。也就是说，在设计接力式网路时，应保证在某一炮孔爆轰时，经网路导爆管传爆的爆轰波已点燃了相当距离以后炮孔中的导爆管雷管延期药。

在任何一次爆破中，由炸药正在爆轰的炮孔及所有延期药正在燃烧但还未爆炸的导爆管雷管所构成的平面称为点燃阵面，点燃阵面的大小可以用炮孔排数来表示。如果在任何一个炮孔内的炸药爆轰以前，网路中所有孔内雷管的延期药均已被点燃，这时所有点燃的雷管所构成的平面称为完全点燃阵面。孔内微差网路通常就是完全点燃阵面。在接力式网路中除非接力点很少，一般是不可能达到的完全点燃阵面的。例如：孔内采用 7 段雷管，其标称时间为 200ms，孔外采用 2 段雷管接力，标称时间为 25ms，导爆管的传爆速度按 0.5ms/m、连接点之间的导爆管长度按 10m 计算，经过每一个接力点需时 25ms＋10m× 0.5ms/m＝30ms，则在第一排 7 段雷管爆炸时，网路传播一般已经经过了 6～7 个连接点，只有在接力点小于 6～7 个时网路才能是完全点燃阵面。如采用 3 段或 4 段雷管接力，要保持有一定的点燃阵面，孔内就要选择较高段别的雷管。

但是，国产导爆管雷管段数越高，雷管的延时精度越差，延时离散性越大，加上孔外接力雷管的延时时间又比较短，这样孔内雷管就有可能出现跳段现象，严重影响爆破效果。如：国产导爆管雷管中 15 段雷管的名义延期时间为 880ms，其上规格限为 950ms，下规格限为 820ms，即可能产生的上下延期误差达 130ms。采用 4 段以内的雷管接力，接力雷管本身的标称时间就在其延期误差范围内，这样的网路设计极有可能出现后面孔比前面孔先爆的情况，即出现跳段的现象，爆破效果会恶化。所以，在设计导爆管接力起爆网路时，点燃阵面不能太大，也不能太小。根据目前国产延期雷管的精度及延期时间离散情况，采用 4 排炮孔的点燃阵面比较合适，一般孔内和孔外导爆管雷管可以按表 3.7 - 6 进行组合。

表 3.7 - 6　　　　　　　　　　接力网路孔内外导爆管雷管段别组合

孔外接力导爆管雷管段别	2	3	4	5
孔内导爆管雷管段别	5～6	7～8	9～11	10～13

采用高精度的导爆管雷管，如由澳瑞凯（威海）爆破器材有限公司生产的 Exel 非电导爆管雷管，其产品有毫秒导爆管雷管、长延时导爆管雷管和地表延期导爆管雷管 3 种。在接力起爆网路中，Exel 地表延期雷管是在地表连接孔内导爆管实现逐孔起爆的毫秒导爆管起爆系统，其延时规格仅有 17ms、25ms、42ms、62ms 几种，通常孔内用相同段别的长延时导爆管雷管（如 500ms），则接力网路孔内外导爆管雷管段别组合不受表 3.7 - 6 的限制。

3. 复式交叉捆联网路

在导爆管起爆网路中，为保证安全准爆，首先要确保传爆部分的安全可靠。复式交叉捆联网路在复式捆联网路的基础上对传爆部分进行了交叉连接，使主传爆部分由双股加强成 4 股。拆除爆破工程中，采用这种网路经实践证明是很可靠的。图 3.7 - 19 为某框架结构大楼拆除爆破底层采用的起爆网路示意图。三排柱子的炮孔分别装瞬发、毫秒 11 段（460ms）、毫秒 14 段（780ms）导爆管雷管，中间 3 跨先起爆，然后向两侧每 2 跨用 4 发毫秒 5 段（110ms）导爆管雷管接力。建筑物爆破时由中间一侧向另一侧及两侧顺序坍塌。

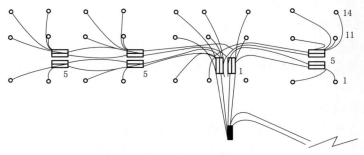

图 3.7 - 19　框架结构大楼底层起爆网路示意图

（图中数字为导爆管雷管段别）

4. 双复式交叉捆联网路

在每个药包内放置两个导爆管雷管，将引出孔外的导爆管分开并各自分组捆连在 2 发导爆管传爆雷管上，再将各组的 2 发导爆管传爆雷管组成交叉复式网路连接到起爆点，见图 3.7 - 20。这种网路耗用导爆管雷管多，一般仅用在药包数量少、风险程度高的拆除爆破工程中，如在拆除 100m 和 120m 高的钢筋混凝土烟囱时，正式爆破时的药包数在 200个左右，为确保准爆，一般要采用这种双复式交叉捆联网路。

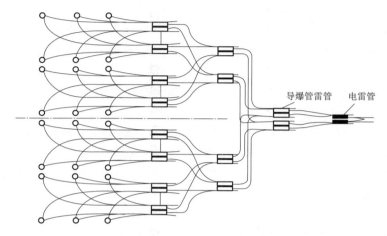

图 3.7 - 20　双复式交叉捆联网路示意图

5. 网格式闭合起爆网路

（1）基本形式。网格式闭合网路利用闭合导爆管网路，把整个爆破区域的药包通过连接技巧组成网格式的网路。

网格式闭合网路的连接以插接为主，这是其与接力式捆联网路所不同的。

使用网格式闭合网路进行微差爆破或秒差爆破时一般采用孔内微差网路。也可以孔内全部装同一段导爆管雷管，用不同的微差雷管起爆分区闭合网路。图 3.7 - 21 所示为北京新侨饭店中餐厅拆除爆破工程网格式闭合网路的示意图，该工程把爆破区分成三个区，每

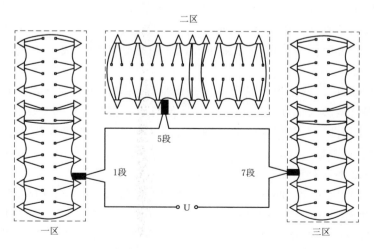

图 3.7 - 21　导爆管分区网格式闭合网路示意图

个区都形成独立的网格式闭合网路，并分别用毫秒差电雷管击发起爆。从各区看，整个网路是闭合的，网路中各部位之间有网格通道相连，网格通道可以均匀布直，关键部位还可以增加。

（2）网路特点。从网格式闭合网路的构成可看出，它与常用的导爆管起爆网路相比，其正确性、可靠性和安全性要高得多。

1）网格式闭合网路实现了网路内无雷管连接，在整个网路的连接过程中，可以采用电灯照明，不会因通信电网、高压电网等杂电干扰引起早爆、误爆事故。传爆过程中声响小，无破坏作用。

2）每个导爆管雷管至少有两个方向来的爆轰波能使其引爆，即一个导爆管雷管起到了复式网路中两个导爆管雷管的作用。

3）整个网路是网格状多通道的，传爆方向四通八达，个别导爆管雷管或局部导爆管的缺陷不影响整个网路的准爆性，不会出现成片药包拒爆的情况。

4）在网路连接过程中，通过连接技巧可以把封闭的网格网路无限扩展，因而起爆的药包数量不受限制。

5）在网路上选任意点击发起爆，整个网路中的药包就全部引爆，通常可以用电雷管多点击发，提高网路击发的可靠性。在特殊地区，可使用起爆枪或击发笔击发，即整个网路包括起爆都可实现非电操作。

6）网路连接操作简单，检查方便，网路无需进行计算，只需掌握基本要领，任何爆破工都可以直接进行操作。网路的连接可以分区分片同时进行，网路清晰，检查时一目了然，能大大节省网路的连接时间。

6. 导爆管起爆网路的施工技术

（1）一般施工要求。导爆管起爆网路一般施工要求有以下几点：

1）施工前应对导爆管进行外观检查，用于连接用的导爆管不允许有破损、拉细、进水、管内杂质、断药、塑化不良、封口不严。在连接过程中导爆管不允许打结，不能对折，要防止管壁破损、管径拉细和异物入管。如果在同一分支网路上有一处导爆管打结，传爆速度会降低，若有两个或两个以上的死结时，就会产生拒爆。对折通常发生在反向起爆的药包处，实测表明，对折可使爆速降低，从而导致延期时间不准确，严重时可产生拒爆。

2）导爆管网路应严格按设计进行连接。用于同一工作面上的导爆管必须是同厂同批产品，每卷导爆管两端封口处应切掉 5cm 后才能使用。露在孔外的导爆管封口不宜切掉。

3）根据炮孔的深度、孔间距选取导爆管长度，炮孔内导爆管不应有接头。

4）用套管连接两根导爆管时，两根导爆管的端面应切成垂直面，接头用胶布缠紧或加铁箍夹紧，使之不易被拉开。

5）孔外相邻传爆雷管之间应留有足够的距离，以免相互错爆或切断网路。

6）用雷管起爆导爆管网路时，起爆导爆管的雷管与导爆管捆扎端端头的距离应不小于 15cm，应有防止雷管聚能穴炸断导爆管和延时雷管的气孔烧坏导爆管的措施，导爆管应均匀地敷设在雷管周围并用胶布等捆扎牢固，接头胶布不少于 3 层。

7）用导爆索起爆导爆管时，宜采用垂直连接。用普通导爆索击发引爆导爆管时，因为导爆索的传播速度一般在 6500m/s 以上，比导爆管的传播速度快得多，为了防止导爆索产生的冲击波击断导爆管造成引爆中断，导爆管与导爆索不能平行捆绑，而应采用正交绑扎或大于 45°角以上的绑扎。硐室爆破中采用导爆管和导爆索混合起爆网路时，宜用双股导爆索联成环行起爆网路，导爆管与导爆索宜采用单股垂直搭接，即各根导爆管分别搭接（可以将导爆管用水手结连在导爆索上）在单股导爆索上，相互之间分开，再将导爆索围成圈，组成环行起爆网路。硐室爆破中每个起爆体中的导爆管雷管数不得少于 4 个。

8）只有所有人员、设备撤离爆破危险区，具备安全起爆条件，才能在主起爆导爆管上连接起爆雷管。

（2）捆联网路的施工技术。现在最常用的导爆管起爆网路连接一种是捆联法，直接将导爆管捆扎在雷管上，如接力捆联网路、复式交叉网路等。另一种是插接法，将导爆管插接在连结件中，如网格式闭合网路等。捆联网路的施工要求如下：

1）捆扎材料。捆联网路通常采用塑料电工胶布捆绑导爆管和雷管。塑料胶布有一定的弹性和黏性，能将导爆管紧紧地密贴在雷管四周。黑胶布弹性差，且易老化。

2）捆扎导爆管根数。按导爆管质量要求，一只 8 号工业雷管可击发 50 根以上的导爆管。考虑目前导爆管的质量和捆绑时的操作特点，1 发雷管外侧最多捆扎 20 根导爆管。复式接力式捆联网路中，每个接力点上 2 发导爆管雷管捆绑的导爆管应控制在 40 根以内。导爆管末端应露出捆扎部位 15cm 以上，胶布层数不得小于 3 层（有的厂家要求不少于 5 层），关键是捆扎时导爆管要均布在雷管四周，捆扎要密贴。

3）雷管方向。雷管击发导爆管是靠其主装药部位，为防止金属壳雷管爆炸时聚能穴部位的金属碎片在高速射流的作用下损伤捆绑在雷管四周的导爆管和延时雷管的气孔烧坏导爆管，应在金属壳导爆管雷管的底部先用胶布包严，再在其四周捆绑导爆管。金属壳导爆管雷管最好反向起爆导爆管，即导爆管雷管聚能穴指向导爆管传爆的反向，对非金属壳导爆管雷管，正向和反向捆绑均可。

（3）网格式闭合网路的施工技术。网格式闭合网路连接以插接为主，连结元件为套管接头、塑料四通接头和导爆管。在施工中，应注重连接技巧，提高连接质量。要连接成"四通八达"的网格式网路，就必须保证每个四通接头中至少有 2 根导爆管与其他接头相接，即每个接头至多只能接 2 个炮孔。网路中的网格应分布均匀。网路连接的施工要求如下：

1）施工前应对导爆管进行外观检查。

2）导爆管内径仅 1.35mm，任何细小的杂质、毛刺都可能将导爆管管口堵塞而引起拒爆。因此，施工前应检查使用的每一个接头，套管接头应没有漏气现象，塑料四通接头中不能有毛刺，接头内的杂质要清理干净。

3）在插接导爆管前应用剪刀将导爆管的端头剪去一小截，并将插头剪平整。

4）每个接头内的导爆管要插够数，要插紧，使用塑料四通时要加缩口金属箍。

5）连接用的导爆管要有一定的富余量，不要拉得太紧，因为导爆管与接头采用的是插接法，稍许受力就可能脱开。

6）防止雨水、污泥及其他杂物进入导爆管管口和接头内。在雨天和水量较大的地方最好不采用网格式网路。如在连接过程中遇到有水，则应将接头口朝下，离地支起，并做好防水包扎。

（六）混合起爆网路的现场运用

在爆破工程现场使用中，最多采用的是以上各种起爆网路的混合体，这种混合起爆网路，充分利用各种网路的特性，以保证网路的安全可靠性和经济合理性。

如前所述，导爆索起爆法往往是作为辅助起爆网路与电爆网路或导爆管起爆网路配合使用的。在以导爆管起爆法为主的起爆网路中，利用电力起爆网路可以实现远距离起爆，控制起爆时间的特点，其击发起爆通常采用电力起爆法。在导爆管起爆网路中，也可将各种网路形式混合使用，如在建筑物拆除爆破中，墙体上钻孔密而多，采用闭合网路可以节省传爆雷管数，从这些闭合网路中引出多根导爆管与柱孔引出的导爆管再采用捆联网路，对理顺整个起爆网路很有好处。

总之，在熟悉各种起爆网路使用特点的基础上，根据各个工程的特点和要求，可以组合出各种各具特色的混合起爆网路来。

四、起爆网路的试验与检查

硐室爆破和其他 A 级、B 级爆破工程，应进行起爆网路试验与检查。起爆网路检查，应由有经验的爆破员组成的检查组担任，检查组不得少于两人。

（一）电爆网路的试验与检查

1. 电爆网路的试验

电爆网路应进行实爆试验或等效模拟试验。

实爆试验指按设计网路连接起爆。等效模拟试验，至少应选一条支路按设计方案连接雷管，其他各支路用可等效电阻代替。

应选择平整、安全的场地进行实爆试验或等效模拟试验。

在电爆网路实爆试验或等效模拟试验中，一般先测量电雷管，按电爆网路所需电雷管的数量将电阻值符合要求的电雷管挑拣出来留做正式爆破使用。实爆试验或等效模拟试验中的导线应采用正式爆破中使用的导线，一般应将导线打开，以消除导线成卷时可能产生的电容对电爆网路的影响。实爆试验或等效模拟试验应采用正式爆破时使用的起爆电源。总之，电爆网路实爆试验应完全模拟正式起爆的形式，等效模拟试验则至少有一条支路与正式爆破的网路连接方式一致，其他各支路应采用正式爆破中的设计电阻值和连接形式进行模拟。

2. 电爆网路的检查

在电爆网路与主线连接前，应由检查组进行仔细检查，检查的内容包括：

（1）电源开关是否接触良好，开关及导线的电流通过能力是否能满足设计要求。如果采用起爆器起爆，则要检查起爆器的电池是否充足，充电时间是否正常，充电后电压能否达到最高值，起爆能力是否足够。

（2）网路电阻与设计值是否相符，电阻值是否稳定。在串联电爆网路中有多人连接时，特别要注意有没有自成闭合网路而未接入整个起爆网路的情况。

在检查网路电阻时，应始终使用同一个爆破电桥，避免因使用不同的电桥带来的测量误差。

如果实测电阻与设计电阻的误差超过5%，应分析并检查可能发生故障的地点。一般影响电爆网路电阻值的因素有：网路接头的操作质量；发生错接和漏接；裸露接头相互搭接或接地短路；雷管脚线在填塞过程中受损。应顺线路有序检查，重点检查导线有没有破损，接头处的连接质量；检查是否有接头接地或锈蚀，是否有短路或开路。当发现不了故障点时，可采用1/2淘汰法寻找故障点。即把整个网路一分为二，确定其中哪一半含故障点，再将这部分一分为二，逐步缩小故障点的范围，直到找出故障点并将其排除为止。

（3）在微差爆破中应检查电雷管的段别是否符合设计要求。

在对电爆网路检查确认无误后，方能与主线连接。起爆要在确认警戒到位和发出起爆信号后才能实施。在使用起爆器起爆时，要控制好充电完毕到按钮起爆之间的时间间隔。因为起爆器充电完毕后要求立即起爆，一般其间的间隔时间不得超过20s，否则对起爆器的起爆能力会有很大影响，容易出现部分拒爆的情况。

（二）导爆索和导爆管起爆网路的试验与检查

1. 导爆索和导爆管起爆网路的试验

大型导爆索起爆网路或导爆管起爆网路试验，应按设计连接起爆，或至少选一组（对地下爆破是选一个分区）典型的起爆网路进行实爆。对重要爆破工程，应考虑在现场条件下进行网路实爆。网路试验应采用在正式爆破中使用的导爆索、导爆管和雷管。这些导爆索、导爆管和雷管应已经过外观和起爆性能检查。

2. 导爆索和导爆管起爆网路的检查

导爆索和导爆管起爆网路均属非电起爆网路，这两种起爆网路的致命弱点是迄今尚未有通过仪器检测网路是否正常的有效手段。尤其是导爆管起爆网路，导爆管本身的缺陷、操作中的失误和周围杂物对其的轻微损伤都有可能引起网路的拒爆。

导爆索或导爆管起爆网路的检查主要靠目测和手触。检查应从最远的爆破点到起爆点或从起爆点到最远的爆破点顺网路连接顺序进行，检查人员应熟悉网路的设计和布置，并参加网路的连接，应相互检查。

导爆索起爆网路检查内容包括：传爆方向是否正确；导爆索有无打结或打圈，支路连接方向和拐角是否符合规定；导爆索继爆管的连接方向是否正确、段别是否符合设计要求；导爆索搭接长度是否大于15cm，搭接方式对不对；平行敷设传爆方向相反的两根导爆索彼此间距是否大于40cm；交叉导爆索之间有没有设置厚度不小于10cm的木质垫块；起爆雷管与导爆索是否正向捆扎。

导爆管起爆网路检查内容包括：网路连接是否符合设计要求；导爆管有无漏接或中断、破损；雷管捆扎是否符合要求；线路连接方式是否正确、雷管段数是否与设计相符；网路保护措施是否可靠；导爆管与连结元件的接插是否稳固，会不会脱开；潮湿和有水地区的导爆管接头做没做防水处理。对网格式闭合网路，还应检查网格布置是否合理，在某些关键部位要加强布置网格通道，以加强网路的安全准爆性能。

五、早爆及其预防

在电爆网路的设计和施工中，既要保证网路安全准爆，又必须防止在正式起爆前网路的早爆。爆破作业的早爆，往往造成重大恶性事故。引起早爆的原因很多，在电爆网路敷设过程中，引起电爆网路早爆的主要因素是爆区周围的外来电场，外来电场主要指雷电、杂散电流、感应电流、静电、射频电、化学电等。不正确的使用电爆网路的测试仪表和起爆电源也是引起电爆网路早爆的原因。另外，导火索、雷管的质量问题也可能引起早爆。

（一）雷电引起的早爆及其预防

1. 雷电引起的早爆

雷电是一种常见的自然现象。它对爆破的影响是各种外来电场中最大、最多的。因雷电原因造成早爆事故的事例也比较多，如仅深圳市，在 20 世纪 90 年代，因雷击发生的早爆的案例就有 8 起，造成 20 余人伤亡。

雷电引起早爆事故多数发生在露天爆破作业，如硐室爆破、深孔爆破和浅孔爆破的电爆网路，城市建筑物拆除爆破中尚未见因雷电出现早爆事故的实例。

雷电引起早爆的 3 种原因：

（1）直接雷击。雷电流是一个幅值大、陡度大的脉冲波，直接雷击所产生的热效应（雷电通道的温度可高达 6000～10000℃，甚至更高）、电效应、冲击波等破坏作用是很强大的，对起爆网路将产生极大的危害。倘若爆破区域被雷电直接击中，发生早爆将是必然的。但由于爆破网路一般沿地面敷设，附近往往有较高的构筑物和设备，直接雷击的早爆是罕见的。

（2）电磁场的感应。雷电流极大的峰值和陡度，在它周围的空间产生强大的变化的电磁场，处于该电磁场内的导体会感应出较大的电动势。如果电爆网路处于该电磁场附近，就可能产生感应电流，当感应电流大于电雷管的安全电流时，就可能引起电雷管的早爆。据分析，我国矿山因雷电引起的早爆事故多属于这种类型。

（3）静电感应。当天空有带电的雷云出现时，雷云下面的地面及物体（如起爆网路导线）等，都将由于静电感应的作用而带上相反的电荷。由于从雷云的出现到发生雷击（主放电）所需要的时间相对于主放电过程的时间要长得多，因此大地可以有充分的时间积累大量电荷。雷击发生后，雷云上所带的电荷通过闪击与地面的异种电荷迅速中和，而起爆网路导线上的感应电荷，由于与大地间有较大的电阻，不能同样短时间内消失，从而形成局部地区感应高电压。当网路中某个导线连接点直接接地时，在放电中导线上由于雷管有电阻而产生压降，致使有感应电流流过雷管发生早爆。或者网路区域中各处地面的土壤电阻率分布不同，放电中在某些区域发生"击穿"现象，使导线上有电流流过而使雷管发生早爆。

2. 预防雷电早爆的措施

在目前人们所掌握的防雷技术及爆破工地防雷可投入成本等条件下，爆破区域防直接雷击还是非常困难的。遇到这种情况，唯一的预防措施就是，将所有人员和机械、设备等撤离爆破危险区。

对于电磁场感应和静电感应引起的早爆，最好的办法就是采用导爆管起爆系统。

雷雨季节实施爆破工程时，采取如下措施可以防止因雷电引起的早爆：

（1）在雷雨季节中进行爆破作业宜采用非电起爆系统。

（2）在露天爆区不得不采用电力起爆系统时，应在爆破区域设置避雷针或预警系统。

（3）在装药连线作业遇雷电来临征候或预警时，应立即停止作业，拆开电爆网路的主线与支线，裸露芯线用胶布捆扎，电爆网路的导线与地绝缘，要严防网路形成闭合回路。同时作业人员要立即撤到安全地点。

（4）在雷电到来之前，暂时切断一切通往爆区的导电体（电线或金属管道），防止电流进入爆区。

（5）对硐室爆破，遇有雷雨时，应立即将各硐口的引出线端头分别绝缘，放入离硐口至少 2m 的悬空位置上，同时将所有人员撤离到安全地区。

（6）电爆网路主线埋入地下 25cm，并在地面布设与主线走向一致的裸线，其两端插入地下 50cm。

（7）在雷电到来之前将所有装药起爆。

（二）杂散电流引起的早爆及其预防

1. 杂散电流的形成与早爆

杂散电流是存在于起爆网路的电源电路之外的杂乱无章的电流，其大小、方向随时都在变化。例如，牵引网路流经金属物或大地的返回电流、大地自然电流、化学电以及交流杂散电流等。

产生杂散电流的主要原因是：各种电源输出的电流，通过线路到达用电设备后，必须返回电源。当用电设备与电源之间的回路被切断后，电流便利用大地作为回路而形成大地电流，即杂散电流。另外电气设备或电线破损产生的漏电也能形成杂散电流。

在地下工程中普遍存在着杂散电流。其中，由直流架线电机车牵引网路引起的直流杂散电流在电机车起动瞬间，可达数十安；在运行中可达几安至十几安，停车后可降至 1 安以下。

威胁电气爆破安全的杂散电流，主要分布在导电物体之间（如风水管对岩体；铁轨对岩体；铁轨对风水管；其他金属物体对岩体、铁轨或风水管），这些杂散电流经常高于电雷管的起爆电流，如果在操作时电雷管脚线或电爆网路与金属体之间接触并形成通路，将使杂散电流流经电雷管而造成早爆事故。

交流杂散电流一般比较小，但在电气牵引网路为交流电，电源变压器零线接地以及采用两相供电的场所，铁轨与风水管之间的交流杂散电流也可达几安而足以引爆电雷管。

无金属物体地点的杂散电流，主要是大地自然电流，其值远小于电雷管的安全电流，即使这些地点存在较多和接地面积较大的游离金属体，其杂散电流有所增加，但也一般都小于起爆电流，大部分小于电雷管安全电流。

化学电也属杂散电流，它是在某些金属体浸入电解质内产生的。潮湿的地层或具有导电性能的炸药（如硝铵类炸药等）都属于电解质，金属体进入其中就可能产生化学电，这种化学电的电流即为杂散电流。当化学电流达到一定值，并通过导电体流经电雷管时，便可能引起早爆事故。

杂散电流可以现场测试，有专用的杂散电流测试仪。近几年在一些电雷管测试仪表中也已附加了杂散电流的测试功能，前述的 2H－1 型电雷管测试仪即为一例。

爆破安全规程规定：爆破作业场地的杂散电流值大于 30mA 时，禁止采用普通电雷管。

2. 预防杂散电流引起早爆的措施

（1）减少杂散电流的来源。采取措施，减少电机车和动力线路对大地的电流泄漏；检查爆区周围的各类电气设备，防止漏电；切断进入爆区的电源、导电体等。在进行大规模爆破时，采取局部或全部停电。

（2）装药前应检测爆区内的杂散电流。当杂散电流超过 30mA 时，应采取降低杂散电流强度的有效措施，采用抗杂散电流的电雷管或采用防杂散电流的电爆网路，或改用非电起爆法。

（3）防止金属物体及其他导电体进入装有电雷管的炮眼中，防止将硝铵类炸药洒在潮湿的地面上等。

（三）感应电流引起的早爆及其预防

1. 感应电流的产生与早爆

感应电流是由交变电磁场引起的，它存在于动力线、变压器、高压电开关和接地的回馈铁轨附近。如果电爆网路靠近这些设备，便在电爆网路中产生感应电流，当感应电流值大于电雷管的安全电流时，就可能引起早爆事故。因此，当拆除物附近有输电线、变压器、高压电气开关等带电设施时，必须采用专用仪表检测感应电流。当感应电流值超过 30mA 时，禁止采用普通电雷管。

2. 预防感应电流引起早爆的措施

为防止感应电流对起爆网路产生误爆，应采取以下措施：

（1）电爆网路附近有输电线时，不得使用普通电雷管。否则，必须用普通电雷管引火头进行模拟试验；在 20kV 动力线 100m 范围内不得进行电爆网路作业。

（2）尽量缩小电爆网路圈定的闭合面积，电爆网路两根主线间距离不得大于 15cm。

（3）采用非电起爆法。

（四）静电引起的早爆及其预防

1. 静电产生的原因

在进行爆破器材加工和爆破作业中，如果作业人员穿着化纤或其他具有绝缘性能的工作服，则这些衣服相互摩擦就会产生静电荷，当这种电荷积累到一定程度时，便会放电，一旦遇上电爆网路，就可能导致电雷管爆炸。

采用压气装药器或装药车进行装药可以减轻劳动强度、提高装填效率、保证装药密度、改善爆破破碎效果。但在装药过程中，由于机械的运转，高速通过输药管的炸药颗粒与设备之间的摩擦、炸药颗粒与颗粒的撞击会产生静电。如果静电不能及时泄漏而集聚，其电压可达数万伏。静电集聚到一定程度所产生的强烈火花放电，不仅可能对操作人员产生高压电火花的冲击，以及引起瓦斯或粉尘爆炸的危险，而且可能引起电雷管的早爆。这种早爆因素，可能有以下 4 种情况：

（1）装药时，带电的炸药颗粒使起爆药包和雷管壳带电。若雷管脚线接地，管壳与引火头之间产生火花放电，能量达到一定程度时，引起早爆。

（2）装药时，带电的装药软管将电荷感应或传递给电雷管脚线。若管壳接地，引火头与管壳之间产生火花放电，能量达到一定程度时，引起早爆。

（3）装药时，电雷管的一根脚线受带电的炸药或输药软管的感应或传递而带电，另一根脚线接地，则脚线之间产生电位差，电流通过电桥在脚线之间流动。当该电流大于电雷管的最小起爆电流时，可能引起早爆。

（4）在第（3）种情况下，如果电雷管断桥，则在电桥处产生间隙，并因脚线间的电位差而产生放电，引起早爆。

压缩空气及周围空气的湿度对静电压的影响极大。空气湿度大，则装药设备，炮孔的表面电阻下降，静电不易集聚。一般认为，相对湿度大于70％，则不致因静电引起早爆事故。

输药管、装药器及人体等部位经常接地，炮孔潮湿，则输药管上的电荷和吹入炮孔的炸药颗粒所带的电荷很快向大地泄漏，静电不易集聚，电位差就低。

2. 预防静电引起早爆的措施

（1）爆破作业人员禁止穿戴化纤、羊毛等可能产生静电的衣物。

（2）机械化装药时，所有设备必须有可靠的接地，防止静电积累。粒状铵油炸药露天装药车车厢应用耐腐蚀的金属材料制造，厢体应有良好的接地。输药软管应使用专用半导体材料软管，钢丝与厢体的连接应牢固。小孔径炮孔及药壶爆破使用的装药器的罐体应使用耐腐蚀的导电材料制作，输药软管应采用半导体材料软管。在装药时，不应用不良导体垫在装药出车下面；输药风压不应超过额定风压的上限值；持管人员应穿导电或半导电胶鞋，或手持一根接地导线。

（3）在使用压气装填粉状硝铵类炸药时，特别在干燥地区，为防止静电引起早爆，可以采用导爆索网路和孔口起爆法，或采用抗静电的电雷管。

（4）采用非电起爆法。

（五）高压电、射频电对早爆的影响和预防

依靠高压线输送的电压很高的电流称为高压电。射频电是指由电台、雷达、电视发射台、高频设备等产生各种频率的电磁波。在高压电和射频电的周围，存在着电场。如电雷管或电爆网路处在强大的射频电场内，便起到接收天线作用，感生和吸收电能，在网路两端产生感应电压，从而有电流通过。当该电流超过电雷管的最小发火电流时，就可能引起电爆网路早爆事故。

为防止射频电对电爆网路产生早爆，必须遵守下列规定：

（1）采用电爆网路时，应对爆区周围环境中的高压电、射频电等进行调查。发现存在危险，应采取预防或排除措施。

（2）在爆区用电引火头代表电雷管，做实爆网路模拟试验，检测射频源对电爆网路的影响。

（3）禁止流动射频源进入作业现场。已进入且不能撤离的射频源，装药开始前应暂停工作。手持式或其他移动式通信设备进入爆区应事先关闭。

（4）电爆网路敷设时应顺直、贴地铺平，尽量缩小导线圈定的闭合面积。电爆网路的主线应用双股导线或相互平行，且紧贴的单股线。如用两根导线，则主线间距不得大于15cm。网路导线与电雷管脚线不准与任何移动式调频（FM）发射机天线接触，且不准一端接地。

（5）表3.7－7、表3.7－8、表3.7－9、表3.7－10分别列出了采用电爆网路时爆区与高压线、中长波电台（AM）、移动式调频（FM）发射机及甚高频（VHF）、超高频（UFM）电视发射机的安全允许距离。如果爆区满足不了这些要求，则不应采用电力起爆法。

表 3.7－7　　　　　　　　　　　　爆区与高压线的安全允许距离

电压/kV		3～6	10	20～50	50	110	220	400
安全允许距离/m	普通电雷管	20	50	100	100			
	抗杂电雷管					10	10	16

表 3.7－8　　　　　　　　　　爆区与中长波电台（AM）的安全允许距离

发射功率/W	5～25	25～50	50～100	100～250	250～500	500～1000
安全允许距离/m	30	45	67	100	136	198
发射功率/W	1000～2500	2500～5000	5000～10000	10000～25000	25000～50000	50000～100000
安全允许距离/m	305	455	670	1060	1520	2130

表 3.7－9　　　　　　　　爆区与移动式调频（FM）发射机的安全允许距离

发射功率/W	1～10	10～30	30～60	60～250	250～600
安全允许距离/m	1.5	3.0	4.5	9.0	13.0

表 3.7－10　　爆区与甚高频（VHF）、超高频（UHF）电视发射机的安全允许距离

发射功率/W	1～10	$10～10^2$	$10^2～10^3$	$10^3～10^4$	$10^4～10^5$	$10^5～10^6$	$10^6～5×10^6$
VHF 安全允许距离/m	1.5	6.0	18.0	60.0	182.0	609.0	
UHF 安全允许距离/m	0.8	2.4	7.6	24.4	76.2	244.0	609.0

注　调频发射机（FM）的安全允许距离与 VHF 相同。

（六）仪表电和起爆电源引起的早爆、误爆及其预防

在电爆网路敷设过程中和敷设完毕后使用非专用爆破电桥或不按规定使用起爆电源，也会引起网路的早爆。

爆破安全规程强调：电爆网路的导通和电阻值检查，应使用专用导通器和爆破电桥，专用爆破电桥的工作电流应小于 30mA。使用万能表等非专用爆破电桥，容易因误操作使仪表工作电流超标而引起早爆。

因起爆电源的失误引起的早爆、误爆事故也时有发生。如 1984 年河南某铁矿用变压器输出电缆临时充当放炮母线并关掉总闸，导致送照明电时将放炮母线也送上了电，造成 4 死 1 重伤的重大事故。

防止仪表电和起爆电源失误产生早爆、误爆的措施如下：

（1）严格按规定使用专用导通器和爆破电桥进行电爆网路的导通和电阻值检查，禁止使用万用电表或其他仪表检测雷管电阻和导通网路。定期检查专用导通器和爆破电桥的性能和输出电流。

（2）严格按照有关规定设置和管理起爆电源。

（3）定期检查、维修起爆器，电容式起爆器至少每月充电赋能 1 次。

（4）在整个爆破作业时间里，起爆器或电源开关箱的钥匙要由起爆负责人严加保管，不得交给他人。

（5）在爆破警戒区所有人员撤离以后，只有爆破工作领导人下达准备起爆命令之后，

起爆网路主线才能与电源开关、电源线或起爆器的接线钮相连接。起爆网路在连接起爆器前，起爆器的两接线柱要用绝缘导线短路，放掉接线柱上可能残留的电量。

第八节　岩塞爆破的三维辅助设计

一、三维设计的作用

三维设计代表了最新的设计理念和先进的设计水平，是工程设计领域革命性的技术更新，是提高工程设计效率和质量，改善设计流程的有效方法。它以数字化设计技术为基础，以设计对象的信息模型为核心，以协同工作为主要模式，以"建模"为主要设计行为开展设计过程。

在设计过程中，成果质量和设计效率是设计人员及管理者最关注的两个方面，如何提高质量和效率也是最迫切需要解决的问题。在三维设计模式下，设计者只需要关注设计对象的模型。模型是信息的载体，只要模型是正确的，从模型输出的设计成果也必然是正确的。二维图纸及工程数量等可方便地基于此模型自动输出，这种新的设计模式有助于大幅度避免二维模式下设计过程中所遇到的问题，也有助于使工程师的主要工作集中到"设计"上来。

三维设计还可大幅度提高设计的可视化程度，尤其对于处于地形地质条件十分复杂地区的项目来说，可视化设计本身的实现就可以大幅度提高设计成果的价值？总体而言，三维设计是技术发展的使然，三维协同设计是保障设计质量的有力的技术手段。

除此之外，岩塞爆破取水岩塞口部位三维设计可以给出各个孔位的精确三维坐标、准确的孔深和空间关系，还能根据三维实体模型切出各个角度的二维剖面，为精确的爆破设计提供基础数据，同时可以指导精细化施工作业。在实施过程中，将实测的岩塞药室及预裂孔坐标数据加入三维实体模型中，可以根据实际钻孔偏差，精确调整钻孔布置，弥补因施工偏差带来的影响，确保爆破方案的爆破效果。

值得说明的是，计算机辅助设计二维软件（如 AutoCAD）仅能切出垂直于水平面的地形地质剖面，此类剖面对于岩塞口爆破漏斗设计是远远不够的。需根据药室或钻孔布置切出各个方向、各个角度的剖面，以进行各个药室或钻孔的爆破漏斗设计，并分析其相互空间关系，评价药室或钻孔布置合理性，三维设计正好可以解决这个问题。

二、三维设计软件介绍

基于建筑信息建模（Building Information Modeling，BIM）技术的三维设计作为一种创新的工具与生产方式，实现了建筑业的精细化、信息化管理，引发了建筑行业的巨大变革。BIM 建模类软件主要分为设计类和施工类两大类型。

BIM 设计类软件在市场上主要有 5 家主流公司，分别是 Autodesk、Bentley、Graphisoft/Neme-tschekAG、GeryTechnology 以及 Tekla 公司。各自旗下开发的系列软件如下：

（一）Autodesk：Revit Architecture 等

Autodesk 公司的 Revit 是运用不同的代码库及文件结构区别于 AutoCAD 的独立软件

平台。其特色包括：该软件系列包含了绿色建筑可扩展标记语言模式（Green Building XML，gbXML），为能耗模拟、荷载分析等提供了工程分析工具；与结构分析软件 RO-BOT、RISA 等具有互用性；能利用其他概念设计软件、建模软件（如 Sketch‐up）等导出的 DXF 文件格式的模型或图纸输出为 BIM 模型。

优势：软件易上手，用户界面友好；具备由第三方开发的海量对象库，方便多用户操作模式；支持信息全局实时更新、提高准确性且避免了重复作业；根据路径实现三维漫游，方便项目各参与方交流与协调。

劣势：Revit 软件的参数规则（Parametric rules）对于由角度变化引起的全局更新有局限性；软件不支持复杂的设计，如曲面等。

（二）Bentley：Bentley Architecture 等

Bentley 公司继开发出 Micro Station TriForma 这一专业的 3D 建筑模型制作软件后，于 2004 年推出了其革命性的继承者：GEOPAK（场地）、GeoEngine（地质）、Bentley Architecture（建筑）、Bentley Structural（结构）、Bentley Interference Manager（碰撞检查）等系列软件。

除此，Bentley 公司还提供了支持多用户、多项目的管理平台 Bentley Project Wise，其管理的文件内容包括：工程图纸文件（DGN / DWG / 光栅影像）；工程管理文件（设计标准 / 项目规范 / 进度信息 / 各类报表和日志）；工程资源文件（各种模板 / 专业的单元库 / 字体库 / 计算书）。

优势：功能强大的 BIM 模型工具，涉及工业设计和建筑与基础设施设计的方方面面，包括建筑设计、机电设计、设备设计、场地规划、地理信息系统管理（GIS）、污水处理模拟与分析等；基于 Micro Station 这一优秀图形平台涵盖了实体、B‐Spline 曲线曲面、网格面、拓扑、特征参数化、建筑关系和程序式建模等多种 3D 建模方式，完全能替代市面上各种软件的建模功能，满足用户在方案设计阶段对各种建模方式的需求。

劣势：软件具有大量不同的用户操作界面，不易上手；各分析软件间需要配合工作，其各式各样的功能模型包含了不同的特征行为，很难短时间学习掌握；相比 Revit 软件，其对象库的数量有限；其互用性差的缺点使其各不同功能的系统只能单独被应用。

（三）Graphisoft/Neme‐tschek AG：ArchiCAD

Graphi soft/Neme‐tschek AG：ArchiCAD 是历史最悠久的且至今仍被应用的 BIM 建模软件。ArchiCAD 与一系列软件均具有互用性，包括利用 Maxon 创建曲面和制作动画模拟、利用 ArchiFM 进行设备管理、利用 Sketchup 创建模型等。除此，ArchiCAD 与一系列能耗与可持续发展软件都有互用接口，如 Ecotect、Energy＋等，且 ArchiCAD 包含了广泛的对象库供用户使用。

优势：软件界面直观，相对容易学习；具有海量对象库；具有丰富多样的支持施工与设备管理的应用；是唯一可以在 Mac 操作系统运用的 BIM 建模软件。

劣势：参数模型对于全局更新参数规则有局限性；软件采用的是内存记忆系统，对于大型项目的处理会遇到缩放问题，需要将其分割成小型的组件才能进行设计管理。

（四）Gery Technology：Digital Project

Digital Project 软件能够设计任何几何造型的模型，且支持导入特制的复杂参数模型构件，如支持基于规则的设计复核的 Knowledge Expert 构件；根据所需功能要求优化参数设计的 Project Engineer‐ing Optimizer 构件；跟踪管理模型的 Project Man‐ager 构件。

另外，Digital Project 软件支持强大的应用程序接口；对于建立了本国建筑业建设工程项目编码体系的许多发达国家，如美国、加拿大等，可以将建设工程项目编码，如美国所采用的 Uniformat 和 Mas‐terformat 体系导入 Digital Project 软件，以方便工程预算。

优势：强大且完整的建模功能；能直接创建大型复杂的构件；对于大部分细节的建模过程都是直接以 3D 模式进行。

劣势：用户界面复杂且初期投资高；其对象库数量有限；建筑设计的绘画功能尚有缺陷。

（五）Tekla：Tekla Structure，Xsteel

Xsteel 是 Tekla 公司最早开发的基于 BIM 技术的施工软件，于 20 世纪 90 年代面世并迅速成长为世界范围内被广泛应用的钢结构深化设计软件。该软件可以使用 BIM 核心建模软件的数据，对钢结构进行针对加工、安装的详细设计，生成钢结构施工图（加工图、深化图、详图）、材料表、数控机床加工代码等。

为顺应欧洲及北美对于预制混凝土构件装配的需求，Tekla 公司将 Xsteel 的功能拓展到支持预制混凝土构件的详细设计，如结构分析，与有限元分析具有互用性，增加开放性的应用程序接口。同时，输出信息到数控加工设备及加工设备自动化软件，如 Fabtrol（钢结构加工软件）及 Eliplan（预制件加工软件）。

优势：设计与分析各种不同材料及不同细节构造的结构模型；支持设计大型结构；支持在同一工程项目中多个用户对于模型的并行操作。

劣势：很难学习掌握；其不能从外界应用中导入多曲面复杂形体；购买软件费用昂贵。

BIM 参数模型具有多维属性，对于施工阶段，4D（3D＋time）模型的施工建造模拟与 5D（4D＋cost）模型的造价功能使建设项目各参与方更清晰地预见和控制管理施工进度与工程造价。常见的 BIM 施工类 4D 应用软件和 5D 应用软件如下：

1. 4D 应用软件——Autodesk：Navisworks

Autodesk Navisworks Manage 软件是 Autodesk 公司开发的用于施工模拟、工程项目整体分析以及信息交流的智能软件。其功能包括模拟与优化施工进度、识别与协调冲突与碰撞、使项目参与方有效沟通与协作以及在施工前发现潜在问题。与 Microsoft Project 具有互用性，将 Microsoft Project 软件下创建的施工进度计划导入，将每项计划任务与模型构件一一关联，即可轻松制作施工模拟过程。

优势：平滑的实时漫游；兼容多种模型格式；软件操作界面友好，便于掌握；3DMail 功能允许设计团队的成员使用标准的 MAPI e‐mail 进行交流，任一 3D 模型的特定场景视图可以和文字内容一同发送。

劣势：电脑配置要求高，渲染花费的时间极长；对于变更后的模型再次导入 Navis-works，需要重新将每一个构件与进度计划的任务一一关联，工作量巨大烦琐，不适用于大型项目。

2. 4D 应用软件——Bentley：ProjectWise Navigator

ProjectWise Navigator 软件是 Bentley 公司于 2007 年发布的施工类 BIM 软件，其动

态协作的平台方便项目各参与方快速熟悉设计模型，并做出评估、分析及改进，以避免在施工阶段出现代价高昂的错误与漏洞。其具体功能包括：①友好的交互式可视化界面方便不同用户轻松地利用切割、过滤等工具生成并保存特定的视图；②检查冲突与碰撞；③模拟、分析施工过程以评估建造是否可行，并优化施工进度；④直观的三维实时漫游功能。

优势：相比 Navisworks Manage 软件，成本低廉；支持的 2D / 3D 文件格式广泛（DGN、DWG、DWF 等）；可以同时浏览 2D 图纸与 3D 模型，软件界面友好；检查碰撞与模拟施工功能强大。

3. 4D 应用软件——Innovaya：Visual Simulation

Visual Simulation 软件是 Innovaya 公司开发的一款 4D 进度规划与可施工性分析的软件，能与 Revit 软件创建的模型相关联，且由 Microsoft Projec 等进度计划软件创建的施工进度计划可以被导入该 4D 软件。用户可以方便地点击 4D 建筑模拟中的建筑对象，查看在甘特图中显示的相关任务；反之亦可。

优势：操作界面简单；与 Revit 模型及进度计划软件具有兼容性；进度任务与构件一一相关联，自动完成进度更新变化，且关联工作较 Navisworks 简单方便。

劣势：虽然上述关联工作较 Navisworks 简单易行，但软件对于进度计划任务与变更后的模型相关联仍有其缺陷，如对于新增构件、临时性建筑（脚手架、起重机等的进出场安排）、删减构件，常常需要手动添加新类型的任务项在进度计划中进行再关联工作，软件自动更新能力不强。

4. 4D 应用软件——Synchro Ltd.：Synchro 4D

Synchro 4D 是一款年轻但功能强大的 4D 软件，具有比其他同类 4D 软件更加成熟的施工进度计划管理功能：为整个工程项目的各参与方提供实时共享的工程数据。工程人员可以利用 Synchro 4D 软件进行施工过程可视化模拟、安排施工进度计划、实现供应链管理以及造价管理等。

优势：最成熟的 4D 平台之一；除基本的 4D 可视化模拟施工功能之外，具有强大的施工进度计划管理功能：管理任务状态、任务顺序排列、资源、进度跟踪、关键线路等；风险缓冲机制能够保护关键线路。

劣势：对使用者提出了比较高的要求，使用人员需要具备关于施工进度安排丰富的经验和知识，才能最大化地利用软件风险分析、资源管理等特色功能。

5. 5D 应用软件——Innovaya：Visual Estimating＋Visual Simulation

Visual Estimating 软件是 Innovaya 公司开发的一款针对工程造价的应用软件，结合应用该公司的 Visual Simulation 4D 软件，即可实现 5D 项目管理功能。可以与 MC2ICE 与 Sage Timberline 工程造价软件、Revit 和 Tekla 建模软件相协作。

自动计算工程量：由设计模型根据构件类型与尺寸直接导出工程量；导出的工程量可以按照特定的格式保存，如 Uniformat（美国建设工程项目编码）；每一项工程量与模型构件链接，随设计变更而自动更新。

定义装配件的组成：用户可以在 MC2ICE 与 Sage Timberline 中定义装配件的组成，然后直接将模型中相应定义装配件的组成件尺寸与数量拉入定义中，如"墙"装配件包括钉子、龙骨、石膏板等组成件的规格和数量。这样对于所有同类型的装配件 Visual Estimating 软件可以自动归类计算，大大减少了工作量，提高了效率。

优势：操作界面简单，易学习；与 Revit 模型、Tekla 模型及 MC2ICE、Sage Timberline 工程造价软件具有兼容性；Visual Estimating 软件量化的信息与构件一一相关联，利于归类计算；定义装配件的功能将工程造价精确到装配件的每一个细节。

劣势：由于我国工程造价体系在工程量的计算规则上与国外不同，且定额管理体制也有区别，若想利用 Visual Estimating 软件，则设置的参数较多，甚至需要修改软件。

6. D 应用软件——VICO Software—Virtual Construction

Virtual Construction 软件套装是一款高度集成的为施工单位服务的 5D 管理工具，其套装包括：VICO Constructor（建模）；VICO Estimator（概预算）；VICO Control（进度控制）；VICO5DPresenter（5D 演示工具）；VICO Cost Manag‐er（造价管理）；VICO Change Manager（变更管理）。

优势：分析可施工性，5D 建模过程能及时发现潜在的问题，避免施工时的错误与碰撞；加强各参与方交流与协作；基于模型的实时造价分析使结果更准确；加强对项目的可控性，减少不确定性因素，从而提高生产效率、缩短工期等。

劣势：由于我国工程造价体系对于工程量的计算规则、定额管理体制、施工技术方法与设备条件与国外有比较大的区别，故 Virtual Construction 软件套装不能与我国建筑业的大环境相匹配。

上述软件各有优缺点，岩塞爆破取水口岩塞口部位三维设计规模相对较小，设计时仅用到软件的部分功能，读者可根据自己喜好及购置能力选择。但岩塞爆破对地形地质的精确度要求较高，Bentley 公司的 GEOPAK（场地）、GeoEngine（地质）两个模块对地形、地质处理功能比较强大。

三、岩塞爆破三维设计方法

结合以往工作经验，取水口岩塞口部位三维设计研究主要包括如下内容：

（1）生成地模。根据地形测绘数据，建立项目数字地面模型 DTM。一般需要在前期对原始测绘数据进行适当处理，以满足工程精度要求。

（2）建立地质模型。根据地质勘察数据，进行地质专业的数据处理与分析，建立三维地质模型。

（3）岩塞口部位开挖模拟。根据岩塞设计尺寸，进行岩塞口开挖模拟，形成开挖三维模型。

（4）建立通道、药室或钻孔、预裂孔实体模型。建立各药室或钻孔、施工通道以及周边预裂孔的三维实体模型。

（5）剖切断面。利用已经建立的三维模型剖切各药室或钻孔各方向各倾角剖面，用于二维设计人员复核各药室或钻孔布置。

（6）提取数据。为二维设计人员提供各药室或钻孔中心坐标、面中心坐标、角点坐标、内外抵抗线长度、预裂孔长度、预裂孔方位角与倾角、药室或钻孔中心离岩塞周边最小距离等参数，用于设计复核及出二维技施设计蓝图，便于施工单位准确放点定位。

（7）实测数据回归模拟。根据实测的岩塞药室或钻孔及预裂孔坐标数据再次建立三维实体模型，将原设计模型与实际模型对比，分析偏差，精确调整设计参数。

（8）模型渲染及动画制作。根据汇报、展示需要，进行模型材质附着、渲染，并可进行爆破过程动画制作。

以上三维设计内容将和二维设计成果相互校验，反复推进，不断修改完善。

四、岩塞爆破三维辅助设计实例

（一）刘家峡岩塞爆破

刘家峡水库需增建洮河口排沙洞，解决刘家峡电站坝前泥沙淤积问题，保障电站安全运行。排沙洞进水口段采用水下岩塞爆破是本工程的关键工程。岩塞爆破口位于黄河左岸洮河出口处，在正常蓄水位以下 70m，其上有 27m 厚淤泥沙层。

岩塞爆破包括施工导洞（连通洞）开挖、药室开挖、炸药运输及装药、爆破网路连接、药室及导洞（连通洞）封堵等工序。本施工技术要求只适用于岩塞段的药室、导洞（连通洞）的开挖以及预裂孔的施工。

刘家峡岩塞爆破洞室二维设计面临的部分难题包括：①各药室的中心点在空间上比较离散，药室各向异性，各药室的连通洞会有扭曲的情况。所以如何用二维图纸将各洞室的相互关系表达清楚就是一个难题，且可视性差；②现有二维切地形剖面的软件（包括 Bentley）都无法切出与水平面有一定角度的剖面，因此二维很难较精确得到各药包的最小抵抗线；③无法较精确地计算对爆破效果影响很大的周边孔钻孔长度。

鉴于三维设计产品的直观、量距及工程量计算准确等优点，该项目采用 Bentley 三维可视化协同设计解决方案对岩塞爆破洞室进行了三维建模。针对上述特点采取下列措施：①Bentley 软件对空间结构的表现是其强项，所以药室及其连通洞的三维建模没有任何难度。②将地形做成地模并转换成 mesh，画出各药室的中心点，再利用 Bentley 软件的"求一点到一个面的最短距离"的相关命令也不难得到各药包的最小抵抗线。③周边孔钻孔长度的计算的确是一个难点，根据二维设计，周边孔个数为 98 个。如果将喇叭口建成实体模型，再用地模切，然后切 49 个剖面，量取各剖面两侧边长度，便得到所有周边孔的孔长。此方法理论上可以实现，但会出现两个问题：一是 Bentley 软件对较复杂的地模切实体会出现切不了的情况，二是切 49 个剖面相当烦琐。经过摸索，对喇叭口外周进行 surface 建模，建模时采用 surface by revolution 的模式，angle 按 "360°/周边孔个数" 得到，然后和地模进行 trim surface 操作，之后采用 unroll developable surface 将喇叭口周边展开，于是每条线段的长度即为周边孔的长度。刘家峡岩塞口三维模型见图 3.8－1 和图 3.8－2。

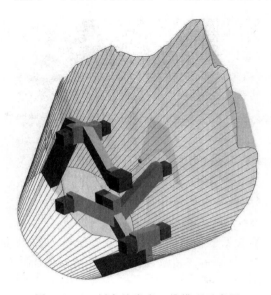

图 3.8－1　刘家峡岩塞三维模型示意图

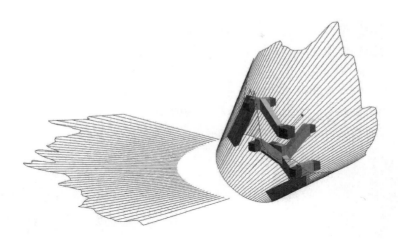

图 3.8-2 刘家峡岩塞周边孔三维模型示意图

在周边孔施工过程中，由于施工条件限制，钻孔出现了较大偏差。将现场钻孔测量数据进行三维回归模拟，将原设计模型与实际模型对比，分析偏差，采取增孔、重新复核计算、精确调整设计参数等措施，最终岩塞爆破顺利完成。三维实际回归模拟模型见图 3.8-3 中。

（二）兰州市水源地建设工程取水口水下岩塞爆破

兰州市水源地建设工程取水口满足刘家峡水库水位 1710.00m 以上取水，沿水流方向依次布置岩塞段、聚渣坑、渐变段和水平洞段。为创造水下施工条件，取水口前端布置岩塞。

采用 Bentley 三维协同设计解决方案对取水口进行三维建模，主要使用到的工具为 MicroStation（基础平台）、GEOPAK（场地模块）、GeoEngine（地质模块）。兰州水源地取水口岩塞三维模型见图 3.8-4 中。

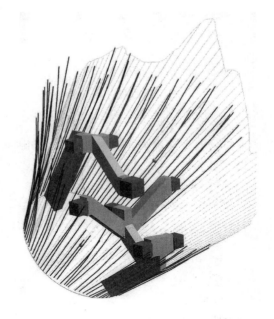

图 3.8-3 刘家峡周边孔三维实际回归模拟图

（三）吉林中部引水工程取水口 1∶1 试验岩塞爆破

吉林中部引水工程取水口满足丰满水库死水位 242.00m 以上取水，沿水流方向依次布置岩塞段、集渣坑、渐变段和水平洞段，为创造水下施工条件，取水口前端布置岩塞。

采用 Bentley 三维协同设计解决方案对取水口进行三维建模，主要使用到的工具为 MicroStation（基础平台）、GEOPAK（场地模块）、GeoEngine（地质模块）。

1. 掌子面模型

测量人员利用三维激光测点仪对开挖现状掌子面进行了扫描测点，一共获取了 250 多万个三维点，由于数据量庞大，软件处理起来困难，并且没有必要全部利用，故从中筛选出 3 万多个具有代表性的点，这 3 万多个点基本代表了掌子面上的每个点。再利用 Bentley 中的 GEOPAK（场地模块）对测点进行处理，形成具有准确的空间位置、形状的掌子面模型。由于数据量充足、准确，掌子面模型比较平滑，仿真度很高，完全满足设计精度要求。吉林中部引水工程取水口 1∶1 试验洞掌子面三维模型见图 3.8-5。

图 3.8-4　兰州水源地取水口岩塞三维模型　　　图 3.8-5　吉林中部引水工程取水口 1∶1
试验洞掌子面三维模型

2. 岩面模型

在岩塞体上密集地打了一些地质勘探孔，通过这些地质钻孔信息推理出岩塞体其他部位的地质情况，形成岩面线，再利用 Bentley 对岩面线进行处理，模拟出岩面形状，生成岩面模型。岩面三维模型见图 3.8-6。

3. 地面模型

利用 Bentley 中的 GEOPAK（场地模块）对 1∶200 精度实测的地形图进行处理，建立项目数字地面模型 DTM。地面三维模型见图 3.8-7。

图 3.8-6　岩面模型　　　　　　　　　图 3.8-7　地面三维模型

4．炮孔模型

根据炮孔的尺寸、布置，利用 Bentley 进行模拟，制作模型，炮孔三维模型见图 3.8-8。

5．岩塞模型

将掌子面模型、岩面模型、地面模型、炮孔模型以及集渣坑模型组合，形成完整的岩塞进口段整体模型，见图 3.8-9。

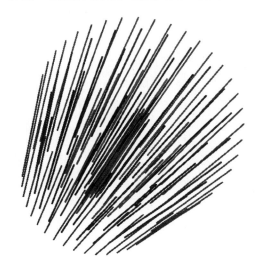

图 3.8-8　炮孔三维模型

图 3.8-9　岩塞进口段整体模型

第九节　岩塞爆破岩渣处理

一、岩渣处理

水下岩塞爆破后会产生大量岩渣，必须采用有效的岩渣处理措施，才能确保进口及引水建筑物的安全，保证岩塞顺利爆通、后期安全运行以及满足施工工期的要求，因此岩渣处理方式是岩塞爆破设计中重要的一部分。岩渣处理应遵循以下原则：

（1）爆破后能够顺利地通水，正常运行时安全可靠。

（2）被水流携带的岩渣，不应破坏隧洞内的建筑物，对隧洞衬砌混凝土的磨损也应较小。

（3）采用集渣爆破型式时，要保证在正常运行时集渣坑内的岩渣稳定，不应被水流带出坑外。

（4）应力求进水口建筑物结构型式简单，水流条件好，施工方便。

（5）采用泄渣和开门集渣爆破型式时，爆破后要做到闸门能够顺利关闭，及时切断水流。

由于水下岩塞爆破工程的施工条件和建成后的运行条件不尽相同，所以进行水下岩塞爆破时，对岩渣的处理方式就分为了集渣和泄渣两大类。进行岩塞爆破岩渣处理方式选择时，应遵循的原则有：

（1）泄流量大，流速高的泄洪洞可采用开门集渣方案。

（2）流速小，爆破时及运行中不允许有较大尺寸的石块进入洞中，可采用堵塞集渣爆破方案。

（3）当下游河床开阔，又允许河床中堆积一定数量的岩渣时，可采用泄渣方案。

二、集渣处理方式

集渣处理方式就是预先在岩塞下部的隧洞内，设置具有一定容积的集渣坑，岩塞爆通后，岩渣在重力和水流的作用下，进入集渣坑。并根据隧洞在爆破时的运行条件，又可分为堵塞集渣爆破和开门集渣爆破两种形式，见图 3.9-1 和图 3.9-2。

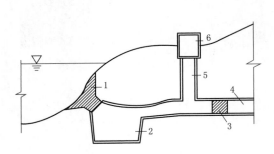

图 3.9-1 堵塞集渣爆破

1—岩塞；2—集渣坑；3—后堵塞段；4—隧洞；
5—闸门井；6—启闭机室

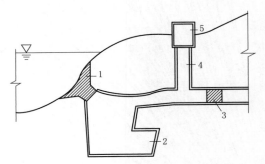

图 3.9-2 开门集渣爆破

1—岩塞；2—集渣坑；3—隧洞；4—闸门井；
5—启闭机室

国内外采用的集渣坑形式主要有开敞式集渣坑，平洞型集渣坑及靴型集渣坑等。另外可在洞内建混凝土坎（或预留岩坎）辅助挡渣，加强集渣效果。集渣处理总体应满足下列要求：

（1）长期运行安全。不能因为有不稳定的呈浮游或推移形式的石渣通过发电压力管道，蜗壳和水轮机组，损害水轮机组的运行。

（2）集渣坑的大小和形式，根据岩塞体积和集渣效率而定。

（一）堵塞集渣爆破形式

堵塞集渣爆破形式指在岩塞底部预设有一定容积的集渣坑，在进口闸门井后部设置一堵塞体，堵塞体可以为混凝土堵头或者预留岩体，特殊情况可以使用钢板闸门或者其他结构，爆破后，闸门落下挡水，将封堵体拆除。这种集渣形式适用于下游有重要保护对象的工程，如隧洞下游有水轮机等情况。通过工程实际经验，堵塞集渣爆破形式是可靠的，如刘家峡岩塞爆破工程和兰州水源地引水岩塞爆破工程的成功实施，都是采用堵塞集渣爆破的方式。

采用集渣处理方式时，进口段如果设置闸门，宜缩短闸门井和岩塞的距离，可以减少进入隧洞内岩渣的数量，相应地可以减少爆破后洞内岩渣清理工作量。不受闸门后部结构物施工的限制，闸前部结构物施工完成后就可以进行岩塞爆破，不影响尾部建筑物的施工。堵塞体承担岩塞爆破时产生的空气冲击波和水石流冲击压力，可以保护尾部发电设备和其他建筑物的安全，库水不受损失的作用。但是，堵塞爆破在闸门井会发生较大的井喷现象。岩塞爆破开始时，开始产生空气冲击波，冲击波到达堵塞体后，经过反射作用会转向岩塞方向传播，冲击下泄水流，产生大量能量，使进入隧洞的库水从井底沿闸门井喷射到井外。同时，随着水柱提升，挟有岩渣冲向闸门井，甚至有岩渣伴随水流喷至井外，如清河水库工程岩塞爆破，将600kg岩渣喷出井外。所以，在井喷整个过程中，闸门井金属结构的埋件和井口上部建筑物将受到一定程度的破坏，需要在爆破前进行保护，井上部结构宜在爆破完成后进行安装。爆通后，岩渣大部分进入预设集渣坑内，另有一部分散落在堵塞体前的砸门井井底附近，要在爆破后进行水下清除，但施工条件比较困难，临时堵塞体也得在爆破后进行拆除，因此，堵塞集渣方式在岩塞爆破结束后工作量较大。

采用堵塞集渣爆破形式，爆破过程中，在平板闸门井处发生井喷的现象是不可避免的。在试验研究中发现，井喷的高度与爆时库水位、集渣坑的形状：集渣坑充水深度、临时堵塞体的位置等因素有关。丰满泄水洞工程岩塞爆破的水工模型试验表明，见图3.9-3，临时堵塞体距离闸门井位置越近，井喷的高度越高，堵塞体距离闸门井的位置越远，井喷的高度越低。

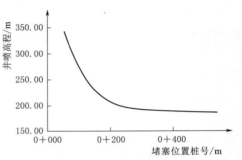

图3.9-3 丰满泄水洞堵塞位置与
井喷高程关系线
注 闸门井距离岩塞口140m。

镜泊湖工程岩塞爆破采用长矩形集渣坑。为了降低井喷高度及减少闸门井处堆渣量，采用集渣坑充水措施。通过表3.9-1和表3.9-2可知，渣坑充水位高程越高，闸门井下堆渣量就越少，同时井喷高度也越低。但充水位高程超过一定限值时，岩渣入坑量随充水水位升高而降低，而闸门井附近的堆渣量也相应也增加。所以选择最优充水位时，需综合考虑集渣坑进渣量、闸门井底下堆渣量及井喷高度等因素。

表3.9-1　　　　　　　　　镜泊湖工程模型试验岩渣分布情况

渣坑充水位/m	入坑渣量/m³	入坑渣量百分比/%	闸门井底部堆渣量/m³	闸门井底部堆渣量百分比/%
323.00	1803.6	72.1	0	0
321.00	1997.6	79.9	18.9	0.75
319.00	1857.6	74.5	54.0	2.1

表3.9-2　　　　　　　　　镜泊湖工程模型试验井喷高度

库水位/m	集渣坑充水位/m	井喷高度/m	备 注
315.20	325.00	6.00	
315.20	323.00	18.00~24.00	井喷高度从368.00m高程（闸门启闭机室屋顶）算起
315.20	321.00	21.00~24.00	
343.00	321.00	18.00	
343.00	319.00	30.00	

近年来，国内岩塞爆破普遍采用洞内充水或者设置气垫的方法，可以有效减小涌浪高度，并且集渣效果良好。如兰州水源地建设工程取水口岩塞爆破工程，输水洞底板顶高程1696.38m，实施岩塞爆破前，在洞内充水至高程为1698.90m。爆破后集渣效果良好。响洪甸水库水下岩塞爆破工程，闸门井顶高程为132.50m，爆破前闸门井充水至高程103.73m，相应集渣坑充水水位为78.10m，爆破时闸门井最高涌浪水位为128.65m。长甸水电站改建工程岩塞，集渣坑段采用气垫式布置，岩塞爆破后，涌浪未进入闸门井启闭室底板（高程为123.50m）。

在工程条件允许时，在集渣坑充水的基础上可采取充气措施加以辅助，在岩塞底部形成缓冲气垫，可大大减少爆破冲击力，降低井喷高度和爆破振动效应。响洪甸水下岩塞爆破工程在爆破时采取充水充气措施，取得了很好的爆破效果。

利用施工导洞作为聚渣坑的一部分，可以减少集渣坑深度，增加渣坑侧壁的稳定性，减少渣坑的开挖量。如清河水库工程岩塞爆破的集渣坑，就是采用平洞式集渣坑，见图3.9－4。试验证明，这种集渣坑不能采用充水爆破，因为渣坑充水影响集渣坑的进渣量，而闸门井底部的堆渣量却相应地增加。所以，这种集渣坑不能采用充水爆破来达到降低井喷高度的目的。

兰州水源地工程取水口岩塞爆破，集渣坑底高程为1687.250m，长度20.35m，净宽8.00m，采用圆拱直墙型断面，底板无衬砌。集渣坑高度为18.00m。集渣坑上方设置1.00m厚横隔板。集渣坑后设拦渣坎，坎高2.67m。集渣坑有效容渣体积为850m³。集渣坑布置见图3.9－5。

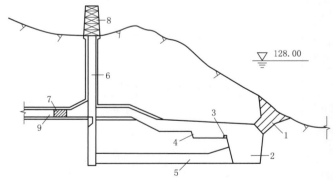

图 3.9－4　清河水库工程集渣坑布置

1—岩塞；2—集渣坑；3—拦渣坎；4—拦渣坎；5—集渣坑平洞；
6—闸门井；7—闸后临时封堵段；8—施工井架；9—引水洞

（二）开门集渣爆破形式

开门集渣爆破形式适用于防洪、灌溉等进水口爆破工程。爆破时，可不设堵塞体，闸门全开，可减少后期拆除工作量。采用集渣坑储渣，可减少泄渣量，避免河床岩渣的堆积。采用这种爆破型式，在爆破前先开挖集渣坑，爆破时闸门开启，隧洞畅通，岩塞爆通后，隧洞即可通水。丰满泄水洞工程的岩塞爆破就采用了开门集渣爆破型式，见图3.9－6。实践证明，开门集渣爆破在技术上可靠、经济上合理。岩塞爆破过程中，闸门井处没有严重的井喷现象发生，因此，闸门井金属结构埋件及闸门室上部结构是安全的，可以在

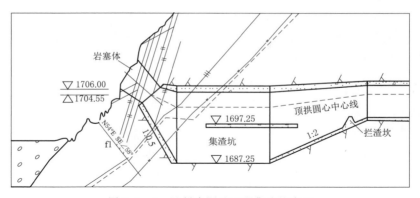

图 3.9-5　兰州水源地工程集渣坑布置

爆破前进行安装，爆破后即可投入运行。丰满泄水洞水工模型试验表明，岩塞爆通后，在重力和水流携带作用下，约有 90% 以上的岩渣进入集渣坑内，形成鞍形堆渣曲线，并且很快就达到稳定。仅有少量岩渣被水流挟带进入主洞内，泄往下游。实践证明，少量泄渣，对闸门的埋件撞击和隧洞混凝土磨损也是轻微的，爆后不用修理，就可满足正常运行要求。少量的泄渣对河床的淤积也是轻微的，所以，对尾水位影响甚微。由于工程上的要求，在正常运行时，要保证岩渣在渣坑内稳定，设计时要选择合适的集渣坑型式和足够的容积。开门集渣爆破型式集渣坑的集渣效果与集渣坑结构型式、平洞开口大小和爆破前集渣坑充水深度有关。丰满工程通过水工模型试验认为采用靴式集渣坑集渣效果好，爆破后约 80min 左右集渣坑内的岩渣就达到了稳定状态。试验表明，在集渣坑体积不变时，集渣坑的平洞开口越大，进入渣坑内的渣量就越大，主洞泄渣量就越少。集渣坑的平洞开口高度 h 与主洞的泄渣量成反比，而与集渣坑的集渣量成正比，见图 3.9-7。集渣坑的充水深度对集渣坑的集渣效果有较大影响，当水深小于 4m 时，对集渣效果的影响不太显著，当水深超过 4m 时，集渣效果就受到较大影响，主洞泄渣量也就有所增加。

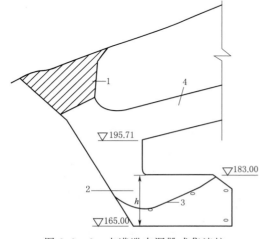

图 3.9-6　丰满泄水洞靴式集渣坑

1—岩塞；2—集渣坑；3—设计堆渣线；4—泄水洞

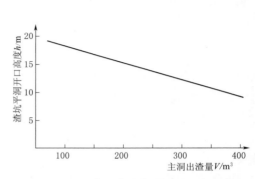

图 3.9-7　丰满泄水洞集渣坑平洞开口高度与主洞泄渣量关系线

刘家峡排沙洞岩塞爆破采用靴型集渣坑形式，集渣坑长 39.6m，集渣坑尾部高 13.50m，集渣坑有效容积为 7800m³，布置见图 3.9-8，爆破时闸门开启，下游未设置封堵段，属于典型的开门式集渣爆破。

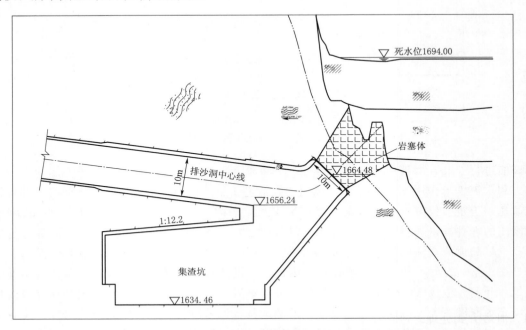

图 3.9-8　刘家峡排沙洞岩塞爆破工程集渣坑布置

近几年提出了一种全新的岩塞爆破岩渣处理方式，即在岩渣全部通过进口闸门井后，立即关闭进口闸门，切断水流，此时夹渣水流尚未到达出口，尽快关闭出口闸门，只留很小开度，将进入隧洞的水慢慢放干，然后，处理洞内沉积的石渣，即所谓"控制出流，洞内集渣"的处理方式。

（三）集渣坑容积的确定

集渣方案要在岩塞后部设置一定容积的集渣坑积存石渣，集渣坑形状，一般应通过水工模型试验来确定。集渣坑容积可按式（3.9-1）拟定：

$$V_c = \frac{K_1}{K_2} V_b \qquad (3.9-1)$$

式中：V_c 为集渣坑容积，指集渣坑下游边与洞身底部交点高程以下的体积，m³；V_b 为岩塞爆破设计爆除的石方体积与预计坍塌石方体积之和（不考虑覆盖层体积），m³；K_1 为石渣松散系数，取 1.5～1.7；K_2 为渣坑容积利用系数，一般取 0.65～0.8。

初步选定后，一般应通过模型试验进行修正，最后选定形状和容积，确定集渣坑的各种尺寸。

近年来，国内岩塞爆破工程多采用集渣处理方式，集渣坑形式有所不同，集渣坑容积如下：

（1）丰满水电站泄洪洞水下岩塞爆破。岩塞爆破岩石和覆盖层实方量总计 3794m³，其中岩石 2690 m^3，覆盖层 1104 m^3。考虑到岩塞口可能超挖量为岩塞量的 15%，松散系数取 1.5，实际爆破松方量约为 5600 m^3。集渣坑设计容积为 9550 m^3，容渣率为 58.6%。

（2）响洪甸水库水下岩塞爆破工程。采用开敞式集渣坑，集渣坑总容积为 3318 m^3，岩塞爆破总体积为 1350 m^3。通过现场爆破试验，确定爆破后岩石松散系数为 1.55，另有爆破震动影响，岩塞口周围岩石滑落至集渣坑内，集渣坑内总量约为 2302 m^3，集渣坑利用率为 69.4%。

（3）刘家峡岩塞爆破工程。集渣坑设计自然方量为 2606 m^3，集渣坑有效容积约为 6700 m^3，设计容渣率约为 70%。

（4）兰州水源地取水口岩塞爆破工程。岩塞体设计自然方量约为 273 m^3，集渣坑有效容积约为 702 m^3，集渣坑的集渣率为 70%。

三、泄渣处理方式

泄渣方式是利用爆破后的水流力量将岩塞爆落的岩渣冲出隧洞，堆积在下游河床中。泄渣方式一般适用于流速高、泄流量大的泄洪洞或灌溉隧洞的进口水下岩塞爆破工程，典型的布置型式见图 3.9-9。20 世纪 70 年代，我国的玉山水库灌溉引水洞、三九股水电站施工导流泄洪洞、小子溪水库引水洞、香山水库泄洪洞等工程的水下岩塞爆破先后采用了泄渣方式来处理岩渣，并且取得了成功。发展到现在，又有密云水库、水槽子水库、横锦水库、汾河水库、花溪水库等工程采用泄渣方式成功实施了水下岩塞爆破。这些实践证明，泄渣方式处理岩渣在技术上是可行的，能够取得较好的工程效果。

与集渣方式相比，泄渣方式的优点在于：①爆落的岩渣全部泄往下游河床，不需设置集渣坑，减少开挖工程量，有利于缩短工期；②爆破过程中，闸门井处没有严重的井喷现象；③闸室上部结构设备可在爆破前施工安装完毕，爆破后即可投入运行。而与之相应地，由于高流速的含渣水流从隧洞泄出，将不可避免地对闸门金属结构的埋件、隧洞的混凝土衬砌造成冲撞和磨损。因此必须采取一定的工程保护措施，以确保爆破实施后闸门能够顺利关闭、止水严密，并且隧洞的混凝土衬砌不会遭到大的破坏。

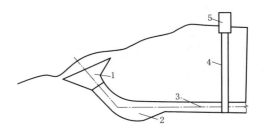

图 3.9-9 香山水库泄洪洞岩塞爆破泄渣方式
1—岩塞；2—缓冲渣坑；3—泄洪洞；
4—闸门井；5—启闭机室

考虑到上述特点，应用泄渣方式进行水下岩塞爆破时，必须高度重视以下问题：

（1）严格控制岩塞爆破后的岩渣级配，防止岩渣块径过大造成进水口堵塞。从香山水库泄洪洞岩塞爆破水工模型试验和实测结果表 3.9-3 中可以看出，合理地选择岩渣级配是确保爆后岩渣顺利泄出隧洞的关键。工程经验表明，岩渣级配主要取决于岩塞部位的地质构造和爆破设计。所以，采用泄渣水下岩塞爆破时，要求必须清楚岩塞部位的节理裂隙构造，针对性地进行爆破设计以达到控制爆后岩渣级配的目的。

（2）采用泄渣方式时，岩塞爆通后，高速水流挟带石渣运动，隧洞内的水流流态复杂。特别是闸门孔口附近，水流更为紊乱，岩渣上下跳动频繁，撞击闸门埋件的概率较大。为了确保闸门在爆破实施后能够顺利关闭、止水严密，在爆破实施前对闸门的埋件和门楣必须采取适当的保护措施。

表 3.9-3 香山水库泄洪洞泄渣爆破岩渣级配

项目	泄渣情况	级配/%						
		<0.2m	0.2~0.4m	0.4~0.6m	0.6~0.8m	0.8~1.0m	>1.0m	合计
爆破后实测	泄渣顺畅	74.5	11.3	6.7	2.5	3.7	1.3	100
水工模型试验	泄渣顺畅推荐级配 F	10	70	18.5	—	1.5	0	100
	临界状态级配 C	10	70	18.5		1.5	0	100
	岩渣拥堵泄渣失效 A	68		27		5	0	100

（3）应提高隧洞混凝土衬砌的抗冲耐磨性能，严格控制施工质量。江西省玉山县七一水库岩塞爆破工程，由于隧洞混凝土抗冲耐磨性能指标较低，加上施工质量较差，爆破实施后调查发现在岔管向前100余米的范围内，隧洞底部约有80%以上的环向钢筋外露，螺纹筋的螺纹被磨平，混凝土成麻面，凹凸不平，骨料外露，局部被磨冲深沟超10cm，不得不对隧洞衬砌进行了大量的钢筋修理工作。而香山水库泄洪洞水下岩塞爆破工程，隧洞衬砌混凝土在设计中采用了较高的抗冲耐磨性能指标，且在施工过程中严格控制施工质量，爆破实施后调查发现，隧洞表面磨损轻微，不需要进行较大的修理即可正常运行。

（4）当泄出的岩渣堆积于已有电站的下游河床时，应分析其电站下游尾水位的抬高程度，不得影响电站的发电出力，必要时应采取水下清渣等措施消除其影响。对于这种情况，宜与集渣方式进行方案比较，采用更为经济合理的方案实施水下岩塞爆破。

实践证明，只要控制好爆破岩渣级配，提高隧洞衬砌混凝土的抗冲耐磨性能，加强闸门的保护措施，采用泄渣方式不但技术上可行，而且是经济合理的。

第四章 爆 破 器 材

第一节 爆破器材的选择

一、概述

水下岩塞爆破是一项具有一定风险性、难度比较大的爆破技术，不像其他爆破工程，可以重复进行。岩塞爆破工程不可逆，没有重复性工作，要求必须一次爆通，并且做到爆破后形成的进水口轮廓规则、过水断面符合设计要求，长期运行中可靠稳定。这就要求不仅要有良好的设计方案，而且需要性能稳定可靠的爆破火工器材。

如刘家峡水电站洮河口排沙洞的进水口采用水下岩塞爆破，岩塞爆破口在正常蓄水位以下70m，上有近40m厚的淤泥砂层，岩塞口开口尺寸比较大。岩塞直径10m，工程涉及的问题技术性复杂，其中比较突出的问题之一就是深水爆破中火工器材的防水抗压性。国内厂家生产的火工器材直接能够应用于刘家峡洮河口排沙洞岩塞爆破工程的并不多。如火工器材的防水性，能满足水深超过70m的还不多见。因此，有些火工器材必须进行防水处理，有些需要做必要的抗水抗压性能检验，通过试验和检验达到准确设计，确保岩塞一次爆通。

二、国内水下工程火工器材运用情况

工业炸药和起爆器材无论在水中还是在水下饱和土岩中都会受静水压力和渗溶影响，使炸药的威力、敏度、爆速和猛度产生明显的影响。多种试验说明，爆破火工器材在10m深水下浸泡一段时间后，炸药的爆速会下降11%，猛度下降10%。当水深增加到30m时，不仅炸药的爆速会平均降低26%，猛度下降33%，而且对其他非特别的抗水耐压起爆器材会导致失效而产生拒爆。国内外一些水下爆破工程作业表明，水深在20m以下的爆破工程都需采用专用的深水爆破器材方能保证正常爆破。经调查了国内十几个水下爆破工程和国外有关资料，它们所用火工器材见表4.1－1，可以看到国内尚没有水深超过50m水下爆破工程实例。这就需要通过防水、抗压试验优选出一批火工器材应用到水深超过70m的深水爆破工程中去。

国内的电雷管由于国内标准没有对雷管抗水性作出要求，因此国内厂家一般采用铁和覆铜铁壳作为雷管管壳，封口塞采用聚乙烯，这些材料质地比较硬，密封不严，无法保证雷管抗水性，需对这些雷管做特殊的防水处理，才能适用深水爆破。

塑料外皮的导爆索一般防水性能较好，但必须对其端部做特殊处理才能适用于深水爆破。

表 4.1－1　　　　　　　　　　**国内外水下爆破工程所用火工器材**

序号	工程名称	爆破时间	水深/m	所用炸药	所用雷管	备　注
1	三峡围堰拆除	2006 年 6 月	50	高能乳化炸药混装乳化炸药	数码雷管	生产厂家为 ORICA 易普利公司
2	横锦水库水下岩塞爆破	1984 年 9 月	21.8	4090 耐冻胶质炸药	经防水处理的金属外壳电雷管	
3	汾河水库岩塞爆破	1994 年 10 月	35.8	SHJ－K 水胶炸药	经防水处理的金属外壳电雷管	
4	密云水库泄水工程岩塞爆破	1980 年 7 月	34.2	1 号耐冻硝化甘油炸药	经防水处理的金属外壳电雷管	
5	印江抢险岩塞爆破工程	1997 年 4 月	26.5		经防水处理的金属外壳电雷管	
6	丰满电站泄水工程岩塞爆破	1979 年 5 月	19.8	40% 耐冻胶质炸药	经防水处理的金属外壳电雷管	
7	镜泊湖电站引水工程岩塞爆破	1975 年 11 月	23	40%耐冻胶质炸药	经防水处理的金属外壳电雷管	
8	水槽子水库冲砂洞岩塞爆破		24.1	乳化炸药	经防水处理的金属外壳电雷管	
9	川江水下炸礁	1983—1984 年	35	乳化炸药水胶炸药	经防水处理的金属外壳电雷管	
10	洋山深水港	2005 年 4 月	25	高能乳化炸药	经防水处理的金属外壳电雷管	济南 456 厂
11	国外深水用火工器材		＞100	GX－1 胶质炸药		
12	黄河刘家峡洮河口排沙洞工程	2015 年 9 月	75m、淤泥覆盖厚近 40m	高能乳化炸药	数码雷管	
13	甘肃兰州水源地	2019 年 1 月 22 日	25	高能乳化炸药	数码雷管	

三、常用的爆破器材

（一）炸药

据已有统计资料，作用在湖泊或水库下岩塞上水头大小差别很大，最小者仅 8.9m（小子溪电站），最大者达 105.0m（福尔杰丰 Folgefonn 电站）。在水头的作用下，水就通过岩塞体内的裂隙等进入药室和钻孔之中。有时，在钻孔或导洞、药室凿进之前，就在掌子面见到渗水或涌水现象，渗水或漏水量的大小，显然与岩塞体裂隙发育程度及其产状分布有关。所以，工程设计中负担爆通的药包不论采用药室药包或钻孔延长药包，还是轮廓边孔来用预裂或光面爆破钻孔延长药包，使用的爆破器材（包括炸药、雷管和导爆索）都要承受水深的考验。许多国家，例如挪威和中国，都曾使用胶质炸药爆破，取得成功。但是，在某种条件下（如水深较浅，岩塞断面较小，裂隙不大发育的工程上），也不排除考虑采用其他类型炸药，如浆状炸药、水胶炸药、乳化炸药。最近几年，乳化炸药已在刘家峡水下岩塞爆破和兰州水源地建设工程中成功爆破。对于起爆雷管，可考虑特别防水措施，以实现安全有效地爆破。

1．工业炸药分类

（1）按工业炸药的使用条件分类。

1）第一类炸药。准许在一切地下和露天爆破工程中使用的炸药，包括有沼气和矿尘爆炸危险的矿山。又称安全炸药或煤矿许用炸药。

2）第二类炸药。一般用于地下或露天爆破工程中的炸药，但不能用于有瓦斯或煤尘爆炸危险的地方。

3）第三类炸药。专用于露天作业场所爆破工程的炸药。

用于地下作业场所爆破工程的炸药有毒气体生成量有一定的限制，我国现实行的标准规定 1kg 井下炸药爆炸所产生的有毒气体一般不超过 80L。

（2）按炸药的主要化学成分分类。

1）硝铵类炸药。以硝酸铵为主要成分，加入适量的可燃剂、敏化剂及其他添加剂的混合炸药均属此类。这是国内外爆破工程中用量最大、品种最多的一类混合炸药。硝铵炸药的品种很多，如铵梯炸药、铵油炸药、水胶炸药、浆状炸药、乳化炸药（含粉状乳化炸药）、膨化硝铵炸药等几种现应用较为广泛。

2）硝化甘油类炸药。以硝化甘油为主要爆炸成分，加入硝酸钾、硝酸铵作氧化剂，硝化棉为吸收剂，木粉为疏松剂，多种组分混合而成的混合炸药。

3）液氧炸药。由液氧和多孔可燃物混合而成的炸药。

2．乳化炸药

乳化炸药是以氧化剂水溶液为分散相，以不溶于水、可液化的碳质燃料作连续相，借助乳化剂的乳化作用及敏化剂的敏化作用而形成的一种油包水 W/O 型特殊结构的含水混合炸药。它跟浆状炸药和水胶炸药不同，属于油包水型结构，而后二者属于水包油型结构。

（1）乳化炸药的主要成分及其作用。

1）氧化剂水溶液。绝大多数乳化炸药的分散相是由氧化剂水溶液构成，乳化炸药中氧化剂水溶液的主要作用是形成分散相和改善炸药的爆炸性能。通常使用硝酸铵和其他硝酸盐的过饱和溶液做氧化剂，它在乳化炸药中占的重量百分率可达 90％左右。加入其他硝酸盐如硝酸钠、硝酸钙的目的主要是要降低氧化剂溶液的析晶点。水的含量对炸药的能量及性能有明显的影响，过多的水分使炸药的爆热值因水分汽化而有所降低。经验表明，雷管敏化的乳化炸药的水分含量宜控制在 8％～12％左右；露天大直径炮孔使用的可泵送的乳化炸药的水分含量一般为 15％～17％。

2）油相材料。乳化炸药的油相材料可广义的理解为一种不溶于水的有机化合物，当乳化剂存在时，可与氧化剂水溶液一起形成 W/O 型乳化液。油相材料是乳化炸药中的关键成分，其作用主要是：形成连续相；使炸药具有良好的抗水性；既是燃烧剂，又是敏化剂。同时对乳化炸药的外观、贮存性能有明显影响。含量为2%～6%为宜。

3）乳化剂。油水相本是互不相溶的，乳化剂作用使它们互相紧密吸附，形成比表面积很高的乳状液并使氧化剂同还原剂的耦合程度增强。经验表明，HLB（亲水亲油平衡值）为3～7的乳化剂多数可以用作乳化炸药的乳化剂，乳化炸药可含有一种乳化剂，也可以含有两种或两种以上的乳化剂。乳化剂的含量一般为乳化炸药总量的1%～2%。

4）敏化剂。乳化炸药由于含有较多的水分，而水的化学不活泼性及蒸发潜热较大，水又是一种典型的钝感剂，所以为保证起爆感度必须采用较理想的敏化剂。用在其他含水炸药中的敏化剂也可用在乳化炸药中，如单质猛炸药（TNT、黑索金等）、金属粉（铝、镁粉等）、发泡剂（亚硝酸钠等）、珍珠岩、空心微球、树脂微球等都可以用作乳化炸药的敏化剂。因发泡剂、玻璃微球、树脂微球、珍珠岩的加入可调整炸药密度，所以又称密度调节剂。

5）其他添加剂。包括乳化促进剂、晶形改性剂和稳定剂等，用量为0.1%～0.5%。

（2）乳化炸药的主要特性。

1）密度可调范围较宽。乳化炸药同其他两类含水硝铵炸药一样，具有较宽的密度可调范围。根据加入含微孔密度降低材料数量的多少，炸药密度变化于 0.8～1.45g/cm^3。这样就使乳化炸药适用范围较宽，可根据爆破工程的实际需要制成不同品种。

2）爆速和猛度较高。乳化炸药因氧化剂与还原剂耦合良好而具有较高的爆速，一般可达 4000～5500m/s。由于其爆速和密度均较高，乳化炸药的猛度比2号岩石硝铵炸药高约30%，可达到17～20mm。然而，由于乳化炸药含有较多的水，其作功能力比铵油炸药低，故在硬岩中使用的乳化炸药应加入热值较高的物质如铝粉、硫黄粉等。

3）起爆敏感度高。乳化炸药通常可用8号雷管起爆。这是因为氧化剂水溶液细微液滴达到微米级的尺寸，加上吸留微气泡分布均匀，提高了其起爆感度。

4）抗水性强。乳化炸药的抗水性比浆状炸药或水胶炸药更强。

表 4.1-2   **乳化炸药主要性能指标**

项　目	指　　标						
	岩石乳化炸药		煤矿许用乳化炸药			露天乳化炸药	
	1号	2号	一级	二级	三级	有雷管感度	无雷管感度
药卷密度/(g/cm^3)	0.95～1.30		0.95～1.25			1.10～1.30	
爆速/(m/s)	≥4.5×10^3	≥3.2×10^3	≥3.0×10^3	≥3.0×10^3	≥2.8×10^3	≥3.0×10^3	≥3.5×10^3
殉爆距离/cm	≥4	≥3	≥2	≥2	≥2	≥2	
作功能力/mL	≥320	≥260	≥220	≥220	≥210	≥240	
猛度/mm	≥16	≥12	≥10	≥10	≥8	≥10	
炸药爆炸后有毒气体含量/(L/kg)	≤80						
可燃气安全度	合格						

续表

项目	指标						
	岩石乳化炸药		煤矿许用乳化炸药			露天乳化炸药	
	1号	2号	一级	二级	三级	有雷管感度	无雷管感度
撞击感度	爆炸概率不大于8%						
摩擦感度	爆炸概率不大于8%						
热感度	不燃烧，不爆炸						
有效期/d	180		120			120	15

3. 粉状乳化炸药

乳化炸药的发展给工业炸药带来了革命性的进步，但由于它的膏脂状的物理状态给生产、运输、贮存及使用等都带来了一定的不便。另外，由于其含水较多而作功能力偏低使应用受到一定局限。

粉状乳化炸药又称乳化粉状炸药，是一种我国拥有自主知识产权的新型工业炸药。该产品于 20 世纪 90 年代初首先在实验室获得成功，在 20 世纪 90 年代中后期实现工业化生产。它以含水较低的氧化剂溶液的细微液滴为分散相，特定的碳质燃料与乳化剂组成的油相溶液为连续相，在一定的工艺条件下通过强力剪切形成油包水型乳胶体，通过雾化制粉或旋转闪蒸使胶体雾化脱水，冷却固化后形成具有一定粒度分布的新型粉状硝铵炸药。粉状乳化炸药含水量一般在 5% 以下，因此其作功能力大于乳化炸药，由于其在制备的过程中颗粒中及颗粒间形成许多孔隙，具有较好的雷管和爆轰感度。这种炸药的颗粒具有 W/O 型特殊结构，因而它具有良好的抗水性能。粉状乳化炸药兼具乳化炸药及粉状炸药的优点，它的出现改变了传统乳化炸药的药体概念，可根据不同的作业对象，生产出不同粒径、不同密度的粉状炸药，是一种具有广泛发展前景的工业炸药。下表为几种粉状乳化炸药的组分及性能。

表 4.1-3　　　　　　　　几种粉状乳化炸药的组成及性能

炸药名称		ML 型岩石粉状乳化炸药	MZ 型二级煤矿许用粉状乳化炸药	MZ 型三级煤矿许用粉状乳化炸药
组分/%	硝酸铵（钠）	87～93	75～85	73～83
	水	0～6.0	0～5	0～5
	乳化剂	1.5～2.5	1～2	1～2
	复合油相	3.6～5.5	4～6	4～6
	消焰剂	—	7～15	9～17
	添加剂	0.1～0.5	0.1～0.5	0.1～0.5
性能	药卷密度/(g/cm³)	0.95～1.05	0.85～1.05	0.85～1.05
	爆速/(m/s)	3573～4198	2900～3600	2800～3300
	猛度/mm	16.6～18.4	12.7～15.1	12.3～14.9
	殉爆距离/cm	10～16	7～12	6～10
	作功能力/mL	320～350	250～290	240～280
	有毒气体生成量/(L/kg)	28～42	37～45	31～46

4. 浆状炸药

浆状炸药是美国犹他大学库克博士（Cook M. A.）与加拿大法南姆（Farnam）于1956年12月发明并开始应用的。它首次以水作为炸药的一种主要成分，突破了硝酸铵类炸药怕水不能含有水的传统，改善了硝铵炸药的抗水性，是炸药发展史上的一次革命。浆状炸药主要由氧化剂水溶液、敏化剂、胶凝剂、交联剂及其他成分组成。氧化剂主要采用硝酸铵和硝酸钠。敏化剂主要有单质猛炸药、金属粉末及可燃性物质等。加入适量的亚硝酸钠作为发泡剂，或用机械方法使浆状炸药中形成微小气泡，亦能达到敏化作用。胶凝剂在水中能溶解形成黏胶液，起增稠作用。交联剂可与胶凝剂发生化学反应，提高浆状炸药的胶凝效果和稠化程度，从而增强其抗水能力。还可根据爆破工程的实际需要在浆状炸药中适当加入少量的稳定剂、表面活性剂和抗冻剂等。实践证明，浆状炸药的优点是抗水性强、密度大、制造和使用安全、原料来源广、成本低。

5. 水胶炸药

水胶炸药是在浆状炸药的基础上发展起来的，与浆状炸药没有严格的界限，也是由氧化剂水溶液、胶凝剂、敏化剂等基本成分组成。水胶炸药与浆状炸药的主要区别在于水胶炸药用硝酸甲胺为主要敏化剂，而浆状炸药敏化剂主要用非水溶性的火炸药成分、金属粉和固体可燃物。因而水胶炸药的爆轰感度比普通浆状炸药高，并具有装药密度高、威力大、安全性好等优点。小直径药卷通常具有雷管感度，密度可达 $1.1 \sim 1.25 g/cm^3$。但水胶炸药容易受外界条件影响而失水解体，影响炸药的性能，且价格较昂贵。

长期生产实践、市场检验和用户的使用对比证明水胶炸药具有很多其他工业炸药所不具备的独特优点，主要体现在以下方面：

（1）威力大，管道效应小：水胶炸药具有爆轰稳定性好、爆炸能量利用率高，在矿业开采中得到广泛使用。检测和实际应用证明水胶炸药的爆破威力在同等级别的工业炸药中是最高的（例 T220 型水胶炸药达到 TNT 威力的 120%），特别适用于中硬以上岩石以及深孔光面爆破。

（2）抗水性好，不吸潮，不硬化：水胶炸药在水深 10m 下浸泡 24h，仍能被雷管正常起爆，在涌水环境和深水爆破中效果非常好；如果使用需要，可以制造耐水深 100m 以上的水胶炸药。由于炸药中水为连续相，炸药中其他组分水分已饱和，因此完全杜绝了其他粉状类炸药吸潮硬化和乳化炸药储存期短易破乳硬化问题。

（3）贮存运输使用安全：水胶炸药含有 10% 以上水分，药态为凝胶状，使得水胶炸药的对摩擦、冲击、火焰、热等作用十分钝感，在运输、贮存、使用时特别安全。

（4）威力与配方密度调节范围大：美国杜邦公司专利技术资料中提供的配方有 50 多个品种，不论岩石型或煤矿型水胶炸药，都有高威力、中威力、低威力三个档次的品种，可以满足各种硬度的岩石和各种爆破环境的要求。

（5）爆炸后炮烟少，有毒气体含量低：水胶炸药良好的爆炸性能和水的存在，有效抑制了爆炸后有毒气体生成。国家产品质量检测机构检测数据以及对比实际应用发现，其有毒气体产生量一般低于 30L/kg，在现有工业炸药中是最低的，提高了爆破作业排烟效率。

（6）包装规格系列化，强度好：由于水胶炸药装药时的高流动性，因而容易实现机械自动装药。水胶炸药药卷为高强度复合塑料薄膜自动包装，可实现 $\phi 25 \sim \phi 90mm$，药卷长度 200～1000mm 范围任意调节，可以满足多种爆破孔径需求。

按照水胶炸药的不同用途可将水胶炸药分为岩石、煤矿许用及露天 3 种类型。岩石型适用于无瓦斯和（或）矿尘爆炸危险的爆破工程；煤矿许用型适用于有瓦斯和（或）煤尘爆炸危险的爆破工作面；露天型适用于露天爆破工程。

表 4.1-3 列出水胶炸药的主要性能指标。

表 4.1-4   **水胶炸药的主要性能指标**

项　目	指　标					
	岩石水胶炸药		煤矿许用水胶炸药			露天水胶炸药
	1 号	2 号	一级	二级	三级	
密度/(g/cm^3)	0.95～1.30		0.95～1.25			1.05～1.30
爆速/(m/s)	≥4.2×10^3	≥3.2×10^3	≥3.2×10^3	≥3.2×10^3	≥3.0×10^3	≥3.2×10^3
殉爆距离/cm	≥4	≥3	≥3	≥2	≥2	≥3
作功能力/mL	≥320	≥260	≥220	≥220	≥180	≥240
猛度/mm	≥16	≥12	≥10	≥10	≥10	≥12
炸药爆炸后有毒气体含量/(L/kg)	≤80					
可燃气安全度			合格			
撞击感度	爆炸概率不大于 8%					
摩擦感度	爆炸概率不大于 8%					
热感度	不燃烧，不爆炸					
有效期/d	270		180			180

（二）雷管

在工程爆破中，所有炸药都借助于雷管或导爆索引爆。雷管的种类很多，雷管是起爆器材中最重要的一种，根据其内部装药结构的不同，分为有起爆药雷管和无起爆药雷管两大系列。两大系列中，根据点火方式的不同，有火雷管、电雷管和非电雷管等品种。并且在电雷管和非电雷管中，都有秒延期、毫秒延期系列产品。毫秒雷管已向高精度短间隔系列产品发展。近年来数码雷管越来越多的在水下爆破中使用，如三峡围堰拆除、刘家峡水下岩塞爆破工程和兰州水源地建设工程等。目前国家正要求全力推广应用电子雷管，到2022 年，基本实现电子雷管全面使用。

数码电子雷管是 20 世纪 80 年代初出现的一种新的精确毫秒延期笛管，通常简称为电子雷管或数码雷管。到 20 世纪 90 年代数码电子雷管及起爆系统有了飞速发展，产品的现场应用日趋成熟，能够满足工程爆破的使用要求。

数码电子雷管，是一种可随意设定并准确实现延期发火时间的新型电雷管，具有雷管发火时刻控制精度高，延期时间可灵活设定两大技术特点。电子雷管的延期发火时间，由其内部的一只微型电子芯片控制，延时控制误差达到微秒级。对岩石爆破工程来说，数码电子雷管实际上已达到起爆延时控制的零误差，更为重要的是，雷管的延期时间是在爆破现场组成起爆网路后才予设定。

中华人民共和国兵器行业标准《工业数码电子雷管》（WJ 9085—2015）中雷管的主要性能如下：

（1）可检测性。电子雷管在收到来自起爆控制器或检测设备的检测指令后，应能对电子控制模块和点火元件的电路状态进行检测。

（2）抗震性能。将电子雷管置于凸轮转速为(60 ± 1)r/min、落高为(150 ± 2)mm的震动试验机中，连续震动10min，震动过程中电子雷管不应发生爆炸、结构松散或损坏等现象。震动完毕后，电子雷管应能正常起爆。

（3）抗振性能。按照《火工品试验方法 第32部分：高频振动试验》（GJB 5309.32—2004）中规定的试验条件进行振动，振动过程中电子雷管不应发生爆炸、结构松散或损坏等现象。振动完毕后，电子雷管应能正常起爆。

（4）抗弯性能。对电子雷管的主装药及电子控制模块部分分别施加(50 ± 0.1)N的径向荷载，电子雷管不应发生爆炸，管壳不应呈现明显的裂纹或折痕。

（5）抗撞击性能。在落锤质盘(2.0 ± 0.002)kg、落高(0.8 ± 0.01)m的条件下，分别撞击电子雷管中的电引火头及起爆药装药部位，电子雷管不应发生爆炸。

（6）抗跌落性能

1）自由跌落：电子雷管从距离水平混凝土地面垂直高度为(5 ± 0.05)m的高处自由跌落，不应发生爆炸或结构损坏，电子雷管应能正常起爆。

2）导向跌落：电子雷管底部朝下充垂直竖立的(5 ± 0.05)m长钢管内跌落到钢板上，不应发生爆炸或结构损坏，电子雷管应能正常起爆。

（7）抗水性能。常温下，将电子雷管浸入压力为(0.05 ± 0.002)MPa的水中，保持4h。取出后，电子雷管应能正常起爆。

（8）抗拉性能。将电子雷管在19.6N的静拉力作用下持续1min，电子雷管密封塞和脚线不应发生目视可见的损坏和移动，电子雷管应能正常起爆。

（9）耐温性能。耐温性能应符合下列要求：

1）在85℃的环境中保持4h不应发生爆炸，取出后应能正常起爆。

2）在－40℃的环境中保持4h后应能正常起爆。

（10）耐温度冲击性能。电子雷管经－40℃保持3h；80℃保持3h；温度转换时间20～30s，循环3次，电子雷管不应发生爆炸；取出后，常温保持1h，电子雷管应能正常起爆。

（11）抗直流性能。向电子雷管施加48V直流电压，保持10s，电子雷管不应发生爆炸。

（12）抗交流性能。向电子雷管施加220V/50Hz交流电压，保持10s，电子雷管不应发生爆炸。

（13）静电感度。电子雷管的静电感应用符合以下要求：

1）在电容为500pF、串联电阻为5000Ω及充电电压为25kV的条件下，对电子雷管的脚线—脚线、脚线—管壳放电，电子雷管不应发生爆炸；

2）在电容为2000pF、串联电阻为0Ω及充电电压为8kV的条件下，电子雷管的脚线—脚线、脚线—管壳放电，电子雷管不应发生爆炸。

（14）射频感度。按照 GB/T 27602 的方法进行检测，用功率为 10W 的射频源向电子雷管注入射频能量，在脚线—脚线、脚线—管壳两种模式下，电子雷管均不应发生爆炸。

（15）延期时间。电子雷管在—20℃、70℃以及常温试验条件下，均应满足以下要求：

1）延期时间不大于 150ms 时，误差不大于±1.5ms。

2）延期时间大于 150ms 时，相对误差不大于±1.0%。

（16）起爆能力。6 号电子雷管应能炸穿 4mm 厚铅板，8 号电子雷管应能炸穿 5mm 厚铅板，穿孔直径应大于电子雷管外径。其他规格电子雷管的起爆能力由供需双方协商确定。

（17）可燃气安全度。煤矿许用型电子雷管在浓度为 9% 的可燃气中起爆时，不应引爆可燃气。

（三）导爆索

导爆索是一种传递爆轰并可起爆雷管和炸药的索状起爆器材，由药芯和包裹材料构成，其药芯是黑索金、泰安等单质猛炸药。

导爆索按包缠物的不同可分为线缠导爆索、塑料皮导爆索和铅皮导爆索；按用途分有普通导爆索、震源导爆索、煤矿导爆索和油田导爆索；按能量分有高能导爆索和低能导爆索见表 4.1-5。

表 4.1-5　　　几种导爆索的每米装药量

导爆索品种	装药量/(g/m)	导爆索品种	装药量/(g/m)
普通导爆索	11~12	油田导爆索	30~32 或（18~20）
震源导爆索	37~38	低能导爆索	1.5~2.5
煤矿导爆索	12~14		

普通导爆索的结构基本上与导火索相似，不同之处在于芯药是猛性炸药黑索金或泰安。为了从外表与导火索有明显区别，导爆索外表涂有红色。一般要求导爆索的芯药密度和粗细均匀，外包两层纤维线、一层防潮层和一层纱包线缠绕。

铅皮导爆索主要用于超深油田中起爆射孔弹，它具有耐高温（不低于 170℃）和耐高压（不低于 66.6MPa）的性能，也适用于其它高温、高压特殊条件的爆破工程。高能导爆索主要用于露天台阶深孔、硐室、地下深孔的爆破，起引爆炸药的作用。低能导爆索主要用来起爆雷管。震源导爆索用于地震法勘探石油、煤田等地下资源时产生地震波的震源索。塑料震源索以泰安或黑索金为药芯，锦线、化学纤维为包缠物，外层涂覆热塑性塑料制成。对接头及端头进行防水处理后，可成功应用于 70 深的水下岩塞爆破中。

根据《工业导爆索》（GB/T 9786—2015）、《工业导爆索试验方法》（GB/T 13224—1991），震源导爆索的主要规格和性能如下：

（1）外观。

1）外涂层应均匀，不应有气泡、凸起、杂质、砂眼、裂纹，以及严重的折伤和油污。

2）外层线不应同时缺两根或两根以上，缺（或并）一根外包线的索段长度应不超过 7m。

3）索头应套上索头帽或涂防潮剂。

4）索卷中每两段之间应用连接管或细绳、胶带等连接。

（2）尺寸。

工业导爆索每卷长度宜为 50m±0.5m（或按用户要求），索卷中索段不应超过五段，最短段不应小。

（3）装药量。

1）低能导爆索装药量小于 9g/m；公差为±1.0g/m。

2）中能导爆索（普通导爆索）装药量大于或等于 9.0g/m，小于 18.0g/m；公差为±1.5g/m。

3）高能导爆索装药量大于或等于 18.0g/m；公差为±2.0g/m。

（4）性能。

1）爆速。工业导爆索爆速应不低于 6000m/s。

2）传爆性能。取 5m 长导爆索，截成 1m 长的 5 根，按图 4.1-1 连接后，用一发符合《工业电雷管》（GB 8031）或《导爆管雷管》（GB 19417）规定的 8 号雷管起爆，观察是否爆轰完全。说明：装药量小于 9g/m 的导爆索，$L \approx 150$mm；装药量大于或等于 9g/m 的导爆索，$L \approx 130$mm。

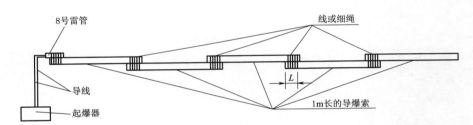

图 4.1-1　工业导爆索传爆性能、抗水性能、耐热性能和耐寒性能试验连接图

3）抗水性能。取 5m 长导爆索，浸入水深为 1m，水温为 10～25℃的静水中，持续 5h，取出后擦去表面水，截成 5 根，每根为 1m，按图 4.1-1 连接后，用一发 8 号雷管引爆，观察是否爆轰完全。

4）耐热性能。取 5m 长导爆索，按 GB/T 13224 的规定保温后 [(50±2)℃的恒温箱中恒温 6h]，截成 1m 长的 5 根，按图 4.1-1 规定的方法连接，用 8 号雷管起爆，观察是否爆轰完全。

5）耐寒性能。取 5m 长导爆索，按 GB/T 13224 的规定保温后 [(−40±2)℃的低温箱中恒温 2h]，截成 1m 长的 5 根，按图 4.1-1 规定的方法连接，用 8 号雷管起爆，观察是否爆轰完全。

6）抗拉性能。采用重锤式拉力试验机法。取 0.5m 长导爆索 1 根，两端紧固在重锤式拉力试验机的夹具上。两夹具之间距离不小于 200mm。将一端用钩悬吊，另一端挂上重锤，缓慢提升，使重锤离开地面并保持 1min，导爆索不应拉断。重锤的重量按产品的技术条件选取。

截取两夹具之间的导爆索，在其一端捆扎 8 号雷管并引爆。导爆索应爆轰完全。

第二节 爆破器材的性能测试

一、炸药试验

(一) 水下爆破对炸药性能的影响

水对工业炸药的使用性能、爆炸性能有很大影响。主要表现在以下几方面。

1. 降低炸药的有效密度

常用工业炸药在空气中的密度为 $0.8 \sim 1.8 \text{g/cm}^3$。放入水中的炸药包都受到水的浮力影响，向上的浮力降低了炸药的有效密度。

2. 溶解炸药

大部分工业炸药都能或多或少被水溶解。不同品种的炸药在水中的溶解度随温度变化而有所不同，无论是硝酸酯炸药、硝基化合物炸药，还是硝酸铵炸药，在水中的溶解度都随温度增高而显著增大。在常用工业炸药中，以硝酸铵炸药的吸收水分速度最快，溶解度最大。

吸水性强、溶解度大的炸药，若直接与水接触，由于水的渗透作用，使炸药成分溶解或发生化学反应，就会降低爆炸威力，甚至拒爆。

3. 改变炸药的爆速和猛度

由于水的重力作用，任何沉入水中的物体都会受到水的压力。由于水几乎是不可压缩的，其密度在任何深度下几乎相同，对物体的压力随着水的深度增加而均匀地增加。

普通抗水炸药耐压试验表明，抗水炸药的爆速和猛度都会随着水压的增加而减小。当水深 10.0m 时，爆速减小 11%，猛度平均减小 10%；当水深增加到 30% 时，爆速平均减小 26%，猛度平均减小 33%。爆破效果就有较大的差别，甚至产生爆轰中断、残留炸药的危险。若炸药直接与水接触，抗水性能差的炸药会丧失爆炸能力；抗水性能强的炸药的爆炸能力也会有所减弱，且浸水时间越长，影响越大。

4. 减小炸药的临界直径

水压虽然降低了炸药的猛度和爆速，但由于水具有比空气更强的传爆性能，从而减小位于水中的炸药临界直径。由不同含量的硝铵炸药与梯恩梯炸药组成的混合炸药试验结果表明，水对猛度较低的炸药临界直径的影响比较大。为了满足临界直径的要求，用于水下爆破的药包及钻孔直径也不能过小。从安全准爆角度出发，一般可以将在空气中试验得到的炸药临界直径作为控制水下爆破药包及钻孔直径的设计依据。

5. 水对炸药殉爆性能的影响

水本身会阻碍爆炸产物流通，从而降低炸药殉爆的灵敏度，使殉爆危险随水深的增加而减小。但水下爆炸的冲击波又能使附近的药包受到殉爆作用而爆炸，甚至造成设计的分段爆破或微差爆破失效。因此，在水下爆破中，要采取措施以防止在不同钻孔的药包间产生殉爆现象。

大量的工程实践和室内试验结果表明，水下爆破的炸药殉爆距离随炸药量的增加而增加（约与主发药包装药量的平方根成正比）。在埋入式药包中，内部松动爆破的殉爆距离较同等药量的抛掷爆破的殉爆距离大。当钻孔中的水能充分浸渗炸药中能溶于水的盐分时，殉爆距离会增大；如果是抗水性较差的炸药内浸入水分，降低了被发炸药的感度，又会使殉爆距离下降。

在节理、裂隙发育的岩体中，使用殉爆能力强的炸药会影响抛掷和破碎块度。因此，不宜使用殉爆性能太高的炸药。

（二）水下爆破一般所使用的炸药

水下工程爆破效果和经济指标与合理选择炸药品种有很大关系。在进行水下工程爆破设计和施工时，必须了解所用工业炸药的水下爆炸性能和特点。

常用工业炸药具有容易获得、成本低、比较安全等特点。其用于水下爆破虽有其局限性，但在常遇水深和流速情况下，可以采取一定工程技术措施解决。近年来，出现了如浆状炸药、水胶炸药、乳化炸药一类具有一定抗水性的廉价工业炸药，大大降低了水下工程爆破成本，更进一步促使常用工业炸药在水下工程爆破中的应用与发展。

（三）水下爆破对炸药性能的要求

为了保证获得良好的水下爆破效果，所用炸药应具有以下特殊性能。

1. 密度大

密度大于水的炸药能克服水的浮力，在水中稳定性好，施工定位简单。由于混浊泥水（包括泥浆）的密度可达 $1.1g/cm^3$，选用炸药密度宜大于 $1.2g/cm^3$；在清水环境中，炸药密度宜大于 $1.1g/cm^3$。否则，应采取加重措施，使药包综合密度满足上述要求。

2. 有一定耐水性

耐水性就是抗水性高。吸水性小的炸药不易受水影响发生溶解，有一定耐水性，从而简化密封包装要求，便于采用机械化装药。经过长时间在水中贮存也不失效的炸药，在一般水下爆破中也不宜采用。为了安全起见，减少处理瞎炮的困难，最好是采用经过一段时间就失效的炸药。例如 35%～60% 硝化甘油炸药。

3. 有一定耐水压性

要求炸药的爆速和猛度在水压作用下能维持不变或降低较少。特别是在深水爆破时，炸药的耐水压性能是影响爆破效果的重要因素，甚至要求采用特殊抗水炸药。若耐水压性不能满足要求，应装入耐压容器内，再加以密封，才能用于水下爆破。

4. 有一定安全度

由于潜水员在水下装药会受到风浪、潮水、流速和能见度低等恶劣条件限制。在水面运输时，炸药与雷管等危险品又易受到风浪颠簸、震动，易产生碰撞和冲击，引发爆炸事故。因此，宜采用安全度大的抗水炸药，以解决使用操作与安全的矛盾。但这样做，往往要降低炸药爆炸威力。

5. 有合适的殉爆距离

水下爆破一般要求避免相邻炮眼间的殉爆。因此，不宜选用殉爆性能太高的炸药；但也不能过低，以免造成传爆中断现象。

（四）炸药防水抗压前后威力测试

1. 测试方法

炸药威力指炸药作有效功的能力。试验方法按《炸药试验方法》（GJB 772A—97）中的方法 705.1 弹道臼炮法执行。

（1）基本原理。试样置于臼炮的爆炸室中引爆，爆炸产物膨胀做功将弹丸推出，同时炮体向反方向摆动一个角度，按能量守恒和动量守恒原理求出单位质量试样所做的功，以梯恩梯当量来表示该试样做功能力的大小。它是以 TNT 当量来表示该试样做功能力大小。

（2）试剂和材料。工业电雷管，8 号纸壳雷管。

（3）仪器设备和试验装置

1）弹道臼炮：由摆角测量系统、支架、摆绳、炮体和弹丸、支撑刀口组成。

2）其他：天平、专用铜模具、专用铜冲子、起爆电源等。

2. 刘家峡岩塞爆破工程炸药耐压前后威力测试结果

刘家峡洮河口排沙洞岩塞爆破工程炸药试验测试结果见表 4.2-1。试验中选择三种炸药①TNT 注装炸药；②乳化炸药 PowergelTMMagnum3151 型；③水胶炸药 SJ-Y-Ⅱ型；

试验时，将三种炸药放入密闭容器中，加压 1.0MPa，持续 3d、7d，取出炸药后，按每一试样每组 4 发试验。试验成果表明，试验中的三种炸药，在耐压 3d、7d 后，均能正常起爆，与试验前相比较：

（1）TNT 炸药分别相差-1.10%、-1.32%，相差不大。

（2）水胶炸药（SJ-Y-Ⅱ型）分别相差 0.48%、-3.63%，耐压 7d 后威力减小明显增大。

（3）高能乳化炸药（PowergelTMMagnum3151 型）分别相差-0.52%，-0.52%，3d 与 7d 基本无变化。

从表 4.2-1 中可以看出随着耐压时间的增加，TNT 炸药和高能乳化炸药（PowergelTMMagnum3151 型）威力基本不变，只是水胶炸药（SJ-Y-Ⅱ型）耐压 7d 后威力略有减小。

表 4.2-1　　　　　　　　　　　**三种炸药耐压前后威力测试成果表**　　　　　　　　　单位：%

炸药类别	试验前	耐压 3d 后		耐压 7d 后	
	TNT 当量	TNT 当量	与试验前比较	TNT 当量	与试验前比较
TNT 炸药	99.7	98.6	-1.10	97.3	-2.41
水胶炸药	104.1	104.6	0.48	100.8	-3.17
高能乳化炸药	114.9	114.3	-0.52	113.7	-1.04

（五）炸药耐压前后猛度测试结果

炸药猛度反映炸药爆轰对爆破对象的冲击、粉碎能力。试验方法按《炸药猛度试验铅柱压缩法》（GB 12440—1990）炸药猛度测定法—铅柱压缩法执行。炸药铅柱压缩法原理：试样紧贴铅柱放置，雷管起爆后测量铅柱被压缩的距离 Δh，以此来表示炸药的猛度。需要说明的是，国标方法中规定，TNT 的猛度试验需加两层隔板，其他炸药为一层隔板。条件不同无法比较猛度大小，但可以比较同一种炸药耐压前后的猛度。

　　刘家峡洮河口岩塞爆破工程炸药猛度测试结果见图4.2-1、表4.2-2，可以看出随着耐压时间的增加三种炸药的猛度均略有下降，耐压3d、7d后猛度降低幅度基本一致，一般降低10%～13%。

（a）高能乳化炸药　　　　　　　　　　　　（b）水胶炸药

图4.2-1　猛度试验后铅柱压缩照片

表4.2-2　　　　　　　　　　　　　三种炸药耐压测试前后猛度

炸药类别	试验前	耐压3d后		耐压7d后	
	猛度/mm	猛度/mm	与试验前比较/%	猛度/mm	与试验前比较/%
TNT炸药	22	19.2	−12.73	19.7	−10.45
水胶炸药	14.2	12.5	−11.97	12.5	−11.97
高能乳化炸药	20.8	18.6	−10.58	18.2	−12.50

（六）乳化炸药水中铅柱压缩值的测定

1. 试验设备

　　传统的火工器材防水抗压试验的传统检验方法，一般是在水中进行浸泡。其缺点是无法有效观察、分析试验中的各种现象。同时，由于场地水深限制，现场往往很难找到适合试验的场地。

　　水中1.0MPa铅柱压缩试验，采用专用压力容器进行，试验装置见图4.2-2。该容器由压力容器（耐压20MPa）、充气（氮气）加压设备、起爆设备组成。可以在实验室内模拟100m水深条件下的爆破器材的试验效果，具有试验周期短、成本低、可操作性强、试验直观、便于定性和定量地分析等优点。

2. 试验方法

　　刘家峡岩塞爆破工程中，为了了解乳化炸药在空气中和1.0MPa水中猛度的变化，在压力容器中进行了"猛度"测试。由于铅柱压缩法的药量为50g试样，系统误差为2.0mm；从安全因素考虑受压力容器耐压强度的限值，本次在水中铅柱压缩值的测定试验中试样量为23g，小于猛度国标试验的量，因此，本次试验的系统误差应当比2.0mm大。具体的系统误差没有参考依据，不能对试验结果作出判断。在此给出试验结果，仅供

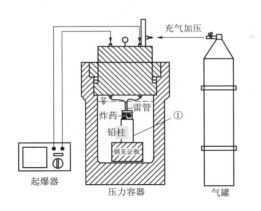
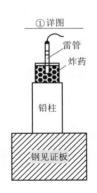

图 4.2－2 猛度试验装置

参考。

乳化炸药（PowergelTMMagnum3151 型）在耐压 7d 后，在水中 1.0MPa 压力下和空气中爆炸后测量其铅柱压缩值的变化，见图 4.2－3，试验结果如下：

（1）在空中爆炸时铅柱压缩值为 12.78mm。

（2）在水中无压情况下爆炸后铅柱压缩值为 9.21mm。

（3）在水中 1.0MPa 压力下进行了两发试验，爆炸后铅柱压缩值分别为 9.35mm 和 10.38mm。

（a）抗压7d后空气中 　　　（b）抗压3d后水中 　　　（c）抗压7d后水中

图 4.2－3 乳化炸药空气中、水中铅柱压缩试验照片

（七）炸药耐压前后可靠起爆性试验

1. 测试方法

炸药在外界起爆能作用下发生爆炸反应与否以及发生爆炸反应的难易程度，称为该炸药的敏感度（或感度），经过防水耐压后，对炸药敏感度是否有影响，炸药是否能够可靠起爆需要经过试验论证。

测定炸药敏感度的方法很多，常用的方法如下：

（1）爆炸能感度测定法。测定炸药在爆炸能作用下发生爆炸难易程度，一般用保证受试炸药起爆的极限药量和殉爆的最大距离来表示炸药敏感度。称量 0.5g 或 1.0g 的受试炸药，装入铜皮雷管壳内，在其上装入起爆药，用导火索引爆。根据铅板穿孔大小来判断受试药是否爆炸二通过增减起爆药的药量，即可测出该炸药起爆的极限药量。极限药量小，表明该炸药对爆炸能感度高；反之，则低爆距离试验法。

（2）冲击波感度测定法。测定炸药在冲击波作用下，发生爆炸的难易程度的方法。采用隔板试验法。由主动药包爆轰产生的冲击波，经过惰性隔板衰减使冲击波强度刚好能够引起被动药包爆轰，以隔板的厚度来表示被动药包对冲击波的敏感度。

2. 刘家峡岩塞报告炸药可靠起爆性试验

（1）试验材料及设备。试验中选择三种炸药：

1）TNT 注装炸药。

2）乳化炸药 PowergelTMMagnum3151 型。

3）水胶炸药 SJ－Y－Ⅱ型。

试验设备：容器由压力容器（耐压 20MPa）、充气（氮气）加压设备、起爆设备等。

（2）试验方法。对于在空气中炸药的可靠起爆性的测试方法有多种，对于水中，尤其是深水中起爆的可靠性如何测定，尚无标准。

刘家峡岩塞爆破炸药可靠起爆性试验方法：

将耐压前后（3d、7d）三种炸药各取 5 发，放在压力容器内，并加水使炸药完全浸没在水中，在充气加压 1.0MPa 压力下进行起爆试验。由于压力容器动压承受能力上限为 30gTNT 当量，从前期威力试验结果，可知这两种炸药的 TNT 当量都大于 1，因此试验时样品的量均不能超过 25g。由于在水中爆炸且试样重量减小，不能在钢质见证板上留下清晰的爆轰痕迹，因此改用铅柱作为爆轰见证板。

（3）试验过程。试验时的装配见图 4.2－4 所示，称取 23g 炸药装入直径为 30mm 的 PVC 管子中，PVC 管底部用塑料胶带等密封，并固定在铅柱见证板上。

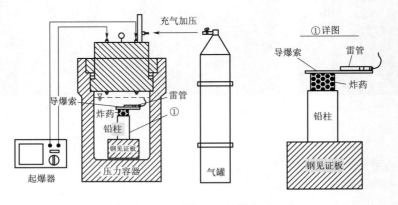

图 4.2－4　导爆索起爆炸药装配照片

装炸药试样的 PVC 管顶部不密封，分别用导爆索、雷管进行起爆。在用导爆索起爆的试验中，将导爆索横向搭接在装有炸药试样的 PVC 管上方，雷管与导爆索搭接，见图 4.2－5。在雷管直接起爆炸药的试验中，将雷管插入炸药中，用胶布将雷管固定住后放入爆热弹中进行试验。

试验起爆材料导爆索和雷管，均采取了防水措施，并在水中耐压7d后的试样与炸药配合进行试验。起爆可靠性试验结果见图4.2－6、表4.2－3。测试结果表明三种炸药在耐压3d、7d后分别都能够被耐压后导爆索和雷管可靠起爆。

水胶炸药和乳化炸药耐压试验时，采用厂家提供的原包装进行耐压试验，试验结果表明厂家的包装能够承受住水下约70m深处的水压。

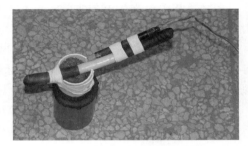

图4.2－5　导爆索起爆炸药装配照片

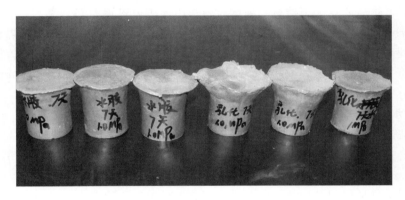

图4.2－6　炸药起爆后见证板照片

表4.2－3　　三种炸药耐压前后与导爆索及雷管配合进行的可靠起爆性试验结果

炸药类别	试 验 前					耐压3d后					耐压7d后				
	1	2	3	4	5	1	2	3	4	5	1	2	3	4	5
TNT＋导爆索＋雷管	√	√	√	√	√	√	√	√	√	√	√	√	√	√	√
TNT＋雷管	√	√	√	√	√	√	√	√	√	√	√	√	√	√	√
水胶＋雷管	√	√	√	√	√	√	√	√	√	√	√	√	√	√	√
水胶＋导爆索＋雷管	√	√	√	√	√	√	√	√	√	√	√	√	√	√	√
乳化＋导爆索＋雷管	√	√	√	√	√	√	√	√	√	√	√	√	√	√	√
乳化＋雷管	√	√	√	√	√	√	√	√	√	√	√	√	√	√	√

注　"√"表示爆炸，"×"表示不爆炸。

二、雷管试验

为保证岩塞爆破的可靠性，雷管的试验主要为防水抗压前后的性能对比试验，以检测雷管在水下能否安全可靠起爆炸药。一般应进行的主要试验项目有：毫秒时间测试、电阻测试、穿板试验、起爆可靠性试验。本节以刘家峡水电站洮河口排沙洞工程岩塞爆破1∶2模型试验以及原型爆破为例，介绍雷管试验的项目及试验方法。

（一）试验环境

按现有相关标准生产的雷管，一般不具备水下岩塞爆破这样深水条件下的耐水抗压能力，需要进一步对其进行耐水抗压处理。

为保证雷管在高水头的压力下正常起爆，试验应在不小于实际工程水头的环境中进行。一般来讲，需将雷管放置在大于实际爆破水深的条件下进行，也可在实验室条件下模拟实际水深。

刘家峡岩塞爆破工程火工器材试验中，采用压力容器模拟试样在水下1.0MPa压力下环境，并将雷管在模拟环境中存放，根据实际工程需要存放3d、7d，然后检测试样基本性能的变化情况。同时，检验样品在1.0MPa压力下存放3d及7d后能否稳定起爆。

刘家峡岩塞爆破工程火工器材专项试验中采用的压力容器能够承受约20MPa的压力，将试样放入压力容器内添加能够淹没试样的足量水，密封容器后用氮气给容器内加压，使弹内压力达到1.0MPa，这样容器内样品在水中存放并承受约1.0MPa压力。样品在容器中所处的环境类似其在水下约100m处的环境。样品在水中1.0MPa压力下的起爆可靠性试验也在压力容器内进行。

（二）防水抗压前后毫秒时间测试

试验方法按《工业雷管延期时间测定法》（GB/T 13225—1991）执行。

刘家峡岩塞爆破工程1：2模型试验中的雷管为普通煤矿用延期电雷管，铁质脚线，钢质壳体。

用时间间隔测量仪测量毫秒延期电雷管从起爆时刻到雷管爆炸这段时间间隔，采用的仪器精度为10^{-9}s。雷管的生产厂家执行的是GB 8031的标准，其中规定延期时间的精度范围为：延期时间±12.5ms。测试结果见表4.2-4。试验结果表明，所选用的3段延期雷管的延期时间与工程实际要求偏差较大，可能会有混段现象，同时2段、5段雷管的延期时间在试验前后差别较大。

表4.2-4　　　　　　　　电雷管延期时间测试结果　　　　　　　　单位：ms

段　别	试验前	耐压3d后	耐压7d后	段　别	试验前	耐压3d后	耐压7d后
2-MS	25±3.1	26±2.1	28±0.6	4-MS	77±5.1	78±3.1	80±1.9
3-MS	34±4.6	44±2.2	45±0.9	5-MS	93±2.2	95±1.6	＞100

（三）电雷管防水抗压前后电阻的测试试验

电阻值是电雷管的重要技术指标之一，它直接影响产品性能。雷管电阻值的测定有间接法和直接法。刘家峡岩塞爆破工程雷管试验中选取的方法为直接法，即直接用仪表测量雷管的电阻值。本批雷管的使用说明书上规定雷管电阻的安全使用范围为3.4～4.4Ω，测试中每个段别取5发雷管进行试验。测试结果表明，在水中保存7d其电阻值基本不变，都在其安全使用的范围内。

本批雷管阻值范围为3.4～4.4Ω，测试中每段别取5发雷管进行试验，测试结果为5发平均值详见表4.2-5。测试结果表明在1.0MPa水中保存7d其电阻值基本不变，均在其安全使用范围内。

表 4.2 - 5			电雷管平均阻值测试结果			单位：Ω	
段别	试验前	耐压 3d 后	耐压 7d 后	段别	试验前	耐压 3d 后	耐压 7d 后
2 - MS	3.83	3.86	3.84	4 - MS	3.85	3.87	3.83
3 - MS	3.85	3.88	3.87	5 - MS	3.86	3.85	3.89

（四）电雷管防水抗压前后穿板试验及可靠起爆性试验

1. 穿板试验

雷管的可靠起爆性试验可以通过雷管穿板试验来验证，见图 4.2 - 7。雷管穿板试验是将雷管直接垂直安放在铝板表面上。雷管在铝板上能否产生炸孔及炸孔的大小与雷管轴向输出威力有关系，威力越大，炸孔的直径越大。试验时，将经过防水处理，并经过耐压一定时间后的雷管放入压力容器中，用加压装置为容器内加压至需要的压力，密封压力容器后起爆。

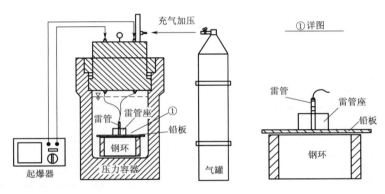

图 4.2 - 7　雷管穿板试验装配图

刘家峡岩塞爆破工程 1 : 2 模型试验中雷管在防水抗压前后穿板试验情况如下：

（1）不加压，在一个大气压条件下起爆，能将铝板（见证板）穿孔。孔径比雷管直径大。

（2）不加压，在水中无压力试验条件下，起爆后能将铝板穿透，并形成一个比雷管本身直径大的炸孔。

（3）未经耐压时间，在水中 1.0MPa 压力下起爆后，在铝质见证板上未能形成穿孔仅留下一个凹坑，但是见证板整体发生变形。

（4）耐压 1d、3d、7d 后，在水中 1.0MPa 压力环境下起爆后，雷管在铝质见证板上也只留下一个凹坑，同时见证板整体发生变形。

以上试验表明：耐压 3d、7d 后的雷管在水中 1.0MPa 压力下也能够完全爆轰，以后与导爆索和炸药的配合试验也证明了这一点，见图 4.2 - 8。

2. 起爆可靠性试验

进行起爆可靠性试验，是从每个段别中任意取出 5 发电雷管试验。试验是在水中 1.0MPa 压力下进行，试验结果见表 4.2 - 6。试验表明经过防水处理过的电雷管在水中 1.0MPa 压力环境下存放 3d、7d 后能够可靠起爆。

(a)水中1.0MPa压力下穿板试验　　　　　　　　　　　（b）水中无压力下穿板试验

图 4.2-8　雷管抗压 1d 后穿板试验照片

表 4.2-6　　　　　　　　　　　　雷管可靠起爆性试验结果

段别	试验前					耐压 3d 后					耐压 7d 后					备注
	1	2	3	4	5	1	2	3	4	5	1	2	3	4	5	
2-MS	√	√	√	√	√	√	√	√	√	√	√	√	√	√		
3-MS	√	√	√	√	√	√	√	√	√	√	√	√	√			
4-MS	√	√	√	√	√	√	√	√	√	√	√	√	√			
5-MS	√	√	√	√	√	√	√	√	√	√	√	√				

注　"√"表示爆炸，"×"表示不爆。

（五）数码雷管防水抗压专项试验

为保证刘家峡水电站洮河口排沙洞工程岩塞爆破的顺利进行，在 1∶2 模型试验爆破后，进行了数码雷管的专项试验工作。

1. 前期已有试验成果

为保证原型岩塞爆破的成功性，前期曾在原型岩塞附近开展了 1∶2 模型岩塞爆破试验，其岩石特征及水深条件与原型基本相当，仅岩塞口直径略小。为保证 1∶2 模型试验的顺利爆破，前期开展了对炸药、雷管、导爆索等爆破器材的系列调研及相关的防水抗压试验工作。

试验及应用效果表明，采用树脂密封胶防水工艺，能够使雷管、炸药及导爆索接头满足 1.0MPa 压力下浸水 7d 的抗水抗压要求，雷管自身能够起爆，并且可以引爆炸药和导爆索。推荐使用的爆材分别为澳瑞凯 PowergelTM Magnum3151 高能乳化炸药和 25ms 等间隔高精度毫秒延期电雷管。试验报告结论中也指出，由于电雷管的延期误差为 ±12.5ms，当实际爆破最小延期为 25ms 时可能产生混段现象。建议岩塞爆破时尽可能采用延期误差±5ms 的高精度电雷管。因此建议采用电子数码雷管，分多段起爆。

为了进一步提高原型岩塞爆破的设计准确性和成功可靠性，并结合当前数码雷管应用技术水平，在原型岩塞爆破设计中，将改用数码雷管代替高精度毫秒延期电雷管。基于本工程岩塞爆破工程的重要性和较高水压条件，在正式设计前，有必要对所选定的数码雷管开展相应的防水抗压试验，以及起爆炸药或导爆索的性能检验。

2. 试验中数码雷管介绍

（1）数码雷管基本原理。数码雷管，也称为电子数码雷管。它的基本原理是将传统瞬发雷管和外挂电子电路结合在一起的延期雷管，起爆延期时间控制由外挂电子电路完成。数码雷管的延时方法是利用晶体振荡器和计数器的数字组合方式，而不是利用电容器和电阻的模拟设备方式，这也是数码雷管区别于早期电子雷管的地方。这种数字方式组合的构造较复杂，成本高，但延时误差小、质量稳定。

为保持与传统电雷管接线方式的一致性，数码雷管的控制板芯片中采用供电线和通信线复合使用的方式。为提高起爆的可靠性，避免爆破期间因供电线路出现故障而导致设定的延期时间误操作，数码雷管一般利用两个储能电容分别供应控制芯片工作、点火药头所需的能量。为提高数码雷管的抗干扰能力，增强其安全性，还采用电子开关来控制起爆能充电，使数码雷管只有在起爆准备完成后才能处于待爆状态。以上也说明了数码雷管具有极高的安全性，延期时间精度高并任意可调（在 $0\sim15000ms$ 之间），只有在厂家的专用的起爆系统设定起爆后才能爆炸。

（2）数码雷管国内外比较。数码雷管最早起源于国外，如澳大利亚奥瑞凯公司、波兰 eDET 公司、美国奥斯丁公司和总部设在荷兰的诺贝尔公司等，其产品已进行多次升级换代。数码雷管进入中国市场较早，其中应用较多的是奥瑞凯公司的 i-kon™ 数码雷管，而另外 3 家外国公司的产品在国内应用则较少。厂家说明书中介绍到，i-kon™ 数码雷管是市场上最先进、最复杂的电子起爆系统，具备的技术特征和部件可以达到理想的爆破效果。该产品的特点主要有：

1）两线制双向无极性通信、验证，每发雷管具有唯一的 ID 地址。

2）延期时间范围为 $0\sim15000ms$（间隔 $1ms$），延期误差不大于 $\pm0.01\%$。

3）产品使用方便，爆破设计灵活性强，软件系统可以对网络设计和雷管消耗进行文件化管理；如果存在错误，系统会自动提示。

i-kon™ 数码雷管成功应用案例有三峡三期混凝土围堰拆除工程、准格尔黑岱沟煤矿、江西宜春钽铌矿以及近期即将采用的辽宁丹东长甸电站改造工程等。

国内的数码雷管研发是在 21 世纪初起步的，较早的代表性产品为北方邦杰公司研制的雷管数码电子芯片，称为"隆芯一号"，于 2007 年 1 月 11 日通过了原国防科工委科技与质量司和民爆局联合组织的国防基础科研项目验收。国内从事研发、生产数码雷管的厂家数量有 20 个以上，技术力量相对较为分散。其中，比较知名的企业有贵州久联、山西壶关和辽宁抚顺华丰等生产厂家。贵州久联民爆器材发展股份有限公司生产的数码雷管在 2011 年 5 月曾成功地应用于华电塘寨发电有限公司机组新建工程的取水口岩塞爆破工程，当时共计使用了 300 发数码雷管。山西壶关化工集团公司在 2009 年从美国引进了世界最先进的数码电子雷管生产设备、电子起爆模块和引爆系统，并于 2010 年 7 月通过了工信部安全生产司组织的生产定型和生产线验收，整个应用系统处于国内领先水平；随后进入正式生产阶段，其产品应用于长安高速黄池岭隧道、山西太钢尖山铁矿和山西平朔煤矿等开挖爆破工程中。辽宁华丰民用化工发展有限公司数码雷管主要是与北京北方邦杰公司合作，其 Ⅱ 型产品延期时间为 $0\sim16000ms$，先后在浙江杭州钱塘江遂道、舟山船坞拆除及长甸电站改造工程等爆破中进行了试用。

3. 试验内容

（1）防水抗压试验。数码雷管防水抗压试验，其作用主要是为了检验雷管本身及连接脚线的防水性能，即雷管在正常蓄水位以下 70m、并浸泡数天的情况是否仍能正常起爆。该试验主要是通过室内压力罐将试验雷管及其连接脚线一起浸入水中，并持续加压（不低于 0.8MPa）7d 来检验的。本试验测试的雷管数量选择 40 发，分 2 组进行。

（2）穿板试验。数码雷管穿板试验的目的，是检查雷管在非浸水和经过防水抗压后两种条件下的起爆能力变化情况。

试验在经防水抗压试验的雷管中随机挑选 10 发，在雷管底部安装铅板，在验证起爆性能的同时开展穿板试验。再选取 10 发未经过浸水的数码雷管进行穿板试验，并与抗水抗压的雷管进行比较。共计进行 2 组试验。

（3）网路试验。根据岩塞爆破网路设计使用数码雷管的实际数量，现场 1∶1 网路模拟试验所需要的数码雷管数量是 238 发。受制于现场试验场地规模，且设计中主、副网路的数码雷管数量及延期时间均相同。这样，网路试验中分为 2 次进行，分别代表主、副网路。

两次网路试验的数码雷管数量均为 119 发。每次试验中，均按照实际爆破网路中雷管的延期时间间隔来设定试验雷管的起爆时间。以此来检查、模拟岩塞爆破网路的起爆效果。

（4）现场防水工艺性试验。现场防水工艺性试验主要是验证数码雷管和乳化炸药（组成药包）在水下经过多天浸泡后，雷管是否能够起爆炸药。试验开展的时间，也是选择在正式起爆前，试验地点选择在库区内的水下进行。

试验中炸药经采用浸水抗压 7d 和即时入水炸药的药效对比观察，同时结合了炸药起爆导爆索的性能测试。

4. 测试仪器设备

根据试验内容及要求，数码雷管试验所投入的仪器设备见表 4.2-7。

表 4.2-7　　　　　　　　　　数码雷管试验仪器设备

序号	项目名称及内容	单位	数量	说明
1	加压设备	套	1	
2	起爆设备	套	1	澳瑞凯公司
3	高速摄像	套	1	完好
4	USB 数据采集仪（16 通道）	套	1	完好

5. 试验结果

（1）防水抗压试验。数码雷管的防水抗压试验时，从样品中的 64 发（2 箱）i-kon™ 雷管中随机选出 40 发放入压力罐内浸水，密封后加压至 1.0MPa。

整个加压时间持续了 168h（7d 整），并且保证压力不低于 0.8MPa，平均水压为 0.85MPa，水温为 12～13℃，见图 4.2-9。

（2）起爆可靠性测试。本次试验共计采用了 64 发数码雷管，其中 40 发经历了 0.8～1.0MPa 压力条件下的 168h 浸水试验，该工况的水压力大于刘家峡岩塞爆破现场的最大压力。

（a）数码雷管浸入水之前

（b）数码雷管浸水持压1.0MPa

图 4.2-9　数码雷管防水抗压照片

　　经厂家技术人员联网后，64 发数码雷管全部起爆，未发现拒爆雷管。数码雷管联网前后照片见图 4.2-10。这也说明 i-kon™ 数码雷管在经过 7 天的 0.8～1.0MPa 的压力浸水后能够正常起爆。

雷管连线

雷管爆炸防护罩

（a）数码雷管联网

炸损管壳

（b）数码雷管爆炸后残壳

图 4.2-10　数码雷管联网前及爆炸后照片

　　（3）起爆延期时间测试。雷管起爆延期测试采用专利"控制爆破中毫秒延期时间的检验方法"（证书编号：1117827，简称断线法），其使用设备为 USB 数据采集仪设备。

　　USB 数据采集仪的最高采样频率为 200kHz，共有 16 个通道。试验期间，将每个通道的采样频率设置为 10kHz，其测试精度可达 0.1ms，该精度能够满足测试要求。起爆过程中，将 64 发数码雷管分为 7 组，其中前 6 组为 10 发雷管作为 1 组，第 7 组为余下的 4 发雷管。在每组数码雷管内，均以第 1 发雷管为参考雷管，后面的 9 发（或 3 发）为测试雷管，即第 1 发设置的起爆时间不同于后面的测试雷管，而每组内各测试雷管的起爆延期时间相同。

断线法检测数码雷管起爆延期时间的原理是利用电信号采集设备同步测量各发雷管的起爆时刻，然后计算各雷管之间的起爆相对时差，即可得出数码雷管延期时间。测试过程中，在每发雷管的聚能穴端部缠绕细金属丝，并将金属丝的两端通过导线接入采集仪（中间串联干电池），当雷管爆炸时金属丝断开时，采集仪测试信号（即波形）发生突变，该突变点即为所记录雷管的起爆时刻。停止采集后，利用专业软件分析各通道所采集的过程线，找到信号突变点，并记录下所对应的时刻。现以第 2 组测试结果简要介绍数码雷管起爆时间的检测值，其测试结果见图 4.2－11。

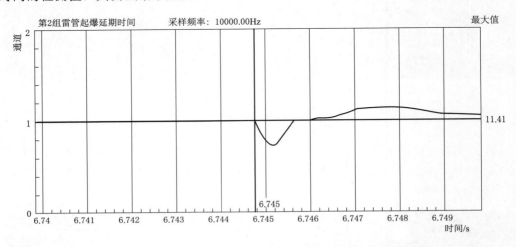

图 4.2－11　第 2 组试验中参考雷管（1 号通道）的波形过程线

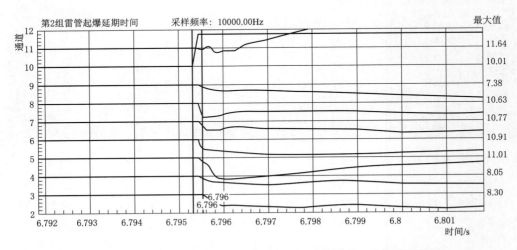

图 4.2－12　第 2 组试验中测试雷管（3～11 号通道）的波形过程线

图 4.2－11 是该组试验中参考雷管（1 号通道）的过程线，其信号突变处所对应的爆炸时刻（t_0）应为 6.745s。图 4.2－12 是该组试验中各测试雷管（3～11 号通道）的过程线，通过各测试雷管的起爆时刻（t_i），由（$t_i－t_0$）即可计算各测试雷管的相对延期时

间。这 9 个通道信号发生突变点区域很窄，其差值不超过 0.3ms，平均值为 6.796s 左右，与 t_0 的差值大约为 51ms，与设定的起爆时差间隔 50ms 基本一致。

同样，其他组次的测试时间与第 2 组的分析原理一样，亦可以得出各相对起爆时差。

i-kon^{TM} 数码雷管的起爆时间设置十分灵活，每发雷管可以选择 $0\sim15000$ms 的任一整数数字。考虑到实际工程中雷管的最大延期时间较小，并且还要与常规毫秒延期雷管（即导爆管雷管和电雷管）混合使用。为此，试验中各组（除第 1 组）间的雷管起爆延期基本按照 25ms 的时间间隔进行设定，第 1 组试验时差设为 15ms。对表 4.2-8 延期时间进行整理，可以得到每组内各测试雷管与参考雷管之间的实测平均时差及其相对误差等，见表 4.2-9。

表 4.2-8　　　　　　　　　数码雷管起爆延期试验的设定时间及实测结果

组次	测试类别	1 号	2 号	3 号	4 号	5 号	6 号	7 号	8 号	9 号	10 号	备　注
第 1 组	延期设定时间/ms	1	16	16	16	16	16	16	16	16	16	时差 15ms
	起爆相对时差/ms	0	15.3	15.3	15.2	15.3	15.4	15.3	15.2	15.3	15.3	
第 2 组	延期设定时间/ms	2	52	52	52	52	52	52	52	52	52	时差 50ms
	起爆相对时差/ms	0	50.9	50.9	50.8	50.8	50.8	50.8	50.8	50.7	50.8	
第 3 组	延期设定时间/ms	3	78	78	78	78	78	78	78	78	78	时差 75ms
	起爆相对时差/ms	0	75.9	75.9	75.9	75.9	75.7	75.8	75.8	76.1	75.8	
第 4 组	延期设定时间/ms	4	104	104	104	104	104	104	104	104	104	时差 100ms
	起爆相对时差/ms	0	101	101.1	101.1	101.1	101	101.1	101	101.1	101.1	
第 5 组	延期设定时间/ms	5	130	130	130	130	130	130	130	130	130	时差 125ms
	起爆相对时差/ms	0	126.7	126.7	126.7	126.6	126.7	126.6	126.6	126.6	126.6	
第 6 组	延期设定时间/ms	6	156	156	156	156	156	156	156	156	156	时差 150ms
	起爆相对时差/ms	0	152.1	152.1	152	152.1	152	152	152	152	152	
第 7 组	延期设定时间/ms	7	207	207	207	—	—	—	—	—	—	时差 200ms
	起爆相对时差/ms	0	202.7	202.6	202.6	—	—	—	—	—	—	

表 4.2-9　　　　　　　　　数码雷管起爆延期测试结果整理

组　次	第 1 组	第 2 组	第 3 组	第 4 组	第 5 组	第 6 组	第 7 组	说明
设计时差/ms	15	50	75	100	125	150	200	
实测平均时差/ms	15.3	50.8	75.9	101.1	126.6	152	202.6	
相对差值/ms	0.3	0.8	0.9	1.1	1.6	2.0	2.6	
相对误差/%	1.9	1.6	1.2	1.1	1.3	1.4	1.3	

注　相对误差为相对差值与设计时差的百分比。

综合试验中的测量、计算结果，可以看出每组内各测试雷管之间的起爆时间基本一致，其误差绝大多数在 ±0.1ms 以内；但测试雷管（第 1～第 6 组内为 2～10 号雷管，第 7 组为 2～4 号雷管）与参考雷管（每组内的 1 号雷管）之间的时差，即实测时差，一般较设计时差略大，其相对差值一般在 0.3～2.6ms 之间。进一步分析计算的相对差值，其变化趋势一般随着数码雷管的设计时差增加而增大，设计时差为 15ms 时，其相对差值仅 0.3ms；设计时差为 200ms 时，其相对差值达到最大值，为 2.6ms，大体呈现等比例的变化趋势，这可能是采集仪本身时钟的系统误差造成的。就刘家峡岩塞爆破工程的雷管分段起爆设计而言，其分段间隔至少为 25ms，而包含系统误差在内的数码雷管延期测试的相对误差应在 3ms 以内，该精度远远高于常规电雷管或导爆管雷管的延期误差。由此也说明 i-kon™ 数码雷管的起爆延期精度可以满足刘家峡岩塞爆破工程的实际需要。

（4）穿板试验。雷管起爆能力测试，也就是雷管的穿板试验，即采用厚度为 5mm 的铅板置于雷管聚能穴下方，然后观察雷管起爆后炸穿铅板的孔径大小。该试验中，从经过防水抗压测试的雷管和非浸水雷管中各选取 20 发雷管，各作为 1 组，进行起爆能力对比试验，其检验结果见表 4.2-10。

表 4.2-10　　　　　　　　　数码雷管穿板试验测试结果　　　　　　　　单位：mm

组号	分组情况	铅板孔径范围/mm	平均孔径/mm	标准偏差/mm	检验结果
1	非浸水雷管	11.8～13.4	12.6	0.38	全部合格
2	抗水性能雷管	12.2～13.5	13.0	0.32	全部合格

从表 4.2-10 中可以看出，非浸水数码雷管的铅板孔径范围为 11.8～13.4mm，平均 12.6mm，检验结果全部合格（大于雷管本身的直径 7.0mm）。在经过浸水抗压的 20 发雷管中，其铅板孔径范围为 12.2～13.5mm，平均 13.0mm，检验结果全部合格；并且，经过浸水抗压雷管的穿板孔径并未较非浸水雷管有所减小。这说明 i-kon™ 数码雷管经过 7d 时间、0.8～1.0MPa 压力条件下的浸水后，其起爆能力并未下降，仍能满足工程起爆要求。

（5）数码雷管专项试验成果总结。数码雷管防水抗压专项试验各项检测结果如下：

1）本次试验的 64 发数码雷管全部起爆，拒爆雷管数量为零。

2）采用断线法对数码雷管进行延期时间测试，测试结果与设定延期时间基本一致，可以满足本工程的延期时间设计需要。

3）经过抽检比对，在经历 7d 时间、0.8～1.0MPa 压力条件下浸水后，数码雷管的起爆能力全部合格，且并未出现减小趋势。

（六）小结

通过对雷管抗水抗压前后的基本性能的测定可知，电雷管防水抗压前后电阻值基本保持不变，毫秒延时时间精度能满足国家标准 ±12.5ms，若为临段使用可能造成混爆现象，对于毫秒延期精度要求高的爆破工程，应采用高精度毫秒延期雷管，如数码雷管。

三、导爆索试验

（一）试验环境

为保证雷管在高水头的压力下正常起爆，试验中需将导爆索放置在不低于实际工程压力下的水环境中。

刘家峡洮河口排沙洞岩塞爆破工程火工器材试验中，采用压力容器模拟试样在水下 1.0MPa 压力下环境中存放 3d 及 7d，然后检测试样基本性能的变化情况，同时检验样品在 1.0MPa 压力下存放 3d 及 7d 后能否稳定起爆。

（二）导爆索耐压前后爆速测试结果

导爆索爆速可参照《炸药试验方法》（GJB 772A—97）炸药爆速测定法-电测法执行。利用炸药爆轰波阵面电离导电特性，用测时仪和电探针测定爆轰波在一定长度炸药柱中传播的时间，通过计算求出试样的爆速。

刘家峡洮河口排沙洞岩塞爆破工程火工器材试验中，导爆索采用 SB-40 震源导爆索见图 4.2-13。测试结果见表 4.2-11，从结果可以看出，耐压前，导爆索平均爆速为 7035 m/s；耐压 3d 后，平均爆速为 7069 m/s；

图 4.2-13　导爆索爆速测试图

耐压 7d 后，平均爆速为 7052m/s。随着耐压时间的增加导爆索的爆速基本不变。

表 4.2-11　　　　　　　　　　　　耐压前后导爆索爆速值

项 目	试验前/(m/s)	耐压 3d 后/(m/s)	耐压 7d 后/(m/s)
平均爆速	7035±41	7069±26	7052±24

（三）导爆索稳定爆轰区长度的测定

刘家峡岩塞爆破工程火工器材试验中，由于导爆索要在压力容器中进行爆轰稳定性试验，压力容器内直径为 160mm，因此不能放太长的导爆索在压力容器中进行压力下的爆轰稳定性试验。因此考虑测量导爆索稳定爆轰区长度，以确定压力容器中样品合适长度，确保试验的正确进行。测试方法按照 GJB 772A—97 相关内容执行，测试结果为不稳定爆轰区小于 10mm，所以导爆索长度（试样）应大于 10mm。

（四）导爆索抗水抗压前后起爆可靠性试验

试验目的为测试导爆索的雷管起爆可靠性，以确保在设计水头的压力下储存和可靠起爆导爆索。试验时用雷管起爆导爆索，导爆索下方置有铝质见证板，铝质见证板下放一个钢质见证板。一般作爆轰见证板试验时，炸药使用钢质见证板，导爆索等小药量试验时使用铝质见证板。

刘家峡水下岩塞爆破试验时，试验中（图 4.2-14）采用了铝质见证板下加钢质见证板方法，其原因如下：

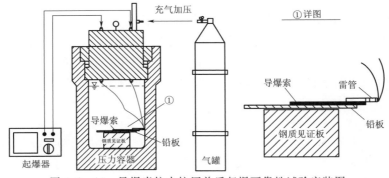

图 4.2-14　导爆索抗水抗压前后起爆可靠性试验安装图

（1）导爆索的药量较小不能在钢质见证板上留下明显的痕迹。

（2）由于震源导爆索较普通导爆索装药量大（普通导爆索装药量为 7～8g/m，震源导爆索的装药量为 35g/m），只用铝见证板下时会使铝质见证板完全破裂，在野外试验时不易收集破片。

（3）在爆热弹（压力容器）中进行有压力的试验时爆热弹底下本身就是钢质。

所以为了保证无压力的外部空白试验与弹内的有压试验有相同的条件，所以采用铝质见证板下加钢质见证板的方法来定性判断导爆索爆轰。从工程实际应用考虑，试验中雷管和导爆索采取搭接方式进行。试验中选择 15 段导爆索进行水中 1.0MPa 压力下的起爆可靠性试验，所有的雷管是耐压 7d 后的样品。试验结果见表 4.2-12。试验结果表明导爆索耐压 3d、7d 后都能可靠的被雷管在水中 1.0MPa 压力下可靠起爆，铝质见证板上留下明显爆破后的痕迹见图 4.2-15。

表 4.2-12　　　　　　　　　　导爆索可靠起爆性试验结果

名称	试验前					耐压 3d 后					耐压 7d 后					备注
	1	2	3	4	5	1	2	3	4	5	1	2	3	4	5	
导爆索	√	√	√	√	√	√	√	√	√	√	√	√	√	√	√	

注　"√"表示爆炸，"×"表示不爆。

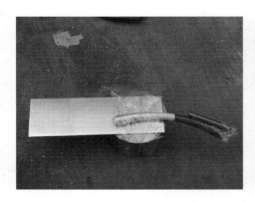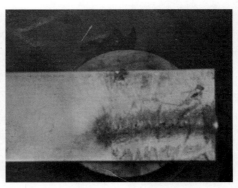

图 4.2-15　导爆索抗水抗压前后起爆可靠性试验爆破前后见证板

四、其他工程炸药试验

（一）兰州市水源地建设工程取水口岩塞爆破工程

兰州市水源地建设工程取水口位于甘肃省临夏回族自治州东乡族自治县境内，距离刘家峡大坝上游约 4km 处的水库右岸岸边，上距折达公路祁家渡大桥约 380m，下距洮河口约 2.4km；输水线路总长 31.5km。工程建成后，可为兰州市新建净水厂供水 150 万 m³/d。

根据工程需要，开展两种炸药的爆破漏斗、爆速、猛度三种对比试验。炸药样品为 2 号岩石乳化炸药（型号 SGR-3）、奥瑞凯高能乳化炸药（型号为 Senatel™Pulsar™）。

1. 爆破漏斗对比试验

试验场地选择在空旷地带内挖一沙坑，其尺寸为直径大约为 3.0m，深度约 1.5m。沙坑内装满中砂，以此开展沙坑爆破漏斗试验。为了保持两种炸药的爆破漏斗边界条件的一致性，试验期间两种炸药轮流进行；并且每次起爆前，平整场地，保证沙子的密实程度基本一致。

漏斗试验的药量选择 150g，采用精度为 0.1g 的电子秤称重，加工后的药包长度大约为 16.0～16.7cm 之间。药包的长径比控制在 5～6 之间，足球形药包长经比要求（小于 8～10）。

试验结果显示，每次试验所形成的爆破漏斗基本属于标准漏斗，即漏斗的开口半径与药包埋深基本接近或相同。为保证半径测值的准确性，漏斗半径是按照相互垂直的 4 个方位（经过圆心）分别测量的，然后取 4 个半径的平均值进行漏斗体积计算。试验成果见表 4.2-13。

表 4.2-13　　　　　　　　　　爆破漏斗试验测试结果统计表

次数	炸药类型	孔深/cm	半径1/m	半径2/m	半径3/m	半径4/m	平均半径/m	体积/m³	单耗/(kg/m³)	说明
第1次	2号岩石乳化炸药	65	65	65	60	60	0.625	0.067	2.24	开口略小
第2次		65	60	60	60	60	0.600	0.061	2.46	开口略小
第3次		62	60	60	70	70	0.650	0.068	2.21	开口适中
第8次		68	53	66	62	60	0.602	0.063	2.38	开口小
第4次	奥瑞凯高能乳化炸药	69	65	60	70		0.650	0.076	1.97	开口略小
第5次		68	68	70	70	68	0.690	0.084	1.79	适中
第6次		65	60	66	73	67	0.678	0.078	1.92	开口略大
第7次		75	63	62	66	65	0.640	0.08	1.88	开口小

爆破后形成的漏斗基本呈倒圆锥形，因此，计算体积计算公式为

$$V = \frac{1}{3}\pi r^2 W \tag{4.2-1}$$

式中：V 为爆破漏斗体积，m³；W 为最小抵抗线，m，即药包至临空面距离；r 为漏斗表面半径，m。

从试验成果可以看出，2号岩石乳化炸药的单耗在 2.21～2.46kg/m³ 之间，平均值为 2.32kg/m³；奥瑞凯高能乳化炸药的单耗在 1.79～1.97kg/m³ 之间，平均值为 1.89kg/m³。贵州久联与奥瑞凯两种乳化炸药的药效之比为 1.23。

2. 爆速对比试验

炸药爆速采用加拿大产 HandiTrap Ⅱ 爆速记录仪测试，试验中随机选取 3 卷炸药，依次穿过测针，并将药卷连接部位用胶带绑扎固定。奥瑞凯高能乳化炸药（未进行耐水抗压）的爆速为 4648.8m/s。测试探针长度-时间变化过程见图 4.2-16；2号岩石乳化炸药爆速为 4528.9m/s，测试探针长度-时间变化过程见图 4.2-17。

3. 猛度对比试验

猛度试验采用铅柱压缩法，试验采用的单个药包质量为 50g，由纸壳桶包装。试验现场及起爆后的铅柱压缩情况见图 4.2-18。奥瑞凯高能乳化炸药的猛度为 24.2mm；2号岩石乳化炸药猛度平均为 12.065mm。

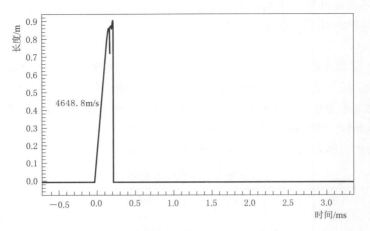

图 4.2-16 奥瑞凯高能乳化炸药爆速测试结果

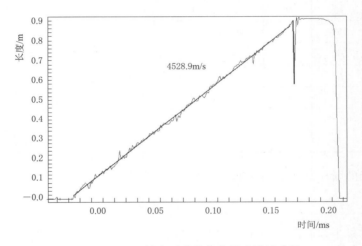

图 4.2-17 2号岩石乳化炸药爆速测试成果

（a）药包与铅柱

（b）铅柱压缩情况

图 4.2-18 2号岩石乳化炸药猛度试验

（二）吉林省中部城市引松供水工程

1. 工程概况

吉林省中部城市引松供水工程从丰满水库坝上取水，由输水总干线、输水干线和输水支线等组成。输水总干线取水口位于丰满坝上库区左岸，距大坝约 1.4km 处，设计引水位为 242.00m，该水位与丰满水库的死水位一致；丰满水库正常蓄水位为 263.50m。为保证丰满水电站及水库正常运行，输水总干线取水口拟采用岩塞爆破施工方案。

受地形地质条件限制，岩塞爆破钻孔可能存在渗漏水现象。当灌浆止水不彻底时，炸药装入孔内并进行孔口封堵后，容易出现炮孔内水压力增大并导致炸药拒爆问题，进而影响爆破质量。

2. 试验内容

结合现场应用特点，炸药防水抗压试验选定的加压大小为不低于 0.4MPa，持续浸水时间为 12d。试验样品是从已生产的 ϕ32mm 和 ϕ35mm 两种规格炸药中随机抽样，放入注满水的压力罐开始加压试验。具体试验内容如下：

（1）密度检测，分为浸水前和防水抗压的两种。

（2）爆速测试，分为浸水前和防水抗压的两种。

（3）炸药浸水加压 12d 取出，分批放入简易压力罐（水压 0.4MPa）进行带水压起爆可靠性检验。

3. 炸药基本性能测试

（1）炸药密度测试。炸药密度测试采用电子天平称重，测试样品均为 ϕ32mm 药卷，分为浸水加压和非浸水两种。具体测试结果见表 4.2-14。

表 4.2-14　　　　　　　　高抗水乳化炸药密度检测结果　　　　　单位：$\times 10^3 \text{kg/m}^3$

样品号	药卷1	药卷2	药卷3	药卷4	药卷5	药卷6	平均值	说明
浸水后	1.216	1.208	1.220	1.216	1.221	1.219	1.217	
浸水前	1.135	1.113	1.095	1.108	1.119	1.105	1.113	

从表 4.2-14 可以看出，药卷浸水前的实测密度值为 $1.113 \times 10^3 \text{kg/m}^3$，浸水后为 $1.217 \times 10^3 \text{kg/m}^3$；浸水后较浸水前增大了 $0.104 \times 10^3 \text{kg/m}^3$。

对比药卷浸水前后的变化情况，未浸水的药卷鼓胀饱满，外表塑料包装有弹性；浸水后，外表包装塑料皮变得折皱，不饱满，显示药卷内部有挤密压实现象。剖开药卷，与未浸水炸药相比，浸水加压后的炸药颜色略深，黏度下降而强度有所增加。见图 4.2-19。

（2）炸药爆速测试。炸药爆速测试采用 CA-I 爆速仪，测试样品分为浸水加压和非浸水两种，两种样品均选自 ϕ32mm 直径的药卷。爆速测试方法采用丝式断-通靶线法，测试结果见表 4.2-15。

从表 4.2-15 中可见，药卷浸水前、后的爆速值分别为 5110.6m/s 和 5115.4m/s，二者相差不到 5m/s，相对值仅有 0.1% 左右。由此可见，该炸药的爆速满足规范《工业炸药通用技术条件》（GB 28286—2012）的爆速指标要求，且基本未受加压影响。

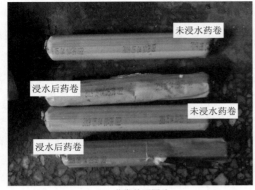

（a）药卷外观图片

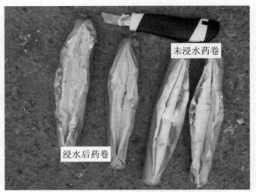

（b）药卷内部炸药图片

图 4.2-19　药卷照片

表 4.2-15　　　　　　　　　　高抗水乳化炸药爆速测试结果　　　　　　　　　　单位：m/s

工　况	样品 1	样品 2	平均值	说　明
未浸水	5319.1	4902.0	5110.6	
浸水后	4854.4	5376.3	5115.4	

（3）炸药猛度测试。炸药猛度测试采用铅柱法，试验样品分为浸水加压和非浸水两种，各开展 1 组试验，测试结果见表 4.2-16。

表 4.2-16　　　　　　　　　　高抗水乳化炸药猛度测试结果　　　　　　　　　　单位：mm

铅柱编号	爆炸前高度	爆炸后高度	猛　度	说　明
1	59.625	47.150	12.5	未浸水
2	59.875	46.525	13.4	未浸水
3	59.725	46.125	13.6	浸水后
4	60.200	46.300	13.9	浸水后

从表 4.2-16 中可以看出，高抗水乳化炸药在浸水前后的猛度值均大于 12mm，满足规范 GB 28286—2012 的技术指标要求。

4. 炸药带压起爆试验

（1）炸药防水抗压试验条件。炸药包括 $\phi32mm$ 和 $\phi35mm$ 两种规格的药卷，生产日期基本一致。防水抗压试验是从两种规格药卷中随机抽样，各取 1 箱（24kg 或 120 卷），然后浸入盛满水的压力罐内开始加压试验。加压持续时间为 12d。

为了更好地模拟实际应用条件，加压前对部分药卷进行了以下处理：

1）从两种规格药卷中各选出 20 卷插入木棍，模拟雷管插入情况。

2）从两种规格药卷中各选出数卷沿纵向划开，即剖开药卷，用于模拟炸药直接浸水情况。

根据岩塞工程布置情况，设计确定的炸药防水压力不应低于 0.4MPa；结合压力罐自身的稳压性能，试验期间压力罐的加压大小一般保持在 $0.45 \sim 0.5$ MPa 之间，满足实际应用条件。

（2）炸药带压起爆试验。炸药带压起爆试验共进行了 10 次，每次试验的药卷组合各不相同。根据药卷不同规格及处理情况，10 次试验的药卷组合情况见表 4.2-17，以便进行对比。

10 次试验中，所有炸药均为浸水加压药卷，并绑扎在 ϕ6mm 的钢筋上。

各组带压起爆试验中，第 1～9 组浸水炸药均完全起爆，绑扎钢筋被炸弯、炸断或炸飞，表明该炸药浸水后被起爆和传爆性能均满足试验要求；第 10 组炸药浸水试验完全能够按照预期目的进行部分起爆和拒爆，拒爆后残留痕迹显现，在试验现场即可找到。这也从侧面证明了前述 9 组试验炸药爆破完全，没有残留。

表 4.2-17　　　　　高抗水乳化炸药带压起爆试验工况及效果说明

组次	试验压力/MPa	药卷规格	药包长度/m	药包绑扎情况	爆破现象
1	0.45	ϕ35mm	1	孔口为插木棍药卷，插入起爆雷管；其余 4 节药卷首尾连续绑扎	全部起爆，钢筋炸弯
2	0.45	ϕ32mm	3	孔口为插木棍药卷，插入起爆雷管；其余 11 节药卷首尾连续绑扎	全部起爆，钢筋炸飞
3	0.45	ϕ32mm	3	第 5 节药卷为插木棍药卷，其他与第 2 组相同	全部起爆，钢筋炸断，找到 1m
4	0.45	ϕ35mm	3	各药卷首尾间隔 1cm，其他与第 2 组基本一致	全部起爆，钢筋炸飞
5	0.45	ϕ35mm	3	第 7、第 8 节为插木棍药卷，其他与第 3 组类似	全部起爆，钢筋炸断
6	0.45	混合	3	第 1、第 3、第 5、第 7、第 9、第 11 节为 1 根 ϕ32mm 药卷，其间偶数节为 2 根 ϕ35mm 药卷，间隔绑扎；其中第 9、第 11 节为插木棍药卷	全部起爆，钢筋完整弯曲
7	0.45	混合	3	第 1、第 3、第 5、第 7、第 9、第 11 节为 1 根 ϕ35mm 药卷，其间偶数节为 2 根 ϕ32mm 药卷，间隔绑扎	全部起爆，钢筋炸飞
8	0.45	ϕ35mm	1	孔口第 1 节为插木棍药卷，第 2、第 3 节为剖开药卷，第 4 节完整；每节药卷首尾绑扎间隔 1cm	全部起爆，钢筋炸弯
9	0.45	ϕ35mm	1	第 1 节插木棍，第 2、第 3、第 4 节为剖开药卷	全部起爆，钢筋炸弯
10	0.45	ϕ32mm	1	第 1 节为插木棍药卷，第 2 节为剖开药卷，第 3、第 4 节完整；第 2、第 3 节间隔 8.5cm	第 1、第 2 节全爆，第 3、第 4 节残留（其中第 3 节断开），钢筋弯曲

第三节　爆破器材的防水措施

一、雷管的防水处理措施

一般情况下，延期电雷管耐水耐压性能都不能直接满足在水下 1.0MPa 的压力下工作的要求。国内外相关资料表明，只要对雷管采取合适的防水处理措施，就能够满足其在水中 1.0MPa 的压力下工作的要求。由于在一定压力下，水也可能从雷管脚线的接头端进入雷管的内部，导致雷管不能正常起爆，因此必须考虑密封雷管脚线的接头端。在试验中采用树脂密封胶密封雷管的脚线及脚线接头端。

刘家峡水下岩塞爆破工程中，采用环氧树脂 E-44 和低分子聚酰胺树脂 651（固化剂）为防水材料。首先将环氧树脂及固化剂按 1∶1 的比例配制，充分混合后徐抹于雷管脚线出线部位，使雷管出线口及 1～2cm 的雷管线完全包裹于密封胶内，防水处理后的雷管能够在水下 1.0MPa 压力下 7d 后可靠起爆。见图 4.3-1。

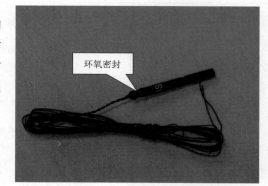

环氧密封

图 4.3-1　防水处理后的雷管

二、导爆索的防水处理措施

根据国内工程资料，国内也没有能够直接可以满足高水头下直接使用要求导爆索。同雷管一样，导爆索也可以进行防水处理，以达到防水目的。鉴于水下使用，导爆索外包装应采用塑料质的材质，这样可以达到防水措施，但需对导爆索端头、接头进行防水处理。为保证接头防水的可靠性，对防水措施应进行抗水抗压试验检验后，方可应用于工程实际。

根据国内外实际工程应用中，导爆索防水处理措施如下：

（1）将塑料导爆索的一端套上一个铝质帽子，然后把它夹紧，或用防水胶封固进行防水处理后，即使在介质中浸泡时间超过 60d 也不会发生拒爆现象。但经过自行处理的导爆索必须经过抗水试验来验证。

（2）将导爆索两端装药掏空，然后将密封胶注入导爆索端头，也可达到防水目的。

（3）采用热熔胶及热缩管等方式对导爆索接头及端头进行防水处理。

三、导爆索防水处理实例

刘家峡岩塞爆破工程中进行防水试验的导爆索为山西晋东民爆器材有限责任公司生产的 SB-40 型震源导爆索，塑料材质，对接头及端部经过防水处理可以满足本工程的要求。

1. 主要技术指标

（1）外径：≤9.0mm。

（2）装药量：38～42g。

（3）爆速：≥6500m/s。

（4）抗拉力：≥700N。

（5）防水：2m 水深 24h。

在参考了国内外水下爆破工程经验，刘家峡岩塞爆破工程中，对导爆索防水处理采用两种方式进行试验。一是两端套上一端封闭的薄层金属套（或塑料保护套），灌上密封胶，待凝固后，再在套管外层与导爆索接合处优质电绝缘自粘胶布缠绕（或用有弹性的高压绝缘胶布亦可）。二是采用优质电绝缘自粘胶带缠绕的方式。经试验比选，最终选定优质电绝缘自粘胶带缠绕的方式为实际工程的防水措施，见图4.3-2。

导爆索防水主要对导爆索的两端及接头部位进行防水处理，防水处理前应检查导爆索外观质量，保证导爆索护套完好、无损伤。

2. 主要防水材料

（1）自黏性橡胶绝缘胶带：采用湖南长沙电缆附件有限公司制造的 DJ-20 型自黏性橡胶绝缘胶带。

（2）密封胶：采用江西宜春市中山化工厂生产的"高山"牌液体密封胶。

（3）电气胶带：3M 中国有限公司生产的 3M 牌电气胶带（抗拉伸，且拉伸后回缩时弹力大）。

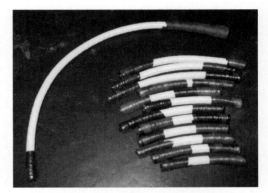

图 4.3-2　防水措施后导爆索照片

（4）封帽：电缆专用热缩封帽或内径 9.6mm 左右铝帽（表面不能有棱角）。

（5）E-44 环氧树脂和低分子聚酰胺树脂 651（固化剂）。

3. 工艺步骤

（1）将导爆索端部切断面黏结一薄层自黏性橡胶绝缘胶带。

（2）导爆索端部表面打磨，打磨长度与封帽长度相当。严禁打磨时损伤导爆索外部塑料护套。

（3）在打磨部位涂抹密封胶，套上密封帽。

（4）待密封固化后，在封帽及导爆索表面，采用自黏性橡胶绝缘胶带以半搭式缠绕，靠其自身的收缩性以及自黏性，有力地将导爆索包裹其中，并能防止水的渗入。缠绕前，应先将自黏性橡胶绝缘胶带反复拉伸至其极限长度，以保证胶带收缩时与导爆索表面紧密接触，缠绕时要缠绕4～5层；为保证导爆索端头防水的可靠性，应将封帽端部也一并缠绕，使导爆索端部整体处在自黏性橡胶绝缘胶带的缠绕中。

（5）最后再在外面缠绕4～5层 PVC 胶带保护，缠绕时将 PVC 胶带拉伸至极限长度，然后再用力缠绕。

（6）导爆索接头防水参照上述工艺进行，接头及接头两端均进行防水处理。

（7）导爆索切断时，应采用切刀缓慢、旋转切割，严禁采用剪刀及刀具等对导爆索进行挤压、冲击切断等。

（8）在导爆索防水处理中，应由具有相应资质的人员进行操作，施工安全严格按照《爆破安全规程》（GB 6722—2014）、《水电水利工程爆破施工技术规范》（DL/T 5135—2013）的规定执行。

（9）经防水处理后的导爆索及雷管应专门存放、妥善保管，防止对防水材料破损。

第五章　爆破振动对水工建筑物的影响

岩塞爆破对邻近水工建（构）筑物的破坏效应主要以振动为主，爆破振动影响的主要对象有大坝、发电厂房、隧洞结构衬砌及进口岩体边坡等。

第一节　岩塞爆破的振动特点

一、爆破地震波的特点

岩塞爆破是一种控制爆破技术，它通过一定的装药结构、起爆顺序及炸药用量等控制措施使水下岩塞按照预定的型式、规模完好地一次爆通。岩塞爆破时产生的振动，是部分爆炸能量以地震波形式向外传播，从而引起介质的质点振动，形成地震效应。为此，爆破振动也是一种地震波，其传播过程是复杂的和随机的。

爆破振动由若干种波组成，根据传播的途径不同，可分为体积波和表面波两大类。体积波是在岩体内传播的弹性波，可细分为纵波（P）和横波（S）两种。P波的特点是周期短、振幅小和传播速度快；S波则是周期较长，振幅较大，传播速度仅次于P波。表面波分为瑞利波（R）和勒夫波（L）。R波是介质质点在垂直面上沿椭圆轨迹作后退式运动，这与P波相似，它的振幅和周期较大，频率较低，衰减较慢，传播速度比S波稍慢；L波是质点仅在水平方向作剪切变形，这与S波相似，L波不经常出现，只有在半无限介质上且至少覆盖有一层表面层时，L波才会出现。

此外，体积波特别是P波能使岩石产生压缩和拉伸变形，是岩塞爆破时造成岩石变形的主要原因；表面波特别是R波，由于它的频率低、衰减慢、携带较多的能量，是造成振动破坏的主要原因。

爆破地震波传播到地表，将引起地表振动，即为爆破振动。由此引起地面以及地面上的物体产生颠动和摇晃的现象或结果则称之为地震效应。爆破振动的产生及传播，虽然时间很短，但仍需要进行控制；否则，将带来非常大的危害。

二、爆破振动与天然地震的异同

爆破振动与天然地震在传播理论、分析技术和破坏机理等方面存在相似之处。

（1）二者都是由于能量的突然释放，并以地震波的形式向外传播，能够引起传播介质及建（构）筑物的振动。

（2）地震波的强度均与震源的能量、距离和地质地形等因素有关，能量越大、距离越近时地震波的强度越大。

（3）地震波的强度超过安全允许标准时，可能造成地表岩石或建（构）筑物的破坏。

爆破振动与地震振动的主要区别表现在以下几个方面。

（1）爆破振动的震源能量小，影响范围小。

（2）持续时间短，单次爆破引起的振动持时一般在 0.1～0.2s 左右，而天然地震持续时间长，一般在 10～40s。

（3）爆破振动的频率高，一般大于 10Hz，而天然地震一般是低频振动，一般在 5Hz 以内。

（4）爆破震源大小及作用方向可以人为控制，通过调整爆破技术来控制振动强度，而天然地震目前还是无法控制的。

（5）地震波强度参数相同的条件下，爆破振动对建筑物的影响和破坏程度比自然地震要轻，这也说明爆破振动问题不宜严格按天然地震的计算方法来处理。

三、岩塞爆破的振动特点

作为一种控制要求极高的爆破技术，岩塞爆破的炸药用量、网络分布及延迟时间等爆破参数均经过了周密计算，其振动影响基本处于可控状态。

（1）岩塞爆破的炸药用量一般在几百公斤至几吨之间，排孔爆破方案的单响起爆药量相对较小，药室方案的单响药量较大。

（2）爆破振动加速度具有测值大、频率高、持续时间短和衰减快的特点，加速度反应谱曲线 β 最大值对应的周期短，随着周期增大而迅速减小。当周期为 0.2s 时，其 β 值约为最大值的 1/15～1/20。

（3）振动具有明显的方向特征。在相同距离条件下，其振动幅值在药包的背向最大，两侧次之，抛掷方向最小；在高程方面，低于药包高程处振动幅值较小，高于药包高程时则较大。

（4）对于常规岩塞爆破而言，其振动影响范围一般在 200～300m 以内，距离大于 500m 以后的质点振动速度一般不超过 0.5cm/s。

第二节　爆破振动控制标准

一、爆破振动的一般破坏判据

爆破振动是岩塞爆破时产生的一种有害效应。爆破振动效应过大，将引起岩塞口临近混凝土衬砌结构的破坏，对周边临近的水工建筑物、厂区、民房等已有建（构）筑物或设施也将产生不利影响；爆破药量过小，振动效应得到了控制，但不利于保证岩塞爆通的现场实施。为此，岩塞爆破期间必须对爆破振动进行有效控制，在确保岩塞口周围保留岩体及周边建（构）筑物安全并达到爆破效果的前提下，尽量降低装药规模和单响起爆药量。

爆破振动是一个复杂的随机过程，它的振幅、周期和频率均随时间而变化，目前理论尚无法准确计算各时刻的振动大小，工程上多是采用现场测试或结合经验公式大体推算的办法。目前，衡量爆破振动强弱的指标有振动速度、加速度和位移等多种物理量，但工程上常采用质点振动速度作为爆破振动的安全允许控制标准。

二、爆破振动强度衰减规律

爆破振动强度受药量大小、爆破方式、起爆程序、距离、地质条件、地形条件等因素的影响。大量的观测资料表明：在爆破条件一定时，药量和测点至爆源距离是影响地震强度的主要因素。而爆破振动强度通常是以地面运动的加速度、速度和位移的最大值来表示。为了获得岩塞爆破振动强度的衰减规律，可以通过爆破试验和正式爆破观测资料用最小乘法建立其经验关系式，此式通常可表示为

$$a\,(\text{或}\,V\text{、}A) = K\left(\frac{Q^{\frac{1}{3}}}{R}\right)^{\alpha} \tag{5.2-1}$$

式中：a 为最大加速度，m/s^2；V 为最大速度，cm/s；A 为最大位移，mm；Q 为最大一响药量，kg；R 为至爆源距离，m；K、α 为分别为场地系数及衰减指数。

现将国内几个岩塞爆破工程，实测经验公式的 K 和 α 值列于表 5.2-1，供参考。

表 5.2-1　　　　　　　　经验公式系数参考表

爆破工程	振 动 量		系 数		ρ 值适用范围	爆 破 条 件
			K	α		
丰满水库岩塞爆破	加速度	地表垂直向	97	1.73	0.01~0.18	岩石为变质砾岩，炸药总量4068kg，最大一响药量1979kg
		地表径向	126	1.74	0.02~0.18	
		坝基顺河向	178	2.34	0.006~0.060	
		坝基垂直向	282	2.46	0.006~0.060	
	速度	地表垂直向	219	1.67	0.02~0.25	
		地表径向	304	1.61	0.02~0.16	
		地表切向	134	1.79	0.02~0.16	
		坝基顺河向	907	2.17	0.008~0.060	
		坝基垂直向	341	2.02	0.008~0.060	
	位移	坝基顺河向	741	2.55	0.008~0.060	
丰满试验岩塞爆破		地表径向加速度	90	1.68	0.01~0.15	总药量 828kg，最大一响 310kg
		地表垂直向加速度	80	1.73	0.01~0.15	
		坝基顺河向加速度	150	2.33	0.007~0.030	
镜泊湖岩塞爆破	加速度	地表径向	72	1.98	0.015~0.135	岩石为闪长岩，总药量1209kg，最大一响药量694kg
		地表垂直向	309	2.35	0.015~0.32	
		地下径向	26	1.77	0.024~0.440	
		地下垂直向	157	2.50	0.024~0.440	
	速度	地表径向	85	1.42	0.019~0.135	
		地下径向	52	1.53	0.026~0.088	
香山水库岩塞爆破		垂直向速度	164.90	1.50	0.0159~0.0880	岩石为斑状花岗岩，总药量 256kg，最大一响药量 106kg
		径向速度	256.30	1.61	0.0159~0.0880	
		径向加速度	300	2.48	0.015~0.050	

爆破工程	振　动　量	系　数		ρ值适用范围	爆　破　条　件
		K	α		
清河水库岩塞爆破	水平径向加速度	11	2.78	0.2～0.6	岩石为变质岩，总药量1190kg，两层药室药量981kg
密云水库岩塞爆破	竖向加速度	10	1.5	0.015～0.230	岩石为混合花岗片麻岩，总药量738.20kg，最大一响药量301.80kg
	径向加速度	16	1.5	0.015～0.230	
	竖向速度	47	1.55	0.015～0.230	
	径向速度	28	1.30	0.015～0.230	
	竖向位移	0.38	1.43	0.015～0.230	
	径向位移	0.19	1.20	0.015～0.230	

三、水工建筑物的破坏判据

对于水坝这种大体积的水工建筑物若以速度（或加速度、位移）值作为破坏判据，显然是不够的。因为这种方法并没有考虑到爆破地震强度、周期和作用时间同建筑物本身的周期、振型和阻尼等动力特性之间对破坏影响的主要因素。而不同类型的建筑物、结构型式、受力状况、材料以及使用年限等在动力反应上是不同的。

鉴于以单一的质点振动参量作为判断，未能具体考虑爆破振动引起建筑物破坏的原因及爆破地震和建筑物的动力特性关系，因此，对于重要的建筑物并不能满足抗震设计的要求。而水工建筑物则习惯于通过地震荷载对建筑物进行稳定和应力分析。

爆破荷载是一种突加的瞬时动荷载，而这种荷载具有一次最大冲击特性。对于有重要的水工建筑物如挡水坝，可以借助于天然地震的抗震设计理论对建筑物进行爆破动力分析。而对于复杂的结构（如地下结构），因为接近爆源，边界条件复杂难以确定荷载（大小、分布及随时间的变化）和结构的动力特性。这样只能按一般方法进行粗略计算分析；同时可借助于动应变测量手段，在建筑物上测量动应变值。因为已有的动力试验结果表明在各种加载速度作用下材料的极限变形值为一常数。既然动静荷作用下材料破坏具有同一极限变形值，这样动应变值的测量结果，就能直观地反映结构在该点的受力状态。所以我们可以根据极限变形、应力和稳定安全系数作为建筑物是否破坏的判据。

已进行的岩塞爆破和其他爆破工程都对爆破振动参量进行了测量，把这些工程实测物理量的最大值汇集于表5.2-2，供类似工程参考是有益的。对于所设计的爆破工程参考表中的数值作综合类比或把表中的数字考虑适当的安全系数，可作为爆破振动对建筑物的安全判据。

有关爆破振动的安全控制标准，目前已有一些规程规范作出了规定。《爆破安全规程》（GB 6722—2014）、《水电水利工程爆破施工技术规范》（DL/T 5135—2013）等规程规范对不同类型建（构）筑物、电站（厂）中心控制室设备、隧道与巷道、岩石高边坡和新浇大体积混凝土等各种保护对象按照不同的频率条件分别给出了各自的爆破振动安全允许控制标准（见表5.2-3）。

表 5.2－2 实测振动最大值及破坏情况

测量部位	振动量	最大值	破坏情况
混凝土护坡	速度	＞26.20cm/s	出现宏观破坏现象
	加速度	3.34m/s²	出现宏观破坏现象
平内岩石（闪长岩）	垂直加速度	10.12m/s²	个别掉块
基岩（花岗岩）	速度	74.30～371cm/s	有些闭合裂缝张开 1mm，长度也有所增加，但有些被石英充填良好的裂隙并无变化
地面	垂直加速度	5.54m/s²	无破坏
	径向速度	16.40cm/s	无破坏
混凝土重力坝（坝顶）	顺河向加速度	1.33m/s²	无破坏
	顺河向速度	6.93cm/s	无破坏
	位移	1.01～1.36mm	无破坏
泄水洞顶拱混凝土	拉应变	156$\mu\varepsilon$	无破坏
导流洞洞内岩石	环向应变	350～800$\mu\varepsilon$	原有裂缝张开或位移 3mm 以上洞壁塌方较多，但隧洞仍完整
爆破漏斗边缘	加速度	25.30m/s²	破坏
洞内岩石（万吨级爆破）	加速度	2.00m/s²	没有产生破坏
混凝土顶拱	加速度	3.20～3.50m/s²	没有产生破坏

表 5.2－3 爆破振动安全允许标准

序号	保护对象类别	安全允许质点振动速度 V/(cm/s)		
		$f\leqslant10$Hz	10Hz$<f\leqslant50$Hz	$f>50$Hz
1	土窑洞、土坯房、毛石房屋	0.15～0.45	0.45～0.9	0.9～1.5
2	一般民用建筑物	1.5～2.0	2.0～2.5	2.5～3.0
3	工业和商业建筑物	2.5～3.5	3.5～4.5	4.2～5.0
4	一般古建筑与古迹	0.1～0.2	0.2～0.3	0.3～0.5
5	运行中的水电站及发电厂中心控制室设备	0.5～0.6	0.6～0.7	0.7～0.9
6	水工隧洞	7～8	8～10	10～15
7	交通隧道	10～12	12～15	15～20
8	矿山巷道	15～18	18～25	20～30
9	永久性岩石高边坡	5～9	8～12	10～15
10	新浇大体积混凝土（C20）： 龄期：初凝～3d 龄期：3～7d 龄期：7～28d	1.5～2.0 3.0～4.0 7.0～8.0	2.0～2.5 4.0～5.0 8.0～10.0	2.5～3.0 5.0～7.0 10.0～12

续表

序号	保护对象类别	安全允许质点振动速度 V/(cm/s)		
		$f \leqslant 10\text{Hz}$	$10\text{Hz} < f \leqslant 50\text{Hz}$	$f > 50 \text{ Hz}$
11	预应力锚索（杆）及喷混凝土： 　龄期：初凝～3d 　龄期：3～7d 　龄期：7～28d		1.0～2.0 2.0～5.0 5.0～10.0	
12	坝基帷幕灌浆： 　龄期：初凝～3d 　龄期：3～7d 　龄期：7～28d		1.0～1.5 1.5～2.0 2.0～2.5	

注 1. 表中质点振动速度为三分量中的最大值；振动频率为主振频率。

2. 频率范围根据现场实测波形确定或按如下数据选取：硐室爆破 $f < 20\text{Hz}$；露天深孔爆破 $f = 10 \sim 60\text{Hz}$；露天浅孔爆破 $f = 40 \sim 100\text{Hz}$；地下深孔爆破 $f = 30 \sim 100\text{Hz}$；地下浅孔爆破 $f = 60 \sim 300\text{Hz}$。

3. 爆破振动监测应同时测定质点振动相互垂直的三个分量。

　　尽管表中列出的保护对象比较全面，但岩塞爆破工程现场可能还会遇到土石坝、挡水土石围堰、开关站等建筑物或临时设施。在没有具体控制标准的情况下，这类保护对象的安全允许振动标准，可大体参照工程的抗震设计标准，从《中国地震烈度表》查出的该抗震等级所对应的振动速度标准（速度区间）；再根据保护对象的完好程度、重要性等指标从速度区间内选取保护对象的安全允许振动速度控制标准。比如刘家峡洮河口排砂洞岩塞爆破，刘家峡大坝由混凝土坝和土石坝两种坝段组成，在选取土石坝的安全允许振动标准时，由于站址区的抗震设计为Ⅶ度，所对应的质点振动速度为 2.0～4.0cm/s；由于大坝运行多年，且距离岩塞现场较远，选取下限 2.0cm/s 作为刘家峡土石坝段的安全允许振动速度控制标准。

　　有关大坝承受动水压力（或涌浪）的控制标准，这里参考国内三峡三期围堰拆除工程的成功经验：

$$P = \rho \cdot g \cdot h / 0.8 / 1000000 \qquad (5.2-2)$$

式中：P 为允许动水压力，MPa；ρ 为水密度，$1.0 \times 10^3 \text{kg/m}^3$；$g$ 为重力加速度，9.8m/s^2；h 为水位差，m。

　　本次岩塞爆破时，库水位高程约 1724.00m，设计水位约 1735.00m，则允许动水压力：

$$P = 1000 \times 9.8 \times 11 \div 0.8 \div 1000000 = 0.135(\text{MPa})$$

　　于是，本次动水压力安全控制标准可按 0.135MPa（或 135kPa）考虑。

　　目前，人们对减轻震动灾害的研究，主要有两方面，即防震与抗震。一般来说，防震是对震动自身和震动发生规律的研究，主要通过有效预报和其他措施，使人们能够有效地预防或采取措施，分散、诱发、释放震动能量，减少震动的级次和烈度，减轻对建筑物的作用和危害。抗震则是人们在对震动的规律性认识还不足的情况下，对建（构）筑物采取的措施，其内容主要包括建筑、结构、地质以及设备等，涉及设计、施工、使用等各方面，其目的是通过采取各种措施加强建筑物的抗震能力。

由于自然地震与爆破振动的区别，要避免地震给建筑物造成灾害，不外乎预与防两种方法。预，就是采用科学的方法、先进技术和仪器设备，准确地预测预报地震发生的时间、地点和震级；防，就是及时采取必要的防备防护措施，使人民的生命财产少受损失。而针对爆破振动，则要根据爆破振动的特点，提高爆破的技术含量，通过控制装药量、微差爆破时间、爆破点与建筑物的距离等技术减小或避免爆破振动给建筑物带来的损坏。

第三节　爆破振动对混凝土上顶拱的影响

岩塞爆破时，紧邻岩塞下部的隧洞是距爆心最近的结构，该部分结构多采取混凝土衬砌型式进行支护；对于有聚碴坑的聚碴爆破，顶拱以下高边墙受爆破影响较大。对于爆炸近区衬砌结构而言，岩塞爆破对其破坏影响较大。因此，在开展结构设计时必须考虑爆破荷载影响。

一、爆破荷载

岩塞爆破时，靠近爆心处混凝土顶拱承受的主要荷载除了上覆岩（土）体荷重、结构本身的自重以及外水压力（有排水措施时，外水压力可只考虑部分作用）外，还需要考虑爆破荷载。爆破荷载对聚碴坑和顶拱结构的作用力比较复杂，在近区时主要考虑爆炸冲击压力，在稍远的位置则承受地震波的作用。地震波是纵波和横波同时作用在结构上，从岩塞爆破顶拱结构所处的位置看，似应以横波作用较大（见图 5.3 - 1）。

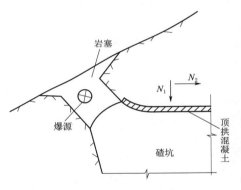

图 5.3 - 1　顶拱爆破荷载作用示意图

根据振动特性，横波对结构的作用是双向的，这与冲击波压力对结构的作用相似，当波振面正压力过后紧接着有负压产生。因此，结构设计时应考虑这些力的作用性质，并适当加强布置钢筋。

爆破冲击波及地震波对结构的作用属于同一种动力荷载。按照这种动力荷载进行结构计算，要考虑到在动载作用下材料强度的提高。因为在爆破荷载作用下，结构内部将产生快速变形，而钢筋、混凝土等材料的强度随应变速率的加大而有所提高。

在动荷载作用下，应根据材料的动力特性进行结构分析。目前，多数工程实例是将爆破动荷载换算成等效静荷载来进行结构计算。关于等效静荷载的计算方法，目前尚无成熟的经验，国内过去几个岩塞爆破工程的顶拱结构计算，是参考有关资料，粗略地按照爆破破坏半径的大小来给出等效静荷载数值。

炸药在土壤中爆炸，其破坏半径为

$$r_0 = K\sqrt[3]{Q} \tag{5.3 - 1}$$

式中：r_0 为破坏作用半径，m；Q 为药包重量，kg；K 为与地质有关的常数。

知道破坏半径后，按表 5.3 - 1 确定作用在结构上的等效静荷载。

表 5.3 - 1			爆 炸 作 用 等 效 荷 载				
距离 R/m	$0.5r_0$	$0.75r_0$	$1.0r_0$	$1.2r_0$	$1.6r_0$	$2.0r_0$	$2.5r_0$
等效静荷载/kPa	735.51	294.20	137.30	88.26	41.19	19.61	0

表中 R 为爆心距结构物之间的距离。表中给出的数值只适用于较小跨度的结构（3m以下），对于大跨度结构，上表中的数据只能作为参考。

关于结构动态计算，结合过去国内几个岩塞爆破观测资料，并进行一些基本假定，得到的经验公式可以粗略地估算爆破荷载作用下结构受力情况。

从测量水下爆破漏斗附近基岩分界面水中冲击波压力。可以直接近似得到岩体内压缩冲击波衰减规律及峰值压力。

$$P_R = K\left(\frac{Q^{1/3}}{R}\right)^a \tag{5.3-2}$$

式中：K 和岩石力学性质及炸药特性有关，丰满工程为 248，对于 2 号岩石炸药，$K <$ 248；对于泰安标准药球在花岗岩中爆炸，$K = 320$；a 指数取 2.0。

可以认为式（5.3-2）给出了爆炸时径向冲击波波头的峰值压力，即 $\sigma_r = -P_R$，经过一些假定和简化计算，得到作用于混凝土顶拱上的荷载为：

$$\left.\begin{aligned}\sigma_N &= \frac{-1+(1-2\mu)\cos2\theta}{2(1-\mu)}\sigma_r \\ \sigma_\tau &= \frac{1-2\mu}{2(1-\mu)}\sin2\theta\sigma_r\end{aligned}\right\} \tag{5.3-3}$$

式中：σ_N 为作用于混凝土顶拱的垂直爆荷载，kPa；σ_τ 为作用于混凝土顶拱的切向爆破荷载，kPa；μ 为岩石的泊松比。

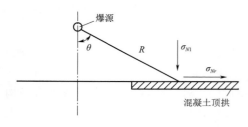

图 5.3 - 2　爆破荷载示意图

在岩塞爆破时，一般讲底部药包在混凝土顶拱高程以上，而高差不大，即 $\theta > \frac{\pi}{4}$，若取其极限情况，即 $\theta = \frac{\pi}{2}$，并取 $\mu = 0.25$，而此时 σ_N 即为作用于混凝土顶拱的径向荷载。根据径向荷载，可以用等效荷载方法来作用于混凝土顶拱的静压力。

$$\left.\begin{aligned}P_{静} &= K_{动} \cdot P_{动} \\ K_{动} &= 2\left(1 - \frac{1}{\omega \cdot t_p} \cdot \tan^{-1}\omega \cdot t_p\right)\end{aligned}\right\} \tag{5.3-4}$$

式中：ω 为结构的自振圆频率；t_p 为爆破冲击波荷载的有效持续时间，s。

对于复杂的爆破脉冲荷载，当脉冲持续时间 $t_p \ll T$（T 为结构的自振周期）时，则爆破脉冲荷载可近似按冲量进行计算，那么等效静荷载为

$$P_{静} = \omega \cdot S_p = \frac{2\pi}{T} \cdot S_p \tag{5.3-5}$$

式中：S_p 为爆炸荷载的冲量值。

设计荷载确定后，便可以进行结构设计，确定结构的断面尺寸和配筋情况。渣坑顶拱根据具体情况，可以采用多种结构形式。但对于有坑的爆破，多采用拱形结构，把顶拱和边墙分开，顶拱作为弹性固端拱进行应力分析。

在垂直荷载作用下，厚度按余弦规则变化的低拱计算按下式进行。

与铅直面成倾角 φ_k 的断面中，拱断面厚度为

$$h_\chi = \frac{h_0}{\cos\varphi_k} \tag{5.3-6}$$

式中：h_0 为拱顶断面厚度，m。

变厚度拱中未知数按下式计算：

$$X_1 = \frac{qr^2 \left[d(0.9419 + 2.9754i + 0.4005d + 2.4773di) + 0.9650i \right]}{d(10.6168 + 10.3915i + 4.3640d + 26.9958di) + i} \tag{5.3-7}$$

$$X_2 = \frac{gr^2 \left[d(7.6760 - 9.0574i + 3.5466d - 6.5645di) - 1.5i \right]}{d(10.6168 + 10.3915i + 4.3640d + 26.9958di) + i} \tag{5.3-8}$$

式中：$d = \dfrac{K_1 r}{E}$，m；$i = \left(\dfrac{h_0}{r}\right)^2$；$r$ 为衬砌轴线半径，m；h_x 为拱厚，与铅直面成倾角 φ_k 断面的拱厚，m；K_1 为地层弹性抗力系数，GPa；E 为衬砌材料的弹性模数，GPa。

拱断面中的弯矩于轴向力可用下式求出：

$$M = M_\rho + X_1 + X_2 Y \tag{5.3-9}$$

$$N = N_\rho + X_2 \cos\varphi \tag{5.3-10}$$

拱圈各断面的 M_ρ、Y、N_ρ 和 $\cos\varphi$ 列于表 5.3-2 中。

表 5.3-2 拱圈各断面的弯矩和轴向力

φ	M_ρ	Y	N_ρ	$\cos\varphi$
0°	0	−0.173r	0	1.000
15°	−0.0335qr2	−0.139r	0.0671qr	0.9659
30°	−0.1250qr2	−0.039r	0.2500qr	0.8660
45°	−0.2500qr2	−0.120r	0.5000qr	0.7071
60°	−0.3750qr2	−0.327r	0.7500qr	0.5000

二、观测

在爆破近区，观测的项目主要有混凝土动应变、岩石动应变及钢筋应力等，测点多布置在爆心附近。在已爆破的工程中，测点距爆心的距离，最近者只有 5m 左右（水平距离）。

近区动态观测，多为预埋探头或把应变片贴在混凝土结构表面。结合测量方式，探头可以用混凝土块等材料制成，其内部贴上电阻应变片并用环氧树脂等绝缘材料封涂，以便防潮绝缘保护。探头尺寸应结合工程的具体情况进行设计，观测时采用高频应变仪设备。

镜泊湖工程水下岩塞爆破，最大一响药量为 694.4kg，测点断面距爆破中心约 9m（水平距离，桩号为 0—002.5），结构为拱形结构。考虑爆破的影响，设计采用的等效静荷载为 0.6MPa，结构型式为混凝土衬砌厚 1.0m，配双向钢筋，环向为螺纹钢筋直径 32mm，间距 10cm，纵向为螺纹钢筋，直径 25mm，间距 20cm，在拱断面均匀布置 5 个测点，并在混凝土中预埋探头。测点位置如图 5.3-3，测点成果见表 5.3-3。

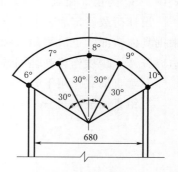

图 5.3-3　镜泊湖工程水下
岩塞爆破顶拱测点布置
（尺寸单位：cm）

表 5.3-3　　　　　　　　　　渣坑顶拱混凝土动应变观测成果

测点编号	测点位置	测点方向	第 一 响				第 二 响				二响间隔时间/ms	残余应变/με
			压应变/με	拉应变/με	正相持续时间/ms	主振相持续时间/ms	压应变/με	拉应变/με	正相持续时间/ms	主振相持续时间/ms		
混凝土6	拱脚	环向	−260	87	17	73	—	—	—	—	—	—
混凝土8-1	顶拱	环向	−240	86	17	24	−293			67	50	−138
混凝土8-2	顶拱	垂直向	—	236	17	17	−15	132	17	59	48	44
混凝土8-3	顶拱	轴向	−525	—	17	42	−109	—	17	42	53	−33
混凝土10	拱脚	环向	−160	110	17	42	−247	—	42	42	56	−148

从观测成果看，各测点压应变和拉应变都没有达到破坏极限，尽管个别点拉应变接近抗拉极限，但残余应变较小，经观察并无破坏现象，认为爆破时顶拱结构是处于安全状态。

丰满岩塞爆破，拱结构产生的最大压应变为 −502με，最大拉应变 156με，和混凝土动抗拉强度比较接近，并在 0.2s 以后各测点波形呈平直状态，且有一定的残余应变。由此看出拱结构是在安全状态下进行工作，由爆破后进行对结构的潜水检查也证实了这一点。爆破时顶拱动应变观测成果见表 5.3-4，各测点位置见图 5.3-4，测点断面距混凝土衬砌前端 3.6m。

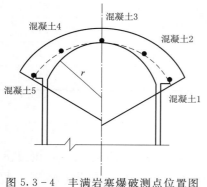

图 5.3-4　丰满岩塞爆破测点位置图

表 5.3－4　　　　　　　　　　　　丰满工程混凝土顶拱动应变观测成果

测点编号	测点位置	测点方向	实测应变值 $\varepsilon_0/\mu\varepsilon$			实际应变值 $\varepsilon/\mu\varepsilon^*$			峰值上升时间/ms	正相持续时间/ms	主振相持续时间/ms	备注
			压应变	拉应变	残余应变	压应变	拉应变	残余应变				
混凝土1	Ⅰ断面左拱脚	环向	－288	129	－14.3	－276	156	－17.3	9	50	80	先拉后压
混凝土2	Ⅰ断面左拱肩	环向	－386	—	－214	－467	—	－259	5	50	80	
混凝土3	Ⅰ断面顶拱	环向	－384	72.0	－84.0	－467	87	－102	5	24	100	
混凝土4	Ⅰ断面右拱肩	环向	－415	—	－85.7	－502	—	－104	5	34	100	
混凝土5	Ⅰ断面右拱脚	环向	－128	42.8	－71.5	－155	52.0	－86.5	11	47	100	先拉后压
混凝土6	Ⅱ断面左拱脚	环向	－172	57.2	—	－208	69.0	—	10	31	90	
混凝土9	Ⅱ断面右拱肩	环向	－387	53.4	－66.7	－467	64.5	－81.0	5	33	100	
混凝土10	Ⅱ断面右拱脚	环向	－102	—	－12.7	－127	—	－15.7	5	32	100	

＊　考虑导线修正系数后的实际应变值。

密云水库潮河泄空洞岩塞爆破时，在岩塞后部布置有两个动应变测量断面（Ⅰ断面和Ⅱ断面分别距混凝土衬砌前端为 1.0m 和 8.31m），共 10 个测点。Ⅰ断面拱肩和拱脚出现最大拉应变＋208$\mu\varepsilon$，压应变－190$\mu\varepsilon$，正相作用时间仅 15ms。按材料动力特性衡量，拱结构承受最大拉应力为 6.0MPa 左右，于拱结构承载力 6.8MPa（按《美国空军设计手册》计算拱结构承载力的方法进行估算）比较，拱结构在爆破瞬时是处在临界状态。而Ⅱ断面较Ⅰ断面远些，从实测变形来看，结构也是属于安全的。

三、爆后顶拱混凝土结构破坏情况

在爆破近区，建筑物受动力荷载作用，选取什么样的结构型式，是值得研究的问题。对有聚碴坑的岩塞爆破，一般来讲边墙高度相对较高，多采用分离式的拱形结构。按爆破时的荷载和正常情况下的荷载相叠加，对结构进行应力分析。我国几个岩塞爆破碴坑顶拱衬砌情况如表 5.3－5 所示。

从顶拱结构看，多采用钢筋混凝土衬砌型式。但对结构抗振来讲，薄的结构要比厚的衬砌结构有利，这一点国外资料也有介绍。镜泊湖工程在岩塞爆破口的下部引水洞部分做了一段喷锚结构，锚筋用 ϕ16mm，长 2.5～3m，每平方米一根，挂 ϕ12mm 钢筋网并喷射 15cm 厚混凝土。爆破以后潜水检查，该段喷锚结构是完好的。所以设计工程中，在确定进水口渣坑顶拱结构型式时，如果该段岩石情况较好，不靠结构承受上覆岩层的重量，这样可以采用喷锚结构，否则应研究衬砌结构型式。

国内几个岩塞爆破工程及爆破试验，对结构的冲击及振动问题，一般都进行了观测，从宏观来看，这些裂缝大都是在爆破荷载作用下剪切应力造成的。一般来讲，裂缝多分布在拱的前端，拱脚处较拱顶多，裂缝与洞轴线有一定的夹角。因此，在考虑结构配筋时，要加强纵向钢筋及分布钢筋数量，以减少裂缝的产生。

表 5.3－5　　　　　　　　　　　各工程渣坑顶拱配筋情况

工程名称	顶拱跨度/m	混凝土衬砌厚度/m	荷载组合情况	配筋情况 环向	配筋情况 纵向	备注
清河工程试验洞	6.5	1.0	基本荷载	上层Φ16@20 下层Φ25@20	上层Φ10@20 下层Φ10@20	第三段3.5m长配筋
丰满工程试验洞	6.0	0.6	基本荷载	Φ19@20	Φ12@30	
镜泊湖工程试验洞	4.6	0.5	基本荷载	Φ25@20	Φ12@20	顶拱边墙分离式结构
镜泊湖工程	6.8	1.0	588.41kPa爆破荷载＋基本荷载	Φ32@10	Φ25@20	顶拱边墙分离式结构
丰满工程	11.0	1.2～1.5	294.20kPa爆破荷载＋基本荷载	上层Φ25@20 下层Φ25@20	Φ19@20	拱脚厚1.5m
密云潮河泄空洞	5.5	0.7				无渣坑圆形洞

　　从几个工程的宏观观测看，没有出现平行于洞轴线的贯穿裂缝，结构本身都处于安全状态，不会影响建筑物的运行安全。

　　从微观来看，如表 5.3－4 所示，混凝土出现的拉应变和压应变都没有达到破坏极限，它和宏观得出来的结论是相吻合的，建筑物都处于安全状态。而表 5.3－6 和表 5.3－7 给出数值，则说明了当建筑物产生了拉应变为＋158$\mu\varepsilon$ 及压应变为－645～655$\mu\varepsilon$ 时，建筑物只是产生了局部的较轻微的裂缝，但是这些裂缝的产生，都不会影响建筑物的正常运行。

表 5.3－6　　　　　　　　　　丰满工程试验爆破顶拱应变观测成果

测点编号	测 点 位 置	方向	应变量 $\varepsilon/\mu\varepsilon$ 压应变	应变量 $\varepsilon/\mu\varepsilon$ 拉应变	周期/ms	持续时间/ms
1	Ⅰ断面顶拱	轴向	＞－300*		20	
2	Ⅰ断面顶拱	环向	－240	158	20	
3	Ⅲ断面顶拱	轴向	＞－260	145	20	
4	Ⅲ断面顶拱	环向	＞－150	139	20	
5	Ⅲ断面左半拱中部	环向	－192	141	20	
6	Ⅲ断面拱脚	环向	＞－100	75	20	
7		轴向	－100～－300	34	20	
8		轴向	－70～－100	31	20	
9	埋设于混凝土与导洞之间的岩体内	轴向		100	20	
10	埋设于混凝土与导洞之间的岩体内	轴向		105	20	
11	埋设于混凝土与导洞之间的岩体内	轴向			20	

＊　＞－300$\mu\varepsilon$ 为估计值，因波形峰值已出胶卷。

测点编号	测点位置	方向	应变量 ε/με		周期 /ms	持续时间 /ms
			压应变	拉应变		
应 1	Ⅱ断面顶拱	轴向	−655		2	200
应 2	Ⅱ断面顶拱	环向	−350			100
应 3	Ⅱ断面左半拱中部	环向		844*	6	160
应 4	Ⅱ断面拱脚	环向	−482	—	20	100
应 5	Ⅱ断面拱脚	环向	−510	30	20	100
应 6	Ⅳ断面顶拱	轴向	−1200		3	200
应 7	Ⅳ断面顶拱	环向	−645		3	100
应 8	Ⅳ断面拱脚	环向	−222	11	20	100

表 5.3－7　　　　　丰满工程试验爆破顶拱应变观测成果

* 　根据测后分析该点波形图，应为−844με是呈压应变状态。

第四节　爆破对进口边坡影响和高边墙稳定措施

一、爆破口以上边坡的稳定

爆破洞口以上洞脸山体的稳定与否，直接影响着岩塞爆破的成败。如果地质条件不好，又没有经过加固处理，在强烈的爆破振动影响下，就会产生大量的塌方威胁运行的安全。特别是对于那些地形陡，又没有聚渣坑的进水口威胁更大。

对洞脸稳定问题，首先要进行地形、地质资料的分析。对可能存在的各种组合下滑面，先进行静力计算。在这个基础上再考虑爆破影响。当计算出现不稳定时，必须进行加固处理，或必要的防护措施。对于只是表层不稳定的洞脸，可以采用打锚栓喷混凝土结构加固，或者加钢筋网喷混凝土。对于有深层滑动面的情况，就必须采用深锚栓或者预应力锚索等加固措施。

在受振动荷载的时候，对滑动面减小了内摩擦角，在垂直与水平方向分别产生了震动加速度，对下滑体增加了下滑力。这时可以在设计中采用动力系数增大 1.5～2.0 倍静力荷载来处理。当安全系数不够时，就必须进行加固。

采用预应力锚索加固岩塞以上洞脸处不稳定的山体是一种好方法。它不仅承担了全部的下滑力，同时施加的预应力增加了阻抗下滑力，有利于稳定，并且具有抗震的良好性能。在镜泊湖进水口山体加固中，对预应力锚索进行了动态观测和静态观测。动态观测是采用 Y6D－3 型 6 线动态应变仪及 SC－1 型八线示波器，3×2 的纸基应变片，贴到锚索高强钢丝上，进行爆破时动应变测量。从测量结果表明锚索的抗震性能良好，预应力锚索起到了预想的效果。静态观测是采用 YJ－5 型电阻应变仪测量应变，用测长仪及差动变压器测位移、用比例电桥及卡尔逊应变计测应变，对锚索施工时施加预应力以及爆破后锚索的

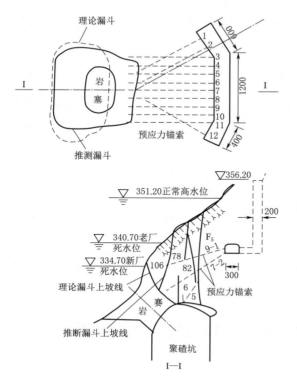

图 5.4 - 1　镜泊湖工程进水口山体加固锚索布置

（尺寸单位：cm）

受力情况进行观测，表明锚索运行效果良好。

对于预应力锚索的计算，一般要求安全系数等于 1.0～1.5，爆破震动荷载可以近似采用增大 1.5～2.0 倍静荷载。为了施工方便，预应力锚索的种类不宜多。设计中锚索的作用最优方向再向下成滑动面的内摩擦角的倾角角度。锚索的吨位选择，要符合其合理布局，使锚索即不疏也不过密。例如一个滑动体的稳定计算只需要一根大锚索就可以满足稳定要求，但却不能保证山体的稳定。因为岩石不是完整的。在它的应力达不到的地方，被节理或断面切割的情况下，照样会产生塌方。根据岩石的破碎情况和锚索的吨位大小，来考虑布置排距和孔距。一般在表部没有完整的结构物（例如钢筋混凝土衬砌等）的情况下预应力锚索布置成 3～6m 孔距和排距，他们之间再用小锚杆加固的办法是可以得到保证的。如果表部有整体的结构物与锚索相连，则锚索的布置可不受限制。

大吨位的锚索具有较好的经济性，但钻孔和锚索制作相对困难。锚索不能只按计算成果布置。一般情况采用 600～1200kN 范围内比较容易制作。钻孔直径 $\phi100$～$\phi200$mm 都可以达到高速度地钻进效果，对于大吨位的机械锚头，制作也是比较困难的。在施工期允许的情况下，都应该尽量采用回填灌砂浆式的内锚头。关于预应力锚索加固洞脸山坡的布置，可参考镜泊湖扩建工程进水口山体加固预应力锚索的布置。

二、对高边墙的稳定分析和加固措施

对于高边墙的稳定分析同爆破洞口以上山体的稳定分析相类似，但是高边墙更为陡直，所以大面积的高边墙的稳定问题更为突出。对它进行加固比较理想的办法是喷锚结构。特别有深层滑动面时，打长锚栓或大型预应力锚索更为适宜。丰满岩塞爆破聚碴坑的高边墙就采用了 600kN 级的钢绞线型的预应力锚索加固，取得了较好的加固效果。镜泊湖的岩塞爆破的集渣坑高边墙采用 $\phi25$mm、长 5m 的锚栓灌注砂浆（即砂浆锚栓）加固，岩碴堆积线以上的边墙有喷混凝土护面。效果都比较理想。因为它经受了施工期的岩塞爆破时地震波的振动影响，以及经受了高速水石流的冲击影响，安然无恙。

第五节　刘家峡岩塞爆破对结构抗震影响

一、岩塞爆破对混凝土顶拱的影响

目前国内对爆炸荷载作用下的混凝土拱结构的应力应变计算尚无完善的理论计算公式，为了工程上的需要，大多参照国内外有关资料，采用工程类比法来分析岩塞爆破对混凝土顶拱的影响，对刘家峡排砂洞混凝土拱结构的安全度分析，同样采用这样的方法。

（一）作用于混凝土拱结构荷载的计算

根据丰满岩塞爆破试验，实测岩石内压缩冲击波压力峰值：

$$P = 248\left(\frac{Q^{\frac{1}{3}}}{R}\right)^2 \qquad\qquad (5.5-1)$$

国外一些小型试验实测花岗岩内岩石冲击波压力峰值：

$$P = 320\left(\frac{Q^{\frac{1}{3}}}{R}\right)^2 \qquad\qquad (5.5-2)$$

为安全起见，在刘家峡工程中取式（5.5-2）进行计算 P 值。

作用于顶拱上垂直荷载 σ_x 如图 5.5-1 所示，借助于摩尔应力圆投影法可以求得

$$\sigma_x = \frac{1+(1-2\nu)\cos 2\theta}{2(1-\nu)}p \qquad\qquad (5.5-3)$$

式中：ν 为岩石泊松比，取 $\nu = 0.25$；θ 为径向与垂直向夹角。

现在，求距衬砌始端 0.5m 处，垂直作用于顶拱上荷载 σ_x，该处顶拱厚度 $h = 1.2$m，拱半径 $r = 5$m，θ 角接近 $90°$，药量选取距该处最近的 1 号与 2 号药包药量之和 $Q = 346.10$kg，爆心距 $R = 7.79$m，则：$\sigma_x = 86.65$kg/cm^2。

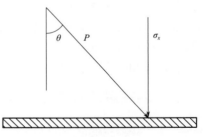

图 5.5-1　顶拱垂直荷载分布图

（二）作用于顶拱上的等效静荷载和顶拱应力

作用于顶拱上的等效静荷载用 $P_{静}$ 表示：

$$P_{静} = K_{动} \cdot \sigma_x \qquad\qquad (5.5-4)$$

式中：$K_{动}$ 为动荷系数，可用下式表示：

$$K_{动} = 2\left(1 - \frac{1}{\omega \cdot t_p} \cdot \tan^{-1}\omega \cdot t_p\right) \qquad\qquad (5.5-5)$$

式中：ω 为结构的自振园频率；t_p 为爆破荷载的有效持续时间。

参考丰满的观测结果，$t_p = (3.5\sim4.0)$ms，结构自振周期为 30ms，根据式（5.5-5）可求 $K_{动} = 0.3$。则该处等效静荷载 $P_{静}$ 为 26.00kg/cm^2，则拱结构轴的推力 T 为 1300t/m，拱轴应力为 108.3kg/cm^2，该值比混凝土动力屈服强度 280kg/cm^2 要小，结构是安全的。

（三）混凝土结构抗力计算

根据有关文献和资料介绍（美军防护手册）关于拱结构的结构抗力则有如下关系式：

$$q = (0.85 f'_{dc} + \varphi 0.009 f'_{dy}) \frac{h}{R} \qquad (5.5-6)$$

式中：f'_{dc} 为混凝土动力屈服强度，取 280kg/cm^2；f'_{dy} 为钢筋动力屈服强度，取 3500kg/cm^2；φ 为总配筋率，此处取 0.01；h 为拱的厚度，取 120cm；R 为拱的半径，取 500cm。

求得 $q = 57.19\text{kg/cm}^2$，说明混凝土结构抗力为 57.19kg/cm^2，大于等效静荷载 26kg/cm^2，故结构基本上是安全的，但由于混凝土顶拱应力有可能出现拉应力，不排除混凝土中有裂缝存在。

（四）混凝土顶拱前沿安全程度分析

通过上述计算给出了排沙洞混凝土顶拱前沿（距衬砌始端 0.5m）在药量 $Q = 507.58\text{kg}$ 情况下的垂直动荷、等效静荷载、顶拱应力、结构抗力等计算值，把它与国内几个已经进行爆破作用的拱结构爆破时受力状况和宏观调查情况进行比较，如附表所示，排沙洞混凝土顶拱前沿的顶拱应力值，与丰满 $2:1$ 岩塞爆破试验顶拱前沿的顶拱应力相比，小于丰满试验所得的顶拱应力值，故丰满 $2:1$ 岩塞爆破试验的宏观调查对刘家峡岩塞爆破工程分析爆破对顶拱的影响很有参考意义。与前三个工程实例相比，相信排沙洞混凝土顶拱前沿还是安全的。

（五）爆破对混凝土顶拱的影响

当 $Q = 2340\text{kg}$，$R = 10\text{m}$ 时，垂直动荷载为 188kg/cm^2，等效静荷载为 56.4kg/cm^2，拱结构轴的推力为 2820t/m，顶拱应力为 235kg/cm^2。

此时，拱结构抗力 57.19kg/cm^2 略大于等效静荷载 56.4kg/cm^2，顶拱应力 235kg/cm^2 略小于混凝土动力屈服强度，接近丰满岩塞爆破试验所得的顶拱应力值，通过与其他工程实例的比较，排沙洞混凝土顶拱前沿还是安全的，但是安全余度不大，建议最大一响药量还是不超过 1740kg 为好。

二、岩塞爆破对 F_7 断层影响问题

F_7 断层位于岩塞口边坡的坡顶，在 $1690 \sim 1700\text{m}$ 处尖灭，从地质剖面图上可看出，F_7 断层中部重力点 B 点距爆心约 60m 左右，现在我们考虑岩塞爆破时对 F_7 断层影响问题。

设 $Q = 1300\text{kg}$，$R = 60\text{m}$，对 F_7 断层中部 B 点的影响，B 点处水平向振动速度为：

$$v = 304 \cdot \left(\frac{Q^{\frac{1}{3}}}{R}\right)^{1.61} = 304 \times \left(\frac{1300^{\frac{1}{3}}}{60}\right)^{1.61} = 19.54\text{cm/s}。$$

该值接近中国地震烈度表参考物理指标水平向速度 $19 \sim 35\text{cm/s}$，接近Ⅷ度地震下限，该烈度显示干硬土上出现裂缝，岩石破碎地段可能发生滑坡。

根据西北院地质部门的工作，认为在Ⅷ度地震条件下，F_7 断层稳定系数小于 1，根据我们的计算，在爆破地震状态下，F_7 断层中部接近Ⅷ度地震，稳定系数 K 值小于 1，因此，应对 F_7 上盘不稳定体进行锚固处理。

设 $Q = 2340\text{kg}$，$R = 34\text{m}$，对 F_7 断层中部 B 点的影响，B 点处水平向振动速度为：

$$v = 304 \times \left(\frac{2340^{\frac{1}{3}}}{34} \right)^{1.61} = 66.89 \mathrm{cm/s}。$$

该值接近中国地震烈度表参考物理指标水平向速度 $36 \sim 71 \mathrm{cm/s}$，接近Ⅸ度地震上限，该烈度显示，基岩上要出现裂缝、滑坡。很明显，方案一对 F_7 断层影响要比方案二减弱很多。

三、岩塞爆破对水工建筑物的影响

刘家峡电站大坝最高坝段距爆心超过 $1000\mathrm{m}$，左坝头距爆心最近只有 $650\mathrm{m}$，现分两部分对其进行讨论。

（一）对最高坝段的影响

从枢纽布置可以看到，水下岩塞爆破时，大坝承受地震波和水中冲击波两种动荷载的作用，首先到达坝基的是地震波，后到达的是水击波，水击波滞后时间 Δt 为（1000/1500）－（1000/5000）＝0.45s 这么长的滞后时间决定了两种动荷载不会叠加，分别作用在坝段上。

作用在坝段上的水击波压力值为

$$p = 64.3 \cdot \left(\frac{Q^{\frac{1}{3}}}{R} \right)^{1.10} = 64.3 \times \left(\frac{1300^{\frac{1}{3}}}{1000} \right)^{1.10} = 0.45 \mathrm{kg/cm^2}$$

式中：Q 为最大一向药量 $1300\mathrm{kg}$；R 为爆破中心距建筑物距离 $1000\mathrm{m}$。

从该值来看，量值不大，又是高频、作用时间短，对大坝影响不大。

坝基地震波强度以速度值表示，参考丰满岩塞爆破测试结果：

$$V_{坝基顺} = 907 \cdot \left(\frac{Q^{\frac{1}{3}}}{R} \right)^{217} = 907 \times \left(\frac{1300^{\frac{1}{3}}}{1000} \right)^{1.10} = 0.05 \mathrm{cm/s}$$

该顺河向坝基速度值 $0.05\mathrm{cm/s}$，远远比大坝安全允许振速 $3\mathrm{cm/s}$ 小得多，大坝在地震荷载作用下亦是安全的。

（二）对最近坝段—左坝头的安全影响

由于是位于坝头，可不考虑水击波影响，它受到的地震波影响，可采用丰满岩塞爆破地面影响场公式，见下式。该处振动速度也同样比大坝安全允许振速小，左坝头是安全的。

$$V = 304 \cdot \left(\frac{Q^{\frac{1}{3}}}{R} \right)^{1.61} = 304 \times \left(\frac{1300^{\frac{1}{3}}}{650} \right)^{1.61} = 0.42 \mathrm{cm/s}$$

第六章　岩塞口进口段水工建筑物设计

第一节　进口段水工建筑物布置

依据水下岩塞爆破工程的特点，岩塞进口段一般是指从进口边坡至主洞间的这一部分建筑物（图 6.1-1）。进口段通常包括进口边坡、岩塞、渐变段、集渣坑及连接段等，渐变段为岩塞内口至集渣坑之间的部分，一般是由圆形变为城门洞或方型结构，或者由城门洞变为方形或城门洞结构，结构比较复杂。连接段指集渣坑至主洞之间的部分，为渐变异形结构，但不同工程受集渣坑型式影响，有的不设置连接段。

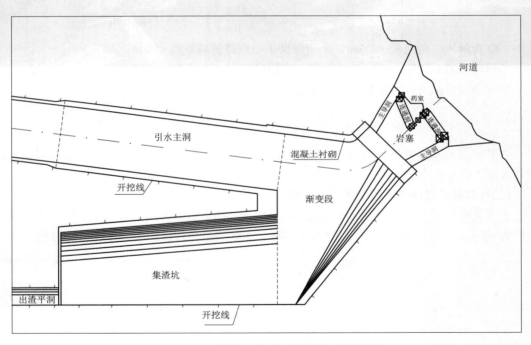

图 6.1-1　岩塞口进口段建筑物布置示意图

一、进水口位置的选择

进水口的布置，宜根据使用要求、枢纽总布置、地形地质条件，使水流顺畅，进流均匀，出流平稳，有利于防淤、防冲及防污等。

洞口宜选在地质构造简单，风化、覆盖层及卸荷带较浅的岸坡，应避开不良地质构造和山崩、危崖、滑坡及泥石流等地区。

进水口的布置应重视以下几个方面。

（一）满足洞口的主要功能

（1）在电站各种工况、各种运行水位下，必须满足过流能力的要求。

（2）在水道系统、发电厂房发生事故或检修时，能够及时下闸截断水流。

（3）应具有拦截泥沙和污物的功能。

（二）一般应考虑的地形条件

（1）洞口地段地形要陡，地面坡度较大。

（2）不宜在冲沟处布设洞口，因为该处常有地面径流汇集，也常为构造破碎的软弱地带。

（3）洞口段应尽量垂直地形等高线，交角不宜小于 30°。

（4）洞口选在悬崖陡壁下，要特别注意风化、卸荷作用所造成岩体的坍塌，以及坡面的危石处理。

（三）一般考虑的地质条件

（1）洞口宜布置在岩体新鲜、完整、出露完好，且有足够厚度的陡坡地段。

（2）岩体产状对洞口边坡稳定影响较大，逆坡向的岩体对洞口稳定有利，可不考虑倾角大小。顺坡向岩体的洞口，若倾角为 20°～75°时，易产生沿软弱结构面滑动。

（3）岩脉、破碎带、岩体软弱及风化破碎的地段，一般不宜布设洞口。

（4）洞口应避开不良地质地段，如滑坡、崩塌、危石、乱石堆、泥石流及岩溶等。

二、底板高程设置

水下岩塞爆破工程均为有压进水口。进口高程按最低运行水位、体型布置确定的进水口高度、最小淹没水深要求等因素确定。保证最低运行水位下不进入空气和不产生漏斗状吸气漩涡，并使引水道最小压力及闸门井最低涌浪满足规范要求。

三、最小淹没水深

最小淹没水深是指进水口上游最低运行水位与进水口后接引水管道顶部高程之差，这是保证进水口有压流态所必需的。否则，忽而满流忽而脱空，进水口将出现真空，引起流量的减小以及建筑物的振动。经国内外广大研究者的多年工作总结，提出下列几个有代表性的进水口淹没水深经验表达式。

Gordon，J. L. 提出的不发生吸气漩涡的最小淹没水深为

$$H = kv\sqrt{h} \tag{6.1-1}$$

式中：H 为不发生吸气漩涡的最小淹没水深，m；v 为进口流速，m/s；h 为孔口高度，m；k 为系数，k 在来流对称时用 0.55，来流不对称时用 0.73。

Pennino，B. J. 认为在来流均匀、流态较好时，费汝德数为

$$Fr = \frac{v}{\sqrt{gh'}} < 0.23 \tag{6.1-2}$$

式中：g 为重力加速度；h' 为进口中心线以上水深。

$Fr<0.23$ 时才不出现吸气漩涡。如设计不当，来流不均匀，即使满足上述要求也可能产生吸气漩涡；相反，如果采取一定的防涡吸气措施，即使淹没水深小于计算值，也有可能不进气。

Gulliver，J. S. 认为侧式取水口在满足下列条件时，很少发生吸气漩涡。

$$Fr=\frac{v}{\sqrt{gh'}}<0.5（侧式进口）\qquad(6.1-3)$$

福原华一认为不发生掺气漩涡的临界淹没度为

$$\frac{H}{h}=\begin{cases}3.5\sim5.5（垂直旋涡）\\2.5\qquad（水平旋涡）\end{cases}\qquad(6.1-4)$$

谭颖等对 81 个工程和试验的资料进行分析，得出：

$$Fr\leqslant0.5\qquad(6.1-5)$$

$Fr\leqslant0.5$ 时一般不产生吸气漩涡。

比较分析以上研究情况可知：对于不出现吸气漩涡临界淹没水深的要求，福原华一最高，谭颖和 Gulliver，J. S. 最低。一般认为 Gordon，J. L. 的经验公式较全面，我国进水口规范建议采用式（6.1-1）来估算。它包含了孔口流速和孔口尺寸因素，还考虑了进口的边界条件。由于是以实际工程原型和模型试验资料为基础来判断是否产生吸气漩涡，缺乏理论根据，只能作为可行性研究阶段的依据。

一些经验公式和研究情况都没能反映具体进水口的边界条件千差万别的影响，而这种影响在很多情况下却具有决定性的意义。在工程设计中，一般都根据工程特点进行专门的水力学模型试验研究，最终决定进水口尺寸和各种水力参数。

四、引水隧洞断面确定

水下岩塞爆破工程引水隧洞为有压隧洞，宜采用圆形断面。在地质条件优良或内水压力不大的情况下，为了施工的方便，也可采用马蹄形和方圆形等断面。

隧洞的断面尺寸一般由技术经济计算确定。在隧洞过水流量已定的情况下，断面尺寸决定于洞内流速，流速愈大所需横断面尺寸愈小，但水头损失愈大，故发电隧洞的流速有一个经济值称为经济流速，有压隧洞为 2.5～4.5m/s，同时也要考虑对隧洞结构的冲刷破坏。

初步拟定有压隧洞断面尺寸时可用下列公式估算：

$$D=\sqrt[7]{\frac{5.2Q_{\max}^{3}}{H}}\qquad(6.1-6)$$

式中：D 为圆形断面直径和矩形断面的宽度，m；Q 为流量，m^3/s；H 为作用水头，m。

在引用流量已定的情况下，加大隧洞尺寸，开挖方量和衬砌工程量亦加大，投资相应增加，但断面平均流速减小，隧洞水头损失相应减小，水电站的动能效益随之补充单位电能投资增加。反之，隧洞断面尺寸缩小，隧洞投资减少，水电站的动能效益亦减少。结合施工条件、水工布置及电站经济性等，拟定几个断面比较方案，使其断面流速尽可能接近经济流速。随着断面尺寸的增加，补充单位电能投资逐渐增加，补充单位电能投资最接近电站本身单位电能投资的方案即是最经济的断面方案。

五、进口段布置

（一）进口段水工建筑物布置要求

（1）对进水口上方边坡进行稳定分析，并采取支护、加固措施。

（2）依据岩塞体体积和水下淤泥情况，确定集渣坑容积。

（3）结合水工模型试验成果，确定集渣坑型式和尺寸。

（4）确定引水隧洞和岩塞口断面型式和断面尺寸。

（5）岩塞口与集渣坑之间采用钢筋混凝土渐变段连接，渐变段体型要布置平顺，利于集渣坑集渣和保持水流顺畅。

（6）集渣坑布置要有利于集渣，结构稳定、简单，方便施工。

（7）集渣坑至引水隧洞段为连接段，连接段采用钢筋混凝土渐变结构，体型布置要平顺，利于水流顺畅、进流均匀。

（8）进口段结构计算要考虑爆破荷载，混凝土等级要满足抗冲耐磨要求。

（二）进口段布置案例

1. 刘家峡水电站洮河口排沙洞进口段岩塞爆破工程

排沙洞进口段建筑物由排沙洞主洞段、高边墙段、岩塞段和集渣坑组成（图6.1-2）。

平面布置：排沙洞进口段建筑物布置在同一轴线上，其方位角为NE3°41′25″，桩号为0−018.60～0−110.87。主洞段桩号为0−018.60～0−082.99，高边墙段桩号为0−082.99～0−102.17，岩塞段桩号为0−102.17～0−110.87。集渣坑桩号为0−046.04～0−082.99，布置在排沙洞主洞段的下方。见图6.1-3。

立面布置：岩塞段位于进水口段的最前端，与水平面呈45°夹角，岩塞厚12.3m，其底部内径10.0m，底部中心点高程1664.48m，桩号为0−102.17。岩塞底部紧接内直径$D=10$m、衬砌厚1.2m、长3m的圆形锁口段，锁口段后至桩号0−082.99为排沙洞与集渣坑交岔部位，为高边墙段。此段上部为内径$R=5.0$m半圆拱形断面，与锁口段采用半径$R=7.0$m、圆心角为52°35′29″的圆弧连接；下部为由半圆形变为方形的渐变段，与集渣坑底部相连；中部是高边墙结构，两侧边墙最高为29.86m。此段均采用1.2m厚的钢筋混凝土衬砌。而桩号0−082.99～0−018.60间为排沙洞进口段洞身部分。此段为$i=0.133$的反坡段，长64.91m，与闸门井前渐变段通过半径$R=50$m、圆心角为7°35′29″的圆弧连接。此段衬砌均采用钢筋混凝土衬砌，在桩号0−082.99～0−046.39间衬砌厚度为1m，在桩号0−046.39～0−018.60间衬砌厚度为0.6m。

集渣坑布置在桩号0−082.99～0−046.04段的排沙洞下部，剖面为城门洞形，顶拱为半径$R=5.0$m的半圆形，底部为矩形坑，坑底高程为1632.00m，宽5m，在

1637.00m 处坑宽扩为 10m，边墙高由 10.53m 降为 7.50m。集渣坑的顶拱和边墙均采用 1.0m 厚钢筋混凝土衬砌。

（1）排沙洞主洞段。排沙洞主洞段为圆形断面，开挖直径为 11.2m 和 12m 两种型式。开挖直径为 11.2m 段：混凝土衬砌厚度为 0.6m；衬砌后内径为 10m；采用喷锚支护型式，锚杆直径 25mm、入岩 5m、每排 12 根、排距 3m、上半拱喷 C20 混凝土厚 10cm。开挖直径为 12m 段：混凝土衬砌厚度为 1m；衬砌后内径为 10m；采用喷锚支护型式，锚杆直径 25mm、入岩 5m、每排 12 根、排距 3m、上半拱喷 C20 混凝土厚 10cm。

（2）高边墙段。高边墙段由城门洞形断面渐变为圆形断面，圆形断面继续延长 3m。城门洞形最大断面处，边墙高 24.86m、底板开挖宽度为 12.4m；圆形断面开挖直径为 12.4m。此段混凝土衬砌厚度为 1.2m，支护型式为锚喷支护。渐变段采用两种锚杆型式，为直径 25mm、入岩 5m、间排距 3m 和直径 25mm、入岩 7m、间排距 3m，两种锚杆间隔布置，上半拱喷 C20 混凝土厚 10cm；圆形断面延长段采用两种锚杆型式，为直径 28mm、入岩 5m、每排 12 根、排距 1m 和直径 25mm、入岩 7m、每排 12 根、排距 1m，两种锚杆间隔布置，上半拱喷 C20 混凝土厚 10cm。

（3）集渣坑。集渣坑为城门洞形断面。顶拱为半圆形，开挖直径为 12m；边墙高度为 7.5～10.25m；底板开挖宽度为 12m，从底板中心向下开挖断面为 5m×5m 的矩形坑。城门洞形断面混凝土衬砌厚度为 1m，支护型式为喷锚支护，锚杆直径 25mm、入岩 5m、间排距 3m、上半拱喷 C20 混凝土厚 10cm。底板下部矩形坑喷 10cm 厚的 C20 混凝土，局部采用直径 25mm、入岩 5m 的锚杆支护。

2．兰州水源地建设工程

兰州市水源地建设工程取水口位于甘肃省临夏回族自治州东乡族自治县境内，距离刘家峡大坝上游约 4km 处的水库右岸岸边，上距折达公路祁家渡大桥约 380m，下距洮河口约 2.4km。刘家峡水库正常蓄水位 1735.00m，死水位 1694.00m，设计洪水位 1735.00m，校核洪水位 1738.00m。

取水口最低取水位为 1710.00m，沿水流方向依次布置岩塞段、连接段、集渣坑、渐变段和水平洞段。见图 6.1-4。

为创造水下施工条件，取水口前端布置岩塞，岩塞进口高程为 1706.00m。岩塞中心线与水平方向呈 45°夹角，中心岩体厚度 7.4m，内径 5.5m。

岩塞后采用长度为 5.73m、底坡为 1:0.5 的连接段与集渣坑连接。连接段桩号 GW0－132.14～GW0－126.41，采用圆拱直墙型断面，洞高从 5.50m 渐变为 17.00m，洞净宽从 5.50m 渐变为 8.00m，。

集渣坑底高程为 1687.25m，桩号 GW0－126.41～GW0－106.06，长度 20.35m，净宽 8.00m，采用圆拱直墙型断面，底板无衬砌。集渣坑高度 18.00m，其中直墙段高 14.00m，圆拱段半径 4.00m。桩号 GW0－120.06～GW0－106.06 洞段，在高程 1696.25m 处设置 1.00m 厚横隔板。

集渣坑后接 21.50m 长的渐变段，桩号 GW0－106.06～GW0－084.56。渐变段洞高从 17.00m 渐变为 8.00m，洞净宽从 8.00m 渐变为 4.60m。渐变段为圆拱直墙型断面，分

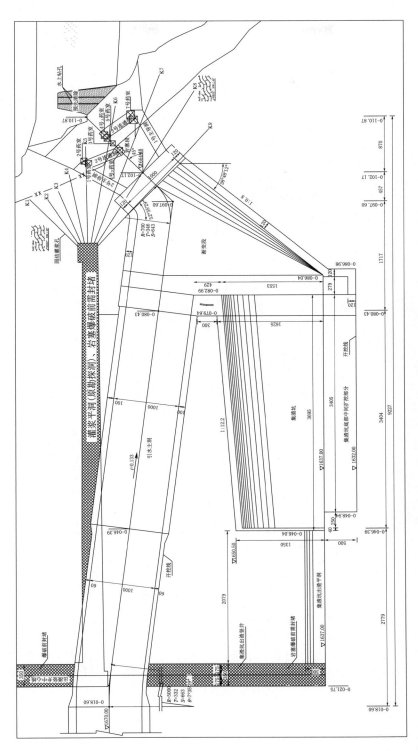

图 6.1−2 刘家峡岩塞口进口段纵断面图（尺寸单位：cm）

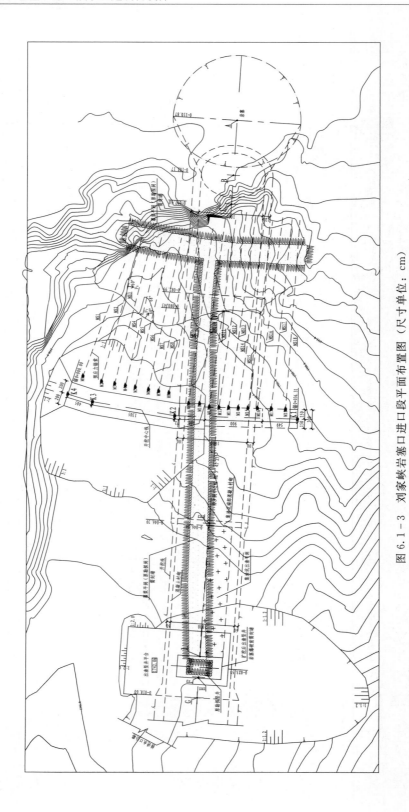

图 6.1 - 3 刘家峡岩塞口进口段平面布置图 (尺寸单位: cm)

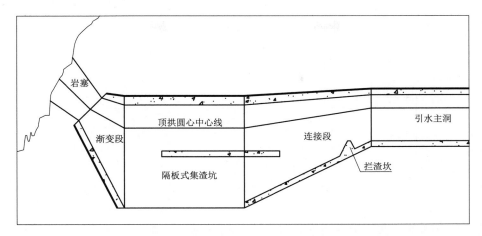

图 6.1-4　兰州水源地岩塞口进口段纵断面图

离式底板厚 1.00m，底部采用 1∶2 的逆坡与水平洞段连接。桩号 GW0－106.06～GW0－100.06 洞段，在高程 1696.25m 处设置 1.00m 厚横隔板。桩号 GW0－80.56 底部设置拦渣坎，拦渣坎高 2.67m。

水平洞段底高程为 1699.00m，桩号 GW0－084.56～GW0－014.45，长度 70.11m，净宽 4.60m，采用圆拱直墙型断面，分离式底板厚 1.00m，水平洞段高度 8.00m，其中直墙段高 5.70m，圆拱段半径 2.30m。水平洞段后与进口闸门竖井连接。

为降低集渣坑、渐变段、水平洞段在施工期的外水压力及增强高边墙的稳定性，在顶拱及边墙上设有系统排水孔和系统锚杆。排水孔直径 5cm，入岩 1m，内置软式透水管，间排距 3m，梅花形布置，边墙排水孔仰角 5°。集渣坑段设置 $\phi 28$ 系统锚杆，间排距 1.5m，梅花形布置，长度 6m、9m，入岩 5.7m、8.7m，长短间隔布置。渐变段（桩号 GW0－095.310～GW0－100.060）设置 $\phi 28$ 系统锚杆，间排距 1.5m，梅花形布置，长度 6m、9m，入岩 5.7m、8.7m，长短间隔布置。渐变段（桩号 GW0－084.560～GW0－095.310）设置 $\phi 28$ 系统锚杆，间排距 1.5m，梅花形布置，长度 6m，入岩 5.7m。水平洞段设置 $\phi 25$ 系统锚杆，间排距 1.5m，梅花形布置，长度 4.5m，入岩 4.2m。

3. 清河水库岩塞爆破进水口的布置

辽宁清河水库岩塞爆破进水口是我国第一个采用水下岩塞爆破施工的进水口，进水口为清河热电厂供水隧洞取水口，岩塞内径为 6m，采用平洞式集渣坑结构，进口段结构布置见图 6.1-5。

（1）为了水流平顺岩塞轴线倾角定为 45°、岩塞直径 6.0m、岩塞厚度 7.5m、覆盖厚 3.5m。采用二层药室爆破并结合地表三个钻孔爆破的方法。

（2）利用挖集渣坑的施工平洞做集渣洞，这种布置只能在集渣坑不充水的情况下爆破，平洞才能进渣，并且效果很好。如果集渣坑充水爆破，平洞将不能进渣，就起不到集渣的作用。

（3）集渣坑和隧洞接头处设拦石坎。原设计想利用拦石坎阻截爆破过程中的岩渣不

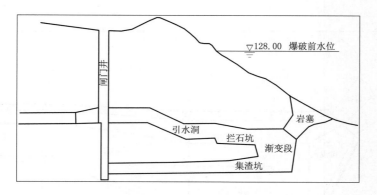

图 6.1-5　清河岩塞口进口段纵断面图

让它进入隧洞内部。实际上在不充水爆破中，堵塞爆破井喷现象严重，大量的石渣随爆破时的高速水流被带到洞内，拦石坎以内的引水洞也存了大量的石渣，起不到预想的效果。

（4）闸前引水隧洞底板采用梯级形。原设计想起拦渣作用，实际上引水洞长 50 多 m，在不充水爆破中，随井喷进入引水洞。所以拦渣的效果不显著，还增加了施工的难度。

（5）在闸门井后设 2m 厚的混凝土堵塞段。堵塞洞径 2.2m、抵抗爆破冲击荷载，效果很好。

（6）洞脸山坡的水上部分用喷混凝土加固。

清河水库水下岩塞爆破是我国最早的水下岩塞爆破工程，促进了水下岩塞爆破工程的发展。

4．镜泊湖岩塞爆破进水口的布置

此进水口为水力发电站的取水口。根据水力发电取水口的要求，机组在安全运行过程中超粒径的岩渣（本工程要求＞7cm 的岩渣）不被水流带到水轮机里去。岩渣在集渣坑内是稳定的。该工程的进口布置（图 6.1-6）特点：

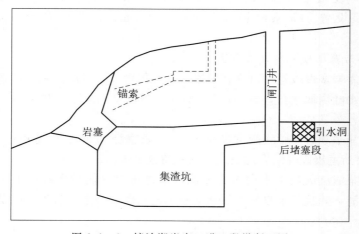

图 6.1-6　镜泊湖岩塞口进口段纵断面图

（1）岩塞轴线倾角 45°，岩塞尺寸 8m×9m 城门洞型，岩塞厚度为 8m 的薄岩塞体，单层药室布置形式。减少岩塞厚度，可以减少集渣坑的开挖工程量，少用炸药，减少振动破坏。洞口不衬砌段的长度也比较短，有利于洞口的稳定。

（2）采用闸门井后的堵塞段堵塞爆破。堵塞段是直径 9m、厚度为 7m 的基岩，布置靠近闸门井，可减少井喷的动能。

（3）采用短引水洞、长集渣坑型式。引水洞长 38m，其中有 28m 长的集渣坑和 10m 长的闸前渐变段。岩塞爆破过程中调节集渣坑内充水高度，可以控制进入引水洞内和闸门井底部的岩渣量，减少井喷作用。在爆破时会有少量岩渣冲到引水洞和闸门井底部，引水洞短也便于清除岩渣。特别是在井喷过后的回流就会将大部分岩碴冲进集渣坑内。

（4）爆破口以上洞脸山势陡，地质构造有顺坡节理和断层，使进口山坡不稳定。为了保证爆破和后期运行的安全，采用大型预应力锚索加固。洞口水上部分采用锚栓加钢筋网喷混凝土结构保护地表。

（5）进水口设拦污网拦截污物，运行中不够可靠，网多次破坏，需要水下设金属拦污栅，增加了水下施工的难度。

5. 香山水库岩塞爆破进水口的布置

对于防洪、放空水库的隧洞，通水可以允许带岩渣进隧洞，但过渣量以不会磨损隧洞衬砌为原则。这样的岩塞口之后就可以不设集渣坑或减少集渣坑的容积。例如香山水库泄水洞的布置形式与密云水库泄水洞的布置形式基本相同，见图 6.1－7、图 6.1－8。

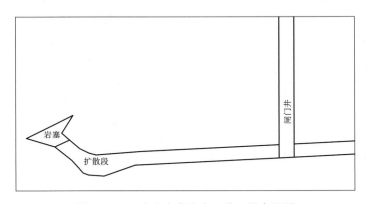

图 6.1－7　香山水库岩塞口进口段布置图

从布置上看，香山泄水洞出口采用挑流鼻坎式方案。在水工模型试验中发现爆破中岩渣受挑流鼻坎的影响，在出口处有聚渣堵洞现象，引起出口闸门室喷水、喷渣，若没有鼻坎则不受影响，所以爆破时未作挑流鼻坎。密云泄水洞出口采用消力池式，对爆破没有影响。香山和密云泄水洞的共同特点是：

（1）香山岩塞倾角 45°，岩塞直径中 3.5m，岩塞厚度 4.5m、加 2m 覆盖；密云岩塞倾角 25°，岩塞直径中 5.5m，厚度 5m、加 2m 覆盖层厚。岩塞直径比较小，都采用排孔爆破的方法。

（2）两者都没有集渣坑，岩塞后仅有一段比隧洞直径略大一点的扩散段，起缓冲

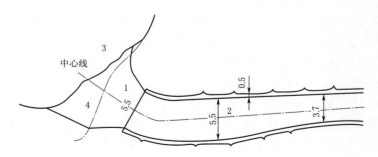

图 6.1-8　密云水库岩塞口进口段纵断面图（尺寸单位：m）
1—岩塞；2—缓冲坑；3—地面线；4—岩面线

作用。

（3）为了保证岩渣能顺利地被高速水流带走，排到下游去，采用敞开闸门爆破。

（4）利用出口弧形闸门控制流量和截流。

6. 丰满水库泄水洞岩塞爆破进水口的布置

该工程是以集渣为主的开门爆破，有部分少量岩渣通过隧洞泄到下游河道里去。丰满泄水洞岩塞口（图 6.1-9）的主要特点是：

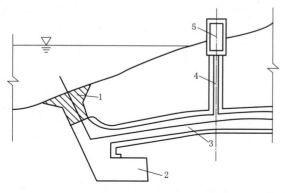

图 6.1-9　丰满岩塞口进口段纵断面图
1—岩塞；2—集渣坑；3—泄水洞；4—闸门井；5—启闭机室

（1）岩塞直径比较大的为 11m，厚度 18.5m，岩渣量有 5600 多 m^3。为了防止岩渣排泄到下游抬高发电站尾水位以及防止岩渣磨损隧洞内衬砌的目的，采用了开闸门聚渣爆破方案

（2）岩塞轴线倾角 60°。集渣坑用较特殊的型式，有利于集渣坑内岩渣的稳定。爆破中集渣坑可容纳 90% 的岩渣，效果很好。

（3）岩塞体较厚，用三层药室的洞室爆破法，周边用预裂爆破控制成型。

（4）出口布置弧形闸门控制流量和截流。

7. 阿斯卡拉岩塞爆破进水口布置

对于分层取水的进水口，可根据高程的需要布置多个岩塞口。挪威阿斯卡拉水电站进水口采用水下 85m 的岩塞爆破。为了可靠，设计了两个不同高程的岩塞，集渣采用平洞式集渣（图 6.1-10）。这种布置形式施工比较简单，集渣坑同隧洞都在同一个水平面上，开挖方便，可以加快施工进度。利用混凝土坎拦渣，并做了水工模型试验，进行闸门前段充水爆破。

从以上的实例可以看出，由于使用上的性质不同或者其他因素引起岩塞爆破的水工布置差异很大。

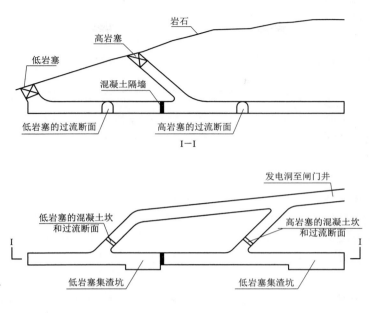

图 6.1-10 阿斯卡拉岩塞口进口段布置图

第二节 进水口边坡稳定分析

水下岩塞爆破进水口边坡在爆破力的作用下能否稳定，是衡量岩塞爆破能否成功的重要因素之一。需要查清楚进水口边坡的地形和地质构造，根据边坡的岩层走向、节理裂隙性状及断层情况，分析边坡不利组合，进行边坡的稳定分析。

一、边坡稳定性分析方法

边坡稳定性分析方法大致可以分为两大类，即定性分析方法和定量分析方法。此外，近年来，人们在前面两种分析方法的基础上，又引进了一些新的学科、理论等，逐渐发展起来一些新的边坡稳定性分析方法，如可靠性分析法、模糊分级评判法、系统工程地质分析法、灰色系统理论分析法等，这里暂且称之为非确定性分析方法。另外，还有地质力学模型等物理模型方法和现场监测分析方法等。

（一）定性分析方法

定性分析方法主要是通过工程地质勘察，对影响边坡稳定性的主要因素、可能的变形破坏方式及失稳的力学机制等进行分析，对已变形地质体的成因及其演化史进行分析，从而给出被评价边坡的一个稳定性状况及其可能发展趋势的定性说明和解释，其优点是能综合考虑影响边坡稳定性的多种因素，快速地对边坡的稳定状况及其发展趋势作出评价，常用的方法主要有：自然（成因）历史分析法、工程类比法、边坡稳定性分析数据库和专家系统、图解法、SMR 与 CS MR 方法。

1. 自然（成因）历史分析法

该方法主要根据边坡发育的地质环境、边坡发育历史中的各种变形破坏迹象及其基本规律和稳定性影响因素等的分析，追溯边坡演变的全过程，对边坡稳定性的总体状况、趋势和区域性特征作出评价和预测，对已发生滑坡的边坡，判断其能否复活或转化。主要用于天然斜坡的稳定性评价。

2. 工程类比法

该方法实质上就是利用已有的自然边坡或人工边坡的稳定性状况及其影响因素、有关设计等方面的经验，并把这些经验应用到类似需要研究的边坡中。进行边坡的稳定性分析和设计，需要对已有的边坡和研究对象进行广泛的调查分析，全面研究工程地质等因素的相似性和差异性，分析影响边坡变形破坏的各主导因素及发展阶段的相似性和差异性，分析可能的变形破坏机制、方式等的相似性和差异性，兼顾工程的等级、类别等特殊要求。通过这些分析，来类比分析和判断研究对象的稳定状况、发展趋势、加固处理设计等，在工程实践中，既可以进行自然边坡间的类比，也可以进行人工边坡之间的类比，还可以在自然边坡和人工边坡之间进行类比，因而，可以说是应用最广泛的一种边坡稳定性分析方法。

3. 边坡稳定性分析数据库和专家系统

边坡工程数据库是收集已有的多个自然斜坡、人工边坡实例的计算机软件，按照一定的格式，把各个边坡实例的发育地点、地质特征（工程地质图、钻孔柱状图、岩土力学参数等）、变形破坏影响因素、破坏型式、破坏过程、加固设计，以及边坡的坡形、坡高、坡角等收录进来，并有机地组织在一起。建立边坡工程数据库的目的主要仍是进行工程类比、信息交流。可以直接根据不同设计阶段的要求和相关的类比依据，方便快捷地从中查到相似程度最高的实例进行类比，从而能更好地指导实践、节约费用。我国在"八五"国家科技攻关期间，已初步建立了"水电工程高边坡数据库"。专家系统就是一种按某学科及相关学科专家的水平进行推理和解决问题，并能说明其缘由的计算机程序。边坡稳定性分析设计专家系统就是进行边坡工程稳定性分析与设计的智能化计算机程序。它把某一位或多位边坡工程专家的知识、工程经验、理论分析、数值分析、物理模拟、现场监测等行之有效的知识和方法有机地组织起来，建成一个边坡工程知识库，然后利用智能化的推理机（一个控制整个系统的计算机程序）来模拟并再现人（专家）脑的思维（推理与决策）过程，吸收其合理的知识结构，寻求优化的技术路径。同时，又能建立计算机模型，结合相关学科不同专家的知识进行推理和决策，对所研究的对象（边坡）进行稳定性评价。利用良好的边坡工程专家系统，模拟其思维方式和决策过程，以提高设计人员的决策水平，并最大限度地降低费用、节省时间，达到更加优化的目的和效果。

（二）定量分析方法

常用的边坡稳定性定量分析方法主要有极限平衡分析法、极限分析法、滑移线场法、数值分析法〔有限单元法（FEM）、边界单元法（BEM）、快速拉格朗日分析法（FLAC）、离散单元法（DEM）、块体理论（BT）、不连续变形分析法（DDA）、无界元法（IDEM）、流形元法（NMM）、界面元法、无单元法等方法〕。

1. 极限平衡分析法

极限平衡分析法是工程实践中应用最早、也是目前普遍使用的一种定量分析方法。极限平衡分析法是根据斜坡上的滑体或滑体分块的力学平衡原理（即静力平衡原理）分析斜坡各种破坏模式下的受力状态，以及斜坡体上的抗滑力和下滑力之间的关系来评价斜坡的稳定性。

极限平衡分析法的基本思路是：假定岩土体破坏是由于滑体在滑动面上发生滑动而造成的，滑动面服从破坏条件。假设滑动面已知，其形状可以是平面、圆弧面、对数螺旋面或其他不规则曲面，通过考虑由滑动面形成的隔离体的静力平衡，确定沿这一滑面发生滑动时的破坏荷载。极限平衡分析法的一个主要优点是能方便地处理复杂的岩土剖面、渗流和外荷载条件等，假定土体破坏时服从理想塑性莫尔—库仑定理，条分法与滑楔模型是极限平衡分析法的主要数值离散分析技术。

目前已有了多种极限平衡分析方法，如：瑞典（Fellenius）法、毕肖普（Bishop）法、詹布（Janbu）法、摩根斯顿-普赖斯（Morgenstern-Price）法、剩余推力法、萨尔玛（Sarma）法、楔体极限平衡分析法等。对于不同的破坏方式存在不同的滑动面型式，因此采用不同的分析方法及计算公式来分析其稳宜状态。圆滑坡可选用瑞典法和毕肖普法来计算；复合破坏面滑坡可采用詹布法、摩根斯顿-普赖斯法、斯宾塞（Spencer）法等来计算；对于折线型的滑坡可以采用剩余推力法、詹布法等来分析计算；对于楔形四面体岩质边坡可以采用楔形体法来计算；对于受岩体结构面控制而产生的滑坡可选择萨尔玛法来计算；此外还可以采用 Hovland 法和 Leshehinsky 法等对滑坡进行三维极限平衡分析。近年来，人们都已经把这些方法程序化了。

极限平衡分析法的优点是：该方法抓住了问题的主要方面，且简易直观，并有多年的使用经验，应用较为广泛，易于掌握，计算工作量小。若使用得当，将得到比较满意的结果。特别是当滑动面为单一面时，极限平衡法能较合理地评价其稳定性；但对于复杂的滑动面，必须引入若干假定，因此所得的成果就存在一定的近似性，且该方法不考虑岩体的变形与应力，不能够确定相应的变形和应力分布，因而不能模拟系统的破坏过程和探索边坡的渐进破坏机理。极限平衡分析法的缺点是：在力学上做了一些简化假设，它们均假定破坏的岩土体可以划分为若干条块，这必然引起有关条块间力方向的假定以及关于力、力矩平衡的假定。

2. 极限分析法（LAM）

极限分析法是应用理想塑性体或刚塑性（体）处于极限状态的普通原理——上限定理和下限定理，求解理想塑性体（或刚塑性体）的极限荷载的一种分析方法，极限分析方法建立至今虽然只有 30 年左右的历史，但在岩土力学中得到了广泛的应用。在上限和下限分析中，其各自的关键是运动许可速度场和静力许可应力场的构造技术及其优化分析。

根据上限定理，假如一组外荷载作用在破坏机构上，外力在位移增量上做的功等于内应力做的功，由此得到的外荷载不小于实际的极限荷载，应该注意到，外荷载不必要与内应力平衡，而且破坏机构不一定是实际的破坏机构，通过考察不同的机动场，可以得到最优的（最小的）上限值。根据下限定理，若一个包含整个物体的静力场可以得到，而且与作用在应力边界上的外荷载平衡，处处不违反材料的破坏准则，由此得到的外荷载不比实际的极限荷载大，在下限定理中，不考虑应变和位移，而且应力状态不必要是破坏时的实际应力状态，考察不同的静力场，最优的（最大的）下限值就可以得到。极限分析的上、下限定理特别有用，当上、下限解均能得到时，真正的极限荷载将位于上、下限解之内，这个性质尤其适用于那些不能确定精确解的情况（如边坡稳定问题）。

3. 滑移线场法（SLM）

滑移线场法包括由 Sokofovskii 等人提出的静力学理论和 Hansen 等人提出的运动学理论，它是一种分别采用速度和应力滑移线场的几何特性求解极限平衡偏微分方程组的数学方法。但是由于其数学算法上的困难，对于一般的边坡问题限制了其应用范围。

4. 数值分析法

数值分析法是目前岩土力学计算中普遍使用的分析方法。

（1）有限单元法（FEM）。有限单元法（Finite Element Method，FEM）是 20 世纪 60 年代出现的一种数值计算方法。基础是变分原理和加权余量法，其基本求解思想是把计算域划分为有限个互不重叠的单元，在每个单元内，选择一些合适的节点作为求解函数的插值点，将微分方程中的变量改写成由各变量或其导数的节点值与所选用的插值函数组成的线性表达式，借助于变分原理或加权余量法，将微分方程离散求解，得到问题的近似解。由于大多数实际问题难以得到准确解，而有限元法不仅计算精度高，而且能适应各种复杂形状，因而成为行之有效的工程分析手段。

有限元法是目前使用最广泛的一种数值分析方法，它全面满足了静力许可、应变相容和应力、应变之间的本构关系。同时因为是采用数值分析方法，可以不受边坡几何形状的不规则和材料的不均匀性的限制，因此，应该是比较理想的分析边坡应力、变形和稳定性态的手段。

（2）边界单元法（BEM）。边界单元法（Boundary Element Method，BEM）是 20 世纪 70 年代兴起的另一种重要的工程数值方法。经过近 40 年的研究和发展，边界元法已经成为一种精确高效的工程数值分析方法。在数学方面，不仅在一定程度上克服了由于积分奇异性造成的困难，同时又对收敛性、误差分析以及各种不同的边界元法型式进行了统一的数学分析，为边界元法的可行性和可靠性提供了理论基础。

边界元法的主要特点是把数值方法和解析结合在一起，只在边界上剖分单元，通过基本解把域内未知量化为边界未知量来求解，这就使自由度数目大大减少，而且由于基本解本身的奇异性特点，使得边界元法在解决奇异问题时精度较高，特别是对于边界变量变化梯度较大的问题，如应力集中问题，或边界变量出现奇异性的裂纹问题，边界元法被公认为比有限元法更加精确高效。由于边界元法所利用的微分算子基本解能自动满足无限远处的条件，因而边界元法特别适合于处理无限域以及半无限域问题。另外，基本解可以根据实际问题的特点适当选择，以达到最大限度地节约的功效，甚至可以避免直接处理无限边界问题。再者，边界元法的降维作用，使得问题简化许多，减少了计算量。而将其与有限元耦合的算法则可以解决一些具有复杂边界条件的问题。

边界元法的缺点：通常建立的求解代数方程组的系数阵是非对称满阵，对解题规模产生较大限制；当计算区域包括有多种不同性质的介质时，要划分为若干个分区，增加了各分区交界面上的未知数；当存在域内作用源，以及进行弹塑性分析，塑性影响要化为体力作用时，往往还要把计算区域（或其中一部分）划分成单元，以进行域内的数值积分计算，这种积分在奇异点附近有强烈的奇异性，从而部分抵消了边界元法只要离散边界的优点，使求解遇到困难。边界元法的另一个主要缺点是它的应用范围以存在相应微分算子的基本解为前提，在处理材料的非线性、不均匀性、模拟分步开挖等方面还远不如有限元法，同样不能求解大变形问题。因而，边界元法目前在边坡岩体稳定性分析中的应用远不如在地下洞室中广泛。

二、边坡稳定性判据

在边坡稳定性评价中一般采用应力和位移作为判据，而在边坡溃屈破坏中，则采用压杆失稳的稳定判据。

1. 应力判据

用来表征岩石破坏应力条件的函数成为破坏判据或强度准则。强度准则的建立应能反映其破坏机理。在边坡稳定性分析评价中应用较广泛的准则有：最大正应变准则，莫尔强度准则和库仑准则等。最大正应变准则适用于无围压、低围压及脆性岩石条件，如边坡的浅表部、应力重分布强烈区域，在数值分析中均以该准则判别岩体是否产生拉破坏。莫尔强度准则是岩石力学中应用最普遍的准则，为方便计算，莫尔强度准则的包络线形状有双曲线形、抛物线形和直线形。

2. 位移判据

边坡上各点的位移是边坡稳定状态的最直观反映，也是边坡开挖过程中，各种因素共同作用的综合表现。位移监测信息获得比较简单方便。边坡位移判据有三类：最大位移判据、位移速率判据以及位移速率比值判据。由于边坡岩性、结构面性状、赋存环境和施工方法等复杂影响，还未获得普遍接受的准则和方法，但位移速率判据目前很受关注。

3. 安全系数

边坡稳定安全系数是边坡稳定的重要判据，其定义有多种型式，目前有三种方法，即：强度储备安全系数、超载储备安全系数、下滑力超载储备安全系数。

（1）强度储备安全系数。1952 年，毕肖普提出了适用于圆弧滑动面的"简化毕肖普法"，该方法将边坡稳定安全系数定义为：土坡某一滑裂面上的抗剪强度指标按同一比例降低为 c/F_{s1} 和 $\tan\varphi/F_{s1}$，则土体将沿着此滑裂面处达到极限平衡状态，即

$$\tau = c' + \sigma\tan\varphi' \tag{6.2-1}$$

其中

$$c' = \frac{c}{F_{s1}}; \tan\varphi' = \frac{\tan\varphi}{F_{s1}}$$

上述定义完全符合滑移面上抗滑力与下滑力相等为极限平衡的概念，其表达式为

$$F_{s1} = \frac{\int_0^l (c + \sigma\tan\varphi')\mathrm{d}l}{\int_0^l \tau\mathrm{d}l} \tag{6.2-2}$$

将强度指标的储备作为安全系数定义的方法是经过多年实践而被国际工程界广泛认同的一种方法。这种安全系数只是降低抗滑力，而不改变下滑力。同时用强度折减法也比较符合工程实际情况，许多滑坡的发生常常是由于外界因素引起岩体强度降低而造成的。岩土体的强度参数有两个：c、$\tan\varphi$，但只有一个安全系数，这说明 c 与 $\tan\varphi$ 按同一比例衰减。此安全系数的物理意义更加明确，使用范围更加广泛，为滑动分析及土条分界面上条

间力的各种考虑方式提供了更加有利的条件。

（2）超载储备安全系数。超载储备安全系数是将荷载（主要是自重）增大 F_{s2} 倍后，坡体达到极限平衡状态，按此定义有

$$1 = \frac{\int_0^l (c + F_{s2}\sigma\tan\varphi)\mathrm{d}l}{F_{s2}\int_0^l \tau\mathrm{d}l} = \frac{\int_0^l \left(\frac{c}{F_{s2}} + \sigma\tan\varphi\right)\mathrm{d}l}{\int_0^l \tau\mathrm{d}l} = \frac{\int_0^l (c' + \sigma\tan\varphi)\mathrm{d}l}{\int_0^l \tau\mathrm{d}l} \quad (6.2-3)$$

其中

$$c' = \frac{c}{F_{s2}}$$

从式中可以看出，超载储备安全系数相当于折减黏聚力 c 值的强度储备安全系数，对无黏性土（$c=0$）采用超载安全系数，并不能提高边坡稳定性。

（3）下滑力超载储备安全系数。增大下滑力的超载法是将滑裂面上的下滑力增大 F_{s3} 倍，使边坡达到极限状态，也就是增大荷载引起的下滑力项，而不改变荷载引起的抗滑力项，按此定义有

$$F_{s3} = \frac{\int_0^l (c + \sigma\tan\varphi)\mathrm{d}l}{\int_0^l \tau\mathrm{d}l} \quad (6.2-4)$$

可见，式（6.2-3）与式（6.2-4）得到的安全系数在数值上相同，但含义不同，这种定义在国内采用传递系数法显式求解安全系数时采用。

式（6.2-4）表明，极限平衡状态时，下滑力增大 F_{s3} 倍，一般情况下也就是岩土体重力增大 F_{s3} 倍。而实际上重力增大不仅使下滑力增大，也会使摩擦力增大，因此下滑力超载安全系数不符合工程实际，不宜采用。

三、岩质边坡分析基本规定

按照我国现行工程边坡设计规范的有关规定，在进行岩质边坡设计时，应依据岩质边坡的工程目的、工程地质条件和失稳破坏模式，确定边坡设计应该满足的稳定状态或变形限度，选择适当的稳定分析方法，通过对加固处理措施的多方案综合技术经济比较，选择处理措施。

岩质边坡稳定分析与评价方法主要包括极限平衡分析法、应力应变分析法、地质力学模型试验以及风险分析法等。岩质边坡稳定分析应按以下基本规定进行：

（1）对于滑动破坏类型的岩质边坡，稳定分析的基本方法是极限平衡分析法。对于层状岩体的倾倒变形和溃屈破坏，目前还没有成熟的分析计算方法。倾倒和溃屈都会形成岩层的折断，倾倒岩体不一定伴随有滑动，溃屈岩体一般伴随有滑动或崩塌。因此，对于倾倒和溃屈破坏，以工程地质定性和半定量分析为基础，研究确定边坡可能发生倾倒或溃屈的部位，再按发生倾倒或溃屈后的滑动破坏面进行抗滑稳定分析。对于崩塌破坏，根据地质资料，划定危岩和不稳定岩体范围，采取定性及半定量分析方法，评价其稳定状况。

（2）对于Ⅰ级、Ⅱ级边坡，采取两种或两种以上的计算分析方法，包括有限元、离散元等方法进行变形稳定分析，综合评价边坡变形与抗滑稳定安全性。对于特别重要的、地

质条件复杂的高边坡工程，进行专门的应力变形分析或仿真分析，研究其失稳破坏机理、破坏类型和有效的加固处理措施，并根据工程需要开展岩质边坡的地质力学模型试验等工作。当需要进行边坡可靠度分析时，推荐采用简易可靠度分析方法。

（3）对于重要部位的边坡，除进行边坡自然状态、最终状态的稳定分析外，还要按边坡的开挖和锚固工程顺序，进行施工期间不同阶段的稳定分析，使其满足短暂状态的安全系数要求。按治理措施的实施步骤逐步对边坡稳定性做分析计算，可以减少处理量并解决好边坡的临时性支护和持久性稳定评价问题。

（4）对于正在进行工程施工的边坡，根据永久监测或临时监测系统反馈的信息进行稳定性复核。施工期间修改原有设计是正常的事，根据监测设施和地质、安全巡视获取的边坡信息，进行边坡稳定性复核，增减或改变处理措施可以使设计更加合理。

四、影响岩质边坡稳定性的因素分析

边坡在复杂的内外地质应力作用下形成，又在各种因素作用下变化发展，因此，影响边坡稳定性的因素非常复杂且不易把握。为便于分析，将影响边坡稳定性的因素概括为两大类：内在因素和外在因素。内在因素主要包括：地层和岩性、地质构造、岩体结构、初始应力状态等。外在因素主要包括：边坡形态、工程作用、地震作用等。在对影响岩质边坡稳定性的因素进行分析时，需要把握以下几个原则：

（1）对于同一边坡，上述诸多因素存在主次之分，其对边坡稳定性的影响程度不尽相同。

（2）对于不同边坡，影响其稳定性的主要影响因素也可能不尽相同。

（3）对于同一边坡的不同工程阶段，影响其稳定性的主要影响因素也可能不尽相同。

因此，在对边坡稳定性进行评价时，应当首先对上述诸多因素进行综合分析研究，作为定性或定量稳定性评价的基础。

五、刘家峡排沙洞进口段岩塞爆破工程进水口边坡稳定分析

（一）边坡地形、地质概述

刘家峡排沙洞进口布置于洮河口对岸（黄河左岸），该处岸坡为一向水库凸出的山脊，此凸出部分向上游变化较缓，向下游变化较急。进口洞脸部位岩体山坡呈上缓下陡趋势，自 1658.00m 高程以上均为陡坡，其中在 1678.00～1720.00m 高程之间岸坡倾角约为 70°～85°，在 1690.00m 高程以下部分已为水库淤积物质掩埋。

排沙洞进口岸坡为层状斜向结构岩质边坡，但岩层产状不稳定，进口段地表及其下游侧，走向为 NE10°～NE30°，倾向 NW，倾角 20°～40°。岩石强风化水平深度一般约5～8m，弱风化水平深度一般约为 10～15m。层面裂隙发育，另有走向与层面一致，倾向近于垂直的一组裂隙也较发育，此外还有一组顺坡陡倾裂隙（③组），该两组裂隙可能与 F_7 断层一起组合切割山坡形成塌滑体。进口段附近存在断层主要有：F_5、F_7 及 fj2，其中 F_7 对洞脸边坡稳定影响最大。F_7 断层走向 NW314°，倾向 SW∠57°，根据地质报告的资料来看，F_7 有切割岸坡坡面形成塌滑体的危险，在天然状态下已处于极限平衡状态，在岩塞爆破洞口形成进程中和形成以后，其稳定状态大大恶化，须进行加固处理。

断层 F_7 出露在排沙洞进口边坡坡顶1733m 高程，F_7 断层基本沿顺坡裂隙发育，宽度

2～5cm，长度大于15m，由碎裂岩等组成，带内强风化，未胶结，无断层泥发育，断面平直，下盘见一组擦痕，倾伏状为SW∠45°，向下游延伸稳定，向上游追踪性裂隙延伸，从下盘面擦痕判断，先期为逆断层，后期有正错迹象（错距20～30cm），带内无泥，为硬性结构面，该断层将此处岸坡（凸岸）上部切割成 F_7 上盘不稳定块体，向深部（1690.00～1700.00m 高程）延伸有尖灭趋势。

进口段地下水主要包括松散层孔隙性潜水和基岩裂隙水两种类型。基岩裂隙水主要存在并运移在基岩裂隙中，受裂隙的控制，多呈裂隙脉状水。

进口段岩石以Ⅲ类岩体为主，局部Ⅳ类。岩石干密度均值 $2.85g/cm^3$，干抗压强度均值89MPa，饱和抗压强度均值71MPa，软化系数均值0.79，弹性模量均值17GPa，属硬质岩范畴。岩石抗剪强度凝聚力均值1.64MPa，摩擦系数均值1.16。

（二）边坡稳定性分析

从地质资料来看，边坡稳定分析主要是关于 F_7 断层上盘不稳定岩体的稳定性分析。在设计中，该部位稳定性计算主要从以下几种工况考虑：

（1） F_7 断层切穿岸坡，形成 F_7 上盘半圆锥脱离体，经计算此脱离体体积约为 $11570m^3$。

（2） F_7 断层未切穿岸坡，在岩塞口两侧未形成断层连续贯通面，但在岩塞口范围内（ $L=26m$ 宽度）切穿岸坡（或在岩塞爆破后切穿岸坡），同时与裂隙③组合形成26m宽度的滑动脱离体，此种情况下考虑滑动体两侧裂隙切割面存在岩石凝聚力（即 C 值），经计算此脱离体体积约为 $5620m^3$。

（3）滑动体同（2），但不考虑两侧裂隙切割面岩石凝聚力。

（4）取 F_7 与③组裂隙组合单宽 $L=10m$ 的脱离体计算，假定两侧无岩石凝聚力存在；经计算此脱离体体积约为 $2600m^3$。

上述计算每种情况均考虑天然状态和震动状态两种工况。

根据地质资料： F_7 上盘滑坡体重心 B 点距离爆心约60m。根据经验公式可计算出滑坡体重心点在爆破时产生的速度：

$$v = 304\left(\frac{Q^{\frac{1}{3}}}{R}\right)^{1.61} \tag{6.2-5}$$

式中：v 为 B 点爆破时产生速度；Q 为最大一响药量，$Q=1300kg$；R 为滑坡体重心点距离爆心距离，$R=60m$。

经计算可知，$v=19.55m/s$。参照《中国地震烈度表》中参考物理指标（Ⅷ度地震速度为19～35cm/s），相当于Ⅷ度地震的下限。故设计中爆破震动影响按等同于Ⅷ度地震考虑，由《中国地震动参数区划图》（GB 18306），Ⅷ度地震水平加速度峰值可取 $a=0.2g$，据此进行塌滑体在爆破状态下稳定分析。

根据地质勘察报告中给出，F_7 断层为硬性结构面，硬性结构面地质参数为：$f=0.55$～0.60，$C=0.10$～$0.15MPa$。计算中采用 $f=0.55$，$C=0.10MPa$。按块体极限平衡法计算如下：

计算下滑体的法向力合力及下滑力（切向力）合力见图6.2-1，其中

$$F_{重} = G\sin\theta$$

$$N_重 = G\cos\theta$$
$$F = ma$$
$$F_爆 = F\cos\theta$$
$$N_爆 = F\sin\theta$$
$$N_合 = N_重 - N_爆$$
$$F_合 = F_重 + F_爆$$

式中：G 为下滑体重力；m 为下滑体的质量，$m = G/g$；a 为爆破时下滑体产生加速度，$a = 0.2g$；F 为爆破震动对下滑体产生水平力；$N_合$、$F_合$ 为法向力合力、下滑力（切向力）合力；θ 为滑裂面与水平面夹角，$\theta = 60°$。

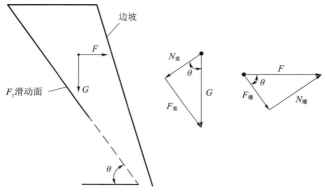

图 6.2 - 1　进口下滑体受力简图

（5）计算下滑体滑裂面的抗滑力（阻滑力）：

$$F_s = cA + N_合 f \qquad (6.2 - 6)$$

式中：F_s 为下滑体滑裂面抗滑力；c 为滑裂面岩石凝聚力，$c = 0.10\text{MPa}$；f 为滑裂面岩石内摩擦系数，$f = 0.55$；A 为滑裂面面积。

计算下滑体抗滑稳定安全系数：

$$K = \frac{F_s}{F_合} \qquad (6.2 - 7)$$

式中：K 为下滑体抗滑稳定安全系数。

计算成果见表 6.2 - 1。

表 6.2 - 1　　　　　　　　　　F_7 上盘不稳定岩体稳定计算成果表

稳定系数 K	（1）	（2）	（3）	（4）
天然状态下	0.90	1.39	1.07	1.10
震动状态下	0.70	1.15	0.89	0.88

计算结果表明，在天然状态下 F_7 断层切穿岸坡时上盘岩体处于不稳定状态，这说明该断层尚未切穿岸坡，亦未形成贯通性的滑动面，因此计算工况（1）中的假定存在偏差，F_7 断层在一定深度（1690.00～1700.00m）尖灭，深部存在锁固段，在岩塞口爆破后，岩

塞口上方锁固段将可能不存在，因而计算工况（2）、计算工况（3）更为合理。

在计算工况（2）、计算工况（3）中，F_7断层与③组裂隙组合形成脱离体，而③组裂隙为顺坡光面裂隙，因此岩石间凝聚力应该很小，故从安全性考虑，采用计算工况（3）工况较为合理。

综合上述计算及分析，F_7上盘岩体在天然状态下处于稳定状态，在爆破震动影响状态下处于不稳定状态，存在下滑的可能。岩体一旦下滑，将堵塞排沙洞口或部分堵塞，因而会影响岩塞爆破及排沙效果，因此须对F_7上盘岩体进行加固。

第三节　进水口边坡加固设计

一、边坡设计

（一）岩质边坡设计内容

岩质边坡设计（岩质边坡的治理和加固设计）的主要内容包括：确定边坡类别、级别，选定边坡设计安全系数、进行边坡稳定性计算分析、边坡开挖体型、边坡地表及地下截排水设计、边坡支挡结构设计以及边坡坡面保护、加固结构设计和景观绿化设计、坡面交通设计等，重要的岩质边坡应提出岩质边坡设计专题报告。

（二）岩质边坡治理技术

在 20 世纪 50 年代，水利水电工程治理边坡主要采用地表排水、清方减载、填土反压、抗滑挡墙及浆砌片（块）石防护处治等措施。但工程实践经验证明，采用地表排水、清方减载、填土反压仅能使边坡暂时处于稳定状态，如果外界条件发生改变，边坡仍然可能失稳。

20 世纪 60 年代末期，我国在铁路建设中首次采用抗滑桩技术并获得成功。随后在水利水电工程中开始使用。抗滑桩技术的诞生，使一些难度较大的边坡工程问题的治理成为现实，在全国范围内迅速得到推广应用，并从 20 世纪 70 年代开始逐步形成以抗滑桩支挡为主，结合清方减载、地表排水的边坡综合治理技术。

在 20 世纪 80 年代末期，由于锚固技术理论研究和凿岩机械突破性的发展，我国开始采用锚喷技术。锚喷技术的采用对高边坡提供了一种施工快速、简便、安全的治理手段，得到广泛采用。对于排水，人们也有了新的认识，主张以排水为主，结合抗滑桩、预应力锚索支挡综合治理。

在 20 世纪 90 年代，压力注浆技术、预应力锚固技术及框架锚固结构越来越多地用于边坡治理，尤其是用于高边坡的治理工程中。是一种边坡的深层加固治理技术，能解决边坡的深层加固及稳定性问题，达到根治边坡的目的，因而是一种极具广泛应用前景的高边坡治理技术。

进入 21 世纪，水利水电工程边坡设计和治理技术得到了进一步发展和提高，2006 年和 2007 年《水电水利工程边坡设计规范》（DL/T 5353—2006）和《水利水电工程边坡设计规范》（SL 386—2007）先后颁布，工程边坡设计逐渐标准化。随着科学技术的发展，岩质边坡设计技术将得到进一步发展，并逐步趋向完善。

（三）设计基础资料

边坡工程设计应在边坡工程地质勘察及室内试验和现场试验工作成果以及水工枢纽工程布置的基础上进行。一般应具备以下基本资料：

（1）工程地质。工程地质平面图、剖面图；边坡工程地质勘察报告；边坡抗震设计标准及动参数应与相关的水工建筑物抗震设计标准一致。

（2）水文地质。地下水位等值线图；地下水长期观测资料；各岩层和结构面渗透系数。

（3）岩体、断裂结构面的物理力学特性参数。边坡岩体的结构；岩体变形模量、弹性模量、抗剪强度参数等的试验标准值和地质建议值；软弱结构面的性状、抗剪强度参数等的试验标准值和地质建议值；节理、裂隙发育密度、分布规律和控制性结构面的连通率等。

（4）环境资料。水文、气象、降雨量、降雨强度和降雨过程资料；水电站施工期和运行期水库的特征水位；泄洪雾化范围和雨强等有关资料。

（5）枢纽布置。枢纽布置平面图；主要建筑物平面及剖面图。

（四）岩质边坡设计原则

（1）确定边坡类型和安全级别。在进行边坡设计之前，应明确边坡失稳可能造成的危害，对建（构）筑物的影响程度，划分边坡类型和安全级别，确定设计标准。

（2）明确治理目标和标准。对需要治理的边坡应根据工程地质分区、岩土类型分区、变形和破坏型式分区等，划分不同区域，明确治理目标和治理标准，并据此作出治理的统一规划和基本方案。

（3）进行失稳风险评估。比较重要的边坡，对边坡可能失稳范围、破坏方式、失稳后堆积形态和可能造成的损失进行分析和失稳风险评估。

（4）应进行设计方案比较。对需加固治理的边坡应结合稳定分析进行桩、锚或其组合等加固方案比较，从施工、工期、费用及治理效果等方面作出预算和预测，进行效益与投资经济分析。

（5）优先考虑提高边坡自身稳定的增稳措施。当自然边坡的稳定和变形不能满足设计要求时，应优先考虑提高地质体自身稳定的增稳措施，主要为降低地下水压力（地面防水、地下排水等）和改变坡形（削头压脚等）。当这些措施难以实施或仍不能满足设计标准时，再考虑加固措施。稳定分析和变形分析应结合这些措施的实施步骤分阶段进行。

（6）分析边坡上部工程活动的影响。应对边坡上部工程活动带来的不利影响进行分析。当需要在潜在不稳定边坡上部进行高压灌浆等工作时，必须采取可靠的监测和预防边坡失稳措施。

（7）监测预报和预警。可采取避让方案或降低保护标准的治理方案，相应加强监测预报与预警措施，避免或减少破坏损失。

（8）边坡治理设计必须考虑环境保护，遵守国家和地方政府法令。

（五）边坡工程设计的基本规定

《水电水利工程边坡设计规范》（DL/T 5353）和《水利水电工程边坡设计规范》（SL 386）对边坡设计作了基本规定。针对岩质边坡设计，有以下基本规定：

（1）边坡设计应与相应建筑物的设计深度相适应，使其达到安全可靠、经济合理、技术先进、符合实际的要求。

（2）边坡治理工程应根据地形地质条件，结合水工建筑物或其他建筑物的布置，结合施工条件，区分持久边坡和短暂边坡，因时、因地制宜进行设计。

（3）极限平衡分析法是边坡稳定分析的基本方法，适用于滑动破坏类型的边坡。对于1级、2级边坡，应采取两种或两种以上的计算分析方法，包括有限元等方法进行变形稳定分析，综合评价边坡变形与抗滑稳定安全性。

（4）对于特别重要的、地质条件复杂的高边坡工程，应进行专门的应力变形分析，研究其失稳破坏机理、破坏类型和有效的加固处理措施。必要时可进行可靠度分析。

（5）边坡需要的抗滑力应根据稳定分析计算成果和边坡安全系数确定；应以条分法计算各条块达到设计安全系数所需平衡的剩余下滑力，结合地质条件和施工条件选择不同抗滑结构并确定其平面位置和深度，按力的合成原理计算不同抗滑结构提供的抗滑力。

（6）抗滑工程提供的抗滑力或预加锚固力应根据加固措施的类型、结构和使用材料，将边坡根据设计安全系数需要的抗滑力除以小于1的强度利用系数或乘以大于1的强度储备安全系数得出，后者即承载能力极限状态计算中的结构系数。

（7）作为加固边坡浅表层岩土体的系统或局部锚固结构，如系统锚杆或系统锚筋桩等，其锚固深度和锚固力，应根据情况，按经验判断和估算确定，必要时应进行稳定分析计算并按设计安全系数的要求确定。

（8）岩质边坡体型设计，应参考地质建议的开挖边坡坡比，综合考虑边坡的工程目的、边坡处理措施、马道设置和排水要求、交通和施工要求、方便维护和检修要求。

（9）边坡工程设计，应充分利用现场勘察和地质分析成果，包括边坡变形和地下水的动态监测成果。边坡工程施工中，还应结合地质预测预报、地质编录和监测分析反馈资料，根据工程实际，在边坡变形稳定分析的基础上，修改和调整边坡设计参数，实现边坡工程全过程动态设计。

（六）岩质边坡治理措施

岩质边坡的治理可采用下列一种或多种措施：

（1）减载、边坡开挖和压坡。

（2）排水和防渗，排水包括坡面、坡顶以上地表排水、截水和边坡体内的地下排水。

（3）坡面防护，用于岩质边坡的喷混凝土、喷纤维混凝土、挂网喷混凝土和现浇混凝土。

（4）边坡锚固措施，包括锚杆、钢筋桩、预应力锚杆、预应力锚索。

（5）抗滑支挡结构，包括多种型式的挡土墙、抗滑桩、抗剪洞、锚固洞。

（6）组合加固措施，锚固与支挡措施的组合，包括预应力锚索（锚杆、预应力锚杆）抗滑桩、桩洞联合体、锚杆（锚索）挡墙等。

上述措施中，（1）～（3）为岩质边坡增稳措施，（4）～（6）为岩质边坡加固措施。

（七）岩质边坡治理措施选择

（1）边坡治理措施的选择，应优先考虑增稳措施，当增稳措施不能满足要求时，再考虑加固措施。

（2）减载、边坡开挖、排水和防渗、坡面防护适用于各种结构的岩质边坡治理，是岩质边坡治理的常用措施。

（3）压坡适用于边坡坡脚部位有足够的场地，没有变形要求的岩质边坡，常与坡顶减载相结合，即减载与反压。

（4）锚杆适用于各种类型的岩质边坡加固，是水利水电工程边坡常用的加固措施，用于边坡表层风化岩体、节理裂隙岩体和小的潜在不稳定块体的加固。

（5）预应力锚杆用于表层岩体和中小潜在不稳定块体的加固。

（6）抗滑桩宜用于潜在滑动面明确、对边坡岩体变形控制要求不高的土石混合边坡和碎裂状、散体结构的岩质边坡。

（7）预应力锚索属于主动抗滑结构，适用于有条件加预应力的边坡和边坡加固，已普遍用于岩质边坡的加固中。

（8）抗剪洞又称抗剪键，主要用于坚硬完整岩体内可能发生沿软弱结构面剪切破坏时的加固。

（9）锚固洞宜用于岩体坚硬完整的边坡滑面较陡部位的加固。

（10）当岩质边坡不稳定下滑力较大、控制稳定的断裂结构面规模较大，边坡岩体破碎、软岩边坡、相关水工建筑物对边坡岩体变形控制有要求时，应采用多种组合加固措施，以保证边坡岩体稳定和控制边坡岩体变形。

（11）当水利水电工程岩质边坡加固条件复杂、规模较大时，一般采用多种措施，综合治理边坡。

二、常用坡面保护措施

（一）喷射混凝土

喷射混凝土（以下简称喷混凝土）是利用压缩空气或其他动力，将由水泥、骨料（砂和小石）、水和其他掺合料按一定配比拌制的混凝土混合物沿管路输送至喷头处，以较高速度垂直喷射于受喷面，依赖喷射过程中水泥与骨料的连续撞击，压密而形成的一种混凝土。其特点是以坡面防护为主，防止坡面的进一步风化、剥蚀、局部掉块等作用，多用于岩质边坡。

喷混凝土按施工工艺的不同，可分为干法喷混凝土、湿法喷混凝土和水泥裹砂喷混凝土。按照掺加料和性能的不同，还可细分为钢纤维喷混凝土、硅灰喷混凝土，以及其他特种喷混凝土等。

在岩土工程中，喷混凝土不仅能单独作为一种加固手段，而且能和锚杆支护紧密结合，已成为岩土锚固工程的核心技术。对于水利水电工程，喷混凝土主要应用于地下工程支护和边坡支护。

（1）喷混凝土的设计强度等级。喷混凝土的设计强度等级不应低于C15，对于立井及重要隧洞和斜井工程，喷混凝土的设计强度等级不应低于C20；喷混凝土1d龄期的抗压强度不应低于5MPa。钢纤维喷混凝土的设计强度等级不应低于C20，其抗拉强度不应低于2MPa，抗弯强度不应低于6MPa。

（2）喷混凝土与岩体的黏结强度。喷混凝土与坡面岩体的黏结强度：Ⅰ级、Ⅱ级岩体不应低于 0.8MPa，Ⅲ级岩体不应低于 0.5MPa。

（3）喷混凝土支护的厚度。喷混凝土支护的厚度，最小不应低于 50mm，最大不应超过 200mm。

含水岩层中的喷混凝土支护厚度，最小不应低于 80mm，喷混凝土的抗渗强度不应低于 0.8MPa。

（4）钢纤维喷混凝土。钢纤维喷混凝土用的钢纤维应遵守下列规定：

普通碳素钢纤维的抗拉强度不得低于 380MPa；钢纤维的直径宜为 0.3～0.5mm；钢纤维的长度宜为 20～25mm，且不得大于 25mm；钢纤维掺量宜为混合料重量的 3％～6％。

（5）钢筋网喷射混凝土。钢筋网宜采用Ⅰ级钢筋，钢筋直径宜为 4～12mm，钢筋间距宜为 150～300mm；钢筋网喷射混凝土支护的厚度不应小于 100mm，且不应大于 250mm，钢筋保护层厚度不应小于 20mm。

（二）格架或面板

格架或面板对滑坡体表层坡体起保护作用并增强坡体的整体性，提高表层坡体的自稳能力，防止地表水渗入、坡面雨水冲刷等作用下出现局部及浅表层的破坏、坡体的风化等。格架护坡具有结构物轻、材料用量省、施工方便、适用面广、便于排水、可与其他措施结合使用的特点。

根据采用的材料可将格架或面板分为混凝土格架（或面板）、圬工格架（或面板）。护坡格架可根据景观需要设计成各种样式，如网格形、人字形、拱形等，格区可植草、植树或砌石。

当贴坡混凝土、混凝土格构参与抗滑作用时，应对其断面进行抗弯、抗剪计算。

贴坡混凝土、混凝土格构应能在边坡表面上保持其自身稳定，并与所布置的系统锚杆（或锚索）相连接。

三、锚杆支护

锚杆是岩质边坡加固中常用的加固措施，锚杆分预应力锚杆和非预应力锚杆，本节主要介绍非预应力锚杆。水利水电工程岩质边坡加固常用的是全长黏结式水泥砂浆锚杆。

锚杆设计的主要内容包括：锚杆结构型式选择锚杆体钢筋直径选择、锚杆布设间距、入岩深度、方位，锚杆施工程序、工艺以及与坡面结构的连接要求。

特殊部位的锚杆，比如开口线、马道边缘的锁口锚杆以及需要超前加固的超前锚杆和保持断层、结构面上下盘岩体完整性的缝合锚杆，应根据其作用，提出具体的设计要求。

（一）锚杆支护的作用

（1）节理裂隙发育、风化严重的岩质边坡的浅层锚固。

（2）碎裂和散体结构的岩质边坡的浅层锚固。

（3）边坡的松动岩块锚固。

（4）固定边坡坡面防护结构或构件的锚固。

（二）锚杆的锚固型式选择

（1）机械式锚固宜用于需要快速加固的硬岩临时边坡，锚固型式可采用楔缝式、倒楔式和胀壳式。

（2）全长黏结式锚固可用于变形不大的各种类型的边坡，黏结材料可采用水泥浆、水泥砂浆和树脂锚固剂。

（3）摩擦式锚固宜用于需要快速加固的软弱破碎、塑性流变和受动载作用的岩质临时边坡，锚固型式可采用缝管式、楔管式和水胀式。

（三）锚杆的设计

（1）锚杆材料、直径、防护技术要求应按照《锚杆喷射混凝土支护技术规范》（GB 50086）的有关规定执行。

（2）应根据岩体节理裂隙的发育程度、产状、块体规模等布置系统锚杆，平面布置形式可采用梅花形或方形。对于系统锚杆不能兼顾的坡面随机不稳定块体，应布置随机锚杆。

（3）锚杆作为系统锚杆时，长度可为3～15m，锚杆最大间距宜不超过5m，且不大于锚杆长度的1/2，岩质边坡的系统锚杆孔向宜与主要结构面垂直或呈较大夹角，尽可能多地穿过结构面。

（4）锚杆加固边坡表层不稳定块体时，应按照《锚杆喷射混凝土支护技术规范》（GB 50086）中的方法，计算需要锚杆的数量。

四、抗滑桩支护

（一）抗滑桩的类型、特点及适用条件

抗滑桩是一种在滑坡整治中用于承受侧向荷载，防止滑坡体发生滑动变形和破坏的抗滑支挡结构，一般设置于滑坡的中前缘部位，大多完全埋置于地下，有时也露出地面，桩底须埋置在滑动面以下一定深度的稳定地层中。其优点如下：

（1）抗滑能力强，圬工数量小，在滑坡推力大、滑动带深的情况下，能够克服一般抗滑挡土墙难以克服的困难。

（2）桩位灵活，可以设在滑坡体中最有利于抗滑的部位，可以单独使用，也可与其他建筑物配合使用。

（3）配筋合理，可以沿桩长根据弯矩大小合理地布置钢筋，如钢筋混凝土抗滑桩，则优于管形状、打人桩。

（4）施工方便，设备简单。采用混凝土或少筋混凝土护壁，安全、可靠。

（5）间隔开挖桩孔，不易恶化滑坡状态，有利于抢修工程。

（6）通过开挖桩孔，可直接揭露校核地质情况，进而修正原设计方案，使其更符合实际。

（7）施工影响范围小，对外界干扰小。

抗滑桩的类型：①按桩身材质分为木桩、钢管桩、钢筋混凝土桩等；②按桩身截面形式分为圆形桩、管桩、方形桩、矩形桩等；③按成桩工艺分为钻孔桩和挖孔桩；④按桩的受力状态分为全埋式桩、悬臂桩和埋入式桩；⑤按桩身刚度与桩周岩土强度对比及桩身变形分为刚性桩和弹性桩；⑥按桩体组合形式分为单桩、排架桩、刚架桩等；⑦按桩头约束条件分为普通桩和锚索桩等。

另外，抗滑桩按桩身的制作方法可以分为灌注桩、预制桩和搅拌桩三类。

（二）抗滑桩设计的基本内容

（1）确定抗滑桩由于滑坡体位移所承受的滑坡推力及弯矩值。

（2）根据地质和施工条件，选取抗滑桩的型式，如采用机械成孔或人工挖孔，桩体采用钢筋混凝土或钢材等。

（3）确定抗滑桩的桩距，即选取合理的桩距，桩距过大，土体可能从桩间挤出，桩距过小，则桩数增加，投资增大，工期延长。

（4）根据地质条件及滑坡推力确定抗滑桩截面尺寸、桩长，并对所选的抗滑桩进行内力、锚固深度计算，选择合适的锚固深度，锚固深度过浅，则桩容易被推倒、拔出或与滑动体一起滑动，过深则施工困难，工期较长。

（5）进行桩体设计，即对抗滑桩进行配筋计算，确定配筋型式。

（6）反算加抗滑桩后的边坡抗滑稳定安全系数，并对经抗滑桩处理后的边坡稳定性进行评价分析。

（7）确定施工方案。

（三）抗滑桩设计的一般要求

（1）坡体稳定。设桩后能提高滑坡体的稳定性，抗滑稳定安全系数应达到规范要求；避免滑体土越过桩顶和从桩间挤出；不产生新的深层滑动。

（2）桩身稳定。桩身要有足够的强度和稳定性。桩的断面和配筋合理，能满足桩身内力和变形的要求。

（3）桩周稳定。桩周的地基抗力在容许范围内，抗滑桩及滑坡体的变形在容许范围内。

（4）安全经济。抗滑桩的间距、尺寸、埋深等应适当，保证安全，方便施工，工程量最小。

（5）环境协调。

（四）抗滑桩设计的一般步骤

（1）首先查清滑坡的原因、性质、范围、厚度，分析滑坡的稳定状态、发展趋势。

（2）根据滑坡地质剖面及滑动面处岩、土的抗剪强度指标，计算滑坡推力。

（3）根据地形、地质及施工条件等确定桩的型式、布设位置及范围。

（4）根据滑坡推力大小、地形及地质条件，拟定桩长、锚固深度、桩截面尺寸及桩间距。

（5）确定桩的计算宽度（限于圆桩），并根据滑坡体的地质条件，选定地基参数，如承载力、变形模量等。

（6）根据选定的地基参数及桩的截面型式、尺寸，计算桩的变形系数、计算锚固深度，据此判断按刚性桩或弹性桩来设计。

（7）根据桩底的边界条件采用相应的公式计算桩身各截面的变位、内力及侧壁应力等，并计算最大剪力、弯矩及其部位。

（8）校核地基强度。若桩身作用于地基的弹性应力超过或者小于地层的容许值较多时，则应调整桩的埋深、桩的截面尺寸或桩的间距。

（9）根据计算结果，绘制桩身的剪力和弯矩图，并进行配筋设计。

（10）确定施工方案。

五、预应力锚索支护

预应力锚索是通过内锚固段固定后，在外锚头进行张拉，将预应力线材的张拉应力施加于岩体或结构物上的一种加固措施。由于预应力锚索具有对被锚固体扰动小、能充分发挥高强钢材及岩体的性能、节省材料、主动合理地加固被锚固体等特点，成为当今一项较为高效和经济的加固技术，广泛地应用于水电、矿山、铁路、隧道、公路、桥梁、工业民用建筑等各工程领域。

（一）预应力锚索设计的基本内容

预应力锚索设计主要分锚索布置设计与锚索结构设计两部分：

（1）锚索布置设计。锚索布置设计亦即边坡锚固设计，包括计算确定对应边坡稳定设计标准所需的总锚固力；分析确定单束锚索锚固力；根据计算确定的总锚固力及选定的单束锚索的锚固力分析确定总锚索数量；分析确定锚索在坡面的布置方式（间排距、进锚方向）及锚固深度；根据布置进行边坡稳定复核并根据需要调整锚索数量或布置型式等。

（2）锚索结构设计。锚索基本结构型式的选定；内锚固段长度的计算确定；外锚头计算；锚索架立结构的设计与布置（间距）；锚索结构的防腐保护设计；张拉程序的确定；锚索的监测设计等。

同时还要编制施工技术要求和特殊情况的技术处理预案以及锚固后的工程安全评价及总结。

（二）预应力锚索设计的一般步骤

根据边坡工程及锚索结构的特点，预应力锚索设计一般遵循以下步骤：

（1）根据边坡稳定分析及初步拟定的锚固布置方案，计算确定边坡加固总锚固力。

（2）锚索选型。

（3）单束锚索锚固力确定。

（4）锚索结构设计，包括锚索杆体设计、内锚固段设计、外锚头设计、防腐保护设计等。

（5）锚索布置设计，包括坡面布置位置确定、范围、孔排距、深度等。

（6）锚固监测设计。

（7）编制施工技术要求和特殊情况的技术处理预案。

（8）锚固后的工程安全评价及总结。

预应力锚索设计，特别是应用于边坡加固工程的预应力锚索设计，一般应遵循动态设计的原则，在设计过程中，根据边坡锚索布置后的稳定复核情况、实施过程中新揭露的地质情况以及内外监测资料等动态调整锚索设计，以达到技术可行、经济合理的目的。

（三）锚固力的确定

预应力锚索加固的作用主要有两种：锚固结构的稳定和改善锚固体的应力状态或变形。前者需要通过稳定计算确定锚固结构达到稳定设计标准时所需的锚固力；后者需要通过反复计算施加不同锚固力、不同施加方式、不同施加次序等条件下边坡体的不同应力状态和变形性态，最终通过安全与经济比较后综合确定锚固布置方案。

边坡加固总锚固力 $\sum \Delta R$ 与边坡的天然稳定状态及拟达到的稳定状态设计安全系数 F 有关。设边坡天然状况下的安全系数为 F，则

$$F = \sum R / \sum S \qquad (6.3-1)$$

$$F_s = (\sum R + \sum \Delta R) / \sum S \qquad (6.3-2)$$

$$\sum \Delta R = \sum S (F_s - F) \qquad (6.3-3)$$

式中：$\sum R$ 为边坡原抗滑力之和；$\sum S$ 为边坡原下滑力之和。

可见，总锚固力的计算是边坡稳定分析的一部分。

（四）预应力锚索的布置

锚索的布置根据边坡的形态、软弱结构面（层面）的位置、产状和力学性质，及边坡可能的失稳模式与边坡稳定分析得出的总锚固力等综合确定。在边坡支护设计时，进行锚固布置设计的目的就是以最小的锚固工程量，获得最大的锚固支护效果。

边坡锚固布置主要包括以下内容。

1. 锚索的位置

对于某个特定的边坡，锚索布置的位置主要根据边坡破坏模式及机理确定，使得布置在边坡"关键部位"的锚索能够发挥最大的作用效能。对滑动破坏的边坡，锚索宜布置在边坡的中、下部。这样，一是可确保无论是牵动型破坏还是推移型破坏，边坡都具有整体稳定性；二是中下部边坡风化卸荷岩体较薄，可减小锚索的深度，节省锚索工程量。对于坡面较陡的滑动边坡，尚应在坡顶布置 1～2 排锁口锚杆，以限制卸荷裂隙的发展。对倾倒型破坏边坡，锚索宜布置在边坡的中、上部，以增加锚索的作用力矩，从而提高锚固力的效能。

2. 锚索的最优锚固角度

规范中最优锚固角实际是一个经验值。调整锚杆安装角度，可使逆滑动方向的分力和滑面法方向分力乘以滑面摩擦系数产生的摩擦阻力之和达到最大，见图 6.3-1。

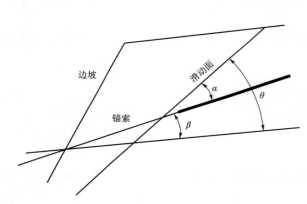

图 6.3-1　边坡锚索锚固角示意图

图 6.3-1 中，α 为锚索同滑动面的夹角；β 为锚索同水平面的夹角；θ 为滑动面的倾角，它们的关系为

$$\theta = \alpha \pm \beta \qquad (6.3-4)$$

由图 6.3-1 可知，由锚索提供的抗力为

$$P_{抗} = P \sin\alpha \tan\varphi + P \cos\alpha \qquad (6.3-5)$$

式中：φ 为滑动面上的摩擦角。

当 $\alpha = \varphi$ 时，可得最大抗滑力为 $P_{抗 max} = P / \cos\varphi$，但此时锚索最长，不经济。

经过综合比较，当 $\alpha_{优} = 45° + \varphi/2$ 时，得到最优的锚固角度，因此最优的锚固角为

$$\beta_{优} = \theta - (45° + \theta/2) \qquad (6.3-6)$$

锚固角 $\beta \leqslant -5°$ 或 $\beta \geqslant 5°$ 的规定主要是考虑水平孔灌浆难以保证全孔密实，影响锚索的耐久性，但若受坡面布置、施工条件或结构本身要求的限制，也可采用水平锚索，但必须采取适当措施，保证锚孔浆液的密实性。

3. 锚索的深度

对于锚固深度的规定，一般均要求锚索内锚固段锚固于潜在滑面以下的稳定岩体中，一般穿过潜在滑面的长度不小于 2m。对于风化卸荷岩体、倾倒体等无明显滑面的边坡，锚固深度一般应超过根据程序搜索的最深滑面下方，超过长度不小于 3m，且内锚固段长度应取按规范计算的上限值（大值）。在边坡锚索布置间距较小时，无论是采用拉力型锚索，还是采用压力型锚索，内锚固段岩体均会产生应力集中现象，为避免这种影响，锚索内锚固段应错开布置。

实际上有些边坡的滑面不明显，或滑面是一个较厚条带，或滑带的牵动带也属于破碎岩体，另外，对于拉力性锚索，其锚固应力主要集中在内锚固段的前 2m 内，所以，应根据具体情况选择内锚固段的长度。

即使采用内锚固段相间布置，确保内锚固段穿过潜在滑面不小于 2m 安全距离的要求仍是要遵守的。为此，相间布置时部分锚索需要额外增加长度，相应地增加了工程量及施工难度，但边坡的受力将更为科学合理。

4. 锚索的间距

锚索的间距根据边坡稳定需要的总锚固力及所选型的单根锚索所提供的锚固力确定。但受群锚效应的影响，当锚索间距过小时，锚索的作用效能将下降。为此，有关规范规定，锚索的间距一般为 4～10m，最小间距不宜小于 2.5m，当经试验验证或计算分析边坡的群锚效应不明显时，可适当减小锚索的布置间距。锚索 4～10m 的布置间距是工程经验及国内外规范的常规做法，但也允许在某些情况下可布置得更密些。

锚索孔位在坡面的布置形式可选用方形、梅花形、矩形等。

5. 锚索布置与其他结构的关系

边坡加固一般为多种措施的综合加固方案。在进行锚索布置时，不仅要考虑上述的因素，还必须考虑锚固与其他措施的相互关系。

六、抗剪洞与锚固洞

抗剪洞又称抗剪键，主要用于坚硬岩体内可能发生沿软弱结构面剪切破坏时的加固。将潜在软弱结构面用混凝土或钢筋混凝土置换，增加沿软弱结构面的抗剪强度，从而增加边坡的稳定性。抗剪洞沿潜在软弱结构面走向水平布置。

锚固洞是指采用混凝土或钢筋混凝土回填穿过潜在滑动面而形成的一种用于阻止边坡滑动的加固结构。通常用于岩体坚硬完整的边坡滑面较陡部位，洞轴方向应与滑体的滑动方向平行。锚固洞经常与抗滑桩或预应力锚索结合，对边坡实施加固。

七、工程案例

（一）刘家峡排沙洞进口段岩塞爆破工程进水口边坡加固方案

经过对边坡的稳定分析及边坡失稳后将对工程造成极大的危害，必须对不稳定边坡进行加固。为此进行了三种方案比选设计：①卸坡减载方案；②素混凝土抗剪桩加固方案；③预应力锚索加固方案。

其中卸坡减载方案，即对不稳定岩体进行挖除处理，挖除工程量约 11500m³。虽然挖除工程量不是很大，但下部是排沙洞洞口，开挖岩石不能堵塞该洞口，因此只能从上部坡顶分层进行开挖，且该不稳定岩体大部分位于水面以下，水下施工存在着极大的困难；另一方面，从地质剖面图上可以看出：排沙洞洞脸岸坡属于卸荷带，因此，挖除 F_7 上盘岩体后，顺坡光面裂隙将会使岸坡仍然存在局部失稳的可能。综上考虑，卸坡减载的方式不可行。所以设计中重点针对两种加固方案进行了具体设计，即素混凝土抗剪桩方案和预应力锚索方案。

采用预应力锚索加固方案时，通过对口边坡稳定计算成果分析，根据规范要求及综合分析比较，取边坡稳定系数为 $K=1.3$，在爆破震动的影响下，F_7 断层滑动面所缺少的总抗滑阻力为 65140kN。

1. 方案设计

（1）混凝土抗剪桩方案设计。本方案采用竖井抗剪桩，使竖井挖穿 F_7 断层，再挖一定锚固深度后，在竖井内浇筑 C20 素混凝土，利用混凝土的抗剪强度为滑坡体提供阻滑力。

根据规范要求及综合分析比较，素混凝土抗剪桩的安全系数取为 $K=1.3$。根据经验公式，素混凝土的抗剪强度为 0.2 倍的轴心抗压强度，由混凝土抗剪经验公式计算所需的素混凝土抗剪面积：

$$V_c = 0.2 f_c b h_0 \tag{6.3-7}$$

式中：V_c 为混凝土的受剪承载力，为 65140kN；f_c 为混凝土的轴心抗压强度，为 10^4 kN/m²；$S=bh_0$ 为混凝土的截面面积，m²。

经计算，需素混凝土截面面积为 $S=33m^2$。

根据滑坡体的性状及现场的实际情况，决定采用群桩抗剪，单个桩采用直径为 3m 的圆桩，每个桩截面面积为 7.07m²，则共需 5 个桩，因上述计算是在岩塞口宽度范围内进行的，考虑实际情况，岩塞口两侧岩体也应适当加固，根据地质资料进行综合分析比较，最终确定设置 6 个抗剪桩，同时在其中两个抗剪桩间设置抗剪平洞，该平洞沿 F_7 断层设置，保证断层从平洞中部穿过。

抗剪桩布置在滑坡体的中上部重心位置左右。根据地质剖面图，抗剪桩下部应深入 F_7 断层面以下 10m 以上，则桩的深度为 19~31m。为保证混凝土桩体与围岩紧密结合，应对桩体与围岩间进行接缝灌浆。抗剪桩设计方案工程量如表 6.3-1 所示。

表 6.3-1　　　　　　　　　　　　抗剪桩设计方案工程量

项目	土方明挖	竖井开挖（φ3m）	回填混凝土 C20	接缝灌浆
单位	m³	m³	m³	m²
工程量	360	1500	1500	1600

（2）预应力锚索方案设计。预应力锚索加固方案是利用大吨位预应力锚索的抗拉强度来加固不稳定下滑体，增强滑坡体的稳定性。预应力锚固技术是我国大力推广的新技术，在国内已成功地在几十个工程中应用，收到了良好的效果，并取得了丰富的工程经验和资

料成果。

根据对地质资料的分析及上述计算成果，考虑岩体所能承受荷载的能力和施工技术水平及权衡群锚效应等几项原则，拟定在本工程中采用3000kN级预应力锚索。

在边坡设计中，预应力锚索的布置方向是个至关重要的问题。当 $\alpha=\varphi$ 时，锚索提供抗力最大 $P_{抗\max}=P/\cos\varphi$，但此时锚索最长，故一般在设计中取最优锚固角，见图 6.3-2。根据《水工预应力锚固设计规范》（SL 212—2012）可知最优锚固角为

$$\beta=\theta-(45°+\varphi/2) \tag{6.3-8}$$

$$\theta=\alpha+\beta$$

$$P_{抗}=P\sin\alpha\,\mathrm{tg}\varphi+P\cos\alpha$$

式中：$P_{抗}$ 为锚索提供阻滑力，为 65140kN；P 为锚索设计吨位，为 3000kN；B 为最优锚固角（与水平面夹角）；φ 为滑动面的内摩擦角，$\varphi=28.8°$；θ 为滑动面倾角（与水平面夹角），$\theta=60°$；α 为锚索与滑动面夹角。

经过计算可知：$\alpha=59.4°$，$\beta=0.6°$，$P_{抗}>F_7$ 断层滑动面所缺少的总抗滑阻力为 65140kN。

由此可计算出，在岩塞爆破口范围内（26m 宽度）需预应力 3000kN 级锚索 22 根。

由地质资料分析，需锚固岸坡大部分位于水面以下，如将外锚头设置在岸坡上，施工较困难，故应该将外锚头设置在滑坡体的山里侧；如锚索按最优锚固角施工时，需在山体内设置施工洞，这样工程量较大且施工也较困难；最终分析确定，将外锚头设置在山坡上明挖槽内，调整锚索锚固角。

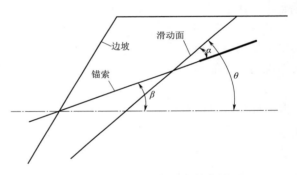

图 6.3-2 最优锚固角示意图

根据地质剖面图，结合外锚头明挖槽深度，确定锚索与滑动面（F_7 断层面）夹角约为 20°～35°，即锚索下俯角度为 25°～40°。根据公式 $P_{抗}=P\sin\alpha\,\mathrm{tg}\varphi+P\cos\alpha$，可计算出此种情况下需锚索根数约为 20 根。考虑实际情况，岩塞口两侧岩体也应适当加固，根据地质资料进行综合分析比较，最终确定设置 27 根 3000kN 级预应力锚索。

依据地质资料的平面图、剖面图和分析结论，本着发挥锚索的最优锚固效果和便于施工的原则来布置锚索。

1）锚固方向：大部分锚索锚固方向为 NE3.65°，尽量与 F_7 断层走向垂直。

2）下俯角度：考虑到内锚头应布置在下滑体重心左右，下俯角度取 25°～40°。

3）锚索间距：外锚头均布置在山坡明挖槽内，因下俯角度不同，内锚头在山体内分为两排，同排锚索间距 2.7m，两排排距 5m。

4）锚孔深度及直径：根据 3000kN 级锚索一般结构：内锚段长度取 9m，自由张拉段长度取 25m 左右，锚孔深度取 30～35m，锚孔直径取 ϕ160mm。

预应力锚索设计方案工程量见表 6.3-2。

表 6.3－2　　　　　　　　　　预应力锚索设计方案工程量表

项目	土方明挖	石方明挖	混凝土量（C20）	钢筋量	预埋垫板	钻孔长度	525号水泥浆	锚　索	
								34.05m长	37.05m长
单位	m³	m³	m³	t	t	m	m³	根	根
工程量	300	2640	104	6.09	13.6	903	73	14	13

2. 边坡加固方案比选

（1）素混凝土抗剪桩加固方案。素混凝土抗剪桩加固方案和预应力锚索方案相比优点是施工工艺简单，仅为竖井的开挖、素混凝土回填和接缝灌浆等。

本方案存在以下缺点：

1）施工难度大。该方案需开挖 6 个竖井，开挖期间需设专用道路出渣，而且开挖时只能采用垂直吊运方法，施工效率较低。

2）开挖时不可预见因素较多。因竖井开挖深度较深，施工中可能出现塌方等困难；地下水位较高，施工排水也较困难，因此会造成施工工期较长；由于爆破施工，可能进一步恶化岩体的完整性，影响边坡的稳定。

3）抗剪桩工作机理上的缺陷。抗剪桩本身的工作原理，是在滑坡体有滑动倾向时才起抗剪作用（即增加滑动面的抗剪指标，但很难估计抗剪历时过程），需进行即时观测和长期观测，才能判断抗剪效果。由于该处岸坡存在顺坡光面裂隙，光面裂隙组合可能出现局部山体滑坡，对于群桩抗剪，如果出现局部滑坡，可能使单桩或少桩不能抵抗局部山体下滑而破坏，进而造成联动破坏。从这点上看，仅从理论上计算的抗剪面积来布桩未必能保证抗滑稳定的安全系数。

4）从设计及预算结果来看，本方案的工程造价约为 135.99 万元，相对于预应力锚索方案工程造价较高。

（2）预应力锚索加固方案。预应力锚索加固是比较成型的方式，该方案的优点比较明显，结合本工程情况有以下几点：

1）施工难度小。采用专用钻机造孔，施工干扰小，效率较高。

2）不可预见因素少。由于施工中不需进行爆破施工，且钻孔孔径较小，故对断层的扰动小，能避免进一步恶化岩石完整性。

3）工期较易保证。由于施工难度小，效率高，干扰施工因素较少，故施工进度较易控制，工期能够得到保证。

4）技术上可靠，国内、外采用预应力锚索加固山体的范例已不少，取得了丰富的工程经验和资料成果，并收到了良好的效果；由于锚索布置的密度较大（相对于抗剪桩布置），故岩体发生局部滑坡的可能性较低。

5）从设计及预算结果来看，本方案的工程造价约为 94.59 万元，比抗剪桩方案工程造价低。

6）对滑坡体施加主动力，有利于顺坡节理面和 F_7 断层的闭合，增加滑动面的抗滑能力。

预应力锚索加固方案也存在如下缺点：施工技术水平要求较高，需要有经验的专业施工队伍；由于锚索需穿过断层，且内锚段应位于滑坡体的重心左右，故地勘工作必须准确、细致；同时，钻孔的方向、角度及成孔率必须严格控制，对造孔增加了难度。

以上缺点如果加强技术管理和监督，技术问题完全可以控制，国内外其他工程的成功实践表明本方案是完全可行的，镜泊湖水下岩塞爆破口上部山体采用了预应力锚索加固 F_5 滑坡体，现已正常运行 28 年，其成功经验可以借鉴。所以针对本工程具体情况，综合分析采用预应力锚索加固方案是最优方案。即：刘家峡岩塞进口边坡（F_7 滑坡体）加固处理推荐采用了预应力锚索方案，通过爆破前后监测数据分析，以及近 5 年的运行期实际观测，岩塞进口边坡安全稳定，满足设计要求。

3. 其他工程措施

进水口山坡比较陡，属卸荷带，第③组顺坡节理倾角（60°～75°）较陡，呈光滑面，张开裂隙，影响山坡表部稳定，故应对锚索锚固范围内（锚索方案平面图中明挖槽以下）山体进行喷护处理，采用 C20 素混凝土喷护，喷层厚度 10cm，喷护面积约 2000m²，局部不稳定岩块应先清除后喷护。

在预应力锚索外锚头明挖槽以上山坡上有一堆渣体，堆渣体堆成二级平台。据地质报告资料来看，堆渣体整体稳定性较好，对排沙洞进口无影响，但前缘部分稳定性较差，需进行护坡处理，前缘厚度达 10m，宽度达 30m，约有长 30m 段堆积在基岩上。因此对前缘部分采用 30cm 厚浆砌石护坡，护坡面积约 1500m²，护坡浆砌石工程量约为 450m³，同时浆砌石护坡中应设置排水孔，做好排水系统。

（二）兰州水源地取水口边坡加固设计

1. 岸坡地形、地质概述

岸坡整体走向 N35°～40°E，在取水口轴线上、下游各有一冲沟发育，上游侧冲沟距轴线约 120m，走向 SN，沟长约 63m，沟口宽度约 10m，切割深度一般 10～20m，沟底高程为 1732.00m，冲沟两侧基岩地形坡度较陡，上部为黄土覆盖，地形较缓，坡度约 25°。下游侧冲沟距轴线约 60m，走向 N80°W，沟长约 75m，沟口宽度约 15m，自高程 1785.00m 开始向沟口方向逐渐变宽，切割深度一般 20～30m。冲沟两侧地形坡度近乎直立。

洞脸边坡部位片理产状基本稳定，走向 N40°～45°E，倾向 SE，倾角 10°～20°，间距（层厚）20～80cm，张开 0～5mm，最大可达 20mm，多为岩屑充填，局部延伸长度大于 10.0m，

2. 岸坡稳定性分析

进口洞脸边坡走向 N35°～40°E，坡度 50°～55°，坡顶处为 G213 公路，高程约 1788.00m，高差约 80m。

基岩裸露，岩石为黑云角闪石英片岩，呈弱风化状态，岩质致密坚硬，片理较发育，走向 N40°～45°E，倾向 SE，倾角 10°～20°，倾向坡内。主要发育二组节理：J_1 走向 N70°～80°W，倾向 NE，倾角 70°～80°，面起伏粗糙，无充填，一般间距 20～50cm，延伸长度 8.0～10.0m，岩塞体上游 30m 以外不发育，间距 120cm 左右；J_2 走向 N25°～30°E，倾向 NW，倾角 70°～80°，面起伏粗糙，充填岩屑及黄土，间距 20～30cm，延伸长度可达 15m。节理发育～较发育，岩体多较完整，局部完整性差。

边坡主要受垂直（J₁）、平行（J₂）岸坡两组节理影响，其中 J_1 走向近垂直于边坡，J_2 走向与边坡走向近于平行，且倾向库内，倾角大于坡角。上述节理虽相对切割较深，表部已卸荷，但对边坡稳定无较大影响，仅在高程 1747.00～1774.00m 处见有一危岩体，位于轴线下游侧 6.50～17.0m，厚度 5.0～8.0m。该危岩体主要受 J_1、J_2 两组节理卸荷影响，且 J_2 受卸荷拉裂影响，局部倾向坡内，节理卸荷宽度约 5～10cm，延伸长度约 5～8m，当岩塞爆破时，受爆破震动影响，该危岩体不稳定，易发生崩塌，洞脸边坡整体稳定性较好。

3. 岸坡加固设计

考虑爆破震动影响及岩塞口长期运行的安全，对高程 1715.00～1777.00m，洞中心线两侧各 15m（局部包含一处危岩体）范围洞脸边坡进行系统锚杆及挂网支护，喷混凝土厚 10cm，挂 $\phi6mm$ 钢筋网，锚杆直径 $\phi28mm$，长度 4.5m，入岩深度 4.2m，间排距为 2m，梅花形布置。加固范围内布置 $\phi60mm$、深 4.0m 的排水孔，间排距为 4.0m，梅花形布置。

第四节　隧洞混凝土衬砌设计

水下岩塞爆破进口段水工建筑物中，岩塞口段、渐变段、连接段、集渣坑及引水主洞均采用混凝土衬砌结构。岩塞口段距离爆破位置最近，受到爆破影响最大；渐变段和连接段，一般为圆形渐变成城门洞形，由于下部设置集渣坑，所以导致城门洞形边墙为高边墙结构，此处结构应力较大。因此，需要对混凝土衬砌结构进行作用荷载分析、作用效应组合分析，对混凝土衬砌结构进行内力计算，确定结构尺寸及配筋。

一、作用分析

按照国际通行做法，"作用"泛指使结构产生内力、形变、应力、应变等反应的所有原因，包括直接作用和口间接作用。围岩的松动压力、自重、水压力等以外力的形式作用于水工隧洞，属于直接作用，这一类等同于"荷载"。另外一些如地应力以围岩变位的方式、弹性抗力以约束隧洞变位的方式、地震以加速度传递的方式作用于隧洞。

采用分项系数极限状态设计方法时，作用随时间的变异可分为三类：①永久作用。②可变作用。③偶然作用。

对于隧洞来讲，这三类作用均以标准值为代表值。确定某一种作用的标准值，应按该种作用对于结构受力最不利的原则确定其概率分布的分位值。

（一）地应力、围岩压力

地应力、围岩压力是围岩对于隧洞支护的主要作用。这类作用为永久作用。尽管国内外对这两项作用做了大量有效的研究工作，积累了很多宝贵的资料，但由于岩体结构的复杂性，远不足以采用概率统计方法确定其代表值。因此作用标准值的取值大多具有一定的经验性。

1. 地应力

（1）地应力的性质。洞室开挖前，岩体处在相对静止状态，其中任何一点都受到周围地层的挤压，是围岩体内应力（地应力）的初始应力状态。它是由上覆地层自重、地壳运动的构造应力以及地下水流动等因素所决定的。洞室开挖以后，解除了部分围岩的约束，原始的应力平衡和稳定状态被破坏，围岩向洞室内部空间变形，围岩中出现了地应力的重分布。伴随地应力的重分布，岩体内蓄积的能量也要做相应地释放。此时如果采取支护措施对围岩的形变加以限制，使得地应力以及所围岩蓄积的能量不能充分释放，地应力就以反作用力的形式施加在支护上。

地应力给予支护的作用力，其大小取决于围岩的初始地应力、支护的刚度、支护的施加时间等因素。

随着施工技术的进步，一般在隧洞开挖后都要对围岩不够完整的洞段采取喷锚等支护措施。而为了避免施工干扰，混凝土衬砌的浇筑总要在开挖相当一段时间后才能进行。因此，在隧洞进行混凝土浇筑时，对于喷锚支护的洞段，地应力已得到充分释放；对于喷锚支护的洞段，地应力和支护力之间已达到平衡。故在衬砌结构计算中的作用一般不包括地应力。

在以下情况，需要考虑地应力的作用。

1）当采用"新奥法"原理进行设计时，为了尽量利用围岩的自承能力，把围岩当作支护结构的基本组成部分，支护同围岩共同工作，形成一个整体的承载环或承载拱。在地应力释放过程中需要及时进行喷锚支护，以控制围岩的变形。

2）当隧洞采用分期开挖的施工方式，并且在两期开挖中间需要进行支护时。

3）经围岩变形监控观测确认，在混凝土衬砌浇筑时，地应力的释放仍未完成。

4）高压水工隧洞设计需要考虑水力劈裂时。

5）对隧洞进行有限元分析，需要考虑几何模型的地应力边界时。

（2）初始地应力场。初始地应力场是围岩稳定与支护结构设计的重要影响因素之一，因此在计算中采取的初始应力场是否合适可靠，岩体参数是否合理，将直接影响到工程设计与施工的可靠性和安全性。计算方法主要有以下几种。

1）对于重要的地下工程，岩体初始地应力（场）宜根据现场实测资料，结合区域地质构造、地形地貌、地表剥蚀程度及岩体的力学性质等因素，通过模拟计算或反演分析确定。

2）当无实测资料但符合下列条件之一者，可将岩体初始地应力场视为重力场，并按式（6.4-1）和式（6.4-2）计算岩体地应力标准值。①工程区域内地震基本烈度小于Ⅵ度。②岩体纵波波速小于 2500m/s。③工程区域岩层平缓，未经受过较强烈的地质构造变动。

$$\sigma_{VK} = \gamma_R H \tag{6.4-1}$$

$$\sigma_{hK} = K_o \sigma_{VK} \tag{6.4-2}$$

$$K_o = \mu_R / (1 - \mu_R)$$

式中：σ_{VK} 为岩体垂直地应力标准值，kN/m^2；σ_{hK} 为岩体水平地应力标准值，kN/m^2；γ_R 为岩体容重，kN/m^3；H 为洞室上覆岩体厚度，m；K_o 为岩体侧压力系数；μ_R 为岩体的泊松比。

3）当无实测资料，但地质勘察表明该工程区域曾受过地质构造变动时，应考虑重力场与构造应力叠加，可按下列公式计算岩体初始地应力标准值：

$$\sigma_{VK} = \lambda \gamma_R H \qquad (6.4-3)$$

$$\sigma_{hK} = K_1 \sigma_{VK} \qquad (6.4-4)$$

式中：λ 为考虑构造应力的影响系数，可采用 1.2～2.5（受构造影响小者取小值）；K_1 为岩体侧压力系数，可采用 1.1～3.0（洞室埋深大、受构造影响小者取小值）。

2. 围岩压力

在地应力释放以后，坚硬而完整的围岩，岩体的强度高，不会出现开裂和坍塌的情况，但在重力的作用下，由于构造面的切割而形成的岩块，可能发生向洞内的坠落或滑移。岩块的重力或其分力形成了作用于支护结构的围岩压力。松软的围岩由于岩体的强度很小，不能承受开挖后急剧增大的洞室周边应力变化而产生塑性变形。隧洞围岩应力松弛而形成一个应力降低了的区域，岩体发生向隧洞内的变形。变形如果超过一定数值，就会出现围岩失稳和坍塌。而围岩深部应力升高的区域，会形成一个承载环或承载拱，承受上覆地层的自重，并向两侧岩体传递推力，失稳和坍塌的岩体以重力形式构成了作用于支护结构的围岩压力。

不同性状的围岩坠落或滑移的方式不同，因此围岩压力的计算方法也不相同。

（二）水压力

水压力是隧洞的主要作用之一，包括内水压力和外水压力。

1. 内水压力

（1）对于有压引水隧洞，静水位线以下至隧洞衬砌内缘顶部的距离，称为静水压力水头。静水位线以上至隧洞压力坡线的距离，称为涌浪压力水头。静水压力水头和涌浪压力水头共同构成隧洞的均匀内水压力，见图 6.4-1。

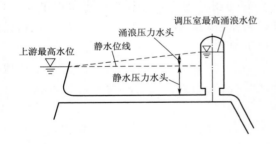

图 6.4-1　有压隧洞均匀内水压力
分解示意图

（2）对于不设调压室或调压室反射水击不充分的隧洞，应计入水击压力。

2. 外水压力

衬砌所受的外水压力与围岩性质，断层破碎带的情况，节理裂隙的发育程度、地下水的补给来源、衬砌混凝土的施工质量及其与围岩的结合情况等有关，外水压力不易估计准确。

（1）计算地下结构外水压力标准值时所采用的设计地下水位线，应根据实测资料，结合水文地质条件和防渗排水效果，并考虑工程投入运用后可能引起的地下水位变化等因素，经综合分析确定。

（2）作用于混凝土衬砌有压隧洞的外水压强标准值可按下式计算：

$$p_{ek} = \beta_e \gamma_w H_e \qquad (6.4-5)$$

式中：p_{ek} 为作用于衬砌上的外水压强标准值，kN/m^2；β_e 为外水压力折减系数，按表 6.4-1 采用；H_e 为作用水头，按设计采用的地下水位线与隧洞中心线之间的高差确定，m。

（3）当无压隧洞和地下洞室设置排水措施时，可根据排水效果和排水措施的可靠性对计算外水压力标准值的作用水头作适当折减，其折减值可采用工程类比或渗流计算分析确定。

表 6.4-1　　　　　　　　　　　　　　外水压力折减系数 β_e 值

级别	地下水流动状态	地下水对围岩稳定的影响	β_e 值
1	洞壁干燥或潮湿	无影响	0.00～0.20
2	沿结构面有渗水或滴水	风化结构面有充填物质，地下水降低结构面的抗剪强度，对软弱岩体有软化作用	0.10～0.40
3	沿裂隙或软弱结构面有大量滴水、线状流水或喷水	泥化软弱结构面有充填物质，地下水降低其抗剪强度，对中硬岩体有软化作用	0.25～0.60
4	严重滴水，沿软弱结构面有小量涌水	地下水冲刷结构面中的充填物质，加速岩体风化，对断层等软弱带软化泥化，并使其膨胀崩解及产生机械管涌。有渗透压力，能鼓开较薄的软弱层	0.40～0.80
5	严重地股状流水，断层等软弱带有大量涌水	地下水冲刷带出结构面中的充填物质，分离岩体，有渗透压力，能鼓开一定厚度的断层等软弱带，并导致围岩塌方	0.65～1.00

（三）结构自重

结构自重为钢筋混凝土衬砌结构自重荷载，按照衬砌结构尺寸乘以其材料重度进行计算，混凝土衬砌的材料重度应根据混凝土配合比试验确定，当没有试验数据时，可按照 $23.5 \mathrm{kN/m^3} \sim 25.0 \mathrm{kN/m^3}$ 计算。

（四）回填灌浆压力

1. 回填灌浆压力的压强分布

混凝土、钢筋混凝土和钢板衬砌的顶拱，均应进行回填灌浆。灌浆压力径向作用于衬砌面，见图 6.4-2。

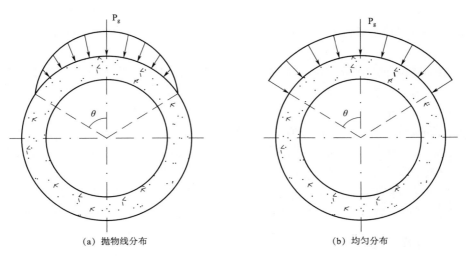

（a）抛物线分布　　　　　　　　　　　　（b）均匀分布

图 6.4-2　灌浆压力分布

2. 回填灌浆压力的标准值和分项系数

对混凝土衬砌和钢筋混凝土衬砌，回填灌浆压力的标准值一般取 0.2～0.5MPa。灌浆压力的作用分项系数可采用 1.3。

（五）地震作用

多次地震经验表明，处于地震传播范围内的地下结构特别是地下管道，破坏原因主要是围岩变形，而不是地震惯性力。由于受周围介质的约束，地下结构不可能产生共振响应，因此地震惯性力的影响很少。还要考虑岩塞爆破力转换为地震作用对衬砌结构的影响。

1. 地震对隧洞的破坏作用

（1）地震时衬砌与围岩产生相对变位致衬砌发生横向、斜向、纵向的各种裂缝和错位。

（2）在岩层破碎、岩性多变、断层破碎带以及地表地形陡变处，衬砌破坏较厉害。在岩层完整致密，地质条件较好的地段破坏较小。

（3）浅埋隧洞破坏比较厉害，埋深大于 50m 的隧洞破坏程度较轻。

（4）不衬砌部分发生岩块脱落等破坏现象，洞口边坡坍滑造成堵塞，进出口洞身数十米范围内衬砌裂缝较严重。

（5）岩石坚固系数 $f<10$ 的地段，洞顶和洞底发生纵向裂缝。

2. 地震作用计算

水工隧洞直段衬砌横截面可按下列各式计算由地震波传播引起的各项应力：

$$\sigma_N = \frac{a_h T_g E}{2\pi v_p} \qquad (6.4-6)$$

$$\sigma_M = \frac{a_h \lambda_o E}{v_s^2} \qquad (6.4-7)$$

$$\sigma_v = \frac{a_h T_g G}{2\pi v_s} \qquad (6.4-8)$$

上三式中：σ_N、σ_M、σ_v 为直段衬砌的轴向、弯曲和剪切应力的代表值；a_h 为水平向设计地震加速度代表值；T_g 为特征周期；v_p、v_s 为围岩的压缩波和剪切波波速的标准值；λ_o 为隧洞截面等效半径标准值；E、G 为衬砌材料动态弹性模量和剪变模量标准值。

3. 抗震措施

（1）地下结构布线宜避开活动断裂和浅薄山脊。设计烈度为 8 度、9 度时，不宜在地形陡峭、岩体风化、裂隙发育的山体中修建大跨度傍山隧洞，宜选用埋深大的线路。两条线路相交时，应避免交角过小。

（2）地下结构的进、出口部位宜布置在地形、地质条件良好地段。设计烈度为 8 度、9 度时，宜采取放缓洞口劈坡、岩面喷浆锚固或衬砌护面、洞口适当向外延伸等措施，进、出口建筑物应采用钢筋混凝土结构。

（3）地下结构在设计烈度为 8 度、9 度时，其转弯段、分岔段、断面尺寸或围岩性质突变的连接段的衬砌均宜设置防震缝。防震缝的宽度和构造应能满足结构变形和止水要求。

二、作用效应组合

（一）安全系数极限状态的作用（荷载）效应组合

1. 作用（荷载）的分类

按其作用状况分为基本作用（荷载）和特殊作用（荷载）两类。两类作用（荷载）定义及其内容应符合下列规定。

（1）基本作用（荷载）。长期或经常作用在衬砌上的作用（荷载），包括衬砌自重、围岩压力、预应力、设计条件下的内水压力（包括动水压力）以及稳定渗流情况下的地下水压力等。

（2）特殊作用（荷载）。出现机遇较少的不经常作用在衬砌上的作用（荷载），包括地震作用、校核水位时的内水压力（包括动水压力）和相应的地下水压力、施工作用（荷载）、灌浆压力以及温度作用等。

2. 作用（荷载）效应组合

根据基本作用（荷载）和特殊作用（荷载）同时存在的可能性，分别组合为基本作用（荷载）效应组合和特殊作用（荷载）效应组合两类。在衬砌结构计算中应采用各自的最不利组合情况。

3. 各种主要作用（荷载）的取值

（1）隧洞的内水压力应根据隧洞进、出口特征水位，结合隧洞各种运行工况，按可能出现的最大内水压力（包括动水压力）确定。对基本组合的内水压力值，特征水位取正常蓄水及其组合；对特殊组合的内水压力值，特征水位取校核洪水位及其组合。

（2）作用在衬砌上的围岩作用（荷载），应根据围岩条件、横断面形状和尺寸、施工方法以及支护效果确定。

（3）作用在混凝土、钢筋混凝土和预应力混凝土衬砌结构上的外水压力根据地下水位确定。对设有排水设施的水工隧洞，可根据排水效果和排水设施的可靠性，对作用在衬砌结构上的外水压力作适当折减，其折减值可通过工程类比或渗流计算分析确定。对工程地质、水文地质条件复杂及外水压力较大的隧洞，应进行专门研究。

（4）温度变化、混凝土干缩和膨胀所产生的应力及非预应力灌浆等对衬砌的不利影响，应通过施工措施及构造措施解决。对于高地温地区产生的温度应力应进行专门研究。

（5）设计烈度为9度的水工隧洞和设计烈度为8度的1级水工隧洞，均应验算建筑物（进、出口及洞身）和围岩的抗震强度和稳定性。设计烈度大于7度（包括7度）的水工隧洞，当进、出口部位岩体破碎和节理裂隙发育时，应验算进、出口部位岩体的抗震稳定性。

（二）分项系数极限状态的作用效应组合

有压隧洞衬砌作用及其分项系数见表6.4-2；承载能力极限状态作用效应组合见表6.4-3；正常使用极限状态作用效应组合见表6.4-4。

表 6.4-2   作用及其分项系数表

作用分类	作 用 名 称	作用分项系数
永久作用	（1）围岩压力、地应力	1.0（0.0）
	（2）衬砌自重	1.1（0.9）
可变作用	（3）正常运行情况的静水压力	1.0
	（4）最高水击压力（含涌浪压力）	1.1
	（5）脉动压力	1.3
	（6）地下水压力	1.0（0.0）
偶然作用	（7）校核洪水位时的静水压力	1、0

表 6.4 - 3　　　　　　　　　承载能力极限状态作用效应组合表

设计状况	作用组合	主要考虑情况	岩石压力	衬砌自重	静水压力	水击压力	脉动压力	地下水压力
持久状况	基本组合	水电站的上游压力水道正常运行情况	√	√	√	√		√
		抽水蓄能电站的压力水道正常运行情况	√	√	√	√	√	√
偶然状况	偶然组合	水电站的压力水道校核洪水位运行情况	√	√	√	√		√
		抽水蓄能电站的上游压力水道校核洪水位运行情况	√	√	√	√	√	√

表 6.4 - 4　　　　　　　　　正常使用极限状态作用效应组合表

设计状况	作用组合	主要考虑情况	岩石压力	衬砌自重	静水压力	水击压力	脉动压力	地下水压力
持久状况	长期组合	水电站压力水道正常运行情况	√	√	√			√
		抽水蓄能电站压力水道校核洪水位运行情况	√	√	√	√	√	√

三、混凝土衬砌

　　水工隧洞是埋置于地层中的结构物，它的受力和变形与围岩密切相关，支护结构与围岩作为一个统一的受力体系相互约束，共同工作。这种共同作用正是地下结构与地面结构的主要区别。所以如何恰当地反映支护结构与围岩相互作用的力学特征，仍是支护结构设计计算理论需要解决的一大课题。在隧洞工程从开挖、支护，直到形成稳定的地下结构体系所经历的力学过程中，衬砌所采用的材料、围岩的地质条件以及施工工艺等因素对这一体系状态的形成影响极大。准确地将其反映到计算模型中，则是学者们不断探索的另一重大课题。

　　地下结构的力学模型应尽量满足下述条件：

　　（1）能反映围岩的实际状态以及与支护结构的接触状态。

　　（2）有关作用的假定能反映在洞室修建过程（各作业阶段）中实际发生作用的情况。

　　（3）计算得到的应力状态符合经过长时间使用的结构所发生的应力状况和破坏现象。

　　（4）材料的性质具有好的数学表达。

（一）圆形有压隧洞断面衬砌计算原理

　　圆形有压隧洞，内水压力是衬砌的主要作用，采用面力假设。除非在洞口段和地质条件特别差的地段，一般在内水压力作用下都考虑围岩的弹性抗力。

　　由于围岩的弹性抗力决定于衬砌结构的位移，而求得结构的位移又是计算的目的，这造成计算的困难。为此，把内水压力分解为均匀内水压力和隧洞满水压力。分解后，均匀内水压力可以采用厚壁圆筒理论进行计算；隧洞满水压力（也包括其他作用）则通过假定岩石抗力的分布的方式，采用结构力学方法计算。

隧洞内任一点的内水压力为

$$p_i = \gamma_w [h + r(1 - \cos\alpha)] \qquad (6.4-9)$$

式中：γ_w 为水的容重，kN/m^3；h 为压力坡线至洞顶内缘的高度，m；r 为隧洞内缘半径，m；α 为内水压力计算点与隧洞中心线的夹角，$\alpha = 0° \sim 180°$。

（二）边值问题数值解法计算原理

结构力学方法是将衬砌结构的计算化为非线性常微分方程组的边值问题，采用初参数数值解法。

在进行隧洞衬砌内力计算时，围岩的弹性抗力，按满足温克尔假设计算。弹性抗力的作用方向与结构轴线的法向位移相反，其数值等于 Kv（K 为围岩的弹性抗力系数，v 为轴线上某一点法线方向的位移）。由于弹性抗力 Kv 与位移本身有关，衬砌计算表现为非线性力学问题。非线性因子 Kv 的存在给计算带来相当的困难。

为了解决这一困难，采取反复迭代的计算方法使方程组线性化。求解时先取一组初始的弹性抗力分布 $\omega = (\omega_i)_{i=0}^m$，$\omega_i = 1$。其后每一次计算都是令弹性抗力分布 $\omega^{(n)} = h[v(\omega^{n-1})]$，$h(v) = \begin{cases} 1, & \text{当 } v \geqslant 0 \text{ 时} \\ 0, & \text{当 } v < 0 \text{ 时} \end{cases}$，$v(\omega)$ 是弹性抗力分布为 ω 时求解出的位移。当前、后两次计算 $\omega^{(n)} = \omega^{(n-1)}$ 时，计算完成。

很明显，反复迭代的计算只能是在具有快速计算能力的电子计算机的支持下才可能完成。

（三）两种计算方法的评价

1. 圆形有压隧洞的计算方法

根据内水压力是隧洞主要作用的特点，将内水压力分解为均匀内水压力和隧洞满水压力两部分。这样，在均匀内水压力作用下，就可以应用厚壁圆筒的数学模型求解，可以求得不允许开裂的混凝土衬砌的应力，也可求得允许开裂的钢筋混凝土衬砌的钢筋应力。

如果不允许混凝土衬砌开裂（即所谓按抗裂计算），由于混凝土拉应力小于抗拉强度的要求限制了混凝土的变形，配置了钢筋也不能充分发挥作用。这一计算方法已经很少采用。

按衬砌允许开裂（限制裂缝宽度）的原则进行计算，由于假定衬砌混凝土是沿径向开裂的，因此沿裂缝方向，混凝土仍可以传递压力，垂直裂缝方向则不起作用，混凝土被视为正交异性材料。由于考虑钢筋和围岩承担内水压力，所以衬砌承担的内水压力降低。

虽然允许开裂却无法考虑裂缝内所受到的水压力，对于具有弹性抗力作用的结构，采取分别计算应力而后叠加的做法，在一定程度上可能会削弱计算成果的准确性。

2. 边值问题数值解法

借助于计算机的高速运算功能，采用迭代计算的办法，较好地解决了弹性抗力分布的问题。可以使弹性抗力分布与结构的变位一致。

将结构划分为五个基本类型的构件，即：顶板、侧上圆弧、边墙、侧下圆弧、底板。通过对各种构件之间的不同连接形式，再配以构件相连折点处的连接阵，就可以方便地组合出多种隧洞衬砌断面。

在计算圆形有压隧洞时，衬砌混凝土被视为线弹性材料，从而限制了其传递内水压力到围岩的效果。相同的受力条件下，按本法计算配筋较之按厚壁圆筒（允许开裂）假设计算的配筋要大。

3. 结论

（1）在计算圆形有压隧洞时，采用限制裂缝宽度衬砌结构计算方法可以获得较好结果。但是应注意采用过小的侧压力以及过大或过小的外水压力可能造成计算结果出现不应有的偏差。

（2）虽然结构力学方法计算未能考虑衬砌开裂，但是采用对无压圆形断面和非圆形断面进行结构计算，是一种比较好的计算方法。

（四）兰州水源地建设工程取水口结构计算

1. 荷载

（1）衬砌结构自重。

1）混凝土强度等级：C30，重度：$25kN/m^3$；

2）混凝土弹性模量：$30kN/mm^2$。

（2）围岩压力。取水口段围岩分类为Ⅲ类围岩，岩石重度为 $28kN/m^3$。

垂直方向围岩压力取 $0.2\gamma_R b$，水平方向围岩压力取 $0.05\gamma_R h$。其中：γ_R 为岩体重度，kN/m^3；b 为隧洞开挖宽度，m；h 为隧洞开挖高度，m。

（3）外水压力。根据地勘资料进水口段地下水位与库水位基本一致，由于全断面设置系统排水孔，考虑现场实际情况，因此设计时按外水压力折减系数取 0.2 进行计算。

（4）回填灌浆压力。回填灌浆压力按 0.1MPa 考虑。

（5）弹性抗力。Ⅲ类岩石：$1500MN/m^3$

2. 集渣坑段结构设计（桩号 GW0－126.41～GW0－106.06）

（1）无隔板段（桩号 GW0－126.41～GW0－120.06）。计算参数：C30 混凝土的弹性模量为 30GPa，泊松比为 0.167，容重为 $25kN/m^3$，轴心抗压强度为 14.3MPa，轴心抗拉强度为 1.43MPa，衬砌厚度取 1.50m。

计算结果施工工况为控制工况，内力图见图 6.4－3。

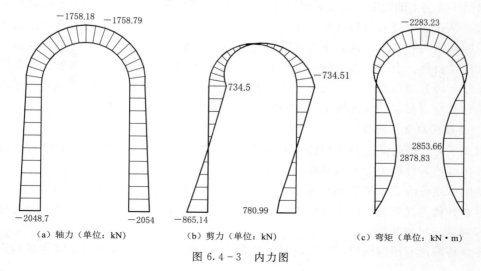

(a) 轴力（单位：kN）　　(b) 剪力（单位：kN）　　(c) 弯矩（单位：kN・m）

图 6.4－3 内力图

计算结果：采用单层 HRB400 钢筋，φ32@15。

（2）有隔板段（桩号 GW0－120.06～GW0－106.06）

计算参数：C30 混凝土的弹性模量 30GPa，泊松比为 0.167，容重为 25kN/m³，轴心抗压强度为 14.3MPa，轴心抗拉强度为 1.43MPa，隔板厚度取 1.00m，隔板以下墙体衬砌厚度取 0.80m，隔板以上墙体衬砌厚度取 1.50m。

计算结果施工工况为控制工况，内力图见图 6.4－4～图 6.4－6。

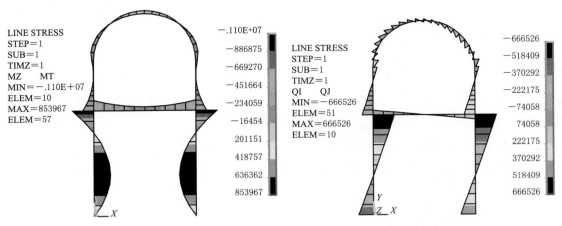

图 6.4－4　弯矩图（单位：N·m）　　　　图 6.4－5　剪力图（单位：N）

计算结果：采用单层 HRB400 钢筋，φ32@20。

3. 渐变段结构设计（桩号 GW0－106.06～GW0－084.56）

（1）有隔板段（桩号 GW0－106.06～GW0－100.06）。该段采用集渣坑有隔板段（桩号 GW0－120.06～GW0－106.06）计算结果，计算结果：采用单层 HRB400 钢筋，φ32@20。

（2）无隔板段（桩号 GW0－106.06～GW0－084.56）。计算参数：C30 混凝土的弹性模量为

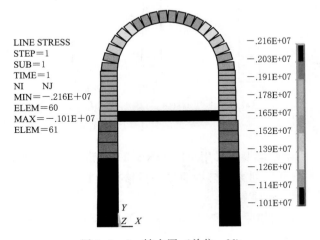

图 6.4－6　轴力图（单位：N）

30GPa，泊松比为 0.167，容重为 25kN/m³，轴心抗压强度为 14.3MPa，轴心抗拉强度为 1.43MPa；衬砌厚度取 1.36m。

计算结果施工工况为控制工况，内力图见图 6.4－7。

计算结果：采用单层 HRB400 钢筋，φ32@20。

4. 水平洞段结构设计（桩号 GW0－084.56～GW0－014.45）

计算参数：C30 混凝土的弹性模量为 30GPa，泊松比为 0.167，容重为 25kN/m³，轴

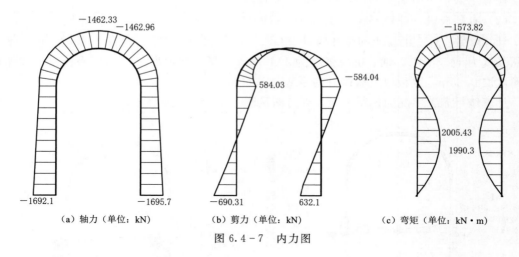

（a）轴力（单位：kN）　　　（b）剪力（单位：kN）　　　（c）弯矩（单位：kN·m）

图 6.4-7　内力图

心抗压强度为 14.3MPa，轴心抗拉强度为 1.43MPa，衬砌厚度取 1.0m。

计算结果施工工况为控制工况，内力图见图 6.4-8。

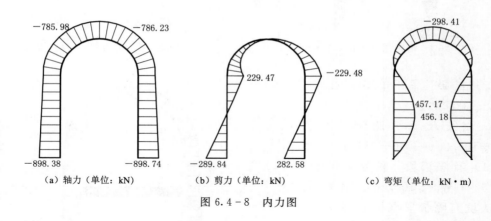

（a）轴力（单位：kN）　　　（b）剪力（单位：kN）　　　（c）弯矩（单位：kN·m）

图 6.4-8　内力图

计算结果：采用单层 HRB400 钢筋，φ25@20。

（五）刘家峡排沙洞进口段结构计算

1. 地质参数

弹性模量为 17 GPa，岩石重度为 28.2kN/m³，抗压强度为 89MPa，抗剪强度 $C=$ 1.64MPa，$f=1.16$。

2. 计算方法和内容

衬砌计算方法采用《水工隧洞设计规范》（DL/T 5195）中的"边值法"，计算程序采用"水工隧洞钢筋混凝土衬砌计算机辅助设计系统 SDCAD 5.1"程序，分别对运行工况、爆破期工况及运行期地震工况进行了计算，取控制工况进行配筋。

3. 计算荷载

荷载及荷载组合见表 6.4-5。

表 6.4-5　　　　　　　　　　　　荷 载 及 荷 载 组 合

荷　载		自重	内水压力	外水压力	垂直山岩压力	爆破力	地震力
荷载组合	运行工况	√	√	√	√		
	爆破期工况	√		√	√	√	
	运行期地震工况	√	√	√	√		√

内水压力：按正常蓄水位 1735.00m 计算；

外水压力：折减系数 0.1（水工隧洞设计规范中，地下水对围岩稳定无影响时外水压力折减系数取 0~0.2）；

爆破力：静荷载乘以 1.5~3 的动力系数；

地震力：按Ⅶ度地震基本烈度考虑。

4. 衬砌结构内力计算结果

排沙洞进口段集渣坑采用 C20 混凝土；其他部位均采用 C50 硅粉钢纤维混凝土。衬砌结构内力计算结果见表 6.4-6。

表 6.4-6　　　　　　　　　排沙洞进口段衬砌结构内力计算成果

部　　位	衬砌厚度/cm	最大轴力/kN	最大剪力/kN	最大弯矩/(kN·m)	钢筋计算面积/mm²
圆形衬砌段 (0-018.60~0-046.39)	60	1115.61	20.34	65.00	3770.40
圆形衬砌段 (0-046.39~0-082.99)	100	1715.62	41.64	80.92	7389.60
高边墙段 (0-082.99~0-097.60)	120	2286.21	618.67	2061.16	10454.60
沿塞口段 (0-097.60~0-102.17)	120	1987.99	56.80	120.61	7389.60
集渣坑段	100	1653.50	608.81	1193.73	5533.50

5. 衬砌配筋

依据上述计算结果，结合进口岩塞段有限元分析计算成果及工程经验，来选取混凝土衬砌配筋。最终配筋方案见表 6.4-7。

（六）进口段整体稳定有限元分析

水下岩塞爆破工程进口段结构复杂，岩塞口至集渣坑处为渐变结构，一般由圆形断面渐变为城门洞形断面，并且边墙较高。在爆破时，混凝土衬砌结构将承受震动力和冲击力；在起爆后极短时间内岩石进入洞内，进口段混凝土衬砌结构也会承受岩石的冲击力，需对进口段结构整体稳定进行分析。一般采用非线性有限元法对进口段整体稳定进行分析。

表 6.4-7　　　　　　　　　排沙洞进口段混凝土衬砌配筋表

部　　位		圆形衬砌段 (0−018.60~ 0−046.39)	圆形衬砌段 (0−046.39~ 0−082.99)	高边墙段 (0−082.99~ 0−097.60)	沿塞口段 (0−097.60~ 0−102.17)	集渣坑段
配筋方案	外层钢筋	Φ28@15	Φ32@15	Φ32@15	Φ32@15	Φ28@20
	内层钢筋	Φ28@15	Φ32@15	Φ32@15+ Φ28@15	Φ32@15+ Φ28@15	Φ25@20

用目前国际通用有限元软件 ANSYS 软件进行计算，该软件功能完善，成果可靠。其中非线性有限元计算原理如下。

非线性有限元增量形式的基本方程为

$$[k]\{\Delta\delta\}_i = \{\Delta R\}_i + \{\Delta Rp\} + \{R\} \tag{6.4-10}$$

式中：$\{R\}$ 为迭代过程中产生的不平衡力；$\{\Delta R\}_i$ 为荷载增量；$\{\Delta Rp\}$ 为非线性等效结点荷载。

$$\{\Delta Rp\} = \sum e \int_{\Omega e} [C^e][B]^T \{\Delta\sigma^p\} dv \tag{6.4-11}$$

$$\{\Delta\sigma^p\} = [Dp]\{\Delta\varepsilon\}_{i-1}$$

由此可得

$$\{\delta\}_i = \{\delta\}_{i-1} + \{\Delta\delta\}_i \tag{6.4-12}$$

$$\{\sigma\}_i = \{\sigma\}_{i-1} + \{\Delta\sigma\}_i$$

由上述公式，可通过多次迭代，求得非线性有限元的单元应力 $\{\sigma\}$、应变 $\{\varepsilon\}$ 和结点位移 $\{\delta\}$。计算过程见第十三章第二节进口段整体稳定有限元分析。

第五节　岩塞段灌浆设计

岩塞灌浆的主要作用之一是提高岩塞部位岩体的整体性，浆液填充节理裂隙后，会有效提高炸药的爆破作用效果，避免局部"泄能"的情况；岩塞灌浆的另一个主要作用是减小岩塞的透水性，增强岩塞部位岩体的安全稳定性，保证后续的钻孔、装药等施工工作的顺利进行。

岩塞灌浆应根据自身岩体完整性、地质构造及水文地质条件等确定。对于岩体完整性好、节理裂隙不发育，岩体透水性小的岩塞，可以不灌浆或少灌浆；对于岩体完整性差、节理裂隙发育，透水性强的岩塞，则需要更加重视灌浆工作。例如，兰州市水源地建设工程取水口岩塞爆破，整个岩塞全部位于强透水区域，节理裂隙较发育，在集渣坑上部开挖至距离设计岩塞掌子面 15.5m 时，即出现大量透水现象，水流呈喷射状，喷射距离达十多米。该岩塞为国内强透水岩塞，共进行了 2 次超前灌浆，1 次全岩塞密集灌浆和数次局部灌浆，最终的灌浆效果很好，掌子面仅有 3 个钻孔透水量稍大，但均不影响装药施工。

岩塞灌浆与常规水利水电工程灌浆有很大不同。常规灌浆，随着灌浆孔的深入，围岩地质条件将越来越好，而岩塞灌浆刚好相反。这种非常规的情况给灌浆工作带来的很大的困难。首先是浆液容易灌至库区内，造成大量浆液浪费，污染水体；其次是浆液扩散半径较小，整体灌浆防渗效果不好。根据实践经验，采用自孔口向孔底分段纯压式灌浆，可以取得较好的灌浆效果。例如，兰州市水源地建设工程取水口岩塞爆破，采用自孔口向孔底分段纯压式灌浆，同时密集布置灌浆孔，取得了良好的灌浆效果。

刘家峡排沙洞进口段岩塞爆破工程岩塞段进行了固结灌浆设计。灌浆分二序施工，采用自孔底向孔口分段灌浆法灌浆，灌浆压力应通过试验确定，其参考值为：孔底 3m 范围内 0.2MPa，孔口 2m 范围内 0.2MPa，中间部位 I 序孔 0.6MPa、II 序孔 0.7MPa。灌浆后压水试验检查合格标准为透水率不大于 5Lu。固结灌浆孔布置见图 6.5-1，固结灌浆孔长度见表 6.5-1。

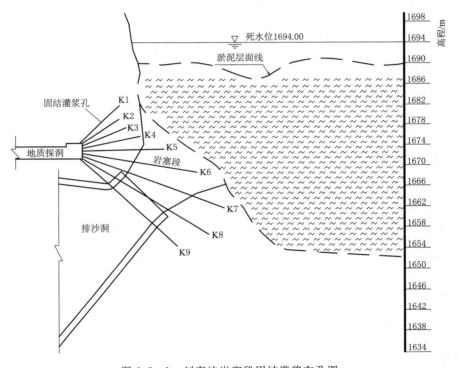

图 6.5-1　刘家峡岩塞段固结灌浆布孔图

表 6.5-1　　　　　　　　　　排沙洞沿塞段固结灌浆设计参数　　　　　　　　　　单位：m

排	K1	K2	K3	K4	K5	K6	K7	K8	K9
第1排	17.63	14.83	14.00	14.78	16.73	21.65	28.42	28.00	25.00
第2排	15.98	13.04	12.53	13.68	16.27	21.59	28.26	28.00	25.00
第3排	14.30	11.39	11.20	12.74	15.91	21.64	28.23	28.00	25.00
第4排	12.29	9.81	9.97	11.86	15.56	21.70	28.20	28.00	25.00
第5排	10.38	8.26	8.89	11.03	15.21	21.75	28.17	28.00	25.00
第6排	10.57	8.49	9.31	11.66	15.90	21.45	28.26	28.00	25.00

续表

排	K1	K2	K3	K4	K5	K6	K7	K8	K9
第 7 排	10.58	8.74	9.71	12.29	16.59	21.15	28.35	28.00	25.00
第 8 排	10.71	8.98	10.08	12.91	17.28	20.85	28.48	28.00	25.00
第 9 排	10.84	9.22	10.42	13.54	17.98	20.55	28.64	28.00	25.00
第 10 排	10.70	9.15	10.43	13.62	18.06	20.29	28.32	28.00	25.00

第六节　深水下岩塞体防渗灌浆方法研究

一、技术背景

水下岩塞处于隧洞进水口边坡岩体上，一般边坡岩体风化较严重，节理裂隙较发育。由于节理裂隙的连通作用，在水压力的作用下，开挖药室会产生漏水或大量的涌水，岩体质量均一性较差，应力波传播不均，药室爆破时会产生漏气，严重影响爆破效果。因此，在开挖药室前，需要对岩塞进行防渗灌浆，以达到岩塞体防水闭气的目的，从而保证岩塞药室开挖施工安全，提高水下岩塞爆破效果。

二、研究目的和指导思想

（1）研究目的。研发一种深水下岩塞防渗闭气灌浆法，以解决灌浆后岩塞体内仍然会有漏灌的渗水通道的问题。

（2）指导思想。以一组同轴截锥面及其截得的同心圆确定灌浆钻孔位置和间距、钻孔方向、钻孔深度，使得岩塞周围及其上下口的岩体中，通过灌注以水泥为基材的复合浆液，充填岩体节理裂隙和孔洞，复合浆液固结后，在灌注的岩体中形成连续封闭的形似截锥形壳体的防渗体。

三、深水下岩塞截锥壳体防渗闭气灌浆法

1. 钻孔布置设计

在岩塞体轴线向洞内方向的延长线上找到一点 P，使该点距岩塞下口距离 L 满足式 （6.6-1）：

$$r < L < \frac{Kr^2}{D-r} \tag{6.6-1}$$

式中：r 为岩塞下口直径，m；D 为岩塞上口直径，m；K 为岩塞厚度系数，一般取 $1.1 \sim 1.4$。

以岩塞体轴线为轴，以 P 点为圆锥顶点，各圆锥面与岩塞下口平面和上口平面截成同心圆；使岩塞下口次外层截圆半径大于岩塞下口圆半径 $0.2 \sim 0.5 \mathrm{m}$，从而保证岩塞体外有两环灌浆孔；使岩塞上口相邻截圆之间半径之差 d 为 $2.0 \sim 2.5 \mathrm{m}$，即同心圆半径从大到小依次以 $2.0 \sim 2.5 \mathrm{m}$ 间距递减，直至最小圆半径为 $0.8 \sim 1.0 \mathrm{m}$；在岩塞上口各截圆圆环

上布置钻孔点，同一圆环相邻钻孔点间距2.0～2.5m；每一钻孔点与圆锥顶点连线即为钻孔方向，连线与岩塞下口平面交点即为钻孔开孔位置；对岩塞下口的同心圆按其直径从大到小进行编号，对同一圆环上的钻孔按照顺时针编号，规定单号为Ⅰ序灌浆孔，双号为Ⅱ序灌浆孔，反之亦然。岩塞与截锥位置示意见图6.6-1。

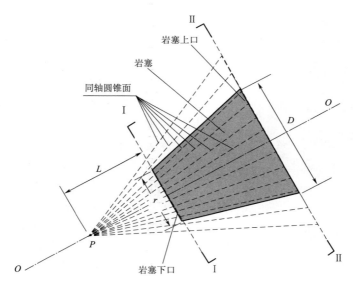

图6.6-1 岩塞与截锥位置示意图

2. 钻孔施工

采用测量仪器按照钻孔设计布置点位进行放样，并用红蓝油漆对同一圆环相邻钻孔点位交替标注，以区分钻孔灌浆顺序，红色为Ⅰ序孔，蓝色为Ⅱ序孔。采用潜孔钻机或其他钻机钻孔，钻孔深度是孔底距岩塞上口0.8～1.0m。从最外圆开始，先钻Ⅰ序灌浆孔，待Ⅰ序灌浆孔灌浆结束后，依次向内进行内圆的Ⅰ序灌浆孔钻孔和灌浆；Ⅰ序灌浆孔灌浆结束后，按照前面的步骤进行各圆的Ⅱ序灌浆孔钻孔和灌浆。

3. 灌浆

（1）灌浆材料由下列原料组成：

1）水泥：42.5MPa级普通硅酸盐水泥。

2）水（W）：清净的河水，pH值＝7，水灰比0.32～0.45（水占全部干物质的比例）。

3）微膨胀剂（UEA）：掺量为水泥用量的5%～8%，具有微膨胀作用的特性。

4）高效减水剂（U）：掺量为水泥用量的0.70%～1.0%，具有提高早期强度，减水效果显著的特性。

5）硅粉（Si）：$SiO_2 \geq 90\%$，掺量为水泥用量的5%～8%。

6）灌浆材料的配合比：若水泥为100kg，微膨胀剂为5～8kg，高效减水剂为0.7～1.0kg，硅粉为5～8kg，水为35.42～52.65kg。

（2）灌浆施工。在灌浆前采用高压风水对钻孔进行冲洗，裂隙冲洗应采用压力水冲洗，直到回水清净时止。灌浆从外圆向内圆逐环进行，其顺序同钻孔施工顺序。外侧两环为岩塞体侧面防渗封闭灌浆孔，每孔灌浆自孔底段、中间段、孔口段分段进行，孔底段和孔口段长度各2m，其余为中间段长度。其灌浆压力：孔底段和孔口段为0.2MPa＋P、中间部位Ⅰ序孔0.5MPa＋P、Ⅱ序孔0.6MPa＋P（P为岩塞上口中心承受的库水位静水压力）。

外侧两环各孔灌浆结束后，由外环向内依次进行内环各圆灌浆，形成岩塞体上底面防渗体和下底面闭气体。其灌浆压力：孔底和孔口各2m范围内，Ⅰ序孔灌浆压力由P逐级增加到0.2MPa＋P，Ⅱ序孔灌浆压力由P逐级增加到0.3MPa＋P（P为岩塞上口中心承受的库水位静水压力）。

通过上述灌浆方法，由外侧两环环浆后形成岩塞体侧面环形防渗体，由内环灌浆后形成岩塞体上底面防渗体和下底面闭气体。

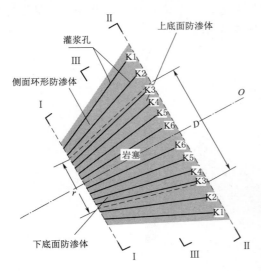

图6.6-2　岩塞壳体防渗闭气灌浆结果示意图

三部分灌浆体组成了形似截锥的壳体防渗闭气体，灌浆结果见图6.6-2。

第七节　集渣坑结构设计

集渣坑结构应符合下列要求：①有利于集渣，满足运行期水流流态要求；②岩渣在集渣坑内长期稳定；③结构简单，方便施工。集渣坑型式可选用开敞型、靴型及隔板型等。集渣坑的有效容积根据第三章第九节的相关内容确定，集渣坑的体型及容积可通过集渣效果模型试验确定。结合既往工程实例，集渣坑的结构一般有靴型、隔板型、开敞式和短靴型（即半开敞式）等结构型式。

一、靴型集渣坑结构

集渣坑结构型式类似靴型结构，进口渐变段上方接引水洞、下方接集渣坑，引水洞与集渣坑间利用围岩或采用混凝土结构隔开。此型式集渣坑布置可以缩短混凝土高边墙段长度，岩塞爆通后渣体不易进入引水洞内，但集渣坑集渣率略低于其他型式集渣坑。靴型集渣坑结构型式见图6.7-1。刘家峡排沙洞进口段岩塞爆破工程采用靴型集渣坑结构。

二、隔板型集渣坑结构

隔板型集渣坑利用混凝土板将集渣坑与过流通道隔开。进口渐变段接高边墙段，在两侧高边墙间布置一段水平混凝土板，混凝土板下方为集渣坑、上方为引水过流通道。高边墙段后端接连接段，连接段为渐变结构连接引水主洞，在引水主洞前连接段底板处宜设置拦渣坎。此型式集渣坑与进口主洞同时开挖形成，无须再新开挖集渣坑洞室。采用混凝土

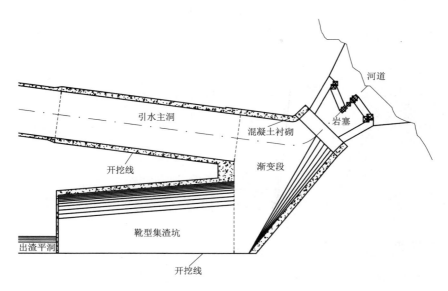

图 6.7-1　靴型集渣坑结构型式

隔板做为挡渣结构，既满足集渣坑集渣、挡渣作用，又解决集渣坑与引水洞间岩石厚度不足而不利于施工期围岩稳定问题。隔板型集渣坑结构型式见图 6.7-2。

兰州水源地建设工程取水口采用隔板型集渣坑结构。

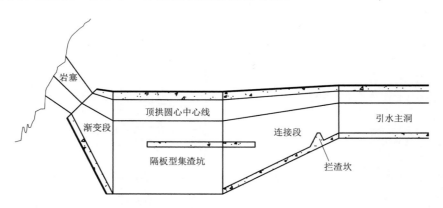

图 6.7-2　隔板型集渣坑结构型式

三、开敞式集渣坑结构

开敞式集渣坑不设置顶盖，进口高边墙段下部空间为集渣坑、上部空间为水流通道，水在渣体上方流过。此型式集渣坑结构相对简单、施工便捷、集渣效果较好。开敞式集渣坑结构型式见图 6.7-3。

镜泊湖水电站岩塞爆破工程和长甸水电站改造工程进水口岩石爆破均采用开敞式集渣坑结构。

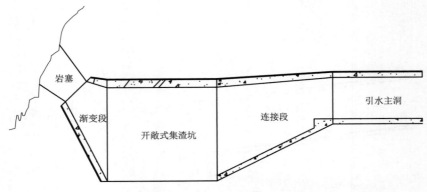

图 6.7－3　开敞式集渣坑结构型式

四、短靴型（半开敞式）集渣坑结构

短靴型（半开敞式）集渣坑是一种靴型与开敞式的结合型式。集渣坑一部分为开敞式集渣坑结构，一部分为靴型集渣坑结构。结构型式见图 6.7－4。

吉林省中部城市引松供水工程取水口岩塞爆破采用短靴型（半开敞式）集渣坑结构。

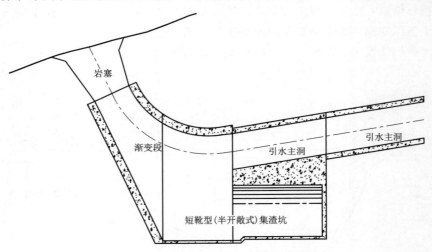

图 6.7－4　短靴型（半开敞式）集渣坑结构型式

第七章 金属结构防护设计

第一节 拦污设备的布置

一、岩塞爆破对金属结构设计的影响

水下岩塞爆破是一种特殊的进水口施工方法，由于它的特点影响着金属结构的布置与设计。在布置上，一般工程通常将拦污栅布置在进水口前端，而在水下岩塞爆破时，采用这种布置是比较困难的，因此可将拦污栅布置在洞内或在水库内设置柔性拦污网。

水下岩塞爆破时洞内水流挟带着岩渣，爆破产生的地震波和空气冲击波等因素，都直接影响着闸门孔口尺寸的确定、门型的选择及埋件设计等。因此，对金属结构设计提出了更高的要求，当采用开门爆破时，爆破前在闸门不能进行动点关闭试验的情况下，爆破后闸门必须能顺利关闭，否则会拖延工期或库水失去控制，因此爆破后应做到有秩序安全关闭闸门，尽量使水量损失最少。当采用堵塞爆破时，门槽及门楣埋件不能被破坏、闸门能安全关闭等，均是水下岩塞爆破金属结构设计中要解决的问题，也是水下岩塞爆破对金属结构设计的要求。

发电、工业及民用引水隧洞，为了拦截污物，通常情况将拦污设备设在进口，由于采用水下岩塞爆破施工，拦污栅若仍设在进口，采用常规布置方案，不但钢材用量多，投资大，而且埋件、拦污栅安装与调整等都要在水下进行，因此困难很多，为解决这个问题拦污栅可布置在洞内，所以拦污设备的布置及型式选择应通过方案比较确定。

二、进口设置拦污栅或拦污网

(一) 拦污网

有些工程可以采用拦污网拦截污物。拦污网是一种柔性结构，它由网片、浮筒、网纲、重锤、沉子、小沉子、浮木及铰磨等部件组成，见图7.1-1。网片主要用途是拦截污物，可用棉纶或尼龙绳编制而成，是拦荷网的主体，通过网绳与控制定位用的浮筒及浮木连接一起，在网片下部系有大沉子和小沉子，使网片下部落到库底并保持一定的垂度，这样进水口前面就形成一道拦河幕，可拦截飘来的污物，当库水位变化时，可用铰磨松紧网纲，使拦污网保持原状。

镜泊湖电站扩建工程，拦污网设在引水隧洞进口，代替常规布置的拦污栅，于1977年10月安装完毕，运用至1978年4月，正是冰化开江季节，恰遇武开江，风浪推移冰块撞击拦污网，浮筒摆动套管将网绳磨断，有的部件甚至损坏，造成网片下沉湖底，拦污网部分失效。

可见风大寒冷地区，进口不宜采用拦污网拦截污物。但在温暖地区，污物不多的河流，库水位变化不大的工程，进水口采用拦污网拦截污物也是可以的。

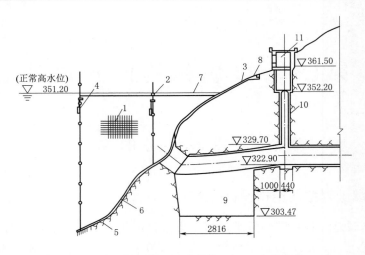

图 7.1-1　进口拦污栅（尺寸单位：cm；高程单位：m）

1—网片；2—浮筒；3—网纲；4—重锤；5—大沉子；6—小沉子；7—浮木；8—铰磨；

9—集渣坑；10—闸门井；11—启闭机室

（二）拦污栅

已竣工的水下岩塞爆破工程，进口拦污设备不适宜采用拦污网，拦污栅设在其他位置又有问题时，可将拦污栅布置在爆破后的进水口上，拦污栅尺寸应根据实测断面确定，可采用固定或活动型式。这种拦污栅主要由正栅和侧栅构成，承受的荷重通过主梁、立柱及支承柱传递到底坎和支承平台上，并用锚筋将底坎及支承平台固牢。用起吊拦污栅排架和环链式手动葫芦操作拦污栅，见图 7.1-2。

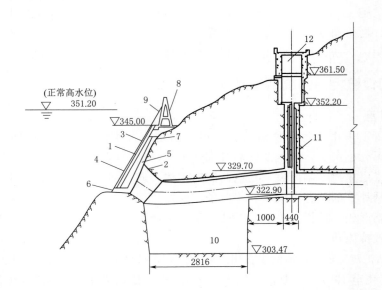

图 7.1-2　进口拦污栅（尺寸单位：cm；高程单位：m）

1—正栅；2—侧栅；3—主梁；4—立柱；5—支撑柱；6—底坎；7—支撑平台；8—起吊排架；

9—环链式手动葫芦；10—集渣坑；11—闸门井；12—启闭机

镜泊湖电站引水洞进口，原设计采用拦污网拦截污物，拦污网失效后，改为活动式拦污栅，孔口面积约180m²，钢材用量约165t，各主要工程量见表7.1-1。

表7.1-1　　　　　　　　　镜泊湖电站扩建工程进口拦污栅主要工程量

序号	工程量名称	单位	数量	序号	工程量名称	单位	数量
1	钢材	t	165	3	水下岩石开挖	m³	106
2	水下混凝土	m³	76	4	钢筋与锚筋	t	

拦污栅布置在进口，虽具有运行方便、可靠等优点，但由于爆破后的进水口尺寸较大、形状不规则，因而拦污栅的结构复杂，钢材用量多，还要进行大量水下作业，浇筑水下混凝土、钻孔、锚筋及侧栅、承重梁柱的安装和调整等，施工条件差，施工质量及安装精度都不易保证，鉴于上述情况，不宜采用这种布置。

三、洞内布置拦污栅

为了克服拦污栅布置在进口的方案所带来的施工困难、钢材用量多、造价昂贵等缺点，可将拦污栅移到洞内布置，结合地形、地质具体情况，进口闸门的工作性质等因素，拦污栅可布置在进口闸门井前面、后面或在同一竖井中。

若进口设置检修闸门时，可将闸门井扩大，闸门采用前封水型式，拦污栅在闸门后部，使闸门与拦污栅布置在同一竖井中，见图7.1-3。这种布置具有结构简单紧凑、混凝土及岩石开挖量增加不多、节省投资等优点，还可以关闭闸门后清污，避免水下人工或机械清污，改善了清污条件。

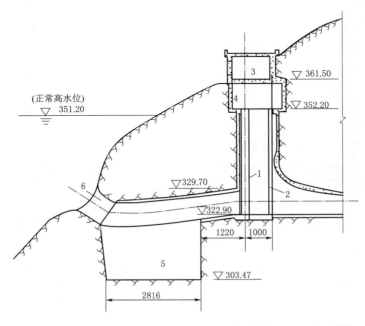

图7.1-3　拦污栅与闸门布置在同一竖井（尺寸单位：cm；高程单位：m）
1—修闸门槽；2—拦污栅槽；3—启团机室；4—闸门井及拦污栅检修室；5—集渣坑；6—进水口

如进口需设事故或快速闸门时，若采用拦污栅与闸门布置在同一竖井中的方案，则电站长期运行，拦污栅前会积存污物，如停留闸门底坎处，会影响闸门按时关闭，起不到事故保护作用。为克服这个缺点，可使闸门与拦污栅单独分开布置。加拿大的休德巴斯水电站，拦污栅布置在进口闸门井前单独竖井里，见图7.1-4；苏格兰的格鲁提桥水电站，拦污栅布置在进口闸门井后部单独的竖井中，见图7.1-5。

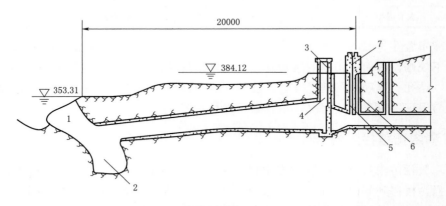

图 7.1-4　休德巴斯电站拦污栅布置（尺寸单位：cm；高程单位：m）
1—水口；2—集渣坑；3—拦污栅启闭机；4—拦污栅井；5—事故闸门井；6—工作闸门井；
7—事故和工作闸门启闭机

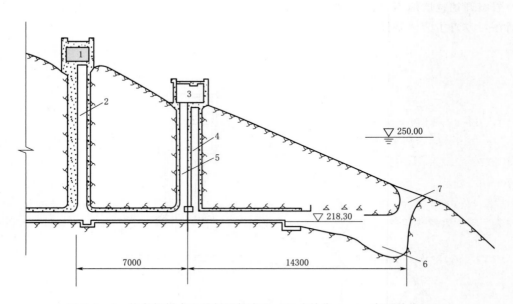

图 7.1-5　格鲁提桥水电站拦污栅布置（尺寸单位：cm，高程单位：m）
1—污栅启闭室；2—拦污栅井；3—事故和工作闸门启闭机室；4—事故闸门井；
5—工作闸门井；6—集渣坑；7—进水口

从已建成的工程来看，拦污栅布置在进口闸门井前面或后面均可。拦污栅的位置主要由地形、地质条件决定，但也要考虑污物的量和性质。如果水库污物很多，而且又多是沉木或半沉木的污物，拦污栅宜采用布置在闸门井后部单独竖井内，这样可避免水下清污，改善清污条件。

从以上拦污设备的几种不同布置情况来看，每个方案均有优缺点和适用条件，设计时应结合具体情况分析，通过技术、经济、运行、管理等方面的比较和论证，选择技术可行、经济合理、运行安全的布置方案。

第二节 埋 件 设 计

隧洞进口岩塞按隧洞用途不同，可分别采用聚渣堵塞，泄渣及集渣开门爆破方案。不同的爆破方案岩渣运动方式不同，对埋件影响也有很大差异，因此埋件的设计应考虑这些不利因素。各种爆破方案闸门埋件设计应考虑的主要方面分述如下。

一、集渣堵塞爆破方案

爆破下来的岩渣堆积在渣坑里，闸门井后部的堵塞段截断洞内水流，阻挡岩渣进入洞身，剩余岩渣与水流能量，从闸门井喷出来，形成井喷。

如清河热电站引水隧洞工程，进口岩塞采用渣坑不充水堵塞爆破方案，岩塞爆通后闸门井发生井喷，水柱超出井口 12m 以上，水流携带岩渣在井筒中反复运动数次才平稳下来，随水流喷出约 2m³ 石块，其中最大者为 600kg，闸门井中钢爬梯被撞变形。镜泊湖水电站扩建工程，采用渣坑充水堵塞爆破方案，情况类似清河热电站引水隧洞工程，井喷现象小些，从闸门井喷出石块数量不多，粒径为 3～5cm，闸门井底部堆渣厚 20～30cm，约 30m³，其中最大块尺寸为 0.7m×0.5m×0.3m，重量为 250kg。

从以上两个工程爆破情况来看，除钢爬梯被撞击变形，埋件表面个别处有擦痕外，其余未出现异常现象。聚渣堵塞爆破方案虽有很大部分能量从井口喷出，但是设计上可从以下几方面来解决岩渣在井喷过程中撞击磨损埋件问题。

1. 选择适宜的渣坑充水位，减少井喷现象

集渣堵塞爆破方案，井喷现象是不可避免的，轻重程度主要与爆破库水位、渣坑充水位、堵塞段位置和渣坑形状等因素有关。镜泊湖水电站扩建工程室内模型试验成果从表7.2-1 中看出，一般情况渣坑充水位越高，井喷现象越小，对埋件磨损越轻，当充水位超出 323.00m 时，岩渣入坑数量减少，堵塞段受力增大，因此，要通过水工模型试验，并应进行综合比较确定爆破时的渣坑最优充水位。镜泊湖电站岩塞爆破时渣坑充水位确定为 323.00m 高程。

表 7.2-1　　　　　　　　镜泊湖电站扩建工程岩塞爆破室内试验成果

库水位 /m	渣坑充水位 /m	井喷高度 /m	闸门井底部堆渣		堵塞段冲击力 /(kg/cm²)	入坑渣量 /%
			m³	%		
351.20	325.00	6	0	0	7.9	72.1
351.20	323.00	18～24	6.4	0.37	6.72	83.5
351.20	321.00	21～24	20.38	1.2	9.7	85.8

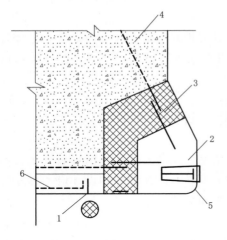

图 7.2-1　门楣结构
1—门楣加强件；2—门楣；3—二期混凝土；
4——期混凝土；5—门楣直角改为
圆弧连接；6—钢筋

2. 加强闸门埋件

为抵御井喷过程岩渣对埋件的撞击，主轨易采用铸钢件，并使护角与主轨铸为一体，门槽下游侧设有错距，并用一段斜坡同边墙衔接（同深孔平板门槽型式一致）。门楣结构立面与水平面相交处宜采用圆弧连接，一期混凝土里应埋设加强件与门楣连接一起，见图 7.2-1，这样整体性好，抗撞击能力强。

3. 防护问题

爆破时为了防止岩渣对埋件的撞击，一般用方木将门槽封闭。镜泊湖电站扩建工程进口门槽用方木填平与边墙成为一平面，见如图 7.2-2，门楣用方木做成圆弧形加以保护。为了使岩渣尽可能不被水流带到闸门井底，渣坑后部增设两道用 $\phi 20mm$ 的维尼龙绳编成 $20cm \times 20cm$ 网眼的拦石网，四周用锚杆固定在边槽及顶拱上。爆破观察防护方木首先随气流出来，然后喷出水柱，未等水流携带岩渣到达之前，防护木已被吹走，因此门槽这种防护设施作用不大。爆后潜水检查，固定锚杆拔出，拦石网卷进集渣坑，闸门井底部堆渣量约 $30m^3$，比室内模型试验数量增加 $24m^3$ 左右，拦石网未能起到预想的效果。

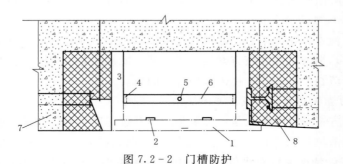

图 7.2-2　门槽防护
1—槽上游边墙护板；2—反轨；3—侧轨；4—停钢轨；5—门槽下游边墙护板；
6—钢筋；7——期混凝土；8—二期混凝土

集渣堵塞爆破方案，门槽防护尚需研究其具体措施，需要通过水工模型试验确定合理的渣坑形状、堵塞段位置、爆渣时渣坑充水水位等，从中选出带渣少、井喷小的方案，埋件采用适合堵塞爆破的结构型式，不锈钢水封座板表面涂一层黄干油，增加阻尼作用，可减轻不锈钢表面的磨损，采取上述措施后，问题基本上得到解决。

二、泄渣开门爆破方案

因不设集渣坑，爆渣在爆破力与水流力量作用下，全部岩渣下泄到下游洞外或河道，爆破时闸门全开，爆渣通过洞身对洞壁与埋件会产生磨损。

江西玉山水库隧洞进口岩塞，采用泄渣爆破方案，爆落岩渣约 $1000m^3$ 通过隧洞泄出，块径 30～40cm，个别块径达 70cm，岩性为泥质页岩，隧洞采用 C20 钢筋混凝土衬砌，未采用闸门控制水流，水库放空后检查，洞内底板 80％的面积磨损，环向钢筋外露，螺纹钢筋螺纹磨平，一般混凝土磨损为 5cm，局部深达 10cm，磨损范围位于底拱中心角 80°，洞顶及边墙则完整无损。

新疆头屯河水库泄洪洞，长 123m，进口为 4m×4m 平板闸门，出口为 4m×4m 弧形闸门，弧门前为 90m 压力段，后为明流段，河道年输沙量为 24 万 m³，其中 20％～30％为推移质，粒径大于 10cm，质地坚硬，洞壁采用 300 号钢筋混凝土，底板及边墙的下部 1m 范围内抹一层 5cm 厚石英砂混凝土抗磨层。1966 年截流，从 1967 年到 1968 年期间共过水 60d，1969 年 3 月检查，压力段磨损严重，混凝土磨损 15～20cm，局部深达 40cm，钢筋被冲断，弧门底坎埋件工字钢上翼板撞掉，腹板磨成刀刃形，明流段平均磨损 5cm，露出钢筋。

上述两个工程说明隧洞通过岩渣后，洞壁会产生磨损，尤其二期素混凝土强度较弱，又与一期混凝土接合不好，更易磨掉或淘刷成深沟，这样埋件前端会受到岩渣冲撞，侧墙埋件下部一旦产生变形，会影响闸门安全关闭，底坎上翼如冲毁，二期混凝土会被淘成深沟，闸门关闭后顶水封会脱离水封座板，造成闸门上下过水，流态混乱易发生事故。

为解决这个问题，泄水（洪）隧洞埋件的设计应考虑到进口平板门槽不具备检修条件，爆破时又承受岩渣的撞击和磨损，所以根据隧洞过渣数量、岩渣性质、过流时间等确定门槽结构及保护范围。门槽埋件采用钢板镶护与铸钢主轨连成一体，门槽上下游边墙也用一段钢板铠装，底坎与门楣钢衬范围同门槽侧墙一致，埋件前后两端采用深埋设施，钢筋一端与槽钢腹板焊在一起，见图 7.2-3，这样整个孔口形成钢衬保护。

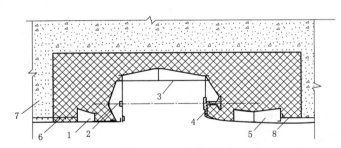

图 7.2-3 门槽结构

1—槽上游边墙护板；2—反轨；3—侧轨；4—停钢轨；5—门槽下游边墙护板；
6—钢筋；7——期混凝土；8—二期混凝土

出口弧门埋件具备检修条件，埋件结构可简单一些，为适应大量岩渣短暂通过的条件，底坎及边墙（导轨）下部 1/4～1/2 孔口高度范围内增设一段钢板镶护，同一期混凝土预埋件连接一起，把二期混凝土保护起来。这种结构虽然施工麻烦，钢材用量多些，但增强了抗冲撞淘刷能力，适应于泄渣开门爆破方案。

三、集渣开门爆破方案

爆落下来的岩渣大多数都能堆放到聚渣坑里，零星岩渣通过隧洞对洞壁磨损不大。爆破时进出口闸门敞开，因而不产生井喷现象，大大减轻对门楣及门槽的撞击，因此聚渣开门爆破方案，岩渣运动对埋件影响不大，埋件结构可在常规设计基础上局部加强一些。

丰满泄水洞采用聚渣开门爆破方案，爆破方量为 5600m³（松方），约 40～200m³ 岩渣通过隧洞泄走。爆后检查，洞身混凝土衬砌段断面底拱及稍高处有擦痕、麻坑等，埋件附近混凝土无较重损害，更无钢筋外露现象，埋件底坎及侧墙下部有几处深 1～4mm，宽 5～20mm 擦伤。

<h1 style="text-align:center">第三节 门 型 选 择</h1>

一、集渣堵塞爆破方案

集渣堵塞爆破方案，适用于引水隧洞进口岩塞爆破。如进口需设事故或快速闸门时，一般情况闸门可采用胶木滑道或定轮支承，若闸门采用胶木滑道支承，则门槽主轨道土的不锈方钢（见图 7.3-1）凸出门槽表面，爆破后水流携带岩渣在井喷过程中岩渣随水流反复运动，会撞击磨损不锈方钢表面，一旦产生擦痕或毛刺，闸门运行过程使滑道胶木刮坏，这是不允许的。定轮闸门的主轮通常采用铸钢轨或其他重轨，安装后主轨面与门槽表面齐平，可减轻岩渣运动对它的磨损，即使轨道表面有些擦痕或毛刺，对闸门运行影响不大，因此聚渣堵塞爆破方案，进口应选择平板定轮闸门型式为宜。

二、泄渣或集渣开门爆破方案

该方案适用于泄水（洪）隧洞进口岩塞爆破。泄水（洪）隧洞通常布置两道闸门，即进口设置事故检修闸门，出口设置工作闸门。岩渣运动对门型选择有影响，一般采用两种门型方案。

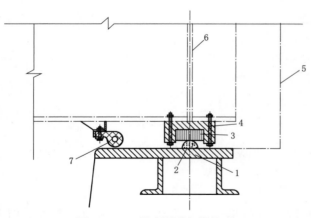

图 7.3-1 滑木滑道闸门轨道
1—轨道；2—不锈方钢；3—胶木；4—滑道；5—门楣；
6—闸门；7—水封

1. 泄渣开门爆破方案

因爆落下来的岩渣全部泄到下游，岩渣运动方式是初期渣量大，远远超过水流挟带能力，逐渐形成石堆呈团状下泄，"渣团"席卷移动，岩渣经过门槽时，不但撞击磨损埋件，而且还存在岩渣挤到门槽里的可能性，影响闸门关闭点。而弧形闸门无须门槽，水流平顺，可克服上述缺点，因此泄水（洪）隧洞出口工作闸门的门型选择，不管孔口尺寸大小，操作水头高低，应一律采用弧形闸门，进口宜选用平板定轮闸门。

河南香山水库泄洪洞，进口岩塞采用泄渣开门爆破方案，进口为一扇 2m×2.5m—58m（宽×高—水头，以下相同）平板定轮闸门，1×50t 固定卷扬启闭机操作。出口为一扇 2.2m×2m—59m 弧形工作闸门，2×10t 螺杆启闭机操作。

2.集渣开门爆破方案

由于绝大多数岩渣都存在集渣坑里，只有少量岩渣通过隧洞泄到下游，零星岩渣流经门槽不易产生卡阻现象，因此集渣开门爆破方案的门型选择，遵照《水利水电工程钢闸门设计规范》（SL 74—2019）的有关规定进行即可。

吉林丰满电站泄水洞进口岩塞爆破采用集渣开门爆破方案。进口采用 4m×9m—61m 二扇平板定轮闸门，2×63t 固定卷扬启闭机操作。出口为一扇 7.5m×7.5m—65m 弧形工作闸门，2×125t 固定卷扬启闭机操作。

刘家峡洮河口排沙洞进口岩塞爆破也采用了集渣开门爆破方案。排沙洞进口设置 1 孔 1 扇事故闸门，闸门布置在排沙洞进口山体的闸门井内，距岩塞爆破爆心 102m。闸门孔口尺寸 8m×10m（宽×高），设计水头 70m，底槛高程 1665.00m，门重 145.6t，由布置在闸门井顶部排架上的 1 台 2×4000kN 高扬程固定卷扬式启闭机操作。排沙洞出口设置 1 孔 4.5m×5m—112m 偏心铰弧形工作闸门，弧形工作闸门由 2 台（1 台主机、1 台副机）液压启闭机分时驱动，主机的作用是闸门正常启闭；副机的作用是闸门闭门到位后，进行闸门偏心铰的抵制闸门，和开启闸门前进行闸门偏心铰的控制松开闸门。主机启闭设备采用 1 套 4000/1000kN 摇摆式液压启闭机、副机采用 1 台 3000/1000kN 滑槽式液压启闭机，主机和副机共用一套液压泵站，不同时工作。

第四节　爆破时闸门的防护

泄渣或集渣开门爆破方案，爆破时进出口闸门均需提出孔口，悬吊在检修闸门室里，爆破产生的空气冲击波和地震波，均会作用到闸门和启闭机上，必要时需采取防护措施，保证闸门在爆破中的安全。

一、空气冲击波

炸药爆炸时在隧洞内产生空气冲击波，对洞内混凝土结构影响不大，由于闸门悬吊在检修室里，空气冲击波对闸门会产生一定影响，其程度主要取决于冲击波超压值，正压持续作用时间及比冲量值大小，同时还与振动体系（闸门与启闭机）的自振周期有关。

巷道中空气冲击波正压持续作用时间按 A.H.哈努卡耶夫公式（7.4-1）计算：

$$t_+ = 1.5 \times 10^{-3} \sqrt[6]{\frac{2\pi Q R^5}{A}} \qquad (7.4-1)$$

式中：t_+ 为空气冲击波正压持续作用时间，s；R 为测点到爆炸中心的距离，m；A 为巷道断面积，m^2；Q 为药量，齐发爆破为总药量，秒差和毫秒爆破最大一段药量，kg。

闸门自振频率及周期按单自由度振动体系自动频率和周期按式（7.4-2）及式（7.4-3）计算：

$$\omega = \sqrt{\frac{g}{y_{cm}}} \qquad (7.4-2)$$

$$T = \frac{2\pi}{\sqrt{\frac{g}{y_{cm}}}} \qquad (7.4-3)$$

$$y_{cm} = \frac{lG}{EA} \qquad (7.4-4)$$

上三式中：ω 为闸门自振频率，Hz；g 为重力加速度，m/s²；y_{cm} 为闸门静力位移（钢丝绳伸长），m；T 为闸门自振周期，s；l 为钢丝绳长度，m；A 为钢丝绳总的截面积，m²；E 为钢丝绳弹性模量，Pa；G 为闸门及加重重量，N。

当 $t_+ \leqslant T$ 时，空气冲击波对闸门影响取决于比冲量，反之 $t_+ > T$ 时，则取决于空气冲击波的最大压力或静压作用。

空气冲击波一般情况正压持续作用时间较短，产生的比冲量不大，而闸门是悬吊空间自由体，本身有钢板制成，强度较高，冲击韧性较好，所以空气冲击波的冲量对闸门影响不大，可以忽略不计。若 $t_+ > T$ 时，空气冲击波的最大压力按静压力作用闸门上，并按式（7.4-5）及式（7.4-6）核算闸门的稳定性，其安全系数取 2～3。

平板闸门：
$$\frac{G}{\sum Fp} \geqslant K \qquad (7.4-5)$$

弧形闸门：
$$\frac{GR_c}{\sum FpR_c'} \geqslant K \qquad (7.4-6)$$

上二式中：K 为安全系数取为 2～3；G 为闸门及加重重量，N；R_c 为闸门及加重重心到支铰距离，m；R_c' 为空气冲击波压力重心到支铰距离，m；$\sum F$ 为空气冲击波压力作用面积，m²；P 为空气冲击波波阵面压力，N/m。

经核算，如不满足式（7.4-5）及式（7.4-6）要求时，可在隧洞内增设柔性防护幕等措施，减少空气冲击波波阵面的压力，还可以用地锚将闸门下部固牢，增加闸门的稳定性。

二、空气冲击波压力计算

水下岩塞爆破，隧洞内的空气冲击波超压值要比地面大得多，对隧洞内的建筑或结构的破坏影响应该予以重视。空气冲击波波阵面压力计算公式很多，在隧洞中进行炮孔或深孔药包爆炸时其空气冲击波波阵面的超压值早期由 A. H. 哈努卡耶夫公式提出，后由汪旭光、于亚伦、刘殿中等编写的《爆破安全规程实用手册》修改提出的式（7.4-7）计算：

$$\Delta P = \left(3720\frac{\eta Q_T}{RS} + 780\sqrt{\frac{\eta Q_T}{RS}}\right)e^{-\xi\frac{R}{d}} \qquad (7.4-7)$$

式中：ΔP 为隧洞空气冲击波超压，kPa；η 为能量转移系数，即炸药能量转换为冲击波能量系数。根据不同爆破条件可按表 7.4-1 选取；Q_T 为 TNT 炸药药量，kg；R 为距爆破中心的距离，m；S 为隧洞断面面积，m²；ξ 为隧洞表面粗糙系数。衬砌取 0.01～0.05，不衬砌取 0.045～0.063；隧洞表面光滑取小值，反之取大值；d 为隧洞直径，m。$d = \sqrt{\frac{4S}{\pi}}$。

由蔡路军主编的《爆破与安全测试技术》也提到了上述相同的计算公式。早期由水利电力部东北勘测设计研究院编著的《水下岩塞爆破》对隧洞内空气冲击波超压值也有相同的表述。

关于空气冲击波超压峰值的计算公式很多，根据陈宝心等编著的《爆破动力学基础》所介绍还有如下公式：

（1）我国国防工程设计规范推荐的空气冲击波超压计算公式：

$$\Delta P_m = 0.082\left(\frac{\sqrt[3]{Q}}{R}\right) + 0.265\left(\frac{\sqrt[3]{Q}}{R}\right)^2 + 0.686\left(\frac{\sqrt[3]{Q}}{R}\right)^3 \quad 1 \leqslant \frac{R}{\sqrt[3]{Q}} \leqslant 15 \quad (7.4-8)$$

（2）萨道夫斯基公式：

$$\Delta P_m = 0.0931\left(\frac{\sqrt[3]{Q}}{R}\right) + 0.382\left(\frac{\sqrt[3]{Q}}{R}\right)^2 + 1.27\left(\frac{\sqrt[3]{Q}}{R}\right)^3 \quad (7.4-9)$$

（3）适用范围较大的超压计算公式：

$$\Delta P_m = 1.966\left(\frac{\sqrt[3]{Q}}{R}\right) + 0.190\left(\frac{\sqrt[3]{Q}}{R}\right)^2 - 0.00392\left(\frac{\sqrt[3]{Q}}{R}\right)^3 \quad 0.05 \leqslant \frac{R}{\sqrt[3]{Q}} \leqslant 0.50$$

$$(7.4-10)$$

$$\Delta P_m = 0.066\left(\frac{\sqrt[3]{Q}}{R}\right) + 0.295\left(\frac{\sqrt[3]{Q}}{R}\right)^2 + 0.422\left(\frac{\sqrt[3]{Q}}{R}\right)^3 \quad 0.50 \leqslant \frac{R}{\sqrt[3]{Q}} \leqslant 70.9$$

$$(7.4-11)$$

（1）（2）（3）中所列公式的条件是采用 TNT 炸药在空中爆炸产生的空气冲击波超压，设 TNT 炸药在截面为 S 的长隧洞中爆炸，此时炸药能量仅向隧洞两端传播，在相同的距离 R 上，对于无限体空间中爆炸，冲击波波阵面面积为 $4\pi R^2$，而对于隧洞爆炸，冲击波波阵面面积为 $2S$，所以此时 TNT 当量为

$$Q = \frac{4\pi R^2}{2S}Q_T = \frac{2\pi R^2}{S}Q_T \quad (7.4-12)$$

对于 TNT 炸药在隧洞顶端爆炸，此时只有一个开口，所以 TNT 当量为

$$Q = \frac{4\pi R^2}{S}Q_T \quad (7.4-13)$$

将式（7.4-13）代入以上各空气冲击波超压计算公式，就可得到隧洞一端裸露药包爆炸产生的空气冲击波超压值，水下岩塞爆破是药包埋入岩体内，爆炸时部分能量转移空气冲击波能量，此时应考虑能量转移系数 η 值，药量应为 ηQ_T。

在隧洞中传播的空气冲击波的总能量 E_n 与药包总爆能 E_0 之比称为能量转移系数，并用 η 表示，则 $\eta = E_n/E_0$，裸露药包在隧洞中爆炸时能量转移系数 $\eta = 1$，不同的爆破条件能量转移系数是不同的，因此可按表 7.4-1 选取 η 值。

三、爆破地震波

炸药在岩体中爆炸，能量向四周释放，导致岩体振动，这样闸门随岩体运动而振动，假定闸门为一刚体，吊在一端固定的弹簧（钢丝绳）上，这样闸门可视为单自由度振动体系，见图 7.4-1）。闸门增加附加动力荷重后，是否超过启闭机容量，悬吊闸门启闭机钢

丝绳是否安全应进行核算。

表 7.4-1 　　　　　　　　　　**不同爆破乘件能量转移系数 η 值**

爆　破　条　件		能量转移系数 η
深孔爆破	约束状态的深孔爆破（打枪）	0.300～0.350
	全孔装满药的深孔	0.025～0.030
	孔口空 1m 的深孔	0.023～0.025
	孔口空 3m 的深孔	0.015～0.023
	孔口空 5m 的深孔	0.013～0.015
	孔口堵塞 1m 的深孔	0.023～0.027
	孔口堵塞 2m 的深孔	0.014～0.018
	孔口堵塞 3m 的深孔	0.005～0.010
隧洞掘进时的潜孔爆破		0.010～0.050
药室爆破	采空区的体积≤3 万 m³ 时	0.10～0.250
	采空区的体积＞3 万 m³ 时	0.020～0.100

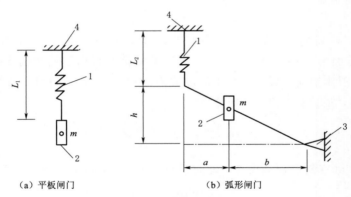

（a）平板闸门　　　　　　　　（b）弧形闸门

图 7.4-1 闸门计算简图

1—钢丝绳；2—闸门（m 表示重心位置）；

3—弧门支铰；4—启闭机定滑轮中心线

岩塞爆破时地表基岩振动加速度主要与药量和距离有关，通常用经验关系式（7.4-14）表示：

$$a = K\left(\frac{Q^{\frac{1}{3}}}{R}\right)^{\alpha} \tag{7.4-14}$$

式中：a 为保护对象所在地基基础振动加速度，m/s²；Q 为药量，一次齐发爆破总药量，或延时爆破最大单段药量，kg；R 为爆破中心至测点间距离，m；K 为与爆破方式，地形、地质等因素有关系数；α 为表示衰减快慢指数。

式（7.4-14）中 K、α 值为爆破点至保护对象之间的地形、地质条件有关的系数和衰减指数。不同地点，由于地形、地质条件不同，K 和 α 数值也不同，应通过现场试验确定。如丰满

电站大坝左岸岸边地表基岩加速度衰减规律，通过试验和岩塞爆破整理出的经验公式为

$$a_{\text{地竖}} = 97\left(\frac{Q^{\frac{1}{3}}}{R}\right)^{1.73} \tag{7.4-15}$$

$$a_{\text{地径}} = 126\left(\frac{Q^{\frac{1}{3}}}{R}\right)^{1.74} \tag{7.4-16}$$

式中：$a_{\text{地竖}}$ 为地表基岩竖向加速度，m/s^2；$a_{\text{地径}}$ 为地表基岩径向加速度，m/s^2。

其他符号意义同前。

地表基岩振动会引起闸门振动，由于地震波不是直接作用在闸门上，而是通过启闭机钢丝绳传递到闸门上。如丰满泄水洞进口岩塞爆破时，实测平板闸门启闭机室附近地面基岩竖向加速度为 $1.09g$，而在平板闸门上测出最大竖向加速度为 $0.39g$，说明通过柔性钢丝绳传递以后，振动加速度会减少，起到一定的减震作用，这样爆破地震波引起闸门附加动力荷重可按式（7.4-17）估算：

$$F = fma \tag{7.4-17}$$

式中：F 为爆破地震波引起闸门附加动力荷重，N；m 为闸门与加重块质量，kg；a 为地表基岩振动竖向加速度，m/s^2；f 为钢丝绳减震作用系数，一般可取 $1/3 \sim 1/4$。

闸门增加附加动力荷重后，启闭机容量应满足式（7.4-18）要求：

$$T \geqslant n(G+F) \tag{7.4-18}$$

式中：T 为启闭机容量，N；n 为安全系数取为 1.2；G 为闸门及加重重量，N；F 为附加动力荷重，N。

调经核算如不满足式（7.4-18）要求时，可采取拆除部分加重块以减轻重量或增加临时吊具，保证爆破时钢丝绳的安全。

聚渣堵塞爆破方案，因爆破时闸门井产生"井喷"现象，所以应将闸门调试合格后提出孔口，安放在检修闸门室一侧锁牢，拆除启闭机移到安全地方，闸门和启闭机上部采用覆盖措施，防止岩渣砸坏零部件，启闭机承重大梁采取加固措施防止移位，影响启闭机二次安装。

第五节　爆破时闸门的操作

一、集渣堵塞爆破方案

因岩塞爆破时产生井喷现象，为保证闸门及启闭设备的安全，闸门和启闭机应按下列要求操作。

（1）岩塞爆破前对闸门、启闭机及埋件进行全面检查、验收和调试工作，满足设计技术要求后，岩塞才具备爆破条件。

（2）因有井喷现象，启闭机临时装在承重大梁上，待闸门和启闭机调试合格后将闸门移出井口，放置到检修室一侧固定，有条件时可将启闭机临时移到安全地方。

（3）岩塞起爆成功后，潜水清除闸门井底部岩渣，检查水封不锈钢座板磨损情况，如影响橡皮水封使用，应进行处理。

（4）将启闭机吊运到原位置安装固定，拆除闸门锁定及保护设施，将闸门移到井口并

锁定在检修平台上，操作启闭机关闭闸门。

（5）排除闸门与堵塞段之间的水量，再拆除堵塞段。

清河热电站引水隧洞，岩塞爆破前未进行闸门与启闭机安装及调试工作，由于闸门井经常积水，启闭机钢丝绳及行程开关调整都需闸门在水下进行，不但费事，而且准确性差，水下又无法掩门，因此闸门漏水量大。镜泊湖引水发电隧洞，岩塞爆破前进行闸门与启闭机的安装、调试及验收工作，闸门放到工作位置（孔口）掩门，爆破后闸门工作时漏水量不大，启闭机运行正常，未出现异常现象。

二、泄渣或集渣开门爆破方案

岩塞爆破时为了做到有计划、有秩序的关闭闸门，尽量减少爆破时的水量损失，按下列要求进行操作保证安全关闭闸门：

（1）闸门、埋件及启闭机的安装，应按设计要求精度进行，爆破前全面检查验收，均满足要求时岩塞才具备爆破条件。

（2）闸门及启闭机调试合格后，按实际情况作一次试运行，从中找出薄弱环节并加以改进，为岩塞爆破后闸门及启闭机投入运行做好准备工作。

（3）将闸门提出孔口，吊在设计预定位置，按空气冲击波及爆破地震波对闸门和启闭机的影响计算成果，确定是否采取必要的加固防护措施。

（4）进出口启闭机室之间应备有通信联系，并有专职人员负责。如果启闭机室设在洞内，一定注意补气，尤其交通洞兼作通风洞更应重视，爆破前应打开洞口大门，严防关闭，防止隧洞通水后影响补气造成事故。

（5）爆破声响后应间隔一定时间工作人员再进入现场，先排除烟雾再进行各部位检查，如有问题立刻修复。

（6）拆除闸门和启闭机的锁定装置及有关加固防护措施。

（7）岩塞爆通后，初期水流态极为复杂，同时水流又携带岩渣从洞中通过，这些都是闸门关闭过程中的不利因素。为避免上述情况下闸，应待洞内流态稳定，在水流基本不携带岩渣前提下，方可关闭闸门。当接到关闭闸门通知后，工作人员首先关闭工作闸门，关闭过程中一旦发生事故，可反复提起关闭，万一发生不能落到底坎时，应立即关闭进口事故闸门。

（8）工作闸门关闭后，再关闭进口事故闸门，然后小开度逐渐提起工作闸门，全面检查隧洞及埋件的磨损情况。

某水库泄洪洞进口岩塞采用泄渣开门爆破方案，未编制闸门操作程序，闸门和启闭机也未进行调试及验收工作，所以岩塞爆通后操作现场混乱，弧门未完全关闭（差20～30mm）就停机了，造成漏水量大，进口平板闸门又不能按时关闭。

丰满电站泄水洞水下岩塞采用聚渣开门爆破方案，爆破前专职人员对闸门及启闭机认真地进行调试工作，采取了加固防护措施，为安全下闸作了充分准备工作，因此爆破后弧形工作闸门顺利落到底坎，平板闸门按时关闭，闸门漏水量不大，未出现异常现象。

第六节　刘家峡岩塞爆破对闸门的影响

岩塞爆破时，平板门和弧形门都悬吊在门槽和滑道附近、处于待关闭状态，此时爆破对闸门的影响分述如下。

一、对平板门影响

参考丰满观测资料，由于排砂洞平板门距爆心 140m（水平距离）空气冲击波滞后地震波时间：$\Delta t = (102/340) - (102/4500) = 0.3 - 0.023 = 0.277s$，两种动荷载不会叠加在一起，而是分别作用在门上。岩塞爆破时，对检修闸门系统的影响主要有以下几个方面：

1. 地震波影响

采用近期洮河口 1：2 模型试验公式计算检修闸门槽处振速 v：

$$v = 93.8 \cdot \left(\frac{Q^{\frac{1}{3}}}{R}\right)^{1.76} \tag{7.6-1}$$

式中：Q 为药量，设计值最大一响为 1839kg；R 为距爆心 102m，求得 $v = 2.22\text{cm/s}$。

可知，爆后平板闸门槽处振动速度为 2.22cm/s，参考西班牙维拉卡姆波水电站闸门运行情况，其安全允许振速为 3cm/s，并从丰满岩塞爆破观测资料也可以说明平板闸门在地震波作用下是安全的。

2. 空气冲击波影响

岩塞爆破空气冲击波压力是由炸药爆破后高压气体引起的。它与装药量 Q 和爆破指数 n 值大小以及隧洞结构尺寸因素有关，并随着传播距离增加而逐渐衰减。在丰满岩塞爆破时，实测距爆心平板闸门上冲击波强度为 0.015MPa，它只引起闸门局部振动，对闸门整体无大影响。

可是，刘家峡排砂洞岩塞爆破时，由于岩塞上方厚淤泥层的阻碍，空气冲击波能量，将主要消耗在洞中，预计空气冲击波压力要比无淤泥层的压力要大。甚至比丰满岩塞爆破时观测的空气冲击波压力值大。

对于岩石中爆破产生的冲击波压力与裸露药包能量转化系数的关系，测算相当困难。现借鉴丰满岩塞爆破时观测资料。当时，丰满爆破能量转化系数为 1/275，对刘家峡排砂洞考虑其淤泥影响，估算刘家峡排砂洞的最大能量转化系数为 1/100，根据丰满岩塞爆破观测到空气冲击波衰减经验公式：

$$P = 10.8 \cdot \left(\frac{Q^{\frac{1}{3}}}{R}\right)^{0.74} \tag{7.6-2}$$

$Q = 1839\text{kg}$，$R = 102\text{m}$ 时，求得：$P = 0.72\text{MPa}$。说明在安全允许范围之内。

由于空气冲击波波速 340m/s 与地震波波速 4500m/s 相差较大，故两种动荷载不会叠加在一起，而是分别作用在门上。经测算，这两种动荷载作用在闸门上不会产生破坏性影响。

3. 气浪与石碴对闸门井的影响

气浪压力主要是由于岩塞爆通后，水体突然泄入洞内推赶空气形成所谓的活塞效应造成的。随距离变化衰减较慢，若遇洞内障碍物会产生水锤压力。另外，从洮河口 1：2 模型试验的摄像资料，同样观测到冲击波过后，闸门井有负压吸入，因此，爆后泄流过碴时，对门槽防护都需认真考虑。门槽和闸门井门楣处，需按防护设计考虑，以便采取妥善的防护措施。有些工程曾采用木方填堵门槽，但未等水流携带岩渣到达之前防护木已被吹走，因此，门槽采用这种防护设施作用不大。

丰满水下岩塞爆破，采用聚渣开门爆破方案，大多数岩渣都存在聚渣坑内，只有少量岩渣通过隧洞泄到下游，零星岩渣流经门槽未产生卡阻现象，但刘家峡工程有其本身特点，深水、覆盖层厚，进口处尚堆有一定数量石碴，爆后，在洞内极易形成泥包石团状下泄，岩渣经过门槽时，不但撞击磨损埋件，而且还存在岩渣卡到门槽的可能性，影响闸门的关闭，严重的话，会使库水失去控制，造成巨大损失。

二、对弧门的影响

弧门距爆心较远，大约超过1km以上，地震波对弧门影响很小，在安全范围以内。

由于空气冲击波在隧洞内衰减很慢，如果考虑到淤泥层的不利影响，空气冲击波强度可能有所增加，作为防护措施之一，可以在弧门前50m处设一道柔性防护帷幕，根据丰满观测资料，可削减空气冲击波强度一半左右，经削减后的空气冲击波对弧门不会产生破坏。

三、安全措施和闸门操作

（一）安全措施

1. 安全措施考虑因素

分析了岩塞爆破对平板闸门井和平板门的影响，认为主要应防止岩渣在闸门槽卡阻和避免门槽和埋件受撞损坏，其安全措施考虑有以下几种：

（1）进水口处不得有堆渣，如有堆渣必须采取工程措施清理。否则很易形成泥石流，形成"渣团"席卷移动，形成堵塞或在门槽处形成卡阻，影响闸门的顺利关闭。

（2）淤泥扰动爆破需形成爆扩井，以避免石碴与淤泥混杂在一起运动。

（3）认为应做有深覆盖层爆后水工动床模拟试验，以观察岩渣（泥包石）在水流作用下的运动情况，通过试验找出合适的泥、石分离情况下的聚渣坑型式，保证泥、石分离后，水流中的岩渣不会在闸门槽内卡阻。

（4）也可考虑用一种可以保护门槽的钢闸门框，它可以顺利起吊，填平门槽，待爆后，把其提升上来，然后再把闸门放下去，避免门槽受到卡阻。

（5）闸门的合理操作使闸门顺利关闭。

2. 闸门安全防护措施

（1）闸门整体吊移门槽固定措施。为减小闸门承受的空气冲击波荷载及爆破石渣的撞击，采用临时起吊设备将闸门移出门槽，固定在锁定平台的上游侧，使闸门承受的冲击荷载由正常运行锁定位置的130t减小至33t。有效规避了爆破冲击波对闸门安全的影响。刘家峡排沙洞进口闸门锁定防护措施见图7.6-1。

（2）闸门槽防护措施。为防止岩塞爆通后下泄石渣撞击门槽以及大块石渣卡在门槽内的影响，通过综合分析比较，并制定了以下防护措施。

1）防止下泄石渣撞击影响的防护措施。事故闸门槽设计中已考虑了岩塞爆破期间短时承受下泄石渣撞击和长期运行时的泥沙磨损。在门槽底槛和侧墙上下游均增加了防护钢衬，钢衬面板厚度为 30mm。根据以往工程经验，下泄石渣不会导致门槽钢板产生变形，即使受到石块强烈冲撞，一般也只会在钢板表面撞击出点状小坑。因此，对石渣撞击门槽钢衬，不再另设防护。但若石渣撞击主轨、水封座板等不锈钢工作面造成局部磨损，则岩塞爆破后需要潜水员进行水下检测及修补工作。

2）防止大块石渣卡阻门槽影响的防护措施。针对岩塞爆破中可能产生的大块石渣卡在门槽内的现象，设计单位（中国电建集团西北勘测设计院）提出"软硬结合"的防护方案，即防护主体结构采用刚性的箱型梁框架结构，为防止防护体结构在门槽内卡阻，在框架四周采用软性的橡胶支承。具体结构形式和门槽的相对关系见图 7.6-2。

该防护体位于事故门槽内，整节制造。防护主体为箱型梁布置，为防止防护体结构在门槽内卡阻，结构四周采用橡胶支承。门槽内侧为钢块支承，主要用于承受空气冲击波及石块冲撞。在箱型梁靠近门槽内部两侧各焊接一块通长钢板，用以承受爆破冲击波过后产生的负压力。

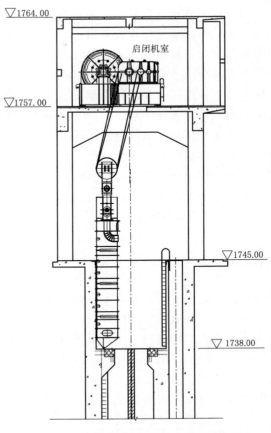

图 7.6-1　刘家峡排沙洞进口闸门锁定防护示意图（尺寸单位：cm）

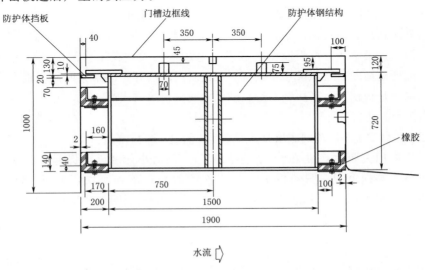

图 7.6-2　刘家峡排沙洞进口闸门门槽防护体结构形式（尺寸单位：cm）

防护体吊耳设置在其顶部钢结构件上，为保证吊耳及吊具的安全可靠性，在单边门槽内每个防护体吊耳处均设置 2 根钢丝绳，每根钢丝绳均能单独承受防护体的启闭工作。在门槽顶部相应位置设置两套电动葫芦。由于防护体存在从门槽内脱出的风险，为避免该风险发生引起更加严重的危害，爆破前连接防护体的钢丝绳不与电动葫芦直接连接，钢丝绳一侧端部直接连接在靠近门槽顶部、牢固固定在砼边墙内的固定套环上，待成功爆破后，将钢丝绳端部从套环中取出，并与电动葫芦牢固连接后，再提出防护体。

为使防护体起吊至门槽顶部锁定平台时不干涉闸门，且在门槽内能够平衡启闭，在设计中采取将防护体吊耳设置在其重心位置。当防护体提至锁定平台后，利用坝面辅助机械或人工推拉钢丝绳，使防护体整体偏移的方式使其不干涉闸门。

爆破完成后，闸门和门槽完好，闸门能够正常平顺落入门槽底部，挡水无漏水现象。

（二）闸门操作程序

为了做到有计划、有秩序地关闭闸门，尽量减少爆破时水量损失，可按下列要求进行操作。

（1）闸门、埋件及启闭机的安装，应按设计精度要求进行，爆破前，全面检查验收，各项指标满足要求时，岩塞才具备爆破条件。

（2）闸门及启闭机调试合格后，按实际情况做一次试运行，从中找出薄弱环节，并加以改进，为岩塞爆破后闸门及启闭机投入运行做好准备工作。

（3）将闸门提出孔口，吊在设计预定位置，按空气冲击波及爆破地震波对闸门和启闭机的影响计算成果，决定是否采取必要的加固防护措施。根据丰满经验虽然计算都在安全范围以内，但作为安全措施之一，可用四根 $\phi24mm$ 钢筋把平板门与闸门井出口锚栓焊接，防止闸门振动，提高闸门安全度。

（4）进出口启闭机室之间应备有通讯联系，并有专人负责。

（5）爆后隔一定时间先排除烟雾，工作人员再进入现场，进行各部位检查，如有问题立刻修复。

（6）拆除闸门和启闭机的锁定装置及有关加固防护措施。

（7）岩塞爆通后，应待洞内流态稳定、水流基本不携带岩渣前提下，方可允许关闸门。如何确定水流不携带岩渣，可吸取密云水库岩塞爆破经验，在工作闸门底坎埋设安装拾音器，监测石渣通过情况，就能可靠掌握石渣通过闸门段的开始与结束时间。也可在排砂洞出口侧面观察水中是否挟石，当从侧面看到底部水流颜色已与表面一致，说明水中不再挟石。

（8）当接到关闭闸门通知后，首先关闭工作闸门，关闭中，一旦发生异常情况，可反复提起关闭，万一还是发生不能落到底坎时，应立即关闭进口事故闸门。

（9）工作闸门关闭后，再关闭进口事故闸门，然后小开度逐渐提起工作闸门，全面检查隧洞及埋件的磨损情况。只有爆后弧形工作闸门顺利落到底坎，平板检修闸门按时关闭，闭门以后漏水量不大，未出现异常现象，才能认定平板闸门系统经受住爆破的考验。

第八章 岩塞爆破观测

第一节 观测目的和内容

一、观测目的

岩塞爆破观测的目的，主要是研究岩塞爆破的动力响应及相应的安全防护措施，并使岩塞爆破能达到安全、爆通、成型良好等技术要求，提高设计理论和施工水平。为此，在岩塞爆破期间应开展较为详细的试验和观测工作，并进行系统地分析和经验总结。另外，岩塞爆破的以下特点，也决定了观测的必要性。

（1）相关工程实践较少，测试资料十分宝贵。

（2）爆破工程本身不具有重复性，丰富岩塞爆破测试成果。

（3）观察验证岩塞爆破是否按设计意图实现了正常起爆。

二、观测内容

（一）动态观测

针对工程需要解决的安全问题和技术问题，岩塞爆破期间应开展以下观测项目或科研工作。

（1）岩塞爆破的振动效应观测。

（2）水中冲击波压力观测。

（3）岩体与混凝土的动应力与应变观测。

（4）空气冲击波和气浪观测。

（4）岩塞爆破的水面鼓包运动观测。

（6）宏观调查，主要包括岩塞周围建筑物及进口边坡岩体的现场调查，岩塞爆通后闸门井井喷现象和隧洞出口的气浪、泥石流、水力学等动态观测，以及岩塞口成型和集渣坑堆渣分布情况的水下检测等项目。

（7）其他的资料分析总结。

（二）静态观测

对于直径大、体型复杂、重要工程的水工隧洞，为保证工程在施工期和运行期的安全，规程规范也规定了一些必要的监测项目。

刘家峡进口洞段由进口边坡、岩塞段、钢筋混凝土隧洞衬砌段、靴形集渣坑等组成了复杂的空间结构体系，其中受 F_7 断层影响的边坡稳定问题，无衬砌和支护的岩塞口围岩稳定问题；靴形集渣坑高边墙围岩稳定问题；交叉洞室的钢筋混凝土应力问题；钢筋开裂后内水外渗结构稳定问题等，无论是在施工期还是在运行期，即使采用常规的施工方法，这些安全问题都必须予以足够的重视，布置一定的监测仪器，监控建筑物的安全状态和在岩塞口一次爆破成型时所产生的附加震动荷载对上述安全问题的影响。

相对岩塞爆破时的振动监测，本项为静态监测，也为永久期（或运行期）安全监测，其目的分三个阶段：

第一阶段，在隧洞施工开挖时，监测施工期的围岩稳定状态，评价施工的合理性和一次支护效果。

第二阶段，在岩塞爆破前后，排沙洞形成时，对排沙洞不同断面的岩体、混凝土及钢筋等做静态监测，掌握其静态的变化规律，与岩塞爆破后的监测结果进行对比，为有效监测排沙洞在爆破前后的基本状况及变化规律，及时发现异常现象并分析处理提供必要的依据。

第三阶段，在运行期，及时掌握围岩和结构的安全状态，为安全运行提供科学依据。

第二节　岩塞爆破的地震效应

一、岩塞爆破振动效应的特点

岩石爆破理论认为，引起岩石破坏的主要因素是爆炸应力波和爆炸气体，二者的联合作用导致岩石破碎。炸药爆炸后，其周边岩石质点发生应力扰动（或应变扰动）的传播即称为爆炸应力波。应力波在岩体内传播时，其强度随着传播距离的增大而减小，并且波的性质和形状也发生相应变化。按照波的性质、形状和作用性质的不同，应力波的传播过程可划分为 3 个区（见图 8.2－1）。

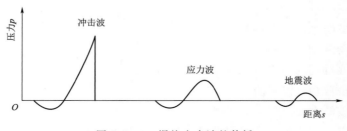

图 8.2－1　爆炸应力波的传播

在距离爆源大约 3～7 倍药包半径的近距离内，爆炸应力波具有很强的冲击性质，波峰压力一般大大超过岩石的动抗压强度，使岩石发生塑性变形或粉碎。该区域称为冲击波作用区，它消耗了大量爆炸能量，应力波参数由高峰过后会迅速衰减。爆炸应力波通过冲击区后，波形转变成不具有陡峰的压缩波，波振面上的状态参数变化的比较平缓，波速降低为接近或等于岩石中的声速，岩石的状态变化所需时间大大小于恢复到静止状态所需时间，使岩石处于非弹性状态，并在岩石内产生破坏或残余变形，这个区域称之为压缩波作用区。压缩波区域的范围可达到 120～150 倍药包半径的距离。爆炸应力波通过压缩区后进一步衰减，变为弹性波或地震波，波的传播速度等于岩石中的声速，波的作用仅是引起岩石质点做弹性振动而不是破坏，岩石质点离开静止状态的时间与恢复到静止状态的时间相等，此区域称之为弹性振动区或地震波区。

基于爆炸冲击波区和压缩波区的复杂性，以及传感器的测试水平，有关爆破振动的测试工作基本局限在地震波区，该区也是本节重点介绍的内容。

二、爆破振动效应的测试

（一）爆破振动效应的经验公式

影响爆破震动的因素十分复杂，它与一次爆破的齐发药量，爆源与被测点之间的距离、振动的传播介质等都有关。国内外有关爆破振动反应的计算与预测公式，都是依据观测值拟合出来的经验公式，而且多用反应速度作为分析、判断震动强度的主要振动参量，主要的预测爆破地震动（速度）反应强度的公式有：

1. 美国矿务局公式

$$V = H \left(\frac{D}{W^{1/2}} \right)^{-\beta} \tag{8.2-1}$$

式中：V 为反应速度最大值，m/s；W 为齐发药量（磅）；D 为爆心距，m；H 为介质系数；β 为衰减系数。

2. 瑞典兰格弗尔公式

$$V = K \sqrt{\frac{Q}{R^{3/2}}} \tag{8.2-2}$$

式中：V 为最大振动反应速度，mm/s；Q 为齐发药量，kg；R 为爆心距，m；K 为系数。

3. 日本常用公式

$$V = K \frac{W^{0.75}}{R^2} \tag{8.2-3}$$

式中：V 为最大振速，cm/s；W 为次齐发药量，kg；R 为爆心距，m；K 为系数。

4. 苏联萨道夫斯基公式

$$V = K \left(\frac{\sqrt[3]{Q}}{R} \right)^{\alpha} \tag{8.2-4}$$

式中：V 为最大振动反应速度，cm/s；Q 为齐发药量，kg；R 为爆心距，m；K 为介质系数；α 为衰减系数。

上述四个公式虽然表达形式各不相同，但它们都有一个共同特点，即振速均随齐发药量的增大而增大，随爆心距的增大而减小。此外，在《水电水利工程爆破安全监测规程》（DL/T 5333—2005）中，还给出了高边坡上的振动速度传播规律，即

$$V = K \left(\frac{\sqrt[3]{Q}}{R} \right)^{\alpha} \left(\frac{\sqrt[3]{Q}}{H} \right)^{\beta} \tag{8.2-5}$$

式中：V 为最大振动反应速度，cm/s；Q 为齐发药量，kg；R 为爆心距，m；H 为边坡测点至爆心的高差，m；K 为介质系数；α、β 为衰减系数。

（二）测试设备

按照测量物理参数划分，爆破振动测试设备可分为振动位移、速度和加速度等三种类

型；按照测振传感器制作原理划分，则可分为电测式、压电式和应变式三种。在岩塞爆破工程中，主要测量参数是振动速度和振动加速度，常用传感器类型以电测式为主，压电式和应变式次之。国内的爆破振动测试仪器设备厂家有东方振动和噪声技术研究所、哈尔滨工程地震研究所、北京波谱世纪科技发展有限公司和成都中科测控有限公司等；外国制造商有加拿大 Instantel 公司、美国 White Industrial Seismology 公司和 Kinemetrics 公司、瑞士 GeoSIG 公司、丹麦的 Brüel & Kjær 声学和振动测量公司等。下面介绍几款性能比较优良的爆破振动测试系统。

1. TC-4850 爆破测振仪

TC-4850 爆破测振仪为成都中科测控有限公司生产，该设备集成了计算机模块，自带液晶显示屏，可以现场直接设置各种采集参数，并能即时显示振动速度波形、峰值、频率，无须电脑支持，具有集成度高、携带方便、坚固耐用等特点。

该设备采用了置程自适应技术及特征值重采样处理算法，能对各种幅值信号准确捕捉，从而避免了因人为设置量程而造成的波形削峰或丢失信号等不利局面。设备自带存贮空间为 128M，现场可连续存贮上千次振动数据；其分析软件兼容 Windows 平台，支持多种分析方法。

2. YBJ-Ⅲ 远程微型动态记录仪

该设备是由长江科学院研制的具有无限远程传输功能的爆破振动监测仪器，测量参数为振动速度。该记录仪配备高分辨率的彩色 TFT 液晶显示屏，现场独立运行，且体积小、重量轻，易于携带，可以胜任各种恶劣环境下的无人值守监测。记录仪可以 4 通道并行同步采集，采样频率 5000Hz，可连续工作 24h 以上，测量范围为 0.01～35cm/s。

3. Mini-Mate Plus 爆破微型测试系统

该系统为加拿大 Instantel 公司生产的当前较为先进的微型爆破振动测试系统，最小可测到 0.127mm/s（人能感觉到的振动为 0.7～0.9mm/s）的振动。该系统在同一测点上能同时测试 3 个方向的爆破振动速度（含时程曲线）及爆破噪声。此外，还可提供峰值加速度、峰值位移以及频率—峰值震动速度曲线，可以记录 300 次不同时刻的爆破震动，最长记录时间为 500s（采样频率为 1kHz 时）。该系统内置数码芯片自动对测试过程进行控制，可灵活方便设置测试参数，包括测试量程、采样频率、信号触发方式及电平大小，记录时间及次数等，并可适应全天候的野外作业条件，待机记录时间 48h 以上。

4. Mini-Seis 爆破微型测试系统

Mini-Seis 测试系统由美国 White Industrial Seismology 公司制造，主要用于记录爆破振动过程，测试物理量主要是振动速度和爆破噪声，其技术指标与 Mini-Mate Plus 基本相同。该设备也可以进行 FFT/OSM/USBM 分析，位移、加速度分析，反应谱分析，具有单事件和多事件处理能力。

5. GMS PLUS 强震仪

GMS PLUS 强震仪＋AC-63 三向力平衡式加速度计由瑞士 GeoSIG 公司生产的振动加速度测试设备。其中，GMS PLUS 强震仪操作界面直观，每通道单独配备低噪声 24 位增量累加模数转换器，采样率最高达 1000SPS；最大存储容量达 128GB，支持 EXT4 文件系统；USB 接口，便于连接外部存储和通信设备；处理速度 400MHz，网络速度为

100MB/s。AC-63 三向力平衡式加速度计满量程范围为（±0.5～±4）g（用户现场可选择），频带宽从 DC～200Hz，并具有内置气泡水准仪。

6. ETNA 强震仪

ETNA 强震仪由美国 Kinemetrics 公司生产的振动加速度测试设备，具有体积小、重量轻的特点，采集设备内置 1 套三分向 EpiSensor 力平衡加速度计和 GPS（全球定位系统）。传感器三分向正交布设，量程可设置为 ±1g、±2g、或 ±4g（用户可选）；频带宽度为 DC～200Hz；主采样率最高可达 500SPS。

设备触发方式有多种选择，每个通道可独立进行触发选择，可阈值触发、STA/LTA 触发或组合计算本仪器内部和网络触发。设备内部 SDHC 存贮卡容量为 16GB，并配有 USB 主接口、以太网接口和 RS-232 接口。仪器外接供电电源为 8～16V DC 或 15.5V DC 选配供电单元（SPA），具有内置气泡水准仪。

为确保测试结果的准确性，爆破振动测试的仪器设备在使用前均应经计量部门进行检测检验合格。

（三）测点布置

1. 爆破振动影响场测点布置

振动影响场测试的目的，主要是为了研究爆破地震效应的衰减规律，提供该地区爆破振动速度和振动加速度的经验公式，也就是求取衰减公式中的 K、α 值。

爆破振动影响场的测点主要是布置在沿爆破中心的一条直线上，各测点的间距应按照近密远疏原则进行设计，并将传感器尽量布置在同一高程的基岩上；当基岩面出露较少或没有时，应在土质地面上加工混凝土墩，以便进行测点安装。

2. 建筑物结构等其他振动测点布置

岩塞爆破振动影响的监测对象一般包括隧洞本身的混凝土结构以及邻近的大坝、厂房等已有建（构）筑物。振动测点布置时，应考虑建（构）筑物的结构特点进行。监测隧洞混凝土结构时，可以把测点布置在顶拱、拱脚和边墙（或腰线）部位；对大坝等高大建筑物，振动测点一般按坝顶和坝基分别布置；在厂房和开关站等建筑物，则一般布置在发电机组及控制屏附近，并且选择距离爆心较近的机组进行监测。

岩塞口后端的混凝土隧洞紧邻爆破区，由于爆炸近区的复杂性及当前振动速度传感器量程的局限性，混凝土隧洞振动测点布置时还应考虑加速度传感器，即在岩塞口附近的振动测点宜同时布设速度传感器和加速度传感器，以便当振动速度超量程时，可用加速度测值进行估算；在确保振动速度不超标时，可单独布设速度传感器。如果岩塞爆破药量较大，且距离大坝较近时，应选择不同坝段类型分别布置振动速度和振动加速度传感器。

对于特殊地质构造或地形地貌采取振动监测时，测点布置应围绕这些构造或地貌进行，必要时可适当加密布置。

（四）振动量程及采样频率设置

为了获得较好的振动波形，应选择恰当量程的传感器和设置相应的采样幅值。量程选择过小、实际振动量过大，采集记录的波形将出现削峰，丢掉了振动峰值；量程选择过大、实际振动量偏小，所获得的振动波形呈小锯齿形，将难以区分不同幅值的差异变化，也不便于进行频谱、持时等分析处理。所以，在测量前应根据工程经验及相关公式（见式

8.2-4）预估最大峰值速度或加速度。正常而言，要求最大峰值处于量程的 40%～80% 范围。

选择采样频率时，根据岩塞爆破方式预估爆破振动的主频，使采样频率大于爆破振动主频 100 倍以上，保证每个振动周期内有 100 个以上采样点。足够密度的样点有利于后续资料分析的准确性和可靠性。但采样频率也不宜过高，以免产生大量的离散数据，而频率混迭又占用大量内存。当然，随着海量存储和悠采技术的应用，新出厂的测试设备可不必考虑持续振动时间长和存贮量不足的问题。

（五）波形处理及分析

岩塞爆破多采用毫秒微差起爆，造成波群相互叠加干扰，增加了爆破振动波形的复杂性。因此，实测的振动波形中很难区别纵波和横波，实际工作中也不进行区分。一般波形的初始阶段称为初振相，中间振幅较大的部分称为主振相，后一段称为余振相。当测试波形中存在其他振源或外界电信号干扰时，可采用滤波方式将干扰去除。

波形分析需要借助专业软件在计算机上进行，分析的内容包括振动信号的振幅、频率、持时等特征参量。

（1）振幅：振幅随时间变化。主振相的振幅大，作用时间长。因此，主振相中的最大振幅是地震波的重要参数，是振动强度的标志。

（2）频率（或周期）：爆破振动波是一种频带范围宽的随机波，一般采用主振频率作为振动波的参数。主振频率是振动过程中最卓越主振相的振动频率，可通过频谱分析获得。

（3）振动持时：是指振动从开始到停止的全部时间，该参数反映了振动衰减的快慢。

（4）主振持时：一般是指从振动开始到振幅衰减至（A_0/e）时的全部时间（其中：A_0 为最大振幅，e 为自然常数）。

（5）振动波速：根据两测点获得的振动波初至时刻的时差以及两测点的爆心距之差所计算出的振动波的传播速度。实测振动波速时，要求各测点采取统一的计时标准，并采用较高的采样频率。振动波速是研究介质特性和爆破机理的重要参量。

（六）成果整理

爆破振动成果整理主要是指振动衰减规律分析和相应的建筑物安全影响评价。前者主要是通过萨道夫斯基等经验公式进行回归计算，求出 K、α 值；其中 Q 为最大单响起爆药量。在振动效应测试中通常布置 5 个以上的测点，当测点（或样本）数量足够大的时候，求得的 K、α 值相对比较准确。在整理回归公式时，多以质点振动速度影响场为主，当存在加速度测试时，也可以按经验公式形式进行整理。

对于建筑物结构等其他振动测值，除进行测点本身的数据分析整理外，还可以按回归得出的影响场公式计算其理论振动量值，并通过与理论值比较的方式检验被测对象是否存在结构放大效应以及实测值的合理性，为准确评价建筑物或结构的安全影响情况提供客观、详实的依据。

三、岩塞爆破振动效应观测成果

综合近几年我国水下岩塞爆破振动效应观测资料，可获得以下几个方面认识。

（1）水下岩塞爆破振动衰减规律符合一般陆地上爆破所采用的经验公式，即萨道夫斯基公式。

（2）在爆破近区，振动速度或加速度的竖直分量比水平分量大，这主要是体积波起主导作用的缘故；在中远区后，速度或加速度的竖直分量衰减较快，并逐渐小于水平分量，这主要是由于表面波作用较大的缘故。

（3）地形地质条件也是影响爆破振动效应的重要因素，地震波传播过程中经过山谷、河沟和宽大断层破碎带时都有减震作用；在爆源上方的山顶、高大建筑物顶部等位置，均存在振动放大效应。

（4）在爆炸荷载作用下，地表的振动效应一般大于地下内部；当高程差达到200.00m时，地表的振动强度一般是地下的1～4倍，地下振动一般具有衰减较快、持续时间较短和频率较高的特点，因此地下结构具有较好的抗爆性能。

（5）基于爆破振动效应的复杂性，爆破振动观测多以质点振动速度观测为主，并且振动速度也是评价安全的主要标准；同时，对于重要建筑物或机械设备，还要开展振动加速度、振动位移等观测工作，并综合分析其振动频率及持续时间，以便进一步开展精细、可靠的安全评价工作。

比如，在进行爆破作用对建筑物结构的应力分析时，应研究各种爆破条件下的加速度反应谱和速度反应谱，为计算爆炸荷载提供基础资料。

（6）工程实践表明，采用微差爆破和预裂爆破等控制爆破技术可以降低爆破振动效应，减轻爆破对岩塞周围保留岩体的损害。

第三节　水中冲击波

一、水中冲击波的特点

由于水的压缩性很小，积蓄能量的能力很低，炸药在水中爆炸时，水就成了压力波的良好传导体。炸药在无限水介质中爆炸后，在装药本身的体积内形成了高温、高压的爆炸产物，这种爆炸产物以爆轰波的形式急剧地向外推进并产生压力突跃，其波头压力可高达1.4万MPa（TNT炸药）；在药包和水的界面立刻转化为水中的强压波和水的扩散运动，这种以压缩波形式在水中做径向传播并具有陡峭波头的压力波，通常称之为水中冲击波。

在水中，炸药爆炸后产生的冲击波以压力突跃的形式向外传播时，其特点是压力大、作用时间短（约为空气中爆炸的1/100），而且压力上升前缘一般在微秒级范围，突跃后立刻以指数形式进行衰减。水中冲击波传播时具有以下特点：

（1）药包附近的冲击波的传播速度比水中音速值（18℃时约为1494m/s）大数倍。随着波的推进，冲击波迅速下降至音速。

（2）球面冲击波的压力幅值随距离的减小，比在声学里的微幅波要快，但在较大距离处的压力变化特征接近声学规律。

（3）药包附近的高压区，波形钝化显著，波形随着传播而逐渐扩展。

气泡的脉动作用是与水中冲击波相伴的另一种爆炸现象，是由于爆炸气体具有很大的压力并开始首次膨胀；气泡扩大到一定程度后，其内部的压力与周围水压力相等，但由于水的惯性作用，气泡将继续扩大；当气泡内的压力小于外界流体运动静止压力时，气泡才停止膨胀而开始收缩；气泡收缩到内部压力达到一定程度后又开始膨胀。这样，由于水介质的惯性及水和气体的弹性作用，就形成了气泡的脉动。

气泡脉动过程中，气泡收缩到直径最小时，气泡内的压力达到最大，这时便产生压力波而在水中传播。该压力与冲击波产生的压力明显不同，它不具有剧烈的变化过程。气泡第一次脉动的最大压力约为冲击波峰值压力的 10％～20％，但压力的持续时间则大大超过冲击波。气泡继续脉动，每个后继脉动消散的总能量小于前一脉动过程，第一个脉动（气泡的膨胀与压缩）大约损失原储存能量的 59％以上，第二个脉动损失近 20％，第三个脉动则损失近 7％。根据这些变化量，可看出每个脉动所具有的能量。

岩塞爆破属于水下钻孔（或硐室）爆破工程，炸药的大部分能量用于破碎岩石（或淤泥扰动），但也有部分能量沿着岩—水界面向水中逸出，形成水中冲击波。由于爆炸边界条件不同于裸露药包在深水中的爆炸，在受到水下界面反射、水面切割等作用后呈现出较复杂的波形。与理想状态冲击波相比，岩塞爆炸水面将出现水羽现象，并伴有较大的波浪；岩塞爆破水中冲击波压力值也较小，一般约为理想冲击波压力值的 10％～15％；冲击前缘变缓，频率大大降低，作用时间稍有延长，且地震效应增强。如果水深过小，还将产生空气冲击波，出现很大的噪声。

除药包近区外，水中冲击波的传播速度一般小于地震波，岩塞爆破时水工建筑物（或设施）将首先受到由岩层传播的地震波的作用，然后是水中冲击波和低频涌浪的作用。由于水下结构部分的有效重量应扣除浮力部分，结构受到水中冲击波作用后稳定性较差，在水-空气界面处结构还受到较大的剪力作用，这在结构安全分析时应加以考虑。此外，基于地质结构原因以及水下钻孔爆破堵塞质量欠佳等原因，水中冲击波测试仍是一个不可忽视的问题，有必要开展相应的观测研究工作。

二、水中冲击波测试

（一）测试方法

岩塞爆破时，水中冲击波压力包括两个部分：一是爆炸应力波通过岩—水界面折射后进入水体的压力；二是爆炸气体膨胀产生的压力。这两种压力目前尚无理论进行定量计算，需要采用实际测试手段。

水中冲击波测试方法，一般是以爆破漏斗（或岩塞口）为中心，向外侧布置两条测线，一条沿岩—水界面布置，另一条布置在水体内（例如布置在水面下 5～10m 深度），以此测量岩塞体内逸出至水体中冲击波压力和水体中冲击波的衰减变化规律。

水中冲击波的基本参数有压力、正压持续时间、冲量和能量等，其中主要的是测量压力—时间的关系曲线。

（二）测试仪器设备

水中冲击波测试在国内已有近五十年的历史，期间随着科学技术的进步，测试的仪器设备也不断地改进，记录分析系统更为先进，测试结果也更加准确可靠。正常而言，水中冲击波测试包括传感器的选型及标定、信号放大系统以及采集记录分析系统等，见

图 8.3-1。

图 8.3-1 水中冲击波测试系统示意图

1. 水中压力传感器

由于冲击波压力大、作用时间短，要求测试传感器及采集系统具有较高的频率响应，一般多采用压电晶体为敏感元件，如天然碧玺（即电气石）、石英等；也有人造陶瓷压电材料，如钛酸钡、锆钛酸铅等材料。天然材料在稳定性方面较好，但价格较高；人造陶瓷材料的优点是价格低、灵敏度高，多用于触发监测或波速监测。水中压力传感器一般分为压杆式水中自由场传感器和膜片式壁压传感器，在脉动压力、涌浪压力等低频测试中，也有应变式传感器和压阻式传感器。

测试传感器要求，是在满足环境的同时，还应具有良好的动态特征（包括频响范围和幅值特征），这就要求对测量系统进行标定。如果仪器设备为厂家定型产品，厂家出厂前应对该产品进行动态检验和检定，并在说明书中将给出相应的参数。这样，用户可采用简易的静态方法来标定、验证传感器的幅值灵敏度及线性度；有条件时，可以进一步采用激波管或标准药球的方式开展动态检验工作，并根据动态标定结果对静态标定的灵敏度等参数进行修正，使测试结果更加可靠。

2. 信号放大系统

对于压电式压力传感器，一般配有高阻输入电压放大器或电荷放大器，具有阻抗转换和电荷放大功能。电压放大器的优点是性能稳定、上限频率可达到 MHz 级，且价格较低；不足之处是低频响应稍差，可通过提高输入阻抗减小输入电容的方式使工作频带向低端延伸，但该方式对输出电压灵敏度影响较大。

电荷放大器是一个输入阻抗极高、具有电容负反馈的高增益运算放大器，它将直接产生的电荷按正比例地转换成电压信号输出，通过改变反馈电容的大小即可调整电荷放大器的放大倍数，从而将灵敏度相对较低的电荷信号转变为敏感、易测的电压信号。该类放大器的优点是现场测试方便、分析简便，且对传感器连接电缆的电容可以忽略不计；其缺点是价格较高、易损坏。

除压电传感器外，现场采用应变式、压阻式等类型压力传感器时，可以采用动态应变仪进行配套测试。

美国 PCB 公司生产的 W138A 型水下压力传感器，是以电气石晶体为敏感元件、内部自带积分微电路的 IEPE 型传感器，传感器悬浮封装在一个绝缘的、充满油乙烯管内，具有输出低噪声、高谐振、高电压输出等特点。该传感器最大量程范围 6.9～34.5MPa，上升时间≤1.5μs，下限谐振频率＞1MHz，频率 2.5Hz，满足水中冲击波压力监测要求。国产的 Blast PRO 型爆破冲击波测试仪，最高采样频率为 4MHz，测量频率＞500kHz，具有自触发模式，可实现无人值守自动记录，能够与 W138A 型压力传感器配套使用。

3. 记录分析系统

早期，水中冲击波记录设备多为示波器或磁带机，测试时间短、可靠性差、分析烦琐。进入 20 世纪 80 年代后，随着计算机技术的发展和分析软件功能的提高，出现了动态信号采集分析系统，它能够将连续变化的动态模拟信号转变为数字信号存贮在计算机内，采样频率也大为提高。动态信号采集分析系统由计算机进行数据处理、分析及绘图，大大地提高了测试分析的工作效率。该系统已广泛用于包括水中冲击波在内的各种动态测试项目中。

现在，专业厂家已研制了一些自记式便携设备，在设定触发电平后，便携设备可自动触发并开始记录事件的变化过程，节省了电缆走线及保护等烦琐工作。

（三）测点布置及测值估算

按照测试目的不同，岩塞爆破期间的水中冲击波测点可分成两条测线布置。两条测线以岩塞口为中心向外侧布置，一条沿岩（泥）—水界面布置，另一条布置在水体内（一般在水面下 5～10m 深度）；测线的方位应尽量与岩塞爆破最小抵抗线方向一致，每条测线上的测点数量不少于 5 个，并且按照近密远疏的原则进行布置。岩（或泥）—水界面测线主要用于观察岩塞体内逸出至水体中的冲击波压力，另一条测线则是测试水体内的冲击波压力大小。

岩塞口地质条件具有不均匀性，施工中炮孔的堵塞质量和抵抗线大小也有不确定性，水中冲击波的产生十分复杂，因此，尚无法准确计算每个水下测点的冲击波压力，只能是定性估算。根据以往岩塞爆破及类似水下岩石钻孔爆破工程的观测结果（见表 8.3－1），

表 8.3－1　　　　　　　不同爆破方式的水中冲击波压力值

爆破方式	资料来源	冲击波压力经验公式或经验数据	同参数条件下水中理想药包压力百分比/%	备　注
水中裸露药包爆破	P·库尔（美国）	$P=533\times\left(\dfrac{Q^{1/3}}{R}\right)^{1.13}$	100	
	匹田强（日本）	$P=531\times\left(\dfrac{Q^{1/3}}{R}\right)^{1.13}$	100	
	黄埔港	$P=540\times\left(\dfrac{Q^{1/3}}{R}\right)^{1.13}$	101	
	丰满岩塞爆破	$P=530\times\left(\dfrac{Q^{1/3}}{R}\right)^{1.15}$	100	
水下钻孔爆破	黄埔港	$P=156\times(\dfrac{Q^{1/3}}{R})^{1.13}$	29	
	鸭河口引水渠	$P=70\times(\dfrac{Q^{1/3}}{R})^{1.33}$	13	
水下岩塞爆破	丰满岩塞爆破	$P=64.3\times\left(\dfrac{Q^{1/3}}{R}\right)^{1.10}$	12	抵抗线方向为 15%
	镜泊湖岩塞爆破	$P=68\times\left(\dfrac{Q^{1/3}}{R}\right)^{1.22}$	12	

续表

爆破方式	资料来源	冲击波压力经验公式 或经验数据	同参数条件下水中理想 药包压力百分比/%	备　注
水下岩塞 爆破	刘家峡排沙洞岩塞 爆破试验	$P=14.12\left(\dfrac{Q^{1/3}}{R}\right)^{1.36}$	3	
	刘家峡排沙洞岩塞 爆破原型	$P_{孔}=15.60\left(\dfrac{Q^{1/3}}{R}\right)^{1.38}$	3	

按照表 8.3-1 可大体计算出各种爆破工况下水中冲击波的测值，并选择一定的安全系数（1～3 倍）来选择确定传感器的量程。

在采样频率方面，则根据奈奎斯特定理，采样频率 f_s 与原信号最高频率 f_m 之间应满足：

$$f_s \geqslant 2f_m \tag{8.3-1}$$

但 f_s 也不宜过高，以免产生大量的离散数据，而频率混迭又占用大量内存，因此，测试前应首先预估 f_m，然后以 $f_s=（7-10）f_m$ 确定为采样率较好。试验证明，当 $f_s=5f_m$ 时，标准正弦脉冲采样仍有削峰现象，在测试中应加以注意。其次，信号幅值的电压值也不要超出 A/D 板 $\pm10V$ 或 $\pm5V$ 的限值；但也不宜过小，一般应为满量程的 50%～70% 为好，便于提高信噪比。

三、波形图分析

（一）波形图

岩塞爆破近区的水中冲击波测试波形图，与水中裸露药包爆炸的冲击波形基本类似（见图 8.3-2）。在进行波形分析时，注意以下几个方面。

（1）压力峰值（p_m），为波形的最大振幅。

（2）时间常数（θ），为冲击波压力峰值衰减到 $\dfrac{p_m}{e}$ 所需要的时间（其中，e 为自然常数，值约为 2.71828）。

（3）上升时间（t_0），为最初扰动到压力峰值的时间。

（4）持续时间（t），为从最初扰动到压力值衰减至 $\dfrac{p_m}{10}$ 所需要的时间。

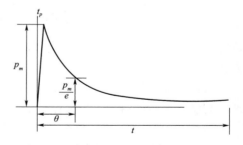

图 8.3-2　水中冲击波波形图

在实际观测中，冲击波持续时间（t）一般为时间常数（θ）的 5～6 倍。

分析国内外岩塞爆破实测资料，其水中冲击波一般由两部分组成，即炸药在岩石内爆炸产生应力波从岩-水界面折射到水中后产生的冲击波和高压爆炸气体逸出到水中产生的冲击波。在冲击波波形图中，前者首先到达，波的上升时间较缓，低频成分较丰富；而后者到达时间相对较晚，波的上升时间快而导致波形陡峭，高频成分较丰富。

（二）成果整理方法

水中冲击波测试的主要成果是压力的幅值大小，并判断其是否有超过规程规范或设计的允许标准；其次是压力的作用时间和主频，这主要是确定结果所受总荷载的能量，及结构所受冲量为波形积分值。

$$I = \int_0^t \Delta p(t) \, \mathrm{d}t \qquad\qquad (8.3-2)$$

对于较为单薄刚度小、自振频率较高的结构，容易被冲击压力破坏；而对于质量大、刚度大的结构，由于自振频率低，则主要考虑由冲量造成的结构失稳或破坏。

实测压力峰值 p_m 与药量（Q）、爆心距（R）之间的关系可以用经验公式

$$p_m = k(Q^{1/3}/R)^{\alpha} \qquad\qquad (8.3-3)$$

式中：p_m 为水中冲击波压力，MPa；Q 为单段药量，kg；R 为爆心距，m；K、α 为场地系数，可根据实测数据按最小二乘法求得。

通过对波形的上升时间、持续时间以及 K、α 值的分析，即可了解岩塞爆破中水中冲击波的压力特征，从而为水中冲击波的防护设计提供基本参数。

（三）水下岩塞爆破水中冲击波测试成果

综合以往岩塞爆破的观测资料，可以得出以下认识。

（1）岩塞爆破在水中产生的压力波可分为两个部分，一是药包爆炸后产生的激波通过岩—水界面折射入水中形成的激波，二是爆炸气体传入水中的压力。与理想水中爆破相比，岩塞爆破产生的水中冲击波压力要小，但持续时间较长。

（2）岩塞爆破的冲击波压力、冲量、能量在最小抵抗线方向最大，其他方向则较小。当测量方向与最小抵抗线夹角小于 45°时，各参数测值随角度变化不大；当夹角大于 45°时，各参数测值随夹角增大而明显减小。

（3）不同类型水下爆破的冲击波观测结果显示，水下药室爆破产生的冲击波效应最小，水下钻孔爆破和水底岩面裸露药包产生冲击波效应次之，而以水中药包产生的冲击波效应最大。因此，在水下建筑物附近进行爆破作业时应根据上述特点选择适合的爆破方式。

（4）合理设计药包位置和起爆顺序，保证堵塞质量，采用气泡帷幕或在结构物表面敷设缓冲材料等辅助措施，均可以降低水中冲击波效应的影响。

第四节　爆破作用下岩体和混凝土的应力波与应变

一、岩体内封闭爆炸过程和应力状态

炸药在岩体内被雷管引爆后，爆轰波在炸药中传播，波阵面上的压力、质点振动速度及爆炸产物的密度和温度等参数量值很高。当爆轰波接近药包表面时，炸药几乎全部转变为气态的高温高压产物；作用在岩体介质后，使药包周围介质产生剧烈的压缩变形，形成空腔并继续向外扩张。

冲击波在介质内向外传播时，随着距离的增大，波的传播速度逐渐减小；当波速降至为声速时，冲击波则转变为应力波。

爆破冲击荷载作用于岩体上，使岩体产生应力和应变，这种应力应变也以一定的速度（如声速）进行传播。即岩体内的应力状态不仅与爆源的距离有关，在不同时刻也是变化的。与静载作用相比，爆炸冲击荷载作用下的应力—应变关系有很大不同，其关系曲线中的动弹性模量是变化的，不是一个定值。因此在实际观测工作中，需分别对应力应变进行测定。

当药包在水下岩体内爆破时，应力波的传播特点与陆地爆破基本相同，差异之处仅是应力波到达岩—水界面时除发生反射外，还发生折射作用，即部分应力波将透过该界面而进入水中，造成能量损失。基于上述原因，在相同爆破条件下，水下岩塞爆破所形成的爆破漏斗半径要小于陆地爆破。

水下岩塞爆破期间开展岩体或混凝土的应力应变观测，对研究岩石爆炸力学、结构设计、水工建筑物防护、岩塞爆破漏斗的形成以及岩塞口附近岩体稳定情况都有重要意义。

二、动应变测试

（一）测试方法及基本要求

岩体或混凝土的应力应变测试技术比较复杂。由于爆炸冲击波为瞬态荷载，几乎在瞬间就上升到峰值，然后又迅速下降，其作用时间一般用微秒或毫秒单位来计量。这要求测试设备频响特征较高，工作频率一般要大于 50000Hz；同时，要求传感器与被测对象的声阻抗应当匹配，以便减少测试误差。

实际测试过程中，应变元件常常是埋入岩石（或混凝土）内，安装时应控制传感器的方位和指向，并保证回填材料的声阻参数指标接近被测对象。

（二）动应变测试

动应变测试对象可以是岩体、混凝土和金属结构等，通过在其内部或表面布置应变元件（或传感器），能够考察水下岩塞爆破对诸如大坝、隧洞、闸墩、钢闸门等水工建（构）筑物的破坏情况。

岩体动应变测试元件，可以是在岩芯上贴电阻片的岩石探头、在圆柱形环氧砂浆上贴电阻片的环氧砂浆探头、应变钢环，也可以是直接贴于岩壁表面的应变片。探头应通过钻孔埋入岩体内，并采用高强度的胶泥材料进行回填。胶泥材料的配方如下：

$$水泥：混合金刚砂：水 = 1：2：0.25$$

上述应变探头中以岩石探头较为理想，只要薄层胶泥的弹模再提高一些，并严格控制回填工艺，所测得的应变值将更接近真实值。当采用岩壁上贴片进行测量时，在阻抗匹配上问题不大，但应保证测点附近的岩石平整光滑，实测前还应注意表面清洗、贴片黏结质量及防潮绝缘处理等工艺，才能保证测量效果。

混凝土中应变探头，一般采用长条形（如 $100\text{mm}\times20\text{mm}\times20\text{mm}$）锯齿状的环氧砂浆预埋件，埋件内黏有应变片，应变片的电阻为 120Ω。

动应变测量时应考虑系统的采样频率。在岩塞爆破近区属于冲击应变，需要较高的采样频率，如北京波谱世纪科技发展有限公司的 WS-3811/U 系列数字式应变仪，四川拓普测控科技有限公司的 NUXI-1004/1012 或 iSG-402/404 系列应变采集仪，其采样频率均可达到50kHz，最高可达 1.0MHz。在中远区位置测试时，采用常规的应变测试设备即可，如 WS-3811N 系列和 YD-28A 型动态应变仪，完全能够满足数千赫兹以下的测试环境。

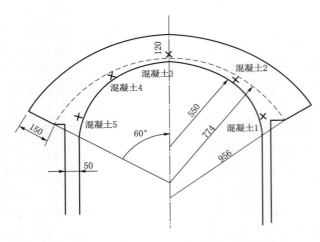

图 8.4-1　混凝土动应变测量测点布置（尺寸单位：cm）

在混凝土内布置应变测点，可按照建筑物结构特点和工程防护具体要求进行。图 8.4-1 是在混凝土拱结构的动应变测点布置。

在测试前估算动应变大小，选择与之相近的应变测量元件以减小测试误差。测试后根据记录波形图进行应变和频率计算。

（三）应变应力计算

在弹性变形区，岩石应变状态可按弹性理论求算应力。

（1）单向压缩应力按下式计算：

$$\sigma_x = E\varepsilon_x \qquad (8.4-1)$$

式中：E 为弹性模量；ε_x 为 x 向应变；σ_x 为 x 向应力。

（2）平面应力按下式计算：

$$\sigma_x = \frac{E}{1-\mu^2}(\varepsilon_x + \mu\varepsilon_y)$$

$$\sigma_y = \frac{E}{1-\mu^2}(\varepsilon_y + \mu\varepsilon_x) \qquad (8.4-2)$$

式中：ε_y 为 y 向应变；μ 为泊松比；E、ε_x、σ_x 意义同上。

（3）三向应力计算：

$$\sigma_x = \frac{E}{1-\mu^2}(\varepsilon_x + \mu\varepsilon_y)$$

$$\sigma_y = \frac{E}{1-\mu^2}(\varepsilon_y + \mu\varepsilon_x)$$

$$\tau = \frac{E}{2(1+\mu)}(\varepsilon_x + \varepsilon_y - 2\varepsilon_{45°}) \qquad (8.4-3)$$

式中：τ 为剪切应力；$\varepsilon_{45°}$ 为 45°应变；E、ε_x、σ_x、ε_y、μ 意义同上。

（四）应变观测成果

在丰满水下岩塞爆破中，实测泄水洞混凝土衬砌拱结构动应变如表 8.4-1 所示。

表 8.4-1　　　　　　　　　　　丰满水下岩塞爆破实测顶拱动应变

测点编号	测点位置	测点方向	应变值/με			理论计算应变值/με	峰值上升时间/ms	正向持续时间/ms	主振相持续时间/ms	备　注
			压应变	拉应变	残余应变					
混凝土1	Ⅰ断面左拱脚	环向	−276	+156	−17	−204	9	50	80	Ⅰ断面距爆心
混凝土2	Ⅰ断面左拱肩	环向	−467		−259		5	50	80	17m，Ⅱ断面距爆心
混凝土3	Ⅰ断面顶拱	环向	−465	+87	−102	−426	5		100	19.8m
混凝土4	Ⅰ断面右拱肩	环向	−502		−104		5	34	100	
混凝土5	Ⅰ断面右拱脚	环向	−155	+52	−86.5		11	47	100	
混凝土6	Ⅱ断面左拱脚	环向	−208	+69		−188	10	31	90	
混凝土9	Ⅱ断面右拱肩	环向	−467	+65	−81		5	33	100	
混凝土10	Ⅱ断面右拱脚	环向	−127		−157		5	32	100	

　　丰满水下岩塞爆破共分为3响，第一响药量为208.6kg，第二响药量为1979kg，第三响药量为1888kg。记录到波形图（见图8.4-2）。

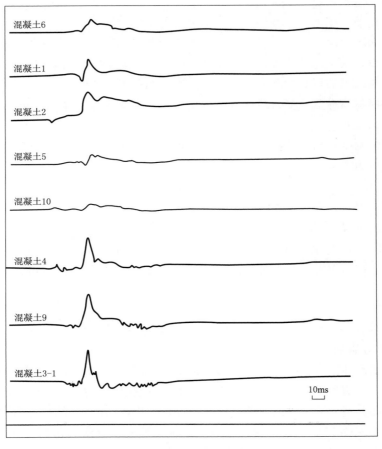

图 8.4-2　顶拱实测波形

从应变波形图和表 8.4-1 中可以看出动应变有如下特征：

（1）各测点应变峰值上升时间较快，一般为 5ms 左右，且呈指数衰减，正相持续时间 25～50ms，波形符合爆炸近区特点。

（2）各测点应变波形主振相持续时间 80～100ms，0.2s 后所有波形呈平直状态，多数有受压残余应变，说明拱结构距前缘 3.6m 以后未出现破坏迹象。

（3）比较 Ⅰ、Ⅱ 断面各对应点观测值，Ⅰ 断面均大于 Ⅱ 断面，由于混凝土厚度不同（拱脚 2.5m，拱顶 1.2m）应变值亦各异，Ⅰ 断面拱肩较大，拱顶次之，拱脚最小。

（4）拱脚应变值左侧大于右侧，与按理论分析顶拱承受均布荷载的假设不同，这是因受地质条件影响，击波不是均匀衰减，因而作用两侧的荷载也不同。

（5）从理论计算的应变值与实测应变值相接近，说明测量系统满足要求。

三、动应力测试

（一）测试方法及要求

按照测量方式的不同，传统的动应力测试有两种方法。一种是把岩体应力计直接埋设在岩体介质中进行测量，称之为直接测试法；另一种方法是从地表向岩体内钻入若干个相互平行、间隔一定距离的竖直钻孔，孔内充满水，将应力计放入孔内观测爆破瞬间动水压力，通过各测点动水压力值计算动应力，称之为间接法。

不论采取哪种方法，爆破现场土岩介质的应力测量都是一个综合性问题，除了要保证传感器和采集设备的可靠性能以外，测试期间的点位放样、安装材料及工艺以及防护措施等都将影响测量结果的可靠性和准确性。尤其在采用应力计直接测试时，必须保证传感器及回填材料的声阻指标与被测介质一致，采用低噪声电缆连接并做好保护工作，以便减少信号失真和测量误差。

采用间接法测试，当击波波长大于钻孔直径时，实测的水压力可通过式（8.4-4）计算出岩体内的应力：

$$\sigma_1 = \frac{\rho_1 C_1^2}{\rho_2 C_2^2} \frac{1-2\mu}{1-\mu} p \tag{8.4-4}$$

式中：σ_1 为岩体应力，MPa；ρ_1 为岩体密度，kg/m³；C_1 为岩石介质声速，m/s；p 为实测水压力，MPa；ρ_2 为水密度，kg/m³；C_2 为水介质声速，m/s；μ 为岩石泊松比系数。

当钻孔方向指向爆心，或者击波波长小于钻孔直径时，岩体应力可近似用下式表达：

$$\sigma_2 = \frac{\rho_1 C_1 + \rho_2 C_2}{2\rho_2 C_2} p \tag{8.4-5}$$

式中：σ_2 为岩体应力，MPa；ρ_1、ρ_2、C_1、C_2、p、μ 意义同上。

（二）动应力测试

动应力测试硬件部分包括传感器和采集系统。传感器为应力计，其类型有应变式、压电式和压阻式等；信号采集系统随着计算机技术的发展迅速提高，设备性能完善，价格更加经济实惠，部分型号甚至可以与测量应变的设备共用，如北京波谱世纪科技发展有限公司的 WS-3811/U 系列数字式应变仪，四川拓普测控科技有限公司的 NUXI-1004/1012 采集仪均可用于动应力测量。

动应力的测点布置，大多数布置在距离爆心1～10倍抵抗线长度范围内，并且沿直线布置，这样可以更好地保证测值的实用性和准确性。在选择仪器设备的量程时，需结合类似工程实例或经验初步估算实测岩体动应力的大小。

（三）数据整理分析

爆破作用下岩体中应力测试分析，可参考如下经验公式进行整理：

$$\sigma = k\left(\frac{Q^{\frac{1}{3}}}{R}\right)^{\alpha} \tag{8.4-6}$$

式中：σ 为岩体应力，MPa；Q 为药量，kg；R 为爆心距，m；k、σ 为场地环境系数。

将多个测点的岩体应力测试结果进行拟合分析，可求出式（8.4-6）中的系数 k、σ 值；再将其代入公式后即可得到该次爆破岩体应力衰减规律。

在丰满岩塞爆破期间，结合式（8.4-6）拟合整理岩体应力测试结果后，得到以下衰减规律：

变质砾岩：
$$\sigma = 24.8\left(\frac{Q^{\frac{1}{3}}}{R}\right)^{2} \tag{8.4-7}$$

闪长斑岩，含水率大：
$$\sigma = 18.5\left(\frac{Q^{\frac{1}{3}}}{R}\right)^{1.17} \tag{8.4-8}$$

式中 σ、Q、R 意义同前。

对于特殊重要的工程，在正式爆破前可开展小药量模拟试验，按上述数据整理方式找出爆破过程中应力状态与药量、距离的对应关系，为估算正式爆破的岩体应力提供依据。

另外，对于地下洞室工程，其边缘部位应考虑动应力集中系数。根据已发表的文献资料，动应力集中系数可取3～4倍。

在没有实测岩石应力资料而有动应变数据时，可根据广义胡克定律，通过动应变测试资料来简单计算岩体动应力：

$$\sigma_{动} = E_{动} \cdot \varepsilon_{动} \tag{8.4-9}$$

式中：$\sigma_{动}$ 为动态应力，MPa；$\varepsilon_{动}$ 为动态应变，$\mu\varepsilon$；$E_{动}$ 为动态弹性模量，MPa。

式（8.4-9）中的 $E_{动}$ 值是变化的。但对测值准确性要求不高时，可以粗略地取静态弹性模量的1.3倍作为 $E_{动}$，而材料的静态弹性模量可通过物理特性表或试验资料来获得。

（四）应力观测成果

综合以往国内水下岩塞爆破的岩石动应力观测资料可以获得以下几方面的认识：

（1）从水下岩塞爆破漏斗区及附近岩石与水交界处实测到的若干波形数据，可初步认为岩石爆破破坏机理是由冲击波和气体膨胀共同作用的结果。

（2）岩塞爆破时，岩体应力状态可借经验公式进行估算，判断爆破冲击作用下的岩石破坏情况。

（3）从爆破近区观测到的波形，可以看到冲击特性非常明显、正相持续时间为3～5ms；随着距离的增加，波形由冲击型变为非冲击型。这说明冲击波在坚硬岩石中传播时只限于一个不大的区域。

（4）工程实践资料显示，水-岩石界面上的应力波传播现象，采用声学理论来说明，可得到近似结果。当水下岩体爆破所取爆破参数与陆地爆破相同时，其爆破漏斗半径要比陆地爆破要小。考虑到水的覆盖影响，较陆地爆破增加 25％～30％药量以取得与陆地爆破相同半径爆破漏斗。

第五节　空 气 冲 击 波

一、空气冲击波的特点及成因

岩塞爆破时，附近的空气受到爆炸冲击并发生扰动，并使其状态（压力、密度、温度等）发生突跃变化，这种扰动在空气中传播（且速度大于扰动介质的声速时）就称为空气冲击波。在爆炸中心附近，空气压力会随时间发生迅速而悬殊的变化。开始时，压力突然升高，产生一个很大的正压力，接着又迅速衰减，在很短时间内正压降至负压。如此反复循环数次，压力渐次衰减下去。开始时产生的最大正压力即是冲击波波阵面上的超压 Δp。多数情况下，冲击波的伤害、破坏作用是由超压引起的，Δp 可以达到数个甚至数十个大气压。

分析岩塞爆破时产生空气冲击波的原因，大体有以下几个方面：

（1）炸药爆炸后生成了大量高压气态产物并以超音速逸出，直接作用于外界空气后将产生很强的冲击效应。

（2）岩体内炸药爆炸后的应力波从岩石表面折射到空气中形成，由于岩石和空气密度差异大，二者的声阻比值很大，导致折射到空气中的应力波比例很小。

（3）岩塞爆通后，高速水流（流速达到 30m/s 时）下泄到隧洞后压缩空气并产生空气冲击波，受到水流速度限制，这种空气冲击波的强度也不大。

以上说明，岩塞爆破后产生的空气冲击波主要以第（1）种为主，本节将重点讨论，而后两种情况则较少。

与振动及飞石危害相比，岩塞爆破后产生的空气冲击波和气浪对隧洞混凝土和结构设施的破坏作用相对较小；但在特殊地质条件、设计偏差或药包封堵不严密时，爆炸气体将沿薄弱面逸出，并形成强烈的冲击波；同时，由于相对封闭的隧洞环境下冲击波衰减较慢，就有可能造成隧洞混凝土或结构设施的损坏。因此，在岩塞爆破设计中应考虑空气冲击波对隧洞及邻近闸门的影响，必要时应对空气冲击波和气浪进行观测。

二、空气冲击波计算

（一）药包在大气中爆炸

对于球形 TNT（密度为 $1.6 \times 10^3 \text{kg/m}^3$）药包，在空气中爆炸时的冲击波超压计算公式如下：

$$\Delta p = \frac{0.84}{\bar{r}} + \frac{2.7}{\bar{r}} + \frac{7}{\bar{r}} \text{（适用于 } 1 \leqslant \bar{r} \leqslant 10 \sim 15\text{）} \qquad (8.5-1)$$

式中：Δp 为空气冲击波超压，10^5Pa；$\bar{r}$ 为比例距离，$\bar{r} = \dfrac{R}{Q^{1/3}}$；$Q$ 为齐发药量，kg；R

为爆心距，m。

若使用其他炸药或密度不同时，可根据能量相似原理，将其换算成标准 TNT 当量后进行计算，公式为

$$Q_当 = Q_i \frac{W_i}{W_T} \tag{8.5-2}$$

式中：$Q_当$ 为折算成 TNT 的炸药质量，kg；Q_i 为其他类型炸药的质量，kg；W_i 为非 TNT 炸药的爆热，kJ/kg；W_T 为 TNT 炸药的爆热，kJ/kg。

（二）隧洞内裸露药包爆炸

隧洞内裸露药包爆炸时，空气冲击波超压可按式（8.5-3）进行计算：

$$\Delta p = \left(12.1 \times \frac{\varepsilon}{R} + 6.5 \times \sqrt{\frac{\varepsilon}{R}} \right) e^{-\alpha \frac{R}{d}} \tag{8.5-3}$$

式中：Δp 为空气冲击波超压，10^5 Pa；R 为爆心距，m；ε 为平面波的能流密度，kJ/m²；α 为巷道粗糙系数（$\alpha = 0.045 \sim 0.063$）。

隧洞内爆炸时的能流密度（当一端封堵时）：

$$\varepsilon = \frac{Q_T W_T}{S} \tag{8.5-4}$$

式中：ε 为平面波的能流密度，kJ/m²；Q_T 为 TNT 当量炸药用量，kg；W_T 为 TNT 炸药的爆热，kJ/kg；S 为隧洞断面面积，m²。

按照《爆破安全规程》（GB 6722—2014）规定，在平坦地形条件下爆破时，空气冲击波超压可按下式计算：

$$\Delta p = 14 \frac{Q_T}{R^3} + 4.3 \frac{Q_T^{\frac{2}{3}}}{R^2} + 1.1 \frac{Q_T^{\frac{1}{3}}}{R} \tag{8.5-5}$$

（三）洞内深孔爆破

隧洞内深孔药包爆炸时，空气冲击波超压可按式（8.5-6）进行计算：

$$\Delta p = \left(1.21 \times \frac{\eta \varepsilon}{R} + 0.65 \times \sqrt{\frac{\eta \varepsilon}{R}} \right) e^{-\alpha \frac{R}{d}} \tag{8.5-6}$$

式中：η 为能量转移系数，为空气冲击波能量与药包总能量之比，$\eta = 0.012 \sim 0.014$）；Δp、R、ε、α 意义同前。

（四）空气冲击波正压作用时间计算

TNT 球形药包在空中爆炸时，其正压作用时间（$t_正$）为

$$t_正 = 1.5 \times 10^{-3} R^{\frac{1}{2}} Q_T^{\frac{1}{6}} \tag{8.5-7}$$

TNT 球形药包在巷道内爆破，空气冲击波正压作用时间（t_B）为

$$t_B = t_正 \times \sqrt[6]{\frac{2\pi}{S}} \sqrt[3]{R} = 1.5 \times 10^{-3} \times \sqrt[6]{\frac{2\pi Q_T R^5}{S}} \tag{8.5-8}$$

（五）空气冲击波速度与峰值压力关系

入射空气冲击波压力与速度有如下对应关系：

$$\Delta p_m = \frac{1}{6} \left(\frac{7D^2}{c_0^2} - 1 \right) P_0 \tag{8.5-9}$$

式中：Δp_{m} 为入射空气冲击波的峰值压力，$10^{5} Pa$；P_{0} 为介质未受扰动时的压力，$10^{5} Pa$；c_{0} 为介质未受扰动时的声速，m/s；D 为冲击波速度，m/s。

这样，当试验中测定了冲击波速度 D，就可以计算出空气冲击波的峰值压力。

三、空气冲击波测试

（一）空气冲击波速度测量

空气冲击波速度测量，一般是测定与爆心不同距离处各点冲击波到达的时间，然后绘制冲击波走时曲线（见图 8.5-1）。

不同距离（R）处的冲击波速度（D）可根据走时曲线的斜率确定，即：

$$D(R) = C \cdot tg\alpha \qquad (8.5-10)$$

测试冲击波走时曲线的信号采集设备，其时间精度应满足试验要求。

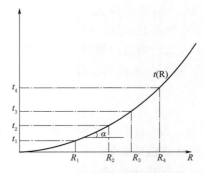

图 8.5-1　空气冲击波走时曲线

（二）空气冲击波压力测量

冲击波压力测量系统由压力传感器及信号采集系统组成，信号距离传输较远时，可以采用在传感器内部安装放大电路组成压力变送器进行测试。

空气冲击波压力测试传感器常见的类型有应变式和压电式两种，前者如成都泰斯特 CY4001 压力变送器，后端连接 TST 系列动态数据采集仪器（配套 DAP 应用软件），其最高采样频率可达 200kHz，信号接线长度可达数百米，基本满足工程测试需要。其他测试仪器设备还有四川拓普测控的 NUBOX-90/91 系列爆破冲击波及噪声监测仪，适用于 ICP、桥压、电荷调理、应变调理等多种型式传感器；成都泰测科技的 TP-系列和 P-系列传感器连接到 Blast-PRO 型测试仪，也可以对空气冲击波进行测试。

四、空气冲击波压力测试成果

从多个岩塞爆破工程中，在泄水隧洞沿线布置了空气冲击波测点，总结出以下成果。

在洞径为 9.2～10m 的泄水隧洞内，裸露药包爆炸后空气冲击波的衰减规律为

$$P_{0} = 10.5 \times \left(\frac{\sqrt[3]{Q}}{R}\right)^{0.74} \qquad (8.5-11)$$

式中：P_{0} 为空气冲击波压力，$10^{5} Pa$；Q 为一次爆破梯恩梯炸药当量，kg；R 为爆心距，m。

当岩塞地质条件较好、药包封堵效果明显时，爆破产生的空气冲击波压力明显较小。事实上，爆破后检查也发现空气冲击波压力未对隧洞混凝土及闸门等设施造成破坏影响。

此外，在隧洞内安装了柔性防护帷幕，其前后的实测结果显示，防护帷幕可降低空气冲击波压力约 50%，效果明显。

与泄水隧洞呈直角连接的闸门井内，其空气冲击波压力测值仅为同距离泄水隧洞内测点的 1/3 左右。这说明直角分岔的隧洞内对空气冲击波有降低作用。

在几次爆破中，都没有获得岩塞爆通后，下泄水流压缩空气而产生的空气冲击波，这可能是爆破后水流逐渐充满了泄水隧洞，而没有发生全水头沿泄水洞推进的现象。

第六节　岩塞口水面鼓包运动

一、观测方法和设备

通过高速摄影观测、分析研究岩塞爆破水面鼓包运动过程，并与陆地上的鼓包运动进行比较，以此进一步分析岩塞爆破机理。

为适应水面鼓包运动的快速特点，水面鼓包运动观测应采用高速摄影设备。国内早期采用的高速摄影设备一般能拍照 300 帧/s。随着摄影技术的发展，高速摄影机拍照速度可达 10000 帧/s 以上，照片清晰度能达到千万像素级。从水面鼓包运动观测工作的经济适用性出发，拍照速度 1000 帧/s 左右、清晰度达到几百万像素的高速摄像机即可满足测试需要。类似的设备有瑞士 AOS Technologies 公司生产的 S－Prlplus 和德国 Optronis 公司生产的 CamRecord 等系列工业相机等。

拍照地点与岩塞口上方水面的距离应保持适中，距离过近不利于人员和设备的安全，距离过远又影响照片的清晰度，其合适距离大概在 300～600m 之间。拍摄期间，还应选取最佳的摄像角度，并注意确定起爆时刻的日光、降雨等气象信息。如果选择多角度拍摄，还可以设置起爆时间参考点，比如在水面上布置少量导爆索，并将它与起爆雷管同时起爆。这样就可以在高速摄影机上形成时间同步点。

为了便于资料分析，每次摄影前应记录以下内容：

（1）摄影设备的型号、编号。

（2）拍摄时间、地点及其到岩塞口上方水面的大致距离。

（3）高速摄影设备的倾角及拍摄速度。

（4）拍摄对象附近的参照物名称、位置及其高度数据。

（5）爆破工作面的照明度及天气情况等。

二、现场 1∶2 模型试验

刘家峡 1∶2 岩塞爆破试验于 2008 年 4 月 25 日 11 时 26 分起爆，爆破时岩塞口处库面水位 1731.20m。

为了将这次爆破试验的图像资料全面的记录，采用四台索尼高清数码摄像机从龙汇山庄财苑楼顶、洞轴线右上方龙汇山庄的亭子、河对岸山洞以不同角度同时对爆破前后的水面及竖井口进行连续拍摄，拍摄速度为每秒 25 张，并且采用 Norpix Streampix 3.31.0 型高速摄影机进行高速摄像（拍摄速度为每秒 202 张），观测水下岩塞爆破时的水面鼓包运动过程，此处位于洞轴线左侧，与岩塞口连线大致垂直于洞轴线，垂直于水的鼓包方向，其视线基本平行于水面。此外，在地面上距离竖井口约 50m 处安置了一个摄像头拍摄竖井出口的井喷现象，在竖井底部正对平洞的位置安置了一个摄像头以及配套射灯，拍摄爆破时洞内的飞石及进水情况，拍摄速度均为每秒 25 张。

为了能够直观地看出水面鼓包运动的高度，在岩塞口上方的岩石上设立标尺，零点为爆破时水面高度，每米处标有红色刻度，标尺高度 11.70m。鼓包的高度以所立标尺为参照点，用相似三角形方法推算。

爆破的振动引起仪器的晃动，导致影像的抖动。由于各相机所在位置不同及距爆心距离不等，振动时间以及持续时长均有所不同，高速摄影机在起爆后 134ms 时开始抖动，至 827ms 时停止；架设在龙汇山庄财苑楼顶的摄像机在起爆后 120～160ms 时镜头开始抖动，渐缓，至 3.64s 时停止；架设在洞轴线右上方龙汇山庄亭子内的摄像机在起爆后 160ms 时镜头开始抖动，至 640ms 时停止；架设在河对岸山洞口的摄像机在起爆后 200ms 时镜头开始抖动，至 1.04s 时停止。

高速摄影资料显示，起爆后，水面起爆雷管与导爆索爆炸的火球急剧扩大，而后大量的浓烟挟带着飞溅的水花垂直向上喷射而出，水面立即开始升腾，产生水塚，即开始水面鼓包运动，以垂直水面向上方向为主，且上升高度急剧增大，同时，水面上一片白色波纹迅速沿径向扩散，至崖壁边时停止扩散，渐渐消失。6ms 时水塚高度为 5.24m；88ms 时水塚高度达到 5.36m 时开始破裂，射出黑白烟雾的混合体，其中黑色烟雾升腾高度为 5.74m，白色烟雾升腾高度为 5.36m（图 8.6－1）；134ms 时水面上的浮标等固体物质随溅起的水花被抛掷升空；200ms 时黑色烟雾升腾高度为 10.10m，此时白色烟雾升腾高度为 9.22m。611ms 时黑白烟雾又混在一起，升腾高度为 20.43m，此时升腾高度已超出拍摄范围（图 8.6－2）。1.530s 时洞轴线上方靠近岩壁处水面开始泛白色水花（估计水中岩壁有石块脱落入水），继而上方岩壁处出现白色烟雾向上升腾。1.634s 时鼓包烟柱到达最高处，开始飞散、回落。3.286s 时水面已出现直径为 15.6m 的漩涡。7.499s 时水面开始趋于平静，至 15.658s 时水面上空烟雾基本散去，爆心垂直上方的水面泛白，并渐渐向水平径向扩散，兼具向上运动的趋势，开始出现二次鼓包现象。17.912s 时二次鼓包达到最高处，高度为 1.29m，直径为 9.3m，23.667s 时鼓包直径 27.1m，25.111s 时鼓包直径 32m，此时鼓包已扩散到镜头边界，且继续扩散。爆破过程中未见有石块飞出。

图 8.6－1 鼓包开始破裂

图 8.6－2 鼓包完全破裂

通过摄像机观测到，在爆后 3min17s 左右，爆心的前方河道中心处开始出现大面积的白色水花，水花以爆心为中心，呈弧形向四周扩散，随后，水花不断扩散消失又不断出现，持续了几分钟。

通过观测到的鼓包运动和水面运动现象分析，爆后 6min 在河道中心逸出的气体应该是岩塞药室中的爆炸气体，若是淤泥中炸药爆炸产生的气体，由于淤泥是连续线装药，爆炸气体逸出应该是在整个水面上，不应该呈一定的弧形，从气体逸出距淤泥装药位置较远，应该是深部集中药包爆炸产生的气体。从高速摄影所获得的照片分析，在爆破过程中水面有漩涡存在，只是不明显且历时短。由此初步推断，1∶2 岩塞已爆通，由于大量的淤泥和爆后石渣一起下泄，且淤泥厚、黏粒含量高（黏粒含量超过 16％），与石渣一起形成了堵塞。

三、原型岩塞爆破

通过岩塞爆破试验鼓包运动的观测，来分析爆破效果，检验爆破设计，进一步了解具有高水头、厚淤泥沙层岩塞爆破的特点和它的机理过程分析。

水面鼓包运动观测采用 3 台高清数码摄像机和 1 台高速摄像（拍摄速度为 240 帧/s）进行观测。数码摄像机分别布置在工程现场的黄河对岸、洮河口岸和邻岸一侧的凉亭处，高速摄影设备布置在凉亭处。

高清数码摄像机主要从不同角度记录爆破过程中的影像资料（包括岩塞爆破中的水面现象、出渣竖井出口及全貌），高速摄影设备记录爆破中水面的运动过程，为评价爆破效果提供依据。

为了能够准确观测水面鼓包的高度，在岸边岩石上设立红色标记，标记的间隔为 2.0m，然后用相似三角形方法推算鼓包的高度。

高速摄影资料显示，淤泥孔起爆时（此刻记为 0ms），岩塞口中心上方水面处一束弧光闪现并快速向四周扩散（图 8.6-3）；至 300ms 时，岩塞口上方水面出现比较明显的水羽（图 8.6-4），水羽四周也有其他小水花出现；随后，水羽中部水花继续快速上涌并形成水柱（图 8.6-5），架设在黄河对岸的高清摄影记录到的水柱最高点与闸门井底部（高程约 1744m）接近，由此推测岩塞上方的水柱最大高度接近 20m（图 8.6-6）。

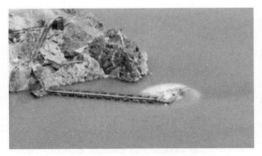

图 8.6-3　淤泥孔起爆瞬间照片　　　　　　图 8.6-4　水面鼓包运动水羽照片
（4ms 时刻）　　　　　　　　　　　　（300ms 时刻）

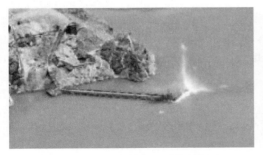

图 8.6-5　水面鼓包运动水柱照片　　　　　图 8.6-6　水面鼓包运动水柱最高照片
（1250ms 时刻）　　　　　　　　　　　（1720ms 时刻）

如果将水羽视为第一次水面鼓包运动，则由于表面水花过多，很难分辨鼓包和水花之间的分界面；当水柱升至最高点开始下落（1720ms 时刻）后，第一次水面鼓包也开始下降，并向四周扩散。在起爆后3.08s时，第一次水面鼓包不再下沉，随即第二次鼓包隆起；至3.84s，黑色淤泥物质在鼓包内出现（图8.6－7），并在4.88s时升至最高（图8.6－8）。第二次鼓包的最大高度约4m，其直径范围约12m。起爆后6.36s时，第二次鼓包不再下沉，但产生的涌浪继续向四周扩散（图8.6－9），扩散的边界基本接近最近处的水库岸边。接下来，水面鼓包又出现1～2次翻涌，但高度不超过0.5m，以向四周扩散为主；大约在15s以后，鼓包变化趋于稳定；至27s时，在近岸方向的水面上出现游离状漩涡，但漩涡规模不大，直径大约为3.5m（图8.6－10）；至65s时，水面基本恢复平静，水面上的淤泥向四周扩散速度也变得缓慢。

图 8.6－7 水面二次鼓包淤泥出现
（3.84s 时刻）

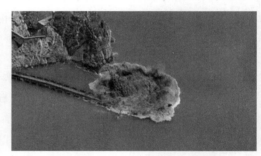

图 8.6－8 水面二次鼓包最大高度
（4.88s 时刻）

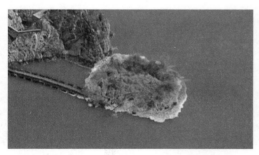

图 8.6－9 水面二次鼓包不再下沉
（6.36s 时刻）

图 8.6－10 水面鼓包趋于稳定后出现游
离状漩涡（27s 时刻）

上述现象与1:2模型试验相比，水面鼓包运动现象二者大致相同；但本次原型爆破未有较浓黑色爆烟出现，原型爆破中在27s时刻出现游离状漩涡，且水面上的淤泥向四周扩散范围相对较小。这主要应与原型岩塞迅速爆通，淤泥或库水快速下泻，并携带岩塞口处的爆破扰动淤泥一起从排砂洞流出。

第七节 静 态 观 测

在岩塞爆破前，排沙洞形成时，对排沙洞不同断面的岩体、混凝土及钢筋等做静态观测，掌握其静态的变化规律，与岩塞爆破后的观测结果进行对比，因此为有效监测排沙洞在爆破前后的基本状况及受力效应的变化规律，及时发现异常现象并分析处理，为安全运行提供必要的依据。

一、设计依据

刘家峡岩塞进口段属于采用新技术的洞段，同时又为高压、高流速隧洞和直径跨度不小于10m的隧洞，依据中华人民共和国电力行业标准《水工隧洞设计规范》（DL/T 5195—2004）规定，下列水工隧洞或洞段，应设置安全监测：

（1）建筑物级别为Ⅰ级的隧洞。

（2）采用新技术的洞段。

（3）通过不良工程地质和水文地质的洞段。

（4）隧洞线路通过的地表处有重要建筑物，特别是高层建筑物的洞段。

（5）高压、高流速隧洞。

（6）直径跨度不小于10m的隧洞。

故此，刘家峡排沙洞工程静态监测项目有：洞内监测，包括围岩变形、围岩压力、外水压力、渗透压力、温度变化、支护结构的应力和应变等。洞外监测，包括进口建筑物、地表及边坡的变化情况，如沉陷、位移、震动、地下水位及渗漏情况等。

二、监测设计原则

在进行监测设计时，尽可能多考虑刘家峡排沙洞岩塞爆破本身需解决的问题，监测重点应放在岩塞爆破对排沙洞安全的影响这方面，其他方面可借鉴于其他工程经验，不需要再广泛布置监测点，只在关键部位布置监测点，这样可不做重复工作，达到节省工程投资目的。

参照国内外安全监测技术发展特点，本工程安全监测设计遵循以下原则：

（1）监测项目的选择根据工程的级别、围岩地质条件，按照突出重点、兼顾全局的原则，力求达到少而精，合理布置。

（2）监测仪器的布设以安全监控为主，同时兼顾指导施工、验证设计。

（3）断面选在地质条件差，结构受力复杂和比较薄弱的部位。

（4）施工期监测与运行期监测密切结合，以便得到连续、完整的记录。

（5）仪器的选型应做到可靠、耐久、实用、满足精度要求，并易于实现自动监测。

（6）监测设备的安装满足设计要求。

（7）仪器设备的监测与目视观察、巡视检查相结合。

三、监测项目的设置

监测项目的选择以工程设计为依据，针对影响工程安全的因素，合理地选择监测项目。拟进行以下项目监测：

（1）钢筋混凝土应力应变监测。

（2）钢筋混凝土裂缝监测。

（3）岩体变形监测。

（4）围岩与混凝土衬砌之间缝隙监测。

（5）锚杆应力与预应力锚索监测。

（6）渗压监测。

四、监测断面布置

1. 排沙洞集渣坑高边墙部位

此处为集渣坑、岩塞口、引水隧洞三洞交汇处，三洞形成高边墙复杂空间洞室结构，围岩和衬砌结构受力极其复杂，为监控爆破前后以及运行期的安全状态，在此设置一个监测断面。考虑此处边墙虽然比较高，但集渣能够对边墙起到一定约束作用，集渣坑又是临时结构，所以监测仪器布置在洞室的上半部。

2. 岩塞底部钢筋锁口段

此段的顶拱在立面上沿纵向采用半径 7.0m、圆心角为 $57°03'52''$ 的圆弧段将锁口段与高边墙段连接，前端与岩塞口连接，不仅应力集中，还紧邻爆区，此段在爆破后和运行期若完好，排沙洞的其他部位安全应该有保障，因此，在此段顶拱设置安全监测点。

3. 排沙洞钢筋混凝土衬砌典型断面

岩塞底部锁口顶拱部位和排沙洞集渣坑高边墙部位属于特殊洞段，爆破后通过监测这两个部位如果出现安全问题，也不能说排沙洞其他部位就有安全问题，换言之，整个岩塞进口段是否可以投入运行，还需要在排沙洞设置具有代表性典型监测面。为使监测资料能够相互认证，同时检验爆破荷载对不同距离的洞段安全影响，在排沙洞中段和接近闸门井渐变段各设置一个监测典型断面。

4. 排沙洞进口边坡

排沙洞进口岸坡为层状斜向结构岩质边坡，但岩层产状不稳定，进口段附近存在断层主要有：F_5、F_7 及 fj_2，其中 F_7 对洞脸边坡稳定影响最大，为监测排沙洞进口边坡的稳定状态，需要设置监测仪器。

五、监测仪器的布置

1. 排沙洞岩体内部位移监测

为了解岩体内部位移分布规律，确定围岩的稳定状态，在排沙洞典型断面和集渣坑高边墙部位，即桩号 0−030 和 0−060 顶拱各布置一套多点位移计，在桩号 0−083 顶拱和左右边墙接近拱部各布置一套多点位移计，整个洞室内共计 5 套多点位移计。多点位移计采用 4 测点杆式，埋深 15m，其钻孔直径 ϕ90mm，开孔直径 ϕ110mm，开孔深度 1.20m。各仪器钻孔深度按仪器埋深加深 1.5m。

2. 排沙洞锚杆应力监测

锚杆的支护效果对一次支护后的围岩稳定和二次混凝土衬砌分担的荷载影响较大，为了解锚杆的应力状态，评价高边墙洞室结构的稳定状态，在桩号 0−060 和 0−083 的集渣坑高边墙部位顶拱和左右边墙接近拱部各设置 3 套锚杆应力计。每套锚杆应力计各布置 3 支传感器，共 18 支传感器。锚杆设计长度为 6.0m，钻孔加深 0.5m，钻孔直径为 ϕ60mm。

3. 排沙洞混凝土结构的应力应变监测

为了解混凝土结构在爆破前后和运行期的应力应变状态，以便于对结构的安全状态做出评价，在排沙洞典型断面和集渣坑高边墙部位，即在桩号 0－030、0－060 和 0－083 布置应变计和钢筋计。考虑运行隧洞的对称性，桩号 0－030、0－060 的测点呈"米"字形布置。桩号 0－083 的测点布置在顶拱中点、与顶拱中线对称呈 45°角、90°角两侧的拱部；各测点布置在内侧环向钢筋上。应变计与钢筋计在同一高程平行布置，同时考虑消除混凝土自生体积力的影响，布置无应力计。排沙洞的每个典型监测断面布置钢筋计 8 支，应变计 8 支，无应力计 2 支。集渣坑高边墙布置钢筋计 5 支，应变计 5 支，无应力计 2 支。

4. 排沙洞围岩与衬砌结构结合缝开度监测

洞室混凝土结构的整体稳定情况会反映在与围岩结合缝的开度变化上，为了解围岩与衬砌结构的结合缝变化情况，掌握围岩与衬砌结构的共同工作情况，确定衬砌结构的安全状态，在围岩与衬砌结构之间设置测缝计。排沙洞桩号 0－030 和 0－060 的每个典型监测断面的顶拱和地板、左右边墙各布置 1 支测缝计。集渣坑高边墙部位顶拱、两侧拱脚和两侧拱肩各布置 1 支测缝计。共计 13 支测缝计。测缝计一半埋入围岩内，一半埋入混凝土中。围岩内钻孔直径 ϕ90mm，深度 50cm。

5. 排沙洞渗透压力监测

混凝土衬砌结构产生裂缝时，首先表现在混凝土的应变增大，并超过了极限抗拉强度时所产生的应变。由于有裂缝产生，其围岩的渗透压力值将有所变化，因此，通过渗透压力的监测可以对混凝土结构的工作性态有所了解。

外水压力是结构荷载的一部分，为了解混凝土衬砌结构的外水压力沿程分布情况，以及检验集渣坑排水设施的排水效果，在典型监测断面和高边墙部位设置必要的外水压力监测。具体布置在桩号 0－030 和－060 两个典型监测断面的顶拱和一侧边墙各设置 1 支渗压计，在集渣坑桩号 0－083 断面的顶拱及两侧拱脚各设置 1 支渗压计。共计 7 只渗压计。渗压计采用钻孔方式埋入围岩内，钻孔直径 ϕ60mm。

6. 进口边坡断层位移监测

在排沙洞进口边坡岩体内，根据断层 F_7 及 F_5 的实际出露情况，分别安装 2 套多点位移计和 2 套单点位移计，用以监测边坡断层的位移变化情况。

多点位移计采用 4 测点杆式，埋深分别为 22.0m 和 30.0m；其钻孔直径 ϕ90mm，开孔直径 ϕ110mm，开孔深度 1.20m。各仪器钻孔深度按仪器埋深加深 0.50m。

单点位移计测点埋深 9.00m，钻孔直径 ϕ60mm，开孔直径 ϕ90mm，开孔深度 0.80m。钻孔加深 0.50m，

7. 进口边坡锚索应力监测

锚索在张拉时由于钢绞线的回缩、岩体的压密、内锚固段的灌浆质量、施工锁定方法等均会产生张拉时的损失，运行时锚索受环境温度、岩体的蠕变、钢绞线和夹片的徐变、内锚固段的浆体与钢绞线的握裹力、浆体与孔壁的摩擦力等的影响仍然会产生预应力损失，被加固的岩体边坡产生卸荷滑移时，加固荷载会产生较大的变化，为了监测锚索的预应力损失情况、了解边坡岩体的稳定状态、评价锚索的锚固效果，在排沙洞进口边坡预应力锚索中，选取其中 4 束锚索安装测力计。其中，3 套测力计量程 2500kN，1 套测力计量程 1000kN。

六、监测电缆走线

隧洞内各监测断面的仪器电缆沿隧洞环向集中引至右侧底板，然后再将各断面电缆集

中从勘探竖井中引至地表，最后引至监测站。电缆成束捆扎，外套 PVC 护管。

七、监测站

为便于长期监测，在探洞竖井靠近山体一侧设置永久监测站一座。监测站采用砖混结构，面积 $15m^2$。监测站内设置人工测读集线箱 5 台。

八、仪器安装埋设后续工作

1. 观测

在仪器设备安装完毕后及时记录初始读数，并进行施工期监测，直至向建设单位移交监测设施和监测工作为止。

在全部仪器设备安装完毕、建立初始读数和正常运行，并经检验合格后，将监测仪器设备（包括仪器的档案卡、埋设施工记录和竣工资料等）全部移交给业主方。在施工中负责保护全部监测仪器设备；在施工监测期间，提交监测资料和分析报告。施工期内，除负责监测外，还负责对工程建筑物进行巡视检查，并作好记录。若发现工程建筑物出现异常情况时，增加监测仪器的测读次数，并立即报请建设单位共同研究处理措施。

2. 观测频率

（1）埋设的所有仪器设备都要根据施工前的环境条件确定合理准确的起始基准，作为读数资料对比的基础。确定基准值时，应剔除监测误差而引起突变的监测值。

（2）仪器埋设前、埋设过程中及埋设完毕后各监测一次。

（3）钢筋计、应变计和无应力计等埋入混凝土内部的监测仪器，在安装后 48h 内，每 4h 读数一次。

（4）埋入到岩体内部的锚杆应力计、多点位移计在距掌子面 3 倍洞径内，每天至少监测一次。

（5）当仪器的静态增量大且发展较快时加密监测次数；反之减少监测次数。

（6）岩塞爆破前一天要加密监测，每 8h 监测一次，爆破前要监测一次，爆破后立即监测一次，1d 内每 8h 监测一次，以后转入正常监测。

（7）进入正常监测，每天监测一次。

3. 监测资料的整理分析

使用批准的格式将各项仪器的有关参数、仪器安装埋设后的初始读数和全部仪器设备档案卡等整编成册；

在施工期及时整理分析全部监测资料，绘制测值变化过程线，并定期将监测成果分析报告报送监理人；

根据工程安全检查的需要，按《混凝土大坝安全监测技术规范》（DL/T 5178—2016）的规定，报送工程建筑物监测和竣工报告。

第八节　宏　观　调　查

一、调查内容及方法

宏观调查主要是对岩塞口附近的已有建筑物（或结构）的性状进行爆破前后的比较观

测、观察，可以对前述仪器设备观测工作进行必要的补充，有利于综合分析评价岩塞爆破效果及破坏影响情况。

宏观调查的内容主要包括已有建筑物（或结构）裂缝、基础沉陷等缺陷是否进一步发展，坝体渗漏量是否增大，以及发电机组运行是否正常等等。在选择宏观调查对象时，应结合岩塞爆破危害效应的影响范围和建筑物的重要性进行综合实地考察，使得调查过程中既要做到无疏漏，又要避免过于繁杂，保证调查工作的全面性和客观性。

常用的宏观调查方法有工具测量法、标识法和影像法等，几种方法的使用可单一可混合。对于建筑物（或结构）裂缝、基础沉陷、坝体渗漏量等的调查，首先可借助于工具测量法，测量工具设备有钢卷尺、钢尺、游标卡尺、塞尺和水准仪等。标识法是指采用安装标识手段（如跨缝贴玻璃片、石膏抹缝等）对部分贯穿或错开裂缝进行调查的方法，该法还可以检查裂缝在岩塞爆破时是否发生了开合变化。影像法则是指在调查期间开展的各种拍照、录像工作；随着数码技术的快速发展，影像法调查的成本越来越低，并且具有直观、清晰、高效等优点，其应用范围也越加广泛。

宏观调查开始前，应结合所调查的对象制订各种记录表格，并确保记录的准确性，尤其是在容易引发民事纠纷的或重要性极高的部位，更应保证记录的全面性，并最好有相关方当事人的见证。此外，对于已埋设静态安全监测仪器的大坝、厂房等重要建筑物，还应搜集其爆破前后的数据记录，计算、比较爆破前后的变化情况。

二、宏观调查结果

刘家峡洮河口排砂洞岩塞爆破工程采用了陀螺分布式药室爆破设计方案，其总装药量和单响药量均较大，爆破振动等有害影响相对较大。首先，岩塞口附近的临时工棚、闸门井等建筑物或设施距岩塞口最近，大约100m左右，作为重点调查分析；其次，岩塞口周边有龙汇山庄及民宅等建筑，并且龙汇山庄本身坐落在黄土地基上，已经多处出现基础沉陷和墙体裂缝现象，极易引起民事纠纷，也将作为调查的一个重点；此外，对厂区大坝、发电机组等重点对象也进行了必要的调查。

（一）岩塞口现场临时工棚及闸门井调查

现场工棚为简易的砖混结构平房，经多年使用后已出现多处裂缝，建筑质量很差；而闸门井则是典型的新建成钢筋混凝土结构，基础牢固。这两个建筑物在爆破前后的调查结果见表8.8-1。

表8.8-1　　　　　　　　临时工棚及闸门井爆破前后宏观调查记录表

编　号	位　置	爆　前		爆　后		备　注
		缝宽/mm	石膏抹缝	缝宽/mm	现　象	
GF-L-1	工房南侧墙面	12.00	√	13.00	石膏裂开1mm	
GF-L-2	工房南侧墙面	1.00	√	1.00	石膏未裂	
GF-L-3	工房南侧墙面	70.00	√	71.50	石膏局部脱落	
GF-L-4	工房南侧墙面	32.00	—	32.00	—	
GF-L-5	工房南侧墙面	50.00	—	50.00	—	

续表

编　号	位　置	爆　前		爆　后		备　注
		缝宽/mm	石膏抹缝	缝宽/mm	现　象	
GF－L－6	工房南侧地面	1.00	√	1.00	石膏未裂	
GF－L－7	工房南侧地面	43.00	√	43.00	石膏未裂	
GF－L－8	工房东侧墙面	5.00	√	5.00	石膏未裂	
GF－L－9	工房东侧墙面	8.00	√	8.00	石膏未裂	
GF－L－10	工房北侧墙面	30.00	√	30.00	石膏未裂	
ZM－L－1	闸门基础南侧	0.45	√	0.45	石膏未裂	
ZM－L－2	闸门基础南侧	1.00	√	1.00	石膏未裂	

表 8.8-1 中，仅有位于工房南侧墙面的两条裂缝在爆破后发生变化，其表面涂抹的石膏标识出现裂开或局部脱落（见图 8.8-1 和图 8.8-2）；而其他 10 条裂缝均未发生变化；同时，系统巡视后也未见其他新增裂缝。这说明岩塞爆破对近距离的临时工房破坏影响并不严重，而对结构牢固的闸门井基础基本无破坏。

图 8.8-1　工棚南侧 1 号裂缝照片　　　图 8.8-2　工棚南侧 3 号裂缝照片

（二）龙汇山庄内各建筑物调查

龙汇山庄隶属于兰石化集团，是距离爆区较近的第三方建筑，其中包括龙汇楼、餐厅、贵宾楼、棋牌室、体育馆、员工楼、射击馆等二十余座建筑物。为避免引发可能的民事纠纷，岩塞爆破期间对每座建筑的内、外部裂缝及基础缺陷均进行了详细测量、描述记录和拍照，甚至包括了地面道路裂缝调查等，详细的调查工作量见表 8.8-2。

表 8.8-2 中共调查了龙汇山庄内 1848 条裂缝测量和 71 个缺陷，其中的各个裂缝及缺陷均没有进一步增大或发展。

表 8.8-2　　　　　　　　龙汇山庄宏观调查实物工作量

序号	建筑物名称	裂缝数量/个	缺陷数量/个	说　明
1	射击楼	187	—	
2	龙汇楼凉亭	21	—	
3	龙汇楼	606	22	
4	龙汇楼餐厅	276	4	
5	棋牌室	21	—	
6	贵宾楼	139	7	
7	体育馆	107	4	
8	锅炉房	13	—	
9	绿化民宅	4	—	
10	办公楼内部	31	7	
11	员工楼	144	13	
12	别墅（1～4号）	135	5	
13	黄河第一亭	45	2	
14	迎宾楼	48	7	
15	观望亭	8	—	
16	路面	63	—	
	合计	1848	71	

（三）排沙洞内静态仪器监测结果调查

岩塞后端的排沙洞进口段，主要布置了3个断面的静态监测仪器，其位置桩号分别为0-030、0-060和0-083。其中，0-083断面距离岩塞口最近，距离大约30m左右。

静态监测仪器在爆破前（2015年9月5日）和爆破后（2015年9月8日）对比结果显示，排沙洞0-83断面的多点位移计各测点的测值，在爆破前后变化大多数在1.0mm以内，有的甚至是持平或变小，总体变化不大（见表8.8-3）；锚杆应力计的轴力变化基本处在2.0kN或10%以内（见表8.8-4）；安装在衬砌混凝土内的钢筋计和应变计，爆破前后的实测值变化量也都比较小。出现测值变化较大的是渗压计，该断面布置的3支仪器在爆破当日（9月6日）上午的测值均为0MPa左右；而岩塞爆通后的下午，3支仪器测值迅速增大到0.412～0.577MPa，约合水头41.2～57.7m（见表8.8-5），基本达到或接近水库水位。上述各仪器测试正常，且位移和应力测值变化不大，说明排沙洞0-083断面处于稳定状态。

表 8.8-3　　　　排沙洞0-083断面内多点位移计岩塞爆破前后观测成果　　　　单位：mm

仪器编号	测　点　位　置				说　明
	岩壁位置	岩壁内2m	岩壁内4m	岩壁内7.5m	
3M-1	0.44	0.00	−0.23	−0.43	顶拱
3M-2	0.86	1.08	0.88	0.65	左侧
3M-3	−0.12	0.08	0.06	0.03	右侧

表 8.8－4　　　　　　　排沙洞 0－083 断面内锚杆应力计岩塞爆破前后观测成果　　　　单位：kN

测点位置 仪器编号	岩壁内 1m	岩壁内 2.5m	岩壁内 5m	说　明
3A－1～3	－0.14	－0.23	－0.24	顶拱
3A－4～6	－5.64	－0.77	0.73	左侧
3A－7～9	3.06	－2.14	－1.36	右侧

表 8.8－5　　　　　　　　　排沙洞 0－083 断面内渗压计观测成果　　　　　　　单位：MPa

仪器编号	3P－1	3P－2	3P－3	说　明
安装位置	排沙洞顶拱	排沙洞左侧	排沙洞右侧	
2015－09－05，7：50	0.051	0.045	0.001	
2015－09－08，14：40	0.463	0.531	0.578	
变化值	0.412	0.486	0.577	

第九章 岩塞爆破施工

第一节 岩塞爆破工程总体施工组织设计

水下岩塞爆通后，一般是作为引水、排沙或防洪等工程的水下进水口，除了应急抢险排洪工程一般不需要设置竖井闸门控制水流外，其他工程均需要在岩塞口后约 200m 范围内设置竖井闸门。岩塞口一般位于地面以下较深，布置施工支洞很困难且不经济，因此一般需利用闸门井作为出渣通道。为了便于施工安排，尽量避免岩塞施工与其他施工的相互干扰，一般将闸门竖井及其至岩塞之间的部分的施工，统一纳入岩塞爆破施工中考虑。

岩塞爆破施工一般包括以下内容：闸门竖井的开挖与混凝土衬砌、平洞的开挖与混凝土衬砌、渐变段开挖与混凝土衬砌、集渣坑的开挖与混凝土衬砌、岩塞爆破、岩塞及围岩超前灌浆、进口不稳定岩体加固等。

一、施工程序

水下岩塞爆破工程施工场地狭小、施工通道少、施工条件较差、工期不宜太长，因此需对各部位的施工程序进行合理安排，对于采用钻孔爆破方案的岩塞爆破，常见的施工程序见图 9.1-1。对于采用洞室爆破方案的岩塞爆破，常见的施工程序见图 9.1-2。图中为主要的施工程序，进口不稳定岩体加固的施工不受集渣坑和引水平洞开挖影响，在岩塞爆破前完成即可；岩塞及上部岩体固结灌浆在引水洞开挖前完成即可。

对于有闸门竖井的岩塞爆破施工，一般先进行竖井的开挖施工。有的工程有设置施工支洞的条件，则可以利用施工支洞施工开挖至竖井下方，再用反井法开挖竖井。如果没有设置施工支洞的条件，则需要采用正井法开挖竖井。

竖井开挖完成后，继续向岩塞口方向开挖平洞，平洞的开挖方法与常规的施工方法相同，无施工支洞的，已开挖完成的竖井是施工及出渣的唯一通道。故无条件设置施工支洞的岩塞爆破，竖井的开挖完成是整个岩塞爆破施工的基础条件。

平洞开挖完成后，即进入了渐变段（平洞与集渣坑间的过渡段）和集渣坑的开挖施工。随着开挖的施工，

图 9.1-1　钻孔爆破方案施工程序

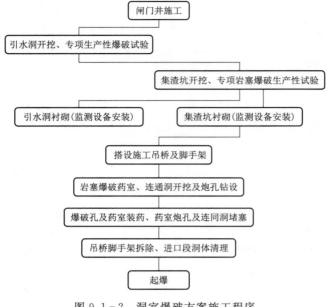

图 9.1－2　洞室爆破方案施工程序

掌子面距离水库底或者湖底越来越近，围岩条件也越来越差，这是岩塞爆破工程施工与其他工程最显著的不同。此时的围岩的岩石强度将大大降低，风化程度越来越强，透水性越来越大，节理裂隙发育，卸荷带也将出现。此时的开挖施工，如果遇到透水性大、围岩稳定性差等地质的情况，则应该先暂停开挖施工，会同参建各方查明围岩情况，并采取适当的工程措施，比如超前灌浆或加强支护等，确保围岩的稳定及施工的安全。待这些情况处理完成后，达到设计要求以后，方可进行下一步的开挖施工。

集渣坑边墙一般较高，其开挖一般分层进行。在进行集渣坑上层开挖时，有时会伴随着集渣坑顶部围岩的防渗灌浆、岩塞段岩体的固结灌浆及集渣坑的初期支护。这些工作进行时，其开挖工作应该暂停，待这些工作完成后，再进行开挖施工。

一般情况下，所有的开挖工作完成后，再进行集渣坑、平洞及竖井等部位的混凝土衬砌工作。混凝土的衬砌一般先从集渣坑开始，与开挖呈相反的顺序进行，最后进行竖井的混凝土衬砌施工。

竖井混凝土浇筑完成后，进行闸门的安装工作。

某些特殊情况，如岩塞口围岩条件很差的情况下，可以在岩塞口内侧保留少量岩体作为岩塞的保护层，以保证岩塞的稳定，其他部位开挖完成后，就可以进行混凝土衬砌工作。待混凝土衬砌完成后，以及最后的勘探工作完成后，再根据最终的岩塞岩体勘察情况，确定是否开挖保护层。

在平洞或集渣坑的开挖过程中，经常还伴随着专项生产性试验和其他试验的进行。这些试验进行时，开挖工作也是需要暂停的，待试验完成后，再进行开挖工作。

在集渣坑及平洞混凝土的衬砌过程中，经常伴随着监测设备的安装，因为部分设备是需要预先埋设在混凝土中，以防止爆破时冲击波的破坏。

在开挖及衬砌工作完成后，需要进行施工吊桥及脚手架的搭设。施工吊桥主要用于爆破施工的交通运输，可沿集渣坑一侧边墙搭设，也可两侧边墙均搭设。对于采用排孔爆破方案的岩塞爆破，脚手架主要用于炮孔的钻孔、装药、封堵及连网施工；对于采用洞室爆破方案的岩塞爆破，脚手架主要用于药室和连通洞的开挖、装药、封堵及连网施工，施工的项目不同，脚手架搭设的方式也不相同。

脚手架搭设完成后，即可进行具体的爆破施工，如炮孔的钻设、药室的开挖、连通洞室的开挖、装药、封堵及连网等工作，待以上工作完成后，最后引爆炸药，进行最终的岩塞爆破。

另外，如果岩塞进口边坡需要加固的，因其施工与其他施工不相干扰，加固施工在岩塞最终爆破前施工完成即可。

综上所述，岩塞爆破施工过程比较复杂，不仅包含了开挖、衬砌、灌浆、支护等常规的施工内容，中间还伴随着试验、监测设备安装的工作内容，施工程序繁多，工序复杂，施工干扰比较大，另外水下岩塞爆破工程还具有施工场地狭小、施工通道少、施工条件较差等特点，这又给岩塞爆破施工带来和更多的困难，在具体的设计与施工过程中，应给予足够的重视，结合具体的工程特点，提前做好施工统筹安排，以保证岩塞爆破施工的顺利进行。

二、施工方法

岩塞爆破施工过程比较复杂，不仅包含了开挖、衬砌、灌浆、支护等常规的施工内容，也包含和很多非常规的施工内容，如炮孔的钻设、药室的开挖、超前灌浆和封堵等。岩塞爆破工程的特殊性，决定了这些非常规施工内容的特殊性。常规的施工内容这里不再赘述，仅介绍炮孔钻孔、药室开挖、灌浆及封堵等施工方法。

（一）炮孔钻设施工

岩塞掌子面作业空间狭小，大型的钻孔设备无法到达。同时，由于炮孔数量比较多，钻孔施工过程中，需要不断的转移钻孔设备，这就要求钻孔设备要便于移动。地质钻机在钻孔精度控制方面虽然具有较大的优势，但是比较笨重，不易挪动位置，故具体施工过程中，炮孔的钻设大多采用100B型潜孔钻机。

钻孔施工，一般包括测量放样、样架制作及安装、钻机定位及钻孔施工几个工序。

掌子面平整后，测量技术人员应根据爆破方案采用测量仪器对炮孔开口位进行布孔放样，并用红油漆对每个孔位进行标识，同时提供各相应孔位的坐标，做好记录。

为了控制钻孔角度，保证钻孔质量，钻孔施工可采用样架辅助。样架为用钢筋弯成的不同直径的圆。样架在距离掌子面一定距离安装（太近影响钻机施工，太远无法使用），与洞壁上固定好的插筋焊接牢固，各圈样架应在同一平面上，应有指向圆心的多条辐条焊接连为一个整体。样架安装好后，通过测量将各炮孔后视点布置在样架上面，并做好标记，该标记应为无法移动的标记。掌子面上炮孔标记和样架上的后视点，均应另配一个醒目的炮孔编号牌。

将钻头对准掌子面炮孔孔口位置，钻杆后部对准样架上面对应炮孔后视点，可以采用拉线来对准，然后辅助用坡度仪、罗盘测量倾角及方位角，使钻孔方向与设计一致。然后用扣件及电焊的方法将钻机固定在样架上面。

当上述工作作好后，可以进行钻孔施工。钻进速度应先慢速开口，再稳定速度钻进。钻孔完成好及时吹孔，炮孔深度测量符合设计要求后，进行孔口保护，直至完成钻孔。

（二）药室及导洞开挖施工

药室及导洞开挖采用手风钻钻孔，小药量爆破开挖。

药室、导洞的开挖遵循先上后下的原则，先进行主导洞的开挖施工，再进行药室的施工。

药室、导洞开挖必控制每一循环进尺不超过0.5m，单孔药量要小于150g，每段起爆药量不应超过 1.5kg。一般采用中心掏槽，周边打密孔的爆破方法。

开挖时须设有超前孔探测渗漏水，最后一个循环的超前孔不得穿透岩面。当导洞和药室掘进方向朝向水体时，超前孔的深度不应小于炮孔深度的 3 倍。

每次爆破后及时进行安全检查和测量，及时纠正断面位置及尺寸的偏差，对不稳围岩进行锚固处理，只有确认安全无误，方可继续开挖。

（三）灌浆

灌浆一般采用手风钻或潜孔钻钻孔，灌浆泵注浆。

岩塞灌浆的主要作用之一是提高岩塞部位岩体的整体性，浆液填充节理裂隙，会有效提高炸药的爆破作用效果，避免局部"泄能"的情况；岩塞灌浆的另一个主要作用是减小岩塞的透水性，增强岩塞部位岩体的安全稳定性，保证后续的钻孔、装药等施工工作的顺利进行。

岩塞灌浆需根据自身岩体完整性、地质构造及水文地质条件等确定。对于岩体完整性好，节理裂隙不发育，岩体透水性小的岩塞，可以不灌浆或少灌浆；对于岩体完整性差、节理裂隙发育，透水性强的岩塞，则需要更加重视灌浆工作。

岩塞灌浆与常规水利水电工程灌浆有很大不同。常规灌浆，随着灌浆孔的深入，围岩地质条件将越来越好，而岩塞灌浆刚好相反。这种非常规的情况给灌浆工作带来的很大的困难。首先是浆液容易灌至库区内，造成大量浆液浪费，污染水体；其次是浆液扩散半径较小，整体灌浆防渗效果不好。

根据实践经验，采用自孔口向孔底分段纯压式灌浆，可以取得较好的灌浆效果。

岩塞灌浆一般分两序进行，也可以分多序。岩塞灌浆孔的间、排距较常规的灌浆孔稍密，一般可取 0.5～1.5m。

灌浆采用 42.5 级硅酸盐水泥或普通硅酸盐水泥，水泥细度要求通过 $80\mu m$ 方孔筛的余量不得大于 5%；根据灌浆需要，可在水泥浆液中加入速凝剂、水玻璃等外加剂。

灌浆应采用自孔口向孔底分段灌浆法灌浆，灌浆压力应通过试验确定，其参考值为 0.2～0.5MPa。灌浆压力的确定跟岩塞以上水头有密切关系，即最小灌浆压力应大于最高水头，这样才能保证浆液灌入围岩中；但灌浆压力不宜过大，多大的灌浆压力，会导致浆液进入库区内，造成浆液浪费和污染水体。

（四）封堵

岩塞爆破中的封堵施工主要包括药室的封堵、导洞和连通洞的封堵以及炮孔的封堵。

药室一般采用人工封堵。为保证爆炸气体的做功时间，充分发挥炸药的爆轰效果，在各药室口处均用掺砂黄泥块封堵，紧临掺砂黄泥封堵处采用砂浆砖砌体（墙体错缝砌筑）封口。掺砂黄泥块的制作要求用黄泥（黏粒含量 20% 以上）与砂子体积比为 3∶1，黄泥的含水率为 10%，如无黄土，采用黏土亦可。由于黄泥块是软塑体，适应变形能力强，施工时要求人工码平，并用木槌或木棒逐层夯实，保证砌体与药室周边岩壁紧密结合，保证黄泥块与药室口封闭的密实、不透气。

掺砂黄泥块码筑可在砂浆砖砌体的保护下上升，直至洞顶，在确保黄泥封堵被捣密实，且检查合格后，方可用砂浆砖砌体封口。

连通洞和导洞均采用水泥灌浆封堵。连通洞和导洞应在药室封堵以后进行，并遵循自下而上的方式灌浆封堵。对于开口向下的导洞，可在导洞出口和中部设置钢锁口门，利用钢锁口门封闭出口后，再进行灌浆。

在药室的封堵（掺砂黄泥和砖砌体）及主导洞的钢锁口门均施工完成后，即可对各个封闭的灌区进行回填灌浆施工。回填灌浆应按设置的灌浆区分别进行施灌，每个灌浆区分别设有灌浆管、排气管各一根，采用砂浆泵进行灌注。灌浆材料可选用快硬硫铝酸盐地质勘探水泥或 42.5 号普通水泥加 3% 无水硫酸钠，灌浆压力一般不大于 0.2MPa。

炮孔封堵的施工程序要求如下：

（1）炮孔封堵前，必须是在所有炮孔装药结束，爆破网路布线全部完成，并经过验收合格后，方可进行封堵工作。

（2）封堵施工宜遵循先上后下、先四周后中央的原则。

（3）封堵施工应严格按照封堵程序进行，严禁违反程序施工。

炮孔的封堵可采用黄泥或锚固剂。

采用锚固封堵时，需先将锚固剂蘸水，然后塞入炮孔中，并用炮棍填塞密实。当炮孔具有较大仰角时，可用废旧麻布包裹锚固剂塞入炮孔中，已防止锚固剂滑落，同时可采用端部封堵的 PCV 管代替炮棍捣实锚固剂。炮孔内的锚固剂封堵要保证其封堵的厚度及密实，堵塞段内要保证自内而外全断面充填密实，不留缝隙，绝不允许中间留空不堵。

爆破网路在穿过锚固剂时，为保证封堵密实，同时更好地保护好爆破网路的线路及导爆索，需采用棉絮缠绕、包裹爆破网路的线路及导爆索，且与外护管路封堵密实，棉絮封堵长度不小于锚固剂的厚度。

三、施工进度

由岩塞爆破施工程序相关内容可知，岩塞爆破施工具有如下特点：

（1）岩塞爆破施工项目较多，施工程序较复杂。

（2）岩塞爆破各施工项目之间可并行作业的较少，一般需按一定的顺序进行，某些施工项目需交替反复进行，如开挖施工与灌浆施工。

（3）岩塞爆破施工时，开挖施工经常与岩塞爆破相关试验交替进行，互相干扰大。

（4）岩塞爆破相关衬砌施工时，一般与监测设备的安装同时进行，具有一定的施工干扰。

（5）岩塞爆破施工时，从围岩条件较好开始，逐渐向围岩条件差的环境进行，施工过程的地质条件不确定性大。

岩塞爆破施工的自身特点，决定了其施工进度的安排与一般水利水电工程施工进度的不同，最主要的不同在于岩塞爆破施工过程复杂，相互干扰大，围岩条件也越来越差，其施工进度安排应给予足够的弹性时间，以保证在诸多不确定因素出现及多种不确定干扰情况出现的情况下，具有足够的时间去处理。

岩塞爆破施工进度的安排，宜从以下几个方面综合考虑，统筹安排：

（1）岩塞爆破所属工程的总体工程特性，如工程的性质（引水、发电、泄洪、排沙等）、工程的规模、工程所处的地理位置、工程的总工期等。

（2）岩塞自身的结构布置、规模、爆破方案。

（3）与岩塞施工相关的工程施工情况及安排，如施工支洞。

（4）岩塞部位围岩地质条件。

（5）岩塞施工相关施工工序在常规水利水电工程施工时的施工效率。

（6）岩塞爆破相关试验的安排及试验方法。

（7）岩塞爆破相关动态、静态监测的布置及安装安排。

以上所述各方面对岩塞爆破的施工进度的影响有所不同。

岩塞爆破所属工程的总体工程特性对施工进度的影响是宏观性的控制性的，往往决定了整个岩塞爆破施工的宏观工期。比如工程性质，一般情况下，引水、发电、排沙等工程的岩塞爆破，其实施均在各阶段不同深度的设计基础上进行，其整体进度也更趋向合理，施工工期也相对合适，一般均可满足实际的施工。而对于泄洪抢险类的岩塞爆破工程，由于排洪抢险的紧迫性，往往要求岩塞爆破施工工期较短，对于这类工程，则需要尽可能化繁为简，抓住关键安排施工进度。岩塞爆破所属工程的工程总工期，往往决定了岩塞爆破的施工工期，其施工进度的安排应以工程总进度工期为前提，在总进度工期内完成。工程所处的地理人文环境对岩塞爆破施工进度也会有一定的影响。建设管理方、当地政府及当地群众对岩塞爆破足够了解重视，则会对施工带来有利的影响，促进工程的施工，反之，则会影响施工的进展，有时会成为制约工程进展的决定性因素。

岩塞自身的结构布置、规模、爆破方案对施工进度的影响较大。岩塞结构布置复杂，规模较大，则其施工也复杂，工期会长一些。爆破方案对工期的影响也很大，对于采用洞室爆破方案的岩塞爆破，爆破施工时，需要开挖连通通道及药室，这些通道及药室，均是小断面小尺寸的开挖，出渣也需要人工一点一点背出，既费力又耗时，同时在开挖过程中，还需要密切关注渗水情况，并对渗水量大的部位及时进行灌浆封堵，这些对工期的影响都非常大。对于采用排孔爆破方案的岩塞爆破，不需要开挖药室及连通通道，但是炮孔钻孔量非常大，而且对炮孔的控制要求非常严格，钻孔功效远远小于常规施工。

岩塞部位围岩地质条件是影响岩塞施工进度的另一个重要因素。随着岩塞后面平洞段、集渣坑的开挖，开挖掌子面越来越向库底或湖底靠近，围岩地质条件越来越差，主要表现在两个方面，一是节理裂隙越来越发育，岩石强度降低，围岩的稳定性越来越差，二是围岩透水性越来越强。为了保证施工的安全性及岩塞段的整体稳定，需要对开挖后的部位进行及时的喷锚支护，同时为了降低围岩的透水性，需要对围岩进行防渗灌浆，灌浆次数往往需要数次，这些施工，会对施工进度产生很大的影响。

岩塞施工相关施工工序在常规水利水电工程施工时的施工效率一般是岩塞爆破施工的基础，但是效率一般都会有所降低。比如炮孔的钻设工作，在普通的隧洞开挖施工中，熟练的工人用潜孔钻钻孔，普通硬度的岩石条件一个台班可以钻孔约 $30\sim40$m，而在岩塞爆破炮孔钻设时，相同的条件，一个台班钻孔会降低 $20\%\sim30\%$，这主要是岩塞爆破炮孔的钻设对孔斜的控制要求高的原因。

岩塞爆破相关试验及监测设备的安装对岩塞爆破施工的干扰主要体现在开挖施工中和衬砌施工中。当进行岩塞爆破相关试验时，往往需要中断开挖施工，待试验完成后再进行开挖施工。一次试验的时间的长短跟试验内容有关，例如一次全断面的生产性试验，往往需要一个月或者更长的时间，这会给施工工期带来很大的影响。监测设备的安装对衬砌施工有一定的干扰，但是影响不是很大，一般随衬砌施工同时进行。

岩塞爆破施工进度的安排，需要对上述各个方面进行全面的分析研究，了解工程的特性及特点，在此基础上，再将岩塞爆破施工项目及相关试验、监测设备安装项目进行按施工程序分解成不同的工序，根据不同工序的施工效率，确定工序施工时间，最后再将这些工序组合，考虑一定的搭接及不确定因素的影响时间，确定岩塞爆破的施工进度。根据相关岩塞爆破实际施工经验，岩塞爆破相关施工工序效率见表 9.1-1，具体的设计及施工过程中，可参考使用。

表 9.1-1　　　　　　　　　　　　岩塞爆破相关施工工序效率表

序号	工序名称	效率单位	效率	备　注
1	平洞开挖	m/月	80	
2	平洞衬砌	m/月	80	
3	超前防渗灌浆	m/台班		
4	固结灌浆	m/台班		
5	集渣坑及渐变段开挖	m/月	80	可按集渣坑高度分层开挖，一般 3～5m 一层，按分层后总长度计
6	炮孔钻孔	m/台班	30	
7	脚手架搭设	d/次	7	
8	连通洞室开挖	m/台班		

在具体的设计施工过程中，施工进度的安排不仅仅需要考虑不同工序的施工效率，还要考虑各工序的衔接及其准备工作等，有时还要考虑一定的富裕时间。某引水工程水下岩塞爆破采用排孔爆破方案，其施工进度安排见表 9.1-2，某排沙工程水下岩塞爆破采用洞室爆破方案，其施工进度安排见表 9.1-3，供参考。

表 9.1-2　　　　　　　　　　　某排孔爆破方案岩塞爆破进度安排

序号	施工项目	单　位	时　间	备　注
1	平洞、集渣坑开挖	月	3	含生产试验时间
2	平洞、集渣坑混凝土衬砌	月	3	
3	超前防渗灌浆	月	1	
4	固结灌浆	月	1	
5	钻孔平台搭设	月	0.5	
6	炮孔放样、钻孔及复测	月	1.5	
7	钻孔处理，装药、爆破	月	0.5	
合　计		月	10.5	

表9.1-3　　　　　　　　　　　某洞室爆破方案岩塞爆破进度安排

序号	施工项目	单位	时间	备　注
1	平洞、集渣坑开挖	月	3	含生产试验时间
2	平洞、集渣坑混凝土衬砌	月	3	
3	超前防渗灌浆	月	1	
4	固结灌浆	月	1	
5	钻孔平台搭设	月	0.5	
6	炮孔放样、钻孔及复测	月	1.5	
7	钻孔处理、装药、爆破	月	0.5	
合　计		月	10.5	

第二节　淤泥扰动爆破孔及排水孔施工

对于具有一定厚度淤积覆盖的水下岩塞爆破工程应进行淤泥扰动爆破，主要目的是：首先，岩塞爆破前，在岩塞上部的淤泥与岩石界面放置药包将淤泥爆破成空腔，空腔使淤泥-岩石界面转变成气体-岩石界面，为爆炸应力波的反射创造了有利条件，也为岩石的鼓胀或抛掷提供了空间。其次，在岩塞爆通时，能瞬间形成自上而下的排砂通道，不致阻碍水流通过进水口，造成爆渣在进口处的堵塞，当岩塞爆通后，在水力冲刷的条件下，有利于把淤积泥沙排走，使得淤泥及水能够顺利地下泄。

为了更好地保证岩塞口上部淤积覆盖层能够及时、顺畅地下泄，避免在进口、洞身等部位出现堵塞现象，基于增加淤泥中的含水量和渗水通道，达到加强爆破扰动的效果，在淤泥扰动爆破设计中，设置辅助大孔径排水孔。

带有淤泥或厚淤积覆盖层的水下岩塞爆破，一直以来都是水下岩塞爆破的技术难题。关于淤积覆盖层爆破扰动爆破方案，对采用集中药包、钻孔装药二种方式进行方案比选，考虑水上作业的难度和施工可实施性，首选采用钻孔装药的爆破扰动方案。

下面以刘家峡岩塞爆破工程为例，简单介绍淤泥扰动爆破孔、排水孔施工方法。

一、施工总工作量和总体布置

（一）总工作量

刘家峡岩塞爆破工程共布置12个淤泥扰动爆破孔和4个大口径淤泥扰动排水孔，总延米数约为450.00m，钻孔施工处库水深30.00～40.00m，覆盖层主要为含砂淤泥厚约30.00m，水流速度约2m/s，孔底距库水面深度60.00～70.00m。

12个淤泥扰动爆破孔分为二次爆破。Ⅰ序孔为整个爆破的第一响，为爆破中心部位布置的5个淤泥扰动孔及2个岩坎找平爆破孔，平面布置以岩塞口外侧中心点为中心，基本呈菱形布置；Ⅱ序孔为整个爆破的最后一响，为岩塞口上半部的外围5个扰动孔，加强对淤泥扰动。

为保证扰动效果布置4个大口径排水孔钻孔，排水孔位于岩塞口的上半部，呈菱形分布。

（二）施工总体布置

在岩塞口处投入一艘作业面积 11.8m×8.5m 的环保型筏式水上平台，并在其上布置 1 台套地质钻探设备进行 12 个淤泥扰动爆破孔和 4 个大口径排水孔的施工。

在岸与平台之间搭建浮桥作为施工人员上下平台交通通道。

租用游船来完成筏式平台的起抛锚工作。

施工现场使用的电力自岸边的变压器下的电源开关柜中引出，经铺设在浮桥上的防水电缆输送到平台上。

二、淤泥扰动爆破孔水上施工

（一）淤泥扰动爆破钻孔施工技术要求

（1）为保证爆破精度和效果，要求淤泥孔的孔斜应尽可能的小，孔斜应控制不大于 1°。

（2）水下钻孔应进入基岩以下 0.5m，孔底高程不大于设计装药底高程，并根据孔内淤积情况进行孔深调整。

（3）钻机工作平台应固定牢靠，不受水流、风浪、水位升降而产生较大摆动或位移。

（4）在下 PPR 塑料套管前，对于钻孔要进行清孔处理，保证套管顺利下放；PPR 塑料套管就位后，对其水上部分要采取可靠的固定措施，防止套管倾倒，孔口做好临时封堵措施，防止坠物堵塞套管。

（5）装药用 PPR 塑料套管规格为公称直径（外径）110mm，壁厚 10.0mm，一般长度为 6m，采用热融对接。考虑水位上升对 PPR 管的影响，安装 PPR 管时高出水面 0.3～1m，同时在淤泥孔装药前后库区水位要保持稳定。

（二）淤泥扰动爆破孔施工工艺流程

1. 筏式平台的安装与定位

筏式平台主体由 8 个片体通过法兰对接拼装而成，长 11.8m 宽 8.5m，重 15t 左右。主体安装完成后，用大坝门机在坝前将其吊放到水面上，利用拖船拖至施工水域，在其上下游两侧交叉抛锚，抛距 150m 左右，测量工程师利用测量仪器进行孔位放孔，通过绞紧平台上锚绳进行调整，拉紧锚绳固定平台，钻孔定位综合误差控制到 5cm 以内，并随时进行复测。

为保证平台在钻探施工过程中的稳定性，防止产生漂移，将 4 个平台锚的锚尖改造成面积为 1.5m² 扇形铲，提高平台锚在库底淤积层中的锚固力。

2. 定位导向管安装

定位导向器是为水下施工研制的器具，可控制钢套管下入的方位角和顶角来克服水流对钢套管的冲击力，从而保证钢套管垂直下放的机构。主要由定位导向器座、角度调整套和定位导向管组成。在筏式平台下水前先将定位导向器座固定在平台上，再将角度调整套通过螺栓和定位导向器座连接在一起，最后在角度调整

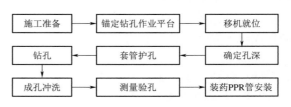

图 9.2-1　淤泥扰动爆破孔施工工艺流程框图

套内下入长 6m 外径为 $\phi 248mm$ 内径为 $\phi 168mm$ 的定位导向管。在角度调整套的控制下，定位导向管可在 360° 范围倾斜安装，顶角调节范围 0°～10°。

3．钢套管安装

在定位导向管内下入 $\phi 168mm$ 钢套管。其安装方法如下：用钻机卷扬悬吊钢套管，让其管脚离开库底淤积层 0.2～0.5m，调整定位导向器使钢套管呈垂直状态后，迅速下放，使其插入库底淤积层中，利用高精度测斜仪在管中部及底部测量钢套管的偏斜和弯曲情况，不满足技术要求则起出重新下入，垂直度满足技术要求后，利用钻机卷扬反复上下起放钢套管，靠冲击力使其下入淤积层深度约 15m 处，管口处用管夹子固定，套管间采用丝扣连接，连接处采取抹胶等防脱扣措施，防止套管脱落，造成钻探事故。

4．淤积层取芯取样钻进

采用 $\phi 146mm$ 单管金刚石钻具给水钻进至基岩面。并迅速下入 $\phi 146mm$ 套管至基岩面，$\phi 146mm$ 套管下放过程中如遇阻碍，可采用 $\phi 127mm$ 金刚石钻具进行清扫。采取的主要钻进参数如下：

转速：300～500r/min；泵量：≥100L/min；泵压：0.3～0.5MPa；钻压：1～2kN（考虑钻杆重量，孔深时减压钻进）。

5．基岩钻进

在 $\phi 146mm$ 套管内下入 $\phi 130mm$ 金刚石钻具钻进至设计孔深，并取岩芯，如取芯困难，可以从钻杆内投入卡料进行处理。钻进过程中如发现钢套管松动，需根据实际情况加接钢套管。

由于岩塞口处基岩与覆盖层接触面很陡，坡度为 65°～85°，为防止"顺层跑"情况发生，当钻基岩时，必须采用长钻具、低轴压、慢转速、小泵量等钻进工艺，同时控制进尺速度，钻进 20cm 左右后，方可正常钻进。

金刚石基岩钻进主要参数如下：

转速：180～800r/min；泵量：80～100L/min；泵压：0.3～0.5MPa；钻压：2～3kN（考虑钻杆重量，孔深时，应进行减压钻进）。

6．施工测斜

采用 CX - 6B 型高精度陀螺测斜仪进行钢套管和孔底顶角和方位角的测斜。该测斜仪是采用高精度电子陀螺测量方位角、石英挠性伺服加速度计测量顶角的新型测斜仪器，可用于磁性矿区钻孔及铁套管内顶角和方位角的高精度测量。其主要技术指标为：

（1）顶角测量范围：0°～±60°。

（2）顶角测量精度：±0.1°。

（3）方位角测量范围：0°～360°。

（3）方位角测量精度：±2°。

施工过程中对钢套管及钻孔进行多点测斜，测量工作由经过测量培训的地质值班员按操作规程来完成，并做好测斜记录，确保定位管及钻孔偏斜资料的准确性。

7．终孔

钻到设计孔深，验收合格后方可终孔。要求孔斜小于 1°，入岩深度大于 0.5m。

8．PPR 管的安装与固定

（1）PPR 管下入前，必须将钻孔清洗干净，并清除孔底残留物。

（2）PPR 管外径 ϕ110mm，壁厚 10mm，每根长 6m，利用钻机卷扬通过 ϕ146mm 套管将其下放至孔底。

（3）PPR 管采用热融连接，为保证 PPR 管下放顺利，防止其卡在套管壁上，连接口必须平直。

（4）为保证装药顺畅，PPR 管热融缝高度不得大于 2mm。

（5）为防止 PPR 管管底泥砂淤积，PPR 管必须下放至钻孔基岩段。

（6）要求 PPR 管出露水面 1～2m，并将出露端用钢丝固定在平台上，管口封堵，防止异物入内。

（7）根据库水位的涨跌，接截 PPR 管，并在管上出露段及时作好孔号标记，以免混淆。

三、淤泥扰动排水孔水上施工

（一）排水孔钻孔施工技术要求

（1）4 个排水孔孔径要求大于 ϕ210mm，入岩深度大于 0.5m，定位误差小于 5cm。

（2）排水孔都需安装 FH200 软式透水管，透水管垂直布置，其底部至岩面，顶部至水面，用钢丝绳固定。

（3）排水孔孔口位置准确测定，经常校核，孔斜不大于 1°。

（4）钻机底盘及水上平台应固定牢靠，不受水流、风浪、水位升降而产生明显摆动或位移。

（5）在下透水管前，对于钻孔要进行清孔处理，保证透水管顺利下放；透水管就位后，对其水上部分要采取可靠的固定措施，防止透水管倾倒入水中，孔口应采取临时封堵措施，防止坠物堵塞套管。

（二）排水孔施工工艺流程框图

排水孔施工工艺流程见图 9.2 - 2。

（三）施工方法

（1）钻杆导正器安装。由于钻孔口径大，为防止钻杆在钻进过程中甩开脱扣，每根钻杆上必须安装外径为 ϕ200mm 的钻杆导正器，安装过程中需有锁死结构，防止钻杆导正器脱落造成孔内事故。

（2）定向导正器改装。为满足 4 个排水孔的施工技术要求，需重新设计加工定向导正器，实现对 ϕ273mm 套管的定向导正。

（3）ϕ273mm 套管下放。通过设在平台上的钻孔定向导正器，下入外径为 ϕ273mm 的套管，套管采用外平结构，下入淤泥面以下 15m 左右，孔口利用特制管夹夹紧固定。下入 ϕ273mm 套管过程中利用高精度测斜仪及钻孔定向导正器进行调整，保证 ϕ273mm 套管偏斜角度控制在 0.3°以内。

（4）淤积层钻进。采用 ϕ220mm 金刚石钻具进行淤泥层的钻进工作，直接钻进至基岩面。

采取的主要钻进技术参数如下：

转速：300 ～ 500r/min；泵量：≥ 100L/min；泵压：0.3～0.5MPa；钻压：1～2kN（考虑钻杆重量，孔深时减压钻进）。

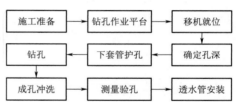

图 9.2 - 2　排水孔施工工艺流程框图

（5）$\phi219mm$ 钢套管安装。在 $\phi273mm$ 套管内下入 $\phi219mm$ 套管，直接下至基岩面。$\phi219mm$ 套管采用内平结。当 $\phi219mm$ 套管下放过程中遇堆石体受阻时，可下入 $\phi200mm$ 金刚石钻具进行扫孔，再利用拍套管的方法通过。

（6）套管沉积物打捞。大口径钻进由于排渣困难，当 $\phi219mm$ 套管下到基岩面时，套管内往往存在大量沉积物，需利用无泵钻具和抽筒钻具对套管内的沉积物进行清理，保证沉积厚度小于 0.5m。

（7）基岩钻进。通过 $\phi219mm$ 套管下入 $\phi200mm$ 金刚石钻具对基岩进行钻进至设计孔深。由于岩塞口处基岩与覆盖层接触面很陡，坡度为 $65°\sim85°$，为防止"顺层跑"情况发生，当钻进到基岩面时，必须采用长钻具、低轴压、慢转速、小泵量等钻进工艺，同时控制进尺速度，钻进 20cm 左右后，方可正常钻进。金刚石基岩钻进主要参数如下：

转速：$180\sim800r/min$；泵量：$80\sim100L/min$；泵压：$0.3\sim0.5MPa$；钻压：$2\sim3kN$（考虑钻杆重量，孔深时，应进行减压钻进）。

（8）施工测斜。采用 CX-6B 型高精度陀螺测斜仪进行钢套管和孔底顶角和方位角的测斜。该测斜仪是采用高精度电子陀螺测量方位角、石英挠性伺服加速度计测量顶角的新型测斜仪器，可用于磁性矿区钻孔及铁套管内顶角和方位角的高精度测量。其主要技术指标为：

1）顶角测量范围：$0°\sim\pm60°$。

2）顶角测量精度：$\pm0.1°$。

3）方位角测量范围：$0°\sim360°$。

4）方位角测量精度：$\pm2°$。施工过程中对钢套管及钻孔进行多点测斜，测量工作由经过测量培训的地质值班员按操作规程来完成，并作好测斜记录，确保定位管及钻孔偏斜资料的准确性。

（9）终孔。钻到设计孔深，验收合格后方可终孔。要求孔斜小于 $1°$，入岩深度大于 0.5m。

（10）FH200 软式透水管的安装与固定。

1）FH200 软式透水管下入前，必须将钻孔清洗干净，并清除孔底残留物。

2）FH200 软式透水管外径 $\phi200mm$，由无纺布和作为骨架的螺旋钢丝组成。直接由人工通过 $\phi219mm$ 套管下至孔底，透水管下入前应在底部捆绑 30kg 左右的重物。

3）透水管下到孔底后，为防止起套管过程中顶部软管沉到水底，可在管内装入若干小皮球，保证软管上部始终浮在水面上。

4）用钢丝将透水管上部与平台连接在一起，并作好标记，以免混淆。

第三节　岩塞钻孔质量检测三维测量

一、预裂孔检测工作量

岩塞预裂孔的作用是保证岩塞口的设计口形及减轻岩塞爆破对围岩的破坏。黄河刘家峡洮河口排沙洞岩塞爆破工程预裂孔钻孔布置在岩塞背水面，共计 98 个孔，孔径 76mm，孔深 12～19m，在岩塞掌子面直径为 10m 的圆上等间距分布，设计岩塞轴线与水平面夹角为 45°，预裂孔孔轴线与岩塞轴线夹角为 15°，呈辐射状分布。预裂孔成孔质量是决定岩塞爆破成败的主要因素之一，应进行严格的质量检测测量工作，主要检测预裂孔的孔深和孔斜（俯仰角和方位角）。

二、检测方法的确定过程

目前对钻孔方位角的精确测量在国内钻探行业仍是个难题，没有太多可借鉴的经验。本项目对多种检测方法进行了现场试验。首先采用曾在长江三峡永久船闸水平锚索孔孔斜检测中应用的"孔内灯泡测斜法"进行岩塞预裂孔孔斜的检测，结果失败，主要原因是由于孔径较小，钻孔稍有弯曲，灯炮便从视野中消失，再无法用光学仪器对其进行跟踪检测，故无法满足预裂孔孔斜检测要求。

随后采用用于飞行器导航的三维电子罗盘进行检测，此罗盘方位角精度可达到 0.3°～0.5°，俯仰角精度可达到 0.1°。在地面上经过多次模拟试验，证明精度能满足设计要求，并完成 11 个预裂孔孔深和孔斜的检测工作。但对检测数据进行分析时，发现孔口方位角与孔底方位角相差很大，经做试验得知产生孔口方位角与孔底方位角相差很大的主原因之一为磁场干扰（电子罗盘主要靠地磁进行方位角的测量，而施工现场搭设的脚手架全由钢管组成，脚手架相对电子罗盘就像一个大的铁矿区形成干扰磁场对电子罗盘方位测量产生了严重的不定向干扰），故该方案不可行。

最后采用不受磁场影响的高精度光纤陀螺测斜仪，进行孔斜检测工作。进行检测前。首先用全站仪在地面上对其进行方位角和俯仰角精度校验，并作了磁干扰试验，经过大量数据验证：高精度光纤陀螺测斜仪俯仰角精度小于 ±0.1°，方位角精度小于 ±2°，其中有 75% 的测点数据精度小于 ±1°，不受磁场干扰。本项目 98 个岩塞预裂孔钻孔全部使用高精度光纤陀螺测斜仪进行孔斜检测。

三、仪器和设备资源

主要投入的测量仪器和其他辅助测量设备见表 9.3－1。

表 9.3－1　　　　　　　　　　现场使用主要仪器设备配备表

序号	仪器（设备）名称	型　　号	数　量	现　行　状　态
1	全站仪	GPT－3002LNC	1	合格
2	光纤陀螺测斜仪	LHE2305	1	合格
3	PC 机 1 台	ThinkPad	1	合格
4	笔记本电脑	Lenovo	3	合格
5	打印机	HP1020	1	合格

四、检测施工

预裂孔检测的总体思路：首先利用全站仪测出预裂孔孔口坐标，再利用光纤陀螺测斜义对预裂孔不同孔深进行多点检测（方位角和俯仰角），并计算出各测点的空间坐标（X、

Y、Z)。在三维坐标 CAD 图中，通过预裂孔的多个坐标点连线，可确定预裂孔的空间所处姿态。

（一）光纤陀螺工作原理

光纤陀螺测斜仪采用自寻北设计，无须地面标定，自动寻北，不受磁干扰影响，采用高精度光纤陀螺传感器、加速度计等专业传感器，测量钻孔（井）斜角、方位角和工具面角等参数。

仪器核心部分是光纤陀螺探管，由三轴加速传感器和光纤陀螺传感器组成，内置嵌入式微处理器系统。光纤陀螺传感器用于测量地球自转的角速度分量，加速度传感器用于测量探管轴线与重力场的夹角及探管的高边角，上述信号均不受地球磁场的影响。结合当地纬度值，经 PC 机上的配套软件计解算出所需姿态参数。

（二）光纤陀螺测斜仪方位角参数测定

光纤陀螺测斜仪测出的方位角与黄河刘家峡洮河口排砂洞工程测量系统理论上存在一个固定的系统差值，称之为方位角参数。方位角参数可以通过测斜仪和全站仪测出的多组方位角偏差值用求平均值的方法近似求出。

采用 NTS-302C 全站仪进行光纤陀螺测斜仪方位角参数测定，全站仪的精度为 2+2ppm，30″，可以近似地将全站仪测出的方位角作为标准值。

1. 测定方法

（1）利用洞内的两个测量控制点 H1 和 H2，全站仪通过后方交汇法建立测量坐标系。

（2）将光纤陀螺测斜仪固定在长 3m 的直角钢上，要求光纤陀螺测斜仪管壁紧贴角钢内侧面，如此角钢的方位角和倾角与测斜仪的方位角和倾角便保持一致。

（3）按设计预裂孔的各种方位角和倾角将绑有光纤陀螺测斜仪的角钢斜支在脚手架上，并由测斜义进行方位角的测量，作好记录。

（4）同时将棱镜立于角钢两端的立边棱上，用全站仪测出其坐标和高程，并计算出方位角与倾角，作好记录。

（5）用全站仪测出的方位角减去用光纤陀螺测斜仪自身测出的相应状态下的方位角，得到 1 个偏差值。

（6）将多个偏差值进行求平均值，该平均值就可近似认为是我们所要求的方位角参数。

2. 方位角参数测定成果

方位角参数测定共完成不同状态测定数据 20 组，计算出近似方位角参数为：−1.495°。测定成果见表 9.3-2：光纤陀螺测斜仪方位角参数测定成果表。

（三）孔口坐标测量

孔口坐标使用全站仪进行测量，测量过程严格按测量规范进行，并作好记录。

（四）检测前准备工作

（1）详细了解预裂孔施工情况和可检测孔的分布与数量。

（2）脚手架平台的搭设：由于岩塞预裂孔呈辐射状均匀分布在直径为 10m 的反坡掌子面上，检测工作需在脚手架上搭设 3m×3m 以上的平台上完成，平台要求尽量紧靠洞壁，牢靠稳固。

表 9.3 – 2　　　　　　　　　　　光纤陀螺测斜仪方位角参数测定成果表

测点	测斜仪测量方位角/(°)	全站仪测量计算方位角/(°)	方位角偏差值/(°)	备注
1	176.388	174.796	−1.592	
2	188.540	185.670	−2.870	
3	185.093	184.637	−0.455	
4	185.743	185.282	−0.460	
5	182.795	181.600	−1.195	
6	189.230	187.442	−1.788	
7	197.673	196.039	−1.634	
8	190.075	187.728	−2.347	
9	192.020	189.607	−2.413	
10	205.377	204.010	−1.366	
11	215.493	214.293	−1.199	
12	198.078	195.860	−2.217	
13	209.498	207.368	−2.129	
14	200.973	198.544	−2.430	
15	189.608	187.940	−1.668	
16	182.540	180.422	−2.118	
17	212.255	211.318	−0.937	
18	191.945	192.473	0.528	
19	194.375	193.848	−0.527	
20	210.383	209.703	−0.679	
近似方位角参数/(°)			−1.475	

（3）保证检测数据准确可靠，检测过程中需停止一切能产生振动的施工干扰，同时保证预裂孔内清洁无泥砂及其他杂物。

（五）岩塞预裂孔的检测工作

（1）光纤陀螺测斜仪为直径 42mm，长 2.3m 的杆件，用 4 分钢管加工成顶杆将仪器送至孔底。

（2）送到孔底后，记好孔深，并进行该深度的孔斜检测工作。

（3）孔底检测完成后，按 2～3m 的间距，向孔口依次检测不同孔深的孔斜，直至孔口。

（4）为保证检测数据可靠性，每个测点测两组数据（即方位角和俯仰角各测两个数据）。

（5）为保证各测点数据能够成功采集，在仪器采集数据期间，应采取措施保证孔外顶杆处于静止状态。

（6）现场作好记录工作，防止出现搞错孔号或记错孔深等情况发生。

（六）孔底坐标值计算

首先采用全站仪进行孔口坐标、高程的测量和记数，以此为基点，利用光纤陀螺测出的距孔口最近测点的方位角、俯仰角及孔深计算出该测点的坐标、高程，再以该测点的坐标、高程为基点，用同样的方法计算出下一测点的坐标、高程，以此类推直至孔底的坐标高程。

已知预裂孔各测点的坐标、高程，在三维立体图中将各测点进行连线，便可绘制出该预裂孔的空间近似分布状态。

（七）地面现场试验

为了验证光纤陀螺测斜仪各测点计算坐标与预裂孔实际坐标的准确性，在岩塞附近的山坡上，用长 18m 的 φ89mm 钢管来模拟岩塞预裂孔进行现场钻孔模拟试验，模拟直孔检测 1 次，模拟孔底偏斜 2m 弯孔检测 3 次，模拟孔底偏斜 3m 弯孔检测 2 次，共计进行了 6 个钻孔的模拟试验，见图 9.3-1。

（a）直孔　　　　　　　　（b）孔底偏斜2m弯孔　　　　　　　（c）孔底偏斜3m弯孔

图 9.3-1　钻孔精度模拟检测

通过以上预裂孔模拟试验成果表可知，绝大多数的测点偏差值都在 10cm 以内，偏斜最大的在弯（3m）-1 号孔的孔深 14.8m 处，总偏斜量 $\Delta S = 15.1$cm，完全满足设计要求。由此可见各测点由光纤陀螺测斜仪精度而造成的误差角，由于各测点误差抵消的原因，一般远小于仪器的精度误差，其误差角的极限状态为仪器精度误差最大值。试验成果见：表 9.3-3～表 9.3-5（预裂孔模拟试验成果表）。

表 9.3-3　　　　　　　　　　　　预裂孔模拟试验成果表

孔号：直孔			方位角参数：69.834°			孔深：17.8m			
孔口坐标：X=78331.661　Y=1362.834　Z=1748.374						检测日期：2015-05-14			
检测孔深 /m	全站仪测量坐标			光纤陀螺计算坐标			偏差值			
	N/m	E/m	H/m	N/m	E/m	H/m	ΔN /cm	ΔE /cm	ΔH /cm	ΔS /cm
2.8	78330.851	1360.883	1750.152	78330.84	1360.838	1750.158	−1.1	−4.5	0.6	4.7
5.8	78329.986	1358.682	1752.041	78329.979	1358.678	1752.054	−0.7	−0.4	1.3	1.5
8.8	78329.108	1356.536	1753.941	78329.101	1356.535	1753.961	−0.7	−0.1	2.0	2.1
11.8	78328.22	1354.371	1755.831	78328.21	1354.378	1755.845	−1.0	0.7	1.4	1.9
14.8	78327.349	1352.197	1757.713	78327.324	1352.216	1757.728	−2.5	1.9	1.5	3.5
17.8	78326.472	1350.009	1759.598	78326.489	1350.029	1759.603	1.7	2.0	0.5	2.7

续表

孔号：弯孔（2m）－1			方位角参数：69.834°			孔深：17.8m			
孔口坐标：$X=78333.655$　$Y=1361.811$　$Z=1748.413$						检测日期：2015－05－14			
检测孔深 /m	全站仪测量坐标			光纤陀螺计算坐标			偏差值			
	N/m	E/m	H/m	N/m	E/m	H/m	ΔN /cm	ΔE /cm	ΔH /cm	ΔS /cm
2.8	78332.346	1360.075	1750.167	78332.352	1360.068	1750.175	0.6	－0.7	0.8	1.2
5.8	78331	1358.188	1752.045	78331.016	1358.159	1752.064	1.6	－2.9	1.9	3.8
8.8	78329.693	1356.239	1753.935	78329.711	1356.224	1753.95	1.8	－1.5	1.5	2.8
11.8	78328.488	1354.24	1755.813	78328.521	1354.217	1755.835	3.3	－2.3	2.2	4.6
14.8	78327.397	1352.176	1757.711	78327.445	1352.151	1757.726	4.8	－2.5	1.5	5.6
17.8	78326.443	1350.032	1759.599	78326.476	1350.024	1759.606	3.3	－0.8	0.7	3.5

表 9.3－4　　　　　　　　　　　　　预裂孔模拟试验成果表

孔号：弯孔（2m）－2			方位角参数：69.834°			孔深 17.8m			
孔口坐标：$X=78333.655$　$Y=1361.811$　$Z=1748.413$						检测日期：2015－05－14			
检测孔深 /m	全站仪测量坐标			光纤陀螺计算坐标			偏差值			
	N/m	E/m	H/m	N/m	E/m	H/m	ΔN /cm	ΔE /cm	ΔH /cm	ΔS /cm
2.8	78332.346	1360.075	1750.167	78332.351	1360.068	1750.174	0.5	－0.7	0.7	1.1
5.8	78331	1358.188	1752.045	78331.024	1358.151	1752.061	2.4	－3.7	1.6	4.7
8.8	78329.693	1356.239	1753.935	78329.728	1356.206	1753.943	3.5	－3.3	0.8	4.9
11.8	78328.488	1354.24	1755.813	78328.528	1354.204	1755.827	4.0	－3.6	1.4	5.6
14.8	78327.397	1352.176	1757.711	78327.459	1352.135	1757.718	6.2	－4.1	0.7	7.5
17.8	78326.443	1350.032	1759.599	78326.52	1349.998	1759.604	7.7	－3.4	0.5	8.4

孔号：弯孔（2m）－3			方位角参数：69.834°			孔深：17.8m			
孔口坐标：$X=78333.655$　$Y=1361.811$　$Z=1748.413$						检测日期：2015－05－14			
检测孔深 /m	全站仪测量坐标			光纤陀螺计算坐标			偏差值			
	N/m	E/m	H/m	N/m	E/m	H/m	ΔN /cm	ΔE /cm	ΔH /cm	ΔS /cm
2.8	78332.346	1360.075	1750.167	78332.345	1360.073	1750.174	－0.1	－0.2	0.7	0.7
5.8	78331	1358.188	1752.045	78330.968	1358.193	1752.064	－3.2	0.5	1.9	3.8
8.8	78329.693	1356.239	1753.935	78329.678	1356.247	1753.948	－1.5	0.8	1.3	2.1
11.8	78328.488	1354.24	1755.813	78328.462	1354.255	1755.833	－2.6	1.5	2.0	3.6
14.8	78327.397	1352.176	1757.711	78327.343	1352.214	1757.725	－5.4	3.8	1.4	6.7
17.8	78326.443	1350.032	1759.599	78326.38	1350.089	1759.612	－6.3	5.7	1.3	8.6

表 9.3－5   **预裂孔模拟试验成果表**

孔号：弯孔（3m）－1			方位角参数：69.834°			孔深：17.8m			
孔口坐标：$X=78334.431$ $Y=1361.388$ $Z=1748.531$						检测日期：2015－05－15			
检测孔深 /m	全站仪测量坐标			光纤陀螺计算坐标			偏差值			
	N/m	E/m	H/m	N/m	E/m	H/m	ΔN /cm	ΔE /cm	ΔH /cm	ΔS /cm
2.8	78332.951	1359.76	1750.25	78332.965	1359.741	1750.257	1.4	－1.9	0.7	2.5
5.8	78331.419	1357.969	1752.096	78331.445	1357.94	1752.113	2.6	－2.9	1.7	4.2
8.8	78329.955	1356.103	1753.943	78330.03	1356.046	1753.96	7.5	－5.7	1.7	9.6
11.8	78328.63	1354.165	1755.803	78328.721	1354.097	1755.827	9.1	－6.8	2.4	11.6
14.8	78327.431	1352.162	1757.695	78327.557	1352.084	1757.723	12.6	－7.8	2.8	15.1
17.8	78326.413	1350.05	1759.6	78326.529	1349.999	1759.619	11.6	－5.1	1.9	12.8
孔号：弯孔（3m）－2			方位角参数：69.834°			孔深：17.8m			
孔口坐标：$X=78334.431$ $Y=1361.388$ $Z=1748.531$						检测日期：2015－05－15			
检测孔深 /m	全站仪测量坐标			光纤陀螺计算坐标			偏差值			
	N/m	E/m	H/m	N/m	E/m	H/m	ΔN /cm	ΔE /cm	ΔH /cm	ΔS /cm
2.8	78332.951	1359.76	1750.25	78332.982	1359.73	1750.261	3.1	－3	1.1	4.5
5.8	78331.419	1357.969	1752.096	78331.474	1357.919	1752.117	5.5	－5	2.1	7.7
8.8	78329.955	1356.103	1753.943	78330.037	1356.043	1753.965	8.2	－6	2.2	10.4
11.8	78328.63	1354.165	1755.803	78328.71	1354.106	1755.832	8.0	－5.9	2.9	10.4
14.8	78327.431	1352.162	1757.695	78327.525	1352.103	1757.726	9.4	－5.9	3.1	11.5
17.8	78326.413	1350.05	1759.6	78326.431	1350.053	1759.623	1.8	0.3	2.3	2.9

第十章 岩塞爆破现场试验

第一节 概　述

一、岩塞爆破现场试验的意义

水下岩塞爆破是一项具有一定风险性、难度比较大的爆破技术，不像其他爆破，可以重复进行，即使国内外瞩目的三峡围堰拆除爆破，在一次爆破结束后，还可以进行第二次补充爆破。而岩塞爆破工程不可逆，没有重复性工作，要求必须一次爆通，并且做到爆破时对邻近建筑物（构筑物）无重要或实质性的影响，爆破后进水口边坡稳定，形成的岩塞口轮廓规则、过水断面符合设计要求，工程长期运行安全可靠。

迄今为止，我国大大小小的水下岩塞爆破工程仅几十例。20 世纪的 70 年代初至 80 年代末，由于防洪、供水、发电的需要，水下岩塞爆破技术处于比较火热状态。进入 21 世纪，一些多泥沙河流的已建水库淤积特别严重，需要进行排沙减淤，水下岩塞爆破技术又提到日程上来。而近几年，随着引水、调水工程的推进，水下岩塞爆破技术有向常态化发展的趋势。虽然我国水下岩塞爆破技术的发展历时较长，但完成的几十例水下岩塞爆破工程，无论是理论和经验，其成熟度都无法与道桥工程、隧洞工程，甚至拆除爆破工程等相提并论。这些完成的水下岩塞爆破工程，其爆破方式、地质条件、边界条件、复杂程度等差异都很大，加上从事水下岩塞爆破的技术人员少之又少，其设计水平、施工技术、管理能力都有一定的不足。对于水下岩塞爆破，国内生产的爆破器材差异性也很大。一般的爆破器材多用于矿山、隧道、疏浚等工程，无水或水浅，而水下岩塞爆破所需要的爆破器材不仅应具有高可靠性和准确性，而且还应具有一定抗水性和抗压性，抗水和抗压要持续一定时间。这对于"一锤子买卖"的水下岩塞爆破实属是一种难度不小的挑战。

在进行水下岩塞爆破之前，大部分水工建筑物和设施已经建设完成。如果把水下岩塞爆破看作是一个大直径的钻孔爆破，岩塞上部的水就可以看作是炮孔的堵塞体，虽然在计算药量和抵抗线时考虑了有水的"阻抗平衡"问题，但是一旦岩塞爆破，在一定水深压制和隧洞约束的双重作用下，爆破能量向洞内溢出的很大，其破坏性也很大。因此，水下岩塞爆破在考虑常规爆破有害效应影响之外，还应考虑爆破水力冲击对水工结构的影响，一些必要的试验研究是必不可少的。在原型岩塞爆破之前，进行岩塞爆破的专项试验，是解决上述问题的有效手段。

二、岩塞爆破现场试验的分类和研究内容

岩塞爆破现场试验可分为原位岩塞爆破模型试验、全断面岩塞段爆破模拟试验和现场

专项研究试验三类。

　　原位岩塞爆破模型试验是按着原型岩塞爆破方案，按一定比例的岩塞口尺寸，爆破参数按照正常岩塞爆破设计，在地质和试验工况相似或基本相近的条件下进行的现场试验。试验地点一般选择在原型岩塞较近的位置，如：刘家峡1：2原位岩塞爆破模型试验选择在距原型岩塞下游130.00m处，吉林中部引水工程丰满1：1原位岩塞爆破模型试验距原型岩塞55.70m处。试验部位一般选择进口闸门井至岩塞口进口边坡洞段，包括进口边坡、进口岩塞段、集渣坑、出渣隧洞和出渣竖井。原位岩塞爆破模型试验要研究的内容有爆破方案、经过处理的爆破器材的可靠性和准确性、不限于常规的爆破有害效应影响、施工工艺、淤积下泄状态（若岩塞口有淤积覆盖层）等。原位岩塞爆破模型试验研究的内容比较丰富和全面，策划得当基本能够解决原型岩塞爆破所关注的问题。

　　全断面岩塞段爆破模拟试验，是借助于隧洞开挖过程或已开挖完成的两个隧洞之间，在地质条件相似或基本相近的条件下进行的岩塞爆破试验，用于考察在设计爆破参数条件下，岩塞的爆破效果，如岩塞口的成型情况，爆渣的块度等。全断面岩塞段爆破模拟试验又分为单自由面和双自由面的试验。借助于隧洞开挖过程的全断面岩塞段爆破模拟实验是单自由面试验；在两个隧洞之间进行的全断面岩塞段爆破模拟试验是双自由面试验。试验地点一般选择距原型岩塞较近的隧洞段或部位。模拟试验洞段的洞径应基本与原型岩塞口直径相同。全断面岩塞段爆破模拟试验一般应用在岩塞爆破方案为排孔爆破中。试验主要研究爆破方案中的爆破参数、孔网参数、爆破器材的可靠性和准确性、钻孔施工工艺、爆破有害效应等。

　　现场专项研究试验是对岩塞爆破的某一环境或条件下的专项指标或参数的试验。现场专项研究试验一般选择在与原型岩塞的环境、或地质相似的条件下进行。试验内容可根据情况选择，一般有爆破参数、爆破振动和冲击波有害效应、安全防护、爆破网络模拟、爆破器材防水抗压工艺等试验。现场专项试验可以补充原位岩塞爆破模型试验和全断面岩塞段爆破模拟试验的不足。

三、岩塞爆破现场试验适用条件

（一）原位岩塞爆破模型试验

　　在三类的岩塞爆破现场试验中，原位岩塞爆破模型试验结果反应的问题比较全面，但试验工作比较繁杂，试验周期长，一般在复杂条件下的水下岩塞爆破，或者工程技术人员对本工程爆破方案成功与否没有可靠把握的前提下，才可进行原位岩塞爆破模型试验。所说的复杂条件是指岩塞口有厚淤积物、水深达到一定深度、进口边坡不稳定、附近有重要的文物或保护对象等。通过原位岩塞爆破模型试验，不仅可以解决这些复杂条件带来的潜在不利影响，还可以提高爆破工程技术人员对本工程的认知水平，为原型岩塞的精确设计、熟练施工和管理打下基础。

（二）全断面岩塞段爆破模拟试验

　　全断面岩塞段爆破模拟试验是结合隧洞开挖进行的，试验工作比较简单，试验周期相对短，试验可选不同位置的洞段重复进行，但对主体工程施工干扰大，试验边界条件缺少爆破时的水深，试验结果应考虑水深的影响。由于只研究岩塞段无水压条件下的爆破效果，爆破时的水冲击对结构影响无法了解。在排孔爆破时，要了解掏槽方式、进尺深度、分段间隔、预裂孔或光爆孔参数等，采用全断面岩塞段爆破模拟试验是比较好的方法。

（三）现场专项研究试验

现场专项研究试验是水下岩塞爆破设计中的某些参数或爆破产生的结果把握不准，或者对某项结果作为常规了解进行的专门试验。如：清河水库岩塞爆破，设计对岩塞厚度把握不准，进行了岩塞厚度 6.00m 和 4.50m 的压水试验；刘家峡水下岩塞爆破进行的淤泥爆破试验等。现场专项研究试验工作单一，针对性强，试验周期较短，可重复多组多次的试验，试验研究问题比较透彻，对主体工程施工干扰少或不产生干扰。进行原位岩塞爆破模型试验或全断面岩塞段爆破模拟试验，一般也进行专项研究试验。现场专项研究试验结果可以很好地指导岩塞爆破试验和原型岩塞的爆破设计。

四、岩塞爆破现场试验设计

（一）设计原则

1. 原位岩塞爆破模型试验

（1）试验地点的选取不应干扰和影响主体工程施工，不应产生安全等不利影响。

（2）试验地点应做必要的勘测工作，依据地勘成果布置岩塞口。

（3）试验岩塞的地形地貌、边界条件、地质条件与原型的要基本相近。

（4）试验岩塞体的几何形体应与原型相似，几何尺寸应满足安全和施工可行要求。

（5）试验岩塞爆破应采用原型爆破方案。

（6）应设置必要的观测和检测，仪器设备应可靠有效，成果能够客观的说明和解释所关注的对象。

2. 全断面岩塞段爆破模拟试验

（1）试验位置的选择应对施工干扰小部位，宜结合隧洞开挖进行。

（2）试验地质条件应与原型的基本相近。

（3）试验位置的洞径宜与原型的岩塞口直径相同。

（4）试验岩塞爆破应采用拟定的原型爆破方案，只做爆破参数和孔网参数的调整。

3. 现场专项研究试验

（1）应充分了解现场专项研究试验所需要的条件或工况。

（2）宜结合现场条件进行试验，试验条件或工况应满足原型设计的基本要求。

（3）试验项目应选择设计把握不准的影响岩塞爆破结果、对安全和质量有重大影响的项目。

（4）试验数量应满足试验结果可靠，数据准确、能够解释和说明设计所关注的问题。

（二）设计内容

1. 原位岩塞爆破模型试验

（1）现场地勘工作，包括位置和范围、勘测项目和数量的确定。

（2）现场模型试验洞洞线的选择。

（3）进水口岩塞布置。

（4）岩塞体几何尺寸设计。

（5）集渣坑体型和结构设计。

（6）出渣平洞设计。

（7）出渣竖井设计。

（8）岩塞爆破药量和有关参数的设计。

（9）爆破网路设计。

（10）爆破材料的选择。

（11）试验研究项目选择。

（12）爆破试验观测或检测设计。

（13）其他相关设计。

2．全断面岩塞段爆破模拟试验

（1）试验位置的选择。

（2）试验研究项目的选择。

（3）爆破参数和钻孔参数的设计。

（4）爆破网路设计。

（5）爆破材料的选择。

（6）爆破试验观测或检测设计。

（7）其他相关设计。

3．现场专项研究试验

（1）试验研究项目的策划。

（2）试验位置的选择和试验条件的确定。

（3）试验装置的设计。

（4）试验采集设备的选择。

（5）试验数量。

（6）试验预期成果。

第二节　原位岩塞爆破模型试验

本节以刘家峡排沙洞岩塞爆破 1∶2 模型试验为例，介绍原位岩塞爆破模型试验设计和试验过程以及所取得的成果。

一、工程概况

刘家峡水电站位于甘肃省永靖县境内的黄河干流上，距永靖县城 3km，距兰州市约 80km。该电站于 1974 年全部建成，是西北地区的大型骨干电站。现有铁路和二级公路相通，交通比较方便。洮河口排沙洞进水口位于刘家峡大坝左岸上游 1.5km 处，与对岸的洮河入口相对。

排沙洞进口布置于洮河口对岸 1677.32～1687.62m 高程处，在该处黄河以 NE10°向下游流入坝区，水面宽约 200m。下部淤泥面顶板高程 1704.65～1705.93m，基岩面高程约 1662.00～1736.00m，淤泥层厚度 5.37～43.97m，岩塞段水下基岩与淤泥接触面陡峻，坡度达 70°～80°，坡顶被第四系黄土类覆盖，厚度约 1.00～20.00m，坡顶高程为 1744.00～1753.00m，系残留黄河Ⅳ级阶地，坡面冲沟发育，但切割不深。进口段出露的地层主要有：前震旦系深变质岩、第四系松散堆积物和局部存在的岩浆岩侵入体。

排沙洞的进水口采用水下岩塞爆破方案。岩塞爆破口位于洮河出口，黄河左岸，在正常蓄水位以下 70.00m，尚有 40.00m 的厚淤泥沙层。设计的排沙洞岩塞内口为圆形，内径 10m，外口近似椭圆，外口尺寸 20.3m×27.84m，岩塞最小厚度 12.30m，方量 2474.00m³，岩塞进口轴线与水平面夹角 45°，上开口高程 1682.17m，进口底高程 1664.53m。

洮河多年平均入库沙量 2860 万 t，占入库总沙量的 31%。洮河口沙坎和坝前泥沙淤积严重影响电站的正常运行，现场 1∶2 模型试验洞目的就是为原型提供科学指导、试验验证。模型试验洞进水口岩塞段位于刘家峡水库内，水库正常蓄水位以下 55.00m 处，泥沙淤积厚 5.37～43.97m。由于本工程为试验洞，与原型工程较近，本工程可以利用在建工程的部分资源，但工程施工不能影响邻近的原型进水口闸门井及引水洞的安全。

排沙洞岩塞爆破拟采用单层 7 个药室进行塞体爆破，共分 4 响起爆，最大单段药量为 1452kg。1∶2 试验洞进口布置于洮河口对岸（黄河左岸），排沙洞进口下游约 130.00m。

二、试验洞岩塞口工程地质条件

（一）地形地貌

1∶2 试验洞进口布置于洮河口对岸（黄河左岸），距排沙洞进口下游约 130.00m。该处黄河以 N10°E 向下游流入坝区。施工期水库水位 1722.00～1724.00m 左右。水库水位以上为岸边陡坡，岩石裸露，岩面坡度较陡，一般 70°～85°，个别 50°～65°。岸坡上系残留的黄河Ⅳ级阶地，主要为第四系黄土类覆盖，厚度 1.00～20.00m，成分主要为粉土，个别处夹少量碎石。地面冲沟发育，但切割不深，一般为 1.00～3.00m。

（二）围岩分类

1. 进口边坡

进口边坡坡向 N10°E，进口轴线与边坡坡向近直交，边坡坡度一般为 77°～84°局部为 60°。坡顶高程高出岩塞底高程 66.00m。在 1723.00～1736.50m 高程岩壁上，岩体为弱风化岩。主要裂隙有下列 4 组：①走向 N16°～30°W，倾向 SW，倾角 60°。间距 2.50～4.00m，延伸较长，与洞轴线交角 42°～56°，倾向上游偏水库。②走向近 N60°，倾向 SE，倾角 75°左右，向上延伸 8.00m，为个别裂隙。③走向 N20°E，倾向 SE，倾角 40°～50°。为顺坡裂隙，交至①组。④缓倾角节理，倾向下游偏库内，倾角 20°～30°延伸较短。另有少量延伸较短的裂隙，组合呈不稳定岩块。

1715.00m 高程以下，已被淤积土覆盖。边坡整体是稳定的。

2. 0+58～0+44m，长 14.00m

上覆岩（土）体 16.40～43.00m。围岩为云母石英片岩和石英云母片岩，岩质坚硬。围岩呈弱～微风化状态。

该段前段为岩塞，后段为集渣坑。岩塞前部据 ZK327 号钻孔资料，全孔岩石 RQD 平均值为 77%，为较好岩石。岩塞位置岩石 RQD 值 31%～82%，平均值 66%。裂隙以发育～

较发育为主，裂隙以 10°～30°倾角为主。岩塞后部据 ZK341 号钻孔资料，岩塞位置岩石 RQD 值 73%～96%，平均值 86%，裂隙以较发育为主，裂隙以 10°～30°倾角为主，次为 60°～65°倾角裂隙。距离岩壁 3.50m（水平距离）范围内受风化卸荷作用，预计岩层透水性较强。为 Ⅱ 类围岩。

岩塞部位由于岩面地形复杂，厚度不均。目前未发现不利于岩塞稳定的软弱结构面。

药室开挖尺寸较小，存在缓倾角裂隙，对洞顶稳定不利，可采用支护措施。

据 1723.00m 高程以上岩石陡壁剖面观察，喇叭口上部岩体完整性较好，预计不会发生较大规模坍落。由于岩塞厚度不均一，可能产生爆破漏斗形状不规则。

集渣坑部位存在缓倾角裂隙，对顶拱稳定不利。

3. 0＋44～0＋25m，长 19.00m

上覆岩体 43.00～68.00m。围岩为云母石英片岩，岩质坚硬。围岩呈微风化状态。岩石 RQD 值为 70～91%（断层带为零）。洞内发现 2 条断层：① F_8 断层：走向 N20°W，倾向 SW，倾角 38°。破碎宽度 10.00cm，由碎裂岩和少量断层泥组成，为顺层断层。对集渣坑顶拱稳定不利。② F_2 断层：走向 N16°W，倾向 SW，倾角 75°。破碎宽度 10.00～20.00cm，由碎裂岩和片状岩等组成。裂隙以较发育～发育，裂隙以 25°～35°倾角和 60°～80°倾角两组为主，缓倾角裂隙对集渣坑顶拱稳定不利。走向 N70°～85°W，倾向 NE，倾角 75°～80°一组裂隙，基本平行集渣坑边墙，对 SW 侧边墙稳定有一定影响。为 Ⅲ 类围岩。

4. 0＋25～0＋00m，长 25.00m

上覆岩体 68.00～75.00m。围岩为微风化的云母石英片岩，岩石较完整。缓倾角裂隙对集渣坑及平洞洞顶稳定不利；走向 N70°～85°W，倾向 NE，倾角 75°～80°一组裂隙，对 SW 侧边墙稳定有一定影响。井底至弱风化岩下限为 Ⅱ 类围岩，弱风化岩至强风化岩为 Ⅲ 类围岩。粉土为 Ⅴ 类。

（三）工程地质评价

（1）进口段岩体边坡陡峭，坡度一般 75°～85°，局部形成反坡。部分地段出现岩埂。顺岸坡方向岩面线起伏大，岩塞口顶、底高程线与岸坡不甚平行，有拐进、拐出现象。岩面线地形复杂。

（2）按钻孔资料统计，淤积层厚度变化大，最大 51.76m，最小值 0.15m，平均值 21.30m，岩性主要为粉土及粉质黏土，中间夹细砂。粉土及粉质黏土呈软塑～可塑状态，基本为高压缩性土，基本为微透水层，细砂按经验为中等透水层。

（3）进口段围岩为石英云母片岩和云母石英片岩，岩质坚硬，抗风化能力强。进口段轴线地表发现卸荷裂隙，依据实地观察及西北院资料（工程地质可研报告）地表以下 8.00m 裂隙闭合至尖灭。

（4）位于进口段轴线上游 24.60m 的松动岩体，被 F_4 断层限制，如岩体受爆破振动作用，对岩塞影响不大。

（5）岩层走向基本垂直洞线，有利于洞身稳定，发现断层不多，且规模较小。裂隙在地表以发育～较发育为主，洞身以较发育为主；钻孔内缓倾角节理局部～部分孔段较发育～发育，地表岩壁上节理延伸性较差。洞身围岩工程地质条件一般较好。

（6）围岩为弱透水岩层，但岩层表部由于受风化卸荷作用，透水性较强，可能为中等透水岩层。

（四）岩（土）体参数建议值

淤泥土参数建议值见表 10.2-1，各类围岩参数建议值见表 10.2-2。

表 10.2-1　　　　　　　　　　淤 泥 土 参 数 建 议 值

土名	比重	天然密度	孔隙比	压缩模量	渗透系数	抗　剪　强　度	
	GS	ρ /(g/cm³)	e	E_s/MPa	K /(cm/s)	内摩擦角/(°)	凝聚力/ kPa
粉土	2.69	1.92	0.72	4.5	5.49×10^{-6}	21.0	19.0
粉质黏土	2.7	1.93	0.84	5.0	7.69×10^{-7}	26.0	51.0
细砂	2.64	1.74～1.87	0.65～0.75	13.0	6.7×10^{-3}	28.0	0.0

表 10.2-2　　　　　　　　　　各 类 围 岩 参 数 建 议 值

围岩类别	密度 γ /(g/cm³)	内摩擦角 ϕ /(°)	凝聚力 C /MPa	变形模量 E /GPa	泊松比 μ	单位弹性抗力系数/(MPa/cm)
Ⅱ	2.74～2.76	42～45	1.0～1.5	8.0～9.0	0.22	60.0～65.0
Ⅲ	2.72～2.74	35～42	0.8～0.9	5.0～6.0	0.25	38.0～46.0
Ⅳ	2.70～2.72	30～35	0.4～0.5	2.0～3.0	0.30	15.0～23.0

工程区在构造体系上位于西域系、陇西系和河西系三个构造体系的复合部位，为一地背斜，基底层为前震旦系深变质的结晶片岩，以云母石英片岩为主。本区地震基本烈度为Ⅶ度。进口洞脸边坡整体稳定。

岩塞：围岩为石英云母片岩和云母石英片岩，岩质坚硬，岩石呈弱～微风化状态，表部岩石完整性较差，未发现不利于岩塞稳定的软弱结构面。存在缓倾角裂隙，对药室的顶拱稳定不利，对不稳定岩体建议采用喷锚支护措施。岩塞部位岩面地形复杂，应通过固结灌浆孔对岩面高程进行复核。

集渣坑及其高边墙：围岩为云母石英片岩，岩石呈微风化状态，岩质坚硬。发现 F_8 和 F_2 两条断层，F_8 断层对洞顶稳定不利。另有与 F_8 断层走向一致的一组裂隙，对洞顶稳定有一定影响。走向 N70°～85°W，倾向 NE，倾角75°～80°一组裂隙，基本平行集渣坑边墙，对 SW 侧边墙稳定有一定影响。

洞室：围岩为微透水岩层，但靠近岩壁位置由于风化、卸荷作用，岩层透水性较强，建议对岩塞上部加强固结灌浆。

三、模型试验洞设计

模型试验洞主要由进口边坡、进口岩塞段、集渣坑平洞段、集渣坑斜洞段、锚喷平洞段、出渣竖井组成，在集渣坑平洞段的拱部设置钢筋混凝土衬砌。边界条件为：岩塞口处于水库正常蓄水位以下 55.00m，泥沙最深淤积厚43.97m 处。淤积密度1.74～1.92g/cm³，0.05mm 以下颗粒含量 80%～90%，黏粒和胶粒含量 15%～27%。

（一）模型试验洞的位置选择

1. 选择原则

进行刘家峡洮河口排沙洞岩塞爆破试验的目的是验证在淤沙及深水条件下主体岩塞爆破方案的合理性及爆破效果，以保证主体岩塞爆破一次安全成功爆通，爆破试验洞设计及位置选择原则为：

（1）试验洞的选择应尽量保证与主体工程的相似性，在位置选择上尽量靠近主体工程，但同时保证爆破时不影响主体工程的安全。

（2）应通过详细的勘察尽量保持地形和地质的相似性。试验洞进口岩塞处的岩面线的坡度应尽量与主体工程岩塞处的岩面线坡度相近，岩性应与主洞相同，围岩分类应与主洞接近。

（3）试验洞进口上部无不稳定岩体及不利组合结构，保证试验洞进口爆破的稳定性。

（4）岩塞以上水头和泥沙覆盖层厚度应尽量与主体工程岩塞上部的水头和泥沙覆盖层厚度接近。

（5）保证岩塞的爆通和为原型提供科学的试验验证。

2. 试验洞洞线

现场1:2模型试验洞勘测任务书中初步拟选的轴线$I'-I'$剖面（竖井和岩塞口中心点坐标Z点和A3点，Z点$X=3978297.101$，$Y=34121254.510$，A3点$X=3978285.331$，$Y=34121290.958$）。根据1:2地质勘察成果，从进口段（岩塞段）轴线位置TK01号孔开始，沿轴线向库内延伸长度26.00m范围内，向库内岩面高程总体逐渐下降，至18.50m处岩面高程1669.27m。至20.00～26.00m的岩面高程为1685.44～1689.65m，形成岩埂，高于岩塞底板高程，无法出洞，不适合作为岩塞爆破试验洞的轴线。

为了寻找进口段位置，在拟选试验洞轴线位置上、下游各30m长度范围内，布置了大量钻探工作。在其下游侧勘探范围内，未找到适合作为岩塞口的岩面顶板和底板位置。在其上游侧，根据水下岩面线的勘探成果，结合区域实际的地形、地质构造及岩面线等情况，经各方综合研究，选择Ⅵ－Ⅵ剖面为进口段轴线位置（岩塞口控制点坐标$X=3978272.918$，$Y=34121296.854$，轴线控制点$X=3978289.461$，$Y=34121345.623$），Ⅵ－Ⅵ剖面位于原初选轴线$I'-I'$剖面上游约10m，平行于原轴线。

同时根据水下岩面线勘察成果，在布置的勘探任务范围内的岩面线高程均在1661m高程以上，且地质剖面揭露岩塞口前部均有岩埂阻挡，为了保证1:2模型试验洞的施工安全性和岩塞试验的顺利实施，减少前方岩埂对于岩塞爆破的阻抗影响，同时为了更好地为原型提供科学依据，经综合研究，设计将1:2模型试验洞的岩塞试验洞外口中心线高程由1669.05m提高至1680.00m高程。

（二）岩塞结构及布置

试验洞由竖井段、平洞段、集渣坑及岩塞段组成。其中竖井段深度约71.60m（含锁口段），断面尺寸为4m×2.5m矩形洞；平洞段长约11.56m，断面尺寸为4.0m×3.0m（宽×高）城门洞型，是竖井段和集渣坑的连接段；集渣坑长约31.83m左右，断面由岩塞部位开始自圆形渐变为城门洞型，渣坑容积1403m³（包括平洞容积在内）。

根据洞线选择，确定1:2模型试验洞轴线方位角为NW72°6′12″，与地勘线Ⅵ－Ⅵ剖面重合。竖井及平洞底高程为1672.5m，自竖井中心线始至岩塞的水平距离为46.88m。

1：2模型试验洞纵剖面图见图10.2－1。

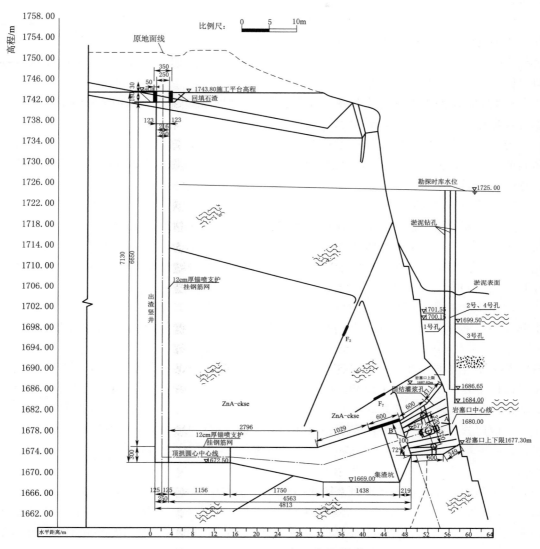

图 10.2－1 1：2模型试验洞结构布置图

1. 岩塞尺寸确定

（1）岩塞直径确定。岩塞直径应按以下原则确定：

1）试验岩塞口满足岩塞体的水压力、淤泥压力、自重等荷载作用下的稳定要求。

2）充分考虑岩面线的情况。

3）试验岩塞口尺寸应在爆破方案药室布置与原型相似的前提下，满足药室的布置及施工的要求。

综合上述因素，试验洞岩塞设计内径取 7.0m、外径不小于 11m。

（2）岩塞厚度确定。根据已建工程经验，岩塞厚度与岩塞直径之比国内一般取值多为

1.00～1.40m 之间，国外大多取值在 1.00～1.50m 之间。当采用洞室爆破或上游水深较大时，其比值宜取较大者。

由于本工程水库正常蓄水位为 1735.00m，加之岩塞进口处近 25.50m 淤泥厚度，增加了岩塞的压重，同时考虑地质条件，确定岩塞厚高比在 1.0～1.5 之间选取，即岩塞厚度约 7.00～10.50m。通过药室布置、施工导硐布置的方案比选，考虑岩塞体稳定及岩塞口岩面线复杂的情况，综合分析确定采用岩塞厚高比为 1∶1.4，岩塞厚度为 9.80m。

根据岩塞处边坡地形地质条件，考虑岩塞的爆通成型以及塞体爆破渣料顺利下泄至集渣坑，确定岩塞中心线仰角为 72°。

为保证岩塞段施工期岩体稳定、减少渗漏，确保进口围岩稳定，根据实际开挖时的地质超前勘探孔、辐射孔对于岩塞岩面线及地质情况的复查成果，需对进口岩塞段及上部围岩进行加强固结灌浆。

2. 岩塞及药室布置

(1) 岩塞布置。根据本工程特点及药室方案布置，岩塞内口为圆形，内径 7m，外口尺寸 11.96m×12.63m；塞体体型内口为圆形，外口近似椭圆，岩塞最小厚度 9.80m，方量 896m³，岩塞进口轴线与水平面夹角 71.7°，岩塞口外口轴线高程 1680.00m，内口轴线高程 1677.32m。

(2) 药室布置。岩塞采用药室加预裂方式爆破，共 8 个药室，8 个药室布置型式为：上部 2 个药室为 1 号、2 号药室，中部 3 个药室为 3 号、4 号、5 号药室，下部 2 个药室为 6 号、7 号药室，其中，4 号药室分解成上、下两部分，称之为 4 号上药室和 4 号下药室。各个药室通过导硐与外界相连。1 号、2 号、3 号、5 号、6 号、7 号药室位于同一平面上，该平面位于岩塞体中部偏下游侧，距离下游面垂直距离为 4.50m，距离上游面最小距离为 5.30m。由于试验洞进口岩面起伏差太大，为了更好地爆通与成型，将 4 号药室分解成上、下两部分。4 号上和 4 号下药包的作用是将岩塞爆通，初步达到一定的开口尺寸，然后借助同一平面上的 1 号、2 号、3 号、5 号、6 号、7 号药室使开口进一步扩大，达到设计断面。

(3) 预裂孔布置。为保证岩塞体成型良好，保护塞口围岩不受大的破坏，在岩塞周边布置一圈预裂孔，共计 68 个，由于岩塞体外口大、内口小，预裂孔布置自岩塞内断面开始向周边扩散，扩散角为 15°。预裂孔平均孔深为 6.00m，孔径 42.00mm，平均孔距 37.40cm，内口孔距 32.00cm，外口孔距 42.8cm。

(三) 集渣坑、施工竖井及平洞布置

1. 出渣竖井

出渣竖井的选择应考虑：①考虑地形特点、地质条件，力求开挖量最小；②考虑与原型施工布置干扰，以及对外交通的干扰，保证出渣安全、快捷；③施工布置充分利用现有地形，做到简单、实用。

依据上述原则综合考虑，1∶2 模型试验洞的施工出渣竖井位置尽量靠近至排沙洞闸门井公路。

竖井开挖顶高程为 1742.00m，开挖底高程为 1672.50m，竖井深度 69.50m，开挖断面尺寸为 4.0m×2.5m 方洞；竖井进口锁口混凝土直立挡墙坐落在岩基上，锁口混凝土底高程为 1742.00m，锁口混凝土顶高程为 1744.10m，锁口结构混凝土基础清理后，采用5cm 厚 M10 砂浆找平层处理，锁口混凝土厚度 0.50m；为确保施工安全，竖井周边采用12cm 厚钢筋网喷锚混凝土支护，锚杆采用直径 25mm 的 II 级钢筋，单根长度 3.2m，外露0.1m，间排距 3.0m 棱形布置；钢筋网采用直径 6mm 的 I 级钢筋，10cm×10cm 网格布置；喷锚支护后的竖井净断面尺寸为 3.76m×2.26m 方洞。

2. 出渣平洞

出渣平洞是竖井和集渣坑的连接段，平洞长度 11.56m，开挖断面尺寸为 3.0m×4.0m 城门洞型，顶拱半径 2.0m，顶拱中心角 180°，平洞底高程 1672.50m；平洞顶拱及边墙采用喷混凝土支护，喷混凝土厚度 10cm。

3. 集渣坑

模型试验洞岩塞体积 896m³（自然方），根据岩塞体积确定集渣坑容积，经布置，集渣坑＋平洞的容积为 1403m³，其容积为岩塞体积的 1.57 倍；集渣坑总长度 34.07m，其中底部长度 14.38m；断面型式由岩塞部位开始自圆形渐变为城门洞型，集渣坑底高程 1669.00m，为便于施工运输，集渣坑与平洞间渐变段底部采用 1:5 的底坡相连；集渣坑开挖宽度同岩塞直径（$D=7.0$m），集渣坑与平洞间渐变段开挖宽度由 7.0m 渐变至 4.0m；集渣坑顶拱及边墙采用喷锚混凝土支护，喷混凝土厚度 10cm，锚杆采用直径 25mm 的 II 级钢筋，单根长度 3.1m，外露 0.1m，间排距 3.0m 棱形布置；钢筋网采用直径 6mm 的 I 级钢筋，10cm×10cm 网格布置；为满足科研试验对于顶拱结构振动和应变观测的监测仪器埋设要求，在集渣坑紧邻岩塞顶拱处设置 6m 长混凝土衬砌试验段，衬砌厚度 0.50m。

（四）岩塞爆破设计

1. 单耗与爆破作用指数

（1）围岩基本条件。爆破参数的选择直接影响爆破效果。爆破参数应当根据岩塞爆破的特点、要求及地形地质条件合理选择。根据地质勘察资料，岩塞部位的岩石为云母石英片岩，围岩参数建议值见表 10.2-3。

表 10.2-3　　　　　　　　　　　岩塞围岩参数建议值

围岩类别	密度 γ /(g/cm³)	内摩擦角 ϕ/(°)	凝聚力 C /MPa	变形模量 E /GPa	泊松比 μ	单位弹性抗力系数/(MPa/cm)
II	2.74~2.76	42~45	1.0~1.5	8~9	0.22	60~65

进口岩塞段岩石属硬岩，属于 II 类岩石（按 16 级分级，相当于 10 级）。

（2）集中药室岩石单位耗药量。影响岩石单位耗药量的因素主要包括：地质条件、岩石强度、容重、岩性，常用以下方法计算。

1）根据岩石的容重按经验公式计算。

$$K=0.4+\left(\frac{\gamma}{2450}\right)^2 \tag{10.2-1}$$

式中：K 为岩石单位耗药量，kg/m³；γ 为岩石容重，kg/m³，按最大饱和容重 2900kg/m³ 计算。

经计算 $K=1.80$kg/m³。

2）根据岩石级别参照经验公式计算。

$$K = 0.8 + 0.085N \qquad (10.2-2)$$

式中：K 为岩石单位耗药量，kg/m^3；N 为岩石级别（按 16 级分级），根据岩塞处岩石参数应为 10 级。

经计算 $K = 1.65 kg/m^3$。

根据上述两种方法计算结果，其平均值 $K = 1.725 kg/m^3$。

分析我国已建工程水下岩塞爆破的设计单位耗药量、炸药量、爆破方量及折合每方岩石耗药情况见表 10.2-4。

本阶段设计选取单位耗药量 $K = 1.8 kg/m^3$。

表 10.2-4　　　　　　　　　　岩塞爆破工程用药量情况

工程名称	设计 K 值/(kg/m^3)	药量/kg	爆破方量/m^3	每方岩石耗药指标/(kg/m^3)
清河水库岩塞爆破	1.5	1190.4	800	1.5
丰满水库岩塞爆破	1.6	4075.6	4419	0.92
丰满岩塞爆破试验	2.0	828	727	1.07
镜泊湖岩塞爆破	1.8	1230	1112	1.10
香山水库岩塞爆破	1.8	256	247	1.04
密云水库岩塞爆破	1.65	738.2	546	1.35
休德—巴斯岩塞爆破	2.7	27760	10000	2.77

（3）水及淤泥荷载的影响。本工程正常蓄水位为 1735.00m 高程，岩塞口以上淤泥顶面高程约 1705.00m 左右，岩塞口底高程 1676.09m，按此计算，岩塞上最大淤泥深 29.00m，淤泥上水深约 30.00m。

至今，国内有关水及淤泥荷载对岩塞爆破药量等方面问题的影响尚无成熟的经验。按航道工程方面的经验，把水深折算成岩石厚度作为抵抗线进行药量计算，但这种方法具有局限性，在水很深时不合理。

当水深大于 30.00m 时，水下爆破药量增加量尚无公式计算，根据其他工程经验一般水下爆破可较陆地增加药量 30% 左右。

据此按增加药量 30% 计算，即考虑水深影响时相应单位耗药量 $K' = 1.8 \times 1.30 = 2.34 kg/m^3$。

本方案考虑防水及水深影响，采用水胶炸药。其与标准炸药换算系数 $e = 0.76$，即使用水胶炸药时，单位耗药量 $K_1 = 2.34 \times 0.76 = 1.78 kg/m^3$。因此，选用单位耗药量 $K_1 = 1.80 kg/m^3$ 的水胶炸药是合理的。

（4）集中药室爆破作用指数 n 值选择。集中药室爆破作用指数，是根据地形和药包所处位置选取，本方案的取值原则是：在保证爆通的条件下，各个药包对洞脸岩石要产生最小的震动影响。为克服淤泥及水的阻力，4 号$_{上}$药室爆破作用指数 $n = 2$；为使下部岩石充分破碎以及与 4 号$_{上}$药室作用力的平衡，4 号$_{下}$药室爆破作用指数 $n = 1.4$；考虑 4 号$_{上}$药室爆破后仍然对后部药包有强大的压制作用，所以取 1 号、2 号、3 号、5 号、6 号、7 号药室爆破作用指数 $n = 1.2$。

2. 药室爆破参数

（1）集中药包爆破参数计算。

1）药量计算。

$$Q = kw^3 f(n) \tag{10.2-3}$$

式中：Q 为炸药用量，kg；k 为标准抛掷爆破单位耗药量，kg/m³；w 为最小抵抗线，m；n 为爆破作用指数；$f(n)$ 为爆破作用指数函数，$f(n) = 0.4 + 0.6n^3$。

2）压缩圈半径 R_1。

$$R_1 = 0.062 \sqrt{\frac{Q}{\Delta}} \mu \tag{10.2-4}$$

式中：R_1 为压缩圈半径，m；Δ 为炸药密度，g/cm³，按 1.0g/cm³ 计算；μ 为压缩系数，根据岩石情况取 10。

3）爆破漏斗半径 R、R'。

下破裂半径 R

$$R = w\sqrt{1+n^2} \tag{10.2-5}$$

上破裂半径 R'

$$R' = w\sqrt{1+\beta n^2} \tag{10.2-6}$$

式中：R、R' 为分别为爆破漏斗下、上半径，m；w 为最小抵抗线，m；β 为根据地形坡度和土岩性质而定的破坏系数，根据地形岩塞药包取 4.0。

4）药包间距。

$$a = w_{cp}m \tag{10.2-7}$$

式中：a 为药包间距，m；w_{cp} 为相邻药包的平均最小抵抗线，m；$f(n_{cp})$ 为相邻药包的平均爆破指数函数；m 为药包间距系数，$m = \sqrt[3]{f(n_{cp})}$。

5）预留保护层厚度 ρ

为了减少周边集中药包对岩塞周边的破坏影响，在岩塞周边采用预裂措施时，应使药包与岩塞预裂边线间留有一定的保护层厚度，此厚度按下式计算：

$$\rho = R_1 + 0.7B \tag{10.2-8}$$

式中：ρ 为预留保护层厚度，m；R_1 为压缩圈半径，m；B 为药室宽度，m。

（2）集中药室基本爆破参数确定

岩塞药室单位耗药量 $K = 1.8$kg/m³，采用水胶炸药，计算密度 1.0g/cm³；1 号、2 号、3 号、5 号、6 号、7 号药室爆破作用指数 $n = 1.2$，4 号上药室爆破作用指数 $n = 2$，4 号下药室爆破作用指数 $n = 1.4$。

装药布置及爆破参数详见表 10.2-5。

3. 预裂孔爆破参数

为了使岩塞爆破断面成型规整，采用预裂爆破。爆破形成的预裂面能对随后主药包爆破产生的破坏起限制作用，同时也起减震作用。

岩塞爆破宜选用小直径的预裂孔，因孔距较密，成型效果好；本方案设计中采用 42.00mm 的预裂孔，平均孔距 37.40cm，内口孔距 32.00cm，外口孔距 42.80cm。

表 10.2－5　　　　　　　　　　　药 室 爆 破 参 数 表

部位	单耗/(kg/m³)	爆破作用指数	抵抗线/m	药量/kg	压缩圈半径/m	药室宽度/m
	k	n	W	Q	R_1	B
1号、2号、3号、5号药室	1.8	1.2	3.4	406.6	0.62	0.56
4上号药室	1.8	2.0	3.8	513.6	1.07	0.96
4下号药室	1.8	1.4	3.0	99.46	0.62	0.56
6号、7号药室	1.8	1.2	3.4	203.3	0.62	0.56
合　计				1222.96		

预裂孔的药量按以下经验公式初步计算：

$$\Delta L = 9d^2 \tag{10.2-9}$$

$$a = 8 \sim 12d \tag{10.2-10}$$

式中：ΔL 为线装药密度，g/m；d 为钻孔直径，cm；a 为钻孔间距，cm。

经计算 $\Delta L = 159$g/m。与实际工程比较，此结果偏小，为保证爆破效果，参照有关工程经验，设计选用预裂孔线装药密度 270g/m。

预裂孔平均单孔长 6.00m，装药长度 5.00m，每孔装药 1.35kg。

计算成果详见表 10.2－6。

表 10.2－6　　　　　　　　　　　预 裂 爆 破 参 数 表

部　位	孔径/mm	孔深/m	平均孔距/m	孔数/个	孔口堵塞长度/m	线装药密度/(g/m)	单孔药量/kg	总药量/kg
预裂孔	42.0	6.0	0.37	68.0	1.0	270	1.35	91.8

（五）淤泥扰动爆破设计

1. 淤泥扰动爆破的设计原则

由于岩塞口附近有厚达约 25m 左右的淤泥沙层，对该淤泥沙沉积层应采取可靠的处理措施，使其在岩塞爆破的同时，能立即形成过水通道，不致阻碍水流通过进水口，造成爆渣在进口处的堵塞。理想情况是：当岩塞上层药包爆炸瞬间，岩塞口附近淤泥已经扰动，并在岩塞口附近形成较大空间，允许岩塞上层岩石有膨胀的空间，便于岩石破碎成块。

当淤泥扰动后，能瞬间形成自上而下的排砂通道，当岩塞爆通后，在水力冲刷的条件下，有利于把淤积泥沙排走。

扰动爆破方案采用爆破成腔原理，采用水下钻孔、线性装药的爆破扰动成腔方案。

2. 淤泥扰动爆破的目的

1∶2 模型试验洞淤泥扰动爆破的主要目的如下：

（1）在沉积层中，寻求简单易行的淤泥扰动方案，降低岩塞向库区方向爆破的阻抗，并为排砂提供较好的通道。

（2）通过 1∶2 模型试验寻求炮孔布置方式和有关爆破参数。

（3）寻求高水头、厚淤泥爆破施工方案（OD法）和有关措施。

（4）验证在深水爆破中爆破器材的防水性能。

（5）为原型岩塞爆破淤泥扰动方案提供试验验证数据，提供科学指导、参考依据。

3. 淤泥扰动爆破设计

（1）装药量计算。线装药量计算公式采用爆扩成井的控制爆破计算公式：

$$Q^t = b \times D^2 \qquad (10.2-11)$$

式中：Q^t 为线装药密度，kg/m；b 为介质压缩系数，采用 2 号岩石炸药时，取 $b=1.3 \sim 3.7$，应结合现场试验确定；D 为爆扩成井的井径，m。

（2）计算参数的选取。初步计算采用介质压缩系数 $b=1.5$（黄土类砂黏土、湿土）；结合本工程特点，扩井的井径 D 初选为 $D=1.8$m；则：线装药密度 $Q^t = 1.5 \times 1.8^2 = 4.86$kg/m，取线装药密度 $Q^t = 5$kg/m。最终的计算参数选取，根据现场科研试验的成果，调整介质压缩系数 b、扩井的井径 D，调整相应的线装药密度，确定最终实施的装药量。

（3）淤泥钻孔平面布置。根据试验洞的岩塞口的布置，以及顶部的淤泥厚度、扰动范围和淤泥组成情况、性质，确定在淤泥层中钻爆破孔 4 个，分布在进水口轴线上和左、右两侧，呈棱形布置，钻孔直径为 ϕ100mm，钻孔间距为 1.8m。孔内连续装药，但距淤泥表面 0.25 倍的孔长作为封堵段。炮孔平面布置见图 10.2-2。

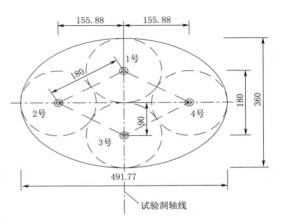

图 10.2-2　淤泥炮孔平面布置图（单位：cm）

（4）钻孔长度及装药量。淤泥钻孔长度及装药量见表 10.2-7。

表 10.2-7　　　　　　　　钻 孔、装 药 统 计 表

部位	线装药密度 /(kg/m)	淤泥钻孔孔径/长度 /(mm/m)	装药长度/m	装药量/kg	封堵长度/m
1 号	5.0	100.0/16.0	12.0	60.0	4.0
2 号	5.0	100.0/18.5	13.5	67.5	5.0
3 号	5.0	100.0/21.0	15.5	77.5	5.5
4 号	5.0	100.0/18.5	13.5	67.5	5.0
小　计		100.0/74.0		272.5	

按 1735.00m 正常蓄水位计算，PVC 套管长度约为 200.00m，实际实施时应根据库水位、实际孔深调整套管的长度。

（六）岩塞爆破方案爆破参数汇总表

1:2 模型试验洞岩塞爆破方案爆破参数汇总表，见表 10.2-8。

表 10.2-8　　　　　　　　**1:2 模型试验洞岩塞爆破方案爆破参数汇总表**

部　位	单耗/(kg/m³)	爆破作用指数	抵抗线/m	药量/kg	压缩圈半径/m	药室宽度/m	备　注
	k	n	W	Q	R_1	B	
1号、2号、3号、5号药室	1.8	1.2	3.4	406.6	0.62	0.56	50ms
4号上药室	1.8	2.0	3.8	513.6	1.07	0.96	25ms
4号下药室	1.8	1.4	3.0	99.46	0.62	0.56	25ms
6号、7号药室	1.8	1.2	3.4	203.3	0.62	0.56	75ms
合　计				1222.96			
淤泥药包	5kg/m			272.5			0ms

预裂孔	孔径/mm	孔深/m	平均孔距/m	孔数/个	孔口堵塞长度/m	线装药密度/(g/m)	单孔药量/kg	总药量/kg
	42	6	0.37	68	1.0	270	1.35	91.8

爆破顺序	第一响		第二响		第三响		第四响		总药量	
药量/kg	364.30		613.06		406.60		203.30		1587.26	
备　注	预裂孔、淤泥药包		4号上药室 4号下药室		1号、2号、3号、5号药室		6号、7号药室			
	0ms		25ms		50ms		75ms			

注　计算参数岩石压缩系数 $\mu=10$、$\beta=4$。4号上药室上破裂半径为 15.67m，下破裂半径为 8.50m；4号下药室上破裂半径为 6.71m，下破裂半径为 4.24m；1号、2号、3号、5号、6号、7号药室上破裂半径为 8.84m，下破裂半径为 5.31m。

（七）爆破网路设计

1. 设计原则

考虑到岩塞爆破工程岩塞口爆破必须保证一次爆破成型、水流畅通，因此在设计岩塞爆破电爆网路时，必须遵循安全准爆的原则，设计时应注意以下事项：

（1）设计电爆网路时，在考虑安全准爆的前提下，尽量做到施工方便、网路简单、材料消耗量少。

（2）水下岩塞爆破工程中，个别药包的拒爆将给整个工程带来严重后果。因此，要求电爆网路具备较高的可靠性，要确保药包全部安全准爆。在这种情况下电爆网路采用并串并的连接型式和复式网络。

（3）为了使电爆网路中所有电雷管都能准爆，总希望在设计网路时，使每发电雷管获得相等的电流值。

（4）各支路的电阻值要求相等，如果不等时，需要在支路配置附加电阻，进行电阻平衡，确保每发电雷管获得相等的电流值。

（5）在正式爆破前，要进行电爆网路实际操作试验，验证电爆网路的可靠性和准爆性，最后确定电爆网路的型式。

由于岩塞口附近有厚约 25.00m 的淤泥沙层、淤泥上水深约 30.00m，在如此高的水头作用下，电爆网路必须做好防水措施；另外电爆网路必须考虑对外来电流的防护，防止电雷管因外来电流的侵入而发生早爆事故。

2. 设计目的

（1）在水下岩塞爆破施工中寻求通过复式电爆网路达到安全准爆；

（2）通过1∶2模型试验检验爆破网路可靠度；

（3）检验爆破网路中各种爆破材料的参数及性能。

1∶2模型试验将为原型岩塞爆破网路方案提供试验验证数据，提供科学指导和参考依据。

3. 爆破网路

1∶2模型试验洞岩塞的药室为上、中、下三层的药室布置，上部一个药室，中部6个药室，下部一个药室，岩塞口底面周边设有68个预裂孔。为减少爆破对洞脸边坡、洞内结构及其他主体工程的影响，设计将主药室三响起爆，岩塞爆破的起爆顺序为：第一响为淤泥药包及预裂孔；第二响为4号$_上$、4号$_下$药室；第三响为1号、2号、3号、5号药室；第四响为6号、7号药室；爆破雷管采用毫秒电雷管，每响间隔25毫秒，采用的雷管段数为零至三段。

为使起爆安全可靠，采用并—串—并网路，根据起爆部位的不同，布置5条支线，每条支线中药包内2枚雷管并联以保证可靠起爆，并在每一响同段雷管中加闭合导爆索连接。五条支路分别为：①岩塞药室主网路；②岩塞药室副网路；③岩塞预裂孔网路；④淤泥网路；⑤信息线网路。其中岩塞预裂孔网路每10（8）孔设一处雷管爆点，其余9（7）孔以导爆索与之连接。

每一支路支线自岩塞掌子面连接线引出至出渣竖井外一定距离处连接，再与主线连接，接380V电源形成完整爆破网路体系。

（八）装药结构封堵

1. 药室封堵

为了使得炸药能量能够充分利用，需提高药室及导洞的封堵质量。根据药室布置，上部连通药室（1号、2号、3号、4号和5号）和下部药室（6号和7号）可同时进行人工装药封堵施工。对于上部连通药室，首先应对3号和5号药室进行装药封堵，然后对4号$_上$和4号$_下$药室进行装药封堵，之后对1号和2号药室进行装药封堵，最后对上主导洞进行封堵。

各集中药室均以木板加木方封闭药室，1号、2号、3号、5号、6号和7号药室封闭木板后1.0m处采用编织袋（装满砂）垒砌隔墙，隔墙与木板间采用黏土堵实，人工捣实，药室间连通洞以砂填实；其中，为保证4号$_上$和4号$_下$药室起爆时的抵抗线，4号$_上$和4号$_下$药室间的导洞采用速凝水泥砂浆封堵。

2. 导洞封堵

上、下主导洞采用速凝水泥砂浆封堵，在上、下主导洞的洞口各设置一块钢板，采用膨胀螺栓锚固在转岩上进行锁口，以形成主导洞灌浆区，在灌浆区设注浆管和排气管。用置于岩塞掌子面的柴油驱动砂浆泵进行灌注，砂浆搅拌槽设于竖井顶部，砂浆经搅拌后，由输浆管沿竖井和平洞输送至砂浆泵，为争取早期强度，在砂浆中加入早强剂，要求24h

水泥结石强度不低于 $120kg/cm^2$。

3. 预裂孔封堵

岩塞周圈预裂孔孔径为 42mm，孔深 6.0m，孔数 68 个；采用机械装药，对于有渗水的孔，需安置细塑料管将水引出孔外；岩塞周圈预裂孔单孔装药长度 5.0m，孔口封堵长度 1.0m，紧邻炸药处采用黄泥封孔，用竹炮棍捣实，捣实封孔黄泥时，注意不得损伤引爆电线，黄泥封孔长度为 0.5m；孔口剩余 0.5m 段采用速凝水泥砂浆封孔，砂浆需人工捣实；在平洞及集渣坑的施工过程中，需进行预裂爆破封堵试验，根据试验成果，再最终确定或调整预裂孔封堵方案。封孔黄泥和速凝水泥砂浆量各为：$0.05m^3$。

4. 淤泥封堵措施

淤泥扰动布置了 4 个爆破孔，分布在进水口轴线上和左、右两侧，钻孔直径为 $\phi100mm$，孔内连续装药，在距淤泥表面 0.25 倍的孔长作为封堵段。经计算，1～4 号淤泥钻孔的封堵长度分别为：4.0m、5.0m、5.5m 和 5.0m；为保证线性装药的连续和达到预期的封堵效果，封堵材料选用砂料作为封堵材料；淤泥钻孔封堵所需砂料量为：$0.153m^3$。

四、爆破材料

(一) 炸药

由于本工程对火工器材耐水压标准较高，在 0.7MPa（70.00m 水深）以上，同时国内也没有这样的工程实例可以借鉴，为此调研了一些在火工器材方面的专门研究部门及相关厂家，进一步了解火工器材（炸药、雷管、导爆索等）各方面的性能。

水下岩塞爆破中，炸药放在岩塞中部的药室或炮孔内，岩塞地面以上有水作用，当药室及导洞堵塞后，在渗漏水的作用下，炸药处在潮湿或饱和岩石中间。因此，要求炸药必须有足够的防水性能，需选用防水性能能好的炸药。但现有防水炸药也只能在数小时至十几小时内具有耐水性能。在水下岩塞爆破中使用时，同样需要做防水处理。因为对岩塞爆破中装药、回填、堵塞，往往不能在较短时间内完成，浸水时间过长，吸水受潮后，也容易引起拒爆。

乳化炸药是借助乳化剂的作用，使氧化剂盐类水溶液的微滴，均匀分散在含有分散气泡或空心玻璃微珠等多孔物质的油相连续介质中，形成一种油包水型的乳胶状炸药。特点是密度高、爆速大、猛度高、抗水性能好、临界直径小、起爆感度好，小直径情况下具有雷管敏感度，一般密度可控制到 $1.05～1.25g/cm^3$，爆速为 3500～5000m/s。乳化炸药现已广泛应用于各种民用爆破工作中，在有水和潮湿的爆破场合更显其优越性。国内的乳化炸药一般是靠气泡敏化，当压力达到一定程度时，敏化气泡被压缩，易出现感度降低而拒爆的现象；靠玻璃微珠敏化的乳化炸药具有较好的抗压性能。

鉴于乳化炸药具有良好的安全性、抗水性、易加工，起爆性能好的特点，因此本工程采用抗水、抗压性较好的高能乳化炸药作为本工程炸药，为保证准爆，施工时需采取防水处理措施。并且根据厂家提供的产品质量说明和特性指标进行爆破设计调整。

(二) 雷管

对于水下岩塞爆破，由于要充分发挥炸药的效能以及在爆破中减少振动影响，因此，在水下岩塞爆破中大都采用毫秒电雷管。本工程初步选定雷管为毫秒电雷管，每段延时 25ms。共 4 段。国产毫秒雷管参数见表 10.2-9。

表 10.2-9　　　　　　　　国产高精度毫秒雷管的延期秒量

段　别	1	2	3	4	5	6	7	8	9	10
秒量/ms	<15	25±5	50±5	75±5	100±5	125±7	150±7	175±7	200±7	225±7

（三）导爆索

为保证岩塞爆破网络的准爆，需对岩塞内同时起爆的药室间以导爆索进行连接。

普通塑料导爆索具有较好的抗水性，特别能适应有水工作面及水下爆破。根据有关标准，其有关技术指标为：其爆速不小于 6500m/s。2m 长导爆索能完全起爆 200g 压装梯恩梯炸药，其本身能被 8 号纸雷管和 6 号铜雷管起爆。放在深度为 2m 水中浸泡 24h，感爆和传爆性能仍然合格；在温度为 (50±3)℃ 环境中经过 6h 或在 (−40±3)℃ 环境中经过 2h，用 8 号雷管起爆，感爆和传爆性能应正常。受 50kg 拉力后，应保持爆轰性能。导爆索每卷约 50m。

所选用的导爆索技术指标：外径≤9.0mm；装药量 38~42g；爆速≥6500m/s；抗拉力≥700N；防水，2m 水深 24h。

（四）爆破材料防水处理

由于岩塞爆破施工历时较长，为保证准爆，需对爆破材料采取有效的防水处理，根据国内有关工程的经验，一般采取以下措施：

将炸药装在塑料袋中，封口涂黄甘油，用绳扎紧，外层用高压绝缘胶布绑扎即可达到防水效果。普通金属壳电雷管入水时间过长或过深，容易受潮受湿，电阻迅速增值而产生拒爆。为解决这一问题，必须用防水胶类，封口涂壳，待干燥后装入抗压的塑料容器中使用，既可防渗又可抗压。导爆索可穿入条状塑料袋，外部以绳缠绕，与药包防水材料连接处涂黄甘油，再用绳扎紧，连接处用高压绝缘胶布绑扎即可，实践证明防水效果良好。也可将塑料导爆索的一端套上一个铝质帽子，然后把它夹紧，或用防水胶封固进行防水处理后，即可达到防水效果。

不论采用哪种防水措施，都需要进行抗水试验验证，以保防水处理的可靠性。

五、施工组织设计

模型试验洞的施工包括出渣竖井开挖与支护、出渣平洞开挖、集渣坑的开挖与支护、岩塞爆破、岩塞固结灌浆、岩塞上部水库淤泥爆破等。此段主要工程量为：土石方明挖 138.40m³，石方暗挖 1500.00m³，混凝土浇筑 61.54m³，固结灌浆 450m。

模型试验洞距地面以下约 72m，水平或斜向施工支洞布置很困难且不经济，因此集渣坑末端，开挖出渣竖井作为出渣通道。出渣竖井为 2.5m×4.0m 矩形断面，以满足运送施工机械设备及出渣的需要，竖井底高程 1672.50m，然后再沿水平方向开挖出渣平导洞与集渣坑相连。出渣竖井为本工程的主要施工通道，平洞、集渣坑将作为岩塞固结灌浆的施工通道。勘探竖井外设 1 台 10t 快速卷扬机，用于集渣坑施工。

（一）出渣竖井、平洞及集渣坑施工

1. 出渣竖井、平洞施工

竖井开挖顶高程为1742.00m，开挖底高程为1672.50m，出渣竖井深69.5m，锁口混凝土高2.1m，断面形式为2.5m×4.0m矩形。锁口混凝土厚度0.50m；竖井周边采用12cm厚钢筋网锚喷混凝土支护，锚杆采用直径25mm的Ⅱ级钢筋，单根长度3.2m，棱形布置；钢筋网采用直径6mm的Ⅰ级钢筋，10cm×10cm网格布置；锚喷支护后的竖井净断面尺寸为3.76m×2.26m方洞。出渣平洞是竖井和集渣坑的连接段，平洞长度11.56m，开挖断面尺寸为3.0m×4.0m城门洞型，平洞底高程1672.50m；平洞顶拱及边墙采用喷混凝土支护，喷混凝土厚度10cm。

土石方明挖量为138.4m³，回填量为98m³，喷混凝土量为108.42m³，勘探竖井扩挖石方井挖量为695.00m³。

石方井挖：开挖采用手风钻钻孔爆破，人工装渣至1.5～2m³自制出渣罐中，由竖井外的10t快速卷扬提升至地面卸入20t自卸汽车运至弃渣场。

石方洞挖：利用出渣竖井作为出渣通道，由于平洞较短，采用大型的施工机械不经济，所以采用手风钻钻孔爆破，人工装渣或小型装岩机装渣至自制出渣罐中，由洞中10.0t快速卷扬机牵引出渣罐至竖井与引水洞相交处，再由竖井外的10.0t快速卷扬机提升至地面卸入20t自卸汽车运至弃渣场。

土石方明挖、回填、喷混凝土、锚杆：均采用常规的施工方法。

2. 集渣坑施工

集渣坑总长度34.07m，其中底部长度14.38m；断面型式由岩塞部位开始自圆形渐变为城门洞型，集渣坑底高程1669.00m；集渣坑开挖宽度同岩塞直径（D=7.0m），集渣坑与平洞间渐变段开挖宽度由7.0m渐变至4.0m；集渣坑顶拱及边墙采用锚喷混凝土支护，喷混凝土厚度10cm。石方暗挖量为1500.00m³（含平洞），混凝土浇筑量为45.00m³，喷混凝土量为61.00m³。

为便于施工运输，集渣坑与平洞间渐变段底部采用1:5的底坡相连。

石方暗挖：集渣坑开挖利用出渣平洞、出渣竖井作为出渣通道，采用手风钻钻孔爆破台阶法进行扩挖，出渣方式同出渣平洞开挖。

混凝土衬砌：采用普通钢模板，混凝土用3m³混凝土搅拌车由拌和站运来，再由HBT40型混凝土泵送入仓。

（二）岩塞及上部岩体固结灌浆施工

固结灌浆工程量为450m，此部位的施工利用出渣竖井及平洞作为施工通道，采用潜孔钻钻孔、灌浆。

（三）淤泥爆破施工

岩塞上部淤泥中需钻4个孔，钻孔长度为74.00m。由于淤泥上水深约30.00m，在水库中用钻孔工作船，在工作船上采用150型地质钻机用双套管法钻孔（OD法施工），装药在船上利用套管进行。

（四）岩塞施工

岩塞上口直径约为12.63m，下口直径为7m，布设8个集中药包，需开挖8个药室，为方便施工布置了上下两条导洞及 4 条施工支洞。上、下导洞开挖尺寸为 80m×150cm（宽×高），支洞的开挖尺寸为 80m×150cm（宽×高）。岩塞周边布置 68 个预裂孔。药室石方开挖量为 34m³；预裂孔 68 个，单孔深 6m；岩塞石方量为 896m³。

岩塞爆破的药室、施工导洞及施工支洞均采用手风钻钻孔爆破，人工扒渣至导洞口，直接推入集渣坑中存放，不再运出洞外，开挖时每排炮孔深不超过 0.5m，单孔装药量 150g，装药量 1～1.5kg，打超前孔了解岩塞岩石及渗漏情况，岩塞周边的预裂孔也采用手风钻钻孔。为便于药室装药堵塞等工作，在集渣坑前端上部架设 2 座简易钢丝绳吊桥分别连接上下施工导洞。装药堵塞及吊桥拆除等工作均用人工完成。周边预裂孔也采用手风钻钻孔。

六、爆破观测设计

（一）爆破观测的必要性

采用水下岩塞爆破技术，要求必须做到爆通、安全、成型，即爆破后形成的进水口轮廓规则、过水断面符合设计要求，长期运行中可靠稳定。而刘家峡排砂洞岩塞爆破工程，在设计上不仅要考虑上述岩塞的一般要求和特点，还需要考虑岩塞口高水头，厚淤泥、大口径以及岩塞口的边坡稳定性的特殊情况，这也是国内外岩塞爆破遇到的新问题，因此，需要通过现场岩塞爆破模拟试验研究工作，解决淤泥处理（扰动）和岩塞在大直径、高水头、厚淤泥沙层以及岩塞口的边坡稳定性等特殊条件下的爆破设计问题。通过试验过程的测试数据，对岩塞爆通等一系列关键性技术问题进行论证，评价岩塞爆破方案对进水口边坡及永久结构的影响程度，为验证正式岩塞爆破设计理论和防护设计提供科学合理的行之有效的观测数据和基础资料，确保主体工程一次爆破成型。

（二）观测项目

（1）爆破地震效应观测：为了分析岩塞爆破对地面已有建筑物的影响，需要布设量测地面加速度量和速度量的仪器，来观测岩塞爆破时地面运动特征及规律，为分析爆破对已有建筑物的影响提供依据，为优化设计提供必要的资料。

（2）水中冲击波压力观测：刘家峡排砂洞岩塞爆破突出的问题是研究淤沙处理和淤泥层对爆破影响问题。这就需要通过水中冲击波压力观测来检验和判别溢出到淤泥中和水中的爆炸能量是否恰当，同时以此评判水中冲击波荷载对水工建筑物及边坡的影响，因此，需对岩塞口附近水击波压力和淤泥中的动水压力进行观测。

（3）混凝土结构应变与振动：岩塞爆破时由于其水头高、淤泥厚、阻抗大，往库内溢出能量较小，往洞内溢出能量较大，势必增加对顶拱结构的振动荷载。因此，在岩塞爆破试验时，需要进行顶拱结构振动和应变观测，为判定顶拱结构防护设计是否合理，主体工程岩塞爆破时顶拱结构是否安全提供分析依据。

（4）水面运动现象研究：通过岩塞爆破试验鼓包运动的观测，来分析爆破效果，检验爆破设计，进一步了解具有高水头、厚淤泥沙层岩塞爆破特点及对其机理过程分析。

（5）爆破漏斗调查：为了检验爆破效果和爆破成型的状况，需采用水下声波法，在爆破前后扫描水下地形，籍此分析爆破成型、漏斗成型的大小，根据观测成果来调整爆破参数设计。

（6）岩塞爆通观测：由于爆破后需要下泄的碎石和淤泥远大于试验洞的容量，岩塞口将再次被扰动后的淤泥覆盖，直观上很难确定岩塞爆通和成形情况，因此，需要借助观测仪器对爆通时的一些物理量和物理现象进行分析，如：爆通时的水击压力、井喷现象等，借此分析岩塞是否爆通，为正式爆破设计提供科学依据。

（7）人工巡视和宏观调查：在岩塞爆破前后进行一些宏观观测与调查十分必要，它可以补充电测数据的不足，为本工程安全监测取得全面资料，对爆破效果和破坏现象进行正确的评价和分析。

（三）爆破地震效应观测

1. 测点布置与仪器安装

在距爆心 70～250m 布置加速度和速度测点各 5 个，各测点爆心距分别为：70m、85m、100m、120m、145m，具体位置根据现场情况而定。加速度与速度测点平行布置。爆破质点振动速度观测，每个测点观测 3 个方向，即铅直方向、径向方向和切向方向。爆破质点振动加速度观测，每测点布置垂直方向和径向方向的 2 个单方向加速度传感器，共 5 个测点。速度测点编号为 V_1～V_5，加速度测点编号为 A_1～A_5。另安排随机测点 2 个，编号 V_6～V_7、A_6～A_7，视现场情况布置。进行地震效应观测共有 35 支速度传感器。

在岩塞中心点铅直上部，竖立一面旗帜或标杆，以岩塞中心点为起点，距离按近密远疏规律呈指数梯度放样观测点，各观测点要基本处于同一高程。观测点尽可能落到基岩上，如表面有松土或碎石要进行清理，直至测点基础密实为止。浇注 50cm×50cm×30cm 混凝土基座，基座表面用水平尺找平并抹一层砂浆，待基座混凝土固化后，清洗基础表面，以石膏和螺栓固定传感器，使传感器与基础表面形成刚性连接。铅直方向的传感器用水平尺校准安装，径向和切向的用罗盘和水平尺校准安装。安装完成后对测点及其传感器进行统一编号。用全站仪进一步复核各测点的坐标，并将测点标注在爆区的地形图上。所有测点加保护罩防护。

信号传输电缆采用 4 芯屏蔽电缆，电缆按所连接的传感器进行编号，并集中引入到观测站。

2. 技术要求

（1）速度传感器的通频带 0.5～80Hz，量程 0.001～40cm/s（加放大器）。

（2）加速度传感器的通频带 0.05～80Hz，量程（0.01～10）g。

（3）在仪器投入观测前，将仪器送到省级计量单位或国家地震局指定单位进行率定。

（4）观测前，事先对被测物理量的频率范围，被测物理量的幅值进行预估。

（5）调整观测仪器设备的工作频率和采样频率，使其符合有关设计要求。

（6）观测系统连好后，用橡胶锤轻击基础，检查观测系统的反应情况。

（7）采用有线方式观测时，应在爆破前启动数据记录设备，设置的量程、记录时间及采用频率等应满足被测物理量的要求。

（8）采用无线方式进行观测时，应符合下述要求。

1）设置的量程、记录时间及采样频率应满足被测物理量的要求。

2）依据记录设备电源的允许待机时间，合理选择提前开机时间。

3）根据预估被测物理量的测值范围，合理选择自触发设定值。

4）应采用同步观测装置将多测点的自记系统相连接，满足多测点的同步要求。

5）观测前应制定操作程序，并应向爆破工作人员交底。

3．需提交的成果

（1）爆破时域完整的记录波形，给出最大加速度、速度量、主振动周期、振动量持续时间。

（2）绘出被测物理量最大幅值，主振相持续时间，振动频率。

（3）提出地面运动特征，例如振动持续时间、振动最大值及振动影响场衰减规律、频率特性、傅氏谱、反应谱特性等。

（4）分别统计提出质点振动速度和加速度峰值经验公式。

（5）根据实测成果及设计提出的安全控制标准以及宏观调查结果，对模拟爆破试验时已有建筑物的安全影响进行评价。

（四）水中冲击波压力与淤泥孔隙水压力观测

1．测点布置与仪器安装

（1）水中冲击波。拟在岩塞口中心上方与洞轴线呈 90°方向布置一条测线，布置水中冲击波压力测点 6 个，编号为 $P_{水1} \sim P_{水6}$，测点距爆心分别为 15m、20m、30m、40m、50m、60m。传感器高程位于水表面以下 5m 处，自由悬吊于水中，在传感器上方水面上安设浮标（浮筒），作为工作平台标志。

（2）淤泥动水压力。在与水击波测线相同连线上的淤泥中布置观测冲击波压力的测点 6 个，编号为 $P_{淤1} \sim P_{淤6}$，距爆心分别为 15m、20m、30m、40m、50m、60m，爆破压力传感器需埋入水与淤泥交界层面下 3～5m 处。观测冲击波压力在淤泥中的衰减规律。

将直径 10mm 的钢丝绳按设计测点间距做出水中冲击波压力测点和淤泥动水压力测点标记，钢丝绳一端固定在岩塞口上部接近水面的岩石上，另一端用机轮送到固定浮标位置，并与浮标连接。调整浮标位置，使钢丝绳与岩塞轴线保持垂直，下锚固定浮标。淤泥动水压力传感器埋设：按钢丝绳标记的淤泥动水压力测点，采用 OD 法钻孔布设传感器，传感器据淤泥表面深 4m。水中冲击波传感器埋设：按钢丝绳的标记设测点浮标，在每个测点浮标上悬吊水中冲击波传感器，传感器至水面距离 5m，至此传感器安装完毕。

2．观测技术要求

（1）水中冲击波压力传感器须采用电气石压力传感器，工作频率 0～300kHz，测量范围 0～10MPa。

（2）淤泥压力传感器，采用应变式压力传感器，测量范围初步选取 0～0.5MPa 和 0～1.0MPa 两种。

（3）观测前，整个观测系统需经省级计量单位或中科院力学所检验率定。

（4）根据现场条件与已有经验，估算水中冲击波量值，选择好仪器系统的灵敏度，使得显示的波形最大幅值为满量程的 1/2～1/3，尽一切可能避免幅值削峰。

（5）被保护建筑物应做爆前、爆后宏观调查。

（6）观测前制定操作程序，并向爆破工作人员交底。

（7）收集与观测有关的爆破参数。

3. 需提交的成果

（1）观测后要提供完整的记录波形，需给出压力峰值、时间常数、峰值上升时间、压力波形持续时间等。

（2）在观测报告中提出在水中、淤泥中压力衰减公式以及波形特征等。

（3）对已有建筑物、边坡的安全作出评价。

（4）给出测点坐标和爆源位置，并绘制成图。

（五）顶拱结构应变与振动观测

1. 测点布置与仪器安装

（1）顶拱结构应变观测。应变观测点按照 2 个断面布置：第一断面距结构始端 2m，共布置 5 个环向应变测点编号 $\varepsilon_1 \sim \varepsilon_5$，即布置在顶拱、左右拱肩、左右拱脚各一个；第二断面距结构始端 4m，同样布置 5 个环向应变测点，编号 $\varepsilon_6 \sim \varepsilon_{10}$。

应变元件采用环氧砂浆制作的防水较好的应变砖，为了提高测量的准确性，在混凝土顶拱进行施工时，即将应变砖埋入结构内。应变砖的长度方向为拱结构的切线方向。应变砖贴近混凝土表层埋设。

（2）顶拱结构振动观测。振动观测布置 6 个速度测点，编号 $V_1 \sim V_6$，各测点布置在顶拱中部，沿洞轴方向距混凝土结构始端间距分别为 1m、2m、4m、8m、16m、32m。

在顶拱混凝土施工时，将速度传感器埋入结构顶部混凝土与岩石交界处，方向为铅直方向。埋设时钻 $\phi 60\text{mm}$，深 10cm 的孔，将传感器一半埋在孔内，一半留在外面。

2. 技术要求

（1）应变元件的声阻抗与被测介质的声阻抗应相匹配。

（2）采用的动态应变仪应性能稳定，$250 \sim 300\text{m}$ 导线传输无信号失真

（3）应变数据采集仪满足频率 $10 \sim 50\text{kHz}$。

（4）顶拱振动传感器的通频带 $30 \sim 250\text{Hz}$。

（5）顶拱振动观测的数据采集仪通频带 $0 \sim 100\text{kHz}$。

（6）应变元件在使用前应自行标定，标定时的环境条件要模拟现场观测条件，其他观测仪器需到省级计量单位进行率定。

（7）收集与观测有关的爆破参数，被测混凝土的力学参数、拱结构的几何尺寸等有关资料。

（8）仪器安装前后，要随时检查传感器的绝缘电阻，一般不应低于 $5\text{M}\Omega$。

（9）在爆破前启动动态应变仪和记录采集设备，设备量程、记录时间及采样频率应满足被测物理量的要求。

3. 须提交的成果

（1）提供完整的波形记录，给出应变量、振动量最大幅值、峰值上升时间、讯号到时、最大幅值到时，应变波形和振动波形持续时间以及其他波形特征等。

（2）报告对混凝土拱结构的安全性提出分析意见。

（六）水面运动现象观测

从迎着爆轰方向和背着爆轰方向各布置 1 台摄影机，垂直爆轰方向两侧各布置 1 台摄影机。

水上摄影根据地形情况安装摄影设备。在爆破前岩塞口的水面上竖立一个标杆，标杆高 0.80m，宽 0.50m。为了得到起爆时间参考点，在标杆上设导爆索束，它和 1 段雷管同时起爆。

（七）爆破漏斗调查

由于试验洞不具有长时间下泄泥沙功能，在岩塞口打开后，部分泥沙下泄到试验洞内，试验洞的全部容量约为 1798.00m³，泥沙按圆筒下泄，其方量近 3000.00m³，远大于试验洞容量，考虑泥沙稳定坡角和振动液化，爆破后的岩塞口将被泥沙覆盖。因此，比较简易可行的方法是在爆破前对岩塞口附近的泥沙进行地形测量，爆破后再次进行地形测量，根据测绘结果计算泥砂下泄方量，依次推断试验洞容砂量，从而评判岩塞的爆破效果。

将岩塞口部位的 100m×100m 水域范围内划分成经线和纬线网格，网格尺寸 200cm×200cm，在每一网格交点处，用回声探测仪配合 GPS 测绘水下淤泥地形。测绘要求水下地形等高线误差不得超过 10cm。

爆破后，采用钻孔触探法，对岩塞口轮廓进行测量。在岩塞口上部，以岩塞口中心为中点，沿米字形布置测线，每一测线长度要跨过岩塞口，约 15m，触探间距 1m，每一测线约 15 孔，共计 60 孔。

须提交的成果：

（1）岩塞口部位 100m×100m 水域范围的爆破前后地形图（1∶200）。

（2）岩塞口外部成型轮廓图。

（八）岩塞爆通效果观测

1. 仪器布置与安装

冲击波压力测点的布置：碴坑端和平洞交接处顶拱布置 1 点，编号 BPR1，平硐顶部布置 2 点，编号 BPR2、BPR3，平洞端墙布置 2 点，编号 BPR4、BPR5，竖井口布置 1 点，编号 BPR6。每测点安装 1 支压力传感器。

传感器安装在钻孔内，钻孔直径 60mm、深度 30cm，传感器外端距孔口 5cm，以防炮石碰击。传感器与孔壁之间缝隙用砂浆填充。电缆采用 4 芯屏蔽高压防水电缆。电缆经斜钻孔引出，由喷射覆盖保护。

2. 技术要求

（1）采用应变式动水压力传感器，工作频率 0～35kHz。

（2）采用的动态应变仪应性能稳定，250～300m 导线传输无信号失真。

（3）数据采集仪应满足频率 10～50kHz。

3. 需提交的成果

（1）提供完整的空气冲击波记录波形，需给出压力峰值、时间常数、峰值上升时间、压力波形持续时间等。

（2）提供完整的动水压力记录波形，需给出压力峰值、时间常数、峰值上升时间、压力波形持续时间等。

（3）对已爆通情况做出评价。

（九）宏观调查及人工巡视

在岩塞爆破前后进行一些宏观观测与调查十分必要，它可以补充电测数据的不足，为本工程安全监测取得全面资料，对爆破效果和破坏现象进行正确的评价和分析。

1. 内容

宏观调查主要对象是爆区附近的边坡，以及一些重要建筑物，如：大坝、泄水洞、中控室、开关站、高压输电线路基础等一些重点要害部位。宏观调查主要内容包括：

（1）防护目标的外观在爆破前后有无变化。

（2）邻近爆区的岩土裂隙，层面在爆破前后有无变化。

（3）设置在爆区周围的观测物有无变化（例如石膏抹面、黏结的玻璃片等）。

（4）爆破飞石、有害气体、粉尘、水击波、噪声、涌浪对人员、生物及相关设施有无影响。

2. 宏观调查和人工巡视要符合下列要求和有关规定

（1）宏观调查和人工巡视要采取爆前、爆后对比检测方法。

（2）在防护目标的相应部位，爆前应设置明显测量标志，对防护目标的整体情况，包括有无裂缝、裂缝位置、裂缝长度、裂缝宽度等，进行详细描述记录，必要时还应测图，摄影或录像，爆后调查这些部位的变化情况。

（3）测量标志点部位，应尽量与仪器监测点相一致。

（4）爆破前后，调查人员及其使用的调查设备（尺、放大镜等）应相同。

（5）每次宏观调查后应填写宏观调查记录表。

3. 评估防护目标受爆破影响程度

应根据宏观调查与人工巡视检查结果，并对照仪器监测成果（包括重点建筑物永久期安全监测成果），评估防护目标受爆破影响的程度：

（1）无破坏：建筑物完好，原有裂隙无明显变化，爆破前后读数值不超过所用设备的精度。

（2）轻微破坏：建筑物轻微损坏，如房屋墙面有少量抹灰脱落，原有开裂缝的宽度，长度有变化，爆破前后读数差值超过所使用设备的精确度，但不超过 0.5mm，经维修后不影响其使用功能。

（3）破坏：建筑物被破坏，如房屋的墙体错位、掉块、原有裂缝张开延伸，并出现新的细微裂缝，必须大修后才能使用。

（4）严重破坏：建筑物严重破坏，原有裂缝张开，延伸和错位，出现新的裂缝，甚至房屋倒塌，必须大修后才能使用或不能继续使用。

（5）人员、生物有（无）受到影响程度。

七、试验洞岩塞爆破观测实施及结果

（一）观测内容

刘家峡排沙洞岩塞爆破 1：2 模型试验观测工作内容，既担负着对排沙洞设计提供翔实可靠的试验数据，又肩负着工程爆破效果和对已有建筑物安全影响作出评价。实际试验观测内容较原工作大纲内容增加了龙汇山庄观测，试验观测内容如表 10.2-10。

表 10.2－10   1：2 原位岩塞爆破模型试验观测内容

项 目	内 容	仪 器 设 备	数 量	成 果
爆破地震效应测试	大地振动场	3 个方向速度传感器	5 测点	波形图
	大地振动场	2 个方向加速度传感器	5 测点	波形图
龙汇山庄振动测试	财苑楼	1 个方向速度传感器	4 测点	波形图
		1 个方向加速度传感器	4 测点	波形图
	贵宾楼	2 个方向速度传感器	2 测点	波形图
		2 个方向加速度传感器	2 测点	波形图
电站厂房振动测试	厂房开关室	3 个方向的速度传感器	1 测点	波形图
水击波压力测试	岩塞口库区	水击波压力传感器	6 测点	波形图
淤泥动水压力测试	岩塞口库区	淤泥动水压力传感器	6 测点	波形图
顶拱振动测试	洞内顶拱	1 个方向速度传感器	6 测点	波形图
混凝土应变测试	混凝土衬砌试验段	应变砖	10 测点	波形图
爆通压力测试	洞内和竖井	压力传感器	6 测点	波形图
水面运动现象与爆破过程观测	岩塞口和竖井	高清晰摄像机	4 台	影像
	竖井口	摄像机	1 台	影像
	洞内	摄像机	1 台	影像
	岩塞口	高速摄影机	1 台	影像
爆破漏斗调查	水下地形图测绘	GPS 加水下声呐	1 项	水下地形图
	岩塞口触探	地质钻机	1 项	岩塞口大小
宏观调查	16 局办公室、龙汇山庄	塞尺、放大镜等		测量数据和宏观描述
	大坝	大坝已有观测仪器	1 项	观测资料
	厂房、开关站保护室	速度传感器、电厂已有监控设备	1 项	测试数据、波形图

（二）爆破地震效应测试

1：2 模型试验岩塞爆破，其爆心位置处在黄河左岸，高程约为 1680.00m。根据岩塞药室开挖特点，本次岩塞爆破的总装药量为 1346kg，分为 4 个段位起爆，其中以第 2 响药量最大，为 618kg。

由于爆心一侧邻水，另一侧面山，周围地形起伏不定，因此，爆区大地振动场测点主要是沿进场公路布置，见图 10.2－3 中 AV1～AV5（对应 1～5 号测点）。1～5 号测点所在的公路右侧（进场方向）地形相对平缓，上高下低，但高差不超过 10m。从路旁边坡地质条件看，1～4 号测点段表层为黄土层，其中 4 号测点的土层较浅，5 号测点则直接安装在基岩上。

1. 测点布置

按设计要求，爆破振动大地影响场共计布置 5 个测点，每个测点处布置了速度传感器

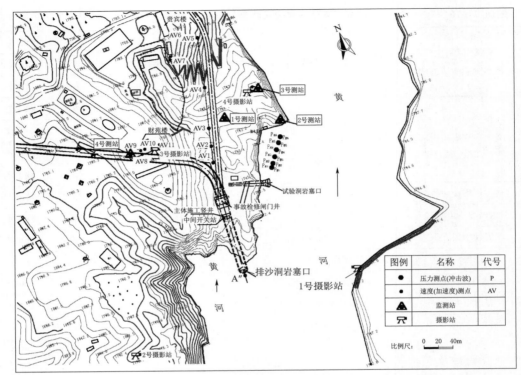

图 10.2-3　1∶2 模型试验洞岩塞爆破地面观测布置图

（可以测量垂向、水平切向和水平径向 3 个分量）和两支加速度传感器（分别测量垂向和水平径向 2 个分量）。这 5 个测点均沿进场道路右侧（进场方向）布置，1～5 号测点距离爆心逐渐变远，1 号和 5 号测点到爆心的直线距离分别为 95.10m 和 239.00m；这 5 个测点的高程在 1744.20～1751.00m（1～5 号测点）之间，高程差别较小。

以上各测点处的速度或加速度传感器都采用石膏粘贴在所测对象的表面，爆前爆后检查表明，各传感器安装牢固。

2. 测试设备

根据本工程振动效应观测特点，优选了以下几套监测系统：①Mini-Mate Plus（加拿大）爆破微型测试系统；②Mini-Seis（美国）爆破微型测试系统；③国产爆破振动自记仪＋加速度传感器；④国产爆破振动采集仪＋速度传感器。

（1）Mini-Mate Plus 爆破微型测试系统。该测试系统用于本次爆破振动速度观测，为目前世界上最先进的微型爆破振动测试系统，最小可测到 0.127mm/s（人能感觉到的震动为 0.7～0.9mm/s）的振动。该系统可以同时在同一观测点测试 3 个方向的爆破震动速度（含时程曲线）及爆破噪声；此外，还可提供峰值加速度、峰值位移以及频率—峰值震动速度曲线，可以记录 300 次不同时刻的爆破震动，最长记录时间为 500s（采样频率为 1kHz 时）。该系统内置数码芯片自动对测试过程进行控制，可灵活方便设置测试参数，包括测试量程、采样频率、信号触发方式及电平大小，记录时间及次数等，并可适应全天候的野外作业条件，待机记录时间 48h 以上。

（2）Mini-Seis（美国）爆破微型测试系统。用于本次爆破振动速度观测。Mini-Seis 测试系统（美国 White Industrial Seismology, Inc. 产品）用于记录爆破振动过程，可以进行 FFT/OSM/USBM 分析，位移、加速度分析、反应谱分析，具有单事件和多事件处理能力。技术指标与 Mini-Mate Plus 相同。

（3）爆破振动自记仪及加速度传感器。EXP−3850 型爆破振动自记仪配 KD1010L 中低频宽带加速度传感器，可以满足爆破近区、中区和远区爆破振动加速度测试要求。

成都中科测控生产的 EXP−3850 型爆破振动自记仪采样频率可在 1～200kHz 之间多级设置，最大量程±20V，带预触发功能，并可多次记录，采样率为 1kHz 时，单次记录时间为 16s，总记录时间可达 128s。

加速度计采用扬州科动电子技术研究所生产的 KD1010L 型 ICP（内置电路）传感器，工作频率 0.5～6kHz，量程 500m/s^2，最大横向灵敏度比<5%，电压灵敏度 100mV/g 左右，使用温度范围−20～80℃。

（4）爆破振动采集仪及速度传感器。爆破振动速度测试，其中的一部分采用了北京波谱的 WS−5921/16 型 USB 数据采集仪（最高采集频率 400kHz）和功能强大的数据处理分析软件，与采集仪配套使用的是 PS−4.5B 型地震传感器（频宽 10～800Hz）和 DJP−70 型拾震器（频宽 30～400Hz），测试系统内取消了传感器信号放大器件，串联了阻尼调解器（12 通道）。

3. 测试结果及分析

（1）大地振动场速度测试。大地振动场测试是指进场公路右侧的 1～5 号测点，包括速度测试和加速度测试。大地振动场 1～5 号测点的振动速度测试结果见表 10.2−11。

表 10.2−11　　　　　　　大地振动场爆破振动质点速度测试成果（峰值）

测点编号	测点位置	仪器编号	爆心距离/m	水平切向		垂　向		水平径向	
				振速/(cm/s)	峰频/Hz	振速/(cm/s)	峰频/Hz	振速/(cm/s)	峰频/Hz
1	进场公路右侧	BE10117	96.8	1.71	22.5	2.46	45.0	1.90	19.9
2	进场公路右侧	BE10500	116.6	1.54	22.8	2.35	26.9	1.78	21.6
3	进场公路右侧	BE10114	132.5	1.49	27.7	2.24	21.3	1.89	19.5
4	进场公路右侧	BE11287	176.5	1.02	16.3	2.15	21.6	1.42	23.8
5	进场公路右侧	BE7484	240.6	0.53	14.9	0.62	51.0	0.39	23.8

表 10.2−11 中，各测点的振速值总体上不大，以 1 号测点的垂向振速最大，为 2.46cm/s；5 号测点的水平径向测值最小，为 0.39cm/s。从数值变化情况看，每个测点内的垂向振速大于两个水平向测值，说明测点距离爆心总体较近；测点间的振速值由 1～5 号逐渐减小，符合振动衰减的一般规律。

查看各测点的振动波形（图 10.2−4～图 10.2−8），其垂向、水平切向和径向波形基本相近，其振动持续时间在 0.5～1.4s 之间，即距爆心近的 1 号测点持续时间较短，而距爆心较远的 5 号测点则持续较长时间。分析振动波形频谱，其主振频率（峰频）在 14.9～45.0Hz 之间（表 10.2−11），符合硐室爆破频率的一般特征。

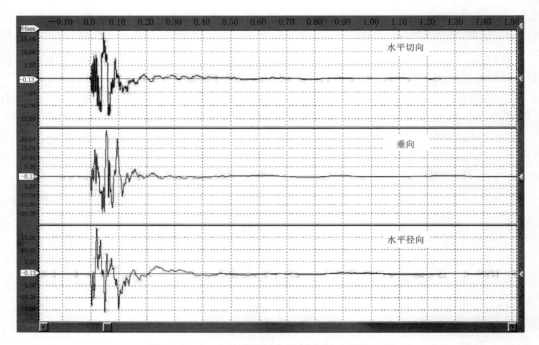

图 10.2 - 4　大地振动场 1 号测点振动速度历程

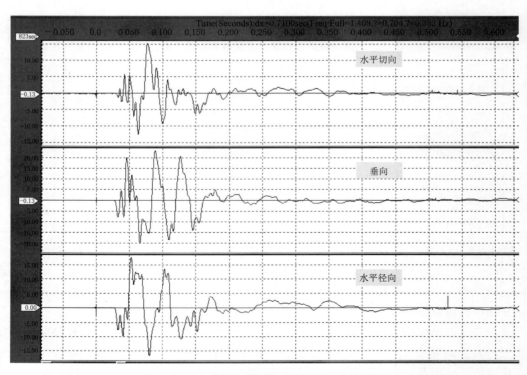

图 10.2 - 5　大地振动场 2 号测点振动速度历程

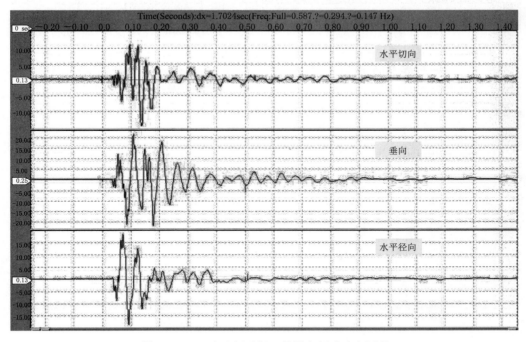

图 10.2-6　大地振动场 3 号测点振动速度历程

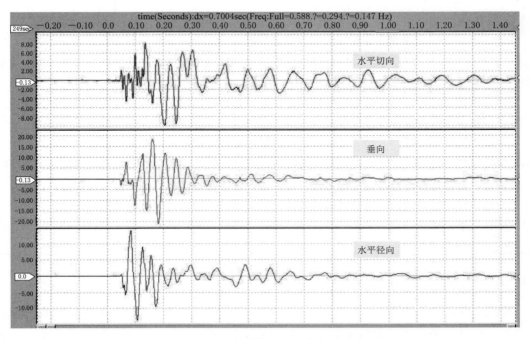

图 10.2-7　大地振动场 4 号测点振动速度历程

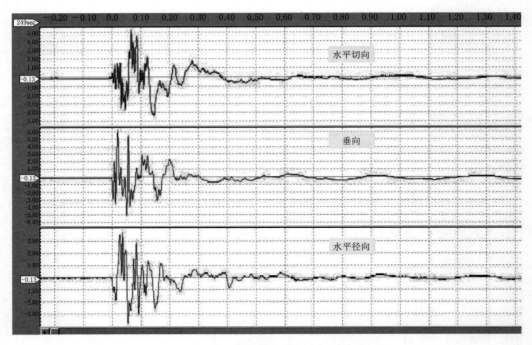

图 10.2-8　大地振动场 5 号测点振动速度历程

采用最小二乘法原理，对 5 个测点的振速进行振动规律计算。其形式为萨道夫斯基公式：

$$V = K \left(\frac{Q^{\frac{1}{3}}}{R} \right)^{\alpha} \tag{10.2-12}$$

式中：V 为振速，cm/s；Q 为最大单段药量，kg；R 为爆心距，m；K、α 为与场地和地质地形条件相关的振动系数。

将 1～5 号测点的振速测值及相应的爆心距、药量代入上述公式，即可得出如表 10.2-12 所示的振动场经验公式。

表 10.2-12　　　　　　　　　　大地振动场速度场计算

名　称	K	α	拟　合　公　式	说　明
垂向速度振动场	84.1	1.36	$V = 84.1\rho^{136}$	
水平切向速度振动场	42.6	1.27	$V = 42.6\rho^{127}$	偏小
水平径向速度振动场	128.2	1.62	$V = 128.2\rho^{162}$	

注　这里 $\rho = \dfrac{Q^{\frac{1}{3}}}{R}$，且 $0.035 \leqslant \rho \leqslant 0.088$。

按照《爆破安全规程》（GB 6722—2003）中关于不同岩性的 K 和 α 参数取值，表 10.2-12 中垂向和水平径向的速度振动场公式的 K 和 α 值基本合理，相当于中硬岩之标准，但水平切向公式的 K 和 α 值则偏小。进一步分析振动场测试测点的分布位置，这 5 个测点之间总体上距离较近，且距爆源近前 3 个测点的地基为黄土而非岩石，黄土吸收振动能量的能力较岩石要高一些，因此，垂向和水平径向的速度振动场公式中的 K、α 值在中硬岩标准中处于中小水平。

（2）大地振动场加速度测试。

大地振动场 1～5 号测点的加速度测试结果见表 10.2-13。

表 10.2-13　　　　　　　　　爆破振动质点加速度测试成果

测点编号	测点位置	仪器编号	爆心距离/m	垂向		水平径向	
				加速度/g	峰频/Hz	加速度/g	峰频/Hz
1	进场公路右侧	EXP3-305	96.8	1.14	129.9	0.90	82.8
2	进场公路右侧	EXP3-310	116.6	1.40	26.1	0.73	24.7
3	进场公路右侧	EXP3-307	132.5	0.63	19.5	0.61	20.3
4	进场公路右侧	EXP3-303	176.5	0.34	23.2	0.26	27.6
5	进场公路右侧	EXP3-279	240.6	0.36	84.0	0.22	81.1

表 10.2-13 中，各测点的振动加速度值一般在 $(0.22\sim1.40)g$ 之间，其中最大值 $1.40g$ 为 2 号测点的垂向测值。除该值外，测点间总体上符合加速度测值随着爆心距增大而逐渐减小的规律；测点内也仍然是垂向振速测值大于水平向，这与各点的速度测值变化规律基本一致。

各测点的加速度振动波形（略），其垂向和水平向波形基本相近，距爆心近的 1 号测点振动持续时间较短，只有 0.24s；随着爆心距增大，其振动持续时间也逐渐增加，至 5 号测点则为 0.80s。各测点的主振频率（峰频）一般在 19～130Hz 之间（表 10.2-13），变化范围较大。

采用最小二乘法原理，对 5 个测点的加速度测值进行振动规律整理，结果表 10.2-14。

表 10.2-14　　　　　　　　　大地振动场加速度场计算

名　称	K	α	拟合公式	说明
垂向加速度振动场	56.9	1.57	$\alpha=56.9\rho^{157}$	
水平向加速度振动场	57.7	1.70	$\alpha=57.7\rho^{170}$	

注　这里 $\rho=\dfrac{Q^{\frac{1}{3}}}{R}$，且 $0.035\leqslant\rho\leqslant0.088$。

表 10.2-14 中，垂向和水平向的加速度振动场拟合公式中的 K、α 值大小基本相同，显示出较好的相似性。

4. 爆破地震效应测试结果

刘家峡洮河口排沙洞岩塞爆破 1:2 模型试验中，爆破振动质点速度和加速度测试工作都完成得较好，数据资料齐全准确，可以对分析大地振动场和评价爆破对周围已有建筑物影响起到参考作用。

（1）大地振动场振速测试结果显示，每个测点内垂向及水平径向和切向的三个分量测值大小适中，垂向振速大于两个水平向测值，测点间亦符合一般振动衰减规律；除水平切向速度振动场振动系数偏小外，垂向和水平径向的振动场系数总体合理。

（2）大地振动场加速度的两个分量测值不大，垂向振速测值大于水平向；其振动场公式中，垂向和水平向的振动系数基本相同，一致性较好。

（3）由于振动场 5 个测点的安装位置特点，速度和加速度振动场公式中的 K、α 值在中硬岩标准中处于中小水平。因此，在进行 F_7 断层锚固力等计算中，建议采用测值较高的丰满岩塞爆破测试结果进行校核计算。

（三）龙汇山庄与发电厂开关站振动影响测试

与爆破区域邻近的龙汇山庄坐落在进场道路右侧的山顶上，其最近点与爆心水平距离不足 150m。山庄内距离爆心较近的建筑物有贵宾楼和财苑楼，这两栋建筑都是 5 层高的砖混结构。贵宾楼所在山顶高程为 1783.00m，较爆心高约 104.00m；财苑楼的山顶高程为 1800.00m，较贵宾楼又高出 17m 左右。爆前宏观调查发现，这两栋楼基础与四周地基之间有开裂现象，地基平台表面的地砖之间也存在张性裂缝，这说明地基非为岩石，而是土基的特征。

电站厂房位于爆心的西北方向，距离爆心大约 750.00m。

1. 龙汇山庄振动影响测试

（1）测点布置。龙汇山庄内，在距离爆破岩塞较近的财苑楼和贵宾楼两栋建筑布置传感器。其中，贵宾楼 2 个测点，测点编号为 AV6 和 AV7（对应 6 号和 7 号）；财苑楼 4 个测点，编号为 AV8～AV11（对应 8～11 号）。6 号测点位于贵宾楼所在地基表面（高程 1786.90m），7 号点则安装在贵宾楼边部的贵宾亭的桩基础旁（高程 1779.40m），在这两个测点各布置了 1 支速度传感器（可以测量垂向、水平切向和水平径向 3 个分量）和 2 支加速度传感器（测量垂向和水平径向 2 个分量）。8 号、9 号和 10 号测点分别选择在财苑楼内的 5 楼、3 楼和 1 楼的楼板上，这 3 个测点的平面位置相近，其所处高程依次为 1817.00m、1809.10m 和 1801.20m；11 号测点则选在财苑楼地基平台的边缘处，该测点高程为 1800.20m；8～11 号这 4 个测点各安装了 1 支垂向速度传感器。测点布置见图 10.2-3 中的贵宾楼和财苑楼部位。

龙汇山庄振动影响测试包括速度和加速度两种，以速度测试为主。

（2）速度测试结果及分析。龙汇山庄速度成果整理后见表 10.2-15。

表 10.2-15　　　　龙汇山庄质点振动速度测试成果（峰值）

测点编号	测点位置	仪器编号	水平爆心距/m	高程/m	水平切向		垂　向		水平径向	
					振速/(cm/s)	峰频/Hz	振速/(cm/s)	峰频/Hz	振速/(cm/s)	峰频/Hz
6	贵宾楼地面	MS3579	253.2	1786.9	1.30	7.8	1.78	14.6	0.89	12.8
7	贵宾亭基础	MS3587	224.7	1779.4	0.79	17.0	1.50	26.9	0.99	19.6
8	财苑楼 5 楼	070030	180.7	1817.0	—	—	1.54	14.6	—	—
9	财苑楼 3 楼	070028	183.3	1809.1	—	—	1.86	25.6	—	—
10	财苑楼 1 楼	070026	179.5	1801.2	—	—	1.11	9.8	—	—
11	财苑楼地面	DJP-07	156.5	1800.2	—	—	4.96	26.8	—	—

安装在贵宾楼附近的 6 号和 7 号测点，其各向振速值一般在 0.89～1.78cm/s 之间，仍然以垂向振速值为最大，两个水平向测值略小（见表 10.2-15），这与大地振动场测试

结果一致。安装在财苑楼内的 8 号、9 号和 10 号三个垂向测点，其振速值以 3 楼最大，为
1.86cm/s；5 楼次之，1.86cm/s；1 楼处最小，仅 1.11cm/s。该三点测值与 6 号、7 号测
点的垂向振速值大体相同。

　　龙汇山庄中最大振速值出现在财苑楼地基平台边缘的 11 号测点，高达 4.96cm/s，大约是
等高程 10 号测点的 4.5 倍，是山脚下 3 号和 4 号点（与之爆心距接近）平均垂向振速值（约
2.2cm/s）的 2.3 倍。11 号测点振速值较大，一方面其爆心距离较小，另一方面与其处在地基
平台边缘的特殊位置有关。高野秀夫在斜坡地震效应观测中发现，黄土阶地的幅值比底部的约
大 4 倍左右，比离开坡阶边缘 25m 的水平面处约大 2 倍左右；王存玉等人（1987）在二滩拱坝
动力模型试验表明：边坡顶部对振动的反应幅值较边坡底部存在明显的放大现象，坡的边缘部
位对振动的反应幅值较之内部（处于同一高度上的两点比较）也存在放大现象。

　　高边坡的爆破质点振动速度按下式进行整理：

$$V = K \left(\frac{Q^{\frac{1}{3}}}{R} \right)^A \cdot e^{\beta H} \qquad (10.2-13)$$

式中：H 为边坡测点至爆源高差，m；β 为与场地和地质地形条件相关的衰减系数。

　　其余各字母的含义同式（10.2-12）。

　　与式（10.2-12）比较可知，式（10.2-13）中多出 $e^{\beta H}$ 这一修正项（以后称之为修正
系数）。由于龙汇山庄内测点分布零散不均，完全用公式（10.2-13）进行回归处理难度较
大，所以本文仍然采取公式（10.2-12）的形式来初步推算龙汇山庄测点的振动速度特点。

　　利用表 10.2-12 中得到的速度振动场拟合公式，来推算表 10.2-15 中的各测点振动
速度，药量仍然选取 618kg，所得到的理论振速值列于表 10.2-16 中。从表 10.2-16 中
可以看出，龙汇山庄内各测点内的垂向理论值仍然大于其他两个水平方向；由于建筑物的
安全允许标准以最大振速值来判断，所以本文仅讨论垂向振速。再将山庄内各测点的理论
值与实测振速进行比较，发现各测点的计算值都小于实测值，即山庄测点的振速实测值存
在放大现象，即 $e^{\beta H}$ 修正系数均大于 1，这与其所处位置相对较高相一致。

表 10.2-16　　　　　　　　　龙汇山庄质点振动速度理论计算结果

测点编号	测点位置	爆心距离/m	水平切向		垂　向		水平径向	
			振速/(cm/s)	修正系数	振速/(cm/s)	修正系数	振速/(cm/s)	修正系数
6	贵宾楼地面	274.6	0.52	2.5	0.75	2.4	0.46	1.9
7	贵宾亭基础	245.4	0.60	1.3	0.87	1.7	0.55	1.8
8	财苑楼 5 楼	226.4	—	—	0.97	1.6	—	—
9	财苑楼 3 楼	223.8	—	—	0.99	1.9	—	—
10	财苑楼 1 楼	216.2	—	—	1.03	1.1	—	—
11	财苑楼地面	196.9	—	—	1.17	4.2	—	—

注　修正系数（$e^{\beta H}$）=实测振速值/理论计算值。

　　从 $e^{\beta H}$ 修正系数看，即实测振速值与理论值之比，贵宾楼垂向测点为 1.7～2.4，财苑
楼测点为 1.2～1.9（未计入财苑楼地基平台边部的 11 号测点）。

频谱分析结果，山庄内振动速度纪录波形的峰频在 7.8～26.9Hz 之间，较测试大地振动场的 1～5 号测点（14.9～45.0Hz）略低，表明山庄的土质地基对爆破振动波有一定的滤波作用。各测点所记录波形的持续时间在 0.8～1.6s 之间，其中持续时间最长的是贵宾楼地面 6 号测点。

以上可见，山庄内各点的振速测值一般在 0.89～1.86cm/s，均低于爆破试验前提出的 4.5cm/s 安全允许标准，地基边部个别点测值（11 号测点）为 4.96cm/s，亦低于 5.0cm/s；振动最小峰频为 7.8Hz，一般在 10Hz 以上，且振动持续时间较短，最长的也只有 1.6s。这都说明本次岩塞爆破对龙汇山庄内已有建筑物的振动影响是安全的。

（3）加速度测试结果及分析。龙汇山庄加速度成果整理后见表 10.2－17。

表 10.2－17　　　　　　　龙汇山庄质点振动加速度测试成果（峰值）

测点编号	测点位置	仪器编号	水平爆心距/m	高程/m	垂向		水平径向	
					加速度/g	峰频/Hz	加速度/g	峰频/Hz
6	贵宾楼地面	EXP3－449	253.2	1786.9	0.31	12.2	1.05	16.6
7	贵宾亭基础	EXP3－381	224.7	1779.4	0.83	20.0	0.30	13.2

表 10.2－17 中，贵宾楼附近两个测点的加速度测值在（0.30～1.05）g 之间，量值总体不大；其峰频为 12.2～20.0Hz，明显低于大地振动场的 19～130Hz 水平；测试波形纪录到的持续时间为 1.0～1.5s，其振动采集波形见图 10.2－9、图 10.2－10。这都表明岩塞爆破振动对贵宾楼影响处于安全范围以内。

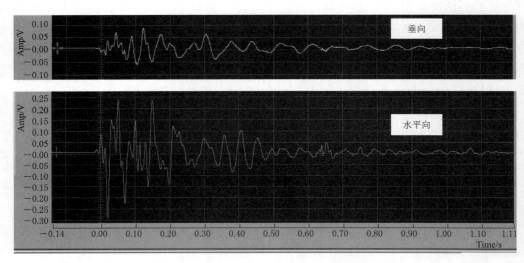

图 10.2－9　贵宾楼地面（6 号）测点振动加速度历程

（4）原型岩塞爆破最大瞬时起爆药量控制。考虑到刘家峡洮河口排沙洞原型岩塞爆破即将实施，其爆破规模较 1:2 模型大，施工方案也可能调整，这都有可能导致原型爆破的瞬时起爆药量增加。为此，本文尝试用 1:2 模型试验的速度振动场公式，推求原型爆破在保证龙汇山庄建筑物安全前提下的最大瞬时起爆药量。

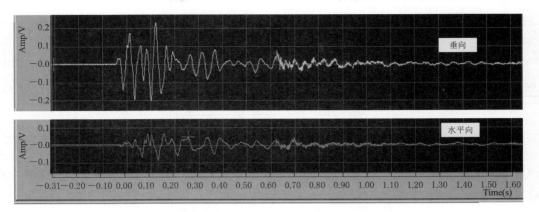

图 10.2 - 10　贵宾亭基础（7 号）测点振动加速度历程

根据原型岩塞的爆破位置，可得出已安装在贵宾楼和财苑楼处各测点（编号 6～11 号）的新爆心距（结果见表 10.2 - 17），振动系数则采用表 10.2 - 12 中垂向拟合公式中的 K、α 值，同时还应考虑 $e^{\beta H}$ 修正系数；为安全起见，贵宾楼和财苑楼测点的修正系数均按其最大值选取，分别为 2.4 和 1.9。然后，根据这两栋建筑的安全允许振速 4.5cm/s 见《爆破安全规程》（GB 6722—2003），于是，按照萨道夫斯基公式的整理形式：

$$Q = R^3 \left(\frac{K \cdot e^{3a}}{V} \right) \tag{10.2 - 14}$$

式中各字母的含义同式（10.2 - 13）。

由式（10.2 - 14）即可求出每个测点的最大瞬时起爆药量（见表 10.2 - 18），选择表中最小的药量值 1829kg，即为原型岩塞爆破的最大瞬时起爆药量的推荐值。

表 10.2 - 18　　　　　　　　龙汇山庄质点振动加速度测试成果（峰值）

测点位置	$e^{\beta H}$	K	α	爆心距离/m	安全允许振速/(cm/s)	最大瞬时起爆药量/kg
贵宾楼地面	2.4			254.8	4.5	3780
贵宾亭基础				220.0	4.5	2433
财苑楼 5 楼		84.1	1.36	180.7	4.5	2247
财苑楼 3 楼	1.9			176.4	4.5	2091
财苑楼 1 楼				168.7	4.5	1829

2. 发电厂开关站振动测试

（1）测点布置。鉴于电站厂房距离爆心较远，岩塞爆破对其振动影响要相对小得多，不会产生危害振动影响，但应电厂要求，在电站厂区布置了 1 支速度传感器（可测垂向、水平切向和水平径向 3 个分量），其具体位置安装在开关站保护室内。

（2）速度测试结果及分析。发电厂开关站保护室距离爆心大约 750.00m，其所受爆破振动影响较小，该支速度传感器（三向）的测试结果表明，垂向和水平切向、径向 3 个振速测值都不到 0.10cm/s。其中，垂向最小，为 0.04cm/s；水平径向次之，为 0.05cm/s；水平切径向最大，为 0.06cm/s（表 10.2 - 19），都远远低于发电厂内 0.50cm/s 的安全允许标准。另外，水平向振速大于垂向测值，也体现了测点距离爆心较远的特点。

表 10.2－19　　　　　　　发电厂房爆破振动质点速度（峰值）监测成果表

仪器编号	爆心距离 /m	水平切向			垂　向			水平径向		
		振速 /(cm/s)	峰频 /Hz	持续时间 /s	振速 /(cm/s)	峰频 /Hz	持续时间 /s	振速 /(cm/s)	峰频 /Hz	持续时间 /s
BE10495	>750	0.06	6.5	1.8	0.04	5.1	2.2	0.05	5.2	2.2

分析该点的振动波形图（见图 10.2－11），其振动持续时间约为 1.8～2.2s，是本次岩塞爆破试验中所有振动传感器持续时间最长的；但其峰频为 5.1～6.5Hz，也是所有振动传感器峰频最低的，这与爆破振动衰减特点相一致。

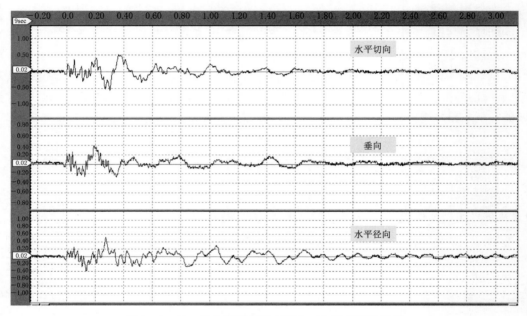

图 10.2－11　发电厂房保护室测点三向振动速度历程

3. 建筑物振动测试结果

（1）龙汇山庄振动影响测试结果表明，距离爆心最近的财苑楼和贵宾楼两栋建筑的振速测值一般不超过 1.86cm/s，均处在 4.5cm/s 安全允许标准以内，地基局部最大值也不超过 5.0cm/s，即本次岩塞爆破对龙汇山庄内已有建筑物的振动影响处在安全范围以内。

（2）发电厂开关站保护室测试结果表明，三个方向的速度均远小于安全控制标准，电站厂区内各已有建筑物振动影响是安全的。

（3）电站厂区内已有建筑物与龙汇山庄建筑物相比，不是原型岩塞爆破最大瞬时爆破药量安全控制因素，安全控制因素应是龙汇山庄。

（4）根据大地垂向速度振动场公式推导的原型岩塞爆破的最大瞬时（一响）起爆药量，当龙汇山庄的贵宾楼和财苑楼按 4.5cm/s 的安全允许振速进行控制时，其推荐值以不超过 1829kg 为宜。

（四）水击波与淤泥动水压力测试

1. 测点布置及测试仪器

沿通过爆心的钢丝绳布置水击波与淤泥动孔隙水压力观测测点各 6 个，见图 10.2-3 中的 $P_{水1}\sim P_{水6}$ 及 $P_{淤1}\sim P_{淤6}$，对应编号为 JB-1~JB-6 和 DY-1~DY-6。测试时水位 1731.5m，测水击波传感器埋设在水面下约 10m 处，测淤泥孔隙水压力传感器埋设在水与淤泥交界面下约 1~3m 处。用成都泰斯特电子信息有限责任公司生产的 TST3106 型动态测试分析仪和四川拓普数字设备有限公司生产的 UDAQ20612 型 4 通道同步并行高速数据采集器，仪器最大采样频率 2M。

2. 测试成果及分析

刘家峡岩塞爆破 1:2 模型试验，在岩塞口附近进行了水中冲击波和淤泥中动水压力观测，实测水击波和动水压力数据见表 10.2-20、表 10.2-21，波形如附图表 3 所示。

表 10.2-20　　　　水击波压力及动孔隙水压力峰值统计分析成果

项目	编号	至爆心水平距/m	观测条件	初至时间/ms				压力峰值/MPa			
				第一峰	第二峰	第三峰	第四峰	第一峰	第二峰	第三峰	第四峰
水击波	JB-1	23.1	水下10m	0	1.156	1.691	12.542	2.010	1.542	2.582	0.725
	JB-2	29.3		4.120	5.450	5.702	17.010	1.529	0.956	1.622	0.406
	JB-3	39.1		10.430	11.976	12.224	—	0.957	1.269	1.260	—
	JB-4	49.4		17.465	19.130	19.302	—	0.635	0.880	0.762	—
	JB-5	59.8		24.208	25.952			0.459	0.693		
	JB-6	68.7		30.340	32.230			0.215	0.625		
动孔隙压力	DY-1	23.1	入泥2m	3.583	3.912	20.220		1.041	1.558	>1.8	
	DY-2	29.3	入泥3m	7.937	9.574	28.152		0.938	0.753	0.853	
	DY-3	39.1	入泥2m	绝缘损坏							
	DY-4	49.4	入泥1.5m	21.704	41.288			0.056	0.276		
	DY-5	59.8	入泥2m	30.274	47.938			0.038	0.175		
	DY-6	68.7	入泥2m	无明显压力过程							

注　水击波压力取幅值最大的四个峰压按初至时间先后进行统计，动孔隙水压力取幅值最大的三个峰压按初至时间先后进行统计；初步统计分析的水击波传播平均速度为 1501.5m/s。

表 10.2-21　　　　水击波及动孔隙水压力最大峰特征统计分析成果

项目	水击波压力						淤泥动孔隙水压力					
编号	JB-1	JB-2	JB-3	JB-4	JB-5	JB-6	DY-1	DY-2	DY-3	DY-4	DY-5	DY-6
上升时间/ms	0.0275	0.078	0.05	0.044	0.088	0.038	0.256	0.0115	绝缘损坏	13.056	43.776	无明显动压
持续时间/ms	0.1725	0.424	0.370	0.386	0.312	0.278	0.656	0.1185		38.840	76.032	

按最小二乘法统计水中冲击波压力值，得经验公式：

$$P_{水}=14.12\left(\frac{Q^{\frac{1}{3}}}{R}\right)^{1.36}\quad\left(0.088<\frac{Q^{\frac{1}{3}}}{R}<0.172\right)\qquad(10.2-15)$$

式中：$P_{水}$ 为水中冲击波压力值，MPa；Q 为药量，kg；R 为爆心距，m。

按最小二乘法整理淤泥中动水压力值得经验公式为

$$P_{淤} = 46.92\left(\frac{Q^{\frac{1}{3}}}{R}\right)^{2.57} \tag{10.2-16}$$

式中：$P_{淤}$为淤泥中动水压力值，MPa；Q为药量，kg；R为爆心距，m。

从淤泥中所得经验公式可以看到与水中冲击波压力值相比，较其数值量级小，而且比水中击波衰减得快。

3. 水中冲击波和动水压力测试结果

（1）水中冲击波和淤泥动孔隙水压力的观测结果规律性较好，符合指数衰减规律。

（2）通过本次水中冲击波和淤泥动孔隙水压力的观测，给出了水中冲击波和淤泥动孔隙水压力公式，依此可以确定原型淤泥爆破时的水中冲击波和淤泥动孔隙水压力对岸坡影响。

（五）顶拱振动与混凝土结构应变测试

1. 顶拱振动观测

（1）测点布置及测试设备。顶拱沿洞轴线方向布置重庆地震仪器厂生产的DJP-70型速度传感器6支，其中SD01、SD02布置在混凝土衬砌内距衬砌端部1m、2m处两个断面的顶部，SD03～SD06布置在试验洞平洞内，呈前密后疏分布，具体埋设位置见图10.2-12。采用成都中科动态仪器有限公司生产的IDTS-4516U型数据采集仪记录数据波形，该仪器为16通道并行采集，单通道最大采样频率100K。

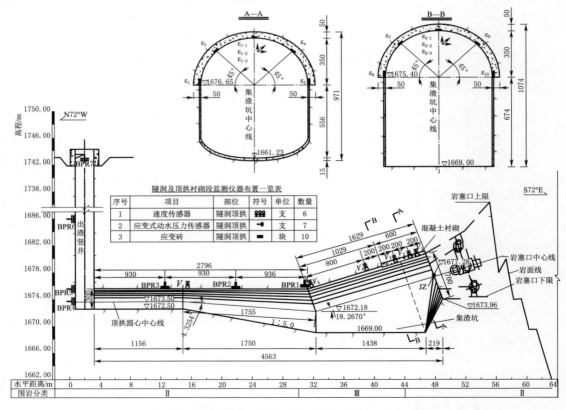

图 10.2-12　1：2模型试验洞岩塞爆破洞内观测仪器布置图（高程：m，尺寸标准：cm）

（2）测试结果及分析。顶拱振动观测成果见表 10.2－22，波形图如图 10.2－13～图 10.2－14 所示，从波形和观测成果可以看出：

1）SD01 测点位于混凝土衬砌内，距混凝土端部 2m，桩号为 39.37m，距爆心 14.17m。因距爆心较近，在距首波到时 10ms 后超出量程，SD01 测值大于 72.4cm/s，远超过混凝土安全允许振速（表 10.2－23），混凝土拱结构可能损坏。振动持续 1070.8ms 以后波形失真。

2）SD02 测点亦位于混凝土衬砌内，距混凝土端部 4m，桩号为 37.47m，距爆心 16.12m。在距首波到时 10ms 超出量程，SD02 测值大于 65.6cm/s，远超过混凝土安全振速（表 10.2－23）。与 SD01 相似，该处亦可能损坏，振动持续 694ms 后波形失真。

表 10.2－22　　　　　　　　　　　　　　　**顶拱振动速度观测成果表**

测点编号	测点部位桩号/m	爆心距/m	首波到时/s	第一峰值 到时/ms	第一峰值 峰值/(cm/s)	第二峰值 到时/ms	第二峰值 峰值/(cm/s)	第三峰值 到时/ms	第三峰值 峰值/(cm/s)	第四峰值 到时/ms	第四峰值 峰值/(cm/s)	第五峰值 到时/ms	第五峰值 峰值/(cm/s)	频率/Hz	主振相持续时间/s
SD01	39.37	14.17	40.259	10.0	＞72.4	53.3	53.90	69.7	18.92	95.1	－6.80	1070.8	波形失真	145	0.15
SD02	37.47	16.12	40.260	9.8	＞65.6	48.9	－22.14	68.3	8.88	110.8	4.89	694.0	波形失真	144	0.15
SD03	32.86	20.90	40.261	13.1	19.62	51.0	8.77	67.6	4.95	90.2	4.32	494.0	波形失真	159	0.15
SD04	26.86	26.91	40.261	10.0	11.53	50.3	8.65	68.7	5.97	90.3	5.26	1051.0	波形失真	155	0.25
SD05	21.76	31.97	40.265	10.2	8.28	48.8	5.61	70.0	2.46	109.4	2.70	1022.0	波形失真	162	0.25
SD06	14.22	39.47	40.264	14.0	7.60	51.9	4.52	72.6	3.59	110.2	2.37			213	0.25

到时：指峰值到时与首波到时的时间差

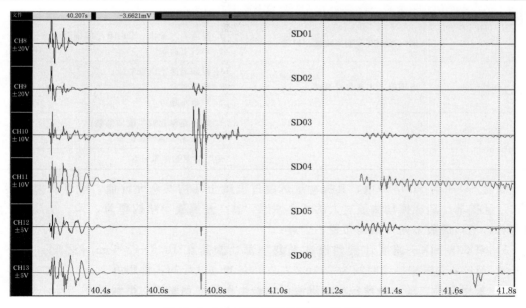

图 10.2－13　顶拱振速波形图（原图）

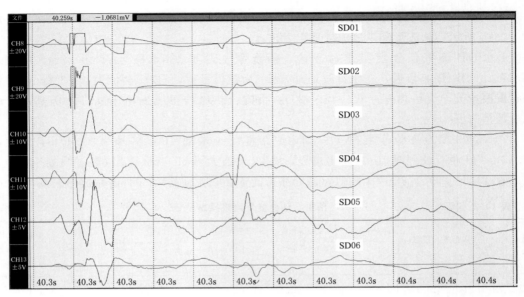

图 10.2－14　顶拱振速波形图（放大）

表 10.2－23　长江科学院建议的大体积混凝土及基岩允许质点振速与破坏标准

质点振动速度/(mm/s)	大 体 积 混 凝 土	地 下 工 程
15～25	浇注 1～3d 的混凝土	
25～50	浇注 3～7d 的混凝土	
50～100	28d 以后到达设计强度期间的混凝土	1. 土洞有掉块； 2. 末衬砌的松散洞体有小的掉块
100～200	1. 老混凝土； 2. 新浇 7d 内的混凝土，可能产生裂缝	1. 隧洞原有裂缝有时扩大； 2. 破碎岩体有掉块； 3. 管道接头有细微变位
200～300	老混凝土有可能出现微小裂缝	1. 隧洞有大掉块，有时有小的塌落； 2. 岩柱有掉块
300～600	老混凝土出现少量裂缝	1. 衬砌混凝土出现裂缝； 2. 管道变形； 3. 顶板有塌方
600～900		1. 地下建筑物或衬砌体破裂； 2. 硬岩体裂缝严重扩张
＞900		地下建筑物严重破坏

　　综合 SD01 与 SD02 测值，其振动量远超过混凝土结构安全允许值，可以认为混凝土结构已经损坏。造成振动测值过大的主要原因：其一是混凝土结构单薄，其二是混凝土结构迎着岩塞口爆轰方向，结构布置不合理。

　　3）SD03～SD06 速度计皆埋设在平洞顶部，振速在 19.6～7.6cm/s 之间，频率为 159～213Hz，主振相持续时间为 200ms 左右，各测点波形同步性很好。

　　4）采用最小二乘法整理各测点观测值（捡出超量程观测值）得到：

$$V_{顶拱} = 93.767(Q^{1/3}/R)^{1.766} \quad (0.216 < Q^{1/3}/R < 0.600) \tag{10.2-17}$$

式中：$V_{顶拱}$为速度值，cm/s；Q为药量，kg；R为爆心距，m。

本试验所得经验公式与丰满洞内大一些。$V_{顶拱} = 118(Q^{1/3}/R)^{2.31}(0.063 < Q^{1/3}/R < 0.23)$。原因：①丰满工程中速度传感器埋设在底板上，位置不同，在以往工程中顶拱要较底板振速大，约是底板的 1.5～2 倍左右，可以认为二者结果比较相近。②因测点更接近爆心，所以 1：2 试验洞顶拱振动测试 ρ 值较丰满大。

2. 混凝土衬砌应变观测

（1）测点布置及测试设备。在 1：2 模型试验洞集渣坑上半拱浇筑了 6.0m 长的钢筋混凝土试验段，混凝土设计强度等级为 C40，二级配，厚度 50cm。衬砌段前段距岩塞口底部约 3.5m。在混凝土衬砌中选择 2 个断面，距钢筋混凝土衬砌前缘端部分别为 2.0m、4.0m，每个断面布置了 5 个测点，其中顶拱测点按环向、轴向和 45°方向布置三个方向的应变元件，其他测点布置环向应变元件，具体埋设位置见图 10.2-12 和图 10.2-15。应变元件采用自制应变砖，应变砖材料达到与衬砌混凝土阻抗匹配一致，已应用于丰满岩塞爆破等类似工程，效果很好。用北京波谱世纪科技发展有限公司生产的 WS-3811/N8 型网络动态应变仪，采集第 1 断面应变信号；用成都中科动态仪器有限公司生产的 DSG9808 型一体化数字应变仪，采集第 2 断面应变信号。两种采集相互比较以保证信号的准确性。

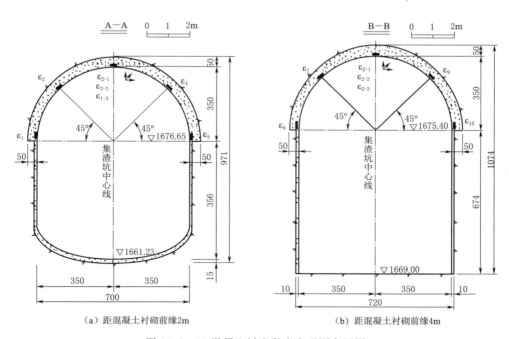

（a）距混凝土衬砌前缘2m （b）距混凝土衬砌前缘4m

图 10.2-15 混凝土衬砌段应变观测布置图

（2）测试结果及分析。顶拱应变观测成果如表 10.2-24 所示，波形如图 10.2-16～图 10.2-17 所示。从实测波形和观测成果可以看出：

1）在起爆后，应变各测点首波到时为 40.4999～40.5271s，基本与爆心至各点距离相对应。

2）应变波形呈振动型特征，说明混凝土与顶拱岩石耦合不好。

混凝土衬砌应变分析成果表

表 10.2－24

测点编号	测点位置	爆心距/m	首波到时/s	第一峰值 到时/ms	第一峰值 峰值/με	第二峰值 到时/ms	第二峰值 峰值/με	第三峰值 到时/ms	第三峰值 峰值/με	第四峰值 到时/ms	第四峰值 峰值/με	第五峰值 到时/ms	第五峰值 峰值/με	第六峰值 到时/ms	第六峰值 峰值/με	第七峰值 到时/ms	第七峰值 峰值/με	主频/Hz	主频相持续时间/s
ε_1	第一断面右拱脚	14.81	40.506	37.5	9.8	81.2	-22.3	191.7	-23.8	461.6	-10.4	529.0	-7782.5	1102.7	-6246.9			17.7	0.30
ε_2	第一断面右拱肩	14.40	40.507	68.0	-135	95.7	-103.4	444.0	-105	498.4	-113.1	574.6	5003.8	644.0	5131.4	1120	-3170.9	18.9	0.40
ε_{31}	第一断面拱顶(45°角)	14.17	40.527	42.6	22.8	148.9	174.3	211.0	69.3	446.8	56.5	513.3	-5961.3	1073.3	-5911.2	1105.8	-5964.4	13.4	0.35
ε_{32}	第一断面拱顶(环向)	14.17	40.515	54.7	47.3	85.8	23.6	109.3	31.4	462.0	30.3	506.0	375.9	546.0	2290	1145.8	-5917.8	19.1	0.30
ε_{33}	第一断面拱顶(轴向)	14.17	40.540	55.5	-11.7	113.2	-9.412	248.8	2.5557	445.1	-7.42	529.7	791.4	1235	-6816.6	1466.9	-7138.1	15.5	0.25
ε_4	第一断面左拱肩	14.40	40.492	61.6	33.9	97.9	-20.2	518.7	-14.3	636.5	380.0	739.5	-4770.9	1243.3	-4775.3			18.8	0.30
ε_5	第一断面左拱脚	14.81	40.500	45.1	24.0	87.6	-11.9	454.1	11.3	562.4	4723.7	598.6	-4236	1280.8	5535.4			17.1	0.25
ε_6	第二断面右拱脚	16.38	40.356	10.9	70.19	23.0	-21.2	51.1	-18.3	139.0	-18.9	555.0	-33.4	577.6	551.3	578.1	-1673	53.0	0.20
ε_7	第二断面右拱肩	16.12	40.353	2.8	20.9	18.7	118.2	60.6	45.3	74.5	21.3	98.4	30.9	131.0	26.1	451.3	1936.5	114.0	0.20
ε_{81}	第二断面拱顶(45°角)	16.12	40.355	11.8	62.0	50.5	52.3	70.1	53.2	125.2	41.2	316.2	63.7	532.4	96	1046.7	-1710.6	57.0	0.20
ε_{82}	第二断面拱顶(环向)	16.12	40.353	13.5	148.7	25.3	166.3	50.7	120.5	61.8	76.5	100.1	57.6	624.8	1717.2			63.0	0.20
ε_{83}	第二断面拱顶(轴向)	16.12	40.355	18.3	-34.5	48.0	-24.1	71.2	10.3	94.9	-6.7	481.0	1037.1	482.3	-1696.1			104.0	0.15
ε_9	第二断面左拱肩	16.38	40.353	18.3	132.6	58.5	46.3	96.5	20.0	490.2	1879.3							86.0	0.20
ε_{10}	第二断面左拱脚	16.81	40.353	17.5	110.7	23.7	-60.1	69.7	-53.6	91.3	-38.0	613.7	1848.5					113.0	0.20

到时：峰值到时与首波到时的时间差

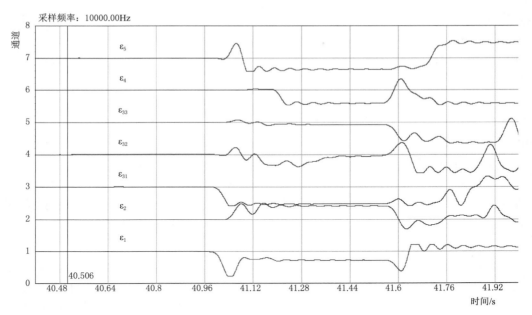

图 10.2-16　混凝土衬砌 I 断面应变观测波形图

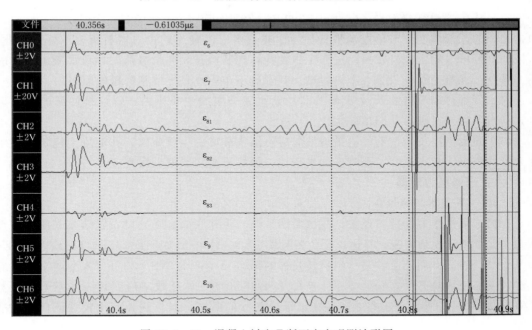

图 10.2-17　混凝土衬砌 II 断面应变观测波形图

3）第一断面各测点，在首波到达后 38～498ms，区域内应变值变化在 −135～ +174με，应变量不大，说明此时结构未损坏。但在 500ms 后应变值骤增，546～1243ms 所有测点应变值在 −6817～+5131με，所有测点应变值都超出量程，应变波形呈现结构破坏特征，该成果与振动观测成果相符。

4）第二断面各测点首波到时为 40.3525～40.3558s。在首波到达后 2.8～98ms 区域内，应变值变化在$-60\sim+166\mu\varepsilon$，在$100\sim316ms$时域内应变量为$+26\sim+64\mu\varepsilon$。在$450\sim625ms$时域内应变量为$-1696\sim+1937\mu\varepsilon$，皆超出量程，从应变值历时来看，在$450ms$以前应变量不大，结构安全，在$450ms$以后，第二断面所有测点皆超出量程可以说明此时结构损坏。

5）从观测值可以看到由于混凝土衬砌没有灌浆，很可能在岩石与衬砌之间产生衰减层，致使衬砌在爆破后前$500ms$内应变量很小，$500ms$后应变量陡然增大可能是岩石对衬砌的冲击荷载导致。

3．建筑结构振动与应力测试结果

（1）从振动波形可以看出，6个速度测点波形的同步性很好，说明数据准确可靠。最大振速发生在第一响，有可能是淤泥爆破和预裂孔爆破共同作用的结果。丰满、镜泊湖等工程中预裂孔爆破的振动量较硐室爆破小，因此建议排沙洞岩塞爆破时能将淤泥扰动爆破提前，不与预裂孔同段爆破。

（2）从混凝土衬砌中的应变和振动测试结果可以看出，其振动和应变值均远超过其结构安全允许值，混凝土结构已破坏。造成振动测值大的主要原因：一是混凝土结构比较单薄，二混凝土结构与围岩没有形成整体，使混凝土在爆破振动影响下，形成自振加强振的状态。

（3）从应变观测结果看，混凝土结构在信号到达$450ms$内结构的应变值较小，此时结构是安全的，且应变波形呈振动性特征，主要是由于混凝土结构与岩石耦合不好，因此，从振动信号可以看出围岩在振动过程中施加与衬砌结构较大冲击载荷，导致混凝土结构破坏。另外，混凝土结构只是上半拱衬砌，其基础不牢固也是导致其垮塌的原因。

（4）凝土衬砌没有灌浆及基础不牢是导致其垮塌的主要原因。建议排沙洞岩塞爆破时，洞内混凝土衬砌必须回填灌浆。

（5）混凝土浇筑质量不好也是造成混凝土结构破坏的主要原因，在混凝土浇筑过程中有大量的积水，积水改变了混凝土的水灰比，振捣不密实或很少振到。

（六）爆通压力观测

1．测点布置及测试设备

为测试水击压力和井喷现象，在试验洞平洞、竖井底部、竖井口布置薄模式压力传感器共6支，共计6条测线，具体埋设位置见图$10.2-12$中的BPR1～BPR6（对应表$10.2-25$中的$P_1\sim P_6$）。用北京波谱世纪科技发展有限公司生产的WS-3811/N8型网络动态应变仪、成都中科动态仪器有限公司生产的DSG9808型一体化数字应变仪、华东电子仪器厂生产的YD-28A/6型动态电阻应变仪等设备共同测试，以达到相互比较保证信号的准确性的目的。

2．测试结果及分析

爆通压力统计分析成果见表$10.2-25$。为说明问题起见，仅给出BPR1～BPR3测点的$P_1\sim P_3$典型波形图。分析波形和观测数据结果：

（1）波形特征呈明显冲击形高频信号，首波（初至波）应是空气冲击波，后才是气浪等。

（2）各压力测点，在首波到达后$100ms$内压力值在$0.005\sim0.32MPa$范围内，由于此时，各药室鼓包尚未破裂，此压力值应属预裂孔爆破范围内所产生的空压与气浪。

表 10.2－25　　　　　　　　　　　　　爆通压力统计分析成果表

测点编号	测点位置	爆心距/m	首波到时/s	第一峰值 到时/ms	第一峰值 峰值/MPa	第二峰值 到时/ms	第二峰值 峰值/MPa	第三峰值 到时/ms	第三峰值 峰值/MPa	第四峰值 到时/ms	第四峰值 峰值/MPa	第五峰值 到时/ms	第五峰值 峰值/MPa	备注
P_1	26.81	26.96	40.3207	27.9	0.23	111.6	0.53	240.6	1.73	350.5	1.79	470.6	2.96	
P_2	20.66	33.06	40.3384	48.2	0.25	141.8	1.36	241.4	0.47	341.6	1.64	547.6	0.93	
P_3	11.52	42.15	40.3632	50	0.32	141.2	0.74	256.8	0.49	379.8	0.63	476.8	1.24	
P_4	－1.34	55.15	40.5671	51.7	0.005	151.7	0.005	529	0.008	1324	0.062	1578	5.69	高程 1673.5m
P_5	－1.1	54.73	40.4738	4	0.067	385.2	0.008	509	0.057	1636	0.104	1675	6.68	高程 1675.5m
P_6	竖井口	118.7	40.5967	25.3	0.038	103.8	0.088	293.4	0.044	375	0.066	603.5	0.032	高程 1744.5m

到时：指峰值到时与首波到时的时间差。

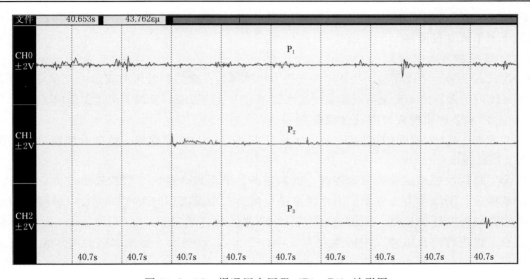

图 10.2－18　爆通压力历程（P1～P3）波形图

（3）在距首波到时后 112～350ms 区域内，压力值为 0.53～1.79MPa 变化，此时应为药室爆破所产生的空气击波与气浪导致。

（4）安装在平洞堵头竖井底边壁上的 P_4 测点在首波到达后 1324ms 时峰值为 0.062MPa，在 1578ms 立即上升为峰值 5.69MPa，P_5 测点在 1636ms 峰值为 0.104MPa，可在 1675ms 立即上升为 6.68MPa 压力，在此处很短时间产生压力峰值的突变，其原因有待进一步分析。

以上测试结果表明，在观测到的压力波形中，没有发现明显的水击压力信号，也就是说岩塞爆破后较短时间内库水及淤泥没有到达传感器埋设处。这种情况有两种可能，一是岩塞没有爆通；二是岩塞爆通了，但淤泥下泄过程缓慢或在下泄过程中形成了阻塞。前者在爆破漏斗调查中已经查明岩塞爆通，由此推断应该是后者使观测仪器测不到明显的水击压力信号。

刘家峡水库淤泥是多年沉积形成的，在深水的重压下密度高（天然平均密度达

$2.0g/cm^3$），且淤泥细颗粒和黏粒含量高（粒径小于 0.005mm 的含量在 7％～28％，多数在 17％以上；粒径 0.05％～0.005％的含量在 7％～68.5％，多数在 40％以上），这样高

图 10.2-19　集渣坑部分堆渣情况

的密度和黏粒含量，淤泥在爆破作用下很难在瞬间与水充分混合达到流动状态。从上游洮河淤泥爆破试验现象可以看到，淤泥在爆破扰动后，瞬间基本恢复到原状。因此，岩塞爆破后下泄的淤泥应该是具有一定黏度的团块状，在瞬间下泄过程中形成粘连。此外，用于下导洞施工的集渣坑部分岩渣没有清理，见图 10.2-19，爆后的岩塞石渣不能及时下落到集渣坑底部，两者对淤泥下泄形成顶托阻塞。

3. 爆通压力观测结果

埋设在平洞、竖井底部、竖井口 6 支压力传感器，在观测到的压力波形中没有发现明显的水击压力信号，由于淤泥特点和集渣坑底部留有大量的石渣，淤泥下泄过程形成了阻塞。

（七）水面运动现象与爆破过程观测

刘家峡 1:2 岩塞爆破试验于 2008 年 4 月 25 日 11 时 26 分起爆，爆破时岩塞口处库面水位 1731.20m。

为了将这次爆破试验的图像资料全面的记录，采用四台索尼高清数码摄像机从龙汇山庄财苑楼顶、洞轴线右上方龙汇山庄的亭子、河对岸山洞以不同角度同时对爆破前后的水面及竖井口进行连续拍摄，拍摄速度为每秒 25 张，并且采用 Norpix Streampix 3.31.0 型高速摄影机进行高速摄像（拍摄速度为每秒 202 张），观测水下岩塞爆破时的水面鼓包运动过程，此处位于洞轴线左侧，与岩塞口连线大致垂直于洞轴线，垂直于水的鼓包方向，其视线基本平行于水面。此外，在地面上距离竖井口约 50.00m 处安置了一个摄像头拍摄竖井出口的井喷现象，在竖井底部正对平洞的位置安置了一个摄像头以及配套射灯，拍摄爆破时洞内的飞石及进水情况，拍摄速度均为每秒 25 张。

1. 水面鼓包运动观测

为了能够直观地看出水面鼓包运动的高度，在岩塞口上方的岩石上设立标尺，零点为爆破时水面高度，每米处标有红色刻度，标尺高度 11.70m。鼓包的高度以所立标尺为参照点，用相似三角形方法推算。

爆破的振动引起仪器的晃动，导致影像的抖动。由于各相机所在位置不同及距爆心距离不等，振动时间以及持续时长均有所不同，高速摄影机在起爆后 134ms 时开始抖动，至 827ms 时停止；架设在龙汇山庄财苑楼顶的摄像机在起爆后 120～160ms 时镜头开始抖动，渐缓，至 3.64s 时停止；架设在洞轴线右上方龙汇山庄亭子内的摄像机在起爆后 160ms 时镜头开始抖动，至 640ms 时停止；架设在河对岸山洞口的摄像机在起爆后 200ms 时镜头开始抖动，至 1.04s 时停止。

高速摄影资料显示，起爆后，水面开始升腾，产生水塚，即开始水面鼓包运动，以垂直水面向上方向为主，且上升高度急剧增大，同时，水面上一片白色波纹迅速沿径向扩散，至崖壁边时停止扩散，渐渐消失。88ms 水塚高度达到 5.36m 时开始破裂，134ms 时水面上的浮标等固体物质随溅起的水花被抛掷升空；200ms 时黑色烟雾升腾高度为 10.10m，此时白色烟雾升腾高度为 9.22m。1.530s 时洞轴线上方靠近岩壁处水面开始泛白色水花（估计水中岩壁有石块脱落入水），继而上方岩壁处出现白色烟雾向上升腾。1.634s 时鼓包烟柱到达最高处，开始飞散、回落。3.286s 时水面已出现直径为 15.60m 的漩涡。7.499s 时水面开始趋于平静，至 15.658s 时水面上空烟雾基本散去，爆心垂直上方的水面泛白，并渐渐向水平径向扩散，兼具向上运动的趋势，开始出现二次鼓包现象。17.912s 时二次鼓包达到最高处，高度为 1.29m，直径为 9.30m，23.667s 时鼓包直径 27.10m，25.111s 时鼓包直径 32.00m，此时鼓包已扩散到镜头边界，且继续扩散。爆破过程中未见有石块飞出。

通过摄像机观测到，在爆后 3min17s 左右，爆心的前方河道中心处开始出现大面积的白色水花，水花以爆心为中心，呈弧形向四周扩散，随后，水花不断扩散消失又不断出现，持续了几分钟。

通过观测到的鼓包运动和水面运动现象分析，爆后 6min 在河道中心逸出的气体应该是岩塞药室中的爆炸气体，若是淤泥中炸药爆炸产生的气体，由于淤泥是连续线装药，爆炸气体逸出应该是在整个水面上，不应该呈一定的弧形，从气体逸出距淤泥装药位置较远，应该是深部集中药包爆炸产生的气体。从高速摄影所获得的照片分析，在爆破过程中水面有漩涡存在，只是不明显且历时短。由此初步推断，1：2 岩塞已暴通，由于大量的淤泥和爆后石渣一起下泄，且淤泥厚黏粒含量高（黏粒含量超过 16%），与石渣一起形成了堵塞。

2. 竖井出口及洞内观测

摄影资料显示，起爆后，360ms 冲击波到达洞口，一股浓烈的白色雾团冲出竖井口，超过三倍井架高度，约 30.00m，1.96s 时，第一股白色雾团还未散去，第二股从竖井口喷出，高度略低于前次，3.48s 时，第三股白色雾团喷出，4.88s 时，第四股白色雾团喷出，以后烟气的浓度及高度渐弱，直至非常微弱，喷出竖井口立即散去。8.44s，竖井中还有白色烟雾，但刚到竖井口，随即又被吸入，反复进行，竖井中充满浓烈的烟雾，迟迟不散。

洞内的摄像资料显示，起爆瞬时，岩塞口上部出现两处火光，80ms 时，岩塞口左侧边缘处闪现火光，一些烟尘从火光中产生，有一些小块石块从岩塞口顶部脱落，160ms 时，烟尘已遮掩住岩塞口，240ms 时，平洞中烟尘已经很浓，已看不清岩塞口轮廓，随后烟雾越来越浓，无法观测到岩塞口处的图像。到 400ms 时，摄像头被毁坏。

从竖井观测到的白色雾团分析，说明 1：2 岩塞爆破时既没有混段现象，也没有拒爆现象，火工器材选择合适，防水措施得当，网络设计合理。

3. 爆破现象观测结果

（1）由摄影资料推测，1：2 岩塞爆破已爆通。

（2）竖井口四次喷出的比较强烈白色雾团表明，1：2 岩塞爆破试验选择的火工器材基本合适，试验防水措施得当，网络设计合理。

（八）爆破漏斗调查

1. 爆后水下地形测量

试验洞岩塞爆破的第二天，采用 GPS 定位系统、声呐技术在船上对爆后水下淤泥面进行探测，所绘制出的爆后水下地形图（图10.2－20）显示，淤泥面有一处椭圆锥形漏

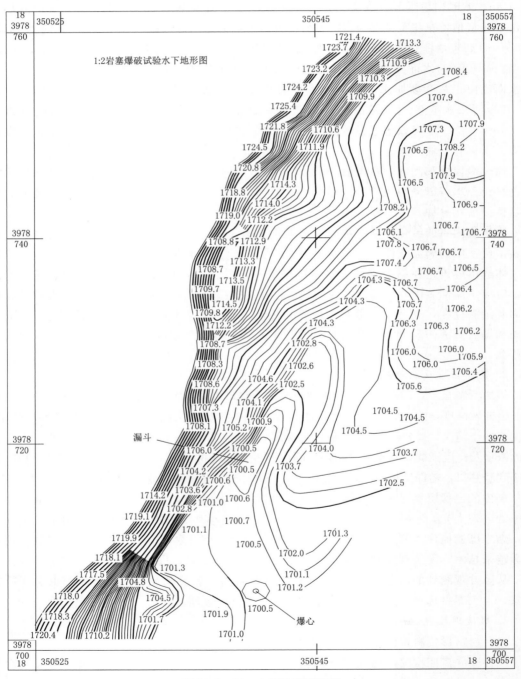

图 10.2－20 水下地形测量图

斗，推测为爆破漏斗，此漏斗呈条带状，长度约30.00m，宽度约7.00m，深度约5.00m，体积大约480.00m³。但其位置与爆心偏差较大，可能电厂采用的坐标系与设计采用的坐标系不一致所致。

2. 岩塞口钻孔触探

本次刘家峡岩塞口爆破效果调查，采用水上钻探的方法。船为大型平板拖船，钻机为重庆300型地质钻机，采用ϕ59mm的钻具，水泵为4MPa高压泵。

岩塞爆破口钻探孔，延爆破口剖面方向布置26个孔，爆破口剖面中心线向两侧（上、下游）各布置12个孔，孔间距1.00m，每侧分两排布置，每排6个孔，每探一孔均测量坐标、高程。中心线上游侧各孔钻探成果见表10.2-26。

从表10.2-26中可以看出，中心孔处洞径与设计值接近为11.54m，设计值为12.20m。下游侧各孔钻探成果见表10.2-27。

表10.2-26　　　　　　　　　　　　上游侧各孔钻探成果表

项目 孔号	坐标			孔深/m		洞径/m
	x	y	z	上顶面	下底面	
中心孔	8271.08	1296.82	1725.06	36.50	48.04	11.54
1	8271.91	1297.15	1724.45	37.20	47.44	10.24
2	8271.26	1295.73	1724.45	35.60	47.94	12.34
3	8270.58	1295.70	1724.40	37.55	47.84	10.29
4	8269.17	1296.81	1724.50	36.30	46.44	10.14
5	8268.41	1296.14	1724.25	40.00	46.40	6.40
6	8267.74	1296.67	1724.23	39.74	45.31	5.57
7	8264.77	1298.28	1723.40	40.45	44.78	4.33
备　注	从中心孔向上游排序：1、2、3、4、5、6、7					

表10.2-27　　　　　　　　　　　　下游侧各孔钻探成果表

孔号	钻孔距岩面距离/m	坐标			孔深/m	备　注
		x	y	z		
1	10	8274.30	1298.73	1723.15	35.00	
	11	8273.58	1299.44	1723.15	23.70	遇到孤石
	12.5	8272.88	1300.37	1723.15	40.00	
2	11.5	8275.23	1299.13	1723.15	40.23	
	12.5	8274.52	1299.91	1723.15	23.50	遇到孤石
	13.5	8273.86	1300.70	1723.15	53.45	
3	12	8275.88	1300.38	1723.15	23.48	
	13	8275.20	1301.10	1723.15	41.87	遇到孤石
	14	8274.52	1301.88	1723.15	56.22	

续表

孔号	钻孔距岩面距离/m	坐标			孔深/m	备注
		x	y	z		
4	12	8276.61	1301.14	1723.15	23.37	遇到孤石
	13	8275.79	1301.90	1723.15	42.82	
	14	8275.28	1302.65	1723.15	>57.00	
5	12	8277.44	1301.10	1723.15	23.37	遇到孤石
	13	8276.90	1302.59	1723.15	42.91	
	14	8276.40	1303.44	1723.15	47.39	
6	11.5	8278.32	1302.11	1723.15	37.42	
	12.5	8278.29	1302.58	1723.15	44.63	
	13.50	8277.95	1303.69	1723.15	55.14	

注　从中心孔向下游排序：1、2、3、4、5、6。

　　在探测下游岩塞口时，由于淤泥中的大块孤石阻挡，钻具下不到岩塞口部位，移船换触探点，仍下不到预计岩塞口高度。从表 10.2-27 中可以看出，下游侧岩塞口被孤石覆盖。1 号孔的第一点孔深为 35.00m，应为岩塞口上顶面位置，第二点孔深为 23.70m，孔深变浅，断定遇到孤石，第三点孔深为 40.00m（垂直河流方向，点间距为 1m，下同），并不是下底面；2 号孔与 1 号孔的情况相同，随着钻探的继续，3 号、4 号、5 号孔的情况与 1 号孔的情形完全相同，6 号孔的第一点孔深为 37.42m，第二点孔深为 42.63m，第三点孔深为 55.14m，没有遇到下底面。根据上述情况可以判定，下游侧爆后淤泥夹带大量的碎渣和孤石，后改用钻进触探，钻具折断多次，钻进没有成功。鉴于此，即使再继续探下去，也很难触探到岩塞口，因此，终止了下游侧岩塞口的触探。根据上游半个岩塞口的形状，基本可以推断下游岩塞口的形状应与之相当。

　　为了探明椭圆形岩塞口形状，在上游侧布置了四排钻孔，每排 7 个孔。上游侧椭圆形岩塞口各孔钻探成果见表 10.2-28。

表 10.2-28　　　　　　　　　　上游侧椭圆面各孔钻探成果表

孔号	钻孔距岩面距离/m	x	y	z	孔深/m	备注
中心孔	11.50	8271.61	1299.42	1723.30	48.03	
	12.50	8271.07	1300.35	1723.30	46.63	
	13.50	8270.79	1301.57	1723.30	55.39	
	14.50	8270.61	1302.04	1723.30	>57.00	
2	11.50	8270.57	1298.89	1723.30	46.04	
	12.50	8270.07	1300.12	1723.30	51.03	
	13.50	8269.54	1301.09	1723.30	>57.00	
	14.50	8268.99	1302.4	1723.30	>57.00	

续表

孔号	钻孔距岩面距离/m	x	y	z	孔深/m	备　注
3	11.50	8269.85	1298.07	1723.30	51.79	
	12.50	8269.17	1299.17	1723.30	57.00	
	13.50	8268.37	1300.41	1723.30	55.44	
	14.50	8267.9	1301.25	1723.30	>57.00	
4	11.50	8268.34	1298.69	1723.40	54.44	
	12.50	8267.81	1299.79	1723.40	53.64	遇到漂石
	13.50	8267.45	1300.68	1723.40	46.55	
	14.50	8267.02	1301.48	1723.40	57.24	
5	11.50	8267.16	1298.28	1723.40	60.10	
	12.50	8266.78	1299.42	1723.40	54.29	打到原钻孔
	13.50	8266.42	1300.28	1723.40	54.34	
	14.50	8266.05	1301.15	1723.40	56.75	
6	11.50	8266.20	1297.84	1723.40	41.75	
	12.50	8265.60	1298.89	1723.40	40.34	
	13.50	8265.25	1299.74	1723.40	41.84	
	14.50	8264.75	1300.64	1723.40	44.63	
7	11.00	8265.30	1272.20	1723.40	40.45	
	12.00	8264.77	1298.28	1723.40	44.78	
	13.00	8264.25	1299.21	1723.40	42.15	

注　从中心孔向上游排序：1、2、3、4、5、6、7。

　　触探结果表明，上游侧椭圆形岩塞口平面形状较缓，平面向洞口外侧方向倾斜，但椭圆形岩塞口外侧形状并不明显，见根据触探建立的三维效果图10.2-21。

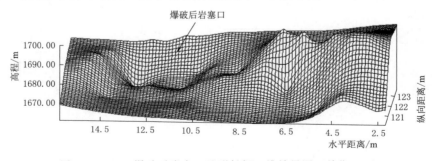

图10.2-21　爆破后岩塞口地形触探三维效果图（单位：m）

　　对触探岩塞开口进行分析，造成岩塞开口较设计开口小的主要原因是设计采用的岩塞厚度尺寸与实际相比小，超过了允许误差（误差应小于±20cm）要求，使得实际抵抗线偏大。也就是说原探孔资料不准，这一点可以从施工的探孔资料得到佐证。

在触探过程中，发现上部淤泥有一定数量的浮石，浮石块度较大，而原地勘资料中没有浮石或有极少量浮石，块度也较小，说明浮石是在岩塞爆破后增加的。从浮石的块度看，增加的浮石不应是岩塞口爆炸飞出的石渣，岩塞口飞出的石渣也应在淤泥底部，增加的这部分浮石推测应为岸坡受爆破震动脱落的石块。

3. 爆破漏斗调查结果

（1）爆后水下地形测量结果和触探结果显示，1∶2模型试验洞岩塞口爆通无疑。

（2）爆通后的岩塞开口尺寸约为10m×9m（下游为推测），较设计尺寸小，且由于复杂地形影响，开口轮廓不规则。

（3）在触探过程中，岩塞口下游侧有浮石和孤石，推测爆破过程中岩壁面有石块振落到水中。

（九）宏观调查

主要是针对龙汇山庄、十六局现场办公室等距离爆心较近，本次爆破可能对其结构安全产生影响的建筑物进行爆破前后的宏观调查，以及对下游刘家峡电厂机组、开关站运行情况、厂房、大坝的稳定的影响进行调查。

1. 近区现有建筑物

由于该地段地质条件较差，且龙汇山庄、十六局现场办公室距岩塞口较近（具体位置关系见图10.2-22），本次试验爆破产生的震动可能对这些地方产生破坏影响，造成建筑物的已有裂缝开展或产生新裂缝。采用钢卷尺、游标卡尺、塞尺、读数显微镜等工具、仪

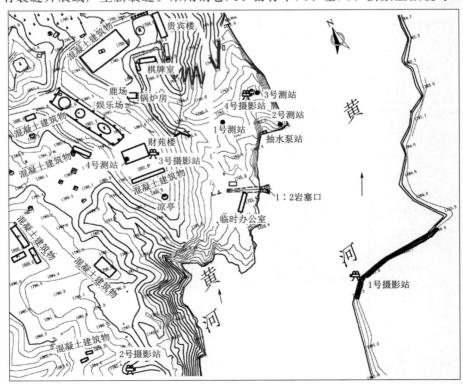

图10.2-22　近区地表建筑物位置图

器分别对各处爆破前后（4月21日，4月26日）的裂缝开展情况进行调查，并在爆前进行了跨缝贴玻璃片、石膏抹缝等的工作，由于爆前连日降雨雪，大部分玻璃贴片自动脱落，于爆前4月24日重新测量各缝宽度、贴玻璃片并将大部分裂缝涂抹石膏抹面。

（1）爆破振动对十六局现场办公室的影响。十六局现场办公室坐落在山崖边，最近点与爆心距离80m，水平距离仅44m，均为砖砌平房，左侧仓库几乎位于平洞轴线上方，爆前墙体已存在多条宽裂缝，在爆破前夜该仓库后墙被施工单位拆掉半面，使洞轴线上方的山墙变成孤立山墙且有两条大的裂缝（7号、8号），随时有倒塌的危险。各调查部位爆破前后的具体情况见表10.2-29。

表10.2-29　　　　　　　　　现场办公室爆前宏观调查记录表

编号	爆　前			爆　后			备　　注
	缝　宽/mm	玻璃片	石膏抹缝	缝　宽/mm	玻璃片	石膏抹缝	
1	1.78	√		1.79	脱落		
2			√			裂　开	
3	8.82	√	√	8.84	脱落	裂　开	
4			√				爆前石膏抹缝已开裂
5			√			无裂缝	
6			√				爆前该段墙体被拆除，取消
7			√				爆前石膏抹缝已开裂，取消
8			√			裂　开	
9	10.07	√	√	10.05	脱落	无裂缝	
10			√			有裂纹	
11	2.52	√	√	2.53	脱落	无裂缝	

虽然十六局现场办公室距离爆心很近，且房屋质量很差，调查结果，爆破前后缝宽变化不大，没有新裂缝产生，窗角未有斜裂缝开展，玻璃贴片均已脱落，石膏抹缝大部分开裂，说明爆破振动对这里的建筑物结构安全是有一定破坏影响的，但通过仍有三处石膏抹缝未开裂的现象看出，破坏影响不大。而且，位于洞轴线上（即振动最强烈处）的半面山墙未倒，更可以说明此次爆破振动对建筑物的结构安全破坏影响不大。

（2）爆破振动对龙汇山庄的影响。龙汇山庄财苑楼、贵宾楼及其旁边的棋牌室为龙汇山庄中距离爆心最近的建筑物，最具代表性，将这三座建筑物作为典型调查对象。

1）财苑楼。龙汇山庄财苑楼与爆心距离211.00m，混凝土结构，原本为两栋楼，两年前进行维修，拼接为一个整体，通过二楼走廊连接，爆前，在二楼交接走廊中已存在较多纵向裂缝，三楼楼梯旁存在一些细小的裂缝，楼体四周地面存在多条地面裂缝，均为沉陷缝。各调查部位爆破前后的具体情况见表10.2-30。

表10.2-30数据显示，已有裂缝缝宽基本未有增加，且没有新的裂缝产生。玻璃贴片大部分粘贴正常，只有在二楼连接走廊处的部分贴片脱落，石膏抹缝基本未开裂，仅有6号出现了0.10mm的裂缝。沉陷缝8号、9号、10号中也仅有9号出现0.05mm的裂

纹。可见，爆破震动对财苑楼的结构安全破坏影响不明显。

表 10.2-30　　　　　　　　　　龙汇山庄财苑楼爆前宏观调查记录表

编号	爆　前			爆　后			备　注
	缝宽/mm	玻璃片	石膏抹缝	缝宽/mm	玻璃片	石膏抹缝	
1	0.49	√		0.45	脱落		
2	0.95	√		0.90	左侧黏结处有墙体掉皮		
3	1.05	√		0.90	右侧黏结处脱开		
4	0.60			0.60			
5	0.40	√	√	0.40	正常	无裂缝	
6	6.81	√	√	6.91	正常	0.10mm 裂纹	
7	0.48	√	√	0.47	正常		爆前石膏出现裂纹
8		√				无裂缝	地　　缝
9		√				0.05mm 裂纹	明显为地基
10		√				无裂缝	沉陷引起
11	0.10	√	√	0.10	正常	无裂缝	
12		√					（地缝）爆前石膏已开裂

2）贵宾楼。与爆心距离 288.00m，混凝土结构，地基不好，爆前楼体外侧存在多处纵向裂缝，面对爆心一侧各窗角处均存在斜裂缝，面对棋牌室一侧的墙角表面从地面至大约两米高度的贴砖已脱落，楼内靠近棋牌室的工具间山墙角从一楼至顶楼有一条贯穿裂缝，墙体抹面开裂且已松软，表面缝宽 2.00mm，但墙体结构实际裂缝达不到此宽度。各调查部位爆破前后的具体情况见表 10.2-31。

表 10.2-31　　　　　　　　　　龙汇山庄贵宾楼爆前宏观调查记录表

编号	爆　前			爆　后			备　注
	缝宽/mm	玻璃片	石膏抹缝	缝宽/mm	玻璃片	石膏抹缝	
1	2.00	√		2.00	正常		
2			√			无裂缝	
3	0.18	√	√	0.25	正常		爆前石膏已开裂
4	0.60	√	√	0.59	正常	极其细微裂纹	
5	0.84	√	√	0.84	脱落	极其细微裂缝	
6	0.39	√	√	0.39	正常	极其细微裂缝	
7	0.48	√	√	0.48	正常	细微裂缝	至墙底
8	0.78	√	√	0.78		无裂缝	爆前玻璃片已掉，典型沉降缝
9	0.60	√	√	0.60	正常	无裂缝	

由表 10.2-31 可见，除 3 号测点以外，各测点裂缝宽度基本未有开展迹象，除 5 号测点玻璃片脱落外，其他各测点玻璃贴片情况正常，部分石膏抹缝产生无法测量的细小裂

纹。爆后楼体内外墙壁没有新的掉皮及瓷砖脱落现象，没有新裂缝产生。可见，爆破震动对贵宾楼的结构安全破坏影响不大。

3）棋牌室。与爆心距离 258.00m，砖平房，爆前房顶沿屋脊方向有三条很宽的贯穿裂缝，靠近贵宾楼一侧的山墙上部存在多处较大斜裂缝，面对爆心一侧的墙体各窗下角均存在斜裂缝，亭子侧的墙体也存在纵向裂缝，地基较差，地面裂缝发育。各调查部位爆破前后的具体情况见表 10.2－32。

表 10.2－32　　　　　　　龙汇山庄棋牌室爆前宏观调查记录表

编号	爆　前			爆　后			备　注
	缝宽/mm	玻璃片	石膏抹缝	缝宽/mm	玻璃片	石膏抹缝	
1	0.52	√	√	0.52	脱落	无裂缝	
2			√			无裂缝	地面裂缝
3	0.29	√	√	0.29	正常	无裂缝	
4	0.83	√	√	0.82	脱落	无裂缝	
5	0.95	√	√	0.95	正常	无裂缝	
6	0.22	√	√	0.23	正常	无裂缝	
7	0.57	√	√	0.58	正常	无裂缝	
8	0.85			0.85		无裂缝	

2. 大坝

（1）监测项目。

1）自动化系统监测内容：库水位，1715.00m、1660.00m 水平位移，主坝Ⅲ、Ⅵ、Ⅸ坝段垂线，坝基扬压力，渗流量及绕坝渗流。

2）人工监测内容：坝顶水平位移，坝顶沉陷等。

（2）监测时间。

1）自动化监测：爆破前一天开始，每小时监测一次，爆破后，每半小时监测一次，监测 24h。

2）人工测量：爆破前坝顶水平位移（4 月 23 日），坝顶垂直位移（4 月 23 日）。爆破后坝顶水平位移（4 月 25 日），坝顶垂直位移（4 月 26 日）。

（3）监测情况。爆破前后库水位变化情况见表 10.2－33，最高水位 1731.24m，最低水位 1731.17m，极差 0.07m，爆破前后库水位没有明显变化；选取四个典型坝段作为调查对象分析爆破前后大坝坝顶水平位移，其观测值见表 10.2－34，最大坝顶水平位移 0.25mm；选取三个典型坝段对爆破前后坝顶沉降情况进行分析，其统计值见表 10.2－35，坝顶沉降最大坝段变化值为 0.6mm；选取三个位移较大位置对爆破前后垂线位移情况进行分析，成果见表 10.2－36，上下游位移最大为 0.47mm，左右岸位移最大为 0.21mm；选取三个高程变化较大的坝基测点对爆破前后主坝坝基扬压力进行分析，成果见表 10.2－37，坝基扬压力变化值最大为 0.10mm；选取三个水位变化较大测点对爆破前后左岸地下水成果进行分析，成果见表 10.2－38，左岸地下水水位变化值最大为 0.28m；

选取三个水位变化较大测点对爆破前后 1720 平台地下水进行分析，成果见表 10.2－39，1720 平台地下水水位变化值最大为 0.16m；爆破前后渗流量变化情况见表 10.2－40，各部位渗流量变化均不大，最大为 300 开关站导流洞 HC01 处，变化值为 0.02L/s。

表 10.2－33　　　　　　2008 年 4 月 24 日至 26 日库水位成果统计表

时　间	上游水位/m	时　间	上游水位/m
2008 年 4 月 24 日 11：00	1731.23	2008 年 4 月 25 日 12：00	1731.22
2008 年 4 月 24 日 12：00	1731.23	2008 年 4 月 25 日 13：00	1731.22
2008 年 4 月 24 日 13：00	1731.23	2008 年 4 月 25 日 14：00	1731.22
2008 年 4 月 24 日 14：00	1731.22	2008 年 4 月 25 日 15：00	1731.21
2008 年 4 月 24 日 15：00	1731.24	2008 年 4 月 25 日 16：00	1731.21
2008 年 4 月 24 日 16：00	1731.23	2008 年 4 月 25 日 17：00	1731.20
2008 年 4 月 24 日 17：00	1731.23	2008 年 4 月 25 日 18：00	1731.19
2008 年 4 月 24 日 18：00	1731.20	2008 年 4 月 25 日 19：00	1731.19
2008 年 4 月 24 日 19：00	1731.21	2008 年 4 月 25 日 20：00	1731.18
2008 年 4 月 24 日 20：00	1731.18	2008 年 4 月 25 日 21：00	1731.19
2008 年 4 月 24 日 21：00	1731.19	2008 年 4 月 25 日 22：00	1731.18
2008 年 4 月 24 日 22：00	1731.20	2008 年 4 月 25 日 23：00	1731.20
2008 年 4 月 24 日 23：00	1731.20	2008 年 4 月 26 日 0：00	1731.19
2008 年 4 月 25 日 0：00	1731.17	2008 年 4 月 26 日 1：00	1731.18
2008 年 4 月 25 日 1：00	1731.19	2008 年 4 月 26 日 2：00	1731.19
2008 年 4 月 25 日 2：00	1731.20	2008 年 4 月 26 日 3：00	1731.20
2008 年 4 月 25 日 3：00	1731.22	2008 年 4 月 26 日 4：00	1731.20
2008 年 4 月 25 日 4：00	1731.21	2008 年 4 月 26 日 5：00	1731.20
2008 年 4 月 25 日 5：00	1731.21	2008 年 4 月 26 日 6：00	1731.21
2008 年 4 月 25 日 6：00	1731.23	2008 年 4 月 26 日 7：00	1731.20
2008 年 4 月 25 日 7：00	1731.22	2008 年 4 月 26 日 8：00	1731.19
2008 年 4 月 25 日 8：00	1731.23	2008 年 4 月 26 日 9：00	1731.20
2008 年 4 月 25 日 9：00	1731.24	2008 年 4 月 26 日 10：00	1731.21
2008 年 4 月 25 日 10：00	1731.23	2008 年 4 月 26 日 11：00	1731.20
2008 年 4 月 25 日 11：00	1731.22		

最高水位：1731.24m，最低水位：1731.17m，极差：0.07m。

表 10.2－34　　　　　　爆破前后大坝坝顶水平位移观测值

	时　间	库水位/m	水 平 位 移/mm				备　注
			V 坝段 1715－4	VI 坝段 1715－7	IV 坝段 1660－1	IX 坝段 1660－6	
爆前	4 月 25 日 11：00	1731.22	2.94	4.37	1.34	0.65	差值："＋"向上游变化，"－"向下游变化
爆后	4 月 26 日 11：00	1731.20	3.19	4.56	1.48	0.80	
差值			0.25	0.19	0.14	0.15	

表 10.2-35　　　　　　　　　　爆破前后坝顶沉陷成果表

	时　间	垂 直 位 移/mm			备　注
		付坝 2 坝段	主坝 6 坝段	黄土付坝（后 7）	
爆前	4 月 23 日	−10.4	−13.7	19.9	差值： "＋"为下降， "−"为上升
爆后	4 月 26 日	−10.3	−13.5	19.3	
差值		0.1	0.2	−0.6	

表 10.2-36　　　　　　　　　　爆破前后垂线（自动化）成果表

	时　　间	垂 线 位 移/mm					
		1715 层Ⅲ坝段-18 正		1715 层Ⅵ坝段-17 正		1715 层Ⅸ坝段-1	
		上下游位移	左右岸位移	上下游位移	左右岸位移	上下游位移	左右岸位移
爆前	4 月 25 日 11：20	3.08	−0.06	6.06	0.50	0.56	0.29
爆后	4 月 26 日 23：00	3.13	0.02	5.59	0.71	0.51	0.37
差值		0.05	0.08	−0.47	0.21	−0.05	0.08

表 10.2-37　　　　　　　　　　爆破前后主坝坝基扬压力成果表

	时　　间	高 程 观 测 值/mm		
		坝基Ⅵ坝段 U6-1	坝基Ⅶ坝段 U7-1	坝基Ⅶ坝段 U7-3
爆前	4 月 23 日 11：20	1693.56	1706.39	1621.35
爆后	4 月 26 日 23：30	1693.64	1706.49	1621.44
差值		0.08	0.10	0.09

表 10.2-38　　　　　　　　　　爆破前后左岸地下水（自动化）成果表

	时　　间	水　位/m		
		160 号	161 号	167 号
爆前	4 月 23 日 11：20	1649.02	1651.29	1616.28
爆后	4 月 26 日 11：30	1649.20	1651.44	1616.56
差值		0.18	0.15	0.28

表 10.2-39　　　　　　　　　　爆破前后 1720 平台地下水（自动化）成果表

	时　　间	水　位/m		
		10 号	163 号	154D 号
爆前	4 月 23 日 11：20	1635.76	1655.11	1668.00
爆后	4 月 26 日 11：30	1635.71	1655.06	1668.16
差值		−0.05	−0.05	0.16

表 10.2 - 40　　　　　　爆破前后渗流量（自动化）成果表

时间		流　量/(L/s)				
		黄土付坝 HB - 02	1631 层 左岸岩体 HA - 11	300 开关站 导流洞 HC01	1660 层 左岸岩体 HA - 07	508 平洞 HA - 09
爆前	4 月 23 日 11：20	3.40	0.04	0.98	0.01	0.10
爆后	4 月 26 日 11：30	3.39	0.04	1.00	0.01	0.10
差值		-0.01	0	0.02	0	0

从测量数据来看，在爆破试验后坝基扬压力、绕坝渗流水位的一部分测点水位出现小幅波动；垂线部分测点出现测值波动；坝顶垂直位移没有明显的变化；坝顶水平位移的副坝侧有部分测点数据偏差较大，约 3.00mm，主要原因是该项目测量精度偏低。总体来看，本次爆破试验后，大坝安全监测的各测点测值没有异常的变化，本次爆破试验对大坝的安全没有影响。

3. 电厂

（1）厂房。刘家峡电厂厂房与爆心距离约 1500m。据电厂提供监测数据显示，爆破时，1 号、3 号、4 号机组处于运行状态，振动数据无明显变化；2 号机组处于停机状态，爆破时振动数据略有变化（震动值增大 20~30μm）；距离爆心最近的 5 号机组爆破时振动值也有所增大，5 号机组振动监测数据见表 10.2 - 41（爆破时电厂时间为 11 点 28 分 17秒）。从爆破前后数据分析来看，在 28 分 19.3 秒至 28 分 20.3 秒，5 号机组上机架和顶盖的水平和垂直振动监测数据有所增加，增加几十微米。爆破后振动数据与爆破前相比无明显变化，因此，此次爆破对机组稳定运行无影响。

表 10.2 - 41　　　　1：2 岩塞爆破电厂 5 号机组振动监测数据

时间	上机架 X 向 水平振动/μm	上机架 Y 向 水平振动/μm	上机架 垂直振动/μm	顶盖 X 向 水平振动/μm	顶盖 Y 向 水平振动/μm	顶盖垂 直振动/μm	有功 功率/MW
28：16.9	65.161	127.842	17.603	8.388	3.97	14.074	303.585
28：17.4	64.212	135.451	15.911	7.32	4.569	14.557	303.585
28：17.8	69.922	144.826	13.694	3.321	2.66	12.251	303.174
28：18.3	65.058	138.01	16.488	5.054	5.362	14.21	303.585
28：18.8	59.144	138.618	23.433	18.967	18.516	18.086	303.174
28：19.3	121.615	209.631	47.137	45.77	37.875	43.193	303.585
28：19.8	84.714	173.79	56.532	18.095	13.823	25.68	303.174
28：20.3	67.980	159.527	27.477	11.114	13.466	18.158	303.585
28：20.7	70.972	138.01	20.269	7.549	6.673	15.179	303.585
28：21.2	58.300	148.485	15.314	5.706	5.89	14.654	303.585
28：21.7	60.833	137.835	13.376	5.032	5.89	11.882	303.585

时　　间	上机架 X 向水平振动/μm	上机架 Y 向水平振动/μm	上机架垂直振动/μm	顶盖 X 向水平振动/μm	顶盖 Y 向水平振动/μm	顶盖垂直振动/μm	有功功率/MW
28∶22.2	59.634	140.269	21.124	4.193	6.695	15.947	303.585
28∶22.7	62.525	135.426	18.083	4.695	5.023	17.184	303.585
28∶23.1	66.356	149.935	23.202	4.105	3.85	12.242	303.585
28∶23.6	73.508	135.004	21.113	7.338	5.049	11.449	303.585
28∶24.1	68.608	140.565	20.184	4.812	3.159	14.049	303.997

（2）开关站保护室。刘家峡电厂开关站与爆心距离约 1500.00m。我们在开关站一楼保护室墙壁柱子底部布置了 BE10495 速度传感器监测爆破时的保护室各方向的振动速度。实时监测数据显示，爆破时保护室的水平切向振速峰值为 0.059cm/s，竖直向振速峰值为 0.040cm/s，水平径向振速峰值为 0.052cm/s，各向速度值均在允许速度 0.50cm/s 范围以内。开关站保护室测点振动速度历程见图 10.2-23。

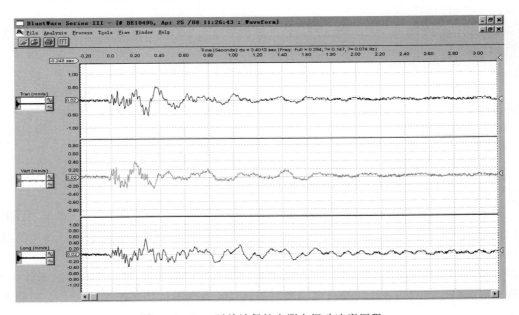

图 10.2-23　开关站保护室测点振动速度历程

由于爆心距电厂较远，超过 750.00m，理论上本次爆破试验对电厂的影响是可以忽略的。从电厂提供的爆破时机组运行情况数据以及开关站保护室的振动速度数据来看，本次爆破试验对电厂以及开关站的安全运行无影响。

4. 宏观调查结果

通过爆破前后对各建筑物、电厂机组、各部位监测数据的宏观调查，得出结论：本次爆破试验对附近地面建筑的振动破坏作用不大，对地面建筑物的结构安全破坏影响很小；对刘家峡水库大坝等水工建筑物的安全无影响；对刘家峡电厂机组以及开关站的安全运行无影响。

（十）模型试验岩塞爆破观测结果总体评价

1：2 模型试验洞岩塞爆后开口偏小，主要原因是地形资料不准，导致设计抵抗线不准。在排沙洞原型岩塞爆破前，对岩塞口地形资料进行复查，对岩塞厚度进行探孔精确复测。

岩塞爆破后，受震动影响岸坡有较大石块脱落，应对排沙洞 f7 断层不稳定块体进行地质复查，加固设计应进一步细化。

根据 1：2 模型试验岩塞爆破后观测到的数据和现象，推测排沙洞在岩塞爆通后，由于淤泥中含有的细颗粒成分和黏粒成分高，加上岩塞爆破石渣，下泄物可能出现淤泥阻塞，在排沙洞岩塞爆破前，应进行全隧洞的泥沙排泄动床试验。

1：2 模型试验岩塞爆破后，钢筋混凝土衬砌试验段已损坏，损坏可能的原因：一是混凝土结构单薄，二是混凝土质量存在严重缺陷，三是混凝土结构与围岩结合不好。因此应：

（1）加强排沙洞钢筋混凝土衬砌结构的防护设计，具体设计情况应参考丰满岩塞爆破工程的衬砌结构防护设计。

（2）加强岩塞附近段的围岩支护，使围岩能够形成承载结构来分担部分衬砌结构的振动荷载。

（3）加深预裂孔深度，削减爆破振动向周围岩体介质传播的能量。

（4）混凝土结构钢筋要与系统锚杆牢固焊接，必要时采用预应力锚杆，在径向方向上对衬砌结构和围岩施加预应力，使围岩、支护、衬砌形成整体承载结构。

（5）严格控制衬砌结构的钢筋施工质量和混凝土浇筑质量。

（6）严格控制固结灌浆和回填灌浆质量，消除衬砌结构与围岩的空隙。

八、刘家峡 1：2 岩塞爆破模型试验总体评价

刘家峡 1：2 模型试验洞岩塞工程于 2006 年年底完成现场地勘工作，2007 年 2 月提交地勘报告，2007 年 4 月完成设计专题报告，随着现场试验洞施工进展，完成了相应的技施设计文件和图纸，至 2007 年年底完成了全部技施设计工作。工程施工于 2007 年 3 月与排沙洞岩塞段一道开工，2008 年 4 月 25 日 11 时 26 分完成岩塞爆破。从开工至爆破结束，工程施工历时 13 个月。为 1：2 模型试验洞提供设计技术支持的各项试验随着工程的进展逐步完成，至模型试验洞岩塞爆破结束后现场工作全部完成。

本次 1：2 模型岩塞爆破试验达到了试验目的，为深水高密度厚覆盖条件下的刘家峡岩塞爆破工程取得了科学试验数据，在整个工程中也发现了一些问题，给下一步排沙洞岩塞爆破工程无论从设计到施工，还是工程管理都提供了宝贵经验，同时也锻炼了工程管理和施工队伍，为原型岩塞爆破成功打下了坚实的基础。

（一）设计指导思想和方案评价

岩塞口爆通说明了设计的指导思想和方案是正确的。对于刘家峡岩塞口这么厚的淤泥，采取淤泥爆破扰动方案是正确的，否则厚淤泥作用在岩塞口上产生的附加阻抗太大，爆破过程中岩石无鼓胀空间。只有大范围对淤泥进行扰动，减少阻抗，使岩石有鼓胀空

间，岩石在爆破过程中才能移动，才能保证爆通。

爆破采用三层药室布置，毫秒间隔方案，4号$_上$和4号$_下$药室的作用是将岩塞爆通，然后借助中层药室（王字形布置）使开口进一步扩大，达到设计断面，为有效地控制岩塞轮廓，沿周边设有预裂孔，此方案对于岩塞爆通比单层药室布置要好得多。

从淤泥孔和药室正常起爆说明，设计所采用的火工器材，即高能乳化炸药、经过防水处理的电雷管、震源导爆索、非电导爆管雷管，是处在水深100.00m，耐压7天的深水中，这在国内水利工程尚属首例。

药室开挖后，8个药室基本无渗水，个别还较干燥，特别是4号$_上$药室几乎无渗水或渗水量不大，说明岩塞段设计采用灌浆措施是十分必要的，灌浆设计方案是成功的。

进行现场设计，随时调整设计参数，并对施工人员进行起爆体防水制作、装药培训、爆破网络防护指导，以及提出的施工技术要求和措施到位，这些都对爆通起到了保证作用。

（二）岩塞口爆破效果评价

岩塞口成型和开口大小是本次爆破试验进一步研究的问题，岩塞口爆通瞬间，进口部位被泥石堵住，使竖井没有泥水溅出，认真分析其原因，对原型爆破设计将有很大改进。

岩塞口爆破成型的好坏主要取决于4号$_上$药室的设计，亦即4号$_上$药室形成的爆破漏斗好坏决定岩塞口成型的好坏。要使4号$_上$药室爆破时漏斗半径的2倍符合岩塞开口的要求，决定于爆破参数，单耗K、抵抗线W，爆破作用指数n选择的合适与否，现今分别进行讨论。

开口不大的原因是4号$_上$药室的实际抵抗线比设计值大了，根据利文斯顿爆破漏斗理论，当药量一定时，药室的埋深（距自由面抵抗线）最佳位置即可得到最佳爆破效果（既包括开口尺寸和破碎程度）。但是由于水下地形测量精度不高，再加上刘家峡岩塞爆破试验场地坡度较陡，增加了抵抗线的测量误差，抵抗线数值的不确定性，势必带来不易精确确定4号$_上$药室的最佳位置。

因此，原型爆破设计必须提高4号$_上$药室抵抗线测量精度，精确地确定岩塞厚度，除提高地形测量精度外，必须进行岩塞体的贯穿孔（直径以42.00～50.00mm为宜）勘测，探明岩塞体与淤泥分界面深度位置以及岩塞体表层位置的岩体物理力学特性和渗流特性，为药包最小抵抗线和炮孔深度设计提供可靠数据。

要使4号$_上$药室位置位于最佳位置，即要求4号$_上$药室中心位置位于岩塞中心轴线略超过阻抗平衡点，并要求4号$_上$药室的作用能使4号$_上$药包上方岩石向库区移动，这是重要的关键因素。

4号$_上$药包在药室中码放应紧贴库区一侧，不应有空隙，这才能充分发挥4号$_上$药包的爆破效率。必须保证4号$_上$药室堵塞质量，在1∶2试验中，没能完全按照设计意图用黄土进行堵塞，没有充分发挥4号$_上$药包的威力，这是必须改进的。原型爆破设计中，4号$_上$药室应有单独导洞，避免与4号$_下$处于同一导洞而用堵塞材料相隔。

在4号$_上$药量设计中的爆破参数单耗K，爆破作用指数n，需考虑水和淤泥介质对其影响，把修正后的K值或n值，代入经验公式计算药量比较接近实际。

中层药室1号、2号、3号、5号、6号、7号这6个药室，呈圆形6等分分布，它除了用以把剩余岩体全部爆除外，还要兼顾使岩塞开口进一步扩大，达到设计断面，因此在考虑这些药室抵抗线时，需要考虑到这一点。

为有效控制爆破后岩塞口轮廓，尽可能将预裂孔孔深延长，使岩塞周边预裂孔深度接近岩面部位，即预裂孔孔底距岩石与淤泥交界面0.30～0.50m。预裂孔的加深，可降低对边坡振动影响，保持成型轮廓良好。

（三）淤泥对爆破影响评价

在爆后一小时，没有发现竖井井底泥水痕迹，但在爆后10h，泥水大量涌入竖井，呈爆通现象。而从摄影和高速摄影资料显示，爆后即通。这些现象说明在爆通后的瞬间，岩塞口即被淤泥和石块堵死，当晚8点至9点之间，在闸门井开挖施工爆破震动外力作用下堵死处松动，大量泥水涌入竖井。

这一现象也说明刘家峡水库水下淤泥较厚，淤泥密度大，爆后淤泥运动场十分复杂，在一定程度上影响本次爆破效果，由于国内外均没有相关的工程实例可以借鉴，淤泥问题以及泥石流运动场问题都甚为复杂，有关这方面问题仍需进行一定数量的物理力学模型的模拟试验、数值模型的计算来确定，为原型爆破提供充分的科学依据，确保原型取得良好的爆破效果。

（四）岩面线勘测精度影响评价

刘家峡岩塞爆破1：2模型试验，再一次说明了水下岩塞地形、地质条件要有利于准确设计，一次爆通成型。水下岩塞地形要简单平整，地质无大的断层切割，岩石渗漏量小，无崩塌堆石和人工弃渣在洞口，这些都需要勘探查明，以便采取相应措施，才能进行岩塞爆破。

第三节 全断面岩塞段爆破模拟试验

一、试验目的

岩塞爆破是一项技术复杂、施工难度大的高风险水下爆破工程，要求一次爆通并成型良好。一旦爆破不成功，将直接影响整个工程的运行，并且后续处理难度极大，费用也无法估算。目前，尽管对岩塞爆破取得了一些成功的工程经验，但受制于每个岩塞的规模、地质条件及爆破环境的差异，在具体实施时仍需要有针对性地采取不同的爆破方式和设计方案。

结合隧洞开挖实施的全断面试验—岩塞爆破生产专项试验，其目的主要有以下两个。

一是为后续专项试验及原型岩塞爆破积累经验。岩塞爆破专项试验主要研究预裂孔（或光面孔）、掏槽孔和主爆孔的孔网参数及其装药结构等参数。其研究手段主要是通过观察爆破效果，如开挖进尺、围岩半孔率、爆后岩碴块度、爆破振动影响等指标，并进行综合分析评价。然后，再根据评价结果开展爆破参数优化。

二是对正式的岩塞爆破施工工艺，进行练兵和培训。通过每次爆破试验，施工队伍可以从钻孔、装药、联网起爆等各个环节来熟悉操作过程，逐渐克服不合理或容易疏漏的环节，从而确保原型岩塞爆破一次成功。

本节以吉林中部引水岩塞爆破工程和兰州市水源地建设工程岩塞爆破工程为例，介绍全断面试验，供开展相关试验和研究工作参考。

二、吉林中部引水岩塞爆破工程试验

吉林省中部城市引松供水工程从丰满水库坝上取水，由输水总干线、输水干线和输水支线等组成。为确保岩塞能够顺利的爆破成功，结合现场开挖开展了2次生产爆破试验。工程选址区的地层岩性主要有第四系坡洪积碎块石含黏性土、黏性土含碎块石，基岩主要为二叠系杨家沟组（P_2y）砂砾岩，局部为砂岩，轻微变质。试验洞段围岩岩性主要为杨家沟组砂砾岩，岩石呈弱风化～微风化状态，岩体相对完整。

（一）爆破试验设计方案

1. 试验段体型及布孔方式

吉林中部引水岩塞爆破工程全断面试验共计进行2次，本文以第1次试验为例，介绍试验方案、装药结构及药量、爆破网络以及试验过程及试验效果。

试验地点位于岩塞口至闸门井之间的引水主洞，试验地点位于岩塞口至闸门井之间的引水主洞，试验的岩塞体为倒圆台体，圆台体内底面为圆形，开挖直径为7.00m；外底面直径为9.64m，岩塞体长度为7.50m（图10.3-1～图10.3-3）。

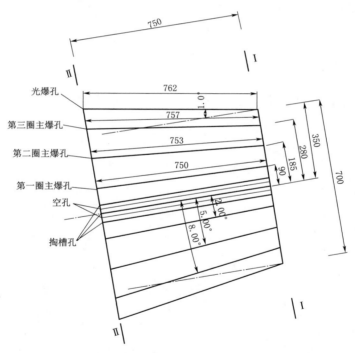

图10.3-1 岩塞爆破全断面试验纵剖面图（尺寸单位：cm）

第1次岩塞爆破试验采用排孔方式，钻孔布置如下：

（1）掏槽采用了直眼掏槽方式。首先，沿断面中心钻孔直径为90mm，周围第一圈掏槽孔（6个）和第二圈掏槽孔（8个）的孔径均为90mm。其中，第一圈的6个掏槽孔不装药，以空孔形式作为爆破压缩预留空间；中心孔和第二圈的8个掏槽孔装药（图10.3-2）。

（2）主爆孔分为3序，钻孔直径均为90mm，钻孔倾向依次向外扩张。其中，第一圈

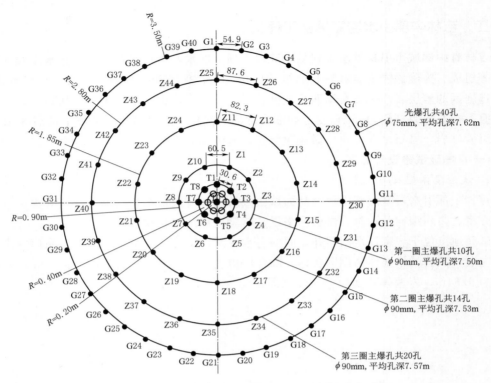

图 10.3-2 岩塞爆破试验Ⅰ—Ⅰ断面炮孔布置图

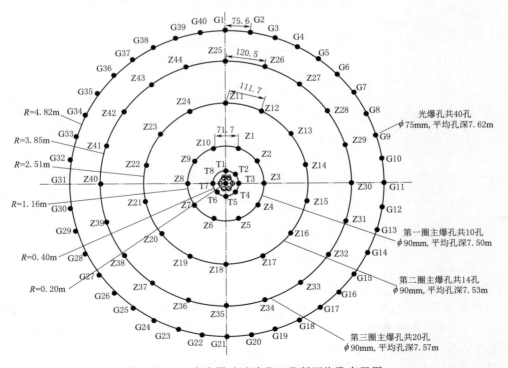

图 10.3-3 岩塞爆破试验Ⅱ—Ⅱ断面炮孔布置图

主爆孔外扩角 2.0°，平均长度 7.50m，共 10 个孔；第二圈主爆孔外扩角 5.0°，平均长 7.53m，共 14 个孔；第三圈主爆孔外扩角 8.0°，平均长度 7.57m，共 20 个孔。

（3）最外侧是光爆孔，光爆孔外扩角 10.0°，孔径为 75mm，平均长度 7.62m，共计 40 个孔（见图 10.3-2 和图 10.3-3）。

各类钻孔质量的设计要求如下。

（1）开孔误差：圈间方向±2cm，圈内孔间方向±5cm。

（2）角度偏差：不大于 1°，每个钻孔应稍微向上，以利吹孔、洗孔。

（3）深度误差控制：+50cm，只能超深，不能欠深。

2. 装药结构及药量

（1）炸药类型。试验采用了山西省江阳民爆公司生产的高抗水乳化炸药（以固体颗粒进行敏化），其实测密度值为 $1.11 \sim 1.22 \times 10^3 kg/m^3$。该炸药出厂后，在连续 12d 浸水压不低于 0.40MPa 条件下，爆速测值不低于 5.00km/s，猛度大于 12.00mm，满足规范《工业炸药通用技术条件》（GB 28286—2012）的技术指标要求。在水压不低于 0.40MPa 条件下，10 组不同绑扎条件下的药包均能被 8 号雷管正常起爆。

（2）装药结构。炸药采用了 $\phi32mm$ 和 $\phi35mm$ 两种规格药卷，通过不同组合进行线装药密度设计（图 10.3-4、图 10.3-5）。各孔的详细装药量见表 10.3-1。各药卷依次按设计数量绑扎在竹片上，用胶带固定；为保证孔内炸药起爆的一致性，每个炮孔内全程绑扎 1 根导爆索进行传爆，各炮孔的堵塞长度一般在 1.00~1.20m。

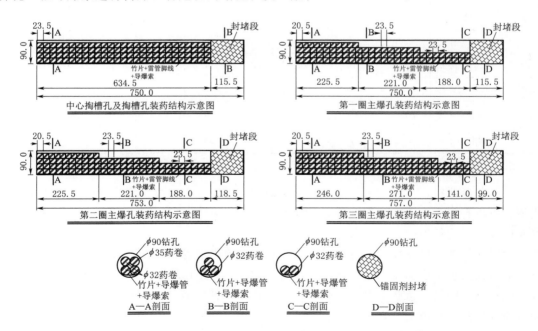

图 10.3-4 中心掏槽孔、掏槽孔及主爆孔装药结构示意图

注 图中药量直径以 mm 计，其他标注尺寸以 cm 计；每个炮孔放数码雷管 2 发，孔底、孔口各一发，每个雷管的聚能穴均朝向炮孔中心；炮孔装药结构可根据钻孔及火工器材实际情况做局部适当调整。

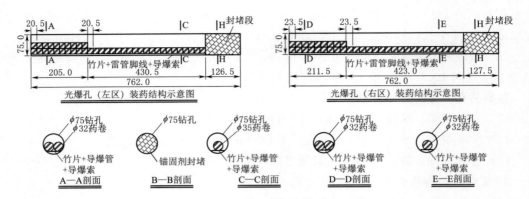

图 10.3-5 光爆孔装药结构示意图

注　图中药卷直径以 mm 计，其他标注尺寸以 cm 计；每个炮孔放数码雷管 2 发，孔底、孔口各一发，每个雷管的聚能穴均朝向炮孔中心；炮孔装药结构可根据钻孔及火工器材实际情况做局部适当调整。

表 10.3-1　　　　　　　　　爆破试验钻孔及爆破参数一览表

孔号	孔类	总长/m	封堵段长度/m	装药总长/m	单孔药量/kg	孔数	药量/kg	总药量/kg	说　明
1	中心掏槽孔	7.50	1.16	6.35	23.46	1	23.5	211.0	孔径 90mm
2	空孔	7.50	—	—	—	6	—		
3	掏槽孔	7.50	1.16	6.35	23.46	8	187.7		
4	第一圈主爆孔	7.50	1.16	6.25	18.35	10	183.5	833.7	孔径 90mm
5	第二圈主爆孔	7.53	1.19	6.25	18.35	14	256.9		
6	第三圈主爆孔	7.57	0.99	6.46	19.66	20	393.3		
7	光爆孔（左）	7.62	1.27	6.36	9.30	20	185.9	342.3	孔径 76mm
8	光爆孔（右）	7.62	1.28	6.35	7.82	20	156.4		

3. 爆破网络

（1）起爆器材。本次全断面爆破试验采用数码雷管进行起爆连网。数码雷管由山西壶化集团股份有限公司生产，雷管的起爆延期时间可以从 0～15000ms 任一整数设定，由厂家专用起爆器进行连网、测试和起爆等操作。

为保证传爆的可靠性，在每个炮孔内安装 2 发数码雷管，分别布置在孔口和孔底；另外，沿炮孔药包全程加装了 1 根导爆索（图 10.3-4、图 10.3-5）。

（2）爆破网络。全断面爆破试验中，各炮孔采用的雷管段位见图 10.3-6，各炮孔延期时间设计及药量情况见表 10.3-2。

（二）试验过程及试验效果调查分析

1. 试验过程

（1）测量放样。试验开始前，对掌子面进行清理，保证了场地平整和作业空间的需要。然后，按设计要求测量放样，并辅以激光器指示开口方位。

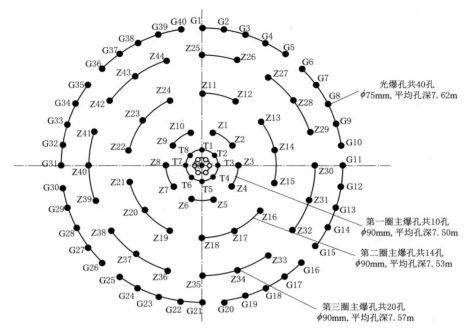

图 10.3-6　爆破试验各炮孔连接网络图

表 10.3-2　　　　　爆破试验各炮孔延期时间及药量一览表

序号	响数	钻孔类别	设计时间/ms	延迟时间/ms	钻孔编号	孔数/个	单孔药量/kg	单响药量/kg
		观测信号点	0	0	—	—	—	—
1	第 1 响	中心掏槽孔	100	100	T0	1	23.46	23.46
2	第 2 响	掏槽孔	200	100	T1、T2	2	23.46	46.92
3	第 3 响	掏槽孔	209	9	T3、T4	2	23.46	46.92
4	第 4 响	掏槽孔	218	9	T5、T6	2	23.46	46.92
5	第 5 响	掏槽孔	227	9	T7、T8	2	23.46	46.92
6	第 6 响	第一圈主爆孔	300	73	Z1、Z2	2	18.35	36.70
7	第 7 响	第一圈主爆孔	309	9	Z3、Z4	2	18.35	36.70
8	第 8 响	第一圈主爆孔	318	9	Z5、Z6	2	18.35	36.70
9	第 9 响	第一圈主爆孔	327	9	Z7、Z8	2	18.35	36.70
10	第 10 响	第一圈主爆孔	336	9	Z9、Z10	2	18.35	36.70
11	第 11 响	第二圈主爆孔	400	64	Z11、Z12	2	18.35	36.70
12	第 12 响	第二圈主爆孔	409	9	Z13～Z15	3	18.35	55.06
13	第 13 响	第二圈主爆孔	418	9	Z16～Z18	3	18.35	55.06
14	第 14 响	第二圈主爆孔	427	9	Z19～Z21	3	18.35	55.06
15	第 15 响	第二圈主爆孔	436	9	Z22～Z24	3	18.35	55.06

续表

序号	响数	钻孔类别	设计时间/ms	延迟时间/ms	钻孔编号	孔数/个	单孔药量/kg	单响药量/kg
16	第16响	第三圈主爆孔	500	64	Z25、Z26	2	19.66	39.33
17	第17响	第三圈主爆孔	509	9	Z27～Z29	3	19.66	58.99
18	第18响	第三圈主爆孔	518	9	Z30～Z32	3	19.66	58.99
19	第19响	第三圈主爆孔	527	9	Z33～Z35	3	19.66	58.99
20	第20响	第三圈主爆孔	536	9	Z36～Z38	3	19.66	58.99
21	第21响	第三圈主爆孔	545	9	Z39～Z41	3	19.66	58.99
22	第22响	第三圈主爆孔	554	9	Z42～Z44	3	19.66	58.99
23	第23响	光爆孔（右区）	600	46	G1～G5	5	7.82	39.10
24	第24响	光爆孔（右区）	609	9	G6～G10	5	7.82	39.10
25	第25响	光爆孔（右区）	618	9	G11～G15	5	7.82	39.10
26	第26响	光爆孔（右区）	627	9	G16～G20	5	7.82	39.10
27	第27响	光爆孔（左区）	636	9	G21～G25	5	9.30	46.48
28	第28响	光爆孔（左区）	645	9	G26～G30	5	9.30	46.48
29	第29响	光爆孔（左区）	654	9	G31～G35	5	9.30	46.48
30	第30响	光爆孔（左区）	663	9	G36～G40	5	9.30	46.48

　　钻孔施工是在脚手架作业平台上进行的。钻孔设备采用潜孔钻100T型钻机，钻头直径为90mm和75mm。钻孔完成后，检查孔径、孔深、孔斜和孔位偏差等。

　　（2）装药。装药期间，应严格按爆破设计要求的装药结构参数将药卷、导爆索、雷管用防水胶带绑扎在竹片上；同时将传爆线路用胶带固定在竹片外端。药柱加工完成后按炮孔编号贴上相应的标签，以方便装药，同时也避免了装错炮孔。每孔装药结束后，用锚杆锚固剂进行封堵，堵塞保证紧挨炸药，堵塞质量、堵塞长度满足设计要求。

　　（3）联网。装药施工完成后，由专业爆破员进行网络连接、起爆。爆破前，隧洞内所有人员撤出；全部联网检查、测试正常后起爆。

　　（4）爆破振动监测布置。为了监测整个爆破过程中的振动影响情况，采用爆破振动测试仪器监测并分析每个分段药量的振动强度是否均衡。测点布置在与爆心的距离大约为50m左右的试验洞内，振动测试设备采用Mini-Seis测振仪，可以在同一观测点同时测试3个方向的爆破振动速度（含时程曲线）。

　　2. 试验效果调查

　　（1）渣堆分布及块度测量。受掌子面下倾和后方已有石渣堆影响，本爆破后的石渣分布范围相对集中，石渣大多数平整堆积在掌子面前40.00m范围内（图10.3-7）。石渣块度相对较小，多数在0.50m以内，最大直径一般不超过1.00m，便于装运。另外，石渣内残留炸药卷，由此推测个别炮孔存在拒爆现象。

　　（2）掌子面进尺。掌子面前石渣清理前，面向掌子面左侧进尺约为4.70m，右侧进尺4.20m，中间的掏槽部位进尺约5.20m；掌子面底部石渣清理后，发现右下方进尺最小，大约在3.00m左右。原掏槽炮孔深度为7.50m，以最大进尺5.20m计，则炮孔利用系数约70％，其他部位的炮孔利用系数则少一些。

进一步调查发现，在掌子面上掏槽部位T4、T5炮孔（推测孔位）发生拒爆，孔口可见未爆的炸药和导爆索。这两个钻孔已经整体破碎，孔内药包被挤压，孔内炸药、雷管不易取出。同样，掏槽区内其他炮孔位置岩石破碎，炮孔位置不易识别判断。

从导爆索未爆现象推断，这2个孔的炸药应全部没起爆。这一方面说明试验中可能存在爆破器材质量欠佳或网络故障，另一方面也在一定程度上影响了掏槽进尺。

尽管两侧光爆孔的装药量存在差异，而且是左多右少，直觉上应该是右侧的半孔率应高于左侧；但因为右侧岩体完整性较差，造成其

图10.3-7　爆破后岩渣堆

表面半孔率失常。从左侧围岩半孔率较高、较好现象判断，表明光面爆破药量布置基本合理。

3. 爆破振动监测结果

破试验的振动速度测量结果见图10.3-8。对照表10.3-2、图10.3-8中的6个振动时段基本能够和中心掏槽、外圈掏槽、第一圈主爆、第二圈主爆、第三圈主爆和光爆等各炮孔的延期时间相对应。在幅值上，第2个振动时段偏小，小于同等药量条件下的后4个时段，这与爆破后发现的外圈掏槽孔拒爆有关。

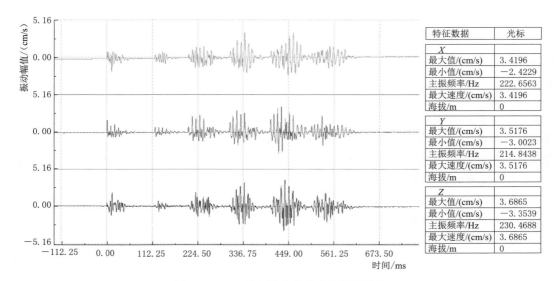

特征数据	光标
X	
最大值/(cm/s)	3.4196
最小值/(cm/s)	-2.4229
主振频率/Hz	222.6563
最大速度/(cm/s)	3.4196
海拔/m	0
Y	
最大值/(cm/s)	3.5176
最小值/(cm/s)	-3.0023
主振频率/Hz	214.8438
最大速度/(cm/s)	3.5176
海拔/m	0
Z	
最大值/(cm/s)	3.6865
最小值/(cm/s)	-3.3539
主振频率/Hz	230.4688
最大速度/(cm/s)	3.6865
海拔/m	0

图10.3-8　质点振动速度过程线及结果

4. 爆破效果综合分析

（1）进尺问题。本次全断面试验钻孔原设计长度约7.50m，主体进尺4.20m～

5.20m，平均进尺在 4.70m 左右，约为孔深的 63%，进尺未及设计预期。

分析认为，部分掏槽孔拒爆影响了掏槽进尺，从而影响整个断面进尺。掏槽爆破是洞挖的关键，掏槽深度直接影响进尺大小。现场调查发现掏槽进尺也只有 5.2m，掌子面上并未发现更大的进尺迹象。

（2）炮孔拒爆问题。现场炮孔已经发生变形破碎，药包受到挤压并被卡在孔内；掌子面孔口处，炸药、导爆索均保留完整，说明整孔炸药拒爆。因为炸药曾经过了防水抗压试验验证，在水内可以被 8 号雷管正常起爆；而采用的数码雷管并未经过试验测试，应列为重点怀疑对象。尽管起爆联网阶段，信号检测结果正常，但在强烈的振动和冲击波作用下，数码雷管有可能发生拒爆，这种现象在其他工程中也曾发生过。所以，分析认为雷管拒爆是造成掏槽孔拒爆的主要原因；因为无法取出残留炸药和雷管，无法直接判断，所以也不能完全排除炸药问题。

基于上述拒爆现象，建议第 2 次生产试验改用奥瑞凯数码雷管起爆，尽量消除雷管对炸药起爆带来的不确定因素。

（3）光爆孔药量问题。从本次试验中，掌子面左侧围岩较完整，光爆孔装药为 $\phi35mm$ 药卷；右侧围岩完整性较差，装药为 $\phi32mm$ 药卷，药量相对较小。但从爆破效果看，左侧半孔率较好而右侧较差，说明围岩完整程度对光爆质量起主导作用，即围岩条件较差时，药量再小，也难以保证半孔率。单独从左侧围岩半孔率较高现象看，设计药量基本合理；在下一次试验中，也可适当减少装药。

总结试验成果，目的是分析试验中存在的问题，如起爆器材、孔网参数等是否合理，以便在以后的试验及岩塞爆破中及时调整，确保岩塞爆破的一次成功。

三、兰州市水源地建设工程岩塞爆破工程试验

兰州市水源地建设工程将刘家峡水库作为引水水源地，向兰州市供水。工程包括取水口、输水隧洞主洞、分水井、芦家坪输水支线、彭家坪输水支线及其调流调压站、芦家坪水厂和彭家坪水厂等。

为确保岩塞能够顺利的爆破成功，结合开挖开展了 3 次全断面生产爆破试验，本文结合第 3 次试验，介绍试验过程及成果。试验地点均选在 1 号支洞下游和 2 号竖井上游之间的洞段。试验段岩性为前震旦系马衔山群黑云角闪石英片岩（AnZmx⁴）。岩体呈灰黑色、青灰色，新鲜～微风化。

（一）爆破试验设计方案

1. 试验段体型及布孔方式

试验地点位于水源地工程 2 号竖井上游侧，引水隧洞桩号 T1＋393.8～T1＋386 处，试验段长为 7.80m。岩塞体为倒圆台体，内侧面为圆形，开挖直径为 5.5m；外侧面直径为 7.79m（图 10.3－9～图 10.3－12）。本次试验因岩塞预留长度不足，需填补 60cm 厚混凝土进行处理。

（1）光爆孔，位于最外侧，钻孔向外扩 10°，孔径均为 75mm。

（2）主爆孔，布置了三圈，均分为左、右两个侧区。其中，左侧区孔径为 75mm，右侧区为 90mm。第一、二、三圈主爆孔分别外扩 2.2°、4.9°、8.0°。

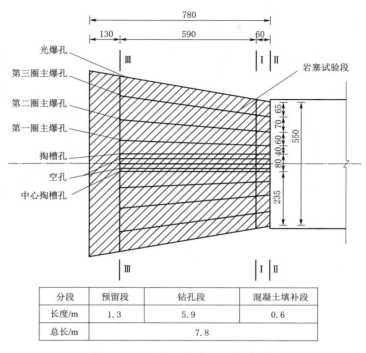

分段	预留段	钻孔段	混凝土填补段
长度/m	1.3	5.9	0.6
总长/m		7.8	

图 10.3-9 岩塞爆破试验纵剖面图

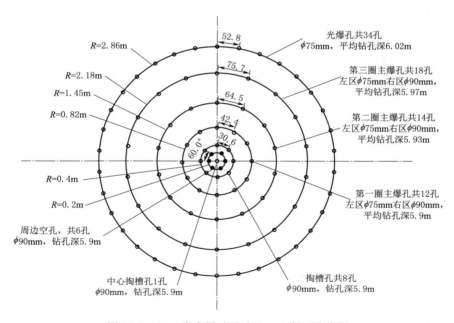

图 10.3-10 岩塞爆破试验 I—I 断面孔位图

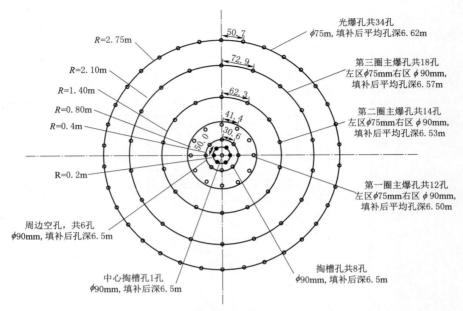

图 10.3-11 塞爆破试验Ⅱ—Ⅱ断面孔位图

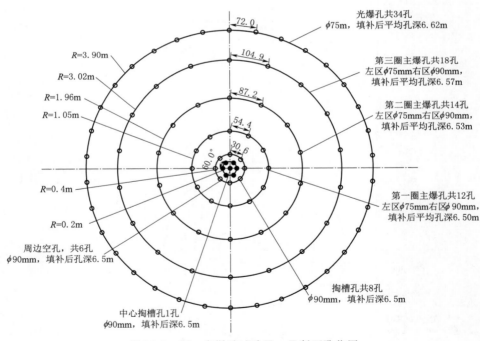

图 10.3-12 塞爆破试验Ⅲ—Ⅲ断面孔位图

（3）中部掏槽区，中心孔、空孔及外圈掏槽孔的钻孔直径均为 90mm。其中，中心孔外侧的 6 个空孔不装药。

各类钻孔的质量控制要求如下：

1）开孔误差：圈间方向±2cm，圈内孔间方向±5cm；

2）角度偏差：不大于 1°，每个钻孔应稍微向上，以利吹孔、洗孔；

3）深度误差控制：+50cm，只能超深，不能欠深。

2. 装药结构及药量

本次贯通试验仍然选择贵州久联民爆器材有限公司生产的 2 号岩石乳化炸药。

各炮孔的装药结构见图 10.3-13，各炮孔的装药数量见表 10.3-3。为了比较光爆效果，本次光爆孔增加了左、右两侧不同线装药密度的对比，其中左侧线装药密度为 1.0kg/m，右侧约为 2.0kg/m。

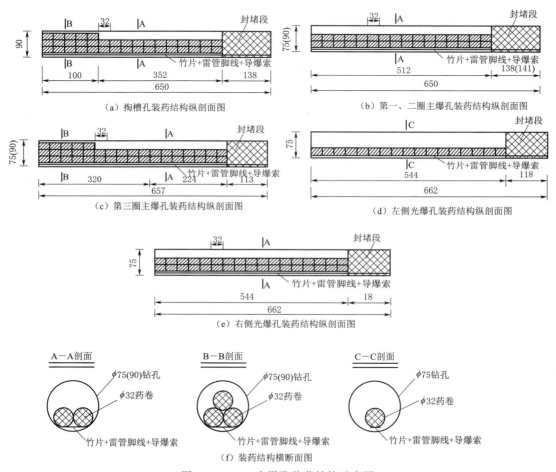

图 10.3-13　光爆孔装药结构示意图

表 10.3-3　　　　　各炮孔采用的雷管延期时间及装药量一览表

起爆顺序	延时/ms	起爆部位及炮孔编号	孔数/个	单孔药量/kg	单响药量/kg	备　注
第1响	0	两套网路观测信号点	0	0	0	
		中心掏槽孔 T1	1	11.10	11.10	
第2响	100	掏槽孔 T2～T3	2	11.10	22.20	
第3响	109	掏槽孔 T4～T5	2	11.10	22.20	

续表

起爆顺序	延时/ms	起爆部位及炮孔编号	孔数/个	单孔药量/kg	单响药量/kg	备　注
第 4 响	118	掏槽孔 T6～T7	2	11.10	22.20	
第 5 响	127	掏槽孔 T8～T9	2	11.10	22.20	
第 6 响	227	第一圈主爆孔 Z1～Z3	3	9.60	28.80	
第 7 响	236	第一圈主爆孔 Z4～Z6	3	9.60	28.80	
第 8 响	245	第一圈主爆孔 Z7～Z9	3	9.60	28.80	
第 9 响	254	第一圈主爆孔 Z10～Z12	3	9.60	28.80	
第 10 响	354	第二圈主爆孔 Z13～Z15	3	9.60	28.80	
第 11 响	363	第二圈主爆孔 Z16～Z18	3	9.60	28.80	
第 12 响	372	第二圈主爆孔 Z19～Z22	4	9.60	38.40	
第 13 响	381	第二圈主爆孔 Z23～Z26	4	9.60	38.40	
第 14 响	481	第三圈主爆孔 Z27～Z32	6	13.20	79.20	
第 15 响	490	第三圈主爆孔 Z33～Z38	6	13.20	79.20	
第 16 响	499	第三圈主爆孔 Z39～Z44	6	13.20	79.20	
第 17 响	599	光爆孔 G1～G7	7	10.20	71.40	
第 18 响	608	光爆孔 G8～G14	7	10.20	71.40	
第 19 响	617	光爆孔 G15～G21	7	7.29	51.03	
第 20 响	626	光爆孔 G22～G28	7	5.10	35.70	
第 21 响	635	光爆孔 G29～G34	6	5.10	30.60	
合　计			87		847.23	

基于原型岩塞爆破中孔底预留情况，本次试验选择的底部预留厚度为 1.3m，因此各炮孔的封堵长度为 1.13～1.38m，封堵材料采用速凝锚固剂。

设计共布置了 87 个装药孔，共计装药量 847.23kg（表 10.3-2）。其中，1 个中心孔，单孔装药量为 11.10kg；周围 8 个掏槽孔，单孔装药量为 11.10kg；第 1、第 2 圈主爆孔 26 个，单孔装药量为 9.60kg；第 3 圈主爆孔 18 个，单孔装药量 13.2kg；左半区光爆孔 17 个，单孔装药量 5.10kg；右半区光爆孔 17 个，单孔装药量 10.20kg。

3. 爆破网络

全断面爆破试验采用本次试验采用澳瑞凯数码雷管，延期时间可以按需要任意设置，时间精度为 1ms，能够满足工程需要。为保证传爆的可靠性，在每个炮孔内还加装了 1 根导爆索。各炮孔采用的分组情况见图 10.6-14；各孔采用的雷管延期时间见表 10.6-3。

（二）试验过程及试验效果调查分析

1. 试验过程

（1）钻孔。试验开始前，对掌子面进行清理，并对掌子面超挖部分补充了 0.60m 厚的混凝土衬砌，保证了作业空间和试验规模的需要。然后，进行测量放样、钻孔。

钻孔设备有 42.50m³/min 和 28.00m³/min 空压机各 1 台，QZJ100B 型潜孔钻机 2 台，

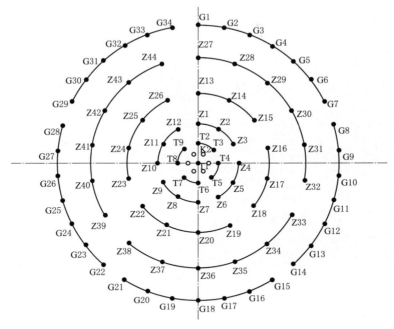

图 10.3-14 岩塞爆破试验各炮孔采用的雷管分段布置图

钻头直径为 75mm 和 90mm 两种。

（2）装药及网络。装药期间，将药卷、导爆索、雷管用防水胶带绑扎在竹片上，并用胶带将传爆线路固定在竹片外端。炸药装至孔底后，用锚固剂进行封堵密实。

爆破网络由澳瑞凯（威海）厂家技术人员负责组网。首先对数码雷管进行信息检索、注册；然后用铜质导线经竖井连接至地表进行起爆。雷管延期时间的设定与设计方案一致，从第 1 响起爆开始至最后，总延期时间为 635ms。

（3）爆破振动监测布置。为了监测整个爆破过程中的振动影响情况，采用爆破振动测试仪器监测并分析每个分段药量的振动强度是否均衡。振动测点共布置 3 个，各测点的爆心距为 55.70m、58.70m、96.50m。

本次爆破振动测试采用了 Mini-Seis 测振仪。该设备可以在同一观测点同时测试 3 个方向的爆破振动速度（含时程曲线）及爆破噪声。

2. 试验效果调查分析

爆破后调查显示，本次试验基本贯通，取得了较好的爆破效果。爆破石碴大多数堆积在试验洞段附近，石块最大直径一般在 1.00m 以内，破碎良好，易于装卸搬运。飞石最大飞散距离在 100.00m 左右，大多数在 60.00m 以内。

同时，碎石堆内残留有许多残留导爆索和少量药卷，G4 孔壁残留糊状炸药，G6 底部见有残留药卷和导爆索，G7 孔整体拒爆；另有右下方（面向掌子面）的 G11 和左上方的 G29 也出现拒爆现象。

尽管出现较多的拒爆现象，本次试验的贯通效果总体较好（图 10.3-15），洞壁轮廓成型较好，超挖、欠挖基本没有。左右两侧不同线装药密度的对比结果显示，左侧（约

1kg）的半孔率良好，半孔保留清晰；右侧（约 2kg）较差，半孔痕迹不连续。左侧的半空率相比于右侧的明显、完整。

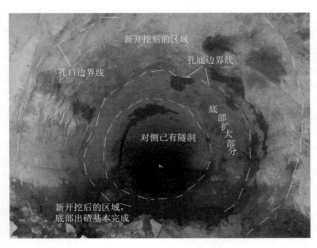

图 10.3-15 试验爆破出碴后贯通图片

3.爆破振动监测结果

监测成果表明，几个质点振动速度测值为 1.75~4.47cm/s 之间。其中，第 1、第 2 测点较近，其测值较大；第 3 测点距离较远，测值较小。从量值大小看，三个测点的振速值属于较高水平。每个测点的分量值中，垂直向测值最小，水平径向次之，水平切向最大，这与测点距离爆心较远且布置在岩壁上有关。

从各测点的振动历程看，整个振动持续时间大约为 0.65s（图 10.6-16、图 10.6-17），与设计起爆时长 635ms 基本一致；结合实际各段位的单响药量及起爆时间，6 个主要集中段位区间基本对应了振动波形中的 6 处波峰，波峰的幅值也随着单响起爆药量的逐渐增加而增大；每个波峰的振动持续时间与该集中段位的延续时间也基本对应。这说明网络的实际爆炸时间与设计基本相符。

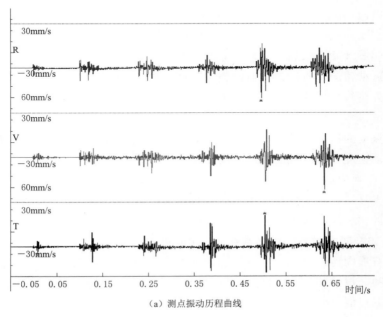

（a）测点振动历程曲线

图 10.3-16（一） 第 2 测点的测点振动历程及频谱分析曲线

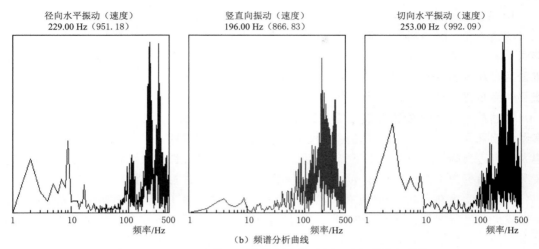

径向水平振动（速度）
229.00Hz（951.18）

竖直向振动（速度）
196.00Hz（866.83）

切向水平振动（速度）
253.00Hz（992.09）

（b）频谱分析曲线

图 10.3-16（二）　第 2 测点的测点振动历程及频谱分析曲线

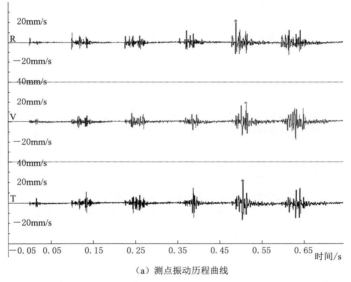

（a）测点振动历程曲线

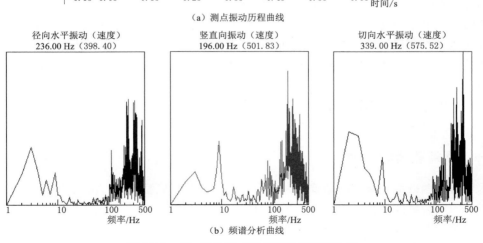

径向水平振动（速度）
236.00Hz（398.40）

竖直向振动（速度）
196.00Hz（501.83）

切向水平振动（速度）
339.00Hz（575.52）

（b）频谱分析曲线

图 10.3-17　第 3 测点振动历程及频谱分析

4. 爆破效果综合分析

尽管存在一些炸药及导爆索拒爆现象，本次岩塞爆破生产试验仍然总体贯通，且成型较好。表明掏槽爆破参数为主的试验研究成果是可靠的，能够达到预计掏槽深度，该掏槽布置型式及装药结构可以借鉴到原型岩塞爆破设计中。当然，其他参数诸如主爆孔、光爆孔及网络布置等也可以起到参考作用。

通过左、右半区光爆孔不同线装药密度的比较，左半区的线装药密度约为 1.0kg/m，其爆破效果优于右半区（线装药密度约为 2.00kg/m）。这说明右半区的光爆孔线装药密度偏大，应适当降低；考虑到水下等诸多因素影响，可根据试验成果，将原型爆破中选取线装药密度指标为 1.0 ～1.5kg/m（应考虑不同种炸药之间的能量换算）。

本次试验中共有 34 个光爆孔，其中有 G4、G6、G7、G11 和 G29 等 5 个光爆孔存在拒爆或炸药残留现象，而 G7 和 G11 甚至是整孔拒爆，这对原型岩塞爆破的成功与否将带来很大隐患。从起爆分组看，G4、G6 和 G7 孔在同一时刻，延期时间均为 599ms；G11 孔所在组为 617ms；G29 孔所在组为 635ms。拒爆孔出现在多个分组中，其产生原因应与起爆分组或分段关系不大。在操作方面，炸药绑扎、装药、炮孔封堵及雷管的连网、起爆均由同一批人员先后完成，也无法从施工方面找出拒爆产生的必然原因。澳瑞凯数码雷管为国外进口的知名产品，在业界有着较好的声誉。

以上诸多原因分析，均是从拒爆现象说明的，缺乏必要的试验数据，尚无法得出产生拒爆的具体原因。也正是如此，在无法得出确切原因时，也就无法排除其中的某个方面。因此，如果不开展进一步的相关论证试验，建议在原型岩塞爆破设计中采用更加可靠的起爆措施，如增加单个孔内的雷管数量、增设其他起爆网络等手段，并在实际应用前对拟采用的炸药和起爆器材进行相关试验，以确保各炮孔的准爆率。

爆破振动速度测试方面，有限的几个测点中均取得了测试数据，质点振动速度测值基本合理。从振动历程看，整个振动持续时间与设计起爆延期时间基本一致，振动波形中的 6 处波峰基本对应了设计中的 6 个主要集中段位区间，且波峰的振动幅值也随着单响起爆药量的逐渐增加而增大。这说明网络的实际爆炸时间与设计基本相符。

总之，本次岩塞爆破生产试验基本一次爆通，且成型较好。说明试验方案总体上是比较成功的；爆破振动速度测试结果也表明，网络的实际爆炸时间与设计基本相符，质点振动速度测值基本合理。对于本次试验中出现多个光爆孔拒爆或炸药残留现象，也应进一步开展相关论证试验论证，保证岩塞爆破的一次成功。

第四节　现场专项研究试验

一、预裂孔爆破试验

水下岩塞爆破是一种控制爆破，为了使岩塞爆破断面成型规整，需要采用预裂爆破技术。岩塞的预裂爆破是在没有临空面的条件下，用控制药量的方法预先炸出一个裂面。因此，它对接着进行的岩塞主药包爆破产生的破坏能起限制作用；同时也起减震作用。岩塞爆破的预裂孔直径应当经过比较而选定。小直径的预裂孔，孔距较密成型效果按好，大直径的预裂孔，预裂的缝较宽、减震敷果较好。应当根据需要、可能和经济等比较而选定其直径。预裂爆破参数试验可结合集渣坑开挖进行预裂孔爆破试验。预裂孔试验不应少于3组，每组不应少于5孔。

（一）参数确定

1. 预裂缝的宽度

为控制爆破对边坡的破坏作用，预裂缝要有足够的宽度，能够充分反射采掘爆破的地震波，通常预裂缝宽度不应小于 1～2cm。

2. 预裂爆破基本参数控制

预裂爆破的基本参数主要有孔径、孔距、不耦合系数及线装药密度。

孔径 D：可以根据具体的地质情况、钻孔深度、孔内情况、所用炸药种类及药包直径等进行比较来选择适宜的炮孔直径及钻孔机具。预裂孔的孔径应在 38～150mm 之间选取，最大孔径不宜超过 150mm，同时为装药方便，最小不宜小于 45mm。通过对不同孔径的预裂爆破效果进行分析，可以看出较小的孔径对获取相对平整的壁面。合理的预裂炮孔直径选取应考虑以下几方面因：

（1）预裂面的质量要求高低。

（2）保证炸药和孔壁一定的不耦合比。

（3）考虑钻孔的总成本及综合造价，既方便施工，又可保证质量。

影响炮孔间距 a 选取的主要因素有岩石性质、地质条件、炮孔直径、炸药种类、起爆方式、预裂面的几何形状以及预裂部位的其他具体条件。预裂爆破的孔距比较小，一般是钻孔直径的 6～14 倍。软弱岩层 $a=(6～9)D$；中硬以上岩体，$a=(8～12)D$；当 $D\leqslant 60mm$ 时，$a=(9～14)D$；硬岩取大值，软岩取小值。

不耦合系数是决定预裂爆破半孔壁留得是否完整的一个重要参数。预裂孔的不耦合系数 E 按下列公式计算：

$$E=\frac{D}{d} \tag{10.4-1}$$

式中：E 为不耦合系数；D 为钻孔直径，mm；d 为药卷直径，mm。

当 $E=1$ 时则为耦合装药，炮孔壁完全粉碎；

当 $E>1$ 时为不耦合装药；E 值的选取要适中，如果 E 值过大，则药卷线性药量必然太小，相邻孔很难贯通；当 E 值达到最佳时，炮孔连心线方向出现一定宽度的贯通裂缝即预裂缝，半孔孔壁保留留完整，也就达到了预裂爆破的目的。

线装药密度可以根据不同情况在 0.2～5.0kg/m 选择。在普通岩石条件下，合理的预裂爆破线装药量随炮孔直径的增大而增大。边坡岩岩体的性质对于最佳线装药密度影响很大，特别松软或裂隙致密的岩石需要减小线装药密度和孔距，具有高的动态抗拉破坏应变的完整岩石需要装药量大些。预裂炮孔通常装药至孔口约 8 倍孔径以下，在致密的岩石中，孔口不装药长度应为孔径的 5 倍以上，同时为了克服孔底的夹制作用，确保裂缝到底，底部一定高度范围内应加强装药。

（二）工程实例

以刘家峡水下岩塞爆破工程为例，介绍预裂孔试验。

1. 火工器材

（1）试验炸药：澳瑞凯 Powergel Magnum3151 型。

1）规格为 $\phi25mm×400cm$ 的药卷，单卷重量为 110g。

2）规格为 $\phi32mm×400cm$ 的药卷，单卷重量为 196g。

（2）电雷管：8 号瞬发电雷管；

（3）导爆索：SB－40 震源导爆索。

2. 试验布置

本次共进行了两组，试验场地布置在 1：2 模型试验洞内的平硐及集渣坑段两侧边墙上。每组试验中，在两侧边墙划分试验区，每个试验区长 2m，共 4 个试验区，即一至四试验区。试验区内围岩较平整，无大断层和地质构造。在选择好的试验区，距洞底板高度约 1.2m 出钻孔，孔间距 40cm，孔深 3.0m，实际中局部孔间距和孔斜率误差略大，第一组试验孔布置见图 10.4－1，每个区按不同的药量进行装药，根据工程经验，试验共进行 236g/m、256 g/m、292 g/m、326 g/m 等 4 种药量的试验，未包括偶导爆索的药量（导爆索药量 38g/m），装药结构见图 10.4－2。

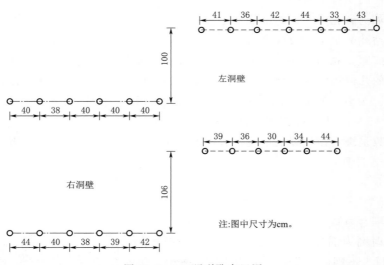

图 10.4－1 预裂孔布置图

装药时，按装药结构图，将药卷用胶带帮扎在竹片上，严格控制药卷间的距离，孔口药卷绑扎导爆管雷管，引出导爆管和导爆索，采用黄泥填满堵塞，堵塞长度 50cm，并用炮棍捣实。每区炮孔采用串联方法连接一个分支网路，各区分支网路采用并联连接，起爆采用电雷管起爆导爆管和导爆索，并由导爆索起爆炸药。

3. 预裂效果检查

根据两组试验结果表明，线装药密度为 236g/m、256g/m 的预裂孔成缝较小，或者不贯通，效果不理想；线装药密度为 326g/m 预裂孔孔口被炸成小漏斗，药量偏大。从效果上看，线装药密度为 292g/m 的预裂孔成缝较明显（图 10.4－3），孔间均能被裂缝连贯在一起，但孔间距误差较大的部位，裂缝较细微。

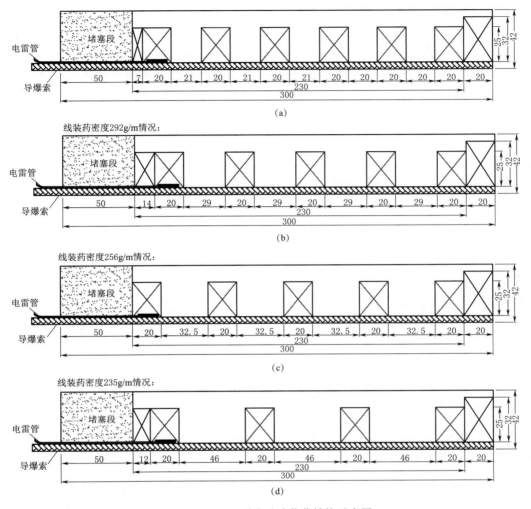

图 10.4-2　预裂孔试验装药结构示意图

4. 预裂孔试验结果

根据预裂孔试验检查情况，线装药密度 292g/m 的预裂孔成缝效果较好，预裂成缝能相连贯通，缝宽一般在 1～3mm。因此，在模型试验爆破中预裂孔线装药密度采用 292g/m。

图 10.4-3　预裂孔爆破后照片

二、岩石单位耗药量试验

（一）试验方法

单位耗药量是爆破药量计标的基础，药包药量的基本计算公式是

$$Q = K \times V \qquad (10.4-2)$$

式中：Q 为药包重量，kg；V 为爆破岩石体积，m³；K 为爆破单位体积岩石的耗药量，

简称单位耗药量，kg/m³。

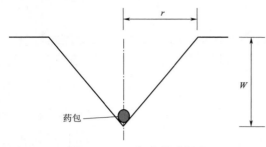

图 10.4-4　标准爆破漏斗

根据标准抛掷爆破漏斗定义（图 10.4-4 所示），其爆破作用指标 $n=1$，也就是标准抛掷爆破漏斗为正圆锥体，它的体积为：

$$V=\frac{1}{3}\pi r^2 \times W=\frac{1}{3}\pi W^2 \times W=\frac{1}{3}\pi W^2 \approx W^3$$

$$(10.4-3)$$

式中：W 为最小抵抗线，即药包中心至临空面距离。

因此，只要求出标准抛掷爆破漏斗的药量和抵抗线，则可以求出该类岩石的单位耗药量。

（二）试验过程

以刘家峡岩塞爆破工程为例，试验场地布置在排沙洞内进行。清出集渣坑底部表面的浮渣和松动岩石，受场地限制，平整出 2 个半径 150cm 见圆的试验场地，最大起伏差 12cm 左右，基本满足试验要求。

（1）第一次将药包底部放入孔底 85cm 处，爆破后，量得爆破漏斗平均直径为 158cm，$n=r/w$ 值大于 1，因此需增加孔深。

（2）第二次将药包底部放入孔底 89cm 处，爆破后实测漏斗平均直径为 151cm，$n=r/w$ 值小于 1，说明应该减小孔深。试验成果见表 10.4-1。

表 10.4-1　　　　　　　　　　岩石单位耗药量成果表

序号	钻孔深度 L/cm	抵抗线 W/cm	爆破漏斗直径 D 平均值
1	85	75	158
2	89	79	151

（三）试验结果

由于受施工及地质条件的限制，试验仅进行了两组，试验量较少，但基本可以说明该岩石单位耗药量的范围，从试验结果及现场岩石综合分析，岩石单耗在 1.2～1.3kg/m³ 范围，建议采用 1.3kg/m³。

三、爆破器材防水试验

本节结合刘家峡洮河口岩塞爆破工程实例，介绍该工程的防水工艺性试验。

（一）试验火工器材

（1）电雷管：延期电雷管 1 段 5 发。

（2）导爆索：SB-40 震源导爆索 60m。

（3）毫秒导爆管雷管（100m 脚线）：5 发。

（4）澳瑞卡 3151 型高能乳化炸药 10kg；规格：φ75×400mm，2000g（2kg）。

（二）防水处理措施

1. 雷管

防水材料采用 E-44 环氧树脂和低分子聚酰胺树脂 651（固化剂）。首先将环氧树脂及固化剂按 1∶1 的比例配制，充分混合后涂抹于雷管脚线出线部位，使雷管出线口完全包裹于密封胶内。

2. 导爆索

（1）防水材料。自黏性橡胶绝缘胶带：采用湖南长沙电缆附件厂生产的 DJ-20 型自黏性橡胶绝缘胶带。该胶带具有拉伸性好，强度高的特点，能够满足防水要求。

密封胶：江西宜春市中山化工厂生产的"高山"牌液体密封胶，或性能相近的密封胶；

封帽：内径 9.6mm 左右铝壳封帽。

PVC 胶带：采用 3M 中国有限公司生产的 3M 牌电气胶带。

（2）防水处理操作过程。首先将导爆索切断面黏结一薄层自黏性橡胶绝缘胶带→导爆索表面打磨→涂上密封防水材料，套上密封帽→待密封胶固化后，再在外侧用自黏性橡胶绝缘胶带以半搭式缠绕与封帽及导爆索表面，缠绕时要用力拉紧，以保证胶带与导爆索表面紧密接触，为保证密封性，缠绕时要缠绕 4～5 层以上→最后再在外面缠绕 3 层 PVC 胶带保护。

（三）试验过程

试验选择在库区水深 30m 深的位置，将经过防水处理过的火工器材放入库区选定的位置进行浸泡 7d，然后将炸药和雷管、导爆索进行连接，起爆方式按图 10.4-5 进行连接。连接过程中，将导爆管与导爆索用 PVC 胶带扎在一起，使两者紧密接触，同药包一起并行放入水下，然后用细绳逐一将药包放入水中进行起爆。试验结果见表 10.4-2。

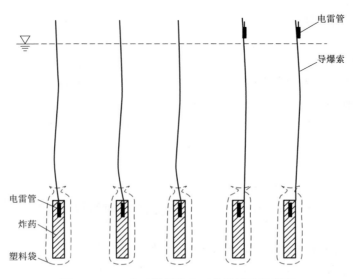

图 10.4-5 火工器材防水工艺性试验示意图

表 10.4－2 火工器材防水工艺性试验起爆可靠性试验

序号	起爆体结构	起爆方式	起爆可靠性
1	药包＋导爆管雷管	电雷管水上起爆	√
2	药包＋导爆管雷管	电雷管水上起爆	√
3	药包＋导爆管雷管	电雷管水上起爆	√
4	药包＋导爆管雷管＋导爆索	电雷管水上起爆	√
5	药包＋导爆管雷管＋导爆索	电雷管水上起爆	√

注　"√"表示爆炸，"×"表示不爆。

爆破后，检查水面导爆管与导爆索，导爆管浮上水面部分全部变黑，同时水面上未留有导爆索及其残片，说明两者并行的起爆方式，能够正常起爆。

四、网路模拟试验

（一）爆破网路

爆破网路设计是工程爆破工程的重要组成部分。对于水下岩塞爆破工程来说，爆破网路设计是水下岩塞爆破成败的关键环节，因此，要求我们在爆破网路设计上要力求使得爆破网路系统合理，同时又能得到施工方面的确切实施，做到"安全和准爆"这两点，达到满意的结果。一个爆破工程，假如爆破网路出现问题，那么结果将是可能导致整个爆破工程的报废，造成不可逆的后果。对于水下岩塞爆破工程来说，爆破网路的设计这一环节，毫不含糊地讲：只能成功，不许失败。针对水下岩塞爆破工程的不可逆特点，爆破网路显得尤为重要，下面我们从几方面深入剖析一下爆破网路。

（二）爆破网路设计中注意事项

设计电爆网路时，必须遵循安全准爆的原则，同时，也应根据工程对象和条件来确定网路的连接型式，设计时要注意以下事项：

1）设计电爆网路时，在考虑安全准爆的前提下，尽量做到施工方便、网络简单、材料消耗量要少。

2）水下岩塞爆破工程中，个别药包的拒爆将给整个工程带来严重后果。因此，要求电爆网路具备较高的可靠性，要确保药包全部安全准爆。在这种情况下，电爆网路采用并串并联接型式，甚至采用重复的双套网路型式。

3）为了使电爆网路中所有电雷管都能准爆，总希望在设计网路时，使每发电雷管获得相等的电流值。

4）各支路的电阻要求相等，如果不等时，需要在支路上配备附加电阻，进行电阻平衡，确保每发电雷管获得相等的电阻值。

5）在正式爆破前，要进行电爆网路实际操作试验，验证电爆网路的可靠性和准爆性，最后确定电爆网路型式。

（三）刘家峡岩塞爆破 1：2 模型爆破网路试验

刘家峡岩塞爆破 1：2 模型试验采用洞室爆破方案，爆破网路为电爆网路与非电导爆管相结合的方案，对爆破网路的可靠性在正式起爆前进行电爆网路专项试验。

进行实爆试验往往是在爆前根据《1：2模型试验洞岩塞爆破电爆网路布置图》将各段雷管连接起来进行引爆，爆后检查有无拒爆的雷管，没有发生拒爆就认为爆破网路正确可靠可以采用。

刘家峡岩塞爆破1：2模型试验中网路爆破专项试验，采用示踪法进行检测（该方法已申请专利：爆破网路可靠性检验示踪的方法，证书编号：1013956，简称示踪法），即借助高速摄影把模拟每个支路、每个洞室的雷管起爆时间测量出来，并对重点洞室起爆时间进行精确测定，更为有效的检验控制爆破效果，也避免了其他检测方法对爆破效果的漏测。

1. 爆破网路设计

刘家峡岩塞爆破1：2模型试验洞电爆网路布置图如图10.4-16所示，电爆网路各支路电阻平衡计算结果如表10.4-3所示。

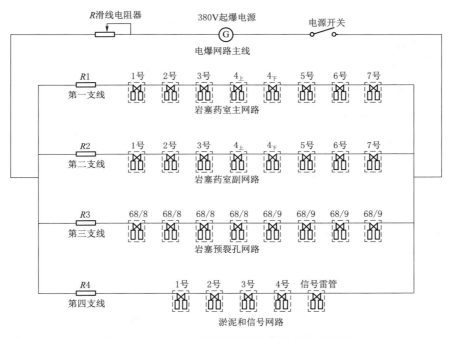

图10.4-6　1：2模型试验洞岩塞爆破电爆网路

表10.4-3　　　　　　　　　　电爆网路各支路电阻平衡计算表

部　位	单个电雷管电阻值/Ω	支线并联雷管个数/个	雷管组数	支线雷管总电阻值/Ω	雷管端线电阻值/Ω	区域线电阻值/Ω	支路电阻合计/Ω	平衡电阻值/Ω	附加电阻值/Ω
药室主网路	1.6	2	8	6.4	0	0.70	7.1	11.90	4.80
药室副网路	1.6	2	8	6.4	0	0.70	7.1	11.90	4.80
预裂孔网路	1.6	2	8	6.4	0	0.70	7.1	11.90	4.80
淤泥及信号网路	1.6	2	5	4	0	0.70	4.7	11.90	7.20

根据表 10.4-3 与图 10.4-6 提供的数据，电爆网路的参数为：电爆网路起爆电源采用 380V 三相交流电，电雷管设计起爆电流为 7.0A，支路电流为 14.0A，主线电流为 56.0A，网路总电阻为 $380/56=6.78\Omega$，网路主导线电阻为 0.28Ω，支路电阻为 11.90Ω，支路与主线电阻合计为 $11.90/4+0.28=3.26\Omega$，主线附加电阻为 $6.78-3.26=3.52\Omega$。按照上述参数敷设网路，可保证准爆。

2. 试验场地布置

爆破网路专项试验场地选取与地势平坦处。刘家峡岩塞爆破 1:2 模型试验中爆破网路试验场布置在距离进口附近的公路右侧的山凹内，试验前将场地进行了平整。场地布孔如图 10.4-7 所示，钻孔采用钢钎进行，钻孔深度 35cm 左右，并进行编号：非电导爆孔两排，每排 9 孔，电爆网络炮孔 4 排，1~3 排每排 8 个孔，第 4 排 5 个孔，孔、排距均为 50cm，各孔孔深 50cm。

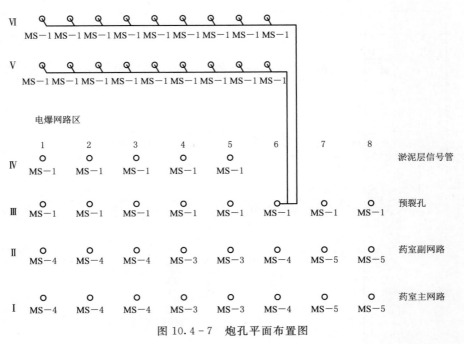

图 10.4-7 炮孔平面布置图

布置说明：

（1）Ⅰ排钻孔代表药室主网路，Ⅰ-1、Ⅰ-2、Ⅰ-3、Ⅰ-6 钻孔分别代表 1 号、2 号、3 号、5 号药室，Ⅰ-7、Ⅰ-8 钻孔代表 6 号、7 号药室，Ⅰ-4、Ⅰ-5 钻孔分别代表 4 号$_\text{上}$药室、4 号$_\text{下}$药室。

（2）Ⅱ排钻孔代表药室副网路，各钻孔Ⅱ-1、Ⅱ-2、Ⅱ-3、Ⅱ-4、Ⅱ-5，Ⅱ-6、Ⅱ-7、Ⅱ-8 各代表药室与Ⅰ排孔相同。

（3）Ⅲ排钻孔代表预裂孔电爆网路 8 组电雷管组。

（4）Ⅳ排钻孔中，Ⅳ-1、Ⅳ-2、Ⅳ-3、Ⅳ-4 代表淤泥网路 4 组电雷管组，Ⅳ-5 代表信号电雷管组。

（5）第Ⅴ排、第Ⅵ排为非电导爆雷管，将其与第Ⅲ排其中一个电爆雷管相连起爆。

3. 爆破网路铺设连接

将两个相同段数的电雷管并联后，按照爆破网路要求的段数要求，分别装入各排钻孔内，并连接毫秒时间测试系统，本次试验中Ⅰ-1，Ⅰ-4，Ⅰ-7，Ⅳ-4为毫秒间隔时间测试雷管孔。装入雷管后，再在钻孔内投入 10cm 左右石膏粉，供爆破时示踪用。然后，再按爆破网路连接图进行连接，并进行检查。试验中将四种颜色的导线分别代表四个支路，这样可以很清晰的分清各支路，以免出现各支路混乱现象。

4. 电阻平衡计算

首先测量各支路电阻：各支路电阻均为 8.10Ω，与计算理论值为 8.13Ω 基本一致，调节各支路上的滑动变阻器，使各支路电阻均达到设计网路支路电阻值 11.90Ω，然后调节总线上滑动电阻器，使总线上总电阻值为 6.70Ω，与总线理论电阻值 6.78Ω 相近。按总线电阻 6.70Ω 计算雷管起爆电流为 7.08A。附加在滑动电阻器上的电阻值见表 10.4-4。然后再对支路电阻进行测量，试验中支路电阻都能平衡。

表 10.4-4　　　　　　　　　　网路附加电阻值表　　　　　　　　　　单位：Ω

序号	附加电阻	实测电阻	附加电阻值	备 注
1	药室主网路	8.10	3.80	1 个 3kW 电阻器
2	药室副网路	8.10	3.80	1 个 3kW 电阻器
3	预裂孔网路	8.10	3.80	1 个 3kW 电阻器
4	淤泥及信号网路	5.20	6.70	2 个 3kW 电阻器串联
5	总线	3.20	3.50	2 个 15kW 电阻器并联

注　1. 电阻平衡后，合闸起爆，起爆前量测起爆电压380V。
　　2. 起爆后，检查雷管起爆情况，所有雷管全部起爆。

5. "断线法"爆破网路精度测试

（1）测试方法。该方法为精确测量电雷管毫秒延时作用时间的一种方法。该测试系统示意图如图 10.4-8 所示。

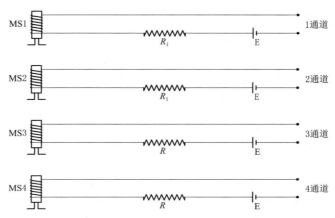

[E:电池　　R:电阻]

图 10.4-8　断线法测试系统示意图

电雷管爆炸信号采用细金属丝，与管壳外壁相连，用一节干电池（1.5V）作为信号源，连成信号系统接入 4 通道 ICP 电压双功能数据采集仪，当电雷管起爆后，炸断金属丝，形成断线信号（作为起爆时间），在数据采集仪上，显示信号电压中断时刻，这样，即可读出电爆网路毫秒间隔时间。由于采集频率为 10KC，故测量精度为±0.1ms。

（2）测试结果。由于设备的关系，只测了 I-1、I-4、I-7、IV-1，4 个炮孔中电雷管延迟时间，其成果如图 10.4-9，表 10.4-5 所示。

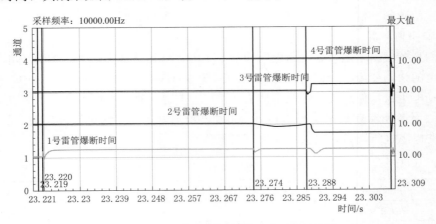

图 10.4-9 采集仪所绘制的试验过程波形图

表 10.4-5　　　　　　　　　　　断线法所测电雷管延迟时间　　　　　　　　　　单位：ms

编号	炮孔号	段位	点燃时间	断线时间	电雷管延时时间
1	IV-1	1-MC	23.21910	23.22040	1.3
2	I-4	3-MC	23.21910	23.27400	54.9
3	I-1	4-MC	23.21880	23.28760	68.8
4	I-7	5-MC	23.21880	23.30900	90.2

从表 10.4-5 来看，各部位所用电雷管延时时间均符合出厂规格要求。本方法用图像描绘了各药室起爆时间，比较精确而且形象。

6. "示踪法"爆破网路可靠性测试

（1）测试方法。为了从整体上观察电雷管的起爆顺序，本次爆破网路试验采用了示踪法显示电雷管起爆时间，即辅助高速摄影的观测方式，来进一步观测各段别电雷管的起爆顺序。本试验中采用的是 Norpix Streampix 3.31.0 型高速摄影机，高速摄影拍摄速度为每秒 200 张，因此，每张间隔时间为 5ms 左右，观测的精度达到 5ms 以内，能够区分开雷管段别。为了便于高速摄影观察，试验中在各孔孔口放入石膏粉，雷管爆炸时，将石膏粉抛起形成白色的烟柱，每孔开始出现白烟的时间代表该炮孔内雷管起爆时间（实际上真正起爆时间要提前若干毫秒，在本试验中应当提前 6ms）。试验证明，该种方法具有直观、观测数量大、形象、精确的优点，在影像、数据方面反映了网路试验的整个过程，为爆破网路试验提供了可靠的依据。

（2）测试成果。高速摄影资料显示（各时段影像见图 10.4-10），（III-8）炮孔 1-MC 电雷管点燃非电导爆管（图上显示强烈白色亮光）作为零时，位于同一 1-MC 电雷

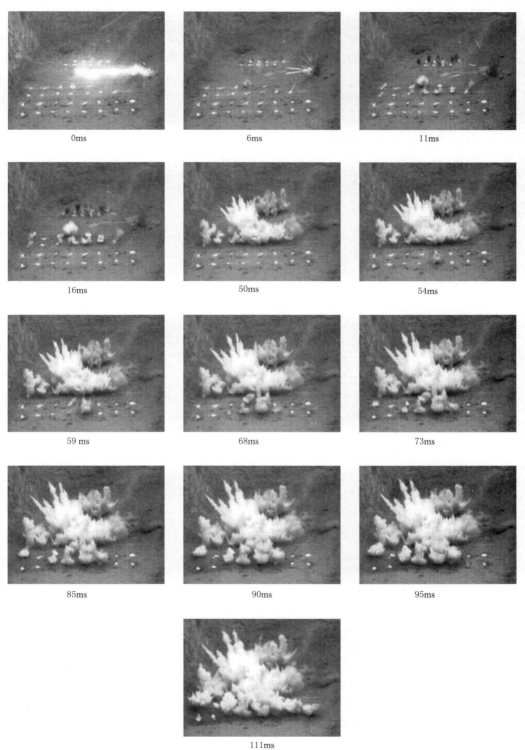

图 10.4 - 10 高速摄影机记录的网络试验各时段影像

管段数的Ⅲ-4、Ⅲ-5、Ⅲ-6、Ⅲ-7、Ⅳ-4炮孔在6ms开始冒白烟；在11ms时，Ⅲ-1、Ⅲ-3、Ⅳ-1、Ⅳ-3、Ⅲ-4、Ⅳ-5炮孔开始冒白烟；在16ms时，Ⅲ-2、Ⅳ-2炮孔开始冒白烟；50ms时，Ⅰ-5炮孔开始冒白烟；54ms时，Ⅱ-5炮孔开始冒白烟；59ms时，Ⅰ-4、Ⅱ-4炮孔开始冒白烟；在68ms时，Ⅰ-3、Ⅰ-6、Ⅱ-1、Ⅱ-3诸炮孔开始冒白烟；在73ms时，Ⅱ-6炮孔开始冒白烟；85ms时，Ⅱ-2炮孔开始冒白烟；90ms时，Ⅰ-1、Ⅰ-2炮孔冒白烟；在95ms时，Ⅰ-7、Ⅰ-8炮孔开始冒白烟；在111ms，Ⅱ-7、Ⅱ-8开始冒白烟。整理各炮孔起爆时间如表10.4-6所示。

表10.4-6　　　　　　　　　　　各炮孔雷管起爆时间　　　　　　　　　　单位：ms

编号	部位	钻孔号	段别	开始冒白烟时间	雷管起爆时间	备注
第一支路	1号药室	Ⅰ-1	4-MC	90	84	药室主网路
	2号药室	Ⅰ-2	4-MC	90	84	
	3号药室	Ⅰ-3	4-MC	68	62	
	4号上药室	Ⅰ-4	3-MC	59	53	
	4号下药室	Ⅰ-5	3-MC	50	44	
	5号药室	Ⅰ-6	4-MC	68	62	
	6号药室	Ⅰ-7	5-MC	95	89	
	7号药室	Ⅰ-8	5-MC	95	89	
第二支路	1号药室	Ⅱ-1	4-MC	68	62	药室副网路
	2号药室	Ⅱ-2	4-MC	85	79	
	3号药室	Ⅱ-3	4-MC	68	62	
	4号上药室	Ⅱ-4	3-MC	59	53	
	4号下药室	Ⅱ-5	3-MC	54	48	
	5号药室	Ⅱ-6	4-MC	73	67	
	6号药室	Ⅱ-7	5-MC	111	105	
	7号药室	Ⅱ-8	5-MC	95	89	
第三支路	预裂孔网路	Ⅲ-1	1-MC	11	5	
		Ⅲ-2	1-MC	16	10	
		Ⅲ-3	1-MC	11	5	
		Ⅲ-4	1-MC	6	0	
		Ⅲ-5	1-MC	6	0	
		Ⅲ-6	1-MC	6	0	
		Ⅲ-7	1-MC	6	0	
		Ⅲ-8	1-MC		0	引爆导爆管
第四支路	淤泥层及信号网络	Ⅳ-1	1-MC	11	5	
		Ⅳ-2	1-MC	16	10	
		Ⅳ-3	1-MC	11	5	
		Ⅳ-4	1-MC	6	0	
		Ⅳ-5	1-MC	11	5	信号网络

7. 小结

（1）从爆破模拟网路试验观测成果可以看到爆破网路设计是可靠的，在实际运用中不会发生早爆或拒爆。

（2）示踪法采用高速摄影定性和定量分析图祯所记录爆破网路爆破过程中各种现象，是在爆破网路试验中大胆尝试，形象显示各部位起爆顺序，这说明用它检验爆破网路有一定实际使用价值。

（3）由于断线法是采用快速数据采集仪进行记录，故其测量毫秒延时时间精度能达到0.1ms，比常规所用的方法精度要高。

（4）采用断线法与示踪法相结合的方法进行爆破网路试验，在影像、数据方面反映了网路试验的整个过程，既形象又精确地记录了各部位雷管的起爆时间，较以往方法大幅度提高了试验的精度和可靠性。

（四）刘家峡岩塞爆破原型爆破网路试验

在刘家峡岩塞爆破1：2模型试验基础上，总结经验，同时为进一步提高原型岩塞爆破的设计准确性和成功可靠性，并结合当前数码雷管应用技术水平，在原型岩塞爆破设计中，将改用数码雷管代替高精度毫秒延期电雷管，并对爆破网路重新进行专项试验。

1. 爆破网路设计

根据岩塞爆破网路设计使用数码雷管的实际数量，现场1：1网路模拟试验所需要的数码雷管数量是238发。受制于现场试验场地规模，且设计中主、副网路的数码雷管数量及延期时间均相同。这样，网路试验中分为2次进行，分别代表主、副网路。

两次网路试验的数码雷管数量均为119发。每次试验中，均按照实际爆破网路中雷管的延期时间间隔来设定试验雷管的起爆时间。以此来检查、模拟岩塞爆破网路的起爆效果。

2. 试验场地布置

按照设计文件，原型岩塞爆破的数码雷管总数为238发，其中主、副网路的数码雷管数量及延期时间完全一致，各为119发。为此，在1：1网路试验中，数码雷管的数量也为238发，雷管脚线长度为30m。

网路试验场地，选在刘家峡岩塞爆破工程区内，即进口附近的一处空地上，该场地由施工废弃石碴经过碾压而成，不宜采用钻孔施工。受制于场地难找和高速摄影的拍照角度等原因，网路试验按照主、副网路的不同分成两次进行，每次试验雷管数量为119发。

3. 爆破网路铺设连接

试验期间，首先在圈定场地内铺上一层土料，然后用尖镐（或电锤）凿出深度为8～10cm的小坑；在每个小坑内各放入1发数码雷管，再用内装白灰的塑料袋进行覆盖。雷管网路试验的现场布置见图10.4-11。

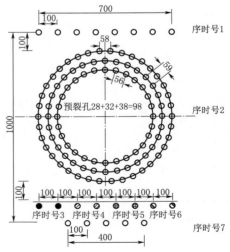

图 10.4-11 网路试验现场布置图

注 图中单位以 cm 计。

数码雷管数量及起爆时间设置，与原型主线网路（或副线网路）设计均保持一致。网路试验与原型爆破的不同之处是孔内不填装炸药，其起爆时差及数量见表10.4-7。

表10.4-7　　　　　　　　主（副）网路数码雷管设计起爆时间

雷管类别	数量/发	起爆时间/ms	序时号	通道号
信息数码雷管	1	0	1	第1通道
表层淤泥孔	7	0	1	
预裂孔	98	50	2	第2通道
4号$_上$、4号$_下$药室	2	150	3	第3通道
1号、2号药室	2	175	4	第5通道
3号、5号药室	2	200	5	第6通道
6号、7号药室	2	225	6	第7通道
底层淤泥孔	5	250	7	第8通道
合计	119			

　　网路试验的观测，除了采用断线法外，还采用了中水东北公司的另外一个专利产品——爆破网路可靠性检验示踪的方法（专利号：1013956，简称示踪法）。该法主要采用高速摄影设备来检查爆破网路的可靠性性。高速摄影系统的最高采样频率为200桢/秒，即前后两张间隔的时间约为5ms，基本能够满足检查网路试验中各数码雷管起爆时差的需要。USB数据采集仪测得的时差精度为0.1ms。此外，爆破试验结束后，试验人员进入现场，实地检查每一发雷管的起爆情况，并做好检查记录。

　　4. 试验测试成果

　　（1）第一次网路试验结果。第一次网路试验主要是通过常规摄影和断线法进行测试的。其中，断线法测试结果见表10.4-8，波形图见图10.4-12。

表10.4-8　　　　　　　第一次数码雷管网路试验延期测试结果（断线法）　　　　　单位：ms

雷管类别	通道号	起爆时刻	相对时差	设计时差	相对差值	说明
信息、表层淤泥	1号	9969	0	0	0	相对起始点
预裂孔	2号	10019	50	50	0	
4号$_上$、4号$_下$药室	3号	10121	152	150	2	
1号、2号药室	5号	10146	177	175	2	
3号、5号药室	6号	10171	202	200	2	
6号、7号药室	7号	10196	227	225	2	
底层淤泥孔	8号	10222	253	250	3	

　　从表10.4-8和图10.4-12中可以看出，断线法测试结果显示，第一次网路试验中各时段雷管起爆时差与设计值误差不超过3ms，而小延期雷管基本准时起爆。剔除可能存在的采集仪时钟系统误差，则更能说明数码雷管延期时间准确。这说明网路试验中各雷管起爆时间能够按设计时差进行准爆。

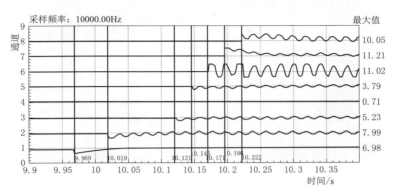

图 10.4－12 第一次网路试验断线法测波形图

另外，从普通摄影中截取的图片文件也可以看出，各时段数码雷管的起爆时间是比较一致的、整齐的（图 10.4－13～图 10.4－17），能够按设计时差依次起爆。

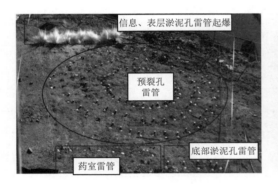

图 10.4－13 第 1 起爆时段雷管
（信息雷管及表层淤泥孔）起爆

图 10.4－14 第 2 起爆时段雷管
（预裂孔）起爆

图 10.4－15 第 3、第 4 起爆时段雷管
（4 号药室、1 号、2 号药室）起爆

图 10.4－16 第 4 和第 5 起爆时段雷管
（1 号、2 号、3 号、5 号药室）起爆

图 10.4 - 17 第 6 和第 7 起爆时段雷管

（6 号、7 号药室和底部淤泥孔）起爆

（2）第二次网路试验结果。第二次网路试验分别采用了示踪法和断线法同时进行测试。其中，断线法测试结果见表 10.4 - 9，波形图见图 10.4 - 18。

表 10.4 - 9　　　　第二次数码雷管网路试验延期测试结果（断线法）　　　　单位：ms

雷管类别	通道号	起爆时刻	实测时差	设计时差	差值	说明
信息、表层淤泥	1 号	10365	0	0	0	
预裂孔	2 号	—	—	50	—	线断
4 号$_上$、4 号$_下$药室	4 号	10516	151	150	1	
1 号、2 号药室	5 号	10540	175	175	0	
3 号、5 号药室	6 号	10565	200	200	0	
6 号、7 号药室	7 号	10590	225	225	0	
底层淤泥孔	8 号	10615	250	250	0	

从表 10.4 - 9 和图 10.4 - 18 中同样看到，当以信息雷管或表层淤泥孔雷管起爆时刻为相对零时，其他各类别的数码雷管的相对时差与设计时差基本一致，误差一般在 1.0ms 以内，满足设计起爆要求。

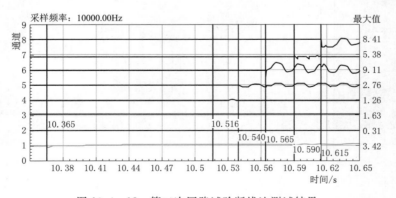

图 10.4 - 18 第二次网路试验断线法测试结果

另外，示踪法的检验结果见表 10.4 - 10，影像文件见图 10.4 - 19～图 10.4 - 26。

表 10.4 - 10　　　　　　**第二次数码雷管网路试验延期测试结果（示踪法）**　　　　　单位：ms

雷管类别	实测时差	设计时差	差值	说　明
信息、表层淤泥	0	0	0	相对起爆零时
预裂孔	50	50	0	
4 号$_上$、4 号$_下$药室	150	150	0	
1 号、2 号药室	175	175	0	
3 号、5 号药室	200	200	0	
6 号、7 号药室	225	225	0	
底层淤泥孔	250	250	0	

从高速摄影中记录时间及图片文件也可以看出，各时段数码雷管的起爆时间是同步的、一致的（图 10.4 - 19～图 10.4 - 26），其起爆相对时差与设计时差基本一致，即整个数码雷管网路能够按设计时差依次、同步起爆。

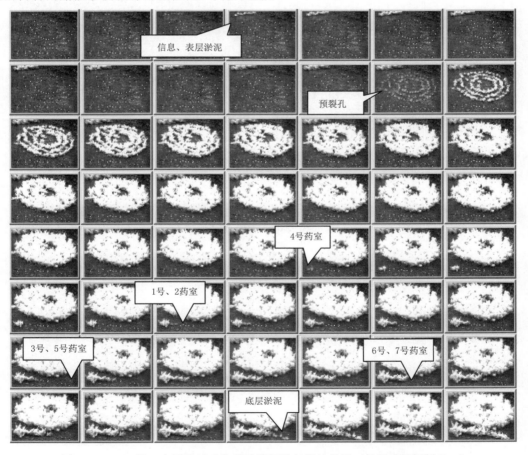

图 10.4 - 19　第二次网路试验数码雷管网路起爆过程图（每幅时间间隔 5ms）

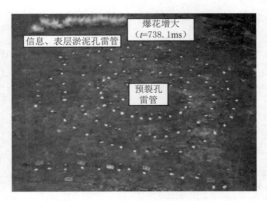

图 10.4 - 20　第二次网路试验第 1 起爆时段雷管（淤泥孔）起爆

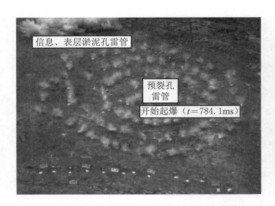

图 10.4 - 21　第二次网路试验第 2 起爆时段雷管（预裂孔）起爆

图 10.4 - 22　第二次网路试验第 3 起爆时段雷管（4 号药室）起爆

（3）小结。刘家峡排沙洞岩塞爆破工程采用数码雷管，在现场开展的 1∶1 网路试验中，各数码雷管能够正常起爆，其起爆时间精度满足工程需要。

图 10.4-23　第二次网路试验第 4 起爆时段雷管（1 号、2 号药室）起爆

图 10.4-24　第二次网路试验第 5 起爆时段雷管（3 号、5 号药室）起爆

图 10.4-25　第二次网路试验第 6 起爆时段雷管（6 号、7 号药室）起爆

五、淤泥扰动试验

（一）淤泥爆破扰动范围试验目的和试验内容

1. 试验目的

以刘家峡洮河口排沙洞水下岩塞爆破工程为例，介绍淤泥爆破扰动试验。

图 10.4-26 第二次网路试验第 7 起爆时段雷管（淤泥孔）起爆

刘家峡洮河口排沙洞水下岩塞爆破工程位于黄河左岸的岩塞口处于正常蓄水位以下 70.00m，其中包括近 30.00m 厚的淤积层。科研设计阶段勘察的物理力学性质资料表明，刘家峡岩塞口附近淤积层原状样的密度大（$1.81 \times 10^3 \sim 2.15 \times 10^3 kg/m^3$）、抗剪强度较高、渗透系数变化范围大，这些特点说明淤积层本身不具备流动性（或流动性很差）、透水性较差，如此高的密度值也不利于岩塞爆破。因此，在岩塞爆破实施前，设计拟对淤积层进行扰动，增加淤泥的流动性、透水性，并降低其密度值，以确保岩塞爆破顺利爆通。

淤泥爆破扰动试验就是在上述条件下而展开的，试验中主要采用的测试手段包括静力触探、爆破振动测试、水中冲击波压力测试及淤泥密度测试等。

通过前述诸多测试方法，分析库区内淤泥的流动性特点，并尝试采用爆破手段研究不易流动淤泥的扰动情况及变化范围。

由于淤泥具有压缩性，以及水的存在，炸药在淤泥中爆炸产生的动水压力的传播规律将有别于水介质中的传播；而淤泥中动水压力波的研究资料相对少。所以，有必要研究淤泥内动水压力波的持续时间及衰减过程，为设计合理确定淤泥分层爆破提供技术依据。此外，质点振动速度测试可以了解淤泥爆破对周围介质产生的振动速度大小，并分析爆破振动在淤泥中的传播规律；同时，借助爆破振动传播时程曲线（采样精度能够达到毫秒级），可以分析淤泥爆破振动对岩塞口影响的持续时间及强度，从而为设计岩塞药室爆破的起爆时差提供依据。

2. 试验研究内容

结合试验目的，本次淤泥爆破扰动工作主要包括以下几个研究内容。

首先，根据库区水下淤泥的分布状态及相对稳定情况，初步分析易于流动淤泥的特征参数，以便下一步为分析不易流动淤泥的爆破后的扰动情况提供依据。

其次，通过逐渐调整孔深和线装药密度的方式，分析确定淤泥爆破扰动范围的变化情况，为后续确立正式岩塞爆破中的淤泥扰动方案提供参考。

最后，试验研究过程中，将同时开展水中冲击波测试、质点振动速度（或加速度）测试、高速摄影和高清录像观察等辅助项目，分析淤泥内爆破瞬间的质点振动和冲击波压力等动态参量。

试验期间，还就部分爆破试验开展水下淤泥地形测试工作，并且还专门进行了爆破后不同时间的比贯入阻力对比测试。

（二）试验条件及方法

1. 试验场地选择

按试验设计规划和实地踏勘结果，淤泥爆破扰动试验地点选择在洮河入黄河口处，该地带的淤泥地形相对平坦，河水深度较小，水流流速不大（处于刘家峡水库库区内），并且该处表层（不超过 0.5m 深）淤泥的密度为 $1.5 \times 10^3 kg/m^3$ 左右，表层以下一般在 $1.69 \times 10^3 \sim 1.91 \times 10^3 kg/m^3$ 之间。该密度值与刘家峡原型岩塞爆破口上覆淤泥层比较接近。

试验期间的钻孔取样及淤泥静力触探测试结果表明，试验部位的淤泥沉积层相对稳定。在 10 余米厚的淤泥层内，未见有粗砂、卵石及块石，淤泥主要成分为河流沉积砂壤土，土以粉土为主，局部夹有含粉砂泥夹层，其层厚度较薄（一般不超过 30cm），在试验区内分布比较稳定。

2. 钻孔及平台

淤泥爆破扰动试验利用水上平台由钻机钻孔方式进行。平台采用 14.0m×4.5m（长×宽）的拖船，拖船由 4～5 个锚在水面上固定；淤泥钻孔采用套管护壁，钻至预定深度后安装 PVC 管，成孔直径为 $\phi 110mm$；孔深按试验要求逐次确定（一般为 3.2～11.0m）。

按照作用不同，钻孔分为密度取样孔和爆破孔两种，本次试验对所有钻孔都进行了密度取样。

3. 炸药及起爆

炸药、雷管等材料属于国家管制的危险品，其采购、运输均需要办理审批手续，并且证件齐全。考虑到时间因素以及不同炸药之间的能量可比性，本次试验用的炸药就地取材，选择甘肃久联民爆器材有限公司（兰州和平分公司）生产的 2 号岩石乳化炸药，其生产执行标准 GB 18095—2000。该炸药的规格及性能见表 10.4 - 11。

表 10.4 - 11　　　　　　　　　炸药规格及性能指标

炸药型号	药卷直径 /mm	药卷密度 /(g/cm)	殉爆 /cm	爆速 /(m/s)	猛度 /mm	爆力 /mL	有效期 /月
SGR - 3	32±1	1.00～1.30	≥3	≥3200	≥12	≥260	6 个月

起爆雷管为非电毫秒雷管，部分试验组次还增加了导爆索；炸药的运输、装填、警戒、起爆及盲炮处理等均由专人负责实施。

4. 试验工况的选择

试验计划选择 3 种孔深，由浅到深依次为 2.5m、5m 和 10m；每种孔深进行 2～4 次爆破。但具体试验期间，由于现场淤泥沉积条件较好（密度一般大于 $1.5 \times 10^3 kg/m^3$，且沉积层相对稳定），便于爆破前后的淤泥地层勘察；同时也为更好地服务于原型岩塞爆破工程，试验过程中基本以 10m 深钻孔方案为主，而将 2.5m 深孔方案放在了次要地位。本次淤泥爆破扰动试验共计开展了 8 次（表 10.4 - 12），除第 6 次因为起爆网路中断而拒爆和第 8 次用于动态测试外，其余 6 次爆破扰动试验均取得了较好的结果。

表 10.4 - 12　　　　　　　　　　淤泥爆破扰动试验爆破参数特征表

试验组次	孔深/m	装药长度/m	线装药密度/(kg/m)	总药量/kg	堵塞长度/m	水深/m	说　明
1	3.20	2.00	5.0	10	1.20	0.70	
2	5.20	4.00	5.0	19	1.20	1.20	
3	5.30	4.00	6.0	24	1.30	1.50	
4	9.60	7.50	6.0	45	2.10	2.00	
5	10.50	2.88	6.5	18.9	1.20	6.50	1 段雷管
		2.88		18.9	0.50		3 段雷管
		2.56		16.8	0.50		7 段雷管
6	10.20	7.40	6.5	48	2.80	6.30	断网，哑炮
7	9.50	7.40	6.5	48	2.10	6.00	导爆索起爆
8	9.20	7.40	6.5	48	1+0.8	6.00	分为 2 段起爆

淤泥爆破扰动试验主要进行了三种孔深的测试工作。其中，3.00m 孔深方案 1 次，5.00m 孔深方案 2 次，10.00m 孔深方案 3 次，总计进行了 6 次淤泥爆破扰动试验。其中，3.00m 孔深方案的线装药密度选择了 5.0kg/m；5.00m 孔深方案的线装药密度为 5.0～6.0kg/m；在 10.00m 方案的线装药密度为 6.0～6.5kg/m，且划分了不同段位雷管起爆。每次试验的爆破孔直径均为 ϕ110mm，堵塞长度为 1.10～2.10m。前 4 次试验的水深条件为 1.20～2.00m；后几次试验受库水位抬升影响，水位深度达 6.00～6.50m。

5. 主要试验仪器设备

(1) 静力触探仪。浙江南光地质仪器厂生产的 CLD - 3 型静力触探仪。该静力触探仪具有静力触探和十字板剪切两种功能：静探试验采用 10cm 静探单桥探头，测求地基土的比贯入阻力 (Ps)；十字板剪切试验采用十字板传感器 (探头)，测求饱和软黏土的不排水抗剪强度 Cu。由于十字板剪切试验测试时间长，且不利于深部淤泥测试，故本试验主要开展了比贯入阻力 (Ps) 测试；每进尺 0.1m，读取一个读数，然后计算 Ps 值。

CLD - 3 型静力触探仪性能稳定、操作方便、轻巧灵活，无需电源和机器动力，由人力摇动贯入，适用于黏土、粉土、细砂等土层，在软土地区能贯入 30.00 米以上进行试验。仪器额定贯入力为 30kN，最大贯入力 33kN；探杆采用优质合金钢无缝管制作，单根长度 1m。

(2) 电子天平。淤泥样品质量计量采用上海金科天平厂生产的 JA31002 型电子天平 (设备编号 0205020，长春市计量院检验)，其测试精度可达 0.01g。淤泥密度检测主要采用环刀法，即由钻机配带取土器取出不同孔深的淤泥样品，再用环刀从取土器中取出标准试样，然后用电子天平称重；对淤泥表层的稀泥，则采用专门淤泥取样器进行取样，然后将稀泥样品倒入量杯再称重测试。

(3) 水中冲击波测试设备。水中冲击波测试采用了 TST6300 型动态数据采集仪器，配备相应冲击压力变送器。该设备具有尺寸小、重量轻的特点，最高采样频率可达 200kHz/CH (通道)；采用 TCP/IP 通信协议实现控制命令及数据传输，通讯稳定可靠；

数据传输率为 100M，并可以远距离传输。另外，设备配套了 DAP 应用软件，触发包括手动触发、内触发、外触发等多种方式；可以进行曲线特征值计算、时域和频域分析等数据处理。

（4）质点振动测试设备。爆破振动测试设备选用 16 通道 WS 型 USB 数据采集仪，其最高采样频率可达 100kHz，并配有功能强大的数据处理分析软件。速度传感器为频宽较大的 PS-4.5B 型传感器（10～800Hz）；加速度传感器为 KD1001L 型，其频宽高达 0～10000Hz。

振动速度和加速度传感器均经过了计量部门的检验。

除上述试验观测仪器设备外，试验期间还将配备机动船、钻机、发电机和运输车辆等设备，以及 4 芯水工屏蔽电缆和电源电缆等材料。

（三）试验成果

1. 淤泥的流动性判断指标

当前淤泥爆破研究内容多集中在爆破挤淤和爆炸压密等基础处理工程中，前者是通过爆炸作用将块石等高强度材料与水下淤泥进行置换，后者则是使原有软弱土就地固结密实。这两种方法都是以提高地基承载力为目的的，属于淤泥"固结"方向。但本项试验的研究内容是爆破作用对淤泥扰动范围的影响，研究思路属于"稀释"方向，即原本不易流动的淤泥在爆炸后有多大范围能变得稀释、易流动或形成空腔通道。

相关爆破挤淤和爆炸压密的研究人员较多，资料也较多。但通过爆破作用来扰动淤泥变稀的试验资料很少，关于刘家峡库区内的这种富含黄土成分的特殊淤泥的爆炸文献资料更少（潘强等，2012）。在这时间短、试验设备有限、基础资料借鉴贫乏的情况下，目前尚不具备系统研究淤泥爆破扰动的基础条件，更多的是通过现象观察和定性分析手段来开展刘家峡库区内淤泥的爆破扰动范围研究工作。

按照设计意图，刘家峡岩塞爆破的淤泥扰动方案的目的是在厚淤泥层内形成水流（或泥流）通道，以保证岩塞爆破岩碴顺利下泻。这就要求爆破后淤泥扰动的程度比较高，应达到较稀释的易流动状态。

现场勘察显示，表层（深度不超过 0.40m）淤泥相对柔软，含水率高；取样后置于量杯内，轻轻摇晃量杯，样品表面即变得平整，说明其流动性较好。表层淤泥密度测试取样 16 组，测值一般在 1.46×10^3～1.54×10^3 kg/m³ 之间，平均值为 1.5×10^3 kg/m³；其 Ps 值一般在 0～50kPa 左右。随着深度增加，当淤泥深度大于 1.00m 时，其取样密度一般在 1.69×10^3～1.91×10^3 kg/m³ 之间，含水率相对较低，处于流塑～软塑状，黏稠，不易流动；其 Ps 值一般在 70～400kPa 之间，局部遇到含粉细砂质泥层时可达到 500～1000kPa，明显大于表层淤泥的 Ps 值。

《港口工程地质勘察规范》（JTJ 240—97）中规定，淤泥性土是天然含水率大于液限、天然孔隙比大于 1.0 的黏性土，可细分为淤泥质土、淤泥、流泥和浮泥。淤泥的含水率越高，密度越小，其流动性也越强。郭海峰等（2010）在对太湖淤泥进行分类时，采用 1.5×10^3 kg/m³ 作为流泥和淤泥之间的划分标准。本试验勘察中表层淤泥密度测试结果与该标准还是基本一致的。为此，本试验采用密度为 1.54×10^3 kg/m³，或 Ps 值为 0～50kPa 作为淤泥发生扰动的判别标准。

2. 淤泥爆破扰动范围

3m 孔深试验，爆破前后分别在炮孔周边 5m 范围内进行了 Ps 值和密度指标的对比测试。结果表明，距离炮孔 1.00m 以远的地段扰动效果不明显，仅在炮孔周围 0.4m（半径）附近才出现 Ps 值明显下降现象，但大多数测值仍未完全降低到表层流泥状态。由此推测其扰动范围应不超过 0.40m（半径）。

在 5m 孔深方案的两次试验中（工况见表 10.5－2），试验前后勘察范围的最大范围为 5.0～5.6m，达到了 1 倍孔深的条件。综合这两次试验的静力触探测试结果，在距离爆破孔 0.3m 范围内，淤泥扰动效果较好；而 0.8～2.4m 之间，Ps 值也略有降低，但 2.7m 以远则未见减小，密度大小也与爆破前测值变化不大。与 3m 孔深试验方案比较，5m 孔深方案只是在纵向上随炮孔深度增加而增大，但水平向上并未有加大趋势。

在各 10.00m 孔深试验的工况下，第四次爆破试验在 0.30m（半径）范围内淤泥扰动效果较好，在 0.6～1.3m 之间存在一定扰动；但 3.2～5.0m 一带则未见扰动迹象。第五次试验采用了分段起爆方式，在距离爆破孔 0.9m 以远处 Ps 值降低不明显，仅距离 0.3m 处测值下降较大，处于扰动范围内。第七次爆破试验在距离爆破孔 0.4m 处的触探结果表明，在药柱深度范围内 Ps 值降低幅度达 50%；但其大小仍高于表层流塑状淤泥的 50kPa，应处于流动～流动性差的过渡状态，扰动得并不充分；该状态下，在爆破后 15min～16h 的时段内沿程 Ps 值变化不大，淤泥呈基本稳定状态。

综合各次试验的测试结果，静力触探反映出的淤泥爆破扰动范围总体不大，达到表层淤泥这种比较稀释状态的，在水平向上大约为 0.3m（半径），局部地段甚至不足 0.3m；在大约 2.5m 范围内可以存在轻微扰动，2.5m 以远则基本未见扰动。纵向上，根据部分触探孔测试结果，以及水平方向得出的结果，推测其扰动的深度（超过药柱底部的深度）亦在 0.3m 左右。

上述结论说明，在线装药密度由 5.0kg/m 调整到 6.5kg/m，或孔深由 3.00m 增加到 10.00m 时，淤泥爆破后的扰动范围并未发生明显改变，基本呈柱状形态出现，随着药柱的加深而逐渐加深。

爆破前后的淤泥密度测试显示，在原爆破孔的近处（距离<0.5m）钻孔取芯比较困难，淤泥芯样脱离取土器。距离增大到 1.0m 时，在 1.5m 深度处的泥样也不易取出；在 2.0m 以下深度处，部分取芯密度测试结果出现增大现象，但幅度不高，一般在 2%～10% 之间。当水平距离增加到 2.0m 以上时，淤泥取样的难易程度和密度测值与爆破前基本一致。以上淤泥密度测试情况表明，爆破孔附近存在明显扰动现象，距离达到 1.0m 时淤泥扰动效果较差，距离超过 2.0m 以后则扰动更不明显。这与静力触探测试结果基本吻合。

参考有关软土的爆破研究成果，张志毅等（2002）在总结爆炸法处理深层软弱地基时提到爆炸力在软弱土内压缩形成空腔直径可达原孔径的 2～5 倍，压密作用影响半径达 2～4m，并且通过现场试验验证了空腔体积较原来放大了约 10～11 倍。王仲琦等（2001）采用不可压缩介质作垫层、利用炸药爆炸挤压作用对黏土形成地下空间进行数值计算，发现爆炸挤压后黏土密度最大可以提高到原来的 1.11 倍，密度变化区域的半径约是装药半径的 34.6 倍。潘强等（2011）通过室外试验和数值模拟研究，得出了爆腔半径随着药卷尺寸的增大呈线性增大的规律；当炮孔直径为48mm时，最大压密范围为70cm。林大能等（2003）通过对条形装药爆破挤压成井作用机理的分析及数值计算，推导出岩土介质中的爆炸挤压成井药量估算公式；现场试验中还获得了不同炮孔尺寸所对应的成腔大小。与以上文献关于土体中爆炸成腔大小及压密作用影响范围的研究结论相比，本试验得到的淤泥扰动情况与爆炸成腔理论相接近，扰动形状为柱状，淤泥表面也未能出现"漏斗"地形；但试验中测得的结果略大于土体的成腔尺寸。分析原因，这很可能与二者的测试手段差异有关，本试验采用的静力触探法是通过测杆的接触、挤压方式获取，测量的"边壁"位置应比目测结果大些。在爆破周围介质压密方面，本试验在部分测次的钻孔取样中也发现淤泥密度有增大现象，与软土的爆炸压密情况有相似之处。

3. 水中冲击波测试

在进行第四次淤泥爆破扰动试验过程中，开展了淤泥内爆炸冲击波压力测试。各测点与炮孔的位置关系见图10.4-27，各测点测值见表10.4-13。

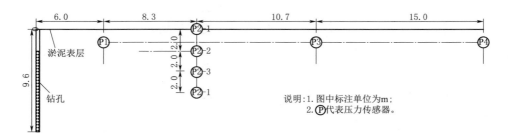

图10.4-27 压力传感器位置剖面示意图

表10.4-13 淤泥内爆破冲击波压力测试结果（峰值）

通道序号	测点编号	传感器编号	型号	量程	爆心距/m	灵敏度/(mV/MPa)	最大电压/mV	最大压力/MPa	说明
1	YN4P-1	12091405	CYG400T	7MPa	6.0	714.0	566	0.793	
3	YN4P-2-1	13072808	CYG400T	5MPa	14.3	1000.0	169	0.169	
4	YN4P-2-2	13072809	CYG400T	5MPa	14.3	1000.0	49	0.049	
6	YN4P-2-3	13072807	CYG400T	5MPa	14.3	1000.0	<5	<0.005	低于噪声
7	YN4P-2-4	13072806	CYG400T	1MPa	14.3	5000.0	<10	<0.002	低于噪声
5	YN4P-3	13072805	CYG400T	1MPa	25.0	5000.0	132	0.026	
2	YN4P-4	13072801	CYG400T	0.5MPa	40.0	10000.0	233	0.023	

从表10.4-13中可以看出，淤泥爆破冲击波压力以第一测点YN4P-1最大，为0.793MPa；YN4P-2-1测点次之，为0.169MPa；至第三测点YN4P-3和YN4P-4测点时则迅速衰减到0.026MPa和0.023MPa。压力值总体符合随着爆心距增加而逐渐减小的一般衰减规律。从纵向上看，YN4P-2位置处的4个不同深度测点，以淤泥表面的YN4P-2-1最大，两米深的YN4P-2-2次之，为0.049MPa；安装在4m和6m深度处的YN4P-2-3和YN4P-2-4的变送器测值均低于背景噪声，测值不到0.005MPa。这

说明随着测点埋深的增大，淤泥内爆炸冲击波的压力呈逐渐减小的趋势。

此外，YN4P-1和YN4P-2-1等测值较大的测点，其初始压力均呈明显的阶跃特征，波头极为陡峭，类似脉冲信号，在极短的时间0.1ms内即达到最大值，在0.3ms后压力就已衰减50%以上，表现出冲击波的固有特点。但其他较远测点和埋深较大测点，尽管其压力也是水中直达波所致，但其压力波幅值明显较小，冲击波压力特征不显著。根据冲击波到达各测点的时差计算，淤泥内冲击波的传播速度约为1509～1577m/s，与水中冲击波的传播速度（1500m/s）基本一致。

结合经典的P.库尔冲击波峰值衰减公式形式：

$$P = 533 \times \left(\frac{Q^{\frac{1}{3}}}{R} \right)^{1.13} \tag{10.4-4}$$

式中：P 为冲击波值，10^5Pa；Q 为最大单响 TNT 炸药量，kg；R 为爆心距，m。

拟合本次爆破的冲击波衰减公式有

$$P = 2.3 \times \left(\frac{Q^{\frac{1}{3}}}{R} \right)^{2.22} \left(其中：0.089 \leqslant \left(\frac{Q^{\frac{1}{3}}}{R} \right) \leqslant 0.592 \right) \tag{10.4-5}$$

公式（10.4-5）中各测点的相关因子（R^2）为0.951（图10.4-28），趋势性较好。公式（10.4-4）是在无限水域条件下，其特点是相同距离和药量条件下冲击波强度大、衰减慢，而本次测试对象是淤泥表层或浅部，其测值具有冲击波强度小、衰减快的特点。

现场淤泥芯样中，在剖面上可见到诸多的气孔结构（图10.4-29）。这些气孔的存在使得淤泥本身具有较强的可压缩性，大大地衰减了冲击波的强度，其自身的高频成分也将逐渐被过滤掉。这应是本次冲击波测值较小的主要原因。

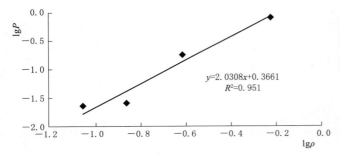

图10.4-28　水中冲击波压力衰减计算（图中$\rho = Q^{1/3}/R$）。

图10.4-29　淤泥芯样中的气孔

4. 淤泥爆破振动影响测试

结合淤泥爆破扰动试验开展了爆破振动监测，典型测次的质点振动速度观测结果见表10.4-14。

表10.4-13中，距离爆心较近测点，其振动速度测值也最大；距离爆心远者，测值也较小，符合振动速度衰减的一般特征，测值规律较好。从振动过程看，振动主频为中低频，质点振动持续时间为0.1s左右。将两次试验测得的数值按照萨道夫斯基经验公式进行整理：

表 10.4－14 **第三次和第八次爆破质点振动速度测试结果（峰值）**

第 三 次 试 验					第 八 次 试 验				
测点编号	爆心距/m	最大振速/(cm/s)	主频/Hz	说明	测点编号	爆心距/m	最大振速/(cm/s)	主频/Hz	说明
$YN3V_\perp-1$	8.0	33.87	81		$YN8V_\perp-1$	—	—		失真
$YN3V_\perp-2$	12.8	18.73	7		$YN8V_\perp-2$	8.0	25.57	15	
$YN3V_\perp-3$	22.0	5.40	16		$YN8V_\perp-3$	12.8	15.83	11	
$YN3V_\perp-4$	35.0	2.04	74		$YN8V_\perp-4$	22.0	9.69	10	
$YN3V_\perp-5$	45.0	1.70	46		$YN8V_\perp-5$	35.0	4.91	10	

$$V=K\left(\frac{Q^{\frac{1}{3}}}{R}\right)^a \qquad (10.4-6)$$

式中：V 为振速，cm/s；Q 为最大单段药量，kg；R 为爆心距，m；K、a 为与场地和地质地形条件相关的振动系数。

求得 K 和 a 系数分别为 257 和 1.66（图 10.4－30），其相关因子为 0.78。于是有：

$$V=257\times\left(\frac{Q^{\frac{1}{3}}}{R}\right)^{1.66} \quad (其中：0.082 \leqslant \left(\frac{Q^{\frac{1}{3}}}{R}\right) \leqslant 0.191) \qquad (10.4-7)$$

则公式（10.4－7）即为淤泥爆破的振动影响场。

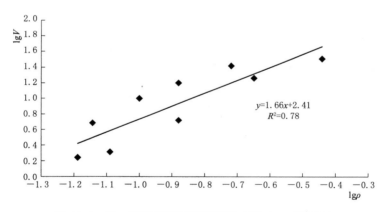

图 10.4－30 淤泥爆破振动影响场计算（$\rho=Q^{1/3}/R$）

5. 试验结论及问题

（1）结论。

1）试验场地选择在刘家峡水库库区的洮河入黄河口处，该场地的水流速较缓、淤泥地形平坦、淤积层组分及密度指标等特征均与原型岩塞口淤泥接近，试验场地有代表性。

2）参考同类项目经验并结合现场条件，初步选定了密度小于 $1.54\times10^3\,\mathrm{kg/m^3}$ 或以比贯入阻力值小于 50kPa 作为淤泥发生扰动的判别标准。

3）以淤泥能够自由流动作为扰动的判断标准，在试验选择的爆破参数条件下，淤泥发生充分扰动的范围半径约为 0.3m。

4）在条形药包作用下，淤泥爆破的扰动范围大体呈"竖井"状，可能类似于软土内的爆炸成腔作用。

5）由于淤泥内爆炸后发生充分扰动的范围相对较小，建议在原型岩塞淤泥扰动设计中应增加爆破孔数量，或者调整淤泥扰动方案。

6）淤泥内爆破冲击波压力测值总体随爆心距离（径向）增加而逐渐减小，随着埋深（纵深向）增大而减小，淤泥本身对冲击波吸收作用较强。

7）淤泥内质点爆破振动速度测值随爆心距离增加而逐渐减小，符合一般衰减规律；不同孔深及水深条件下的试验结果显示，爆破振动强度系数（K 值）与炮孔深度、炸药用量之间的关系不明显，而与水深（包括炮孔堵塞长度）关系更为密切，水深较大时，爆破振动强度系数也较大。

（2）存在问题。由于试验环境的复杂性和目前测试水平的局限性，淤泥爆破扰动研究成果具有许多不足之处，以下问题有待于进一步改进。

1）试验采用的测试方法主要是淤泥的密度、比贯入阻力和地形高程测量等静态手段，时效上具有滞后性；淤泥冲击波和质点振动速度测试手段又很难获取爆炸近区数据，试验中没有获得淤泥爆炸成腔的发展过程、空腔的回填过程以及附近淤泥密度的变化过程等资料，这还有待于今后测试手段的完善发展。

2）在拖船平台上进行试验，平台与水底高差大（船高加上水深多达 1.5～7.3m）并且有一定的摇摆，采用全站仪进行试验定位方式将影响钻孔或触探孔定位的准确性。

第十一章　水　工　模　型　试　验

第一节　概　　述

一、水下岩塞爆破水工模型试验的意义和作用

水下岩塞爆破在起爆后极短时间内的水体运动，是一种非常复杂的演变过程。其运动中各种作用力存在的情况和发展规律，目前尚不能用计算与分析方法解决，而借助于水工模型试验。

为确保岩塞爆通和长期运行的安全，要研究如何保证水流畅通、水力条件良好，渣坑中岩渣不致被水流挟带冲入下游，以致造成水轮机和结构物的破坏。在工程设计中，对于渣坑结构型式及爆破过程中水流对结构物的作用和水力现象，都需慎重考虑，以保证全部工程的成功。但由于爆破水流和岩渣运动因工程不同而异，故需借助水工模型研究解决工程中的实际问题。

由于水下岩塞爆破的性质和特点，爆破水流运动与一般水流运动性质已有很大改变。岩塞爆破的水力现象是爆破逸出能量和水体本身动能相叠加的水力运动，已不符合水力学伯诺里方程的物理意义。爆破水流运动任一断面的能量不是恒定的。正如观察到的岩塞爆破时能量向上游逸出，推动水体向上游运动。而水体向岩塞口冲出是伴随爆破冲击波正向的叠加。爆破水流运动现象已不能按一般水力学原理解释。对这种复杂的水力情况，难以用计算得出结果。采用原型试验观测和水工模型试验，是目前解决这类问题的较好手段。对于水流运动的演变过程，主要依靠模型试验取得结果。

二、水下岩塞爆破水工模型试验的范围和模型的类别

（一）试验研究的范围

水下岩塞爆破水工模型试验的理论和方法尚不够完善，试验内容尚有一定局限。目前试验研究主要包括下列内容：

（1）不同形式的集渣坑及不同爆破水力条件的渣坑集渣效率。岩渣不同处理方式时水流运动和岩渣堆积规律。

（2）不同爆破工程布置的水流运动和岩渣运动规律。

（3）在有堵塞段爆破中减小井喷的措施。堵塞段和某些结构部位所受冲击力的测量。

（4）爆破过程洞内流速的测量和水流流态的观测。

（5）工程运行中水力学试验，观察渣坑内岩渣稳定情况。

（6）在泄渣试验中，观察岩渣运动规律，检验岩渣粒径组成对泄渣的影响和效果。

（二）水下岩塞爆破水工模型的类别

水下岩塞爆破水工模型，一般采用正态模型。根据工程类型和试验任务的需要，模型

可制成整体模型或局部模型。

在发电和有特殊要求的工程中，一般采取在闸门井后部洞内预留堵塞段，阻挡水流和岩渣不致泄至下游，以保护下游工程安全。此类型工程多采用集渣坑集渣方式，模型可制成局部模型。

在防洪、灌溉和有特殊需要的泄水工程，有些采用泄渣方式或开门集渣方式。需观察爆破过程中岩渣在洞内及出口的运动规律，岩渣运动对结构物的影响和泄渣效果等，制成整体模型。

有些工程要求除完成水下岩塞爆破水工模型试验任务外，尚需进行一般常规水力学试验，也需制成整体模型。

由于爆破瞬间水流运动是岩渣、冲击气浪、冲击水流相混合的高速水流。在用有机玻璃制作的模型中，糙率完全可以满足混凝土面糙率要求。在高速混合水流中，混凝土糙率对水流的影响极微。爆破冲击水流费汝德数远远超过糙率的要求，故爆破水工模型可以不考虑糙率。

第二节　模　型　设　计　与　制　作

一、模型设计

（一）模型设计方法

在一般建筑物水工模型试验中，已有成熟的试验理论、方法和实践经验。但在水下岩塞爆破水工模型试验中，理论和方法均处在探索认识阶段。

水工建筑物模型试验中，水流不论是急流、缓流，重力相似是主要条件。水体的流动主要是水体本身能量的转换过程，这一规律也早已为伯诺里方程所阐明。在水下岩塞爆破中，已不再遵循这个规律，加入了强度很高的冲击力。在试验中可以看到，有些现象已不能按一般水力学来解释，如井喷、爆破过程的水流流速、水流运动受力状况等，水流运动现象较为复杂。在爆破瞬间，水扰动的主要原因是固体冲击波入射水体后形成的水中冲击波；石渣运动以及爆炸气体膨胀和气泡浮升扰动等。但在一般水力运动中却没有这种现象。由于这种水流运动和不同的边界条件，故有不同的集渣形式和受力情况。

水下岩塞爆破水工模型试验，只要求进口水下岩塞突然破坏后水力现象的模拟。因此，水下岩塞爆破水工模型设计和常规水工建筑物相同。根据水流相似力学原理进行，遵守几何相似性、运动相似性、动力相似性。按照重力相似定律进行模型设计。其比例换算关系如下：

速度比尺：

$$\lambda_u = \lambda_L^{\frac{1}{2}} \tag{11.2-1}$$

流量比尺：

$$\lambda_Q = \lambda_L^{\frac{5}{2}} \tag{11.2-2}$$

时间比尺：

$$\lambda_t = \lambda_L^{\frac{1}{2}} \tag{11.2-3}$$

力或重力比尺：

$$\lambda_F = \lambda_\rho \lambda_L^3 \qquad (11.2-4)$$

压强比尺：

$$\lambda_P = \lambda_\rho \lambda_L \qquad (11.2-5)$$

式中：λ_L 为模型比尺；λ_ρ 为密度比尺。

模型比尺的选择要依据任务要求、解决问题的性质、场地大小、模型制作可能、操作方便、岩渣粒径选择适宜、使用药量不致过多等方面决定模型比尺。

模型设计首先要考虑模型不宜过大，模型过大会带来一系列弊端：

（1）选用药量困难，尤其在胶结方法中，岩塞体积大药量大，对模型安全难以保证。

（2）岩塞大则模型岩渣量大幅度增加，造成试验操作上的不便。

（3）爆破瞬间水体大量下泄，又必须保持库水位相对稳定，势必造成库容过大，而增加爆破对库墙安全的威胁。而模型过小会导致选用岩渣的困难，由于岩渣粒径过小，在水流中形成悬浮状态，造成试验结果的极度失真，影响测量结果的准确性。

（二）具有淤积覆盖物的模型设计

在水库库区严重淤积的情况下，除了岩塞爆破时淤积覆盖物对爆破作用效果影响外，也给爆破时的进水口及隧洞洞身的排渣或泄淤带来新的问题：①岩塞爆通后，淤积覆盖物和岩渣进入岩塞口门的入流形态。②淤积覆盖物对排渣和泄水量的影响。③淤积覆盖物、岩渣和水流等多相流在隧洞内的运动规律等问题，都是在多泥沙河流中水库改扩工程进行岩塞爆破所遇的一个新课题。为了确保岩塞爆破后，淤积覆盖物和爆破岩渣顺利下泄，在室内进行水工模型试验研究是必要的。

1. 模拟原则

受模拟理论和试验技术所限，在岩塞爆破水工模型试验中对爆破能量不作定量模拟，主要着眼于爆破后，水流运动状态的相似。岩塞爆通后，岩渣与淤泥在水流作用下迅速涌入洞口，并通过隧洞输送到下游河床，岩渣和泥沙的起动与输移是一个复杂的非恒定多相流运动。模拟原则有以下几点：

（1）水流运动状态的相似，即水力相似，故以水力相似原则作为模型设计的依据。

（2）为了保证模型与原型的运动过程相似，除了满足定床水力相似准则外，同时还要满足水流、岩渣与泥沙等多相流的输移、扩散有关的相似准则。

（3）模型试验既要保证模型与原型岩渣、泥沙和水流运动相似，又要保证边界、初始等单值条件的相似，这是两个流动相似的必要条件，所以在模型试验中严格保持库水位、进流等边界条件与原型相似。

（4）模型按重力相似准则设计，同时满足紊动阻力相似条件。

2. 推移质（岩塞爆渣）模拟

（1）推移质起动相似。对于不含黏粒的粗颗粒推移质，起动流速计算形式为

$$u_c = K \sqrt{\frac{\gamma_s - \gamma}{\gamma} g d} \left(\frac{h}{d}\right)^{1/6} \qquad (11.2-6)$$

式中：u_c 为处于起动临界条件时对应的垂线平均流速，m/s；K 为起动流速系数；γ_s、γ 为分别为爆渣和水的容重，kg/m^3；d 为岩渣粒径（用中值的 d_{50} 值），m；h 为作用水

头，m。

将式（11.2-6）写成比尺关系，得起动流速比尺：

$$\lambda_{u_c} = \lambda_K \cdot \lambda_{(\gamma_s-\gamma)/\gamma}^{1/2} \cdot \lambda_h^{1/6} \cdot \lambda_d^{1/3} \tag{11.2-7}$$

根据起动条件相似有：$\lambda_{u_c} = \lambda_u$，将惯性力相似条件 $\lambda_u = \lambda_h^{1/2}$ 代入式（11.2-7）得模型爆渣粒径比尺关系式为

$$\lambda_d = \lambda_K^{-3} \cdot \lambda_{(\gamma_s-\gamma)/\gamma}^{-3/2} \cdot \lambda_h \tag{11.2-8}$$

当模型沙或碎石采用天然料时，$\lambda_{(\gamma_s-\gamma)/\gamma} = 1$，取 $\lambda_k = 1$，采用正态模型，有 $\lambda_d = \lambda_h = \lambda_L$。

（2）输沙条件相似。由窦国仁推移质输沙率公式：

$$q_s = \frac{K_0}{C_0^2} \frac{\gamma_s}{\dfrac{\gamma_s-\gamma}{\gamma}}(u-u_c') \frac{u^3}{g\omega} \tag{11.2-9}$$

式中：q_s 为单宽推移质输沙率；K_0 为综合系数，对于全部底沙取 $K_0 = 0.1$；C_0 为谢才系数；γ_s、γ 分别为爆渣和水的容重，kg/m^3；u_c' 为止动流速，一般取 $u_c' = u_c/1.2$。

从谢才公式得：$\lambda_{C_0} = \left(\dfrac{\lambda_L}{\lambda_h}\right)^{\frac{1}{2}}$ 得，输沙率比尺：$\lambda_{q_s} = \dfrac{\lambda_{\gamma_s}}{\lambda_{(\gamma_s-\gamma)/\gamma}} \dfrac{\lambda_u^4}{\lambda_{C_0}^2 \lambda_\omega}$

若推移质底沙处于半悬浮状态，还应满足沉降相似（沿程落淤部分相似），由沉降公式：

$$\omega = K\sqrt{\frac{\gamma_s-\gamma}{\gamma}gd}，得 \qquad \lambda_\omega = \lambda_{(\gamma_s-\gamma)/\gamma}^{1/2} \cdot \lambda_d^{1/2}$$

综合的输沙率比尺为

$$\lambda_{q_s} = \frac{\lambda_{\gamma_s}}{\left[\lambda_{(\gamma_s-\gamma)/\gamma}\right]^{3/2}} \cdot \lambda_L \cdot \lambda_h \cdot \lambda_d^{-\frac{1}{2}}$$

当模型沙或碎石采用天然料时，输沙率比尺：

$$\lambda_{q_s} = \lambda_{\gamma_s} \cdot \lambda_L^{\frac{3}{2}} \tag{11.2-10}$$

（3）冲淤变形条件相似。对于河道泥沙连续方程：

$$\frac{\partial G}{\partial x} + \gamma_s' B \frac{\partial z_0}{\partial t_1} = 0$$

式中：G 为断面输沙率，对推移质 $B \cdot q_s$；B 为河宽；z_0 为河床高程；t_1 为冲淤变形时间；γ_s' 为泥沙干容重。

可导出推移质冲淤变形时间比尺：

$$\lambda_{t_1} = \frac{\lambda_L \lambda_h \lambda_{\gamma_s'}}{\lambda_{q_s}} \tag{11.2-11}$$

式中：$\lambda_{\gamma_s'}$ 为干容重比尺。

（4）各相似比尺。由以上推导结果，正态模型试验，爆渣各相似比尺为：

1）粒径比尺：$\lambda_d = \lambda_L$。

2）输沙率或输沙能力比尺：$\lambda_{q_s} = \lambda_{\gamma_s} \cdot \lambda_L^{\frac{3}{2}}$。

3）碎石运动时间比尺：$\lambda_{t_1} = \dfrac{\lambda_L^2 \lambda_{\gamma_s'}}{\lambda_{q_s}}$。

4）水流运动时间比尺：$\lambda_t = \lambda_L^{1/2}$。

3. 悬移质（淤积覆盖层）模拟

（1）起动流速。根据已知条件确定原型淤积覆盖物的 d_{50p} 和容重 γ_{sp}，并根据张瑞瑾提出的既适用于散粒体又适用于黏性细颗粒泥沙的统一起动公式：

$$u_c = \left(\frac{H}{d}\right)^{0.14} \left(17.6\frac{\gamma_s - \gamma}{\gamma}d + 0.000000605\frac{10+H}{d^{0.72}}\right)^{\frac{1}{2}} \qquad (11.2-12)$$

式中：u_c 为起动流速，m/s；H 为作用水头，m；d 为泥沙粒径，m；γ_s 为泥沙容重，kg/m³。

计算出原型起动流速 u_{cp}（即 u_c），再根据流速比尺 $\lambda_u = \lambda_L^{1/2}$，换算为模型起动流速 u_{cm}。

（2）模型沙的选择。

1）如果了解在隧洞内淤积覆盖物下泄后是否产生淤堵，需要模型沙与原体淤积覆盖物的物理力学相似来选定模型沙，并由式（11.2-12）验算其在隧洞内的起动流速。

2）若了解淤积覆盖物在隧洞中的运动规律，需根据悬移质运动的时间比尺应与水流和岩渣运动的时间比尺相一致的原则来选定模型沙。

悬移质泥沙冲淤时间比尺：

$$\lambda_{t_2} = \frac{\lambda_L \lambda_{\gamma_s'}}{\lambda_u \lambda_s} \qquad (11.2-13)$$

式中：λ_s 为含沙量比尺。

（三）模型设计方法的可行性

依据水下岩塞爆破水工模型的设计方法，曾进行了不同类型的工程、不同比例的水工模型试验。试验成果与原型观测资料相比较，证明试验效果符合设计要求，模型可以反映、重演原型水流的运动情况。现以岩塞爆破中渣量分配、堆渣部位形状、堵塞段受力等模型试验和原型工程观测调查资料来说明模型设计方法的可靠程度。

1. 岩塞爆破渣量分配比较

（1）丰满泄水洞1：2爆破试验工程。根据原型调查资料，以 100/3 比尺模型进行验证。各部位渣量分配结果见表 11.2-1。

表 11.2-1　　　　　　　　1：2 试验工程原型模型岩渣分布比较　　　　　　　单位：m³

项　目	原型	模型	项　目	原型	模型
岩渣爆破量（自然方）	685	685	下水平洞堆渣量（松散方）	200	195
渣坑堆渣量（松散方）	630	635	上水平洞堆渣量	0	0
渣坑利用率/%	58.5	58.9			

（2）镜泊湖电站扩建工程进水口水下岩塞爆破。根据实际调查原型资料和水力条件，以 $L_r = 30$ 模型进行验证，各部位积渣结果见表 11.2-2。

由两工程所测资料可看出，渣坑进渣量仅相差 0.7%～0.79%，数量甚微。

表 11.2-2　镜泊湖扩建工程各部积渣量比较

单位：m³

项　目	原型	模型
实际爆破量	1890	1890
渣坑堆渣	1684	1672
闸门井底部平台	30	25

2. 渣坑集渣形状的比较

（1）镜泊湖电站扩建工程进水口岩塞爆破集渣坑。集渣曲线原型调查测量结果与水工模型试验结果是一致的。坑内集渣形状呈马鞍形，中部凹陷，前后端隆起，见图11.2-1。

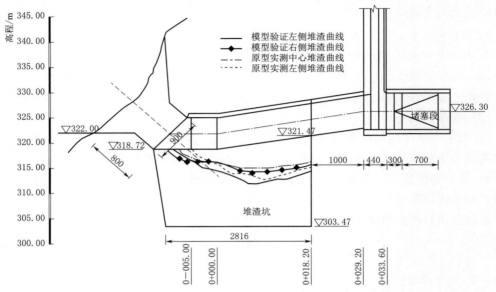

图 11.2-1　镜泊湖电站扩建工程集渣坑曲线原型模型结果比较

（单位：除高程以 m 计外，其他单位均以 cm 计）

（2）丰满泄水洞试验工程集渣坑。丰满泄水洞 1：2 试验工程集渣曲线原型与模型结果比较，见图11.2-2。

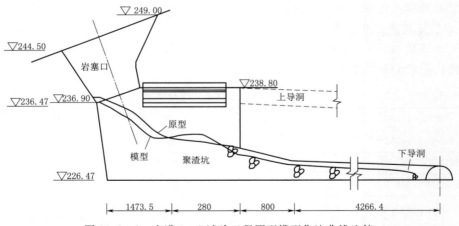

图 11.2-2　丰满 1：2 试验工程原型模型集渣曲线比较

（单位：高程以 m 计，长度以 cm 计）

3. 堵塞段受力测量的比较

在镜泊湖电站扩建工程进水口水下岩塞爆破中，对堵塞段受力情况，原型和水工模型均进行了测量。原型测得受力数值为 $6.3 \mathrm{kg/cm^2}$。模型试验测得受力值为 $6.0 \mathrm{kg/cm^2}$。模型试验与原型观测数据相吻合。

4. 丰满泄水洞进水口水下岩塞爆破

爆破时闸门开启，采用开门集渣方法。根据实际观测结果，爆破中闸门并没有出现井喷。爆后两道闸门顺利关闭。门槽埋件完好，洞身磨损较轻，洞内无滞留残渣，现象与模型试验结果基本一致。

原型和模型资料比较，可以认为水下岩塞爆破水工模型试验，模型按重力相似律设计，主要满足水流运动水力作用的相似条件，而忽略了爆破能量作用相似的条件下，进行水工模型试验是可行的。对渣量分配、渣坑堆渣形状、堵塞段受力情况、水流和岩渣运动现象，模型试验结果与原型观测结果是一致的。

但对有些现象却因爆破力未定量模拟，致使试验结果与原型结果不同，有较大差异。例如岩塞口堆渣，爆破力及岩体结构，在模型中尚无法定量模拟相似。在原型爆破中，其前部抛掷岩渣，是爆破能量克服水压力，抛出上部岩渣，一部分抛入湖中，一部分被水流冲入坑内，一部分留于岩塞口，但其量甚微。在模型中不能产生这一现象，故岩塞口堆渣模型与原型结果不同。例如镜泊湖电站扩建工程进水口岩塞，进口原型与模型堆渣情况见图 11.2 - 3。由图可看出，模型堆渣形状及高程，均较原型增大很多。

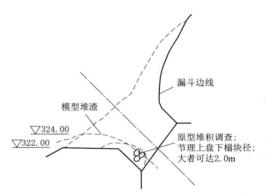

图 11.2 - 3 镜泊湖电站扩建工程岩塞
口堆渣原型模型比较

又如清河取水口水下岩塞爆破工程，模型试验观察到岩塞口前部，堆渣较高影响底坎高程。而在原型水下测量资料中表明，爆破口前没有堆渣。

二、模型的模拟方法

(一) 岩塞爆破漏斗的模拟

水工模型中是以计算之爆破漏斗形状和范围，按几何相似进行固定边界的模拟。实践表明，如岩塞部位地质情况调查清楚，爆破设计适宜，岩塞漏斗成型效果与计算结果是一致的。以镜泊湖电站扩建工程进水口、丰满泄水洞进水口、丰满泄水洞 1：2 试验工程三个工程爆漏斗实际成型与设计计算结果比较，可知相差很少，基本可认为是一致的。见表 11.2 - 3、表 11.2 - 4 及图 11.2 - 4。

**表 11.2 - 3 镜泊湖电站岩塞实际爆破漏斗
与设计尺寸比较** 单位：m

项 目	爆破口部位 门洞形部位	漏斗开度 垂直向	水平向
设计尺寸	8×9	15	15
实际爆破成型	7.2×9	15	19
差值	-0.8×0	0	+4

**表 11.2 - 4 丰满 1：2 试验洞实际爆破澜斗
与计算尺寸比较** 单位：m

项 目	漏斗部位 上部	中部	下部
设计尺寸	13.93	6.56	6.00
实际爆破成型	15.95	8.00	5.86
差值	+2.02	+1.64	-0.14

（二）岩塞体的模拟方法

目前尚无良好模拟岩体的方法，在模型中岩塞体只要求达到定性的模拟。

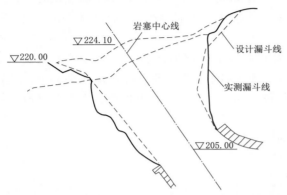

图 11.2-4　丰满泄水洞岩塞漏斗设计与实测比较

1. 胶结模拟

按几何模拟岩渣不同粒径配比之碎石，与胶结材料拌合，浇注于岩塞爆破漏斗内，并预埋起爆体，待达到一定固结强度，进行爆破试验。对浇注之岩塞要求：

（1）有一定强度，承受上游水压不致破坏，起爆后能使胶结体破坏成散粒体。

（2）胶结体要防止漏水和不致因水浸泡而塌落。

（3）浇注操作简便凝固时间短。

胶结材料选用白色水泥和水玻璃，配比见表 11.2-5。

表 11.2-5　　　　　　　　　　　胶 结 材 料 配 比

干碎石重量/kg	白色水泥/kg	水玻璃/kg	水/kg	凝固时间
25	1.0	1.0	1.0	常温（20℃）30～40min

2. 松散模拟

在岩塞漏斗内，填装松散岩渣，此为通常采用的一种方法。具有简便易行水流清晰的优点。按几何比例模拟岩渣不同粒径配比碎石，按模拟渣量装填于岩塞口内，同时埋设起爆体。

3. 两种模拟方法的比较

由实际工程的水工模型试验，原型爆破实测结果看，原型和模型试验结果均有较好的相似性，模型中两种模拟方法基本上能反映水流岩渣运动的实际情况，渣坑中堆渣曲线形状趋势一致。

模型中药量大，胶结力强的堆渣曲线高程稍高，药量小胶结强度低或松散体堆渣曲线高程略低。模型中可根据岩塞地形条件选择。如岩塞口地形陡峭，采用胶结；地形平缓，可用松散岩渣。

对岩塞起爆体，要求瞬时快速起爆，起爆速度之快慢，将影响岩渣运动的结果。起爆速度慢，岩渣将堆于岩塞口下部，造成集渣情况的失真。用药量大小视模型大小而定，但要保证模型安全。采用松散碎石填充岩塞，一发雷管已完全可达目的。

（三）岩塞岩石方量和岩渣粒径配比

模型中岩石方量按松散方量模拟，松散方量为岩石自然实方量乘以松散系数。除岩塞体外，岩塞漏斗上部覆盖层和塌落方量亦应考虑计算。试验模拟方量为下式：

总模拟方量＝岩塞松散方量＋覆盖层松散方量＋塌落松方量

模型模拟方量，按体积几何相似关系换算：

体积比例
$$V_r = L_r^3 \tag{11.2-14}$$

模型体积
$$V_m = \frac{V_P}{L_r^3} \tag{11.2-15}$$

式中：L 为模型长度比尺；V_p 为原型体积。

在模型试验中，岩渣量控制方法一种为体积法，一种为重量法。重量法需考虑比重和石渣含水量，以干碎石重量为准。体积法需考虑模拟岩渣的松散系数，按模型渣自然松散体积控制。

岩塞爆落形成不同粒径的岩渣，其级配对集渣坑集渣效果、集渣部位分配、泄渣对洞体的影响、泄渣的成败，都有直接影响，岩渣配比一般根据工程实验爆破得出。由于岩渣粒径和配比影响着试验成果的准确性，对粒径配比的选择需慎重对待。

岩渣除按配比粒径模拟外，岩石比重与原体相同为宜，比重太小将形成悬浮，结果失真。岩渣形状应选用碎石，不宜采用卵石或片状碎石。试验用石渣经多次起爆后，其配比将有较大改变，石渣需经常筛选重新进行级配。

其他模型部位模拟方法、计算与一般水工模型模拟方法相同。

三、模型制作安装

水下岩塞爆破模型的制作安装和模型材料除特殊部位外，基本与常规水工试验模型相同。下面叙述与常规水工试验模型不同之制作安装方法。

（一）模型水库

岩塞口位于水库边墙内，库墙要受到爆破力的振动和冲击，要较一般模型水库坚固。在安装岩塞口的一侧库墙，最好果用钢筋混凝土板或较厚钢板作为衬底，按地形斜度放置，在其上部制装地形。由于地形坡度较陡，岩塞角度小，也可制成直立库墙，岩塞口周围亦应用钢筋混凝土浇筑。在岩塞垂直角较大，岩塞口面向库墙，则需考虑水库范围不宜太小。若用胶结方法填充，埋设三发雷管，在水中水平距离 1m 处，将受到 $26kg/cm$ 冲击压力。库区过小将会影响模型水库的安全。

（二）岩塞漏斗制作

岩塞漏斗按计算之漏斗形状模拟。制作过程举例说明见图 11.2-5。

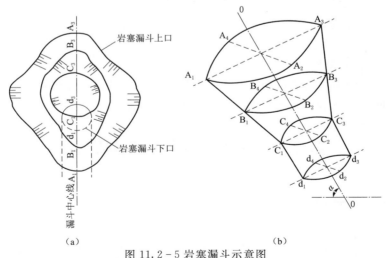

（a）　　　　　　　　　　　　　（b）

图 11.2-5 岩塞漏斗示意图

（a）爆破湖斗平面示意图；（b）岩塞体立体示意图

0—0—岩塞轴线；A_1—A_3—地面岩面线；α—岩塞倾角

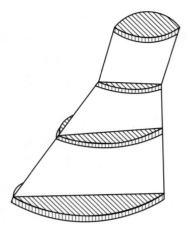

图 11.2 - 6　岩塞模型
内胎框架示意图

绘制样板和制作胎具，按漏斗形状绘制控制断面。图 11.2 - 5 中（b）为一岩塞体立体示意图。首先在胶合板上按 $A_1A_2A_3A_4$、$B_1B_2B_3B_4$、$C_1C_2C_3C_4$、$d_1d_2d_3d_4$ 分别绘制断面，再绘制 $A_1B_1C_1d_1d_3C_3B_3A_3$ 断面，并在其上注明 ABCD 断面相应位置，将各断面按样板裁割拼装成图 11.2 - 6。

在胎具断面间填充细砂或其他松散填充物，在其表面按样板形状抹制约 2cm 厚之石蜡粉煤灰混合物或其他石蜡混合物。刮制平滑此即为制作岩塞漏斗之内胎具。

将制好的胎具，按设计岩塞口位置固定，严格控制角度和高程，即可浇筑钢筋混凝土。待混凝土达到强度要求，拆除胎具，加以修理使其光滑，即成模拟岩塞漏斗。与地形按预定位置衔接，用水泥砂浆抹制即成。

（三）集渣坑之制作

集渣坑在岩塞爆破工程中是重要组成部分，也是爆破中受力较大的部位，是水流岩渣运动比较复杂的区域。因此，模型要求符合以下条件：

（1）能清晰观察水流和岩渣运动情况。

（2）修改方便。

（3）清理岩渣方便。

（4）可较快排除积水。

（5）在渣坑中应设进水管路。

（6）岩塞下部，直接受起爆影响，要求结构牢固。

一般多选用有机玻璃制作，对于结构型式较复杂的曲面，亦可准确进行模压。它具有易于制作、便于观察的优点。

（四）其他部位之制作

闸门井、洞身为观察岩渣运动规律和水流流态，都可用有机玻璃制作。制作方法与一般水工模型相同。唯在过水洞身和闸门井内应预留清渣活动门。

第三节　模型试验的操作和测量

一、岩塞之填充方法

（一）胶结方法

首先在岩塞底部安装模板，模板表面涂薄层油脂或敷以塑料薄膜（模板要求拆卸方便，可重复使用，安装简便牢固）。将碎石按配比拌和均匀。若渣量较多，则可分成若干份，再按胶结材料配方数量，将水泥干粉与碎石拌和，使水泥附于碎石表面。再以相应水量和水玻璃调和，分成与碎石同等份数，倒一份于已拌水泥之碎石中，进行快速拌和，填于岩塞内略加压实。在第一层表面覆盖玻璃纸，玻璃纸四周以防水胶与岩塞壁黏合是为防水层。以同样办法拌和碎石填充于岩塞中，在要求位置预埋雷管。填充完毕凝固到一定程度即可准备起爆试验。

（二）散粒体岩渣填充方法

在模型岩塞漏斗底部，放置玻璃板，四周用水泥浆封堵防漏，达到一定强度，即可填充按比例拌和之碎石，在适当位置安设雷管，即可准备进行起爆试验。

二、雷管的选择和起爆

试验选用铜壳 8 号雷管。若起爆用多发雷管，需注意选用相同段数雷管，达到同步起爆，避免分段起爆。为保证雷管的可靠性，需测量雷管性能，选择相同阻值雷管，以保证起爆质量和安全。一切准备工作妥善，库水位调节达到要求水位即可进行试验。可用交流电起爆，也可利用起爆器。但需注意起爆安全避免误爆。

三、爆渣的阻塞预测

有关试验发现，爆渣在洞中出现阻塞与洞径、爆渣粒径、级配等因素影响，其影响程度有如下关系：

$$\alpha = \frac{D^2}{d\beta} \qquad\qquad (11.3-1)$$

式中：α 为阻塞值；D 为隧洞洞径；d 为爆渣等值粒径，$d = \sum d_i K_i$；β 为爆渣级配系数，$\beta = \sqrt{\sum (d_i - d)^2 K_i}$；$d_i$ 为爆渣粒径；K_i 为爆渣级配百分数。

某工程试验统计资料说明见表 11.3-1，阻塞值 α 大于临界值 120 时，能保证爆渣在洞中不发生阻塞；当小于临界值时，爆渣在洞内发生阻塞。

四、资料测量

（一）水流岩渣运动规律和渣坑内积渣形状的观测

水下岩塞爆破的岩渣处理，根据工程性质，可采用不同处理方式。处理方式不同，岩渣运动规律亦随之变化。岩渣大部分是伴随水流运动而运动。爆破岩渣本身带有能量，由于与水流同时运动，岩渣本身部分能量消失于水中。水体的运动和结构型式决定着岩渣运动规律。

在采用集渣坑没有堵塞段的爆破中，岩塞起爆后，产生较明显的两股气流，一股沿隧洞直冲堵塞段，返回由闸门井逸出，此股气流可能带有少量岩渣。另一股气流冲入渣坑，随之水流夹带岩渣冲下，亦形成较明显的两股，一股沿隧洞顶部直冲堵塞段，迁阻返回；另一股冲入坑内夹杂末逸出气浪向前推移，至渣坑尾部岩墙，受阻后水流翻滚卷起，夹带岩渣，随高速水流进入隧洞，与顶撞堵塞段返回的水流相遇形成井喷。井喷停止，井内水面起伏转剧，幅度逐渐减小。水流携带之岩渣，分别沉积渣坑、闸门井底部和堵塞段前缘。渣坑内集渣形状表面呈马鞍形，中部凹陷前后端高，凹陷最低点位置，一般在岩塞轴

表 11.3-1　　　　　　　　　　　　　　　　某工程爆渣在洞中统计表

工程名称	爆渣粒径/m	粒径含量/%	试验次数	泄渣情况	d/m	β	α
工程一 $D=2.5$m	0.2~0.4	68		堵塞严重 泄渣失败	0.411	0.17315	87.8
	0.4~0.8	27					
	0.8~1.0	5					
	0.2~0.4	70	5	2组失败 3组成功	0.39	0.1375	116.5
	0.4~0.8	30					
	0.2 以下	10	8	2组轻微堵塞 2组涌堵 其余成功	0.3445	0.15514	116.9
	0.2~0.4	70					
	0.4~0.8	18.5					
	0.8~1.0	1.5					
	0.3~0.4	95		泄渣成功	0.37	0.08718	193.7
	0.7~0.8	5					
	0.2~0.3	30		泄渣顺畅	0.35	0.07746	230.5
	0.3~0.4	40					
	0.4~0.5	3					
	0.2 以下	10	8	泄渣成功	0.326	0.12698	151
	0.2~0.4	70					
	0.4~0.6	18.5					
	0.8~1.0	1.5					
	0.2 以下	10		泄渣成功	0.33	0.1382	187
	0.2~0.4	70					
	0.4~0.6	17~18					
	0.8~1.0	2~3					
工程二	0.2~0.5	70		泄渣良好	0.4825	0.20873	136[①]
	0.5~1.0	25					
	1.0 以上	5					
	0.2~0.5	97.1		泄渣成功	0.3641	0.0841	447[②]
	0.5~1.0	1.9					
	1.0 以上	1					
	0.2~0.5	70	8	泄渣成功	0.4825	0.20873	121.6[③]
	0.5~1.0	25					
	1.0 以上	5					

① 放空洞模型试验资料;

② 为①的放空洞实测资料,$D=3.7$m;

③ 模型资料,$D=3.5$m。

线延长线左右。对于此类型工程，要求渣坑容积充分利用，集渣效率高，洞内其他部位沉积岩渣尽量减少。井喷现象减轻到最低程度。集渣在运行中要保持稳定，不允许水流带动岩渣，确保下游工程安全。

观察测量记录运动过程，用摄影机记录，摄影速度大于 200 帧/秒，即可较理想的记录岩渣水流运动过程。记录渣坑集渣形状，在渣坑两侧有机玻璃面部，按高程比例绘制方格坐标网，按坐标描绘集渣曲线。并记录不同粒径岩渣分布情况，或用摄影进行静态记录。

对于防洪灌溉和有特殊需要的泄水工程，往往采用泄渣方式。爆破时洞内敞开，不设集渣坑。爆破的石渣随气浪水流一起冲到下游河道，岩渣要通过洞身，对洞身衬砌及闸门埋件，有可能产生磨损或局部破坏作用，故要详细观察岩渣运动情况。

岩塞爆通后，大量岩渣伴随水流冲入泄水洞，由于水流挟渣能力不足，而形成石堆。隧洞内流速不断调整增大，石渣逐渐泄往下游。石渣在洞内运动开始是团状，下泄"渣团"席卷移动，其速度表面大底部小。石堆顶部过水断面小，流速大。已经起动的岩渣，被迅速泄向下游。到石堆尾部以后，洞流速渐减，石块即在这里沉降、堆积，周而复始，形成渣团。在洞内如履带式席卷下泄，表面移动速度大，底部小。大量渣团泄完以后，剩余渣块多沿隧洞底部平移。记录岩渣运动的全部过程，需用大于 200 帧/秒高速摄影跟踪记录。

（二）井喷和各主要部位受力测量

在堵塞爆破中，为使主要结构部位减轻井喷和爆破水流冲击，必须探明各部受力情况，以采取措施加以保护，保证工程安全。

例清河取水口岩塞爆破，采用堵塞段封堵，井喷超过井口 12m。洞内未拆除的支撑及竖井锚固的钢支撑连同锚杆俱抛出井外。闸门井内未拆除的 30m 长 4 英寸钢管被拔起 10m 有余。随水流喷出 $2m^3$ 石块，其中最大者达 600kg。

镜泊湖电站扩建工程进水口堵塞爆破中，对堵塞段前的闸门槽、门楣、启闭机大梁均采取了保护措施。闸门槽用木方填平与边墙成平面。门楣处按放圆弧收缩段。启闭机室梁下部加保护木。爆破中井喷达 70 余米高（从闸井底部计算）。从井口喷出大量方木、木板。爆后检查，保护门槽和门楣方木全部冲出井外，实际测得堵塞段受力 $6.3kg/cm^2$（模型试验中测量得 $6.0kg/cm^2$）波形见图 11.3 - 1。保护启闭的室梁的护木，一侧被气浪冲歪，测得冲击力 $3.3kg/cm^2$，见图 11.3 - 2。闸门槽受力情况在模型验证试验中发现，在门槽部位首先发生较大负压后即转为正压，见图 11.3 - 3。受力由负为正的时间，恰是由

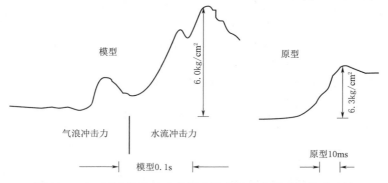

图 11.3 - 1　镜泊湖电站岩塞爆破堵塞段受力原型与模型比较

堵塞段返回之水流与后续水流撞击，井喷开始之一瞬间，两股水流相遇之位置即在闸门槽附近。门槽保护体之破坏是由于开始负压所致。香山水库泄洪洞泄渣爆破中，以混凝土柱堵塞闸门槽，保护结构安全。

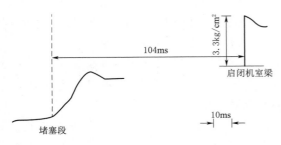

图 11.3－2　镜泊湖岩塞爆破原型
启闭机梁受力波形

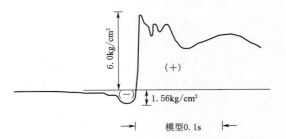

图 11.3－3　镜泊湖岩塞爆破
模型试验

起爆 2min 后，拴混凝土柱钢丝绳的绞磨，突然倾倒，钢丝绳松弛。两块混凝土堵体被水流带动，经过长 328m 的洞身而被冲到尾水渠。

诸如这些工程关键部位的受力情况，在模型中都应进行测量，了解受力过程采取相应措施。维护工程安全。

测量方法：堵塞段等部位，承受着爆破冲击和水流冲击。模型中主要测量水流冲击力。此冲击力的特点是速度快、强度大、作用时间短。利用电阻应变式传感器，采用应变仪进行数据采集和记录。测量中传感器安装应与模型分离，另以支架固定，使传感器不受爆破振动的影响。

（三）洞内各部位流速

爆破过程中，观察岩渣水气混合体运动速度是掌握洞内流态水力现象的重要资料。爆破情况下，发生于瞬间流速是变量的，是爆破气体、岩渣、水流能量传递过程，不能用简单的势能和动能关系式（$V = \sqrt{2gH}$）来计算石水流的运动速度。原型和模型均需通过实际测量确定每区段的平均流速。

例如：丰满泄水洞系泄渣方式，但设有集渣坑储存大部分岩渣，爆破过程中水流速度原型实测结果见表 11.3－2。

镜泊湖电站扩建工程水下岩塞爆破模型试验中，发现爆破后瞬时流速增减幅度较大，瞬间变化大。其测量结果见表 11.3－3，测点布置见图 11.3－4。

表 11.3－2　　丰满泄水洞岩塞爆破洞内瞬时流速观测值

距岩塞距离／m	实测区间流速／(m/s)
120.45	18.6
421.45	23.8
721.80	30.0

表 11.3－3　　　　　　　　　　镜泊湖岩塞爆破模型流速测量

测速区间	水流冲击速度／(m/s)	测速区间	水流冲击速度／(m/s)
岩塞～9 号测点	20.12	6 号测点～5 号测点	54.00
9 号测点～7 号测点	8.40	5 号测点～4 号测点	14.94
7 号测点～6 号测点	17.98		

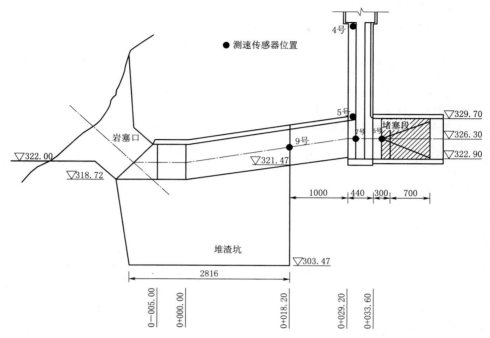

图 11.3-4　镜泊湖水下岩塞爆破堵塞段前部模型流速测量位置图

（单位：高程以 m 计，长度以 cm 计）

6 号测点至 7 号测点是水流冲击至堵塞段，然后返回至 7 号测点的速度，与后继水流冲击相撞。此股水流是股能量较高的水流，相撞冲击水流由闸门井冲出，能量大幅度释放，以 14.9m/s 速度度形成井喷，由此可见井喷速度并非很高，另外也可说明堵塞段受力非水锤作用，而是水流冲击力。堵塞段距岩塞近则受力强，井喷加剧，涌浪周期短稳定快。堵塞段距岩塞远则受力减弱井喷小，井内涌浪周期长稳定慢。

测量流速，尤其是高速变量流中，目前尚无直接测量方法。可用测量时间计算流速的方法。为区段间的平均流速。在测量断面安装电阻式传感器，分别输入应变仪，同步记录各点波形。波形脉冲间时间间隔，即两断面间水流经过时间。利用此时间与两断面距离计算流速。

第四节　水工模型试验实例

一、刘家峡岩塞口覆盖层下泄试验

（一）概述

刘家峡岩塞进口覆盖层及爆渣下泄模拟试验自 1992 年至 2014 年共做了三次，第一次试验于 1992 年 3 月完成，第二次试验于 2002 年 9 月完成，第三次试验于 2014 年 12 月完成。由于工程跨越时间长，淤积覆盖层逐年增加，以最近试验结果为准。本文简要介绍第三次试验方法和结果。

（二）试验研究的必要性及目的

刘家峡岩塞爆破工程，岩塞上部覆盖层近 40m，由于多年淤积，覆盖层下部淤积物密度较大，最大 2.1g/cm³，近似板结状态。淤积物细颗粒含量较高，约占 60% 以上。这样厚淤积、高密度和细颗粒含量大且具有黏性的覆盖层，在岩塞爆破时，本身容易产生淤堵，或与爆渣混成淤堵体，对岩塞口顺利下泄会产生及其不利影响。为解决这一工程问题，在室内进行了岩塞口淤泥下泄等效模拟试验。

通过水工模型试验模拟排沙洞岩塞口爆通后，在水库水体的静水压力作用下能否使排沙洞岩塞口上方的高密度覆盖层及爆渣顺利地从排沙洞进口段排出，为现场爆破提供试验数据。

（三）试验内容

具体试验内容如下：

（1）在静水压力作用下，模拟进口段覆盖层及爆渣下泄过程（岩塞口至闸门井前段，包括集渣坑和进口段排沙洞）。

（2）研究试验在采取软体排水管的情况下，进口段覆盖层及爆渣在水头渗透下的下泄过程。

（3）若上述试验方案达到淤泥下泄预期要求，推荐合理的工程措施。

（四）模型试验范围

模型高度的确定是根据刘家峡水库最高库水位和淤泥以下原地形再加上安全超高 25.00cm 来考虑，刘家峡进口段集渣坑底高程为 1636.70m，正常库水位为 1735.00m，差值为 98.30m，选取模型比尺为 1：40 的正态模型，即模型的几何比尺 $\lambda_l = \lambda_h = 40$。模型净高为 2.46m+0.25m＝2.71m。

模型模拟范围为刘家峡水库局部库区及排沙洞。排沙洞模拟长度是由岩塞口以下到闸门井的中线距离为 110.87m，上游模型库区取原体长 120.00m 的正方形。下游模型加上退水段长 2.00m，模型长度为 5.00m。模型宽度为 3.00m。

采用比尺 1：40 水工模型，模拟进口段岩塞爆通后淤泥下泄过程。模型主要建筑物有库区、岩塞口、集渣坑、排沙洞逆坡段。

（五）模型设计

1. 模型比尺

水力学和几何模型比尺按《水工常规模型试验规程》（SL 155—2012）相似准则确定：

（1）几何相似：

$$\lambda_L = L_P/L_m、\lambda_h = h_p/h_m \tag{11.4-1}$$

（2）时间相似：

$$\lambda_t = \lambda_L/\lambda_u \tag{11.4-2}$$

（3）重力相似：

$$\lambda_u{}^2/\lambda_h = 1 \tag{11.4-3}$$

（4）阻力相似：

$$\lambda_n = \lambda_L{}^{(1/6)} \tag{11.4-4}$$

（5）连续相似：

$$\lambda_q / \lambda_L \lambda_h \lambda_u = 1 \qquad\qquad (11.4-5)$$

相应的模型比尺见表 11.4-1。

表 11.4-1　　　　　　　　　　　水工模型相关比尺参数

项　目	比尺名称	符　号	计算值
几何相似	长度比尺	λ_L	40.000
	垂直比尺	λ_h	40.000
水流运动相似	流速比尺	λ_v	6.324
	流量比尺	λ_q	10119.288
	糙率比尺	λ_n	1.849
	时间比尺	λ_t	6.324

2. 覆盖层物理力学模拟

在物理模型试验中，起控制作用的物理常数往往因模型中所要解决的问题不同而不同。覆盖层模拟是按照试验所要解决的问题选择起控制作用的物理常数。本次模型试验中对选择相似材料有控制作用的物理常数主要为：

（1）密度相似：

$$\lambda_\gamma = \gamma_p / \gamma_m \qquad\qquad (11.4-6)$$

（2）内聚力相似：

$$\lambda_c = C_p / C_m \qquad\qquad (11.4-7)$$

（3）摩擦角相似：

$$\lambda_\varphi = \phi_p / \phi_m \qquad\qquad (11.4-8)$$

计算的相似比尺见表 11.4-2。

表 11.4-2　　　　　　　　　　覆盖层物理力学相关比尺参数

项　目	比尺名称	符　号	计算值
土力学参数相似	密度比尺	λ_γ	1.000
	内聚力比尺	λ_c	40.000
	内摩擦角比尺	λ_φ	1.000
	渗透系数比尺	λ_k	6.324

根据库区覆盖层地勘结果的物理力学指标建议值，按模型比尺缩尺后模型试验用材料土要求为：内摩擦角 $11.3°\sim16.7°$，干密度 $1.63\mathrm{g/cm^3}$，内聚力 $0.53\mathrm{kPa}$。

其中，内摩擦角对试验结果最敏感，为了尽可能与原覆盖层内摩擦角保持不变，对四种方案的配比土样进行了物理力学试验，选取其中一种内摩擦角符合要求的土样模拟淤积覆盖层，其土样配比：土 30%，水工砂 70%，内聚力 1.55，摩擦角 11.3°。颗粒级配曲线见图 11.4-1，强度曲线见图 11.4-2。

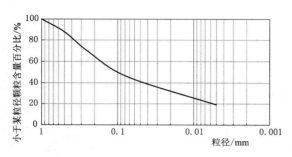

图 11.4-1　试样（土 30%，砂 70%）
颗粒级配曲线

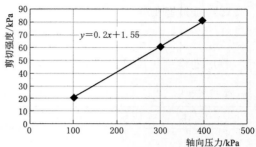

图 11.4-2　试样（土 30%，砂 70%）
强度曲线

3. 岩塞石渣的模拟

原型岩塞体爆破的方量为 2606m³，爆破后形成松散石渣，其松散系数为实际方量的 1.54 倍，计算后的松散方量为 4015m³，换算成模型体积为 0.063m³。确定岩塞体的颗粒级配采用已有的报告试验成果，见表 11.4-3。

表 11.4-3　　　　　　　　　　岩塞体的颗粒级配

粒径 d/m	0.2～0.5	0.5～1.0	1.0～2.0
占百分比/%	50	40	10

4. 软体排水管模拟

刘家峡原体岩塞爆破所使用的软体排水管为钢丝骨架外面缠绕土工无纺布，渗透系数为 $1×10^{-1}～2×10^{-1}$。

试验用软体排水管材料在模型上也是使用钢丝缠绕成弹簧形，在弹簧外用土工无纺布缠绕形成的渗水管，每根排水管长约 1.0m（原体 40.0m），排水管的模型直径为 7.5mm（原体 0.30m）。

首先对用于制作模型软体排水管的无纺布进行渗透系数率定，渗透系数满足要求后制作模型软体排水管。渗透系数率定是采取恒定水头 h 的情况下进行，土工无纺布的渗透系数：

$$k=QL/Ah \tag{11.4-9}$$

式中：Q 为单位时间内流量，m³/s；L 为土工无纺布的厚度，m；A 为过流面积（试验取的土工无纺布面积），m²；h 为水头差，m。

渗透系数率定结果见表 11.4-4，由表可见，模型制作的软体排水管的渗透系数 k 满足试验要求。

表 11.4-4　　　　　　　　　　渗 透 系 数 率 定 表

流量 Q/(mL/s)	过流厚度 L/cm	过流面积 A/cm²	水头差 h/cm	渗透系数 k
24.75	0.3	7.065	9	$1.17×10^{-1}$
24.14	0.3	7.065	9	$1.14×10^{-1}$

（六）模型制作

1. 模型尺寸

为了便于观察试验过程，试验模拟的库区、集渣坑、排沙洞模型材料采用有机玻璃制作。模型库区四周采用有机玻璃作围挡，库区底部采用铁板封闭。外侧采用 8mm×8mm 角钢作支撑。支撑角钢间距为 100cm，横向加肋焊接。

库区与供水系统连接，在库区设排水管和平水箱，以控制库区水位。库区与排沙洞集渣坑连接。覆盖层下泄试验模型布置见图 11.4-3，模型实体见图 11.4-4。

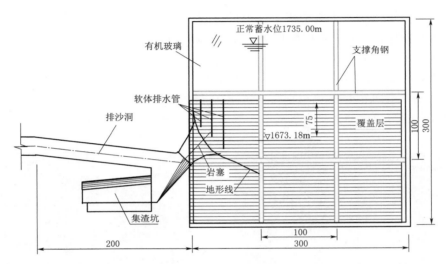

图 11.4-3　覆盖层下泄试验模型布置图（单位：cm）

2. 岩塞体模拟石渣填筑

按级配曲线配置砾石来模拟岩塞爆破后的松散石渣，其中一部分根据岩塞体体积留用填筑岩塞，剩余部分通过岩塞口预先滑落进入集渣坑中。

3. 覆盖层模拟土样填筑

采用人工分层压实填筑，每层土样填筑厚度为 10cm。干密度控制填筑过程质量，控制填筑的干密度为 1.63g/cm³。压实后对填筑的土样进行环刀取样，作密度试验，以保

图 11.4-4　覆盖层下泄试验照片

证模型填筑土样的密度与库区淤积覆盖层的密度一致。取样实测干密度值为 1.67~1.83g/cm³ 与原型基本一致。

库区的淤积覆盖层是经多年沉积而形成，在试验开始前，对填筑的覆盖层进行加水浸泡静载压淤，达到淤积覆盖层饱和含水状态。

4. 模拟冲淤系统布置

随着覆盖层模拟土样的填筑，在岩塞口上方的淤积覆盖层中埋设软体排水管组成冲淤

系统。软体排水管采用梅花形布置，即以岩塞口中心为起点布置一根软体排水管，在其上下左右位置各布置一根软体排水管，每根与中心管间距为 20cm。软体排水管埋设深度要贯通覆盖层并距岩塞表面 5cm。由多根软体排水管布置在岩塞口部位就组成冲水系统。若岩塞口爆破后形成淤堵，冲水系统通过较高库水位的水力渗透作用，破坏覆盖层或与爆渣形成的淤堵体，达到岩塞口过水顺畅的目的。

（七）研究成果

试验选择三种工况：在正常水位下压淤，不采取工程措施下泄过程试验；在正常水位下压淤，加冲水系统下泄过程试验的两种冲水系统布置形式。

在正常水位下压淤，不采取工程措施的下泄过程试验：岩塞爆通后，随着爆渣的下落，岩塞上口的中部位置覆盖层淤积物（土样）部分下落，形成塌落拱，持续相当长的时间，淤积物零星下落，并伴有渗水。以后由于渗水原因，岩塞上口部位覆盖层淤积物局部产生渗透破坏，部分淤积物塌落。持续时间超过 2 个小时候后，淤积物仍没有大量下落的可能，渗水不见增加，见图 11.4-5。试验人员采用振动方式，淤积物瞬间脱落，随后库水裹挟着淤积物形成流动先排入集渣坑，然后进入排沙洞，见图 11.4-6。

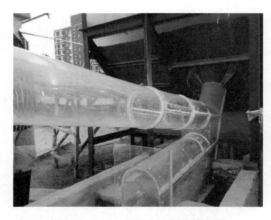

图 11.4-5 下泄过程产生的淤堵　　　　　　　图 11.4-6 顺利下泄过程

在正常水位下压淤，加冲水系统的下泄过程试验：当岩塞爆通后，从模型侧面观察，随着爆渣的下落，岩塞口上方的淤积物开始慢慢地渗水，并出现自然塌落，在岩塞口上方形成塌落拱，随着塌落拱的发展，淤泥层瞬间失稳，淤泥层贯通过水，并迅速发展。

从模型试验分析可得出以下结论：

（1）从不采取工程措施和采取加冲水系统的下泄过程试验现象看，设置冲水系统有利于覆盖层的渗透破坏，使水压直接作用在淤堵部位，覆盖层能够顺利下泄。

（2）从不采取工程措施和采取扰动措施的下泄过程试验现象看，采取扰动措施，有利于淤积物的下泄。

（3）建议岩塞爆破时，在岩塞口上方的增设冲水系统并对淤泥层进行大面积爆破扰动，使淤泥层密度下降，达到泥水混合物，增强覆盖层下泄能力。

（八）既往试验结果对比

对 2002 年和 2014 年两次试验结果进行对比分析，岩塞口爆通后库区淤积层在自重作用下主要发生剪切破坏，即靠库区蓄水和淤泥层的自重而贯通；两次试验用土成分存在一定差异，2002 年试验土沙比为 60：40，且含 5％滑石粉，由于黏土含量较大，滑石粉用于降低颗粒间黏结力。2014 年试验土沙比为 30：70 时，其抗剪强度满足试验要求。

两次试验用土抗剪强度相差不大，2002 年次淤积层贯通时间为 12h，2014 次年经过 2h 后，未等自然贯通，进行人工振动贯通。两次模型选取的岩塞爆破口直径虽然存在差异：进行第一次模型试验时，选用下岩塞口进行爆通，下岩塞口向上均为淤泥充填，即淤泥下泄通道口的直径为 25cm，计算该试验条件下岩塞口上方淤泥层稳定系数为 1.16；进行第二次模型试验时，选用上岩塞口进行爆通，岩塞区域充填碎石料（模拟爆破后的岩渣），即淤泥下泄通道口的直径为 65cm，计算该试验条件下岩塞口上方淤泥层稳定系数为 1.09。但不采用工程措施，两种试验结果基本接近。

二、汾河水下岩塞爆破水工模型试验

（一）概述

汾河水库位于太原市上游，水库肩负着防洪、太原市供水及晋中 150 万亩农田灌溉等重任。为了提高水库的泄洪能力和排沙目的，新建洞径为 8m、全长为 1193.70m 泄洪洞。泄洪洞底坡为 1/10，进口设两扇平板门，出口装弧形门，岩塞爆破时，闸门全开启。泄洪洞进口底板高程 1086.00m，出口采用排流消能，排流坎顶高程为 1073.00m。岩塞爆破时的设计库水位为 1109.00m，实施时为 1112.50m，水深为 22.20m，库区淤泥面高程为 1106.00m，淤泥厚 18.00m，平均淤积泥沙干容重为 1.25g/cm³。采用开敞式爆破，当洞内为明流时，流速约 8～10m/s，当洞内形成压力流时，平均流速 12m/s。

表 11.4－5　　　　　　　　　　　　　　爆破后岩块粒径级配表

粒径/cm	20～50	50～100	>100
占重量百分数/%	70	25	5

岩塞进口边坡为 1：0.6 的自然坡，岩塞体为云母斜长片麻岩，容重 2.7g/cm³。岩塞直径为 8m，上开口直径 19m，厚度为 9.5m。初设岩塞实方为 1346m³，爆破后虚方量为 1885m³，岩塞爆破后岩渣粒径级配见表 11.4－5。岩塞设计纵剖面见图 11.4－7，图中尺寸换算为原型尺寸以米计。

（二）模型设计与制作

1. 模型设计

模型按重力相似准则设计，采用整体正态模型，模型长度比尺 λ＝46.37，模型岩渣采用与原型

图 11.4－7　岩塞纵剖面图（单位：m）

比重相同的天然石料加工而成。粒径按长度比尺缩小，渣块形状与天然渣块几何相似，各级粒径组的百分数与原型保持一致。岩塞体积按爆破后松方体积考虑，爆破后体积增大部分，假定一部分向洞内膨胀，一部分向库区抛出，岩塞尺寸稍大，长度比设计值 9.5m，增长约 0.7m。

水库淤积面高程 1106.00m，淤泥厚 18.00m。淤积泥沙颗粒很细，属粉质黏土，上下层淤积组成及干容重均不同，模拟十分困难。为简化起见，把全部淤积层考虑为一种组成，淤积容重按平均值 $1.25g/cm^3$ 考虑。通过比较模型采用电厂粉煤灰，其中值粒径为 $d_{50}=0.04mm$，比重 $2.2g/cm^3$。将粉煤灰铺于库区，浸水后靠自重压实，测定其干容重约为 $0.97g/cm^3$。孔隙率与原型基本接近，虽然淤积状态不完全能达到相似，但基本能反映出泥沙淤积对冲渣的影响。

2. 模型制作

先按岩塞设计尺寸用水泥沙浆制成模型，将岩渣按要求比例配合好，加适量水泥、水玻璃等材料搅拌均匀，装入模型中捣固成形，在其重心位置装一支毫秒雷管，并将库区淤积模型沙按地形铺于岩塞口前。浸水密实，待岩塞成形后 1h 左右，调节库水位至爆破控制水位 1109.00m，起爆岩塞。

（三）试验成果分析

1. 流态

当岩塞起爆后，水面出现小的鼓包，岩塞瞬间即成为散粒体，在水力作用下迅速冲入洞内，开始洞内为明流，爆破岩渣以散粒状随水流滚动，但很快在门开后形成渣团，有时为大渣团，有时为几个小渣团。渣团分布长度为 20～40m，高度约 2m，渣团成沙浪式向前滚动，速度为 2～3m/s。因移动速度远小于洞内水流流速，渣团出洞后在明渠段形成壅水现象。岩塞爆破时库面无大的波动，在岩塞口水面产生旋涡，直径 4m 左右，门井水位无突变现象，只随洞内压力增加而增加。

2. 冲渣历时

从四场试验的结果看，见表 11.4-6，冲渣历时很短，且以渣团的形式排出，渣团出洞历时约 9min。总排渣历时约 10～13min。

表 11.4-6　　　　　岩塞爆破四场模型试验及原型观测主要参数表

内容 \ 场次	一		二		三		四		原型爆破	备注
	模型	原型	模型	原型	模型	原型	模型	原型		
岩渣总量/m³	36.5	1884	36.5	1884	36.5	1884	36.5	1884	2440.9	
冲出渣量/m³	27.5		27		32.5		32		1920	
排渣率/%	75		74		89		87.7		78.7	
水流至洞口时间/s	12.0～12.5	81.6～85.0	11.6	78.9	12.5	85.0			87.0	
平均流速/(m/s)		13.5		14.5		13.5			11.9（洞口至排坎处）	
开始出渣时间/s	20	136	25	203					约 120	
渣团至洞口时间/s	120	816	106	900	120	1092				

续表

内容＼场次	一		二		三		四		原型爆破	备注
	模型	原型	模型	原型	模型	原型	模型	原型		
渣团结束时间/s	76	516	72	490	86	585	96	653		起爆后8min开始关闭平板门
冲渣结束时间/s	120	816			138	936				
渣团长度/m	1	46	1.0	46	0.9	42				
渣团高度/m	0.05	2.3	0.06	2.9	0.05	2.3				
渣团移动速度/(m/s)		2.3		2.9		2.13				
洞出口满流时间/s	63	434							240～480	
起爆时库水位/m		1109～1210		1109		1109		1109	1112.3	

注　1. 场次栏内一、二场为库区无淤积资料，三、四场为有18m厚淤积资料。

　　2. 岩渣总量/冲出渣量栏：模型以kg计，原型以m³计。

3. 水力冲渣效果

岩塞方案由于体积小，水力条件有利，因此，只要爆通，岩渣即可迅速排出洞外，堵洞的可能性很小，从四次试验结果看，当库区无淤泥时，排渣率均在75%左右，库区若有淤泥存在，特别像汾河水库有厚层淤泥的条件下，排渣率可达85%以上。比无淤泥时高10%。分析其主要原因是：由于淤泥的存在使岩渣向库区抛掷的数量减少，冲入洞内的数量增加；但淤泥浸入水中后，使浑水比重增大，浮力增加，细泥也使阻力减小；同时，由于淤泥的存在，洞口前因冲刷漏斗发展有一定过程，故流速较高，抛向库区方向的岩渣也有部分被冲入洞内排出。随着洞前泥沙冲刷漏斗的扩大，流速逐渐减小，此时除抛入洞口外的较大粒径岩渣仍停留外，其余都冲出洞外。

（四）原型观测资料

汾河水库8m泄洪洞进口岩塞爆破因库区有厚层淤泥存在，倍受领导及科技人员的关注，在精心组织下于1995年4月25日起爆成功，当时库水位为1112.50m时，由起爆至洞口出水历时87s，与模型试验一致，爆破后洞口前库面出现直径约5m的漩涡，与模型试验情况基本相似。从起爆至闸门关闭共15min，冲出总渣量1920m³，占岩渣总量的78.7%，但是由于是从起爆后8min后即开始关门，使洞中流速很快降低，结果在0＋870m以后洞中留有长120m的大渣团，总量约700m³，在模型试验中渣团全部排出洞口的时间为10.88min，故关闸时间推后2min则渣团全部被推出洞外。从排出洞外的岩渣粒径看，大部分在50cm以下，最大一块为1.84m×0.9m×0.45m。与岩渣预计级配相近。洞中平均流速为11.9m/s，由明流过渡到满流的时间为4～8min。这些均与模型试验基本一致。总泄水量估算为53万m³，平均每方渣需泄水276m³。

由模型试验和原型观测资料的比较可以看出，各种水力要素及水力冲渣效率均基本一致。因此，利用水工模型试验研究有泥沙淤积或没有泥沙淤积的岩塞爆破水力冲渣的有关问题是可行的。

三、清河电厂进水口岩塞爆破集渣坑水工模型试验

（一）前言

在水下岩塞爆破设计中，如何处理爆破下来的大量岩渣是一个重要的问题。通常处理岩渣有两种方式，一是泄，即通过隧洞将其排泄到下游河道中去；二是聚，即在岩塞下方设置集渣坑，将爆落下来的石渣全部容纳贮存。

清河工程水下岩塞爆破的目的是为电厂的引水隧洞修建一条进水口，爆落下来的岩渣是无处可泄的，只能采用集渣。

岩塞爆破后岩渣进入聚渣坑有几种不同的集渣方式。

1. 串通式和封闭式

根据爆破前闸门井前是否堵塞可分成串通式和封闭式。封闭式可减少随高速冲击水流一齐进入隧洞的石渣或岩屑，但是封堵闸门要承受巨大的气浪及压缩气流的冲击，不太安全，所以一般很少采用这种集渣方式。

串通式爆破后的气流或高速水流可能在闸门井中形成井喷，但是可以避免前者的缺点。

2. 充水和不充水

根据爆破前集渣坑内是否充水可分为充水爆破和不充水爆破。充水爆破是在集渣坑内充水或部分充水以减少爆破后岩渣被带入进水隧洞的数量，或避免在闸门井中形成井喷。

不充水爆破是在爆破前集渣坑内不充水，爆破后高速水流携带大量岩渣急剧进入聚渣坑内，有可能形成井喷现象，但是一般不会在进水口前形成岩渣堆积，从而影响进水口进水。清河电厂零号机组进水口处在清河水库库底，口前地形较平坦，如采用充水爆破有可能在进水口前形成堆积，因此决定采用串通式集渣坑和坑内不充水的集渣方式。

（二）集渣坑模拟试验

由于岩塞爆破在爆炸时形成的气浪和携带大量岩渣的高速水流进入集渣坑是一个很复杂的过程，因此集渣坑的设计目前还只能靠模型试验加以解决。

1. 相似性和模型比例

在模型试验中要模拟从爆破到集渣的全过程几乎是不可能的。因此只能抓住影响集渣过程的主要因素来确定模型试验的相似性。

在集渣过程中影响集渣的最重要因素是水流的重力和惯性力起主要作用的。模型试验应采用重力相似性。根据实验室的具体条件，模型的比例为 1/20。

2. 试验模型的确定和三个试验阶段

模型试验的岩塞口爆破漏斗形式是根据爆破设计确定的，岩渣是不同级配的石子组成的松散体，考虑到岩塞爆破后岩石变成松散体的体积要增大，因此模型的岩塞爆破漏斗比设计的大，为安全起见，松散系数 $K = 1.5$ 考虑。

在选择集渣坑形式时，由于考虑到集渣坑所在的岩体为前震旦纪长石和石英质片岩，地质年代古老，岩石风化，地质情况不好，不宜采用跨度大，高度高的深坑高墙结构，而应采用跨度小，浅而长的集渣坑形式。整个试验共分三个阶段进行。

第一阶段，对坑长和坑探进行一系列对比试验。对拦石坑和拦石坎的作用及几何尺寸

也进行了一系列试验。此外还研究了爆破前在集渣坑内充水对集渣效果的影响。由于整个集渣过程是受水流控制的，因此试验中渣坑的主要尺寸是以与水头的比值作为参数的。试验结果较佳的参数如下。

（1）集渣坑坑长与水深之比：$a/H=0.95\sim1.22$。

（2）集渣坑坑深与水深之比：$b/H=0.64\sim0.82$。

（3）拦石坎坑长与集渣坑长之比：$c/a=045\sim0.50$。

（4）拦石坎坑深与集渣坑深乙比：$d/b=0.30\sim0.33$。

在试验中观察入坑水流流速很高，具有很大的携带能力，因此联想到可以利用施工用的平洞或斜井作为集渣坑的一部分，这样可以缩小集渣坑的容积。

第二阶段，试验着重对后部带有斜井或平洞的集渣坑形式进行对比试验，并继续研究集渣坑内充水或部分充水对集渣的影响。试验结果是施工平洞可以作为集渣坑的一部分，集渣量最高可达爆落方量的 50%，并且比斜井的效果好，通过第二阶段试验决定集渣坑的设计方案采用带有平洞的集渣坑，爆破前坑内不充水。

第三阶段，试验是针对已经基本确定了的集渣坑设计形式，在不同的水库水位条件下进行最后的论证试验以最终确定集渣坑的型式和各部分的尺寸。

（三）集渣坑模拟试验结果分析

1. 集渣坑内无水集渣的作用原理

在爆破前集渣坑内无水，其在爆破后的集渣原理实质上近似水力学上的消能作用。集渣坑如同消力池或冲刷坑，其作用是通过使水流的能量大量消耗，降低进入引水洞内的水流流速，从而将大量的石渣拦截在集渣坑或拦石坎内，保证进水隧洞和闸门井内不被岩渣淤塞。这样岩塞爆破后进水系统便可以顺利投入运行。岩渣入坑的全过程大致可分为三个阶段。

（1）爆破阶段。药包起爆后岩石被抛起，此时水面先隆起再散开，最后在重力作用下降落，在水面隆起的同时在渣坑内形成一股巨大的气浪，沿着闸门前的隧洞高速冲向闸门井口。

（2）消能拦渣阶段。库水夹杂着岩渣由爆破口涌入坑内，此时渣坑产生巨大的消能作用，水流能量大量被消耗，大部分岩渣便沉积在坑内。当水流涌入拦石坎时剩余能量进一步被削减，水流的携带能力减小，石渣基本上全部在此沉积完毕。

对于在后部带有平洞的集渣坑，入坑后的水流首先以很高的速度奔向集渣平洞，水头的前方呈起伏状，行进速度极快，到达闸门井底部的施工竖井时便向上喷射，并首先达到闸门井顶梁处，然后从闸前段进水隧洞涌进的水流也流到闸门井处，两处汇合后沿闸门井向上喷射。

（3）岩屑沉积阶段。入坑水流虽经集渣坑和拦石坎的两次消能作用，仍有较大的流速，粒径较小的岩屑在水中呈悬浮状态，水流进入闸门井后，由于能量的相互转化，井内水面发生起伏，最后逐渐平稳下来，岩屑便沉淀在闸门井、隧洞的底部及拦石坎和集渣坑堆石体的顶面。

2. 采用坑内无水集渣时岩渣在坑内的分布规律

根据岩渣在集渣坑及进水隧洞内的沉积状态可以划分五个区域。

（1）主流冲击区。在该区域内水流能量消耗最大，大块石多沉积于此，该区域位于集渣坑后部及平洞内。

（2）回流沉积区。该区位于渣坑的首部，在主流之下水流回旋流速较小，一般沉积物粒径较主流区为小。

（3）余能消除区。该区位于拦石坎或拦石坑部位，水流经拦石坎和拦石坑的二次消能作用所携带的剩余石渣基本上全部沉积于此。

（4）悬浮沉积区。该区位于拦石坑后的进水隧洞及闸门井，此处岩屑的沉积厚度一般在 30～60cm（原型），在隧洞的转弯及变坡处个别地方可达 90～100cm。

（5）预留堆积区。该区位于集渣坑的首部，在瞬间入坑的岩渣堆积之上，其作用是在以后的长期运行中容纳水流携带的岩屑和岩塞口周围的岸坡残积物。

5 个区域的分布图见图 11.4-8。

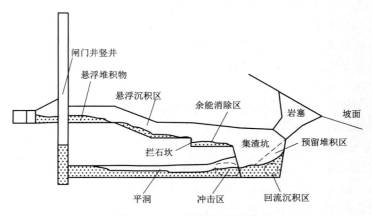

图 11.4-8 岩渣分布情况

3. 拦石坎和拦石坑的作用

在集渣坑的后部设置拦石坎和拦石坑可以进一步削减水流能量，降低流速，达到拦截石渣不使其大量进入进水隧洞里去，同时拦石坑可利用本身的容积、贮存截留下来的石渣，见图 11.4-9。当不设拦石坎和拦石坑时，进入隧洞的石渣明显的增加，见图 11.4-10。

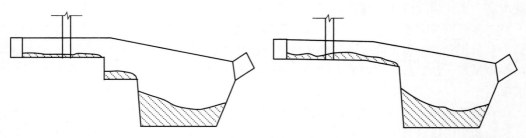

图 11.4-9 设置拦石坎的集渣坑   图 11.4-10 不设置拦石坎的集渣坑

4. 爆破前充水对集渣的影响

集渣坑内充水与否对集渣过程有着显著的影响。特别是浅长形的集渣坑或后部利用施工平洞的集渣坑，坑内充水，甚至坑内在爆破前有少量积水对集渣坑是十分不利的。它使集渣坑的后部或平洞得不到很好的利用，将使上述类型的集渣坑产生被岩渣堵塞的危险。

当然对于深而短的集渣坑来说是可以采用充水爆破的，甚至是有利的，因为本工程采用的是浅长形的集渣坑，所以对此未予进一步研究。

5. 利用平洞及斜洞集渣的比较

利用集渣坑后部的施工平洞或斜洞来集渣可充分利用施工隧洞来减少集渣坑容积。在本工程的试验中，施工平洞集渣量已经达到全部入坑渣量的 50% 以上，见表 11.4 - 7 和表 11.4 - 8，这样不但可减少开挖量，还因为集渣坑体积的大幅度减小，使得其边墙及顶拱的结构安全性显著增加，因此施工平洞或斜洞的利用价值是很大的。

表 11.4 - 7　　　　　　　　　　　渣　坑　参　数

参数项 ＼ 试验组	3 - 1	3 - 2	3 - 3	3 - 4	3 - 5
H/m	17.20	17.20	14.20	17.20	22.20
a/H	0.58	0.58	0.71	0.58	0.45
b/H	0.52	0.64	0.74	0.61	0.47
c/a	1.20	1.20	1.20	1.20	1.20
d/b	0.33	0.27	0.29	0.29	0.29
c/b	0.67	0.55	0.57	0.57	0.57

表 11.4 - 8　　　　　　　　　　第三阶段试验成果表

项目 ＼ 试验组	3 - 1 模型/L	3 - 1 原型/m³	3 - 1 百分比/%	3 - 2 模型/L	3 - 2 原型/m³	3 - 2 百分比/%	3 - 3 模型/L	3 - 3 原型/m³	3 - 3 百分比/%	3 - 4 模型/L	3 - 4 原型/m³	3 - 4 百分比/%	3 - 5 模型/L	3 - 5 原型/m³	3 - 5 百分比/%
入坑总量	37.6	1014	100.0	38.2	1031	100.0	29.6	789	100.0	32.9	886	100.0	34.8	940	100.0
渣坑渣量	13.1	353	34.8	14.8	400	38.8	11.1	300	37.5	15.8	426	48.0	12.1	327	34.8
平洞渣量	19.3	522	51.5	18.6	502	48.7	16.5	445	55.8	11.9	320	36.1	19.3	522	55.5
拦石坎渣量	3.8	102	10.0	3.3	89	8.6	1.3	35	4.4	3.5	94	10.7	2.0	55	5.9
输水洞渣量	1.4	37	3.7	1.5	40	3.9	0.7	18	2.3	1.7	46	5.2	1.3	36	3.8
非坑渣量	24.5	661	65.2	23.4	631	61.2	18.5	498	62.5	17.1	460	52.0	22.7	613	65.2

由于本工程的具体情况使斜井的布置受到一定的限制，因此斜井的总容积就比平洞小；另一方面，由于斜井内的渣流不如平洞来得通畅。因此两者的比较结果，斜井集渣量比平洞差得多，仅占入坑总量的 21% 左右，图 11.4 - 11 为斜井集渣试验。为了增加平洞内的集渣量在平洞与集渣坑的连接部位做成喇叭口形，取得了良好的效果。

6. 集渣坑的预留容积

岩塞爆破完成以后，岩塞周围的岩石仍可能有局部明塌，在岩塞口正常运行以后，附近的岸坡堆积物或风化的岩石碎块也可能随着水流带入集渣坑中来，为了保证岩塞口在爆通后能保持长期通畅，要求在爆落堆积

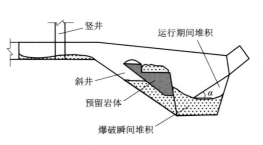

图 11.4 - 11　斜井集渣分布

体的上方仍然固有一定的空间，以容纳在爆破完成以后陆续进入的石块或岩屑。结合斜井试验，在岩塞集渣试验完成后，又模拟正常运行的水流条件，让堆积在岩塞口附近的石渣进入坑内，见图 11.4-11。此时由于流速低，水流几乎没有多大的携带能力，所以岩渣滚入集渣坑内便堆积在集渣坑的首部，堆积坡度在 35°～40°之间，这与它们在水中的休止角是一致的。由此可见，集渣坑预留堆积区只能设在集渣坑的首部，其他部位是很难利用的。

7. 模型中的井喷现象

模型起爆后，首先看到有大量气体进入坑内，然后从闸门井口向外急速溢出，水流在涌进闸门井后向上喷射，采用平洞式集渣坑，水流从闸门井下方的竖井向上喷射，越过闸门下部预留的孔口一直喷出闸门井口。

"井喷"现象主要与爆破时库水位的高低有关，在试验中，当库水位在 120.00m 高程以上时才会发生井喷，当水位超过 125.00m 时井喷已比较严重，而当库水位在 115.00m 时，仅有气体和炮烟从闸门井口溢出，向上喷射的水柱仅在闸门口内起伏，而不溢出井口。

（四）集渣坑设计

1. 集渣坑的设计步骤

(1) 确定进入集渣坑的石渣总量。

(2) 合理选定集渣坑的型式和集渣方式。

(3) 初步确定集渣坑的尺寸并进行集渣坑的模型试验。

(4) 最后确定集渣坑的型式和尺寸并进行论证试验。

2. 集渣坑入坑石渣总量应考虑三方面因素

(1) 爆破后的瞬间入坑量。其方量的大小是由爆破设计所确定，在计算爆破漏斗的方量时需要考虑超挖系数，本工程的超挖系数取 1.2。

(2) 运行期间坡积物及爆破时震松动的岩石有可能随水流落入集渣坑内。由于水流流速低，所有这部分堆渣只能在首部形成。堆积坡度为 35°～40°。

(3) 岩塞口前的抛掷。在本工程设计中因为岩塞口前地形平缓，没有考虑爆破的抛掷作用。但是对于爆破时水位低或岩塞口地形陡峻的工程，根据爆破的设计情况是可以考虑抛掷作用的。

本工程的爆后瞬间入坑量的设计成果见表 11.4-9 及表 11.4-10。为安全起见，运行期间的可能入坑量采用预留容积（100m³）。进入集渣坑的岩渣在集渣坑内各部位的分配是以模型试验为依据的，设计分配情况见表 11.4-11。

（五）实际爆破情况

在岩塞爆破时，库水位为 128.00m，起爆后在水库水面掀起 3.00m 高的水柱，起爆后约 2s，高速气流开始从井口溢出。约 2～8s，从井口喷出水柱并一直喷射到 12.00m 高

表 11.4-9　　　　　　　　　　　　　　计 算 爆 破 方 量

设计塌落方量/m³	超挖系数 μ	计算塌落方量/m³
590	1.2	710

表 11.4-10　　　　　　　　　　爆后瞬间入坑量

项目 类别	方量/m³	松散系数 K	松散方量/m³
覆盖层	250	1.2	300
岩石	460	1.5	690
计算瞬时入坑量	710		990
备注	计算覆盖层时，因覆盖层厚度计算时将岩石线提高 0.5m		

表 11.4-11　　　　　　　　　爆后瞬间入坑方量在坑内分配

瞬间入坑量	990m³			
分配部位	渣坑	集渣平洞	拦石坎	引水洞
分配系数	40%	50%	7%	3%
分配方量/m³	395	495	70	30

的井架顶部。从岩塞口经平洞和闸门井到达井口全程 117m，其平均流速为 42m/s，在井下的流速要比平均值大得多。由于水流流速高，因此有较大的破坏力量，把集渣坑平洞内没有拆除的支撑及竖井中的钢支撑、连同打入岩石中的锚杆一齐拔出，并被水流带到地面上。在闸门井内尚未拆除的长达 30 余米的 DN15mm 钢管也拔起 10 余米，随水流喷出的石块约 2m³ 左右，其中最大块重约 400~500kg。

经潜水员检查，闸门井底部及混凝土塞前有部分堆渣，闸门井至集渣坑之间的进水隧洞底部有岩屑和岩渣沉积，但粒径均不大，厚约 60~80cm，在变坡处最大厚度约 100~120cm，拦石坑和集渣坑内的堆渣情况均与试验结果基本相同。由于在隧洞设计时已经考虑岩渣的堆积问题，堆积厚度没有超过预计值，因此隧洞中的岩渣及岩屑无须清除，仅由潜水员将闸门井内的堆积物清除后，将闸门下入井内，整个岩塞爆破工作即告成功。

应该注意，在岩渣爆破时，闸门井后的隧洞封堵问题，由于爆破后要承受空气冲击波以及夹杂石块的高速水流的冲击并产生水锤作用，因此，为了安全起见，不能用一般的闸门来封堵，本工程采用厚 2.5m 的混凝土塞将闸门井渐变段后的隧洞封堵，爆破后落下闸门再拆除混凝土塞并清理渐变段内的堆积物。

四、响洪甸水下岩塞爆破水工模型试验

（一）概述

响洪甸抽水蓄能电站由上水库、输水隧洞、地下厂房和下水库等组成。上水库即为已建的响洪甸水库，总库容 26.32 亿 m³，正常蓄水位 128.00m。下水库利用原河道建坝蓄水，总库容 950 万 m³，正常蓄水位 70.00m。输水隧洞全长 758m，引水洞长 603m，尾水洞长 133.5m。

岩塞进水口位于上水库左岸，距左坝头约 250m。岩塞中轴线上 A0 点的高程 90.00m。设计的岩塞体厚度为 9m，上口内径由 12.6m 渐变至下口内径 9.0m。采用药室和排孔相结合方式进行岩塞爆破，总装药量 1944kg，爆破方量 1350m³。集渣坑的断面为梯形，宽 8.0m，原设计坑底高程 54.50m，经试验优化修改为 57.00m。集渣坑下游设闸

门井，门井尺寸为 6.5m×8.0m，高 62.60m，并于闸门井段下游 19.05m 处设球冠形混凝土堵头，用以爆破时挡水。为了减弱爆破冲击力对下游隧洞的影响，采用了气垫缓冲爆破技术，即由闸门井充水后在集渣坑顶部形成缓冲气垫，见图 11.4-12。

为研究不同库水位和闸门井水位的各种组合情况下，塞爆破时对集渣坑顶和堵头的水流冲击力、闸门井涌浪水位和集渣坑内的岩渣堆积形态等，为岩塞爆破的实施提供依据。

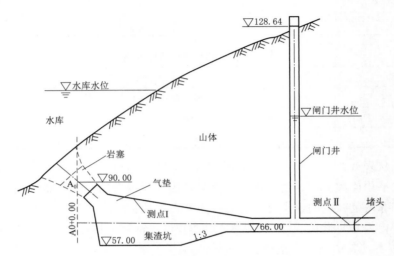

图 11.4-12　岩塞爆破工程布置图（单位：m）

（二）试验设计

按重力相似准则设计试验模型，模型几何比尺 L=30。试验模型范围包括上游水库、岩塞口、引水洞、集渣坑、闸门井和堵头等。用钢板制作岩塞口以承受爆破力。为了容纳下松散比为 1:1.55 的岩塞散粒体，必须使岩塞的总体积相应扩大 1.55 倍，则将岩塞口的形状作了相应的改变，即保持岩塞下口的内径 9m 不变，岩塞上口内径由 12.6m 扩大为 16.3m（为原型尺寸），并按原设计的外口扩散角扩至地表。岩塞的颗粒按几何比尺缩小，岩渣的级配与原型相同。原型岩渣的中值粒径约为 40cm，模型岩渣的中值粒径约为 1.3cm。

岩塞爆破试验中，按设计提供的集中药室位置及爆破顺序起爆，其中，序Ⅰ药室设置药量为 1g 的雷管 1 支，序Ⅱ药室（主药室）设置药量 1g 的雷管 2 支，两者起爆时间间隔为 75ms，采用附加导爆管控制引爆。

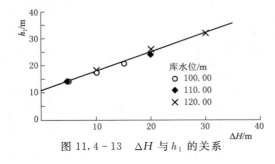

图 11.4-13　ΔH 与 h₁ 的关系

1. 闸门井涌浪

水库水位与闸门井水位之差 ΔH 与门井涌浪最大升高 h_1 的关系见图 11.4-13。可见，随 ΔH 的增大 h_1 也加大。两者基本成正比关系，即有：

$$h_1 = 0.732\Delta H + 10.35 \qquad (11.4-10)$$

式中：h_1 为闸门井涌浪最大升高，m；ΔH 为水库水位与闸门井水位之差，m。

2. 集渣坑堆渣形态

水库水位均为 110.00m、闸门井水位分别为 90.00m、100.00m 和 105.00m 时，ΔH 越大，集渣坑内渣堆的峰谷差 Δh 也越大。如 ΔH 分别为 20m 和 10m 时，渣堆峰的高程分别为 64.50m 和 63.60m，相应的最大峰谷差分别为 4.10m 和 2.80m。各工况下渣堆的中部峰顶高程均未超过下游隧洞底高程 66.00m，并且堆渣的休止位置距离集渣坑末端长度 l 随 ΔH 的减小而增大，见图 11.4－13。

3. 库内抛渣量和岩塞口残留量

模型试验表明，随着水库和门井水位差 ΔH 的增大，岩塞爆破时抛入库内的岩渣量和岩塞口残余量均呈减少趋势。如当库水位 110.00m，门井水位 100.00m（$\Delta H=10.00m$）时的库内抛渣量为 270m³，占岩渣总方量的 13.2%，岩塞口的残留量为 120.5m³，占岩渣总方量的 5.9%；当库水位 110.00m，门井水位 90.00m（$\Delta H=20m$）时的库内抛渣量为 155.9m³，占岩渣总方量的 7.6%，岩塞口残留量 107.7m³，占岩渣总方量的 5.3%

4. 水流冲击力

采用压阻式压力传感器、动态应变仪和自动采集处理系统测量水流冲击力，采样频率为 50Hz。在测点 I 测量集渣坑顶部的水流冲击力，在测点 II 测量堵头顶点的水流冲击力。库水位 110.00m 和闸门井水位 100.00m 时，在最初的 1.5～3.0s 时间段内，波形的波幅较高，尤其是一开始时就处于水下的 II 号测点压力幅值较大。这是由于爆炸产生的冲击波作用于空气和水两种介质，同时也因爆破促使模型产生振动（这与原型不具有相似性）。水流冲击力实际应为其后的波幅值，见图 11.4－14。试验中测得测点 I 的水流冲击力峰值为 0.33MPa；测点 II 的水流冲击力峰值为 0.4MPa。试验表明，水流冲击力峰值随 ΔH 增大而加大，随 ΔH 减小而减小。

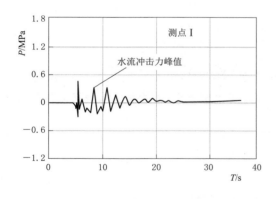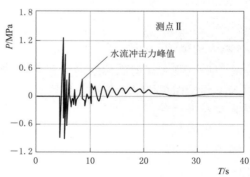

图 11.4－14　模型试验中测点 I 和测点 II 的冲击力波形

综上所述，库水位与门井水位差 ΔH 是影响爆破效果的重要因素。为避免产生较大的门井涌浪和水流冲击力，应取较小的 ΔH 值。若要求集渣坑堆渣形态均匀平坦，则 ΔH 应取值适中，若 ΔH 取值过大，渣坑堆渣的峰谷差较大；ΔH 取值过小，则爆破岩塞的石渣塌落较集中。综合分析模型试验结果认为，ΔH 取 10.00m 左右较合适。

（三）原型观测与水工模型试验结果

1999 年 8 月 1 日，响洪甸抽水蓄能电站实施水下岩塞爆破时，库水位 115.26m，闸门井充水水位 103.73m，$\Delta H = 11.53$m，并获得成功爆破。

原型爆破中，实测闸门井最高涌浪高程为 128.64m，若按模型试验中得出的式（11.4－10）式计算，门井最高涌浪高程为 122.52m。可见，原型比模型试验结果高 6.12m，模型试验值偏小。原型集渣坑的堆渣形态与模型试验中库水位 110.00m、闸门井水位 100.00m 的情况较相似。岩塞集渣坑中堆渣峰最大高程 62.00m，岩渣的休止位置距离集渣坑末端 $l = 11.3$m，均与模型试验结果较为接近。但集渣坑内堆渣总方量为 1550m³，与模型试验的 2015m³ 有较大差别，这主要是因为原型爆破中有方向性，而模型中无法模拟爆破方向。

原型观测中，实测集渣坑顶部和球冠形堵头的冲击力波形见图 11.4－15。测点 I 的冲击力峰值为 0.19MPa；测点 II 的冲击力峰值为 0.45MPa。在 $\Delta H = 10.00$m 情况下，原型观测和试验模型中相同测点的冲击力峰值较为接近，但冲击力峰值的衰减频率有差别。

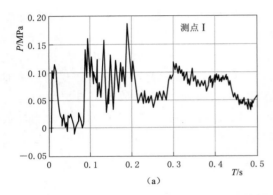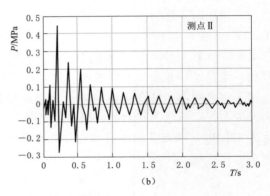

图 11.4－15　原型观测中测点 I 和测点 II 的冲击力波形

（四）结论

将原型观测和模型试验结果比较后可见，模型试验的结果基本反映了原型爆破情况，并可为实际应用提供参考依据，但因有一些因素不太好模拟，使得模型试验结果与原型观测结果存在着差别：

（1）当闸门井水位超过 74.00m 高程后，集渣坑顶部将形成气垫，并随着门井水位的上升而受到压缩，门井水位分别为 85.00m 和 110.00m 时，原型观测中气垫下的水位将相应上升至 76.30m 与 78.60m，气垫压力也由起始的 100kPa 分别上升至 187kPa 与 414kPa。但对处于大气中的试验模型，由于门井水位的缩尺影响，模型的压力仅为原型的 1/30，得模型中集渣坑顶部气垫的压力分别仅为 103kPa 与 112kPa，使气垫的压缩与原型不相似，以致会影响试验的模拟结果。

（2）为了装填设计松散比的岩塞体模型散粒料，必须相应地扩大岩塞的上口，为使模型岩塞的散粒料成型，适量地拌合了水玻璃和水泥浆予以粘连，底部用玻璃板封闭，显然，这又与原型岩塞不同。

（3）模型中采用 3 支雷管分装在两个药室差动起爆，虽然模拟了原型爆破位置和差动时间，但其爆破方式与原型观测中的差别很大。原型的集渣坑、引水隧洞、闸门井等均处于无限山体中，这是模型所无法模拟的，因此，原型与模型中的爆破冲击力难以达到相似，故模型试验仅能考虑岩塞塌落后的水流冲击力的作用。

由于爆破条件等诸多因素的不相似，造成岩塞的塌落时间与原型观测也不能严格相似，从而会影响闸门井涌浪和水流冲击力的模拟。

综上所述，水工模型试验可较好地模拟原型集渣坑的堆渣形态和闸门井涌浪等，为原型爆破方案的优化提供参考依据。但由于试验模型与原型有着许多的不相似，故需进一步改善试验研究方法，总结经验，更好地为工程实践服务。

第十二章　深水厚覆盖下岩塞可爆性数值模拟

第一节　爆破数值模拟理论

一、数值模拟的过程

爆破的数值模拟就是以计算机和计算程序为平台，采用数值计算的方法计算和模拟爆破的物理过程，这是认识岩石爆破物理现象和研究爆破机理的重要方法和手段。随着计算机技术和爆破研究的发展，数值模拟方法在爆破研究和工程领域获得了大量的应用，包括：

(1) 炸药爆轰和传爆过程。

(2) 冲击、应力波的作用及其对岩石的损伤。

(3) 裂纹的扩展与破碎的产生。

(4) 预测爆破块度的组成和爆堆形态。

(5) 爆破效果的评价与参数的优化等。

对爆破过程的数值模拟一般可分为 4 个步骤进行：

(1) 在分析所研究问题的原型基础上建立简化的研究物理模型。

(2) 针对所建立的简化物理模型建立计算和数值模型。

(3) 进行模拟计算和对模拟计算结果进行分析研究。

(4) 模拟结果的验证和对计算模型进行修正。

依据计算模拟方法的不同，目前的数值模拟分成了 3 种类型：

(1) 基于大型计算程序进行数值模拟计算，常用的程序如 ANSYS，LS - DYNA，ABAQUS，AUTODYN 等。

(2) 基于力学分析建立力学模型，在此模型的基础上进行计算数值模拟，典型的模型如 HARRIS 模型、NAG - FRAG 模型、BMMC 模型等。

(3) 基于试验和统计规律建立爆破参数与效果的经验公式，进而建立计算模拟程序进行爆破效果的数值模拟分析，典型的模型如 KUZ - RAM 模型、SUBREX 模型等，基于神经网路等建立的爆破效果分析模拟程序也应当属于此范畴。

二、岩石爆破理论模型研究现状

通过建立合理的岩石爆破理论模型，可以真实地再现爆破作用下岩石的破坏过程、揭示爆破作用岩石的破碎规律，为完善和发展爆破理论、提高爆破设计技术提供理论依据。因此，长期以来岩石爆破理论模型的研究一直是岩石动力学和岩石爆破研究领域的一个热点问题，并且日益受爆破学术界和爆破工程设计技术人员关注。

岩石爆破模型包括两类模型，即经验模型和理论模型。前者建立在经验公式上，适用于一定范围的具体工程设计和参数优化；后者是建立在爆破作用理论机理基础上，普遍适用各种爆破计算和分析。

纵观岩石爆破理论模型及数值计算研究的发展历程，可将其分为弹性理论、断裂理论、损伤理论、分形损伤理论 4 个阶段。

（一）弹性理论阶段

弹性力学模型将岩石视为各向同性的均质、连续的弹性体，岩石在爆炸荷载作用下的破坏是其应力超过应力极限引起的，在此之前，岩石是弹性的。具有代表性的有 Harries 模型和 Favreau 模型，Harries 模型是建立在弹性应变波基础上的高度简化的准静态模型，Favreau 模型是建立在爆炸应力波理论基础上的三维弹性模型。Favreau 模型充分考虑了压缩应力波及其在各个自由面的反射拉伸波和爆生气体膨胀压力的联合作用效果，最终以岩石动态抗拉强度作为破坏判据。

弹性力学模型解决了早期爆破物理模型无法定量的问题，将岩石简化为均质、连续、无任何缺陷的弹性体，虽然这种简化方式有利于裂纹和爆破块度尺寸的定量化，使得计算过程变得简单，但由于这种简化没有考虑到实际中岩石存在大量的裂隙、节理和层理，而这些实际因素都对应力波的传播和岩石破碎块度有很大影响。因此，弹性模型有很大的局限性，仅适用于完整、坚硬的岩石。

（二）断裂理论阶段

随着岩石断裂理论研究的深入，岩石中裂纹扩展及断裂破坏问题也被引入了爆破理论研究领域。具有代表性的模型有 BCM 模型和 NAG - FRAG 模型。BCM 模型也称层状裂缝岩石爆破模型，是美国能源部组织研究的用于二维有限差分应力波计算程序 SHALE 中的岩石爆破模型，该模型是在 Griffith 裂缝传播理论基础上建立的，认为岩石中存在的微缺陷可以看作均匀分布的扁平状裂隙。NAG - FRAG 模型认为爆破作用下岩石破坏范围及破坏程度取决于受应力波作用激活的裂纹数量和裂纹扩展速度，该模型用一维爆炸波传播程序 PUFF 实现了爆破过程模拟，使用裂纹扩展临界应力作为开裂判据。

$$\sigma_{g0} = K_{Ic} \sqrt{\pi/4R^*} \tag{12.1-1}$$

式中：σ_{g0} 为裂纹扩展临界应力；K_{Ic} 为断裂韧性；R^* 为临界半径。

断裂力学模型考虑了岩石中的裂纹扩展及断裂破坏问题，该模型将岩石视为含有微裂纹的脆性材料，与实际工程爆破中岩石的破坏情况更相似，相对于弹性力学模型而言应该是前进了一步。但断裂力学模型仍将裂纹周围看作是均匀的连续介质，因此，仅适用于宏观裂纹形成之后的断裂力学阶段，对材料开始劣化到宏观裂纹形成之间的力学行为和物理过程并未进行分析描述，有一定的局限性，其适用范围只限于有层理或沉积类岩石。

（三）损伤理论阶段

20 世纪 80 年代初，美国 Sandia 国家实验室开始进行岩石爆破损伤模型的研究。1980 年，Kipp 和 Grady 提出了初始的损伤模型，他们认为，原岩中存在大量随机分布的原生裂纹，在爆破作用下部分原生裂纹将被激活——裂纹将发生扩展，激活的裂纹数服从指数分布，并引入损伤参量 D 表示这些裂纹开裂引起的岩石强度降低。由于该模型所依赖的一些岩石参数不容易测定，使其应用受到限制。1985 年，Chen 和 Taylor 将 O'Connell 关于损伤材料裂纹密度与有效体积模量、有效泊松比关系引入损伤模型，明确了损伤参量 D 与以上各参数的关系。1987 年，J. S. Kuszmaul 在前人研究的基础上，提出了新的岩石爆破损伤模型——KUS 模型。KUS 模型认为岩石的抗压强度远高于其抗拉强度，岩石的动载破坏本构模型可分为两部分，当岩石处于体积压缩状态时，属于弹塑性材料，而处于体积拉伸状态时，发生脆性断裂。KUS 模型在裂纹激活率和裂纹平均尺寸方面保持了 Kipp 和 Grady 公式，在损伤参量 D 与裂纹密度及有效泊松比等参数的关系处理上采取了 Taylor 和 Chen 公式，最后以 D 形式出现在岩石拉伸应力—应变关系式中。

我国有关岩石损伤理论的研究较晚，直到 20 世纪 80 年代末期才开始研究以 KUS 模型为基础的损伤模型。刘殿书等在 KUS 模型理论基础上建立了岩石爆破破碎过程的计算模型，修正了 KUS 模型中关于应力分量的计算理论和方法，从而纠正了 KUS 模型隐含的计算错误，并运用大型二维有限差分计算程序对柱状装药在不同起爆条件下的破碎过程进行模拟。随后，杨小林在分析研究现有岩石爆破损伤模型和岩石损伤断裂理论的基础上，采用计算有效弹性模量的 Taylor 方法建立了一个新的岩石爆破损伤模型，提出了岩石在爆炸应力波作用下的损伤断裂准则。

损伤力学模型对损伤的引入，从根本上揭示了岩石在爆破作用下破碎是岩石原有损伤聚集、发展的结果，对断裂力学模型而言又进了一步。但该模型仍然具有一些是不容忽视的问题，除了计算的困难外，还存在如下缺陷：首先，用裂纹密度方法解决损伤因子的确定问题，在模型中采取裂纹激活假设，忽视了岩石中普遍存在的节理、裂隙、微孔洞等天然损伤对爆破作用的直接影响；其次，未考虑爆生气体对岩石的损伤和破坏作用，实际情况中，爆炸应力波对岩石形成的微损伤，在爆生气体的作用下会进一步发展，因此，爆生气体对岩石的损伤和破坏是不容忽视。损伤力学模型适用于各类岩石，相对于弹性模型和断裂模型在模拟岩石性质方面更加合理且接近实际，尽管还存在一些问题，在岩石爆破理论研究中该模型仍被广泛接受和采用。

（四）分形损伤理论阶段

20 世纪 90 年代，谢和平等将分形几何的概念引入岩石的动态特性研究中，使爆破理论模型的研究又向前迈进了一步。1996 年，杨军等根据 KUS 和 Thorne 等的研究，利用分形理论及其应用成果提出一种新的岩石爆破模型，该模型将岩体中的各种结构弱面视为初始损伤，以分形维数作为岩石性质的主要参量，并将损伤和分形纳入热力学框架，从而克服了以往模型中未考虑初始损伤和将损伤演化归结为体积应变函数的不足。

目前，广为大家所接受的爆破理论关系模型主要就是损伤模型和分形损伤模型。

分形损伤理论模型将分形几何的引入损伤理论模型中，使节理、裂隙等宏观弱面能以分形维数的形式在爆破模型中得以体现，不仅考虑岩石原始损伤的影响，还将损伤演化过程的能量耗散联系起来，而且利用分形维数与破碎块度的关系能够实现爆破块度预报。但有关岩石内部分形维数计算还不成熟，损伤过程的分形与能量耗散的有关试验参数也不易获得，使得该模型的应用范围受到了很大限制，但随着研究的进一步深入，该模型将会得到更广泛的应用。

三、典型的爆破计算模型

（一）典型模型

典型的爆破破碎模型见表 12.1－1。

表 12.1－1 典型的爆破破碎模型

模　型	研　究　者	目　　　的	方　　　法	需要数据
BCM （1981 年）	马戈林 （Margolin）	研究破碎形成	破碎机理和动态应变	爆轰的基本参数；动态应变模型
NAC－FRAG （1983 年）	麦克休 （Mchlugh）	岩石破裂的产生和扩展	破裂产生和扩展的统计模型	裂纹分布和弹性波传播特性
KUSZ （1983 年）	库斯兹莫尔 （Kuszmaul）	模拟岩石断裂	损伤力学方法	除一般岩石性质外，尚需损伤变量值
BLASPA （1963 年以来）	法夫罗 （Fabreau）	详细爆破设计及破碎预测	由于爆炸气体和冲击作用而产生破碎的动态模型	爆轰学；岩石的物理性质和爆破设计
KUZ－RAM （1973 年）	库兹涅佐夫 （Kuznezov） （Cunningham）	台阶爆破平均块度尺寸的预测	爆破参数与平均块度的经验公式	能量因数；岩石分类和爆炸参数
HARRIES （1973 年以来）	哈里斯 （Harries）	破碎、隆起、破碎度和破坏的预测	动态应变引起的炮孔周围的破碎	爆破振动和岩石的动载特性
SABREX （1987 年）	ORICA 公司	预计台阶爆破效果	计算机图解计算法，炸药与岩石相互作用解析法	岩石力学参数，爆破几何参数；炸药、爆破器材及钻孔的单位成本
JKMRC （1988 年）	克莱因（Kleine） 勒安（Leung）	破碎度预测，炸药选择和爆破设计	破碎理论应用到原岩矿块	现场矿块尺寸分布；能量分布和破碎特性

（二）G. Harries 模型

以爆炸气体准静态压力理论为基础，将爆破问题视作准静态二维弹性问题，把岩石视为均匀连续的弹性介质。假设岩体为以炮孔轴线为中心的厚壁圆筒，爆炸作用使与炮孔轴线垂直的平面内质点产生径向位移，当径向位移产生的切向应变值超过岩石的动态极限抗拉应变时，岩石形成径向裂隙。该模型没有考虑天然节理裂隙对应力波传播和破碎块度的影响，影响了计算结果的准确性和可靠性。

（三）BLASPA 模型

R. R. Farvreau 在爆炸应力波理论基础上建立的三维弹性模型。在岩石各向同性弹性体的假设下，爆炸应力波为许多个球状药包的叠加结果。该模型以岩石动态抗裂为破坏判据，不仅充分考虑了爆炸应力波和爆炸气体综合作用的效果，而且具有模拟炸药、孔网参数等爆破因素的综合能力并可预报爆破块度，从而得到广泛应用。

（四）BMMC 模型

由马鞍山矿山研究院提出的露天矿台阶爆破模型。以应力波理论为基础，以岩石单位表面能指标作为岩石破碎的基本判据。根据应力波在均质连续介质中的传播理论计算应力波能量在台阶岩体内的三维分布，假定应力波能量全部转化为岩体破坏形成新表面的表面能，以此计算爆破块度的分布。对于含弱面岩体则认为爆破是在这些天然岩体弱面基础上的进一步破碎。BMMC 模型的计算单元岩体的应力波能量是按应力在均质岩体中的传播处理，未考虑节理面对应力波的衰减作用。

（五）BCM 模型

是由美国的 Margolin 等人提出的层状裂纹模型。该模型假设岩石中含有大量圆盘状裂纹，裂纹的法线方向平行于 y 轴，而且单位体积内的裂纹数量（裂纹密度）服从指数分布。根据 Griffith 理论，含有裂纹的岩石在外部应力作用下，释放的应变能大于建立新表面所需的能量时，裂纹将扩展。Margolin 等建立了 BCM 模型的裂纹扩展判据，并由此计算出临界裂纹长度。所有长度大于临界值的裂纹都是不稳定的，有可能扩展，而长度小于临界长度的裂纹都是稳定的。实际问题中不可能对每条裂纹进行判别，所以 BCM 模型假设不考虑裂纹间的相互作用，且所有大于临界长度的裂纹以同一速度扩展。BCM 模型中裂纹均呈水平状发育，仅适用于有层理或沉积岩类岩石。

（六）NAG - FRAG 模型

该模型是由美国应用科学有限公司、圣地亚国家实验室和马里兰大学共同开发的，是专门研究裂纹的密集度、扩展情况以及破坏程度的模型，它综合考虑了岩石中应力引起裂纹的激活而形成新的裂纹和爆炸气体渗入引起的裂纹扩展的双重作用。模型认为脉冲载荷使岩石产生破坏的范围或破坏的程度取决于载荷作用下所激活的原有裂纹数量和裂纹的扩展程度。

（七）KUS 损伤模型

该模型是 Kuszmaul 在 Kipp 和 Grady 研究基础上提出的一种爆破损伤模型，认为当岩石处于体积拉伸或静水压力为拉应力时，岩石中存在的原生裂纹将被激活。裂纹一经激活就影响周围岩石，并使之释放应力，裂纹密度就是裂纹影响区岩石体积与岩石总体积之比。该模型认为岩石中含有大量的原生裂纹，且其长度及方位的空间分布是随机的，而损伤变量、裂纹密度及有效泊松比等参数的关系处理则沿用了 Taylor 和 Chen 的表达式，并假定被激活裂纹的平均半径正比于碎块的平均半径，从而组成了 KUS 模型的完整方程组，使模型与模拟岩石性质方面更接近实际。

（八）其他模型

随着非线性科学的发展，利用分形、逾渗、重正化群等理论研究材料的损伤演化及破碎规律已日益受到重视。将分形理论与损伤相结合构造的爆破模型，以分形维数反映岩石损伤程度，有利于定量考察材料损伤演化过程的特征。采用逾渗理论来描述岩石爆破损伤断裂这一动态过程，和运用混沌理论对岩石爆破破碎进行的理论模型研究，以及 TOU - ROTTE 等尝试将重正化群方法应用于岩石破碎的研究，这些采用新理论建立的岩石爆破理论模型，不断推进了爆破模拟研究的发展。

四、爆破效果预测模型

爆破效果预测模型力求全面且准确地反映了各种条件因素（诸如矿岩种类、性质及其随空间的变化，地表地形条件，炸药爆炸性能，药量及药包空间分布，起爆顺序和延迟时间等）对爆破作用过程与结果的影响。典型的爆破效果预测模型如表 12.1 - 1 所示。

（一）KUZ - RAM 模型

KUZ - RAM 模型是由南非的 C. Cunningham 根据其多年的矿山爆破工作经验和研究

结果提出的一种预测岩石破碎块度的工程统计型模型。该模型以 Kuznetsov 公式为基础，并认为爆破后爆堆岩块块度构成服从 R－R 分布。其基本表达式如下：

$$\overline{X}=A\left(\frac{V_0}{Q}\right)^{0.8}Q^{\frac{1}{6}} \tag{12.1-2}$$

$$n=\left[2.2-\left(\frac{14W}{D}\right)\right]\frac{(1-\delta/W)\left[1+(M-1)\right]}{2}\frac{L}{H} \tag{12.1-3}$$

式中：$\overline{X}$ 为平均破碎块度（筛下累计率为 50％时的岩块尺寸），cm；A 为岩石系数，中硬岩石 $A=7$，裂隙发育岩石 $A=10$，裂隙不明显的硬岩，$A=13$；V_0 为每孔破碎岩石体积，m^3；Q 为每孔装药量，kg，超深部分炸药除外；对于铵油炸药则按质量威力折算；W 为最小抵抗线，m；D 为炮孔直径，mm；δ 为钻孔精度标准误差，mm；M 为炮孔邻近系数（孔距与最小抵抗线之比）；L 为台阶底盘标高以上装药高度，m；H 为台阶高度，m。

（二）ELFEN 模型

ELFEN 模型是采用有限元和离散元相结合的方法模拟爆破破坏和抛移的三维数学模型。在运行过程中，要求输入药包位置、台阶边界条件、岩石性质参数（如密度、抗压强度、杨氏模量和泊松比）以及有限元网格密度。该模型存在着设定有限元网格密度对爆破效果的影响，以及未考虑岩体中节理裂隙等地质不连续面对爆破效果的影响。

（三）SABREX 模型

SABREX 模型是由英国 ICI 公司于 1987 年始推出的一种理论与经验统计相结合的综合性模型，也是目前国内外相对较为完善和先进的一种数学模型。该模型有若干模块构成：炸药数据输入模块 CPEX 和 LBEND、破碎块度预测模块 CRACK 和 KUZ－RAM。爆堆形态预测模块 HEAVE、岩石破裂模块 RUPTURE 等。它可以预测岩石块度分布、爆堆形态、飞石控制、后冲破坏、超深破坏和爆破成本等结果。爆堆形态模拟模型是在现场高速摄影测定台阶表面质点速度的基础上，找出台阶坡面上不同位置在爆堆形成过程中的初速度与爆堆最终形状的统计关系，据此预测爆堆形态。然而，SABREX 模型未能对原岩节理裂隙等对爆破效果的影响给予充分的考虑。

（四）爆堆图像分析模型

采用爆堆块度的计算机图像分析方法可对爆破破碎效果进行评价。图像分析方法评价爆堆块度的大小与组成的基本原理与步骤包括：①"抽样"拍摄爆堆表（断）面，以二维图像的形式获取爆堆矿岩块度的原始信息。②采用"二值化"等图像处理技术，由计算机对岩块平面投影的边界进行识别。③由计算机对图像中各个岩块的平面几何特征尺寸（如定向弦长、最大弦长及投影面积等）进行统计计算。④直接将上述统计计算的结果数据转换为岩块的体积尺寸，求得爆堆岩块的块度分布特征参数，以对全爆堆岩块的块度大小与组成给出综合的定量评价。

五、爆破计算方法与爆破荷载模拟

（一）爆破计算方法

1. 有限差分方法

有限差分方法（FDM）是计算机数值模拟最早采用的方法，至今仍被广泛运用。该方法将求解域划分为差分网格，用有限个网格节点代替连续的求解域。有限差分法以 Taylor 级数展开等方法，把控制方程中的导数用网格节点上的函数值的差商代替进行离散，从而建立以网格节点上的值为未知数的代数方程组。该方法是一种直接将微分问题变为代数问题的近似数值解法，数学概念直观，表达简单，是发展较早且比较成熟的数值方法。

对于有限差分格式，从格式的精度来划分，有一阶格式、二阶格式和高阶格式。从差分的空间形式来考虑，可分为中心格式和逆风格式。考虑时间因子的影响，差分格式还可以分为显格式、隐格式、显隐交替格式等。目前常见的差分格式，主要是上述几种形式的组合，不同的组合构成不同的差分格式。差分方法主要适用于有结构网格，网格的步长一般根据实际地形的情况和柯朗稳定条件来决定。

构造差分的方法有多种形式，目前主要采用的是泰勒级数展开方法。其基本的差分表达式主要有三种形式：一阶向前差分、一阶向后差分、一阶中心差分和二阶中心差分等，其中前两种格式为一阶计算精度，后两种格式为二阶计算精度。通过对时间和空间这几种不同差分格式的组合，可以组合成不同的差分计算格式。

2. 有限元法

有限元方法的基础是变分原理和加权余量法，其基本求解思想是把计算域划分为有限个互不重叠的单元，在每个单元内，选择一些合适的节点作为求解函数的插值点，将微分方程中的变量改写成由各变量或其导数的节点值与所选用的插值函数组成的线性表达式，借助于变分原理或加权余量法，将微分方程离散求解。采用不同的权函数和插值函数形式，便构成不同的有限元方法。有限元方法最早应用于结构力学，后来随着计算机的发展慢慢用于流体力学的数值模拟。在有限元方法中，把计算域离散剖分为有限个互不重叠且相互连接的单元，在每个单元内选择基函数，用单元基函数的线形组合来逼近单元中的真解，整个计算域上总体的基函数可以看为由每个单元基函数组成的，则整个计算域内的解可以看作是由所有单元上的近似解构成。根据所采用的权函数和插值函数的不同，有限元方法也分为多种计算格式。从权函数的选择来说，有配置法、矩量法、最小二乘法和伽辽金法，从计算单元网格的形状来划分，有三角形网格、四边形网格和多边形网格，从插值函数的精度来划分，又分为线性插值函数和高次插值函数等。不同的组合同样构成不同的有限元计算格式。对于权函数，伽辽金（Galerkin）法是将权函数取为逼近函数中的基函数；最小二乘法是令权函数等于余量本身，而内积的极小值则为对代求系数的平方误差最小；在配置法中，先在计算域内选取 N 个配置点。令近似解在选定的 N 个配置点上严格满足微分方程，即在配置点令方程余量为 0。插值函数一般由不同次幂的多项式组成，但也有采用三角函数或指数函数组成的乘积表示，但最常用的多项式插值函数。有限元插值函数分为两大类，一类只要求插值多项式本身在插值点取已知值，称为拉格朗日（Lagrange）多项式插值；另一种不仅要求插值多项式本身，还要求它的导数值在插值点取已知值，称为哈密特（Hermite）多项式插值。单元坐标有笛卡尔直角坐标系和无因次自然坐标，有对称和不对称等。常采用的无因次坐标是一种局部坐标系，它的定义取决于单元的几何形状，一维看作长度比，二维看作面积比，三维看作体积比。在二维有限元中，三角形单元应用的最早，近年来四边形等参元的应用也越来越广。对于二维三角形和四边形边缘单元，常采用的插值函数为有 Lagrange 插值直角坐标系中的线性插值函数及二阶或更高阶插值函数、面积坐标系中的线性插值函数、二阶或更高阶插值函数等。

对于有限元方法，其基本思路和解题步骤可归纳为

（1）建立积分方程。根据变分原理或方程余量与权函数正交化原理，建立与微分方程初边值问题等价的积分表达式，这是有限元法的出发点。

（2）区域单元剖分。根据求解区域的形状及实际问题的物理特点，将区域剖分为若干相互连接、不重叠的单元。区域单元划分是采用有限元方法的前期准备工作，这部分工作量比较大，除了给计算单元和节点进行编号和确定相互之间的关系之外，还要表示节点的位置坐标，同时还需要列出自然边界和本质边界的节点序号和相应的边界值。

（3）确定单元基函数。根据单元中节点数目及对近似解精度的要求，选择满足一定插值条件的插值函数作为单元基函数。有限元方法中的基函数是在单元中选取的，由于各单元具有规则的几何形状，在选取基函数时可遵循一定的法则。

（4）单元分析。将各个单元中的求解函数用单元基函数的线性组合表达式进行逼近；再将近似函数代入积分方程，并对单元区域进行积分，可获得含有待定系数（即单元中各节点的参数值）的代数方程组，称为单元有限元方程。

（5）总体合成。在得出单元有限元方程之后，将区域中所有单元有限元方程按一定法则进行累加，形成总体有限元方程。

（6）边界条件的处理。一般边界条件有三种形式，分为本质边界条件（狄里克雷边界条件）、自然边界条件（黎曼边界条件）、混合边界条件（柯西边界条件）。对于自然边界条件，一般在积分表达式中可自动得到满足。对于本质边界条件和混合边界条件，需按一定法则对总体有限元方程进行修正满足。

（7）解有限元方程。根据边界条件修正的总体有限元方程组，是含所有待定未知量的封闭方程组，采用适当的数值计算方法求解，可求得各节点的函数值。

3. DDA 法（不连续变形分析法）

DDA 法是 1988 年由石根华博士提出的，它的解是有限单元类型的网格，所有单元是被事先存在的不连续缝所包围的实际隔离块体。有限单元法限定只能用标准形状的单元，而 DDA 法的单元或块体可以是任何凸状或凹状的，甚至可是带孔的多结点的多边形。在DDA 法中，当块体接触时，库仑定律可用于接触面，而联立平衡方程式是对每一荷载或时间增量来选择和求解的。有限单元法的未知数是所有节点的自由度之和。DDA 方法的未知数是所有块体的自由度之和。可以认为，DDA 是有限单元法的广义化。

4. 离散元法

离散元法是 1971 年由 Cundall 首先提出来的一种数值方法，它特别适用于含有结构面的结构应力分析，最初用来分析岩石边坡的渐近破坏，该法以结构面切割而形成的离散体为基本单元，其几何形状取决于结构中不连续面的空间位置及其关系，应用牛顿运动定律描述各块体的运动过程，块体可以发生有限移动与转动，体现了变形和应力的不连续性。

5. 遗传算法

遗传算法（简称 GA）是一种处理多值极点、设计变量离散等全局优化问题的算法，它根据达尔文进化理论思想，模拟生物界"优胜劣汰，适者生存"法则，将选择、杂交和变异等引入算法中，通过构造一组初始可行解群体，以适应度函数指导随机化搜索方向，

逐渐朝着最优解方向进化。该算法对目标函数具体形态没有要求，也不依赖函数梯度信息影响等优点。

6. 复合遗传算法

在爆破震动监测中，由于爆破冲击荷载、岩体地质条件、测点位置等外界条件复杂多变，采用遗传算法处理质点震动测试参数时，参数解往往产生多峰值性，影响参数解的精度和收敛速度。同时伴随运算进行，种群多样性逐渐降低，种群个体之间的交叉、变异的有效性减弱，出现随机漫游，使最佳值提早收敛，产生早熟现象。而单纯形加速法是一种试探性的求优方法，它通过比较函数值大小来判断函数变化的大致趋势，并作为搜索方向的参考，逐步逼近最优解，该方法具有较强的局部搜索能力。故用遗传算法进行计算的中后期阶段引入单纯形加速法构成复合遗传算法，通过比较适应值大小引导搜索方向，进行复合搜索求解。充分地发挥遗传算法和单纯形加速法在全局和局部搜索能力。

7. 体积平衡法

岳士弘，张可村把定向爆破抛掷堆积过程分为抛掷和滑移阶段，分别用体积平衡法和滑移方程进行计算，并在一定的条件下进行优化，使目前的体积平衡法在理论和应用上都提高了一步。

（二）爆破荷载的模拟

1. 半经验化爆破模型

当前国际上大多采用的爆破模型为

$$P(t) = P_b f(t) \tag{12.1-4}$$

式中：P_b 为脉冲的峰值；$f(t)$ 通常取为指数型的时间滞后函数，表示成 $f(t) = P_0(e^{-nwt/\sqrt{2}} - e^{-mwt/\sqrt{2}})$，其中 n 和 m 是无量纲的与距离有关的阻尼参数，它们的值决定爆炸脉冲的起始位置和脉冲波形，w 是介质的纵波波速 C_p 和爆孔直径 a 的函数，即 $w = \dfrac{2\sqrt{2C_p}}{3a}$。$P_0$ 是当 $t = t_R$ 时，使 $f(t_R)$ 成为无量纲的最大值 1.0 的常数。t_R 通常称作爆炸脉冲的起始时间，它是 n、m 和 w 的函数：$t_R = \dfrac{\sqrt{2}\ln(n/m)}{(n-m)w}$，对于每个具体工程，先给出 n、m 一个初值，应用现场量测结果与理论计算对比，逐步修正参数 n、m，使得由上面的模型计算得到的脉冲波形与实测结果足够接近。

2. 爆破荷载的数值模拟

数值模拟方法是通过采用接近实际的数学物理模型，对材料的动态破坏现象进行数值模拟，可以展示整个作用过程及其效应，从而有助于深入认识岩石爆破、冲击破坏过程的机制；同时，数值计算结果的可靠性又可通过实验或工程实践得到验证。提出以下假设：①爆破气体在所考虑的极短时段内满足绝热条件下的气态方程。②忽略爆炸气体嵌入到孔壁裂缝中的过程，只考虑均匀嵌入的气体体积。③孔壁裂缝的总体积由该时刻气态方程、岩体抗拉强度等唯一决定，因而孔壁裂缝的个数并不影响爆生气体与孔壁岩体的相互作用过程。为使数值分析模拟裂缝扩展过程简便之故，设孔周裂缝为两组正交裂缝。

根据假定，爆破荷载 $\{P_s\}_i$ 一经确定，则可通过求解岩体系统的动力微分方程组 $[M]\{\ddot{u}\}_i + [D]\{\dot{u}\}_i + [K]\{u\}_i = \{P_s\}_i$，获得岩体中任一点、任一时刻的位移、速度和加速度。

（1）裂缝的数值模型。裂缝单元为一瞬态接触的内界面单元，该单元必须满足在开裂

与闭合条件下的附加约束方程：$\{[C]^* [R]\} \begin{Bmatrix} \{u\} \\ \{\lambda\} \end{Bmatrix} = \{f\}^*$，将约束方程与由虚功原理

得到的动力平衡微分方程联立求解：

$$\begin{bmatrix} M & 0 \\ 0 & 0 \end{bmatrix} \begin{Bmatrix} \ddot{u}_i \\ 0 \end{Bmatrix} + \begin{bmatrix} D & 0 \\ 0 & 0 \end{bmatrix} \begin{Bmatrix} \dot{u}_i \\ 0 \end{Bmatrix} + \begin{bmatrix} K & C^T \\ C^* & R \end{bmatrix} \begin{Bmatrix} u \\ \lambda \end{Bmatrix}_i = \begin{Bmatrix} F_i \\ a_i^* \end{Bmatrix} \qquad (12.1-5)$$

式中：$\{\lambda\}_i$ 为裂缝开裂时的解耦力，是未知向量；$[D]$ 为阻尼阵；$[K]$ 由两部分组成：①非裂缝体系的刚度；②裂缝单元在整体坐标下的约束阵的右上角部分，该部分随着裂缝状态不同而变化。

（2）沟槽深孔爆破的数值模拟。沟槽爆破是台阶爆破的一种形式，但它有着不同于一般台阶爆破的特征：

1）沟槽狭窄，岩石所受到的夹制作用大，需较大的炸药单耗和钻孔比。

2）爆区范围长，地质条件变化大，必须不断调整爆破参数。

3）爆区周围常常有重要的设施需要保护，爆破飞石及振动必须严格控制，同时受爆介质要充分破碎或解体。

4）沟槽开挖断面较小，爆破一般仅有向上的临空面，为取得理想的爆破效果，常采用微差控制爆破技术，即利用先爆孔的"掏槽"作用，为后续炮孔的爆破创造自由面及岩石碎胀空间，然后依次微差起爆后续炮孔。

为减少机时，同时兼顾爆破设计，比较真实地反映模拟对象的物理过程，计算时作如下处理：

a. 采用作用于孔壁的压力脉冲来模拟柱状药包的爆炸效应，孔壁压力采用阻抗匹配法计算。

b. 采用 JWL 状态方程模拟炸药爆轰过程中压力和比容的关系，即

$$p = A \left[1 - \frac{\omega}{R_1 V} \right] e^{-R_1 V} + B \left[1 - \frac{\omega}{R_2 V} \right] e^{-R_2 V} + \frac{\omega E_0}{V} \qquad (12.1-6)$$

式中：A，B，R_1，R_2，ω 为材料常数；p 为压力；V 为相对体积；E_0 为初始比内能。

c. 基于作者所建立的岩石动态损伤模型，研究爆炸荷载作用下岩石的损伤演化规律。

d. 排间微差时间取为 25ms，即中间"掏槽"孔起爆 25ms 后，两侧爆孔起爆。

e. 由于对称性，计算时取一半网格，底部边界和右边界设为非反射边界，以消除反射效应的影响。

f. 采用相似准则来数值模拟沟槽爆破破岩的物理过程。

3. 解析法模拟

从节理岩体损伤力学的观点出发，根据节理裂隙的几何特征，计算其损伤张量，并将其引用到岩体的应力～应变的本构关系中。将隧道围岩考虑成为各向异性材料，进而将爆破地震波在隧道围岩中的传播问题转化为爆破地震波在各向异性材料中的传播问题。采用解析法能较好地模拟应力波在隧道中的传播，能够较好地接近实测结果，可以对于感兴趣的场点直接求出任意时刻的动力响应。

（1）损伤变量的计算。在隧道围岩中，由于大量的节理裂隙的存在，而且对外载的动力响应也是相互影响的。岩体由于节理裂隙等结构面的存在，其力学特性发生了改变，强度及弹性模量有不同程度地下降，并具有各向异性。岩体损伤具有强烈的各向异性。因此，对初始损伤的描述必须是三维的，岩体基本结构参数的观测也必须在独立的 3 个表面上进行。

（2）爆破地震波的传播规律的解析法。运用损伤力学的观点，将岩体中的节理裂隙作为岩体的初始损伤。由于损伤的存在，根据损伤弹性模量的定义，可得到节理岩体的弹性系数张量，即

$$E = (1-D)E_0 \tag{12.1-7}$$

由式（12.1-7）可看出，损伤岩体与非损伤岩体不同，具有各向异性的性质。在此，为讨论围岩中结构面对应力波传播的影响，只要讨论应力波在损伤岩体的传播即可。下面讨论距爆源一定距离外的区域的岩体中爆破应力波的传播规律，同时假定岩石的损伤不发生变化。

假设弹性半空间损伤岩体，其弹性系数为

$$E = \begin{bmatrix} E_{11} & E_{12} & E_{13} & E_{14} & E_{15} & E_{16} \\ E_{21} & E_{22} & E_{23} & E_{24} & E_{25} & E_{26} \\ E_{31} & E_{32} & E_{33} & E_{34} & E_{35} & E_{36} \\ E_{41} & E_{42} & E_{43} & E_{44} & E_{45} & E_{46} \\ E_{51} & E_{52} & E_{53} & E_{54} & E_{55} & E_{56} \\ E_{61} & E_{62} & E_{63} & E_{64} & E_{65} & E_{66} \end{bmatrix} \tag{12.1-8}$$

其在爆破应力 $P(x, y, z, t)$ 的作用下的动力响应，根据各向异性体的弹性力学方程：

$$\left. \begin{aligned} \frac{\partial \sigma_x}{\partial x} + \frac{\partial \tau_{xy}}{\partial y} + \frac{\partial \tau_{xz}}{\partial z} &= \rho \frac{\partial^2 u}{\partial t^2} \\ \frac{\partial \tau_{xy}}{\partial x} + \frac{\partial \sigma_y}{\partial y} + \frac{\partial \tau_{yz}}{\partial z} &= \rho \frac{\partial^2 v}{\partial t^2} \\ \frac{\partial \tau_{zy}}{\partial x} + \frac{\partial \tau_{yz}}{\partial y} + \frac{\partial \sigma_z}{\partial z} &= \rho \frac{\partial^2 \omega}{\partial t^2} \end{aligned} \right\} \tag{12.1-9}$$

$$\left. \begin{aligned} \varepsilon_x &= \frac{\partial u}{\partial x}, \varepsilon_y = \frac{\partial v}{\partial y}, \varepsilon_z = \frac{\partial \omega}{\partial z} \\ \varepsilon_{xy} &= \frac{\partial u}{\partial y} + \frac{\partial v}{\partial x} \\ \varepsilon_{xz} &= \frac{\partial \omega}{\partial x} + \frac{\partial u}{\partial z} \\ \varepsilon_{yz} &= \frac{\partial \omega}{\partial y} + \frac{\partial v}{\partial z} \end{aligned} \right\} \tag{12.1-10}$$

$$\left. \begin{aligned} \sigma_x &= E_{11}\varepsilon_x + E_{12}\varepsilon_y + E_{13}\varepsilon_z + E_{14}\varepsilon_{xy} + E_{15}\varepsilon_{xz} + E_{16}\varepsilon_{yz} \\ \sigma_y &= E_{21}\varepsilon_x + E_{22}\varepsilon_y + E_{23}\varepsilon_z + E_{24}\varepsilon_{xy} + E_{25}\varepsilon_{xz} + E_{26}\varepsilon_{yz} \\ \sigma_z &= E_{31}\varepsilon_x + E_{32}\varepsilon_y + E_{33}\varepsilon_z + E_{34}\varepsilon_{xy} + E_{35}\varepsilon_{xz} + E_{36}\varepsilon_{yz} \\ \tau_{xy} &= E_{41}\varepsilon_x + E_{42}\varepsilon_y + E_{43}\varepsilon_z + E_{44}\varepsilon_{xy} + E_{45}\varepsilon_{xz} + E_{46}\varepsilon_{yz} \\ \tau_{xz} &= E_{51}\varepsilon_x + E_{52}\varepsilon_y + E_{53}\varepsilon_z + E_{54}\varepsilon_{xy} + E_{55}\varepsilon_{xz} + E_{56}\varepsilon_{yz} \\ \tau_{yz} &= E_{61}\varepsilon_x + E_{62}\varepsilon_y + E_{63}\varepsilon_z + E_{64}\varepsilon_{xy} + E_{65}\varepsilon_{xz} + E_{66}\varepsilon_{yz} \end{aligned} \right\} \tag{12.1-11}$$

其中：$\tau_{xy}=\tau_{yx}$；$\tau_{xz}=\tau_{zx}$；$\tau_{yz}=\tau_{zy}$。将方程式（12.1-10）、式（12.1-11）代入方程式（12.1-9），然后假设各质点的初始状态为静止，对其进行时间 t 的拉普拉斯变换，x，y 的傅里叶变换以及 z 的拉氏变换，再进行 S 的拉普拉斯逆变换，应用留数定理，以及关于 S 的拉普拉斯逆变换，最后进行 λ_1，λ_2 的傅里叶逆变换可得到：

$$\{\hat{u}\hat{v}\hat{\omega}\sigma\tau_{xz}\tau_{yz}\}^{\mathrm{T}}=\frac{1}{(2\pi)^2}\int_{-\infty}^{+\infty}\int_{-\infty}^{+\infty}\begin{bmatrix}C5\\C4\end{bmatrix}\{\overline{u}_0\overline{v}_0\overline{\omega}_0\overline{\sigma}_{x0}\overline{\tau}_{xz0}\overline{\tau}_{yz0}\}^{\mathrm{T}}\times e^{-i\lambda_1 x}e^{-i\lambda_2 v}\mathrm{d}\lambda_1\mathrm{d}\lambda_2$$

$$(12.1-12)$$

此式即为爆破地震波在半空间中频域解。为求时域解，可对此式进行 q 的拉普拉斯逆变换，于是建立了应力波在公路隧道围岩中的简化模型，该模型以爆破荷载计算结果作为荷载输入。

4. UDEC 模拟

刘亚群等运用二维离散单元程序 UDEC，模拟了爆破荷载作用下黄麦岭磷矿采场岩质边坡的动态响应，并将计算结果与现场监测结果进行了比较，结果表明，两者吻合得较好。

六、常用爆破数值模拟软件

常用爆破数值模拟软件见表 12.1-2。

表 12.1-2　　　　　　　　　　常用爆破数值模拟软件

程　序	研究者	方　法	性　能　简　介	发布年份
SHALE-3D	美国洛斯—阿拉莫斯实验室（Los Almos）	有限差分	爆破引起的岩石损伤破碎计算	1980
PRONTO	美国桑迪亚实验室	有限元	应力波传播的计算机程序	1990
DMC	美国桑迪亚实验室与 ICI 公司共同开发	离散元	煤矿台阶爆破，包括抛掷爆破的计算机模拟	1993
ANSYS LS-DYNA	美国 ANSYS 公司	有限元	显式非线性动力分析通用的有限元程序	1976
AUTODYN	AUTODYN 是 ANSYS 子公司 Century Dynamics 公司研发	有限元	显式有限元分析程序，用来解决固体、流体、气体及其相互作用的高度非线性动力学问题	1993
DDA	美国 DDA 公司	不连续变形分析	DDA 方法可计算不连续任意形状块体，接触变形问题	1985
HSBM	众多研究单位联合研发	有限元和离散元	可以模拟爆破的全过程，诸如炸药的爆轰、冲击波传播、岩石破碎、岩体抛掷、爆堆形成、振动等	2001
ABAQUS		有限元	可以分析复杂的固体力学和结构力学系统。分析模块 ABAQUS/Explicit 主要是用来求解诸如碰撞、跌落、爆炸这样的高速动力学问题	1978

第二节　深水厚淤积覆盖下岩塞爆破效果有限元分析

一、引言

水下岩塞爆破在国内外均有不少成功的实例，例如加拿大的休德巴斯，挪威的阿斯卡拉，中国的丰满、清河、梅铺、玉山、香山和密云等水库均成功地进行了岩塞爆破，但这些工程的岩塞口均位于水库的清水以下。然而，在淤泥下进行岩塞爆破，国内外先例较少。在库区淤积情况下，对隧洞进水口进行岩塞爆破带来一系列新的问题：淤泥对岩塞爆破的影响，岩塞爆通后岩渣、淤泥进入口门的入流形态；岩渣、泥沙和水流在洞内的运动规律；淤泥对排渣和泄水量的影响等问题，都是在多泥沙河流中水库改扩工程进行岩塞爆破所遇的一个新课题。

刘家峡水电站洮河排沙洞岩塞口及其周边工程地质的复勘、复测工作已经完成，复测的地形与可研阶段的地形有较大的变化。目前排沙洞和集渣坑已开挖完毕，上覆岩体预留厚度约 12.00m。上覆岩体预采用岩塞爆破技术进行施工，岩塞位于正常蓄水位以下 70.00m，尚有约 11.00～58.00m 厚的淤积层，爆破难度之大，在国内外尚属首例。在岩塞爆破实施前后，存在预裂孔钻孔、排孔钻孔、掏槽孔钻孔以及药室通道开挖后岩塞体是否安全稳定、各方案最优的岩塞厚度、各爆破方案是否能确保岩塞成功爆除、岩塞成功爆除时药室最优位置等问题。因此采用有限元法，开展刘家峡水电站排沙洞进口岩塞爆破分析，为确定设计方案提供依据非常必要。

二、国内外研究及应用现状

水下岩塞爆破技术比较复杂所涉及问题较多，如水下地形、地貌的测量、水下爆破器材的性能、岩塞爆破的方式、岩塞掏槽的方式、岩塞轮廓面控制爆破的方式以及施工质量等，国内外对于水下岩塞爆破进行专门研究的科研机构和单位较少。

在国外采用水下岩塞爆破技术较早。1877 年，智利最早公布了在天然湖泊引水采用水下岩塞爆破的情况。进入 20 世纪以来，法国、挪威、瑞士等国家在开发天然湖泊时，比较多的采用了水下岩塞爆破施工方法，但都是在小洞径的工程上应用。直到 60 年代，加拿大的休德巴斯水电站工程才在大直径的引水隧洞进水口采用水下岩塞爆破技术施工，其引水隧洞进水口岩塞直径 18m，厚 21.00m，位于水下 15.00m，总装药量为 27000kg，爆破石方 10000m³，是迄今为止规模最大的水下岩塞爆破工程，1960 年爆破成功。但到 70 年代，国外有关水下岩塞爆破技术的总结文字还很少。

挪威是采用水下岩塞爆破技术施工最多的国家，据不完全统计，挪威已先后完成了 500 多个水下岩塞爆破工程，因此他们做了不少模型试验及现场观测，积累了不少经验。挪威已实施的水下岩塞爆破工程一般在水下 30.00～40.00m，最深的一次是 1987 年在 Fossvatn 湖实施的，水深 119.00m。英国、秘鲁、意大利等国也采用过水下岩塞爆破技术修建引水隧洞进水口。

我国从 20 世纪 70 年代开始采用水下岩塞爆破技术修建水工隧洞进水口，辽宁省清河热电厂引水隧洞进水口，是我国第一个水下岩塞爆破工程。

郝志信、赵宗棣以密云水库水下岩塞爆破工程为例，从岩塞进水口位置选定、岩塞形状和尺寸确定、炮孔布置、装药结构、岩塞石碴处理、起爆网路以及岩塞爆破施工等方面，详细介绍了较为罕见的排孔泄碴方式的水下岩塞爆破的设计与施工，为其他工程提供了丰富经验。

曾树州、杨建红、李国珍以汾河水库隧洞岩塞爆破为例，通过现场模拟试验、水工模型试验等资料进行了岩塞爆破方案的比选研究，设计了硐室加排孔的岩塞爆破方案，总结了有淤泥覆盖的大型岩塞爆破施工经验。

丁隆灼、郑道明以响洪甸水下岩塞爆破工程为例，介绍了水下岩塞爆破工程的爆破器材试验以及一些施工经验。

刘美山等以塘寨电厂取水工程为例，分析了平行小断面双岩塞的结构特点，设计了大孔径深孔和浅孔组合的爆破方案，总结了其施工技术，为类似工程积累了丰富的经验。

由于爆炸问题的复杂性，使得爆破数值模拟难度大、程序复杂。在数值仿真程序中，迄今尚没有一个公认的完善程序。目前爆破数值仿真模拟软件中影响最大的是 LS-DYNA 程序，但该程序模拟多药室、多排孔分级爆破难度较大。岩塞爆破数值仿真方面，国内外学者做出了一些不错的研究成果。

凌伟明建立轮廓面控制爆破的断裂力学模型，分析爆炸应力波和爆生气体准静态压力在岩石爆破破裂过程中的作用，通过 CSA 有限元计算程序计算径向裂纹周围应力和裂纹应力强度因子，研究轮廓面控制爆破破裂过程中的断裂特征，得出轮廓面控制爆破效果很大程度上取决于在爆生气体准静态压力作用下径向裂纹的扩展过程的结论，为了解光面爆破和预裂爆破机理提供了一定帮助。

钱叶甫从炮孔间距、爆生气体准静态压力、孔壁裂纹张开位移、初始裂纹扩展长度以及岩石结构复杂性等方面，论证了爆生气体准静态压力作用是形成最终裂缝的主要因素，指出裂纹扩展不是从受应力作用较强的中心开始而是从孔壁开始，在合适的孔间距条件下形成最终贯通裂缝。

张立国、李守巨、何庆志应用断裂力学的基本原理研究光面爆破的成缝机理，结果表明：由于炮孔连线方向的应力强度因子大于其他方向的应力强度因子，炮孔周围裂纹的扩展将首先沿炮孔连线方向进行，且抑制其他方向裂纹的扩展。

戴俊以初始裂纹尖端形成的应力集中因子为研究工具，分析原岩应力条件下定向断裂轮廓面控制爆破炮孔间贯通裂缝的形成机理，得出在高原岩应力条件下，炮孔内爆炸载荷作用使定向断裂预裂爆破炮孔壁裂纹形成的方向多数情况与炮孔间连线方向不一致，不利于轮廓面控制爆破降低爆破对围岩的损伤，也不利于炮孔间裂纹的扩展，实现较大的轮廓炮孔间距；应优先考虑采用定向断裂光面爆破，有利于控制只在炮孔连线方向上的岩石中形成裂纹，达到有效降低轮廓面控制爆破对围岩的损伤。

韩亮、李鹏毅运用 ANSYS/LS-DYNA 动力有限元分析软件对超深竖井不同光面爆破参数进行比较分析，将数值模拟计算结果与经验公式法确定的光面爆破参数分别应用于洞宫山隧道通风竖井施工中，得出经验公式法适用性较差，数值模拟计算方法确定的光面爆破参数更符合实际情况。这说明数值模拟计算能够为工程提供指导依据，节省成本提高工作效率。

钟冬望、李寿贵将所建立的岩石动态损伤模型嵌入到 DYNA 程序的用户材料子程序中，对预裂爆破过程进行数值模拟计算，表明裂纹首先从炮孔壁开始，并沿炮孔连线方向扩展，且当应力波传播到一定时候，有一自炮孔向外传播的卸载波，使炮孔周围介质呈现压剪和卸载破坏。

　　任旭华、祝鹏采用三维非线性有限元法对辽宁长甸水电站改造工程岩塞进水口的应力和稳定问题进行了系统的分析；论证不同厚度的岩塞在不同水位情况下的安全性和爆破对岩体稳定的影响，指出岩塞厚度的选取应综合进行技术经济比较后选定。

三、工程概况及地质条件

（一）工程概况

　　刘家峡水电站位于甘肃省永靖县的黄河干流上，距兰州市 80km。水电站主坝为混凝土重力坝，最大坝高 147.00m，总库容 57.4 亿 m³，装机容量 1390MW，年发电量 57.6 亿 kW·h，为一等大（1）型工程。自 1969 年 4 月第一台机组发电以来，发挥了巨大的发电、防洪、灌溉、防凌、航运等综合效益，是西北电网中大型骨干电站。

　　刘家峡水库自 1968 年 10 月蓄水运用至 1991 年汛后，23 年来，全库泥沙淤积量为 14.69 亿 m³，剩余库容 42.71 亿 m³，库容损失 25.6％；有效库容淤积 5.89 亿 m³，剩余有效库容 36.1 亿 m³，损失 14.0％，平均年损失率 0.61％。为了解决泥沙淤积对刘家峡大坝安全运行带来的严重危害和对大坝安全度汛构成威胁及电站机组磨损等问题。增建了刘家峡洮河口排沙洞工程，主要建筑物由排沙洞、发电支洞（岔管）等组成。

　　拟修建洮河口排沙洞拦截入库泥沙是解决刘家峡电站泥沙问题的一项十分紧迫的工程措施。主体工程排沙洞的进水口采用水下岩塞爆破方案。岩塞爆破口位于洮河出口，黄河左岸，在正常蓄水位以下 70.00m，尚有约 11.00～58.00m 厚的淤积层。泄流量 600m³/s，发电引用流量 350m³/s。岩塞内口为圆形，内径 10m，外口尺寸约 20.3m×27.84m；塞体体型内口为圆形，外口近似椭圆，岩塞最小厚度 12.30m，岩塞进口轴线与水平面夹角 45°。岩塞进口底板高程为 1664.53m，塞体方量约 2474m³。

（二）基本地质条件

　　排沙洞进口布置于洮河口对岸（黄河左岸），该处岸坡为一向水库凸出的山脊，此凸出部分向上游变化较缓，向下游变化较急。进口洞脸部位岩体山坡呈上缓下陡趋势，自 1658.00m 高程以上均为陡坡，其中在 1678.00～1720.00m 高程之间岸坡倾角约为 70°～85°，在 1690.00m 高程以下部分已为水库淤积物质掩埋。

　　排沙洞进口岸坡为层状斜向结构岩质边坡，但岩层产状不稳定，进口段地表及其下游侧，走向为 NE10°～NE30°，倾向 NW，倾角 20°～40°。岩石强风化水平深度一般约 5～8m，弱风化水平深度一般约为 10.00～15.00m。层面裂隙发育，另有走向与层面一致，倾向近于垂直的一组裂隙也较发育，此外还有一组顺坡陡倾裂隙，该两组裂隙可能与 F₇ 断层一起组合切割山坡形成塌滑体。进口段附近存在断层主要有：F₅、F₇ 及 fj2，其中 F₇ 对洞脸边坡稳定影响最大。F₇ 断层走向 NW314°，倾向 SW∠57°，根据地质报告的资料来看，F₇ 有切割岸坡坡面形成塌滑体的危险，在天然状态下已处于极限平衡状态，在岩塞爆破洞口形成进程中和形成以后，其稳定状态大大恶化。

进口段地下水主要包括松散层孔隙性潜水和基岩裂隙水两种类型。基岩裂隙水主要存在并运移在基岩裂隙中，受裂隙的控制，多呈裂隙脉状水。

进口段岩石以Ⅲ类岩体为主，局部Ⅳ类。岩石干密度均值 $2.85\mathrm{g/cm^3}$，干抗压强度均值 89MPa，饱和抗压强度均值 71MPa，软化系数均值 0.79，弹性模量均值 17GPa，属硬质岩范畴。岩石抗剪强度凝聚力均值 1.64MPa，摩擦系数均值 1.16。

四、计算方法及原理

（一）非线性有限元方法

刘家峡水电站洮河排沙洞水下岩塞爆破采用 ANSYS 有限元计算，该程序功能完善，成果可靠，是国际上应用广泛、具有权威性，并通过 ISO 9001 认证的大型有限元计算软件。

非线性有限元增量形式的基本方程为

$$[k]\{\Delta\delta\}_i=\{\Delta R\}_i+\{\Delta Rp\}+\{R\} \tag{12.2-1}$$

式中：$\{R\}$ 为迭代过程中产生的不平衡力；$\{\Delta R\}_i$ 为荷载增量；$\{\Delta Rp\}$ 为非线性等效结点荷载。

$$\{\Delta Rp\}=\sum e\int_{\Omega e}[C^e][B]^{\mathrm{T}}\{\Delta\sigma^p\}\mathrm{d}v$$
$$\{\Delta\sigma^p\}=[Dp]\{\Delta\varepsilon\}_{i-1} \tag{12.2-2}$$

由此可得

$$\{\delta\}_i=\{\delta\}_{i-1}+\{\Delta\delta\}_i$$
$$\{\sigma\}_i=\{\sigma\}_{i-1}+\{\Delta\sigma\}_i \tag{12.2-3}$$

由式 (12.2-1)、式 (12.2-2)、式 (12.2-3)，可通过多次迭代，求得非线性有限元的单元应力 $\{\sigma\}$、应变 $\{\varepsilon\}$ 和结点位移 $\{\delta\}$。

（二）岩体材料的模拟

岩石按理想弹塑性材料考虑，使用 Drucker-Prager 屈服准则，考虑了由屈服而引起的体积膨胀。其等效应力的表达式为

$$\delta_e=3\beta\sigma_m+\left[\frac{1}{2}\{S\}^{\mathrm{T}}[M]\{S\}\right]^{\frac{1}{2}} \tag{12.2-4}$$

式中：σ_m 为平均应力或静水压力 $=\dfrac{1}{3}(\sigma_x+\sigma_y+\sigma_z)$；$\{S\}$ 为偏差应力；β 为材料常数；$[M]=$ Mises 屈服准则中的 $[M]$

上面的屈服准则是一种经过修正的 Mises 屈服准则，它考虑了静水应力分量的影响，静水应力（侧限压力）越高，则屈服强度越大。

材料常数 β 的表达式如下：

$$\beta=\frac{2\sin\phi}{\sqrt{3}(3-\sin\phi)} \tag{12.2-5}$$

材料的屈服参数定义为

$$\sigma_y=\frac{6C\cos\phi}{\sqrt{3}(3-\sin\phi)} \tag{12.2-6}$$

式中：C 为凝聚力；ϕ 为内摩擦角（DP 材料的输入值）。

屈服准则的表达式如下：

$$F = 3\beta\sigma_m + \left[\frac{1}{2}\{S\}^{\mathrm{T}}[M]\{S\}\right]^{\frac{1}{2}} - \sigma_y = 0 \qquad (12.2-7)$$

（三）开挖的模拟

严格的岩体开挖模拟方法是通过对开挖岩体的初始地应力产生的"虚拟"开挖荷载的计算实现的，ANSYS 等通用有限元程序并不实现这一计算过程，但可以采用其中的单元的"死"和"活"设置来近似地模拟开挖过程。挖去的单元将成为"死单元"，程序将其刚度矩阵变成一个很小的值。"死单元"的单元载荷和质量将设为零，因此不对载荷向量生效，其质量和能量也不包括在模型求解结果中。通过我们对开挖荷载的计算和单元的"死"和"活"设置两种计算成果严格地对比考核，说明"死活单元"方法是合理可行的，在工程应用精度范围内完全可以满足用户要求。

五、基本资料

（一）材料参数

1. 淤积层物理力学性质

根据地质补充试验成果，洮河口淤积层主要以壤土为主，其物理力学性质具有以下特征：

（1）天然含水量较高。试验范围值为 $13.7\%\sim32.5\%$，均值为 25.7%，多数含水量接近或超过土的液限值，说明在天然状态下处于软塑状态。

（2）密度值变化范围大。试验范围值为 $1.81\sim2.15\text{g/cm}^3$，均值为 2.00g/cm^3，说明具有不均一性。

（3）颗粒大小变化大。中砂、细砂、粉砂、淤泥均有分布，且呈互层或透镜状，相变较大。

（4）抗剪强度较高。这主要是由于淤积层虽以壤土为主，但多有厚度较小，且呈透镜状或局部互层状分布的砂层所致。

（5）渗透系数变化较大。试验范围值为 $5.84\times10^{-5}\sim5.63\times10^{-8}\text{cm/s}$，均值为 $1.24\times10^{-5}\text{cm/s}$，反映出淤积层物质组成不均一，相变大的特点。

综合试验成果，结合黄河流域其他工程，经类比本计算淤积层参数见表 12.2-1。

表 12.2-1   淤泥层材料力学参数

材　　料	密度/(g/cm³)	弹性模量/MPa	泊松比	摩擦角/(°)	黏聚力/kPa
淤泥质粉土	1.68	3.2	0.33	10	8.4
粉土	1.79	4.9	0.32	15	11.2
粉质黏土	1.78	3.3	0.33	10	7.5

2. 岩体物理力学性质

进口段岩石以Ⅲ类岩体为主，局部Ⅳ类。排沙洞进口岸坡为层状斜向结构岩质边坡，但岩层产状不稳定，进口段地表及其下游侧，走向为 NE10°～NE30°，倾向 NW，倾角 20°～

$40°$。岩石强风化水平深度一般约 $5.00 \sim 8.00m$，弱风化水平深度一般约为 $10.00 \sim 15.00m$。

断层 F_7 出露在排沙洞进口边坡坡顶 $1733.00m$ 高程，F_7 断层基本沿顺坡裂隙发育，宽度 $2 \sim 5cm$，长度大于 $15m$，由碎裂岩等组成，带内强风化，未胶结，无断层泥发育，断面平直，下盘见一组擦痕，倾伏状为 $SW \angle 45°$，向下游延伸稳定，向上游追踪性裂隙延伸，从下盘面擦痕判断，先期为逆断层，后期有正错迹象（错距 $20 \sim 30cm$），带内无泥，为硬性结构面。

根据上述地质描述，本计算岩体参数见表 12.2-2。

表 12.2-2　　　　　　　　　　**岩体材料力学参数**

材料	密度/(g/cm³)	弹性模量/GPa	泊松比	摩擦角/(°)	黏聚力/MPa
新鲜岩石	2.78	10.0	0.220	41.99	1.00
弱风化岩石	2.76	6.5	0.250	34.99	0.65
断层	1.80	0.6	0.300	21.80	0.06
混凝土衬砌	2.45	25.5	0.167	45.00	1.50

3. 炸药性能指标

本次计算采用 1:2 模型试验所用的澳瑞凯（威海）爆破器材有限公司生产的 PowergelT-MMagnum3151 型乳化炸药，该炸药具备良好的抗水性能，其性能指标见表 12.2-3。

表 12.2-3　　　　　　　**PowergelTMMagnum3151 炸药的主要技术指标**

指标名称	SJ-YⅡ-5 型
密度/(g/cm³)	$1.18 \sim 1.24$
相对有效能	相对于密度 0.8g/cc 铵油炸药的有效能；铵油炸药的有效能为 2.30MJ/kg；该能量是在 100MPa 压力下的理想爆轰基础上计算得出的；非理想爆轰能量也是根据炮孔直径、岩石类型及爆轰反映情况得出
相对重量能（与 ANFO 相比）=100%@0.8g/cc	116%
相对体积能（与 ANFO 相比）=100%@0.8g/cc	175%
爆速/(m/s)	$4500 \sim 5600$
炮孔最深深度（推荐）/m	水下 150.00
存储时间/月	18

（二）计算荷载

刘家峡水电站排沙洞进口岩塞爆破有限元计算中主要考虑以下荷载：

（1）岩体自重。地下水位以上岩体的自重采用天然容重；地下水位以下岩体的自重，采用浮容重。

（2）正常蓄水位水荷载。岩塞爆破时，水荷载取正常蓄水位 $1735.00m$，施加水荷载。

（3）泥沙压力。根据地质勘测资料，计算时淤泥层高程取 $1693.50m$，施加淤沙压力。

（4）爆破荷载。根据 C-J 理论，炸药爆炸后的瞬间，炸药的平均爆轰压力为

$$P_e = \frac{\rho_e D^2}{2(\gamma+1)}$$

$(12.2-8)$

式中：P_e 为炸药爆轰平均初始压力；ρ_e 为炸药密度；D 为炸药爆轰速度；γ 为炸药的等熵指数。

对于耦合装药条件，作用在炮孔壁上的压力即为炸药爆轰压力，则有：

$$P_0 = P_e \qquad (12.2-9)$$

式中：P_0 为耦合装药时爆破荷载峰值压力。

对不耦合装药条件，若装药时的不耦合系数值较小，则爆生气体的膨胀只经过 $P > P_k$ 一个状态，此时炮孔初始平均压力为

$$P_0 = \frac{\rho_e D^2}{2(\gamma+1)} \left(\frac{a}{b}\right)^{2\gamma} \qquad (12.2-10)$$

式中：a 为装药直径；b 为炮孔直径。

若装药不耦合系数较大，此时爆生气体的膨胀需经历 $P \geqslant P_k$ 及 $P < P_k$ 两个阶段，则可得

$$P_0 = \left[\frac{\rho_e D^2}{2(\gamma+1)}\right]^{\frac{\nu}{\gamma}} P_k^{\frac{\gamma-\nu}{\gamma}} \left(\frac{a}{b}\right)^{2\nu} \qquad (12.2-11)$$

根据式（12.2-8）～式（12.2-11），参考炸药性能指标，即可确定爆破荷载。

（三）计算方案

根据新测得的勘察资料，并结合可研阶段的各种方案，提出了三个设计方案：方案一，洞内排孔爆破方案；方案二，洞室集中药包和排孔爆破相结合方案；方案三，分散药室爆破方案。

1. 方案一洞内排孔爆破方案

方案一岩塞内径为 10m，岩塞厚度取值 10.00～15.00m，开口尺寸约为 23.51m×22.58m，根据岩塞布置，岩塞岩体方量约为 2890m³；岩塞进口轴线与水平面夹角为 45°，岩塞口进口底板高程为 1665.59m。设计中以岩塞中心线为轴，布置一条预先开挖的直径为 2.0m 的圆形先锋洞，洞深 6m。其目的是克服爆破掏槽的困难，使主爆炮孔的爆破作用方向明确。另外在先锋洞洞底中心对应先锋洞位置布置 1 个孔径为 100mm、深 5.0m 的中心空孔及两圈共 10 个掏槽孔，掏槽孔孔径为 100mm、孔深约为 5.0m。主爆破孔布置在先锋洞周圈，主爆孔共布置四圈，由中心向外第一圈 10 孔、第二圈 18 孔、第三圈 25 孔、第四圈 36 孔，总计 89 个主爆孔，主爆破孔孔径均为 100mm，孔深约为 10.0～15.0m 不等。同时为保证岩塞爆破成型良好，有效控制爆破对周边围岩的破坏影响，沿岩塞体周边布置了一圈预裂孔。预裂孔设计孔深为 12.0～15.0m，孔径为 42mm；孔口处孔距为 30cm，共计 105 孔。该方案岩塞剖面见图 12.2-1。

方案一有限元分析的主要问题包括：

（1）先锋洞、掏槽孔、主爆破孔和预裂孔开挖岩塞稳定性分析。

（2）岩塞安全稳定的最优厚度研究。

（3）各级爆破效果研究。

根据方案一所关心的主要问题，并考虑爆破工序和不同炸药参数取值，方案一有限元计算设计以下工况，见表 12.2-4。

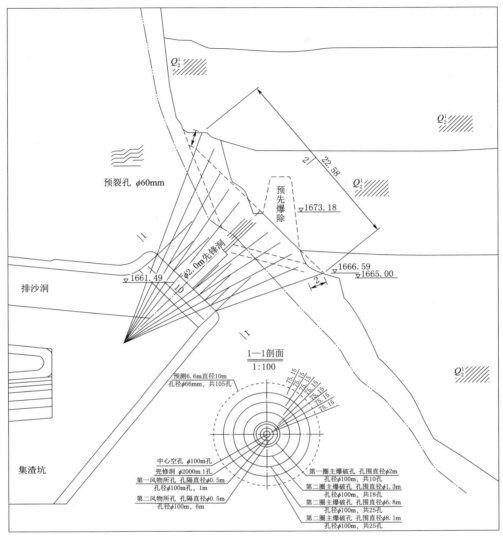

图 12.2-1　方案一岩塞剖面

表 12.2-4　　　　　　　　　　方案一计算工况

计算目的	工况	计 算 条 件	作 用 荷 载
稳定分析	1	初始状态	岩体自重、静水压力、淤沙压力
		预裂孔、掏槽孔、主扩孔和集中药室开挖	
岩塞厚度研究	2	原设计方案	岩体自重、静水压力、淤沙压力
	3	岩塞厚度减薄 1m	
	4	岩塞厚度减薄 2m	
	5	岩塞厚度减薄 2m、先锋洞增加 1.6m	
	6	岩塞厚度减薄 3m	
爆破计算	7	装药密度 1.2g/cm³、爆轰速度 4500m/s	岩体自重、静水压力、淤沙压力、爆破荷载

2. 方案二洞室集中药包和排孔爆破相结合方案

方案二岩塞尺寸内径 10m，断面为城门洞型，岩塞厚度 12.31m；开口尺寸 27.53m× 31.24m。岩塞进口轴线与水平面夹角 47.5°，岩塞底板高程为 1665.00m。根据布置，塞体方量 2510m³。洞室集中药包布置在岩塞中心线上，距上游岩面最小抵抗线 6.0m。集中药包的作用是将岩塞、淤泥爆通并在地表形成较完整爆破漏斗。为保证岩塞爆破成型良好，有效控制爆破对围岩的破坏影响，沿岩塞体上半洞周边布置了预裂孔。孔深 12.0～ 15.0m，孔径 42mm，孔距 40cm。为了将集中药包爆通后岩塞周边剩余部分爆除，布置四圈主扩孔，孔深 6.0～7.5m，孔径 100mm；孔距 80～120cm。为了形成进口 1665.00m 底高程，在岩塞底部布置一排渠底孔，两侧布置渠侧孔。平均孔深 16.5m；孔径 100mm；孔距 100cm。方案二岩塞剖面见图 12.2－2。

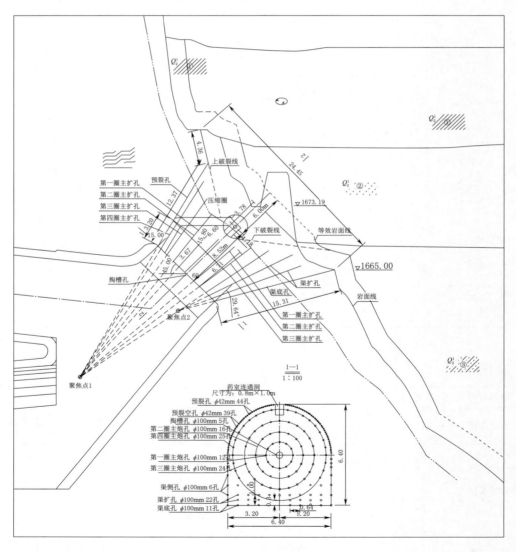

图 12.2－2　方案二岩塞剖面

有限元分析的主要问题包括：

（1）集中药室通道、主扩孔、渠底孔、渠侧孔和预裂孔开挖岩塞稳定性分析。

（2）集中药室阻抗比优化。

（3）各级爆破效果研究。

根据该方案所关心的主要问题，并考虑爆破工序和不同要炸药参数取值，方案一有限元计算时设计以下工况，见表12.2-5。

表 12.2-5　　　　　　　　方 案 二 计 算 工 况

研究内容	工况	计 算 条 件	作 用 荷 载
岩塞开挖稳定分析		初始状态	岩体自重、静水压力、泥沙压力
		预裂孔、掏槽孔、主扩孔和集中药室开挖	
集中药室阻抗比优化研究	1	阻抗比1.1，炸药密度1.2g/cm^3，爆轰速度4500m/s	岩体自重、静水压力、泥沙压力、爆破静荷载
	2	阻抗比1.1，炸药密度1.2g/cm^3，爆轰速度5500m/s	
	3	阻抗比1.3，炸药密度1.2g/cm^3，爆轰速度4500m/s	
	4	阻抗比1.3，炸药密度1.2g/cm^3，爆轰速度5500m/s	
	5	阻抗比1.7，炸药密度1.2g/cm^3，爆轰速度4500m/s	
	6	阻抗比1.7，炸药密度1.2g/cm^3，爆轰速度5500m/s	
	7	阻抗比2.3，炸药密度1.2g/cm^3，爆轰速度4500m/s	
	8	阻抗比2.3，炸药密度1.2g/cm^3，爆轰速度5500m/s	
分级爆破效果研究	1	阻抗比2.3，炸药密度1.2g/cm^3，爆轰速度4500m/s	岩体自重、静水压力、泥沙压力、各级爆破静荷载
	2	阻抗比2.3，炸药密度1.2g/cm^3，爆轰速度5500m/s	

3. 方案三分散药室爆破方案

方案三岩塞内口为圆形，内径10m，周边预裂孔的扩散角为15°，岩塞进口轴线与水平面夹角45°，爆破采用单层7个药室进行塞体爆破，7个药室呈王字形布置，上部2个药室为1号、2号药室，中部3个药室为3号、4号、5号药室，下部2个药室为6号、7号药室，其中，4号药室分解成上、下两部分，称之为4号$_上$药室和4号$_下$药室。各个药室通过导洞与外界相连。1号、2号、3号、5号、6号、7号药室近似位于同一平面上，具体位置根据前后抵抗线的比值进行调整。该方案岩塞剖面见图12.2-3。

有限元分析的主要问题包括：

（1）集中药室及通道和预裂孔开挖岩塞稳定性分析。

（2）药室位置优化。

（3）各级爆破效果研究。

根据该方案所关心的主要问题，并考虑爆破工序和不同要炸药参数取值，方案三有限元计算时设计以下工况，见表12.2-6。

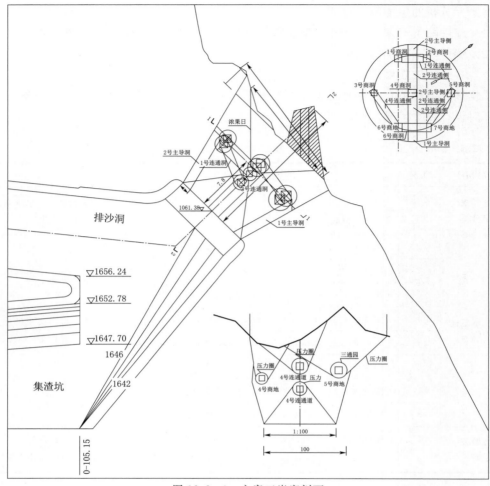

图 12.2 - 3　方案三岩塞剖面

表 12.2 - 6　　　　　　　　　　　　方 案 三 计 算 工 况

计算目的	工况	计 算 条 件	作 用 荷 载
稳定分析	1	初始状态	岩体自重、静水压力、淤沙压力
		预裂孔、掏槽孔、主扩孔和集中药室开挖	
药室位置选择	2	原设计方案	岩体自重、静水压力、淤沙压力、爆破荷载
	3	药室整体上移 0.5m	
	4	药室整体上移 1.0m	
	5	药室整体上移 1.5m	
	6	药室整体上移 2.0m	
	7	药室整体下移 0.5m	
	8	4 号$_上$上移 0.5m，4 号$_下$下移 0.5m	
	9	4 号$_上$上移 1.0m，4 号$_下$下移 0.5m	
	10	4 号$_上$上移 2.0m，4 号$_下$下移 0.5m	
爆破计算	11	装药密度 1.2g/cm³，爆轰速度 4500m/s	岩体自重、静水压力、淤沙压力、爆破荷载

六、方案一：洞内排孔爆破方案

（一）计算模型

整个计算模型的范围沿排沙洞轴线方向（X向）取 200m，沿铅直方向（Y向）自山体表面向下取至 1570.00m 高程处，侧向（Z向）岩体取 150m。岩体采用 solid45 进行模拟，有限元模型见图 12.2－4。模型底部施加全约束，排沙洞轴线方向施加水平方向（X向）约束，侧面施加水平向（Z向）约束。

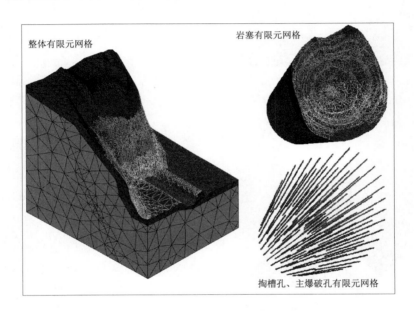

图 12.2－4　方案一（排孔方案）有限元模型

（二）稳定计算

1. 原始状态

原始状态下，排沙洞与集渣坑已经开挖完成，结构承受自重、正常蓄水压力和淤沙压力。整个结构的最大位移 35.6mm，岩塞处位移 27.7mm，见图 12.2－5。岩塞底部有小面积 0.2MPa 以下拉应力区，见图 12.2－6。岩塞部位多为 2.0MPa 以下压应力，岩塞底部与排沙洞连接处有 9.0MPa 压应力。

2. 开挖状态

先锋洞、中心空孔开挖后，结构的位移发生变化。减去原始状态的位移后，开挖引起的岩塞部位 X 方向位移 0.28mm；Y 方向位移 0.46mm，见图 12.2－7；Z 方向位移 0.03mm。

开挖后，先锋洞两侧出现 0.2～0.4MPa 的拉应力，见图 12.2－8，岩塞其余部位均为压应力，大部分在 0～－3MPa 范围内，岩塞底部与排沙洞连接处有－9.0MPa 压应力。

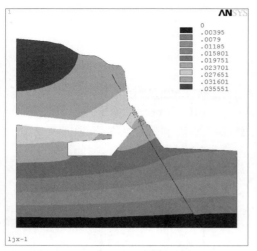

图 12.2-5　方案一原始状态总位移

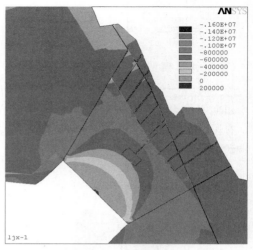

图 12.2-6　方案一原始状态第一主应力

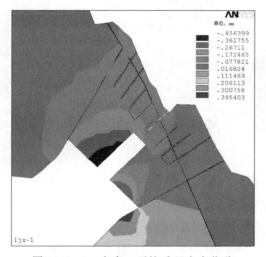

图 12.2-7　方案一开挖后 Y 方向位移

图 12.2-8　方案一开挖后第一主应力立视图

（三）岩塞厚度研究

岩塞厚度研究依据有限元强度折减法进行计算，计算了岩塞厚度不变、岩塞厚度减薄 1m、岩塞厚度减薄 2m、岩塞厚度减薄 3m、岩塞厚度减薄 2m 并且先锋洞增加 1.6m 五种情况。

（1）岩塞厚度不变时，强度折减系数大于 4.7 时，计算不能收敛，强度折减系数为 4.7 时，开挖引起的岩塞部位 X 方向位移 2.5mm，Y 方向位移 2.5mm，Z 方向位移 1.9mm；开挖后，拉应力最大为 0.5MPa，压应力最大在 100MPa 以上。岩塞部位有大面积塑性区产生，见图 12.2-9。

（2）岩塞厚度减薄 1m 时，强度折减系数为 4.2 时，开挖引起的岩塞部位 X 方向位移 0.94mm，Y 方向位移 0.94mm，Z 方向位移 0.06mm；开挖后，拉应力最大为 0.5MPa，压应力最大在 100MPa 以上。岩塞部位有大面积塑性区产生，见图 12.2-10。

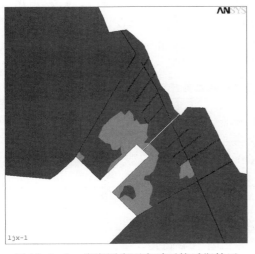

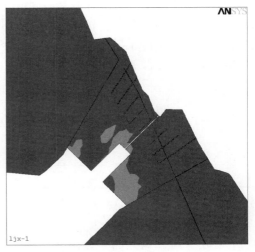

图 12.2-9　岩塞厚度不变时开挖后塑性区　　　　图 12.2-10　岩塞厚度减薄 1m 开挖后塑性区

（3）岩塞厚度减薄 2m 时，强度折减系数为 4.2 时，开挖引起的岩塞部位 X 方向位移 1.4mm，Y 方向位移 1.5mm，Z 方向位移 0.89mm；开挖后，拉应力最大为 0.5MPa，压应力最大在 100MPa 以上。岩塞部位有大面积塑性区产生，见图 12.2-11。

（4）岩塞厚度减薄 3m，强度系数折减到 4.0 时，计算已不能收敛，因此，岩塞厚度减薄 3m 时的安全系数已小于 4。

（5）岩塞厚度减薄 2m 并且先锋洞增加 1.6m，强度折减系数为 4.0 时，开挖引起的岩塞部位 X 方向位移 1.31mm，Y 方向位移 1.37mm，Z 方向位移 0.58mm；开挖后，拉应力最大为 0.5MPa，压应力最大在 100MPa 以上。岩塞部位有大面积塑性区产生，见图 12.2-12。

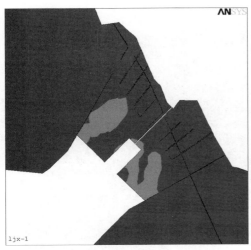

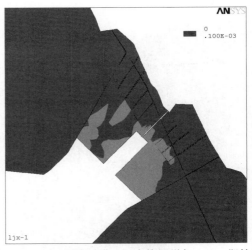

图 12.2-11　厚度减薄 2m 塑性区　　　　　图 12.2-12　厚度减薄 2m 先锋洞增加 1.6m 塑性区

（6）表 12.2-7 给出了各岩塞厚度情况下的安全系数表。从表中看出，随着岩塞厚度减薄，安全系数逐步减小，岩塞厚度减薄 3m 时，安全系数小于 4，岩塞厚度减薄 2m 并且先锋洞增加 1.6m 时安全系数为 4，以安全系数 4 为评判标准，岩塞厚度减薄 2m 并且先锋洞增加 1.6m 为岩塞的最小厚度。

表 12.2-7　　　　　　　　　　各岩塞厚度情况下安全系数表

岩　塞　厚　度	安全系数	岩　塞　厚　度	安全系数
厚度不变	4.7	厚度减 3m	<4
厚度减 1m	4.2	厚度减 2m 先锋洞增加 1.6m	4
厚度减 2m	4.1		

（四）分级爆破效果研究

方案一爆破计算分 5 次模拟爆破过程。顺序为：第 1 响，掏槽孔；第 2 响，第一圈主爆破孔；第 3 响，第二圈主爆破孔；第 4 响，第三圈主爆破孔；第 5 响，第四圈主爆破孔。预裂孔、先锋洞、中心空孔预先挖好。计算时炸药爆速取 4500m/s。

（1）掏槽孔爆破效果。掏槽孔爆破后，第一掏槽孔周围一定范围岩体拉应力较大，基本超过岩体的极限抗拉强度。掏槽孔内圈岩体同时也承受巨大的压应力，使掏槽孔附近的岩石被压碎或拉裂破坏。掏槽孔爆破后岩塞横截面和平切面的第一、第三主应力分布见图 12.2-13～图 12.2-16。

（2）第一圈主爆破孔～第四圈主爆破孔爆破效果。第一圈主爆破孔～第四圈主爆破孔爆破后，超过岩体极限抗拉强度的炮孔周围岩体范围较大，而超标压应力范围较小，只是在孔壁很小范围内出现了较大的压应力。第一圈主爆破孔爆破后岩塞横截面和平切面的第一、第三主应力分布见图 12.2-17～图 12.2-20。第二圈主爆破孔爆破后岩塞横截面和平切面的第一、第三主应力分布见图 12.2-21～图 12.2-24。第三圈主爆破孔爆破后岩塞横截面和平切面的第一、第三主应力分布见图 12.2-25～图 12.2-28。第四圈主爆破孔爆破后岩塞横截面和平切面的第一、第三主应力分布见图 12.2-29～图 12.2-32。

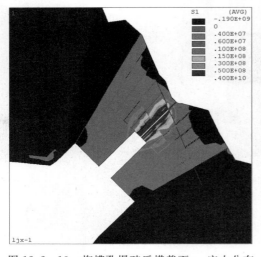
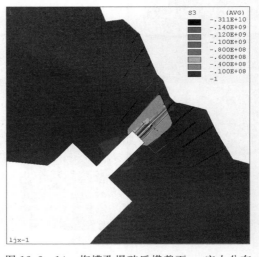

图 12.2-13　掏槽孔爆破后横截面 σ_1 应力分布　　　图 12.2-14　掏槽孔爆破后横截面 σ_3 应力分布

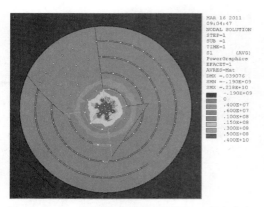

图 12.2 - 15　掏槽孔爆破后平切面 σ_1 应力分布

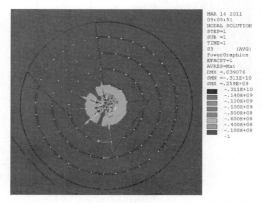

图 12.2 - 16　掏槽孔爆破后平切面 σ_3 应力分布

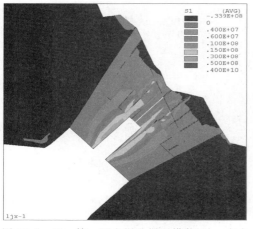

图 12.2 - 17　第一圈主爆孔爆后横截面 σ_1 应力

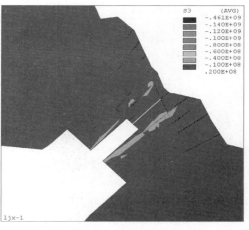

图 12.2 - 18　第一圈主爆孔爆后横截面 σ_3 应力

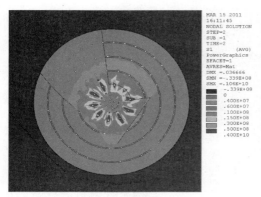

图 12.2 - 19　第一圈主爆孔爆后平切面 σ_1 应

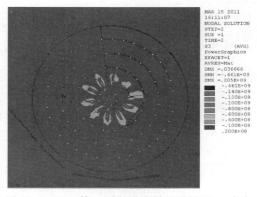

图 12.2 - 20　第一圈主爆孔爆后平切面 σ_3 应力

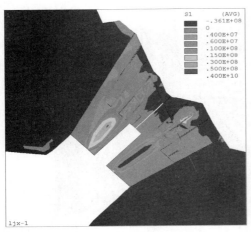

图 12.2-21 第二圈主爆孔爆后横截面 σ_1 应力

图 12.2-22 第二圈主爆孔爆后横截面 σ_3 应力

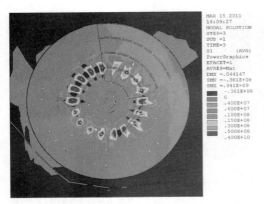

图 12.2-23 第二圈主爆孔爆后平切面 σ_1 应力

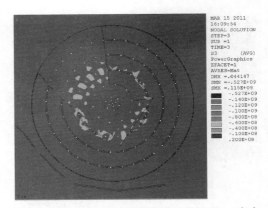

图 12.2-24 第二圈主爆孔爆后平切面 σ_3 应力

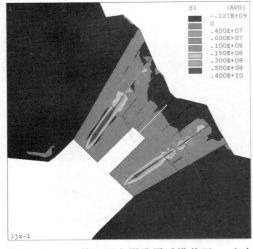

图 12.2-25 第三圈主爆孔爆后横截面 σ_1 应力

图 12.2-26 第三圈主爆孔爆后横截面 σ_3 应力

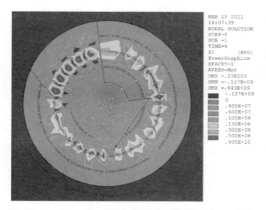

图 12.2 - 27　第三圈主爆孔爆后平切面 σ_1 应力

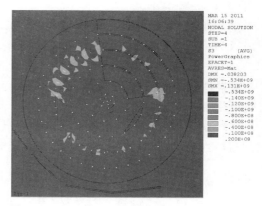

图 12.2 - 28　第三圈主爆孔爆后平切面 σ_3 应力

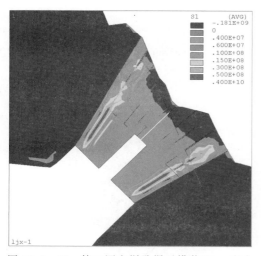

图 12.2 - 29　第四圈主爆孔爆后横截面 σ_1 应力

图 12.2 - 30　第四圈主爆孔爆后横截面 σ_3 应力

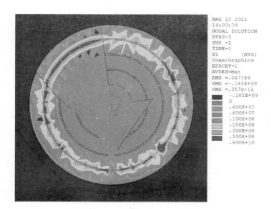

图 12.2 - 31　第四圈主爆孔爆后平切面 σ_1 应力

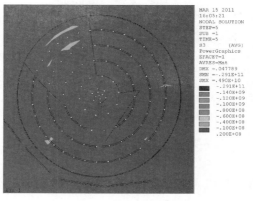

图 12.2 - 32　第四圈主爆孔爆后平切面 σ_3 应力

（五）方案一小结

（1）方案一岩塞体稳定计算成果表明：先锋洞、中心空孔开挖后，岩塞体总体位移和应力较小，岩塞体在施工期是安全稳定的。

（2）岩塞体厚度变化对施工期稳定性影响的各方案的对比计算研究结果表明，岩塞体从现有厚度减薄 2m、先锋洞增加 1.6m 时，其抗滑稳定安全系数均大于等于 4.0，满足设计抗滑稳定要求。

（3）分级爆破计算结果说明，每级爆破时，内圈岩体基本以拉裂破坏为主，各级爆破均可爆通设计要求的各自岩体，分级爆破效果也较为均衡，排孔爆破成型基本问题不大。

七、方案二：洞室集中药包和排孔爆破相结合

（一）计算模型

整个计算模型的范围沿排沙洞轴线方向（X 向）取 200m，沿铅直方向（Y 向）自山体表面向下取至 1570.00m 高程处，侧向（Z 向）岩体取 150m。岩体采用 solid45 进行模拟，有限元模型见图 12.2-33。模型底部施加全约束，排沙洞轴线方向施加水平方向（X 向）约束，侧面施加水平向（Z 向）约束。

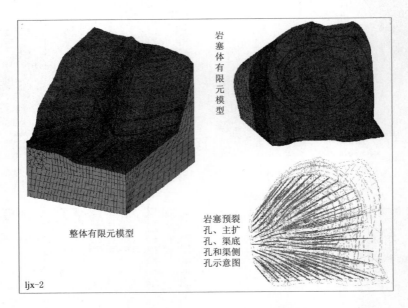

图 12.2-33　方案二有限元模型

（二）岩塞稳定分析

药室及通道、预裂孔、主扩孔、渠底孔和渠侧孔开挖后，岩塞稳定性计算分两步，第一步即为初始状态，排沙洞与集渣坑已经开挖完成，结构承受自重、正常蓄水压力和淤沙压力条件下的计算；第二步为在第一步基础上，预裂孔、主扩孔和药室开挖条件下计算。

1. 初始状态

初始状态主要在施工状态的基础上，考虑岩体自重、库水压力和淤泥压力进行计算。整个山体结构的初始位移场分布均匀，铅直向位移随着高程的增加而增加，最大位移为35.14mm，发生在山顶部位；总位移与铅直向位移分布规律基本接近，因为在岩体自重、库水压力和淤泥压力作用下，山体变形主要以垂直向为主，最大总位移为35.14mm，也发生在山顶部位，见图12.2－34～图12.2－35；远离岩塞口的山体初始应力场分布较为均匀，第一主应力大小在－1.21～0.12MPa范围内变化，第三主应力大小在－6.86～0.003MPa范围内变化，且与高程相关性较大，见图12.2－36～图12.2－37。

岩塞体部位铅垂向位移和总位移基本在19.5～23.4mm范围内，见图12.2－38～图12.2－39；岩塞底部第一主应力σ_1基本在－0.55～0.12MPa，见图12.2－40；第三主应力σ_3基本在－2.74～－1.37MPa，见图12.2－41；剪应力τ_{xy}基本在0.53～1.75MPa。除此之外，岩塞底部与衬砌接触部位产生应力集中，最大拉应力为2.76MPa，最大压应力为12.3MPa。

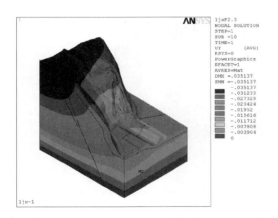

图12.2－34 初始状态山体垂向位移云图

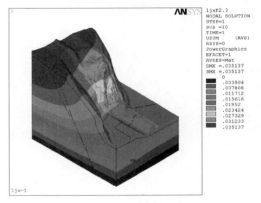

图12.2－35 初始状态山体总位移云图

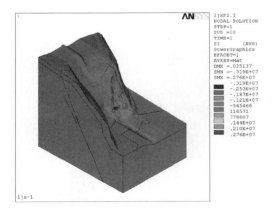

图12.2－36 初始状态山体σ_1云图

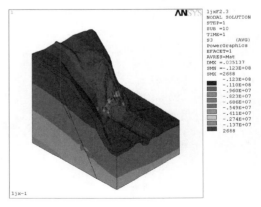

图12.2－37 初始状态山体σ_3云图

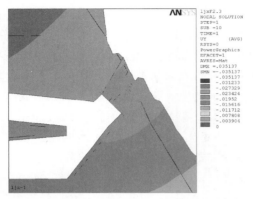

图 12.2-38　初始状态岩塞体垂向位移云图

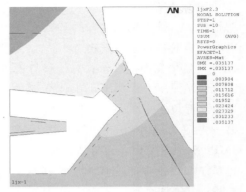

图 12.2-39　初始状态岩塞体总位移云图

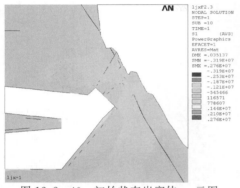

图 12.2-40　初始状态岩塞体 σ_1 云图

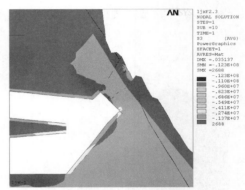

图 12.2-41　初始状态岩塞体 σ_3 云图

2. 开挖状态

进行地下工程围岩稳定分析，必须正确模拟岩体开挖过程。岩体开挖模拟方法是通过对开挖岩体的初始地应力产生的"虚拟"开挖荷载的计算实现的，本步计算是在第一步的基础上，将药室及通道单元"杀死"，预裂孔、主扩孔、渠底孔和渠测孔等单元采取降低材料参数模拟开挖过程，以确定岩塞体的稳定性。开挖后位移场计算结果见图 12.2-42～图 12.2-43，应力场计算结果见图 12.2-44～图 12.2-45。

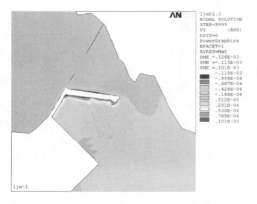

图 12.2-42　开挖后岩塞横截面竖向位移云图

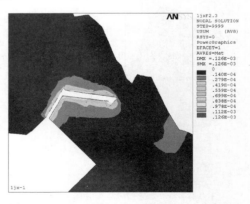

图 12.2-43　开挖后岩塞横截面总位移云图

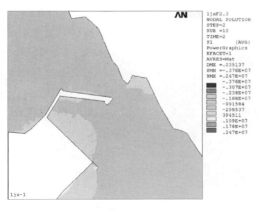
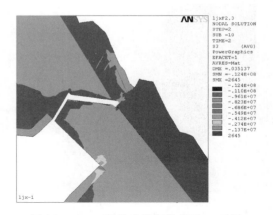

图 12.2-44 开挖后岩塞横截面 σ_1 云图　　　　图 12.2-45 开挖后岩塞横截面 σ_3 云图

可以看出，药室及通道开挖后，围岩均向洞内产生变位，变形量较小，竖向最大位移为 0.115mm，总位移最大为 0.126mm，均发生在药室通道顶部；岩塞体底部竖向位移在 −0.02～0.05mm 范围内，总位移在 0～0.1mm 范围内。药室及通道附近岩体基本处于受拉应力状态，最大主应力基本在 0.4～1.1MPa 范围内，小于岩体的极限抗拉强度（6.0MPa），剪应力基本在 −0.06～1.15MPa 范围内。岩塞体底部第一主应力 σ_1 基本在 −0.30～0.39MPa，第三主应力 σ_3 基本在 −2.74～0MPa，剪应力 τ_{xy} 基本在 0.54～1.15MPa。除此之外，岩塞底部与衬砌接触部位应力较大，最大拉应力为 2.47MPa，最大压应力为 12.4MPa。

总体而言，药室开挖后，岩塞体总体位移和应力较小，仅在岩塞体与混凝土衬砌接触部位产生应力集中，但最大拉应力、压应力和剪应力均小于岩体的极限强度，说明岩塞体是稳定的。

（三）集中药室阻抗比优化研究

刘家峡水电站处于黄土高原多泥沙的黄河干流上，岩塞体为弱风化和微风化岩体，其特定的地理位置与地质环境，决定了库区严重淤积（岩塞上淤泥厚度约 11～58m），以上特点使得依靠经验方法不能解决淤泥作用对阻抗比计算的影响，因此，采用有限元法，设计不同条件下的 8 种工况进行计算。

1. 工况 1 计算结果分析

工况 1 阻抗比为 1∶1.1（考虑淤泥等效厚度为 1∶0.8），考虑岩体自重、静水压力、淤泥压力和爆破荷载条件下，采用有限元线弹性方法进行爆破计算，其中爆破荷载是炸药密度取 1.2g/cm³，爆轰速度取 4500m/s 条件下的爆破压力值。

该工况条件下，岩塞体横截面和纵截面第一主应力、第三主应力云图见图 12.2-46～图 12.2-49；岩塞体不同平截面第一主应力和第三主应力云图见图 12.2-50～图 12.2-59。工况 1 条件下集中药室爆破岩塞体不同位置破坏范围统计见表 12.2-8。

从横截面和纵截面应力云图可以看出，岩塞体基本处于受拉应力状态，拉应力在药室周围一定范围内超过岩体的极限抗拉强度，形成一个"勺子"型爆腔；超标压应力范围较小，压碎圈约为药室尺寸的 2～3 倍。岩塞下半部，大于 6.0MPa 的拉应力范围较小，基

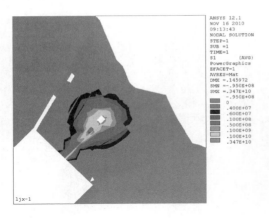

图 12.2-46　岩塞体横截面
σ_1 云图

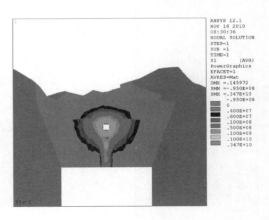

图 12.2-47　岩塞体纵截面
σ_1 云图

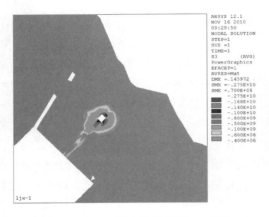

图 12.2-48　岩塞体横截面 σ_3 云图

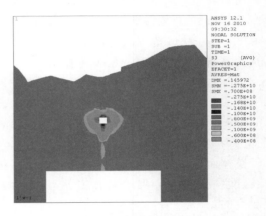

图 12.2-49　岩塞体纵截面 σ_3 云图

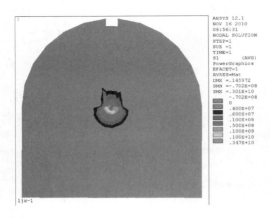

图 12.2-50　岩塞体 1m 平截面 σ_1 云图

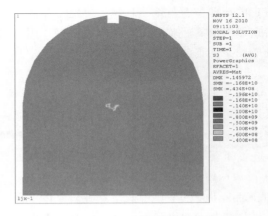

图 12.2-51　岩塞体 1m 平截面 σ_3 云图

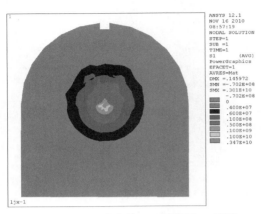

图 12.2-52　岩塞体 4m 平截面 σ_1 云图

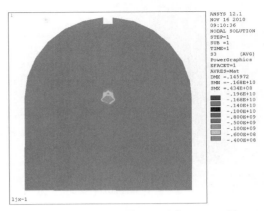

图 12.2-53　岩塞体 4m 平截面 σ_3 云图

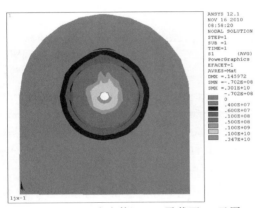

图 12.2-54　岩塞体 6.4m 平截面 σ_1 云图

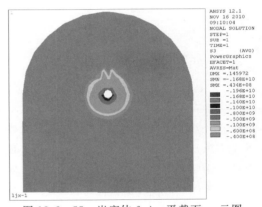

图 12.2-55　岩塞体 6.4m 平截面 σ_3 云图

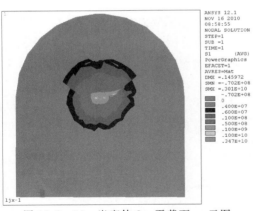

图 12.2-56　岩塞体 8m 平截面 σ_1 云图

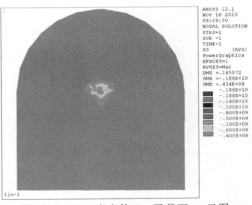

图 12.2-57　岩塞体 8m 平截面 σ_3 云图

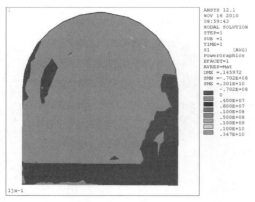

图 12.2-58　岩塞体 11m 平截面 σ_1 云图

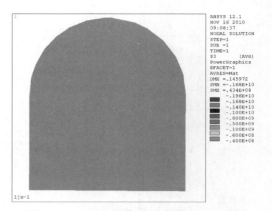

图 12.2-59　岩塞体 11m 平截面 σ_3 云图

表 12.2-8　　　　　工况 1 条件下集中药室爆破岩塞体不同位置破坏范围

平切面 位置	拉应力大于 4.0/6.0MPa 的范围	压应力大于 40/60MPa 的范围	备　注
1m	1.7m	很小	平切面 1m、4m 和 6.4m 拉应力 和压应力分别以 6.0MPa 和 60MPa 为评判标准,平切面 8m 和 11m 拉 应力和压应力分别以 4.0MPa 和 40MPa 为评判标准
4m	4.3m	1.1m	
6.4m	6.2m	3.4m	
8m	4.6m	很小	
11m	—	—	

本形成直径约为 1.3m 的圆柱形通道。岩塞上半部分,大于 4.0MPa 的拉应力范围较小,基本呈半球形状,尚未形成爆破漏斗,未爆开岩层厚约为 2.3m。在弱风化和微风化岩体分界处,由于材料力学性能的变化,应力梯度出现错台。

从岩塞体平截面应力云图可以看出,岩塞体 1m 平截面拉应力大于 6.0MPa 的范围较小,约为 1.7m;压应力大于 60MPa 的范围很小。岩塞体 4m 平截面拉应力大于 6.0MPa 的范围较大,约为 4.3m;压应力大于 60MPa 的范围较小,约为 1.1m。岩塞体 6.4m 平截面,即集中药室部位,拉应力大于 6.0MPa 的范围较大,约为 6.2m;压应力大于 60MPa 的范围也较大,约为 3.4m。岩塞体 8m 平截面拉应力大于 4.0MPa 的范围较大,约为 4.6m;压应力大于 40MPa 的范围很小。岩塞体 11m 平截面拉应力基本在 0~4.0MPa 范围内,未超过弱风化岩体的极限抗拉强度;压应力基本小于 40MPa。

总而言之,集中药室爆破时,岩塞底部小范围爆通,形成直径约为 1.3m 的爆破通道。岩塞顶部约 2.3m 范围内,基本未形成爆破通道。岩塞体内部一定范围内岩体的拉应力和压应力超过其极限强度,形成直径约为 6.2m 的空腔。

2. 工况 2 计算结果分析

工况 2 是阻抗比为 1:1(考虑淤泥等效厚度为 1:0.8),考虑岩体自重、静水压力、淤泥压力和爆破荷载条件下,采用有限元线弹性方法进行爆破计算,其中爆破荷载是炸药密度取 1.2g/cm³,爆轰速度取 5500m/s 条件下的爆破压力值。

该工况条件下,岩塞体横截面和纵截面第一主应力、第三主应力云图见图 12.2-60~图 12.2-63;岩塞体不同平截面第一主应力和第三主应力云图见图 12.2-64~图 12.2-

73。工况 2 条件下集中药室爆破岩塞体不同位置破坏范围统计见表 12.2-9。

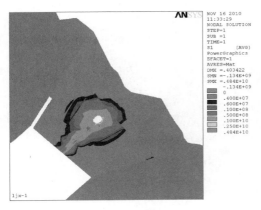

图 12.2-60　岩塞体横截面 σ_1 云图

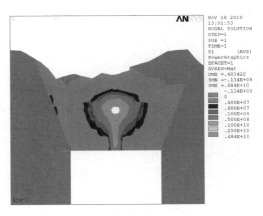

图 12.2-61　岩塞体纵截面 σ_1 云图

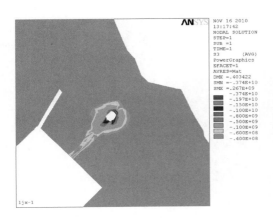

图 12.2-62　岩塞体横截面 σ_3 云图

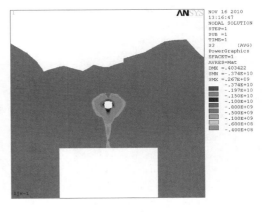

图 12.2-63　岩塞体纵截面 σ_3 云图

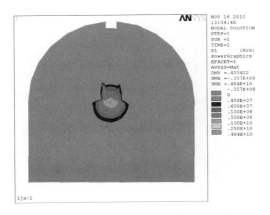

图 12.2-64　岩塞体 1m 平截面 σ_1 云图

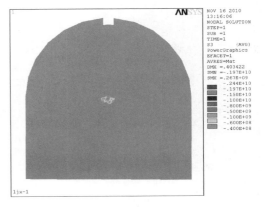

图 12.2-65　岩塞体 1m 平截面 σ_3 云图

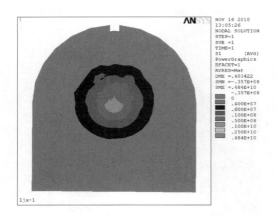

图 12.2 - 66　岩塞体 4m 平截面 σ_1 云图

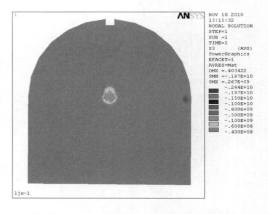

图 12.2 - 67　岩塞体 4m 平截面 σ_3 云图

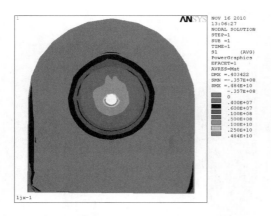

图 12.2 - 68　岩塞体 6.4m 平截面 σ_1 云图

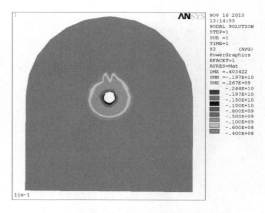

图 12.2 - 69　岩塞体 6.4m 平截面 σ_3 云图

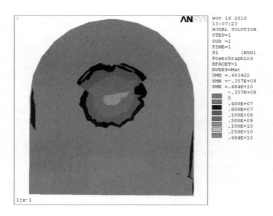

图 12.2 - 70　岩塞体 8m 平截面 σ_1 云图

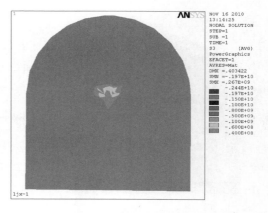

图 12.2 - 71　岩塞体 8m 平截面 σ_3 云图

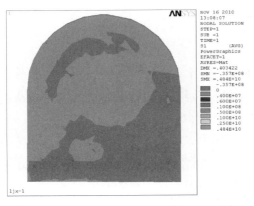

图 12.2-72　岩塞体 11m 平截面 σ_1 云图

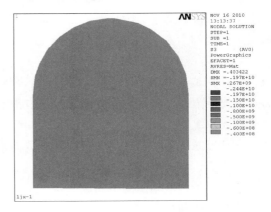

图 12.2-73　岩塞体 11m 平截面 σ_3 云图

表 12.2-9　　　　　　　工况 2 条件下集中药室爆破岩塞体不同位置破坏范围

平切面位置	拉应力大于 4.0/6.0MPa 的范围	压应力大于 40/60MPa 的范围	备　注
1m	1.9m	很小	平切面 1m、4m 和 6.4m 拉应力和压应力分别以 6.0MPa 和 60MPa 为评判标准，平切面 8m 和 11m 拉应力和压应力分别以 4.0MPa 和 40MPa 为评判标准
4m	4.4m	1.3m	
6.4m	6.3m	3.5m	
8m	4.8m	很小	
11m	—	—	

　　从横截面和纵截面应力云图可以看出，岩塞体基本处于受拉应力状态，拉应力在药室周围一定范围内超过岩体的极限抗拉强度，形成一个"勺子"型爆腔，与工况 1 相比较，"勺子"型爆腔范围稍大一些；超标压应力范围较小，压碎圈约为药室尺寸的 2～3 倍。岩塞下半部，大于 6.0MPa 的拉应力范围较小，基本形成直径约为 1.6m 的圆柱形通道。岩塞上半部分，大于 4.0MPa 的拉应力范围较小，基本呈半球形状，尚未形成爆破漏斗，未爆除岩层厚度约为 2.2m。在弱风化和微风化岩体分界处，由于材料力学性能的变化，应力梯度出现错台。

　　从岩塞体平截面应力云图可以看出，与工况 1 相比较，各平截面岩体超标应力范围稍大。其中岩塞体 1m 平截面拉应力大于 6.0MPa 的范围较小，约为 1.9m；压应力大于 60MPa 的范围很小。岩塞体 4m 平截面拉应力大于 6.0MPa 的范围较大，约为 4.4m；压应力大于 60MPa 的范围较小，约为 1.3m。岩塞体 6.4m 平截面，即集中药室部位，拉应力大于 6.0MPa 的范围较大，约为 6.3m；压应力大于 60MPa 的范围较小，约为 3.5m，该平截面周围预裂孔部位出现较小范围的超标拉应力。岩塞体 8m 平截面拉应力大于 4.0MPa 的范围较大，约为 4.8m；压应力大于 40MPa 的范围很小，该平截面周围预裂孔部位出现较小范围的超标拉应力。岩塞体 11m 平截面拉应力基本在 0～4.0MPa 范围内，压应力基本在 0～40MPa 范围内，未超过弱风化岩体的极限抗拉强度。

　　总而言之，集中药室爆破时，相对于工况 1，爆破形成的"勺子"型爆腔范围稍大一些。岩塞底部小范围爆通，形成直径约为 1.6m 的爆破通道。岩塞顶部约 2.2m 范围内，基本未形成爆破通道。岩塞体内部一定范围内岩体的拉应力和压应力超过其极限强度，形成最大直径约为6.3m的空腔。

3. 工况3计算结果分析

工况3是阻抗比为1：1.3（考虑淤泥等效厚度为1：0.9），考虑岩体自重、静水压力、淤泥压力和爆破荷载条件下，采用有限元线弹性方法进行爆破计算，其中爆破荷载是炸药密度取$1.2g/cm^3$，爆轰速度取4500m/s条件下的爆破压力值。

该工况条件下，岩塞体横截面和纵截面第一主应力、第三主应力云图见图12.2-74～图12.2-77；岩塞体不同平截面第一主应力和第三主应力云图见图12.2-78～图12.2-87。工况3条件下集中药室爆破岩塞体不同位置破坏范围统计见表12.2-10。

从横截面和纵截面应力云图可以看出，岩塞体基本处于受拉应力状态，拉应力在药室周围一定范围内超过岩体的极限抗拉强度，形成一个"勺子"型爆腔；超标压应力范围较小，压碎圈约为药室尺寸的2～3倍。岩塞下半部，大于6.0MPa的拉应力范围较小，基本形成直径约为0.8m的圆柱形通道。岩塞上半部分，大于4.0MPa的拉应力范围较小，基本呈半球形状，尚未形成爆破漏斗，未爆除岩层厚约为2.2m。在弱风化和微风化岩体分界处，由于材料力学性能的变化，应力梯度出现错台。

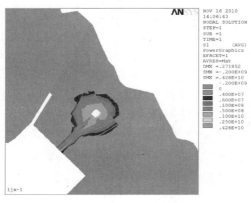

图12.2-74　岩塞体横截面σ_1云图

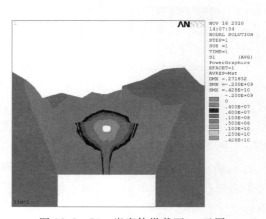

图12.2-75　岩塞体纵截面σ_1云图

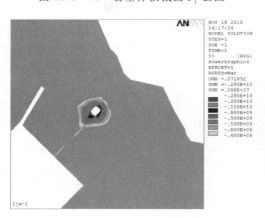

图12.2-76　岩塞体横截面σ_3云图

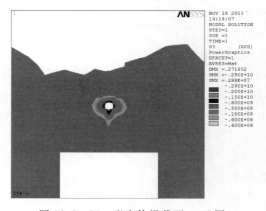

图12.2-77　岩塞体纵截面σ_3云图

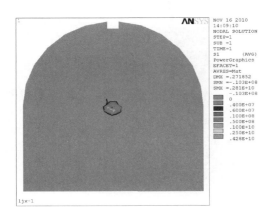

图 12.2-78 岩塞体 1m 平截面 σ_1 云图

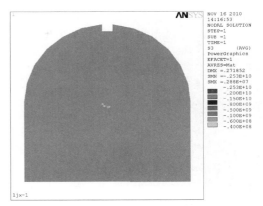

图 12.2-79 岩塞体 1m 平截面 σ_3 云图

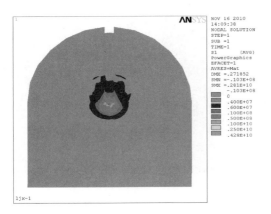

图 12.2-80 岩塞体 4m 平截面 σ_1 云图

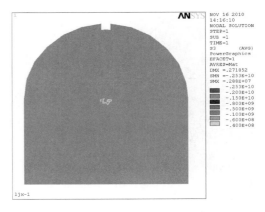

图 12.2-81 岩塞体 4m 平截面 σ_3 云图

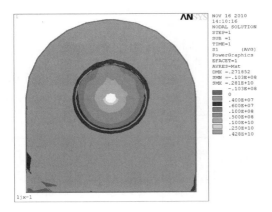

图 12.2-82 岩塞体 6.4m 平截面 σ_1 云图

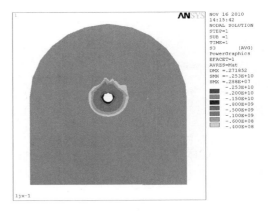

图 12.2-83 岩塞体 6.4m 平截面 σ_3 云图

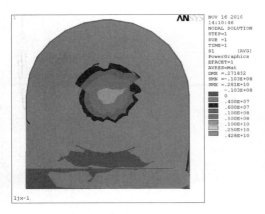

图 12.2-84 岩塞体 8m 平截面 σ_1 云图

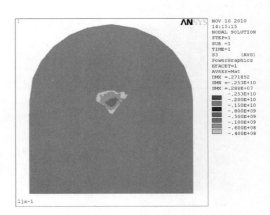

图 12.2-85 岩塞体 8m 平截面 σ_3 云图

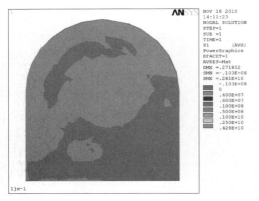

图 12.2-86 岩塞体 11m 平截面 σ_1 云图

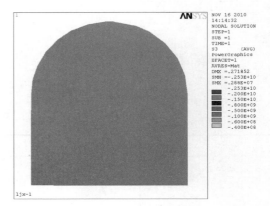

图 12.2-87 岩塞体 11m 平截面 σ_3 云图

表 12.2-10　　　　　工况 3 条件下集中药室爆破岩塞体不同位置破坏范围

平切面位置	拉应力大于 4.0/6.0MPa 的范围	压应力大于 40/60MPa 的范围	备 注
1m	1.0m	很小	平切面 1m、4m 和 6.4m 拉应力和压应力分别以 6.0MPa 和 60MPa 为评判标准，平切面 8m 和 11m 拉应力和压应力分别以 4.0MPa 和 40MPa 为评判标准
4m	2.0m	0.9m	
6.8m	5.8m	3.0m	
8m	4.1m	很小	
11m	—	—	

从岩塞体平截面应力云图可以看出，岩塞体 1m 平截面拉应力大于 6.0MPa 的范围较小，约为 1.0m；压应力大于 60MPa 的范围特别小。岩塞体 4m 平截面拉应力大于 6.0MPa 的范围较大，约为 2.0m；压应力大于 60MPa 的范围较小，约为 0.9m。岩塞体 6.8m 平截面，即集中药室部位，拉应力大于 6.0MPa 的范围较大，约为 5.8m；压应力大于 60MPa 的范围较小，约为 3m。岩塞体 8m 平截面拉应力大于 4.0MPa 的范围较大，约为 4.1m；压应力大于 40MPa 的范围很小。岩塞体 11m 平截

面拉应力基本在 $0 \sim 4.0 \mathrm{MPa}$ 范围内，压应力基本小于 $40 \mathrm{MPa}$，未超过弱风化岩体的极限强度。

总而言之，集中药室爆破时，岩塞底部小范围爆通，形成直径约为 $0.6 \mathrm{m}$ 的爆破通道。岩塞顶部约 $2.2 \mathrm{m}$ 范围内，基本未形成爆破通道。岩塞体内部一定范围内岩体的拉应力和压应力超过其极限强度，形成最大直径约为 $5.8 \mathrm{m}$ 的空腔。相对于工况 2，爆破形成的爆腔最大直径变小，而相对位置上移，岩塞顶部未爆开岩层变薄，岩塞底部圆柱形爆破通道直径变小。

4. 工况 4 计算结果分析

工况 4 是阻抗比为 1：1.3（考虑淤泥等效厚度为 1：0.9），考虑岩体自重、静水压力、淤泥压力和爆破荷载条件下，采用有限元线弹性方法进行爆破计算，其中爆破荷载是炸药密度取 $1.2 \mathrm{g} / \mathrm{cm}^{3}$，爆轰速度取 $5500 \mathrm{m} / \mathrm{s}$ 条件下的爆破压力值。

该工况条件下，岩塞体横截面和纵截面第一主应力、第三主应力云图见图 12.2－88～图 12.2－91；岩塞体不同平截面第一主应力和第三主应力云图见图 12.2－92～图 12.2－101。工况 4 条件下集中药室爆破岩塞体不同位置破坏范围统计见表 12.2－11。

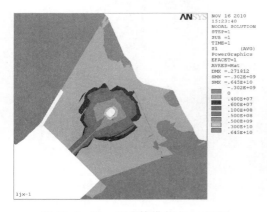

图 12.2－88　岩塞体横截面 σ_1 云图

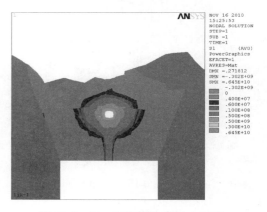

图 12.2－89　岩塞体纵截面 σ_1 云图

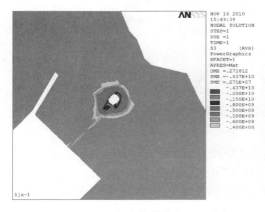

图 12.2－90　岩塞体横截面 σ_3 云图

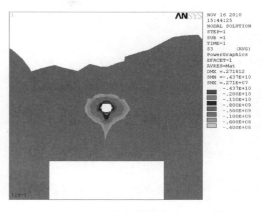

图 12.2－91　岩塞体纵截面 σ_3 云图

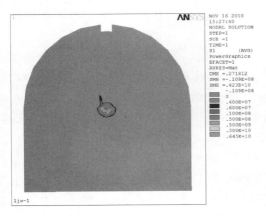

图 12.2 - 92　岩塞体 1m 平截面 σ_1 云图

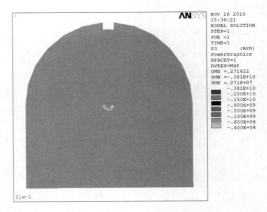

图 12.2 - 93　岩塞体 1m 平截面 σ_3 云图

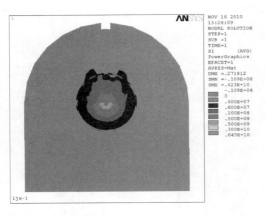

图 12.2 - 94　岩塞体 4m 平截面 σ_1 云图

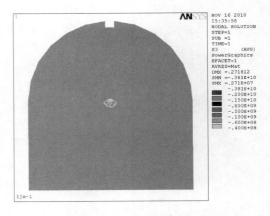

图 12.2 - 95　岩塞体 4m 平截面 σ_3 云图

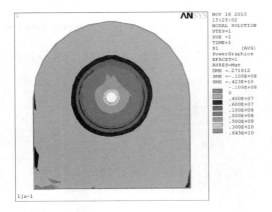

图 12.2 - 96　岩塞体 6.4m 平截面 σ_1 云图

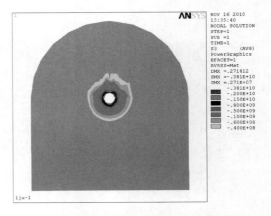

图 12.2 - 97　岩塞体 6.4m 平截面 σ_3 云图

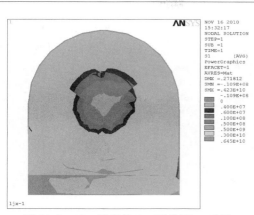

图 12.2-98　岩塞体 8m 平截面 σ_1 云图

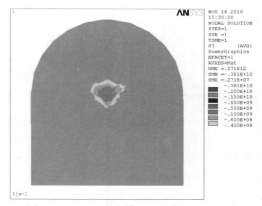

图 12.2-99　岩塞体 8m 平截面 σ_3 云图

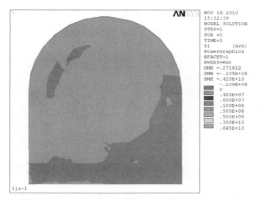

图 12.2-100　岩塞体 11m 平截面 σ_1 云图

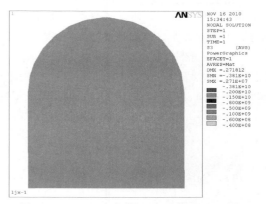

图 12.2-101　岩塞体 11m 平截面 σ_3 云图

表 12.2-11　　　　　　工况 4 条件下集中药室爆破岩塞体不同位置破坏范围

平切面位置	拉应力大于 4.0/6.0MPa 的范围	压应力大于 40/60MPa 的范围	备　注
1m	1.1m	很小	平切面 1m、4m 和 6.4m 拉应力和压应力分别以 6.0MPa 和 60MPa 为评判标准，平切面 8m 和 11m 拉应力和压应力分别以 4.0MPa 和 40MPa 为评判标准
4m	2.8m	1.0m	
6.8m	6.2m	3.5m	
8m	5.0m	较小	
11m	—	—	

　　从横截面和纵截面应力云图可以看出，岩塞体基本处于受拉应力状态，拉应力在药室周围一定范围内超过岩体的极限抗拉强度，形成一个"勺子"型爆腔；超标压应力范围较小，压碎圈约为药室尺寸的 2～3 倍。岩塞下半部，大于 6.0MPa 的拉应力范围较小，基本形成直径约为1.1m 的圆柱形通道。岩塞上半部分，大于 4.0MPa 的拉应力范围较小，基本呈半球形状，尚未形成爆破漏斗，应力未超标岩体厚度约为 1.5m。在弱风化和微风化岩体分界处，由于材料力学性能的变化，应力梯度出现错台。相对于工况 4，爆破岩破损范围更大一些。

　　从岩塞体平截面应力云图可以看出，相对于工况 4，各平截面超标应力范围有不同程度的增加。岩塞体 1m 平截面拉应力大于 6.0MPa 的范围较小，约为 1.1m；压应力大于60MPa 的范围特别小。岩塞体 4m 平截面拉应力大于 6.0MPa 的范围较大，约为 2.8m；

压应力大于 60MPa 的范围较小，约为 1.0m。岩塞体 6.8m 平截面，即集中药室部位，拉应力大于 6.0MPa 的范围较大，约为 6.2m；压应力大于 60MPa 的范围较小，约为 3.5m。岩塞体 8m 平截面拉应力大于 4.0MPa 的范围较大，约为 5.0m；压应力大于 40MPa 的范围较小，约为 2.3m。岩塞体 11m 平截面拉应力基本在 0～4.0MPa 范围内，压应力基本小于 40MPa，未超过弱风化岩体的极限强度。

总而言之，集中药室爆破时，岩塞底部小范围爆通，形成直径约为 1.1m 的爆破通道。岩塞顶部约 1.5m 范围内，基本未形成爆破通道。岩塞体内部一定范围内岩体的拉应力和压应力超过其极限强度，形成直径约为 6.2m 的空腔。相对于工况 4，爆破形成的空腔范围更大一些。

5. 工况 5 计算结果分析

工况 5 是阻抗比为 1:1.7（考虑淤泥等效厚度为 1:1.1），考虑岩体自重、静水压力、淤泥压力和爆破荷载条件下，采用有限元线弹性方法进行爆破计算，其中爆破荷载是炸药密度取 1.2g/cm³，爆轰速度取 4500m/s 条件下的爆破压力值。

该工况条件下，岩塞体横截面和纵截面第一主应力、第三主应力云图见图 12.2-102～图 12.2-105；岩塞体不同平截面第一主应力和第三主应力云图见图 12.2-106～图 12.2-115。工况 5 条件下集中药室爆破岩塞体不同位置破坏范围统计见表 12.2-12。

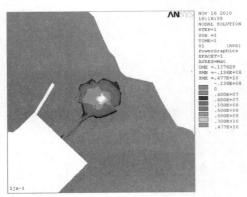

图 12.2-102　岩塞体横截面 σ_1 云图

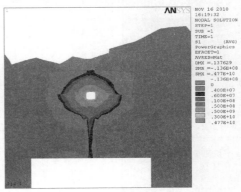

图 12.2-103　岩塞体纵截面 σ_1 云图

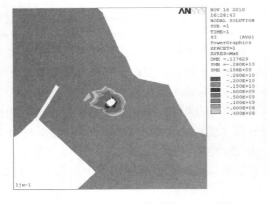

图 12.2-104　岩塞体横截面 σ_3 云图

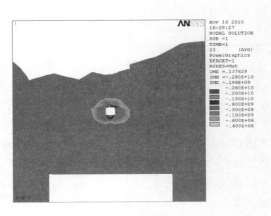

图 12.2-105　岩塞体纵截面 σ_3 云图

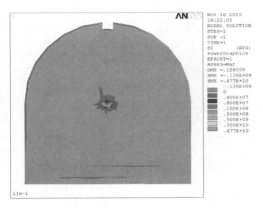

图 12.2 - 106　岩塞体 1m 平截面 σ_1 云图

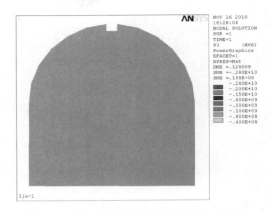

图 12.2 - 107　岩塞体 1m 平截面 σ_3 云图

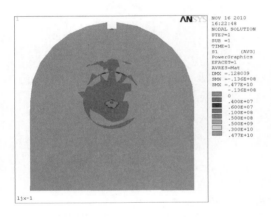

图 12.2 - 108　岩塞体 4m 平截面 σ_1 云图

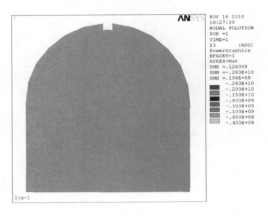

图 12.2 - 109　岩塞体 4m 平截面 σ_3 云图

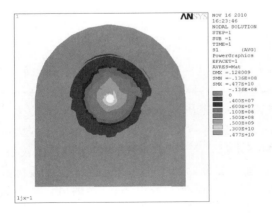

图 12.2 - 110　岩塞体 7.6m 平截面 σ_1 云图

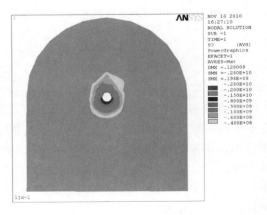

图 12.2 - 111　岩塞体 7.6m 平截面 σ_3 云图

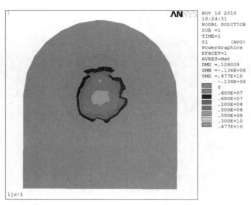

图 12.2-112　岩塞体 8.5m 平截面 σ_1 云图

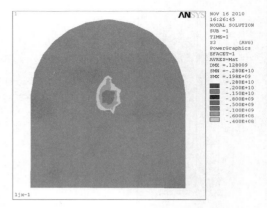

图 12.2-113　岩塞体 8.5m 平截面 σ_3 云图

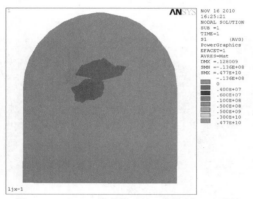

图 12.2-114　岩塞体 11m 平截面 σ_1 云图

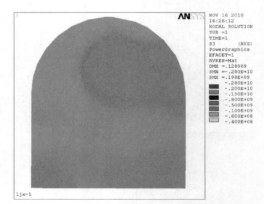

图 12.2-115　岩塞体 11m 平截面 σ_3 云图

表 12.2-12　　　　　工况 5 条件下集中药室爆破岩塞体不同位置破坏范围

平切面位置	拉应力大于 4.0/6.0MPa 的范围	压应力大于 40/60MPa 的范围	备　　注
1m	0.4m	—	平切面 1m、4m 和 6.4m 拉应力和压应力分别以 6.0MPa 和 60MPa 为评判标准，平切面 8m 和 11m 拉应力和压应力分别以 4.0MPa 和 40MPa 为评判标准
4m	0.9m	—	
7.6m	5.5m	3.0m	
8.5m	4.9m	2.2m	
11m	—	—	

从横截面和纵截面应力云图可以看出，岩塞体一定范围处于受拉应力状态，拉应力在药室周围一定范围内超过岩体的极限抗拉强度，形成一个"勺子"型爆腔；超标压应力范围较小，压碎圈约为药室尺寸的 2~3 倍。岩塞下半部，大于 6.0MPa 的拉应力范围较小，基本形成直径约为 0.25m 的圆柱形通道。岩塞上半部分，大于 4.0MPa 的拉应力范围较小，基本呈半球形状，尚未形成爆破漏斗，未爆除岩层厚度约为 1.3m。在弱风化和微风化岩体分界以及断层处，由于材料力学性能的变化，应力梯度出现错台。

从岩塞体平截面应力云图可以看出，岩塞体 1m 平截面拉应力大于 6.0MPa 的范围较小，约为 0.4m；压应力基本小于 60MPa。岩塞体 4m 平截面拉应力大于 6.0MPa 的范围较小，约为 0.9m，在第一主扩孔附近出现小范围超标拉应力；压应力基本小于 60MPa。岩塞体 7.6m 平截面，即集中药室部位，拉应力大于 6.0MPa 的范围较大，约为 5.5m；压应力大于 60MPa 的范围较小，约为 3.0m。岩塞体 8.5m 平截面拉应力大于 4.0MPa 的范围较大，约为 4.9m；压应力大于 40MPa 的范围较小，约为 2.2m。岩塞体 11m 平截面，在很小范围内出现了 0～4.0MPa 的拉应力，压应力基本小于 40MPa，未超过弱风化岩体的极限强度。

总而言之，集中药室爆破时，岩塞底部很小范围爆通，形成直径约为 0.25m 的爆破通道。岩塞顶部约 1.3m 范围内，基本未形成爆破通道。岩塞体内部一定范围内岩体的拉应力和压应力超过其极限强度，形成直径约为 5.5m 的空腔。相对于工况 4，爆破形成的爆腔最大直径变化不大，而相对位置上移，岩塞顶部未爆开岩层变薄，岩塞底部圆柱形爆破通道直径变小。

6. 工况 6 计算结果分析

工况 6 是阻抗比为 1：1.7（考虑淤泥等效厚度为 1：1.1），考虑岩体自重、静水压力、淤泥压力和爆破荷载条件下，采用有限元线弹性方法进行爆破计算，其中爆破荷载是炸药密度取 $1.2g/cm^3$，爆轰速度取 $5500m/s$ 条件下的爆破压力值。

该工况条件下，岩塞体横截面和纵截面第一主应力、第三主应力云图见图 12.2－116～图 12.2－119；岩塞体不同平截面第一主应力和第三主应力云图见图 12.2－120～图 12.2－129。工况 6 条件下集中药室爆破岩塞体不同位置破坏范围统计见表 12.2－12。

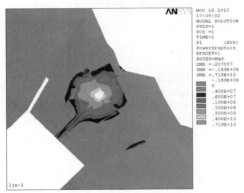

图 12.2－116　岩塞体横截面 σ_1 云图

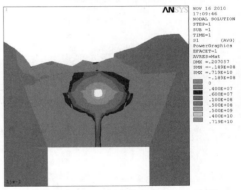

图 12.2－117　岩塞体纵截面 σ_1 云图

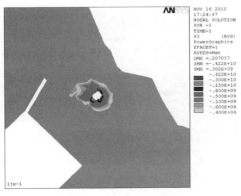

图 12.2－118　岩塞体横截面 σ_3 云图

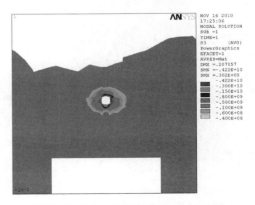

图 12.2－119　岩塞体纵截面 σ_3 云图

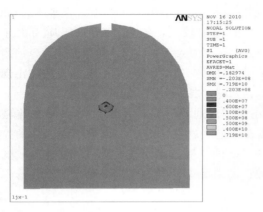

图 12.2-120 岩塞体 1m 平截面 σ_1 云图

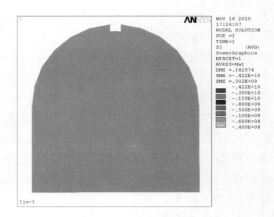

图 12.2-121 岩塞体 1m 平截面 σ_3 云图

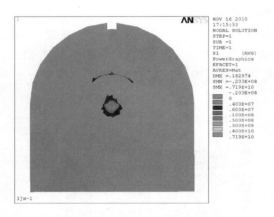

图 12.2-122 岩塞体 4m 平截面 σ_1 云图

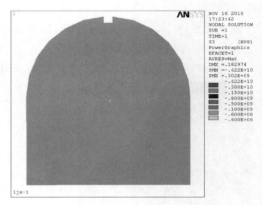

图 12.2-123 岩塞体 4m 平截面 σ_3 云图

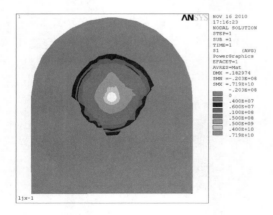

图 12.2-124 岩塞体 7.6m 平截面 σ_1 云图

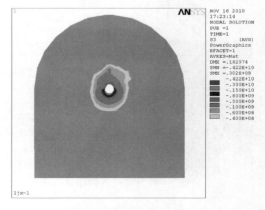

图 12.2-125 岩塞体 7.6m 平截面 σ_3 云图

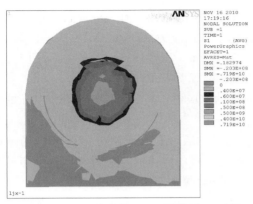

图 12.2 - 126　岩塞体 8.5m 平截面 σ_1 云图

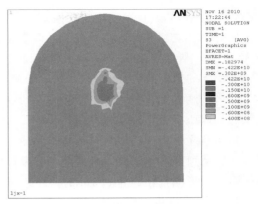

图 12.2 - 127　岩塞体 8.5m 平截面 σ_3 云图

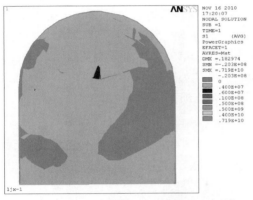

图 12.2 - 128　岩塞体 11m 平截面 σ_1 云图

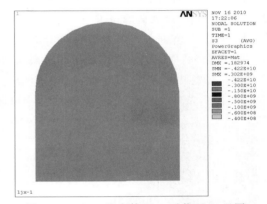

图 12.2 - 129　岩塞体 11m 平截面 σ_3 云图

表 12.2 - 13　　　　　工况 6 条件下集中药室爆破岩塞体不同位置破坏范围

平切面位置	拉应力大于 4.0/6.0MPa 的范围	压应力大于 40/60MPa 的范围	备　　注
1m	0.85m	——	平切面 1m、4m 和 6.4m 拉应力和压应力分别以 6.0MPa 和 60MPa 为评判标准，平切面 8m 和 11m 拉应力和压应力分别以 4.0MPa 和 40MPa 为评判标准
4m	1.1m	很小	
7.6m	6.5m	3.0m	
8.5m	5.3m	3.0m	
11m	很小	——	

　　从横截面和纵截面应力云图可以看出，岩塞体一定范围处于受拉应力状态，拉应力在药室周围一定范围内超过岩体的极限抗拉强度；超标压应力范围较小，压碎圈约为药室尺寸的 2～3 倍。岩塞下半部，大于 6.0MPa 的拉应力范围较小，基本形成直径约为 0.7m 的圆柱形通道。岩塞上半部分，大于 4.0MPa 的拉应力范围较小，但爆碎区域基本连通。在弱风化和微风化岩体分界以及断层处，由于材料力学性能的变化，应力梯度出现错台。

　　从岩塞体平截面应力云图可以看出，岩塞体 1m 平截面拉应力大于 6.0MPa 的范围较小，约为 0.85m；压应力基本小于 60MPa。岩塞体 4m 平截面拉应力大于 6.0MPa 的范围较小，约为 1.1m，在第一主扩孔附近出现小范围超标拉应力；同时，出现了很小范围的超标压应力。岩塞体 7.6m 平截面，即集中药室部位，拉应力大于 6.0MPa 的范围较大，约为 6.5m；压应力大于 60MPa 的范围较大，约为 3.0m。岩塞体 8.5m 平截面拉应力大于 4.0MPa 的范围较大，约为 5.3m；压应力大于 60MPa 的范围较大，约为 3.0m。岩塞体 11m 平截面，在很小范围内出现了大于 4.0MPa 的拉应力，其他区域基本处于受压的应力状态，但压应力小于 40MPa。

总而言之，集中药室爆破时，岩塞底部很小范围爆通，形成直径约为 0.85m 的爆破通道，岩塞顶部基本形成爆破通道。岩塞体内部一定范围内岩体的拉应力和压应力超过其极限强度，形成直径约为 6.5m 的空腔。相对于工况 6，爆除范围更大一些。

7. 工况 7 计算结果分析

工况 7 是阻抗比为 1：2.3（考虑淤泥等效厚度为 1：1.4），考虑岩体自重、静水压力、淤泥压力和爆破荷载条件下，采用有限元线弹性方法进行爆破计算，其中爆破荷载是炸药密度取 1.2g/cm³，爆轰速度取 4500m/s 条件下的爆破压力值。

该工况条件下，岩塞体横截面和纵截面第一主应力、第三主应力云图见图 12.2－130～图 12.2－133；岩塞体不同平截面第一主应力和第三主应力云图见图 12.2－134～图 12.2－143。工况 7 条件下集中药室爆破岩塞体不同位置破坏范围统计见表 12.2－14。

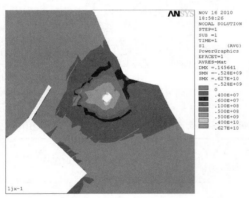

图 12.2－130　岩塞体横截面 σ_1 云图

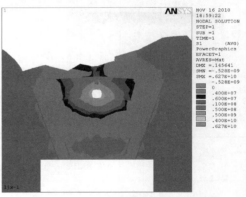

图 12.2－131　岩塞体纵截面 σ_1 云图

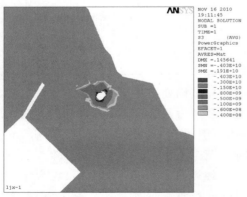

图 12.2－132　岩塞体横截面 σ_3 云图

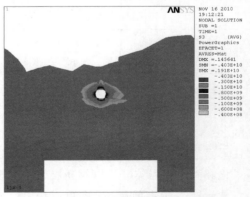

图 12.2－133　岩塞体纵截面 σ_3 云图

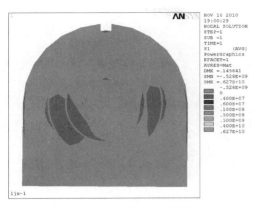

图 12.2-134　岩塞体 1m 平截面 σ_1 云图

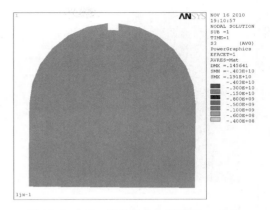

图 12.2-135　岩塞体 1m 平截面 σ_3 云图

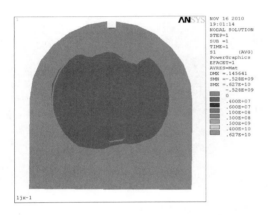

图 12.2-136　岩塞体 4m 平截面 σ_1 云图

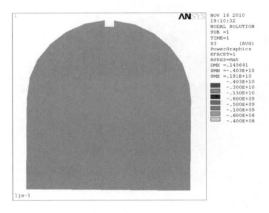

图 12.2-137　岩塞体 4m 平截面 σ_3 云图

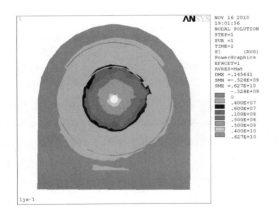

图 12.2-138　岩塞体 8.0m 平截面 σ_1 云图

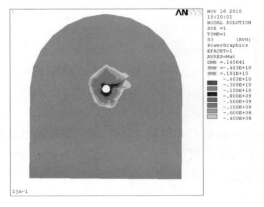

图 12.2-139　岩塞体 8.0m 平截面 σ_3 云图

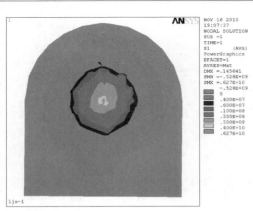

图 12.2-140　岩塞体 9m 平截面 σ_1 云图

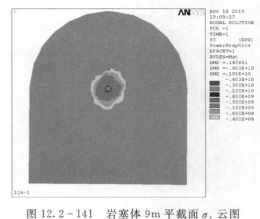

图 12.2-141　岩塞体 9m 平截面 σ_3 云图

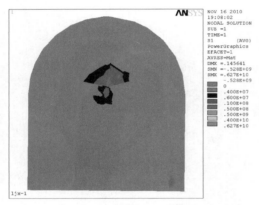

图 12.2-142　岩塞体 11m 平截面 σ_1 云图

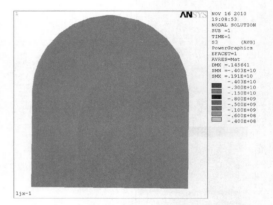

图 12.2-143　岩塞体 11m 平截面 σ_3 云图

表 12.2-14　　　　　　工况 7 条件下集中药室爆破岩塞体不同位置破坏范围

平切面位置	拉应力大于 4.0/6.0MPa 的范围	压应力大于 40/60MPa 的范围	备　　注
1m	—	—	平切面 1m 和 4m 拉应力和压应力分别以 6.0MPa 和 60MPa 为评判标准，平切面 8m、9m 和 11m 拉应力和压应力分别以 4.0MPa 和 40MPa 为评判标准
4m	—	—	
8m	6.0m	3.8m	
9m	6.3m	3.5m	
11m	较大	—	

从横截面和纵截面应力云图可以看出，岩塞体一定范围处于受拉应力状态，拉应力在药室周围一定范围内超过岩体的极限抗拉强度，形成一个"簸箕"型爆腔；超标压应力范围较小，压碎圈约为药室尺寸的 2～3 倍。岩塞下半部，5.5m 范围内拉应力基本小于 6.0MPa。岩塞上半部分，大于 4.0MPa 的拉应力范围较大，基本呈半球形状，基本形成爆破漏斗，漏斗开口直径约为 2.5m。在弱风化和微风化岩体分界以及断层处，由于材料力学性能的变化，应力梯度出现错台。

从岩塞体平截面应力云图可以看出,岩塞体 1m 平截面拉应力基本小于 6.0MPa,压应力基本小于 60MPa。岩塞体 4m 平截面拉应力基本小于 6.0MPa,压应力基本小于 60MPa。岩塞体 8.0m 平截面,即集中药室部位,拉应力大于 6.0MPa 的范围较大,约为 6.0m;压应力大于 60MPa 的范围较小,约为 3.8m。岩塞体 9m 平截面拉应力大于 4.0MPa 的范围较大,约为 6.3m;压应力大于 40MPa 的范围较大,约为 3.5m。岩塞体 11m 平截面,超过 4.0MPa 的拉应力范围相对较大,压应力基本小于 40MPa。

总而言之,集中药室爆破时,岩塞底部未爆通,厚度约为 5.5m。岩塞顶部基本形成爆破漏斗。岩塞体内部一定范围内岩体的拉应力和压应力超过其极限强度,形成最大直径约为 6.3m 的空腔。相对于工况 6,爆破形成的爆腔最大直径变化不大,而相对位置上移,岩塞顶部爆通,而底部尚未爆通。

8. 工况 8 计算结果分析

工况 8 是阻抗比为 1:2.3(考虑淤泥等效厚度为 1:1.4),考虑岩体自重、静水压力、淤泥压力和爆破荷载条件下,采用有限元线弹性方法进行爆破计算,其中爆破荷载是炸药密度取 1.2g/cm^3,爆轰速度取 5500m/s 条件下的爆破压力值。

该工况条件下,岩塞体横截面和纵截面第一主应力、第三主应力云图见图 12.2-144~图 12.2-147;岩塞体不同平截面第一主应力和第三主应力云图见图 12.2-148~图 12.2-157。工况 8 条件下集中药室爆破岩塞体不同位置破坏范围统计见表 12.2-15。

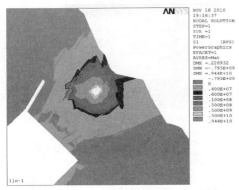

图 12.2-144　岩塞体横截面 σ_1 云图

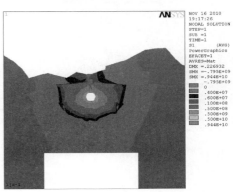

图 12.2-145　岩塞体纵截面 σ_1 云图

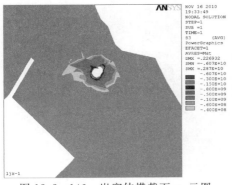

图 12.2-146　岩塞体横截面 σ_3 云图

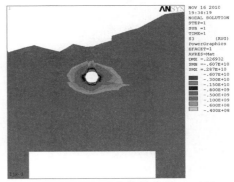

图 12.2-147　岩塞体纵截面 σ_3 云图

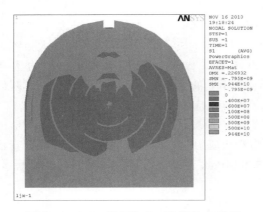

图 12.2 - 148　岩塞体 1m 平截面 σ_1 云图

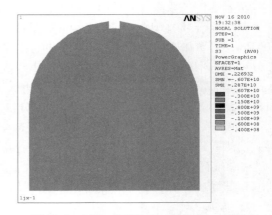

图 12.2 - 149　岩塞体 1m 平截面 σ_3 云图

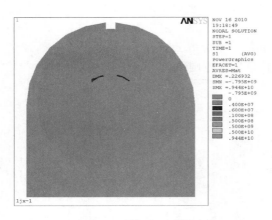

图 12.2 - 150　岩塞体 4m 平截面 σ_1 云图

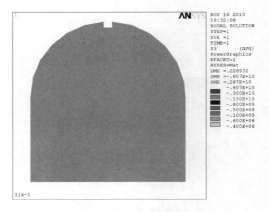

图 12.2 - 151　岩塞体 4m 平截面 σ_3 云图

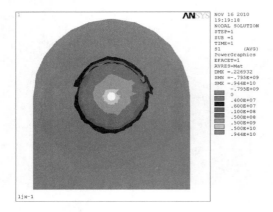

图 12.2 - 152　岩塞体 8.0m 平截面 σ_1 云图

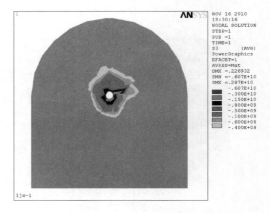

图 12.2 - 153　岩塞体 8.0m 平截面 σ_3 云图

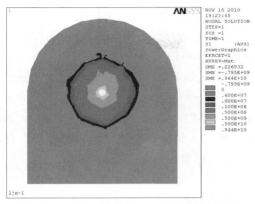
图 12.2 - 154 岩塞体 9m 平截面 σ_1 云图

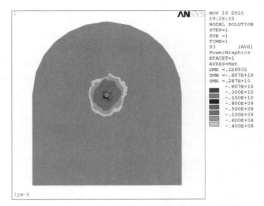
图 12.2 - 155 岩塞体 9m 平截面 σ_3 云图

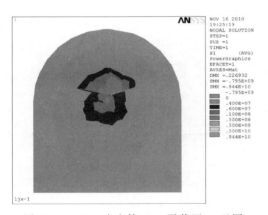
图 12.2 - 156 岩塞体 11m 平截面 σ_1 云图

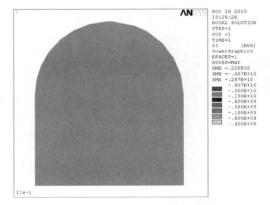
图 12.2 - 157 岩塞体 11m 平截面 σ_3 云图

表 12.2 - 15　　　　工况 8 条件下集中药室爆破岩塞体不同位置破坏范围

平切面位置	拉应力大于 4.0/6.0MPa 的范围	压应力大于 40/60MPa 的范围	备　　注
1m	—	—	平切面 1m 和 4m 拉应力和压应力分别以 6.0MPa 和 60MPa 为评判标准，平切面 8m、9m 和 11m 拉应力和压应力分别以 4.0MPa 和 40MPa 为评判标准
4m	—	—	
8m	6.2m	4.3m	
9m	6.4m	3.8m	
11m	4.5m	—	

　　从横截面和纵截面应力云图可以看出，岩塞体一定范围处于受拉应力状态，拉应力在药室周围一定范围内超过岩体的极限抗拉强度，形成一个"簸箕"型爆腔；超标压应力范围较小，压碎圈约为药室尺寸的 2～3 倍。岩塞下半部，5.3m 范围内拉应力基本小于 6.0MPa。岩塞上半部分，大于 4.0MPa 的拉应力范围较大，基本呈半球形状，基本形成爆破漏斗，漏斗开口直径约为 5.2m。在弱风化和微风化岩体分界以及断层处，由于材料力学性能的变化，应力梯度出现错台。

　　从岩塞体平截面应力云图可以看出，岩塞体 1m 平截面拉应力基本小于 6.0MPa，压应力基本小于 60MPa。岩塞体 4m 平截面拉应力基本小于 6.0MPa，仅在第一主爆孔部位产生较小范围的超标拉应力，压应力基本小于60MPa。岩塞体8.0m平截面，即集中药室部位，拉应力大于6.0MPa的范围较大，约为6.2m；压应力大于60MPa的范围较小，约为4.3m。岩塞体9.0m平截面拉应力大于4.0MPa的范围较大，约为6.4m；压应力大于40MPa的范围较大，约为3.8m。岩塞体11m平截面，超过4.0MPa的拉应力范围较大，约为4.5m，压应力基本小于40MPa。

　　总而言之，集中药室爆破时，岩塞底部未爆通，厚度约为5.3m。岩塞顶部基本形成爆破漏斗。岩塞体内部一定范围内岩体的拉应力和压应力超过其极限强度，形成最大直径约为6.4m的空腔。相对于工况8，爆破形成的爆腔范围更大一些。

　　9. 各工况综合分析

　　对于不同的阻抗比，在不同爆破荷载条件下，各工况爆破效果统计见表12.2-16。

表12.2-16　　　　　　　　　　不同工况爆破效果统计

工况	岩塞底面爆通直径	爆腔最大直径	岩塞顶面爆通直径
工况1	1.3m	6.2m	未爆通岩层厚2.3m
工况2	1.6m	6.3m	未爆通岩层厚2.2m
工况3	0.8m	5.8m	未爆通岩层厚2.2m
工况4	1.1m	6.2m	未爆通岩层厚2.5m
工况5	0.25m	5.5m	未爆通岩层厚2.3m
工况6	0.7m	6.5m	刚爆通
工况7	未爆通岩层厚5.5m	6.3m	2.5m
工况8	未爆通岩层厚5.3m	6.4m	5.2m

　　从上表可以看出：

　　(1) 工况1，炸药密度取$1.2g/cm^3$，爆轰速度取4500m/s，药室下部岩体厚6.5m，上部岩体厚5.8m，阻抗比为1:1.1。如果考虑淤泥等效厚度2.3m，其阻抗比为1:0.8。集中药室爆破时，岩塞底部形成直径约为1.3m的爆破通道，岩塞顶部未爆通岩层厚约为2.3m，岩塞体内部形成的空腔最大直径约为6.2m。

　　(2) 工况2，炸药密度取$1.2g/cm^3$，爆轰速度取5500m/s，阻抗比同工况1。集中药室爆破时，岩塞底部形成直径约为1.6m的爆破通道，岩塞顶部未爆通岩层厚约为2.2m，岩塞体内部形成的空腔最大直径约为6.3m。

　　(3) 工况3，炸药密度取$1.2g/cm^3$，爆轰速度取4500m/s，药室下部岩体厚6.9m，上部岩体厚5.4m，阻抗比为1:1.3。如果考虑淤泥等效厚度2.3m，其阻抗比为1:0.9。集中药室爆破时，岩塞底部形成直径约为0.8m的爆破通道，岩塞顶部未爆通岩层厚约为2.2m，岩塞体内部形成的空腔最大直径约为5.8m。

　　(4) 工况4，炸药密度取$1.2g/cm^3$，爆轰速度取5500m/s，阻抗比同工况3。集中药室爆破时，岩塞底部形成直径约为1.1m的爆破通道，岩塞顶部未爆通岩层厚约为2.5m，岩塞体内部形成的空腔最大直径约为6.2m。

　　(5) 工况5，炸药密度取$1.2g/cm^3$，爆轰速度取4500m/s，药室下部岩体厚7.7m，上部岩体厚4.6m，阻抗比为1:1.7。如果考虑淤泥等效厚度2.3m，其阻抗比为1:1.1。

集中药室爆破时，岩塞底部形成直径约为 0.25m 的爆破通道，岩塞顶部未爆通岩层厚约为 2.3m，岩塞体内部形成的空腔最大直径约为 5.5m。

（6）工况 6，炸药密度取 1.2g/cm³，爆轰速度取 5500m/s，阻抗比同工况 5。集中药室爆破时，岩塞底部形成直径约为 0.7m 的爆破通道，岩塞顶部刚好爆通，岩塞体内部形成的空腔最大直径约为 6.5m。

（7）工况 7，炸药密度取 1.2g/cm³，爆轰速度取 4500m/s，药室下部岩体厚 8.6m，上部岩体厚 3.7m，阻抗比为 1∶2.3。如果考虑淤泥等效厚度 2.3m，其阻抗比为 1∶1.4。集中药室爆破时，岩塞底部未爆通岩层厚约为 5.5m，岩塞顶部形成直径约为 2.5m 的爆破通道，岩塞体内部形成的空腔最大直径约为 6.3m。

（8）工况 8，炸药密度取 1.2g/cm³，爆轰速度取 5500m/s，阻抗比同工况 7。集中药室爆破时，岩塞底部未爆通岩层厚约为 5.3m，岩塞顶部形成直径约为 5.2m 的爆破通道，岩塞体内部形成的空腔最大直径约为 6.4m。

（9）对不同爆破力作用下，爆破所形成的空腔范围不同，爆破荷载大的爆破所形成的空腔大一些。随着阻抗比的增加，爆破形成的爆腔最大直径变化不大，而相对位置上移，岩塞顶部未爆开岩层变薄，底部圆柱形爆破通道直径变小。

（10）综上所述，1∶1.7（考虑淤泥等效厚度为 1∶1.1）的阻抗比基本为阻抗平衡位置，岩塞体基本能沿顶部和底部爆通。1∶2.3（考虑淤泥等效厚度为 1∶1.4）的阻抗比，其爆破效果较好，基本能形成爆破漏斗。

（四）分级爆破效果研究

根据上章节分析结果，选取阻抗比为 1∶2.3 的方案，并考虑不同爆破荷载作用，研究分级爆破效果。因此，设计不同爆破荷载条件下的 2 种工况进行计算。

1. 工况 1 计算结果分析

工况 1 阻抗比为 1∶2.3，爆破荷载是炸药密度取 1.2g/cm³，爆轰速度取 4500m/s 条件下的爆破压力值。分级爆破依次为集中药室爆破、掏槽孔爆破、第一主扩孔爆破、第二主扩孔爆破、第三主扩孔爆破、第四主扩孔爆破、渠底孔爆破。

（1）集中药室爆破效果分析。集中药室爆破时，横截面和平切面第一主应力和第三主应力云图见图 12.2-158～图 12.2-161。

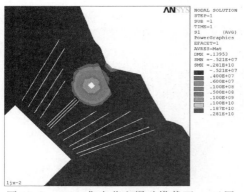

图 12.2-158　集中药室爆破横截面 σ_1 云图

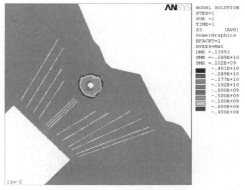

图 12.2-159　集中药室爆破横截面 σ_3 云图

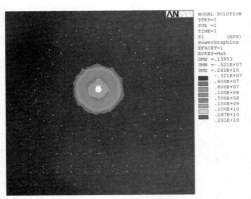

图 12.2-160　集中药室爆破平切面 σ_1 云图

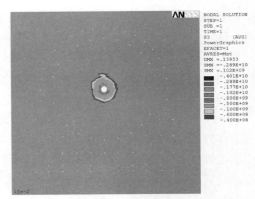

图 12.2-161　集中药室爆破平切面 σ_3 云图

从应力云图可以看出，集中药室爆破时，岩塞体基本处于受拉应力状态，拉应力在药室周围一定范围内超过岩体的极限抗拉强度，形成一个"簸箕"型爆腔。岩塞底部尚未爆通，厚度约为 6.3m。岩塞顶部基本形成爆破漏斗，直径约为 1.7m。岩塞体内部一定范围内岩体的拉应力和压应力超过其极限强度，形成最大直径约为 5.4m 的空腔。

（2）掏槽孔爆破效果分析。掏槽孔爆破时，横截面和平切面第一主应力和第三主应力云图见图 12.2-162～图 12.2-165。

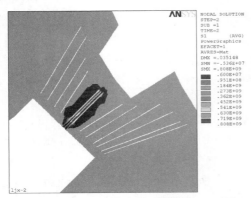

图 12.2-162　掏槽孔爆破横截面 σ_1 云图

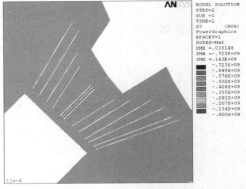

图 12.2-163　掏槽孔室爆破横截面 σ_3 云图

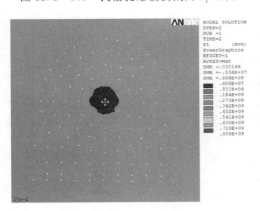

图 12.2-164　掏槽孔室爆破平切面 σ_1 云图

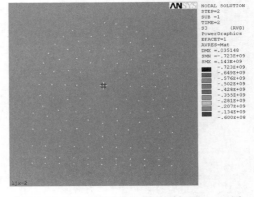

图 12.2-165　掏槽孔室爆破平切面 σ_3 云图

从应力云图可以看出，掏槽孔爆破时，周围一定范围拉应力较大，基本超过岩体的极限抗拉强度，而超标压应力范围较小。说明掏槽孔爆破基本形成一圆柱体空腔，直径约为2.5m。

　　（3）第一主扩孔爆破效果分析。第一主扩孔爆破时，横截面和平切面第一主应力和第三主应力云图见图12.2-166～图12.2-169。

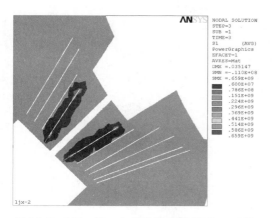

图12.2-166　第一主扩孔爆破横截面σ_1云图

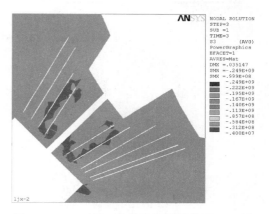

图12.2-167　第一主扩孔爆破横截面σ_3云图

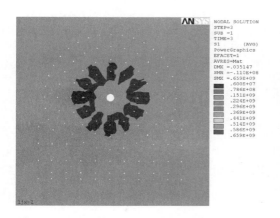

图12.2-168　第一主扩孔爆破平切面σ_1云图

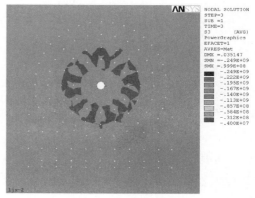

图12.2-169　第一主扩孔爆破平切面σ_3云图

　　从应力云图可以看出，第一主扩孔爆破时，炮孔一定范围拉应力较大，基本在6～659MPa范围内，均超过岩体的抗拉强度，而压应力较小，基本4～31.2MPa范围内，未超过岩体的抗压强度，只有在炮孔顶部和底部出现很小范围的超标压应力。总体而言，第一主扩孔爆破可将炮孔内圈岩体爆除，但有可能形成锯齿形爆破面。

　　（4）第二主扩孔爆破效果分析。第二主扩孔爆破时，横截面和平切面第一主应力和第三主应力云图见图12.2-170～图12.2-173。

　　从应力云图可以看出，第二主扩孔爆破时，炮孔一定范围拉应力较大，基本在6～380MPa范围内，均超过岩体的抗拉强度，而压应力较小，基本4～27.2MPa范围内，未超过岩体的抗压强度，只有在中上部和底部孔壁很小范围内出现超标压应力。总体而言，第二主扩孔爆破也可将炮孔内圈岩体爆除，但难以形成光面爆破面，同时炮孔顶部至岩面一定范围岩体不能爆除。

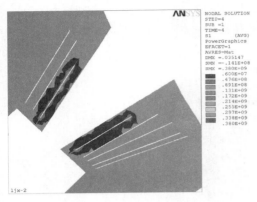

图 12.2-170 第二主扩孔爆破横截面 σ_1 云图

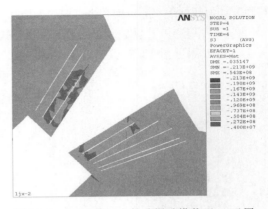

图 12.2-171 第二主扩孔爆破横截面 σ_3 云图

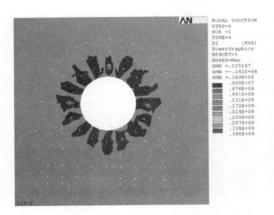

图 12.2-172 第二主扩孔爆破平切面 σ_1 云图

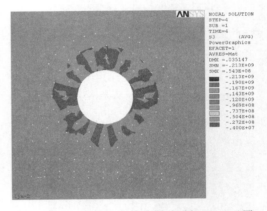

图 12.2-173 第二主扩孔爆破平切面 σ_3 云图

（5）第三主扩孔爆破效果分析。第三主扩孔爆破时，横截面和平切面第一主应力和第三主应力云图见图 12.2-174～图 12.2-177。

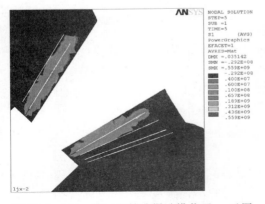

图 12.2-174 第三主扩孔爆破横截面 σ_1 云图

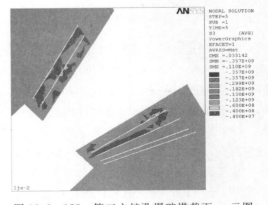

图 12.2-175 第三主扩孔爆破横截面 σ_3 云图

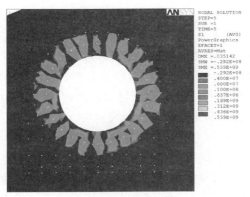

图 12.2-176　第三主扩孔爆破平切面 σ_1 云图

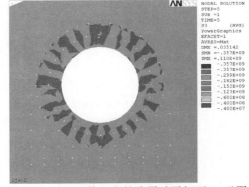

图 12.2-177　第三主扩孔爆破平切面 σ_3 云图

从应力云图可以看出，第三主扩孔爆破时，炮孔一定范围拉应力较大，基本在 4～380MPa 范围内，均超过岩体的抗拉强度，而压应力较小，基本 4～40MPa 范围内，未超过岩体的抗压强度，只有在孔壁很小范围内出现超标压应力。总体而言，第三主扩孔爆破可将炮孔内圈岩体爆除，但难以形成光面爆破面，同时炮孔顶部至岩面一定范围岩体不能爆除。

（6）第四主扩孔爆破效果分析。第四主扩孔爆破时，横截面和平切面第一主应力和第三主应力云图见图 12.2-178～图 12.2-181。

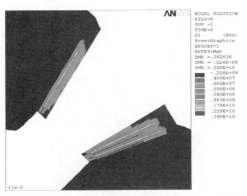

图 12.2-178　第四主扩孔爆破横截面 σ_1 云图

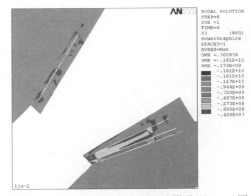

图 12.2-179　第四主扩孔爆破横截面 σ_3 云图

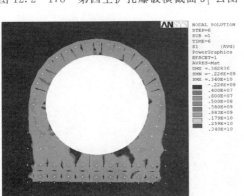

图 12.2-180　第四主扩孔爆破平切面 σ_1 云图

图 12.2-181　第四主扩孔爆破平切面 σ_3 云图

从应力云图可以看出，第四主扩孔爆破时，炮孔一定范围拉应力较大，基本在 4～983MPa 范围内，均超过岩体的抗拉强度，而压应力整体不大，只有在底部渠扩孔之间岩体压应力较大，基本在 60～720MPa 范围内，均超过岩体的抗压强度。总体而言，在预裂孔预裂爆破的基础上，第四主扩孔爆破可将预裂孔内圈岩体爆除，且对预裂孔外圈岩体影响不大，同时形成光面爆破面。炮孔顶部至岩面一定范围拉应力虽未超过岩体的极限抗拉强度，但第四主扩孔爆破后，随着预裂孔内圈岩体的剥落，顶部岩体下部约束消失，在水压力、泥沙压力以及自重作用下，上部岩体沿预裂面断开，掉入集渣坑，只是块径可能较大。

综上所述，工况 1 条件下，每一主扩孔爆破时，内圈岩体基本以拉裂破坏为主，分级爆破效果较好，形成层层剥落的现象。预裂孔预裂效果较好，限制了第四主扩孔爆破拉应力的外传，成型效果良好。顶部一定范围内岩体虽不能被爆破成粒径较小的碎石，但会沿预裂面脱落，掉入集渣坑。

2. 工况 2 计算结果分析

工况 2 阻抗比为 1∶2.3，爆破荷载是炸药密度取 1.2g/cm³，爆轰速度取 5500m/s 条件下的爆破压力值。分级爆破依次为集中药室爆破、掏槽孔爆破、第一主扩孔爆破、第二主扩孔爆破、第三主扩孔爆破、第四主扩孔爆破、渠底孔爆破。

（1）集中药室爆破效果分析。集中药室爆破时，横截面和平切面第一主应力和第三主应力云图见图 12.2-182～图 12.2-185。

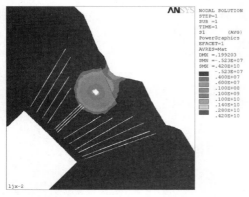

图 12.2-182　集中药室爆破横截面 σ_1 云图

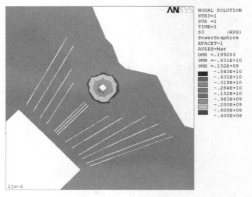

图 12.2-183　集中药室爆破横截面 σ_3 云图

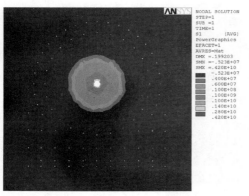

图 12.2-184　集中药室爆破平切面 σ_1 云图

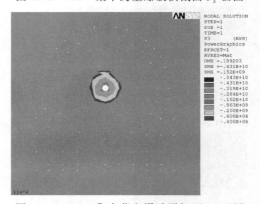

图 12.2-185　集中药室爆破平切面 σ_3 云图

从应力云图可以看出，集中药室爆破时，岩塞体基本处于受拉应力状态，拉应力在药室周围一定范围内超过岩体的极限抗拉强度，形成一个"簸箕"型爆腔。岩塞底部尚未爆通，厚度约为 6.0m。岩塞顶部基本形成爆破漏斗。岩塞体内部一定范围内岩体的拉应力和压应力超过其极限强度，形成最大直径约为 6.2m 的空腔。

（2）掏槽孔爆破效果分析。掏槽孔爆破时，横截面和平切面第一主应力和第三主应力云图见图 12.2 - 186～图 12.2 - 189。

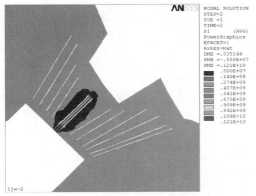

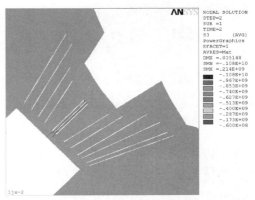

图 12.2 - 186　掏槽孔爆破横截面 σ_1 云图　　　图 12.2 - 187　掏槽孔室爆破横截面 σ_3 云图

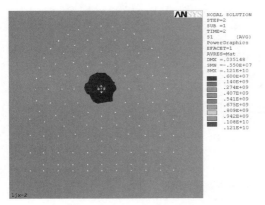

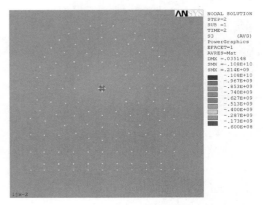

图 12.2 - 188　掏槽孔室爆破平切面 σ_1 云图　　　图 12.2 - 189　掏槽孔室爆破平切面 σ_3 云图

从应力云图可以看出，掏槽孔爆破时，周围一定范围拉应力较大，基本超过岩体的极限抗拉强度，而超标压应力范围较小。说明掏槽孔爆破基本形成一圆柱体空腔，直径约为 2.7m。

（3）第一主扩孔爆破效果分析。第一主扩孔爆破时，横截面和平切面第一主应力和第三主应力云图见图 12.2 - 190～图 12.2 - 193。

从应力云图可以看出，第一主扩孔爆破时，炮孔一定范围拉应力较大，基本在 6～986MPa 范围内，均超过岩体的抗拉强度，而压应力较小，基本在 6～46.7MPa 范围内，未超过岩体的抗压强度，只有在炮孔顶部和底部出现很小范围的超标压应力。总体而言，第一主扩孔爆破可将炮孔内圈岩体爆除，但有可能形成锯齿形爆破面。

（4）第二主扩孔爆破效果分析。第二主扩孔爆破时，横截面和平切面第一主应力和第三主应力云图见图 12.2 - 194～图 12.2 - 197。

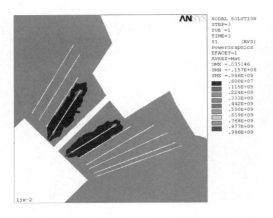

图 12.2-190　第一主扩孔爆破横截面 σ_1 云图

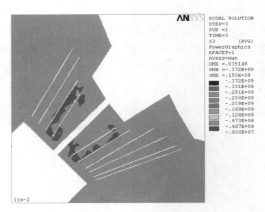

图 12.2-191　第一主扩孔爆破横截面 σ_3 云图

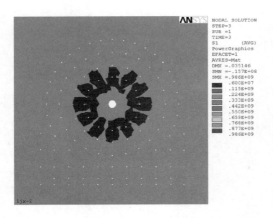

图 12.2-192　第一主扩孔爆破平切面 σ_1 云图

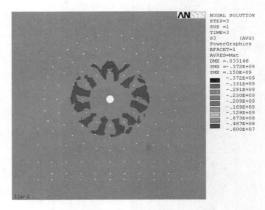

图 12.2-193　第一主扩孔爆破平切面 σ_3 云图

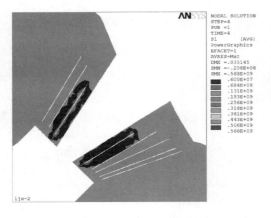

图 12.2-194　第二主扩孔爆破横截面 σ_1 云图

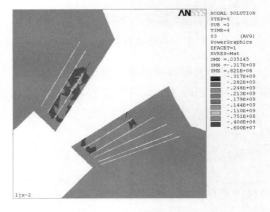

图 12.2-195　第二主扩孔爆破横截面 σ_3 云图

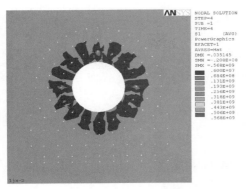

图 12.2 - 196　第二主扩孔爆破平切面 σ_1 云图

图 12.2 - 197　第二主扩孔爆破平切面 σ_3 云图

从应力云图可以看出，第二主扩孔爆破时，炮孔一定范围拉应力较大，基本在 6～568MPa 范围内，均超过岩体的抗拉强度，而压应力较小，基本在 6～40.6MPa 范围内，未超过岩体的抗压强度，只有在中上部和底部孔壁很小范围内出现超标压应力。总体而言，第二主扩孔爆破也可将炮孔内圈岩体爆除，但难以形成光面爆破面，同时炮孔顶部至岩面一定范围岩体不能爆除。

（5）第三主扩孔爆破效果分析。第三主扩孔爆破时，横截面和平切面第一主应力和第三主应力云图见图 12.2 - 198～图 12.2 - 201。

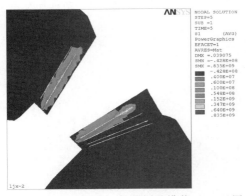

图 12.2 - 198　第三主扩孔爆破横截面 σ_1 云图

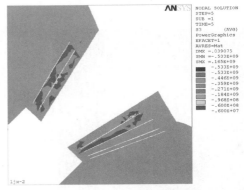

图 12.2 - 199　第三主扩孔爆破横截面 σ_3 云图

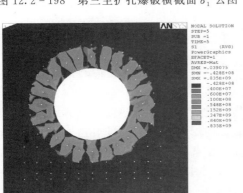

图 12.2 - 200　第三主扩孔爆破平切面 σ_1 云图

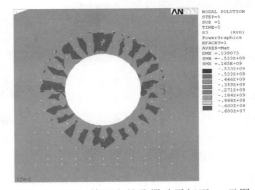

图 12.2 - 201　第三主扩孔爆破平切面 σ_3 云图

从应力云图可以看出，第三主扩孔爆破时，炮孔一定范围拉应力较大，基本在 4～835MPa 范围内，均超过岩体的抗拉强度，而压应力较小，基本在 6～60MPa 范围内，未超过岩体的抗压强度，只有在孔壁很小范围内出现超标压应力。总体而言，第三主扩孔爆破可将炮孔内圈岩体爆除，但难以形成光面爆破面，同时炮孔顶部至岩面一定范围岩体不能爆除。

　　（6）第四主扩孔爆破效果分析。第四主扩孔爆破时，横截面和平切面第一主应力和第三主应力云图见图 12.2-202～图 12.2-205。

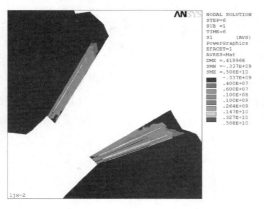

图 12.2-202　第四主扩孔爆破横截面 σ_1 云图

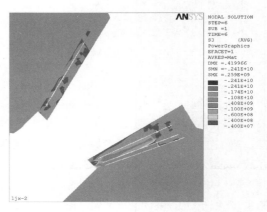

图 12.2-203　第四主扩孔爆破横截面 σ_3 云图

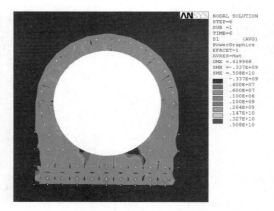

图 12.2-204　第四主扩孔爆破平切面 σ_1 云图

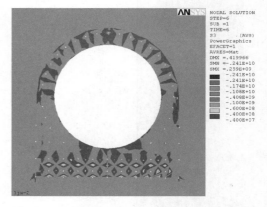

图 12.2-205　第四主扩孔爆破平切面 σ_3 云图

　　从应力云图可以看出，第四主扩孔爆破时，炮孔一定范围拉应力较大，基本在 4～3.27GPa 范围内，均超过岩体的抗拉强度，而压应力整体不大，只有在底部渠扩孔之间岩体压应力较大，基本在 60～408MPa 范围内，均超过岩体的抗压强度。总体而言，在预裂孔预裂爆破的基础上，第四主扩孔爆破可将预裂孔内圈岩体爆除，且对预裂孔外圈岩体影响不大，同时形成光面爆破面。炮孔顶部至岩面一定范围拉应力虽未超过岩体的极限抗拉强度，但第四主扩孔爆破后，随着预裂孔内圈岩体的剥落，顶部岩体下部约束消失，在水压力、泥沙压力以及自重作用下，上部岩体沿预裂面断开，掉入集渣坑，只是块径可能较大。

综上所述，工况 2 条件下，每一主扩孔爆破时，内圈岩体基本以拉裂破坏为主，分级爆破效果较好，形成层层剥落的现象。预裂孔预裂效果较好，限制了第四主扩孔爆破拉应力的外传，成型效果良好。顶部一定范围内岩体虽不能被爆破成粒径较小的碎石，但会沿预裂面脱落，掉入集渣坑。相对于工况 1，工况 2 条件下分级爆破范围较大，爆破更彻底。

（五）方案二小结

（1）方案二岩塞稳定分析研究成果表明：岩塞体中钻孔、药室以及药室通道开挖后，围岩位移和应力总体较小，岩塞体较为稳定。

（2）集中药室阻抗比优化研究结果表明：对不同爆破力作用下，爆破所形成的空腔范围不同，爆破荷载越大爆破所形成的空腔越大。爆破形成的爆腔最大直径随着阻抗比的增加变化不大，而相对位置上移。1：1.7（考虑淤泥等效厚度为 1：1.1）的阻抗比基本为阻抗平衡位置，岩塞体基本能沿顶部和底部爆通。1：2.3（考虑淤泥等效厚度为 1：1.4）的阻抗比，其爆破效果较好，基本能形成爆破漏斗。

（3）分级爆破研究成果表明：每级爆破时，内圈岩体基本以拉裂破坏为主，分级爆破效果较好，形成层层剥落的现象。预裂孔预裂效果较好，限制了第四主扩孔爆破拉应力的外传，成型效果良好。顶部一定范围内岩体虽不能被爆破成粒径较小的碎石，但会沿预裂面脱落，掉入集渣坑。

（4）根据本方案研究成果，建议将第一主扩孔倾角减小，更有利于将内圈岩体爆除彻底；建议增加第二、三和四主扩孔深度，有利于将集中药室未爆除的顶部岩体彻底爆除，且形成小块径碎石。

八、方案三：分散药室方案（硐室方案）

（一）计算模型

此方案设计了 7 个药室，其中 4 号药室又分为 4 号上、4 号下两个，见图 12.2－206，主导洞及连通洞见图 12.2－207。图 12.2－208、图 12.2－209 为岩塞和整体模型的有限元网格图。

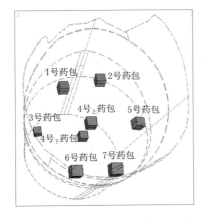
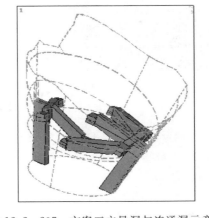

图 12.2－206　方案三药室位置示意图　图 12.2－207　方案三主导洞与连通洞示意图

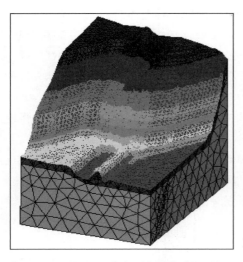

图 12.2 - 208　方案三有限元网格图

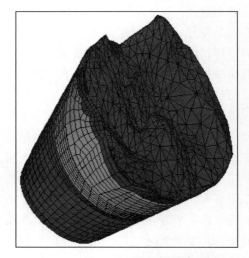

图 12.2 - 209　方案三岩塞有限元网格图

（二）稳定计算

1. 原始状态

原始状态下，排沙洞与集渣坑已经开挖完成，结构承受自重、正常蓄水压力和淤沙压力。整个结构的最大位移 35.6mm，岩塞处位移 27.7mm，见图 12.2 - 210。岩塞底部有小面积 0.2MPa 以下拉应力区，见图 12.2 - 211。混凝土衬砌上有 0.6MPa 拉应力。除此之外，岩塞部位多为 2.0MPa 以下压应力，岩塞底部与排沙洞连接处有 9.0MPa 压应力。

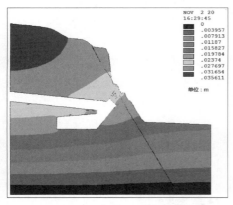

图 12.2 - 210　方案三原始状态位移图

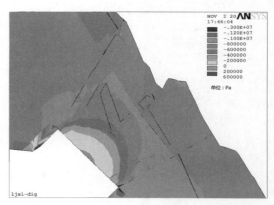

图 12.2 - 211　方案三原始状态 σ_1 示意图

2. 开挖状态

导洞、连通洞和预裂孔开挖后，结构的位移发生变化。减去原始状态的位移后，开挖引起的岩塞部位 X 方向位移 0.14mm，见图 12.2 - 212；Y 方向位移 0.15mm，见图 12.2 - 213；Z 方向位移 0.06mm。

开挖后，岩塞底部仍有 0.2MPa 拉应力，4 号上药室底部出现 0.6MPa 拉应力，见图 12.2 - 214。其他药室周围也有 0.4MPa 以下拉应力，见图 12.2 - 215。岩塞口其余部位均为压应力，最大压应力值 2.5MPa。

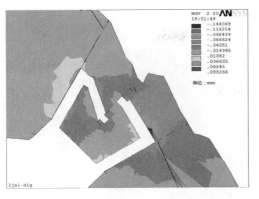

图 12.2-212 方案三开挖后 X 方向位移图

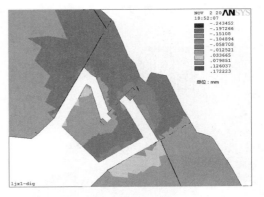

图 12.2-213 方案三开挖后 Y 方向位移图

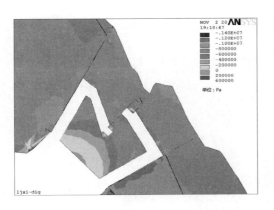

图 12.2-214 方案三开挖后 σ_1 立视图

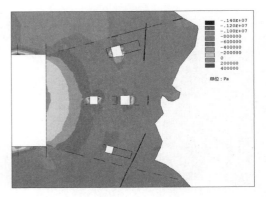

图 12.2-215 方案三开挖后 σ_1 平面图

(三) 药室位置优化

药室位置直接影响着岩塞爆破的效果，不同的药室位置将产生不同的开口形状和尺寸。本节采用一次爆破的加载方式，选用爆速为 3200m/s 的炸药，分析不同的药室位置对爆破效果的影响。图中应力单位为 Pa，正值为拉应力，负值为压应力。

1. 原设计方案

原设计方案药室位于岩塞中间部位，兼顾岩塞口和岩塞底部，上、下破坏较均匀，但两端未完全破坏，爆破后应力见图 12.2-216～图 12.2-217。

2. 药室位置整体上移

药室整体上移 0.5m、1.0m、1.5m、2.0m，岩塞口爆破效果有所改善，但岩塞底部破坏效果不佳，爆破后应力见图 12.2-218～图 12.2-225。

3. 药室位置整体下移

药室整体下移 0.5m，岩塞底部有所改善，但岩塞口爆破效果较差，爆破后应力见图 12.2-226～图 12.2-227。

4. 4号$_\text{上}$药室上移，4号$_\text{下}$药室下移

(1) 工况 1。4号$_\text{上}$药室上移 0.5m，4号$_\text{下}$药室下移 0.5m，岩塞口和岩塞底部爆破效

果均有改善，底部更为明显，见图 12.2-228～图 12.2-229。

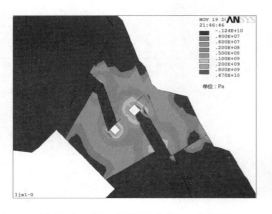

图 12.2-216 原设计方案 σ_1 立视图

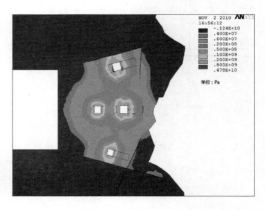

图 12.2-217 原设计方案 σ_1 平面图

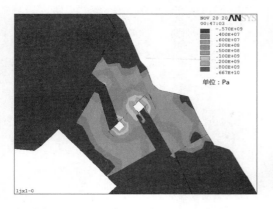

图 12.2-218 药室上移 0.5m σ_1 立视图

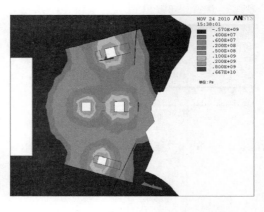

图 12.2-219 药室上移 0.5m σ_1 平面图

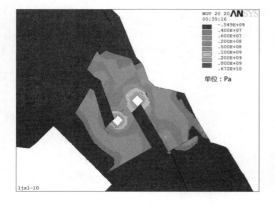

图 12.2-220 药室上移 1.0m σ_1 立视图

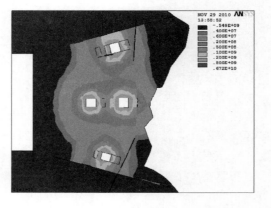

图 12.2-221 药室上移 1.0m σ_1 平面图

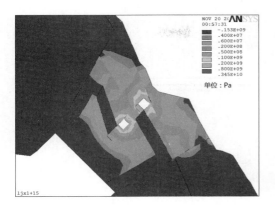

图 12.2 - 222 药室上移 1.5m σ_1 立视图

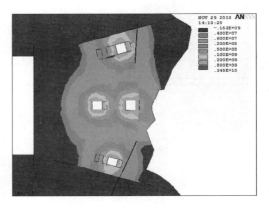

图 12.2 - 223 药室上移 1.5m σ_1 平面图

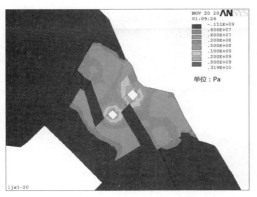

图 12.2 - 224 药室上移 2.0m σ_1 立视图

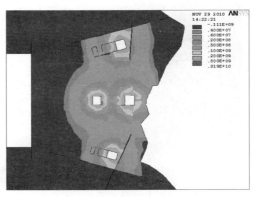

图 12.2 - 225 药室上移 2.0m σ_1 平面图

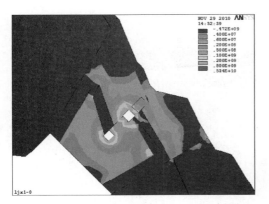

图 12.2 - 226 药室下移 0.5m σ_1 立视图

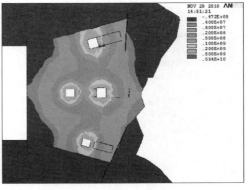

图 12.2 - 227 药室下移 0.5m σ_1 平面图

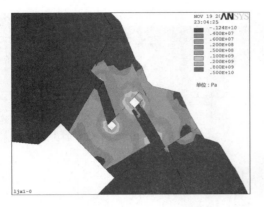

图 12.2 - 228 工况 1σ_1 立视图

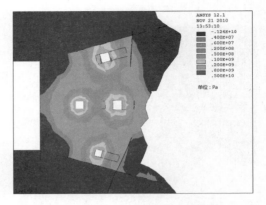

图 12.2 - 229 工况 1σ_1 平面图

（2）工况 2。4 号$_上$药室继续上移至 1.0m，4 号$_下$药室下移 0.5m，岩塞口爆破效果更佳，爆破后第一应力见图 12.2 - 230～图 12.2 - 231。

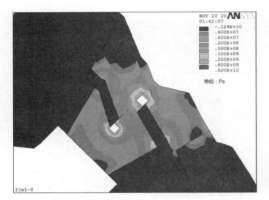

图 12.2 - 230 工况 2σ_1 立视图

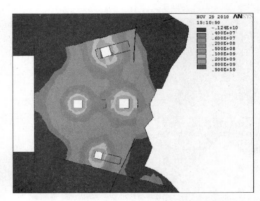

图 12.2 - 231 工况 2σ_1 平面图

（3）工况 3。4 号$_上$药室继续上移 2.0m，4 号$_下$药室下移 0.5m，岩塞口爆破效果更佳，爆破后第一应力见图 12.2 - 232～图 12.2 - 233。

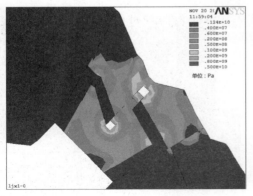

图 12.2 - 232 工况 3σ_1 立视图

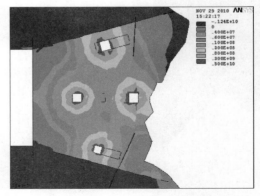

图 12.2 - 233 工况 3σ_1 平面图

5. 小结

上述分析表明，4 号$_上$药室上移、4 号$_下$药室下移使岩塞口和岩塞底部爆破效果增强，上、下破坏较均匀。

（四）方案三（硐室方案）爆破计算

针对原设计方案，选择爆速为 4500m/s 进行爆破计算。

按照爆破施工的顺序，首先引爆 4 号$_上$药室和 4 号$_下$药室，然后是 1 号和 2 号药室，接下来 3 号和 5 号药室，最后是 6 号和 7 号药室。

4 号$_上$药室、4 号$_下$药室爆破后，岩塞内部应力、爆通趋势及开口尺寸均比爆速为 3200m/s 时大幅增加，岩塞立面和平面的第一、第三主应力分布见图 12.2－234～图 12.2－237。

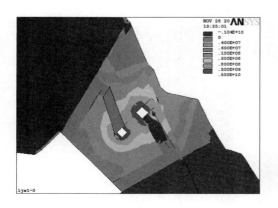

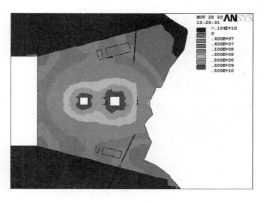

图 12.2－234　4 号$_上$和 4 号$_下$药室爆后
σ_1 立视图

图 12.2－235　4 号$_上$和 4 号$_下$药室爆后
σ_1 平面图

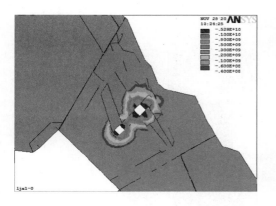

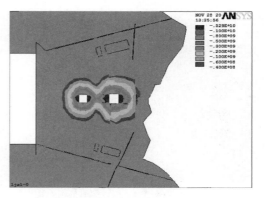

图 12.2－236　4 号$_上$和 4 号$_下$药室爆后
σ_3 立视图

图 12.2－237　4 号$_上$和 4 号$_下$药室爆后
σ_3 平面图

1 号药室、2 号药室爆破后，岩塞体内破坏范围进一步扩大，岩塞立面和平面的第一、第三主应力分布见图 12.2－238～图 12.2－241。

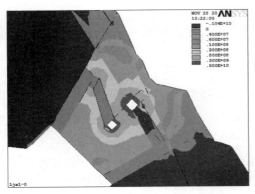

图 12.2-238 1号和2号药室爆破后
σ_1 立视图

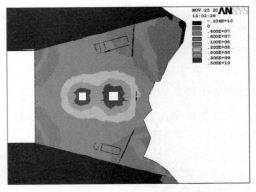

图 12.2-239 1号和2号药室爆破后
σ_1 平面图

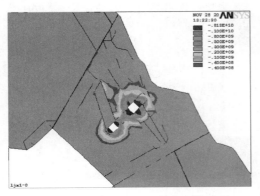

图 12.2-240 1号和2号药室爆破后
σ_3 立视图

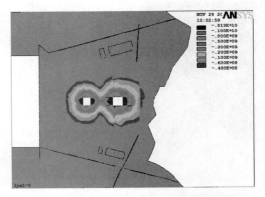

图 12.2-241 1号和2号药室爆破后
σ_3 平面图

3号药室、5号药室爆破后，岩塞体内破坏范围进一步扩大，岩塞立面和平面的第一、第三主应力分布见图 12.2-242~图 12.2-245。

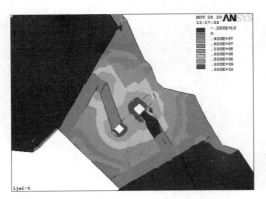

图 12.2-242 3号和5号药室爆破后
σ_1 立视图

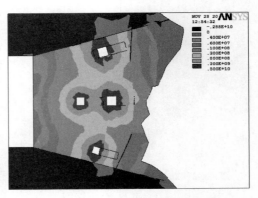

图 12.2-243 3号和5号药室爆破后
σ_1 平面图

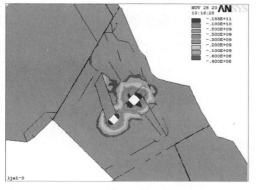

图 12.2 - 244　3号和5号药室爆破后 σ_3 立视图

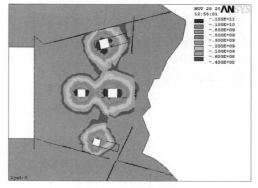

图 12.2 - 245　3号和5号药室爆破后 σ_3 平面图

6号药室、7号药室爆破后，岩塞立面和平面的第一、第三主应力分布见图 12.2 - 246～图 12.2 - 249。从图中可看出，岩塞中部、底部破坏较好，岩塞口的破坏相对较差，从计算角度看，岩塞基本能够爆通。受压破坏的岩体范围较拉裂破坏的岩体范围小。由于 F_7 断层切过整个岩塞体，对岩体爆破的影响非常明显。

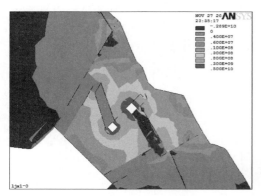

图 12.2 - 246　6号和7号药室爆破后 σ_1 立视图

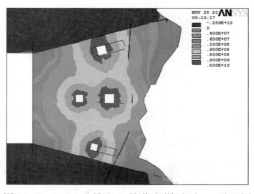

图 12.2 - 247　6号和7号药室爆破后 σ_1 平面图

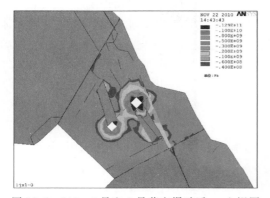

图 12.2 - 248　6号和7号药室爆破后 σ_3 立视图

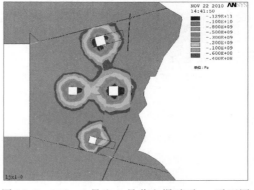

图 12.2 - 249　6号和7号药室爆破后 σ_3 平面图

(五) 方案三小结

(1) 方案三岩塞稳定分析研究成果表明，原始状态下，岩塞部位总位移 27.7mm，除岩塞底部有小面积 0.2MPa 以下拉应力外，岩塞处多为 2.0MPa 以下压应力。导洞、连通洞和预裂孔开挖后，结构的位移、应力变化均不大。开挖引起的位移不足 1mm，岩塞部位的拉应力与压应力虽有增加，但远未达到岩体的抗拉强度 4MPa 和抗压强度 40MPa，未出现不稳定迹象。

(2) 原设计方案药室位于岩塞中间部位，兼顾岩塞口和岩塞底部，上、下破坏较均匀，但岩塞口和岩塞底部未完全破坏；药室位置向上移动后，岩塞口处爆破效果较好，但底部岩体的拉、压应力均未超过岩体极限强度值；药室位置向下移动后，岩塞底部爆破效果较好，但岩塞口处岩体大部未破坏；4 号$_\text{上}$药室上移、4 号$_\text{下}$药室下移使得岩塞口和岩塞底部的爆破效果均有不同程度的增强，且上、下破坏较均匀，从计算角度看更为合理。

(3) 7 个药室分 4 次爆破，每次爆破后药室附近应力较大，药室周围大面积岩体的拉应力超过了岩体的抗拉强度，将产生拉裂破坏，受压破坏的岩体范围较拉裂破坏的岩体范围小。F_7 断层对岩体爆破的影响非常明显。爆速为 4500m/s 时，除岩塞口上部有部分未破坏的岩体外，岩塞整体基本破坏。计算中只考虑了淤泥对岩塞及周围岩体的压力，未考虑其对岩塞口的堵塞作用。若能有效处理岩塞口处淤泥，形成贯通的扰动区，方能保证岩塞爆通后淤泥能顺利下泄。

(4) 爆破对周围岩体产生了一定的影响，特别是断层附近的拉应力明显增加，但拉应力多在 4MPa 以下。预裂孔有效地阻止了应力的向外传播，因此周围岩体受爆破的影响得到了控制，不会使周围岩体产生大面积破坏。

九、研究成果

(1) 方案一研究成果表明：

1) 方案一有限元计算分析研究成果表明，先锋洞、中心空孔开挖后，岩塞体总体位移和应力较小，岩塞体在施工期是安全稳定的。

2) 方案一岩塞体厚度变化对施工期稳定性影响的抗滑稳定计算中，采用了《水利水电工程边坡设计规范》(SL 386—2007) 建议的强度指标折减的有限元方法，有效地解决了岩塞体和滑动面形状及机理模拟的技术困难。各方案的对比计算研究结果表明，岩塞体从现有厚度减薄 2m、先锋洞增加 1.6m 时，其抗滑稳定安全系数均大于等于 4.0，仍能满足设计抗滑稳定要求。

3) 分级爆破计算结果说明：

a. 掏槽孔爆破效果较好，可以达到爆通、爆透和抛出孔内岩渣的预期目的，为后期各级爆破腾出了空间，创造了良好的前提条件。

b. 各级主爆孔爆破中，通过岩体内部应力调整，实现了将径向作用在孔周的爆破荷载向切向为主的拉应力的转化，并使内圈岩体基本产生以拉裂为主的破坏，形成层层剥落的排孔爆破成型机制。各级爆破均可爆通设计要求的岩体，分级爆破效果也较为均衡。

c. 预裂孔预裂效果较好，限制了第四主扩孔爆破拉应力的外传，保护周围岩体，使其较小受到岩塞内部爆破的影响。岩塞口爆破成型效果良好。

（2）方案二研究成果表明：

1）方案二岩塞稳定分析研究成果表明，岩塞体中钻孔、药室以及药室通道开挖后，围岩位移和应力总体较小，岩塞体较为稳定。

2）集中药室阻抗比优化研究结果表明：对不同爆破力作用下，爆破所形成的空腔范围不同，爆破荷载越大爆破所形成的空腔越大。爆破形成的爆腔最大直径随着阻抗比的增加变化不大，而相对位置上移。1∶1.7（考虑淤泥等效厚度为1∶1.1）的阻抗比基本为阻抗平衡位置，岩塞体基本能沿顶部和底部爆通。1∶2.3（考虑淤泥等效厚度为1∶1.4）的阻抗比，其爆破效果较好，基本能形成爆破漏斗。

3）分级爆破研究成果表明：

a. 集中药室爆破在岩塞体上部基本形成爆破漏斗，但岩塞下部尚未爆通，进而采用掏槽孔进行爆破，掏槽孔周围一定范围岩体基本产生以拉裂和压碎为主的破坏，可以达到爆通、爆透和抛出孔内岩渣的预期目的，为后期各级爆破腾出了空间，爆破效果较好。

b. 每级爆破时，内圈岩体基本以拉裂破坏为主，分级爆破效果较好，形成层层剥落的现象。预裂孔预裂效果较好，限制了第四主扩孔爆破拉应力的外传，成型效果良好。顶部一定范围内岩体虽不能被爆破成粒径较小的碎石，但会沿预裂面脱落，掉入集渣坑。

（3）方案三研究成果表明：

1）导洞、连通洞和预裂孔开挖后，结构的位移、应力变化均不大。开挖引起的位移不足1mm，岩塞部位的拉应力与压应力虽有增加，但远未达到岩体的抗拉强度4MPa和抗压强度40MPa，说明开挖基本对岩塞体的稳定性影响不大。

2）原设计方案药室位于岩塞中间部位，兼顾岩塞口和岩塞底部，上、下破坏较均匀，但岩塞口和岩塞底部未完全破坏。4号$_{上}$药室上移、4号$_{下}$药室下移使得岩塞口和岩塞底部的爆破效果均有不同程度的增强，且上、下破坏较均匀，从计算角度看更为合理。

3）7个药室分4次爆破，每次爆破后药室附近应力较大，药室周围大面积岩体的拉应力超过了岩体的抗拉强度，将产生拉裂破坏，受压破坏的岩体范围较拉裂破坏的岩体范围小。F_7断层对岩体爆破的影响非常明显。除岩塞口上部有部分未破坏的岩体外，岩塞整体基本破坏。

4）爆破对周围岩体产生了一定的影响，但预裂孔有效地阻止了拉应力向外传播，因此周围岩体受爆破的影响得到了控制，不会使周围岩体产生大面积破坏。

（4）本计算采用拟静力法模拟爆破震动过程。《水工建筑物抗震设计规范》（GB 51247—2018）等在推荐拟静力法的同时，也指出水工建筑物在静态作用下的计算模式和参数取值，是带有经验性的设计标准，但往往不能反映实际的安全裕度，也难以完全反映其动态作用效应和破坏机理。本计算采用的拟静力法未能精确模拟爆破瞬间冲击波、动应力场的动态传播变化过程，所产生的爆炸气体膨胀、气楔等破坏效应，未能反映以上作用所具有显著地沿抵抗线方向，指向自由面的爆破效果。因此计算结果是偏于安全的。应用中需要结合其他方面的试验研究成果进行综合分析。

第十三章 爆破影响数值模拟

第一节 岩塞口高陡边坡稳定性

岩质边坡工程的稳定性分析历来是工程界和学术界最为关注的重大课题，由于实际岩体中含有大量不同构造、产状和特性的不连续结构面（比如层面、节理、裂隙、软弱夹层、岩脉和断层破碎带等），这就给岩质边坡的稳定性带来了巨大的困难。边坡稳定性分析的主要任务是进行边坡稳定性计算、评价当前边坡的稳定状态和可能的变化发展趋势，以便作为边坡整治工程设计的依据。

一、边坡稳定性研究历史及现状

随着人类工程活动的发展，比如大规模的水电工程、公路工程、铁路工程、矿山工程等大型土建工程的进行与发展，产生的高陡边坡的规模也在逐步扩大，人们对边坡问题的研究也在逐渐深入。人们对边坡稳定性的关注和研究最早是从滑坡现象开始的。归纳前人对边坡稳定性问题的研究，大致可以分为以下几个阶段：

早期对于边坡稳定性的研究主要从两个方面进行：一是借助于土力学中极限平衡的概念，由静力平衡条件计算边坡极限状态下的稳定性（加拿大矿物和能源技术中心，1984；Hoek and Bray，1983；Fellenius，1927，1936；Taylor，1937，1948；Janbu，1954；Bishop，1955）；二是从边坡所处的地质条件、影响因素和失稳现象上进行对比分析。

20 世纪 50 年代，我国学者引进苏联工程地质的体系，继承和发展了"地质历史分析法"，并将其应用于滑坡的分析和研究中，对边坡稳定性研究起到了推动作用。这阶段学者们着重于边坡地质条件的描述和边坡类型的划分，采用工程地质类比法评价边坡稳定性。其实质是把已有的自然边坡或人工边坡的研究经验，应用到条件相似的新边坡研究中，对已有边坡进行广泛的调查研究，全面研究工程地质因素的相似性和差异性，分析研究边坡所处的自然环境和影响边坡变形发展的主导因素的相似性和差异性。优点是能综合考虑各种影响边坡稳定的因素，迅速地对边坡稳定性及其发展趋势做出估计和预测。缺点是类比条件因地而异，经验性强。

20 世纪 60 年代，世界上几次灾难性的边坡失稳事件的发生（意大利的瓦依昂水库滑坡事件，造成近 3000 人死亡和巨大的经济损失），使人们逐渐认识到结构面对滑坡稳定性的控制作用以及边坡失稳的时效特征，初步形成了岩体结构的观点，并在应用赤平投影的基础上，提出实体比例投影法，来进行边坡块体破坏的计算，定性的判定边坡的稳定性。同时，比较系统的岩石力学性质的试验研究，包括大型现场试验及室内岩块试验。这些工作都推动了岩质边坡稳定性研究的发展。

20 世纪 70 年代，随着边坡研究者的深入研究，人们逐渐认识到边坡变形破坏过程的重要性。加拿大不列颠哥伦比亚大学 Brawner 等（1971）根据实际经验，提出以下几种最常见的岩石边坡的破坏形式：圆弧破坏、整体岩石与非连续节理破坏、平面破坏、块状破坏、楔形破坏、倾倒式破坏。英国伦敦皇家矿业学院 E. Hoek（1973）在《岩石边坡工程》书中，将岩石边坡变形破坏类型分为圆弧破坏、平面破坏、楔体破坏和倾倒破坏，并详细谈论了边坡破坏类型、破坏机制、破坏方式以及如何抽象描述边坡稳定性分析力学模型等问题。我国边坡研究者从大量的工程实践和边坡失稳事件中逐渐认识到：边坡稳定性研究必须重视其变形破坏过程和变形机制研究，提出了累进性破坏的观点以及边坡破坏的机制模式，并提出了边坡变形的六种主要模式，即蠕滑-拉裂、滑移-压致拉裂、滑移-拉裂、弯曲-拉裂、塑流-拉裂和滑移-弯曲，以及斜坡失稳的三种基本方式，即崩落（塌）、滑落（坡）、（侧向）扩离。这些变形破坏模式不仅得到了普遍的认可，而且被广泛地应用到工程地质领域。

20 世纪 80 年代，边坡稳定性研究进入了一个新的阶段，国际工程地质协会（IAEG）滑坡委员会建议采用瓦恩斯的滑坡分类作为国际标准方案。这期间，在系统科学方法论的指导下，对边坡岩体的赋存环境、坡体结构、内部应力状态、变形机制、影响稳定性的因素等都做了系统研究，形成了较为系统的边坡稳定性研究思路，针对不同的地质模式提出了相应的稳定性计算方法。数值模拟和物理模拟等被引入边坡研究中，这就使得边坡通过模拟的方式再现了边坡变形破坏的全过程。

20 世纪 90 年代以来，人类工程活动迅速增长，人工边坡的高度也在不断地增大，尤其是三峡等工程建设和西部大开发的实施，边坡稳定性问题也越来越突出，主要表现在可靠度分析理论、块体理论、神经网络理论、分形理论、突变理论以及复杂的数值计算方法也被广泛地应用于边坡研究中。边坡稳定性的研究进入了定性与定量相结合、概念模型与仿真模拟相结合、监测与反馈分析相结合的新阶段，取得了大量有意义的成果："浅生时效构造理论"；数值模拟在工程中的广泛应用；非线性科学理论和方法的应用等。金德濂按边坡变形特征将变形边坡划分为滑动变形、蠕动变形、张裂变形、崩塌变形、坍滑变形和剥落变形六类，并结合岩性、结构和变形机理划分 17 个亚类，对各类变形边坡的工程地质特征、变形破坏机理、稳定性评价和治理原则作了简要分析。

回顾历史，当前边坡稳定性研究已具有相当的规模和较高的水平，并逐步形成由"工程地质原形分析→变形现象揭示→岩体力学分析→变形机制分析→数值模拟及物理模拟→稳定性分析计算→预测、控制与监测反馈分析"的过程（或途径）。如今，随着大型工程项目建设，许多更为复杂的地质问题开始出现，使得边坡稳定性研究工作面临越来越多的挑战。

二、边坡稳定分析方法及原理

边坡稳定分析是边坡设计的前提，它决定着边坡是否失稳以及边坡失稳时存在多大推力，以便为支护结构设计提供科学依据。然而这个问题至今仍未得到妥善解决，因为解决这一问题必须先要查清坡体的地质状况及其强度参数，同时又要有科学合理的分析方法。对于边坡稳定分析，传统方法主要有：极限平衡法，极限分析法，滑移线场法等。极限平衡法主要包括瑞典圆弧法、简化毕肖普法、不平衡推力传递法、摩根斯顿-普赖斯法（Morgenstern-Price）、萨尔玛法（Sarma）、能量法和块体理论。有限元方法是目前应用最广的强度折减法，就是在理想弹塑性有限元计算中，将边坡岩土体抗剪切强度参数逐渐降低直到其达到破坏状态为止。程序可以自动根据弹塑性计算结果得到破坏滑动面（塑性应变和位移突变的地带），同时得到边坡的强度储备安全系数。

本项课题采用极限平衡法和有限元法进行边坡稳定分析。极限平衡法主要采用简化毕肖普法（Bishop）、萨尔玛法（Sarma）和摩根斯顿-普赖斯法（Morgenstern-Price）研究边坡的整体稳定性。有限元法采用强度折减法进行边坡的稳定性分析和复核以及应力应变分析。

（一）边坡稳定分析的极限平衡法

1. 简化毕肖普法

简化毕肖普法使用圆弧滑裂面。该法假定作用在条块侧向作用力均为水平。建立垂直方向静力平衡方程，确定 $\Delta N'$：

$$\Delta N' = \Delta W(\cos\alpha - r_u \sec\alpha) \tag{13.1-1}$$

通过整体对圆心的力矩平衡确定安全系数：

$$\sum_{n=1}^{N}(-\Delta T + \Delta W\sin\alpha + R_d\Delta Q) = 0 \tag{13.1-2}$$

$$R_d = \frac{h_Q}{R} \tag{13.1-3}$$

式中：h_Q 为水平地震力和圆心的垂直距离。条块总数为 N。

由此可求的安全系数为

$$K = \frac{\sum\left\{\left[(W_i + V_i)\sec\alpha - u_i b_i \sec\alpha_i\right]\tan\varphi_i' + c'b_i \sec\alpha_{ii}\right\}}{\dfrac{(1 + \tan\alpha_i \tan\varphi_i'/K)}{\sum\left[(W_i + V_i)\sin\alpha_i + M_{Qi}/R\right]}} \tag{13.1-4}$$

式中：W_i 为第 i 滑动条块自重；Q_i、V_i 为分别为作用在第 i 滑动条块上的外力（包括地震力、锚索和锚桩提供的加固力合表面荷载）在水平向和垂直向分力（向下为正）；u_i 为第 i 滑动条块底面的空隙压力；α_i 为第 i 滑动条块底滑面的倾角；b_i 为第 i 滑动条块宽度；c_i'、φ' 为第 i 滑动条块底面有效凝聚力和内摩擦角；M_{Qi} 为第 i 滑动条块水平向外力 Q_i 对圆心的力矩；R 为圆弧半径；K 为安全系数。

2. 萨尔玛法

萨尔玛（Sarma）法认为边坡滑动体必须破裂成可以相对滑动的块体才能发生整体移动，也就是滑体滑动时不仅要克服主滑面的抗剪强度，而且还要克服滑体本身的强度。可见相对其他极限平衡分析方法来说，萨尔玛法（Sarma）分析节理岩体边坡稳定较为合理，因为该法考虑了滑体本身的强度，可以处理具有复杂结构面的边坡，可以根据坡体内的各类结构面来划分条块并且不要求各条块保持垂直。

萨尔玛法滑动面如图 13.1-1 所示，计算简图如图 13.1-2 所示。相应某一安全系数 K 值，是边坡处于极限平衡状态的临界水平力系数 K_c 按式 (13.1-5) 计算。安全系数 K 是使 K_c 为零的相应值，可通过迭代求解。

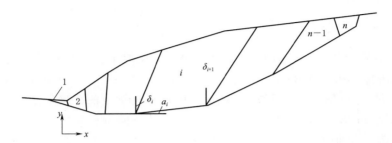

图 13.1-1　萨尔玛法滑动面示意图

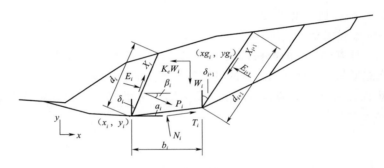

图 13.1-2　萨尔玛法计算简图

$$K_c = \frac{\alpha_n + \alpha_{n-1} e_n + \alpha_{n-2} e_n e_{n-1} + \cdots + \alpha_1 e_n e_{n-1} \cdots e_3 e_2 + E_1 e_n e_{n-1} \cdots e_1 - E_{n+1}}{p_n + p_{n-1} e_n + p_{n-2} e_n e_{n-1} + \cdots + p_1 e_n e_{n-1} \cdots e_3 e_2}$$

$$(13.1-5)$$

$$\alpha_i = \frac{R_i \cos\overline{\varphi}'_{bi} + W_i \sin(\overline{\varphi}'_{bi} - \alpha_i) + S_{i+1} \sin(\overline{\varphi}'_{bi} - \alpha_i - \delta_{i+1}) - S_i \sin(\overline{\varphi}'_{bi} - \alpha_i - \delta_i)}{\cos(\varphi_{bi} - \alpha_i + \tilde{\varphi}_{ai+1} - \delta_{i+1}) \sec\tilde{\varphi}_{ai+1}}$$

$$(13.1-6)$$

$$p_i = \frac{W_i \cos(\tilde{\varphi}'_{bi} - \alpha_i)}{\cos(\tilde{\varphi}'_{bi} - \alpha_i + \tilde{\varphi}'_{\delta i+1} - \delta_{i+1}) \sec\tilde{\varphi}'_{\delta i+1}} \qquad (13.1-7)$$

$$e_i = \frac{\cos(\tilde{\varphi}'_{bi} - \alpha_i + \tilde{\phi}'_{\delta i} - \delta_i) \sec\tilde{\varphi}'_{\delta i}}{\cos(\tilde{\varphi}'_{bi} - \alpha_i + \tilde{\phi}'_{\delta i+1} - \delta_{i+1}) \sec\tilde{\varphi}'_{\delta i+1}} \qquad (13.1-8)$$

$$R_i = \tilde{c}_{bi} b_i \sec\alpha_i - U_{bi} \tan\tilde{\varphi}'_{bi} \qquad (13.1-9)$$

$$S_i = \tilde{c}_{\delta i} d_i - U_{\delta i} \tan\tilde{\varphi}'_{\delta i} \qquad (13.1-10)$$

$$S_{i+1} = \tilde{c}_{\delta i+1} d_{i+1} - U_{\delta i+1} \tan\tilde{\varphi}'_{\delta i+1} \qquad (13.1-11)$$

$$\tan\tilde{\varphi}'_{bi} = \tan\varphi'_{bi} / K \qquad (13.1-12)$$

$$\tilde{c}'_{bi} = \tilde{c}'_{bi}/K \qquad (13.1-13)$$

$$\tan\tilde{\varphi}'_{\delta i} = \tan\varphi'_{\delta i}/K \qquad (13.1-14)$$

$$\tilde{c}'_{\delta i} = \tilde{c}'_{\delta i}/K \qquad (13.1-15)$$

$$\tan\tilde{\varphi}'_{\delta i+1} = \tan\varphi'_{\delta i+1}/K \qquad (13.1-16)$$

$$\tilde{c}'_{\delta i+1} = \tilde{c}'_{\delta i+1}/K \qquad (13.1-17)$$

式中：c'_{bi}、φ'_{bi} 分别为第 i 条块底面上的有效凝聚力和摩擦角；$c'_{\delta i}$、$\varphi'_{\delta i}$ 分别为第 i 条块第 i 侧面上的有效凝聚力和摩擦角；$c'_{\delta i+1}$、$\varphi'_{\delta i+1}$ 分别为第 i 条块第 $i+1$ 侧面上的有效凝聚力和摩擦角；$U_{\delta i}$、$U_{\delta i+1}$ 分别为第 i 条块第 i 侧面和第 $i+1$ 侧面上的孔隙压力；U_{bi} 为第 i 条块底面上的孔隙压力；E_i、X_i 分别为第 i 条块侧面上的法向力和剪力；N_i、T_i 分别为第 i 条块底面上的法向力和剪力；δ_i、δ_{i+1} 分别为第 i 条块第 i 侧面和第 $i+1$ 侧面的倾角（以铅垂线为起始线，顺时针为正，反之为负）；α_i 为第 i 条块底面与水平面的夹角；b_i 为第 i 条块底面水平投影长度；d_i、d_{i+1} 分别为第 i 条块第 i 侧面和第 $i+1$ 侧面的长度；K_c 为地震（水平方向）临界加速度系数。

3. 摩根斯顿–普赖斯法

在边坡稳定性计算中应用的摩根斯顿–普赖斯法是极限平衡法理论体系中的一种严格方法，滑裂面为任意形状，对多余未知数的设定并不是任意的，应符合土和岩石的力学特性。

由边坡稳定性分析条分法剖面图及条块受力图（见图 13.1–3），对条块建立静力平衡方程和力矩平衡方程

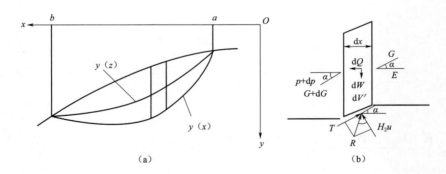

图 13.1–3　摩根斯顿–普赖斯法计算简图

$$\int_a^b p(x)s(x)\mathrm{d}x = 0 \qquad (13.1-18)$$

$$\int_a^b p(x)s(x)t(x)\mathrm{d}x - M_e = 0 \qquad (13.1-19)$$

其中：

$$P(x) = \left[\frac{\mathrm{d}W}{\mathrm{d}x} + \frac{\mathrm{d}V}{\mathrm{d}x}\right]\sin(\tilde{\varphi}' - \alpha) - u\sec\alpha\sin\tilde{\varphi}' + \bar{c}'\sec\alpha\cos\bar{\varphi}' - \frac{\mathrm{d}Q}{\mathrm{d}x}\cos(\bar{\varphi}'_e - \alpha)$$

$$(13.1-20)$$

$$s(x) = \sec(\tilde{\varphi}' - \alpha + \beta)\exp\left[-\int_a^x \tan(\tilde{\varphi}' - \alpha + \beta)\frac{\mathrm{d}\beta}{\mathrm{d}\zeta}\right] \qquad (13.1-21)$$

$$t(x)=\int_a^x(\sin\beta-\cos\beta\tan\alpha)\exp\left[\int_a^x\tan(\widetilde{\varphi}'-\alpha+\beta)\frac{\mathrm{d}\beta}{\mathrm{d}\zeta}\mathrm{d}\zeta\right]\mathrm{d}\xi \qquad (13.1-22)$$

$$M_e=\int_a^b\frac{\mathrm{d}Q}{\mathrm{d}x}h_e d_x \qquad (13.1-23)$$

$$\bar{c}'=\frac{c'}{K} \qquad (13.1-24)$$

$$\tan\bar{\varphi}=\frac{\tan\varphi'}{K} \qquad (13.1-25)$$

$$\tan\beta=\lambda f(x) \qquad (13.1-26)$$

式中：$\mathrm{d}x$ 为条块宽度；c'、φ' 为条块底面的有效凝聚力和内摩擦角；$\mathrm{d}W$ 为条块重量；u 为作用于条块底面的孔隙压力；α 为条块底面与水平面的夹角；$\mathrm{d}Q$、$\mathrm{d}V$ 为分别作用在条块上的外力（包括地震力、锚索和锚桩提供的加固力和表面荷载）在水平方向和垂直方向分力；M_e 为 $\mathrm{d}Q$ 对条块中点的力矩；h_e 为 $\mathrm{d}Q$ 的作用点到条块底面中点的垂直距离；$f(x)$ 为 $\tan\beta$ 在 λ 方向的分布形状，一般可取 $f(x)=1$；λ 为确定 $\tan\beta$ 值的待定系数。

式（13.1-18）和式（13.1-19）中包含两个未知数，安全系数 K 隐含于式（13.1-24）和式（13.1-25）中，另一待定系数 λ 隐含于式（13.1-26）中，可通过迭代求解此两未知数。

（二）边坡稳定分析的有限元法

1975 年，O. C. Zienkiewicz 等首次提出抗剪强度折减系数概念，其所确定的强度储备安全系数与 Bishop 在极限平衡法中所给出的稳定安全系数在概念上是一致的。强度折减的基本原理是将材料的强度参数 c，$\tan\varphi$ 值同时除以一个折减系数 F，得到一组新的 c'，φ' 值，然后作为新的材料参数进行试算。通过不断地增加折减系数 F，反复分析研究对象，直至其达到临界破坏，此时得到的折减系数即为安全系数 F_s，其分析方程为

$$c'=c/F \qquad (13.1-27)$$
$$\varphi'=\arctan(\tan\varphi/F) \qquad (13.1-28)$$

郑颖人院士等人的研究工作已说明，采用强度折减法进行边坡稳定计算得到的安全系数与刚体极限平衡法结果基本一致，对大多数情况两者差别对在工程允许范围内。强度折减法应用中的关键问题是临界状态判定问题。目前主要有四类准则：

（1）特征点的位移法。

（2）结构面某一幅值的广义剪应变的贯通。

（3）计算不收敛。

（4）结构面塑性区贯通。

本次计算采用塑性区是否贯通和计算是否收敛为判据，并结合其他成果综合分析边坡安全稳定性。

三、研究目的

刘家峡水电站排沙洞进口段上覆岩体存在断层 F_7，其走向与岩塞口的轴线近垂直，断层切割形成的三面临空的三角体位于岩塞口的正上方，在岩塞口爆破过程中和岩塞口形成后，存在整体下滑或岩塞口上部岩体下滑的可能，一旦断层切割的三角体下滑，将堵塞洞口影响排沙洞的正常运行。因此开展刘家峡水电站排沙洞进口边坡稳定性分析，为设计、施工、加固提供依据非常必要。

四、进水口边坡地质概况

排沙洞进口布置于洮河口对岸（黄河左岸），该处岸坡为一向水库凸出的山脊，此凸出部分向上游变化较缓，向下游变化较急。进口洞脸部位岩体山坡呈上缓下陡趋势，自1658.00m 高程以上均为陡坡，其中在 1670.00～1720.00m 高程之间岸坡倾角约为 70°～85°，在 1690.00m 高程以下部分已为水库淤积物质掩埋。

排沙洞进口岸坡为层状斜向结构岩质边坡，但岩层产状不稳定，进口段地表及其下游侧，走向为 NE10°～NE30°，倾向 NW，倾角 20°～40°。岩石强风化水平深度一般约 5～8m，弱风化水平深度一般约 10～15m。层面裂隙发育，另有走向与层面一致，倾向近于垂直的一组裂隙也较发育，此外还有一组顺坡陡倾裂隙（③组），该两组裂隙可能与 F_7 断层一起组合切割山坡形成塌滑体。进口段附近存在断层主要有：F_5、F_7 及 fj2，其中 F_7 对洞脸边坡稳定影响最大。F_7 断层走向 NW314°，倾向 SW∠57°，根据地质报告的资料来看，F_7 有切割岸坡坡面形成塌滑体的危险，在天然状态下已处于极限平衡状态，在岩塞爆破洞口形成进程中和形成以后，其稳定状态大大恶化。

断层 F_7 出露在排沙洞进口边坡坡顶 1733.00m 高程，F_7 断层基本沿顺坡裂隙发育，宽度 2～5cm，长度大于 15m，由碎裂岩等组成，带内强风化，未胶结，无断层泥发育，断面平直，下盘见一组擦痕，倾伏状为 SW∠45°，向下游延伸稳定，向上游追踪性裂隙延伸。从下盘面擦痕判断，先期为逆断层，后期有正错迹象（错距 20～30cm），带内无泥，为硬性结构面，该断层将此处岸坡（凸岸）上部切割成 F_7 上盘不稳定块体，向深部（1690.00～1700.00m 高程）延伸有尖灭趋势。

进口段地下水主要包括松散层孔隙性潜水和基岩裂隙水两种类型。基岩裂隙水主要存在并运移在基岩裂隙中，受裂隙的控制，多呈裂隙脉状水。

进口段岩石以Ⅲ类岩体为主，局部Ⅳ类。岩石干密度均值 2.85g/cm³，干抗压强度均值 89MPa，饱和抗压强度均值 71MPa，软化系数均值 0.79，弹性模量均值 17GPa，属硬质岩范畴。岩石抗剪强度凝聚力均值 1.64MPa，摩擦系数均值 1.16。

五、基本资料

（一）计算断面

根据工程结构分布及工程地质条件，排沙洞进口边坡稳定分析拟定四个计算剖面，编号分别为Ⅰ、Ⅱ、Ⅲ、Ⅳ剖面。各剖面平面位置示意见图 13.1－4，地质示意图见图13.1－5～图 13.1－8。

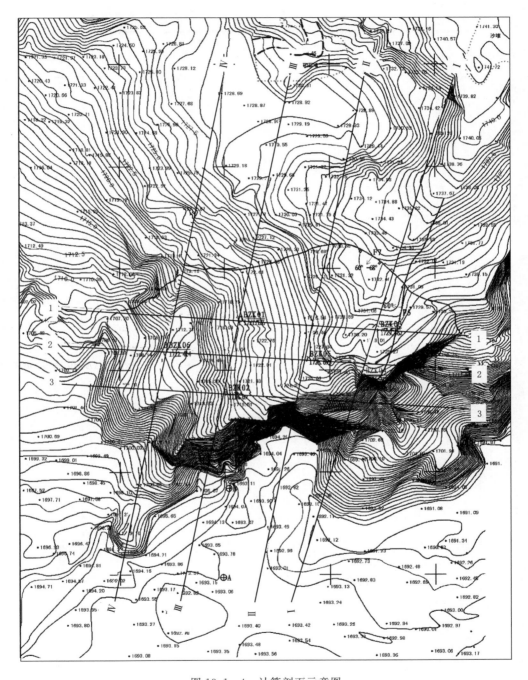

图 13.1-4 计算剖面示意图

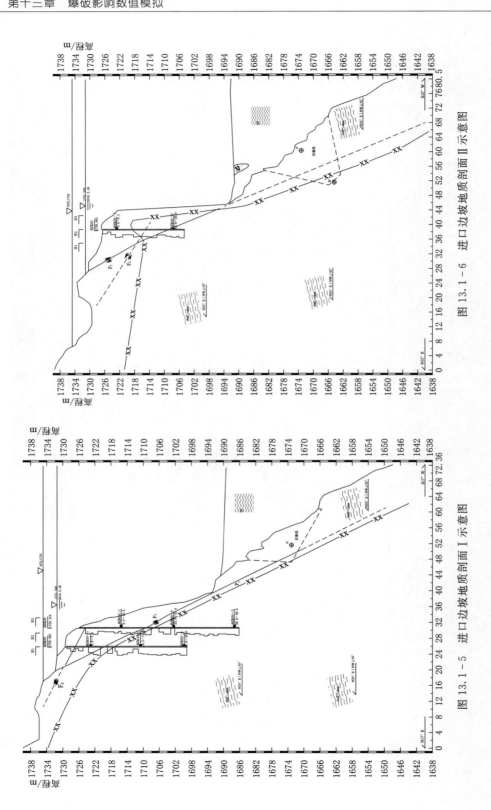

图 13.1－6 进口边坡地质剖面 II 示意图

图 13.1－5 进口边坡地质剖面 I 示意图

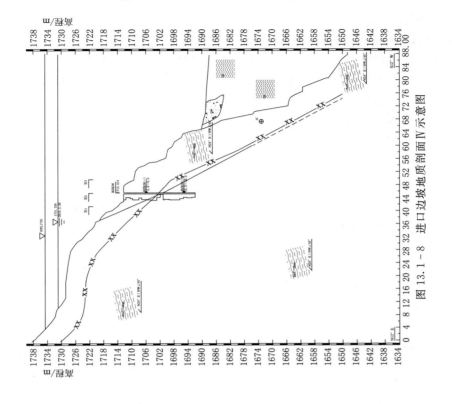

图 13.1-8 进口边坡地质剖面 IV 示意图

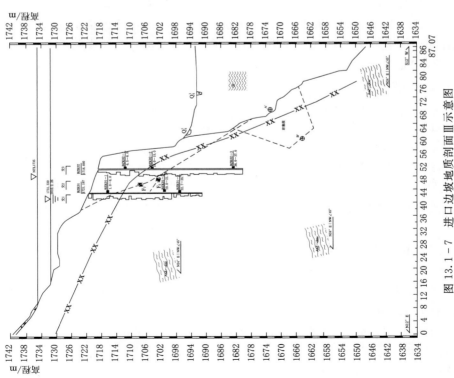

图 13.1-7 进口边坡地质剖面 III 示意图

（二）材料参数

1. 淤积层物理力学性质

洮河口淤积层主要以壤土为主，其物理力学性质具有以下特征：

（1）天然含水量较高，试验范围值为 13.7%～32.5%，均值为 25.7%，多数含水量接近或超过土的液限值，说明在天然状态下处于软塑状态。

（2）密度值变化范围大，试验范围值为 1.81～2.15g/cm³，均值为 2.00g/cm³，说明具有不均一性。

（3）颗粒大小变化大，中砂、细砂、粉砂、淤泥均有分布，且呈互层或透镜状，相变较大。

（4）抗剪强度较高，这主要是由于淤积层虽以壤土为主，但多有厚度较小，且呈透镜状或局部互层状分布的砂层所致。

（5）渗透系数变化较大，试验范围值为 5.84×10^{-5}～5.63×10^{-8}cm/s，均值为 1.24×10^{-5}cm/s，反映出淤积层物质组成不均一，相变大的特点。

综合试验成果，结合黄河流域其他工程，经类比本计算淤积层参数为：天然密度 $\rho = 1.75$g/cm³，$f = 0.21$，$c = 9.04$kPa，$E = 3.8$MPa，$\mu = 0.3$。

2. 岩体物理力学性质

进口段岩石以Ⅲ类岩体为主，局部Ⅳ类。排沙洞进口岸坡为层状斜向结构岩质边坡，但岩层产状不稳定，进口段地表及其下游侧，走向为 NE10°～NE30°，倾向 NW，倾角 20°～40°。岩石强风化水平深度一般约 5～8m，弱风化水平深度一般约为 10～15m。

断层 F_7 出露在排沙洞进口边坡坡顶 1733.00m 高程，F_7 断层基本沿顺坡裂隙发育，宽度 2～5cm，长度大于 15m，由碎裂岩等组成，带内强风化，未胶结，无断层泥发育，断面平直，下盘见一组擦痕，倾伏状为 SW<45°，向下游延伸稳定，向上游追踪性裂隙延伸。从下盘面擦痕判断，先期为逆断层，后期有正错迹象（错距 20～30cm），带内无泥，为硬性结构面。

本计算岩体参数为

弱风化岩层：$\rho = 2.73$g/cm³，$f = 0.5$，$c = 0.4$MPa，$E = 5$GPa，$\mu = 0.25$。

完整岩石：$\rho = 2.75$g/cm³，$f = 0.9$，$c = 1.0$MPa，$E = 15$GPa，$\mu = 0.22$。

F_7 断层：$\rho = 2.0$g/cm³，$f = 0.45$，$c = 0.08$MPa，$E = 0.8$GPa，$\mu = 0.27$。

（三）荷载组合及计算工况

1. 荷载组合

边坡设计中，荷载组合主要有基本荷载、短暂荷载及偶然荷载。本次计算主要考虑以下荷载：

（1）岩体自重。地下水位以上岩体的自重采用天然容重；地下水位以下岩体的自重，采用浮容重。

（2）蓄水位。2010 年 2 月 26 日实测的库水位为 1731.33m。考虑到全年水位变化，本计算中水位取 1732.00m。

（3）加固荷载。根据设计提供资料，锚索加固荷载为 3000kN。

（4）爆破荷载。根据地质资料，F_7 上盘滑坡体重心 B 点距离爆心约 60m。根据经验公式可计算出滑坡体重心点在爆破时产生的速度

$$v = 304 \times \left(\frac{Q^{\frac{1}{3}}}{R} \right)^{1.61} \tag{13.1-29}$$

式中：v 为 B 点爆破时产生速度；Q 为最大一响药量；R 为滑坡体重心点距离爆心距离，$R = 60\text{m}$。

经计算可知，当 $Q = 2000\text{kg}$ 时，$v = 24.64\text{cm/s}$，参照《中国地震烈度表（1980）》中参考物理指标（8 度地震速度为 $19 \sim 35\text{cm/s}$），相当于 8 度地震。由《中国地震动参数区划图》（GB 18306—2001），8 度地震水平加速度峰值可取 $a = （0.178 \sim 0.353）g$，当 $v = 19.55\text{cm/s}$ 时，根据插值取水平加速度峰值为 $0.244g$。

2. 计算工况

考虑到设计加固方案和施工爆破工况，本次计算主要考虑以下计算工况：

工况 1，自然状态。

工况 2，自然状态＋爆破（药量 2000kg）。

工况 3，自然状态＋锚索。

工况 4，自然状态＋锚索＋爆破（药量 2000kg）。

（四）边坡稳定性分析使用软件

1. GeoStudio2007 软件

GeoStudio 是一套专业、高效而且功能强大的适用于水利水电工程、岩土结构工程模拟计算的仿真软件。是加拿大 geo - slope 公司开发并完成的，该款软件中 SLOPE 和 SEEP 模块可以很好地进行边坡稳定性的分析以及渗流问题的研究。

2. ANSYS 软件

ANSYS 软件作为一个大型通用有限元分析软件，能够用于结构、热、流体、电磁、声学等学科的研究，广泛应用于土木工程、地质矿产、水利、铁道、汽车交通、国防军工、航天航空、船舶、机械制造、核工业、石油化工、轻工、电子、日用家电和生物医学等领域。该软件实现了前后处理、分析求解及多场分析统一数据库管理，具有强大的非线性分析功能、优化功能和流场化功能及快速求解器，可为用户提供 100 多种单元，所建模型能较全面地反映真实的工作状态，几乎能覆盖所有的工程问题。ANSYS 软件是第一个通过 ISO9001 质量认证的大型通用有限元分析设计软件，是美国机械工程师协会、美国核安全局及近 20 种专业技术协会认证的标准分析软件。

本次计算利用 ANSYS 软件，基于有限元强度折减法进行边坡稳定分析。采用有限元分析方法的优点主要包括：

（1）破坏面的形状或位置不需要事先假定，破坏"自然地"发生在岩体的抗剪强度不能抵抗剪应力的地带。

（2）由于有限元法引入变形协调的本构关系，因此也不必引入假定条件，保持了严密的理论体系。

（3）有限元解提供了应力、应变的全部信息。

除此之外，有限元方法还能够考虑岩体的不连续性，岩体应力-应变关系的非线性及力学性质方面的各向异性；能够计算岩体的弹性变形形状，也能够计算岩体的破坏状态；不但可以考虑岩体中的地应力或区域构造应力条件，也可以考虑一些特定条件的作用与影响，诸如地下水的渗流问题、蠕变问题等。

六、基于极限平衡法的边坡整体稳定计算结果分析

根据工程结构分布及工程地质条件，拟定四个计算剖面，编号分别为Ⅰ、Ⅱ、Ⅲ、Ⅳ剖面。每个剖面在不同深度拟定不同的潜在滑面，计算不同滑面的稳定性。

《水利水电工程边坡设计规范》（SL 386—2007）中要求："对于呈块体结构和层状结构的岩质边坡，宜采用萨尔玛法（Sarma）和不平衡推力传递法进行抗滑稳定计算"。因此本计算采用萨尔玛法（Sarma），并采用简化毕肖普法（Bishop）、詹布法（Janbu）和摩根斯顿-普赖斯法（Morgenstern-Price）进行复核。

（一）抗滑稳定安全系数标准

水利水电工程边坡的最小安全系数应综合考虑边坡的级别、运用条件、治理和加固费用等因素。根据刘家峡水电站排沙洞岩塞口边坡的地质情况、失事后的严重程度等，确定为Ⅰ级边坡。根据《水利水电工程边坡设计规范》（SL 386—2007），对于工况1（自然状态）和工况3（自然状态＋锚索加固），安全系数标准为1.25～1.30；对于工况2（自然状态＋爆破）和工况4（自然状态＋锚索加固＋爆破），安全系数标准为1.10～1.15。

（二）Ⅰ剖面计算结果

刘家峡水电站排沙洞进口边坡Ⅰ剖面在自动搜索滑面的基础上，根据该断面的地质情况，沿不同深度取六个潜在滑动面，分别计算滑面安全系数，将最小值作为该边坡剖面的安全系数，滑面安全系数最小的潜在滑动面为最可能滑移面。表13.1-1为计算结果统计。图13.1-9为Ⅰ剖面工况1计算结果，图13.1-10为Ⅰ剖面工况2计算结果，图13.1-11为Ⅰ剖面工况3计算结果，图13.1-12为Ⅰ剖面工况4计算结果。

表13.1-1　　　　　刘家峡水电站排沙洞进口边坡Ⅰ剖面计算结果统计

工　况	假定滑面	各方法计算结果				滑面安全系数	剖面安全系数
		Bishop	Janbu	M-P	Sarma		
工况1：自然状态	1	5.65	6.06	6.05	5.92	5.92	1.53
	2	4.80	4.68	4.67	4.68	4.68	
	3	7.56	7.19	7.35	7.37	7.37	
	4	3.85	3.53	—	3.83	3.83	
	5	2.04	—	—	—	2.04	
	6	1.53	—	—	—	1.53	
工况2：自然状态＋爆破	1	2.97	2.96	2.96	2.96	2.96	0.97
	2	2.62	2.49	2.50	2.50	2.50	
	3	4.47	4.04	4.19	4.23	4.23	
	4	2.4	2.09	—	2.37	2.37	
	5	1.31	—	—	—	1.31	
	6	0.97	—	—	—	0.97	
工况3：自然状态＋锚索加固	1	5.65	6.06	6.05	5.92	5.92	3.22
	2	4.80	4.68	4.67	4.68	4.68	
	3	7.56	7.19	7.35	7.37	7.37	

续表

工 况	假定滑面	各方法计算结果				滑面安全系数	剖面安全系数
		Bishop	Janbu	M-P	Sarma		
工况3：自然状态＋锚索加固	4	3.85	3.53	—	3.83	3.83	3.22
	5	4.85	—	—	—	4.85	
	6	3.22	—	—	—	3.22	
工况4：自然状态＋锚索加固＋爆破	1	2.97	2.96	2.96	2.96	2.96	1.52
	2	2.62	2.49	2.50	2.50	2.50	
	3	4.47	4.04	4.23	4.23	4.23	
	4	2.40	2.09	—	2.37	2.37	
	5	2.14	—	—	—	2.14	
	6	1.52	—	—	—	1.52	

注 "—"表示该方法计算时不收敛

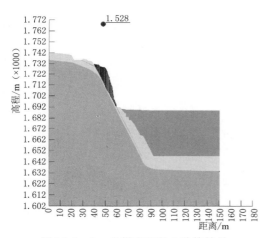

图 13.1-9 Ⅰ剖面工况1计算结果

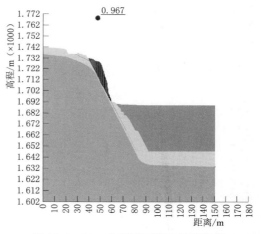

图 13.1-10 Ⅰ剖面工况2计算结果

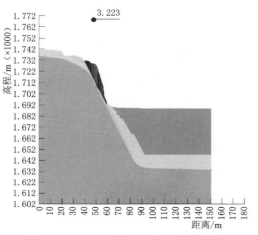

图 13.1-11 Ⅰ剖面工况3计算结果

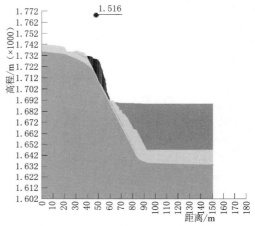

图 13.1-12 Ⅰ剖面工况4计算结果

可以看出，Bishop、Janbu、M－P 和 Sarma 法计算结果较相近，说明计算结果是可靠的。工况 1 情况下，在六个假定的潜在滑动面中，假定滑面 6 的可靠安全系数最低，为 1.53。工况 2 考虑爆破情况潜在滑动面 6 的安全系数最低，安全系数为 0.97，较工况 1 安全系数降低约 0.56，说明在自然状态下进行爆破，可能产生滑坡。工况 3 采取锚索加固措施后，边坡安全性提高，其中假定滑面 6 的可靠安全系数最低，为 3.22，较工况 1 提高约 1.69，说明加固效果明显。工况 4 采取加固措施后再进行爆破，假定滑面 6 的可靠安全系数最低，为 1.52。

综上所述，边坡在自然状态下基本处于稳定状态，安全系数满足规范要求（1.25～1.30）。在不采取任何加固措施下进行爆破，边坡顺 F_7 断层沿坡脚薄弱岩体处可能滑出。边坡采用锚索进行加固后，加固效应明显，即使在爆破工况下，安全系数也能满足规范要求（1.10～1.15）。

（三）Ⅱ剖面计算结果

刘家峡水电站排沙洞进口边坡Ⅱ剖面在自动搜索滑面的基础上，根据该断面的地质情况，沿不同深度取五个潜在滑动面，分别计算滑面安全系数，将最小值作为该边坡剖面的安全系数，滑面安全系数最小的潜在滑动面为最可能滑移面。表 13.1－2 为计算结果统计。图 13.1－13 为Ⅱ剖面工况 1 计算结果，图 13.1－14 为Ⅱ剖面工况 2 计算结果，图 13.1－15 为Ⅱ剖面工况 3 计算结果，图 13.1－16 为Ⅱ剖面工况 4 计算结果。

表 13.1－2　　　　刘家峡水电站排沙洞进口边坡Ⅱ剖面计算结果统计

工　况	假定滑面	各方法计算结果				滑面安全系数	剖面安全系数
		Bishop	Janbu	M－P	Sarma		
工况 1：自然状态	1	1.95	2.22	1.99	2.08	2.08	1.30
	2	1.93	2.12	2.12	2.12	2.12	
	3	2.95	—	—	—	2.95	
	4	1.75	—	—	—	1.75	
	5	1.30	—	—	—	1.30	
工况 2：自然状态＋爆破	1	1.18	1.22	1.19	1.20	1.20	0.77
	2	1.19	1.13	1.13	1.13	1.13	
	3	1.92	1.69		2.00	2.00	
	4	1.15	—	—	—	1.15	
	5	0.77	—	—	—	0.77	
工况 3：自然状态＋锚索加固	1	1.95	2.22	1.99	2.08	2.08	2.08
	2	1.93	2.12	2.12	2.12	2.12	
	3	7.48	—	—	—	7.48	
	4	3.60	—	—	—	3.60	
	5	2.38	—	—	—	2.38	
工况 4：自然状态＋锚索加固＋爆破	1	1.18	1.22	1.19	1.20	1.20	1.13
	2	1.19	1.13	1.13	1.13	1.13	
	3	3.22	—	—	—	3.22	
	4	1.79	—	—	—	1.79	
	5	1.21	—	—	—	1.21	

注　"—"表示该方法计算时不收敛

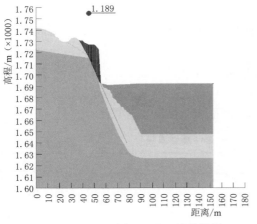

图 13.1 - 13 Ⅱ剖面工况 1 计算结果

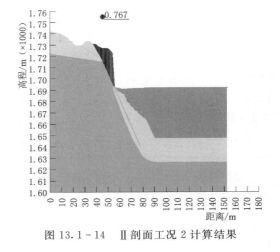

图 13.1 - 14 Ⅱ剖面工况 2 计算结果

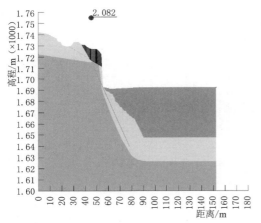

图 13.1 - 15 Ⅱ剖面工况 3 计算结果

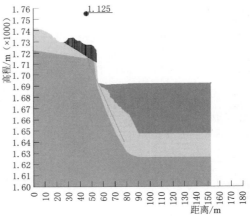

图 13.1 - 16 Ⅱ剖面工况 4 计算结果

可以看出，Bishop、Janbu、M－P 和 Sarma 法计算结果较相近，说明计算结果是可靠的。工况 1 情况下，在五个假定的潜在滑动面中，假定滑面 5 的可靠安全系数最低，为 1.30。工况 2 考虑爆破情况潜在滑动面 5 的安全系数最低，安全系数为 0.77，较工况 1 安全系数降低约 0.53，说明在自然状态下进行爆破，顺 F_7 断层沿坡脚薄弱岩体处可能产生滑坡。工况 3 采取锚索加固措施后，边坡安全性提高明显，其中假定滑面 3 的可靠安全系数由自然状态下的 2.95 提高到 7.48。自然状态最危险滑面 5 安全系数由 1.30 提高到 2.38。而位于锚索位置以上的潜在滑面安全性和自然状态基本一样，因此该工况下，潜在滑动面 1 的安全系数最低，为 2.08，说明加固效果明显。工况 4 边坡采取加固措施后再进行爆破，因为加固对锚索部位以上假定滑面的安全性影响较小，因此该工况下，最危险滑面由假定的潜在滑面 5 转换为潜在滑面 2，安全稳定系数为 1.13。

综上所述，边坡在自然状态下基本处于稳定状态，安全系数基本满足规范要求（1.25～1.30）。在不采取任何加固措施下进行爆破，边坡顺 F_7 断层沿坡脚薄弱岩体处可能滑出。边坡采用锚索进行加固后，加固效应明显，在爆破工况下，安全系数基本满足规范要求（1.10～1.15）。

（四） Ⅲ剖面计算结果

刘家峡水电站排沙洞进口边坡Ⅲ剖面在自动搜索滑面的基础上，根据该断面的地质情况，沿不同深度取四个潜在滑动面，分别计算滑面安全系数，将最小值作为该边坡剖面的安全系数，滑面安全系数最小的潜在滑动面为最可能滑移面。表13.1-3为计算结果统计。图13.1-17为Ⅲ剖面工况1计算结果，图13.1-18为Ⅲ剖面工况2计算结果，图13.1-19为Ⅲ剖面工况3计算结果，图13.1-20为Ⅲ剖面工况4计算结果。

表 13.1-3　　　　　　刘家峡水电站排沙洞进口边坡Ⅲ剖面计算结果统计

工 况	假定滑面	各方法计算结果				滑面安全系数	剖面安全系数
		Bishop	Janbu	M－P	Sarma		
工况1：自然状态	1	4.96	4.89	4.92	4.92	4.92	1.39
	2	5.41	4.61	5.75	5.48	5.48	
	3	1.39	—	—	—	1.39	
	4	2.29	—	—	—	2.29	
工况2：自然状态＋爆破	1	2.97	2.76	2.82	2.83	2.83	0.86
	2	3.34	2.87	3.64	3.38	3.38	
	3	0.84	0.79	0.89	0.86	0.86	
	4	1.21	1.05	—	1.31	1.31	
工况3：自然状态＋锚索	1	4.96	4.89	4.92	4.92	4.92	2.37
	2	24.04	—	—	—	24.04	
	3	2.37	—	—	—	2.37	
	4	3.87	—	—	—	3.87	
工况4：自然状态＋锚索＋爆破	1	2.97	2.76	2.82	2.83	2.83	1.16
	2	6.19	—	—	—	6.19	
	3	1.11	1.16	—	—	1.16	
	4	1.55	—	—	—	1.55	

注　　"—"表示该方法计算时不收敛

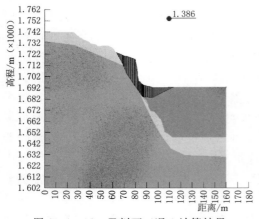

图 13.1-17　Ⅲ剖面工况1计算结果

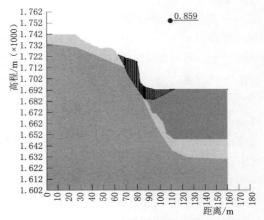

图 13.1-18　Ⅲ剖面工况2计算结果

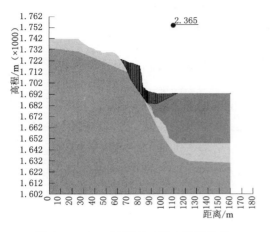

图 13.1-19 Ⅲ剖面工况 3 计算结果

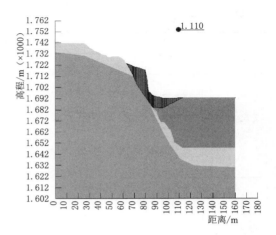

图 13.1-20 Ⅲ剖面工况 4 计算结果

可以看出，Bishop、Janbu、M-P 和 Sarma 法计算结果较相近，说明计算结果是可靠的。工况 1 情况下，在四个假定的潜在滑动面中，假定滑面 3 的可靠安全系数最低，为1.39。工况 2 考虑爆破情况潜在滑动面 3 的安全系数最低，安全系数为 0.86，较工况 1 安全系数降低约 0.53，说明在自然状态下进行爆破，顺 F_7 断层沿 1684.00m 高程（淤积层下 10m 左右）薄弱岩体处可能产生滑坡。工况 3 采取锚索加固措施后，边坡安全性提高明显，自然状态最危险滑面 3 安全系数由 1.39 提高到 2.37，说明加固效果明显。工况 4边坡采取加固措施后再进行爆破，假定滑面 3 的可靠安全系数最低，为 1.16，较工况 3 降低 1.21，爆破对边坡稳定影响很明显。

综上所述，该剖面在自然状态下基本处于稳定状态，安全系数基本满足规范要求（1.25～1.30）。在不采取任何加固措施下进行爆破，顺 F_7 断层沿 1684.00m 高程（淤积层下 10m 左右）薄弱岩体处可能产生滑坡。边坡采用锚索进行加固后，加固效应明显，在爆破工况下，安全系数基本满足规范要求（1.10～1.15）。

（五）Ⅳ剖面计算结果

刘家峡水电站排沙洞进口边坡Ⅲ剖面在自动搜索滑面的基础上，根据该断面的地质情况，沿不同深度取五个潜在滑动面，分别计算滑面安全系数，将最小值作为该边坡剖面的安全系数，滑面安全系数最小的潜在滑动面为最可能滑移面。表 13.1-4 为计算结果统计。图 13.1-21 为Ⅳ剖面工况 1 计算结果，图 13.1-22 为Ⅳ剖面工况 2 计算结果，图13.1-23 为Ⅳ剖面工况 3 计算结果，图 13.1-24 为Ⅳ剖面工况 4 计算结果。

可以看出，Bishop、Janbu、M-P 和 Sarma 法计算结果较相近，说明计算结果是可靠的。工况 1 情况下，在五个假定的潜在滑动面中，假定滑面 4 的可靠安全系数最低，为2.04。工况 2 考虑爆破情况潜在滑动面 4 的安全系数最低，安全系数为 1.41，较工况 1 安全系数降低约 0.63，说明在自然状态下进行爆破，该剖面边坡较为稳定。工况 3 采取锚索加固措施后，边坡安全性提高明显，自然状态最危险滑面 4 安全系数由 2.04 提高到 2.80，说明加固效果明显。工况 4 边坡采取加固措施后再进行爆破，假定滑面 4 的可靠安全系数最低，为 1.47，较工况 3 降低 1.33，爆破对边坡稳定影响很明显。

表 13.1-4　　　　刘家峡水电站排沙洞进口边坡Ⅳ剖面计算结果统计

工　况	假定滑面	各方法计算结果				滑面安全系数	剖面安全系数
		Bishop	Janbu	M-P	Sarma		
工况1：自然状态	1	6.86	—	—	—	6.86	2.04
	2	8.30	8.39	8.37	8.37	8.37	
	3	2.63	2.39	—	2.82	2.82	
	4	2.25	2.04	—	—	2.04	
	5	2.79	—	—	—	2.79	
工况2：自然状态＋爆破	1	3.87	3.44	3.79	3.79	3.79	1.41
	2	4.60	4.55	4.57	4.56	4.56	
	3	1.53	1.35	1.83	1.68	1.68	
	4	1.26	1.09	—	1.41	1.41	
	5	1.46	1.19	—	1.80	1.8	
工况3：自然状态＋锚索	1	12.32	—	—	—	—	2.8
	2	31.40	30.62	30.86	30.8	30.8	
	3	3.83	—	—	—	3.83	
	4	2.80	—	—	—	2.8	
	5	3.27	—	—	—	3.27	
工况4：自然状态＋锚索＋爆破	1	9.32	—	—	—	9.32	1.47
	2	7.72	7.50	7.55	7.57	7.57	
	3	1.84	1.86	1.84	1.84	1.84	
	4	1.39	1.34	1.43	1.47	1.47	
	5	1.56	1.39	1.77	1.98	1.98	

注　"—"表示该方法计算时不收敛

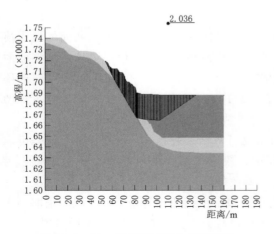

图 13.1-21　Ⅳ剖面工况1计算结果

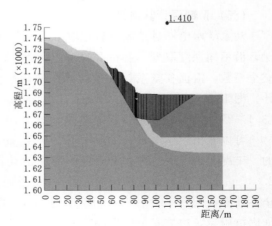

图 13.1-22　Ⅳ剖面工况2计算结果

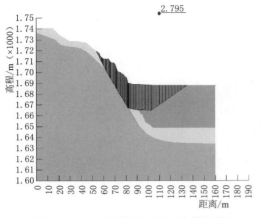

图 13.1-23　Ⅳ剖面工况 3 计算结果

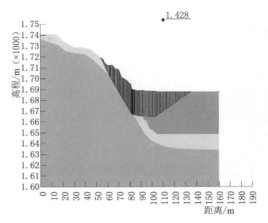

图 13.1-24　Ⅳ剖面工况 4 计算结果

综上所述,该剖面在自然状态下基本处于稳定状态,安全系数满足规范要求(1.25～1.30)。在不采取任何加固措施下以及采用锚索进行加固后,再进行爆破,安全系数均满足规范要求(1.10～1.15)。

(六) 小结

表 13.1-5 为基于极限平衡法刘家峡水电站排沙洞进口边坡稳定计算结果统计,可以看出:

(1) 顺洞轴线方向的四个剖面Ⅰ～Ⅳ在工况 1 条件下,整体安全系数在 1.30～2.04 范围内,说明自然状态下排沙洞上部边坡是稳定的;工况 2 条件下,边坡的整体安全系数在 0.77～1.41 范围内,说明该边坡不采取任何措施下进行爆破,可能造成岩塞口上部 F_7 断层以外岩体垮塌;工况 3 条件下,整体安全系数在 2.08～3.22 范围内,说明采取锚索加固措施效果明显,边坡稳定性提高较大;工况 4 条件下,整体安全系数在 1.13～1.57 范围内,说明采用锚索加固后,再进行爆破,边坡基本处于安全稳定状态。

表 13.1-5　　　　　　　　基于极限平衡法边坡稳定计算结果统计

剖　面	各工况安全系数			
	工况 1	工况 2	工况 3	工况 4
Ⅰ	1.53	0.97	3.22	1.57
Ⅱ	1.30	0.77	2.08	1.13
Ⅲ	1.39	0.86	2.37	1.16
Ⅳ	2.04	1.41	2.80	1.47
1 号	2.33	1.39		
2 号	2.02	1.19		
3 号	6.60	3.84		

(2) 垂直洞轴线方向的三个剖面 1～3 号在工况 1 条件下,整体安全系数在 2.02～6.60 范围内,说明自然状态下垂直洞轴线方向的边坡是稳定的;工况 2 条件下,边坡的整

体安全系数在 1.19～3.84 范围内，说明不采取任何措施下进行爆破，该方向的边坡也是稳定的。

（3）在自然状态下，顺洞轴线方向和垂直洞轴线方向的边坡处于稳定状态，符合实际情况，计算结果可靠。自然状态下进行爆破，顺洞轴线方向的边坡沿 F_7 断层从坡脚最薄弱岩体处失稳的可能性很大，而垂直洞轴线方向的边坡基本保持稳定。采取加固措施后再进行岩塞爆破，计算的安全系数，满足规范要求（1.10～1.15），顺洞轴线方向的边坡基本稳定。

七、基于有限元强度折减法的边坡稳定分析

（一）计算程序

ANSYS 软件作为一个大型通用有限元分析软件，能够用于结构、热、流体、电磁、声学等学科的研究，广泛应用于土木工程、地质矿产、水利、铁道、汽车交通、国防军工、航天航空、船舶、机械制造、核工业、石油化工、轻工、电子、日用家电和生物医学等一般工业及科学研究工作。该软件实现了前后处理、分析求解及多场分析统一数据库管理，具有强大的非线性分析功能、优化功能和流场化功能及快速求解器，可为用户提供 100 多种单元，所建模型能较全面地反映真实的工作状态，几乎能覆盖所有的工程问题。ANSYS 软件是第一个通过 ISO9001 质量认证的大型通用有限元分析设计软件，是美国机械工程师协会、美国核安全局及近 20 种专业技术协会认证的标准分析软件。

本计算利用 ANSYS 软件，基于有限元强度折减法进行边坡稳定分析。采用有限元分析方法的优点主要包括：

（1）破坏面的形状或位置不需要事先假定，破坏"自然地"发生在岩体的抗剪强度不能抵抗剪应力的地带。

（2）由于有限元法引入变形协调的本构关系，因此也不必引入假定条件，保持了严密的理论体系。

（3）有限元解提供了应力、应变的全部信息。

除此之外，有限元方法还能够考虑岩体的不连续性，岩体应力-应变关系的非线性及力学性质方面的各向异性；能够计算岩体的弹性变形形状，也能够计算岩体的破坏状态；不但可以考虑岩体中的地应力或区域构造应力条件，也可以考虑一些特定条件的作用与影响，诸如地下水的渗流问题、蠕变问题等。

（二）模型建立

根据工程结构分布及工程地质条件，排沙洞进口边坡稳定分析拟定四个计算剖面，根据四个地质剖面分别建立有限元模型，见图 13.1-25～图 13.1-28。模型中考虑 F_5 和 F_7 断层，并考虑岩体弱风化和微风化带等地质条件。

（三）边界条件

模型底部施加全约束，两侧面施加 X 向约束，边坡表面为位移自由边界。计算中边坡考虑水压力作用。根据有限元计算的要求，提供的地质剖面范围较小，因此根据实际地形，将地质剖面两侧外延一定范围，建立有限元模型。

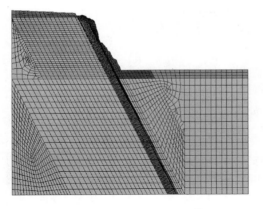

图 13.1-25 Ⅰ剖面有限元模型

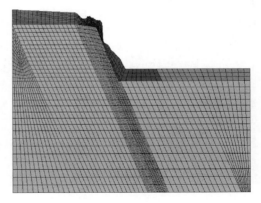

图 13.1-26 Ⅱ剖面有限元模型

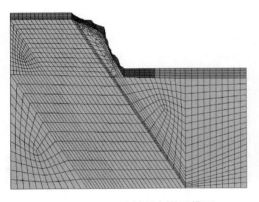

图 13.1-27 Ⅲ剖面有限元模型

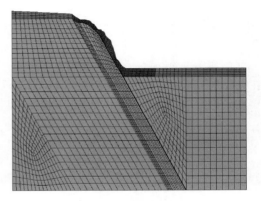

图 13.1-28 Ⅳ剖面有限元模型

（四）计算结果分析

边坡稳定有限元计算根据工程结构分布及工程地质条件，也拟定四个计算剖面，编号分别为Ⅰ、Ⅱ、Ⅲ和Ⅳ剖面。本文以总等效塑性应变区从坡顶沿断层到坡脚贯通以及计算不收敛为边坡整体失稳破坏的判据，该方法比较合理，且物理意义明确。再利用非线性有限元分析软件的图形可视化后处理技术，绘制边坡的等效塑性应变分布图，图形显示清楚，便于通过人机交互实时评判失稳状态，更好地应用于边坡稳定性分析。

1. Ⅰ剖面计算结果分析

（1）工况1计算结果分析。图13.1-29～图13.1-32分别为Ⅰ剖面工况1强度参数未折减和折减条件下的总位移云图和塑性区分布图。

强度参数未折减条件下，F_7断层上覆岩块总位移不大，最大总位移发生在坡脚部位，位移云图未呈现明显的滑移。该剖面基本未发现塑性区，说明自然状态下，该边坡基本稳定。

折减系数为1.91时，最大总位移增大4.94cm，F_7断层上盘岩块相对于下盘岩体下滑2.00cm，滑移迹象较明显。F_7断层发生较大塑性变形，且沿上盘岩体最薄弱处贯通。当强度折减系数大于1.91时，计算均不能收敛。说明自然状态下，该剖面边坡安全稳定系数为1.91，较为安全。

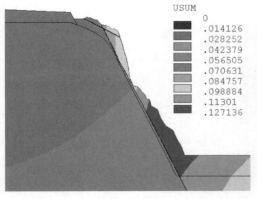

图 13.1-29　Ⅰ剖面工况 1 总位移云图
（未折减）

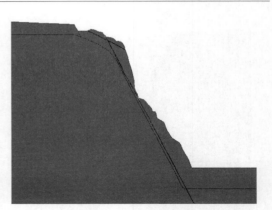

图 13.1-30　Ⅰ剖面工况 1 塑性区分布云图
（未折减）

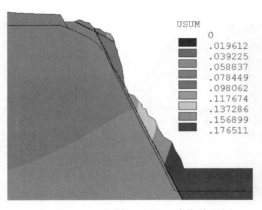

图 13.1-31　Ⅰ剖面工况 1 总位移云图
（折减后）

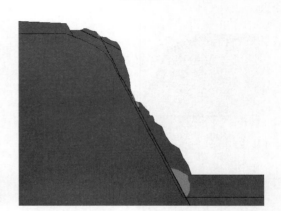

图 13.1-32　Ⅰ剖面工况 1 塑性区分布云图
（折减后）

（2）工况 2 计算结果分析。图 13.1-33～图 13.1-36 分别为Ⅰ剖面工况 2 强度参数未折减和折减条件下的总位移云图和塑性区分布图。

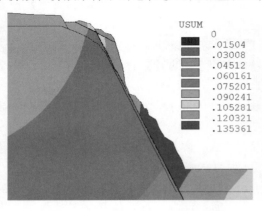

图 13.1-33　Ⅰ剖面工况 2 总位移云图
（未折减）

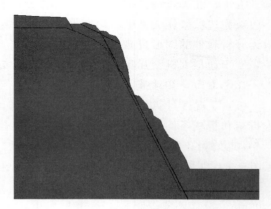

图 13.1-34　Ⅰ剖面工况 2 塑性区分布云图
（未折减）

强度参数未折减条件下，F_7 断层上覆岩块总位移不大，最大位移发生在坡脚部位，位移云图未呈现明显的滑移趋势。在山体顶部的 F_7 断层处发生很小范围的塑性变形。

当折减系数为 1.57 时，最大总位移增大 2.16cm，F_7 断层上盘岩块相对于下盘岩体下滑 3.49cm，滑移迹象明显。从山顶沿 F_7 断层到跛脚发生较大塑性变形，且沿上盘岩体最薄弱处贯通，F_5 断层山顶部位也出现了较小区域的塑性变形，但未沿 F_5 断层贯通。当强度折减系数大于 1.57 时，计算均不能收敛。

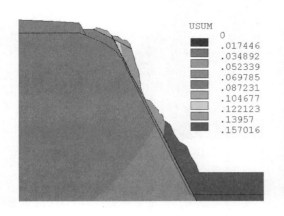 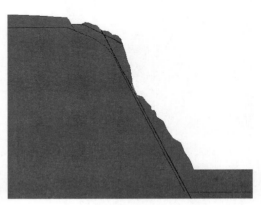

图 13.1-35　I 剖面工况 2 总位移云图　　　图 13.1-36　I 剖面工况 2 塑性区分布云图
（折减后）　　　　　　　　　　　　　（折减后）

（3）工况 3 计算结果分析。图 13.1-37～图 13.1-40 分别为 I 剖面工况 3 强度参数未折减和折减条件下的总位移云图和塑性区分布图。

强度参数未折减条件下，F_7 断层上盘岩块总位移不大，最大位移发生在坡脚部位，位移云图未呈现明显的滑移趋势。该剖面基本未发现塑性区，说明自然状态下进行锚索加固，边坡更为稳定。

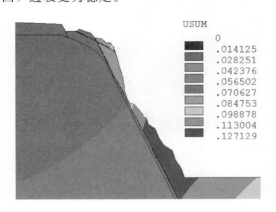 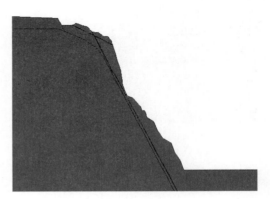

图 13.1-37　I 剖面工况 3 总位移云图　　　图 13.1-38　I 剖面工况 3 塑性区分布云图
（未折减）　　　　　　　　　　　　　（未折减）

当折减系数为 2.28 时，最大总位移增大 7.19cm，F_7 断层上盘岩块相对于下盘岩体下滑 2.20cm，滑移迹象明显。从山顶沿 F_7 断层到跛脚发生较大塑性变形，且沿上盘岩体最薄弱处贯通。当强度折减系数大于 2.28 时，计算均不能收敛。说明该工况下，边坡的安全稳定系数为 2.28。

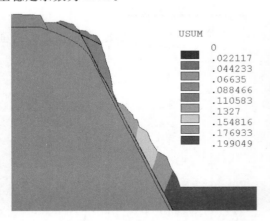

图 13.1-39　Ⅰ剖面工况 3 总位移云图
（折减后）

图 13.1-40　Ⅰ剖面工况 3 塑性区分布云图
（折减后）

（4）工况 4 计算结果分析。图 13.1-41～图 13.1-44 分别为Ⅰ剖面工况 4 强度参数未折减和折减条件下的总位移云图和塑性区分布图。

强度参数未折减条件下，F_7 断层上盘岩块总位移不大，最大位移发生在坡脚部位，位移云图未呈现明显的滑移趋势。该剖面基本未发现塑性区，说明采用锚索加固后再进行爆破，边坡较为稳定。

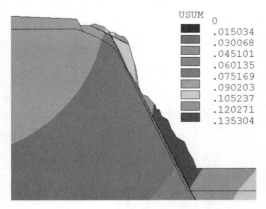

图 13.1-41　Ⅰ剖面工况 4 总位移云图
（未折减）

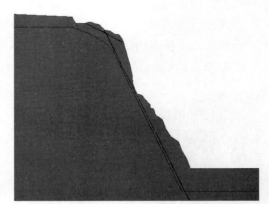

图 13.1-42　Ⅰ剖面工况 4 塑性区分布云图
（未折减）

当折减系数为 1.62 时，最大总位移增大 2.37cm，F_7 断层上盘岩块相对于下盘岩体下滑 3.54cm，滑移迹象明显。从山顶沿 F_7 断层到跛脚发生较大塑性变形，且沿上盘岩体最薄弱处贯通，F_5 断层山顶部位也发生了一定范围的塑性变形，但未沿 F_5 断层贯通。当强度折减系数大于 1.62 时，计算均不能收敛。说明该工况下，边坡的安全稳定系数为 1.62。

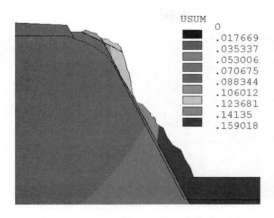

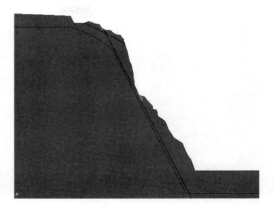

图 13.1-43　Ⅰ剖面工况 4 总位移云图　　　　　图 13.1-44　Ⅰ剖面工况 4 塑性区分布云图
（折减后）　　　　　　　　　　　　　　　　　（折减后）

（5）各工况综合分析。工况 1 条件下，在自重、水压力和泥沙压力作用下，最大总位移为 12.71cm，发生在坡脚位置；工况 2 条件下，在自重、水压力、泥沙压力和爆破荷载作用下，最大总位移为 13.54cm，发生在坡脚位置，较工况 1 最大总位移增大 0.83cm；工况 3 条件下，在自重、水压力、泥沙压力和锚固荷载作用下，最大总位移为 12.71cm，发生在坡脚位置，说明在自然状态下对边坡进行加固，对其总位移影响不明显；工况 4 条件下，在自重、水压力、泥沙压力、锚固荷载和爆破荷载作用下，最大总位移为 13.53cm，发生在坡脚位置，较工况 3 最大总位移增大 0.82cm。

各种工况下，边坡基本未发生较大范围的塑性变形，只是在坡面发现较小范围的塑性区。

工况 1 条件下，边坡的安全稳定系数为 1.91。工况 2 考虑爆破情况边坡安全系数降低 0.34，为 1.57，说明在自然状态下进行爆破，边坡仍较为稳定。工况 3 采取锚索加固措施后，边坡安全性提高，安全系数为 2.28，较工况 1 提高约 0.37，说明加固效果明显。工况 4 采取加固措施后再进行爆破，安全系数为 1.62，较工况 3 降低 0.66。

综上所述，有限元计算结果表明，边坡在各种工况下均处于稳定状态，安全系数满足规范要求（1.10～1.30）。边坡采用锚索进行加固后，加固效应较明显。

2. Ⅱ剖面计算结果分析

（1）工况 1 计算结果分析。图 13.1-45～图 13.1-48 分别为Ⅱ剖面工况 1 强度参数未折减和折减条件下的总位移云图和塑性区分布图。

强度参数未折减条件下，在自重、水压力和泥沙压力作用下，F_7 断层上盘岩块总位移较大，最大位移发生在上盘岩体顶部。该剖面基本未发现塑性区。

折减系数为 1.88 时，最大总位移增大 4.20cm，F_7 断层上盘岩块相对于下盘岩体下滑 3.59cm，滑移迹象明显。F_7 断层发生较大塑性变形，且沿上盘岩体最薄弱处贯通。F_5 断层也发生较大得塑性变形，且基本贯通。当强度折减系数大于 1.88 时，计算均不能收敛。说明自然状态下，该剖面边坡安全稳定系数为 1.88，较为安全。

（2）工况 2 计算结果分析。图 13.1-49～图 13.1-52 分别为Ⅱ剖面工况 2 强度参数未折减和折减条件下的总位移云图和塑性区分布图。

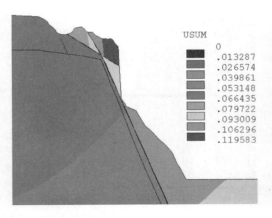

图 13.1-45　Ⅱ剖面工况1总位移云图
（未折减）

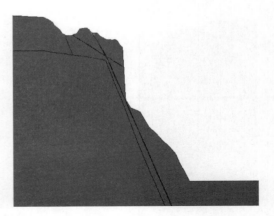

图 13.1-46　Ⅱ剖面工况1塑性区分布云图
（未折减）

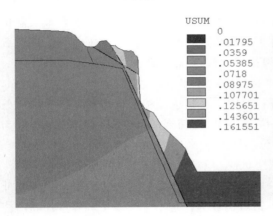

图 13.1-47　Ⅱ剖面工况1总位移云图
（折减后）

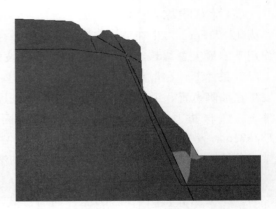

图 13.1-48　Ⅱ剖面工况1塑性区分布云图
（折减后）

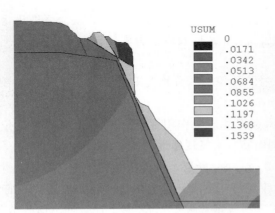

图 13.1-49　Ⅱ剖面工况2总位移云图
（未折减）

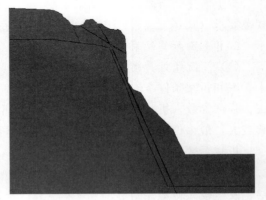

图 13.1-50　Ⅱ剖面工况2塑性区分布云图
（未折减）

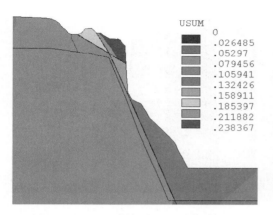

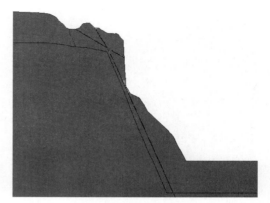

图 13.1-51　Ⅱ剖面工况 2 总位移云图　　图 13.1-52　Ⅱ剖面工况 2 塑性区分布云图
（折减后）　　　　　　　　　　　　　　　　（折减后）

强度参数未折减条件下，岩体在自重、水压力和泥沙压力作用下，位移较大，最大位移为 15.39cm，发生在 F_7 断层上盘岩体顶部。在山体顶部的 F_5 断层处发生很小范围的塑性变形。

当折减系数为 1.30 时，最大总位移增大 8.45cm，F_7 和 F_5 断层上盘岩块相对于下盘岩体下滑 7.94cm，滑移迹象明显。从山顶沿 F_7 断层到跛脚发生较大塑性变形，塑性区没有彻底贯通。沿 F_5 断层以及其下 F_7 断层塑性区贯通，F_5 和 F_7 断层以上部分岩体有可能滑落。当强度折减系数大于 1.30 时，计算均不能收敛。

（3）工况 3 计算结果分析。图 13.1-53～图 13.1-56 分别为Ⅱ剖面工况 3 强度参数未折减和折减条件下的总位移云图和塑性区分布图。

强度参数未折减条件下，岩体在自重、水压力和泥沙压力作用下，位移较大，最大总位移为 11.56cm，发生在 F_7 断层上盘岩体顶部，下部坡面位移也较大。在 F_7 断层上盘岩体最薄弱处，发生较小范围的塑性区。

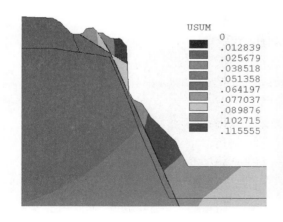

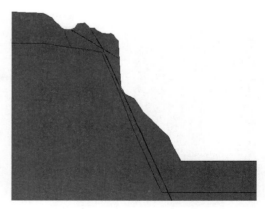

图 13.1-53　Ⅱ剖面工况 3 总位移云图　　图 13.1-54　Ⅱ剖面工况 3 塑性区分布云图
（未折减）　　　　　　　　　　　　　　　（未折减）

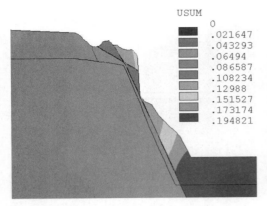

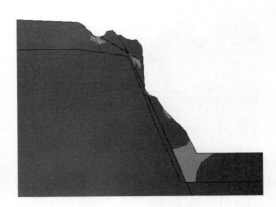

图 13.1-55　Ⅱ剖面工况 3 总位移云图　　　　图 13.1-56　Ⅱ剖面工况 3 塑性区分布云图
（折减后）　　　　　　　　　　　　　　　　（折减后）

当折减系数为 2.34 时，最大总位移增大 7.92cm，F_7 断层上盘岩块相对于下盘岩体下滑 2.57cm，滑移迹象较明显。从山顶沿 F_7 断层到跛脚发生较大塑性变形，且在上盘岩体最薄弱处和坡脚部位贯通，沿 F_5 断层，也发生较大范围的塑性区，且基本贯通。当强度折减系数大于 2.34 时，计算均不能收敛。说明该工况下，边坡的安全稳定系数为 2.34。

（4）工况 4 计算结果分析。图 13.1-57～图 13.1-60 分别为Ⅱ剖面工况 4 强度参数未折减和折减条件下的总位移云图和塑性区分布图。

强度参数未折减条件下，在自重、水压力和泥沙压力作用下，F_7 断层上盘岩块总位移稍大，最大位移为 15.39cm，发生在 F_7 断层上盘岩体顶部。该剖面塑性区不大，仅在 F_7 断层上盘岩体最薄弱处发现较小范围的塑性区。

当折减系数为 1.39 时，最大总位移增大 42.7cm，F_5 断层上盘岩块相对于下盘岩体错动 40.59cm，滑移迹象很明显。沿 F_5 断层发生较大塑性变形，且贯通，有可能滑落。F_5 断层以下 F_7 断层部位发生较大的塑性变形，且沿最薄弱处贯通。当强度折减系数大于 1.39 时，计算均不能收敛。说明该工况下，边坡的安全稳定系数为 1.39。

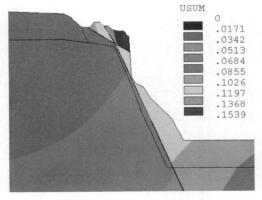

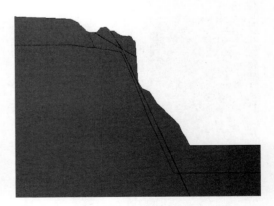

图 13.1-57　Ⅱ剖面工况 4 总位移云图　　　　图 13.1-58　Ⅱ剖面工况 4 塑性区分布云图
（未折减）　　　　　　　　　　　　　　　　（未折减）

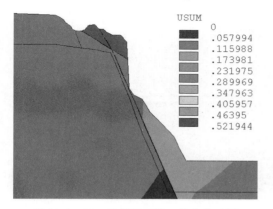

图 13.1-59　Ⅱ剖面工况 4 总位移云图
（折减后）

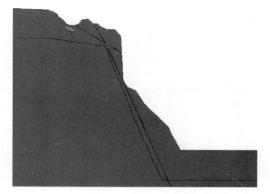

图 13.1-60　Ⅱ剖面工况 4 塑性区分布云图
（折减后）

（5）各工况综合分析。工况 1 条件下，在自重、水压力和泥沙压力作用下，最大总位移为 11.96cm，发生在 F_7 断层上盘岩体顶部；工况 2 条件下，在自重、水压力、泥沙压力和爆破荷载作用下，最大总位移为 15.39cm，发生在 F_7 断层上盘岩体顶部，较工况 1 最大总位移增大 3.43cm；工况 3 条件下，在自重、水压力、泥沙压力和锚固荷载作用下，最大总位移为 11.56cm，发生在 F_7 断层上盘岩体顶部，说明在自然状态下对边坡进行加固，对其总位移影响不大；工况 4 条件下，在自重、水压力、泥沙压力、锚固荷载和爆破荷载作用下，最大总位移为 15.39cm，发生在 F_7 断层上盘岩体顶部，较工况 3 最大总位移增大 3.83cm。

各种工况强度参数未折减条件下，边坡基本未发生较大范围的塑性变形，只是在坡面尤其是薄弱处发现较小范围的塑性区。

工况 1 条件下，边坡的安全稳定系数为 1.88。工况 2 考虑爆破情况边坡安全系数降低 0.58，为 1.30，说明在自然状态下进行爆破，边坡较为稳定。工况 3 采取锚索加固措施后，边坡安全性提高，安全系数为 2.34，较工况 1 提高约 0.46，说明加固效果明显。工况 4 采取加固措施后再进行爆破，安全系数为 1.39，较工况 3 降低 0.95。

综上所述，有限元计算结果表明，边坡在各种工况下均处于稳定状态，安全系数在 1.10～1.30 之间，满足规范要求。边坡采用锚索进行加固后，加固效应较明显。

3. Ⅲ剖面计算结果分析

（1）工况 1 计算结果分析。图 13.1-61～图 13.1-64 分别为Ⅲ剖面工况 1 强度参数未折减和折减条件下的总位移云图和塑性区分布图。

强度参数未折减条件下，在自重、水压力和泥沙压力作用下，F_5 断层上盘岩块总位移基本在 7.14～8.33cm 范围内，F_7 断层上盘岩块总位移基本在 9.52～10.71cm 范围内。该剖面基本未发现塑性区。

折减系数为 1.53 时，最大总位移增大 0.12cm，F_7 断层上盘岩块相对于下盘岩体下滑 4.81cm，F_5 断层上盘岩块相对于下盘岩体下滑 2.30cm，滑移迹象明显。山顶以及坡脚部位发生一定范围的塑性变形，未形成贯通区。当强度折减系数大于 1.53 时，计算均不能收敛。说明自然状态下，该剖面边坡安全稳定系数为 1.53。

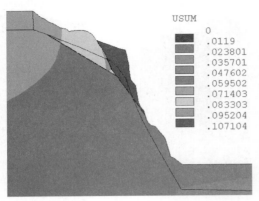

图 13.1-61 Ⅲ剖面工况 1 总位移云图
（未折减）

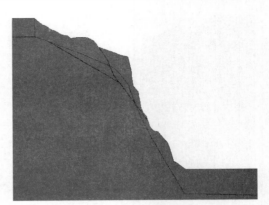

图 13.1-62 Ⅲ剖面工况 1 塑性区分布云图
（未折减）

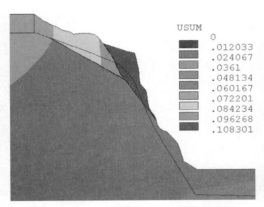

图 13.1-63 Ⅲ剖面工况 1 总位移云图
（折减后）

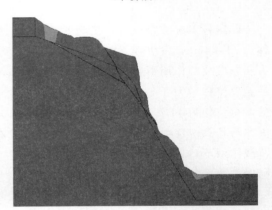

图 13.1-64 Ⅲ剖面工况 1 塑性区分布云图
（折减后）

（2）工况 2 计算结果分析。图 13.1-65～图 13.1-68 分别为Ⅲ剖面工况 2 强度参数未折减和折减条件下的总位移云图和塑性区分布图。

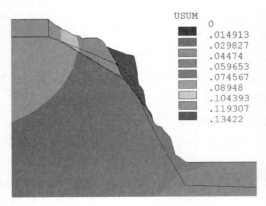

图 13.1-65 Ⅲ剖面工况 2 总位移云图
（未折减）

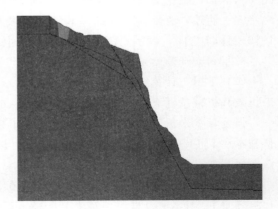

图 13.1-66 Ⅲ剖面工况 2 塑性区分布云图
（未折减）

强度参数未折减条件下，在自重、水压力、泥沙压力和爆破荷载作用下，F_5 断层上盘岩块总位移基本在 8.95～11.93cm 范围内，F_7 断层上盘岩块总位移基本在 11.93～13.42cm 范围内。在 F_5 断层以上山顶部位发现较小范围的塑性区。

当折减系数为 1.19 时，F_7 断层上盘岩块相对于下盘岩体下滑 4.49cm，F_5 断层上盘岩块相对于下盘岩体下滑 4.49cm。山顶部位发现一定范围的塑性区，沿 F_7 和 F_5 断层未贯通。当强度折减系数大于 1.19 时，计算均不能收敛。说明该工况下，边坡的安全稳定系数为 1.19。

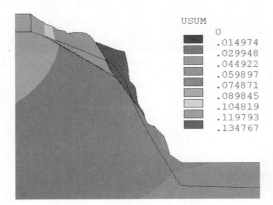
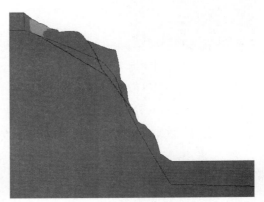

图 13.1-67　Ⅲ剖面工况 2 总位移云图　　　图 13.1-68　Ⅲ剖面工况 2 塑性区分布云图
　　　　　　（折减后）　　　　　　　　　　　　　　　（折减后）

（3）工况 3 计算结果分析。图 13.1-69～图 13.1-72 分别为Ⅲ剖面工况 3 强度参数未折减和折减条件下的总位移云图和塑性区分布图。

强度参数未折减条件下，岩体在自重、水压力、泥沙压力和加固效应作用下，总位移较小，最大总位移为 10.23cm。F_7 断层上盘岩体总位移基本在 9.09～10.23cm 范围内，F_5 断层上盘岩体总位移基本在 6.82～9.09cm 范围内。山顶部位发生较小范围的塑性区。

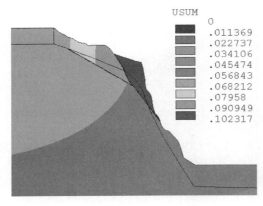
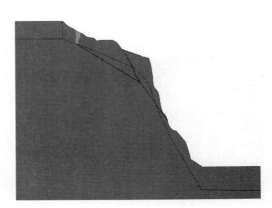

图 13.1-69　Ⅲ剖面工况 3 总位移云图　　　图 13.1-70　Ⅲ剖面工况 3 塑性区分布云图
　　　　　　（未折减）　　　　　　　　　　　　　　　（未折减）

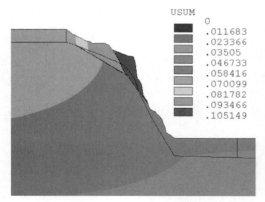

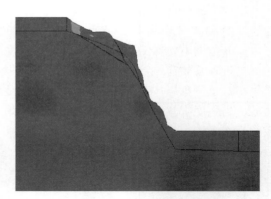

图 13.1-71　Ⅲ剖面工况 3 总位移云图　　　图 13.1-72　Ⅲ剖面工况 3 塑性区分布云图

（折减后）　　　　　　　　　　　　　　　　（折减后）

当折减系数为 2.07 时，最大总位移增大 0.28cm，F_7 断层上盘岩块相对于下盘岩体下滑 4.67cm，F_5 断层上盘岩块相对于下盘岩体下滑 3.51cm。山顶部位发现一定范围的塑性区，沿 F_7 和 F_5 断层未贯通。当强度折减系数大于 2.07 时，计算均不能收敛。说明该工况下，边坡的安全稳定系数为 2.07。

（4）工况 4 计算结果分析。图 13.1-73～图 13.1-76 分别为Ⅲ剖面工况 4 强度参数未折减和折减条件下的总位移云图和塑性区分布图。

强度参数未折减条件下，在自重、水压力、泥沙压力、爆破作用力和加固效应作用下，总位移不大，最大位移为 12.86cm，发生在 F_7 断层上盘岩体顶部。F_7 断层上盘岩体总位移基本在 11.43～12.86cm 范围内。F_5 断层上盘岩体总位移基本在 8.57～11.43cm 范围内。在 F_5 断层以上山顶部位发生较小范围的塑性区。

当折减系数为 1.23 时，最大总位移增大 0.96cm，F_7 断层上盘岩块相对于下盘岩体错动 6.14cm，F_5 断层上盘岩块相对于下盘岩体错动 4.60cm，滑移迹象明显。山顶部位发现一定范围的塑性区，沿 F_7 和 F_5 断层未贯通。当强度折减系数大于 1.23 时，计算均不能收敛。说明该工况下，边坡的安全稳定系数为 1.23。

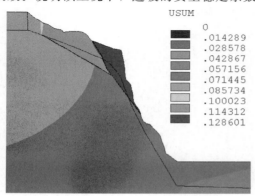

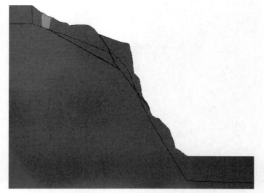

图 13.1-73　Ⅲ剖面工况 4 总位移云图　　　图 13.1-74　Ⅲ剖面工况 4 塑性区分布云图

（未折减）　　　　　　　　　　　　　　　　（未折减）

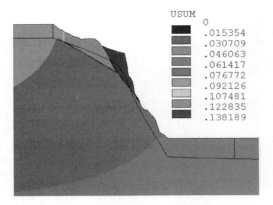

图 13.1-75　Ⅲ剖面工况 4 总位移云图
（折减后）

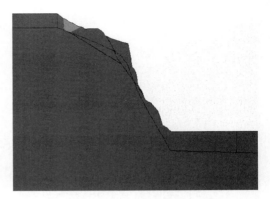

图 13.1-76　Ⅲ剖面工况 4 塑性区分布云图
（折减后）

（5）各工况综合分析。工况 1 条件下，在自重、水压力和泥沙压力作用下，F_5 断层和 F_7 断层上盘岩块总位移分别在 $7.14 \sim 8.33$cm 和 $9.52 \sim 10.71$cm 范围内；工况 2 条件下，在自重、水压力、泥沙压力和爆破荷载作用下，F_5 断层和 F_7 断层上盘岩块总位移分别在 $8.95 \sim 11.93$cm 和 $11.93 \sim 13.42$cm 范围内，较工况 1 最大总位移增大 2.71cm；工况 3 条件下，在自重、水压力、泥沙压力和锚固荷载作用下，F_5 断层和 F_7 断层上盘岩块总位移分别在 $6.82 \sim 9.09$cm 和 $9.09 \sim 10.23$cm 范围内，较工况 1，位移变化不明显，说明在自然状态下对边坡进行加固，对其总位移影响不大；工况 4 条件下，在自重、水压力、泥沙压力、锚固荷载和爆破荷载作用下，F_5 断层和 F_7 断层上盘岩块总位移分别在 $8.57 \sim 11.43$cm 和 $11.43 \sim 12.86$cm 范围内，较工况 3 最大总位移增大 2.63cm。

各种工况强度参数未折减条件下，边坡基本未发生较大范围的塑性变形。

工况 1 条件下，边坡的安全稳定系数为 1.53。工况 2 考虑爆破情况边坡安全系数降低 0.34，为 1.19，说明在自然状态下进行爆破，边坡较为稳定。工况 3 采取锚索加固措施后，安全系数为 2.07，较工况 1 提高 0.54，说明加固效果明显。工况 4 采取加固措施后再进行爆破，安全系数为 1.23，较工况 3 降低 0.84。

综上所述，有限元计算结果表明，边坡在各种工况下均处于稳定状态，安全系数在 $1.10 \sim 1.30$ 之间，满足规范要求。边坡采用锚索进行加固后，加固效应明显。

4.Ⅳ剖面计算结果分析

（1）工况 1 计算结果分析。图 13.1-77～图 13.1-80 分别为Ⅳ剖面工况 1 强度参数未折减和折减条件下的总位移云图和塑性区分布图。

强度参数未折减条件下，在自重、水压力和泥沙压力作用下，F_7 断层上盘岩块总位移基本在 $9.70 \sim 12.50$cm 范围内，最大位移发生在坡脚附近。该剖面基本未发现塑性区。

折减系数为 2.16 时，最大总位移增大 6.17cm，F_7 断层上盘岩块相对于下盘岩体下滑 6.23cm，滑移迹象明显。F_7 断层发生较大塑性变形，且沿坡脚处贯通。当强度折减系数大于 2.16 时，计算均不能收敛。说明自然状态下，该剖面边坡安全稳定系数为 2.16，较为安全。

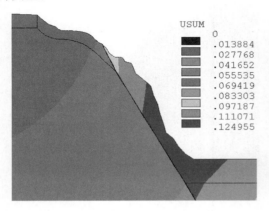

图 13.1-77 Ⅳ剖面工况 1 总位移云图
（未折减）

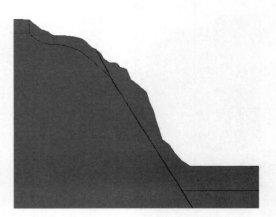

图 13.1-78 Ⅳ剖面工况 1 塑性区分布云图
（未折减）

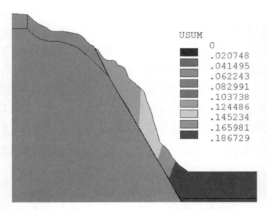

图 13.1-79 Ⅳ剖面工况 1 总位移云图
（折减后）

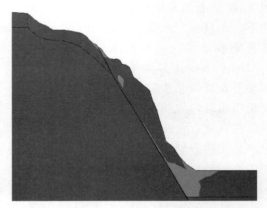

图 13.1-80 Ⅳ剖面工况 1 塑性区分布云图
（折减后）

（2）工况 2 计算结果分析。图 13.1-81～图 13.1-84 分别为Ⅳ剖面工况 2 强度参数未折减和折减条件下的总位移云图和塑性区分布图。

强度参数未折减条件下，岩体在自重、水压力、泥沙压力和爆破荷载作用下，F_7 上盘岩体总位移在 11.99～13.49cm 范围内，最大位移为 13.49cm，发生跛脚部位。该剖面未发现塑性区。

当折减系数为 1.66 时，最大总位移增大 1.59cm，F_7 和 F_5 断层上盘岩块相对于下盘岩体下滑 7.13cm，滑移迹象明显。从山顶沿 F_7 断层到跛脚发生较大塑性变形，塑性区未沿薄弱处贯通。当强度折减系数大于 1.66 时，计算均不能收敛，说明该工况下边坡的安全系数为 1.66，边坡较为稳定。

（3）工况 3 计算结果分析。图 13.1-85～图 13.1-88 分别为Ⅳ剖面工况 3 强度参数未折减和折减条件下的总位移云图和塑性区分布图。

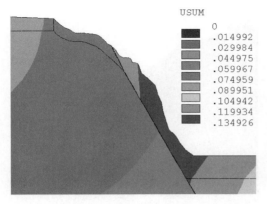

图 13.1-81　Ⅳ剖面工况 2 总位移云图
（未折减）

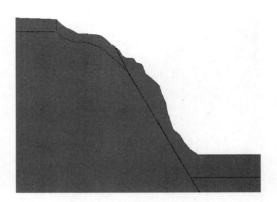

图 13.1-82　Ⅳ剖面工况 2 塑性区分布云图
（未折减）

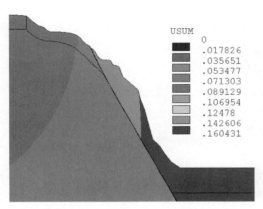

图 13.1-83　Ⅳ剖面工况 2 总位移云图
（折减后）

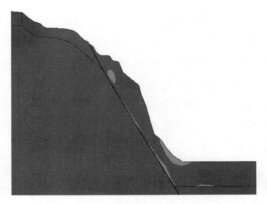

图 13.1-84　Ⅳ剖面工况 2 塑性区分布云图
（折减后）

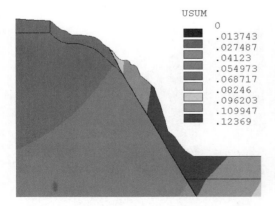

图 13.1-85　Ⅳ剖面工况 3 总位移云图
（未折减）

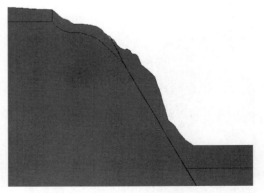

图 13.1-86　Ⅳ剖面工况 3 塑性区分布云图
（未折减）

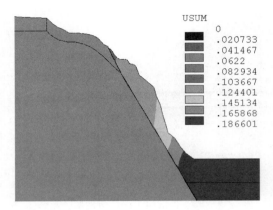

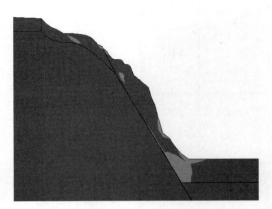

图 13.1-87　Ⅳ剖面工况 3 总位移云图
（折减后）

图 13.1-88　Ⅳ剖面工况 3 塑性区分布云图
（折减后）

强度参数未折减条件下，岩体在自重、水压力、泥沙压力和加固效应作用下，总位移较小，最大总位移为 12.37cm，发生在坡脚部位。F_7 断层上盘岩体总位移基本在 9.62～12.37cm 范围内。在 F_7 断层山顶部分发生较小范围的塑性区。

当折减系数为 2.16 时，最大总位移增大 6.29cm，F_7 断层上盘岩块相对于下盘岩体下滑 6.22cm，滑移迹象较明显。从山顶沿 F_7 断层到跋脚发生较大塑性变形，且在坡脚部位贯通，当强度折减系数大于 2.16 时，计算均不能收敛。说明该工况下，边坡的安全稳定系数为 2.16。

（4）工况 4 计算结果分析。图 13.1-89～图 13.1-92 分别为Ⅳ剖面工况 4 强度参数未折减和折减条件下的总位移云图和塑性区分布图。

强度参数未折减条件下，在自重、水压力、泥沙压力、爆破作用力和加固效应作用下，总位移不大，最大位移为 13.33cm，发生在坡脚部位。F_7 断层上盘岩体总位移基本在 11.85～13.33cm 范围内。该剖面未发生塑性区。

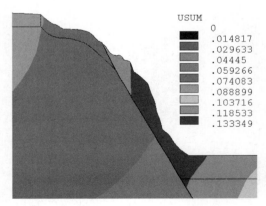

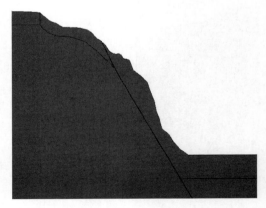

图 13.1-89　Ⅳ剖面工况 4 总位移云图
（未折减）

图 13.1-90　Ⅳ剖面工况 4 塑性区分布云图
（未折减）

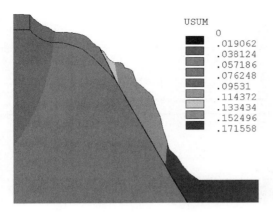

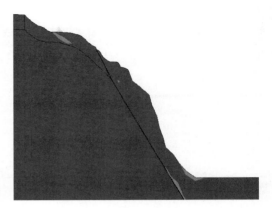

图 13.1 - 91　Ⅳ剖面工况 4 总位移云图
（折减后）

图 13.1 - 92　Ⅳ剖面工况 4 塑性区分布云图
（折减后）

当折减系数为 1.87 时，最大总位移增大 3.43cm，F_7 断层上盘岩块相对于下盘岩体错动 7.63cm，滑移迹象很明显。F_7 断层发生较大塑性变形，未沿坡脚贯通。当强度折减系数大于 1.87 时，计算均不能收敛。说明该工况下，边坡的安全稳定系数为 1.87。

（5）各工况综合分析。工况 1 条件下，在自重、水压力和泥沙压力作用下，F_7 断层上盘岩块总位移基本在 9.70～12.50cm 范围内；工况 2 条件下，在自重、水压力、泥沙压力和爆破荷载作用下，F_7 上盘岩体总位移在 11.99～13.49cm 范围内，较工况 1 最大总位移增大 0.89cm；工况 3 条件下，在自重、水压力、泥沙压力和锚固荷载作用下，F_7 断层上盘岩体总位移基本在 9.62～12.37cm 范围内，较工况 1，位移变化不明显，说明在自然状态下对边坡进行加固，对其总位移影响不大；工况 4 条件下，在自重、水压力、泥沙压力、锚固荷载和爆破荷载作用下，F_7 断层上盘岩体总位移基本在 11.85～13.33cm 范围内，较工况 3 最大总位移增大 0.96cm。

各种工况强度参数未折减条件下，边坡基本未发生较大范围的塑性变形。

工况 1 条件下，边坡的安全稳定系数为 2.16。工况 2 考虑爆破情况边坡安全系数降低 0.50，为 1.66，说明在自然状态下进行爆破，边坡较为稳定。工况 3 采取锚索加固措施后，安全系数为 2.16，说明加固效果不明显。工况 4 采取加固措施后再进行爆破，安全系数为 1.87，较工况 3 降低 0.29，。

综上所述，有限元计算结果表明，边坡在各种工况下均处于稳定状态，安全系数在 1.10～1.30 之间，满足规范要求。边坡采用锚索进行加固后，加固效应不明显。

（五）小结

表 13.1 - 6 为基于有限元强度折减法边坡稳定计算结果统计，可以看出：

（1）顺洞轴线方向的四个剖面Ⅰ～Ⅳ在工况 1 条件下，整体安全系数在 1.53～2.16 范围内，说明自然状态下排沙洞上部边坡是稳定的；工况 2 条件下，边坡的整体安全系数在 1.19～1.66 范围内，说明该边坡不采取任何措施下进行爆破较为稳定；工况 3 条件下，整体安全系数在 2.07～2.34 范围内，说明采取锚索加固措施效果较明显，边坡整体稳定性提高较大；工况 4 条件下，整体安全系数在 1.23～1.87 范围内，说明采用锚索加固后，再进行爆破，边坡基本处于安全稳定状态。

表 13.1－6　　　　　基于有限元强度折减法边坡稳定计算结果统计

剖面	各工况安全系数			
	工况 1	工况 2	工况 3	工况 4
Ⅰ	1.91	1.57	2.28	1.62
Ⅱ	1.88	1.30	2.34	1.39
Ⅲ	1.53	1.19	2.07	1.23
Ⅳ	2.16	1.66	2.16	1.87

（2）垂直洞轴线方向的三个剖面 1～3 号在工况 1 条件下，整体安全系数在 2.47～7.65 范围内，说明自然状态下垂直洞轴线方向的边坡是稳定的；工况 2 条件下，边坡的整体安全系数在 1.45～2.56 范围内，说明不采取任何措施下进行爆破，该方向的边坡也是稳定的。

（3）在自然状态下，顺洞轴线方向和垂直洞轴线方向的边坡处于稳定状态。自然状态下进行爆破，顺洞轴线方向和垂直洞轴线方向的边坡也基本稳定。采取锚索加固措施后，顺洞轴线方向边坡整体稳定性提高较大，加固效果明显。采取加固措施后再进行岩塞爆破，计算的安全系数在 1.10～1.15 之间，满足规范要求，顺洞轴线方向的边坡基本稳定。

八、边坡稳定综合评价

表 13.1－7 为极限平衡法和有限元强度折减法计算结果，可以看出：

（1）顺洞轴线方向边坡，在自然条件下，边坡安全稳定系数不高，极限平衡法计算结果在 1.3～2.04 范围内，有限元计算结果在 1.53～2.16 范围内。自然状态下，不采取任何措施进行爆破条件下，边坡稳定性降低，极限平衡法计算结果在 0.77～1.41 范围内，不满足规范要求，而有限元计算结果在 1.30～1.66 范围内，满足规范要求。自然状态采取锚索加固措施条件下，极限平衡法计算结果在 2.08～3.22 范围内，较工况 1 安全系数平均提高 0.84；有限元计算结果在 2.07～2.34 范围内，较工况 1 安全系数平均提高 0.34。当采取锚索加固措施后在进行爆破，极限平衡法计算结果在 1.13～1.57 范围内，有限元计算结果在 1.23～1.87 范围内，均满足规范要求。

表 13.1－7　　　　　极限平衡法和有限元强度折减法计算结果统计

剖面	各 工 况 安 全 系 数							
	工况 1		工况 2		工况 3		工况 4	
	极限平衡法	有限元法	极限平衡法	有限元法	极限平衡法	有限元法	极限平衡法	有限元法
Ⅰ	1.53	1.91	0.97	1.57	3.22	2.28	1.57	1.62
Ⅱ	1.30	1.88	0.77	1.30	2.08	2.34	1.13	1.39
Ⅲ	1.39	1.53	0.86	1.19	2.37	2.07	1.16	1.23
Ⅳ	2.04	2.16	1.41	1.66	2.8	2.16	1.47	1.87

（2）垂直洞轴线方向，在自然条件下，边坡安全稳定系数较高，极限平衡法计算结果在 2.02～6.66 范围内，有限元计算结果在 2.47～7.65 范围内。自然状态进行爆破条件下，边坡稳定性降低，极限平衡法计算结果在 1.19～3.84 范围内，有限元计算结果在 1.45～2.56 范围内，均满足规范要求。

（3）较自然状态爆破工况下，边坡的安全稳定性降低，极限平衡法计算安全系数平均降低 38.52%，有限元强度折减法计算安全系数平均降低 31.54%，基本接近；较自然状态锚索加固工况下，边坡的安全稳定性提高，极限平衡法计算安全系数平均提高 35.33%，有限元强度折减法计算安全系数平均提高 20.66%，较极限平衡法计算结果低，因为有限元法采用集中力来模拟锚索加固，而极限平衡法进行力平衡和力矩平衡计算时考虑锚固力的方法来模拟锚固效果，因此极限平衡法计算结果更可靠。

（4）工况 1 条件下，有限元计算结果较极限平衡法大 16.76%，工况 2 条件下，有限元计算结果较极限平衡法大 18.69%，工况 3 条件下，有限元计算结果较极限平衡法小 18.56%，工况 4 条件下，有限元计算结果较极限平衡法大 12.22%。

（5）综合分析认为自然状态下，边坡安全系数较小，基本处于稳定状态。工况 2 条件下，顺洞轴线方向 F7 断层上盘岩体从坡脚最薄弱处滑落的可能性很大，而垂直洞轴线方向边坡基本处于稳定稳定。工况 3 条件下，加固效果明显，边坡更加稳定。当边坡加固后进行爆破时，两种方法计算得到的安全稳定系数在 1.10～1.15 之间，均满足《水利水电工程边坡设计规范》（SL 386—2007）的要求，说明设计加固方案可靠，基本满足边坡的稳定性要求。

九、结论

（1）在不进行加固措施情况下进行爆破，顺洞轴线方向边坡沿 F7 断层从坡脚最薄弱岩体处安全稳定性尚不能保证，而垂直洞轴线方向边坡较稳定。

（2）设计采取的加固方案合理，加固效果明显，使得边坡安全系数提高约 28%。

（3）当边坡加固后进行爆破时，顺洞轴线方向和垂直洞轴线方向边坡安全稳定性基本能得到保证。

第二节　进口段整体稳定有限元分析

一、概述

刘家峡水电站位于甘肃省永靖县的黄河干流上，距兰州市约 80km。淤积面逐年抬高，致使河道阻水，大量的泥沙使机组严重磨损，现有排沙设施已不能解决洮河泥沙淤积并向坝前推移的问题，给电站的安全运行和度汛造成了严重危害。因此，增建洮河口排沙洞是解决刘家峡电站坝前泥沙问题、保障电站安全运行和度汛非常迫切的任务。

排沙洞的进水口采用水下岩塞爆破方案。岩塞爆破口位于洮河出口，黄河左岸，在正常蓄水位以下 70m，尚有约 11～58m 厚的淤积层。岩塞内口为圆形，内径 10m，外口尺寸约 20.3m×27.84m，近似椭圆，岩塞最小厚度 12.3m，岩塞进口轴线与水平面夹角 45°，岩塞进口底板高程为 1664.53m。

集渣坑为"靴型"，衬砌厚度 $1\sim1.2m$，布置内外两层或三层钢筋。锚杆直径 25mm，深入岩石 5m，排距 3m。按照前期设计排沙洞与集渣坑大部分已开挖衬砌完毕。为了更多收集爆破岩渣，拟对集渣坑进行扩挖，增加其有效使用体积。为确保扩挖和爆破过程的安全稳定，同时分析运行期以及运行期遭遇地震时结构的安全稳定，采用有限元分析方法研究围岩和衬砌的位移和应力变化，为设计方案提供理论依据。

二、计算内容、原理及方法

（一）计算内容

选取两个典型的高边墙断面，桩号分别为 $0-079.64$ 和 $0-082.99$，见图 13.2－1。计算涉及以下五个方面内容：①集渣坑扩挖的稳定性分析。②钢筋混凝土衬砌的配筋计算。③爆破振动力对集渣坑的影响。④内、外水作用下岩体和衬砌的状态分析。⑤地震时结构的安全稳定分析。

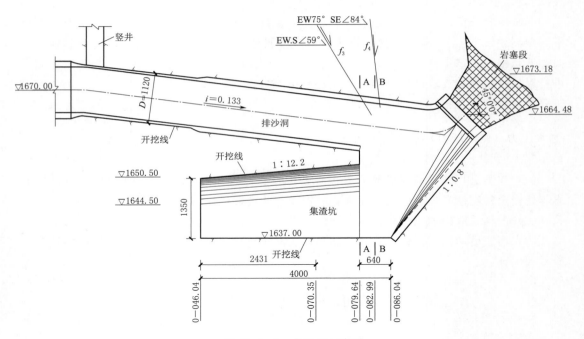

图 13.2－1 集渣坑示意图

（二）非线性有限元方法

用目前国际通用有限元软件 ANSYS 软件进行计算，该软件功能完善，成果可靠。其中非线性有限元计算原理如下：

非线性有限元增量形式的基本方程为

$$[k]\{\Delta\delta\}_i=\{\Delta R\}_i+\{\Delta Rp\}+\{R\} \tag{13.2－1}$$

式中：$\{R\}$ 为迭代过程中产生的不平衡力；$\{\Delta R\}_i$ 为荷载增量；$\{\Delta Rp\}$ 为非线性等效结点荷载。

$$\{\Delta R p\} = \sum e \int_{\Omega e} [C^e][B]^T \{\Delta \sigma^p\} dv$$

$$\{\Delta \sigma^p\} = [D p]\{\Delta \varepsilon\}_{i-1} \qquad (13.2-2)$$

由此可得

$$\{\delta\}_i = \{\delta\}_{i-1} + \{\Delta \delta\}_i$$

$$\{\sigma\}_i = \{\sigma\}_{i-1} + \{\Delta \sigma\}_i \qquad (13.2-3)$$

由式（13.2-1）、式（13.2-2）、式（13.2-3），可通过多次迭代，求得非线性有限元的单元应力 $\{\sigma\}$、应变 $\{\varepsilon\}$ 和结点位移 $\{\delta\}$。

（三）岩体材料的模拟

岩石按理想弹塑性材料考虑，使用 Drucker-Prager 屈服准则，考虑了由屈服而引起的体积膨胀。其等效应力的表达式为

$$\sigma e = 3\beta \sigma_m + \left[\frac{1}{2}\{S\}^T[M]\{S\}\right]^{\frac{1}{2}} \qquad (13.2-4)$$

式中：σ_m 为平均应力或静水压力 $= \frac{1}{3}(\sigma_x + \sigma_y + \sigma_z)$；$\{S\}$ 为偏差应力；β 为材料常数；$[M]$ 为 Mises 屈服准则中的 $[M]$。

上面的屈服准则是一种经过修正的 Mises 屈服准则，它考虑了静水应力分量的影响，静水应力（侧限压力）越高，则屈服强度越大。

材料常数 β 的表达式如下：

$$\beta = \frac{2\sin\phi}{\sqrt{3}(3-\sin\phi)} \qquad (13.2-5)$$

材料的屈服参数定义为

$$\sigma_y = \frac{6C\cos\phi}{\sqrt{3}(3-\sin\phi)} \qquad (13.2-6)$$

式中：C 为凝聚力；ϕ 为内摩擦角（DP 材料的输入值）。

屈服准则的表达式如下：

$$F = 3\beta \sigma_m + \left[\frac{1}{2}\{S\}^T[M]\{S\}\right]^{\frac{1}{2}} - \sigma_y = 0 \qquad (13.2-7)$$

（四）开挖的模拟

用有限元法进行地下洞室围岩稳定分析时，通常采用单元的"死""活"功能模拟岩体的开挖过程。先定义所有的围岩单元，计算初始位移和应力，开挖时"杀死"挖掉的单元。死单元的刚度矩阵设成一个很小的值，其载荷和质量变为零，不对载荷向量生效，其质量和能量也不包括在模型求解结果中。模拟衬砌时再激活衬砌处的单元，改为混凝土材料。

（五）钢筋混凝土和锚杆的模拟

采用钢筋混凝土单元 SOLID65，模拟排沙洞和集渣坑的钢筋混凝土衬砌，通过定义每层钢筋的属性，模拟钢筋的方向、截面和间距。

钢筋混凝土模式能模拟材料的塑性、蠕变、断裂（在三个正交方向）和压碎特性，加强钢筋具有塑性变形和蠕变的能力。

当混凝土材料被拉开时，形成垂直于主应力方向的拉开平面，材料不能承受拉应力。在以后的加载子步中，只能形成垂直于已经出现的拉开平面的新的拉开平面。一旦拉开平面已经形成，它在卸载的情况下可以不起作用，而再加载时，它再起作用，起作用的拉开平面上的应力并不释放。当材料拉伸破坏时，在破坏平面上的拉应力和剪应力被释放。

在积分点上裂缝的开启或闭合状态取决于应变值 ε_{ck}^{ck}，假设 x 方向存在拉裂情况，应变值如下式所示：

$$\varepsilon_{ck}^{ck}=\begin{cases}\varepsilon_x^{ck}+\dfrac{\nu}{1-\nu}\varepsilon_y^{ck}+\varepsilon_z^{ck} & \text{无裂缝} \\[2mm] \varepsilon_x^{ck}+\nu\varepsilon_z^{ck} & y \text{ 方向开裂} \\[2mm] \varepsilon_x^{ck} & y \text{ 和 } z \text{ 方向开裂}\end{cases} \tag{13.2-8}$$

式中：ε_x^{ck}、ε_y^{ck}、ε_z^{ck} 表示三个拉裂方向的应变值。$\{\varepsilon^{ck}\}$ 由下式计算：

$$\{\varepsilon^{ck}\}=[T^{ck}]\{\varepsilon'\} \tag{13.2-9}$$

式中：T^{ck} 为描述局部坐标与整体坐标之间关系的转换矩阵。$\{\varepsilon'\}$ 为单元坐标系下的总应变。

对每个载荷子步，$\{\varepsilon'\}$ 依次被定义为

$$\{\varepsilon_n'\}=\{\varepsilon_{n-1}^{el}\}+\{\Delta\varepsilon_n\}-\{\Delta\varepsilon_n^{th}\}-\{\Delta\varepsilon_n^{pl}\} \tag{13.3-10}$$

式中：n 为载荷子步数；$\{\varepsilon_{n-1}^{el}\}$ 为前一子步的弹性应变；$\{\Delta\varepsilon_n\}$ 为总应变增量；$\{\Delta\varepsilon_n^{th}\}$ 为热应变增量；$\{\Delta\varepsilon_n^{pl}\}$ 为塑性应变增量。

如果 ε_{ck}^{ck} 小于零，裂缝是闭合的。如果 ε_{ck}^{ck} 大于等于零，裂缝是张开的。

在混凝土模式中，某单元被压碎意味着该单元完全破坏，求解刚度矩阵时，压碎破坏的单元被忽略。

锚杆用杆单元模拟，锚杆排距以折减锚杆截面积的方法模拟。

（六）爆破振动力的模拟

大地振动场的振速规律满足萨道夫斯基公式：

$$V=K\left[\frac{Q^{\frac{1}{3}}}{R}\right]^{\alpha} \tag{13.2-11}$$

式中：V 为振速，cm；Q 为最大单段药量，kg；R 为爆心距，m；K、α 为与场地和地质地形条件相关的振动系数。

根据 1：2 模型试验结果，大地振动场的速度拟合公式见表 13.2 - 1，$\rho = \dfrac{Q^{\frac{1}{3}}}{R}$。

表 13.2 - 1 　　　　　　　　　　　　　大地振动场速度场计算

名　　称	K	α	拟合公式
垂向速度振动场	84.1	1.36	$V = 84.1\rho^{1.36}$
水平切向速度振动场	42.6	1.27	$V = 42.6\rho^{1.27}$
水平径向速度振动场	128.2	1.62	$V = 128.2\rho^{1.62}$

根据上述经验公式计算出各断面处的水平径向振速，断面 1 处为 0.32m/s，断面 2 处为 0.24m/s。参照《中国地震烈度表》（GB/T 17742—2008），地震烈度为Ⅷ度时，水平向地面运动峰值速度为 0.19～0.35m/s，断面 1 与断面 2 的爆破振动力可按照Ⅷ度地震考虑，相应的水平向地震加速度峰值为 2.5～3.53m/s²。断面 1 与断面 2 为垂直方向，水平向的爆破振动力垂直于该平面，计算中不考虑其影响，只计入垂直方向爆破振动力的作用。

三、应用的软件及模拟方法

采用国际通用有限元 ANSYS 软件进行计算。该软件是融结构、流体、电场、磁场、声场分析于一体的大型通用有限元分析软件，是现代产品设计中高级 CAE 工具之一。ANSYS 软件可求解结构、流体、电力、电磁场及碰撞等问题，可应用于航空航天、汽车工业、桥梁、建筑、重型机械、微机电系统、运动器械等领域，目前已在水利水电行业中得到广泛的应用。

一般的平面问题，可采用平面应变或平面应力分析。但如果要模拟钢筋混凝土结构中的配筋，以及模拟混凝土受力后的拉裂与压碎状态，则需采用三维的整体式、分离式或组合式方法来模拟钢筋和混凝土的组合方式。由于刘家峡排沙洞结构布置钢筋较多，分离式模拟较为困难，因此采用整体式模拟方法。整体式模拟是将钢筋分布于整个单元中，假定钢筋和混凝土黏结很好，并把单元视为连续均匀材料。它求出的是综合了钢筋和混凝土的刚度矩阵。

以上选取的两个典型断面，均采用三维有限元的方式模拟，只是在厚度方向上取一个很小的量，来模拟二维平面问题。通过定义每个单元的属性，模拟钢筋混凝土衬砌的特性。

四、计算参数

（一）岩体物理力学性质

进口段岩石以Ⅲ类岩体为主，局部Ⅳ类。排沙洞进口岸坡为层状斜向结构岩质边坡，但岩层产状不稳定，进口段地表及其下游侧，走向为 NE10°～NE30°，倾向 NW，倾角 20°～40°。岩石强风化水平深度一般约 5～8m，弱风化水平深度一般约为 10～15m。

断层 F₇ 出露在排沙洞进口边坡坡顶 1733.00m 高程，F₇ 断层基本沿顺坡裂隙发育，宽度 2～5cm，长度大于 15m，由碎裂岩等组成，带内强风化，未胶结，无断层泥发育，断面平直，下盘见一组擦痕，倾伏状为 SW∠45°，向下游延伸稳定，向上游追踪性裂隙延伸，从下盘面擦痕判断，先期为逆断层，后期有正错迹象（错距 20～30cm），带内无泥，为硬性结构面。

岩体材料采用表 13.2-2 所示的物理力学参数。

表 13.2-2　　　　　　　　　　岩体材料力学参数

材料	描述	容重/(g/m³)	弹性模量/GPa	泊松比	摩擦系数	凝聚力/MPa
1	新鲜岩石	2.78	100	0.22	0.9	1.00
2	弱风化岩石	2.76	6.5	0.25	0.7	0.65
3	断层	1.80	0.60	0.30	0.4	0.06

（二）衬砌材料

衬砌材料为 C20 和 C50 混凝土，布置内外两层或三层钢筋，钢筋截面分别为 φ20～φ32 不等。混凝土极限强度采用标准值，材料参数见表 13.2-3。

表 13.2-3　　　　　　　　　　衬砌材料力学参数

材料	描述	容重/(g/m³)	弹性模量/GPa	泊松比	抗拉强度/MPa	抗压强度/MPa
1	C20 混凝土	2.43	25.5	0.167	1.54	13.4
2	C50 混凝土	2.45	34.5	0.167	2.64	32.4
3	钢筋	7.80	210.0	0.300		

五、计算模型及荷载

（一）计算模型

取一层钢筋的厚度，建立三维有限元模型。

断面 1 桩号为 0－079.64，此处排沙洞与集渣坑间距最小。排沙洞开挖宽度 12m，为 C50 硅粉钢纤维混凝土衬砌，厚度 1m。衬砌中布置内外两层环向钢筋 φ32@15，两层轴向钢筋 φ22@20。洞周布置 11 根 φ25 锚杆，长 5.95m，深入围岩 5m，排距 3m。集渣坑开挖宽度 12m，高度 21.25m，为 C20 混凝土衬砌，厚度 1m。内外两层布筋，外层环向钢筋 φ28@20，内层环向钢筋 φ25@20，内外两层轴向钢筋均为 φ22@20。有限元模型见图 13.2-2，模拟了围岩、断层、锚杆、混凝土衬砌和钢筋，视角为从岩塞口向洞内看。基础底部宽度约 150m，高约 170m，厚度方向取 40cm。除顶部外，计算区域的侧面和底面均施加法向约束。坐标轴定义：水平方向为 X 轴，向右为正，垂直方向为 Y 轴，向上为正。

断面 2 桩号为 0－082.99，为高边墙断面。该断面开挖宽度 12.4m，高度约 36m，为 C50 硅粉钢纤维混凝土衬砌，厚度 1.2m。先期开挖部分衬砌中布置内外三层钢筋，扩挖部分布置内外两层钢筋。内、外两层环向钢筋 φ32@15，次内层环向钢筋 φ28@15，轴向钢筋均为 φ22@20。洞周布置 φ25 锚杆，长度分别为 5.95m 和 8.15m，深入围岩 4.8m 和 7m，间排距 3m，交错布置。扩挖部分布置 φ25 锚杆，长度 6.15m，入岩 5m，排距 1.5m。有限元模型见图 13.2-3，模拟了围岩、断层、锚杆、混凝土衬砌和钢筋，视角为从岩塞口向洞内看。基础底部宽度约 150m，高约 170m，厚度方向取 30cm。除顶部外，计算区域的侧面和底面均施加法向约束。坐标轴定义：水平方向为 X 轴，向右为正，垂

直方向为 Y 轴，向上为正。

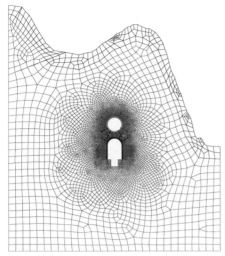

图 13.2-2　断面 1 有限元模型

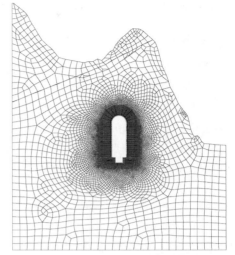

图 13.2-3　断面 2 有限元模型

（二）计算荷载

计算中考虑以下荷载如下：

（1）岩体自重。

（2）山岩压力。

（3）外水压力，按正常蓄水位高程 1735.00m 计算。

（4）爆破振动力。

（5）内水压力，正常蓄水位高程 1735.00m。

（6）地震荷载，地震烈度为Ⅷ度。

（7）地震/爆破时的动水压力。

（三）计算工况

按照前期设计排沙洞与集渣坑大部分已开挖衬砌完毕。计算的初始条件为，两个断面均已开挖成洞，钢筋混凝土衬砌和锚杆也已支护完成。为了准确模拟集渣坑扩挖前的初始位移、应力状态，进行计算时首先模拟排沙洞与集渣坑开挖前山体的位移场和应力场，再模拟排沙洞与集渣坑开挖对位移场和应力场的影响，第三步模拟锚杆支护与混凝土衬砌，第四步模拟集渣坑扩挖，第五步模拟扩挖部分的混凝土衬砌，第六步模拟岩塞爆破施加爆破振动力，最后模拟运行期以及遭遇地震工况。本计算考虑以下计算工况：

（1）工况 1：排沙洞与集渣坑开挖衬砌完成工况。荷载组合为：结构自重＋山岩压力＋外水压力。

（2）工况 2：集渣坑扩挖工况。荷载组合为：结构自重＋山岩压力＋外水压力。

（3）工况 3：扩挖槽衬砌工况。荷载组合为：结构自重＋山岩压力＋外水压力。

（4）工况 4：岩塞爆破工况。荷载组合为：结构自重＋山岩压力＋外水压力＋爆破振动力＋爆破动水压力。

（5）工况 5：运行期工况。荷载组合为：结构自重＋山岩压力＋外水压力＋内水压力。

（6）工况 6：运行期地震工况。荷载组合为：结构自重＋山岩压力＋外水压力＋内水压力＋地震荷载＋地震时动水压力。

六、计算结果分析

（一）断面 1 计算结果

断面 1 进行自重、排沙洞与集渣坑开挖、混凝土衬砌和集渣坑扩挖过程的计算，不模拟扩挖后的混凝土衬砌和爆破振动力的影响。

1. **集渣坑扩挖前状态**

（1）位移状态。由于两侧山体不对称，因此集渣坑两侧边墙的水平位移也不对称。水平方向位移呈整体向右趋势，集渣坑左侧边墙水平位移 1.3mm，右侧边墙水平位移 0.5mm，左侧边墙的水平位移较大。集渣坑扩挖前的初始水平位移见图 13.2-4，向右为正。垂直位移整体向下，排沙洞顶沉降 25mm，集渣坑洞顶沉降 21mm，底部扩挖部位沉降 16mm。集渣坑两侧的垂直位移不对称，见图 13.2-5，向上为正。

（2）应力状态。扩挖前水平应力见图 13.2-6，拉为正，压为负。集渣坑底部岩体有 0.92MPa 拉应力，混凝土衬砌中有 0.5MPa 以下拉应力。除集渣坑底部外，洞周其余部分水平应力多为压应力，两洞间压应力为 1.5MPa，洞角有 4.61MPa 压应力。初始垂直应力见图 13.2-7，衬砌中多为 1.0MPa 以下拉应力，洞角局部拉应力 1.31MPa。洞周围岩均为压应力，集渣坑两侧多为 3MPa，洞角局部压应力 7.94MPa。

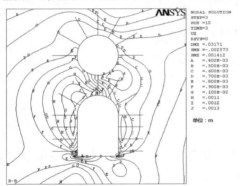

图 13.2-4　断面 1 初始水平位移

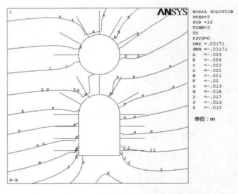

图 13.2-5　断面 1 初始垂直位移

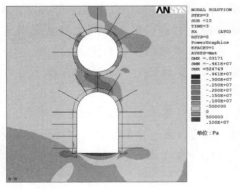

图 13.2-6　断面 1 初始水平应力

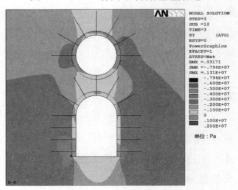

图 13.2-7　断面 1 初始垂直应力

第一主应力见图 13.2-8，集渣坑底部、排沙洞顶部岩体及混凝土衬砌中有拉应力区。其中集渣坑底部岩体拉应力较大，值为 1.0MPa，混凝土衬砌中多为 0.5MPa 以下拉应力，洞角混凝土中有 1.31MPa 拉应力集中。第三主应力见图 13.2-9，除集渣坑拱顶和洞角的混凝土衬砌中有小面积拉应力外，其余混凝土衬砌与洞周围岩均为压应力，洞侧压应力大，洞顶、洞底压应力值较小，洞角局部压应力达 8.36MPa。

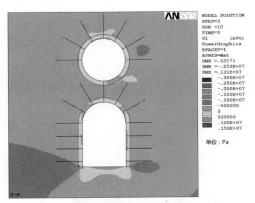

图 13.2-8　断面 1 初始第一主应力

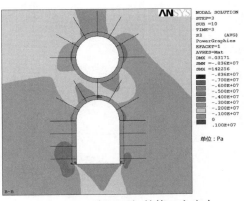

图 13.2-9　断面 1 初始第三主应力

　　（3）锚杆应力。扩挖前锚杆轴向应力分布见图 13.2-10，图中柱状图的大小、颜色与锚杆轴向应力大小相关，柱状图的方向仅与杆单元的节点顺序有关，与应力状态无关。最大拉应力位于排沙洞顶，值为 0.32MPa。

　　2. 集渣坑扩挖后状态

　　（1）位移状态。集渣坑扩挖引起的结构位移为扩挖后位移与扩挖前位移之差。

　　集渣坑扩挖后的初始水平位移见图 13.2-11，向右为正。扩挖槽两侧边墙向洞内收缩变形，左侧边墙水平位移 0.25mm，右侧边墙水平位移 0.15mm。垂直位移见图 13.2-12，向

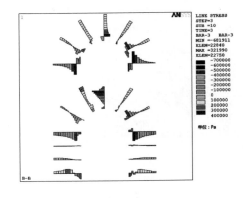

图 13.2-10　断面 1 初始锚杆应力

上为正。扩挖槽底上抬 0.3mm，左侧边墙沉降 0.25mm，右侧边墙上抬 0.05mm，扩挖槽两侧的垂直位移不对称。

　　（2）应力状态。扩挖后水平应力见图 13.2-13。集渣坑底部拉应力被释放，减为 0.46MPa，扩挖槽底、侧部岩体有小面积应力区，均低于 0.5MPa。衬砌中拉应力范围略有扩大，值仍小于 0.5MPa。洞周其余部分仍为压应力，洞角压应力 4.04MPa。垂直应力见图 13.2-14，扩挖槽两侧有 1.0MPa 以下拉应力，集渣坑顶拱衬砌中拉应力消失。洞周围岩仍为压应力，集渣坑两侧 4.0MPa，洞角压应力 7.24MPa。

　　集渣坑扩挖后的第一主应力见图 13.2-15。扩挖使集渣坑底部拉应力释放，扩挖槽周边均为 0.5MPa 以下拉应力，尤以边墙为甚。混凝土衬砌中多为 0.5MPa 以下拉应力，洞角混凝土局部拉应力较大，超过了混凝土的抗拉强度，该处混凝土有可能受拉破坏，应力

发生转移，重新分布后最大拉应力 1.09MPa。扩挖后第三主应力见图 13.2-16，混凝土衬砌与洞周围岩压应力变化不大，洞侧压应力多为 4MPa 以下，洞顶、洞底压应力 2MPa，洞角局部压应力 7.66MPa。

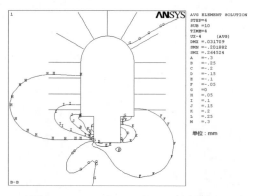

图 13.2-11　断面 1 扩挖后水平位移

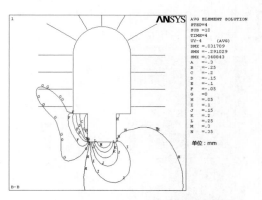

图 13.2-12　断面 1 扩挖后垂直位移

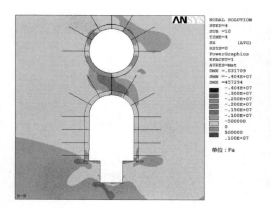

图 13.2-13　断面 1 扩挖后水平应力

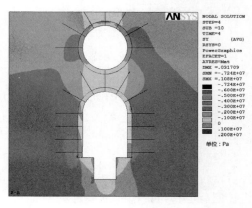

图 13.2-14　断面 1 扩挖后垂直应力

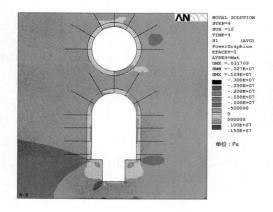

图 13.2-15　断面 1 扩挖后第一主应力

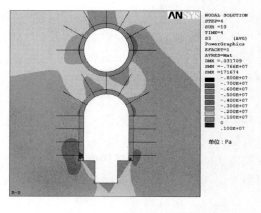

图 13.2-16　断面 1 扩挖后第三主应力

（3）混凝土状态及岩体塑性区。集渣坑扩挖后衬砌中应力大部分未超过混凝土极限强度，只在左侧原洞角混凝土有拉应力集中，该处混凝土拉伸破坏，衬砌中应力重新分布，见图 13.2-17。集渣坑扩挖前原洞角岩体即有小面积塑性区，见图 13.2-18 中应力比大于 1 处。

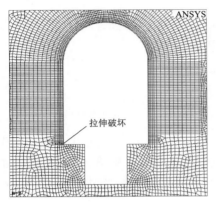

图 13.2-17　断面 1 扩挖后混凝土
衬砌破坏情况

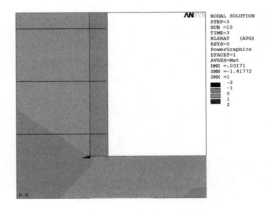

图 13.2-18　断面 1 扩挖后岩体塑性区

（4）锚杆应力。扩挖后锚杆应力分布见图 13.2-19，扩挖引起扩挖槽附近的应力重新分布，集渣坑底部左侧锚杆拉应力最大，值为 2.11MPa。

3. 岩塞爆破期工况

岩塞爆破期的计算，模拟自重、开挖后的围岩压力、外水压力、爆破振动力和爆破时动水压力的影响。

结构的自重场在排沙洞与集渣坑开挖前已经形成，因此以下位移结果中减去了自重位移场，只计入由围岩压力、外水压力、爆破振动力和振动水压力引起的围岩变形。

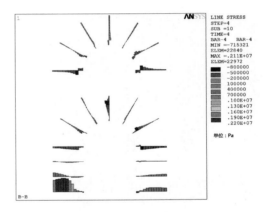

图 13.2-19　断面 1 初始锚杆应力

（1）位移状态。在围岩压力、外水压力、爆破振动力和振动水压力的共同作用下，断面 1 水平方向的位移趋势，为排沙洞与集渣坑两侧边墙向洞内变形。集渣坑边墙较高，水平位移也略大。集渣坑左、右两侧边墙的水平位移最大值分别为 1.355mm 和 1.342mm。岩塞爆破期断面 1 的水平位移见图 13.2-20，向右为正。

由于岩塞位于排沙洞与集渣坑的斜上方，因此爆破振动力影响下，垂直位移呈整体向下的趋势。排沙洞顶沉降最大，值为 3.596mm，这也是爆破振动力影响下该断面的最大总位移。集渣坑洞顶沉降 2.997mm，两侧边墙的垂直位移亦不对称见图 13.2-21，向上为正。

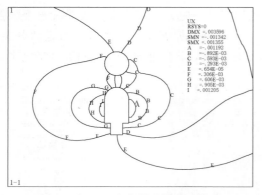

图 13.2-20 岩塞爆破期水平位移

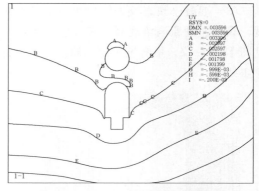

图 13.2-21 岩塞爆破期垂直位移

（2）围岩应力。在自重、围岩压力、外水压力、爆破振动力和振动水压力的共同作用下，排沙洞顶拱、两洞室之间、集渣坑两侧边墙及底部围岩有大面积拉应力区，其中集渣坑两侧边墙围岩拉应力较大，最大值为 1.33MPa，见图 13.2-22。图中拉应力为正，压应力为负。

围岩的第三主应力见图 13.2-23，集渣坑底板的两侧、扩挖槽边墙与底板交汇处压应力较大，最大压应力 11.9MPa，位于集渣坑底板的左侧。

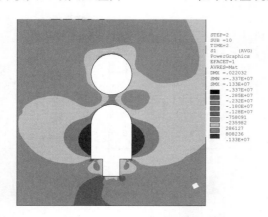

图 13.2-22 岩塞爆破期围岩
第一主应力

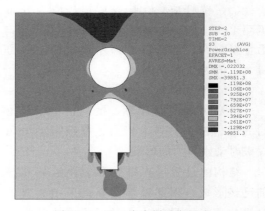

图 13.2-23 岩塞爆破期围岩
第三主应力

（3）混凝土衬砌应力状态。岩塞爆破期衬砌混凝土中基本为压应力。集渣坑底部的衬砌内侧出现小面积拉应力区，个别单元的应力超过 C20 混凝土的抗拉强度，混凝土单元受拉破坏，应力释放并转移，重新分布后最大拉应力值为 0.91MPa，见图 13.2-24。

混凝土衬砌的第三主应力见图 13.2-25，衬砌混凝土中最大压应力 19.1MPa，位于集渣坑底部的左边墙内侧。该区域混凝土中个别单元的应力超过 C20 混凝土的抗压强度，混凝土单元受压破坏，应力重新分布。

在爆破振动力影响下，集渣坑两侧的钢筋混凝土衬砌底部有个别单元的应力超过 C20 混凝土的抗拉、抗压强度，该混凝土单元受拉或受压破坏，应力发生转移，如图 13.2-26 中红色符号所示。

（4）钢筋及锚杆应力。岩塞爆破期断面 1 混凝土衬砌中钢筋全部受压，压应力多低于 55.0MPa。原集渣坑底部两侧的衬砌混凝土局部压应力超过 C20 混凝土抗压强度，应力释放并转移，导致该处钢筋承担更多应力，左侧衬砌最大压应力达 183MPa，见图 13.2-27。

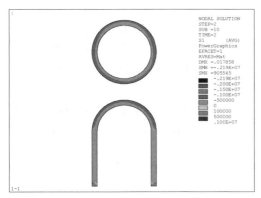

图 13.2-24　岩塞爆破期混衬砌
第一主应力

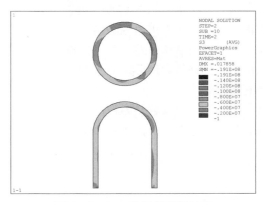

图 13.2-25　岩塞爆破期衬砌
第三主应力

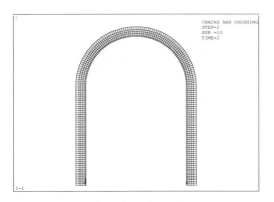

图 13.2-26　岩塞爆破期混凝
土衬砌破坏情况

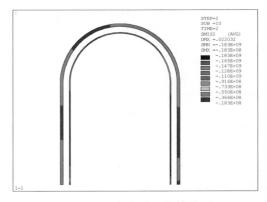

图 13.2-27　岩塞爆破期混凝土衬砌中
环向钢筋应力图

岩塞爆破期断面 1 锚杆轴向应力分布见图 13.2-28，图中柱状图的大小、颜色与锚杆轴向应力大小相关，柱状图的方向仅与杆单元的节点顺序有关，与应力状态无关。洞周锚杆多承受拉应力，拉应力值随着锚杆向岩体深度的增加而减小，有些甚至变为压应力。集渣坑两侧边墙的锚杆中拉应力较大，最大拉应力位于集渣坑左侧边墙，值为 24.2MPa。排沙洞顶拱和两洞室之间的锚杆，深入岩体纵深处的部分，锚杆承受压应力，最大值 24.6MPa。

4. 运行期工况

运行期的计算，模拟自重、开挖后的围

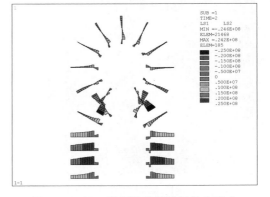

图 13.2-28　岩塞爆破期锚杆轴向应力

岩压力、外水压力和内水压力的影响。结构的自重场在排沙洞与集渣坑开挖前已经形成，因此以下位移结果中减去了自重位移场，只计入由围岩压力、外水压力和内水压力引起的围岩变形。

（1）位移状态。运行期，围岩压力、外水压力和内水压力共同作用于混凝土衬砌上。由于内、外水压力作用的方向相反，其作用相互抵消，因此，内、外水压力平衡后结构的位移较小。排沙洞整体向左位移，集渣坑左、右边墙均向两侧扩张变形。集渣坑扩挖槽左、右边墙的水平位移最大值分别为 0.405mm 和 0.383mm。运行期断面 1 的水平位移见图 13.2-29，向右为正。

运行期垂直位移呈整体向下的趋势。集渣坑原底板沉降最大，值为 0.964mm，排沙洞底部、集渣坑边墙、扩挖槽底部及边墙垂直位移 0.803mm，见图 13.2-30，向上为正。

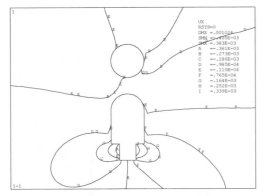
图 13.2-29 运行期水平位移

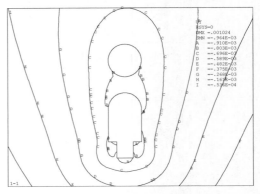
图 13.2-30 运行期垂直位移

（2）围岩应力。在围岩压力、外水压力和内水压力的共同作用下，排沙洞顶拱、两洞室之间及集渣坑扩挖槽底部围岩有小面积拉应力区，其中集渣坑挖槽底部围岩拉应力相对较大，最大值为 0.68MPa，见图 13.2-31。图中拉应力为正，压应力为负。

围岩的第三主应力见图 13.2-32，集渣坑底板的两侧压应力相对较大，最大压应力 6.43MPa。

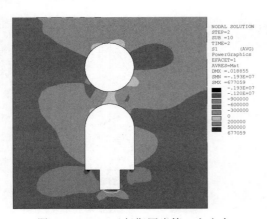
图 13.2-31 运行期围岩第一主应力

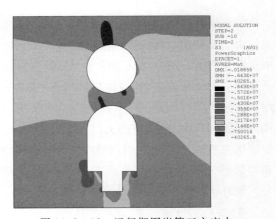
图 13.2-32 运行期围岩第三主应力

（3）混凝土衬砌应力状态。运行期由于内、外水基本平衡，整体应力较小。断面1混凝土衬砌混凝土中均为压应力，最大压应力16.9MPa，位于集渣坑底部的左边墙内侧，见图13.2-33。

自重状态下，集渣坑底部左侧混凝土衬砌中个别单元承受拉应力，应力值超过了C20混凝土的抗拉强度1.54MPa，混凝土单元受拉破坏，应力释放。随后在内、外水压力作用下，该处混凝土承受压应力，部分单元的裂缝闭合。如图13.2-34中圆圈所示开裂的单元积分点，十字表示开裂后又闭合的状态。

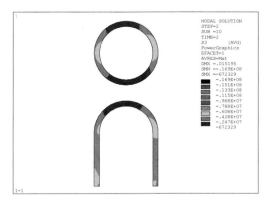

图13.2-33　运行期混凝土衬砌第三主应力

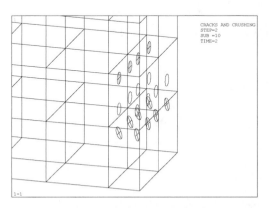

图13.2-34　运行期混凝土衬砌破坏情况

（4）钢筋应力及锚杆应力。运行期断面1混凝土衬砌中钢筋全部受压，最大压应力达82.6MPa，位于集渣坑底部左侧混凝土衬砌的内层钢筋中，见图13.2-35。

运行期断面1锚杆轴向应力分布见图13.2-36，图中柱状图的大小、颜色与锚杆轴向应力大小相关，方向仅与杆单元的节点顺序有关，与应力状态无关。集渣坑两侧边墙的锚杆均承受拉应力，其中最大拉应力位于集渣坑左侧边墙，值为7.81MPa。排沙洞洞周与集渣坑顶拱的锚杆多承受压应力，最大压应力位于两洞室之间，值为18.7MPa。

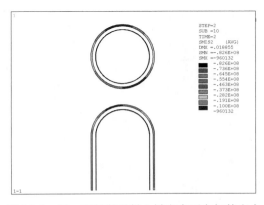

图13.2-35　运行期混凝土衬砌中环向钢筋应力

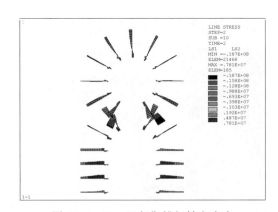

图13.2-36　运行期锚杆轴向应力

5. 运行期地震工况

运行期遭遇Ⅷ度地震的计算，模拟自重、开挖后的围岩压力、外水压力、内水压力、地震荷载以及地震时动水压力的影响。结构的自重场在排沙洞与集渣坑开挖前已经形成，因此以下位移结果中减去了自重位移场，只计入由围岩压力、外水压力、内水压力、地震荷载以及地震时动水压力引起的围岩变形。

（1）位移状态。运行期，围岩压力、外水压力和内水压力共同作用于混凝土衬砌上，此时若遭遇地震，还应组合地震荷载以及地震时的动水压力。假设震源在洞室的左侧方位，则排沙洞整体向右位移。集渣坑扩挖槽右边墙的水平位移最大，值为 1.961mm。运行期地震工况断面 1 的水平位移见图 13.2－37，向右为正。

当垂直加速度与重力加速度叠加后，垂直位移呈整体向下的趋势。排沙洞顶拱沉降最大，值为 3.289mm，集渣坑顶拱垂直位移 3.055mm，见图 13.2－38，向上为正。

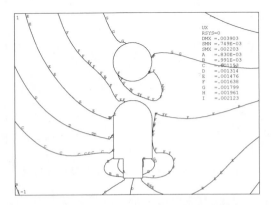

图 13.2－37　运行期地震工况水平位移

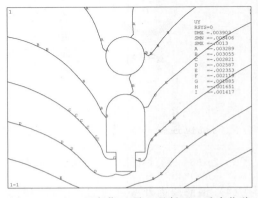

图 13.2－38　运行期地震工况断面 1 垂直位移

（2）围岩应力。在围岩压力、外水压力、内水压力、地震荷载以及地震时动水压力的共同作用下，排沙洞顶拱、两洞室之间及集渣坑扩挖槽底部围岩存在拉应力区，其中集渣坑挖槽底部围岩拉应力相对较大，最大值为 1.7MPa，如图 13.2－39 所示。

围岩的第三主应力见图 13.2－40，集渣坑底板的两侧压应力相对较大，最大压应力 7.64MPa。

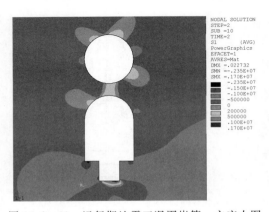

图 13.2－39　运行期地震工况围岩第一主应力图

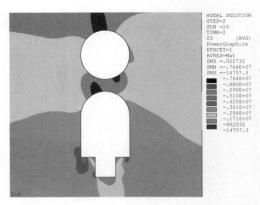

图 13.2－40　运行期地震工况围岩第三主应力

（3）混凝土衬砌应力状态。运行期遭遇地震时，断面 1 排沙洞顶部、底部和集渣坑顶部的混凝土衬砌中出现拉应力区。最大拉应力 0.78MPa，位于排沙洞底部的衬砌内侧，见

图 13.2 - 41。

运行期遭遇地震时，混凝土衬砌混凝土中压应力见图 13.2 - 42，最大压应力 19.6MPa，位于集渣坑底部的左边墙内侧。

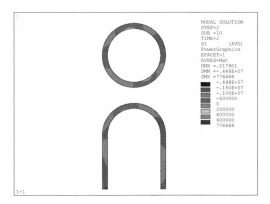
图 13.2 - 41　混凝土衬砌第一主应力图

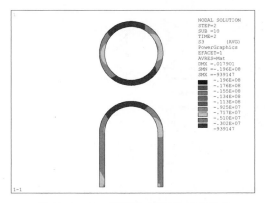
图 13.2 - 42　混凝土衬砌第三主应力

自重状态下，集渣坑底部左侧混凝土衬砌中个别单元承受拉应力，应力值超过了 C20 混凝土的抗拉强度 1.54MPa，混凝土单元受拉破坏，应力释放。随后在运行期，该处混凝土承受压应力，部分单元的裂缝闭合，遭遇地震时，衬砌混凝土并未出现更多的开裂与压碎情况，状况良好，见图 13.2 - 43。

（4）钢筋及锚杆应力。运行期地震工况断面 1 混凝土衬砌中钢筋出现拉应力，最大拉应力 5.3MPa，位于排沙洞底部衬砌内层钢筋中。最大压应力 95.6MPa，位于集渣坑底部左侧混凝土衬砌的内层钢筋中，见图 13.2 - 44。

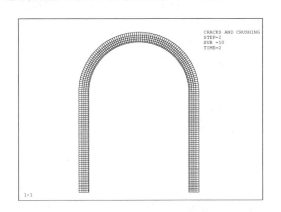
图 13.2 - 43　混凝土衬砌破坏情况

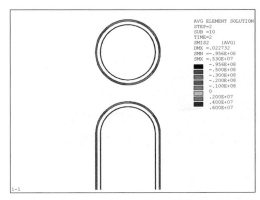
图 13.2 - 44　混凝土衬砌中环向钢筋应力

运行期地震工况断面 1 锚杆轴向应力分布见图 13.2 - 45，图中柱状图的大小、颜色与锚杆轴向应力大小相关，方向仅与杆单元的节点顺序有关，与应力状态无关。集渣坑两侧边墙的锚杆均承受拉应力，其中最大拉应力位于集渣坑左侧边墙，值为 9.06MPa。排沙洞洞周与集渣坑顶拱的锚杆多承受压应力，最大压应力位于两洞室之间，值为 22.0MPa。

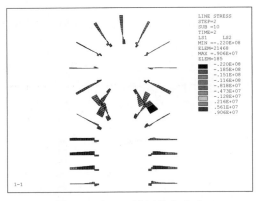

图 13.2-45 锚杆轴向应力

6. 小结

（1）集渣坑扩挖后，扩挖槽周围的位移发生变化。两侧边墙及扩挖槽底均向洞内收缩变形，边墙最大水平位移 0.25mm，扩挖槽底上抬 0.3mm。从主应力的计算结果看，扩挖后释放了原集渣坑底板的拉应力。扩挖槽两侧拉应力范围较大，但拉应力值低于 0.5MPa。扩挖槽底部有小面积拉应力区，拉应力值亦在 0.5MPa 以下。左侧原洞角混凝土有拉应力集中，使得该处混凝土有可能拉伸破坏，应力重新分布后，混凝土衬砌中最大拉应力 1.09MPa。扩挖后衬砌中应力基本未超过混凝土抗拉、抗压强度，只在左侧洞角有拉应力集中，该局部混凝土有可能拉伸破坏。锚杆拉应力最大值为 2.11MPa，位于集渣坑底部左侧。

（2）岩塞爆破工况，排沙洞与集渣坑两侧边墙向洞内变形。边墙的水平位移最大值为 1.355mm。排沙洞顶最大垂直位移为 3.596mm，集渣坑洞顶最大垂直位移为 2.997mm。排沙洞顶拱、两洞室之间、集渣坑两侧边墙及底部围岩有大面积拉应力区，其中集渣坑两侧边墙围岩拉应力较大，最大值为 1.33MPa，集渣坑底板的两侧、扩挖槽边墙与底板交汇处压应力较大，最大压应力 11.9MPa。衬砌混凝土基本为压应力。集渣坑底部的衬砌内侧出现小面积拉应力区，个别单元的应力超过 C20 混凝土的抗拉强度，混凝土单元受拉破坏，应力重新分布后最大拉应力值为 0.91MPa。衬砌混凝土中最大压应力 19.1MPa，位于集渣坑底部的左边墙内侧。超过 C20 混凝土的抗压强度。混凝土衬砌中钢筋全部受压，压应力多低于 55.0MPa。洞周锚杆多承受拉应力，拉应力值随着锚杆向岩体深度的增加而减小，集渣坑两侧边墙的锚杆中拉应力较大，最大拉应力位于集渣坑左侧边墙，值为 24.2MPa。排沙洞顶拱和两洞室之间的锚杆，深入岩体纵深处的部分，锚杆承受压应力，最大值 24.6MPa。

（3）运行期，内、外水压力作用相互抵消，结构的位移较小。水平位移最大值为 0.405mm，垂直位移最大为 0.964mm。集渣坑挖槽底部围岩拉应力相对较大，最大值为 0.68MPa，集渣坑底板的两侧压应力相对较大，最大压应力 6.43MPa。混凝土衬砌混凝土中均为压应力，最大压应力 16.9MPa，位于集渣坑底部的左边墙内侧。混凝土衬砌中钢筋全部受压，最大压应力达 82.6MPa，位于集渣坑底部左侧混凝土衬砌的内层钢筋中。集渣坑两侧边墙的锚杆均承受拉应力，其中最大拉应力位于集渣坑左侧边墙，值为 7.81MPa。排沙洞洞周与集渣坑顶拱的锚杆多承受压应力，最大压应力位于两洞室之间，值为 18.7MPa。

（4）运行期地震工况，集渣坑扩挖槽右边墙的水平位移最大，值为 1.961mm。排沙洞顶拱垂直位移最大为 3.289mm，集渣坑顶拱垂直位移 3.055mm。集渣坑挖槽底部围岩拉应力相对较大，最大值为 1.7MPa，集渣坑底板的两侧压应力相对较大，最大压应力 7.64MPa。混凝土衬砌混凝土中最大拉应力 0.78MPa，位于排沙洞底部的衬砌内侧，最大压应力 19.6MPa，位于集渣坑底部的左边墙内侧。遭遇地震时，衬砌混凝土并未出现更多的开裂与压碎情况，状况良好。混凝土衬砌中钢筋出现拉应力，最大拉应力 5.3MPa，位于排沙洞底部衬砌内层钢筋中。最大压应力 95.6MPa，位于集渣坑底部左侧混凝土衬砌的内层钢筋中。集渣坑两侧边墙的锚杆均承受拉应力，其中最大拉应力位于集渣坑左侧边墙，值为 9.06MPa。排沙洞洞周与集渣坑顶拱的锚杆多承受压应力，最大压应力位于两洞室之间，值为 22.0MPa。

（二）断面 2 计算结果

断面 2 稳定计算包括结构自重、排沙洞与集渣坑开挖、混凝土衬砌、集渣坑扩挖和扩挖后的钢筋混凝土衬砌等计算。

1. **集渣坑扩挖前状态**

（1）位移状态。集渣坑扩挖前，结构已经经历了自重、排沙洞与集渣坑开挖、混凝土衬砌的过程。水平方向位移整体向右，集渣坑左侧边墙水平位移 1.4mm，右侧边墙上、下部位向右变形，中部水平位移为零。山体不对称导致集渣坑两侧边墙的水平位移也不对称，左侧边墙的水平位移较大，见图 13.2－46。

扩挖前垂直位移整体向下，集渣坑顶拱沉降 22.0mm，坑底沉降 14.0mm。集渣坑两侧的垂直位移不对称，左侧偏大见图 13.2－47。

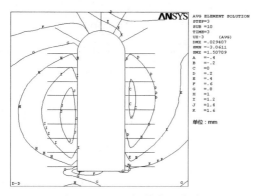

图 13.2－46　初始水平位移

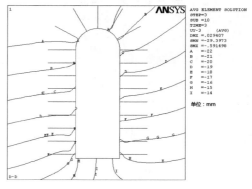

图 13.2－47　初始垂直位移

（2）应力状态。扩挖前水平应力见图 13.2－48。集渣坑底部有 0.73MPa 拉应力，混凝土衬砌中有 0.5MPa 以下拉应力。除集渣坑底部外，洞周其余部分水平应力均为压应力，两边墙水平压应力低于 0.5MPa，洞角有 5.08MPa 压应力。初始垂直应力见图 13.2－49，衬砌大部为 1.0MPa 以下拉应力，洞角 2.51MPa。洞周围岩均为压应力，集渣坑两侧多为 3.0MPa 以下，洞角压应力 7.34MPa。

扩挖前第一主应力见图 13.2－50，集渣坑底部拉应力 1.0MPa，混凝土衬砌中多为 0.5MPa 以下拉应力，洞角混凝土的局部拉应力超过了混凝土抗拉强度，衬砌混凝土拉伸破坏，应力重新分布后，最大拉应力 2.52MPa。第三主应力见图 13.2－51，除集渣坑洞角的混凝土衬砌中有小面积拉应力外，其余混凝土衬砌与洞周围岩均为压应力，洞侧围岩压应力 3.0MPa，洞顶、洞底围岩及混凝土衬砌中压应力 1.0MPa，洞角有压应力集中，值为 7.94MPa。

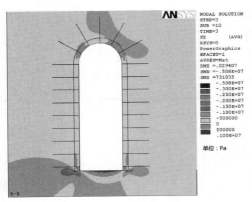

图 13.2-48　初始水平应力

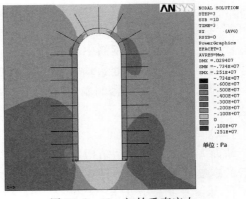

图 13.2-49　初始垂直应力

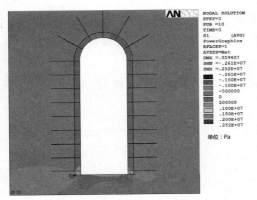

图 13.2-50　初始第一主应力

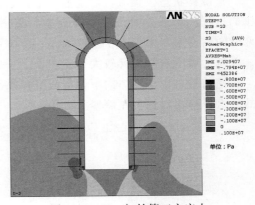

图 13.2-51　初始第三主应力

（3）混凝土状态及锚杆应力。集渣坑扩挖前衬砌中应力大部分未超过混凝土极限强度，只在左侧原洞角混凝土有拉应力集中，该处混凝土局部拉伸破坏，衬砌中应力重新分布，见图 13.2-52。

断面 2 扩挖前锚杆应力分布见图 13.2-53，大部分锚杆承受压应力。集渣坑底部两侧锚杆均承受拉应力，最大值为 0.37MPa。图中柱状图的大小、颜色与锚杆轴向应力的大小相关，而柱状图的方向仅与杆单元的节点排列顺序有关，与应力状态无关。

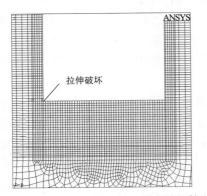

图 13.2-52　扩挖前混凝土衬砌破坏情况

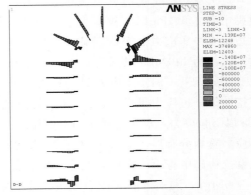

图 13.2-53　扩挖前初始锚杆应力

2. 集渣坑扩挖后状态

（1）位移状态。集渣坑扩挖后，扩挖槽上部两侧边墙均向洞内收缩变形，左侧边墙的位移值为 0.8mm，右侧边墙位移值 0.5mm。扩挖槽底部向两侧扩张变形，左侧 0.6mm，右侧 0.2mm，集渣坑扩挖后的水平位移见图 13.2－54。

扩挖后垂直位移见图 13.2－55。扩挖后集渣坑底上抬 1.0mm，左侧边墙沉降 0.8mm，右侧边墙沉降 0.3mm，集渣坑两侧的垂直位移不对称。

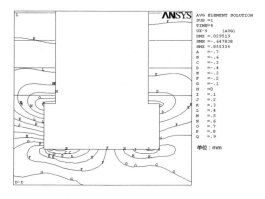

图 13.2－54　扩挖后水平位移

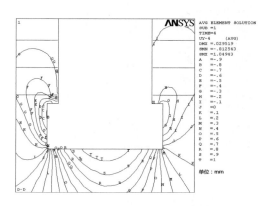

图 13.2－55　扩挖后垂直位移

（2）应力状态。扩挖后水平应力见图 13.2－56。扩挖槽底部岩体及原洞角混凝土衬砌中拉应力增大，最大值为 1.97MPa，衬砌拱肩处仍为 0.5MPa 拉应力。洞周其余部分仍为压应力区，大部分压应力值低于 0.5MPa，洞角压应力 5.22MPa。扩挖后垂直应力见图 13.2－57，扩挖槽周边岩体均为压应力，左侧边墙压应力多为 4.0MPa，右侧略小，洞角有 10.2MPa 的压应力集中。

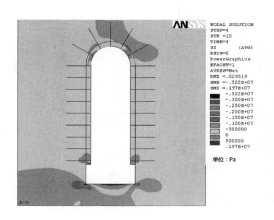

图 13.2－56　扩挖后水平应力

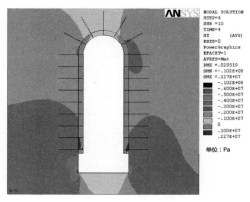

图 13.2－57　扩挖后垂直应力

集渣坑扩挖后的第一主应力见图 13.2－58。扩挖后集渣坑底部有 1.0MPa 拉应力，边墙岩体中有 0.5MPa 拉应力。扩挖槽边墙为压应力。扩挖使原混凝土衬砌底部拉应力增加，超过了衬砌混凝土的抗拉强度，该处混凝土受拉破坏，应力重新分配后，最大拉应力 2.28MPa。扩挖后第三主应力见图 13.2－59，混凝土衬砌与洞周围岩压应力较衬砌前变化不大，扩挖槽边墙压应力多为 4.0MPa 以下，洞角岩体局部压应力 11.1MPa。

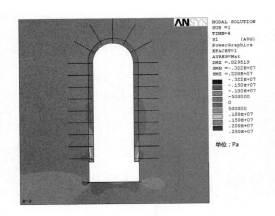

图 13.2－58　扩挖后第一主应力　　　　图 13.2－59　扩挖后第三主应力

（3）混凝土状态及锚杆应力。扩挖后，左、右两侧原混凝土衬砌底部有拉应力集中，超过混凝土抗拉强度，使得该处混凝土局部拉伸破坏，应力重新分布，如图 13.2－60 所示。

集渣坑扩挖后，其底部两侧的锚杆均承受拉应力，左侧锚杆拉应力较大，值为 16.9MPa，见图 13.2－61。图中柱状图的大小、颜色与锚杆轴向应力的大小相关，而柱状图的方向仅与杆单元的节点排列顺序有关，与应力状态无关。

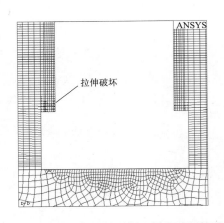
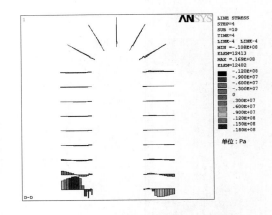

图 13.2－60　扩挖后混凝土衬砌破坏情况　　　图 13.2－61　集渣坑扩挖后锚杆应力

3. 扩挖槽衬砌后状态

（1）位移状态。与扩挖前的初始状态相比，扩挖槽衬砌后，上部两侧边墙均向洞内收缩变形，左侧边墙位移 0.8mm，右侧边墙位移 0.5mm。扩挖槽底部岩体向两侧扩张变形，左侧 0.6mm，右侧 0.2mm。与衬砌前相比，扩挖槽衬砌后的水平位移最大值无明显变化，见图 13.2－62。

扩挖槽衬砌后的垂直位移见图 13.2－63。与扩挖前的初始状态相比，扩挖槽底部上抬 0.9mm，比衬砌前减少了 0.1mm，说明衬砌后扩挖槽底部下沉了 0.1mm。左侧边墙沉降 0.8mm，右侧边墙沉降 0.4mm，集渣坑两侧的垂直位移仍不对称。

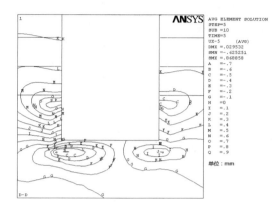

图 13.2－62　扩挖槽衬砌后水平位移

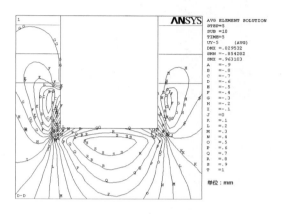

图 13.2－63　扩挖槽衬砌后垂直位移

（2）应力状态。扩挖槽衬砌后水平应力见图 13.2－64。扩挖槽底部岩体及新、旧洞角混凝土衬砌中拉应力较大，最大值为 2.16MPa，衬砌拱肩处仍有 0.5MPa 拉应力。洞周其余部分仍为压应力区，大部分压应力值低于 0.5MPa，洞角压应力 4.54MPa。扩挖槽衬砌后垂直应力见图 13.2－65，扩挖槽周边岩体多为 4.0MPa 以下压应力，洞角有 8.28MPa 的压应力集中。

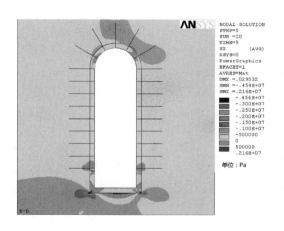

图 13.2－64　扩挖槽衬砌后水平应力

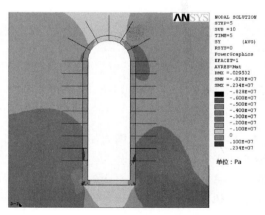

图 13.2－65　扩挖槽衬砌后垂直应力

扩挖槽衬砌后第一主应力见图 13.2－66。扩挖槽底部岩体及洞侧混凝土衬砌中拉应力较大。原左、右两侧洞角混凝土衬砌中拉应力超过混凝土抗拉强度，使得该处混凝土拉伸破坏，应力重新分布后，最大值为 2.37MPa。扩挖槽衬砌后第三主应力见图 13.2－67，扩挖槽周边岩体多为 4.0MPa 以下压应力，洞角有 8.66MPa 的压应力集中。

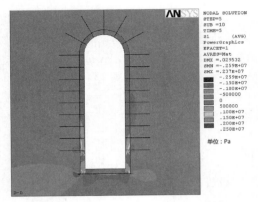

图 13.2 - 66　扩挖槽衬砌后第一主应力

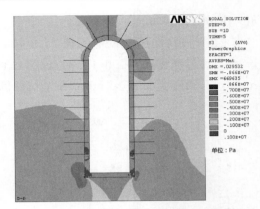

图 13.2 - 67　扩挖槽衬砌后第三主应力

（3）混凝土状态及锚杆应力。扩挖槽衬砌后，左、右两侧原混凝土衬砌底部有拉应力集中，超过混凝土抗拉强度，导致该处混凝土拉伸破坏，应力重新分布见图 13.2 - 68。

断面 2 扩挖槽衬砌后锚杆应力分布见图 13.2 - 69，集渣坑两侧底部锚杆承受拉应力，最大值为 16.8MPa。图中柱状图的大小、颜色与锚杆轴向应力的大小相关，而柱状图的方向仅与杆单元的节点排列顺序有关，与应力状态无关。

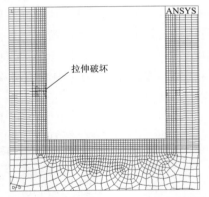

图 13.2 - 68　扩挖槽衬砌后混凝土破坏情况

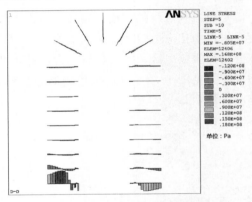

图 13.2 - 69　扩挖槽衬砌后锚杆应力

4. 岩塞爆破期工况

（1）位移状态。在围岩压力、外水压力、爆破振动力和振动水压力的共同作用下，断面 2 水平方向的位移趋势为：集渣坑两侧边墙向洞内变形。由于断面 2 集渣坑边墙较高，水平位移也较大。左、右两侧边墙的水平位移最大值分别为 2.094mm 和 2.449mm，由于顶部山体不对称，右侧边墙的水平位移略大。岩塞爆破期断面 2 的水平位移见图 13.2 - 70，向右为正。由于岩塞位于排沙洞与集渣坑的斜上方，因此爆破振动力影响下，垂直位移呈整体向下的趋势。集渣坑洞顶沉降 3.064mm，见图 13.2 - 71。

（2）围岩应力。在自重、围岩压力、外水压力、爆破振动力和振动水压力的共同作用下，集渣坑两侧边墙及底部围岩为大面积拉应力区，断面 2 边墙较高，围岩应力也比断面 1 更大，最大拉应力 1.75MPa，见图 13.2 - 72。围岩的第三主应力见图 13.2 - 73，集渣坑底板的两侧、扩挖槽边墙与底板压应力较大，最大压应力 12.8MPa，位于集渣坑底板的左侧。

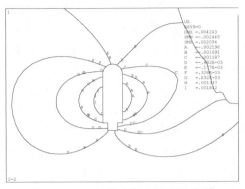

图 13.2-70 岩塞爆破期水平位移

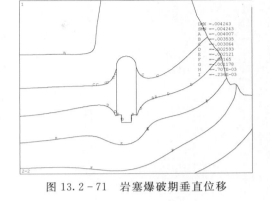

图 13.2-71 岩塞爆破期垂直位移

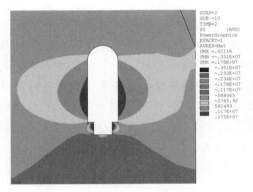

图 13.2-72 岩塞爆破期围岩第一主应力

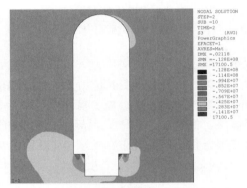

图 13.2-73 岩塞爆破期围岩第三主应力

（3）混凝土衬砌应力状态。岩塞爆破期原集渣坑衬砌混凝土中基本为压应力。集渣坑扩挖槽的混凝土衬砌内出现小面积拉应力区，其中扩挖槽底部有个别单元的拉应力超过 C50 混凝土的抗拉强度，该混凝土单元受拉破坏，应力释放，重新调整后的最大拉应力值为 2.26MPa，位于集渣坑扩挖槽底部与右边墙交汇处，见图 13.2-74。岩塞爆破期断面 2 混凝土衬砌的第三主应力见图 13.2-75，衬砌混凝土中最大压应力 30.5MPa，位于集渣坑扩挖槽底部与左边墙交汇处。

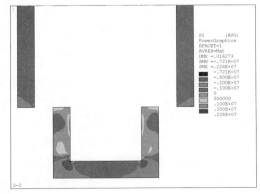

图 13.2-74 混凝土衬砌第一主应力

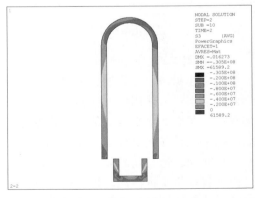

图 13.2-75 混凝土衬砌第三主应力

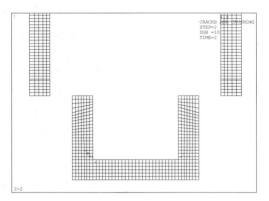

图 13.2-76　岩塞爆破期断面 2 混凝土
衬砌破坏情况

在爆破振动力影响下，集渣坑扩挖槽底部的钢筋混凝土衬砌中有个别单元的应力超过 C50 混凝土的抗拉强度，该混凝土单元受拉破坏，应力发生转移，见图 13.2-76。

（4）钢筋及锚杆应力。岩塞爆破期断面 2 混凝土衬砌中钢筋基本受压，只集渣坑扩挖槽的顶部衬砌混凝土中钢筋受拉，最大拉应力 5.66MPa。集渣坑扩挖槽底部与左边墙交汇处衬砌混凝土中钢筋压应力值 87.3MPa，见图 13.2-77。

在自重、围岩压力、外水压力、爆破振动力和振动水压力的共同作用下，断面 2 锚杆轴向应力分布见图 13.2-78，图中柱状图的大小、颜色与锚杆轴向应力大小相关，柱状图的方向仅与杆单元的节点顺序有关，与应力状态无关。锚杆多承受拉应力，集渣坑两侧边墙的锚杆中拉应力较大。最大拉应力位于集渣坑扩挖槽顶部左侧边墙的锚杆中，值为 32.0MPa。最大压应力位于集渣坑扩挖槽底部左侧边墙，值为 45.8MPa。混凝土衬砌中的锚杆应力较小，围岩中锚杆应力较大，或许是因为与围岩相比，混凝土衬砌承担了更多的应力。

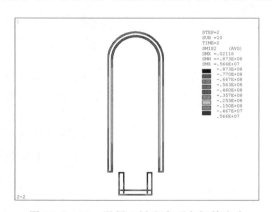

图 13.2-77　混凝土衬砌中环向钢筋应力

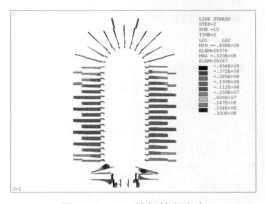

图 13.2-78　锚杆轴向应力

5. 运行期工况

（1）位移状态。运行期，围岩压力、外水压力和内水压力共同作用于混凝土衬砌上。由于内、外水压力作用的方向相反，其作用相互抵消，因此，内、外水压力平衡后结构的位移较小。断面 2 水平方向的位移趋势为，集渣坑两侧的边墙均向洞内变形。左、右两侧边墙的水平位移最大值分别为 0.081mm 和 0.126mm。由于顶部山体不对称，右侧边墙的水平位移略大。运行期断面 2 的水平位移见图 13.2-79，向右为正。

由于岩塞位于排沙洞与集渣坑的斜上方，因此爆破振动力影响下，垂直位移呈整体向下的趋势。集渣坑洞顶垂直位移最大，沉降了 0.6mm，见图 13.2-80。

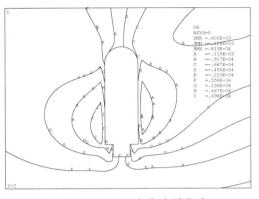

图 13.2-79　运行期水平位移

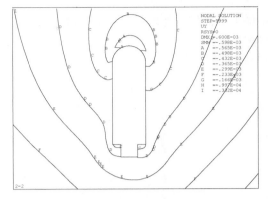

图 13.2-80　运行期垂直位移

（2）围岩应力。在围岩压力、外水压力和内水压力的共同作用下，集渣坑顶拱及两侧边墙围岩为低于 0.1MPa 的拉应力区，集渣坑扩挖槽边墙的拉应力略大，最大值 0.58MPa，见图 13.2-81。围岩的第三主应力见图 13.2-82，集渣坑底板的两侧压应力相对较大，最大压应力值 8.72MPa，位于集渣坑底板的左侧。

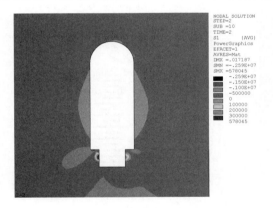

图 13.2-81　运行期围岩第一主应力

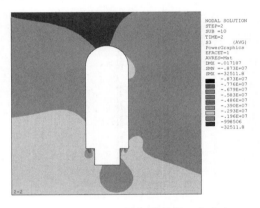

图 13.2-82　运行期围岩第三主应力

（3）混凝土衬砌应力状态。运行期断面 2 原集渣坑衬砌混凝土中均为压应力。集渣坑扩挖槽的混凝土衬砌内出现局部拉应力区，最大拉应力值仅 0.095MPa，位于集渣坑扩挖槽顶部左侧混凝土衬砌中，见图 13.2-83。

运行期断面 2 混凝土衬砌的第三主应力见图 13.2-84，衬砌混凝土中最大压应力 16.1MPa，位于原集渣坑底部左边墙内侧。

（4）钢筋及锚杆应力。运行期断面 2 混凝土衬砌中钢筋均受压，最大压应力 55.1MPa，位于原集渣坑底部左边墙内侧，见图 13.2-85。

在围岩压力、外水压力和内水压力的共同作用下，断面 2 锚杆轴向应力分布见图 13.2-86，图中柱状图的大小、颜色与锚杆轴向应力大小相关，柱状图的方向仅与杆单元的节点顺序有关，与应力状态无关。位于集渣坑顶拱的锚杆多承受压应力，集渣坑两侧边墙的锚杆多承受拉应力。最大拉应力位于集渣坑扩挖槽顶部左侧边墙的锚杆中，值为

10.8MPa。最大压应力位于集渣坑扩挖槽底部左侧的竖向锚杆中，值为 23.5MPa。混凝土衬砌中的锚杆应力较小，围岩中锚杆应力较大，或许是因为与围岩相比，混凝土衬砌承担了更多的应力。

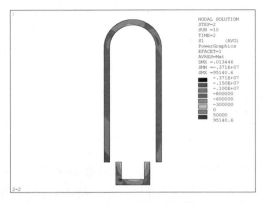

图 13.2-83 运行期混凝土衬砌第一主应力

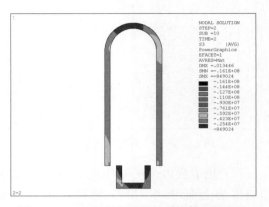

图 13.2-84 运行期混凝土衬砌第三主应力

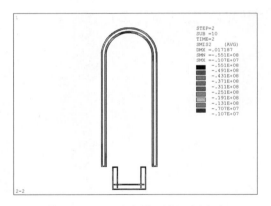

图 13.2-85 运行期混凝土衬砌中
环向钢筋应力

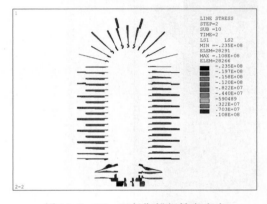

图 13.2-86 运行期锚杆轴向应力

6. 运行期地震工况

（1）位移状态。运行期遭遇地震时，荷载组合为围岩压力、外水压力、内水压力、地震荷载以及地震时的动水压力。假设震源在洞室的左侧方位，则结构整体向右位移。集渣坑右侧拱肩水平位移最大，值为 1.769mm。运行期地震工况断面 2 的水平位移见图 13.2-87，向右为正。当垂直加速度与重力加速度叠加后，垂直位移呈整体向下的趋势。集渣坑顶拱垂直位移 2.866mm，见图 13.2-88，向上为正。

（2）围岩应力。在围岩压力、外水压力、内水压力、地震荷载以及地震时动水压力的共同作用下，集渣坑顶拱、边墙及扩挖槽边墙的围岩存在拉应力区，其中集渣坑挖槽边墙围岩的拉应力相对较大，最大值为 0.5MPa，见图 13.2-89。围岩的第三主应力见图 13.2-90，集渣坑底板的两侧压应力相对较大，最大压应力 10.3MPa。

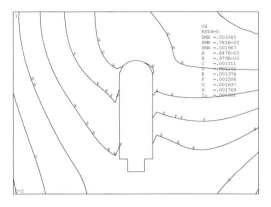

图 13.2-87 运行期地震工况水平位移

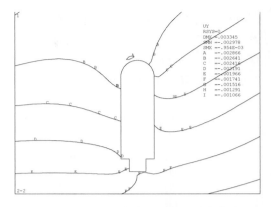

图 13.2-88 运行期地震工况垂直位移

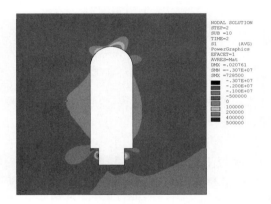

图 13.2-89 围岩第一主应力

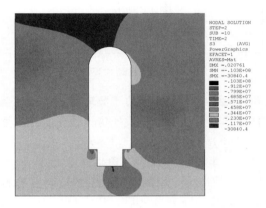

图 13.2-90 围岩第三主应力

（3）混凝土衬砌应力状态。运行期遭遇地震时，断面2集渣坑顶拱的混凝土衬砌中出现小面积拉应力区，最大拉应力0.04MPa，见图13.2-91。混凝土衬砌混凝土中压应力见图13.2-92，最大压应力18.7MPa，位于集渣坑底部的左边墙内侧。混凝土衬砌中的应力均低于C50混凝土强度极限，无开裂与压碎单元，衬砌混凝土状态良好。

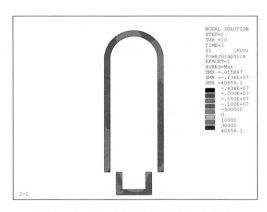

图 13.2-91 混凝土衬砌第一主应力

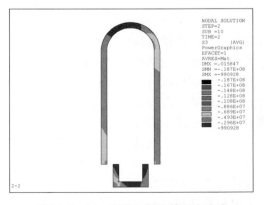

图 13.2-92 混凝土衬砌第三主应力

（4）钢筋及锚杆应力。运行期地震工况断面2混凝土衬砌中钢筋出现拉应力，最大拉应力0.36MPa，位于集渣坑顶拱衬砌的内层钢筋中。最大压应力位于集渣坑底部左侧混凝土衬砌的内层钢筋中，值为64.4MPa，见图13.2-93。

运行期地震工况断面2锚杆轴向应力分布见图13.2-94，集渣坑两侧边墙的锚杆均承

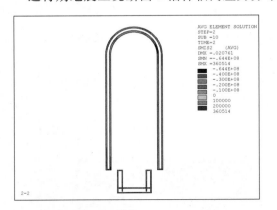

图13.2-93 混凝土衬砌中环向钢筋应力

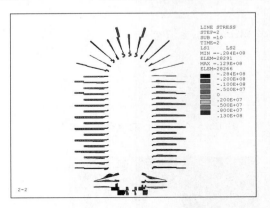

图13.2-94 锚杆轴向应力

受拉应力，最大拉应力位于集渣坑扩挖槽左侧边墙，值为12.9MPa。集渣坑顶拱与底板的锚杆多承受压应力，最大压应力位于扩挖槽底部，值为28.4MPa。

7. 小结

（1）集渣坑扩挖后，边墙最大位移0.8mm，底板上抬1.0mm；集渣坑底部岩体有1.0MPa拉应力，原洞角混凝土中拉应力增加，超过了衬砌混凝土的抗拉强度，混凝土受拉破坏，应力重新分配后，最大拉应力2.28MPa；混凝土衬砌与洞周围岩压应力变化不大，洞侧压应力多为4.0MPa以下，洞角岩体局部压应力11.1MPa；扩挖槽附近左、右两侧混凝土衬砌局部拉伸破坏；集渣坑两侧底部锚杆承受拉应力，最大值为16.8MPa。

（2）扩挖槽衬砌后，上部两侧边墙均向洞内收缩变形，左侧边墙位移0.8mm，右侧边墙位移0.5mm，扩挖槽底部上抬0.9mm，比衬砌前减少了0.1mm；扩挖槽底部岩体及新、旧洞角混凝土衬砌中拉应力较大，最大值为2.16MPa，衬砌拱肩处仍有0.5MPa拉应力。洞周其余部分仍为压应力区，大部分压应力值低于0.5MPa，洞角压应力4.54MPa。扩挖槽周边岩体多为4.0MPa以下压应力，洞角有8.28MPa的压应力集中；左、右两侧原混凝土衬砌底部有拉应力集中，超过混凝土抗拉强度，导致该处混凝土拉伸破坏，应力重新分布；集渣坑两侧底部锚杆承受拉应力，最大值为16.8MPa。

（3）岩塞爆破时，边墙的水平位移最大值为2.449mm，集渣坑洞顶沉降3.064mm；集渣坑两侧边墙及底部围岩为大面积拉应力区，最大拉应力1.75MPa，集渣坑底板的两侧、扩挖槽边墙与底板压应力较大，最大压应力12.8MPa；原集渣坑衬砌混凝土中基本为压应力。集渣坑扩挖槽的混凝土衬砌内出现小面积拉应力区，其中扩挖槽底部有个别单元的拉应力超过C50混凝土的抗拉强度，衬砌混凝土中最大压应力30.5MPa，位于集渣坑扩挖槽底部与左边墙交汇处；混凝土衬砌中钢筋基本受压，只集渣坑扩挖槽的顶部衬砌混凝土中钢筋受拉，最大拉应力5.66MPa。集渣坑扩挖槽底部与左边墙交汇处衬砌混凝土中钢筋压应力值87.3MPa；集渣坑两侧边墙的锚杆中拉应力较大。最大拉应力位于集渣坑扩

挖槽顶部左侧边墙的锚杆中，值为 32.0MPa。最大压应力位于集渣坑扩挖槽底部左侧边墙，值为 45.8MPa。

（4）运行期，边墙水平位移最大值为 0.126mm，集渣坑洞顶垂直位移最大为 0.6mm；集渣坑顶拱及两侧边墙围岩为低于 0.1MPa 的拉应力区，集渣坑扩挖槽边墙的拉应力略大，最大值 0.58MPa，集渣坑底板的两侧压应力相对较大，最大压应力值 8.72MPa；原集渣坑衬砌混凝土中均为压应力，最大压应力 16.1MPa，扩挖槽的混凝土衬砌内出现局部拉应力区，最大拉应力值仅 0.095MPa；混凝土衬砌中钢筋均受压，最大压应力 55.1MPa；集渣坑两侧边墙的锚杆多承受拉应力，最大拉应力为 10.8MPa。最大压应力位于集渣坑扩挖槽底部左侧的竖向锚杆中，值为 23.5MPa。

（5）运行期遭遇地震时，集渣坑右侧拱肩水平位移最大，值为 1.769mm，集渣坑顶拱垂直位移 2.866mm；集渣坑挖槽边墙围岩的拉应力相对较大，最大值为 0.5MPa，集渣坑底板的两侧压应力相对较大，最大压应力 10.3MPa；集渣坑顶拱的混凝土衬砌最大拉应力 0.04MPa，集渣坑底部的左边墙内侧最大压应力 18.7MPa；混凝土衬砌中钢筋出现拉应力，最大拉应力 0.36MPa，位于集渣坑顶拱衬砌的内层钢筋中。最大压应力位于集渣坑底部左侧混凝土衬砌的内层钢筋中，值为 64.4MPa；集渣坑两侧边墙的锚杆均承受拉应力，最大拉应力位于集渣坑扩挖槽左侧边墙，值为 12.9MPa。集渣坑顶拱与底板的锚杆多承受压应力，最大压应力位于扩挖槽底部，值为 28.4MPa。

七、研究结果

（1）集渣坑扩挖，使洞周位移发生变化，但位移变化值较小，考虑了扩挖槽衬砌和爆破振动力的影响后，水平位移最大值 1.0mm，垂直位移最大值 1.4mm；扩挖施工过程中，边墙岩体出现 0.5MPa 拉应力，其余大部分岩体均承受压应力，洞角岩体局部压应力 11.1MPa，未达到岩体的抗拉、抗压极限；混凝土衬砌局部拉应力超过了混凝土的极限抗拉强度，应力重新分布后，混凝土衬砌中的最大拉应力 2.69MPa；集渣坑底部靠近扩挖槽的钢筋出现拉应力。扩挖槽衬砌后，集渣坑底部钢筋拉应力增大，最大拉应力 10.7MPa。从计算结果看，原配筋设计基本合理，无须增加配筋量。

（2）岩塞爆破工况，边墙的水平位移最大值为 2.449mm，排沙洞顶最大垂直位移为 3.596mm，集渣坑洞顶最大垂直位移为 2.997mm。集渣坑两侧边墙及底部围岩为大面积拉应力区，最大拉应力 1.75MPa，集渣坑底板的两侧、扩挖槽边墙与底板压应力较大，最大压应力 12.8MPa；集渣坑扩挖槽的混凝土衬砌内出现小面积拉应力区，其中扩挖槽底部有个别单元的拉应力超过 C50 混凝土的抗拉强度，衬砌混凝土中最大压应力 30.5MPa，位于集渣坑扩挖槽底部与左边墙交汇处；集渣坑扩挖槽的顶部衬砌混凝土中钢筋受拉，最大拉应力 5.66MPa，集渣坑扩挖槽底部与左边墙交汇处衬砌混凝土中钢筋压应力值 87.3MPa；集渣坑两侧边墙的锚杆中拉应力较大。最大拉应力位于集渣坑扩挖槽顶部左侧边墙的锚杆中，值为 32.0MPa。最大压应力位于集渣坑扩挖槽底部左侧边墙，值为 45.8MPa。

（3）运行期，内、外水压力作用相互抵消，结构的位移较小。水平位移最大值为 0.405mm，垂直位移最大为 0.964mm；集渣坑挖槽底部围岩拉应力相对较大，最大值为 0.68MPa，集渣坑底板的两侧压应力相对较大，最大压应力 8.72MPa；混凝土衬砌混凝土中均为压应力，最大压应力 16.9MPa，扩挖槽的混凝土衬砌内出现局部拉应力区，最大拉应力值仅 0.095MPa；混凝土衬砌中钢筋全部受压，最大压应力达 82.6MPa，位于集渣坑底部左侧混凝土衬砌的内层钢筋中；集渣坑两侧边墙的锚杆多承受拉应力，最大拉应力为 10.8MPa。最大压应力位于集渣坑扩挖槽底部左侧的竖向锚杆中，值为 23.5MPa。

（4）运行期地震工况，集渣坑扩挖槽边墙最大水平位移为 1.961mm，排沙洞顶拱垂直位移最大为 3.289mm，集渣坑顶拱垂直位移最大为 3.055mm；集渣坑挖槽底部围岩拉应力相对较大，最大值为 1.7MPa，集渣坑底板的两侧压应力相对较大，最大压应力 10.3MPa；遭遇地震时，衬砌混凝土并未出现更多的开裂与压碎情况，状况良好；混凝土衬砌中钢筋出现拉应力，最大拉应力 5.3MPa，位于排沙洞底部衬砌内层钢筋中。最大压应力 95.6MPa，位于集渣坑底部左侧混凝土衬砌的内层钢筋中；集渣坑两侧边墙的锚杆均承受拉应力，最大拉应力位于集渣坑扩挖槽左侧边墙，值为 12.9MPa。集渣坑顶拱与底板的锚杆多承受压应力，最大压应力位于扩挖槽底部，值为 28.4MPa。

（5）综上所述，集渣坑扩挖、爆破、运行和地震工况下，围岩变形较小，混凝土衬砌局部应力较大，但范围较小，进口段整体较为稳定。

（6）岩塞爆破期间加强现场监测，掌握衬砌与围岩的位移、应力变化规律，为其他类似工程积累经验。

第三节　混凝土重力坝爆破影响分析

水下岩塞爆破在我国水利水电工程建设中得到广泛应用。由于水下岩塞爆破的进水口位置往往布置在已建的水工建筑物附近，为确保建筑物安全，需要考虑爆破地震效应对水工建筑物稳定等方面的影响。

一、研究现状

爆炸冲击波的研究是进行结构抗爆研究的基础。但是，爆炸冲击波的传播是一个复杂的问题，不同的爆炸环境、爆炸介质和爆炸结构中，爆炸冲击波的传播规律也有所不同。因而，爆炸冲击波的传播问题，国内外学者针对不同爆炸环境已经进行了一系列研究。

炸药在密闭的容器或洞室内发生爆炸时，由于容器或洞室内壁的限制，爆炸产生的高温、高压产物无法及时向外扩散，空气冲击波将在壁面间来回多次反射，因而造成壁面所受的超压随时间的变化关系十分复杂。多年来，国内外在这一领域所进行的试验和研究工作，大多集中在有关销毁弹药或危险品生产工序中的抗爆室方面。例如：P. D. Smith 和 G C. Mays 等学者曾经针对按 1∶45 比例制成的各种类型隧道和局部开孔立方体洞室结构的模型进行了内部爆炸试验，获得了这些结构内不同位置点的爆炸超压时程测量数据。Krauthammer 等对爆炸荷载作用下的钢筋混凝土梁、板结构的弯曲破坏模式提出了简化抗力模型，并应用等效单自由度体系进行结构动力响应分析。之后 Krauthammer 等又以 Timoshenk 梁理论为基础，应用差分数值分析进行了爆炸荷载作用下的钢筋混凝土梁的动力响应和破坏分析。Ghabossi 等也应用有限元技术，对 FOAMHEST 试验结果进行数值模拟。Rossc 则求得了脉冲荷载作用下 Timoshenko 梁弹性动力响应的分析解。Miyamoto 等于 1991 年研究了钢筋混凝土板在冲击荷载作用下的弯曲失效和冲压剪切失效，将钢筋混凝土在冲击荷载作用下分三个区域，运用 Ottosen 模型和 Drucker‑Prager 公式，并引入动态因子进行设计。考虑了加载速率对失效模型和最终力学性能的影响，且认为在冲击荷载作用下，时间函数是问题的关键。其中混凝土部分只考虑强化区域，并被看作是正交各向异性材料。Nemkumar Banrhia.，Sidney Mindess 和 J F Trottier 于 1993 年研究了钢筋混凝土在单向冲击拉伸载荷作用下的试验技术，指出钢筋混凝土在各种载荷作用下都是应变敏感的。

随着有限元数值方法和计算机应用水平的不断提高，人们日趋采用计算机数值模拟的办法来处理复杂和难于求解的工程问题。在抗爆设计中，结构变形进入到塑性状态，本构方程中将出现几何和材料的非线性特征，很难求其解析解。而采用非线性有限元方法求其数值解却比较方便，对于非线性问题，目前国际上已经开发出了多套非线性有限元计算软件，可以用于求解大变形、大转动、大应变等非线性问题。实验测试和有限元分析结合正在成为确定结构弹塑性极限承载力的一种重要途径。化学爆炸荷载属于一种随时间变动的动态特性荷载，材料在动态荷载与准静态荷载作用下将表现出完全不相同的变形特征。类似地，结构在不同的荷载作用下也将表现出不同的破坏形式。因此，只有了解结构对该种荷载的响应情况后才能比较准确地了解结构的抗爆能力。

由于爆破问题的复杂性，以静力理论为基础的单一参数作为爆破安全判据的评价分析方法，已远不能满足安全评价的要求，其主要问题是脱离了结构的固有动力特性和爆破地震波的频率特性。根据天然地震结构动力作用安全评价的思想，应以结构动力学理论为基础，依据爆破地震自身的特点，才能使爆破地震效应安全评价更加科学合理。

二、研究方法

(一) 反应谱方法

20 世纪 40 年代美国学者提出了结构抗震计算的反应谱理论。该法是利用单自由度体系的加速度设计反应谱和振型分解的原理，求解各阶振型对应的等效地震作用，然后按照一定的组合原则对各阶振型的地震作用效应进行组合，从而得到多自由度体系的地震作用效应。常用的振型组合方法有各阶振型反应的绝对值之和的方法，各阶振型反应的线性组合法，各阶振型反应完全二次型组合法，以及各阶振型反应的平方和开方法等。反应谱法既考虑了地震时地面的运动特性，也考虑了结构自身的动力特性，并且考虑了多个地震地面运动的激发的影响，所以该方法在当前工程结构抗震设计中应用最为广泛。

对应于重力坝在地震作用下，系统的运动方程就可以写为

$$[M+M_a]\{\ddot{y}\}+[C]\{\dot{y}\}+[K]\{y\}=-[M+M_a]\{R\}\{\ddot{y}_g\} \qquad (13.3-1)$$

式中：$[M]$、$[C]$、$[K]$ 分别为质量阵、阻尼阵和刚度阵；$[M_a]$ 为库水附加质量矩阵；$\{R\}$ 为影响系数向量。其中，阻尼矩阵可以近似地取为

$$[C]=\alpha[M+M_a]+\beta[K] \qquad (13.3-2)$$

如果，$\{y\}=[X]\{q\}$；$\{\dot{y}\}=[X]\{\dot{q}\}$；$\{\ddot{y}\}=[X]\{\ddot{q}\}$，则有

$$[M+M_a][X]\{\ddot{q}\}+[C][X]\{\dot{q}\}+[K][X]\{q\}=-[M+M_a]\{R\}\{\ddot{y}_g\}$$

$$(13.3-3)$$

对于式 (13.3-3)，两边左乘 $[X]^{\mathrm{T}}$，并利用规一化振型的正交性，可以得到如下的

m 个微分方程

$$\ddot{q}_j(t) + 2\xi_j\omega_j\dot{q}_j(t) + \omega_j^2 q_j(t) = -\eta_j \ddot{y}_g(t) \quad (j=1,2,\cdots,m) \qquad (13.3-4)$$

式中：$\eta_j = \{X_j\}^{\mathrm{T}}[M + M_a]\{R\}$。

利用反应谱法对重力坝进行动力分析，首先要求出系统的振型和频率，然后求出式 (13.3 - 4) 的 $(q_j)_{max}$

$$q_j(t) = \frac{\eta_j}{\omega_{dj}} \int_0^1 \ddot{y}_g(\tau) e^{-\xi_j\omega_j(t-\tau)} \sin\omega_{dj}(t-\tau)\,d\tau \qquad (13.3-5)$$

其中，混凝土重力坝，阻尼比一般可在 $5\% \sim 10\%$ 范围内选取。对于一给定的地震，加速度是确定的，另外，因为阻尼比取值不大，在解方程时可以忽略阻尼项的影响。可以利用式（13.3 - 5）求出对应于不同 ω_j 和 ξ_j 的 S_v 值

$$S_v = \left\{ \int_0^1 \ddot{y}_g(\tau) e^{-\xi_j\omega_j(t-\tau)} \sin\omega_j(t-\tau)\,d\tau \right\}_{max} \qquad (13.3-6)$$

这样就可以根据上式绘制出 $\omega - \xi - S_v$ 的关系曲线，即所谓的速度反应谱或者拟速度谱。令 $S_a = \omega S_v$，这样就可以绘制出加速度谱了，即 $\omega - \xi - S_a$ 关系曲线。我国《水工建筑物抗震设计规范》（DL 5073—2000）给出了所建议的设计反应谱见图 13.3 - 1，图中的纵坐标，$\beta = S_a / kg$，式中 k 为反应地震烈度大小的系数，从规范中可以查到其值。根据不同的 T_j 值，就可以从图中查出相应的 β_j，根据 $S_a^j = kg\beta_j$。求得 S_a^j 值之后，则有

$$(q_j)_{max} = \eta_j S_a^j / \omega_j^2 \qquad (13.3-7)$$

系统的最大振型位移反应为

$$\{y_j\}_{max} = \{X_j\}(q_j)_{max} \qquad (13.3-8)$$

式中：$\{X_j\}$ 为系统的第 j 阶振型。

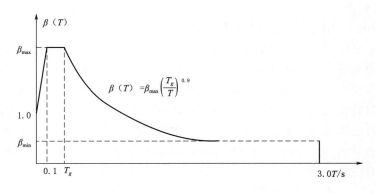

图 13.3 - 1　水工建筑物设计反应谱曲线

由于不同阶振型的最大反应不是同时发生的，不能通过简单的代数相加求得总的最大反应。而应当将各阶振型确定最大值按概率组合，组合振型最大值的方法工程上常用的一种就是"平方和开方"方法（SRSS 方法），按此法进行组合时，系统总的最大位移反应为

$$\{\nu\}_{max} = \left[(\{\nu_1\}_{max})^2 + \cdots + (\{\nu_m\}_{max})^2\right]^{1/2} \qquad (13.3-9)$$

对于单元应力计算，不能直接用最大位移求最大应力，而是用单元的各阶振型最大位移先求出相应的各阶振型最大应力，然后再进行组合，从而求得单元的地震最大应力。

一般抗震设计所用的反应谱曲线，就是 β 与 T 和 ξ 的关系曲线，它是根据许多强震记录统计得来的。可见，只要已知了结构的各阶自振周期和振型，就可以利用反应谱曲线进行地震性力的计算。一般少数几阶低阶振型就能满足工程上的需要。在天然地震作用下，三个基本振型即可满足需要，对于爆破地震常需五至八个。

　　混凝土重力坝的阻尼比 ξ，一般约为 $0.05\sim0.10$，各阶自振周期和振型，可通过求解广义特征值问题或用试验方法求得。但是，爆破地震的反应谱曲线与一般天然地震反应谱曲线有明显差别。爆破地震反应谱曲线上 β 的最大值与天然地震的相差不多，然而最大 β 值所对应的周期，要比天然地震小得多，且随着周期的增大，β 值急骤降低。因此，不能用天然地震的反应谱曲线来计算结构物在爆破地震作用下的反应。但是目前还没有供爆破地震计算用的通用反应谱曲线，因此，应该在爆破以前，选择相似的爆心距和相似的地形地质条件，进行一些小药量模拟试验，做出反应谱曲线，供爆破设计应用，这样能更符合实际情况。丰满岩塞爆破结果证明，模拟试验得到的反应谱曲线与正式爆破得到的反应谱曲线基本一致。图 13.3－2 是三个坝坝基的加速度反应谱曲线。图中新丰江 5

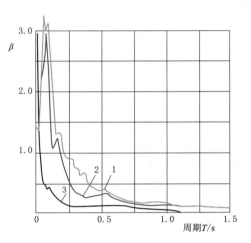

图 13.3－2　坝基加速度反应谱

号坝段坝基距震中 1.18km，震源深 3.2km，震级为 2.6；丹江口 26 号坝底廊道距爆心 5km，爆心埋于岩石内 10m，其上覆有 20m 水深，总药量 4t，最大一响药量 1979kg；丰满 8 号坝段坝基，岩塞爆破，总药量 4t。

　　坝前有水时，坝上游面在地震时还受到附加动水压力作用。坝前水的存在，也影响到坝的自振特性。然而，一般岩塞爆破，多在上游水位较低的季节进行，上游水对坝的自振特性的影响不大，可以近似按空库计算。动水压力，也可近似采用韦斯脱盖得公式计算。

　　反应谱方法的基本假定，是把地基视为一刚性平面，在结构基础范围内地基各部分作同一运动，不考虑地面运动的相位差。对于天然地震，其周期长，在坝基不十分长的情况下，可以近似成立。但岩塞爆破地震频率高，周期短，在地震过程中，坝基各点运动并不同步，尤其坝基长度大时，更是如此。因而，这种方法是十分近似的。

　　对于高坝、大库、大药量岩塞爆破，以及上游水位高的岩塞爆破工程，最好考虑地面运动相位差，用有限元法做较详尽的计算分析为宜。

（二）有限单元法

　　水坝在水下岩塞爆破产生的地震波的作用下的动力分析，同天然地震是一样的，只是作用荷载有所差别，因此，可以用天然地震的理论，分析坝的爆破地震反应。

　　1. 运动方程

　　水坝（或称结构）经有限元离散化以后，在运动状态中，各结点的动力平衡方程如下：

$$\{F_i\} + \{F_d\} + \{F_s\} = \{P(t)\} \tag{13.3-10}$$

式中：左边各项依次为惯性力，阻尼力和弹性力，均为向量，右端为外加动荷载向量。弹性力向量可用结点位移 $\{\delta\}$ 和刚度矩阵 $[K]$ 表示为

$$\{F_s\} = [K]\{\delta\} \tag{13.3-11}$$

式中：刚度矩阵的元素 K_{ij} 为结点 j 的单位位移在结点 i 引起的弹性力。根据达朗贝尔原理，可利用质量矩阵 $[M]$ 和结点加速度 $\dfrac{\partial^2}{\partial t^2}\{\delta\}$ 表示惯性力为

$$\{F_i\} = [M]\frac{\partial^2}{\partial t^2}\{\delta\} \tag{13.3-12}$$

式中：质量矩阵的元素 m_{ij} 为结点 j 的单位加速度在结点 i 引起的惯性力。设结构具有黏滞阻尼，可用阻尼矩阵 $[C]$ 和结点速度 $\dfrac{\partial}{\partial t}\{\delta\}$ 表示阻尼力为

$$\{F_d\} = [C]\frac{\partial}{\partial t}\{\delta\} \tag{13.3-13}$$

式中：阻尼矩阵的元素 C_{ij} 为结点 j 的单位速度在结点 i 引起的阻尼力。将式 (13.3-11)、式 (13.3-12) 和式 (13.3-13) 代入式 (13.3-10) 中，就得到运动方程如下：

$$[M]\frac{\partial^2}{\partial t^2}\{\delta\} + [C]\frac{\partial}{\partial t}\{\delta\} + [K]\{\delta\} = \{P(t)\} \tag{13.3-14}$$

记 $\{\ddot{\delta}\} = \dfrac{\partial^2}{\partial t^2}\{\delta\}$，$\{\dot{\delta}\} = \dfrac{\partial}{\partial t}\{\delta\}$，则运动方程可改写为

$$[M]\{\ddot{\delta}\} + [C]\{\dot{\delta}\} + [K]\{\delta\} = \{P(t)\} \tag{13.3-15}$$

在天然地震或者爆破地震时，设地面（坝基处）加速度为 $\ddot{s}_g(t)$，结构相对于地面的加速度为 $\ddot{\delta}$，结构各结点的实际加速度（或称绝对加速度）等于 $\ddot{\delta} + \ddot{s}_g$，在计算惯性力时，应按实际加速度考虑。而弹性力和阻尼力只取决于结构的弹性应变和应变速率，即只和相对变位或速度有关。这样，运动方程在没有其他动力荷载的情况下，可写成为

$$[M]\{\ddot{\delta}\} + [C]\{\dot{\delta}\} + [K]\{\delta\} = -[M]\{\ddot{s}_g(t)\} \tag{13.3-16}$$

一般地面加速度的观测有三个方向，即顺河向、竖向、坝轴线方向，若相应加速度时程曲线分别为 $\ddot{s}_{gh}(t)$、$\ddot{s}_{gv}(t)$、$\ddot{s}_{gw}(t)$ 时，则方程式右端项可以写成

$$\{P(t)\} = -[M]\left(\ddot{s}_{gh}(t)\{e_h\} + \ddot{s}_{gv}(t)\{e_v\} + \ddot{s}_{gw}(t)\{e_w\}\right) \tag{13.3-17}$$

式中：$\{e_h\}$、$\{e_v\}$、$\{e_w\}$ 分别为三个方向的单位列向量。即

$$\{e_h\} = [1,\ 0,\ 0,\ 1,\ 0,\ 0,\ \cdots]^T$$

$$\{e_v\} = [0,\ 1,\ 0,\ 0,\ 1,\ 0,\ \cdots]^T$$

$$\{e_w\} = [0,\ 0,\ 1,\ 0,\ 0,\ 1,\ \cdots]^T$$

将式 (13.3-17) 代入式 (13.3-16) 中，即可得到空库情况下地震或爆破地震作用下的基本方程。

若为满库，则需要考虑水体与坝体的相互作用，如采取水体为不可压缩的假定，此时式 (13.3-15) 的形式不变，只是在质量矩阵 $[M]$ 添加了一项附加质量矩阵 $[M_\rho]$，由

于 $[M_\rho]$ 体现了动水压力对固体运动的影响，因为要和加速度成正比，相当于附加质量，故可称为附加质量矩阵。这样满库时的基本运动方程为

$$[M+M_p]\{\ddot{\delta}\}+[C]\{\dot{\delta}\}+[K]\{\delta\}=-[M+M_p](\ddot{s}_{gh}(t)\{e_h\}$$
$$+\ddot{s}_{gv}(t)\{e_v\}+\ddot{s}_{gw}(t)\{e_w\}) \qquad (13.3-18)$$

式（13.3-18）是线性的微分方程，满足选加原理。地震或爆破地震时，实测地面的加速度的三个分量是不相同的，因此，一般是对三个加速度分量分别计算，然而叠加。

2. **运动方程的求解**

运动方程（13.3-15）的形式为

$$\{P(t)\}=-[M](\ddot{s}_{gh}(t)\{e_h\}) \qquad (13.3-19)$$

式中：$\{e_h\}=[1,0,1,0,\cdots]^T$。用振型叠加法求解运动方程时，首先应用坐标变换，将 $\{\delta\}$ 按广义坐标展开，以主振型函数为广义坐标基底即

$$\{\delta(i,t)\}=[\phi(i)]\{q(t)\} \qquad (13.3-20)$$

式中：$\{q(t)\}$ 为广义坐标向量，代表各振型在动力反应中的幅度的大小；$[\phi(i)]=[\phi_1,\phi_2,\cdots,\phi_p]^T$ 为振型函数，其元素为第 i 结点第 j 振型的位移。将式（13.3-20）代入式（13.3-15）并利用特征向量德正交性，假定阻尼矩阵 $[C]$ 符合正交条件，经过适当变换，化为一系列不耦合的常微分方程为

$$M_j^*\ddot{q}_j(t)+2\xi_j\omega_jM_j^*\dot{q}_j(t)+K_j^*q_i(t)=P_j^*(t) \qquad (13.3-21)$$

式中：ξ_j 为第 j 振型的等效黏滞阻尼比。第 j 振型的广义质量为

$$M_j^*=\{\phi_j\}^T[M]\{\phi_j\}$$
$$K_j^*=\{\phi_j\}^T[K]\{\phi_j\}=\omega_j^2\{\phi_j\}^T[M]\{\phi_j\}=\omega_j^2M_j^*$$
$$P_j^*=\{\phi_j\}^T\{P(t)\}=-\{\phi_j\}^T[M]\{e_h\}\ddot{s}_{gh}(t)$$

若采用团聚质量方法，$[M]$ 是对角阵，于是

$$P_j^*=-\ddot{s}_{gh}(t)\{\phi_j\}^T[E_h]$$

式中：$[E_h]=[m_1,0,m_2,0,\cdots,m_n,0]^T$；而 $m_1,m_2,\cdots,$ 为结点质量。

若令

$$\eta_{jx}=\frac{\{\phi_j\}^T[M]\{e_h\}}{\{\phi_j\}^T[M]\{\phi_j\}} \qquad (13.3-22)$$

则式（13.3-21）可以写成

$$\ddot{q}_j(t)+2\xi_j\omega_j\dot{q}_j(t)+\omega_j^2q_j(t)=-\eta_{jx}\ddot{s}_{gh}(t) \qquad (13.3-23)$$

式中：η_{jx} 为顺河向的振型参与系数。式（13.3-23）是以广义坐标 $qj(t)$ 表示的互相独立的地震反应方程式。

振型函数和自振频率可由特征方程解出。

$$[K]\{\phi_j(i)\}=\omega_j^2[M]\{\phi_j(i)\} \qquad (13.3-24)$$

式中：ω_j 为第 j 振型的自振圆频率，它是反应结构的固有属性。这样，经坐标变换以后，式（13.3-15）的求解就变成求解广义特征值问题和求解相当于单质点体系振动的地震反映问题。

关于地震反应方程式（13.3-23）的求解，考虑初始条件后利用杜哈姆积分进行，对于第 j 振型其解可写为

$$q_j(t) = e^{-\xi_j\omega_j\Delta t}\left[q_0\cos\omega_a\Delta t + \frac{\dot{q}_0 + \xi_j\omega_j q_0}{\omega_a}\sin\omega_a\Delta t\right]$$

$$-\frac{\eta_{jx}}{\omega_a}\int_0^t \ddot{s}_{gh}(\tau)e^{-\xi_j\omega_j(t-\tau)}\sin\omega_a(t-\tau)\mathrm{d}\tau \qquad (13.3-25)$$

式中：ξ_j 为阻尼；ω_j 为第 j 振型自振圆频率；ω_a 为阻尼振动圆频率 $\omega_a = \sqrt{1-z_j^2}\omega_j$；$q_0$ 为起始位移；$\dot{q}_0$ 为起始速度。

数值计算中将地震波形分段线性内插，即假定在 Δt 内 $\ddot{s}_{gh}(t)$ 线性变化，同时注意到 Δt 内施力函数由阶梯函数和斜坡函数的共同作用，经积分后化简整理写成矩阵形式为

$$\begin{Bmatrix} q^{i+1} \\ \dot{q}^{i+1} \end{Bmatrix} = [A]\begin{Bmatrix} q^i \\ \dot{q}^i \end{Bmatrix} + [B]\begin{Bmatrix} a^i \\ a^{i+1} \end{Bmatrix} \qquad (13.3-26)$$

式中：上标 i 为第 i 瞬时值，$i+1$ 为第 $i+1$ 瞬时值，$[A]$、$[B]$ 为 2×2 阶矩阵，其元素为

$$a_{11} = e^{-\xi_j\omega_j\Delta t}\left(\frac{\xi_j}{\sqrt{1-\xi_j^2}}\sin\omega_a\Delta t + \cos\omega_a\Delta t\right)$$

$$a_{12} = \frac{e^{-\xi_j\omega_j\Delta t}}{\omega_a}\sin\omega_a\Delta t$$

$$a_{21} = -\frac{\omega_j}{\sqrt{1-\xi_j^2}}e^{-\xi_j\omega_j\Delta t}\sin\omega_a\Delta t$$

$$a_{22} = e^{-\xi_j\omega_j\Delta t}\left(\cos\omega_a\Delta t - \frac{\xi_j}{\sqrt{1-\xi_j^2}}\sin\omega_a\Delta t\right)$$

$$b_{11} = e^{-\xi_j\omega_j\Delta t}\left[\left(\frac{2\xi_j^2-1}{\omega_j^2\Delta t}+\frac{\xi_j}{\omega_j}\right)\frac{\sin\omega_a\Delta t}{\omega_a} + \left(\frac{2\xi_j}{\omega_j^3\Delta t}+\frac{1}{\omega_j^2}\right)\cos\omega_a\Delta t\right] - \frac{2\xi_j}{\omega_j^3\Delta t}$$

$$b_{12} = -e^{-\xi_j\omega_j\Delta t}\left[\left(\frac{2\xi_j^2-1}{\omega_j^2\Delta t}\right)\frac{\sin\omega_a\Delta t}{\omega_a} + \frac{2\xi_j}{\omega_j^3\Delta t}\cos\omega_a\Delta t\right] - \frac{1}{\omega_j^2} + \frac{2\xi_j}{\omega_j^3\Delta t}$$

$$b_{21} = e^{-\xi_j\omega_j\Delta t}\left[\left(\frac{2\xi_j^2-1}{\omega_j^2\Delta t}+\frac{\xi_j}{\omega_j}\right)\times\left(\cos\omega_a\Delta t - \frac{\xi_j}{\sqrt{1-\xi_j^2}}\sin\omega_a\Delta t\right)\right.$$

$$\left.-\left(\frac{2\xi_j}{\omega_j^3\Delta t}+\frac{1}{\omega_j^2}\right)(\omega_a\sin\omega_a\Delta t + \xi_j\omega_j\cos\omega_a\Delta t)\right] + \frac{1}{\omega_j^2\Delta t}$$

$$b_{22} = -e^{-\xi_j\omega_j\Delta t}\left[\frac{2\xi_j^2-1}{\omega_j^2\Delta t}\left(\cos\omega_a\Delta t - \frac{\xi_j}{\sqrt{1-\xi_j^2}}\sin\omega_a\Delta t\right)\right.$$

$$\left.-\frac{2\xi_j}{\omega_j^3\Delta t}(\omega_a\sin\omega_a\Delta t + \xi_j\omega_j\cos\omega_a\Delta t)\right] - \frac{1}{\omega_j^2\Delta t}$$

$$(13.3-27)$$

当 Δt 取值确定后（$\Delta t = t_{i+1} - t_i$），$[A]$、$[B]$ 均为已知值，求得 q 及 $\dot{q}$ 后，代入式

(13.3-23) 即可求得广义变位，速度和加速度随时间的变化。代入到式 (13.3-20) 后即可求得结点实际位移（弹性位移），从而整个问题得解。此法称为振型组合法。

3. 广义特征值问题得求解

用此法求解重力坝的动力方程 (13.3-15) 时，首先要求得坝体的自振频率和相应的振型位移函数，这就要求解坝体无阻尼自由振动方程

$$[K]\{\phi_j\} \quad (j=1,2,\cdots) \tag{13.3-28}$$

式中：ω_j^2 和 $\{\phi_j\}$ 分别为坝体第 j 振型圆频率的平方和位移振型函数（或称为特征向量）。式 (13.3-24) 通常称为特征方程，求解此方程的问题称为广义特征值问题。对于重力坝动力反应影响最大的，主要是少数几个低阶振型，一般在天然地震作用下，可取 2~3 个振型，对于爆破地震则应取得多一些，比如 5~8 个振型。

求解广义特征值问题的方法很多，但一般情况下，并不需要求解全部特征值，仅少数若干个低阶振型已能满足工程实际的需要。刚度矩阵 $[K]$ 的形成同静力问题，它具有高阶、稀疏、对称、正定等特点，故多采用迭代法求解。直接滤频法，子空间迭代法等都是实用的方法。

(1) 直接滤频法。在求解少数几阶特征值问题时，直接滤频法是一种简明实用的迭代解法。

将式 (13.3-24) 改写为

$$\{\lambda\phi\} = [K]^{-1}[M]\{\phi\} \tag{13.3-29}$$

式中的 $\lambda = \dfrac{1}{\omega^2}$ 先选择一初始向量 $\{\phi\}$。代入上式进行迭代则 $\{\lambda\phi\}_1 = [K]^{-1}[M]\{\phi\}$。

一般第 K 步迭代格式为

$$\{\lambda\phi\}_k = [K]^{-1}[M]\{\phi\}_{k-1} \quad (k=1,2,\cdots) \tag{13.3-30}$$

在迭代之前，$[K]$ 先做三角分解，即 $[K] = [L][U]$，$[L]$ 为下三角，$[U]$ 为上三角，这样式 (13.3-30) 的求解就是一次向前代入和一次向后回代的过程。迭代过程中每次进行规格化，当 k 达到足够次数时，$\{\phi\}_k \sim \{\phi\}_{k-1}$，规格化因子等于 λ，$\{\phi\}_k$ 为所求特征向量。

在求解其他各阶特征值和特征向量时，要对式 (13.3-24) 进行修改，以便利用正交条件从式 (13.3-24) 中清除第一振型的影响，使迭代向第二振型收敛。求出第二振型后，必须再次利用振型正交条件，从式 (13.3-24) 中清除第一和第二振型影响，即将已求出的前几阶特征相应的特征向量影响滤去，进行迭代，才能向第三振型收敛。

一般说来，如已求出第 γ 个特征值（$\lambda_1 > \lambda_2 > \cdots > \lambda_\gamma$）及相应特征向量（$\{\phi_1\}$，$\{\phi_2\}$，$\cdots$，$\{\phi_\gamma\}$），利用振型正交条件，从式 (13.3-24) 中清除前 γ 个振型的影响后得到

$$\{\lambda\phi\} = \left([K]^{-1}[M] - \sum_{i=1}^{r}\frac{\lambda_i\{\phi_i\}\{\phi_i\}^{\mathrm{T}}[M]}{\{\phi_i\}^{\mathrm{T}}[M]\{\phi_i\}}\right) \times \{\phi\} \tag{13.3-31}$$

可以证明，式 (13.3-31) 的前 γ 个特征向量与式 (13.3-24) 求出的前 γ 个特征向量相同，而其特征向量为 0，从第 $\gamma+1$ 个起，二者有相同的特征向量和特征值。

式 (13.3-31) 可改写为

$$\{\lambda\phi\} = [K]^{-1}[M]\{\phi\} - \sum_{i=1}^{r}(\beta_i)_i\{\phi_i\} \tag{13.3-32}$$

式中：$\beta_i = \alpha_i \{\phi_i\}^{\mathrm{T}} [M] \{\phi\}$，称为滤频系数，$\alpha_i = \dfrac{\lambda_i}{\{\phi_i\}^{\mathrm{T}} [M] \{\phi_i\}} i \leqslant r$。

一般迭代格式为

$$\{\lambda \phi_{r+1}\}_k = [K]^{-1} [M] \{\phi_{r+1}\}_{k-1} - \sum_{i=1}^{r} (\beta_i)_{k-1} \{\phi_i\} \tag{13.3 - 33}$$

式中：k 为迭代次数。计算中应事先求出与前 r 个振型有关的常数 a_i，然后在第 k 步迭代时计算各振型的滤频系数 $(\beta_i)_{k-1}$，迭代至满足误差要求为止。

这个方法对求解少数几个频率分布不很密集的低阶振型，简单有效。可以依次求得若干低阶振型，收敛速度主要取决于初始向量的选择。所需存储量较少，收敛也较快。

（2）子空间迭代法。特征方程式（13.3-31），也可以用子空间迭代法求解。将式（13.3-24）改写为

$$[K] [\phi] = [M] [\phi] [\Omega^2] \tag{13.3 - 34}$$

式中：$[\Omega^2]$ 为对角阵，其元素 ω_i^2 为特征值。$[\phi] = [\{\phi_1\}, \{\phi_2\}, \cdots, \{\phi_n\}]$，$\{\phi_i\}$ 为相应特征向量。式（13.3-34）的 n 个特征值对应的特征向量，构成 n 维空间。通常把其中 p 个模最小的特征值，对应的特征向量构成的 p 维子空间称为最小优势子空间 E_∞。子空间迭代法的基本概念，就是选一组 p 个线性无关的初始向量 $[X]_0 = [\{X_1\}, \{X_2\}, \cdots, \{X_p\}]$ 构成起始子空间 E_0，按式（13.3-35）进行并行迭代，使迭代向量 $[X]_k$ 构成的 E_k 从空间上收敛到 E_∞。由于建立一个接近于 E_∞ 的起始子空间比寻求 p 个接近于所求相应特征向量的起始向量，要容易得多，因此，对于大型 $[K]$、$[M]$ 矩阵，求解少量几个低阶最小特征值问题，非常有效。为了提高收敛速度，可用稍大于 p 的 q 个向量进行迭代。

$$[K] [X]_1 = [M] [X]_0$$
$$\cdots \cdots$$
$$[K] [X]_k = [M] [X]_{k-1} \tag{13.3 - 35}$$

在迭代之前需将 $[k]$ 进行三角分解。一般的迭代格式可写为

$$[K] [\overline{X}]_k = [M] [X]_{k-1} \tag{13.3 - 36}$$

式中的 $[\overline{X}]_k$ 为所求的向量未做正交处理，因而在迭代过程中继续以 $[\overline{X}]_k$ 做迭代向量，将使迭代向量越来越趋向于平行，从而使诸迭代向量最终只收敛于一个最小特征值对应的特征向量，并非收敛于 E_∞。为了避免这种情况，增加计算稳定性，需在 E_k 中求 $[K]$，$[M]$ 的投影算子。

$$[K]_k = [\overline{X}]_k^{\mathrm{T}} [K] [\overline{X}]_k$$
$$[M]_k = [\overline{X}]_k^{\mathrm{T}} [M] [\overline{X}]_k \tag{13.3 - 37}$$

然后求解 $[K]_k$，$[M]_k$ 所构成的 q 阶广义特征值问题

$$[K]_k [Q]_k = [M]_k [Q]_k [\Omega^2]_k \tag{13.3 - 38}$$

从而得到新的迭代向量

$$[X]_k = [\overline{X}]_k [Q]_k \tag{13.3 - 39}$$

式（13.3-38）所给出的 $[\Omega^2]_k$，是符合瑞利商最小原理的特征值得上界近似值，解式（13.3-38）所求的特征向量 $[Q]_k$ 迭代序列代入式（13.3-39）后，得到 $[X]_k$，将 $[\overline{X}]_k$ 中的向量以最优的组合接近于 E_∞，故以较快速度收敛于 $[\Omega^2]$；$[X]_k$ 收敛于

$[\phi]=[\{\phi_1\},\{\phi_2\},\cdots,[\phi_p]]$。

低阶广义特征值问题式（13.3-38）的求解，可采用广义雅可比法，也就是通过一系列旋转变换，使 $[K]_k$，$[M]_k$ 同时转换成为对角阵 $[K_D]$，$[M_D]$。广义雅可比迭代的一般格式可写为

$$[K_{s+1}]=[p_s]^T[K_s][p_s]$$
$$[M_{s+1}]=[p_s]^T[M_s][p_s] \quad (s=1,2,\cdots,r) \tag{13.3-40}$$

并令 $S=1$ 时 $[K_1]=[K]_k$，$[M_1]=[M]_k$ 进行迭代。

式中：$[P_s]$ 为广义旋转矩阵

$$[P_s]=\begin{bmatrix} 1 & & & i & & j & & \\ & \ddots & & \vdots & & \vdots & & \\ & & 1 & & & \alpha & & \\ & & \vdots & & \ddots & \vdots & & \\ & & r & & & 1 & & \\ & & \vdots & & & \vdots & \ddots & \\ & & & & & & & 1 \end{bmatrix} \begin{matrix} \\ \\ i \\ \\ j \\ \\ \\ \end{matrix} \tag{13.3-41}$$

每次旋转都是有条件地选择 α、γ 值，可逐步使非对角线上的元素转化为零，将 $[K]_k$、$[M]_k$ 转化为对角阵 $[K_D]$ 和 $[M_D]$ 即

$$[P]^T[K]_k[P]=[K_D]$$
$$[P]^T[M]_k[P]=[M_D] \tag{13.3-42}$$

由此可得

$$[K]_k[P]=[M]_k[P][M_D]^{-1}[K_D] \tag{13.3-43}$$

可见式（13.3-38）的特征值和特征向量为

$$[\Omega^2]_k=[M_D]^{-1}[K_D]$$
$$[Q]_k=[P]=[P_1][P]_2,\cdots,[P_r] \tag{13.3-44}$$

式中：γ 为达到收敛需要旋转的次数。

4. 满库计算

满库时水坝的运动方程由前述知为

$$[M+M_\rho]\{\ddot{\delta}\}+[C]\{\dot{\delta}\}+[K]\{\delta\}=\{P(t)\}$$

式中：$[M_\rho]$ 为由于动水压力影响产生的附加质量。放满库计算时，运动方程和特征方程中的 $[M]$ 都要相应的代之以 $[M+M_\rho]$ 阵，其中：

$$[M_\rho]=-[A][E] \tag{13.3-45}$$

式中：矩阵 $[A]$ 为动水压荷载在结点间的分配系数，根据坝迎水面的几何形状和网格划分子以确定；$[E]$ 为动水压影响系数矩阵，可按有限点法进行计算。

有限点法就是选择一个满足水流运动微分方程的函数序列，让它满足那些容易满足的边界条件，使函数序列的形式比较简单。对于那些不容易满足边界条件，如坝面，则让它

在连续边界的有限个点上满足。

在图 13.3-3 中，当坝面做微幅运动时，对于无源无旋流体的平面势流，水质点运动的速度势 $\phi(x, y, t)$ 应当满足

$$\nabla^2 \phi(x, y, t) = -\rho \frac{\partial \rho}{\partial t} \quad (13.3-46)$$

式中：ρ 为水的密度。

假定水是不可压缩的，则有拉普拉斯方程即

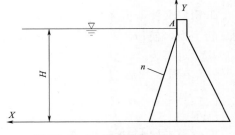

图 13.3-3 满库计算简图（一）

$$\frac{\partial^2 \phi}{\partial x^2} + \frac{\partial^2 \phi}{\partial y^2} = 0 \quad (13.3-47)$$

及近似边界条件

$$\left.\begin{array}{r}\phi\big|_{y=H} = 0 \\[4pt] \dfrac{\partial \phi}{\partial y}\Big|_{y=0} = 0 \\[4pt] \phi\big|_{x \to \infty} = 0 \end{array}\right\} \quad (13.3-48)$$

$$\frac{\partial \phi}{\partial x}\cos(\widehat{n, x}) + \frac{\partial \phi}{\partial y}\cos(\widehat{n, y})\Big|_{y=f(x)} = V_n(x, y, t)\big|_{y=f(x)}$$

坝前水深为 H，V_n 为坝面的法向速度，可以取函数序列

$$\phi(x, y, t) = \sum_{n=1}^{\infty} A_n(t) e^{-\frac{(2n-1)\pi x}{2H}} \cos \frac{(2n-1)\pi y}{2H} \quad (13.3-49)$$

满足方程式（13.3-47）和除坝面以外的边界条件，为了近似满足坝面的运动条件，可以在坝面上选择 i 个点，式中 n 的数目与 i 一致。则由 i 个点的速度连续条件，可以得到 i 个代数方程。

$$\sum_{n=1}^{i} -\frac{(2n-1)\pi}{2H} A_n(t) e^{-\frac{(2n-1)\pi x_j}{2H}} \left[\cos(\widehat{n_j, x})\cos \frac{(2n-1)\pi y_j}{2H}\right.$$
$$\left. + \cos(\widehat{n_j, y})\sin \frac{(2n-1)\pi y_j}{2H}\right] = (V_j)_x (j=1,2,\cdots,i) \quad (13.3-50)$$

x_j，y_j，$n_j (V_j)_x$ 各为 j 点的坐标，法线及 j 点的坝面法向速度。解方程组（13.3-50）可求得 A_1，A_2，$\cdots$，A_6。由 $\phi(x, y, t)$ 即可求得动水压强 $P(x, y, t)$。

$$P = -\rho \frac{\partial \phi}{\partial t} \quad (13.3-51)$$

假定上游坝面直立，可以不必解联立方程组，动水压影响系数可以按有限点法直接得出表达式。由图 13.3-4 知，当坝面结点 K 产生单位加速度，则由此所引起的任意结点（水深以 y 表示）上作用的动水压为

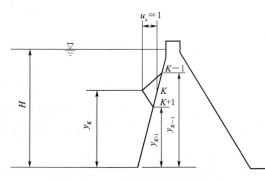

图 13.3-4 满库计算简图（二）

$$P(y,t) = -\rho \sum_{j=1}^{\infty} \dot{A}_j(t) \cos \frac{(2j-1)\pi y}{2H} \qquad (13.3-52)$$

式中 $\dot{A}_j(t)$ 可以从式（13.3-50）两边求导并利用 $\cos \dfrac{(2n-1)\pi y}{2H}$ 在（0，H）区间的正交性，直接求得 $\dot{A}(t)$ 值为

$$\dot{A}(t) = -\frac{4}{(2j-1)} \Big[\int_{y_{K+1}}^{y_K} \left(\frac{y-y_{K+1}}{y_K - y_{K+1}} \right) \cos \frac{(2j-1)\pi y}{2H} \mathrm{d}y$$

$$+ \int_{y_K}^{y_{K-1}} \left(\frac{y_{K-1}-y}{y_{K-1}-y_K} \right) \cos \frac{(2j-1)\pi y}{2H} \mathrm{d}y \Big] \qquad (13.3-53)$$

积分后将得的 A 代入式（13.3-52）就可求得坝面结点 K 产生单位加速度时，由此所引起的任意结点上作用的动水压为

$$P(y) = \rho \sum_{j=1}^{\infty} \frac{16H^2}{(2j-1)^3 \pi^3} \Big[\frac{y_{K-1}-y_{K+1}}{(y_{K-1}-y_K)(y_K-y_{K+1})}$$

$$\times \cos \frac{(2j-1)\pi y_K}{2H} - \frac{1}{y_{K-1}-y_K} \cos \frac{(2j-1)\pi y_{K-1}}{2H}$$

$$- \frac{1}{y_K - y_{K+1}} \cos \frac{(2j-1)\pi y_{K+1}}{2H} \Big] \cos \frac{(2j-1)\pi y}{2H} \qquad (13.3-54)$$

若坝面倾斜，可利用最小二乘法求解 A，再由式（13.3-51）就可求得动水压影响系数矩阵 $[E]$。

5. 爆破产生的坝基加速度

爆破产生的坝基加速度，在爆破以前无法直接测接的。根据现场爆破试验的实测成果表明，坝基加速度 α 和坝基至爆心的距离 R 之间，存在下述经验关系：

$$\alpha = K \left(\frac{Q^{1/3}}{R} \right)^a \qquad (13.3-55)$$

式中：α 为坝基加速度，g；Q 为爆破药量，kg；R 为坝基至爆破中心距离，m；K、α 为常数。

基于这种经验关系，近似认为爆破时坝基加速度随时间的变化规律与试验时的规律相同，仅其加速度幅值随药量 Q 和距离 R 的不同而线性增减即

$$\ddot{S}(t) = \zeta \ddot{S}(t)_{试} \qquad (13.3-56)$$

$$\zeta = \frac{a_2}{a_1} = \left(\frac{Q_2^{1/3} R_1}{Q_1^{1/3} R_2} \right)^a \qquad (13.3-57)$$

式中：$\ddot{S}(t)$ 为正式爆破时坝基加速度，g；$\ddot{S}(t)_{试}$ 为试验爆破时坝基加速度，g；Q_1 为试验爆破时的爆破药量，kg；R_1 为实验爆破时坝基距爆心距离，m；Q_2 为正式爆破时的爆破药量，kg；R_2 为正式爆破时坝基距爆破中心距离，m。

这样，就可以根据实测试验时的坝基加速度 $\ddot{S}(t)$ 利用式（13.3-56）和式（13.3-57）推算出正式爆破的加速度序列，称 ζ 为放大倍数。经过这样计算得到的加速度 $\ddot{S}(t)$，代入有限元基本运动方程就可以进行计算。

根据丰满爆破试验和正式爆破实测结果看，试验爆破实测的地震加速度频率约为 50Hz，正式爆破实测的频率约为 52.6Hz，二者比较接近，但是地震加速度随时间变化的规律并非完全一致见图 13.3-5 和图 13.3-6。

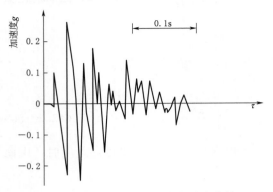

图 13.3-5　正式爆破实测加速度曲线　　　　图 13.3-6　试验爆破放大的实测加速度曲线

　　从图中看出，加速度峰值出现的规律大致相同，而且加速度的幅值也很接近。因此，认为在药量 Q 和距离 R 相差不太悬殊的小波动情况下，用较小药量推求较大药量坝基加速度曲线进行动力分析，虽然有一定的误差，但在工程应用上还是可行的。

　　6. 基本假设和计算结果

　　计算中考虑了坝水耦合的影响，并且认为是不可压缩的，这种假定据有关资料介绍，对计算结果影响不大。坝体视为上游面有水的悬臂结构，刚接于坝基，这种假定即认为在结构基础各处同时作用同样的运动，这是在地震干扰的处理中常采用的一个假设。若结构尺寸小于基岩中的振动波长（横波）时，该假设还是可以接受的，否则应考虑相位的影响。计算中的第三个假设即认为属于小变形，满足迭加原理，可以按振型又叠加法进行动力分析，否则应按逐步积分法进行动力分析。

　　对于爆破地震而言，由于高频影响，可以在按振型又叠加法计算时，多取几个振型，丰满计算中取八个振型，振型位移见图 13.3-7。

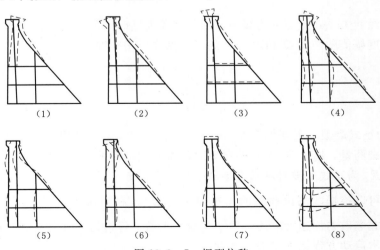

图 13.3-7　振型位移

各阶自振频率见表 13.3－1。

表 13.3－1　　　　　　　　　　不同计算情况各阶振型自振频率　　　　　　　　单位：Hz

频率／振型 计算情况	1	2	3	4	5	6	7	8
空库（设计）	5.77	12.53	15.17	21.64	31.75	33.14	40.42	43.61
满库（设计）▽246.00	5.57	11.53	15.15	20.56	31.50	32.53	35.77	40.28
满库（爆破）▽243.90	5.60	11.54	15.17	20.49	31.51	32.64	35.20	40.36

由表可见，由于水的附加质量，坝体自振频率略有降低，满库自振频率比空库自振频率低，水的附加质量越大，则自振频率降低越明显，并且还看出库水对坝体自振频率的影响并不十分显著。因此，以空库振型代替满库振型，对计算结果影响不大，由于满库频率小于空库频率，所以其计算结果是偏于安全的。同时，从整理中发现，第三振型是竖向振型，对水平向反应影响不大，但对竖向变位有显著影响，八个振型当中，前四个振型起主要作用，其他五至八振型影响偏小。

其次，坝体任意 K 点位移、速度、加速度可按以下公式整理计算。坝体任意 K 点位移

$$u_{ki} = \sum_{j=1}^{p} \phi_{//kj} q_{//j}(i) + \sum_{j=1}^{p} \phi_{//kj} q_{\perp j}(i) \left.\right\}$$
$$V_{ki} = \sum_{j=1}^{p} \phi_{\perp kj} q_{//j}(i) + \sum_{j=1}^{p} \phi_{\perp kj} q_{\perp j}(i) \left.\right\}$$
$$(13.3-58)$$

任意 K 点速度

$$\dot{u}_{ki} = \sum_{j=1}^{p} \phi_{//kj} \dot{q}_{//j}(i) + \sum_{j=1}^{p} \phi_{//kj} \dot{q}_{\perp j}(i) \left.\right\}$$
$$\dot{V}_{ki} = \sum_{j=1}^{p} \phi_{\perp kj} \dot{q}_{//j}(i) + \sum_{j=1}^{p} \phi_{\perp kj} \dot{q}_{\perp j}(i) \left.\right\}$$
$$(13.3-59)$$

任意 K 点的相对加速度

$$\ddot{u}_{ki} = \sum_{j=1}^{p} \phi_{//kj} \ddot{q}_{//j}(i) + \sum_{j=1}^{p} \phi_{//kj} \ddot{q}_{\perp j}(i) \left.\right\}$$
$$\dot{V}_{ki} = \sum_{j=1}^{p} \phi_{\perp kj} \ddot{q}_{//j}(i) + \sum_{j=1}^{p} \phi_{\perp kj} \ddot{q}_{\perp j}(i) \left.\right\}$$
$$(13.3-60)$$

坝体内任意 K 单元的应力为

$$\sigma_{xki} = \sum_{j=1}^{p} \sigma_{xkj} q_{//j}(i) + \sum_{j=1}^{p} \sigma_{xkj} q_{\perp j}(i) \left.\right\}$$
$$\sigma_{yki} = \sum_{j=1}^{p} \sigma_{ykj} q_{//j}(i) + \sum_{j=1}^{p} \sigma_{ykj} q_{\perp j}(i) \left.\right\}$$
$$\tau_{xyki} = \sum_{j=1}^{p} \tau_{xykj} q_{//j}(i) + \sum_{j=1}^{p} \tau_{xykj} q_{\perp j}(i) \left.\right\}$$
$$(13.3-61)$$

有了上述正应力和切应力后，坝体内任意 K 点的主应力可按弹性力学方法计算，主应力叠加时就能按矢量迭加。式中下标 k、j、i、P 的含义分别为节点号（或单元号）、振型、时刻、振型终值。// 为顺河方向（或水平）；$\perp$ 为竖向（或垂直向）。据此计算的坝顶第三节点位移满库设计时为 0.61mm，正式爆破时计算的位移为 0.46mm，用引张纸法观测的实际位移为 0.4～1.0mm，二者比较接近。用正式爆破实测加速度计算出位移随时间的变化曲线见图 13.3－8。

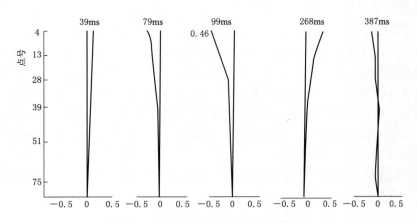

图 13.3－8　下游面位移（单位：mm）

一般应力最大值均发生在上下游面坝高的 2/3 至 3/4 的范围内。观测推测值与正式爆破时按实测加速度计算的主应力分布规律基本一致，按同一弹性模量 $E=25.5$GPa 考虑，计算的最大主拉应力为 0.141MPa，观测推测的最大主拉应力为 0.416MPa。

比较二者主应力值，看出计算值尚偏小，这是因为加速度曲线观测点的布置，太偏于下游的缘故。将动应力与静力叠加就得到坝体总的应力值，一般地说，动应力比静应力小，经应力叠加以后，坝体不产生拉应力。

丰满爆破前在旧裂缝处贴石膏，坝体内部都用钻孔电视观测爆前爆后裂缝变化，经检查爆破后石膏未发生裂缝，大坝是安全的。

7. 其他

坝体地震反应分析，总是在一些假定下进行的，以往均假设坝体为线弹性体，即应力应变关系成直线变化。这种假设对混凝土坝是比较适宜的，对当地材料坝如土坝，比较古老的地震反应分析也是把土视为线性弹性体，即计算过程中认为土的模量是不变的。但是，由于土力学和计算机的发展，上述假设对土坝而言就觉得有些粗糙。据有关资料介绍，其计算结果的出入也较大。实际上，土坝并不是线弹性体，土的应力应变关系具有明显的非线性特性。

1967 年克拉夫和伍特沃德首先将有限元法用于土坝非线性分析，随后邓肯等人提出了非线性的应力应变模型，在土坝分析中得到了广泛的应用。

非线性弹性模型与线性模型的区别在于前者的弹性模量是随应力变化的，而后者是不变的。弹性模量 E 一般根据三轴压缩试验所得到的应力应变曲线以函数形式表达。

土坝非线性求解的大体过程是刚度矩阵可按常刚度考虑，用迭代法求解。即先假定一

初始模量 E_0，形成刚度矩阵，求出初始应力 σ_0，然后修正弹性模量 E_0，根据修正后的模量 E_1，再形成新的刚度矩阵，并求出新的应力 σ_1，……直至二次迭代结果满足允许误差要求为止，这样求得的应力即为所求。

由上述看出，考虑土的非线性以后，计算上是相当复杂，但精度有所提高。

值得注意的是在土坝地震分析中，由于土坝坝底较宽，而爆破地震的波长相对较小，因此在分析中，应当考虑相位的影响。

（三）爆炸荷载作用下结构的动态响应分析方法

瞬态动力学的基本方程是

$$[M]\{\ddot{y}\}+[C]\{\dot{y}\}+[K]\{y\}=\{F(t)\} \tag{13.3-62}$$

式中：$[M]$ 为质量矩阵；$\{\ddot{y}\}$ 为节点加速度向量；$[C]$ 为阻尼矩阵；$\{\dot{y}\}$ 为节点速度向量；$[K]$ 为刚度矩阵；$\{y\}$ 为节点位移向量；$\{F(T)\}$ 为载荷向量。

现采用威尔逊-θ 法进行分析，它实质上也是一种线性加速度方法，它是假定加速度在时间间隔 $t\sim t+\theta\Delta t$ 内呈现线性变化。这一方法的优点是当 $\theta\geqslant 1.37$ 时，计算是无条件稳定的，即总可得到收敛的结果。当然，时间步长取得大对精度是不利的。因此，时间步长也不宜取得过大，在实际计算中常取 $\theta=1.4$。由于假定加速度在 $t\sim t+\theta\Delta t$ 内呈线性变化，故在时刻 $t+\tau$ 的加速度可按下式计算：

$$\ddot{y}_{t+\tau}=\ddot{y}_t+\frac{\tau}{\theta\Delta t}(\ddot{y}_{t+\theta\Delta t}-\ddot{y}_t)(0\leqslant\tau\leqslant\theta\Delta t) \tag{13.3-63}$$

对式（13.3-63）积分可得

$$\left.\begin{array}{l}\dot{y}_{t+\tau}=\dot{y}_t+\tau\ddot{y}_t+\dfrac{\tau^2}{2\theta\Delta t}(\ddot{y}_{t+\theta\Delta t}-\ddot{y}_t)\\[2mm]y_{t+\tau}=y_t+\dot{y}_t\tau+\dfrac{\tau^2}{2}\ddot{y}_t+\dfrac{\tau^3}{6\theta\Delta t}(\ddot{y}_{t+\theta\Delta t}-\ddot{y}_t)\end{array}\right\}$$

取 $\tau=\theta\Delta t$，则上两式变为

$$\left.\begin{array}{l}\dot{y}_{t+\theta\Delta t}=\dot{y}_t+\dfrac{\theta\Delta t}{2}(\ddot{y}_{t+\theta\Delta t}-\ddot{y}_t)\\[2mm]y_{t+\theta\Delta t}=y_t+\theta\Delta t\dot{y}_t+\dfrac{(\theta\Delta t)^2}{6}(\ddot{y}_{t+\theta\Delta t}+2\ddot{y}_t)\end{array}\right\} \tag{13.3-64}$$

联立求解联立方程式（13.3-64），可得在 τ 时刻的加速度和速度表达式

$$\left.\begin{array}{l}\ddot{y}_{t+\theta\Delta t}=\dfrac{6}{(\theta\Delta t)^2}(y_{t+\theta\Delta t}-y_t)-\dfrac{6}{\theta\Delta t}\dot{y}_t-2\ddot{y}_t\\[2mm]\dot{y}_{t+\theta\Delta t}=\dfrac{3}{\theta\Delta t}(y_{t+\theta\Delta t}-y_t)-2\dot{y}_t-\dfrac{\theta\Delta t}{2}\ddot{y}_t\end{array}\right\} \tag{13.3-65}$$

这样，若知道了时刻的位移、速度、加速度和时刻的位移，即可求得 τ 时刻的速度、加速度。将式（13.3-65）代进 τ 时刻的动力方程

$$m\ddot{y}_{t+\theta\Delta t}+ky_{t+\theta\Delta t}=R_{t+\theta\Delta t} \tag{13.3-66}$$

式中取

$$R_{t+\theta\Delta t}=R_t+\theta(R_{t+\theta\Delta t}-R_t)$$

在多自由体系中，质量、刚度均位矩阵，位移、动力等均为向量，但形势很相似，如

式（13.3－66）变为

$$[M]\{\ddot{y}\}_{t+\theta\Delta t}+[K]\{y\}_{t+\theta\Delta t}=\{R\}_{t+\theta\Delta t} \tag{13.3－67}$$

将式（13.3－65）化为矩阵形式代入式（13.3－67），并用 $\tau=\theta\Delta t$ 代替以简化下标表达，并用 $\Delta y_{\tau}=(\Delta y_{t+\theta\Delta t}-y_t)$ 表示，可得简单形式：

$$[M]\left(\frac{6}{\tau^2}\{\Delta y_{\tau}\}-\frac{6}{\tau}\{\dot{y}_t\}-2\ddot{y}_t\right)+[K_t]\{\Delta y_{\tau}\}=\{P_{\tau}\}$$

化为简洁形式

$$[K_{\tau}]\{y_{\tau}\}=\{P_{\tau}\} \tag{13.3－68}$$

式中：K 为等效刚度矩阵，$[K_{\tau}]=[K_{\tau}]+\dfrac{6}{\tau^2}[M]$；$P_{\tau}$ 为等效载荷，$\{P\}=\{P_{\tau}\}+[M]\left(\dfrac{6}{\tau}\{\dot{y}_t\}+2\{\ddot{y}_t\}\right)$。

由式（13.3－68）可解出 $\{y_t\}$，进而可求得 $\{\ddot{y}_t\}$，$\{\dot{y}_t\}$ 等。具体计算步骤如下。

1. 初始计算

（1）形成刚度矩阵 $[K]$ 和质量矩阵 $[M]$。

（2）确定初始值 $\{y_0\}$，$\{\dot{y}_0\}$，取 $\{R_0\}$，有动力方程求得 $\{\ddot{y}_0\}$。

（3）取 $\theta=1.4$，计算多次取用的系数。

$$a_0=\frac{6}{(\theta\Delta t)^2}a_1=\frac{3}{\theta\Delta t}a_2=2a_1$$

$$a_3=\frac{\theta\Delta t}{2}a_4=\frac{a_0}{\theta}a_5=-\frac{a_2}{\theta}$$

$$a_6=1-\frac{3}{\theta}a_7=\frac{\Delta t}{2}a_8=\frac{(\Delta t)^2}{6}$$

（4）计算等效刚度。

$$K=[K]-a_0[M]$$

2. 对每一时间步长计算

（1）计算 $t+\theta\Delta t$ 时刻的等效载荷。

$$R_{t+\theta\Delta t}=\{R\}_{t+\theta\Delta t}+[M](a_0\{y\}_t+a_2\{\dot{y}\}_t+2\{\ddot{y}\}_t)$$

（2）解方程，计算 $t\sim t+\theta\Delta t$ 时刻的位移。

$$\{y\}_{t-\theta\Delta t}=[M]^{-1}\{R\}_{t+\theta\Delta t}$$

（3）计算 $t\sim t+\theta\Delta t$ 时刻的位移、速度和加速度。

$$\{\ddot{y}\}_{t+\theta\Delta t}=a_4(\{y\}_{t+\Delta t}-\{y\}_t+a_5\{\dot{y}\}_t+a_6\{\ddot{y}\}_t)$$

$$\{\dot{y}\}_{t+\Delta t}=\{\dot{y}\}_t+a_7\{\ddot{y}\}_{t+\Delta t}+\{\ddot{y}\}_t$$

$$\{y\}_{t+\theta\Delta t}=\{y\}_t+\Delta t\{\dot{y}\}_t+a_8(\{\ddot{y}\}_{t+\Delta t}+2\{\ddot{y}\}_t)$$

三、某水电站大坝及其建筑物爆破振动影响分析

某水电站共安装四台机组，装机容量 200MW。枢纽建筑物主要有：溢流坝、左右岸

挡水坝、河床式电站厂房、66kV 和 220kV 开关站等。大坝为混凝土重力坝，坝长 438.00m，最大坝高 46.00m，坝顶高程 298.00m。水库正常蓄水位 290.00m，设计洪水位 290.80m，校核洪水位 293.90m，保坝洪水位 297.10m，最大库容 2.29 亿 m³。大坝包括溢流坝段和挡水坝段。溢流坝布置在右岸主河床部位，长 128.00m，共八孔，每孔净宽 12.00m，堰顶高程为 280.00m，堰型为 WES 实用堰；溢流坝采用消力戽消能形式，消力戽为折线型戽，挑角 30°，挑坎高程 260.20m，消力戽长 13.87m。下游混凝土纵向围堰将消力戽分为左右两个消能区。左侧宽 44.00m，右侧宽 76.00m。下游混凝土纵向围堰为水电站施工时的二期下游纵向围堰，位于 15 号坝段的下游，纵向围堰中心线桩号为 0＋279.75，长 111.00m，混凝土纵向围堰结构形式为重力式结构，顶宽 0.50m，上下游坡比均为 1：0.3，围堰顶高程 270.50m，底高程 259.00m，围堰高 11.50m。

（一）基本资料

大坝混凝土力学参数见表 13.3－2，基础岩石的力学参数见表 13.3－3。

表 13.3－2 混凝土大坝的力学参数

弹性模量/GPa	泊松比	密度/(kg/m³)
28.0	0.20	2400.0

表 13.3－3 基础岩石的力学参数

弹性模量/GPa	泊松比	密度/(kg/m³)
30.0	0.25	2700.0

（二）爆破荷载的特性

在爆炸冲击荷载的作用下，随着爆腔的膨胀，爆炸气体的压力会随着降低，其状态方程近似为等熵方程

$$PV^\gamma = C \qquad (13.3-69)$$

式中：C 为常数；P 为爆炸气体压力；V 为爆炸气体的体积；γ 为等熵指数。作为近似计算气体压力随时间的变化可以表达成如下形式

$$P(t) = P_{max} \times \exp(-\alpha t) \qquad (13.3-70)$$

$$P(t) = \begin{cases} P_{max} \times [1-t/\tau] & (0<t<\tau) \\ 0 & (t>\tau) \end{cases} \qquad (13.3-71)$$

式中：P_{max} 为爆炸压力的峰值，它与主要品种、装药量和炮孔直径有关；τ 为炮孔内爆炸荷载的作用时间。简化的炮孔爆炸气体压力—时间曲线见图 13.3－9。

（三）大坝的自振频率特性

大坝自振频率计算的方法：①建立大坝及其岩石基础的有限元模型。②根据已有的资料确定大坝混凝土及其岩石基础的材料参数。③确定自振频率计算的上下限范围和振型阶数。④有限元数值计算大坝的自振频率。⑤有限元软件后处理得到大坝的自振频率。⑥有限元软件后处理得到大坝前 10 阶振型。⑦分析大坝的振动特性。经过计算大坝的自振频率和周期见表 13.3－4。

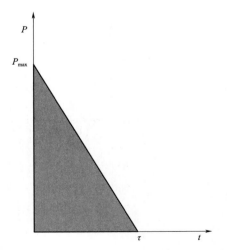

图 13.3－9 简化的炮孔爆炸气体压力—时间曲线

表 13.3－4　　　　　　　　　　　　　大坝的自振频率和周期

模态阶数	频率/Hz	周期/s	模态阶数	频率/Hz	周期/s
1	5.0567	0.197757	6	10.2600	0.097466
2	6.8678	0.145607	7	10.6310	0.094065
3	6.9637	0.143602	8	11.6250	0.086022
4	7.1215	0.140420	9	12.8820	0.077628
5	8.9831	0.111320	10	13.6720	0.073142

（四）爆破震动的现场监测

爆破震动的现场监测典型响应曲线见图 13.3－10～图 13.3－15。爆破试验实测的观测点最大振动测值见表 13.3－5、表 13.3－6。

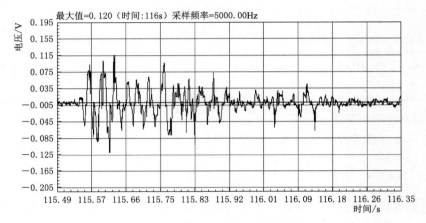

图 13.3－10　爆破震动响应曲线（距坝轴线 92m，
坝顶垂直，药量 16kg，最大振动速度 0.42cm/s）

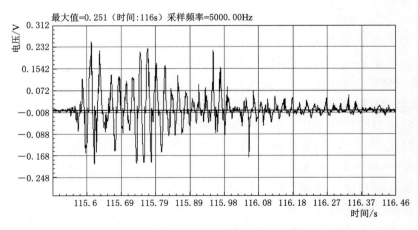

图 13.3－11　爆破震动响应曲线（距坝轴线 92m，
吊车梁垂直，药量 16kg，最大振动速度 0.85cm/s）

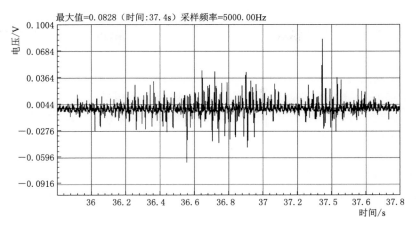

图 13.3-12 爆破震动响应曲线（距坝轴线 152.44m，
坝顶垂直，药量 19kg，最大振动速度 0.29cm/s）

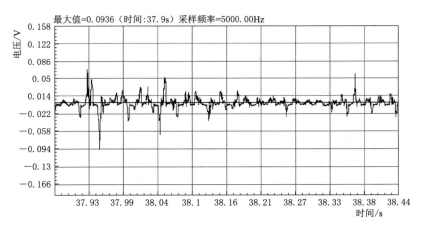

图 13.3-13 爆破震动响应曲线（距坝轴线 135.37m，
坝顶垂直，药量 14kg，最大振动速度 0.32cm/s）

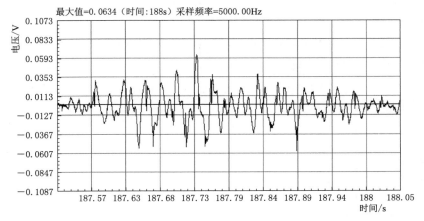

图 13.3-14 爆破震动响应曲线（距坝轴线 123m，
坝顶平行，药量 18kg，最大振动速度 0.20cm/s）

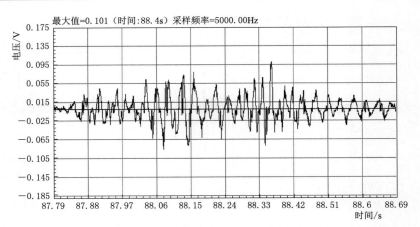

图 13.3-15 爆破震动响应曲线（距坝轴线 85.56m，
坝顶垂直，药量 26kg，最大振动速度 0.35cm/s）

表 13.3-5 　　　　　　爆破试验实测的观测点最大振动测值（一）　　　　单位：cm/s

最大单段药量/kg	19	14	20	14	26	16	18
距坝轴线/m	152.44	135.37	105.50	103.25	86.56	92.00	123.00
日期 测点	11-2	11-3	11-4	11-5午	11-5晚	11-6	11-7午
吊车梁⊥	0.41	0.8	1.39	0.85	1.62	0.85	0.30
1号机保护屏⊥	0.12	0.15	0.12	0.10	0.13	0.08	0.07
1号机保护屏//	<0.08	0.16	0.11	0.13	<0.12	0.10	0.07
中控室⊥	0.13	0.13	<0.14	0.13	0.11	0.22	0.17
开关站⊥	<0.13	<0.16	0.17	<0.17	0.10	0.18	0.09
坝顶⊥	0.29	0.32	0.28	0.41	0.35	0.42	0.30
坝顶//	0.16	0.04	0.42	0.33	0.48	0.31	0.20
中墩⊥	0.22	0.30	0.38	0.37	0.33	0.31	0.29
坝基⊥	<0.13	0.06	0.14	0.15	0.14	0.23	0.07
坝基//	<0.13	0.12	0.21	0.23	0.26	0.23	0.08

表 13.3-6 　　　　　　爆破试验实测的观测点最大振动测值（二）　　　　单位：cm/s

最大单段药量/kg	15	27	27	机组 启动	29
距坝轴线/m	101.00	113.00	104.00		98.00
日期 测点	11-7晚	11-8午	11-8晚	11-3晚	11-9晚
吊车梁⊥	2.10	1.67	1.36	0.77	2.77
1号机保护屏⊥	0.30	0.17	0.15	0.13	0.17
1号机保护屏//	0.16	0.18	0.15	0.18	0.30
中控室⊥	0.18	0.22	0.21	0.21	0.32
开关站⊥	0.22	<0.16	0.18	<0.20	0.17
坝顶⊥	1.01	0.79	0.75	<0.14	1.30

续表

最大单段药量/kg	15	27	27	机组 启动	29
距坝轴线/m	101.00	113.00	104.00		98.00
日期 测点	11－7 晚	11－8 午	11－8 晚	11－3 晚	11－9 晚
坝顶∥	1.42	0.63	0.62	—	0.81
中墩⊥	0.96	0.74	0.56	—	0.88
坝基⊥	0.33	0.33	0.27	—	0.42
坝基∥	0.58	0.44	0.32	—	0.63

（五）爆破震动的有限元模拟

垂直震动最大速度为 0.08cm/s 时，大坝垂直变形过程曲线如图 13.3－16，垂直振动速度过程曲线见图 13.3－17，坝体垂直变形见图 13.3－18，坝体垂直速度见图 13.3－19。在 0.41s 和 0.50s 时刻，速度分别达到最大值和最小值，对应坝体第一主应力分布见图 13.3－20～图 13.3－21。

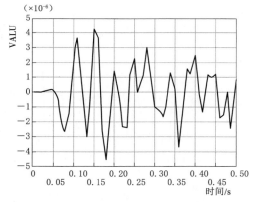

图 13.3－16 坝顶闸墩的垂直
变形—时间曲线

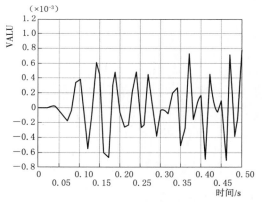

图 13.3－17 坝顶闸墩的垂直振动
速度—时间曲线

－.541E－05 －.353E－05 －.164E－05 .243E－06 .213E－05
　　－.447E－05 －.259E－05 －.699E－06 .119E－05 .307E－05

图 13.3－18 坝体的垂直变形云图

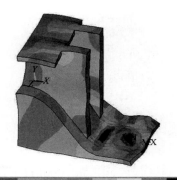

－.00424 　－.002611 －.982E－03 －.646E－03 .002275
　　－.003425 －.001797 －.168E－03 .001451 .003089

图 13.3－19 坝体的垂直速度云图

-5108　　597.654　　6304　　12010　　17716
　　-2255　　3451　　9157　　14863　　20569

图 13.3-20　0.41s 坝体的第一主应力云图

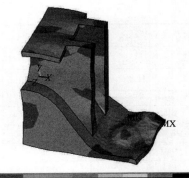

-4714　　1191　　7096　　13001　　18906
　　-1762　　4143　　10048　　15953　　21858

图 13.3-21　0.50s 坝体的第一主应力云图

　　垂直震动最大速度为 0.32cm/s 时，大坝垂直变形过程曲线见图 13.3-22，垂直振动速度过程曲线见图 13.3-23，坝体垂直变形见图 13.3-24，坝体垂直速度见图 13.3-25。在 0.41s 和 0.50s 时刻，速度分别达到最大值和最小值，对应坝体第一主应力分布见图 13.3-26～图 13.3-27。

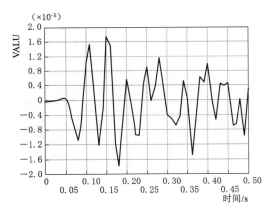

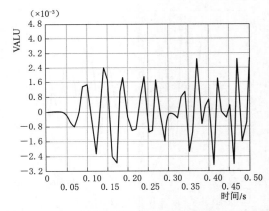

图 13.3-22　坝顶闸墩的垂直变形-时间曲线　图 13.3-23　坝顶闸墩的垂直振动速度-时间曲线

-.217E-04　-.141E-04　-.657E-05　.973E-06　.852E-05
　　-.179E-04　-.103E-04　-.280E-05　.474E-05　.123E-04

图 13.3-24　坝体的垂直变形云图

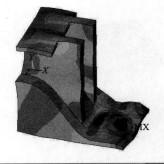

-.016959　-.010444　-.00393　.002585　.0091
　　-.013702　-.007187　-.672E-03　.005842　.012357

图 13.3-25　坝体的垂直速度云图

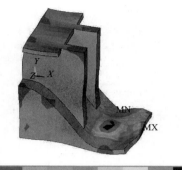

图 13.3-26 0.41s 坝体的第一主应力云图　　　图 13.3-27 0.50s 坝体的第一主应力云图

（六）爆破开挖对其他建筑物影响的评价分析

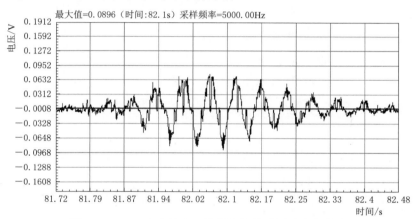

图 13.3-28 水电站中心控制室的爆破震动响应曲线

1. 水电站中心控制室的爆破震动安全评价

爆破安全规程规定，水电站中心控制室的爆破震动安全允许值是 0.5cm/s，实测的最大震动为 0.33cm/s，因此中控室是满足安全规程要求的。

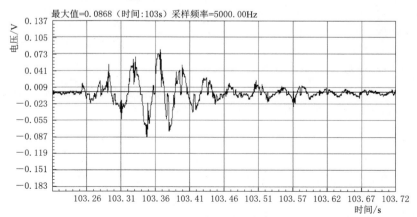

图 13.3-29 1号机组保护屏的爆破震动响应曲线

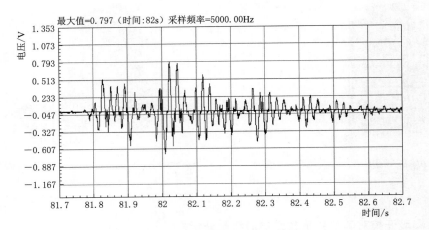

图 13.3－30　钢筋混凝土结构厂房吊车梁的爆破震动响应曲线

2. 钢筋混凝土结构厂房的爆破震动安全评价

爆破安全规程规定，钢筋混凝土结构厂房的爆破震动安全允许值是 3.5～4.5cm/s，实测的最大震动为 2.77cm/s，因此发电厂房是满足安全规程要求的。

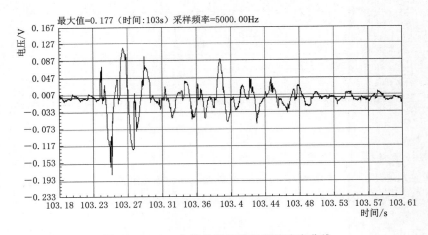

图 13.3－31　大坝基础的爆破震动响应曲线

3. 大坝基础的爆破震动安全评价

爆破安全规程规定，大坝基础的爆破震动安全允许值是 7～15cm/s，实测的最大震动为 1.33cm/s，因此坝基是满足安全规程要求的。

（七）结论

（1）现场观测的大坝最大振动速度为 1.42cm/s，对应的最大第一主应力（拉应力）0.5MPa，小于规范给定混凝土的抗拉强度标准值（0.91MPa，C15），因此，消力池的爆破开挖过程中大坝是安全的。

（2）爆破安全规程规定，水电站中心控制室的爆破震动安全允许值是 0.5cm/s，实测的最大震动为 0.33cm/s，因此，中控室是满足安全规程要求的。

（3）爆破安全规程规定，钢筋混凝土结构厂房的爆破震动安全允许值是 3.5～4.5cm/s，实测的最大震动为 2.77cm/s，因此，发电厂房是满足安全规程要求的。

（4）爆破安全规程规定，大坝基础的爆破震动安全允许值是 7～15cm/s，实测的最大震动为 1.33cm/s，因此，坝基是满足安全规程要求的。

第十四章　长隧洞岩塞爆破厚覆盖下泄流态数值分析

第一节　概　　述

根据《黄河刘家峡洮河口排沙洞工程岩塞地质勘测工程地质勘察报告》，在排沙洞岩塞口爆破区范围内，有 $522m^3$ 的水下人工堆渣，渣块为坚硬的石英云母片岩、云母石英片岩，密度大、强度高，堆渣块径一般 $5\sim10cm$，最大块径 $100cm$，无规律。这可能对岩塞口爆破带来不利影响，另外排沙洞运行过程中这些渣块进入洞内，也会影响排沙洞的正常运行，成为工程的隐患。

为了进一步掌握刘家峡排沙洞水下岩塞爆破后水沙运动规律，开展刘家峡排沙洞水下岩塞爆破后多相流运动数值模拟计算工作，为排沙洞水下岩塞爆破方案设计提供参考。

第二节　计　算　内　容

排沙洞水下岩塞爆破后，排沙洞岩塞口区厚淤积层一定范围内的淤泥在自重和上侧水压的作用下，将夹带水下堆渣流入排沙洞，由于淤泥与洞壁的摩擦阻力较大，洞内水沙运动速度将大大降低，存在淤泥夹带堆渣堵塞排沙洞、影响排沙洞正常运行的可能。

排沙洞全长 $1486m$，且在进水口闸室前有超过 $120m$ 长的逆坡段。排沙洞岩塞口区淤积层厚度变化较大，厚度 $11\sim58m$，主要为淤泥质粉土、粉土及粉质黏土，中间夹具有腥臭味的薄层淤泥，及薄层细砂和碎石（早期大坝建设期间放弃的块径为 $50\sim1000mm$ 的堆渣）。淤泥质粉土、粉土呈流塑～软塑状态，粉质黏土呈软塑～可塑状态，属高压缩性软土，但又有一定的抗剪强度和渗透性。所以，在排沙洞水下岩塞实施爆破后，在爆通的瞬间，从洞口进入排沙洞的是空气、水、泥沙和堆渣四类物质，这些物质在洞口及排沙洞内的运动过程，构成了典型的多相流运动，可以开展多相流数值模拟。

根据物质构成的不同，本次计算进行了五个方案的模拟：方案 1（三相流，不含堆渣）为相对简化的三相（空气、水、$1mm$ 沙粒）流模型，用于模拟岩塞爆破后排沙洞内多相流运动过程，淤泥层不含堆渣，淤泥仅由水和 $1mm$ 沙粒两相组成，水的体积率为 0.527，$1mm$ 沙粒的体积率为 0.473；方案 2 为简化模拟空气、水和 $0.6m$ 堆渣的三相流模型，用于模拟岩塞爆破后 $0.6m$ 堆渣进入排沙洞的运动过程，不考虑细粒，水的体积率为 0.94，$0.6m$ 堆渣的体积率为 0.06；方案 3（四相流，含 $20mm$ 堆渣）为四相（空气、水、$1mm$ 沙粒、$20mm$ 堆渣）流模型，排沙洞口上面依次为水、$20mm$ 块径堆渣和 $1mm$ 沙粒的淤泥三相组成，水的体积率定为 0.527，$20mm$ 沙粒的体积率定为 0.06，$1mm$ 沙粒的体积率定为 0.413；方案 4 (四相流，含 0.6m 堆渣) 为四相 (空气、水、1mm 沙粒、0.6m 堆渣) 流模型，用于模拟岩塞爆破后排沙洞中水流、堆渣、淤泥的运动，排沙洞口上面依次为水、0.6m 堆渣和 1mm 沙粒的淤泥三相组成，水的体积率定为 0.527，0.6m 堆渣的体积率定为 0.06，1mm 沙粒淤泥的体积率定为 0.413；方案 5 (空气、水、1mm 沙粒、0.6m 堆渣以及 0.5m 爆破岩渣) 模型，模型中添加集渣坑，按实际设计结构进行建模，考虑岩塞岩渣和集渣坑的影响。

开展本项研究的目的主要是为了了解水下岩塞爆破后厚覆盖层对排沙洞内水沙运动的影响，同时基于当前多相流计算技术的发展水平，本次计算假定：在排沙洞水下岩塞爆破后，爆破岩塞所产生的岩渣瞬间全部堆满预挖的集渣坑，计算时，忽略岩塞岩渣和集渣坑的影响。数值模拟计算的内容为：

(1) 采用 Euler 多相流模型，以排沙洞岩塞口区及排沙洞为研究对象，建立三维排沙洞多相流非恒定多相流计算模型。

(2) 计算正常蓄水位、淤泥层不同颗粒组成等条件下，排沙洞水下岩塞爆破后排沙洞中多相流运动过程；对比分析不同时间过程排沙洞内各相体积率及其流动速度、压力分布等。

(3) 计算正常蓄水位条件下，排沙洞水下岩塞爆破后岩渣堆积特征，即分别进入集渣坑、排沙洞的体积比例；对比分析不同时间过程排沙洞内各相体积率及其流动速度分布等。

第三节　计算模型原理

一、多相流模型

物质一般具有气态、液态和固态三相，但本模拟软件多相流系统中，"相"的概念具有更为广泛的意义。在通常所指的多相流动中，所谓的相可以定义为具有相同类别的物质，该类物质在所处的流动中具有特定的惯性响应并与流场相互作用。相同材料的固体物质颗粒如果具有不同尺寸，就可以把它们看成不同的相，因为相同尺寸粒子的集合对流场有相似的动力学响应。

计算流体力学的进展为深入了解多相流动提供了基础。目前有两种数值计算的方法可以处理多相流：欧拉-拉格朗日方法和欧拉-欧拉方法。

欧拉-拉格朗日方法，流体相被处理为连续相，直接求解时均纳维-斯托克斯方程，而离散相是通过计算流场中大量的粒子、气泡或是液滴的运动得到的。离散相和流体相之间可以有动量、质量和能量的交换。该模型的一个基本假定是，作为离散的第二相的体积比率应很低，即便如此，较大的质量加载率仍能满足。粒子或液滴运动轨迹的计算是独立的，它们被安排在流相计算指定的间隙完成。这样的处理能较好地符合喷雾干燥、煤和液体燃料燃烧，以及一些粒子负载流动，但是不适用于流-流混合物、流化床和其他第二相体积率等不容忽略的情况。

欧拉-欧拉方法，不同的相被处理成互相贯通的连续介质。由于一种相所占的体积无法再被其他相占有，故引入相体积率（phasic volume fraction）的概念。体积率是时间和空间的连续函数，各相的体积率之和等于1。从各相的守恒方程可以推导出一组方程，这些方程对于所有的相都具有类似的形式。从实验得到的数据可以建立一些特定的关系，从而能使上述方程封闭。另外，对于小颗粒流，则可以通过应用分子运动论的理论使方程封闭。

欧拉模型是一种非常复杂的多相流模型，它建立了一套包含有 n 个动量方程和连续方程，来求解每一相。压力项和各界面交换系数是耦合在一起的。耦合的方式则依赖于所含相的情况，颗粒流（流-固）的处理与非颗粒流（流-流）是不同的。对于颗粒流，可应用分子运动理论来求得流动特性。不同相之间的动量交换也依赖于混合物的类别。

二、流体流动的基本控制方程

流体流动要受到物理守恒定律的支配，即流动要满足质量守恒方程、动量守恒方程、能量守恒方程。

（一）物质导数

流场中的物理量是空间和时间的函数：

$$T = T(x, y, z, t)$$
$$p = p(x, y, z, t) \tag{14.3-1}$$
$$\nu = \nu(x, y, z, t)$$

研究各物理量对时间的变化率，如速度分量 u 对时间 t 的变化率有

$$\frac{\mathrm{d}u}{\mathrm{d}t} = \frac{\partial u}{\partial t} + \frac{\partial u}{\partial x}\frac{\mathrm{d}x}{\mathrm{d}t} + \frac{\partial u}{\partial y}\frac{\mathrm{d}y}{\mathrm{d}t} + \frac{\partial u}{\partial z}\frac{\mathrm{d}z}{\mathrm{d}t} = \frac{\partial u}{\partial t} + u\frac{\partial u}{\partial x} + v\frac{\partial u}{\partial y} + w\frac{\partial u}{\partial z} \tag{14.3-2}$$

式中：u、v、w 分别为速度沿 x、y、z 方向的速度矢量。

将式中的 u 用 N 替换，代表任意的物理量，得到任意物理量 N 对时间的变化率：

$$\frac{\mathrm{d}N}{\mathrm{d}t} = \frac{\partial N}{\partial t} + u\frac{\partial N}{\partial x} + v\frac{\partial N}{\partial y} + w\frac{\partial N}{\partial z} \tag{14.3-3}$$

这就是任意物理量 N 的物质导数，也称为质点导数。

（二）质量守恒方程（连续性方程）

任何流动问题都要满足质量守恒方程，即连续性方程。该定律可表述为：在流场中任取一个封闭区域，此区域称为控制体，其表面称为控制面，单位时间内从控制面流进和流出控制体的流体质量之差，等于单位时间该控制体质量增量，其积分形式为

$$\frac{\partial}{\partial t}\iiint_{Vol} \rho\,\mathrm{d}x\,\mathrm{d}y\,\mathrm{d}z + \oiint_{A} \rho\nu \cdot n\,\mathrm{d}A = 0 \tag{14.3-4}$$

式中：Vol 为控制体；A 为控制面。第一项表示控制体内部质量的增量，第二项表示通过控制面的净通量。

根据奥-高公式，上式在直角坐标系中的微分形式如下：

$$\frac{\partial \rho}{\partial t} + \frac{\partial(\rho u)}{\partial x} + \frac{\partial(\rho v)}{\partial y} + \frac{\partial(\rho w)}{\partial z} = 0 \tag{14.3-5}$$

连续性方程的适用范围没有限制，无论是可压缩或不可压缩流体，黏性或无黏性流体，定常或非定常流动都可适用。

对于定常流动，密度 ρ 为常数，式（14.3-5）变为

$$\frac{\partial(u)}{\partial x}+\frac{\partial(v)}{\partial y}+\frac{\partial(w)}{\partial z}=0 \tag{14.3-6}$$

（三）动量守恒方程（N-S方程）

动量守恒方程也是任何流动系统都必须满足的基本定律。该定律可表述为：任何控制微元中流体动量对时间的变化率等于外界作用在微元上各种力之和，用数学式表示为

$$\delta_F=\delta_m\frac{\mathrm{d}v}{\mathrm{d}t} \tag{14.3-7}$$

由流体的黏性本构方程得到直角坐标系下的动量守恒方程，即 N-S 方程

$$\left.\begin{aligned}
\rho\frac{\mathrm{d}u}{\mathrm{d}t}&=\rho F_x-\frac{\partial p}{\partial x}+\frac{\partial}{\partial x}\left(\mu\frac{\partial u}{\partial x}\right)+\frac{\partial}{\partial y}\left(\mu\frac{\partial u}{\partial y}\right)+\frac{\partial}{\partial z}\left(\mu\frac{\partial u}{\partial z}\right)+\frac{\partial}{\partial x}\left[\frac{\mu}{3}\left(\frac{\partial u}{\partial x}+\frac{\partial v}{\partial y}+\frac{\partial w}{\partial z}\right)\right]\\
\rho\frac{\mathrm{d}v}{\mathrm{d}t}&=\rho F_y-\frac{\partial p}{\partial y}+\frac{\partial}{\partial x}\left(\mu\frac{\partial v}{\partial x}\right)+\frac{\partial}{\partial y}\left(\mu\frac{\partial v}{\partial y}\right)+\frac{\partial}{\partial z}\left(\mu\frac{\partial v}{\partial z}\right)+\frac{\partial}{\partial y}\left[\frac{\mu}{3}\left(\frac{\partial u}{\partial x}+\frac{\partial v}{\partial y}+\frac{\partial w}{\partial z}\right)\right]\\
\rho\frac{\mathrm{d}w}{\mathrm{d}t}&=\rho F_z-\frac{\partial p}{\partial z}+\frac{\partial}{\partial x}\left(\mu\frac{\partial w}{\partial x}\right)+\frac{\partial}{\partial y}\left(\mu\frac{\partial w}{\partial y}\right)+\frac{\partial}{\partial z}\left(\mu\frac{\partial w}{\partial z}\right)+\frac{\partial}{\partial z}\left[\frac{\mu}{3}\left(\frac{\partial u}{\partial x}+\frac{\partial v}{\partial y}+\frac{\partial w}{\partial z}\right)\right]
\end{aligned}\right\} \tag{14.3-8}$$

对于不可压缩常黏度的流体，则式（14.3-8）可化为

$$\left.\begin{aligned}
\rho\left(\frac{\partial u}{\partial t}+u\frac{\partial u}{\partial x}+v\frac{\partial u}{\partial y}+w\frac{\partial u}{\partial z}\right)&=\rho F_x-\frac{\partial p}{\partial x}+\mu\left(\frac{\partial^2 u}{\partial x^2}+\frac{\partial^2 u}{\partial y^2}+\frac{\partial^2 u}{\partial z^2}\right)\\
\rho\left(\frac{\partial v}{\partial t}+u\frac{\partial v}{\partial x}+v\frac{\partial v}{\partial y}+w\frac{\partial v}{\partial z}\right)&=\rho F_y-\frac{\partial p}{\partial y}+\mu\left(\frac{\partial^2 v}{\partial x^2}+\frac{\partial^2 v}{\partial y^2}+\frac{\partial^2 v}{\partial z^2}\right)\\
\rho\left(\frac{\partial w}{\partial t}+u\frac{\partial w}{\partial x}+v\frac{\partial w}{\partial y}+w\frac{\partial w}{\partial z}\right)&=\rho F_z-\frac{\partial p}{\partial z}+\mu\left(\frac{\partial^2 w}{\partial x^2}+\frac{\partial^2 w}{\partial y^2}+\frac{\partial^2 w}{\partial z^2}\right)
\end{aligned}\right\} \tag{14.3-9}$$

在不考虑流体黏性的情况下，则由式（14.3-8）可得出欧拉方程如下：

$$\left.\begin{aligned}
\frac{\mathrm{d}u}{\mathrm{d}t}&=\frac{\partial u}{\partial t}+u\frac{\partial u}{\partial x}+v\frac{\partial u}{\partial y}+w\frac{\partial u}{\partial z}=F_x-\frac{\partial p}{\rho\partial x}\\
\frac{\mathrm{d}v}{\mathrm{d}t}&=\frac{\partial v}{\partial t}+u\frac{\partial v}{\partial x}+v\frac{\partial v}{\partial y}+w\frac{\partial v}{\partial z}=F_y-\frac{\partial p}{\rho\partial y}\\
\frac{\mathrm{d}w}{\mathrm{d}t}&=\frac{\partial w}{\partial t}+u\frac{\partial w}{\partial x}+v\frac{\partial w}{\partial y}+w\frac{\partial w}{\partial z}=F_z-\frac{\partial p}{\rho\partial z}
\end{aligned}\right\} \tag{14.3-10}$$

N-S方程比较准确地描述了实际的流动，黏性流体的流动分析可归结为对此方程的求解。N-S方程有三个分式，加上不可压缩流体连续性方程式，共四个方程，有四个未知量 u、v、w 和 p，方程组是封闭的，加上适当的边界条件和初始条件，原则上可以求解。但由于 N-S 方程存在非线性项，求一般解析解非常困难，只有在边界条件比较简单的情况下，才能求解析解。

三、湍流模型

湍流是一种高度复杂的三维非稳态、带旋转的不规则流动。湍流中流动的各个物理量参数，如流速、压力、温度等都随时间和空间发生随机变化。从物理机理上说，可以把湍流看成由各种不同尺度的漩涡叠合而成，这些涡流的大小及旋转方向分布是随机

的。大尺度的涡主要由流动的边界条件所决定，其尺寸可与流场的大小相比拟，是引起低频脉冲的原因；小尺度的涡主要由黏性力决定，其尺寸可能只有流场尺度的千分之一，是引发高频脉冲的原因。大尺度的涡破裂后形成小尺度的涡，较小尺度的涡破裂后形成更小的涡。大尺度的涡从主流获得能量，通过涡间的转化将能量传给小尺度的涡，最后由于黏性作用，小尺度的涡不断消失，机械能就转化（即耗散）为流体的热能。同时，由于边界作用、扰动及速度梯度的影响，新的涡又不断产生，这就构成了湍流运动。可见，湍流的一个重要特点是物理量的脉动，非稳态的 N－S 方程对湍流运动仍是适用的。

标准的 $k－\varepsilon$ 模型能很好地模拟一般的湍流，RNG $k－\varepsilon$ 模型用于处理高应变率及流线弯曲程度较大的流动，Realizable $k－\varepsilon$ 模型在含有射流和混合流的自由流动、管道内流动、边界层流动以及带有分离的流动中具有优势。这些模型均是针对湍流发展非常充分的湍流流动来创建的，是针对高 Re 数的湍流计算模型，适用于离开壁面一定距离的湍流区域，这里的 Re 数是以湍流脉动动能的平方根作为速度（又称湍流 Re 数）计算的。在 Re 数比较低的区域，湍流发展不充分，湍流的脉动影响可能不如分子黏性大，在贴近壁面的底层内，流动可能处于层流状态。这时，必须采用特殊的处理，一般有两种解决方法，一种是采用壁面函数法，另一种是采用低 Re 数的 $k－\varepsilon$ 模型。

四、计算模型的求解参数

在设置好计算模型和边界条件后，即可开始求解计算了。为了解决求解不收敛或者收敛速度很慢的情况，就要根据具体的模型制定具体的求解策略，主要通过修改求解参数来完成。在求解参数中主要设置求解的控制方程、选择压力速度耦合方法、松弛因子、离散格式等。

（一）求解的控制方程

在求解参数设置中，可以选择所需要求解的控制方程，可选择的方程包括 Flow（流动方程）、Turbulence（湍流方程）、Energy（能量方程）、Volume　Fraction（体积分数方程）等。在求解过程中，有时为了得到收敛的解，等一些简单的方程收敛后，再开启复杂的方程一起计算。

（二）压力速度耦合方法选择

在基于压力求解器中，一般有 SIMPLE、SIMPLEC（SIMPLE. Consistent）、PISO 以及 Coupled 等四种压力速度耦合的方法。定常状态计算一般使用 SIMPLE 或 SIMPLEC 方法，但对于许多问题如果使用 SIMPLEC 可能会得到更好的结果，尤其是可以应用增加的亚松弛迭代时。对于过渡计算推荐使用 PISO 方法。PISO 方法还可以用于高度倾斜网格的定常状态计算和过渡计算。压力速度耦合只用于分离求解器，在耦合求解器中不可以使用。

（三）亚松弛因子

亚松弛因子是基于压力求解器所使用的加速收敛参数，用于控制每个迭代步内所计算的场变量的更新。除耦合方程之外的所有方程，包括耦合隐式求解器中的非耦合方程（如湍流方程），均有与之相关的亚松弛因子。对于大多数流动，不需要修改默认亚松弛因子，如果经过四至五步的迭代，残差仍然增长，就需要减小亚松弛因子。一般，压力、动量、k 和 ε 的亚松弛因子分别为 0.2、0.5、0.5 和 0.5。对于 SIMPLEC 格式一般不需要减少压力的亚松弛因子。

第四节 计 算 模 型 建 立

一、模型计算范围及计算网格

（一）方案 1～4 的模型计算方案

按照设计要求，模型计算水位选用正常蓄水位 1735.00m；库区水平范围以岩塞进口中心点为中心、按 75m 爆破影响半径范围选取，即选取的计算库区尺寸为 99m×150m×78.82m（长×宽×高）；岩塞为圆台型，上口直径为 22.3m、下口直径为 10m、高为12.3m，圆台轴线倾角为 45°，岩塞进口中心点高程为 1673.18m；岩塞的下面接直径为10m、高为 3m 的圆柱；圆柱后面接一直径为 10m、中心角为 51°的圆环；圆环下游接一坡度为 6°的逆坡段圆柱，圆柱直径 10m，长度 116.86m；最后与逆坡段圆柱连接的是一段长度为 1286.417m、直径为 10m 的顺坡圆柱，坡角为 1.488°，圆柱出口高程为 1631.60m。模型计算库区范围及泄洪洞立体图见图 14.4-1，模型计算库区范围及泄洪洞岩塞段细部图见图 14.4-2。

图 14.4-1 模型计算库区范围及泄洪洞立体图

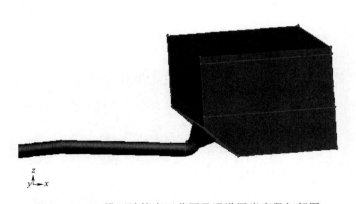

图 14.4-2 模型计算库区范围及泄洪洞岩塞段细部图

根据地层结构，模型水库计算域分为上、中、下三层，上层为空气层，高度为 5m（高程从 1735.00m～1740.00m）；中层为库水层，高度为 41.5m（高程从 1693.50～1735.00m）；

下层为淤泥层，淤泥层高度为 32.32m（高程从 1661.18～1693.50m）、含水量为 33.9%、孔隙比为 1.114，平均颗粒级配见表 14.4-1。

表 14.4-1　　　　　　　　　　　　　　　淤泥层平均颗粒级配

颗粒含量/%					
粗粒组				细粒组	
>2	2.0～0.5	0.50～0.25	0.250～0.075	0.075～0.005	<0.005
颗粒/mm					
	4.0	1.0	9.2	74.8	16.3

对于多相流模型，计算网格可以使用结构化网格，也可使用非结构化网格。由于本模型是一个三维问题，所以计算网格采用六面体、四面体单元，库区及岩塞连接段的模型计算网格见图 14.4-3。整个模型剖分的单元总数为 346928 个，节点数为 162817 个。

（二）方案 5 的模型计算方案

模型计算库区范围及排沙洞立体图见图 14.4-4，模型计算库区范围及泄洪洞岩塞段细部图见图 14.4-5。

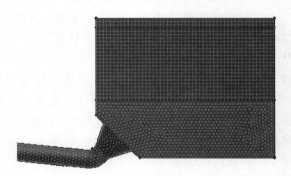

图 14.4-3　模型计算库区计算网格

设计如图 14.4-6 所示数值计算模型，模型水库计算域分为上、中、下三层，上层为空气层，高度为 20m；中层为库水层，高度为 40.2m；下层为淤泥层，淤泥层高度为 50.1m。

图 14.4-4　模型计算库区范围及排沙洞立体图

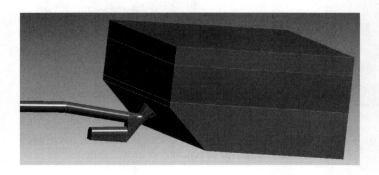

图 14.4-5　模型计算库区范围及泄洪洞岩塞段细部图

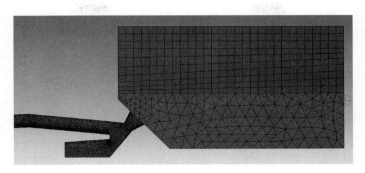

图 14.4 - 6　模型计算库区计算网格

二、建立求解模型

（1）模型求解器设置。

1）开启标准-湍流模型。

2）选择 k - epsilon 作为 Model。

3）在 k - epsilon Model 下，保留其默认选择 Standard 不变。

4）保持 Near - Wall Treatment 下的默认设置 Standard Wall Functions 不变。

（2）设置多相流模型，开启欧拉模型选项。

（3）设置用于计算相间动量传递的拖曳规律，即将各相间相互影响（Phase Interaction）的拖拽作用（Drag Coefficient）选择为 schiller - naumann。

（4）设置重力加速度与大气压强。

三、离散格式

对于对流项可选择不同的离散格式。一般，当使用基于压力求解器时，所有方程中的对流项均用一阶精度格式进行离散；当使用基于密度求解器时，流动方程使用二阶精度格式，其他方程使用一阶精度格式进行离散。此外，当使用分离式求解器时，可为压力选择插值方式。

四、定义流体材料

模型计算材料分为空气、水和沙三类，相应的计算参数如下：

（1）空气：密度 $\rho = 1.225 \mathrm{kg/m^3}$，黏（滞）度为 $1.7894\mathrm{E} - 5\mathrm{kg/(m \cdot s)}$。

（2）水：密度 $\rho = 998.2 \mathrm{kg/m^3}$，黏（滞）度为 $0.001003\mathrm{kg/(m \cdot s)}$。

（3）沙：密度 $\rho = 2730 \mathrm{kg/m^3}$，黏（滞）度为 $10\mathrm{kg/(m \cdot s)}$。

五、多相流模型的计算相及计算方案

为了研究水下岩塞爆破后淤泥颗粒组成及堆渣含量对排沙洞中水沙运动规律的影响，本多相流模型的计算相大体分为三类，即空气、水和沙粒三类，针对项目的工程特点并结合多相流模型的要求，模型中将空气作为主相，其他类均设为副相。由于淤泥层孔隙比为1.114，所以淤泥层中水的体积率为 0.527。

按淤泥层中不同沙粒的组成，模型计算分五个方案进行。

（1）方案 1（三相流，不含堆渣）：淤泥层简化为由水和 1mm 沙粒两相组成，水的体积率为 0.527，1mm 沙粒的体积率为 0.473。

（2）方案 2（三相流，清水加堆渣）：淤泥层简化为由水和 0.6m 堆渣两相组成，水的体积率定为 0.94，0.6m 堆渣的体积率定为 0.06。

（3）方案 3（四相流，含 20mm 堆渣）：淤泥层简化为由水、20mm 沙粒和 1mm 沙粒三相组成，水的体积率定为 0.527，20mm 沙粒的体积率定为 0.06，1mm 沙粒的体积率定为 0.413。

（4）方案 4（四相流，含 0.6m 堆渣）：淤泥层简化为由水、0.6m 堆渣和 1mm 沙粒三相组成，水的体积率定为 0.527，0.6m 堆渣的体积率定为 0.06，1mm 沙粒的体积率定为 0.413。

（5）方案 5（四相流，含 0.6m 堆渣）：淤泥层简化为由水、0.6m 堆渣和 1mm 沙粒三相组成，水的体积率定为 0.527，0.6m 堆渣的体积率定为 0.06，1mm 沙粒的体积率定为 0.413。此外，根据岩塞爆破设计资料，爆破岩渣平均粒径为 0.5m，体积率定为 0.95。

六、计算边界

在多相流模型的计算过程中，边界条件的正确设置是关键的一步。

压力入口边界条件通常用于流体在入口处的压力为已知的情况，对计算可压和不可压问题都适合。压力进口边界条件一般用于进口流量或流动速度为未知的流动，也可用于自由边界问题。

压力出口边界条件给定流动出口边界上的静压，对于有回流的出口压力出口边界比自由出流边界条件更容易收敛。

对于本次研究，岩塞爆破后，岩塞口区淤泥将流向排沙洞，同时岩塞口区外的淤泥和水又会流向岩塞口区，使得岩塞口区的淤泥和水得到补充。由于库区边界处的各相的流速或流量均未知，为了便于模型计算，同时又能真实模拟水沙运动现象，特将模型水库计算域上游侧设置为压力进口边界。由于水库从上到下依次为空气、库水和淤泥三种介质，按照上述水库计算域的三个分层，进口边界相应分为空气压力进口、库水压力进口和淤泥压力进口三部分。

排沙洞出口设置为压力出口边界，压力按自由出流边界控制。

七、固体颗粒不冲流速

对岩块来说，最常用的不冲流速公式为伊兹巴士公式：

$$V = C\sqrt{\frac{2g(\gamma_s - \gamma)}{\gamma}D} = K\sqrt{D} \tag{14.4-1}$$

式中：V 为不冲平均流速，m/s；D 为粒径，m；g 为重力加速度，m/s^2；γ_s、γ 为分别为岩块和水的容重；C 为反映岩块稳定状况的无量纲系数，当 C 取 0.86 时，块石是处于滑动临界失稳状态；当 C 取 1.2 时，块石是处于倾覆失稳临界状态。

$K = C\sqrt{2g\dfrac{(\gamma_s - \gamma)}{\gamma}}$ 为系数，$\text{m}^{1/2}/\text{s}$，一般为 5～7。

本项研究中模拟的 0.6m 堆渣，γ_s 为 2.73g/cm^3，当 C 取 0.86～1.2 时，由伊兹巴士

公式计算的不冲流速为 3.88～5.42m/s，说明当流速大于 3.88m/s 时，0.6m 堆渣处于滑动状态；当流速大于 5.42m/s 时，0.6m 堆渣处于滚动状态；对于 20mm 的沙粒，相应的不冲流速为 0.71～0.99m/s。

第五节　计算成果分析

本次研究以刘家峡排沙洞岩塞口区及排沙洞为研究对象，采用 Euler 多相流模型，建立三维排沙洞水沙非恒定多相流计算模型，计算正常蓄水位、淤泥层不同颗粒组成等条件下，排沙洞水下岩塞爆破后排沙洞中多相流运动过程，计算成果包括不同时间过程排沙洞内各相体积率及其流动速度、压力分布等。

为了便于成果分析，重点以通过岩塞和排沙洞轴线的垂直平面为研究剖面，显示输出各方案的计算结果图；选取排沙洞泄流头部和逆坡段中心两个关键部位，统计输出计算结果表。

一、方案 1（三相流，不含堆渣）计算成果

方案 1（三相流，不含堆渣）为相对简化的三相（空气、水、1mm 沙粒）流模型，用于模拟岩塞爆破后排沙洞内多相流运动过程，淤泥层不含堆渣，淤泥仅由水和 1mm 沙粒两相组成，水的体积率为 0.527，1mm 沙粒的体积率为 0.473。

为便于分析说明，仅将方案 1 库区及排沙洞各相初始体积率分布说明如下（见图 14.5-1～图 14.5-3），其他方案的各相初始体积率分布与此类同，相应部分不再详述。

图 14.5-1 中右上部的区域 1 为水库上方的空气层，图形中部的区域 2 为岩塞段及排沙洞上游连接段，两者均完全由空气填充，空气相的体积率为 1.0；空气层下部的区域 3 为库水层，由水相填充，该层空气相的体积率小于 0.01；库水层下方的区域 4 为淤泥层，该层空气相的体积率接近为 0。

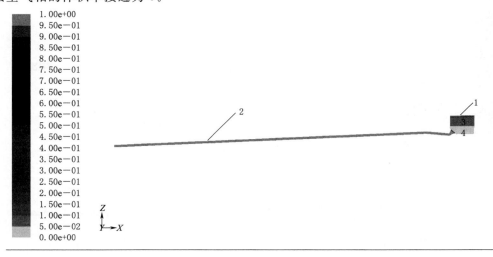

图 14.5-1　方案 1 库区及排沙洞空气相初始体积率分布图

图 14.5 - 2 中区域 1 为库水层，该层水相的体积率为 1.0；区域 2 为淤泥层，该层水相的体积率为 0.527。

图 14.5 - 3 中区域 1 为淤泥层，该层淤泥 (1mm 沙粒) 相的体积率为 0.473。

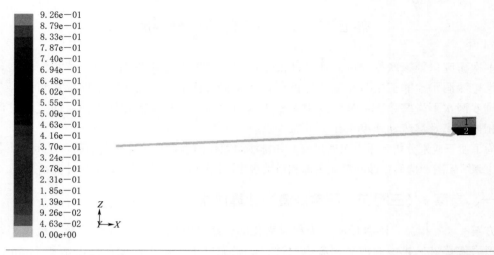

Contours of Volume fraction（phase－2）（Time＝0.0000e+00）

Oct 18, 2010
FLUENT6.3（3d, pbns, eulerian, ske, unsteady）

图 14.5 - 2　方案 1 库区及排沙洞水相初始体积率分布图

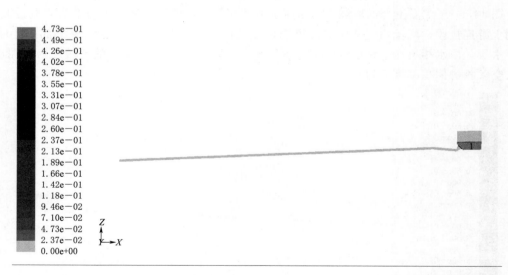

Contours of Volume fraction（phase－3）（Time＝0.0000e+00）

Oct 18, 2010
FLUENT6.3（3d, pbns, eulerian, ske, unsteady）

图 14.5 - 3　方案 1 库区及排沙洞淤泥 (1mm 沙粒) 相初始体积率分布图

方案 1 岩塞爆破后，岩塞口区的水及上层的淤泥在自重和上侧库水压力的共同作用下，将顺着排沙洞向下游出口运动，在爆破后 140s，水相流至排沙洞总长 98.85% 的地方，淤泥（1mm 沙粒）相流至排沙洞总长 96.80％的地方；爆破后 160s，水相及淤泥（1mm 沙粒）相均流出排沙洞下游出口。

方案 1 爆破后 140s，各相混合压力分布云图见图 14.5－4，水相和淤泥（1mm 沙粒）相的体积率分布云图依次参见图 14.5－5、图 14.5－6，相应的流速分布云图依次参见图 14.5－7、图 14.5－8。

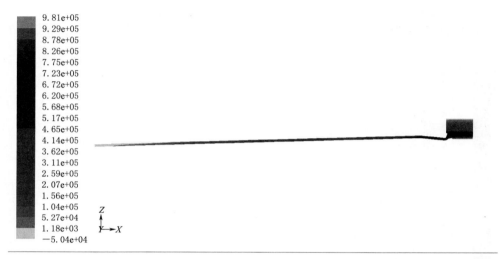

Contours of Static Pressure（mixture）（pascal）（Time=1.4000e+02）

Oct 18, 2010
FLUENT6.3（3d, pbns, eulerian, ske, unsteady）

图 14.5－4　方案 1 爆破后 140s 各相混合压力分布云图

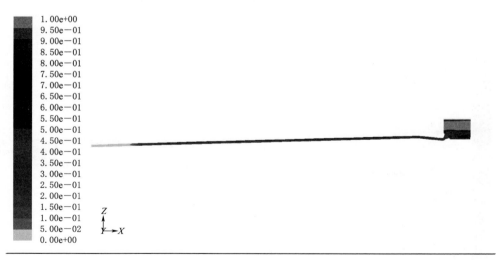

Contours of Volume fraction（phase－2）（Time=0.0000e+00）

Oct 18, 2010
FLUENT6.3（3d, pbns, eulerian, ske, unsteady）

图 14.5－5　方案 1 爆破后 140s 水相体积率分布云图

由图 14.5－4 可见，库区上侧和排沙洞出口压力为一个大气压，计算中以此压力作为基准，即压力为 0.0Pa；水库底部压力值为 9.82×10^5 Pa，是由 41.5m 水深和 32.32m 厚的淤泥共同产生的自重压力。

图 14.5－5 中的红色区域为库水层，基本上全被水填充，水相的体积率接近 1.0，淤泥层中从上游进口边界到岩塞口，水相的体积率从 0.527 到 0.45 逐渐降低。图 14.5－6 中的区域 1 为淤泥层和淤泥（1mm 沙粒）相流经的岩塞及排沙洞段，淤泥（1mm 沙粒）相在该区域的体积率分布从 0.449 到 0.473，分布相对均匀。

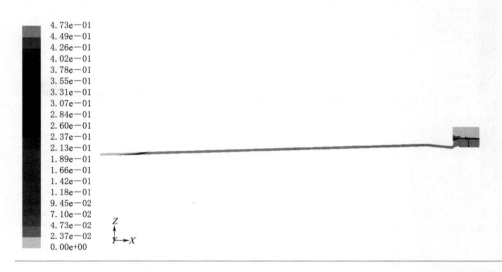

Contours of Volume fraction（phase－3）（Time=1.4000e+02）

Oct 18, 2010
FLUENT6.3（3d, pbns, eulerian, ske, unsteady）

图 14.5－6　方案 1 爆破后 140s 淤泥（1mm 沙粒）相体积率分布云图

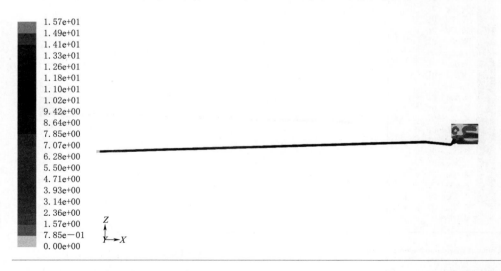

Contours of Velocity Magnitude（phase－2）（m/s）（Time=1.4000e+02）

Oct 18, 2010
FLUENT6.3（3d, pbns, eulerian, ske, unsteady）

图 14.5－7　方案 1 爆破后 140s 水相流速分布云图

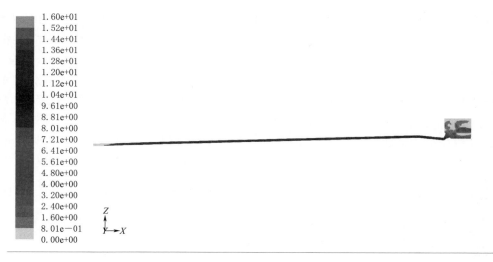

Contours of Velocity Magnitude（phase－3）（m/s）（Time=1.4000e+02）
Oct 18, 2010
FLUENT6.3（3d, pbns, eulerian, ske, unsteady）

图 14.5 - 8　方案 1 爆破后 140s 淤泥（1mm 沙粒）相流速分布云图

图 14.5 - 7 和图 14.5 - 8 表明，爆破后 140s，泄流头部由于存在临空自由面，水相和淤泥（1mm 沙粒）相在泄流头部的流速相对较大；由于排沙洞洞壁摩擦阻力及逆坡阻力的影响，岩塞弯段下游的逆坡段流速相对较小。为此，将泄流头部和排沙洞逆坡段中心作为分析排沙洞中水沙运动规律的两个关键部位。方案 1 各时刻水相及淤泥（1mm 沙粒）相在这两个关键部位的流速见表 14.5 - 1，相应的流速过程线见图 14.5 - 9。

表 14.5 - 1　　　　方案 1 排沙洞内水和淤泥相泄流头部及逆坡段中心流速过程

相及部位 时间/s	水相流速/(m/s)		淤泥（1mm 沙粒）相流速/(m/s)	
	泄流头部	逆坡段中心	泄流头部	逆坡段中心
30	17.29	16.31	18.09	16.13
100	15.98	13.52	16.30	13.78
120	14.97	13.35	14.81	13.21
140	14.52	12.95	14.81	13.21
160	13.59	12.81	13.46	12.70

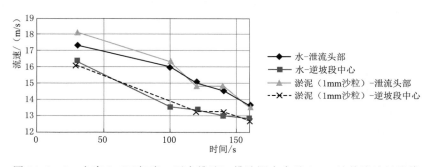

图 14.5 - 9　方案 1（三相流，不含堆渣）排沙洞内水及 1mm 沙粒流速过程线

表 14.5-1 和图 14.5-9 表明，随着泄流时间的增加，水相及淤泥（1mm 沙粒）相在泄流头部和逆坡段中心的流速均逐渐减小，前 100s 流速减小较快，之后减速相对平缓；同一时刻，水相及淤泥（1mm 沙粒）相在泄流头部的流速（13.46～18.09m/s）普遍大于逆坡段中心的流速（12.7～16.31m/s）；水相和淤泥（1mm 沙粒）相在泄流头部处的流速波动较大，在逆坡段中心的流速变化相对平缓；在泄流头部，水相与淤泥（1mm沙粒）相的流速在前期差异较大，出现离异现象，后期流速差异减小，逐渐接近相等，逆坡段中心二者流速均很接近；爆破后 160s，水相和淤泥相均流出排沙洞出口，淤泥（1mm 沙粒）相在逆坡段中心的流速为 12.7m/s，是排沙洞内的最小流速。

二、方案 2（三相流，清水加堆渣）计算成果

方案 2 为简化模拟空气、水和 0.6m 堆渣的三相流模型，用于模拟岩塞爆破后 0.6m 堆渣进入排沙洞的运动过程，不考虑细粒，水的体积率为 0.94，0.6m 堆渣的体积率为 0.06。

方案 2 岩塞爆破后，岩塞口区的水夹带上侧淤泥层中的堆渣（0.6m 堆渣）在自重和上侧库水压力的共同作用下，将沿着排沙洞向下游出口运动，在爆破后 175s，水相及堆渣（0.6m 堆渣）相均流出排沙洞下游出口。

方案 2 岩塞爆破后 175s，各相混合压力分布云图见图 14.5-10，水相和堆渣（0.6m 堆渣）相的体积率分布云图依次见图 14.5-11、图 14.5-12，相应的流速分布云图依次见图 14.5-13、图 14.5-14。

由图 14.5-10 可见，库区上侧和排沙洞出口压力为一个大气压，计算中以此压力作为基准，即压力为 0.0Pa；水库底部压力值为 0.82MPa，是由 41.5m 水深和 32.32m 厚的水夹带 6% 的堆渣共同产生的自重压力。

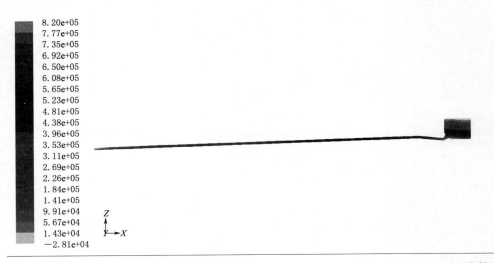

Contours of Static Pressure（rnixture）（pascal）（Time=1.7500e+02）

Oct 18, 2010
FLUENT6.3（3d, pbns, eulerian, ske, unsteady）

图 14.5-10　方案 2 爆破后 175s 各相混合压力分布云图

图 14.5-11 中的区域 1 为库水层，基本上被水填充，水相的体积率接近 1.0，淤泥层中从上游进口边界到岩塞口，水相的体积率从 0.94 逐渐降到 0.9。图 14.5-12，在库区内的区域 1，堆渣（0.6m 堆渣）相的体积率为 0.057～0.06；在排沙洞内，从洞顶到洞底，堆渣（0.5m 沙粒）相的体积率为 0.0～0.06，在排沙洞底部为 0.06，洞顶基本接近为 0，说明堆渣和水严重分离，堆渣基本堆积在洞底位置。

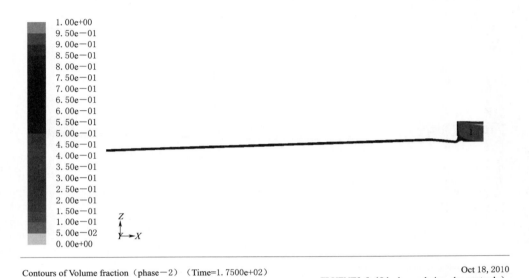

Contours of Volume fraction（phase-2）（Time=1.7500e+02）

Oct 18, 2010
FLUENT6.3（3d, pbns, eulerian, ske, unsteady）

图 14.5-11　方案 2 爆破后 175s 水相体积率分布云图

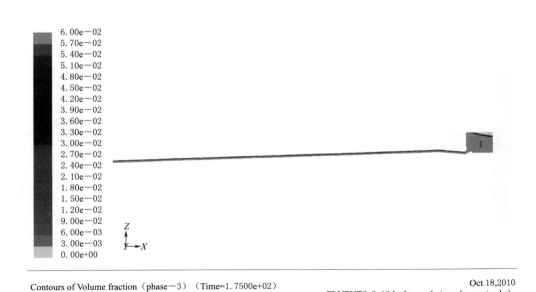

Contours of Volume fraction（phase-3）（Time=1.7500e+02）

Oct 18,2010
FLUENT6.3（3d, pbns, eulerian, ske, unsteady）

图 14.5-12　方案 2 爆破后 175s 堆渣（0.6m 堆渣）相体积率分布云图

图 14.5 - 13 和图 14.5 - 14 表明，爆破后 175s，泄流头部由于存在临空自由面，水相和淤泥（1mm 沙粒）相在泄流头部的流速相对较大；由于排沙洞洞壁摩擦阻力及逆坡阻力的影响，岩塞弯段下游的逆坡段流速相对较小。方案 2 各时刻水相及堆渣（0.6m 堆渣）相在两个关键部位的流速见表 14.5 - 2，相应的流速过程线见图 14.5 - 15。

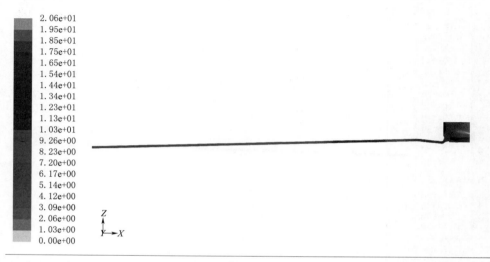

Contours of Velocity Magnitude（phase－2）（m/s）（Time=1.7500e+02）
Oct 18, 2010
FLUENT6.3（3d, pbns, eulerian, ske, unsteady）

图 14.5 - 13　方案 2 爆破后 175s 水相流速分布云图

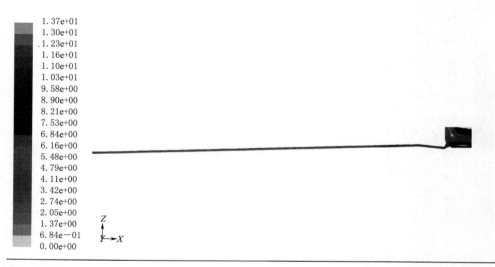

Contours of Velocity Magnitude（phase－3）（m/s）（Time=1.7500e+02）
Oct 18, 2010
FLUENT6.3（3d, pbns, eulerian, ske, unsteady）

图 14.5 - 14　方案 2 爆破后 175s 堆渣（0.6m 堆渣）相流速分布云图

由表 14.5 - 2 和图 14.5 - 13～图 14.5 - 15 可以看出，随着泄流时间的增加，水相及堆渣（0.6m 堆渣）相在泄流头部和逆坡段中心的流速均逐渐减小，前 75s 流速减小较快，之后减速相对平缓；同一时刻，水相及堆渣（0.6m 堆渣）相在泄流头部的流速（7.87～24.10m/s）普遍大于逆坡段中心的流速（5.13～21.62m/s）；水相和堆渣（0.6m 堆渣）相在泄流头部和逆坡段中心的流速变化均较平缓；由于淤泥层水相与堆渣相的体积率（依次为 0.94 和 0.06）相差较大，且堆渣粒径较大，致使同时刻同部位（泄流头部或逆坡段中心）水相与堆渣（0.6m 堆渣）相的流速均相差较大（在泄流头部，水相的流速较大，为 10.80～24.10m/s，堆渣相的流速相对较小，为 7.87～21.43m/s；在逆坡段中心，水相的流速相对较大，为 8.74～21.62m/s，而堆渣相的流速较小，为 5.13～12.64m/s），出现堆渣和水离异现象，即堆渣大部分集中在排沙洞底部；爆破后 175s，水相和堆渣相均流出排沙洞出口，但在逆坡段中心处，堆渣（0.6m 堆渣）相的流速为 5.13m/s，是排沙洞内的最小流速，小于 0.6m 堆渣 5.42m/s 的不冲流速，存在 0.6m 堆渣停止流动的可能。

表 14.5-2 方案 2 排沙洞内水和淤泥相泄流头部及逆坡段中心流速过程

相及部位 时间/s	水相流速/(m/s)		堆渣（0.6m 堆渣）相流速/(m/s)	
	泄流头部	逆坡段中心	泄流头部	逆坡段中心
5	24.100	21.620	21.43	12.64
15	19.150	16.200	15.870	10.99
25	18.710	14.430	15.08	9.67
75	13.930	10.830	10.62	8.90
125	12.885	9.795	9.92	6.50
175	10.800	8.740	7.87	5.13

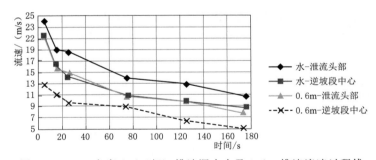

图 14.5-15 方案 2（三相）排沙洞内水及 0.6m 堆渣流速过程线

三、方案 3（四相流，含 20mm 堆渣）计算成果

方案 3（四相流，含 20mm 堆渣）为四相（空气、水、1mm 沙粒、20mm 堆渣）流模型，排沙洞口上面依次为水、20mm 块径堆渣和 1mm 沙粒的淤泥三相组成，水的体积率定为 0.527，20mm 沙粒的体积率定为 0.06，1mm 沙粒的体积率定为 0.413。

方案 3 岩塞爆破后，岩塞口区的淤泥夹带上侧淤泥层中的堆渣（20mm 沙粒）在自重和上侧库水压力的共同作用下，将沿着排沙洞向下游出口运动，在爆破后 173s，水相流至排沙洞总长 97.66% 的地方，淤泥（1mm 沙粒）相流至排沙洞总长 97.41% 的地方。

　　方案 3 岩塞爆破后 173s，各相混合压力分布云图见图 14.5－16，水相、堆渣（20mm 沙粒）相和淤泥（1mm 沙粒）相的体积率分布云图依次见图 14.5－17～图 14.5－18，相应的流速分布云图依次见图 14.5－19～图 14.5－21。

　　由图 14.5－16 可见，库区上侧和排沙洞出口压力为一个大气压，计算中以此压力作为基准，即压力为 0.0Pa；水库底部压力值为 1.03MPa，是由 41.5m 水深和 32.32m 厚的淤泥夹带 6% 的堆渣（20mm 沙粒）共同产生的自重压力。

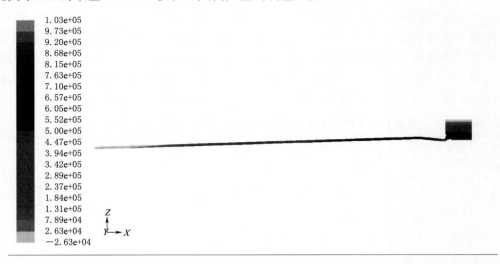

Contours of Static Pressure（mixture）（pascal）（Time=1.7360e+02）　　　Oct 18,2010
FLUENT6.3（3d, pbns, eulerian, ske, unsteady）

图 14.5－16　方案 3 爆破后 173s 各相混合压力分布云图

　　图 14.5－17 中的区域 1 为库水层，基本上完全被水填充，水相的体积率接近 1.0，淤泥层中从上游进口边界到岩塞口，水相的体积率从 0.527 逐渐增大到 0.70。

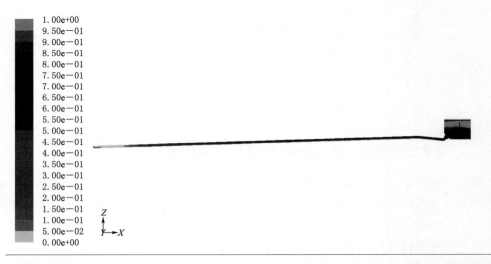

Contours of Voslume fraction（phase－2）（Time=1.7360e+02）　　　Oct 18, 2010
FLUENT6.3（3d, pbns, eulerian, ske, unsteady）

图 14.5－17　方案 3 爆破后 173s 水相体积率分布云图

图 14.5－18 中的淤泥层，从上游进口边界到岩塞口，堆渣（20mm 沙粒）相的体积率从 0.06 降到 0.03；在排沙洞内，从岩塞口到泄流头部，堆渣（20mm 沙粒）相的体积率为从 0.03 增到 0.086。

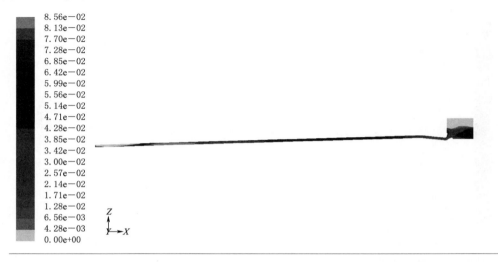

Contours of Volume fraction（phase－3）　（Time=1.7360e+02）

Oct 18, 2010
FLUENT6.3（3d, pbns, eulerian, ske, unsteady）

图 14.5－18　方案 3 爆破后 173s 堆渣（20mm 沙粒）相体积率分布云图

图 14.5－19 中的淤泥层，从上游进口边界到岩塞口，淤泥（1mm 沙粒）相的体积率从 0.307 增到 0.348；在排沙洞内，从岩塞口到泄流头部，淤泥（1mm 沙粒）相的体积率为从 0.348 降到 0.22。

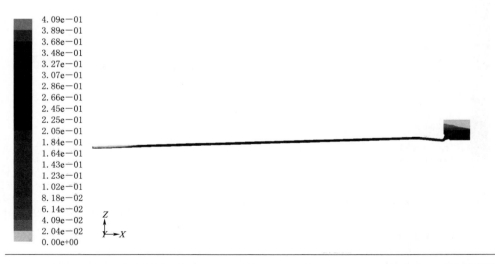

Contours of Volume fraction（phase－4）　（Time=1.7360e+02）

Oct 18, 2010
FLUENT6.3（3d, pbns, eulerian, ske, unsteady）

图 14.5－19　方案 3 爆破后 173s 淤泥（1mm 沙粒）相体积率分布云图

方案 3 各时刻水相、堆渣（20mm 沙粒）相及淤泥（1mm 沙粒）相在两个关键部位的流速见表 14.5-3，相应的流速过程线见图 14.5-23。

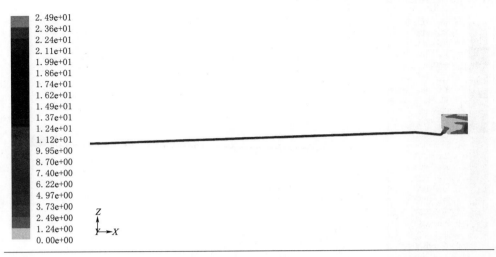

Contours of Velocity Magnitude（phase-2）（m/s）（Time=1.7360e+02）　　Oct 18, 2010
FLUENT6.3（3d, pbns, eulerian, ske, unsteady）

图 14.5-20　方案 3 爆破后 173s 水相流速分布云图

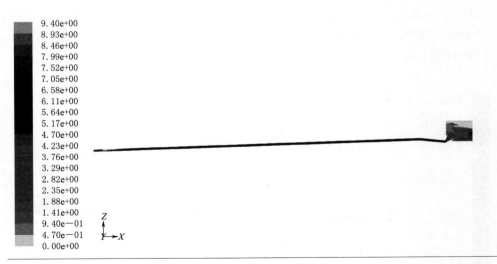

Contours of Velocity Magnitude（phase-3）（m/s）（Time=1.7360e+02）　　Oct 18, 2010
FLUENT6.3（3d, pbns, eulerian, ske, unsteady）

图 14.5-21　方案 3 爆破后 173s 堆渣（20mm 沙粒）相流速分布云图

由表 14.5-3 和图 14.5-20～图 14.5-23 可以看出，随着泄流时间的增加，水相、堆渣（20mm 沙粒）相及淤泥（1mm 沙粒）相在泄流头部和逆坡段中心的流速均逐渐减小，前 50s 流速减小较快，之后减速相对平缓；同一时刻，水相、堆渣相及淤泥相在泄流头部

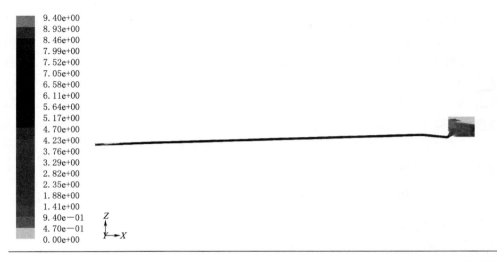

Contours of Velocity Magnitude（phase－3）（m/s）（Time=1.7360e+02）　　　　Oct 18, 2010
FLUENT6.3（3d, pbns, eulerian, ske, unsteady）

图 14.5－22　方案 3 爆破后 173s 淤泥（1mm 沙粒）相流速分布云图

表 14.5－3　　方案 3 排沙洞内水、堆渣及淤泥泄流头部及逆坡段中心流速过程

相及部位 时间/s	水相 流速/(m/s)		堆渣（20mm 沙粒） 相流速/(m/s)		淤泥（1mm 沙粒） 相流速/(m/s)	
	泄流头部	逆坡段中心	泄流头部	逆坡段中心	泄流头部	逆坡段中心
4.86	26.27	20.88	26.64	19.81	26.64	19.80
50.00	12.08	10.84	11.59	10.99	12.88	10.79
86.60	9.98	9.47	9.77	9.27	10.75	9.21
106.90	9.49	9.00	9.13	8.64	10.00	8.92
125.00	9.13	8.61	8.86	8.39	9.85	8.06
145.00	9.07	8.14	8.28	7.83	9.15	8.16
173.00	8.08	6.83	8.22	7.28	8.41	7.52

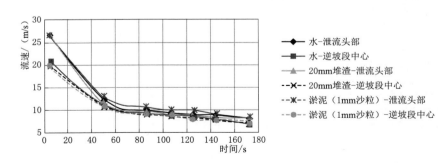

图 14.5－23　方案 3（四相，淤泥不含堆渣）排沙洞内水及淤泥流速过程线

的流速（8.08～26.64m/s）普遍大于逆坡段中心的流速（6.83～20.88m/s）；由于淤泥层水相与淤泥相的体积率（依次为0.527和0.413）相差不大，且堆渣粒径较小，致使同时刻同部位（泄流头部或逆坡段中心）水相、堆渣相及淤泥相三者的流速均相差不大（在泄流头部，水相的流速为8.08～26.27m/s，堆渣相的流速为8.22～26.64m/s，淤泥相的流速为8.41～26.64m/s；在逆坡段中心，水相的流速为6.83～20.88m/s，堆渣相的流速为7.28～19.81m/s，淤泥相的流速为7.52～19.80m/s），不会出现堆渣及淤泥与水离异的现象；爆破后173s，水相流至排沙洞全长97.66％的地方，淤泥相流至排沙洞全长97.41％的地方，堆渣（20mm沙粒）相在逆坡段中心的最小流速为7.28m/s远远大于20mm沙粒0.99m/s的不冲流速。

四、方案4（四相流，含0.6m堆渣）计算成果

方案4（四相流，含0.6m堆渣）为四相（空气、水、1mm沙粒、0.6m堆渣）流模型，用于模拟岩塞爆破后排沙洞中水流、堆渣、淤泥的运动，排沙洞口上面依次为水、0.6m堆渣和1mm沙粒的淤泥三相组成，水的体积率定为0.527，0.6m堆渣的体积率定为0.06，1mm沙粒淤泥的体积率定为0.413。

方案4岩塞爆破后，岩塞口区的淤泥夹带上侧淤泥层中的堆渣（0.6m沙粒）在自重和上侧库水压力的共同作用下，将沿着排沙洞向下游出口运动，在爆破后198s，水相流至排沙洞总长95.07％的地方，淤泥（1mm沙粒）相流至排沙洞总长91.95％的地方。

方案4岩塞爆破后198s，各相混合压力分布云图见图14.5-24，水相、堆渣（0.6m堆渣）相和淤泥（1mm沙粒）相的体积率分布云图依次参见图14.5-25～图14.5-27，相应的流速分布云图依次参见图14.5-28～图14.5-30。

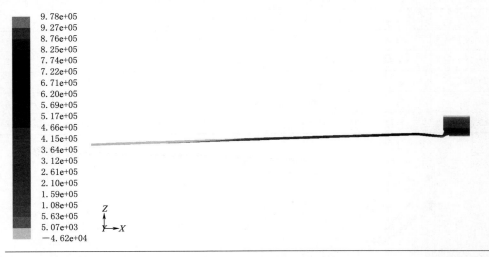

Contours of Static Pressure（mixture）（pascal）（Time=1.9868e+02）

Oct 18, 2010
FLUENT6.3（3d, pbns, eulerian, ske, unsteady）

图14.5-24　方案4爆破后198s各相混合压力分布云图

由图14.5-24可见，库区上侧和排沙洞出口压力为一个大气压，计算中以此压力作为基准，即压力为0.0Pa；水库底部压力值为9.78×10^5Pa，是由41.50m水深和32.32m

厚的淤泥夹带 6% 的堆渣（0.6m 堆渣）共同产生的自重压力，逆坡段压力有所增加。

图 14.5-25 中的区域 1 为库水层，基本上完全被水填充，水相的体积率接近 1.0，淤泥层中从上游进口边界到岩塞口，水相的体积率从 0.527 逐渐减小到 0.45。

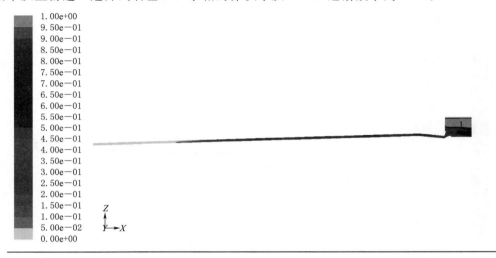

Contours of Volume fraction（phase-2）（Time=1.9868e+02）　　　　　Oct 18, 2010
FLUENT6.3（3d, pbns, eulerian, ske, unsteady）

图 14.5-25　方案 4 爆破后 198s 水相体积率分布云图

图 14.5-26 中的淤泥层，从上游进口边界到岩塞口，堆渣（0.6m 堆渣）相的体积率从 0.06 降到 0.05；在排沙洞内，从岩塞口到泄流头部，堆渣（0.6mm 沙粒）相的体积率为从 0.05 降到 0.003。

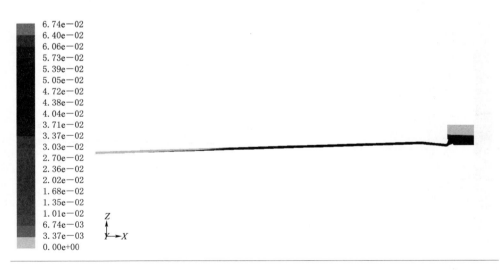

Contours of Volume fraction（phase-3）（Time=1.9868e+02）　　　　　Oct 18, 2010
FLUENT6.3（3d, pbns, eulerian, ske, unsteady）

图 14.5-26　方案 4 爆破后 198s 堆渣（0.6m 堆渣）相体积率分布云图

图 14.5－27 中的淤泥层，从上游进口边界到岩塞口，淤泥（1mm 沙粒）相的体积率从 0.392 降到 0.372；在排沙洞内，从岩塞口到泄流头部，淤泥（1mm 沙粒）相的体积率为从 0.372 降到 0.227。

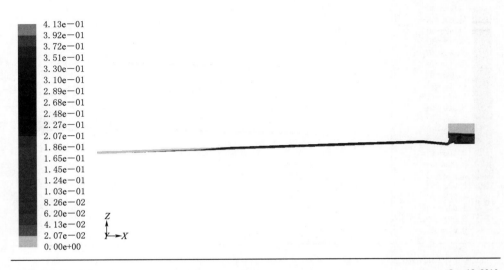

Contours of Volume fraction（phase－4）（Time=1.9868e+02）

Oct 18, 2010
FLUENT6.3（3d, pbns, eulerian, ske, unsteady）

图 14.5－27　方案 4 爆破后 198s 淤泥（1mm 沙粒）相体积率分布云图

方案 4 各时刻水相、堆渣（0.6m 堆渣）相及淤泥（1mm 沙粒）相在两个关键部位的流速见表 14.5－4，相应的流速过程线见图 14.5－28。

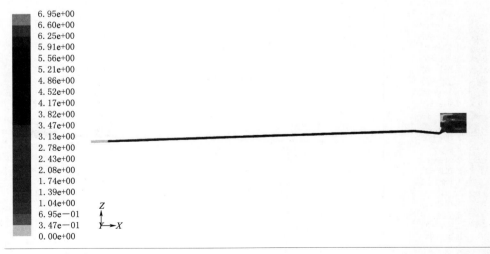

Contours of Velocity Magnitude（phase－2）（m/s）（Time=1.9868e+02）

Oct 18, 2010
FLUENT6.3（3d, pbns, eulerian, ske, unsteady）

图 14.5－28　方案 4 爆破后 198s 水相流速分布云图

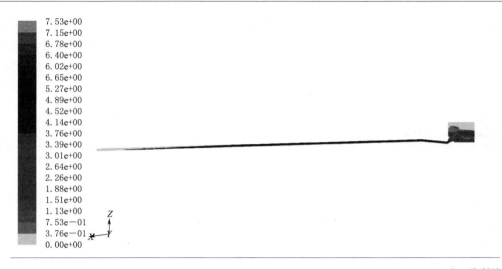

Contours of Velocity Magnitude（phase－3）（m/s）（Time=1.9868e+02）

Oct 18, 2010
FLUENT6.3（3d, pbns, eulerian, ske, unsteady）

图 14.5－29　方案 4 爆破后 198s 堆渣（0.6m 堆渣）相流速分布云图

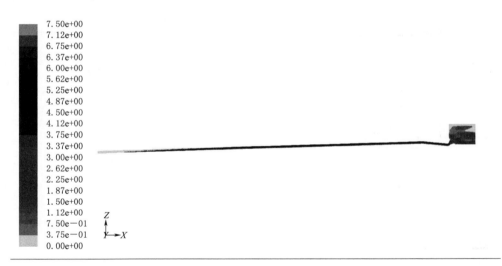

Contours of Velocity Magnitude（phase－4）（m/s）（Time=1.9868e+02）

Oct 18, 2010
FLUENT6.3（3d, pbns, eulerian, ske, unsteady）

图 14.5－30　方案 4 爆破后 198s 淤泥（1mm 沙粒）相流速分布云图

　　由表 14.5－4 和图 14.5－28～图 14.5－31 可以看出，随着泄流时间的增加，水相、堆渣（0.6m 堆渣）相及淤泥（1mm 沙粒）相在泄流头部和逆坡段中心的流速均逐渐减小，前 60s 流速减小较快，之后减速相对平缓；同一时刻，水相、堆渣相及淤泥相在泄流头部的流速（6.56～18.63m/s）普遍大于逆坡段中心的流速（5.08～15.97m/s）；由于淤泥层水相与淤泥相的体积率（依次为 0.527 和 0.413）相差不大，且堆渣粒径较小，致使同时刻同部位（泄流头部或逆坡段中心）水相、堆渣相及淤泥相三者的流速均相差不大（在泄流头部，水相的流速为 6.77～16.84m/s，堆渣相的流速为 6.58～18.63m/s，淤泥相的流速为 6.56～18.61m/s；在逆坡段中心，水相的流速为 5.38～15.97m/s，堆渣相的流速为 5.08～15.77m/s，淤泥相的流速为 5.16～15.77m/s），不会出现堆渣及淤泥与水离异的现象；岩塞爆破后 198s，在逆坡段中心，水相、堆渣（0.6m 堆渣）相及淤泥（1mm 沙粒）相均达到最小流速，依次为 5.38m/s、5.08m/s、5.16m/s，均小于 0.6m 堆渣 5.42m/s 的不冲流速，存在 0.6m 堆渣在逆坡段停止运动的可能。

表 14.5－4　　　方案 4 排沙洞内水、堆渣及淤泥泄流头部及逆坡段中心流速过程

相及部位 时间/s	水相 流速/（m/s）		堆渣（0.6m 堆渣） 相流速/（m/s）		淤泥（1mm 沙粒） 相流速/（m/s）	
	泄流头部	逆坡段中心	泄流头部	逆坡段中心	泄流头部	逆坡段中心
11.28	16.84	15.97	18.63	15.77	18.61	15.77
48.00	10.00	6.92	9.84	7.18	11.00	7.05
112.00	8.40	5.81	8.85	5.67	8.78	5.63
132.00	7.76	5.76	7.20	5.70	8.09	5.64
151.00	7.42	5.52	6.84	5.44	6.88	5.40
170.00	6.90	5.48	6.81	5.34	6.73	5.28
198.00	6.77	5.38	6.58	5.08	6.56	5.16

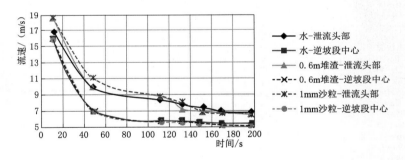

图 14.5－31　方案 4（四相，淤泥含 0.6m 堆渣）排沙洞内水、
0.6m 堆渣及 1mm 沙粒流速过程线

五、方案 5（5 相流，含 0.6m 堆渣及 0.5m 爆破岩渣）计算结果

方案 5 为五相流（空气、水、1mm 沙粒、0.6m 堆渣以及 0.5m 爆破岩渣）模型，模型中添加集渣坑。图 14.5－32～图 14.5－35 为模拟岩塞爆破后不同时刻岩渣相堆积特征与流速变化规律。爆破结束时刻，岩渣快速流动，接近集渣坑底时的瞬时速度为 20.4m/s。此后大部分岩渣随泥流进入集渣坑，剩余部分（25％左右）随泥流进入排沙洞，并在泥流作用下沿排沙洞向前推移。

方案 5 各时刻水相、堆渣（0.6m 堆渣）相、淤泥（1mm 沙粒）相及岩渣（0.5m 爆破岩渣）相在两个关键部位的流速见表 14.5－5，相应的流速过程线见图 14.5－36。

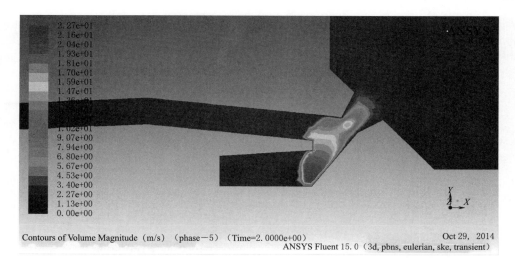

Contours of Volume Magnitude （m/s）（phase－5）（Time=2.0000e+00）

Oct 29, 2014
ANSYS Fluent 15.0（3d, pbns, eulerian, ske, transient）

图 14.5－32　现方案爆破后 2s 岩渣（0.5m 爆破岩渣）相流速分布云图

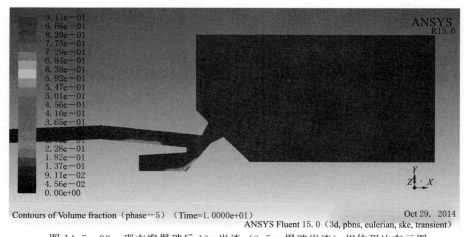

Contours of Volume fraction （phase－5）（Time=1.0000e+01）

Oct 29, 2014
ANSYS Fluent 15.0（3d, pbns, eulerian, ske, transient）

图 14.5－33　现方案爆破后 10s 岩渣（0.5m 爆破岩渣）相体积比布云图

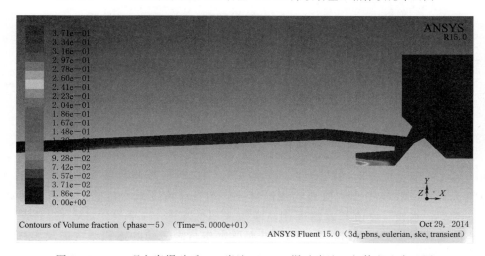

Contours of Volume fraction （phase－5）（Time=5.0000e+01）

Oct 29, 2014
ANSYS Fluent 15.0（3d, pbns, eulerian, ske, transient）

图 14.5－34　现方案爆破后 50s 岩渣（0.5m 爆破岩渣）相体积比布云图

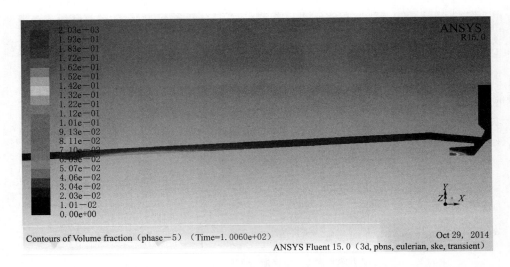

图 14.5 - 35　现方案爆破后 100s 岩渣（0.5m 爆破岩渣）相体积比布云图

表 14.5 - 5　　　现方案排沙洞内水、堆渣及淤泥泄流头部及逆坡段中心流速过程

时间/s	水-泄流头部	水-逆坡段中心处	堆渣-泄流头部	堆渣-逆坡段中心处	淤泥-泄流头部	淤泥-逆坡段中心处
10	22.4	20.30	21.4	20.00	21.2	19.8
50	15.3	12.80	15.1	11.80	15.0	11.8
80	11.1	9.73	10.3	9.61	10.3	9.6
110	9.2	7.50	8.9	7.30	8.9	7.6
160	8.1	6.30	7.8	6.40	7.8	6.5
189	7.4	5.90	7.2	5.50	7.2	5.9

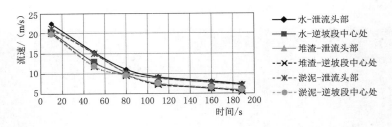

图 14.5 - 36　现方案（5 相，淤泥含 0.6m 堆渣）排沙洞内水、
0.6m 堆渣及 1mm 沙粒流速过程线

由图可见，随着泄流时间的增加，水相、堆渣（0.6m 堆渣）相及淤泥（1mm 沙粒）相在泄流头部和逆坡段中心的流速均逐渐减小，前 80s 流速减小较快，之后减速相对趋缓；同一时刻，水相、堆渣相及淤泥相在泄流头部的流速（7.2～22.4m/s）普遍大于逆坡段中心的流速（5.5～20.3m/s）；由于淤泥层水相与淤泥相的体积率（依次为 0.527 和 0.413）相差不大，且堆渣粒径较小，致使同时刻同部位（泄流头部或逆坡段中心）水相、

堆渣相及淤泥相三者的流速均相差不大；在逆坡段中心处各相流速较大，不会出现堆渣及淤泥与水离异的现象；岩塞爆破后 190s，在逆坡段中心，水相、堆渣（0.6m 堆渣）相及淤泥（1mm 沙粒）相均达到最小流速，依次为 5.9m/s、5.5m/s、5.9m/s，均接近 0.6m 堆渣不冲流速 5.42m/s，存在粒径大于 0.6m 块石（堆渣及爆破岩渣）在逆坡段停止运动的可能。

六、计算成果对比分析

方案 1～4 的计算成果，虽然已经说明了刘家峡洮河口排沙洞水下岩塞爆破后水沙运动的一些现象，但为了深入了解岩塞爆破后影响水沙运动的因素及其规律，还需做更进一步的对比分析。

开展本次水沙运动数值模拟计算的目的主要是研究岩塞爆破后岩塞口区厚淤泥覆盖层对排沙洞内水沙运动规律的影响，掌握排沙洞内由淤泥组成的多相流的运动情况。

在不考虑岩塞口区的淤泥层时，可参照有压管道流速计算公式计算岩塞爆破后排沙洞内水的运动速度：

$$v = \frac{1}{\sqrt{1 + \lambda \dfrac{l}{d} + \Sigma \zeta}} \sqrt{2gH} = \mu_c \sqrt{2gH} \qquad (14.5-1)$$

爆破时，上游库水位为正常蓄水位 1735.00m，排沙洞出口高程 1631.60m，故计算水头 H 为 103.40m；一般混凝土排水管的糙率 n 可取 0.014，排沙洞长度 l 为 1486m，直径 d 为 10m，水力半径 R 为 2.5m，谢才系数 $C = \dfrac{1}{n} R^{\frac{1}{6}}$，排沙洞沿程损失系数 $\lambda = \dfrac{8g}{C^2}$，局部水头损失 $\Sigma \zeta = 0.5 + 0.04 = 0.54$，由此计算的流速系数 $\mu_c = 0.56$，岩塞爆破后排沙洞内水的运动速度 $v = 25.08$m/s。

为便于下面对比分析，将上述不考虑岩塞口区的淤泥层即只有清水的情况记为清水方案。

（一）方案 1～4 泄流头部水最大流速对比

由 4 个计算方案，可得到泄流头部水最大流速对比图见图 14.5－37，各方案泄流头部水的最大流速见表 14.5－6。

图 14.5－37 表明，随着泄流时间的延长，水与排沙洞的接触长度增加，水流受到洞壁的摩擦阻力随之增加，泄流头部水的最

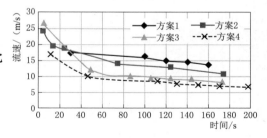

图 14.5－37　各方案泄流头部水最大流速对比图

大流速逐渐减小，前期减速较大，后期趋于平缓；后期稳定。

方案 1 是在清水方案的基础上考虑了淤泥（1mm 沙粒）的影响，而方案 2 是在清水方案的基础上考虑了堆渣（0.6m 堆渣）的影响。上述数据表明，方案 2 与方案 1 相比，相应的流速减小较大，说明堆渣（0.6m 堆渣）对降低流速的效果比淤泥（1mm 沙粒）更加明显。

表 14.5-6　　　　　　　　　　各方案泄流头部水的最大流速

泄流头部水最大流速/(m/s)	清水方案	方案 1	方案 2	方案 3	方案 4
	25.08	13.59	10.80	8.08	6.77

　　方案 3 是在方案 1 的基础上增加了 6% 的堆渣（20mm 沙粒），方案 4 是在方案 1 的基础上增加了 6% 的堆渣（0.6m 堆渣），方案 4 与方案 3 相比，相应的流速又减小16.2%，说明在考虑淤泥的情况下加大堆渣粒径，将继续降低相应的流速。另外，方案 4 又是在方案 2 的基础上考虑了淤泥的影响，在这个层面上，方案 4 与方案 2 相比，相应的流速又减少了 37.3%，说明在清水方案下考虑 6% 的堆渣（0.6m 堆渣）的情况下增加 41.3% 的淤泥（1mm 沙粒），将明显减少相应的流速，这主要是由于增加淤泥加强了水与堆渣间的拖拽作用，进一步降低了水与堆渣的离异程度，使水与堆渣的运动速度差异减小。

（二）方案 1～4 逆坡段中心水流速对比

　　由 4 个计算方案，可得到逆坡段中心水最大流速对比图见图 14.5-38。

　　由图 14.5-38，也可看出从方案 1 到方案 4，逆坡段中心水的流速逐渐减小，在泄流后期，流速减小相对平缓，依次为 12.81m/s、8.74m/s、6.83m/s、5.38m/s，各方案间的差异及其对相关流速的影响，在规律上与上述分析结果（泄流头部水最大流速对比）基本一致，只是在逆坡段中心处相应流速比泄流头部有所减小，且变化幅度较平缓，这主要是由于泄流头部存在临空自由面，流动阻力相对较小。而在逆坡段中心，下游排沙洞洞壁摩擦阻力及逆坡阻力较大所致。

（三）方案 1～4 泄流头部淤泥（1mm 沙粒）流速对比

　　由 4 个计算方案，可得到逆坡段中心水最大流速对比图见图 14.5-38，各方案逆坡段中心水流速见表 14.5-7。

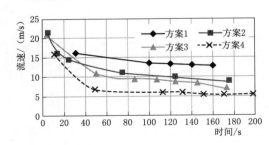

图 14.5-38　各方案逆坡段中心水流速对比图

可以看出从方案 1 到方案 4，逆坡段中心水的流速逐渐减小，在泄流后期，流速减小相对平缓，依次为 12.81m/s、8.74m/s、6.83m/s、5.38m/s，各方案间的差异及其对相关流速的影响，在规律上与上述分析结果（泄流头部水最大流速对比）基本一致，只是在逆坡段中心处相应流速比泄流头部有所减小，且变化幅度较平缓，这主要是由于泄流头部存在临空自由面，流动阻力相对较小；而在逆坡段中心，下游排沙洞洞壁摩擦阻力及逆坡阻力较大所致。

表 14.5-7　　　　　　　　　　各方案逆坡段中心水流速

	方案 1	方案 2	方案 3	方案 4
逆坡段中心水流速/(m/s)	12.81	8.74	6.83	5.38

（四）方案 1～4 逆坡段中心淤泥（1mm 沙粒）流速对比

由方案 1、方案 3 及方案 4 的计算结果，可得到逆坡段中心淤泥（1mm 沙粒）最大流速对比图见图 14.5-39。

由图 14.5-39，亦可看出从方案 1、方案 3 到方案 4，逆坡段中心淤泥（1mm 沙粒）的流速逐渐减小，在泄流后期，流速减小相对平缓，依次为 12.7m/s、7.52m/s、5.16m/s，各方案间的差异及其对相关流速的影响，在规律上与上述分析结果［泄流头部淤泥（1mm 沙粒）最大流速对比］基本一致，只是在逆坡段中心处相应流速比泄流头部有所减小，且变化幅度较平缓，这主要是由于泄流头部存在临空自由面，流动阻力相对较小，而在逆坡段中心，下游排沙洞洞壁摩擦阻力及逆坡阻力较大所致。

（五）方案 4、方案 5 流速对比

由方案 1、方案 3 及方案 4 的计算结果，可得到逆坡段中心淤泥（1mm 沙粒）最大流速对比图见图 14.5-39，各方案逆坡段中心淤泥（1mm 沙粒）最大流速见表 14.5-8。

可以看出从方案 1、方案 3 到方案 4，逆坡段中心淤泥（1mm 沙粒）的流速逐渐减小，在泄流后期，流速减小相对平缓，依次为 12.7m/s、7.52m/s、5.16m/s，各方案间的差异及其对相关流速的影响，在规律上与上述分析结果［泄流头部淤泥（1mm 沙粒）最大流速对比］基本一致，只是在逆坡段中心处相应流速比泄流头部有所减小，且变化幅度较平缓，这主要是由于泄流头部存在临空自由面，流动阻力相对较小；而在逆坡段中心，下游排沙洞洞壁摩擦阻力及逆坡阻力较大所致。

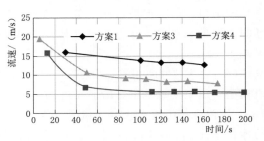

图 14.5-39 各方案逆坡段中心淤泥
（1mm 沙粒）流速对比图

表 14.5-8 各方案逆坡段中心淤泥（1mm 沙粒）流速

逆坡段中心淤泥（1mm 沙粒）流速/(m/s)	方案 1	方案 3	方案 4
	12.70	7.52	5.16

第六节　数值分析结果

本次研究以刘家峡排沙洞岩塞口区及排沙洞为研究对象，采用 Euler 多相流模型，建立三维排沙洞水沙非恒定多相流计算模型，计算正常蓄水位、淤泥层不同颗粒组成等条件下，排沙洞水下岩塞爆破后排沙洞中多相流运动过程，计算成果包括不同时间过程排沙洞内各相体积率及其流动速度、压力分布等。

（1）在不考虑岩塞口区淤泥层的情况下，参照有压管道流速计算公式计算的岩塞爆破后排沙洞内水的运动速度为 25.08m/s。

（2）本项研究中模拟的 0.6m 堆渣，γ_s 为 2.73g/cm³，当 C 取 0.86～1.2 时，由伊兹巴士公式计算的不冲流速为 3.88～5.42m/s，说明当流速大于 3.88m/s 时，0.6m 堆渣处于滑动状态；当流速大于 5.42m/s 时，0.6m 堆渣处于滚动状态。

（3）方案 1（三相流，不含堆渣）为相对简化的三相（空气、水、1mm 沙粒）流模型，用于模拟岩塞爆破后排沙洞内水沙运动过程，淤泥层不含堆渣，淤泥仅由水和 1mm 沙粒两相组成，水的体积率为 0.527，1mm 沙粒的体积率为 0.473。方案 1，岩塞爆破后 160s，水相和淤泥相均流出排沙洞出口，淤泥（1mm 沙粒）相在逆坡段中心的流速为 12.7m/s，基本上是排沙洞内的最小流速。

（4）方案 2（三相流，清水加堆渣）为相对简化的三相（空气、水、0.6m 堆渣）流模型，用于模拟岩塞爆破后排沙洞内水沙运动过程，淤泥层仅由水和 0.6m 堆渣两相组成，不考虑细粒，水的体积率为 0.94，0.6m 堆渣的体积率为 0.06。方案 2，由于淤泥层水相与堆渣相的体积率（依次为 0.94 和 0.06）相差较大，且堆渣粒径较大，致使同时刻同部位（泄流头部或逆坡段中心）水相与堆渣（0.6m 堆渣）相的流速均相差较大，出现堆渣和水离异现象，即堆渣大部分集中在排沙洞底部。爆破后 175s，水相和堆渣相均流出排沙洞出口，但在逆坡段中心处，堆渣（0.6m 堆渣）相的流速为 5.13m/s，基本上是排沙洞内的最小流速，小于 0.6m 堆渣 5.42m/s 的不冲流速，存在 0.6m 堆渣停止流动的可能。

（5）方案 3（四相流，含 20mm 堆渣）为四相（空气、水、20mm 沙粒、1mm 沙粒）流模型，用于模拟岩塞爆破后排沙洞内水沙运动过程，淤泥层简化为由水、20mm 沙粒和 1mm 沙粒三相组成，水的体积率定为 0.527，20mm 沙粒的体积率定为 0.06，1mm 沙粒的体积率定为 0.413。方案 3，由于淤泥层水相与淤泥相的体积率（依次为 0.527 和 0.413）相差不大，且堆渣粒径较小，致使同时刻同部位（泄流头部或逆坡段中心）水相、堆渣相及淤泥相三者的流速均相差不大，不会出现堆渣及淤泥与水离异的现象。爆破后 173s，水相流和淤泥相基本流至排沙洞出口，堆渣（20mm 沙粒）相在逆坡段中心的最小流速为 7.28m/s 远远大于 20mm 沙粒 0.99m/s 的不冲流速。

（6）方案 4（四相流，含 0.6m 堆渣）为四相（空气、水、0.6m 堆渣、1mm 沙粒）流模型，用于模拟岩塞爆破后排沙洞内水沙运动过程，淤泥层简化为由水、0.6m 堆渣和 1mm 沙粒三相组成，水的体积率定为 0.527，0.6m 堆渣的体积率定为 0.06，1mm 沙粒的体积率定为 0.413。方案 4，岩塞爆破后 198s，在逆坡段中心，水相、堆渣（0.6m 堆渣）相及淤泥（1mm 沙粒）相均达到最小流速，依次为 5.38m/s、5.08m/s、5.16m/s，均小于 0.6m 堆渣 5.42m/s 的不冲流速，存在 0.6m 堆渣在逆坡段停止运动的可能。

（7）现计算方案按实际设计结构进行建模，考虑岩塞岩渣和集渣坑的影响。淤泥层简化为由水、0.6m 堆渣和 1mm 沙粒三相组成，水的体积率定为 0.527，0.6m 堆渣的体积率定为 0.06，1mm 沙粒的体积率定为 0.413。此外，根据岩塞爆破设计资料，爆破岩渣平均粒径为 0.5m，体积率定为 0.95。岩塞爆破后 190s，在逆坡段中心，水相、堆渣（0.6m 堆渣）相及淤泥（1mm 沙粒）相均达到最小流速，依次为 5.9m/s、5.5m/s、5.9m/s，均接近 0.6m 堆渣不冲流速 5.42m/s，存在粒径大于 0.6m 块石（堆渣及爆破岩渣）在逆坡段停止运动的可能。

第十五章　刘家峡岩塞爆破测试分析

第一节　大地振动影响场测试成果

一、大地振动场速度监测成果

（一）振动场速度峰值监测成果

刘家峡原型岩塞爆破大地振动影响场的实测速度最大峰值成果见表 15.1-1，典型爆破振动速度历程及卓越谱分析见图 15.1-1。

表 15.1-1　　　　　爆破质点振动速度监测成果表

测点编号	测点部位	至岩塞中心距离/m		峰值振速监测成果					
				水平切向		竖直向		水平径向	
		水平	高差	振速/(cm/s)	峰频/Hz	振速/(cm/s)	峰频/Hz	振速/(cm/s)	峰频/Hz
DZV1	边坡锚索处	42.7	60.7	13.21	23.8	24.99	27.6	16.26	15.2
DZV2	洞脸	59.8	55.5	5.64	47.9	12.85	29.3	7.33	25.6
DZV3	闸门井处	102.0	73.9	2.58	35.0	6.24	20.0	4.67	32.0
DZV4	闸门井下游岩壁	133.3	75.6	0.89	67.0	2.26	19.0	2.40	13.3
DZV5	进场路内侧	171.5	74.0	2.55	28.0	3.70	37.0	3.46	15.3
DZV6	观测房外侧	252.7	77.2	1.30	34.0	3.34	17.1	1.84	26.0
DZV7	进场路内侧	348.1	80.8	0.31	6.1	0.73	14.0	0.61	8.5

从表 15.1-1 及图 15.1-1 可见，典型爆破振动速度历程主要有以下特征：

（1）爆破振动波形中包含淤泥钻孔爆破（或预裂孔）及岩塞爆破的信息。时域分析表明，振动峰值主要出现在起爆后 100ms 以内以及 190～280ms 两个时间段。最大峰值均出现在 100ms 以内时段，即出现在淤泥孔爆破时段或预裂孔爆破时段，1 号区淤泥孔爆破与首段预裂孔爆破时差间隔 50ms 左右。

（2）岩塞段药室爆破振动幅值明显小于淤泥孔爆破及预裂孔爆破，仅为其 1/2～1/3；同距离测点的振幅，甚至小于 1：2 岩塞模型爆破试验中的药室爆破（单段药量仅为本次药室爆破的 1/2～1/3）产生的振动。出现这种现象的原因，应该是先行起爆的淤泥孔和预裂孔都起到了比较好的爆破效果，即淤泥爆破已充分扰动岩塞口附近淤泥，并有可能在岩塞口附近形成空腔使岩塞上层岩石有较充裕的膨胀空间，减少了药室爆破转化为振动波的能量；同时，预裂孔在爆后也形成了较为完整的缝隙结构，从而有效衰减了药室爆破振动波向四周的传播能量，因此降振明显。药室爆破最大峰振多数出现在 1 号、2 号药室起爆

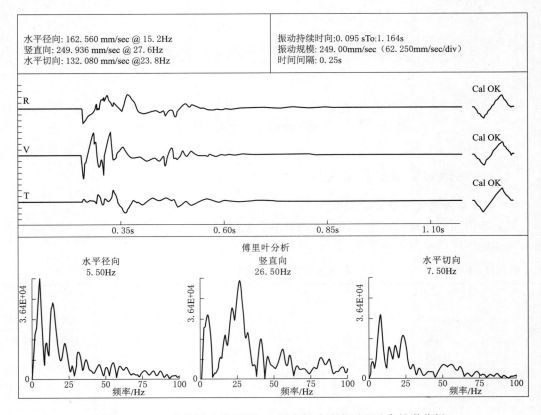

图 15.1-1　大地振动场 DZV-1 测点振动速度历程及卓越谱分析

时段，4 号药室（其中包括上、下两个药室）爆破引起的峰振过程不明显。三类爆破振动速度峰值统计见表 15.1-2。

表 15.1-2　　　　　　　　　　三类爆破振动速度峰值统计表

测点编号	淤泥爆破			预裂爆破			药室爆破		
	水平切向/(cm/s)	竖直向/(cm/s)	水平径向/(cm/s)	水平切向/(cm/s)	竖直向/(cm/s)	水平径向/(cm/s)	水平切向/(cm/s)	竖直向/(cm/s)	水平径向/(cm/s)
DZV1	7.72	24.99	16.26	13.21	24.99	14.02	6.10	11.79	8.74
DZV2	3.73	12.85	7.33	5.67	11.61	6.75	2.02	5.16	3.20
DZV3	2.58	3.63	4.67	2.29	6.24	4.15	1.00	1.77	1.69
DZV4	0.80	1.81	2.14	0.89	2.26	2.40	0.39	1.07	0.63
DZV5	0.99	3.24	3.28	3.46	3.70	2.55	0.85	1.52	0.89
DZV6	0.46	2.49	1.62	1.30	3.34	1.84	0.74	2.35	0.95
DZV7	0.18	0.55	0.59	0.28	0.73	0.61	0.11	0.24	0.31

（3）爆破中、近区 DZV1～DZV3 测点主振段持时与设计起爆延时相当或比设计略短，爆破远区振动持时则超过设计延时。

（4）在振速量值方面，闸门井下游岩壁测点（DZV4）测值偏小，爆破后检查发现该点安装不牢固（整平用的混凝土砂浆与岩石面之间出现脱开）导致测值异常。因此该值不参与分析比较和振动场计算。其他各测点的各分量测值均符合近大远小的一般振动衰减规律；测点内的各分量之间，以竖直向振速分量最大，水平径向振速分量均大于水平切向分量。

（5）爆破振速峰振频率在 6.1～67.0Hz 之间，爆破远区 DZV7 测点出现了低于 10Hz 低频振动。

（二）爆破振动速度衰减规律分析

根据国内类似工程研究成果，采用如下经验公式形式进行分析：

$$V = K\left(\frac{Q^{1/3}}{R}\right)^{\alpha} \tag{15.1-1}$$

式中：V 为振速峰值，cm/s；Q 为单段药量，kg；R 为测点至爆源的距离，m；K、α 分别为场地系数及衰减指数；比例药量 $\rho = \dfrac{Q^{1/3}}{R}$。

1. 淤泥钻孔爆破振动衰减规律

采用 DZV1～DZV7 测点实测数据进行统计分析，剔除了部分异常数据，并取 R 为测点至淤泥孔中心距离，Q 为 1 号区淤泥孔单段起爆药量，得到中近区淤泥孔爆破水平切向、竖直向、水平径向振动速度衰减规律经验公式如下：

$$V_{切向} = 119.7\left(\frac{Q^{1/3}}{R}\right)^{1.71} \tag{15.1-2}$$

$$V_{竖直} = 267.6\left(\frac{Q^{1/3}}{R}\right)^{1.59} \tag{15.1-3}$$

$$V_{径向} = 138\left(\frac{Q^{1/3}}{R}\right)^{1.41} \tag{15.1-4}$$

相关性检验表明，相关系数 R^2 在 0.911～0.972 之间；显著性检验表明，各式均通过了显著性水平 $\alpha = 0.1$ 检验，表明变量与自变量间线性关系存在。见图 15.1-2。

上述三公式自变量 ρ 取值范围 0.209～0.027。

2. 预裂孔爆破振动衰减规律

采用 DZV1～DZV7 测点实测数据进行统计分析，剔除了部分异常数据，并取 R 为测点至岩塞中心距离，Q 为第一段预裂孔起爆药量，得到中近区预裂孔爆破水平切向、竖直向、水平径向振动速度衰减规律经验公式如下：

$$V_{切向} = 157.1\left(\frac{Q^{1/3}}{R}\right)^{1.68} \tag{15.1-5}$$

$$V_{竖直} = 326.7\left(\frac{Q^{1/3}}{R}\right)^{1.54} \tag{15.1-6}$$

$$V_{径向} = 165.9\left(\frac{Q^{1/3}}{R}\right)^{1.36} \tag{15.1-7}$$

相关性检验表明，相关系数 R^2 在 $0.871 \sim 0.958$ 之间；显著性检验表明，各式均通过了显著性水平 $\alpha = 0.1$ 检验，表明变量与自变量间线性关系存在。见图 15.1－3。

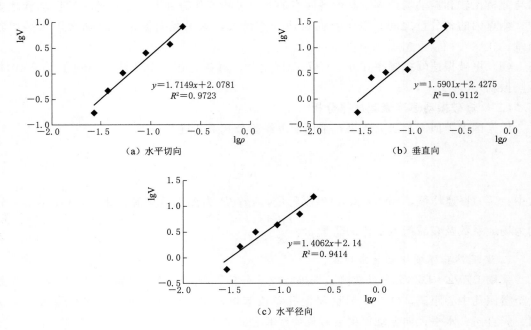

图 15.1－2　淤泥孔爆破速度振动场分析

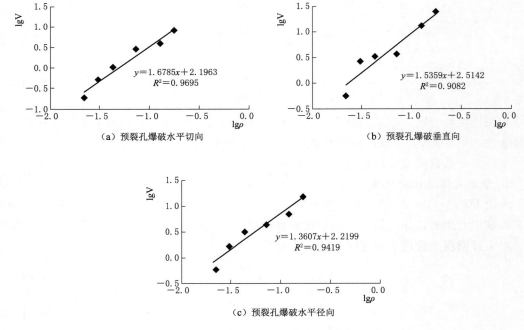

图 15.1－3　预裂孔爆破速度振动场分析

上述三公式自变量 ρ 取值范围 0.173～0.021。

3. 药室爆破振动衰减规律

采用 DZV1～DZV7 测点实测数据进行统计分析，剔除部分异常数据，并取 R 为测点至岩塞中心距离，Q 为 1 号、2 号药室单段起爆药量，得到中近区药室爆破水平切向、竖直向、水平径向振动速度衰减规律经验公式如下：

$$V_{切向}=37.7\left(\frac{Q^{1/3}}{R}\right)^{1.48} \tag{15.1-8}$$

$$V_{竖直}=114.2\left(\frac{Q^{1/3}}{R}\right)^{1.72} \tag{15.1-9}$$

$$V_{径向}=43.2\left(\frac{Q^{1/3}}{R}\right)^{1.35} \tag{15.1-10}$$

相关性检验（图 15.1-4）表明，相关系数 R^2 在 0.84～0.96 之间；显著性检验表明，式（15.1-8）、式（15.1-10）通过了显著性水平 $\alpha=0.1$ 检验，表明变量与自变量间存在线性关系。

上述三个公式自变量 ρ 取值范围 0.248～0.030。

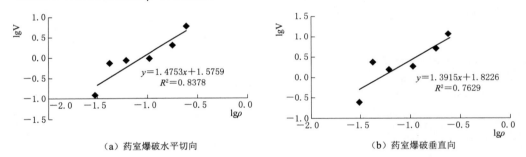

（a）药室爆破水平切向　　　　　　　　（b）药室爆破垂直向

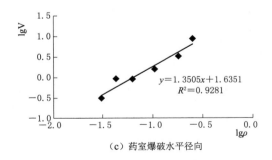

（c）药室爆破水平径向

图 15.1-4　药室爆破速度振动场分析

二、大地振动场加速度峰值监测成果

（一）振动场加速度峰值监测成果

典型爆破振动加速度历程及卓越谱分析见图 15.1-5，刘家峡原型岩塞爆破的振动加速度最大峰值成果见表 15.1 - 3。

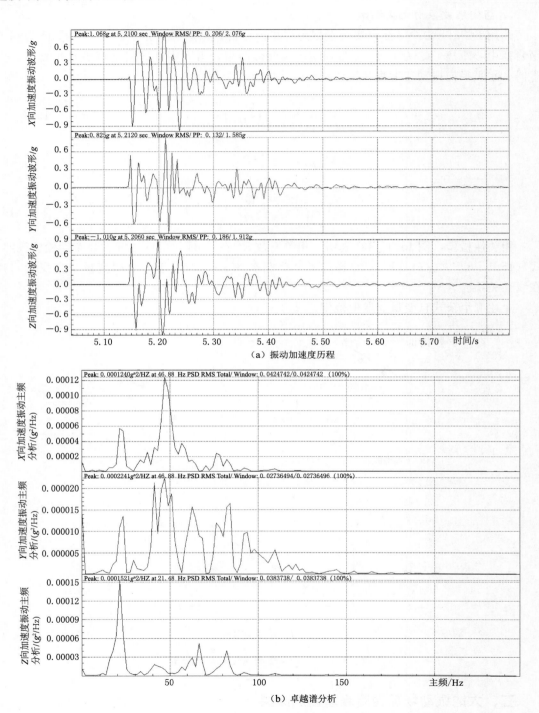

图 15.1 - 5　大地振动场 DZA - 2 测点振动加速度历程及卓越谱分析

表 15.1 - 3　　　　　　　　　　爆破质点振动加速度监测成果表

测点编号	测点部位	至岩塞中心距离/m		峰值加速度监测成果					
				水平切向		竖直向		水平径向	
		水平	高差	峰值/g	主频/Hz	峰值/g	主频/Hz	峰值/g	主频/Hz
DZA1	洞脸	59.8	55.5	1.97	39.6	1.55	36.6	2.22	40.7
DZA2	闸门井处	102.0	73.9	0.83	46.7	1.01	21.5	1.07	46.7
DZA3	闸门井下游岩壁	133.3	75.6	0.22	23.4	0.41	21.1	0.35	21.9
DZA4	进场路内侧	171.5	74.0	0.47	41.0	0.78	64.5	0.53	23.4
DZA5	观测房外侧	252.7	77.2	0.35	40.0	1.25	62.0	0.50	20.0
DZA6	进场路内侧	348.1	80.8	0.05	76.4	0.18	23.2	0.10	46.8

综合图 15.1-5 和表 15.1-3 的测试结果，可以得出以下结论。

（1）与速度振动特征一样，加速度振动峰值也是出现在起爆后 100ms 以内以及 190～280ms 两个时间段，而最大峰值均出现在 100ms 以内的时段。

（2）药室爆破产生的振动幅值约为淤泥孔或预裂孔的 1/2～1/3。

（3）在主振段持时上，距离岩塞中心较近的 DZA1～DZA3 测点与设计起爆延时相当或比设计略短，爆破远区测点的振动持时则超过设计延时。

（4）在测值大小上，闸门井下游岩壁测点（DZA3）由于传感器固定不牢固而导致加速度测值偏小，该点不参与分析比较和振动场计算。其他各测点的各分量测值亦符合近大远小的一般振动衰减规律；测点内的各分量之间，水平径向振动加速度分量均大于水平切向分量，而竖直向振动加速度分量则不明显。

（5）爆破振速峰振频率在 20.0～76.4Hz 之间，属于中等频率。

（二）爆破振动加速度衰减规律分析

根据 DZA1～DZA6 测点淤泥爆破加速度峰值进行统计分析（其中剔除了 DZA3 测点数据），分别得到淤泥爆破水平切向、竖直向、水平径向振动加速度衰减规律经验公式如下：

$$A_{切向} = 44.3 \left(\frac{Q^{1/3}}{R} \right)^{1.81} \tag{15.1-11}$$

$$A_{竖直} = 12.2 \left(\frac{Q^{1/3}}{R} \right)^{1.17} \tag{15.1-12}$$

$$A_{径向} = 29.7 \left(\frac{Q^{1/3}}{R} \right)^{1.53} \tag{15.1-13}$$

相关性检验（见图 15.1-6）表明，相关系数 R^2 在 0.852～0.911 之间；显著性检验表明，各式均通过了显著性水平 $\alpha = 0.1$ 检验，表明变量与自变量间线性关系存在。

上述三公式自变量 ρ 取值范围 0.198～0.034。

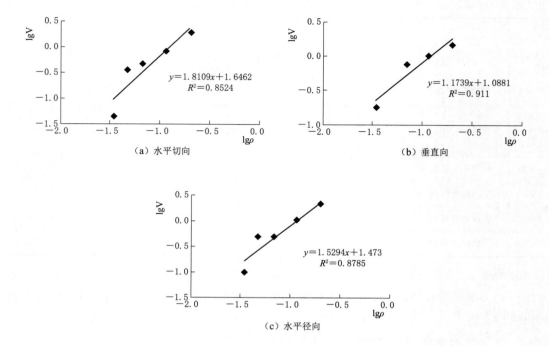

图 15.1-6　岩塞爆破加速度振动场分析

三、大地振动影响场测试结果

（1）不论是质点振动速度测试还是加速度测试，各测点所获得的振动波形均较好地体现了岩塞爆破各主要延期的时间间隔情况，各主要爆破延期未见波形叠加现象，波形幅值分布比较均匀，表明爆破网络设计比较合理。

（2）从振动波形上还可以看出，通过前期的淤泥孔和预裂孔爆破，其形成的鼓胀空腔（可能）和预裂效果大大地衰减了药室爆破的能量外传，从而降低了药室内大药量爆破对周围已有建筑物的振动破坏影响程度，有利于爆破安全。这说明岩塞爆破设计方案科学合理，施工质量较好。

（3）基于良好的爆破方案和振动测试效果，本文按照淤泥孔、预裂孔和药室等不同性质爆破给出其振动影响场计算结果。结果显示，淤泥孔和预裂孔的场地系数 K 值较大，其值一般在 $200\sim487$ 之间；而药室爆破的 K 值一般在 $50\sim117$ 之间，二者相比差 4 倍左右，这也是药室爆破振动影响程度较低的直接原因。

（4）除个别测点受安装因素影响外，各测点之间，其垂直向、水平径向和水平切向等三个分量测值均符合近大远小的一般振动衰减规律；测点内的三个分量之间，以竖直向振速分量最大，水平径向振速分量均大于水平切向分量。

第二节　已有建筑物振动影响测试

刘家峡岩塞爆破对已有建筑物的振动影响主要包含两个区域，一个是发电厂区内的大坝、厂房、中控室及开关站等重要建筑物，另一个是爆区临近的龙汇山庄、部分民房等建筑物。

一、发电厂区内已有建筑物振动影响测试

（一）测试设备

质点振动速度测试的仪器设备，采用国产 WS－N601 型（网络型）数据采集仪，传感器为 PS－4.5B（垂直向）和 PSH－4.5B（水平向）两种。该种采集仪的最高采集频率可达 400kHz，完全能够满足单通道采样率 5000Hz 的水平；其测试、记录时间不受仪器自身限制，仅与连接计算机的存贮硬盘容量大小有关；设备配有数据处理分析软件，可以进行滤波、FFt 计算，并提供峰值振动速度曲线。PS－4.5B（或 PSH－4.5B）型传感器的频宽为 10～800Hz，能够满足测试频响要求。测试系统内取消了传感器信号放大器件，串联了阻尼调解器（12 通道），以此保证系统的稳定性。

坝前动水压力测试，采用 KYB18A－600 型压力传感器，其供电电源为 12V（VDC），输出电压为 1～6V。传感器量程为 50～600kPa，精度为 ±0.25%，其性能参数指标满足测试要求。各传感器与采集仪之间采用专用水工电缆连接，电缆接头采用热缩材料进行防水和绝缘处理。

（二）各主要建筑物安全允许控制标准

根据刘家峡岩塞爆破的特点及爆破振动传播规律，按照新版《爆破安全规程》（GB 6722—2014），并结合其他类似工程的经验，对水工建筑物及电站（厂）中心控制室设备安全标准的规定，刘家峡发电厂区内大坝、厂房及开关站的安全允许振动速度标准选取结果见表 15.2－1。

表 15.2－1　　　　　　　电厂区内各主要建筑物爆破安全允许标准

序号	保护对象	安全允许振速/(cm/s)	说　　明
1	混凝土大坝（坝顶和坝基）	5.0	
2	土坝	2.0	据抗震设计标准推算
3	发电机组保护屏	0.5	
4	中控室保护屏	0.5	
5	开关站	0.5	

需要说明的是，表 15.2－1 中土坝的安全标准选取。由于站址区的抗震设计为Ⅶ度标准。按照《中国地震烈度表》（1999 年）的对应标准，Ⅶ度地震对应的峰值速度为 2.0～4.0cm/s；从安全角度出发，这里取最小值 2.0cm/s 作为土坝的安全允许振动速度控制标准。

有关大坝承受动水压力（或涌浪）的控制标准，这里参考国内三峡三期围堰拆除工程的成功经验：

$$P = \rho \cdot g \cdot h / 0.8 / 1000000 \qquad (15.2-1)$$

式中：P 为允许动水压力，MPa；ρ 为水密度，$1.0 \times 10^3 \mathrm{kg/m^3}$；$g$ 为重力加速度，$9.8 \mathrm{m/s^2}$；h 为水位差，m。

本次岩塞爆破时，库水位高程约 1724.00m，设计水位约 1735.00m，则允许动水压力：

$$P = 1000 \times 9.8 \times 11 \div 0.8 \div 1000000 = 0.135 \text{（MPa）}$$

于是，本次动水压力安全控制标准可按 0.135MPa（或 135kPa）考虑。

（三）振动速度及动水压力测试结果

岩塞爆破后，振动速度传感器记录的典型时程曲线见图 15.2-1，振动速度测试结果见表 15.2-2，动水压力测试结果见表 15.2-3。

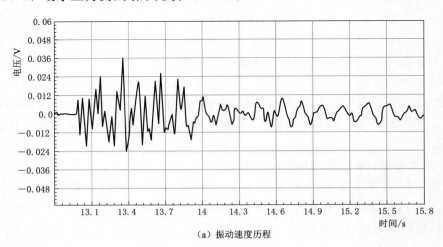

（a）振动速度历程

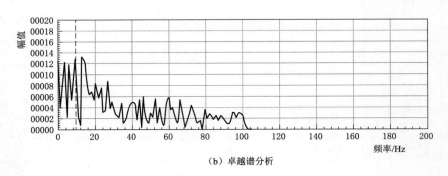

（b）卓越谱分析

图 15.2-1　发电厂区内黄土副坝 DBV$_\perp$-1 测点振动速度历程及卓越谱分析

表 15.2-2　　　　　　　　　　　**厂区内各振动速度传感器测试结果**

测点编号	安装位置	振动速度/(cm/s)	主频/Hz	说　明
DBV$_\perp$-1	黄土副坝	0.12	9.8	远小于安全标准（2.0cm/s）
DBV$_\parallel$-1		012	14.6	
DBV$_\perp$-2	2号机组坝段坝顶	0.14	15.9	远小于安全标准（5.0cm/s）
DBV$_\perp$-3	2号机组坝段廊道	0.13	6.1	

续表

测点编号	安装位置	振动速度/(cm/s)	主频/Hz	说　　明
CFV$_\perp$－1	2号机组保护屏前	0.12	25.6	远小于安全标准（0.5cm/s）
CFV$_{//}$－1		0.10	—	
CFV$_\perp$－2	5号机组保护屏前	＜0.10		
CFV$_{//}$－2		＜0.10		
CFV$_\perp$－3	中控室	0.08	33	
CFV$_{//}$－3		＜0.10		
CFV$_\perp$－4	220kV 开关站	＜0.10		
CFV$_{//}$－4		＜0.10		
CFV$_\perp$－5	330kV GIS 集控站	0.26	8.5	
CFV$_{//}$－5		0.16	3.7	

厂区内大坝及厂房等各振动速度测点的振动持续时间较长，一般可达 0.6～1.0s，明显高于岩塞爆破设计延期时间。这主要是由于厂区距离岩塞较远，高频波已经大大衰减所致，基本都是中低频振动。在量值方面，除 330kV GIS 集控站垂直测点（CFV$_\perp$－5）为 0.26cm/s 以外，其他测值均小于 0.2cm/s，部分测值甚至小于 0.1cm/s（见表 15.2－2）。对比表 15.2－1 中的安全允许振动速度标准，表 15.2－2 内各测点的振动速度值均不超标，说明本次岩塞爆破对厂区内大坝及厂房等重要建筑物的振动影响是安全可控的。

表 15.2－3　　　　　　　　大坝前各脉动压力传感器测试结果

测点编号	安　装　位　置	灵敏度/(kPa/mV)	电压值/mV	动水压力/kPa	说　明
DBM－1	2号机组所在坝段坝前水下 5.0m	0.11	＜54.4	＜6.0	未超过背景噪声
DBM－2	2号机组所在坝段坝前水下 15.0m	0.11	＜134	＜14.7	

坝前脉动压力测试结果显示，两支传感器测值均处于背景噪声以内，即最大脉动压力不超过 14.7kPa，约合 1.47m 水头。见表 15.2－3。该值远小于 135kPa 的坝前动水压力安全控制标准，说明本次岩塞爆破不会对大坝造成动水压力破坏。

二、爆区邻近建筑物振动影响测试

（一）质点振动速度控制标准

根据中华人民共和国国家标准《爆破安全规程》（GB 6722—2014）的规定，评价爆破对不同类型建筑物和其他保护对象的振动影响，应采用基础质点振动速度作为判别标准。《爆破安全规程》给定的爆破振动安全允许标准见表 15.2－4。

根据监测工作大纲要求，爆区周边须进行安全监测的建筑物分布在龙汇山庄。按用途的不同将其建筑物分为一般民用建筑物与工业和商业建筑物两类，其中，工业和商业建筑物包括贵宾楼、龙汇楼以及文体馆楼等，一般民用建筑物主要有山庄职工宿舍楼等。因此，根据表15.2-4制定的龙汇山庄主要建筑物安全振速允许标准见表15.2-5。

表15.2-4　　　　　《爆破安全规程》(GB 6722—2014)振动安全允许标准表

序号	保护对象类别	安全允许质点振动速度 V/(cm/s)		
		$f \leqslant 10\,Hz$	$10\,Hz < f \leqslant 50\,Hz$	$f > 50\,Hz$
2	一般民用建筑物	1.5～2.0	2.0～2.5	2.5～3.0
3	工业和商业建筑物	2.5～3.5	3.5～4.5	4.2～5.0

注1. 表中质点振动速度为三分量中的最大值；振动频率为主振频率。
　　2. 频率范围根据现场实测波形确定或按如下数据选取：硐室爆破 $f < 20\,Hz$；露天深孔爆破 $f = 10～60\,Hz$；露天浅孔爆破 $f = 40～100\,Hz$；地下深孔爆破 $f = 30～100\,Hz$；地下浅孔爆破 $f = 60～300\,Hz$。
　　3. 爆破振动监测应同时测定质点振动相互垂直的三个分量。

　　说明：上述标准中"安全允许振速"系指建筑物基础部位振速。

15.2-5　　　　　　　　龙汇山庄建筑物振动安全允许标准表

序号	保护对象名称	安全允许质点振动速度 V/(cm/s)		
		$f \leqslant 10\,Hz$	$10\,Hz < f \leqslant 50\,Hz$	$f > 50\,Hz$
1	职工宿舍楼	1.5～2.0	2.0～2.5	2.5～3.0
2	贵宾楼、龙汇楼、文体馆楼等	2.5～3.5	3.5～4.5	4.2～5.0

（二）质点振动速度测试结果

　　距爆破岩塞较近的周边建筑主要集中在龙汇山庄，实测爆破振动速度峰值成果见表15.2-6。典型爆破振动速度历程及卓越谱分析见图15.2-2。

表15.2-6　　　　　　爆破振动对民房影响监测成果表（质点速度）

测点编号	测点部位		至岩塞中心距离/m		峰值振速监测成果						安全标准/(cm/s)
					水平切向		竖直向		水平径向		
			水平	高差	振速/(cm/s)	峰频/Hz	振速/(cm/s)	峰频/Hz	振速/(cm/s)	峰频/Hz	
LHV1	龙汇楼	顶层	215.5	145	1.22	16.5	4.83	15.5	4.27	12.8	
LHV2	龙汇楼	基础	215.5	131.5	1.57	13.8	1.56	18.0	3.60	13.0	3.5～4.5
LHV3	贵宾楼	顶层	357.4	125	1.22	6.1	2.95	15.2	2.82	8.6	
LHV4	贵宾楼	基础	357.4	114.8	0.97	13.6	1.98	12.9	1.30	13.2	3.5
LHV5	文体馆	基础	325.2	114.8	0.76	11.7	1.38	22.6	1.81	13.8	3.5
LHV6	员工宿舍	顶层	290.5	142	2.27	11.9	1.82	14.2	1.27	9.5	
LHV7	员工宿舍	基础	290.5	135.4	1.78	16.7	1.31	14.5	1.93	16.0	2.0
LHV8	射击场	基础	188.7	126.5	1.22	56.8	3.10	12.6	1.57	14.2	仅对比测试

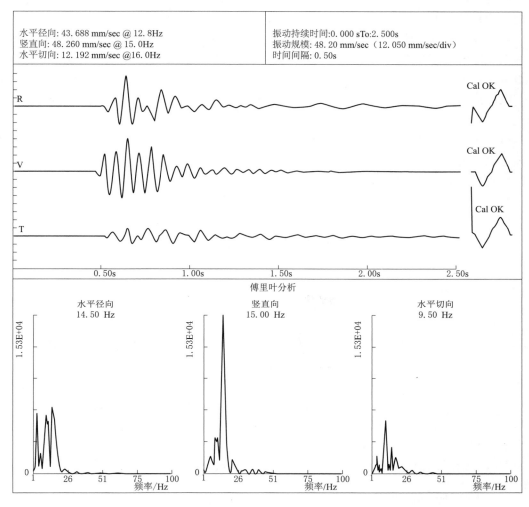

图 15.2-2　龙汇楼顶层 LHV1 测点振动速度历程及卓越谱分析

根据表 15.2-6 峰值监测结果和图 15.2-2 振动历时过程线可见：

（1）贵宾楼、文体馆以及员工宿舍等各建筑物基础部位爆破振动速度峰值均低于表 15.2-6 中规定的安全允许振速，龙汇楼基础部位振速峰值为 3.6cm/s，低于安全标准上限，略高于安全标准下限。

（2）各建筑物基础部位的振频均在 11.7～22.6Hz 之间，多数在 20Hz 以内，顶层部位的结构响应频率可低至 10Hz 以下。

（3）各测点的振动持时一般为 0.3～0.5s，与起爆延期时长接近或略大。其中，爆破远区山坡顶部面波作用下振动持续时间明显增加，各测点振动时间均超过起爆总延时，楼房顶部响应持续时间可至数秒且振幅放大率最大超过 1 倍。

（三）安全评价

根据中华人民共和国国家标准《爆破安全规程》（GB 6722—2014）的规定，评价爆破对不同类型建（构）筑物和其他保护对象的振动影响，应采用建（构）筑物基础质点振动速度作为判别标准。

以此评判，贵宾楼、文体馆以及员工宿舍等各建筑物基础部位爆破振动速度峰值均低于国家规定的安全允许值，且爆后测点附近原有宏观调查点裂缝开度无明显变化，认为本次爆破未对上述建筑物安全造成危害。龙汇楼基础部位振速峰值略高于规范规定的安全标准下限，但仍低于上限，宏观调查表明原有裂缝开度亦无明显变化，说明爆破振动未对该建筑物产生进一步危害。

射击场主楼因地基破损已弃用，故此次不作为评价对象。爆前调查发现部分楼房墙体及地面早已出现多处明显裂缝，而爆后宏观调查尚未发现测点部位所在地面出现新生裂缝，原有裂缝亦未发生明显变化。

综上所述认为，本次岩塞爆破没有对龙汇山庄等邻近建筑物造成危害影响。

第三节 水中冲击波压力测试

一、测试仪器

针对本工程水中冲击波测试大动态、高量程的特点，测试设备主要选用了美国 PCB 产 W138A 型压力传感器以及国产 Blast PRO 型爆破冲击波测试仪。

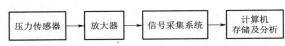

图 15.3 - 1 水中冲击波测试系统框图

测试系统框如图 15.3 - 1 所示。

W138A 型压力传感器最大量程范围 6.9～34.5MPa，上升时间≤1.5μs，下限频率 2.5Hz，完全满足本工程水中冲击波压力监测要求。Blast PRO 型爆破冲击波测试仪最高采样频率为 4MHz，测量频率＞500kHz，具有自触发模式，可实现无人值守自动记录。

二、测试结果及分析

（一）超压峰值观测成果

P1～P4 及 P6 测点均记录到完整的爆破压力过程，典型实测压力波形见图 15.3 - 2、图 15.3 - 3。实测峰值成果统计见表 15.3 - 1。

表 15.3 - 1　　　　　　水击波压力峰值统计分析结果

编号	至爆心水平距/m	观测条件	压力峰值/MPa	说明
P1	103.6		0.794	
P2	143.1		0.283	
P3	199.0	水下 10m 深度处	0.220	
P4	246.7		0.126	
P5	306.5		—	遭损坏
P6	399.9		0.117	

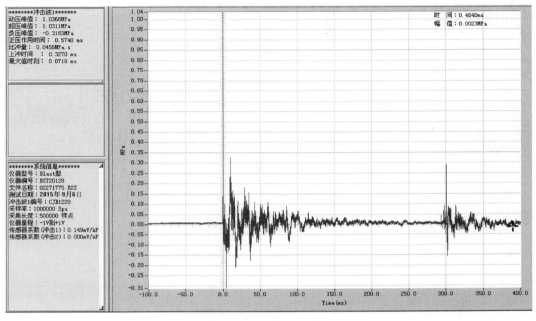

（a）水击波压力历程（全程）

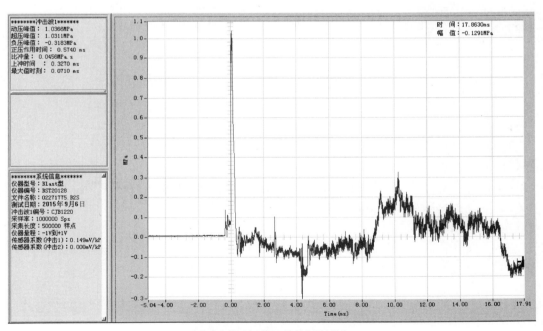

（b）水击波压力历程（首至冲击波放大）

图 15.3－2（一）　P1 测点水击波压力过程线

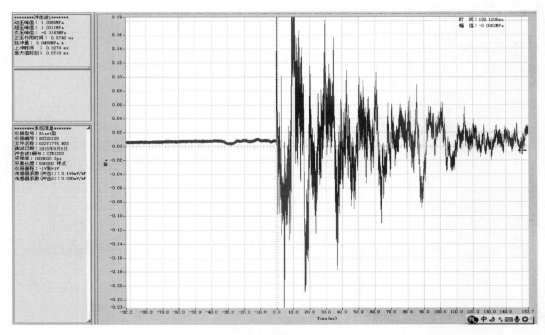

（c）首至冲击波抵达前的小幅低频动压力

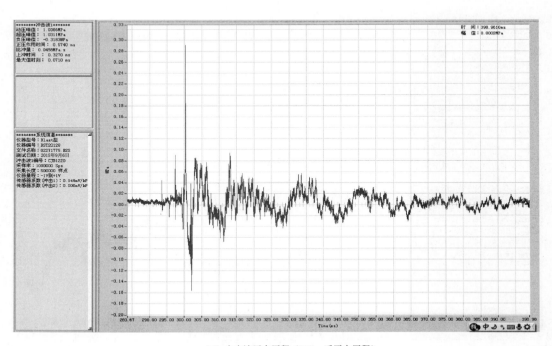

（d）水击波压力历程（300ms后压力历程）

图 15.3-2（二）　P1 测点水击波压力过程线

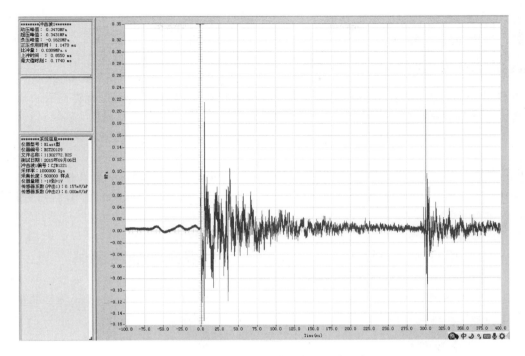

图 15.3 - 3　P2 测点水击波压力过程线（全程）

（二）压力历程及作用特征

图 15.3 - 2 给出了 P1 测点的爆破压力-时间全程曲线以及局部放大图，分析认为：

（1）首先抵达的较低频率峰压过程是由地震波折射入水中动水压力作用引起，其压力幅值很小，仅为几个 kPa，频率在 100Hz 以内，见图 15.3 - 2（b），表明地震波经厚淤泥层衰减后进入水中的能量很小；经过 34ms 左右 P1 测点才有跃阶波形抵达，其前沿上升很陡峭具有冲击波特征，应为直接溢出至水中的爆破水击波，由于 1 号区淤泥炮孔分别提前预裂炮孔 50ms、岩塞洞室药包 170ms 首爆，而水击波滞后地震波到达时间小于 50ms，因此可判断该水击波由 1 号区淤泥钻孔爆破产生。此后出现类似低频脉动过程波幅递减，持续超过 100ms，其成分以 100Hz 以下低频居多，未见明显预裂爆破及洞室爆破引起的水击波过程，表明厚淤泥层对岩石爆破溢出的水击波能量衰减很明显，这与 1∶2 岩塞模型爆破试验中的观测结果基本一致。至 300ms 左右又出现明显峰压作用过程，峰值明显低于前段水击波，但峰压上升过程仍具有一些水击波特征，应是 2 号区淤泥钻孔爆破产生。

（2）各测点水击波前沿上升时间随距离增加有增大趋势，P1 测点首达水击波前沿上升时间不到 $10\mu s$；在距离 200m 以外的 P4 测点，上升时间为 $16\mu s$ 左右。除 P1 测点外，其余各点均出现水面切断效应，削减了超压峰值。

（三）水击波压力传播规律

根据国内类似工程研究成果，采用如下经验公式形式进行分析：

$$P = K\left(\frac{Q^{1/3}}{R}\right)^{\alpha} \qquad\qquad (15.3-1)$$

式中：P 为超压，MPa；Q 为药量，kg；R 为测点至爆源的距离，m；K、α 分别为实测系数及衰减指数；比例药量 $\rho = \dfrac{Q^{1/3}}{R}$。

对 P1～P4、P6 测点实测最大峰值进行统计分析，距离 R 取为测点至淤泥孔口距离，得到压力衰减规律经验公式如下：

$$P_{孔} = 15.60\left(\frac{Q^{1/3}}{R}\right)^{1.38} \qquad\qquad (15.3-2)$$

式中：$P_{孔}$ 为淤泥钻孔爆破水击波超压，MPa。相关系数 γ 为 0.923；显著性检验表明，在显著性水平 $\alpha = 0.1$ 下，变量与自变量间线性关系显著。式（15.3-2）由于回归数据较少，仅供参考。

第四节　排沙洞顶拱及集渣坑边墙振动速度测试

排沙洞振动测试包括排沙洞顶拱和集渣坑边墙两个部位，均进行质点振动速度观测；混凝土结构应变测试，则专指岩塞口附近的排沙洞顶拱混凝土。

一、安全控制标准

参照相关规程规范，《爆破安全规程》（GB 6722—2014）中规定水工隧洞混凝土的安全允许质点振动速度标准为：频率区间为 10～50Hz 时，按 8～10cm/s 选取；当频率大于 50Hz 时，则提高到 15cm/s。此外，水电水利工程爆破施工技术规范（DL/T 5135—2013）对龄期满 28d 的新浇混凝土提出的安全允许振动标准为 12cm/s。考虑到该段排沙洞紧邻岩塞口，其受到的爆破振动波影响应属于中高频，因此，本次动态监测工作选择 12cm/s 作为排沙洞的安全允许振动标准。

二、排沙洞顶拱振动速度测试

排沙洞顶拱混凝土振动速度观测成果见表 15.4-1，典型振动速度波形图见图 15.4-1。

表 15.4-1　　　　　　　　排沙洞内质点振动速度测试结果

测点编号	爆心距/m	灵敏度（有效值）/[mV/(cm/s)]	电压值/mV	最大振速/(cm/s)	主频/Hz	说　明
PSDV1	10.8	204.2	>10000	—	—	超量程
PSDV2	14	206.8	>10000	—	—	超量程
PSDV3	24	209.6	7280	24.56	19.5	
PSDV4	46	198.3	—	—	—	测值异常
PSDV5	85	202.0	415	1.45	18.3	

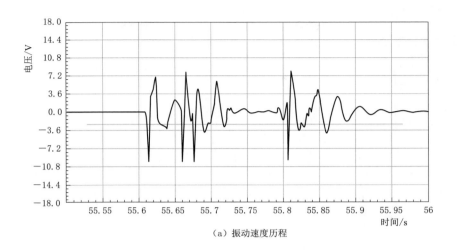

（a）振动速度历程

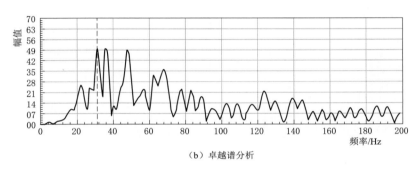

（b）卓越谱分析

图 15.4-1　排沙洞顶拱 PSDV1 测点振动速度历程及卓越谱分析

从表 15.4-1 和图 15.4-1 中可以看出：

（1）爆破振动波形总体上涵盖了本次岩塞爆破的全过程信息，其持续时间基本与设计延时一致。

（2）距离岩塞口较近的 PSDV1 和 PSDV2 两个测点的测试结果超出了仪器量程，表明这两处位置振动强烈；稍远的 PSDV3 和 PSDV5 两个测点的振速测值分别 24.56cm/s 和 1.45cm/s；与规范给出的安全允许振动速度标准相比，PSDV3 测值超出，该点附近混凝土衬砌有可能发生轻微破坏，建议结合水下调查工作对此进行详细检查。

（3）从测试效果较好的 PSDV3 和 PSDV5 两测点的振动速度波形图看，淤泥孔和预裂孔爆破振动影响比较显著（均处于起爆后 100ms 以内的时段），而单响药量较大的药室爆破则影响较弱（处于起爆后 170～270ms 的时段），后者引起的振动幅值一般仅为前者的 1/2～2/3。这与大地振动影响场的测试结果基本类似。

（4）进一步分析药室爆破的振动影响波形，其最大峰值并未出现在 4 号药室（单响药量最大）的起爆时刻（起爆后 170ms），而是出现在近于起爆后 190ms 左右，即 1 号、2 号药室起爆延期时刻。该现象与大地振动影响场的测试结果相一致。

三、集渣坑边墙质点振动速度测试

顶拱振动速度观测成果见表 15.4 - 2，典型振动速度波形图见图 15.4 - 2。

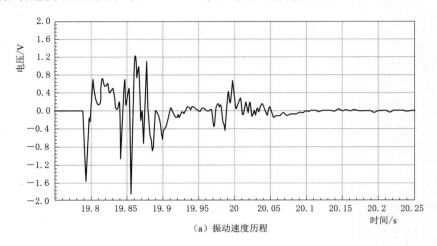

（a）振动速度历程

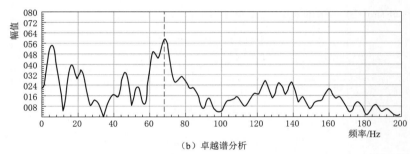

（b）卓越谱分析

图 15.4 - 2 集渣坑 0 - 60 左侧 JCKV2 （//） 测点振动速度历程及卓越谱分析

表 15.4 - 2 集渣坑边墙底部质点振动速度测试结果

测点编号及方向	爆心距/m	灵敏度/[mV/(cm/s)]	电压值/mV	最大振速/(cm/s)	主频/Hz	说明
JCKV1 （⊥）	44.5	285.2	1940	6.8	—	
JCKV2 （//）	44.5	293.0	1850	6.31	68.4	
JCKV3 （⊥）	44.5	309.4	408	1.32	62.3	测值异常
JCKV4 （//）	44.5	294.3	763	2.59	—	
JCKV5 （⊥）	28.7	297.4	1310	4.41	62.5	左侧
JCKV6 （//）	28.7	283.9	660	2.32	—	
JCKV7 （⊥）	28.7	309.0	2960	9.58	63.5	右侧
JCKV8 （//）	28.7	287.7	781	2.71	—	测值偏小

从图 15.4 - 2 中可以看出，不论是垂直向还是水平切向，各传感器所测得的振动波形持时一般在 270～300ms 之间，与设计延时基本一致，均较为完整地记录了岩塞爆破的振

动全过程。其中，在前 100ms 时段，淤泥孔和预裂孔爆破的振动波幅值较大；在起爆后 170～270ms 时段，所体现的药室爆破振动则相对较弱。

在量值方面，以右侧 0−76 桩号处的垂直测点（JCKV7）振速值最大，为 9.58cm/s；其次多为 2～6cm/s，JCKV3 测点甚至仅为 1.32cm/s（表 15.4−2）。尽管集渣坑边墙底部的相对高程位置较低，其振动速度量值水平应该较低；但与排沙洞相近桩号位置的测点相比，个别测点明显偏小。其原因也不排除个别传感器由于长时间在水下浸泡使得仪器本身及连接线路的绝缘阻值下降，并在一定程度造成电压信号衰减，从而导致振速测值更小，如 JCKV3 测点。

综合整体测值，集渣坑边墙底部振速测值未有超过安全标准 12cm/s 的，推断集渣坑边墙底部应处于安全稳定状态。

第五节　进口边坡振动影响测试

一、爆破振动测试结果

进口边坡处质点振动速度观测成果见表 15.5−1，典型测点的振动波形见图 15.5−1。

表 15.5−1　　　　　　　　　进口边坡 F_7 断层附近质点振动速度测试结果

测点编号	位置及方向	爆心距/m	振动速度/(cm/s)	主频/Hz	说　明
$V_{进口}$−1	F_7 上盘垂直	30.4	26.15	9.8	
$V_{进口}$−2	F_7 下盘垂直	42.7	25.0	27.6	
$V_{进口}$−3	F_7 下盘水平径向	42.7	16.3	15.2	
$V_{进口}$−4	F_7 下盘水平切向	42.7	13.2	23.8	

从表 15.5−1 和图 15.5−1 可以看出，F_7 断层附近质点振动速度测点的振动持时与设计延时基本一致，均较为完整地记录了岩塞爆破的振动全过程。其中，在前 100ms 时段，淤泥孔和预裂孔爆破的振动波幅值较大；在起爆后 170～300ms 时段，所体现的药室爆破振动则相对较弱。

在量值方面，以 F_7 上盘垂直测点（$V_{进口}$−1）振速值最大，为 26.15cm/s；其次 F_7 下盘垂直向为 25.0cm/s，最小的为 F_7 下盘水平切向，6cm/s（见表 15.5−1）。

尽管 F_7 断层上下盘距离岩塞口较近，其质点振动速度测值相对较大，但由于爆破振动持续时间短（仅为 0.3s），并未对进口边坡造成破坏。事实上，断层 F_7 上盘在爆破后是稳定的。

二、进口边坡静态仪器测试结果

为进一步评价进口边坡 F_7 断层的稳定情况，本文还搜集了该位置静态监测仪器的监测情况，现将锚索测力计、多点位移计和单点位移计的测试结果分别列于表 15.5−2～15.5−4。

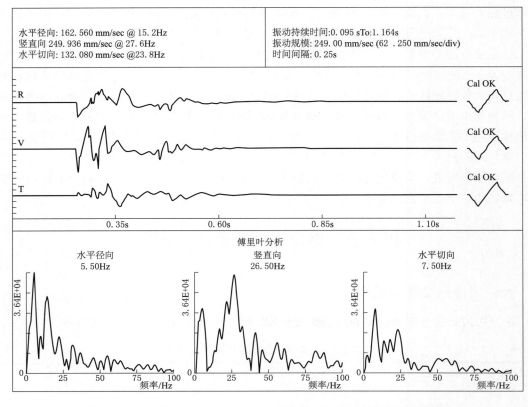

图 15.5 - 1 进口边坡 $V_{进口}$ - 2～4 测点振动速度历程及卓越谱分析

表 15.5 - 2　　　　　　　　　**F₇ 断层附近锚索测力计监测结果**　　　　　　　单位：kN

日　　期　　仪器编号	PR - 1	PR - 3	PR - 5	说　　明
2015 年 9 月 5 日（爆破前）	2148.04	2130.01	2050.87	设计吨位均
2015 年 9 月 7 日（爆破后）	2113.46	2127.01	2042.83	为 2500kN
变化情况/%	-1.61	-0.14	-0.39	"-"表示降低

表 15.5 - 3　　　　　　　　　**F₇ 断层附近多点位移计监测结果**　　　　　　　单位：mm

仪器编号 日期	测点位置	岩　　壁	岩壁内 10m 位置	岩壁内 16m 位置	岩壁内 19m 位置	说　　明
BM - 2	2015 年 9 月 5 日	0.12	0.15	0.37	0.06	
	2015 年 9 月 7 日	0.10	0.14	0.37	0.05	
	变化情况	-0.02	-0.01	0.00	-0.01	"-"表示变小
BM - 3	2015 年 9 月 5 日	0.31	1.04	0.59	0.56	
	2015 年 9 月 7 日	-0.12	0.03	0.09	0.30	
	变化情况	-0.43	-1.01	-0.50	-0.26	"-"表示变小

表 15.5 - 4　　　　　　　　　F₇ 断层附近单点位移计监测结果　　　　　　　　　单位：mm

测点编号	工程部位	2015 年 9 月 5 日（爆破前）	2015 年 9 月 7 日（爆破后）	变化情况	说　　明
D - 1	东侧	2.06	2.03	-0.03	"-" 表示变小
D - 2	西侧	0.21	-0.28	-0.49	测值不稳

从表 15.5 - 2～15.5 - 4 中可以看出，F₇ 断层附近锚索测力计的拉力值在爆破前后有所减小，但下降幅度不大，一般为 0.14%～1.61%。爆破后，多点位移计 BM - 2 测值基本不变；而 BM - 3 测值总体减小，变小幅度一般在 0.26～1.01mm 之间。单点位移计测值在爆破后也总体呈减小变化，其中 D - 1 变化很小，基本在仪器测试误差范围之内；D - 2 测值减小了 0.49mm，但传感器读数存在不稳定现象。位移传感器测值出现变小的现象，一方面是进口边坡岩体经爆破后可能产生了压密效应，另一方面也可能是仪器本身（如连接杆件）重新调整造成的。

综合上述分析，F₇ 断层处各监测仪器测值总体变化不大，锚索测力计未出现明显松弛，位移变形也未出现突然增大现象。因此，认为该边坡是稳定的，与工程实际情况相吻合。

第六节　影像观测资料分析

刘家峡岩塞爆破影像观测资料包括水面鼓包运动观测、竖井出口及洞内观测、出口观测三个部分组成。岩塞爆破期间，库水位高程约为 1724.00m。

一、水面鼓包运动观测

（一）观测设备

水面鼓包运动观测采用 3 台索尼高清数码摄像机和 1 台高速摄像（拍摄速度为每秒 240 帧）进行观测。数码摄像机分别布置在工程现场的黄河对岸、洮河口岸和邻岸一侧的凉亭处，高速摄像布置在凉亭处。

为了能够准确观测水面鼓包的高度，在岸边岩石上设立红色标记，标记的间隔为 2.0m，然后用相似三角形方法推算鼓包的高度。

（二）水面鼓包运动现象

高速摄影资料显示，淤泥孔起爆时（此刻记为 0ms），岩塞口中心上方水面处一束弧光闪现并快速向四周扩散（图 15.6 - 1）；至 300ms 时，岩塞口上方水面出现比较明显的水羽（图 15.6 - 2），水羽四周也有其他小水花出现；随后，水羽中部水花继续快速上涌并形成水柱（图 15.6 - 3），架设在黄河对岸的高清摄影记录到的水柱最高点与闸门井底部（高程约 1744.00m）接近，由此推测岩塞上方的水柱最大高度接近 20m（图 15.6 - 4）。

如果将水羽视为第一次水面鼓包运动，则由于表面水花过多，很难分辨鼓包和水花之间的分界面；当水柱升至最高点开始下落（1720ms 时刻）后，第一次水面鼓包也开始下降，并向四周扩散。在起爆后 3.08s 时，第一次水面鼓包不再下沉，随即第二次鼓包隆起（图 15.6 - 5）；至 3.84s，黑色淤泥物质在鼓包内出现，并在 4.88s 时升至最高。第二次鼓包的最大高度约 4m，其直径范围约 12m。起爆后 6.36s 时，第二次鼓包不再下沉，但产生的涌浪继续向四周扩散，扩散的边界基本接近最近处的水库岸边。接下来，水面鼓包又出现1～2次翻涌，但高度不超过0.5m，以向四周扩散为主；大约在15s以后，鼓包变化趋于稳定；至27s时，在近岸方向的水面上出现游离状漩涡，但漩涡规模不大，直径大约为3.5m（图9.1-6）；至65s时，水面基本恢复平静，水面上的淤泥向四周扩散速度也变得缓慢。

图15.6-1　淤泥孔起爆瞬间

图15.6-2　水面鼓包运动水羽

图15.6-3　水面鼓包运动水柱

图15.6-4　水面鼓包运动水柱最高

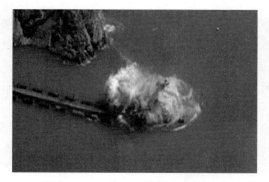

图15.6-5　水面二次鼓包淤泥出现

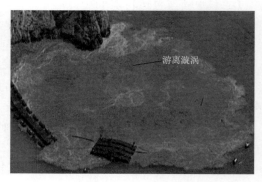

图15.6-6　水面鼓包运动的游离状漩涡

上述现象与1:2模型试验相比，水面鼓包运动现象二者大致相同；但本次原型爆破未有较浓黑色爆烟出现，原型爆破中在27s时刻出现游离状漩涡，且水面上的淤泥向四周扩散范围相对较小。这主要应与原型岩塞迅速爆通，淤泥或库水快速下泻，并携带岩塞口处的爆破扰动淤泥一起从排沙洞流出。

二、闸门井出口及洞内观测

摄像资料分析结果显示，在淤泥孔起爆后的大约680ms时刻，闸门井口喷出了炮烟（图15.6-7）；接着，又用了大约360ms冲至闸门井房底部；然后，炮烟继续向闸门四周大量扩散（图15.6-8）。从路程上看，岩塞口距离闸门井口约210m，设计方面预裂孔的起爆延期滞后于淤泥孔50ms，则炮烟从岩塞口掌子面冲至闸门井口历时650ms；于是可计算出炮烟的传播速度为333m/s，该值大小与空气冲击波的传播速度基本接近。

图15.6-7 闸门井炮烟逸出瞬间景象　　　　图15.6-8 闸门井炮烟逸出并扩散景象

综合排沙洞内摄像头的影像资料，爆破前摄像头处于静止状态，可以看到掌子面的轮廓。爆破发生后，最先变化的是摄像头出现抖动，此时应是淤泥孔爆炸（第1段）后，应力波快速传播，并首先影响了洞内摄像头的稳定性。按照摄像头与淤泥孔底部的距离（约为90m）和振动波（P波）的速度（大约为4500m/s），可推算该抖动的延期时间为爆破后20ms左右。至55ms时，洞内照片出现了白色亮光，推测为预裂孔及导爆索发生爆炸引起（预裂孔爆破较淤泥孔设计延期50～70ms）。

淤泥爆破后大约300ms，或预裂孔爆破280ms后，摄像头画面歪斜并随即中断，推测是空气冲击波（传播速度约为340m/s）到达摄像头部位，并将摄像头破坏。在刘家峡1:2岩塞爆破试验中，安装在出碴竖井底部的摄像头（距离岩塞约130m）也是在起爆后400ms左右发生毁坏，与本次摄像头损坏原因一致。

从上述有限的时间节点可以看出，刘家峡原型岩塞爆破网路的起爆时间基本能够按设计延期进行，未出现混段、拒爆等现象，说明火工器材选择合适，防水措施得当。

三、排沙洞出口观测

岩塞爆破的整体效果观察，是在排沙洞出口增加了2台高清摄影机，分别布置在出口的左岸（位于洞顶处）和右岸（电站尾水对岸）。根据对讲机统一发布的起爆指令时刻，在岩塞起爆后的 5.08s 时刻，排沙洞出口有较稀薄的炮烟逸出（图 15.6-9）；岩塞起爆大约 23s 后，洞口逸出的炮烟变得更加浓密，并充满整个明渠（图 15.6-10）。

图 15.6-9　炮烟充满导流明渠　　　　　图 15.6-10　暗色物质从洞口涌出

　　岩塞起爆后约 66s，暗色物质从洞口涌出，表明岩塞爆通；又用时 4.28s，暗色物质涌至排沙洞挑坎边缘，随后冲出挑坎，形成水舌状（图 15.6-11）。从颜色上分辨，这种暗物质应是泥石流，成分以淤泥为主，并夹杂炮烟以及大小不等的石块。事后调查发现，有许多块石冲到挑坎对岸上，最大块石粒径近 1m。

　　岩塞起爆后大约 4.6min，泥石流颜色由暗色逐渐转淡，含水成分增多，但该阶段水流颜色明暗不稳定，见图 15.6-12；至 11min 左右，水流呈灰白色，表明泥沙含量下降，基本以水为主。

图 15.6-11　黑色物质冲出挑坎形成水舌　　　　　图 15.6-12　逸出水流颜色变浅

　　从以上现象观察可以认为，爆破气体以近于冲击波的速度从排沙洞逸出，至出口时速度已明显减弱；在气体喷出大约 1min 后，泥石流从洞口溢出，其在排沙洞内平均流速约为 22m/s（未考虑集渣坑对泥石流的延滞影响）。这从客观上证明岩塞爆通了。从排沙效果方面分析，岩塞爆通后的前 5min 内，排沙效果最佳；5～11min 之间也处于比较理想状态；在通水大约 11min 之后，排沙能力下降。

第七节 爆破漏斗调查

为观察岩塞爆破后的排沙效果，还专门开展了岩塞爆破前后的岩塞口水下地形测量，即爆破漏斗形状调查。

一、水下地形测量仪器设备及范围

水下地形测量的仪器设备是 HD-370 型超声波测深仪和 V50 型 GPS 接收机，前者为广州中海达测绘仪器有限公司生产，后者为广州中海达卫星导航技术股份有限公司生产。产品均进行了合格检验。

通过分析比较，刘家峡洮河口排沙洞岩塞爆破水下地形测量的范围是以岩塞口为中心、半径约 40m 的区域。其中，由于岩塞口北侧和北西侧为陆地，测量范围略有减少。

具体测量方式，是采用船只搭载超声波测深仪和 GPS 接收机，船只按照网格密度不超过 2m×2m 的预定测线进行航行，同时获得水面定位及其水下地形高程，确保水下地形测量结果的准确性。

二、水下地形测量结果

（一）爆破前水下地形

为了避开淤泥钻孔施工平台的干扰，岩塞口爆破前的水下地形测量是在 2014 年 9 月份进行的，较正式岩塞爆破时间大约提前了一年，其测量成果见图 15.7-1（a）。

从图中可以看出，岩塞口中心点上方的淤泥地形总体较平缓，周边半径近 7m 范围内的高程多为 1698.00～1699.00m 之间。从延伸情况看，中心点北侧（即岸边工区侧），地形相对较陡，自中心点北侧 7～10m 之间地形迅速升高了 20m 左右。中心点的西侧（近似于黄河的上游方向）和南侧（即库区方向），淤泥地形则十分平缓，在近 40m 范围内地形高程多为 1699.00～1700.00m。中心点的东侧（近似于黄河的下游方向），淤泥地形仍呈平缓状，但较上游略低，地形、高程在 1697.00～1698.00m 之间。

（二）爆破后水下地形测量

爆破后水下淤泥地形测量是在 2015 年 9 月 8 日进行的，当时库水位为 1724.80m，与岩塞爆破当日的水位（2015 年 9 月 6 日，1724.00m）基本一致。实测淤泥地形结果见图 15.7-1（b）。

从图中可以看出，不仅岩塞口中心点上方的淤泥表面高程下降了约 4.00m；更为明显的是，在中心点的库区侧大约 10m 处出现了一个漏斗，漏斗底部就应该是进水口的位置。

爆破后水下淤泥地形获得的最小高程为 1681.00m，该等高线呈椭圆形状，其长轴约 8m，短轴仅有 5m 左右。如果以此作为岩塞进水口的开口规模，不仅其高程值远未达到岩塞口的深度位置，而且其开口规模也明显小于岩塞口的设计规模（直径≥10m），与岩塞爆通后的实际下泄流量（实测值为 725m³/s，略大于设计流量）也不吻合。由此推测 1681.00m 高程线并非通水后的真实形状，而是受到淤积影响而变小了。本次测得的深部地形应属于临时性的，并非冲刷稳定后的最终状态。

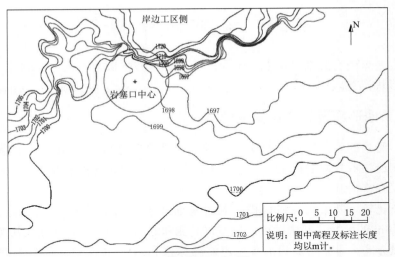

（a）爆破前（2014年9月）

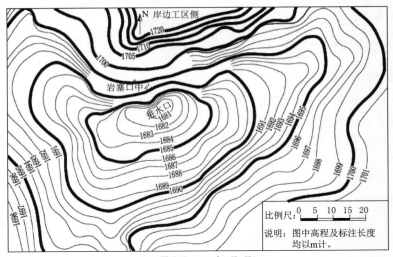

（b）爆破后（2015年9月8日）

图 15.7－1　爆破前后水下地形测量结果

从 1681.00m 等高线往上，1682.00m～1690.00m 等高线之间相对变化较均匀，见图 15.7－1（b）。除岸边方向较陡外，其他上、下游及库区侧三个方向，在半径 40m 范围内的淤泥地形坡度分别为 1∶4.0、1∶3.6 和 1∶2.4，而岸边方向在半径 20m 范围内的地形坡度为 1∶0.8。通过以上 4 个坡比可以看出，进水口上、下游方向的地形坡度较缓，库区方向次之，而岸边侧最陡。由此也形成了如图 15.7－1（b）所示的倾向岸边的近于椭圆形漏斗形状。

但需要指出的是，由于进水口漏斗规模较大，且形成时间尚短、排沙功能尚未充分。因此，该漏斗仍属于临时形状，尤其是深部地段，明显受到临时淤积影响。

根据图 15.7 中所测地形范围及爆破前后的高程差值统计，初步估算排沙量约为 5.4 万方。

第八节 宏 观 调 查

宏观调查主要是针对岩塞口现场临时工棚、闸门井以及龙汇山庄等邻近建筑物或设施，同时，也包括下游刘家峡电厂内机组、开关站的运行情况和大坝、厂房的振动影响情况等进行的调查。调查的主要对象是这些建筑物已有的裂缝或缺陷，采用的测量工具包括钢卷尺、钢尺、游标卡尺和塞尺。此外，对部分裂缝还采取了贴玻璃片或石膏抹缝的观测手段。

一、岩塞口现场临时工棚及闸门井调查

现场工棚为简易的砖混结构平房，经多年使用后已出现多处裂缝，建筑质量很差；而闸门井则是典型的新建成钢筋混凝土结构，基础牢固。这两个建筑物与岩塞口的距离大约为100m，是距离岩塞口最近的建筑物。现将这两个建筑物在爆破前后的调查结果整理后见表15.8-1。

表 15.8-1 　　　　　　临时工棚及闸门井爆破前后宏观调查记录表

编号	位置	爆前		爆后		备注
		缝宽/mm	石膏抹缝	缝宽/mm	现象	
GF-L-1	工房南侧墙面	12.0	√	13.0	石膏裂开1mm	
GF-L-2	工房南侧墙面	1.0	√	1.0	石膏未裂	
GF-L-3	工房南侧墙面	70.0	√	71.5	石膏局部脱落	
GF-L-4	工房南侧墙面	32.0		32.0		
GF-L-5	工房南侧墙面	50.0		50.0		
GF-L-6	工房南侧地面	1.0	√	1.0	石膏未裂	
GF-L-7	工房南侧地面	43.0	√	43.0	石膏未裂	
GF-L-8	工房东侧墙面	5.0	√	5.0	石膏未裂	
GF-L-9	工房东侧墙面	8.0	√	8.0	石膏未裂	
GF-L-10	工房北侧墙面	30.0	√	30.0	石膏未裂	
ZM-L-1	闸门基础南侧	0.45	√	0.45	石膏未裂	
ZM-L-2	闸门基础南侧	1.0	√	1.0	石膏未裂	

表15.8-1中仅有位于工房南侧墙面的两条裂缝在爆破后发生变化，其表面涂抹的石膏标识出现裂开或局部脱落，见图15.8-1和图15.8-2；而其他10条裂缝均未发生变化，见图15.8-3和图15.8-4，同时，系统巡视后也未见其他新增裂缝。由此说明，本

次岩塞爆破对近距离的临时工房破坏影响并不严重，而对结构牢固的闸门井基础基本无破坏。

图 15.8-1　工棚南侧 1 号裂缝　　　　　图 15.8-2　工棚南侧 3 号裂缝

图 15.8-3　工棚南侧 8 号裂缝　　　　　图 15.8-4　闸门井南侧 3 号裂缝

二、龙汇山庄内各建筑物调查

龙汇山庄隶属于中石化兰州公司财税培训中心，是距离岩塞口最近的第三方（不属于排沙洞工程）建筑，岩塞爆破期间极容易产生民事纠纷。为避免这种岩塞爆破期间可能发生的民事纠纷，对龙汇山庄等邻近建筑物的调查尤其详细，包括了每栋建筑的地基和内、外部裂缝、缺陷，分为爆破前后，均进行详细测量、描述记录和拍照，同时也包括了地面道路裂缝调查等。

龙汇山庄包括龙汇楼、餐厅、贵宾楼、棋牌室、体育馆、员工楼、射击馆以及较远处的迎宾楼、办公楼、别墅区、黄河第一楼等20余座建筑物或设施，整个实物工作量见表15.8-2。

表 15.8-2　　　　　　　　　　龙汇山庄宏观调查实物工作量

序号	建筑物名称	代码	裂缝数量/个	缺陷数量/个	说　明
1	迎宾楼内部	YB	35	6	
2	员工楼平房	PF	46	2	
3	别墅1内部	B1	17	1	
4	别墅2内部	B2	10	0	
5	别墅3内部	B3	3	1	
6	别墅4内部	B4	2	0	
7	别墅1外部	B1-W	28	0	
8	别墅2外部	B2-W	23	0	
9	别墅3外部	B3-W	28	2	
10	别墅4外部	B4-W	24	1	
11	体育馆内部	TG	23	2	
12	体育馆外部	TG-W	84	2	
13	办公楼内部	BG	12	7	
14	办公楼外部	BG-W	19	0	
15	龙汇楼路面	LM-LH	7	0	
16	龙汇楼餐厅内部	CT	276	4	
17	龙汇楼内部	LH	519	14	
18	龙汇楼凉亭	LT	21	0	
19	龙汇楼外部	LH-W	87	8	
20	员工楼	YG	98	11	
21	锅炉房	GL	13	0	
22	贵宾楼内部	GB	114	4	
23	贵宾楼外部	GB-W	25	3	
24	棋牌室	QP	21	0	
25	黄河第一亭	HH	45	2	
26	迎宾楼外部	YB	13	1	
27	路面大门口	LM	56	0	
28	观望亭	GW	8	0	

续表

序号	建筑物名称	代码	裂缝数量/个	缺陷数量/个	说　明
29	绿化民宅	LH	4	0	
30	射击楼外部	SJ－W	61	0	
31	射击楼内部	SJ	126	0	
	合计		1848	71	

由表15.8-2中可以看出，仅针对龙汇山庄的宏观调查就进行了1848条裂缝测量和71处缺陷描述。其中，重点调查了距离岩塞口较近的龙汇楼、餐厅、贵宾楼、棋牌室、体育馆、员工楼、射击馆等建筑。下面对上述几个重点调查的建筑物进行简单说明。

（一）龙汇楼

龙汇楼本身为混凝土结构，四层建筑，与岩塞口的距离大约为220m。从外部看，该楼基础发生一定的沉陷，有二次处理的痕迹，基础周边的地面也有多处裂缝。在楼内，墙体表面也有一些细小裂纹，初步调查发现了500多条，均逐一进行编号、测量、记录和拍照。同时，在临爆前还对龙汇楼外部的主要裂缝进行粘贴玻璃片，以便观察裂缝的变化情况。限于篇幅，仅列出了几个粘贴玻璃片的较大裂缝，见表15.8-3。

表15.8-3　　　　　　　　　龙汇山庄财苑楼爆破前后宏观调查记录表

编　号	位　置	爆　前		爆　后		备　注
		缝宽/mm	贴玻璃片	缝宽/mm	现　象	
LH－W－L－7	西侧墙面	4.0	√	4.0	玻璃片未变	
LH－W－L－14	南侧墙面	0.3	√	0.3	玻璃片未变	
LH－W－L－20	南侧墙面	0.4	√	0.4	玻璃片未变	
LH－W－L－48	北侧墙面	0.25	√	0.25	玻璃片未变	
LH－W－L－74	北侧墙面	0.2	√	0,2	玻璃片未变	
LH－W－L－75	北侧墙面	0.2	√	0.2	玻璃片未变	

岩塞爆破后，立即开展复测调查工作。全部裂缝的开度值并未出现增大，与爆破前测值基本一致；粘贴玻璃片的裂缝，爆破后未见贴片脱落现象。由此表明，岩塞爆破未对龙汇楼造成振动破坏影响。

（二）龙汇餐厅

龙汇餐厅紧邻龙汇楼，距离岩塞口稍远。该建筑也是混凝土结构，回填土地基，基础也曾经发生数次沉陷。餐厅为二层楼房，一楼为厨房和大堂餐厅，二楼为包房。经爆破前的系统调查，楼内走廊及房间的墙壁上裂缝较多，存在近300条裂缝和缺陷。其中裂缝以微小裂缝为主，大的裂缝不多见。现挑选部分较大裂缝，整理后见表15.8-4。

与龙汇楼一样，龙汇餐厅内部的裂缝在爆破前后并未发生变化，其中包括个别较大裂缝；裂缝上所粘贴的玻璃片也没发生脱落、开裂。由此说明，岩塞爆破对龙汇餐厅影响不大。

表 15.8-4 龙汇餐厅爆破前后宏观调查记录表

编 号	位 置	爆 前		爆 后		备 注
		缝宽/mm	贴玻璃片	缝宽/mm	现 象	
CT-L-26	西侧墙面	1.0		1.0		
CT-L-29	南侧墙面	2.5		2.5		
CT-L-33	南侧墙面	1.5	√	1.5	玻璃片未变	
CT-L-37	北侧墙面	2.0	√	2.0	玻璃片未变	
CT-L-42	北侧墙面	1.5	√	1.5	玻璃片未变	
CT-L-48	北侧墙面	1.5		1.5		

（三）贵宾楼

距离岩塞口大约 365m，混凝土结构多层建筑。该楼地基沉降比较大，不仅基础周围地面发现有较多大的裂缝，而且楼内地板、地砖也出现了比较明显的隆起。该楼已较长时间无人居住，地面灰尘较厚。为了便于观察，临爆前对贵宾楼外墙上的较大裂缝也粘贴了玻璃片，记录的数据见表 15.8-5。

表 15.8-5 龙汇山庄贵宾楼爆破前后宏观调查记录表

编 号	位 置	爆 前		爆 后		备 注
		缝宽/mm	贴玻璃片	缝宽/mm	现象	
GB-W-L-9	南侧墙面	2.0	√	2.0	玻璃片未变	
GB-W-L-10	南侧墙面	2.0	√	2.0	玻璃片未变	
GB-W-L-15	南侧墙面	0.2	√	0.2	玻璃片未变	
GB-W-L-16	南侧墙面	0.3	√	0.3	玻璃片未变	
GB-W-L-18	南侧墙面	0.3	√	0.3	玻璃片未变	
GB-W-L-22	东侧墙面	1.0	√	1.0	玻璃片未变	

贵宾楼外墙上的较大裂缝在爆破后并未发生开度增大现象，所粘贴的玻璃片也没有出现脱落或开裂，见表 15.8-5；其他较小裂缝以及楼内的各种裂缝也保持不变。这都显示出贵宾楼爆破前后并未出现爆破振动破坏问题。

（四）体育馆

体育馆与岩塞口距离为 340m 左右，为二层高的混凝土框架结构。该建筑物周围地面水泥板开裂较多，墙面裂纹也比较发育。为了节省篇幅，只列出了体育馆墙面上的部分裂缝，见表 15.8-6。

包括表 15.8-6 中的主要裂缝在内，体育馆内外的裂缝和缺陷在爆破后未发生开度增大或变差现象，裂缝上粘贴的玻璃片也没有出现脱落或开裂。这表明体育馆在爆破前后并未发生振动破坏问题。

其他规模较小或较远建筑物及设施，爆破后的调查也未出现裂缝扩大或缺陷加剧的现象。这综合表明，岩塞爆破没有对龙汇山庄造成破坏。

表 15.8-6 　　　　　　　龙汇山庄体育馆爆破前后宏观调查记录表

编号	位置	爆 前		爆 后		备 注
		缝宽/mm	贴玻璃片	缝宽/mm	现 象	
TY-L-46	西侧墙面	1.5	√	1.5	玻璃片未变	
TY-L-53	西侧墙面	5.0	√	5.0	玻璃片未变	
TY-L-68	西侧墙面	1.5	√	1.5	玻璃片未变	
TY-L-72	西侧墙面	1.5	√	1.5	玻璃片未变	
TY-L-79	南侧墙面	0.4	√	0.4	玻璃片未变	
TY-L-81	南侧墙面	0.3	√	0.3	玻璃片未变	

三、排沙洞静态仪器监测结果调查

排沙洞进口段主要布置了三个断面的静态监测仪器，其位置桩号分别为 0-30、0-60 和 0-83。其中，重点分析了距离岩塞较近的 0-83 断面在爆破前后的变化情况，另外两个断面则简略介绍。

排沙洞 0-83 断面的多点位移计各测点的测值，在爆破前后变化大多数在 1.0mm 以内，有的甚至是持平或变小，总体变化不大（表 15.8-7）。该桩号处的锚杆应力计，其轴力变化也不大，基本处在 2.0kN 或 10% 以内（表 15.8-8）。安装在衬砌混凝土内的钢筋计和应变计，爆破前后的实测值变化量也都比较小（表 15.8-9 和表 15.8-10）。出现测值变化较大的是渗压计，该断面布置的 3 支仪器在爆破当日（9 月 6 日）上午的测值均为 0MPa 左右；而岩塞爆通后的下午，3 支仪器测值迅速增大到 0.412~0.577MPa，约合水头 41.2~57.7m（表 15.8-11），基本达到或接近水库水位。上述各仪器测试正常，且位移和应力测值变化不大，说明排沙洞 0-83 断面处于稳定状态。

表 15.8-7 　　　　　　　排沙洞 0-83 断面内多点位移计观测成果 　　　　　　　单位：mm

仪器编号 ＼ 测点位置	观测日期	岩壁位置	岩壁内 2m 位置	岩壁内 4m 位置	岩壁内 7.5m 位置	说 明
3M-1	2015 年 9 月 5 日	2.66	0.46	-0.55	0.53	顶拱
	2015 年 9 月 8 日	3.10	0.46	-0.78	0.10	
3M-2	2015 年 9 月 5 日	2.77	-1.45	0.64	-0.25	左侧
	2015 年 9 月 8 日	3.63	-0.07	1.52	0.40	
3M-3	2015 年 9 月 5 日	2.03	0.79	0.94	-0.97	右侧
	2015 年 9 月 8 日	1.91	0.87	1.00	-0.94	

表 15.8-8 　　　　　　　排沙洞 0-83 断面内锚杆应力计观测成果 　　　　　　　单位：kN

仪器编号 ＼ 测点位置	观测日期	岩壁内 1m 测点	岩壁内 2.5m 测点	岩壁内 5m 测点	说 明
3A-1~3	2015 年 9 月 5 日	0.51	-0.14	0.12	顶拱
	2015 年 9 月 8 日	0.37	-0.37	-0.12	
3A-4~6	2015 年 9 月 5 日	49.08	2.79	1.57	左侧
	2015 年 9 月 8 日	43.44	2.02	2.30	
3A-7~9	2015 年 9 月 5 日	97.41	7.26	2.87	右侧
	2015 年 9 月 8 日	100.47	5.12	1.51	

表 15.8-9		排沙洞 0-83 断面内钢筋计观测成果			单位：MPa
仪器编号	3R-2	3R-3	3R-5		说 明
位置	左侧拱肩	左侧腰线	右侧拱肩		
2015 年 9 月 5 日	-27.23	-1.58	-40.3		
2015 年 9 月 8 日	-24.16	1.06	-39.66		
变化值	-11.27%	-167.09%	-1.59%		

表 15.8-10			排沙洞 0-83 断面内应变计的实测值		单位：με
仪器编号	3S-2	3S-3	3S-4	3S-5	说 明
位置	左侧拱肩	左侧腰线	右侧腰线	右侧拱肩	
2015 年 9 月 5 日	367.8	-114.9	-117.2	-164.6	
2015 年 9 月 8 日	361.2	-96.7	-106.0	-146.2	
变化值	-1.79%	-15.84%	-9.56%	-11.18%	

表 15.8-11		排沙洞 0-83 断面内渗压计观测成果			单位：MPa
仪器编号	3P-1	3P-2	3P-3		说 明
安装位置	排沙洞顶拱	排沙洞左侧	排沙洞右侧		
2015 年 9 月 5 日，7：50	0.051	0.045	0.001		
2015 年 9 月 8 日，14：40	0.463	0.531	0.578		
变化值	0.412	0.486	0.577		

第十六章 科 研 成 果

第一节 获 得 的 科 研 成 果

一、制定了《水下岩塞爆破设计导则》团体标准

依托课题研究成果，制定了《水下岩塞爆破设计导则》（T/CWHIDA 0008—2020）标准，于 2020 年 6 月 27 日实施，填补了水下岩塞爆破设计无标准的空白。标准分为共 12 章和 1 个附录，主要技术内容有：地质勘察、水下岩塞结构布置及稳定分析、岩渣处理、爆破方案设计、进口段结构、安全防护设计、爆破器材、爆破器材检测及爆破参数试验、模型试验和监测设计等；为岩塞爆破勘测设计、科研试验、施工、检测、教学等提供了具体的、系统的技术标准和指导，促进了该技术的进步。

二、获得知识产权情况

研究成果共获授权专利 12 项，其中发明专利 5 项、实用新型专利 7 项，尚有 2 项发明专利已在受理申请中。专利覆盖了岩塞爆破设计、勘察、试验检测、施工及质量等方面，具体专利统计见表 16.1-1。

表 16.1-1　　　　　　　　　　　获得知识产权统计表

序号	专 利 名 称	类 别	专 利 号	授 权 日 期
1	基于修正爆破作用指数的深水厚淤积覆盖下岩塞爆破方法	发明专利	201710310670.7	2018 年 3 月 16 日
2	水下岩塞爆破陀螺分布式药室法	发明专利	201710310866.6	2018 年 7 月 4 日
3	爆破网路可靠性检验示踪的方法	发明专利	200910066716.0	2012 年 7 月 25 日
4	控制爆破中毫秒延期时间的检测方法	发明专利	200910066715.6	2013 年 1 月 9 日
5	深水下岩塞截锥壳体防渗闭气灌浆法	发明专利	201110097307.4	2013 年 3 月 20 日
6	爆破空腔电极阵列测试系统	新型专利	201720403742.8	2017 年 11 月 14 日
7	岩塞爆破洞内高精度辐射钻孔测斜仪	新型专利	201320393081.7	2013 年 12 月 25 日
8	岩塞爆破洞内高精度辐射钻孔封堵器	新型专利	201320393079.X	2013 年 12 月 25 日
9	岩塞爆破洞内上仰勘察孔施工孔口封闭器	新型专利	201621001964.9	2017 年 2 月 22 日
10	高压孔内排水卸压水压式灌浆栓塞	新型专利	201721667934.6	2018 年 6 月 8 日
11	孔内放水式水压灌浆塞	新型专利	201020622592.8	2011 年 7 月 20 日

续表

序号	专 利 名 称	类 别	专利号	授权日期
12	算式内河水上勘探平台	新型专利	201020620162.2	2011 年 7 月 20 日
13	水下淤泥爆破空腔半径电极阵列测试法	发明专利	201710251718.1	已受理
14	一种创造高密度深覆盖下岩塞爆破自由面的爆破空腔方法	发明专利	201910583844.6	已受理

专利证书及摘要说明见表 16.1-2。

表 16.1-2 　　　　　　　　　　**已获得的专利证书及摘要说明统计表**

发明名称：

基于修正爆破作用指数的深水厚淤积
覆盖下岩塞爆破方法

摘要：

本发明设计一种基于修正爆破作用指数的深水厚淤积覆盖下岩塞爆破方法，属于水利水电工程领域。收集资料、岩塞周边预裂孔、确定塞体岩石单位耗药量、药室布置和起爆顺序、确定爆破药室最小抵抗线、陆地爆破作用指数选择、药室间距复核、水中淤泥覆盖下的爆破作用指数值、各药室药量计算和联网封堵爆破。优点是理论依据充分，计算步骤清除，方法可靠，避免了同类工程问题的大量科研试验，解决了深水厚淤积覆盖下岩塞爆破技术问题

发明名称：

水下岩塞爆破陀螺分布式药室法

摘要：

本发明涉及一种水下岩塞爆破陀螺分布式药室法，属于水下岩塞爆破工程中的岩塞体爆破方法。在岩塞周边按岩塞体尺寸的要求钻预裂孔，陀螺平面位置拟定，陀螺轴线上部药包 Z 上、下部药包 Z 下位置与药量计算，陀螺平面药包 Y1～Ym 位置布置与药量计算，陀螺分布式药室布置最终确定，药室和施工通道，爆破顺序及起爆时间间隔。优点是药室布置层次分明，各药室相互关系清楚，爆破机理和作用对象明确，结构简单，容易掌握；应用前景广阔，填补了大型水下岩塞爆破集中药包布置理论与实践的空白，是水下岩塞爆破药室布置的新突破，对于水下岩塞爆破设计与施工具有明显的实际应用意义

证 书 号 第1153856 号

发 明 专 利 证 书

发 明 名 称：深水下岩塞截锥壳体防渗闭气灌浆法

发 明 人：苏加林;高根;金注浩;王利峰;王剑茗;朱全卫;蔡云波
何国伟;张慧敏

专 利 号：ZL 2011 1 0097307.4

专利申请日：2011 年 04 月 19 日

专 利 权 人：中水东北勘测设计研究有限责任公司

授权公告日：2013 年 03 月 20 日

本发明经过本局依照中华人民共和国专利法进行审查，决定授予专利权，颁发本证书
并在专利登记簿上予以登记。专利权自授权公告之日起生效。

本专利权的专利权期限为二十年，自申请日起算。专利权人应当按照专利法及其实施细
则规定缴纳年费。本专利的年费应当每年 04 月 19 日前缴纳，未按照规定缴纳年费的，
专利权自应当缴纳年费期满之日起终止。

专利证书记载专利权登记时的法律状况，专利权的转移、质押、无效、终止、恢复和
专利权人的姓名或名称、国籍、地址变更等事项记载在专利登记簿上。

局长 田力普

2013 年 03 月 20 日

第 1 页（共 1 页）

证 书 号 第1013956号

发 明 专 利 证 书

发 明 名 称：爆破网路可靠性检验示踪的方法

发 明 人：高根;王利峰;苏加林;李广一;蔡云波;王福运;朱全卫
刘汉丞;何国伟;王美雄;卢兴俊;刘忠富;贺冠国;任建铁
赵学文;蔡洪亮;王鹤;姜殿成;阚洪义

专 利 号：ZL 2009 1 0066716.0

专利申请日：2009 年 03 月 30 日

专 利 权 人：中水东北勘测设计研究有限责任公司

授权公告日：2012 年 07 月 25 日

本发明经过本局依照中华人民共和国专利法进行审查，决定授予专利权，颁发本证书
并在专利登记簿上予以登记。专利权自授权公告之日起生效。

本专利权的专利权期限为二十年，自申请日起算。专利权人应当按照专利法及其实施细
则规定缴纳年费。本专利的年费应当每年 03 月 30 日前缴纳，未按照规定缴纳年费的，
专利权自应当缴纳年费期满之日起终止。

专利证书记载专利权登记时的法律状况，专利权的转移、质押、无效、终止、恢复和
专利权人的姓名或名称、国籍、地址变更等事项记载在专利登记簿上。

局长 田力普

2012 年 07 月 25 日

第 1 页（共 1 页）

发明名称：

深水下岩塞截锥壳体防渗闭气灌浆法

摘要：

本发明设计一种深水下岩塞截锥壳体防渗闭气灌浆法，属于水下岩塞爆破工程的岩塞体灌浆方法。以一组同轴接锥面及其截得的同心圆确定灌浆钻孔位置和间距、钻孔方向、钻孔深度，使得岩塞周围及其上下口的岩体中，通过灌注以水泥为基材的复合浆液固结后，在灌注的岩体中形成连续封闭的形似截锥壳体的防渗体。本发明目的明确，针对性强，灌浆效果显著，工艺流程清晰明了，实施简单

发明名称：

爆破网路可靠性检验示踪的方法

摘要：

本发明涉及一种爆破网路可靠性检验示踪的方法，应用于各种岩土爆破、拆除爆破工程的爆破网路可靠性检验。包括选择试验场地，在试验场地上用钻孔设备钻孔，以行代替支路，以钻孔代替药室或药包；选择合格的各段雷管，对雷管、网络和钻孔进行编号；按爆破设计网络图，联结各孔雷管端线形成网络支线，架设高速摄影机，用光缆将高速摄影连接到计算机上，用起爆器起爆网络，在起爆前倒计时读数，并同时启动计算机采集影像。优点在于：保证了工程爆破网络的准确、安全、可靠性，是爆破网路检验和试验研究的重大技术突破

发明名称：

控制爆破中毫秒延期时间的检验方法

摘要：

本发明涉及一种控制爆破中毫秒延期时间的检验方法，适用于各种控制爆破分段时间间隔检验，爆破网络各雷管起爆时间及其间隔和单个雷管毫秒延期时间测定。把各通道线路连接起来，组成雷管毫秒延期时间测试系统，待所有线路连接完毕后，分别闭合 $K_分$、$K_1 \sim K_N$ 开关，开始采集数据；闭合起爆开关，当雷管起爆后，被数据采集仪相应各通道记录下来，读取合闸时刻和各段雷管起爆时刻，其时间差即为各段雷管的毫秒延时时间。优点在于：安全度高，不仅适用于室内和野外电雷管毫秒时间间隔测试，更适用于在复杂爆破网络爆破时，同时对不同段别的电雷管毫秒时间间隔测试

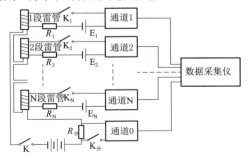

实用新型名称：

爆破空腔电极阵列测试系统

摘要：

本实用新型涉及一种爆破空腔电极阵列测试系统，属于爆破测试系统。沿钢管轴向方向成对布置电极，该电极包括正极和负极，每对电极处于钢管同一横断面，两极之间留有一定间距，该钢管的一端为圆锥端、另一端为开口端，每对电极从钢管的开口端中引出的导线一分别经电源一、分压电阻一、开关一后与数据采集仪的各测试通道连接；该数据采集仪还包括连接药包的通道，该通道通过导线二串联连接电源二、分压电阻二、开关二。优点是结构新颖，能够在野外现场测试，可以放到淤泥或水下任意深度，测试精度可选，只要电极加密，即可提高测试精度，如电极间距为 50mm，测试精度应为 50mm，测试原理简单，测试结果可靠，适用测试环境广

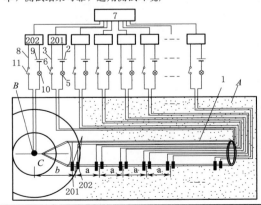

实用新型名称：

岩塞爆破洞内高精度辐射孔钻孔测斜仪

摘要：

本实用新型涉及一种岩塞爆破洞内高精度辐射孔钻孔测斜仪，属于水利水电岩土工程勘探和施工领域。照准台与导向管固定连接，导向管管口处卡接透光圆形测板，导向管管口处下方有排水口，测杆位于导向管内，该测杆前段与光源器固定连接，该测杆后端与透光圆形测板穿接。优点是结构新颖，利用本装置量辐射孔偏斜度，测量精度可达 0.5‰，且安全适用、成本低廉、操作简便

实用新型名称：

高压孔内排水卸压水压式灌浆栓塞

摘要：

本实用新型涉及一种高压孔内排水卸压水压式灌浆栓塞，属于灌浆和压水试验等领域孔内分段隔离设备。偏心变径接手与排水卸压机构螺纹连接，高压充塞管与排水卸压机构通过螺纹连接，栓塞胶囊与排水卸压机构螺纹连接，芯管上端与排水卸压机构螺纹连接，芯管下端与栓塞胶囊下端滑动连接，高压注浆管与排水卸压机构固定连接，并贯穿偏心变径接手和芯管。本实用新型利用压差平衡原理，可靠地实现了栓塞胶囊在孔内重复充塞和彻底排水卸压动作，在工程实践中得到了充分的验证，地层适应性强，在灌浆、压水试验、劈裂试验和矿场瓦斯抽放等领域都有很好的推广应用前景

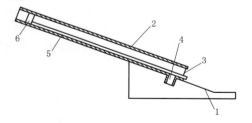

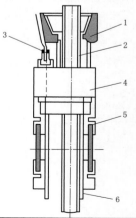

实用新型名称:
岩塞爆破洞内高精度辐射钻孔封堵器

摘要:

　　本实用新型涉及一种岩塞爆破洞内高精度辐射钻孔封堵器,属于水利水电岩土工程施工领域。导浆塞与导向管滑动连接,跟踪杆与导浆塞螺纹连接,密封头与导向管后端固定连接,跟踪杆与密封头滑动连接,导向管后部有预留口。优点是结构新颖、简单、结构独特、精度高、质量好、实用性强、易于制造、操作简便、安全可靠等显著特点

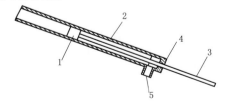

实用新型名称:
岩塞爆破洞内上仰勘察孔施工孔口封闭器

摘要:

　　本实用新型涉及一种岩塞爆破洞内上仰勘察孔施工孔口封闭器,属于水利水电岩土工程勘探和施工用装置。孔口管下端与止水阀门上端固定连接,该孔口管上有灌浆口,孔口外密封舱的套管下端与密封端头螺纹连接,该密封端头内有Y形密封圈。优点是结构新颖,结构独特、精度高、质量好、实用性强、易于制造、操作简单、安全可靠等显著特点,适用于目前国内存在的需要通过岩塞爆破从已建水库引水取水的各类水库,因此本实用新型的应用前景广阔

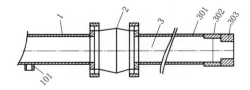

实用新型名称：

箅式内河水上勘探平台

摘要：

本实用新型涉及一种箅式内河水上勘探平台，属于水利水电水上勘探平台。纵管和横管内部分别设置密封舱隔板形成多个密封舱，纵管与横管间通过法兰用螺栓连接、构成平台主体的箅式结构，甲板由固定甲板和活动盖板两部分组成，横管上面固定连接固定甲板，该固定甲板宽度与横管直径一致，固定甲板间分别连接活动盖板，甲板上四周固定连接封闭挡板，甲板上分别固定连接绞盘和缆绳桩。优点是结构新颖，拆卸、运输均极为便利，大幅度消除水面波浪造成的船体摇摆，保持甲板平稳，适用于水深范围大，平台造价低，实现环保作业

实用新型名称：

孔内放水式水压灌浆塞

摘要：

本实用新型涉及一种孔内放水式水压灌浆塞，属于岩土工程地基处理装置。灌浆管与塞上体螺纹连接，膨胀胶囊上端与塞上体螺纹连接、下端与塞体下接头螺纹连接，胶塞芯管与塞上体螺纹连接，并与灌浆管联通，胶塞芯管内有射浆管，塞上体与充塞管接头螺纹连接，充塞水管与充塞管接头套接，充塞阀门位于充塞管接头的下方，充塞阀杆下端与复位弹簧一连接、上端与充塞阀门滑动连接，放水阀座与塞上体螺纹连接、其内部有放水阀，放水阀杆中部套接复位弹簧二、上部位于放水阀门中。优点在于结构新颖，实现了在孔内水位小于100m内可在孔内自由放水，使塞体无水头压力，起塞顺畅

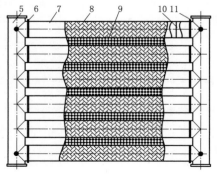

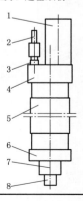

第二节　经　历　与　业　绩

中水东北公司先后主持、承担或参与了国内近 20 项大中型水库的岩塞爆破设计与施工项目，均取得了成功。自全国最早的岩塞爆破——清河水库岩塞爆破（1971 年 7 月实施，爆破水深 24m），到国内外难点最大、条件最复杂的岩塞爆破——黄河刘家峡洮河口排沙洞进口岩塞爆破（2015 年 9 月实施，水深 75m，淤积覆盖厚 40m，10m 大直径），再到实施的岩塞爆破——兰州水源地引水进口岩塞爆破工程（2019 年 1 月实施，黄河上第二个岩塞爆破），参与了复杂环境下大直径全排孔岩塞爆破——长甸电站改造进水口岩塞爆破（2014 年 6 月实施，10m 直径，排孔爆破）。承担了吉林中部供水丰满水库进水口岩塞爆破的科研和设计工作，以及甘肃临夏州供水保障生态保护水源置换工程、青海引黄济宁龙羊峡水库进水口岩塞爆破等设计和研究工作。作为国内岩塞爆破技术的引领，中水东北公司一直致力于水下岩塞爆破技术的研究、发展和科技进步，尤其是深水厚覆盖等复杂条件下的大型岩塞爆破关键技术研究与应用，填补了多项岩塞爆破技术空白，使得我国的岩塞爆破技术达到了国际领先水平。历年来，获得省部级奖 10 余项，主要有：

（1）丰满水电站泄水洞进口水下岩塞爆破技术，获得 1985 年国家计委科技进步奖一等奖，1985 年国家科技进步奖一等奖。

（2）镜泊湖水电站水下岩塞爆破技术，获得 1978 年吉林省重大科技成果奖，获得 1978 年全国科技大会奖。

（3）香山水库进水口水下岩塞爆破技术，获得 1981 年河南省科技进步奖。

（4）丰满泄水洞水下岩塞爆破观测综合报告，获得 1979 年电力部优秀科研奖一等奖。

（5）77 工程设计子项（结构抗爆抗震研究），获得 1986 年国家计委科技进步奖一等奖。

（6）结构防爆、抗震研究，获得 1986 年水电部科技进步奖一等奖。

（7）复杂环境下大直径岩塞进水口关键技术研究与实践，2016 年获得中国水力发电工程学会水力发电科学技术奖二等奖。

（8）复杂环境下下大直径岩塞进水口关键技术研究与实践，2016 年中国电力建设集团有限公司中国电建科学技术奖一等奖。

（9）大直径全排孔岩塞爆破关键技术，2016 年获得中国爆破协会科学技术进步一等奖。

（10）深水厚覆盖等复杂条件下的大型岩塞爆破关键技术研究与应用，2017 年 10 月获得大禹水利科技进步二等奖。

（11）刘家峡岩塞爆破，2018 年获得吉林省优秀勘察设计二等奖。

（12）算式内河水上勘探平台，2019 年获得吉林省专利优秀奖。

第三节　成　果　技　术　推　广

依托黄河刘家峡洮河口排沙洞进口岩塞爆破工程，开展的"深水厚覆盖大型岩塞爆破关键技术"被水利部科技推广中心认定为水利先进实用技术，列入了《2020 年度水利先进实用技术重点推广指导目录》中（图 16.3 - 1）。

图 16.3 - 1　深水厚覆盖大型岩塞爆破关键技术推广证书

第十七章 工 程 实 例

第一节 镜泊湖水电站进水口水下岩塞爆破

一、工程概况

镜泊湖位于我国东北牡丹江干流，湖泊为火山喷发形成的天然湖泊，该处原有一座引水式水电站。为了合理地利用水力资源，在原电站附近又扩建了一坐地下式水电站，并于1977年12月投产发电。这个地下水电站是担负调峰负荷的一座全地下式水电站，装机容量6万kW（4×1.5万kW），年发电量将增加90MkW·h。工程包括进水口、地下厂房，尾水调压室及2600m长的尾水隧洞。工程量为洞挖石方25.3万m^3，混凝土衬砌及喷混凝土5.5万m^3。

进水口在1966年初设阶段，经方案比较，选定为岩塞爆破方案，岩塞直径为11m。初设中选用排孔爆破方案，该方案虽然对洞脸山体稳定有利，施工也较安全。但这一方案施工技术复杂，在吸取既往工程药室开挖施工经验基础上，改变了设计，把排孔爆破改为药室爆破，并着手准备综合验收爆破试验。

1970年第三季度，进行了现场单位耗药量试验，同时开始了综合岩塞爆破试验。在进水口上游测约50m处的闪长岩地段，选取了直径6m，厚度8m的岩塞，其规模相当于正式进水口岩塞的2/3。单层药包布置成"王"字形，总装药量803kg。工程经历10个月，于1971年9月30日实施爆破，爆落方量700m^3（合实方420m^3，岩石用炸药量1.91kg/m^3），爆破口虽然被平行于湖岸的断层坍方堵塞，但清理后认定基本上达到了预想的效果。

1973年，在设计中考虑到地形和地质情况对爆破的影响，又将爆破口轴线向下游转30°方位，即轴线由NE20°改变为NE50°，经水工模型试验验证，确定为正式进水口方案。岩塞于1971年末大体形成，岩塞最小厚度8.4m，右侧较厚，有12～13m。1975年11月19日主体水下岩塞爆破成功。

二、岩塞地形和地质条件

进水口岩塞选择在一个向湖里突出的陡崖处，岩塞爆破口位于正常高水位以下25m左右。上半部为65°～70°的陡崖，基岩裸露；下半部地形变缓，坡度为40°～45°，并由厚度为1～2m的碎石组成覆盖层。地形陡很难测得准确，这对于采用药室法爆破的爆破方案布置、药室位置的确定和施工安全不利，山势陡也会带来洞口的不稳定。除了弄清地形、地貌情况外，通过潜水员调查了解到反坡和个别凹穴及岩石的张开节理延伸的情况，对进水口水下地形有了全面的了解。同时提高洞内、洞外测量控制的精度。

进水口的基岩主要为闪长岩，局部有花岗岩岩脉和花岗斑岩脉穿插。半风化深度 3.0～3.5m，再往下为微风化。断层与节理主要有两组：第一组断层与节理垂直于湖岸，其走向与洞口轴线走向近乎平行；第二组断层及节理走向平行于洞脸走向。为了使爆破口适应此地形和地质的结构分布规律，将岩塞爆破口轴线的走向由原来的 NE20°转到 NE50°，并按地质构造推断了爆破开口情况。在洞口以上存在比较大的断层。软弱夹层和多条大节理，构成陡坡地形下不稳定的塌滑体有两大块，表层有顺坡节理切割。使得地表层也不稳定。对于岩塞本身的不稳定，除了地质分析外，还进行了大量有限单元法计算，拉力区小于岩塞厚度的 1/3，而在拐角处最大主拉应力为 3.1kg/cm^2。其他部位主拉应力都较小。

三、岩塞爆破设计

（一）岩塞厚度及倾角的选择

1. 岩塞厚度的确定

　　岩塞厚度主要取决于地质条件及施工安全。在满足上述条件要求下，尽可能选择较薄的岩塞体，以减少集渣坑的开挖量和用药量，并有利于减少爆破振动影响。

　　本区岩石主要为闪长岩，强度中等，但表部节理比较发育，除 F4 及 F6 两断层沿岩塞轴线方向穿过岩塞外，尚有垂直岩塞轴线及平行岩塞轴线的两组节理。其节理间距分别为 0.5～2m 及 1～2m，对岩塞稳定及药室开挖有一定不利影响。

　　综合本区地质情况，并结合 211 工程岩塞厚度试验成果，选取了 8m 厚度，开挖跨度 8m，高度 9m 的岩塞。岩塞稳定问题，经电子计算机作静力情况下的应力分析，在岩塞尾部出现拉应力，拉应力一般小于 1.0kg/cm^2（上部和混凝土衬砌衔接处，出现应力集中现象，拉应力为 3.1kg/cm^2），拉力区高度小于 1/3 岩塞厚度，考虑到岩石节理的不利组合，估计尾部可能有局部坍方。但总的认为，在这种情况下岩塞是稳定的。由于岩塞暴露时间长，渗漏量逐渐增加，如岩塞长期暴露下去，其稳定问题应慎重对待。因此，在准备充分的情况下，应尽早进行岩塞爆破工作。

2. 岩塞倾角选择

　　岩塞倾角主要考虑了水流条件及坍方物不至于堵塞岩塞口咽喉部位。因此，选择了岩塞轴线与水平面成 45°夹角布置方案。经水工模型验证运行期水流流态平顺。

（二）药室布置方案比较

1. 单层药包布置方案

　　单层药包布置方案是采用了岩塞爆破试验的药包布置方法，将药包布置在中部偏前部位，药包布置成"王"字形，考虑药包的相互作用，各药室布置用药包的层距和间距控制各药包的位置。另在上部药室内打放射性的预裂孔，岩塞后部打周边预裂孔，控制设计轮廓，并配合毫秒延发爆破，以减少对围岩及岩塞口周边建筑物的振动影响。各药包抵抗线比值关系见表 17.1－1。

　　1）药量计算。按常用的爆破公式（17.1－1）、公式（17.1－2）计算。

$$R = W\sqrt{1+n^2} \qquad\qquad (17.1-1)$$

$$R' = W\sqrt{1+\beta n^2} \qquad\qquad (17.1-2)$$

式中：R' 为上破裂半径，m；R 为下破裂半径，m；β 为考虑地形地质条件的系数 $\beta=3.0$。

计算药量及上、下破裂面等参数见表 17.1－2。

表 17.1－1　　　　　　　　　　各药室抵抗线及比值表

药室编号	W_1/m	W_2/m	W_2/W_1	d_{min}/m	备 注
1	3.8	5.0	1.32	3.40	1. $d_{min}＝W_1$ 二药室半宽一覆盖层厚。 以下 d_{min} 均为药室前缘距岩面距离。 2 号、3 号药室主爆方向向后。
2	3.8	4.6	1.21	3.00	
3	3.0	—	—	—	
4	4.0	4.6	1.15	3.20	
5	4.5	5.1	1.13	3.10	
6	4.0	5.1	1.11	3.20	

表 17.1－2　　　　　　　　　　药 量 计 算 参 数 表

药室编号	药室中心高程/m	W/m	n	压缩圈半径/m	上破裂半径/m	下破裂半径/m	装药量/kg	起爆时间/ms	药室尺寸/m（长×宽×高）
1	328.20	3.8	0.75	0.590	6.23	4.75	2×32.5 1×65.0	25	2－1.0×0.8×0.6 1－2.0×0.8×0.6
2	324.24	3.64	1.0	0.651	7.28	5.14	87	25	0.5×0.8×1.2
3	324.24	3.0	1.0	0.495	6.00	4.22	38	50	0.5×0.8×1.2
4	324.24	3.84	1.0	0.688	7.69	5.41	102	25	0.5×0.8×1.2
5	322.69	4.11	1.5	0.988	11.46	7.41	304	25	1.6×0.8×0.6
6	322.69	4.21	1.5	1.015	11.74	7.60	328	25	1.6×0.8×0.6
预裂孔	ϕ42，间距 30cm，孔深 4m，96 孔，总装药量 104kg								

总装药量 1093kg，爆落方量 1030m³，包括预计的理论漏斗以外的坍落方量，平均每方岩石炸药用量 1.06kg。

2）毫秒延发时间选择。形成爆破漏斗的时间，可近似用下式计算：

$$T_1＝0.0037W(1＋n^2)^{\frac{1}{2}} \tag{17.1－3}$$

式中，$W＝4.0\sim4.5m$；$n＝1.0\sim1.5$；$T_1＝21\sim26ms$。

理论计算 T_1 值较实际偏小，加上水的作用，高气压团不能很快释放出能量。同时，分析岩塞爆破试验测振资料，选取 ms 间隔为：预裂孔 0ms；1 号、2 号、4 号、5 号、6 号延发 25ms；3 号延发 50ms。最大一响药量 951kg。

2. 双层药包布置方案

根据岩塞上部底部较厚，中部稍薄的情况，按阻抗平衡关系，在上部布置四个药包，中部布置三个药包，底部布置五个药包。各药包的阻抗关系应满足下列条件：对上部、底部药包：$W_2\geqslant1.4W_1$；$W_4\geqslant1.2W_3$

对中部药包：　　　　　　　　　　$W_2\geqslant1.2W_1$

各药包的最小抵抗线和药室前缘距湖边的最短距离见表 17.1－3。

表 17.1-3　　　　　各药包的最小抵抗线和药室前缘距湖边的最短距离

药室编号	W/m	$\dfrac{W_2}{W_1}$	$\dfrac{W_4}{W_3}$	d_{min}/m	备　注
1	3.75	1.4	—	3.35	
2	3.75	1.4	—	3.35	
3	2.85	—	1.2	5.75	主爆方向向后
4	2.85	—	1.2	5.75	
5	3.80	1.2		3.00	
6	2.30	1.2		—	内部松动药包
7	3.80	1.2		3.00	
8	4.00	1.4		2.60	
9	4.00	1.4		2.60	
10	3.10		1.2	4.90	主爆方向向后
11	3.50		1.0	4.90	内部松动药包
12	3.10		1.2		主爆方向向后

计算成果见表 17.1-4。

表 17.1-4　　　　　　　　各药室布置计算结果

药室编号	药室中心高程/m	K/(kg/m³)	W/m	n	压缩圈半径/m	上破裂半径/m	下破裂半径/m	装药量/kg	药室尺寸/m（长×宽×高）	备注
1	328.30	1.8	3.75	0.75	0.67	6.75	5.30	62		
2	328.30	1.8	3.75	0.75	0.67	6.75	5.30	62		
3	325.50	1.4	2.85	0.75	0.40	—		22		
4	325.50	1.4	2.85	0.75	0.40	—		22		
5	325.30	1.8	3.80	1.00	0.80	8.50	5.40	100		
6	324.90	1.4	2.30	0.75	—			15		
7	325.30	1.8	3.80	1.00	0.80	8.50	5.40	100		
8	322.80	1.8	4.00	1.25	1.00	8.70	5.65	182		
9	322.80	1.8	4.00	1.25	1.00	8.70	5.65	102		
10	321.00	1.4	3.10	0.75	0.40	—	—	30		
11		1.4	3.50	1.00		—	—	60		
12		1.4	3.10	0.75	0.40	—	—	30		
预裂孔		孔距0.3m；孔深4m；孔数96个；总装药量104kg；每延米装药270g								

总装药量 971kg。预裂孔 0ms，其他药室一响，延发 25ms。最大一响药量 867kg。

3. 排孔方案

利用隧洞全断面开挖方法，在岩塞横断面中部开挖一个直径为 1m 的中心孔，并布置

五排 $\phi 100mm$ 的钻孔，其孔距为 100cm，排距 100cm，孔深 5.5m 的预裂孔 38 个，排孔装药按下式计算：

$$Q = KW\alpha H \qquad (17.1-4)$$

式中：Q 为药量，kg；K 为单位耗药量，kg/m³；W 为最小抵抗线，m；α 为孔距，m；H 为孔深，m。

排孔及预裂孔总计 101 孔，装药量 788kg。表部 3～4m 厚度，利用裸露药包爆除，裸露药包按下式计算：

$$Q = KW^3 \qquad (17.1-5)$$

式中：Q 为药量，kg；K 为单位耗药量，按中等岩石考虑 $K = 27kg/m^3$；W 为所要爆松的深度，m，$W = 3.3m$。

计算成果为见表 17.1-5。

表 17.1-5　　　　　　　　　　排孔方案计算成果

排号	起爆时间	孔 号	抵抗线/m	孔距/m	孔深/m	药量/kg	孔口填充长度/m
预裂孔	0	1～38	—	0.8	5.5	209	
Ⅰ	25	1～8	0.50	0.75	5.5	59	1.20
Ⅱ	50	9～16	0.50	1.15	5.5	46	0.60
Ⅲ	100	17～32	1.00	1.00	5.5	158	1.20
Ⅳ	200	33～48	1.00	1.35	5.5	214	1.20
Ⅴ	300	49～51	0.50	1.50	5.5	22	0.60
	300	52～53	0.80	0.70	5.5	11	0.96
	300	54～55	1.00	0.70	5.5	14	1.20
	300	56～63	0.85	1.00	5.5	17	1.00
	300	57～62	0.70	1.00	5.5	14	0.84
	300	58～61	0.70	1.00	5.5	14	0.84
	300	59～60	0.50	1.00	5.5	10	0.60
裸露药包	800		3.3			970	

排孔方案总药量 1758kg。

根据以上三个方案比较情况并征求了施工单位的意见，认为单层药室布置方案，施工工艺比较简单，药室开挖速度快；同时，在现场用"三结合"方式进行的单层药室岩塞爆破试验，也为正式岩塞爆破的设计和施工提供了经验。因此，确定采用单层药室布置方案。

（三）爆破参数选择

1. 单位耗药量 K 值确定

对单位耗药量问题，设计单位进行了分析工作。根据岩石物理力学性质，用经验公式计算 K 值见表 17.1-6。

表 17.1 - 6 单位耗药量表

选 择 方 法	主 要 指 标	$K/(\text{kg}/\text{m}^3)$
抗压强度	$1000\text{kg}/\text{cm}^2$ 左右	$1.8 \sim 2.1$
岩石容重	$r = 2.83\text{kg}/\text{cm}^3$，$K = 0.4\ (r/2450)^2$	1.71
开挖等级	$N = 10$ 级 ~ 12 级，$K = 0.8 + 0.085N$	$1.65 \sim 1.87$

另外，在现场做了单位耗药量试验。在进口下游约 300m 的闪长岩区，选取抵抗线 $W =$ 3m，$K = 1.8\text{kg}/\text{m}^3$，$n = 1.0$ 及 $q = 50\text{kg}$ 的 2 号岩石炸药，进行标准抛掷爆破试验。爆破结果，漏斗平面开口两侧受节理面控制，开口与计算略有偏差，但基本上形成了设计爆破漏斗。故认为 $K = 1.8\text{kg}/\text{m}^3$ 对闪岩是适合的。综合以上几种方法选取了单位耗药量 $K = 1.8\text{kg}/\text{m}^3$。

2. 水对岩塞爆破的影响

水下岩塞爆破时，水的存在将影响岩塞爆破时岩体的膨胀及抛掷。克服水对岩石位移时的阻力，需要比同样条件下陆地爆破时多消耗能量。中国科学院力学所根据能量损耗原理，在室内作了水下爆破模拟实验，并推导了经验公式，即

$$Q = Q_0 \frac{1}{1 - \gamma} \tag{17.1 - 6}$$

其中

$$\gamma = \beta(1 - e^{-\alpha \frac{H}{W}}) \tag{17.1 - 7}$$

式中：Q_0 为无水时的计算药量（介质在饱和状态下）；Q 为考虑水影响的计算药量；β 为系数取 0.28；α 为系数取 0.3；W 为最小抵抗线，m；H 为介质上的作用水深，m。

上述公式中 H/W 大于一定值时，对药量影响较小。在正常高水位 351.20m（水深 25m）时，药量不考虑水深的影响增长 30% 左右，亦即当选用 2 号岩石炸药 $K = 1.8\text{kg}/\text{m}^3$ 时，如考虑水深的影响，相应的 $K = 1.8 \times 1.3 = 2.34\text{kg}/\text{m}^3$。

水下爆破采用胶质炸药，2 号岩石炸药换算为胶质炸药时，换算系数 $e = 0.758$，则考虑水深影响使用胶质炸药时的单位耗药量 $K_1 = 2.34 \times 0.758 = 1.775\text{kg}/\text{m}^3$，选用 $K_1 = 1.8\text{kg}/\text{m}^3$。不考虑水深影响使用胶质炸药时 $K_2 = 1.8 \times 0.758 = 1.365\text{kg}/\text{m}^3$，取 $K_2 = 1.4\text{kg}/\text{m}^3$。

3. 爆破作用指数 n 值的选择

水下爆破的 n 值，是根据地形和药包处的不同位置来选取的。对岩塞爆破中 n 值的考虑总的出发点是：上部药包对洞脸岩石要产生最小的振动影响；对中部药包可以采取松动爆破；对底部药包，除满足克服水的阻力还要克服夹制作用。保证能拉出底坎设计高程。因此，上部药包 $n = 0.75$；中部药包 $n = 0.75 \sim 1.0$；底部药包 $n = 1.25 \sim 1.5$。

4. 多面临空爆破炸药布置原则

水下岩塞爆破的药包布置，属于两面或多面临空的药包布置。药包布置时应考虑到地形坡度、岩石重力作用及水深增加的阻力等多方面因素，使诸力平衡，或向湖的爆炸力稍大于向洞内的爆炸力。特别对单层药包布置，以上各种力的阻抗平衡问题尤为重要。在岩塞爆破试验时，药包距湖和洞内的距离的比值关系为 $W_2/W_1 = 1.1 \sim 1.25$。爆破结果，没有发现能量集中向后逸出，爆通效果尚好。因此，正式岩塞设计药包位置的布置原则仍基

本上采用上述原则。另外，当上部有临空面时，药包距上部临空面距离应大于或等于
$1.1W_1$。对于保证向湖的方向抛掷的药包 $W_2 = 2.0W_1$。

为了使药包布置更为合理，在综合岩塞爆破试验的基础上，技术设计阶段对岩塞爆破
方案作了进一步论证。

5. 阻抗平衡及药室位置确定

水下岩塞的药包布置采用单层药室布置方案，对单层药室布置来讲属于两面临空药
包，药包布置时应考虑到地形坡度、岩石强度、重力作用以及水深所增加的爆破阻力等各
方面因素。根据以上诸种因素的平衡，既保证前后都能爆通，又能保证向湖面的力又稍大
于洞内的力，因此药包定性的应放在岩塞中部稍偏前的地方。这个问题没有成熟经验，在
水下岩塞爆破试验时，参照多面临空爆破的药包布置选定 $W_2/W_1 = 1.1 \sim 1.25$（爆破平均
水深7m）。从爆破效果看向前逸出能量较大，随着水柱上升，一部分石块也被抛到空中。
而后部井喷现象基本消除。水中压力观测结果逸出能量为总能量的1/300，设计中对水荷
载的考虑，除将计算中2号岩石炸药改为胶质炸药增加30%的药量外，又把水荷载每10m
折算成1m岩石作为抵抗线计算药量。这无疑增加了总的用药量形成能量集中向前现象。

正式爆破水深在25m左右，为试验
岩塞水深的3.5倍，按照试验岩塞药包情
况，其正式岩塞药室位置应再向前移动，
但岩石风化裂隙较严重，岩塞较薄增加了
施工危险性。另外，分析试验岩塞情况所
采用 $W_1/W = 1.1 \sim 1.25$ 是偏前了些。因
此，正式岩塞爆破药包位置关系参照试验
岩塞选定为 $W_1/W = 1.1 \sim 1.2$。其 W_1/W 关系见表17.1-7。

表 17.1-7　药包布置表

药包位置	试验岩塞 W_1/W	正式岩塞 W_1/W
上部药包	1.21	1.135
中部药包	1.17	$1.168 \sim 1.154$
下部药包	1.25	$1.13 \sim 1.15$

从水中压力观测成果逸出能量为1.65%，另外从爆后检查情况来看，药包布置位置较
为合适。

（四）各药室药量计算

（1）药量计算公式采用式（17.1-1）和式（17.1-2）。

（2）漏斗破裂范围计算公式采用式（17.1-1）和式（17.1-2）。

（3）压缩半径计算公式采用：

$$R_0 = 0.0623 \sqrt{\mu \frac{Q}{\Delta}} \tag{17.1-8}$$

式中：R_0 为压缩圈半径，m；μ 为岩石压缩系数，$\mu = 20$；Q 为药量，kg；Δ 为装药密
度，$\Delta = 1$。

（4）药室间距计算公式：

$$\alpha = W^3 \sqrt{r(n)} \tag{17.1-9}$$

式中：a 为药包间距，m；W 为最小抵抗线，m；$r(n)$ 为爆破作用指数函数。

（5）保护层厚度：

$$\rho = R_0 + 0.7B \tag{17.1-10}$$

式中：R_0 为压缩半径，m；B 为药室宽度，m；ρ 为保护层厚度，m。

（6）毫秒间隔时间。

用式（15.1-3）计算，可得$T_1 = 21 \sim 26ms$，理论计算值较实际偏小，选取间隔时间为25ms起爆程序；预裂孔0ms，1号、2号、4号、5号、6号为25ms，3号为50ms，最大一响药量951kg。

1975年10月12日到15日，在黑龙江省建委的主持下对岩塞爆破的施工设计进行了审查，根据会议讨论情况以及岩塞超欠挖厚度改变情况设计上作了改动，经审批认为是合适的。变动药量情况见表17.1-8。表17.1-9为调整后岩塞爆破特性表。

表17.1-8　　　　　　　　　　岩 塞 爆 破 参 数 表

药室编号	最小抵抗线/m	单位耗药量$K/(kg/m^3)$	爆破指数n	药量/kg	按包计药量/kg	备注
1	3.80	1.8	1.0	99	100.8	
2	3.30	1.8	1.0	99	100.8	
3	4.04	1.8	1.0	119	123.8	
4	3.84	1.8	1.0	102	106.4	
5	4.11	1.8	1.5	304	330.4	
6	4.21	1.8	1.5	328	308.0	
7	3.40	1.4	1.0	55	56.0	

表17.1-9　　　　　　　　　　岩 塞 爆 破 特 性 表

药室编号	药室中心高程/m	W/m	n	压缩半径/m	保护层厚/m	上破裂半径/m	下破裂半径/m	装药量/kg	起爆时间/ms	药室尺寸/m（长×宽×高）
1	328.20	3.8	0.75	0.590	1.15	6.25	4.75	2×32.5 1×65.0	25	$2-1.0 \times 0.8 \times 0.6$ $1-2.0 \times 0.8 \times 0.6$
2	324.24	3.64	1.0	0.651	1.21	7.28	5.14	87.0	25	$0.5 \times 0.8 \times 1.2$
3	324.24	3.0	1.0	0.495	1.06	6.0	4.22	38.0	50	$0.5 \times 0.8 \times 1.2$
4	324.24	3.84	1.0	0.688	1.25	7.69	5.41	102.0	25	$0.5 \times 0.8 \times 1.2$
5	322.69	4.11	1.0	0.988	1.55	11.48	7.41	304.0	25	$1.0 \times 0.8 \times 0.6$
6	322.69	4.21	1.5	1.015	1.58	11.75		328.0	25	$1.6 \times 0.8 \times 0.6$
预裂孔	$\phi42$，间距30cm，孔深4m，96孔，总药量104kg									

（五）电爆网路的确定和计算

岩塞的药室为单层"王"字形的药包布置，通常采用一响，但为减少爆破对洞脸边坡影响，设计将主药室分成两响。岩塞爆破的起爆顺序：第一响为预裂孔，第二响是1号、2号、3号、4号药室，第三响为5号、6号、7号药室。每响采用25ms间隔，采用的雷管段数相应为二段、三段和四段。为使起爆安全可靠，主药室采用并串并网格，并在每一响同段雷管中加一条闭合的导爆索。预裂孔为一条支路，信号线为一条支路共四条支路，药室端线均采用双芯橡皮电缆，长度为100m。并拉至闸门井井口上。

四、本工程水下岩塞爆破设计中考虑的几个问题

(一)岩塞厚度的稳定和药室布置

水下岩塞爆破设计中岩塞厚度关系到施工的安全和爆破方案的选取。尽量地选取较薄的岩塞厚度，减少爆破用药量，从而减轻爆破对围岩及附近建筑物的振动破坏影响，并减少集渣坑的开挖方量，加快施工进度。采用单层药室爆破的方案可以减薄岩塞的厚度。岩塞的厚度取决于岩塞的地质构造，与岩塞的直径、斜角、水下埋藏深度、渗透压力、开挖方式、保护措施等因素有关。为确保药室开挖时的安全，选取岩塞稳定条件许可的最小厚度 8m，岩塞口孔口尺寸为宽 8m、高 9m 的半圆拱形。必须调查清楚进水口的地质构造，以及渗漏情况，综合分析其稳定性。同时，设计单位也进行了有限单元法计算，分析岩塞在外水压力和自重作用下其受拉区为岩塞厚度的 1/3，而最大主拉应力在拐角处为 $3.1kg/cm^2$，其余部位拉力较小。F_4、F_6 两条高倾角的小断层贯通塞体，其间岩石呈外宽里窄的楔形体。在外水压力下，有利稳定。施工中首先根据地质条件初步确定厚度，施工时需进一步对岩塞地质构造进行调查分析，在基本稳定的前提下，迅速挖至设计厚度。要求尽快地完成岩塞的药室开挖，避免地质条件的恶化。对岩塞体用 2.0～4.0m 深孔水泥、水玻璃灌浆，6～7m 浅孔氰凝灌浆防渗。在岩塞后部打排水孔，顶拱用深锚拴挂钢丝网喷混凝土支护。

药室布置成"王"字形，上下导洞贯通。在窄小的药室导洞内施工非常困难和危险，开挖中从下导洞排水、排渣十分的顺利。大约用 7d 的时间即可完成开挖及回填任务。施工中应时刻监视着地质条件的变化，以便及时的进行处理。

(二)阻抗平衡试验

岩塞中的药室到湖侧岩面的距离必须大于表部岩石张开节理延伸深度 3～3.5m，岩塞两面临空，而上游有水压力，下面有四周围岩壁的夹制。水对爆破漏斗尺寸的影响可通过现场综合试验和模型试验来论证。选取与正式岩塞地质条件相同的地段进行现场综合试验：水下 7m，岩塞厚度 8m，岩塞尺寸为宽 6m、高 6m 拱形，用单层"王"字形药室爆破，取得试验成功。室内作了阻抗平衡试验：$\dfrac{W_1}{W_2}=1.2$，炸药量 $Q=1.2g$ 球形药包（W_1、W_2 为上、下游抵抗线长度），以砂浆做介质。改变充水的高度和压力，从上下漏斗开度的变化，得出如下结果：

(1) 在空气中这种布置形式两个方向都能爆开，且比较充分。

(2) 当罐中充水 $\dfrac{H}{W}=6.2$ 倍、压力为 $0.043kg/cm^2$ 的情况时，相当于正式岩塞的水深和上抵抗线的比值。也可以上下同时爆通，看到水介质略有影响，水面的爆破漏斗偏小。

H 为药室以上水深；W 为上游侧最小抵抗线长度。

(3) 当罐中增加压力到 $1.5kg/cm^2$ 时能爆通，但上部漏斗明显地缩小。

(4) 当罐中充水加压到 $3.0kg/cm^2$ 时上部已经爆不开了，只把下部爆开，上部只有局部的裂痕，不形成漏斗。

为什么改变水压力会改变上下漏斗的开度呢？改变水压力使得"岩塞"应力状态起变

化。在"岩塞"的下半部形成较深的拉应力区就容易被爆开；在"岩塞"的上半部呈现压力区就不容易被爆开。这就是说，爆破漏斗的形成不仅同爆破产生的反射拉力波有关系，而且同岩塞体的应力状态也有关系。这种情况在工程实践中已经有运用。例如：在隧洞开挖中光面爆破在顶拱有临空面的情况下用药量较少，$g=100\sim150\mathrm{g/m}$（中等坚硬岩石周边孔装药），而对底部和边孔用药量就会增大到 $g=250\sim400\mathrm{g/m}$ 或更多。类似的大爆破或控制爆破的用药量计算等诸公式都没有反映应力条件因素的影响，的确这也是很难考虑的因素。镜泊湖水下岩塞爆破是通过调整上下抵抗线的比值的办法来考虑这一因素的影响。即减小药室上半部的最小抵抗线长度 W_1，比上药室下半部的最小抵抗线长度 W_2，使 $\dfrac{W_2}{W_1}=1.1\sim1.2$。对于后部有四壁围岩的夹制作用，利用预裂爆破来解除约束。在这复杂的边界条件下水荷载的影响尚不能得出一个定量的结果，它除了使岩塞上半部的爆破漏斗缩小以外，还使岩渣抛掷不出去。水比空气的阻力大很多倍，岩渣在爆破中移动时开始就混合在水中被冲进了集渣坑里。如果将岩渣爆破抛出洞口以外，那么就要增加许多倍的炸药才能达到目的，也是没有必要的。

（三）炸药量的确定

类似这样重要的爆破总怕岩塞爆不通，而在岩塞爆破工程实例中也确有过爆不开的例子。所以往往有意识的加大了许多药量。从工程运行角度看，爆开洞口不是唯一的要求，是最低限度的要求。还应包括成型好、水流流态好、水头损失少等使用上的要求，这才是完整的。这就希望减少炸药量，做到控制爆破，接着按照成型的要求采用较均匀的分散装药。药量只需达到松动爆破的程度，利用包括孔口时的高速水流把爆渣带进渣坑。这样就需要尽量减少爆破炸药量。首先，根据相同的地质条件下做的单位耗药量试验选取单位能耗药量下限。由于水荷载的影响，增加的单位耗药量一般不超过50%，可以通过一些小型试验证明增加 20%～30% 就可以了。

爆破口的稳定条件，主要取决于洞口的顶拱部，其次是墙边。因此对顶拱用松动爆破，中部用标准爆破，底部用抛掷爆破拉底。在实际施工中计算药量作了一些不大的调整。

用预裂爆破保护围岩壁，使洞口成型好，岩壁稳定，减轻了爆破的振动影响。

（四）建筑物的保护

在闸后堵塞段以前的结构受到岩塞爆破时的振动、气浪冲击、高速水石流的冲击等作用，对引水洞和闸井门槽及门楣、启闭机大梁等都会受到不同程度的冲击。这种脉动冲击，有正负压的反复作用，保护重点是闸门槽、门楣和启闭机大梁。诸力中水石流的冲击延续时间比较长，是主要破坏力量。在水工模型上针对各有关部位进行了观察，并在原体上加了保护措施。对闸门槽和门楣处，怕被石流打坏，下不去闸门。在现场综合实验中，多半在有棱角的衬砌部分都被打坏，这些部位又都没有考虑高速水流冲击的影响。因而就必须加强保护。保护是从改善水流的流态，让石块不能直接碰撞到门槽和门楣上，所以加上保护板，将门槽填平。在门楣的拐角处设置二次抛物曲线型保护板，将棱角改成圆弧形，石块就不会直接打到上面。

第二节 汾河水库泄洪洞进口水下岩塞爆破工程

一、岩塞区的地形测量和工程地质条件

（一）地形测量

水下岩塞爆破地形测量是一项非常重要的工作，测量的误差直接影响爆破效果以及施工安全，水下地形图的测量质量是岩塞爆破成功的主要因素之一。汾河水库岩塞上表面不仅坡度大，地形复杂，地面起伏大，而且有较厚的淤积物覆盖层，这给测绘工作带来了很大的困难。为了保证地形图的测量精度，测量利用1991年、1992年两年的封冻期，采用了冬季水库冰面上方格网的测图方法。测量结果保证了岩塞爆破设计中岩塞形状的准确性，并在岩塞爆破渠底孔的施钻中得到了验证。

（二）工程地质条件

1. 岩塞地形地质描述

汾河水库泄洪洞进口岩塞位于水库大坝上游右岸四级基座阶地阶坡上，基座面高程为1111.60～1112.50m，阶坡上陡下缓，在1095.00m高程以上坡度为50°～69°，以下坡度为38°～45°，坡向NE，岩塞体轴线与岸坡成35°左右的交角，使岩塞呈上薄下厚、左薄右厚的不对称状态。阶坡有淤积物覆盖，厚度为2～20m不等，淤积面高程1104.90～1109.80m，由库内向岸边逐渐增高减薄。

2. 岩体结构特征及岩石物理力学性质

岩塞区地层为太古介吕梁群变质岩系，岩塞体岩性以斜长角闪片岩、云母斜长片麻岩为主，其次为花岗片麻岩与云母角闪片岩，各种岩性相间分布，单层厚0.12～2.0m，岩层走向50°～55°，倾向SE，倾角86°～90°。节理发育6组，其性质多为扭性、张扭性，间距一般为0.4～1.1m。岩塞体处于水库岸边水下，岩体呈全风化、强风化、弱风化状态，一般属于层状结构。断层和软弱夹层处在爆破漏斗边缘，位置又很低，对岩塞爆破成型起不到控制作用。

3. 岩塞区淤积物特征

岩塞处于水库岸边，由于水库上部黄土与砂砾石受库水冲刷近岸沉积和入库洪水淤积物交互沉积，故岩塞上部覆盖的淤积物性质极不均匀，其组成与库内淤积明显不同，由上至下可分为3层：第1层厚度为1.0～6.5m；第2层厚度为0.3～9.2m；第3层厚度为0.3～10.8m。

二、岩塞爆破设计

岩塞爆破设计有如下特点。

（一）设计原则和要求

（1）本工程岩塞上有较厚淤积物覆盖（国内外尚无先例），设计必须考虑淤泥的影响，做到一次爆通成型，进水口体型和尺寸应满足水流流态和泄量的要求。

（2）进水口常年处于深水下运行，爆破后一般情况下洞脸不能再进行混凝土衬砌等加

固工作。因此，要求岩塞四周的围岩应有一定的完整性和稳定性。

（3）岩塞位置距大坝边坡坡脚只有125m，爆破时必须确保大坝等周围建筑物的安全。

（4）设计方案的技术问题，要通过室内水工模型试验，现场爆破试验来解决，做到设计数据有依据，技术措施落实，施工设施完善。

（5）岩塞厚度应满足岩塞体在高水头及淤泥作用下的稳定。

（6）当采用泄渣方式的设计方案时，要控制岩渣块直径减轻对洞内衬砌混凝土的撞击和磨损。

（7）岩塞瞬时爆破要求顺畅下泄，不允许发生堵洞事故。因此，对岩塞底部是否设置缓冲坑应进行分析论证。

（8）泄渣后，要求顺利关闭闸门，减少库水损失。

（二）岩塞形状的确定及爆破方案的选择

1. 岩塞形状的确定

岩塞形状及尺寸直接关系到施工安全、导洞药室及炮孔的布置、装药量的大小和爆破效果，是爆破设计中的重要问题之一。

本工程岩塞形状为截头圆锥体，根据隧洞衬砌后的直径为8m，选定岩塞体底部开口直径为8m，顶部开口为29.8m，厚度9.05m，岩塞厚度与内口直径比为1.13，岩塞中心线与水平线夹角为30°，岩塞体倾角60°。

2. 爆破设计方案的选择

在1991年3月20日召开的汾河水库泄洪隧洞岩塞爆破技术问题专家研讨论会上，专家们提出了各种方案。综合专家们的意见，在岩塞爆破设计时进行了三个方案的比较，最后选定了岩塞洞室钻孔爆破方案，详见表17.2-1。

表 17.2-1　　　　　　　　　　　　洞室钻孔爆破特性表

项　　目	药室	扩大孔			预裂孔		渠底孔	合计
		上内扩孔	下内扩孔	外扩孔	装药孔	空孔		
钻孔直径/mm		50	90	50	42	42	90	
孔数/个	1	8	11	16	28	29	15	108
平均孔深/m		5.00	8.56	5.00	4.50	4.50	15.57	
钻孔总长度/m		40.0	94.2	80.0	126.0	130.5	233.5	704.2
每孔药量/kg		5.64	36.60	5.64	1.90		68.42	
药量/kg	1291.00	45.12	402.6	90.24	53.28		1026.40	2908.64
爆破岩石量/m³								1743.5

注　岩塞爆破采用水胶炸药（型号 SHJ-K₁），药室单个药包尺寸为20cm×30cm×30cm。要求密度1.24g/cm³。防水要求在水下15m浸泡72h后，用8号雷管可引爆。该方案的优点是：

（1）集中药包能量集中，爆通岩塞和淤泥的把握性大，且在现场爆破试验中得到验证，爆后淤泥漏斗和岩塞断面的成型较好。

（2）岩塞爆破的鼓包运动过程决定了爆后的岩渣85%以上能顺利泄出，泄渣率高。

（3）钻孔定位简单准确，预裂孔成型好，洞脸边坡整体稳定。

（4）爆破方量少，需泄渣量小，减少洞内磨损，提高工程的安全度。

（5）施工期短，费用省，效益高。

（三）药室设计

洞室钻孔方案布置是一个集中药室和岩塞后部钻孔相结合的布置型式。集中药室的作用是将岩塞与淤泥爆通并在地表形成较规整的爆破漏斗。岩塞中心线的岩石厚度为 9m，参考以往岩塞爆破工程经验，取抵抗线 $W_上=4.3m$，$W_下=4.7m$，$W_下/W_上=1.093$，可取得良好的爆破效果，药室的大小主要由装药量来控制，如果按爆破试验药量推算正式爆破药量则为 916kg，但爆破漏斗底坎高程为 1089.80m，不能满足 1088.00m 的要求。为此计算了爆破药量为 1291kg、1865kg 等几种情况，以确定合理的坎底高程。

最后，根据药室总装药量为 1291kg，确定药室的尺寸为 1.0m×1.0m×1.3m（1.3m 为高度）。

（四）预裂孔、扩大孔、渠底孔设计

1. 预裂孔爆破设计及装药量试验

预裂孔的作用有：一方面形成预裂面，使岩塞在岩石部分成型好，从而维持洞脸的稳定。另一方面预裂面可以起到减震作用，使近距离的混凝土衬砌不致遭到破坏，不影响运行。

（1）参数选定。钻孔直径为 $\phi=42mm$（$\gamma=21mm$）；钻孔间距为 $\alpha=20cm$；预裂孔深为 $L=4.5m$；岩石抗压强度 $\sigma=140.9MPa$；装药密度为 $\Delta_线=346g/m$；装药孔孔数为 $N=28$ 孔；每孔药量为 $q_孔=1.90kg$；总药量为 $\sum q_孔=28×1.90=53.28kg$；钻孔总数为 $N_顶=28+29$（空孔）$=57$ 孔；钻孔长为 $\sum L_顶=57×4.5=256.5m$。

装药结构为隔孔连续弱性装药结构。

（2）预裂孔布置。沿岩塞体上半圆周边布设，装药孔与空孔间隔布置，方向与岩塞轴线平行、与水平面夹角为 30°。

（3）装药量试验。为了正确确定预裂爆破的装药量，在导洞开挖同时进行现场预裂爆破对比试验。每次爆破后，建设、设计、施工、测量、地质人员到掌子面前研究导洞预成型情况，确定下一步预裂孔装药等。试验结果，采用线装药密度 346g/m 整体预裂效果好，故正式爆破预裂孔仍采用线装药密度 346g/m。

2. 扩大孔爆破设计

（1）钻孔参数选定。孔距为 $a=0.8m$；排距为 $b=1.0m$。

（2）外扩大孔。钻孔直径为 $\phi=50mm$；孔数为 $N_外=16$ 孔；孔深为 $L_外=5.0m$；钻孔合计长度为 $L_外扩=80m$；药卷直径为 40mm；单孔装药量为 $q=5.64kg/$孔，药量合计为 $\sum q=90.24kg$。

（3）上内扩。孔号内扩 2～5 号、7～10 号。钻孔直径为 $\phi=50mm$；孔数 $N_内=8$ 孔；孔深 $L_内=5.0m$；钻孔合计长度为 $L_上内扩=40m$；药卷直径为 $\phi=40mm$；单孔装药量为 $q=5.64kg/$孔；药量合计 $\sum q=45.12kg$。

（4）下内扩孔。孔号内扩 1 号、11～20 号。钻孔孔径为 $\phi=90mm$；孔数 $N_内=11$ 孔；孔深为 $L_内=8.56m$；钻孔合计长度为 $L_下内扩=94.2m$；药卷直径为 $\phi=70mm$；单孔装药量为 $q=36.6kg/$孔；药量合计为 $\sum q=402.6kg$。

钻孔方向平行于过岩塞中心线的铅垂面，外扩大孔和上内扩孔与水平面夹角为 30°，下内扩孔与水平面夹角为15°。

3. 渠底孔爆破设计（孔号渠底1~15号）

为使泄洪隧洞进水口渠底达1088.00m高程，则在岩塞底部布置一排钻孔，孔距为1m，每个孔终孔位置均打到距岩面50cm处。原设计为11个孔，孔径为100mm，但施工只有φ90mm钻头，加之岩塞右部岩体较厚，为使药量平衡，成型好，在2号、3号、4号、5号、6号孔中间增布12号、13号、14号、15号孔，最后实施的渠底孔孔数为15个，孔径为90mm。15个渠底孔方向水平且平行于洞轴线，爆破参数取最小抵抗线$W=3.5$m，孔距$a=1.0$m，单位岩石耗药量$K=1.7$kg/m^3，药卷直径为φ70mm，线装药密度为4.6kg/m。

（五）爆破网络

1. 网路形式

爆破网路为并串并毫秒微差复式电爆网路。有8条并联支路：1号、2号支路为药室正副网路，3号支路为预裂孔网路，4号、5号、6号支路分别为外扩大孔、上部内扩大孔，下部内扩大孔网路，7号、8号支路为渠底孔网路。

网路起爆顺序为预裂孔（1段）、集中药室（2段）、内外扩大孔（4段）、渠底孔（5段），起爆时间分别为25ms、50ms、100ms、125ms，共分4响。

2. 主要爆破材料规格、特性及用量

表17.2-2罗列了主要材料的情况。

表 17.2-2　　　　　　　　　主要爆破材料特性及用量表

材料	型号 规模 特性		数量								合计	购买量
			药室		预裂孔	外扩大孔	内扩大孔		渠底孔			
			1号 支路	2号 支路	3号 支路	4号 支路	5号 支路	6号 支路	7号 支路	8号 支路		
导线 /m	端线	PZ型 $2×1.0$mm^2 单线电阻 25Ω/km			8.0	104.0	52.0	82.5	134.5	134.5	515.5	1700.0
	支线	YC型 $2×2.5$mm^2 单线电阻 9Ω/km	50	50	21	21	21	21	21	21	226	800
	母线	BLX型 $7×2.12$mm^2 单线电阻 2Ω/km									150×2	1000
雷管	毫秒电雷管	一段/个									12	500
		二段/个	12	12							24	500
		四段/个				32	16	22			70	500
		五段/个							30	30	60	500
导爆索	塑料被覆型/m		50.0	50.0	196.0	67.0	34.2	132.2	226.0		755.4	1500.0
炸药	SHJ-K$_1$型 水胶炸药/kg		1291.00	53.28	90.24	45.12	402.6	1026.40			2908.64	3500.00

3. 电爆网路电阻、电流计算

各支路电阻计算成果及附加电阻见表 17.2-3。

表 17.2-3 支路电阻计算成果及附加电阻表 单位：Ω

支路	1号	2号	3号	4号	5号	6号	7号	8号
雷管电阻	2.1	2.1	2.1	5.6	2.8	3.85	5.25	5.25
端线电阻			0.400	5.200	2.600	4.125	6.725	6.725
支线电阻	0.900	0.900	0.378	0.378	0.378	0.378	0.378	0.378
支路电阻	3.000	3.000	2.878	11.178	5.778	8.353	12.353	12.353
附加电阻	9.353	9.353	9.475	1.175	6.575	4.000	0	0

（六）爆破后岩渣处理设计

1. 泄渣方式

国内外岩塞爆破对岩渣处理有两种方式：一种是集渣方式，一种是泄渣方式。工程实践证明，泄渣方式比集渣方式具有工程量小、投资省、工期短的显著优点，特别是泄空洞或泄洪洞具有运行期流量大，流速高的特点，泄渣更为有利。本工程根据国内已完成工程经验，对岩渣处理采用了泄渣方式。

2. 岩塞底部需否设置缓冲坑

汾河水库泄洪洞进水口岩塞下口直径为 8m，下接弯段洞径及其下游洞径保持 8m 不变，底坡从弯段末端开始 i=1/100，故不需设置缓冲坑。经模型试验观测，起爆水位在大于 1109.00m 的各种水位和给定岩渣级配的情况下，水流条件和泄渣情况良好。试验中还加入了粒径 4.4m×1.78m×1.1m 的孤石块 4～5 块，结果都能顺畅泄出。

3. 岩渣对隧洞结构造成的磨损

汾河水库泄洪隧洞进水口岩塞爆破采用的泄渣方式主要借鉴了香山水库和密云水库两个工程隧洞泄渣实践成果。

汾河水库泄洪洞进口淤泥层厚度约 18m，岩塞爆破后水流挟带库区淤泥泄至下游，原预计爆破后泄流时间 45～60min，最大泄量为 620m³/s，泄渣水量 45 万 m³，单方渣用水量为 207m³，总泄水量为 200 万 m³，设计爆破石方 1743.5m³，松散系数为 1.4，考虑泄渣率为 89%，泄渣 2172m³。由于汾河工程泄渣量大，而且泄渣历时较长，这是不利条件，但在泄渣时挟带泥沙下泄，会减轻对洞壁的磨损，故仍属磨损轻微。上述分析与爆破后进洞观测的情况基本一致。

4. 泄渣后闸门关闭问题

经计算，汾河水库泄洪洞进水口岩塞爆破后岩渣最大等容直径为 1.21m，其在洞内的起动速度为 5.18m/s，运动速度为 8.47m/s，而洞内流速为 12.3m/s，所以已经起动的岩渣不会运动到闸门槽部位或弧门底槛时停止运动而沉降到门槽内或底槛处。因此，预计在泄渣后闸门能顺利关闭。根据上述分析计算和工程实践借鉴，汾河水库泄洪洞泄渣后闸门能正常关闭，闸门槽不需加堵塞等防护措施。正式爆破实施后，进口平门顺利关闭，设计方案得到了验证。

（七）爆破时大坝及进水塔安全校核

1. 大坝安全校核

最大一响炸药量为 1291kg 时，大坝安全性从以下三个方面进行评估。评估结果表明，大坝是安全的。

（1）根据试验爆破观测数据得到的公式进行震动诸参数值的预测结果，参照密云水库岩塞爆破标准而拟定的汾河水库大坝安全标准为：$\alpha < 0.5g$、$v < 5cm/s$、$d < 0.5mm$，进行安全评估的结果，最小安全系数均在 $2.7 \sim 7.1$ 之间。据此，用爆破力学方法评估，汾河水库大坝是足够安全的。

岩塞爆破时土坝抗滑稳定性分析。根据国家地震局工程力学研究所建议的计算方法和动强度的取值，对岩塞爆破时最大一响炸药量为 1291kg 时进行土坝坑滑稳定性分析计算，其计算式如下：

$$K = \frac{\sum_1^n \{C_d b_i \sec\alpha_i + [(W_1 + W_2)\cos\alpha_i - P_i\sin\alpha_i]\mathrm{tg}\phi_d\}}{\sum_1^n \left[(W_1 + W_2)\sin\alpha_i + \frac{P_i L_i}{R}\right]} \qquad (17.2-1)$$

（2）用搜索滑弧圆心的试算法，编成相应的计算机程序，电算结果：抗滑稳定最小安全系数 K 为 1.123，大于规范规定的 1.05 的要求，所以可以肯定，最大一响炸药量为 1291kg 时，汾河水库大坝不会发生滑坡危害。

（3）爆破地震时大坝液化势安全性评估。对最大一响炸药量 1291kg 来说，预测的水平地震加速度峰值 0.182g，与其相应的地震烈度效应不会大于 7°，可取循环次数 $N = 11$，取最大固结化 $K_c = 1.5$，取最大动应力比 $K_d = 3.0$，将这些数值带入下式，计算岩塞爆破地震时的最大孔压比 U_{max}：

$$U_{max} = 1 - e^{-0.032N[K_d - 0.53(K_e - 0.5)]} \qquad (17.2-2)$$

算得 $U_{max} = 0.58$，则最小安全系数 $K = 1.72$，大于 1.05，说明最大一响炸药量 1291kg 岩塞爆破时，汾河大坝不会液化失稳。

2. 泄洪隧洞进水塔安全评估

泄洪隧洞进水塔地面至爆心距 $R = 86m$，最大一响药量 1291kg。若按竖向速度峰值和加速度峰值作为校核标准，爆破前借用丰满、镜泊湖和密云公式计算的 v_p 和 α_p 情况如下：

（1）丰满公式：$v_p = 6.94cm/s$，$\alpha_p = 2.72g$，安全系数为 $0.72 \sim 0.37$。

（2）镜泊湖公式：$v_p = 2.2cm/s$，$\alpha_p = 2.4g$，安全系数为 $2.27 \sim 0.42$。

（3）密云公式：$v_p = 2.73cm/s$，$\alpha_p = 0.49g$，安全系数为 $2.11 \sim 2.04$。

上述安全系数值是按中国《爆破安全规程》$v \leqslant 5cm/s$，$\alpha \leqslant 1g$ 的标准情况，而爆破时实测塔前地面 $v_p = 14.49cm/s$，$\alpha_p = 1.99g$，按此求得安全系数仅为 $0.35 \sim 0.5$，与丰满公式的估算值相近，说明进水塔不安全。但爆破后检查进水塔闸门井、塔筒、启闭机室等均完好无损，未发生震动破坏。仅启闭机室靠爆源侧砖墙（非承重）上有很少细小裂缝，不影响使用。说明厚壁钢筋混凝土筒式结构有较高的抗震能力。

（八）水工模型试验

岩塞爆破水力冲渣水工模型试验共进行了两次，分别由山西省水利科学研究所和清华大学水利系承担试验。

两次试验模型均采用整体正态模型，按重力相似准则设计，同时满足紊动阻力相似条件。爆破模型主要着眼于爆破后水流运动状态的相似，即只能在假定爆破后已成一定岩渣级配比例下（松散体）进行水力冲渣的过程试验。模型岩渣用与原体比重相同的天然石料加工而成，渣块与天然渣块保持几何相似，淤积泥沙采用电厂粉煤灰加工后代替模型沙。

经模型试验观测，在各种起爆水位和给定岩渣级配的情况下，水流条件混合泄渣情况良好。试验中还一次加入过粒径为 4.4m×1.78m×1.1m、4.2m×1.78m×1.1m、3.1m×1.78m×1.1m、2.9m×1.78m×1.3m 以及比重稍轻的粒径为 9.8m×6.7m×2.4m 的大块，结果都能顺畅泄出，说明在库区有淤泥的情况下也不容易出现堵洞。

试验表明有淤泥时排渣效果好，库水位在 1112.50m 时，泄渣率为 91%～92.3%。分析原因，有淤泥时使岩渣向库内扩展的数量减少，冲入洞内的数量增加，且淤泥混入岩渣后使水体浮力增大，阻力减少，岩塞入口处的流速相对要高，提高了泄渣率。岩塞爆破实施期间，考虑到汾河水库下游河道的承受能力，岩塞爆破泄水总量宜加以控制，对水工模型试验闸门关闭时间又提出了 6 种新的工况进行试验。实施时，经过深入地分析论证，制定了闸门启闭程序。正式实施时，由于平板门顺利关闭，没有关闭弧门。进洞检查，发现桩号 0+873 处后有 126m 长的大渣团 700 余 m³（虚方）未泄出洞外。因此，平板门宜在起爆后 10min 开始关闭。

第三节　响洪甸水库水下岩塞爆破工程

一、工程概况

响洪甸抽水蓄能电站位于安徽省金寨县和六安县境内，淮河支流淠河西源山区，距合肥 137km，是利用已建成的响洪甸水库为上库，扩建抽水蓄能装机容量 2×40MW。引水隧洞进口采用水下岩塞爆破施工。

进水口位于水库大坝上游 250m 处，岩塞中心高程 90.00m，在正常水位 125.00m 高程以下 35m，水下坡度 45°～50°，覆盖层厚 1～2m，岩体为火山角砾岩，强度较高，透水较严重。

岩塞体型为倒圆锥台岩塞体，斜坡式集渣坑、隧洞球壳形混凝土拱堵头组成。岩塞体上开口直径 ϕ12.6m，底部直径 ϕ9m，中心厚 11.5m，为左厚右薄的不对称结构，其中轴线与水平面夹角 48°。岩塞爆破为双层药室及排孔结合爆破，三个药室，135 个排孔，最大孔深 9.87m，一般 8m 左右。爆破石方 1350m³，总装药量 1958.42kg。

二、爆破材料性能检测与试验

（一）电磁雷管性能检测与试验

电磁雷管具有良好的抗杂散电流性能及防漏电性能。爆破网路简单方便，只要用一根主线，规格为 0.75mm²，结构 7/0.37BV 的铜芯聚氯乙烯绝缘软电线。主线穿过雷管环状磁芯，与母线相连，母线与高频发爆器接通，无须外接电源，便可进行爆破。

1. 电磁雷管串联试验与毫秒量检测

串联试验：把雷管分为两条支路，每条支路串联 140 发雷管，一次引爆两条支路的

280 发雷管，引爆后经检查无瞎管与拒爆情况；把 140 发无保护雷管沉入水中，然后在水中引爆，爆破合格率 100％。

毫秒量检测：施工现场用 IT-3 型电雷管参数测量仪，对 1、3、5、6、8、10 段电磁雷管各测试两次，每次各段 20 发，成果见表 17.3-1。

表 17.3-1　　　　　　　　　　　　电磁雷管延时参数检测成果表　　　　　　　　　单位：ms

段别	I 次测试					II 次测试				
	厂标	测试发数	秒量总数	平均值	极差值	厂标	测试发数	秒量总数	平均值	极差值
1	≤14	7	40.9	5.80	0.7	≤14	7	40.9	5.80	0.7
3	50±10	20	1216.6	60.83	36.1	50±10	18	899.6	49.97	59.9
5	110±15	10	1033.1	103.31	47.8	110±15	20	2045.4	102.27	9.1
6	150±20	15	2324.0	154.90	26.2	150±20	19	2768.2	145.69	34.9
8	250±25	20	4436.6	221.83	57.5	250±25	19	3780.1	198.96	10.5
10	380±35	20	5182.8	259.14	64.6	380±35	20	5667.9	283.39	55.7

2. 电磁雷管浸水与导电试验

根据施工要求，用气球包裹雷管，磁环不作任何保护，把选用的各级雷管沉入 30m 深水中，浸泡 168h，进行引爆试验，经检查只有一发雷管未爆。

用 10 发不同级别电磁雷管作导电试验，把主线穿过磁环中，主线接通 220V 电源，通电后主线发热均未能引爆电磁雷管。

3. 网路爆破试验

根据岩塞爆破设计布孔情况，按 1∶1 比例进行现场爆破网路模拟试验。在水库下游河流上按 4.5m 半径放出岩塞底部直径，打小木桩代表炮孔和药室。3 个药室用 3 根木桩代表，主炮孔用 57 根木桩表示，72 个预裂孔每 9 个孔用 1 根木桩代表，一共 8 根木桩布置在最外层。代表 O_1 与 O_2 药室的木桩，在木桩下部捆 3 发雷管，上部捆 2 发雷管，O_3 药室木桩上、下各捆 5 发雷管，主炮孔与预裂孔木桩上、下各捆 2 发雷管，木桩下方的雷管为主支路，上方的雷管为副支路。将选用的绝缘软电线作引爆母线穿过主、副线路的电磁雷管磁环中，测得二支路电阻值分别为 2.2Ω 与 2.4Ω，连接主线，连线后测试主线总电阻，分别是 4.3Ω 与 5.8Ω。

两条支路一共 280 发雷管，一条为 142 发，另一条为 138 发，起爆后经检查核实 280 发雷管均全部起爆，联网试验获得成功。

（二）导爆索浸水试验

截取 54 根导爆索，每根长 2.0m，两头切口按三种方式处理：①上气球，用防水胶带将气球与导爆索捆紧；②用蜡熔化封口；③不采用任何保护措施。

处理后放入水中浸泡 120h，取出进行分组试验，试验结果见表 17.3-2。

试验结果，三种方法都能达到施工要求，故实际爆破时，导爆索切口只作封蜡处理。

（三）MRB 乳化炸药性能试验

MRB 乳化炸药是一种加强型岩石炸药，操作使用安全、方便，不需作任何防水措施，一次爆破，威力大，爆后有毒气体少。除生产厂方进行出厂检测外，炸药运到工地后，抽

表 17.3 - 2　　　　　　　　　　导 爆 索 浸 水 试 验 表

分组	导爆索根数	引 爆 条 件	效果
1	2	一端火雷管，另一端绑 φ25 乳化炸药	全爆
2	4	一端火雷管，切口用气球保护	全爆
3	6	一端火雷管，切口用蜡封口，另一端绑 φ25 乳化炸药	全爆
4	8	一端火雷管，切口用蜡封口，并套气球	全爆
5	10	一端火雷管，切口用蜡封口，并套气球	全爆
6	18	火雷管与 φ25 炸药，切口用气球保护，φ25 乳化炸药作起爆体	全爆
7	3	一端火雷管，切口未进行保护，帮有 φ25 乳化炸药	全爆
8	3	火雷管与 φ25 炸药，切口为保护，用 φ25 乳化炸药作起爆体	全爆

样将炸药浸入 30m 水深处，分别浸泡 72h、120h、168h。对其殉爆距离、爆速、猛度和做功能力进行检测，结果均达到要求。

通过上述一系列试验，证实了采用的岩塞爆破材料是合格的，试验中取得的数据，为岩塞爆破提供了可靠依据。

三、岩塞爆破施工技术

（一）造孔

分层搭设施工平台，用 2 台 2PC 型地质钻机造孔。造孔的关键在于孔位和方向的准确度。由于岩塞底面凹凸不平，为了将孔位准确地定位于岩石上，制作了带刻度盘和指针的旋转样架，4 跟锚杆将刻度盘固定在岩塞底面上，平行于设计开挖面，带定位杆的指针绕刻度盘旋转，按设计角度定出孔位，用红油漆点在岩面上，标出孔号；移动 2PC 地质钻机将钻杆对准点位，按定向杆的方向（即孔的设计扩散角）调整钻杆位置，直到与定向杆方向完全一致，然后固定钻机，开孔钻进。钻进过程中，遇见岩层出现漏水时，则停止钻进，退出钻杆，保持钻进不动，进行固结灌浆堵漏后，再扫孔继续钻进，直至完成全孔。

（二）药室开挖

设计为双层药室，表层药包 2 个，中心药包 1 个。药室及导洞采用 YT - 23 型短气腿式凿岩机造孔，光面爆破施工。由于药室主导洞断面小，为 0.8m×1.0m，中导洞为斜洞 0.8m×0.8m（宽×高），为便于操作，施工放样采用了三棱行立体样架，木枋制作，使样架底部的棱面与岩塞体底面平行，另一斜棱面与铅垂线成 48°，起点位于主导洞边壁，桩号与高程按设计坐标定点，然后在样架平面上使其一斜线与水平线成 $47°26'11.95''$，此即为中导洞轴线方向，凿岩机平行于斜面线造孔。

整个导洞及药室开挖采用周边孔分段钻进预裂、浅孔、少药多循环，大部分超欠挖均在设计允许的 5cm 范围以内，仅洞口局部超挖 26cm，采用了 C40 高标号细石混凝土修补。

（三）药室装药

表层 1 号药室装药量 285kg，2 号药室装药量 329.8kg，中部 3 号药室装药量 168.5kg。

药室起爆体加工，用 21cm×32cm×17cm（长×宽×高）木箱 2 个，21cm×24cm×17cm 木箱 1 个，箱内用沥青涂刷，装入乳化炸药，再将 20m 导爆索成捆置于箱中央，卷的中心插入 2×5 发电磁雷管束，设正、副两条起爆网路，再将药填满，盖好箱盖，胶带纸缠绕封闭。

药室装药。清除药室积水后周围用塑料布贴紧。从第一包炸药放入药室开始，168h 内必须起爆。先放入 6kg/包的袋装炸药，过半小时放入起爆体，从导洞引出穿好保护管的导爆索和起爆脚线，继续装完炸药，扎紧塑料口袋。黏土填满缝隙，药室口封上木板，贴两层石棉隔热层加木板固定。导洞用黏土封堵 1m 长后回填二级配骨料，骨料中埋入 2 排灌浆管和排气管，洞口用木插板锁闭。用 525 号水泥对导洞固结灌浆，水灰比 0.5：1 和 0.6：1，压力 2kg。

（四）排孔装药

由于两种排孔（预裂孔和主炮孔）的药卷装药难度大，为保证装药质量与安全，孔外在不剖开的硬质塑料管（PVC 管）内装药。然后推入孔中，变孔内装药为孔外装药。

1. 预裂孔药管加工

采用 φ50mm 的 PVC 管，按照设计要求间隔将 φ25mm 和 φ38mm 药卷固定在两块竹片中间，与两根导爆索一通捆扎起来，然后把药卷送入 PVC 管，两端用胶塞塞紧，管底端套上气球，管口端引出导爆索后用防水胶布扎牢。

2. 主炮孔药管加工

采用 PVC 管装，第节 φ70m、长 42cm 的药卷。在 PVC 管底端第二节药卷反向插入相应段别 2 发电磁雷管，在管口端第二节药卷正向插入同段别 2 发电磁雷管，对采用间隔装药的药管，还应在前后雷管间串 2 根并联导爆索，捆扎在竹片上。封口加工同预裂孔药管。

3. 装药

通过人工传送，将加工好的药管推入孔中，对有渗水的孔，按上细塑料管将水引出孔外，然后用防水油腻子堵 15cm 止水，再堵黄泥条，孔口引出导爆索和电磁雷管脚线后用木塞塞紧。

（五）联网

用正副两条起爆网路。主线用 2 根 3×7/1.04BV300/500V 铜芯电缆从闸门井引入，经洞顶至岩塞体，引爆母线用 2 根 7/0.37BV/300/500V 铜芯电线。当电磁雷管导通检查无误后，将 2 根母线自上而下呈"之"字形分别穿过正副网路电磁雷管的磁环，最后将正副两条网路的母线连接到主线上，测得两条母线电阻分别为 1.5Ω、1.6Ω，起爆前 5min 再次测得两条主线总电阻为 2.4Ω、3.1Ω，均小于准爆值 5Ω。

（六）起爆

现场清理验收后，7 台水泵按两级泵房以近 500m³/h 的出水量从水库经闸门井向集渣坑充水，直至闸门井水位上升到 104.00～105.00m 高程范围，此时水库水位为 116.00m，仪器测得集渣坑水位 78.00m，气垫已经形成。然后启动 20m³ 空压机，通过预埋在洞顶部混凝土内 φ50mm 钢管向 78.00m 高程以上直到岩塞底部这一空间补气，形成 0.26MPa 压力气垫。

1999 年 8 月 1 日上午 10 时，随着发布起爆命令，通过高频起爆器起爆，水库水面下传来沉闷的巨响，进水口上方鼓起蘑菇状的浪涛，洞内涌出的气体带着水流不断翻滚，响洪甸抽水蓄能电站进水口水下岩塞爆破安全爆通。

四、结语

（一）爆破效果

爆后水下摄像观察，岩塞周边半孔留痕普遍清晰可见，成型好，闸门井门槽及前后底板没有石渣，只有几厘米厚泥沙，进入洞内的石渣全部落入集渣坑内。集渣坑堆渣曲线平缓。

（二）几点创新

响洪甸抽水蓄能电站水下岩塞爆破有创新点，与国内其他工程岩塞爆破的不同之处在于：①在抽水蓄能电站进水口进行水下岩塞爆破施工，国内第一个。②成功地进行了由倒圆锥台岩塞体、斜坡式集渣坑、隧洞球壳型混凝土拱堵头、充水形成气垫组成的封闭式水下岩塞爆破，国内第一个，国外也不多见。③自行设计制作了旋转样架，操作方便，保证了排孔施工程度。④药室斜洞开挖中自行设计制作三棱体样架，代替测量仪器放线，操作简便，保证了药室斜洞开挖高度。⑤从矿业系统引进电磁雷管，简化了爆破网路连线，操作简便，施工安全。⑥充水形成气垫，采用 20m³ 空压机充气，保证了设计要求的气垫压力。⑦采用 PVC 管不剖开，变孔内装药为孔外装药，确保了装药质量，加快了装药速度。

第四节　密云水库水下岩塞爆破的设计

一、工程概况

密云水库位于北京市东北 90km 的潮白河上游，水库主要建筑物包括潮河、白河 2 座主坝和九松山等 5 座副坝、3 座溢洪道、3 条发电隧洞、两条泄空隧洞、1 条人防洞、2 座发电站等。总库容 34.75 亿 m³，是一个大型水利枢纽工程。

1976 年，唐山-丰南地震波及密云水库，导致白河主坝上游面砂砾石保护层发生大规模水下滑波，同年 9 月即进行白河主坝加固。据计算，潮河主坝的砂砾石保护层也需进行加固，以保持稳定。为放空潮河一侧的水库，须修建泄水隧洞，主要供加固潮河主坝时放空水库使用。

增建的泄水隧洞衬砌后直径为 3.7m，全长 627m；平板闸门以前缓冲段最大开挖洞径 7.5m，衬砌后直径为 5.5m。

隧洞建于混合岩化角闪斜长花岗片麻岩内，最大埋深约 94m。隧洞设有两道闸门，首部设平板检修门一扇，其尺寸为 2.8m×3.7m；尾部出口设弧形工作门一扇，其尺寸为 3.5m×2.6m。进水口岩塞形状为倒截头圆锥体，底部直径为 5.5m，顶部开口直径为 13.5m。岩塞体厚度 8.1m，其中岩石厚度 5m。岩塞中心线与水平线夹角为 30°。

二、水下岩塞爆破设计

药室爆破集渣方案虽然具有炸药量集中、威力大，容易爆通进水口，电爆网路敷设联接简便和岩渣不通过隧洞等优点，但是尚存在集渣坑开挖及衬砌工程量较大等缺点（如丰满泄水洞，集渣坑深达 38m，需用预应力锚索和混凝土衬砌以保持集渣坑边墙稳定，从开挖至衬砌完成历时 4 年之久）。在考虑密云水库岩塞爆破方案时，考虑到采用排孔爆破能够精确控制岩塞体厚度；泄渣比集渣能节省岩石暗挖和混凝土衬砌工程量；泄渣时石渣虽可能对洞壁产生磨损，但只要采取措施即可使其减轻到不引起洞壁破坏的程度。所以，岩塞爆破最后选定了排孔爆破浅式缓冲坑泄渣方案。

（一）岩塞进口位置的选定

选定岩塞进口位置要作综合考虑，一个合适的岩塞进口应满足以下条件：

(1) 满足岩塞体稳定，以便利施工，确保岩塞施工期的安全。

(2) 具有符合运行要求的过水断面，创造良好的水力条件。

(3) 岩塞口的位置具备良好的爆破条件，并考虑爆破对大坝的影响。

本工程岩塞口位置经过 3 条洞线比较，最后选定了距大坝坝轴线 300m、距上游坝脚 138m 的第二条洞线作为进口岩塞位置。该处为一突出的小山嘴，形如锯齿，西边缓、东边陡，高程 135.00m 以上为陡崖，以下坡度为 $50°\sim60°$，底部为河漫滩，轴线为北西 $315°$，进口处岩石为混合岩化角闪斜长花岗片麻岩。

（二）岩塞形状和尺寸的确定

岩塞形状尺寸直接关系到施工安全、排孔布置、装药量的大小和爆破效果，是爆破设计中的重要问题。

1. 岩塞开口尺寸的确定

岩塞开口尺寸要满足泄量要求和具有必要的过水断面，并结合考虑最大泄量时进水口的控制流速不大于洞脸处岩石的抗冲刷流速。对于泄渣方案，岩塞口下部和隧洞的过渡连接段，其断面要适当扩大且曲线要平滑，以利于岩渣顺畅下泄。在满足上述条件的情况下，应尽量减小岩塞尺寸，以减轻钻孔工作量和爆破震动影响。根据隧洞衬砌后的直径为 3.7m，选定岩塞体底部开口直径为 5.5m，岩塞中部岩石开口直径为 10.5m，岩塞顶部开口直径为 13.5m。

2. 岩塞厚度的确定

岩塞厚度（H 值）的确定，除考虑地质条件外，与岩塞底部开口尺寸（D 值）有关。国内几个工程岩塞厚度，由于多为药室爆破方案，在岩塞体内挖导洞和药室具有一定的危险性，为了施工安全，故所选的 H 值较大，其 H/D 值为 $1.0\sim1.5$。因本工程采用排孔爆破方案，施工安全，故可以选取较薄的岩塞体，以减少药量和钻孔工程量，设计选定 H/D 为 0.91。

从理论计算上来核算岩塞的安全厚度，对岩塞体进行了抗压、抗拉、抗剪和岩塞整体滑移的校核，计算结果为：岩塞中最大压应力 1.3MPa，最大剪应力 0.65MPa，不出现拉应力；岩塞整体滑移的安全系数 $K=2.2$。上述理论计算与实际情况有较大出入，但用这个方法有助于了解岩塞应力和可能破坏的规律。

施工中，实际岩塞厚度取为 4.54m，岩塞底部直径不变，则 H/D 实际为 0.825。

（三）排孔爆破方案设计

排孔爆破施工安全方便，能够较精确地控制岩塞厚度，药量分散，爆破后的岩石块度均匀，爆破震动影响小。但排孔的孔位布置，炮孔装药和电爆网路敷设等工作量较大，同时钻孔需要特殊施工机械，施工技术要求较高。

1. 炮孔数目

炮孔数目主要与岩塞底部断面、爆破方量、装药量、岩石性质及炸药性能等因素有关。在保证爆破效果的前提下，尽可能布置较少的炮孔。

本工程岩塞底部直径为 5.5m，布置 4 圈主炮孔，各圈孔数分别为 4、6、10、18 个，共计 38 个孔，并沿岩塞周边轮廓布置 60 个周边孔。

2. 孔径和孔深

预留岩塞采用大孔径炮孔爆破，这样可以提高爆破效果。本工程主炮孔直径采用 φ100mm，周边孔直径为 φ40mm。

每个炮孔孔深均较岩塞厚度小 50cm，其排孔爆破系数 $\eta = 0.27 \text{m/m}^3$（即每立方米岩塞需打直径 φ100mm、深 27cm 的炮孔）。

3. 孔位布置

1）掏槽孔。掏槽孔位于岩塞中部，在直径 60cm 的圆周上，布置 4 个直孔掏槽。孔距为 47cm。

2）主炮孔。在岩塞部位布置 3 圈主炮孔，共计 34 个孔，相邻排孔按一定角度呈梅花形布置。内圈主炮孔孔距为 84cm，中圈和外圈主炮孔孔距分别为 100cm 和 75cm，而在底部中心角 90°范围内，中圈孔距由 100cm 变为 50cm，外圈孔距由 75cm 变为 56cm。实践证明，这种布置对于上薄下厚的岩塞体既能保证上下都爆通，又能控制岩石的破碎程度。

3）周边预裂孔。沿岩塞周边轮廓布置 60 个周边预裂孔，孔距 30cm。实践证明，周边预裂孔在保证岩塞成形及减小爆破对大坝和围岩的震动影响方面，效果较为显著。

排孔布置见图 17.4-1。

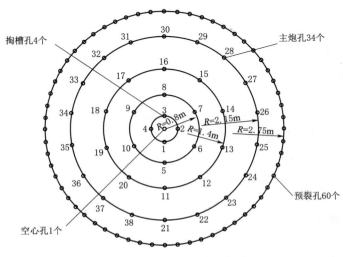

图 17.4-1 排孔布置图

（四）爆破药量计算和炮孔药量分配

1. 爆破药量计算方法

爆破药量计算应根据排孔布置的形式而采用相应的公式。由于排孔爆破方案在国内还缺少实践经验，而国内几个工程（包括香山水库），都是采用考虑水深的影响而加大爆破药量（将水深折算成岩石厚度或加大 20%～30%用药量），药量计算公式采用集中药包定向爆破的鲍氏公式（3.5-11）和公式（3.5-12）。

在设计中认为，在深水中把水深折合成岩石厚度作为抵抗线进行药量计算是不合理的，且水下岩塞爆破考虑抛掷作用也是不切实际的。所以，在计算爆破药量时不考虑水深的影响，仅按爆破的岩石体积同装药量成正比的关系。根据岩塞的体积计算总药量，即

$$Q = KV \tag{17.4-1}$$

式中：Q 为装药量，kg；V 为爆破的岩石体积，m^3；K 为单位耗药量，kg/m^3。密云水库使用的是难冻胶质炸药，设计中采用 $K=1.65kg/m^3$。

2. 炮孔装药量分配

为了控制岩塞体爆后的石渣块度，炮孔装药量按式（17.4-2）计算。

$$Q_孔 = \frac{\pi d^2}{4} L \Delta \tag{17.4-2}$$

为了使炮孔中能容纳式（17.4-2）计算出的药量，尚需用式（17.4-3）进行校核：

$$Q_孔 = KWaH \tag{17.4-3}$$

式（17.4-2）、式（17.4-3）中：d 为药卷直径，cm；Δ 为炸药密度，kg/m^3；L 为装药长度，cm；W 为最小抵抗线，m；a 为孔距，m；H 为孔深，m；其余符号含义同前。

（五）岩塞石渣处理设计

设计中对石渣处理方式进行了集渣方式和泄渣方式的比较。由于泄渣方式具有取消了集渣坑的开挖，使首部地下结构简单，进口水流条件得到改善，施工安全便利，在正常运行过程中不必担心水流挟带石渣进入洞内等优点，又因本工程进口地面坡度为 50°～60°，进口高程低于库底淤积高程，故设计中选定浅式缓冲坑泄渣方案。经水工模型试验证明浅式缓冲坑泄渣运行条件良好。

1. 缓冲坑设计

岩塞口下部设置缓冲坑，断面设计为圆形，直径 5.5m，坑深 1.8m，缓冲坑首部，顶部与底部纵向均为圆弧曲线（同心圆），结构简单，受力条件好，计算和施工都方便。缓冲坑容积为 64m^3，仅相当于爆落方量的 1/12。

2. 连接段设计

缓冲坑与隧洞洞身段的连接采用直线段、缓坡段和两段中心角相同的圆弧曲线段，洞径由 5.5m 渐变为 3.7m。

（六）电爆网路设计

爆破方法确定后，若仅排孔和药量布局合理，而在起爆网路上出现问题，也会造成严重的经济损失，并影响排孔爆破方案优越性的发挥。因此，电爆网路的设计应力求技术上可靠、经济上合理和施工上方便，以达到安全准爆的目的。

1. 网路型式的选择

本工程电爆网路采用复式"并串并"连接型式。即孔内两雷管并联，同一支路雷管进行串联，正副支路并联，各支路连接在主母线上，形成 4 个起爆次序 5 条支路。

2. 爆破次序设计

1) 毫秒间隔时间。正确地选择毫秒间隔时间，是毫秒爆破能否取得良好效果的关键。从炮孔爆破岩石的爆破过程分析，选择毫秒爆破间隔时间为不大于 50ms。

2) 爆破次序。在设计中考虑到药量集中和支路电阻平衡，设计按 4 个起爆次序起爆，爆破次序基本情况见表 17.4-1。根据观测资料分析和爆后检查表明，所设计的起爆次序是恰当的。第一次序造成了良好的岩塞轮廓，并使最大药量（310.5kg）的第四次序的震动效应减至最小，起到了良好的减震作用。

表 17.4-1　　　　　　　　　　　　爆破次序基本情况

次序	爆 破 内 容	起 爆	药量/kg	各段雷管实测延时平均值/ms
一	周边预裂孔 60 个	一段电雷管，导爆索引爆	55.0	一段 4
二	掏槽孔 4 个，内圈主炮孔 6 个	二段电雷管	160.0	二段 25
三	中圈主炮孔 10 个	三段电雷管	212.7	三段 45
四	外圈主炮孔 18 个（分两组）	均用五段电雷管	310.5	五段 100
合计			738.2	

第五节　洛米引水洞岩塞爆破

洛米水力发电厂位于挪威北部，在博多东大约 100km 处。洞子进口与洛米湖相接，利用岩塞爆破方法打通。岩塞上静水头 75m，岩塞横断面积 18m²，厚度约 4.5m，在岩塞上覆盖着 2~3m 松散的沉积物。这里的岩石是石英云母片岩，通过岩塞及其附近岩石的渗漏水是微不足道的。岩塞与闸门之间相距 280m，爆破时闸门是关闭着的。洞子充水高程至湖面以下 10.00m，在岩塞体下面建立了气垫，爆破是在高威力胶质炸药以毫秒延期雷管实施间隔起爆的。

一、钻孔布置

钻孔布置了三组分开的平行直线掏槽。在每一组内线掏槽有 4 个直径 127mm 的不装药的大孔，其余的都是 45mm 直径的炮孔，见图 17.5-1。总共有 80 个直径 45mm 的装药孔和 12 个 127mm 的非装药孔，钻孔长度平均 4.0m。孔底距湖水边线尚 0.5m。

二、装药和爆破

在钻孔中装入由塑料薄膜包装的 35mm×600mm 规格的硝化甘油炸药，孔中炸药的线装药密度是 1.4kg/m。孔内放置两只电雷管，一只在孔底，另一只在孔口以下大约 1/4

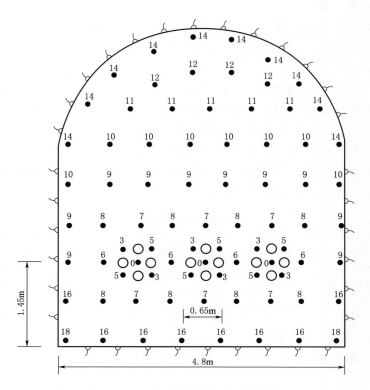

图 17.5－1　岩塞横断面上钻孔布置图

孔深部位。雷管无保护套，脚线长 6.0m。炮孔堵塞长度为 0.3m，用膨胀的聚苯乙烯材料做成的塞子进行堵塞。起爆和装药量等各参数见表 17.5－1。总的爆破岩石方量 80m³，总装药量 403.7kg，单位耗药量 $q=403.7/80=5.05$（kg/m³）。单位每平米的孔数 $n=80/18=4.44$，其倒数为每孔承担面积为 0.225m²。

表 17.5－1　　　　　　　　　洛米水电站引水隧洞岩塞爆破钻爆参数表

毫秒雷管的段数	0	3	5	6	7	8	9
各段毫秒雷管起爆钻孔数/个	3	6	6	4	6	8	10
所用各段毫秒雷管个数/个	6	12	12	8	12	16	20
各段毫秒雷管装药长度/m	10.3	20.6	20.6	14.5	21.0	28.8	36.5
各段毫秒雷管装药量/kg	14.4	28.8	28.8	20.3	29.4	40.3	51.5
毫秒雷管的段数	10	11	12	14	16	18	总计
各段毫秒雷管起爆钻孔数/个	8	5	4	10	8	2	80
所用各段毫秒雷管个数/个	16	10	8	20	16	4	160
各段毫秒雷管装药长度/m	29.8	18.4	15.0	37.5	28.1	7.4	—
各段毫秒雷管装药量/kg	41.7	25.7	21.0	52.5	39.3	10.4	103.7

第六节　"211"工程水下岩塞爆破

一、概述

（一）工程概况

"211"工程距离清河水库约4km。为了从水库内取水，需要修建一条长3980m、直径2.2m的引水隧洞，引水流量为8m³/s。因水库已经建成，对引水隧洞与水库连接的进水口施工，比较了围堰和水下岩塞爆破两种方案。采用围堰方案，需在库内修筑一个高达30m的围堰，主石方工程量为15万m³，造价300万元，工期三年。采用水下岩塞爆破方案，需洞挖9000m³石方，造价20万元，工期一年。岩塞爆破方案具有明显的优越性。

本工程岩塞底部直径为6m，岩塞厚度7.5m，厚度与直径之比值为1.25。爆破时水深24m，共使用胶质炸药1190.4kg，爆破土石方工程量800m³，采用烟斗形式的集渣坑储存爆破后的岩渣。为了避免闸门被冲击变形，爆破时不下闸门，在闸门后面隧洞洞身段设置2m厚的混凝土堵壁挡水，见图17.6-1。

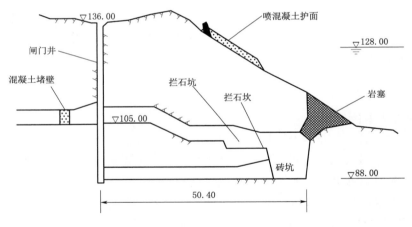

图 17.6-1　进口剖面示意图

"211"工程水下岩塞爆破，是我国第一个岩塞爆破工程，于1971年7月18日爆破成功。爆后引水洞内和进水口外均无石渣堆积，不需要水下清渣。不足之处是没能控制住爆破口的过水断面，开口尺寸比设计要求大。经过六年运行后对进水口进行检查，未发现进口周壁有坍塌现象。

（二）工程地质

进水口岸坡在135.00m高程以下地形坡度30°～50°，在135.00m高程以上地形坡度15°左右。本地区岩石均为半风化岩，地表全风化呈土状，风化残积层厚3～4m，植被发育。仅在130.00m高程以下因被库水冲刷见到有基岩出露。

进水口区域出露有前震旦纪变质岩——长石石英片岩和绿泥石片岩，后期岩浆侵入花岗闪长岩。花岗闪长岩为中生代形成，覆盖在片岩上部，岩石灰绿色呈半风化，岩体裂隙

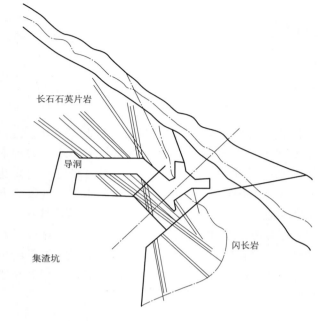

图 17.6-2 地质纵剖面图（1：200）

发育，多为张开裂隙，裂隙内充填石英脉及泥质物，裂隙面上有挤压擦痕和铁锈。长石石英片岩与绿泥石片岩两种岩石都较古老，经多次构造运动影响，岩石完整性差。岩体深绿色，后期岩浆侵入形成混合岩，岩体裂隙发育，裂隙内一般充填方解石和泥质物。

本区构造比较发育，出露大小断层九条，有两组方向。一组走向北东 5°～20° 和 65°～85°，倾向南东，倾角 50°～80°。另一组走向北西 320°，倾向北东，倾角 60°，形成片理构造。见图 17.6-2。

岩塞口位于水下 20m 深处，岩石终年被淹没基岩裂隙水相当丰富，水上几个钻孔，做十几段压水试验，岩石单位吸水量 0.14～2.2L/min。岩石透水性很强，在施工中将出现严重的漏水。

二、设计

（一）爆破方案的选择

进水口岩塞爆破设计是在两次原型（相当于实际工程的规模）试验和多次小型试验及模拟试验的基础上进行的，共提出十个爆破设计方案。经现场小型试验论证并结合施工条件，选用了药室法和排孔法两种方案进行现场试验比较。

（1）洞室方案。采用条形药包上下两层计 5 个药室。岩塞周边布置两排防震孔，孔径 45mm，孔深 2～2.5m，间距 20cm。试验时岩塞上部水头为 7m，分四响毫秒间隔爆破，共装药 1506kg，爆破土石方量 783m³。爆破后的进水口尺寸达到设计要求，边坡稳定情况良好。

（2）排孔方案。采用水平孔与垂直孔相配合。水平孔 12 个分三层布置，负担炸除岩塞下部岩体；垂直孔 37 个，把岩塞上部沿岸坡拉开一道沟槽，形成进水口，其中主排孔 6 排 12 个，边孔 22 个，拱脚辅助孔 3 个。共计装药 1586kg，毫秒延发分七响爆破。

由于雷管防水工作没做好，在试验水库蓄水过程中，水平孔主、副网路电阻均由 25Ω 激增致数百 Ω，致使一些雷管拒爆。又因雷管段数混乱，起爆秩序颠倒，使上部沟槽拉开较大，而下部岩塞口开度很小，造成爆破效果不好。

在两次试验的基础上，确定了正式工程爆破采用药室方案。为减弱震动影响，保持取水口周边岩石稳定，还采用了延长药包分层装药，毫秒间隔起爆等措施。排孔方案没有取得良好的效果，究其原因乃是工作不细致造成的。所以试验虽然没成功，但是不能说明排孔本身方案有问题。这种方法施工安全、经济，有其不可否定的优点。

表 17.6-1　　　　　　　　　岩石物理力学性质试验成果表

岩石名称	风化程度	比重	容重/(g/cm³)		紧密度/%	孔隙率/%	吸水率/%	抗压强度/(kg/cm²)		弹模/(10⁴kg/cm²)	软化系数
			烘干	饱和				干抗	饱和抗		
绿泥石片岩	半风化	2.75	2.66	2.67	96.73	3.27	0.54	1.352	1.105	2.76	0.82
长石石英片岩	半风化	2.77	2.62	2.65	94.58	5.42	0.79	962.000	700.000	1.64	0.73
花岗闪长岩	半风化	2.74	2.66	2.68	97.81	2.19	0.83	839.000	516.000	—	0.62

（二）岩塞厚度的确定

岩塞厚度选取是爆破设计中关键问题之一，直接影响施工安全、爆破方案选择及爆破工程质量。岩塞厚度应当在确保施工安全的前提下力求最薄。

影响岩塞稳定的因素有：塞体岩性、强度，地质构造——节理、裂隙、断层、地下水，岩塞上部水压力和覆盖厚度，塞体下部开挖直径等。由于影响因素较多，边界条件较复杂，用理论计算方法确定岩塞厚度比较困难，计算结果和实际出入较大。为了慎重对待厚度选择，进行了试验，如图 17.6-3 所示。

模拟岩塞跨度为 6m，岩塞厚度第一阶段为 6m，第二阶段为 4.5m，试验水压力 P 分为五级（2.1，3.2，4.4，5.8 和 6kg/cm²）最大水压力为 6.0kg/cm²。加减荷载 20 余次，每次加荷时间最长达 4～10h，整个试验历时近 5d。岩塞变形为

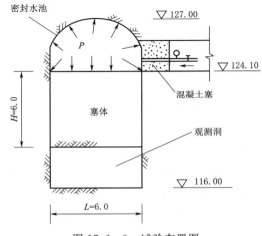

图 17.6-3　试验布置图

1/86000（厚度 6m），1/54500（厚度 4.5m），绝大多数为弹性变形，残余变形很小，塞体稳定。最后又在密封的水池中放置 25kg 胶质炸药，对厚度 4.5m 的塞体做了破坏性试验。结果是：压力池中的混凝土塞产生明显位移，并出现较宽裂缝，而塞体仍然稳定，其下部只有部分孤石剥落，崩塌体积有 1m³ 左右。

对岩塞厚度试验分析认为，岩塞厚度的确定应充分考虑多方面的影响因素，特别要考虑地质条件的影响。一般情况下塞体系承剪破坏。结合试验爆破和工程爆破的结果，岩塞厚度可大致在以下范围内选择：

$$H = (1.0 \sim 0.5)L \qquad\qquad (17.6-1)$$

式中：H 为岩塞厚度（不包括覆盖及强风化层）；L 为岩塞底部开挖跨度（或直径）。

本工程岩塞厚度 $H = 7.5m$，跨度 $L = 6.0m$，即 $H = 1.25L$。如计 1.5m 覆盖层和 1.0m 强风化层，整个岩塞设计厚度为 10.0m。

（三）药室布置及药量计算

1. 药室布置

根据爆破试验，正式工程爆破设计采用了炮孔和延长洞室相配合，毫秒延发爆破方

案。药室布置形式见图 17.6-4。

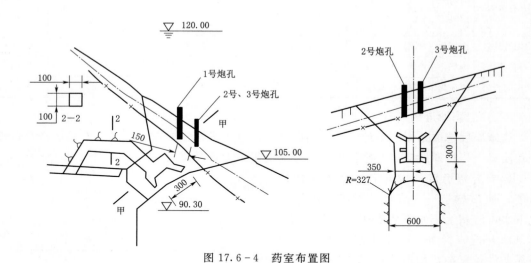

图 17.6-4　药室布置图

　　第 1 响是水中三个炮孔,控制厚度 2.5m,系在坡积物和风化岩中。其作用是把水推开,以减弱水对底层药包爆破的影响;剥离覆盖层,为第二响造成一个凹形自由面,控制漏斗开度。

　　第 2 响是上下层两个十字形药包,其间距为 3m。上层十字药室带有一定角度呈爪状,以求爆破能量更好地向炮孔炸开的凹面集中,加强抛掷并缩小爆破漏斗。下层十字药室平行岩塞底部自由面。因两层药包之间是施工小竖井,以黄土回填,为了避免中间开口尺寸不够,形成"卡脖",又在小竖井中部增加两个小的点药包。

　　为保护渣坑顶拱和控制内侧漏斗开度,在岩塞底部上侧沿周边布置一排较密的预裂孔,孔径 45mm,孔深 2m,孔距 25cm。原计划隔孔装药,爆前因施工不方便,又考虑到该部位在施工中造成超挖,实际抵抗线只有 1m 多,预裂作用不会显著,就没有装药。

　　2. 药量计算

　　(1) 炮孔药量。设计中希望三个炮孔的爆破把水推开,并为第二响创造一个定向凹面,而不希望它的爆破面积和方量过大。同时考虑到深孔会影响下部药室开挖施工安全,所以设计了三个浅孔,在浅孔中尽可能多装药,计算药量见表 17.6-2。

　　(2) 十字形药室药量计算。十字形长条药包的计算没有现成的经验公式。设计中把两个交差的条形药包分别计算,采用的经验公式:

$$Q = KW^2 Lf(n) \tag{17.6-2}$$

式中:$f(n)$ 为爆破指数函数,采用 $f(n)=n^2$;L 为药包长度,m;W 为最小抵抗线,m;K 为单位耗药量,kg/m³;Q 为药量,kg。

　　装药时,因药室超挖药量分散,考虑到如果爆不开或开口面积不够,后果比较严重。经现场研究,对设计药量作了调整,见表 17.6-3。

表 17.6 - 2　　　　　　　　　　　炮 孔 药 量 计 算 表

孔号	孔深 H /m	抵抗线 W/m	间距 a /m	孔径 D /mm	药径 d /mm	装药长度 L/m	装药量 Q/kg	备注
1	3.05	2.0		200	180	2.00	68.7	装药
2	3.60	2.4	1.8	200	180	2.00	69.7	密度
3	3.85	2.4	1.8	200	180	2.00	71.0	1.4T/m³

表 17.6 - 3　　　　　　　　　　　调 整 后 的 药 量 表

编号	K/(kg/m³)	n	W/m	L/m	$Q = k \cdot w^2 \cdot n^2 \cdot L$ /kg	实际装药 /kg	备注
1	1.45	2.3	3.1	4.13	305	378.00	下部增加药量
2	1.45	2.3	3.1	3.36	250	280.80	
3	1.45	2.3	2.0	3.00	95	154.80	下部欠挖,
4	1.45	2.3	2.0	3.01	95	102.60	增加药量
5					20×2	32.4	中间点药包
6					20×2	32.4	中间点药包
小计					825*	981.00	

*　原设计 4 个中间药包，各装药 20kg。

十字形药室及炮孔设计用药量 1034.4kg，实际装药量为 1190.4kg。药量分配见图 17.6 - 5。

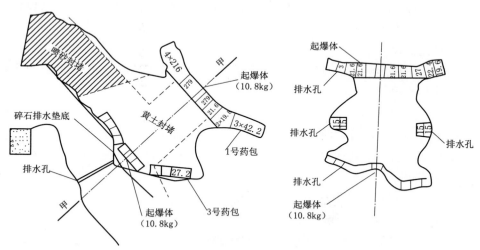

图 17.6 - 5　条形药室药量分配图

条形药包沿长度的药量分配，考虑了以下 5 个点：

1）条形药包两端钳制作用大，试验爆破的 4 号药包端部形成欠挖。因此，设计中将药量适当向两端集中，保证过水面积。

2）为保证进水口底槛达到设计 105.00m 高程，加大了 1 号药包下端爪的药量，以加强抛掷作用。

3）适当地控制 1 号药包上端爪的药量，以求减弱对上边坡的影响。

4）3 号药包下端欠挖，为保证不留坎，增加了药量。

5）药量分配考虑了岩石节理、裂隙等地质影响因素。

（四）网络设计

设计网络采用并-串-并联接方式。每个起爆体由三个并联的雷管组成，共九个起爆体（包括一个传爆线起爆雷管），分别串联成三个支路（每支路三个起爆体串联），三个支路又并联于母线。第一支路，三个炮孔的正起爆体分别引出水面后再串联；第二支路，三个炮孔的副起爆体相串联；第三支路，则是药室的正副起爆体分别引出洞口后再相串联，传爆线的起爆雷管束（三个雷管并联）也串联于第三支路。

毫秒雷管延发爆破间隔时间的确定，经分析试验爆破观测资料，采用 0ms、75ms、150ms、250ms 四响，从波形看震动时间拉长，振幅峰值干扰、错开、达到了减震目的。设计中决定采用即发（0ms）和 75ms 两段雷管。第一和第二支路为一段即发雷管，第三支路为四段 75ms 雷管。

（五）集渣坑模拟试验和设计

集渣坑是隧洞首部最大的工程项目，为了认识集渣规律，设计出结构合理的集渣坑，进行了模拟试验。

1. 模拟试验的前提

（1）考虑到首部地质情况不利，岩石风化，不适合深坑高边墙结构，拟采用长而较浅的集渣坑，故而在模拟试验中不考虑深坑形式。

（2）取水口前地势平坦，不允许堆渣，为此决定爆破时坑内不充水。所以模拟试验对坑内充水情况未作详细探讨。

（3）模型比例尺，水头、岩渣级配均按 1/30 比例。

（4）不考虑爆破影响，只是用火药将充填塞口的砂粒料炸松，把下部挡水玻璃板炸碎，利用水流将充填物冲入坑内。

2. 试验过程及现象描述

（1）试验过程。试验分三阶段进行，第一阶段对不同坑长，壁高进行了一系列比较试验，对拦石坑和拦石坎的几何尺寸也进行了试验，后共计 14 次。整理试验结果，对设计参数提出如下建议：

坑长比水深（a/H）等于 0.95～1.22；

坑高比水深（h/H）等于 0.64～0.82；

拦石坑长比集渣坑长（C/a）等于 0.45～0.50；

拦石坎高比集渣坑高（d/h）等于 0.30～0.33。

在试验中，观察到水流的巨大携带能力，考虑利用施工平洞作为集渣坑的一部分，进一步缩小集渣坑的容积。于是转入第二阶段试验，了解平洞的集渣规律，同时和斜洞进行了比较，分析试验结果认为：施工平洞可以充作集渣坑的一部分，其集渣量可达爆破方量的 50%，并且比斜井效果好。第三阶段是针对设计方案，进一步进行了验证试验，结果见表 17.6－4。

表17.6-4 第三阶段试验成果表

项目/试验成果序号	3-1			3-2			3-3			3-4			3-5		
	模型/L	原型/m³	百分比/%	模型/L	原型/m³	百分比/%	模型/L	原型/m³	百分比/%	模型/L	原型/m³	百分比/%	模型/L	原型/m³	百分比/%
入坑总量	37.6	1014	100.0	38.2	1031	100.0	29.6	798	100.0	32.9	886	100.0	34.8	940	100.0
坑内渣量	13.2	353	34.8	14.8	400	38.8	11.1	300	37.5	15.8	426	48.0	12.1	327	34.8
平洞渣量	19.3	522	51.5	18.6	502	48.7	16.5	445	55.8	11.9	320	36.1	19.3	522	55.5
拦石坎渣量	3.8	102	10	3.3	89	8.6	1.3	35	4.4	3.5	94	10.7	2	55	5.9
输水洞渣量	1.4	37	3.7	1.5	40	3.9	0.7	18	2.3	1.7	46	5.2	1.3	36	3.9
坑外渣量合计	24.5	661	65.2	23.4	631	61.2	18.5	498	62.5	17.1	460	52.0	22.7	613	65.2
水深 H/m		17.2			17.2			14.2			17.2			22.2	
坑长比水深 (a/H)		0.58			0.58			0.71			0.58			0.45	
坑高比水深 (h/H)		0.52			0.64			0.74			0.61			0.47	
拦石坎坑长比坑长 (c/a)		1.2			1.2			1.2			1.2			1.2	
坎高比坑高 (d/h)		0.33			0.27			0.29			0.29			0.29	
洞高比坑高 (e/h)		0.67			0.55			0.57			0.57			0.57	

（2）试验过程描述。爆破后岩渣被抛起，水面隆起，同时在集渣坑内形成巨大气浪，沿集渣平洞和引水隧洞冲向闸门井口。库水夹杂着岩渣涌入坑内，部分沉入坑底，少部分随水流入拦石坑，而大部分石渣随水流进入集渣平洞。水头呈起伏状，流速较快，首先到达闸门井底梁，随后引水隧洞涌水也到达闸门井，两股水流汇合喷出井口。井喷停止后，井内水面几次起伏，逐渐平稳下来，水流携带的岩渣，岩屑沉淀在闸门井底部和引水洞内。

3. 几点初步认识

（1）对集渣坑内不充水的岩塞爆破，采用集渣平洞是较合理的布置形式，集渣平洞可容纳爆破方量的 50%，甚至更多。在施工中，平洞又可作为开挖集渣坑下部的施工导洞。

（2）集渣坑内充水使长集渣坑的后部和集渣平洞得到充分利用，见图 17.6-6、图 17.6-7。从图 17.6-7 看来，集渣坑内少量充水（深约 1.5m），也会使岩渣分布有很大变化。坑内充水使引水洞堆积情况得到较大改善，但需增加渣坑容积深度。

试验序号	渣坑型式	爆破水位	岩渣级配
2-4	坑后平洞式	120.00m	II

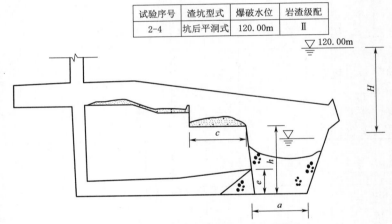

图 17.6-6 集渣坑堆渣图（坑内充满水）

试验序号	渣坑型式	爆破水位	岩渣级配
3-4	坑后平洞式	115.00m	II

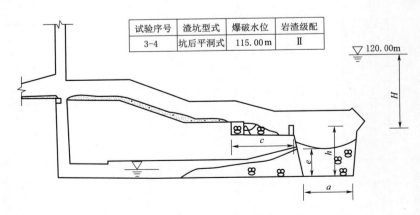

图 17.6-7 集渣坑堆渣图（坑内少量水）

试验序号	渣坑型式	爆破水位	岩渣级配
3-5	坑后平洞式	120.00m	Ⅲ

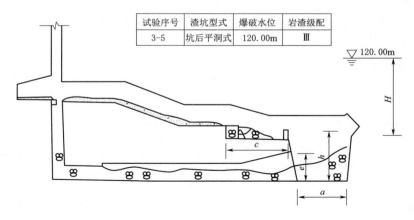

图 17.6-8 集渣坑堆渣图（坑内不充水）

（3）库水位增高时，拦石坑和引水洞内沉积物增加，平洞后侧竖井中堆渣量增多，见图 17.6-8。

（4）模拟试验表明，渣坑利用率不高。第一阶段长渣坑利用率为 40%～50%，第二阶段及第三阶段带平洞的集渣坑总利用率 55%～65%，而集渣坑本身利用率仅为 35%～40%。适当缩短集渣坑本身长度，改善和提高平洞的充填系数，是增加渣坑及平洞利用率的途径。

（5）爆落岩渣的块度为四种级配，见表 17.6-5。试验结果表明，级配对岩渣分布影响不太明显。细微颗粒占比例大时，可能会使引水洞内沉积增加。

表 17.6-5   岩渣颗粒级配表

原型粒径 /cm	模型粒径 /cm	Ⅰ级配		Ⅱ级配		Ⅲ级配		Ⅳ级配	
		比例 /%	重量 /kg	比例 /%	重量 /kg	比例 /%	重量 /kg	比例 /%	重量 /kg
30 以下	1.0 以下	25	27	35	37.8	40	43.2	50	54
30～60	1～2	25	27.0	30	32.2	35	37.8	30	32.2
60～90	2～3	30	32.2	20	21.6	15	16.2	12	13.0
90～210	3～7	20	21.6	15	16.2	10	10.8	8	8.6

（6）试验过程中观察到爆破口前部堆渣较高，影响进水口底坎高程。这种情况在正式工程爆破后并未发生，水下测量资料和潜水检查证明，爆破口前部没有堆渣，并且连进口前坡积物也被水流带进集渣坑。

4. 集渣坑设计

设计集渣坑时充分利用了试验成果，将施工导洞作为集渣平洞，缩小了原设想的集渣坑深度，这样不仅有利于施工，也增加了渣坑侧壁的稳定性。集渣坑的容积是在保证不堵爆破口及引水洞的条件下，应尽量减小渣坑尺寸。设计成果见表 17.6~6、表 17.6-7。

表 17.6 - 6　　　　　　　　　　　　　设 计 爆 破 方 量

项目	设计方量/m³	松散系数	松散方量/m³	备注
设计实方量	710			已乘 1.2 的超挖系数
其中：覆盖层	250	1.2	300	
岩石	460	1.5	690	
计算入坑量			990	

表 17.6 - 7　　　　　　　　　　　　　爆后瞬间入坑方量分配

瞬间入坑量	990m³			
分配部位	集渣坑	集渣平洞	拦石坑	引水洞
分配系数/%	40	50	7	3
分配方量/m³	395	495	70	30

第七节　玉山"七一"水库引水隧洞进水口水下岩塞爆破

一、工程概况

"七一"水库是江西省玉山县一项以灌溉为主，结合发电、防洪、养鱼的综合利用的水利枢纽工程。工程位于信江的主支流金沙溪中游。

1958 年 7 月，枢纽工程开始动工，1960 年初，基本建成。其主要建筑物包括：主坝（高 50m）；副坝（高 21m）；溢洪道位于左岸并设有 6m×12m 弧形闸门五扇；主坝右岸坝体埋设混凝土管一条，直径 1.9m，管长 147m；副坝基础也埋设混凝土涵管一条，内径 1.2m，长度为 111m；靠近发电厂房约 86m 处设有调压井一座，内径 6m，高度 34.6m；电站装机容量 7000kW。见图 17.7 - 1。

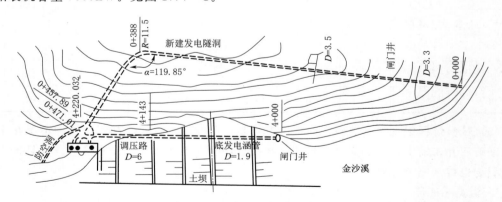

图 17.7 - 1　枢纽工程平面布置图

为了充分利用金沙溪的丰富水利资源，增加综合利用效益，减少土坝基础埋设涵管的隐患。于 1970 年下半年动工，在主坝右岸扩建一条长 556m、内径 3.5m 的压力隧洞，供发电、灌溉及放空水库之用。

由于水库已经建成蓄水,因此隧洞进水口施工,进行了方案比较,最后选定水下岩塞爆破施工方案。1972 年 11 月 8 日 12 时,隧洞进水口爆通,水下岩塞爆破成功。但由于闸门启闭机没有到货,无法控制水流,造成水库水位急剧下降,于 11 月 19 日及 24 日先后在东西坝段内坡发生两次滑坡。在水库放空后对滑坡进行了补强加固。

二、隧洞地质概况

引水隧洞位于主坝右岸山体中,岩石主要是下石炭纪砂岩、砂砾岩及泥质页岩互层,次为中石炭纪石英砂岩,砾岩与炭质页岩互层。引水洞穿过强烈褶皱之扇形褶曲地带,此外,还有四条宽度 2～10m 的断层破碎带切割隧洞,致使岩层的完整性遭到严重破坏,抗剪强度大大降低。引水洞进水口岩石为泥质页岩,岩石节理裂隙发育。

三、引水隧洞进水口岩塞

岩塞位置的选定,应根据隧洞的使用条件及进水口部位的地形地质条件,并进行较高精度的测量和勘探,查明水下岩塞部位的覆盖层厚度,岩层分界线,断层及节理的走向倾角及胶结情况。地质条件对岩塞口的成型及施工安全有很大影响,玉山"七一"水库引水隧洞进水口岩塞位置选在半风化的泥质页岩处,节理发育,地质构造简单,岩塞最小宽度为 3.5m,岩塞厚度为 4.2m。

四、药室布置及药量分配

(一)药室布置

药室布置是爆破设计的关键问题之一,对爆破效果起着重要的作用。为了节省开挖量,加快施工进度,设计中决定采用泄渣方式,取消集渣坑将岩渣经引水洞随水流泄到下游河床。为此,要求水下岩渣爆破后的岩渣块度小、均匀。故药室布置选用了裸露药包,延长药包和集中药包联合布置方式,见图 17.7-2。

(二)爆破参数的选择和药量的计算

设计中计算药量为 400kg。由于后期强调岩渣尽量成小块,防止岩渣堵塞隧洞,经三结合爆破指挥部研究,决定将设计药量 400kg 增加到 938kg,其药量分配见表 17.7-1。

表 17.7-1 各药包药量分配表 单位:kg

项目	种类									药量总计
	延长药包			裸露药包			洞室药包			
	编号									
	1 号	2 号	3 号	1 号	2 号	3 号	1 号	2 号	3 号	
硝铵 TNT	27	27	24	100	200	100	100	200	30	230
					100				30	708
备注	TNT 炸药每节重 1.8kg,合计药量 938kg									

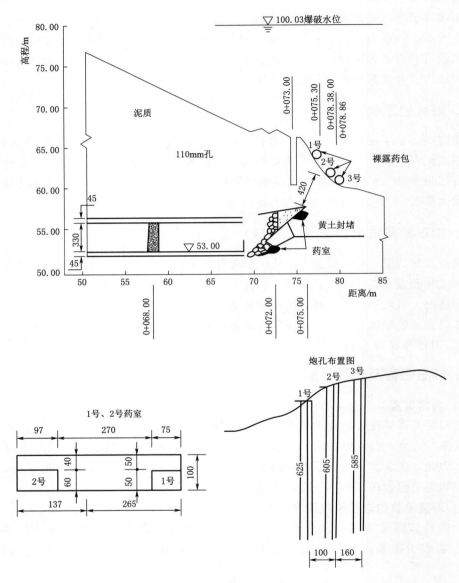

图 17.7 - 2　发电隧洞进口爆破中心剖面

（三）起爆次序及爆破网路

采用秒差爆破，为了减小洞室药包的抵抗线数值，洞外延长药包与裸露药包为第一响，形成临空面。然后洞内洞室药包再响。起爆网路采用了复式一串一并的连结方式。

五、岩渣处理

水下岩塞爆破岩渣处理基本上有四种方法，其中以泄渣方式最为经济，既减少石方开挖量、缩短工期，又使进水口结构简单。本工程采用了泄渣方式，取得了成功。爆破后爆碎的岩渣全部泄到下游河床。

六、爆破宏观现象

（一）爆破过程中宏观现象

（1）为防止爆破冲击波对隧洞洞壁产生破坏作用，在桩号 0＋058 处设一道防波墙，防波墙用草袋装土堆放而成。爆破后发现防波墙两侧洞壁上有细小裂隙。

（2）爆破后闸门井没有井喷现象，只见爆破烟雾从闸门井内冲出。

（3）隧洞最大水头 45.38m，最大流量 50m³/s，最大流速 6.26m/s。爆破后岩渣块径一般为 30~40cm，个别大块达到 70cm，大量岩渣在爆后 20h 内泄完。岩渣被冲到下游河床约 40m 处。

（二）放空水库后隧洞的检查

主洞进口闸门门槽埋件未发生变形及其他问题，闸门安装后启闭较顺利。

出口闸门门槽埋件没有损坏，闸门槽下游部被石渣磨损程度比进口门槽严重，其原因是洞径小，流速大。进出口两闸门槽均未进行防护。

1973 年 1 月 2 日，工地在洞内进行了检查。

（1）洞身从进口起向下 2m 范围内，露出环向钢筋，长度为 10cm。

（2）距进口 36~62m 范围内，洞底有 24 根环向钢筋外露，露筋长度最长有 1.1m，一般为 0.1m。

（3）距进口 6~12m 范围内，在两侧边墙腰线出现 20 条发缝。

（4）闸门槽下游，两侧边墙从洞底部至 1.2m 高度范围内骨料外露。

（5）闸门槽后有一小段钢板衬砌，在钢板衬砌段以后约 100m 长度，洞底部环向钢筋出露严重。后部洞内集水未检查。

（6）三岔管前，堵水钢板处及转弯段后这段范围内集存很多大小石块，最大者重达 100kg。距堵水钢板越近，石渣粒径越小。石渣堆积高度约 0.65m。

在岔管往前 100 余米范围，隧洞底部 80％以上的环向钢筋外露，混凝土成麻面，骨料外露，螺纹筋的螺纹被磨平。混凝土磨损局部深度达 10 余厘米。根据露筋长度估算，磨损范围中心角约为 80°。

七、结语

玉山"七一"水库引水隧洞进水口水下岩塞爆破，是我国水下岩塞爆破工程首先采用泄渣方式的工程，为水下岩塞爆破的岩渣处理提供了重要的实践经验。但出于当时缺乏经验，对观测工作未能引起重视，故有些重要数据没有获得。

第八节　香山水库工程水下岩塞爆破

一、概况

河南省新县香山水库位于县城东南 6km 的淮河水系潢河支流田铺河上，控制流域面积 72.8km²，总库容 8385 万 m³。水库于 1972 年建成。为了防御特大暴雨，便于调洪运用和腾空主水库，需修建一条泄洪洞，并于 1975 年开始施工。

水库主要建筑物包括主坝、溢洪道、泄洪洞、电站、灌溉洞、一号副坝及非常溢洪道等工程。主坝系浆砌石重力拱坝，最大坝高 68m，坝长 214m。

泄洪洞位于主坝左侧，洞身基岩为微、弱风化粗粒花岗岩，石质坚硬，工程布置见图 17.8－1。隧洞为圆形压力洞，长 470.61m，钢筋混凝土衬砌，厚 0.4m，内径 2.5m。设两道闸门，工作门靠近出口，为弧形钢闸门，宽×高为 2.2m×2m，门底高程 107.00m；桩号 0＋031。检修门在桩号 0＋332 处，设一扇宽×高为 2m×2.5m 矩形平板钢闸门，门底高程为 108.00m，静水启闭，出口设挑流鼻坎。

由于库水位只能降到灌溉洞洞底 145.00m 高程，即库前水深还有 45m，泄洪洞进水口位于深水之下，因此，采取水下岩塞爆破方法修建泄洪洞进水口。

根据香山水库的具体条件，水下进水口岩塞爆破决定采用排孔泄渣方案。香山岩塞爆破工作于 1975 年春夏，进行水下钻探测量，选定岩塞位置，同时进行初步设计，1976 年夏，进行技术设计，1976 年秋，进行水工模型试验。1978 年 1 月 7 日，进行模拟香山岩塞的一比一岩爆试验。香山水库泄洪洞施工任务于 1978 年 11 月 20 日完成，接着进行了岩塞爆破施工，按计划于 1979 年 1 月 7 日上午 10 时 40 分合闸爆破。

经观测检查，本次岩爆圆满地实现各项技术要求，表明排孔泄渣的岩塞爆破取得了成功。

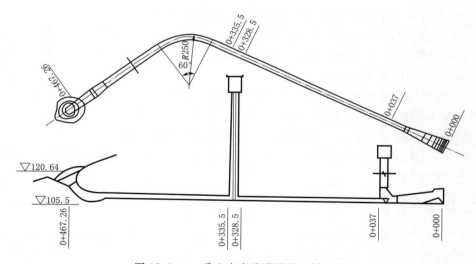

图 17.8－1　香山水库泄洪洞平面剖面图

二、岩塞部位工程地质

1975 年夏，进行水下测量和勘探，在进水口附近钻孔 5 个，据以绘制岩塞部位水文地质纵、横剖面，见图 17.8－2、图 17.8－3，并选定中央的 X_{22} 钻孔与基岩接触点为岩塞上口中心点，据以确定岩塞各部位。

岩塞部位地形陡峭，地面坡度 28°20′，其上覆盖层约 2.8m 厚采石场废弃的人工堆积

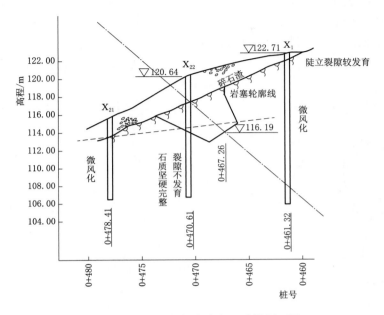

图 17.8-2 岩塞部位水文地质纵剖面图

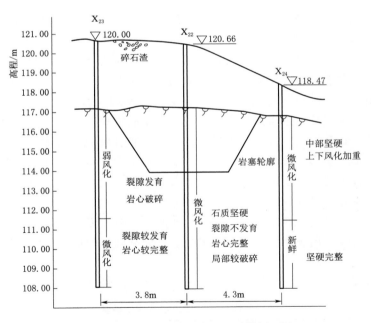

图 17.8-3 岩塞部位水文地质横剖面图

的小块石渣和 0.3m 厚水库淤积土。基岩岩面线以下是微风化粗粒花岗岩,多为陡倾角裂隙,裂隙比较发育。岩塞部位单位吸水量 ω 最大值达 0.695L/min。因此,在强透水的岩塞内,造孔时很可能沿裂隙发生集中渗漏现象,需要采取灌浆止漏措施。岩塞底面以下,缓冲坑及洞身单位吸水量 ω 小于 0.161L/min, 渗漏量小, 有利于开挖和衬砌施工。在泄洪洞开挖过程中, 分期进行地质素描, 整个洞身石质良好, 无须支撑。岩塞底面仅有少量渗滴水。岩塞部位及其附近没有发现断层、破碎带或不良的节理。说明水下勘探资料符合实际, 选定的岩塞位置适宜, 岩塞部位主要裂隙编组有:

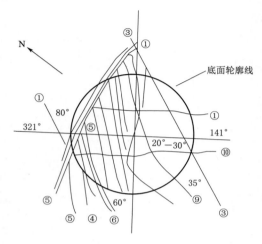

图 17.8-4 岩塞底面地质素描图

第①组走向北 15°~20°东, 倾向南东或西北, 倾角 80°。

第⑥组走向北 60°东, 倾向南东, 倾角 65°。

第⑤组走向北 45°~50°东, 倾向南东, 倾角 75°~85°。

第⑩组走向北 40°西, 倾向北东, 倾角 20°~30°。

第⑨组走向北 55°西, 倾向北东, 倾角 35°。

岩塞底面描绘裂隙见图 17.8-4。

前三组裂隙最为发育, 延伸较长, 贯穿于岩塞口两侧。第①⑥组裂隙面较平直, 充填白色钙质高岭土, 宽约 2mm; 第⑤组裂隙面粗糙弯曲不平, 充填物以黑色铁锰氧化物为主, 宽约 1mm 左右。后两组裂隙的倾向和倾角与岩塞顶面岩面线 (28°20′) 相平行为顺坡裂隙。裂隙面粗糙弯曲不平, 充填黑色铁锰氧化物、高岭土, 宽度 1~2mm。

将第①⑤⑥三组裂隙绘制赤平极射投影图, 图上弧形线上各交线的倾角比较大, 大致在 55°~60°之间, 大于岩面线坡角 28°20′, 故为基本稳定型; 岩塞口边坡走向北 321°西, 倾向北东, 倾角 28°20′, 与以上三组裂隙组合交线的倾向大致相反, 故亦为基本稳定型。岩塞爆破后, 此三组裂隙对围岩的稳定不致造成严重的影响。但这三组裂隙密集在岩塞体的上半部、顶部, 相互切割呈棱形或楔形体, 爆后可能有局部的坍塌。其中第①⑥两组裂隙与岩塞斜交, 形成拱形, 故可能对岩塞的稳定影响不大, 但可能对成型有影响。

从赤平极射投影图上分析第⑨⑩两组裂隙, 亦为基本稳定型。这两组顺坡裂隙连续性较差, 充填泥土中含有少量细砂粒, 其摩擦角约 30°, 具有一定的摩擦力。岩塞爆破后, 部分岩石顶部临空, 失去支撑作用, 有可能沿此两组裂隙坍塌, 可能超过爆破漏斗的上破裂线范围。这次岩爆采用洞内排孔方案, 洞脸上可能有局部的坍落, 但估计不会产生严重坍塌堵塞洞口的现象。

经取样, 岩塞部位微风化粗粒花岗岩岩石物理性质试验见表 17.8-1。

表 17.8-1   岩塞部位岩石物理力学性质试验表

容重/(g/cm³)	吸水率/%	抗压强度/(kg/cm²)		静弹性模量 E/(kg/cm³)	泊桑比 ν	摩擦角 ϕ	凝聚力 C	摩擦系数 F
		干	饱和					
2.567	0.44	1279.31	1283.3	3.75×10⁵	0.23	31°13′	0	0.606

三、岩塞形状尺寸

设计岩塞轴线方向为北东 51°，与水平夹角为 45°。原设计岩塞厚度 5m，底面平行岩面线，即与水平夹角为 28°20′，上下口直径分别为 7m 及 3.5m。由于超挖，经测量顶部超挖约 1m，底面与水平夹角为 45°。

按照开挖的现实情况修改设计，修改后岩塞为倒截头正圆锥体，岩塞厚度变更为4.52m，底面坡角 45°与轴线垂直。上下口直径不变，仍为 7m 及 3.5m。修改设计后的岩塞形状尺寸见图 17.8-5。

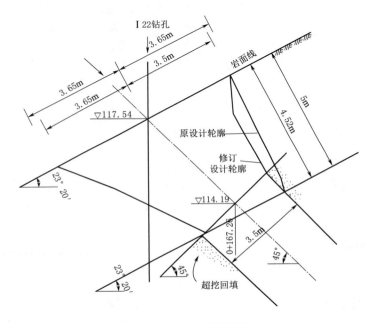

图 17.8-5　岩塞形状图

修订后岩塞厚跨比为 1.29。

四、炮孔布置

设计布置三种炮孔：

(1) 中心炮孔。平行岩塞轴线半径 0.5m 范围内，布置 13 个 ϕ100mm 炮孔，用以爆通岩塞中部。

(2) 周边炮孔。在岩塞底面半径 1.7m 的圆周上，沿岩塞爆后轮廓线布置 36 个 ϕ40mm 辐射形炮孔，孔口间距 0.3m，孔底间距 0.5m，用以控制成型和减震。

(3) 扩大炮孔。在岩塞底面半径 1m 的圆周上，在中心炮孔和周边炮孔之间布置 12 个 ϕ100mm 炮孔、用以炸除中心炮孔爆破漏斗范围以外的岩塞石方，并将上口扩至设计口径。

以上三种炮孔的深度均按孔底距岩面 1.3m 设计，炮孔布置详见图 17.8-6。

为了探索岩塞漏水情况和进行灌浆止漏，在 ϕ100mm 的炮孔附近，用风钻钻灌浆孔。孔深比邻近炮孔深些。施工中共钻 13 个灌浆孔，见图 17.8-6，凡遇漏水的孔进行灌浆。

装药时，灌浆孔用黏土封堵。

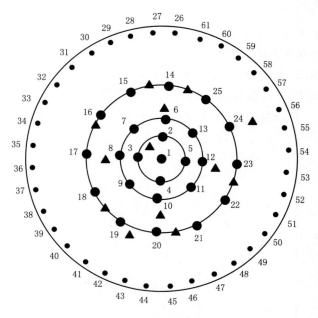

图 17.8－6　钻孔布置图（1∶30）

说明：1～13 为中心炮孔（γ＝0.5m）；14～25 为扩大炮孔（γ＝1.0m）；26～61 为周边炮孔（γ＝1.7m）；▲为 φ40mm 灌浆孔。

五、爆破药量

（一）爆破参数

炸药单位消耗系数 K 采用 1.8kg/m³；硝化甘油炸药换算系数 $e＝0.762$；水影响装药系数 e 采用 1.3。本岩塞 φ100mm 爆破孔药卷直径采用 90mm，硝化甘油炸药密度出厂为 1.4，设计采用 1.3，施工中药卷经压制后密度实测达 1.6～1.7。

（二）中心炮孔装药量

13 个密集的中心炮孔，按集中抛掷爆破公式计算药量。

原技术设计 13 个中心炮孔孔底距岩面 1.3m，药卷长 0.8m，每孔装药 7kg，共装 91kg，由于岩塞底面超挖，经研究在施工中采取了加深钻孔长度和加大药卷密度的措施，以满足爆通岩塞顶部的要求。实测钻孔长度较设计平均深 0.11m，即孔底距岩面平均为 1.19m。13 孔共装药 106kg，药卷长约 0.75m，平均药卷密度约为 1.7t/m³。

（三）扩大炮孔装药量

一圈 12 个辐射形扩大炮孔的装药量按集中药包公式计算。设计装药量为 100kg，实际装药量 106kg。

（四）周边炮孔装药量

采用线装药密度 0.358kg/m，炮孔底部 0.42m（即三节药卷长）增加装药量一倍（即为药卷断面的 1/2，计 0.3kg）。炮孔堵塞长度按炮孔长短采用 0.6～0.9m。设计炮孔深度按孔底距岩面≥1.3m掌握。周边炮孔 36 孔设计共装药 39.3kg，施工实装药 44kg。本岩塞三种炮孔装药总量：设计 230.3kg，实装 256kg 硝化甘油炸药。

（五）平均单位耗药量

泄渣体积为 247m³。平均单位耗药量：

仅计算岩塞体积，设计为 2.21kg/m³，实用为 2.46kg/m³。

包括堆渣体积，设计为 0.93kg/m³，实用为 1.04kg/m³。

六、电爆网路

设计采用毫秒雷管及传爆线两套起爆系统，多支路的串并联电爆网路。

（一）起爆时间间隔

1、3、5 段毫秒雷管标准的起爆时间依次为 <13ms、（50±10）ms、（100±15）ms，间隔为 27～60ms、25～75ms，故选用 1、3、5 段毫秒雷管。

（二）起爆顺序

采用的起爆顺序为首先用 1 段雷管引爆中心炮孔，其次 3 段雷管引爆周边炮孔，最后 5 段雷管引爆扩大炮孔。

（三）电爆网路布置

中心炮孔 13 孔，每孔炸药内设置 2 个 1 段雷管，13 个雷管串联成一支路，计二条重复支路。每孔内设 1 根传爆线，孔口外并簇连接，用 4 个 1 段雷管引爆。周边炮孔 36 孔，分为三组，每组 12 个炮孔，每孔内设 1 个 3 段雷管（其中 1 个炮孔设 2 个雷管），13 个雷管串联成一支路，共三条支路。每孔内设 2 根传爆线，与孔口外环形主传爆线三角形连接，用 5 个 3 段雷管引爆。扩大炮孔 12 孔，每孔内设 2 个 5 段雷管（其中 1 个炮孔设 4 个雷管），13 个雷管串联成一支路，共两条重复支路。每孔设 1 根传爆线与孔外主传爆线顺向连接，用 4 个 5 段雷管引爆。

以上 13 个雷管串联成一支路，计 7 条支路。传爆线上 13 个雷管又串联成一支路。合计 8 条串联支路，并联于主线。

（四）电路计算

毫秒雷管电阻为 5Ω，剪除铁脚线，接上单根 4.5m 长 16 股塑料绝缘铜脚线，电阻为 3.69Ω，13 个雷管串联后电阻为 48Ω。

支线用双根 16 股塑料绝缘铜线，长 2×30m，电阻为 49.8Ω。

主线用 7 股 16mm² 橡胶绝缘铝线，长 2×400m，电阻为 2.14Ω。

总电阻 $R=8.44\Omega$；电源用县电网电，380V；主线电流 $I_总=45A$；通过每发雷管电流 $j=5.63A$；需用变压器容量 $N=17.1kVA$。

七、岩爆对建筑物影响

（一）岩爆对主坝的影响

岩爆时主坝震动效应设计及试验测算资料见表 17.8-2。

表 17.8-2 反映，设计及测算数据均小于设计采用控制指标，即民房建筑安全指标，更小于清河水库岩爆总结建议的大体积坝工建筑物的指标。

表 17.8 - 2　　　　　　　　　　　　岩爆时主坝震动效应

项　目		清河岩爆总结建议	设计采用控制指标	设计计算（最大一响药量 247.5kg）		陡山河试验测算（最大一响 106kg）	
				算式	数值	算式	数值
爆破震动	振速 v/(cm/s)	≤26.200	≤10	$v=120\left(\dfrac{Q^{1/3}}{R}\right)^{1.79}$（丰满）	0.843	$v=465\left(\dfrac{Q^{1/3}}{R}\right)^{1.84}$	1.700
	加速度 a/g	≤3.340	<1	$a=150\left(\dfrac{Q^{1/3}}{R}\right)^{2.33}$（丰满）	0.236	$a=7862\left(\dfrac{Q^{1/3}}{R}\right)^{3}$	0.830
	振幅 A/mm	≤1	≤0.15	$A=Q^{2/3}(0.00302\times e^{-0.00496R+0.0004})$	0.0741	$A=\dfrac{V}{2\pi f}$	0.091
	频率 f/(周/s)				40～100		44
水冲击波压力 P/(kg/cm²)					0.44		
波浪激荡压力 P_0/(t/m²)					32.4		

设计时，进行了岩爆时坝体稳定性的粗略核算，即按最不利的荷载组合计算，得出坝体稳定安全系数为 1.55。

根据分析，认为岩爆不会危及主坝的安全，但不能不受到一定程度的影响。经研究，对主坝可以不采取包括气泡帷幕在内的任何保护性措施，但岩爆设计中，应采取减震措施减少主坝受到的影响。

（二）岩爆对泄洪洞的影响

陡山河岩爆试验曾观测泄洪洞内地表的振速，其成果见表 17.8 - 3。

表 17.8 - 3　　　　　　　　　　实测陡山河洞内地表振速表

距岩塞底面/m	102.6	70.8	33.7	12.1	8.9	6.6	4.1	1.6
振速 $v=26.1\left(\dfrac{Q^{1/3}}{R}\right)^{10}$/(cm/s)	1.45	2.06	5.7	9.9	12.3	15.3	20.4	30.6

表 17.8 - 3 反映，距掌子面 12m 以外，振速小于 10cm/s，不可能对缓冲坑钢筋混凝土衬砌工程发生损害。

距掌子面 12～6m，振速由 10cm/s 增大至 15cm/s，达到民房轻微破坏指标，可能对钢筋混凝土产生轻微损害。距掌子面 4m 范围内，振速大于 20cm/s，估计对钢筋混凝土产生某种破坏。

按照以上估算，拟在岩爆设计采取分段毫秒爆破等措施，并对岩塞底面增设锚筋，缓冲坑混凝土采用 250 号。

八、造孔施工

本岩塞上部系强透水基岩，设计炮孔数比较多，造孔时势必有渗水、漏水情况。为了保证顺利选孔，决定先用风钻钻周边炮孔及灌浆孔，凡遇炮孔渗漏水，灌注丙凝浆液堵漏。施工中设置的灌浆孔和周边炮孔其炮孔深度比其包围的潜孔钻炮孔深些，从而避免潜孔钻造孔时出现严重渗漏。

周边炮孔及灌浆孔使用两台气腿式手风钻造孔。钻周边炮孔时，炮孔定位放样采用钢筋放样架，将钻杆紧靠放样架斜向钢筋定向，当钻进 1m 左右，可摒弃放样架，沿既定方向继续钻进。采用这种方法，一般两台风钻每班可完成 5 孔约 15m。

风钻造孔完毕后，用 yQ100 型潜孔钻钻中心炮孔及扩大炮孔，钻头直径 100mm，成孔直径 110mm，仍使用放样架为钻孔定向。潜孔钻开钻时，必须使水压大于风压，实际采用水压 5～6kg/cm² 和气压 4kg/cm²。但一经开钻，要降低气压为 2～2.5kg/cm²，使潜孔的钻头不要太紧压孔底，以发挥钻头的凿岩能力和减少磨损。按以上要点操作，每台每小时可钻进 1m 左右。

本次造孔实践表明，洞内排孔施工简便，进度快，操作安全，条件优越，适用于岩塞爆破。

九、丙凝灌浆

根据水下勘探，岩塞部位单位吸水量 ω 最大为 0.695，设计炮孔数量多，孔底距岩面很近，钻孔时出现渗漏现象是难以避免的。为此，准备了丙凝灌浆堵漏，为装药爆破创造良好的施工条件。

炮孔渗漏及灌浆量见表 17.8－4。

表 17.8－4　　　　　　　　渗 漏 及 灌 浆 数 量 表

项目	单位	灌浆孔		周边炮孔		
				33	44	58
渗漏水量	L/min	0.9～2.9	9～35.4	360	441	<1
孔内水压力	kg/cm²	2.7	3.2	3.2	3.2	0.2
灌浆量	L	40	70	20	45	/

香山岩塞部位温度为 10℃，丙凝配方见表 17.8－5。

表 17.8－5　　　　　　　　丙 凝 浆 液 配 方 表

名　　称		作用	重量/g
甲液	丙烯酰胺	主剂	19
	双丙烯酰胺	交联剂	1
	三乙醇胺	促进剂	0.8
	铁氰化钾	缓凝剂	0.006
	水	稀释剂	90
乙液	过硫酸铵	引发剂	1
	水	稀释剂	10

按表 17.8－5 配方分别精确称量，充分溶解于水，滤去残渣，制得甲、乙两种浆液。使用时，将甲、乙液混合，立刻灌注。

浆液的湿度、浓度和铁氰化钾用量是影响浆液胶凝时间的主要因素。现场试验，各因素与胶凝时间关系见图 17.8-7。

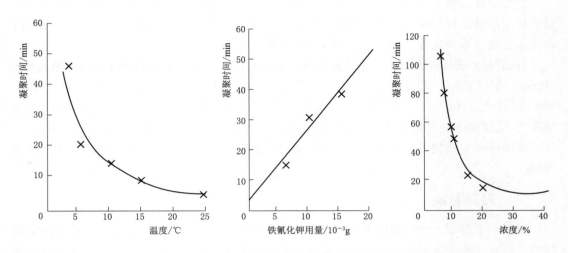

图 17.8-7　丙凝凝聚时间与各因素关系图

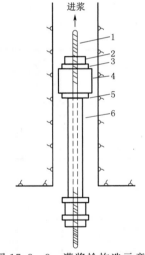

图 17.8-8　灌浆栓构造示意图

图中：1—灌浆管外径 18mm；2—螺帽；3—垫板；
4—橡皮塞，外径 40mm，内填橡皮泥；5—套管，
内径 22mm；6—平板轴承

本次丙凝灌浆，一般掌握甲、乙液混合后 20～30min 胶凝。浆液浓度，由于炮孔漏水量大，采用较大的 20%（一般用 10%），随着浓度的提高，凝胶的强度也有所提高。

选用的灌浆压力是根据孔内渗漏水压力及压水试验，综合考虑现场温度、岩石裂隙及浆液浓度等因素决定，一般按大于孔内水压 1kg/cm² 掌握。根据灌注情况，灌浆压力幅度掌握在孔 3.5～4.5kg/cm² 之间。采用上述压力可使浆液不断徐徐地注入裂隙，并在丙凝胶凝前灌注完毕。

灌浆栓是主要灌浆设备之一，其构造见图 17.8-8。

灌浆前，用人力将灌浆栓插入炮孔内既定深度，拧紧螺帽，推动套管、垫板，压紧橡皮塞膨胀，使之塞紧孔壁，达到止水的目的。灌浆完毕丙凝胶凝后，拧松螺帽，橡皮塞复原，即可将灌浆栓拔出取下。

灌浆桶顶部安设进浆孔、进气孔并安装阀门和压力表，底部设出浆口阀门。另在桶的上、下部设两个孔口，在桶外用高压塑料管连接，用以观察桶内液面变化情况。灌浆时，将丙凝浆液尽快地装入灌浆桶内，关闭进浆孔，按规定压力将压缩空气压入桶内，将丙凝浆液从出浆口压出，通过高压塑料管和灌浆栓进入炮孔灌入裂隙中。

十、装药及连接电爆网路

为了确保全部炮孔准爆，药卷按图 17.9-1 制作。大直径的中心和扩大炮孔，成孔直径 110mm，采用木模压制药卷直径为 90mm，炸药密度达 1.56t/m³ 左右，使药卷尺寸符合设计。

为了避免装药时大直径药卷从陡倾角的炮孔中掉落，并考虑到药卷发生卡孔事故的处理办法。经试验，采取一种安全、简便的装药方法。

事先削制一些竹片，宽约 2cm，厚 2～3mm，长度比成孔孔径大 1cm。将两个竹片绑成十字形。装药时，将十字形竹片竹青朝上放在药卷下，用炮棍将竹片药卷送入炮孔内。稍为退出炮棍，竹片在孔内呈弓形，撑住孔壁托住药卷。确信药卷不会掉落，再抽出炮棍，同时用手顶住孔口以防万一。接着再装第二节药卷或炮泥。

装药堵塞后连接电爆网路，一般分两组进行，每组二人，一人操作一个检验。连线完毕，进行检查、校正和验收。验收后，每两小时测量各支路电阻一次，爆前一小时，连接爆破主线，测量总电阻。临爆前，最后一次复测总电阻，与原先测量及设计数值无误，等候命令合闸爆破。

十一、观测爆破效果

（一）观测工作安排

进行泄水流量、泄渣块径级配、洞口成型等项观测；进行爆破震动、水冲击波压力和空气冲击波压力的观测；进行坝体裂缝、渗漏量、洞身磨损及空气冲击波的观测和宏观调查。

（二）闸门启闭

爆破后弧形闸门顺利关闭，但门底漏水约 0.1～0.2m³/s，这是由于门底止水橡皮割制不平所致，更换局部止水橡皮后，即投入正常使用。平板检修闸门由于止水橡皮内侧垫了 $\phi18mm$ 钢筋摩擦阻力较大，两次未能落到底，拆除钢筋和滑块后，闸门顺利关闭，止水效果良好。

（三）泄水流量

爆破后泄水流量为 60m³/s，与设计爆破水位 145.00m 高程时设计泄量 61m³/s 颇为接近。同时表明岩塞过水断面满足了泄量的要求。

（四）洞口形状

爆破后岩塞上口直径比设计口径 7m 大，实际约为 11m；岩塞顶部岩石坍塌呈很陡的顺坡，中左部分尤其严重；岩塞口中下部，平面图上基本为椭圆形，爆后形状尚属理想。爆后实测基岩地面线高于设计线约 1m；按图计算，设计地面线以下爆落的岩塞体积为 122m³。

根据以上情况可以认为：洞口基本为倒截头正圆锥体，由于顶部明塌，成型很不理想；明塌后的洞口，有利于围岩的稳定。

（五）泄渣

爆破后，岩渣大部分堆积在出口 15～80m 的尾水渠上，堆积长度约 65m，宽 6m，平均厚度约 0.8m。泄渣总方量为 267.8m³。

通过本次实践，对泄渣有以下几点看法：

（1）泄渣是切实可行的。充分利用爆后洞内水流将岩渣自动地泄出洞外，无疑是处理岩渣最简便、最经济的方法。

（2）在泄渣的实践不多的情况下，应该力争岩渣控制在试验提出的指标范围内，以确保泄渣成功。

（3）设法改变不良的边界条件，是确保安全泄渣的有效措施。

（4）为了减免洞脸坍塌，甚至堵塞洞口，今后应加强研究，从设计方面采取措施。如确定岩塞位置时，要避免容易坍塌的不利的地质结构，并选择在较缓的斜坡上；采取预裂爆破，减少围岩震动；适当减少岩塞顶部炮孔的装药量等。

（六）洞内磨损

泄渣对洞身、闸门及门槽段等，均无破坏作用，仅受到轻微磨损，可以不加整修即可投入运用。

（七）爆破震动效应

1. 对建筑物的影响

爆破震动比坝体自振频率大得多，从资料和实践都肯定了不会出现共振现象。根据观测资料，爆破对于距离100m以外的主坝爆破震动是轻微的。

2. 基岩震动衰减规律

据振速资料分析，50.82kg炸药爆破振动时对基岩的影响如下：

距离20m，$V=20.9$cm/s。宏观无爆破震动影响，即使是松散的砂、石堆积体亦无变化。

距离10m，$V=75.2$cm/s。弱风化岩体上的闭和裂隙无爆破影响，而充填高岭土和其松散价质的张开裂隙，爆后有变位情况，缝宽也有增大。

距离10m以内，$V=74.3\sim371$cm/s。有些闭合裂隙张开约1mm，长度也有所增加。但有些被石英脉充填良好的裂隙，并无变化。

据实测及宏观调查，振速与地表粗粒花岗岩破坏关系可归纳为：

$V<20$cm/s，没有可见的破坏；

20cm/s$<V<75$cm/s，部分张开裂隙及缝宽有所加大；

75cm/s$<V<370$cm/s，部分闭合裂隙开裂，以至岩体破坏。

3. 水冲击波压力

水冲击波不影响主坝稳定，爆破时产生的激浪在坝面爬高仅10cm，故激浪动压力轻微。

4. 空气冲击波压力

从观测资料及宏观现象表明，空气冲击波压力并不大，比原先估计要轻微得多，不可能对泄洪洞及闸门启闭机造成任何损伤。

第九节　丰满水电站泄水洞水下岩塞爆破

一、工程概况

丰满水电站位于吉林省第二松花江中游。坝后式厂房装机容量55.4万kW。混凝土重力坝，坝长 1080m，最大坝高 90.5m，最大库容 107.8 亿 m³。是一个以发电为主的综合利用大型枢纽工程。

新建泄水隧洞位于混凝土坝的左岸。泄水洞由进口段、闸前段、洞身段和出口段等部分组成。泄水隧洞前部设一道双扇检修平板闸门，可在库水位 246.00m 以下动水关闭。泄水隧洞后部设一道单扇弧形工作门，可在全水头下动水启闭。泄水隧洞在弧形门以前为压力流，弧形门以后为明流，末端设有挑流鼻坎。鼻坎顶高程 202.31m，百年库水位时挑射距离 54.5m，冲刷坑深 17.8m，最低库水位时挑射距离 28.0m，冲刷坑深 14.7m，泄水隧洞工程布置见图 17.9-1。

泄水隧洞工程特性见表 17.9-1；库水位与隧洞池流量关系见表 17.9-2；泄水隧洞各段流速值见表 17.9-3。

表 17.9-1　　　　　　　　　　　泄水隧洞工程特性表

编号	项　目	单位	数值	备　注
一	水位			
1	百年库水位	m	256.60	
2	正常高水位	m	261.00	
3	死水位	m	242.00	
4	正常尾水位	m	193.50	
二	泄水隧洞			
5	隧洞全长	m	682.9	
6	闸前圆洞段长	m	136.403	洞径 10m
7	闸后段长	m	454.497	衬砌洞径 9.2m
8	明流洞段长	m	92	宽 8.5m，高 10.5m
9	闸前段斜洞坡度	%	13.89	
10	闸后段洞身坡降	%	0.8185	
11	明流段坡降	%	1.47	
12	挑流鼻坎高程	m	202.19	
13	进水口明渠高程	m		
三	平板闸门			静水启闭
14	孔口尺寸	m	4×9	孔口型式为潜孔
15	底坎高程	m	205.00	
16	设计水头	m	61	
17	设计水位	m	265.60	
18	总水压力	t	2130	
19	闸门自重	t	45	加重块，混凝土 14t，生铁 31t
20	启闭机容量	t	2×63	固定卷扬式
21	启闭机扬程	m	55	

续表

编号	项　目	单位	数值	备　注
四	弧形工作门			动水启闭
22	孔口尺寸	m	7.5×7.5	孔口型式为潜孔
23	底坎高程	m	201.00	
24	设计水头	m	65	
25	设计水位	m	265.60	
26	总水压力	t	4100	
27	闸门自重	t	128	
28	启闭机容量	t	2×125	混凝土加重块60t
29	启闭机扬程	m	13	固定卷扬式
五	进水口岩塞			
30	岩塞直径	m	11	
31	岩塞厚度	m	15	
32	岩塞爆破方量	m³	3794	实方
33	爆破药量	kg	4106	
34	集渣坑容积	m³	9550	

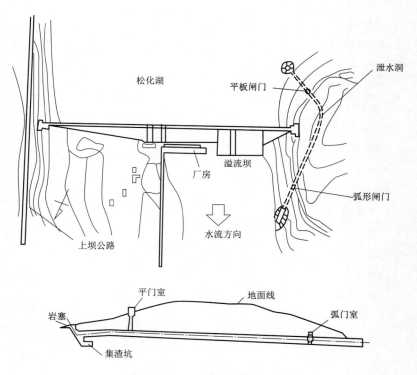

图 17.9-1　泄水洞工程布置图

表 17.9 - 2　　　　　　　　　　库水位与隧洞池流量关系

水库水位/m	泄量/(m³/s)	水库水位/m	泄量/(m³/s)
230.00	722	255.00	1060
235.00	800	258.00	1095
240.00	874	261.00	1129
245.00	940	264.00	1160
250.00	1000	265.60	1176
252.05	1033	266.50	1186

表 17.9 - 3　　　　　　　　　　泄水隧洞各段流速值

名称	高程/m	流速/(m/s)				
		岩塞段	闸前段	洞身衬砌段	洞身不衬砌段	明流段
万年洪水位	266.50	12.5	15.2	17.9	12.7	21
正常高水位	261.00	12.0	14.4	17.1	12.1	20
溢流堰顶水位	252.50	10.9	13.2	15.6	11.1	18.4
设计爆破水位	246.00	10.0	12.2	14.4	10.2	16.9
最低运行水位	230.00	7.6	9.2	10.8	7.2	12.9

泄水隧洞进水口施工，选用了水下岩塞爆破方案。这在当时国内尚无先例，而国外可以借鉴的资料也很少。因此，为了确保爆破成功，设计、施工、运行管理和有关科研单位密切配合，选行了大量的勘探、设计和试验研究工作。对于岩塞爆破后的岩渣处理，设想过许多方式，通过室内水工模型试验，确定了开门爆破集渣方式。

在水利电力部和吉林省委的领导下，经过各参加单位的共同努力，丰满电站水下岩塞爆破于 1979 年 5 月 28 日取得成功。

二、工程地质

泄水隧洞进水口岩塞地段地形为一走向北东，向南东倾斜的斜坡。地形坡度 15°～20°，其上覆盖有 1～4m 厚的松散堆积物。岩塞位于水库正常高水位以下 37m 左右。岩层为二迭系变质砾岩，岩层呈块状、岩石致密、坚硬、抗风化能力强，微风化岩石的湿抗压强可达 $2300kg/cm^2$，湿容重 $2.72g/cm^3$。一般全风化岩石厚小于 2m，半风化岩石厚 5m 左右。

基岩中断裂构造比较发育，共发现大小断层十多条，按其走向可分为：

走向北西 310°～330°，倾向北东或南西，倾角 70° 以上。如 f_{39}、f_{44}、F_{20}、F_{45}、F_{46} 等。

走向北西 335°～355°倾向北东或南西，倾角 80° 以上。如 f_{42}、F_{13}、F_{14} 等。

走向北东 10°～30°，倾向北西，倾角 70° 以上。如 F_{38}、F_{34}、F_{41}、f_{40} 等。

走向北东 25°～45°，倾向南东，倾角 20°～35°。如 F_{43}、f_{171}、f_{172}、f_{173} 等。

裂隙主要有四组，基本上与断层方向一致。其中以走向北西 310°～330°的陡倾角和走向北东 25°～45°的缓倾角裂隙比较发育。前者裂隙间距一般为 0.5～1.0m，密集处仅 0.15～0.30m，表部张开多为泥质充填，深部呈闭合状态或钙质充填。后者裂隙间距多为 1～2m，延伸较长，于岩塞及渣坑顶拱和边墙不同高程处呈瓦式分布。

岩层中普遍含有裂隙潜水，直接受库水补给，其涌水量的大小取决于岩石中裂隙发育程度和贯通状况。上药室开挖时测得涌水量 0.9～1.4L/min、中药室测得涌水量为 2L/min。岩塞周边预裂孔普遍有地下水渗流，经实测大者可达 0.9L/min，小者为 0.4L/min。中上药室开挖至爆前历时一个月，在同一库水位作用下，岩塞漏水量变化不大。

（一）岩塞

进水口岩塞置于 37m 水深之下，岩塞轴线方向为北西 309°8′，岩塞中心线与地表近于垂直，与水平面夹角 60°。岩塞直径 11m，岩塞厚度 18.5m（包括覆盖层），岩塞厚度与直径比为 1.38。

切割岩塞体的断层主要有三组：一组与洞轴方向近于平行或交角较小的 F_{45}、F_{20} 等陡倾角断层；次一组与洞轴近于垂直的 F_{41}、f_{40} 等陡倾角断层；另一组与岩塞底拱近于平行的缓倾断角层，即 F_{43}、f_{171}、f_{172}、f_{173} 等。其中 F_{45}、F_{20} 分别于岩塞的左、右侧壁通过，F_{41} 于岩塞前缘斜切塞体，F_{43} 断层距岩塞底 1～3m 处近于平行塞底将塞体下部岩石切断。

只有岩塞的后侧壁未见有贯穿性软弱结构面岩石较完整。经观察，岩塞上半部为半风化岩石，裂隙多张开。下半部岩石新鲜，坚硬完整，抗剪（断）强度较高，裂隙间距 0.7～1.5m 多闭合，无不利组合。根据岩塞周边受剪作为假定反算，岩塞体的前、左、右三侧虽被上述三组软弱结构面依次切割（该三组结构面抗剪强度不计入），仅取岩塞后侧壁抗剪断有效面积 1/8 至 1/10，取该处岩石湿抗压强度的 1/10，即足以平衡岩塞自重及作用于其上的库水压力所产生的下滑力。依上述边界条件经电算，岩塞底口最大拉应力为 $3kg/cm^2$，药室开挖后的最大拉力 $6kg/cm^2$，均小于岩石的抗拉强度。因此，岩塞整体是稳定的。实际岩塞底拱开挖后，经过三年的临空也未发现有不稳定现象。

（二）药室稳定

据钻孔及岩塞开挖资料分析，上药室位于半风化岩石中，Z11 孔孔深 8m 以上（即上药室顶拱以上岩石），裂隙发育并张开，且以陡倾角裂隙为主，裂隙面普遍染有铁锈，岩心获得率很低。Z12 孔孔深 6m 以上，岩石裂隙不发育，并以 25°～50°一组缓倾角裂隙为主，裂隙虽张开，但往下逐渐趋于闭合，岩石较完整，岩心获得率达 90％以上。结合洞内资料，陡倾角裂隙是库水渗漏的主要途径，因此上药室要避开 Z11 孔附近地质条件不利地段。使上药室处于 Z12 孔附近地质条件有利地段，所以在施工中未发现不稳定情况，实测涌水量 0.9～1.4L/min，由于漏水处岩石坚硬完整，对稳定无影响。

中药室位于岩塞中部比较新鲜的微风化岩石中。主要有两组裂隙，一组走向与洞轴斜交的陡倾角裂隙，另一组走向北东 5°～20°的缓倾角裂隙，后者较为发育。中药室及其导洞的顶拱沿此组缓倾角结构面形成。f_{171} 缓倾角断层（由四条间距 10～40cm 平行裂隙组成）夹泥 3～8.5cm 厚，贯穿中部六个药室和导洞。施工中曾有超挖现象，也是沿缓倾角结构面片帮下塌。由于岩石比较新鲜、坚硬，裂隙间距大与洞轴方向又有一定交角，且未形成不利组合，侧壁岩石抗剪（断）强度较高，足以使顶拱岩石保持稳定。施工开挖时漏水量不大，多沿裂隙处零星渗出，实测药室涌水量约 2L/min，对稳定亦无影响。

（三）渣坑高边墙稳定

渣坑为靴形，边墙高 18m 和 3.8m，渣坑宽 12m。组成渣坑顶拱和边墙的岩石均为新鲜的变质砾岩。F_{43}、F_{38}、f_{38} 等断层在渣坑顶拱通过，破坏了顶拱岩石的完整性，但未形成不利组合。当顶拱开挖后，即衬砌钢筋混凝土支护，渣坑顶拱是稳定的。主要是边墙稳定问题，其中左边墙桩号 0～130m 至 0～116m 处，F_{45} 和 F_{48} 断层以 4～6m 间距，与此段边墙和拱座近于平行地通过，形成宽达 7～9m 的岩石挤压带，带内岩石受平行该组断层的陡倾角裂隙切割，裂隙间距 30～40cm，呈块状破碎。由于边墙和拱座岩石被两组陡倾角断层依次切割，依据设计荷载组合，拱座推力 235tm，但 F_{48} 断层的摩擦系数 f 仅为 0.5，平行于该组断层的裂隙面的摩擦系数 $f=0.60$，$G=0.4kg/cm^2$。据此分析，对于 F48 的 f 值只有 0.5 时，此组结沟回真倾角（$\alpha=88°$）即为危险滑动面，沿此滑裂面的下滑力最大，经计算，其安全系数 K_c 值约为 0.4。对平行走该组断层之裂隙面 $f=0.6$，$G=0.4kg/cm^2$，其危险滑裂面之视倾角（$\alpha=50°$），安全系数 K_c 值也只有 0.7 左右。因此不难判断，F_{46} 断层对此边墙的稳定威胁很大，为此在结构上对该段边墙采用高强预应力锚索进行加固。

同样，右边墙及拱座处岩石被 F_{20} 和 f_{44} 断层切割，这两组断层及与其平行的一组陡倾角裂隙，与边墙交角较小仅 6°～20°，倾向相反，在边墙上部交叉组合切割岩体，两组结构面均有泥充填和地下水渗出，对边墙稳定不利。采用二排 13 条高强预应力锚索对边墙拱座岩石加以锚固，以提高拱座处岩石之稳定性。为加固两侧边墙及拱座岩石，共锚入 50 根高强预应力锚索，施工历时 7 个月。自加固后，经过二年多的渣坑开挖放炮震动影响，未见有边墙岩石失稳或外锚头被破坏的现象，初步证明锚固效果基本达到了设计要求。

（四）进水口边坡及洞脸稳定

影响进水口爆后边坡和正面洞脸稳定的主要因素为进水口边坡岩石的完整程度、地质结构面的发育和组合情况，以及爆破作用对喇叭口周边岩石的影响程度等。泄水洞进水口边坡多为半风化岩石组成，裂隙较发育。进水口左侧处于 F_{46} 断层附近，岩石被断层挤压成板状。右侧为 F_{26} 断层切割，岩石成块状，对边坡稳定不利。岩塞中部布置 6 个药室，而且靠近喇叭口边坡。因此，喇叭口周边岩石受爆破作用所造成的破坏程度也较严重一些，在泄水洞运行时，由于高速水流的冲刷，容易产生失稳掉块。估计这种现象将一直到该范围内的岩石达到稳定状态为止。

进水口正面洞脸岩石比较坚硬完整，覆盖层也较薄，F_{38} 断层距洞脸坡脚 10 多米，又无不利结构面组合。被 F_{38} 断层切割的岩体两侧尚有足够的抗剪（断）强度，而且下部有混凝土衬砌支护，因此洞脸岩体是稳定的。

三、爆破设计

（一）设计要求

进口水下岩塞爆破是泄水洞工程成败的关键。考虑到丰满电站在东北电网中的作用及岩塞爆破口距大坝等水工建筑较近的情况，故此，对丰满岩塞爆破的设计，提出了更高的要求：

（1）对待设计中的主要技术问题要通过试验，充分论证，做到技术措施落实。

（2）岩塞要一次爆通成型，满足过流断面要求，力争较好的水力条件，使爆后洞脸边坡保持整体稳定。

（3）岩塞厚度要满足施工期稳定要求，要采取措施确保药室导洞开挖过程中的安全。

（4）在保证爆通成型的条件下，应尽量降低爆破用药量以减轻爆破震动对建筑物的影响。

（二）岩塞爆破口（进水口）水工布置

在满足泄量和低水位时进水口不产生掺气现象的前提下，进口明渠底坎高程确定为218.00m。岩塞地表坡度为15°～20°，考虑到地形地质条件及洞脸不致产生较大的反坡，以保持其爆后边坡稳定，故岩塞中心线与水平面夹角选定为60°，岩塞直径是按进水口的流速不大于隧洞不衬砌段流速12.7m/s来控制的，按最大泄量1186m³/s计算，岩塞直径为11m。考虑岩塞施工期间的稳定性及一般岩塞直径和厚度选择情况，确定岩石厚度与直径的比值为1.36，岩塞的岩石厚度为15m。

在岩塞的下部设有一个集渣坑，其目的用于收集爆破后90％以上的石渣。岩塞爆破的实方量3794m³，其中岩石方量为2690m³，覆盖层方量为1104m³。考虑覆盖层有50％的方量为石方以及爆破后岩塞超挖量为15％，取松散系数1.5，爆破的松散方量为5600m³。根据水工模型试验所选定的集渣坑形状为靴形，包括过渡段其集渣坑开挖容积为9550m³。进水口水工布置见图17.9－2。

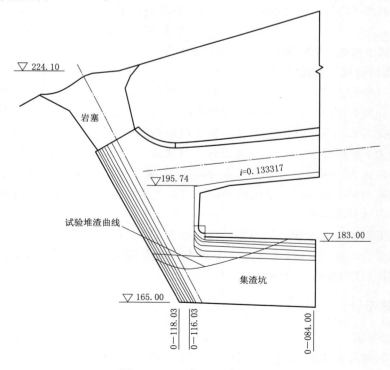

图 17.9－2 集渣坑纵剖面图

（三）单项爆破试验

为了获得爆破设计中的较合理的爆破参数，在施工现场测定了胶质炸药的爆力，猛度，毫秒雷管的间隔时间，预裂孔的爆破试验。

1. 爆力猛度试验

水下岩塞爆破试验采用的是40％耐冻胶质炸药。此类炸药具有威力大，防水性能较强的特点。为了弄清在水下岩塞施工条件下，对其爆力猛度的影响，进行了多次炸药浸水试验，其数据平均值见表17.9-4。

表17.9-4　　　　　　　　　爆力、猛度试验数值表

指标＼项目	出厂指标	浸水前	浸水72h（无防水）	浸水72h（一层塑料布防水）
爆力/mL	441	439	335	377
合格率/%	100.0	99.5	76.5	86.0
猛度/mL	19.5	18.5	15.2	16.3
合格率/%	100.0	94.7	78.0	83.6

2. 雷管延期时间的测定和防水

正式岩塞爆破所用毫秒雷管系赣州冶金化工厂生产的工业8号雪管，在有效使用期内，在现场用SG－16线示波器进行了延期时向的测定工作，其结果见表15.9-5。从表17.9-5可以看出，雷管的误差均在允许范围内，雷管本身可杜绝混段事故，在测量过程中雷管的电阻较稳定。

表17.9-5　　　　　　　　毫秒雷管延期时间测定成果表

项目＼雷管段数	一	二	三	四
规定延期时间/ms	<13	25±10	50±10	75±10
试验雷管数/个	20	25	20	20
最长延期时间/ms	5	16	46	68.5
最短延期时间/ms	2.0	23.5	54.0	75.0
算术平均值	3.81	20.83	51.35	72.20
标准差值	1.08	1.57	3.16	1.62

3. 预裂孔预裂效果试验

进水口下部开口（岩塞体后半部）的成型是个关键，它直接影响进口洞脸稳定和水流条件，设计中考虑采用预裂孔办法加以控制，在施工现场进行了多组预裂孔的装药堵塞试验工作。例如，3号支洞右壁预裂孔试验，见图17.9-3。预裂孔直径45mm，孔深2.5m，连续装药260g/m；效果良好，大部分预裂孔沿着预裂的方向裂开，开裂宽度达1～2mm，均在预裂孔一半部位向两边延伸；在孔内可见预裂的长度达1m左右。从图17.9-3中可以看出，隔孔装药预裂效果不理想，每孔都装药效果良好。

预裂孔各组试验成果见表17.9-6。

表 17.9 - 6　　　　　　　　　　　　　预裂孔各组试验成果表

试验组次	孔数个	孔径/mm	孔距/cm	孔深/cm	药量/g	每米药量/(g/m)	堵塞长度/cm	孔向	装药结构	爆破效果
1	7	45	30	260	300	115	45	水平	间隔装药	不明显
2	7	45	30	250	650	260	45	水平	间隔装药	裂缝明显,施工困难
3	7	45	30	250	650	260	50	垂直	连续装药	裂缝明显
4	7	45	30	250	650	260	30	垂直	连续装药	爆效不好
5	7	45	30	250	800	310	50	垂直	间隔装药	没形成裂缝

注　三组试验效果较好,施工方便。正式岩塞爆破采用此种预裂型式装药结构形式见图 15.9 - 4。

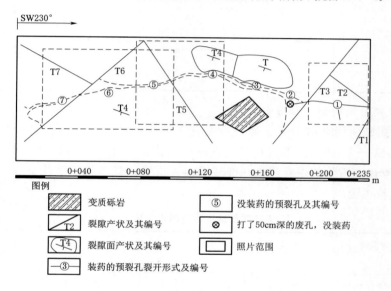

图 17.9 - 3　3 号支洞右壁预裂孔试验综合剖面图

　　说明:1. 岩性。洞内均为上二叠纪变质砾岩,深灰色,岩石新鲜坚硬,抗风化能力强。砾石成分以中基性岩为主,砂质胶结良好,蚀圆度好,分选性差。

　　2. 构造。该点地质构造简单,裂隙中等发育,以 T1、T3、T6 为主,均为闭合的无充填物的裂隙,另外有一组近平行剖面方向的 T4 裂隙面,放炮时大部沿此面滑落。

(四) 水下岩塞爆破试验

(1) 第一阶段的实验工作,于 1972 年 8 月 30 日全部结束。这次试验是在隧洞进口地段距混凝土坝 6 号坝段 270m 做了水中及库底爆破,以测定水中压力传播的振动对坝体的影响。并在距 6 号坝段 132m 与 158m 两处进行 81kg 和 292kg 的水下岩体洞室爆破试验,以测定爆破振动对混凝土坝的影响。

(2) 第二阶段的实验工作,于 1973 年 7 月 20 日结束。这次是进行 6m 直径的水下岩塞爆破原型试验工作,以了解水下岩塞爆破设计、施工及成型等问题,并对坝体进一步进行观测工作。试验点距坝端 320m,爆破药量 828kg。四段毫秒雷管爆破,间隔时间 25ms,每段起爆药量分别为 48kg、310kg、232kg 和 238kg。

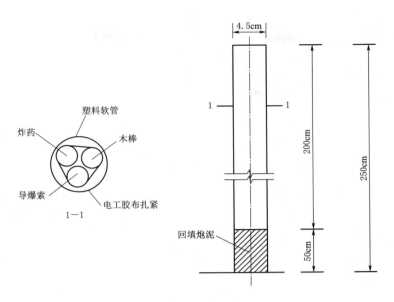

图 17.9-4　预裂孔装药示意图

（五）药包布置及预裂孔布孔

1. 药包布置

根据试验岩塞爆破的经验，在正式岩塞的爆破设计中仍然采用集中药包布置形式。药包分三层布置：上层为 1 号药包，下层为 2 号药包，中层为 3～8 号药包；1 号、2 号药包的作用是把岩塞爆通，并达到一定的开口尺寸；中层 3～8 号药包呈王字形布置，其作用是把 1 号、2 号药包爆破后剩余的岩体炸掉使之达到设计断面。为了有效边控制岩塞体周边轮廓，并起减震作用，沿岩塞的周边布置一圈预裂防震孔。其布置情况见图 15.9-5。

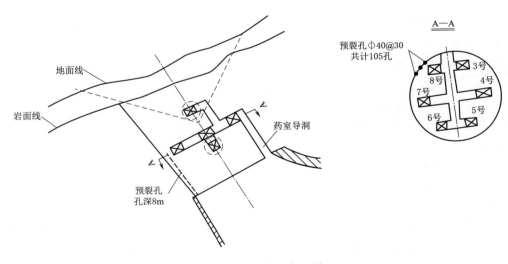

图 17.9-5　药包布置图

2. 药量计算

采用陆地大爆破鲍氏经验公式。药量计算数据见表 17.9-7。

表 17.9-7 药量计算数据表

药包编号	最小抵抗线 /m	单位耗药量 /(kg/m³)	爆破指数	炸药量/kg	注　明
1	8.1	1.6	1.4	1740	
2	5.1	1.6	1.0	239	
3	4.9	1.6	1.2	268	
4	5.3	1.6	1.2	338	
5	5.3	1.6	1.2	338	预裂孔起爆用药量 7.2kg，合计用药量 4075.6kg
6	5.3	1.6	1.2	338	
7	5.3	1.6	1.2	338	
8	4.9	1.6	1.2	338	
预裂孔		1.6	1.2	268	

3. 预裂孔布孔

依据单项试验的经验，预裂孔既能控制岩塞爆破成型，又能起到减震作用，效果显著。在正式岩塞周边仍然布置于一圈预裂孔，设计孔深 8m，孔径 40mm，孔距 30cm，每延长米装药量 270g。设计中预裂孔布孔为 115 孔，施工时只钻 104 个孔，实际装药量 201.4kg。为了方便预裂孔细药卷炸药加工及装药堵塞，采用了外径 35mm、内径为 31mm 的聚乙烯薄壁半软塑料管，将导爆索和炸药装入塑料管内，事先加工完毕。这样使现场装药堵塞时间缩短很多。预裂孔药卷的起爆是利用起爆体引爆导爆索束，起爆每个预裂孔。预裂孔起爆体共计用药量 7.2kg。

（六）岩渣处理设计

本工程设计爆落松方为 5600m³，这些岩渣的处理是爆破设计的重要问题之一。合理选择岩渣处理方案，对于进口及引水洞中建筑物的安全，隧洞正常运行以及施工工期等关系重大。经过各种方案的比较和水工模型试验，选定开门集渣爆破方案。

1. 水工模型试验

开门集渣爆破方案进行了爆破后岩渣运动规律、集渣坑形状、集渣效果、泄渣时间和在闸门不同开度时岩渣通过闸门孔口的运动规律及渣坑积水时对堆渣效果的影响试验。试验成果见图 17.9-6 和图 17.9-7。

从成果分析来看：

（1）岩塞爆破过程中没有井喷现象发生，空气冲击波的压力减低，对闸门预埋件的破坏威胁减小。

（2）岩塞爆通后，岩渣在重力和水流冲击作用下很快进入渣坑，并形成马鞍型的堆积曲线，其最低点在岩塞中心线上，高程约在 174.50m 左右。集渣量约为爆落方量的 90%，仅有少量岩渣被水流带走，一般在 10min 内岩渣可泄完，80min 岩渣在集渣坑内达到稳定。爆后 40min 就可关闭闸门。

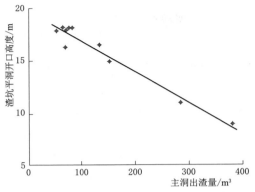

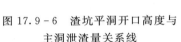

图 17.9－6　渣坑平洞开口高度与
主洞泄渣量关系线

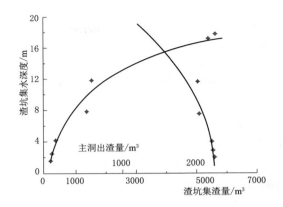

图 17.9－7　渣坑水深度与岩渣分配关系线

（3）经过多次试验，当关闭弧门时，洞内流速变小，较大的岩渣不再继续前进，在闸孔下孔口断面渐小流速增大，岩渣在口内不能停留。所以泄渣对关闭闸门无大影响，一般不会发生卡门现象。

（4）集渣坑的集渣效果与渣坑结构形式，平洞开口大小及爆前渣坑积水深度有关。集渣坑进口顶部采用半径 3m 的圆弧结构，水流条件好，集渣效果好。集渣坑平洞开口大，主洞泄渣量就小，两者呈直线关系（图 17.9－6）。集渣坑积水深度在 4m 以下，对集渣效果影响不大，当超过 4m 水深时，集渣坑内渣量减少，而主洞泄渣量增加，渣坑利用率降低（图 17.9－7）。

2. 集渣坑设计

集渣坑的容积取决于岩塞爆落方量和预留坍滑方量。设计爆落松方量为 5600m³。根据工程实践和水工模型试验，渣坑有效利用系数为 0.5～0.7，设计选用 0.586。集渣坑选用靴式，其尺寸为：底宽 11m，长 34.03m，高 18m，总容积 9550m³。

渣坑边墙最小高度 18m，最大高度 38m，而且靠山体一侧有 F46 断层通过，对隧洞顶拱和渣坑边墙的安全威胁较大。设计决定用 60t 级预应力锚杆加固，锚入岩石深度为 10m，锚索杆体为 6 股高强钢丝的钢绞线。施工中在两侧边墙共打入 50 根预应力锚索，其方向与水平面夹角为 25°。

集渣坑与隧洞连接部分，采用钢筋混凝土衬砌处理。渣坑平洞进口 5m 一段，采用半径为 5.5m 半圆拱混凝土衬砌，确保岩舌的稳定，见图 17.9－2。

四、岩塞爆破施工情况

（一）岩塞爆破施工

岩塞施工主要包括栈桥架设与拆除，钻预裂孔，药室开挖、装药，爆破网路敷设、堵塞等项作业。

药室导洞的开挖长度为 43.43m，工程量 80m³。由于地质条件较预想的好，地下水活动轻微，药室导洞全部形成后的渗水量仅有 0.3m³/h。药室及导洞开挖仅 30d 全部完成。

药室装药 4.1t。药室导洞堵塞黄土 15m³，碎石 30m³，灌注纯水泥浆（水泥量约 10t）。由于施工组织的好，仅用 76h 完成了从装药到拆栈桥的工作任务，比原计划提前 2d。

（二）爆破过程及爆破效果

1. 爆破过程描述

（1）丰满泄水洞进水口水下岩塞爆破于 1979 年 5 月 28 日 12 时正式起爆通水，爆破时的库水位 243.90m。起爆后 2s 到 11.2s 洞口出现浓烟。23.7s 流水到达洞口，水流呈黄黑色，从流水中可以看出夹有块石。5min 水流较为稳定，8min 水流变清。35min 弧门开始关闭，44min 断流。

（2）由于挑流鼻坎未到设计高程，没有起到消能作用，泄流过程中施工公路很快被冲断，鼻坎前部岩石被淘刷，一些大块岩石被冲到河床中心。

（3）爆破后关闭平板门对隧洞进行磨损调查，洞内所有埋件良好，仅弧门底部腹板个别部位有擦痕深达 2mm。洞内混凝土磨损轻微，磨损部位一般在圆形断面底拱中心角 80°～90°范围内，弯曲段后部外侧，混凝土浆浓被磨掉，骨料外露较光滑，冲坑和麻面很少见到。不衬砌段和明流段底部有磨损，其余部位未见擦痕。

2. 爆破效果

1979 年 5 月 28 日，岩塞爆破成功。根据当时测得的出口水面曲线推算，弧门处泄量为 930m³/s，按爆破水位 243.90m 计算与设计的泄量值一致。

1980 年 3 月，在冰上钻孔按照 1：200 比例尺，对 2400m² 范围的水下地形进行了测量。在冰上共布置 1300 个钻孔测点，绘制了进口地形图。实测结果表明，水下岩塞爆破口的尺寸基本满足设计要求，取得了较好的爆破效果。

五、观测

爆破振动对建筑物的影响，特别是对水库大坝的影响是设计所关心的问题。为此在丰满水库进行了系统的较全面的观测工作，获得比较多的观测资料。通过这些资料分析，无论动态观测资料或静态观测资料，均证明爆破近区的水工建筑物是安全的。由于丰满水库水下岩塞爆破技术总结资料较多，本文只对坝体观测成果做一粗略分析介绍。

（一）测点布置

现场试验和正式水下岩塞爆破过程中，于混凝土坝上下游坝面，底部中部廊道和坝顶共布置近百个测点，量测加速度、速度、位移、水压力和应变。同时对坝顶水平在移，坝基扬压力，坝体与坝基漏水等项目进行观测。

（二）观测成果分析

（1）混凝土坝地震波衰减规律。为确定加速度、速度和位移最大值与药量及爆心距的关系式，对观测数据进行了统计分析，其经验公式为

$$a(V \cdot A) = K \left(\frac{Q^{1/3}}{R} \right)^{\alpha}$$

式中：a 为坝基加速度，g；R 为结构物至爆心距离，m；V 为坝基速度，cm/s；Q 为药

量，kg；A 为坝基位移，cm；K、α 分别为系数、指数。

表 17.9 - 8　　　　　K、α 系 数 指 数 表

系　数	试验爆破经验公式		正式爆破经验公式				
	a 顺	v 竖	a 顺	a 竖	v 顺	v 竖	A 顺
K	150	120	178	282	907	341	741
α	2.33	1.79	2.34	2.46	2.17	2.02	2.55

坝基地加速度 a 与 $\dfrac{Q^{1/3}}{R}$ 及坝基速度 V 与 $\dfrac{Q^{1/3}}{R}$ 的线性关系，见图 17.9 - 8 和图 17.9 - 9。

（2）根据实测坝体加速度的富氏谱，其峰点均在周期 0.05～0.1s 之间。说明坝体顶部的主要振动分量的频率为 10～20 次/s 的范围。见图 17.9 - 10、图 17.9 - 11。

（3）基岩处加速度反应谱显示：谱值 β 较大的一段均移向短周期一边，而周期大于 0.05s 的一段谱值值 β 很小。当周期为 0.3s 时谱值自仅有 0.2，见图 17.9 - 12。

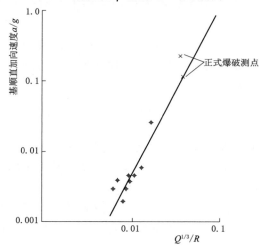

图 17.9 - 8　坝基地加速度 a 与 $\dfrac{Q^{1/3}}{R}$ 关系图

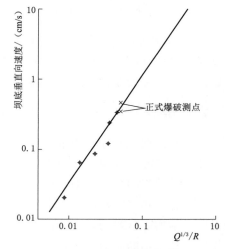

图 17.9 - 9　坝基速度 V 与 $\dfrac{Q^{1/3}}{R}$ 关系图

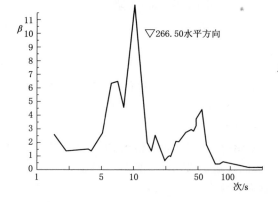

图 17.9 - 10　实测坝体加速度的富氏谱

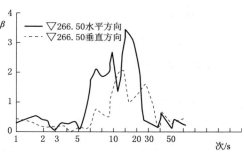

图 17.9 - 11　实测坝体加速度的富氏谱

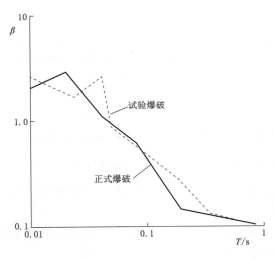

图 17.9-12　基岩处加速度反应谱图

（4）振动的作用时间一般在 $0.3\sim1.0s$ 的范围内变化，药量和距爆源中心的距离对作用时间的影响并不明显。

（5）从成果可见，爆破振动与天然地震有较大区别。天然地震的加速度一般持续时间在 $10\sim40s$ 左右，振动时间较长，频率低，释放能量大，对建筑物有破坏作用。爆破地震效应实测结果表明，能量小，加速度峰值大，频率高，持续时间短，衰减快，对建筑物的影响小。

（三）坝体静态观测

为了直观检查爆破对坝体的影响，两次试验爆破和正式爆破均利用坝上原有的静态观测设备对 6 号、8 号、16 号、24 号、32 号、35 号等坝段进行了坝顶水平位移、坝基扬压力、坝体和坝基漏水等项目的观测。从成果看出，各坝段的水平位移和坝基扬压力观测值变化幅度很小，坝体和坝基漏水观测值在爆破前后无多大变化。总之，静态观测成果均无异常现象。

六、结语

（1）在已建成水库利用水下岩塞爆破进行水下进水口的施工是一个多快好省的方法。

（2）由于爆破的规模和型式以及建筑物形状的特殊影响。根据现场小型实验得出的经验公式，所预定的振动数据往往偏低。一般情况下应乘以一定的系数。

（3）近十年来，我国有五个水下岩塞爆破工程相继爆破成功。但在爆破技术、近区观测手段、结构和材料的动力特性以及地下结构的抗震设计等方面还有待于进一步研究，以便使这项技术不断向前发展，日臻完善。

第十节　梅铺水库泄空隧洞进口岩塞爆破

一、工程概况

梅铺水库位于湖北省郧县（今十堰市郧阳区），是一个以发电为主，结合生活用水，灌溉等综合利用的小型水利枢纽工程。工程位于汉江支流滔河下游，是滔河流域梯级开发的最后一级。

梅铺水库总库容 2840 万 m^3，流域面积 $1.076km^2$。主要建筑物包括土坝（最大坝高 29m）、溢洪道、导流隧洞、发电隧洞及厂房，装机容量 2520kW。原导流隧洞通过强风化的沉积岩，未进行混凝土衬砌，运行时间不长就发生多处塌方，造成导流洞局部封堵不能泄水。为了在汛前处理土坝上游坝坡，减少土坝的隐患，需增建一条长 135m、内径 2.6m 的压力隧洞，供放空水库之用。

由于水库已建成蓄水，泄空隧洞进水口的施工，如采用围堰施工，工程量及抽水任务大，同时汛期来临前工期紧迫，因此困难很多。经多次研究，选用水下岩塞爆破施工方案。1979 年 7 月 5 日 13：50，合闸起爆，水下岩塞爆破获得成功。

二、地形地质

泄空隧洞进水口地形比较陡，洞脸上部边坡约 40°～50°，岩塞中心以下地形坡度 20°～30°。岩塞中心以下表部弃渣堆积较厚。

岩塞处的岩性为灰岩，内有两条交错较发育的裂隙。洞身段有岩石破碎段和小溶洞存在，进水口处岩石较为完整。

三、进水口岩塞

精确掌握岩塞的厚度，是岩塞爆破设计与施工能否达到预期效果的关键。因此，预留岩塞厚度要准确，造孔时须严格控制岩面至孔底的距离。为了准确掌握岩塞厚度，保证施工安全，在岩塞底部岩石面上布置三个贯穿孔，见图 17.10 - 1。贯穿孔打通后利用倒圆锥木塞将孔口封闭，防止漏水。

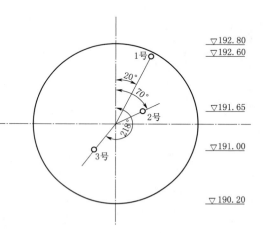

图 17.10 - 1　贯穿孔布置示意图

三孔实测岩塞平均厚度 3.6m。与水下测量比较，测量误差 0.2～0.3m。岩塞的厚度与直径比 3.6/2.6＝1.38。进水口岩塞底部高程 190.20m，岩塞顶部高程约 193.60m，岩塞底部开口尺寸 2.6m，上部开口尺寸约 6.00m，岩塞略呈一个倒截圆锥体。设计岩塞石方工程量 75m³。

四、岩塞爆破设计与施工

（一）炮孔布置，造孔

炮孔布置对爆破效果起着重要作用。布置形式分为中心炮孔、掏槽孔、扩大孔及周边小孔。中心炮孔在岩塞轴线中心，掏槽孔 12 个对称布置在半径为 25cm 和 50cm 的圆周上，炮孔直径 80mm，用于爆通岩塞中心部位。扩大孔 13 个，布置在半径为 85cm 圆周上，炮孔平行岩塞中心轴线，炮孔直径 80mm，确保炸除岩塞外圈岩石。沿设计岩塞轮廓线布置周边小孔 39 个，炮孔直径 38mm，用以减震和岩塞口周边稳定成型。顶部小炮孔上倾 30°，两侧和底部小炮孔向外有 20：1 的倾斜度，用以扩大喇叭口形状。

为提高爆破效果，掏槽孔与扩大炮孔均采用空底装药。中心炮孔空底 30cm，掏槽与扩大炮孔空底 15cm，空底充填干草把。炮孔装药后用 2：1 的黏土细砂炮泥封堵孔口。在炮孔造孔时，由于孔深直径大，用 01 - 30 型手风钻钻孔经常出现卡钻杆，断钎杆和掉钻头现象。钻进时钻杆剧烈摆动，炮孔位置难控制，进尺很慢。另外就是岩塞体内两条大裂隙的交汇处严重漏水，渗水量达 $80\sim100\text{mL/s}$，影响造孔和装药，经采取木塞和棉絮堵截基本堵住。但整个掌子面除顶部少数炮孔无水外，其余炮孔均有不同程度的渗水，因不影响岩塞施工，未做灌浆处理。集渣坑底高程较低，施工期渗水集中在渣坑内，一台潜水泵抽水，保证了开挖造孔和装药堵塞工作的顺利进行。

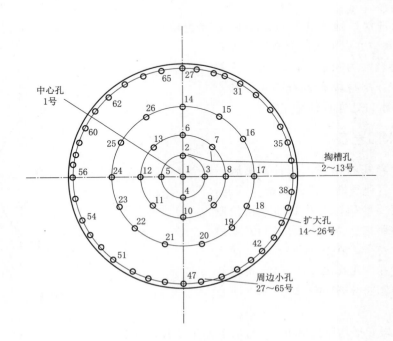

图 17.10-2 炮孔布置示意图

（二）药量计算

1. 按掘进法计算药量

炮孔装药量按孔深度的一半计算，孔径 80mm 与孔径 38mm 的炮孔，每米装药 5.4kg 和 1.4kg。26 个主炮孔装药量为 205.3kg。39 个周边小炮孔采用间隔一孔装药，以防顶部岩石塌落。底部周边 13 个小炮孔，为防止留"门坎"不考虑间隔装药。在 39 个周边小炮孔中实际装药 26 个炮孔，药量为 59.4kg。合计装药 264.7kg。

2. 按集中药包计算药量

采用鲍氏公式其有关系数选用如下：

爆破作用指数 $n=3$（系超强抛掷指数值）；单位耗药量 $K=1.8$；药量换算系数 0.88；最小抵抗线 W 值，按平均孔深 2.9m，装药长度 1.45m。药卷中心至岩塞底部岩面 2.17m。取 $W=2.17\text{m}$，计算药量 268.68kg。

岩塞表部由于弃渣堆积较厚，增加辅助药包一个（库内水下裸露药包），药量 54kg。岩塞爆破实际总药量 318.7kg。

（三）起爆程序及爆破网路

起爆程序：中心和掏槽炮孔为第 1 响，用 9 段毫秒雷管，延发时间 310ms，形成临空面。扩大孔和库内水下裸露药包为第 2 响，用 10 段毫秒雷管，延发时间 390ms。第 3 响用 11 段毫秒雷管起爆周边小炮孔，延发时间 490ms。

爆破网路：采用串并联接形式，水下裸露药包增加一套导爆索起爆线路。

五、岩渣处理

水下岩塞爆破后的岩渣处理基本上有四种方式：第一种是采用集渣坑，将破碎的岩渣储存起来。第二种是洞内储渣，将破碎的岩渣储存在隧洞内，这种形式只适用于两湖泊（或两水库）连接补水，洞内流速小的工点上。第三种是取消集渣坑，将破碎的岩渣通过水工隧洞排泄到下游河床，泄渣方式较为经济，减少工程量缩短工期。但是，泄渣方式对隧洞混凝土衬砌表面和闸门堵件有一定的磨损。第四种是梅铺水库采用的半集渣半泄渣方式，渣坑为长方形，其长为 25m，宽 3.2m，深 2.0m，容积 160m³。渣坑边缘距岩塞底 2.0m，见图 17.10－3。

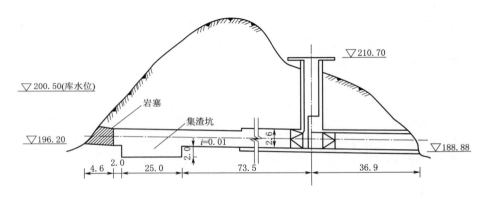

图 17.10－3　渣坑布置示意图

这样浅的集渣坑只能贮存大块径岩渣，中小块岩渣顺水流排泄到下游河床。

六、爆破宏观现象

（1）1980 年 7 月 5 日 13：50，合闸起爆，首先听到三声巨响，然后隧洞通水，最大宣泄流量 25m³/s。经 40h 泄流，库水位由 200.50m 下降至 191.50m。进水口成型基本上与设计要求相符。

（2）为了防止夹石水流破坏竖井闸门槽，利用草袋黄土将门槽封闭。实践证明，效果良好。

（3）进水口岩塞中心距土坝 120m，爆破后对土坝进行调查，未发现有受破坏的情况。

第十一节　休德巴斯水电工程水下岩塞爆破

一、前言

加拿大的休德巴斯水下岩塞爆破，是目前最大规模的水下岩塞爆破工程。休德巴斯地下水电站（装机容量 74.6 万 kW）引水隧洞直径为 10.6m，长 10km，于 1960 年爆破成功。见图 17.11-1。

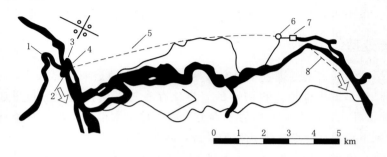

图 17.11-1　工程总布置图

1—水库；2—大坝；3—隧洞进口；4—进水建筑物；5—引水隧洞；6—调压井；

7—地上厂房；8—尾水隧洞

重要的问题是隧洞与水库的连接方法。由于大坝早在 1943 年建成，要在很深的水库中修建普通的进水口是不可能的。因此，决定在地上建造控制建筑物，延长引水隧洞，最后在库底预留岩塞，采用水下岩塞爆破，使水库与隧洞连通。图 17.11-2。

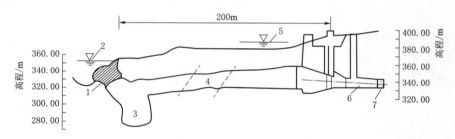

图 17.11-2　水下岩塞爆破布置图

1—岩塞；2—爆破时库水位；3—集渣坑；4—隧洞衬砌部分；5—最高库水位；

6—引水隧洞；7—临时堵壁

岩塞口距离大坝只有 200m，由于采用 27t 的烈性炸药爆破，因此产生了爆破振动作用下坝体的安全问题。

二、地质条件

坝基岩石由副片麻岩和花岗片麻岩组成。右岸坡度约为 45°，有许多平行水流方向的破裂面，破裂面向南倾斜约 70°。左岸坡度约为 30°，也有平行河流方向的明显的破裂面。靠近左岸处有一条断层，在开始施工之前，已彻底清除，附近的破碎带作了灌浆处理。总之，在浇筑混凝土以前，用喷砂枪和风水枪对岩塞进行了认真的冲洗。

三、坝

混凝土重力坝，长 360m，分为三段：溢流坝段长 140m，中部闸门段长 160m，以及溢流坝段长 60m。两端溢流段顶部装有永久性闸板，全部流量通过顶部闸门和泄水道下泄。坝块长 9～15m，最大坝高约为 48m。

由于战争时期对下游电力的迫切需要，该大坝是以正常施工的最高速度修建的，地震加速度采用 0.055g。因此，没有设置排水或灌浆廊道。

四、隧洞进口段

隧洞进口段长约 200m，断面为马蹄形，进口处高约 16m。控制断面处的高度为 25m。这一段的顶拱全部用混凝土衬砌，边墙和底拱只在穿过断层的 50m 范围内，采用混凝土衬砌。

五、岩塞

岩塞本身略呈圆柱状，直径约 18m，厚度 21m，下部做一平直底槛，形似圆柱体的胶管。岩塞净体积约 10000m³。为了确定岩塞和集渣坑的形状和方向，进行了多次模型试验。集渣坑用来聚集碎石，以防冲到拦污栅和闸门处。集渣坑总体积约为 17000m³，其中考虑了岩石爆松、起挖及水工上的要求。

过去，特别是挪威，有许多成功的岩塞爆破，但是没有一个岩塞规模能够与休德巴斯岩塞相比。如此靠近混凝土坝的这种大规模爆破也没有先例。实际上，在爆破地震振动传播方面和关于大体积混凝土建筑物破坏标准，可利用的文献也很少。为了确定合理的岩塞爆破方法，进行了一些预备性爆破试验。

六、试验爆破计划

（一）试验目的

爆破试验是为了确定水下岩塞爆破对坝结构的影响，以及在发生破坏时所采取相应的措施提供依据。

（二）地基振动原理

地震或爆破冲击引起弹性波在周围介质中传播，波系十分复杂，并有多种组合形式。一般可以按正弦波来处理。振动能量是以音速从震源传播出去，并根据介质的物理性质而衰减。

周围表面上任意给定点的位移幅度 A，振动频率 f，振动速度 V，以及加速度 a 之间的关系用下面的正弦运动公式表示：

$$V = 2\pi f A \tag{17.11-1}$$

$$a = 4\pi^2 f^2 a \tag{17.11-2}$$

振幅是爆破装药室、距爆炸中心的距离和覆盖层性质的函数。根据美国矿务局试验资料，当炸药为 $\overline{W}$，距离为 d 时，最大振幅 A 用关系式（17.11-3）表示：

$$A = \overline{W}^{\frac{2}{3}} (0.00302 e^{-0.00469d} + 0.00004) \tag{17.11-3}$$

式中 e 是自然对数的底。

上述经验关系式适用于中等硬度的覆盖层。对于坚硬岩石，振幅要除以 10（采用的装药量为 5～7000kg，炸药强度相当于 70%～80% 的硝化甘油）。岩石中的振动频率为 20～50 周/s，是传播介质的函数。有人还认为更大药量的爆破常产生更低的振动频率。大体积混凝土坝具有其固定频率。当固有频率与历时较短的地基振动频率不一致时，坝的合成运动很复杂，而当两者一致，特别是地基振动历时较长时，由于共振作用，坝体有可能发生破坏。

当在水中或近水点爆炸时，也应考虑在水中传播的振动波对坝和邻近薄壁结构（如关闭着的闸门）的影响。重量为 $\overline{W}$ 的药包在水下爆炸时，于距离 R 处所产生水位最大压力 P，用下列关系式（17.11-4）表示：

$$P = K\left(\frac{\overline{W}^{1/3}}{R}\right)^{1.13}, K \text{ 为系数} \tag{17.11-4}$$

由压力的时间积分构成的冲量，是判断冲击波破坏作用的重要标准，当建筑物的固有周期比入射波的周期长时，冲量 I 表达的如式（17.11-5）：

$$I = K_1 \frac{\overline{W}^{1/3}}{R} \tag{17.11-5}$$

爆破能量在水中的传播，同样很重要，当建筑物的固定周期大致等于压力波的周期时更是如此。一般认为，建筑物的变形能量近似于总的有效震动能量，该能量 E 的表示式为平方反比定律的经验公式，即

$$E = K_2 \frac{W^{1.016}}{R^{2.05}} \tag{17.11-6}$$

在本文论述的情况下，问题很复杂，无法确定耗费在岩石上的爆炸力究竟多大，因而无法确定水中传播的震动。

（三）试验程序

第一个试验项目，是确定水中传播的震动对坝体闸门的影响。在顶部闸门和深水闸门各临界点上埋设五支巴尔德温 SR-4 型应变仪。另外，沿坝面水中悬挂四只压力传感器。所有的读数都由坝上的示波器记录。用 24 个重 2.3～11.3kg 的含 60% 高硝化甘油炸药包，在距离坝体 90～200m 处 20m 深的水下进行了爆破试验。有几次试验，在闸门前设有"空气帷幕"，以了解用气幕保护闸门的效果。空气帷幕装置由安装在水下的管道系统组成，管体上钻有间距很小的小孔。管道的供气压力为 3.5Pa。

第二个试阶项目，是测定隧洞进口段用 520kg 炸药起炸时引起的坝体振动，以便推测岩塞爆破可能产生的影响。为此，在坝顶和坝体检查廊道里安装三只地震仪和三只加速度计。

（四）试验成果

1. 对闸门的压力

闸门关闭时出现的最大压力与参数 $\dfrac{\overline{W}^{1/3}}{R}$ 之间的关系见图 17.11-3。它表明，所得成果与已公布的资料相符，并与式（17.11-4）中的指数（1.13）一致。有了这个函数，就能够用外插法求出岩塞爆破可能产生的最大压力。但是，首先需要估计在大爆破产生的能量中有多大一部分能量将变成水中传播的冲击波。为此，进行了一次补充爆破试验，炮孔打在河床岩石中。试验表明，这一部分能量可高达 20%，或者相当于悬在库水中 5400kg 炸药的爆炸。如果关闭闸门，闸门上即产生大于 50kg/cm² 的瞬时最大压力。

2. 闸门的应变

图 17.11-4 为实测的应变与压力，冲量以及式（17.11-4）、式（17.11-5）、式（17.11-6）中能量参数的关系曲线。对于小范围试验爆破，那个参数的相关性最好是不明显的。图 17.11-4 具有代表性，而且把曲线延长到岩塞爆破能量参数的可能值时，得到闸门的当量应力超过允许范围。

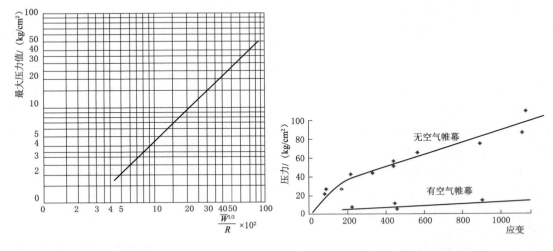

图 17.11-3 试验爆破中关闭闸门产生的最大压力　　图 17.11-4 爆破试验中顶部闸门全关的应变

3. 空气帷幕的效果

空气帷幕对于削减压力-时间关系曲线的峰值非常有效。对减少闸门的应变也很有效，大约能削减 90%，见图 17.11-4。由于空气帷幕实质上并不能阻碍冲量和能量的传递，所以对于这些闸门来说，自振动引起的应变大多数是最大压力的函数。

（五）隧洞爆破试验

用 520kg 炸药在隧洞进口处进行爆破对坝体的影响反映在示波仪记录上，示波仪安放在检查廊道中。测得的最大振幅为 0.011cm，加速度为 0.60g。地震仪上指示的频率大约为 17 周/s。振动持续半秒钟。把爆破试验外推到大 50 倍的岩塞爆破时，遇到的问题是，如何把振幅和加速度变为增大药量 W 的函数。

已有文献资料指出，这种振动参数的变化范围为 $W^{1/2}$、$W^{3/4}$ 直到 $W^{1.0}$，但最好采用 $W^{2/3}$。坝的振幅可能达到 0.16cm，加速度可能达到 8.4g。

第一项试验的结果表明，当闸门全关时如果不采用空气帷幕防护，岩塞爆破的振动波将危害闸门，而在闸门全开的情况下是可以避免的。但是，隧洞爆破试验结果表明，爆破振动可能引起坝或坝基破坏。

（六）破坏标准

过去一直试图把建筑物破坏与地基振动的振幅、速度和加速度联系起来。这些标准一般基于对普通建筑物破坏的分析，能否应用于大体积混凝土坝，尚是个问题。此外，这里需要的不是反证，而是对于水下岩塞爆破对大坝可能产生的影响要谨慎小心。

1. 振幅

莫瑞斯提出，对重型结构来说，在不考虑频率的情况下，振幅的破坏界限为 0.10cm。

2. 速度

一系列小型爆破试验结果表明，质点速度对混凝土结构的破坏，是一个重要因素。同时还表明，细微的开裂速度可在 11～16cm/s 之间；中等开裂速度可在 16～23cm/s 之间；最大开裂速度在 23cm/s 以上。

3. 加速度

美国矿务局提出，对于矿山和采石场爆破中常见的波频来说，加速度破坏界限为 1.0g。加拿大安大略州水力电力委员会提出，大型土木建筑物加速度的容许值可提到 3.0g。

这些标准可用直线表示为振幅与频率的重对数图表，然后用式 (17.11-3)（或用爆破试验成果外插方法）来确定所求的振幅，估算可能的频率，由此可以看出，计划的爆破是否超过规定的破坏标准。根据这一点，预定的振幅 0.16cm 和频率 17 周/s（或更大）都超过细微开裂速度值的范围。而且所求的振幅也超过莫瑞斯所指出的数值。另外，根据爆破试验加速度记录，按比例增加的加速度值也大大超过所有加速度界限值。

这样看来，岩塞爆破所引起的地震振动相当严重，足以成灾或者破坏混凝土上部结构，或者破坏混凝土与基岩接合部分。后一种可能性，是根据大坝静力分析得出的。这一分析表明，当加速度大于 2.5g 时，坝踵处的拉应力将变得过大。正如克里格指出的，如果接缝不能抵抗这些拉应力，圬工的弹性将引起接缝轻微开裂，在坝上游面出现这种裂缝尤其不利，因为这在全水头作用时可能使整个上游面成为非压力区，这将出现比通常假定的扬压力下严重得多的情况。增加的扬压力会造成合力朝接缝下游端运动，并且由于拉力作用，接缝的裂口会进一步扩大，扬压力会进一步增加。当库满时就足以导致破坏。

根据上面的考虑，岩塞爆破采用毫秒迟发雷管（不采用瞬时爆破），乃是减少振动以及消除破坏的一种可靠方法。这种迟发爆破方法曾多次有效地将地震振动几乎减少到其个别相应的值，而岩石爆破能力不受任何损失。在水下岩塞爆破设计期间，这个建议是讨论中重要的一部分。

七、岩塞爆破设计

研究过两种不同的水下岩塞爆破方法。一种是"药室"爆破法，炸药装在岩塞内两个同心的马蹄形药室中，采用瞬时爆破一层层连续爆落岩塞。药室爆破方法的主要缺点是，振动波可能破坏坝和进水口建筑物，出现较大的超挖，恶化隧洞的水力条件。另一种是"迟发"爆破法，采用毫秒迟发雷管，减少一次起爆药量，可削弱震动强度和减小破坏。迟发爆破的主要缺点是，有可能出现拒爆或不完全爆炸，这是由于诱爆或在爆破以前或爆破期间电路破坏而引起的。如果出现这种情况，就会造成施工困难，推迟工期。

考虑所有因素之后，认为后一种可能出现的情况比其他情况更为严重。从拒爆方面讲，一般认为药室爆破比较安全，所以，最后选择了药室爆破方法，但要承认有地震振动和超挖的危险。药室为两个垂直于岩塞轴心的同心马蹄形洞室。见图 17.11-5。外侧药室断面 1.2m×2.1m，用沙袋分隔为六段。各段药量相等，总装药量为 14500kg。炸药放在药室的底部和顶部，中间堆放沙袋。内侧药室断面 1.0m×1.5m，不做堵塞。炸药放在底

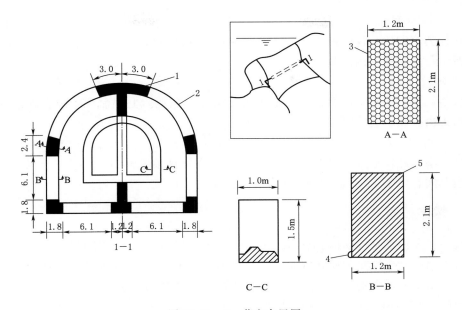

图 17.11-5 药室布置图

1—堵塞部分；2—不堵塞部分；3—沙袋；4—多孔排水管；5—17.5kg 圆柱状硝化甘油炸药

部。总装药道为 6000kg。药室爆破所用的炸药为硝化甘油炸药，制成重 17.5kg，直径 14cm、长 16cm 的圆柱体。

为了控制岩塞爆破的断面形状和尽量减少振动波的传播，顺岩塞周边布置了较密的周边孔。孔的中心距为 46cm。孔径为 76mm 和 48mm。两种孔径交替布置。每两个 76mm 钻孔之间布置一个装药孔，总共装药 3100kg。采用重 0.45kg、直径 5cm 的圆柱形药包。

总装药量为 27700kg，单位耗药量为 2.7kg/m³。但在装药设计中尚需考虑其他因素（如剪切面）。起爆系统由两套导爆网路组成。导爆线与药室各段的雷管连接，并从进水口控制建筑物处引到地面，从掩蔽部用电雷管点火。此外，还要做好对爆破效果的观测和记录工作。

八、仪器观测

（一）爆破前后的非动力研究

1. 取心钻孔

爆破前用金刚石钻机由检查廊道和泄水孔中向坝基钻 10 个直径 100mm 的孔，爆破后由泄水底孔另钻 3 个孔，并用 7 个大气压力作了压水试验。

2. 裂缝测量

爆破前仔细检查坝体易受影响的部位，记录发现的裂缝，爆破后再进行复测。

3. 观测仪器

大多数应变仪埋设在接缝中，倾斜仪和铅锤安装在高处浇筑块内。爆破前后，在每个坝段的平台上用经纬仪和水准仪进行精密测量。

（二）爆破期间记录效果的动力研究

1. 地震观测仪器

有几种类型的地震仪、速度计、加速度计和示波仪一起放置在坝上或坝附近不同的点上，以便记录爆破瞬间的读数。

2. 其他

在水中设置测压盒，以便记录水中传播的振动。在坝体上游面坝踵附近安设应变仪，量测混凝土由振动引起的附加拉应变和压应变。

3. 爆破时间和操作

爆破时不允许任何人留在坝上，所有仪器都在爆破前几秒钟内由点火掩蔽部遥控操作。放炮时间是中午 12 点，放炮后半秒钟出现第一个信号。

九、爆破效果

爆破在各方面都是成功的。据潜水员报告，洞口很完整，集渣坑里堆渣未达到计划高程，这是因为有相当数量的碎石被抛出，有重达 100t 的大石块落到 150m 远的湖对岸。水流将部分石渣冲到隧洞的进口处，以后用斗式挖泥机清除。

对坝的影响：爆破后坝体内仅出现了极少量裂缝，检查廊道墙面有石灰质附着物剥落。

爆破前从钻孔取的岩心表明，混凝土与岩石结合良好，爆破后取的岩心和水压试验成果表明，结合面没有破坏。各坝段均未发生转动现象。测缝计的读数表明，坝段之间的纵向和垂向平均相对位移约为 0.04cm，横向位移约为 0.10cm。接缝的最大相对位移，为上述值的两倍。精密定位测量表明最高的几个坝段向下游移动了 2.0cm。由于没有一定的破坏标记，这一数据可能有误差，或者如果确实发生了这样的位移，那么可能是沿着坝基下面某一滑动面发生的。

动力观测记录最为重要。一方面，地基振动情况多数是根据在坝顶附近测得的标准隧洞爆破成果预估的，而岩塞爆破表明的频率偏低。另一方面，坝体上部比较窄的部分还会受到弹性"颤动"作用。这两种情况，使得坝基附近的参数小于预想值，而在坝顶附近则相等或偏大，只有加速度例外，加速度作为频率平方的函数其值较小。结果见表 17.11－1。

表 17.11－1　　　　　　　　　预想的及实测的地基振动

振动参数	预想值	实测值	
		坝顶附近	坝基附近
振幅/cm	0.05～0.16	0.20	0.06
速度/(cm/s)	5.0～15.0	10.0～15.0	4.5
加速度/g	3.5～8.4	1.2	0.7
频率/Hz	17 或 17 以上	10～15	10～20

爆破引起的水中传播的最大压力只有 2kg/cm²，看来只有很小一部分爆破能量传入水中变成冲击波。在初步试验中，在与岩塞同样距离的水中用 10kg 炸药爆炸所得压力也是 2kg/cm²。上游坝踵附近混凝土中埋设的应变仪记录表明，拉应力和压应力的增量分别达到 12kg/cm² 和 18kg/cm²，这是根据实测弹性模数 246.000kg/cm² 求出的。

十、成果解释

上述研究，可以认为是两种不同爆破技术对混凝土坝影响的第一次系统比较。根据 520kg 炸药的普通爆破和地震振动关系曲线，可以推测出 27000kg 炸药的岩塞爆破情形。但是，实际上后者的地基振动小得多。无可置疑，由于传播入岩体的爆炸能量较小，洞室爆破的振动强度被削减。这是因为炸药在洞室内的体积只占洞室开挖体积的一小部分。这种"削减作用"的原理，是在地下核试验过程中才被注意到。这说明，在大型洞内爆破，会有大量的爆炸能量被削减在洞室中。

众所周知的两条破坏标准，一个是振幅 0.1cm，另一个是加速度 1.0g。而岩塞爆破超过了这两条标准，并没有引起任何破坏。爆破结果表明，现行标准对于像本工程的情况是很不够的。一方面，虽然坝顶附近大大变薄的坝段经受了最强烈的振动，但是在这里测得的参数，确实超过下部刚度较大的结构的极限值。另一方面，如果地基的振动接近一般的破坏界限，顶部就会处于危险状态。破坏标准单单依据振幅或加速度，是不能包括全部的情况的。对建筑物的型式以及两侧的地点还必须做出规定。另外，破坏的种类也是一个很重要的因素。明显的微弱振动，虽不会导致坝体上部结构的破坏，却能造成基础结合处的剪切破坏，因此仍然属于破坏性振动。

破坏不是单独与振幅或频率有关，而是与这两种因素的综合有关，这是合乎逻辑的。式（17.11-2）中加速度可能对频率影响过大，但是，质点速度是加速度和频率乘积的直接函数，因此它是最逼真的度量。就此而论，岩塞爆破的结果与瑞典郎格费尔斯提出的速度破坏标准完全相符。

十一、结论

（1）在一定条件下，利用水下岩塞爆破方法形成大型隧洞的进口是可行的。当爆破点靠近已成坝体时，应考虑地震振动的影响。

（2）由于爆破的规模和型式以及建筑物形状的特殊影响，根据小型试验或已有的经验公式预定的振动，可能是错误的。例如洞室爆破方法会减少能量的传播，而弹性颤动作用可以增加建筑物运动。

（3）一般的振动破坏标准，常不运用于高混凝土坝，所以应按照量测地点以及破坏的种类加以修改。质点运动速度，显然是最固定的标准。

（4）如文章所述，水下岩塞爆破引起的在水中传播的振动可以忽略。当需要尽量减少这种振动时，利用空气帷幕减低最高压力，是一种非常有效的方法。

第十二节　阿斯卡拉水电工程湖底岩塞爆破

挪威的阿斯卡拉水电工程为地下式水电站，进水口采用水下岩塞爆破方法施工，岩塞位于水下 85.00m，是位于水下最深的岩塞，于 1970 年爆破成功。

本工程位于挪威西海岸的峡湾处，在卑尔根以北人口稀少地形崎岖的地区。第一期工程中，包括岩塞、引水隧洞和地下厂房。

岩塞处水深约 85.00m，由闸门井底部至岩塞的距离为 300m。本工程施工条件比较困难，使用高处的公路施工不经济，故闸门井和岩塞部位的施工，通过引水隧洞进行。即先由引水隧洞打一导洞到闸门井，然后用反井施工法开挖闸门井，再用索道与外面联系。整个引水隧洞段的施工导洞高程为 500.00m。阿斯卡拉工程布置见图 17.12-1。

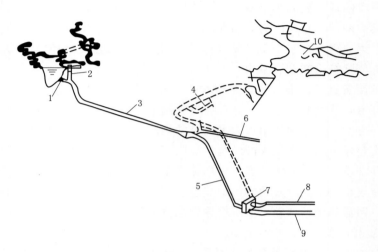

图 17.12-1　阿斯卡拉水电站工程布置图

1—水下岩塞；2—闸门井；3—不衬砌发电洞；4—调压井；5—压力钢管；6—施工交通洞；

7—地下水电站；8—交通洞；9—尾水洞；10—未来水下岩塞

　　引水隧洞断面 9m²，下部洞长 700m，上部洞长 300m，连接上下洞的斜洞长 150m。岩石为优质砂岩，但有一条较宽的断层和节理密集带通过，从这里产生漏水给施工造成一些困难。

　　渣前段长约 300m，虽然岩塞厚度仅为 5m，但是漏水量很少，能够进行无水施工，这是由于对洞线进行了仔细调查研究的结果。

一、岩塞的勘测工作

　　水下岩塞的勘测工作分为两个阶段：预备阶段和最后阶段。

　　预备阶段只在选定范围内进行测深和初步地震测量。地震测量是在较大范围内了解湖底一般断层和主要断层去向，洼地和不规则地形。初步地震测量也可提供覆盖层情况。待岩塞和洞线选定后，即可开始第二步工作。第二步工作集中于选定的岩塞和洞线部位。

　　最后阶段的勘测包括详细测深、地震测量和潜水观测。到深水处，采用密闭的水下电视观测代替潜水工。岩塞表面不稳定岩石和漂砾清除后，最后确定岩塞的位置。

　　勘测工作主要是准确控制岩塞位置，最好在冰上进行。通过冰孔测量，记录水下岩塞坐标比较简单。这对于水下观测时确定方向很重要。应将结果绘制成图，并进一步确定岩塞的方向和尺寸。

　　在进行详细的震测量确定岩塞位置时，应确定每个药室的位置。在冰面上进行这项工作可以达到精度要求。

　　阿斯卡拉水下岩塞的勘测工作，是春季在湖冰上进行的。方法是在冰上用长方形格网控制岩塞位置。格网外边线大于岩塞和渣坑段，便于岩塞位置作小范围变更。见图17.12-2。

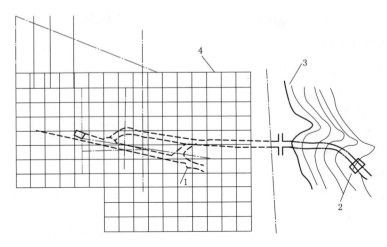

图17.12-2　勘测格网线

（点划线为第一、二次地震测量剖面）

1—岩塞及渣坑布置；2—闸门井；3—岸边线；4—勘测格网

在长方形格网内，每隔5m打一测深冰孔。线路沿格网边缘连接到照相系统，作人工观测，然后将成果绘制成图。在主要冰孔下配有远方操作系统，其中包括一台电视机、一台自动照相机和照明器。由冰上操作室控制，利用罗盘和透镜定方向，并用这套系统测定深度。由于潜水员在深水中只能工作很短时间，因此只进行了一次潜水，以探测覆盖层的厚度。水下电视系统见图17.12-3。

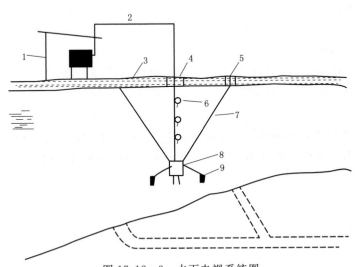

图17.12-3　水下电视系统图

1—控制室；2—动力及操作电缆；3—冰层；4—施工洞；5—固定导绳孔；

6—浮标；7—固定导绳；8—水下电视；9—照明器

阿斯卡拉岩塞的勘测工作，远远超过了原定的范围，虽然增加了造价，但是获得了很好的结果。

二、阿斯卡拉岩塞的特征

本工程水下岩塞直接设在引水隧洞进口处，由四个主要部分组成：①岩塞；②闸前段；③集渣坑；④闸门井。分述如下：

（一）岩塞

关于阿斯卡拉岩塞，提出以下要求：要顺利爆通，且对岩塞口附近的围岩影响要小，爆后的岩渣不能影响将来的水流条件和闸门的运行。

像阿斯卡拉这样很深的岩塞，如果只采用一个岩塞，万一爆破出了问题，就会造成很大困难。因此，为了保险，本工程设计两个岩塞。两个岩塞口布置在同一条线上。低岩塞断面 $6m^2$，高岩塞断面 $5m^2$。两个岩塞水平距离约 40m，高差 10m。两个岩塞同时起爆。可以肯定，在最坏情况下也能爆开一个，即使开口较小，潜水员也可以将孔口扩大到所需断面。

低岩塞的覆盖层厚度约 3m，坚硬岩石约 $18m^3$。岩塞部位的炮眼布置成垂直掏槽和楔形掏槽，以及辅助炮孔和周边炮孔。爆破网路为四个并联的平衡网路，两个起爆体，一个在底部，一个在顶部，分别放入药室，两个起爆体分开联网，以保安全。

低岩塞药室内装 250kg 硝化甘油炸药，高岩塞药室内装 180kg 硝化甘油炸药。垂直掏槽采用特殊等级起爆。

（二）闸前段

引水隧洞从闸门到岩塞一段长约 300m，如前所述，对这一段做了大量勘测工作，目的是使洞线避开主断层和湖底不平整地段。引水隧洞在两个岩塞渣坑附近分叉。分叉段的坡度约为 1：300。原设计布置在闸门井和主渣坑中间的洞底部设第二渣坑，并在洞内设一低混凝土坎，以拦截从主渣坑冲出的石块。

按原布置做了模型试验。但在原型中，第二渣坑向闸门井处移动了 50m，因而渣坑采取扩大拱腹和边墙，而不开挖底拱，并将混凝土坎由正方形断面改成楔形体，以改善过坎流速的分布条件。

最后设计照例设置了第二渣坑。新的布置表明，楔形体的立模和浇筑混凝土比开挖底拱后再浇筑混凝土时间短、质量高。同时由于不开挖底拱，缩短了岩塞整个施工工期。岩塞和闸门井纵剖面见图 17.12-4。

（三）集渣坑

由于湖水很深和有两个孔口，因此对渣坑布置给予了特别的注意。1968—1969 年，由挪威某工艺研究所做了水力模型试验。对岩渣处理考虑了两种方式：第一种是石渣长期留在渣坑内，第二种是石渣短时间留在渣坑内，由爆破后随之而来的高速水流冲出渣坑均匀分布在洞内。

最后考虑采用第一种形式。为了充分发挥集渣坑的效益，提出以下要求：最后爆破时关闭事故备用闸门，使闸前段无水，爆破的石渣留在渣坑内，最后由水流冲出渣坑，但不允许停留在闸门井门槽处。按照惯例，渣坑的位置多选在洞底拱下面。但是这种方式不太有利，因为施工时需要排水，浪费时间，而且危险。另外，开挖到深处后，炮眼装药复杂。为了避免这些困难，主渣坑设计在洞内设置一道 3m 高的混凝土隔墙，按需要扩大底拱和加宽拱腹，在紧靠岩塞的后面形成一个洞端封闭区，见图 17.12－5。

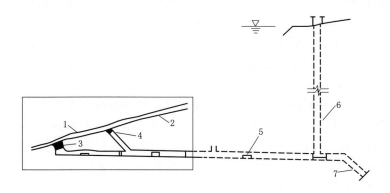

图 17.12－4　岩塞和隧洞纵剖面

1—覆盖层；2—坚硬岩石；3—低岩塞；4—高岩塞；

5—第二集渣坑；6—闸门井；7—发电洞

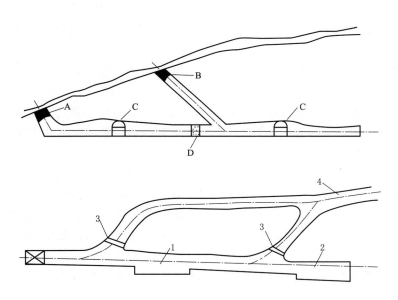

图 17.12－5　岩塞和集渣坑平剖面图

A—低岩塞；B—高岩塞；C—过流断面；D—混凝土隔墙

1—低岩塞集渣坑；2—高岩塞集渣坑；3—混凝土槛和过流断面；4—发电洞

这样做，扩大断面的工作大部分可以与隧洞开挖同时进行。因此，与惯用的方法比较，这种新布置是改进了。

集渣坑的集渣效果，决定于一系列因素，如几何尺寸，爆破时隧洞和渣坑中的水量，以及最后爆破时是开启闸门还是关闭闸门。对于本工程，如果采用开启闸门的方式，就要在闸门井下游处设一临时堵塞段。因而最后爆破时还是采用关闭事故备用闸门，使之形成封闭区。起初也考虑了开启闸门的方式，若有可能采用，则需精制一套钢结构设备，以便将闸门放入 100m 深的闸井中。

如果采用开启闸门方式，井内水流会产生激烈的涌浪，可能损坏钢结构，甚至导致整个闸门操作失灵。所以采用了关闭闸门的方式。

按开启闸门的方式对渣坑效果进行了试验。爆破后洞内的高速水流比关闭闸门的方式更容易把石渣冲出渣坑。原型中采用关闭方式，关闭事故备用闸门。它和开启闸门方式时的临时堵塞段的作用相同。

需要解决的另一个重要问题是，在最后爆破时封闭的闸前段允许留存多少水。因为封闭段留存水多了会减慢爆破水流对石渣的输送，而且与隧洞充水的同时有强烈的爆破冲击波波及事故备用闸门，可能造成危险。虽然事故备用闸门设计考虑了抗冲击波的问题，同时也考虑了闸前段充水的时间，但是岩塞药室在爆破前有被短时间淹没的可能。唯一可以解决的办法，是闸前段充气，这要求对渣坑进行更精密的设计。这种方法有很大优越性，因此加以采用。

过去做的岩塞都是闸前段部分充水。这样爆破后的石渣大部分都能进入渣坑，然而存在的问题是，石渣很容易在岩塞开口处"集结"，而且湖底的泥沙有可能把开口堵塞。采用部分充水时，发生这种情况的可能性很大，因为这时岩塞的水压力要小于不充水的情况。本工程岩塞很深，这里采用的方法具有重大价值，能够保证施工安全，确保爆破开口准确。

（四）闸门

本工程爆破时可利用工作闸门来控制水流（大部分水下岩塞爆破的水流控制都是强制性的）。为了安全起见，潜水员对岩塞开口处的检查应在关闭的闸门前进行，岩塞爆破后也可利用闸门控制水流。经常采用的是带临时性混凝土墙的堵塞方式，因为在大多数情况下，只需关闭闸门即可将混凝土墙拆除。本工程的闸门，包括快速定轮工作闸门和滑动事故备用闸门。事故闸门不能动水启门，故门上设有充水阀。关闭工作闸门，通过充水阀使闸门井充水平压后，事故备用闸门才能提升起来。工作闸门设计为遥控，也可以从闸门室操作。而事故闸门和充水阀只能从闸门室操作。在岩塞爆破时，关闭事故闸门，而全部打开工作闸门。爆破后约 30s，打开充水阀，一部分空气在压力下排入洞内，剩余的空气在拱腹部缓慢流动，然后通过岩塞口排入湖中。在湖面冰上正对岩塞部位打冰孔对这一情况进行了观察。

岩塞最后爆破是在闸门井上面起爆。起爆后充水阀立即发出剧烈响声，约半分钟后冰孔上见有水喷。

三、模型试验

模型试验的主要目的，是为最后爆破的永久渣坑寻求最好的布置方案，使进洞水流畅通无阻，要求石渣冲出渣坑时不到达闸门井。

模型模拟部分包括主渣坑和第二渣坑布置，闸前段，闸门井和闸门布置，以及临时堵塞段，如前所述，原型采用了关闭闸门的方式，但在试验中也做了开启闸门方式（带临时堵塞）试验。

关于渣坑的集渣效果问题，由于模型试验取得的满意成果不多，比对模型试验的评价，需要以后按原型观测进行验证。看来，只有某些部分的试验结果能与实际情况相似。

模型试验中，未做爆破模拟试验。模拟的岩塞采用与原型尺寸相近的石渣。在岩塞位置插入活动挡板，把碎石块装入岩塞部位，接着向湖中充水，然后拔出活动挡板。

设计考虑岩塞爆破后，水流进入洞端封闭区，石渣堆积在封闭区，不得影响将来的水流条件。为此，按照不同的布置方式研究洞端封闭区的实际效果。对闸前段无水和部分充水情况都做试验。一系列的试验证明，封闭区的一些石渣常被冲入隧洞中。

石渣分布最理想的设计是：封闭区积存的86％，第二渣坑11％，第二渣坑与闸门井之间的隧洞内3％，闸门井处为零。封闭区无水，而闸前段有充一半水的试验得到了这一结果。最后试验的是带临时堵塞段的开启闸门方式，闸门井或作为开敞端或作为调压井。

模型试验表明，要使爆破石渣不被冲走而达到最好的效果，设计中应考虑以下几个方面：

（1）封闭区的长度。为了安全起见，将原来长度增加到8m。

（2）加大封闭区的深度。

（3）闸前段无水时，石渣往往会被带到闸门井附近。

（4）闸前段部分充水时，按照选定的渣坑布置，如果爆破时渣坑中无水，石渣则不会被冲到闸门井附近。

（5）用不同石块做的模型试验表明，小石块比大石块更容易冲出封闭区，尽管试验中小石块是被阻留在设计的第二渣坑中。

（6）曾经试图采用压缩的二氧化碳来模拟岩塞的实际爆破效果，结果证明，采用这种方法没有什么变化，故以后未继续进行试验。

（7）各种不同的试验表明，临时堵塞段处装设的记录仪器所得的压力图形几乎都相同。

当湖水消落能够通行后，打算对进口、闸前段和渣坑进行一次检查，观察一下渣坑和洞内石渣的堆积情况，以便和试验结果进行比较，希望通过这一比较来说明用模型试验研究集渣坑的效果是可行的。

第十三节　阿尔托湖水下岩塞爆破

在秘鲁利马市东北约160km处有一座岳皮水电站。阿尔托湖水下岩塞开口，属于该电站的扩建工程。工程于1964年开始，1966年9月爆通。

一、工区地质条件

该地区主要为强烈破碎的侵入岩体。破碎原因是冰川作用和河流的侵蚀所造成。河谷底部为冰川沉积和晚期冰碛层，其成分为黏土夹直径5m以上的漂砾。河谷上部为中粒花岗闪长岩，像一道高150m的岩墙，从阿尔托湖东岸横穿河谷，在出口处形成一道天然堤坝。决定用隧洞将岩墙打一个孔洞，在湖面以下35m深处留一岩塞。除计划打一条隧洞外，原有两条排水洞穿过岩墙。由于断层切割，岩石破碎。

在做出工程规划之后，于 1965 年 7 月开始进行详细勘测。选定了最短洞线，对岸边洞口 120m×40m 的范围进行了水下测深。在紧靠洞轴线处 1.50m 的剖面上每隔 1m 测深一次。洞轴线以远的地段，每隔 3.0m 测深一次。

最初采用一个小驳船测深。驳船位置用岸边两台经纬仪定位。这种方法没能得到满意的结果，因为常有大风使驳船位置不稳，又有大雪使经纬仪读数不准。因此，改用浮桥打水下钻孔进行测深。经过测深发现湖底坡面高程有高低相差好几米。调查发现水下有一条断层带，以前地质人员误认为是一古排水渠道。断层带倾向北东，倾角 80°～85°。该断层带的方向，在垂直平面上与洞轴线垂交，附近岩石严重破碎，对隧洞施工和今后运行十分不利，因此，决定将洞线北移 30m。

调查证明，新洞线位置适宜。对进口处 18m×45m 的范围进行了详细勘测，打了 10个水下试验钻孔（图 17.13－1）。

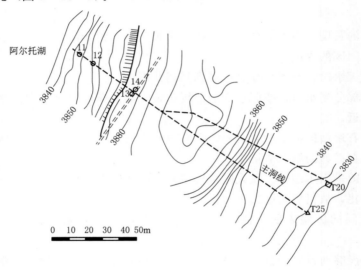

图 17.13－1　设计总布置和勘探钻孔图

1965 年 10 月 1 日，开始钻孔。查明了湖底岩石情况和冲积层厚度。为了避免把漂砾误认为基岩，规定钻孔至少打入基岩 8m。这些钻孔不进行压水试验。只有一个孔基岩覆盖层有 0.6m 厚的黏土，其他钻孔直接打入新鲜基岩，很少破碎，岩心获得率几乎达到100%。这就证实了新洞位置条件良好，爆破时不会出现松散物堵塞洞口。

1965 年 11 月，开始又打了一些更深的钻孔，做了压水试验。钻孔按 3m 分段做压水试验，采用压力为 1.0、2.0、3.0、2.0、1.0 个大气压，从湖面上进行测量。每个压力持续 10min，对维持规定压力时的流量做了记录。

所有钻孔均为中等裂隙的岩石，平均岩心获得率为 90%。从岩心看出局部有断层破碎带，岩石严重破碎，压水试验表明夹有黏土物质。隧洞上游段紧靠洞轴线以上有一条宽约一米的断层破碎带。这里压水试验时的单位吸水量达 40L/min，钻孔直径由 75mm 变为54mm。新鲜岩石的吸水量很少超过 5L/min。紧靠湖底处岩石质量变得更好。钻孔计划于1966 年 2 月完成。

也曾打算用潜水员作水下调查，但是由于 40m 深处湖水很凉，周围空气压力只有

0.65个大气压，（位于海平面以上3800多米处）因此，潜水未能进行。

根据湖泊出口一侧建立的水准点，用钢卷尺和标准拉力计，精密水准仪和经纬仪进行初步野外定线测量。然后仔细检查洞线位置，审定初步测量成果，并建立主洞和交通洞洞口附近各组参考点。隧洞进口在水下的位置，通过对主洞线位置反复测深，尽可能定得准确。在隧洞开挖过程中，定期进行测量检查，并做详细的地质填图。随着隧洞开挖的进度随时作详细记录，以便准确控制洞线与湖底的正确方位。

二、工程布置

图17.13-2为隧洞平面布置，图17.13-3为与湖底连接情况。主洞中装有0.60m高、0.80m宽的手动液压操作闸门，在最大水头47m时的允许流量为10m³/s。在最小水头14m时的允许流量约为5m³/s。闸室为圆拱形，由交通洞穿过连通支洞可进入闸室。由于闸门附近闸室断面减小，从高速水流观点（约20m/s）出发，对闸门上下游不长一段加了钢衬。闸门以下为无压水流。沿交通洞和连通支洞拱部设有矩形断面的通气孔来解决闸门下游出现的真空现象。除闸室以外，闸门周围的混凝土，连通洞、交通洞中通风管上面的混凝土板，以及混凝土衬砌层均不加筋。隧洞直线段上相同断面的隧洞直线段混凝土衬砌厚度设计为0.20~0.30m。

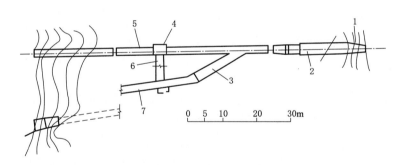

图17.13-2 隧洞平面布置图

1—斜洞段；2—岩塞；3—钢衬混凝土塞；4—闸门室；5—主洞；6—连通洞；7—交通洞

交通洞与主洞连接段用7.0m长的混凝土塞堵塞。混凝土塞中留一条直径1.30m（圆形断面）的用钢板衬砌的临时通道与交通洞连接，穿过混凝土塞的通道可走到主洞的上段。临时通道的下游端用一孔盖封堵。当湖水位降到最低时，可通过该通道进行观察，因为要从外面湖底顺陡坡很难走近进口处。临时通道也可用于事故放空湖水，孔盖上的螺栓为空心，万一由于某种原因打不开闸门，可装药把孔盖炸掉。

在斜洞的下端设集渣坑。在岩塞爆破方法正式确定之前，按照不同布置方法做了几次室内水工模

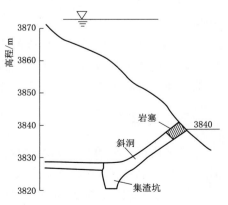

图17.13-3 与湖底连接图

型试验。要考虑使渣坑体积最小，集渣效益最大。按照这种方法，起爆时主洞部分充水。用水和空气作为缓冲垫吸收一部分冲击波。为使闸门免遭爆破损坏，决定爆破时打开闸门，在闸门后面设一临时堵塞段。由于当时对于确定爆破效力和水—空气垫对冲击波的吸收效应，没有一种精确的方法，所以临时堵塞段的荷载条件只好根据某些水下岩塞爆破的测量成果和经验来确定。

三、开挖

1966 年 1 月 3 日，开始开挖主洞。到月末进尺 55m。岩石质量很好，接着开挖交通洞。

1966 年 3 月末，这两条洞连通，连通洞和闸门室开挖大部完成。

在桩号 T25＋96 处，遇到一条断层破碎带。顶部岩石破碎，需加临时支护和锚杆（锚杆直径 2.25cm，长 1.80m，间距 0.5～0.8m）洞内渗水量大，稳定流量 40L/s。在 T25＋110 处岩石质量大大变好。在桩号 T25＋120 处洞顶部又遇一断层。顶部岩石呈松动板状，需立即加锚杆支护。渗水量大到接近 50L/s。断层宽度 0.5～1.0m，横穿隧洞，向上游倾角 4°，与隧洞纵轴线平行。随着隧洞的开挖推进从边墙上看得很清楚。在 T25＋145 附近在倒拱处也遇此断层，渗水量未见增大。这条断层在地面钻探中已经料到。

到 1966 年 4 月底，集渣坑最后成型，在桩号 T25＋156 处停止开挖，然后从洞内向湖底方向打勘探钻孔。

四、衬砌

最初设计要求主洞 T25＋110 附近做混凝土衬砌。但在开挖上游段时决定扩大为全面衬砌，直至集渣坑，目的是防止破碎带被冲蚀而剥落。

1966 年 5 月 20 日，主洞开始安装闸门和钢衬，月末开始衬砌混凝土。整个工程采用的混凝土 28d 平均抗压强度为 220kg/cm²。这一强度系采用每立方米混凝土 375kg 波特兰水泥做大量试验后得到的。这种混凝土硬化缓慢，肯定是受到平均低温的影响，夜间周围气温降到 0℃ 以下。

砾石和砂料从河岸上开采。由于地区遥远，交通不便，为了简化作业，骨料不加冲洗。

全部混凝土采用压送。模板的渗水用排水管排出。在渗流量大的地方，用波纹铁皮加螺栓固定在洞顶和边墙上作防护，将水引入倒拱的排水廊道。对临时支护的地段，在安装模板之前，拆除少数支撑，并用岩石锚杆保护顶部，按小断面浇筑混凝土。

五、灌浆

要求进行三种灌浆：回填灌浆（0.5～1.0 个大气压），低压灌浆（2.0～5.0 个大气压）和高压灌浆（5.0～10.0 个大气压）。

灌浆孔穿过钢衬交叉布置，间距 1.0～3.0m。对于低压灌浆和高压灌浆，钻孔通过钢衬打入混凝土和岩石中，灌浆结束后，孔口用带丝扣的钢塞封堵，钢塞周围并用电焊焊牢。

主洞混凝土衬砌的上游段，在主洞和交通洞钢衬段与集渣坑之间，全部采用冲击钻孔，孔距 3.0m，从隧洞内交叉布置，孔深 1.5m，打入岩石 1.2m。

闸门附近只做接触灌浆，以保混凝土与钢衬的正确结合，并充填所有大小孔隙，直到试验压力高达 10.0 个大气压时不吸浆为止。同样，主洞衬砌的上游吸浆量也很低，原来规定低压灌浆和高压灌浆为不同灌浆长度的两个独立阶段，以后将两个阶段合并，采用最大压力对全孔进行一次灌浆。只有上面所说的用铁皮排水的地段吸浆量最大。这里正好是主洞和交通洞的连接段。整个断面耗浆量 39.5t（干重），连接段的两个孔占 50% 以上。

灰浆的灰～水～砂配比，根据吸浆情况采用 1-3-0-1-1-3。灌浆后基本止住了渗水。

闸室中灌浆孔深 2.0m，打入岩石 1.7m。采用高压灌浆，到基本不吸浆为止。

六、岩塞开口

1966 年 5 月 18—28 日，从桩 T25＋156 处朝湖底方向打了三个勘探钻孔。钻孔在平面上呈扇形布置，在垂直面上顶板线向上稍与岩塞开口廊道倾斜。钻孔目的有二：了解岩石质量和确定距湖底的准确距离。

这三个孔查明的岩石情况，证实了 1966 年 10 月到 11 月湖面钻孔的成果。基岩未见松散的覆盖层。岩石很致密，在离湖底 6.0m 时没有裂隙，从 6.0～2.3m，每米岩心有三到九条裂隙，形成厚 0.6m 的小型破碎带。最后 1.7m 岩心有三十多条裂隙，最后 0.4m 岩心为地表岩石。通过湖面测深（测了三组），虽然不能准确控制钻孔间距但总的差别不大。钻孔实测间距为 1.7m，大于规定值，洞口处湖底平均坡度为 50°～60°，假如采用铅锤（重 10kg）测深，铅锤滑入湖底，会使深度偏大，与设计剖面不符。

输水管道的混凝土衬砌结束之后，装设交通洞上游端混凝土塞中圆形临时通道的钢砌（直径 1.30m），铺设轨道，通过临时通道用专门矿车出渣。

用重型木板铺在积渣坑上面，1966 年 8 月 15 日，开始继续开挖岩塞通道，每组炮眼进尺 1.2m。到 8 月末，从洞面到湖底的距离（厚度）只剩 5.5m。洞面几乎还是干的。

主洞闸门下游 13.0m 做一临时钢板隔墙嵌入混凝土中。隔墙上预留两个直径 7.6cm 的排水孔。1966 年 9 月 5 日，用普通钻杆对洞面每 4.0m 打 4 个钻孔，检查下一组炮孔能否引起更大漏水。结果除一孔有大约 0.7L/s 清水渗漏外，洞面是干的。1.5m 的一组炮孔在当天晚上起爆。

9 月 6 日早晨，又打了 5 个检查孔。其中 3 孔穿过 3.1m 致密岩石和约 0.6m 严重风化破碎的地表沉积物，打到湖底。第 4 个孔打在倒拱处，打了 4.0m（钻杆最大长度）未到湖底。第 5 个孔，因渗水量太大而放弃。当天晚上最后一组炮孔起爆。

这次爆破后，渗水量增大到 20L/s。由于工作面小，施工条件困难，钻孔速度缓慢，直到 9 月 8 日上午 5：00，这时安装好主要引爆索和溢流水管以及闸门和两个阀门（一个用于正常运行，另一个为事故备用）引爆索和溢流水管穿过开启的阀门与特制的堵塞法兰连接，在隧洞充水前该法兰将排水管关闭。

6 月 8 日上午 7：30，撤除全部电器设备开始进行最后一组炮孔装药。采用两个气动密闭式电机组照明。

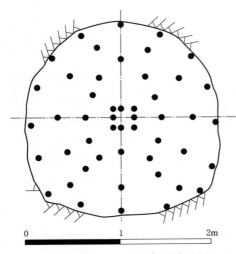

图 17.13－4　岩塞爆破布孔图

注　孔深为 2.4m，孔径约 30mm，采用 75% 的胶质炸药共 1200 卷，每卷 80g，每个 0.5s 的延发雷管。

图 17.13－4 为最终岩塞爆破布孔图，共爆落岩石 12～14m³。上部严重含水的炮孔采用特殊装药：将药包分成两半，装入直径 1 寸的塑料管中。

14：10 装药结束，然后把各种设备、工作台、各种管子等全部撤出。对隧洞进行全部检查。16：30 堵好交通洞。这时通过 3 个直径 3.8cm 的旧勘探钻孔开始对隧洞充水。

21：40 洞中水面高程达到 3831.00，溢流管开始出水，于 22：10 起爆。第二天早晨拆除临时钢隔墙检查证实，岩塞爆破成功。

爆破施工前，共用 6 个月的时间进行勘测。对于这样小的工程，这个时间似乎太长。但是，进行详尽的勘测，可以避免施工中出现的意外的情况，排除各种疑难问题，至少对于存在的困难可提供一定解决办法，因而大大缩短了施工工期和减少了施工费用。

第十四节　芬尼奇湖开发

芬尼奇湖位于苏格兰西丁沃尔上游 32km 处，长约 10.4km，水面 9.05km²，高程为 251.00m。隧洞长 6km，直径为 3.05m，从湖的西南角往格鲁提河引水，末端为压力钢管，长 486m，供应格鲁提桥水电站两台 12000kW 的机组，尾水排入格鲁提河。

隧洞进口与湖的连接采用水下岩塞爆破。这是英国第二个岩塞爆破工程。第一个是劳恰勃工程，建成于 20 多年以前。

一、调压室和进口段

隧洞从调压室到洞口一段为圆形断面，直径 2.75m。这里装设一台混凝土拌和机，便于用混凝土泵进行施工。

混凝土衬砌，从底拱开始施工，先安装木模板浇筑混凝土，衬砌做完后，退出楔子，松开模板，用绞车整体拖向前进。在钢衬砌段，钢衬用绞车从断面 4.88m 的洞口拉进来。为了便于施工，在这一洞段内敷设了钢轨，并在钢衬上焊以小滚轮，以便在轨道上拖动。

开挖调压井，先从隧洞中向上挖一导井（梯形断面 3.7m×1.8m×1.2m），打通后再全断面向下开挖，最小直径为 10.8m，石渣通过导井溜下来。在导井的底部装一插板闸门以调节石渣进入斗车。采用一种滑移式模壳浇筑混凝土衬砌。模壳放在千斤顶上，用拉杆固定在开挖的边墙上。因为岩石风化严重，悬支模板不易，但这里采用这种方法获得成功。混凝土在进口处的拌和站搅拌，用小斗车运入喷出式料斗，再由人字起重机提升到浇筑面上。料斗里装一震动器，以保持混凝土料的流态，井的上部 12.2m 为预制空心混凝土块。钢筋垂直及呈环状插入混凝土块的空腔中，然后用混凝土回填。

二、隧洞与湖的连接

由于隧洞与湖的连接方法特殊，因此，决定将进口和隧洞分开进行施工，而且要比隧洞提前。为此决定采用两个竖井，间隔 18.3m。下游竖井供隧洞施工，上游竖井供进口段施工。这种做法也可与永久布置结合起来；上游井布置闸门，下游井布置拦污栅。

拦污栅井于 1947 年 10 月开工，但是，闸门井由于多种原因直到 1948 年 2 月尚未开工加之岩石破碎，隧洞的开挖最后还是超过了进口段。此外，从闸门井到湖底工作面的交通很不方便，闸门井中间有一混凝土壁隔开，其一边安装一永久的梯子，另一边用作闸门工作室。所有的材料供应和出渣，都要经过一条净孔只有 3.6m×1.8m 的分隔井，这就限制了隧洞中设备的利用。

因此，提出了拆除二井之间岩塞的要求，以便各种机动车，斗车和材料都可以从主洞运送。这样做是有危险的，因为万一湖底进水，便会影响主洞，而且最后湖底爆通时，一旦水流控制失败，就会全洞被淹，带来巨大损失。因之决定在二井之间的隧洞设两个混凝土塞。第一个塞厚 3.8m，考虑足以承受瞬时爆破压力 1290t/m²，或最后爆通时的总压力 10000t。隧洞中岩塞处埋设的仪表记录表明，估计的水压力与实际相差不多。第二个混凝土塞（距第一个混凝土塞 10m）较薄（2m），它只需承受水压力而不承受爆破压力。为使机车通行，混凝土塞中预留了一个 1.8m×1.68m 的孔，并铺设 0.60m 宽的轨道。预留孔上装有木板做的折叶门（0.30m×0.30m）爆破时可随时关上。最后爆通前，这些孔洞用混凝土堵上，并在拦污栅井处的隧洞中安设一个临时钢闸板，作为最后一道预防措施。

从闸门井到湖底一段，隧洞直径为 3.35m，它不能利用主洞中采用的钢模板，因之专门做了木模板。在闸门上面附近设了一个混凝土拌和站，使混凝土浇筑大为方便。要用泵把混凝土送到竖井下面工作面上很不容易，但也顺利完成。为了加强隧洞对最后爆通时冲击波的抵抗力，在混凝土衬砌中埋设了 0.25m×0.15m 的钢拱圈，其中心距为 1.5m，这一段隧洞的衬砌厚度为 0.56m。

在工程初期，为了选定隧洞与湖连接的最合适地点作了一系列仔细测深，最后决定进口高程放在水面以下 24.00m（高程 251.00m），考虑设计水位降落 18.00m，并力求寻找湖底最陡的地点，以便使最后爆通的石渣跌落在洞口以外。可是没能找到这样的好条件，所以只好在隧洞末端设置集渣坑。

为了容纳爆破的石渣，集渣坑的大小定为石渣量的 2 倍，宽 5.2m，深 13.7m。规定隧洞衬砌只到进口后面 35m 终止，做一个高 2.7m，宽 5.5m 的半圆形导洞继续向前开挖。从隧洞到湖底至少预留 7.6m 厚的岩层，后面为集渣坑。开挖的石渣用一台铲运机装到载重汽车上，然后用一个特制的斗车通过闸门井运到地面。为了防止杂物进入隧洞，在渣坑末端挖了一个 1.8m 的台阶，又向前作了 5.8m 的衬砌。衬砌末端嵌入岩石，以抵抗最后爆通时在衬砌后面形成的压力。整个施工过程，直到最后爆通，工作面都是干的。

最后要朝着湖底挖一条长 3m，直径 4.6m 的斜洞，预留一个厚 4.6m 的岩塞。这样，按常规需要搭 11m 的脚手架。为了省去这套脚手架，把集渣坑灌满水，把钻机装在用油桶做的筏子上，筏子固定在岩石边墙上，保持稳定，便于打钻孔。用一条 30m 长的浮桥接到隧洞。

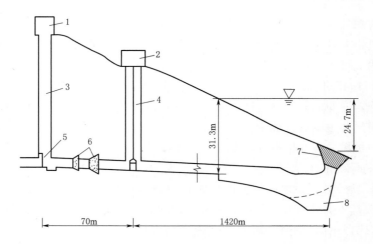

图 17.14-1 闸门片和拦污栅片以及湖底岩塞剖面图

1—拦污栅室；2—闸门室；3—拦污栅井；4—闸门井；5—临时钢堵块；

6—临时混凝土堵块；7—岩塞；8—集渣坑

首先对岩塞打 5 个超前孔，其中 3 孔直接打到湖底，以检查测深的精度，然后用木塞把它堵塞，再用小药包爆掉岩层，留下 4.6m 厚的岩塞。

岩塞共布置 102 个钻孔，打入湖底 0.45m。由于岩石坚硬，这样做没有出现什么问题。只有一个孔中有少量渗水，有两个孔是湿的。中间 9 孔为直眼掏槽孔，外围打一圈斜孔，略呈楔形。其余钻孔的中心距离均为 0.45m。

在 102 个钻孔中，96 个孔总共装了 958kg 含硝化油的炸药，相当于 11.75kg/m³ 的装药量。4 个掏槽孔及 2 个湿孔不装药。雷管埋在每次装药的第一和最后一个药包中，并把整个工作面分成 5 个扇形块。每一扇形块用一个独立的由 7.7kg 组成的起爆体。这种起爆体密封装在一个圆筒里。各个炮包从工作面上通过导爆索与相应的起爆体连接，而起爆体又用导爆索相互连接，以保证瞬间同时起爆。两对电力引爆线拉到闸门井下分别接入各自的接线盒。每个接线盒引出一对引爆线连接每个起爆体的雷管。为了避免断线或瞎炮，采用非延发起爆方式。

认真考虑过干爆还是充水爆这一问题，并作了水工模型试验来检验干爆时闸门井的涌浪情况。最后决定采用充水爆破，使闸门井保持 3.6m 负水头。

1950 年 9 月 7 日，正式爆通。当时闸门井中的井喷使水流溢出井外，证明估计的 3.6m 负水头很精确。涌浪持续半小时。事后进行测深证明与计划完全一致。为预防爆破时破坏闸门，当时没有安装永久闸门，而导轨已经浇在混凝土中。为此用吊车将一块临时钢闸板吊放到检修闸门的导轨上。用水泵抽空钢闸板与第一个混凝土塞之间的空间，发现这个混凝土塞没有破坏。为了防止损坏已完工程，混凝土塞不能用爆破拆除，所以用一台切割机用电热交叉切割法或楔块法拆除。

然后，闸门井和拦污栅井装上永久工作闸门和拦污设备。闸门井内安一扇 3m×

3.3m自由滚动管筒式检修闸门，都是电动操作，而且工作闸门为平衡闸门。拦污栅包括一组 3.95m×2.1m 的粗栅，后面有一组 3.95m×4.2m 的细栅，和一台电动操作提升设备。

第十五节　纳湖和哈格达尔斯湖的双岩塞爆破

挪威南部斯格尔卡河的开发工程要求将相距不远的纳湖与哈格达尔斯湖联通，并使纳湖水位下降。连通隧洞长 500m，断面 10m²，两端洞口决定用双岩塞爆破法同时爆通（图 17.15-1）。闸门井布置在洞线的中点附近。纳湖端预留岩塞厚度 3～5m，其上有 4～5m 厚的砂砾石层，集渣坑容积取为 130m³（图 17.15-2）。哈格达尔斯湖端留岩塞厚度 2.5m，湖底只有很薄砂层，因此，集渣坑容积较小，取为 70m³。爆破前自隧洞掌子面向纳湖方向开了一个直径 0.3m 的充水支洞，支洞出口在湖岸水边线后侧的覆盖层内，打通后用明沟将湖水通过支洞引入洞内，用 6h 将连通洞注满水。而岩塞装药量均为 150kg，同时起爆后有水柱喷出闸门井，爆破效果很好，两端洞口开口尺寸符合设计要求，没有做任何补充修整工作。岩塞爆破于 1932 年完成。

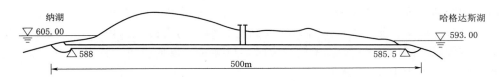

图 17.15-1　纳湖和哈格达斯湖的连接隧洞

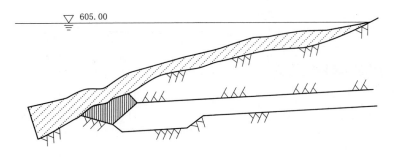

图 17.15-2　纳湖湖底岩塞爆破前情况

第十六节　弗利埃尔湾的海底取水工程

挪威氮素公司为了从 20～30m 深度提取海水，在南部弗利埃尔湾开挖了一条海底引水隧洞。首先在靠近海岸线的岩石中开挖了一个直井，井底达到海平面以下 22m 处，然后向海底方向开挖长约 40m 的水平洞段，断面 1.8m×1.5m（图 17.16-1）。开挖时洞内

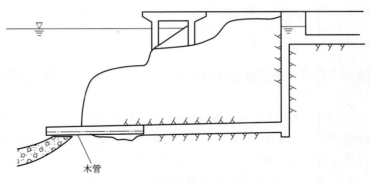

图 17.16-1 弗利埃尔湾的海底取水工程

涌水量很大，要用水泵不断排水。在距水下岩面约 20m 处开始，自掘进工作面用风动凿岩机向海底方向打 4m 长的超前探孔，仔细地爆破前进，使工作面推进到距海底岩面 8m 处，然后用潜水员作业并用抓斗施工，挖去海底 3m 的松散沉积物，将最后爆破岩塞厚度减少为 5m，但岩面中有一条宽 10cm 的强透水裂隙。通过细心操作，共在岩塞中钻了 7 个炮孔。因炮孔涌水量太大，无法在洞内装药，以后采用钻杆通过炮孔，标示孔位，由潜水员自海底侧装药爆破。岩塞爆破比较成功。爆破后，由潜水员自爆破口进入洞内，将一根直径 1m 的木管安装在进口段。木管的一端固定在洞内的混凝土圈内，另一端伸入海底，用混凝土墩固定（图 17.16-2）。木管必要时可以加长，以便自更大深度抽吸含盐量更高的海水。提水工程于 1935 年施工。

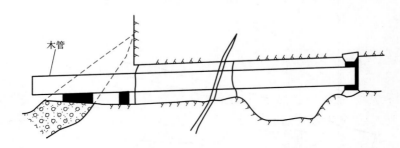

图 17.16-2 岩塞爆破和进口处的木质取水管

第十七节 玛尔克湖水下岩塞爆破

自玛尔克湖引水发电的福尔丹尼水电站利用水头 120m，装机容量 3500kW，于 1936—1938 年施工建成，引水发电后湖水位下降 28.00m。

引水洞断面积 4m²，洞长 1000m。闸门井布置在距湖岸 110m 处，自闸门井向湖底掘进 84m 后遇见一强透水裂隙，涌水量很大，不能继续前进。经采用水泥灌浆等措施，止水无效。冬季湖面封冻后，向裂隙内吹送压缩空气通过气泡的逸出点确定了裂隙的位置

（图 17.17-1）。该裂隙与隧洞线成 45°夹角，向东南方向逐渐尖灭。这时决定将洞线折向东南，第一次拐 5m 后又遇到了裂隙，第二次掘进 22m 后，继续前进使掌子面开挖接近湖底 4m 的地方。开挖集渣坑后，在岩塞内布置了 35 个炮孔，共装药 90kg，于 1938 年 4 月 25 日顺利爆破通水。

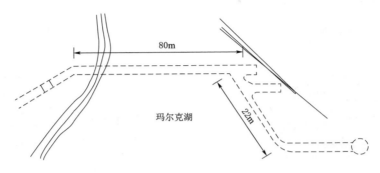

图 17.17-1　玛尔克湖引水洞位置变更示意图

第十八节　斯科尔格湖水下岩塞爆破

这是一项因湖底地质条件未确实查明而被迫进行多次爆破和大量潜水作业的工程实例。

斯科尔格湖在挪威的西海岸，湖面高程 355m，集水面积较小，湖水面积仅 1km²。为满足某个工厂的生产供水，决定自斯科尔格湖引取 0.6m³/s 的流量。引水隧洞长 270m，断面积 1.5m×1.7m，岩塞爆破时水深 30m（图 17.18-1）。闸门井距进口 55m，内装 1.0m 的平板闸门。爆破前自冬季封冻后的湖面上完成了少量勘探钻孔，根据钻孔资料认为岩塞点处的覆盖层仅 0.5m。

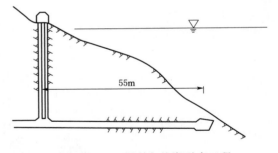

图 17.18-1　斯科尔格湖引水工程

但当隧洞工作面掘进至距原定岩面 6m 处，通过探孔发现掌子面前 3.7m 处有一强透水裂隙，无法继续前进，考虑到引水量不大，决定将洞口与该裂隙联通。开挖集渣坑后，于 1938 年 1 月 4 日进行了一次药量 93kg 的爆破。由于岩塞厚度较大，湖底且有超过 1m 厚的大块堆积物，起爆后未能将进口爆开，进口处留下大小岩块组成的厚 2m 的顶盖，流入流量仅 15L/s。为了扩大进水量，于 1 月 20 日和 1 月 25 日由湖底进行了两次补充爆破，分别装药 15 和 32kg（图 17.18-2）。1 月 20 日爆破效果不明显，25 日爆破后打开了洞口，洞内水量明显增大，但洞口不久即被湖底大块沉积物所封堵，潜水员在湖底未见到洞口。爆破时大量土石进入洞内，使闸前淤堵了 1/3，有些段几乎被石块堵满。进入洞内最大石块体积达 1m³，上面长满了青苔，证明为原先湖底堆积物，2 月 1—5 日在洞内进行了三次小药量爆破以清理洞内的堵积物。

2月20日自湖底洞口进行了一次药量5kg的爆破，再次把洞口打开，但涌入隧洞的水流将洞内土石推送至闸门前，其中有一块大石将闸门卡住，留下30cm的间隙，使闸门不能全关。这时通过一根直径0.7m的立管，将一个潜水员送到闸门处（图17.18-3），进行了药量为0.1kg的一次小爆破，使闸门能自由启闭。通过引水洞放水降低湖水位后，将闸门前的堆积物清理干净，才使引水洞正式投入运行。

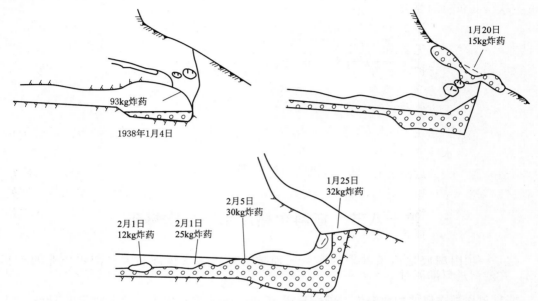

图 17.18-2　斯科尔格湖引水隧洞岩塞爆破

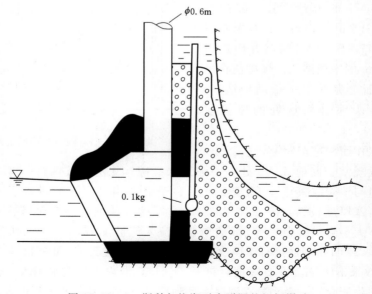

图 17.18-3　斯科尔格湖引水隧洞的闸门爆破

第十九节　雪湖引水隧洞工程

美国的雪湖引水隧洞，为一条新辟鱼道。隧洞全长 717m，于 1939 年采用水下岩塞爆破方法，在湖面以下 50m 深处开挖隧洞进口。因为大苦力坝很高，不能过鱼，所以提出了开挖这条新鱼道的要求。

隧洞进口工程，于 1938 年 11 月开工，1939 年 10 月完成爆破。

隧洞系用单洞（无支洞）从下游出口开挖。开挖断面 1.5m×2.1m。岩石为密实而坚硬的花岗岩，无须支护。起初开挖的 12m 遇有少量裂隙，以后的 300m 几乎未见裂隙。在 10＋60 处一段隧洞断面上遇到一条宽 30cm 的断层，由岩脉充填，致密而不漏水。在 15＋80 与 16＋60 之间遇有一些透水裂隙。排水以后看出 76m 以上及左侧的湖水无关。在 16＋85 处遇第二条裂隙，宽约 60cm，但未见不良岩石或地下水。在 21＋80 处，隧洞通过 52m 以上的湖边，沿水平方向直到 25＋15 处一段，岩石坚硬而干爽。

当隧洞掌子面接近湖底时，从顶部向上打"探测孔"来查明上前方岩石厚度，以确定是否继续开挖。原来想从隧洞水平段末端垂直湖底开一个斜掌子面，但是探测孔表明该处有孤石存在，爆破时将会堵塞洞口，所以改变了方案。从原来位置倒退 4.8m 向上开挖新的掌子面，以便避开孤石和另一钻孔探测到的透水裂隙。从新的掌子面上钻孔探明，靠近湖底有一些破碎岩石和夹层，没有松散的和可能滑动的岩石，仅有一些细淤泥覆盖。这种情况，在隧洞进口勘测时用冰上声学方法已经查明。进口处湖底光滑，坡度 1：1.7 淤泥层厚度为 0.60～1.00m。

进口位置确定以后，从 24＋89.8 与 24＋65.7 之间挖一条与水平夹角为 57°30′的斜洞。当接近湖底时，隧洞断面缩小，以便减少爆破时大块碎石或孤石进入洞内的可能性。最后留 2.1m 厚的岩石打孔装药。

在隧洞底部共挖五个集渣坑来容纳爆破石渣。第一个集渣坑位于斜洞的下部，另外四个辅助集渣坑分别布置在以后主洞的各段上，用来收容第一渣坑未能收容的石渣。集渣坑完成以后，即撤离所有开挖设备，并完成最后清渣工作。洞中岩石质量极好，即使有压运行，也无须衬砌和其他支护措施。

岩塞上共打了 32 个钻孔（图 17.19－1），装入 100kg60％的胶质炸药，要求将岩石爆成碎块、避免爆破口被大石块堵塞。

最后按各炮眼组不同的装药，采用了瞬发无孔电爆雷管和四个不同的延时雷管。由于钻孔装药后在起爆前要在湿空气中停置一段时间，因此，考虑了一套辅助线路，以防一个雷管失效影响整个爆破。为此，同一延时的所有炮孔都单独接一条辅助线路。每一条辅助线路，通过一个同期延发雷管，连接到一条独立的引爆线上。两套线路的导火线，都通过混凝土隔墙中 φ5cm 的应力计管，引到起爆开关闸室。管道的末端装一阀门。待爆破结束，导火线完成使命后，即可关闭阀门。

当钻孔装完药和接线以后，洞中的支架、梯子及其他材料应全部撤走。然后，关闭闸阀，封堵隧洞，爆破的准备工作即告结束。1939 年 10 月 14 日完成爆破，合闸以后过了几秒，在闸室尚未听到响声之前，见有气流从 φ5cm 的管道中冲出。这时切断导火线，将管

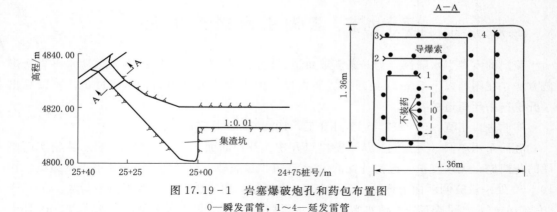

图 17.19－1　岩塞爆破炮孔和药包布置图

0—瞬发雷管，1～4—延发雷管

阀闭死，在起爆约 1min 之后，压力计上的最大压力达到 $39kg/cm^2$，过很短时间后下降至 $34kg/cm^2$，然后又回升到 $36kg/cm^2$ 稳定下来。估计起爆后 2－3min 内隧洞充满水。经了解，只在混凝土隔墙顶部有一处极小的漏水，阀门和钢管连接部位均无漏水迹象。

合闸起爆时，估计只有一响，可能是第一个药包爆炸震动引爆了所有其他雷管。由于在洞内工作结束之前不能安装调节管阀，所以对进洞流量只能作粗略估计。据两周的观测证明，全开时的最大流量超过 $4m^3/s$。10 月 26 日安装管阀，做了半开状态的试运转。结果表明，爆破口尺寸完全能够满足隧洞运行的要求。

参 考 文 献

[1] 苏加林，王福运，等. 深水厚覆盖大型水下岩塞爆破关键技术研究与应用 [R]. 长春：中水东北勘测设计研究有限责任公司，2017.

[2] 苏加林，王科峰，王福运，等. 黄河刘家峡洮河口排沙洞工程岩塞爆破 1：2 模型试验设计工作总结报告 [R]. 长春：中水东北勘测设计研究有限责任公司，2008.

[3] 苏加林，杨明刚，姜殿成，等. 刘家峡水电站洮河口排沙洞工程进口段工程可行性研究设计报告 [R]. 长春：水利部东北勘测设计研究院，2002.

[4] 水利电力部东北勘测设计院编著. 水下岩塞爆破 [M]. 北京：水利电力出版社，1983.

[5] 汪旭光，郑炳旭，张正忠，等. 爆破手册 [M]. 北京：冶金工业出版社，2010.

[6] 黄绍钧，郝志信. 水下岩塞爆破技术 [M]. 北京：水利电力出版社，1993.

[7] 张正宇，张文煊，吴新霞，等. 现代水利水电工程爆破 [M]. 2 版. 北京：中国水利水电出版社，2003.

[8] 汪旭光，于亚伦，刘殿中. 安全爆破规程实施手册 [M]. 北京：人民交通电出版社，2004.

[9] 汪旭光，郑炳旭，张正忠，等. 爆破安全规程 GB 6722—2014/XG1—2016 [S]. 北京：中国标准出版社，2014/2017.

[10] 郝元麟，段乐斋，郝志先，等. 水工隧洞设计规范 DL/T 5195—2004 [S]. 北京：中国电力出版社，2004.

[11] 金正浩，苏加林，王福运，等. 水下岩塞爆破设计导则 T/CWHIDA 0008—2020 [S]，北京：中国水利水电出版社，2020.

[12] 刘殿中，杨仕春，等. 工程爆破实用手册 [M]. 2 版. 北京：冶金工业出版社，2007.

[13] 王仁坤，张春生. 水工设计手册第 8 卷水电站建筑物 [M]. 2 版. 北京：中国水利水电出版社，2013.

[14] 冯树荣，彭土标. 水工设计手册第 10 卷边坡工程与地质灾害防治 [M]. 2 版. 北京：中国水利水电出版社，2013.

[15] 郝志信，赵宗棣. 密云水库水下岩塞爆破技术（岩爆工程资料汇编）[R]. 北京：水利部基建总局.

[16] 苏加林. 水下岩塞爆破技术进展 [J]. 水利水电技术，2019，50（8）：110 - 115.

[17] 徐小武，薛立梅，李俊富，等. 刘家峡洮河口排沙洞水下岩塞爆通后多相流运动数值模拟 [J]. 东北水利水电，2013，12（2）：3 - 5.

[18] 化建新，郑建国. 工程地质手册 [M]. 北京：中国建筑工业出版社，2007.

[19] 肖柏勋. 水利水电工程物探规程 SL 326—2005 [S]. 北京：中国水利水电出版社，2005.

[20] 《钻孔电磁波法》编写组. 钻孔电磁波法 [M]. 北京：地质出版社，1982.

[21] EW - 1A 电磁波层析系统使用手册 [M]. 北京：中国地震局地球物理研究所，2001.

[22] 孙海涛，杨忠敏，李新杰，等. 刘家峡水库增建减淤发电工程及调控关键技术研究与应用成果报告 [R]. 西安：中国电建集团西北勘测设计研究院有限公司，中水东北勘测设计研究有限责任公司，等. 2020.

[23] 郝志信，赵宗棣. 密云水库水下岩塞爆破设计与施工 [J]. 水利水电技术，1982，(4)：37 - 46.

[24] 曾树州，杨建红，李国珍. 汾河水库隧洞岩塞爆破设计 [J]. 水利发电，1996，(1)：13 - 18.

［25］ 丁隆灼，郑道明．响洪甸水库水下岩塞爆破施工技术［J］．爆破，2000，（17）：187－191．

［26］ 刘美山，童克强，余强，等．水下岩塞爆破技术及在塘寨电厂取水工程中的应用［J］。长江科学院院报，2011，28（10）：156－161．

［27］ 凌伟明．光面爆破和预裂爆破破裂机理的研究［J］．中国矿业大学学报，1990，19（4）：79－87．

［28］ 钱叶甫．光面、预裂爆破成缝原理［J］．重庆大学学报，1994，17（1）：126～130．

［29］ 张立国，李守巨，何庆志．光面爆破断裂成缝机理的研究［A］．第二届全国岩石动力学学术会议论文集［C］．1990，181－187．

［30］ 戴俊．高原岩应力条件下岩石定向断裂控制爆破的理论分析［A］．张正宇等．中国爆破新技术［C］．北京：冶金工业出版社，2005，70－130．

［31］ 韩亮，李鹏毅．基于数值方法的竖井光面爆破参数确定方法［J］．爆破，2013，30（2）：73－78．

［32］ 钟冬望，李寿贵．预裂爆破数值模拟及其应用研究［J］．爆破，2001，18（3）：8－11．

［33］ 任旭华，祝鹏．长甸水电站改造工程进水口岩塞安全性与爆破情况分析［J］．水利水电科技进展，2004，42（01）：24－26．

［34］ 卢绮玲，候佩瑾，付敬娥．有厚层淤泥的岩塞爆破试验研究［J］．山西水利科技，1999，128（4）：34－36．